STROPPE · PHYSIK

Heribert Stroppe

PHYSIK

für Studierende der Natur- und Ingenieurwissenschaften

Ein Lehrbuch zum Gebrauch neben Vorlesungen
mit 359 Bildern, 25 Tabellen, 238 durchgerechneten Beispielen
und 140 Aufgaben mit Lösungen

15., aktualisierte Auflage

Unter Mitarbeit von
Heinz Langer, Peter Streitenberger und *Eckard Specht*

Fachbuchverlag Leipzig
im Carl Hanser Verlag

Prof. Dr. sc. nat. Dr.-Ing. *Heribert Stroppe*
Ordinarius für Technische Physik i. R.,
Wissenschaftlicher Leiter des Institute of High Technologies
and Education e.V. Magdeburg

unter Mitarbeit von

Dr. rer. nat. *Heinz Langer*
Dr. rer. nat. habil. *Peter Streitenberger*
Dr. rer. nat. *Eckard Specht*
Institut für Experimentelle Physik der
Otto-von-Guericke-Universität Magdeburg

Bibliografische Information der Deutschen Nationalbibliothek

Die Deutsche Nationalbibliothek verzeichnet diese Publikation in der
Deutschen Nationalbibliografie; detaillierte bibliografische Daten sind
im Internet über http://dnb.d-nb.de abrufbar.

ISBN 978-3-446-42771-6

Einbandbild: Otto von Guerickes Versuch mit den Magdeburger Halbkugeln
aus Caspar Schott, Technica curiosa, Nürnberg 1664
(Archiv der Otto-von-Guericke-Gesellschaft Magdeburg e. V.)

Fachbuchverlag Leipzig im Carl Hanser Verlag

www.hanser.de
Lektorat: Dipl.-Phys. Jochen Horn
Herstellung: Katrin Wulst
Satz: Dr. Eckard Specht, Magdeburg
Bildverarbeitung: Michael Specht, Katja Neumann, Magdeburg
Druck und Bindung: Beltz Bad Langensalza GmbH, Bad Langensalza
Printed in Germany

Vorwort

Seit seinem Erscheinen im Jahre 1974 hat das Lehrbuch zunehmende Verbreitung gefunden, nicht nur unter den Studierenden der Ingenieurwissenschaften, für die es ursprünglich gedacht war, sondern auch bei Studienanfängern der Physik und anderer Naturwissenschaften. Das von Anfang an verfolgte und über die Jahre hinweg beibehaltene Konzept, das ganze umfangreiche Gebiet in einem einzigen Band von handlichem Format wiederzugeben, hat sich somit stets aufs Neue bewährt.

Die Menge an neuen physikalischen Erkenntnissen wächst von Tag zu Tag in stürmischer Weise an. Dies zwingt zu einer Form des Lehrbuchs, wie sie einer Anfängervorlesung wohl am besten gerecht wird: Die Abschnitte über die „klassische" Physik bringen die Herleitungen bis ins Einzelne; an ihnen soll sich der Leser die erforderliche Gewandtheit im Rechnen sowie in der mathematischen Formulierung physikalischer Zusammenhänge aneignen. Später, hauptsächlich im Kapitel „Quanten" sowie bei neueren Anwendungen der Physik, muss mehr und mehr dazu übergegangen werden, das physikalische Phänomen zu beschreiben und zu erklären.

Neben der reinen Wissensvermittlung soll das Buch aber noch einem anderen Zweck dienen: Es soll bei den jungen Studierenden, auch wenn sie die Physik nur als Grundlagenfach belegen (müssen), zugleich ein wenig die Liebe zum Gegenstand wecken. Deshalb sind trotz der gebotenen Kürze manche Probleme der Physik angesprochen, die nicht unmittelbar zum Stoff einer Grundlagenvorlesung gehören, aber erfahrungsgemäß allgemeines Interesse finden.

Die Durcharbeitung des in betont knapper Form gehaltenen Stoffes erfordert die intensive Mitarbeit des Lesers. Wer also das Buch wirklich zum Lernen und nicht nur zum Nachschlagen benutzen will, wird viel „mitrechnen" müssen. Dies bezieht sich nicht nur auf die zu den einzelnen Abschnitten aufgenommenen Übungsbeispiele und Aufgaben; diese möglichst ohne Zuhilfenahme der Lösungen zu meistern, sei jedem Studierenden dringend angeraten. Zahlreiche zusätzliche Beispiele und Aufgaben unterschiedlichen Schwierigkeitsgrades mit meist praxisorientiertem Inhalt zu allen behandelten Stoffgebieten enthält mein zweibändiges Übungsbuch „PHYSIK – Beispiele und Aufgaben".

Trotz vieler Hinweise wurde mit der Erweiterung der Stoffinhalte bewusst zurückhaltend umgegangen. Auf diese Weise soll dem Buch das Schicksal, welches erfahrungsgemäß viele andere Lehrbücher ereilt, nämlich von Auflage zu Auflage immer dicker (und damit auch immer teurer) zu werden, erspart bleiben.

Das Verständnis ist ein allgemeines Problem beim Erlernen der Physik. Das Lesen mag einfach erscheinen, aber das tiefere Verstehen der Zusammenhänge erfordert mehr als nur Lesen und Auswendiglernen, es erfordert Nachdenken; es gibt bei ernsthaftem Studium keine Möglichkeit, Letzteres zu umgehen. Der Studierende soll aber wissen, dass die Schwierigkeiten, mit denen erfahrungsgemäß jeder anfänglich zu kämpfen hat, in der Natur der Sache liegen, und dass er sich um das Verständnis der Dinge ebenso bemühen muss, wie es vor ihm auch alle großen Geister einmal getan haben. Der Lohn der Mühe wird sich dann bald im Erfolgserlebnis und „Leistungsglück" einstellen und Ansporn für ein weiteres erfolgreiches Studium sein.

Die anhaltend rege Nachfrage des Lehrbuches erforderte kurzfristig eine neue Auflage. Daher bleiben die Inhalte gegenüber der vorangegangenen Ausgabe weitestgehend ungeändert. Die vorgenommenen Veränderungen beschränken sich auf einige Ergänzungen und kurze Nachträge zur Aktualisierung (so z. B. wurden die Werte der fundamentalen physikalischen Konstanten auf der vorderen Einband-Innenseite an die von der CODATA 2006 empfohlenen Werte angepasst) sowie auf drucktechnische Korrekturen.

Bei der Erarbeitung des Manuskripts haben mich die Herren Dr. H. LANGER und Dr. habil. P. STREITENBERGER tatkräftig unterstützt; ihnen gilt mein besonderer Dank. Den Herren Prof. Dr. W. HERMS (Magdeburg) und Prof. Dr. J. HÖHN (Wien) danke ich für wertvolle Hinweise. Herrn Dr. E. SPECHT, der in gekonnter Weise den Satz dieses Buches besorgte und dabei noch manchen Fehler entdeckte und korrigierte, danke ich an dieser Stelle für seine engagierte Mitarbeit sowie Frau U. KRUSE für das Zeichnen und Herrn M. SPECHT für die digitale Bearbeitung der Bilder. Dem Verlag sei für die seit Erscheinen des Buches stets gute Zusammenarbeit gedankt, bei der Herausgabe auch dieser Neuauflage insbesondere Herrn Dipl.-Phys. J. HORN, Leipzig.

Magdeburg H. STROPPE

Hinweise

Gleichungen, Bilder, Tabellen und Aufgaben werden *innerhalb eines Hauptabschnittes* (Einer-Nummerierung) fortlaufend gezählt (z. B. Bild 3.10 = 10. Bild im Abschnitt 3, oder (14/5) = Gleichung (5) in Abschnitt 14 usw.).

Die *Lösungen* zu den Aufgaben befinden sich unter der entsprechenden Aufgaben-Nummer auf den Seiten 529 bis 533.

Vektoren sind im Text durch fettgedruckte Buchstaben, in den Bildern zur besseren Unterscheidung durch normale Buchstaben mit einem Pfeil darüber gekennzeichnet.

Aus didaktischen und historischen Gründen verwenden wir in der Benennung und/oder in den Formelzeichen physikalischer Größen in einigen Fällen sowohl die Größenbenennung nach DIN als auch die im physikalischen Schrifttum (noch) häufiger vorkommende Benennung, z. B. „Dielektrizitätskonstante" und nach DIN „Permittivität", „Verschiebungsdichte" und „elektrischer Fluss", „Flächenladungsdichte" und „Ladungsbedeckung", oder Stromdichte $\boldsymbol{j}$ statt nach DIN $\boldsymbol{J}$, magnetische Spannung U_m statt V_m u. a. Im Übrigen unterliegen sowohl die Größenbenennungen als auch die Formelzeichen erfahrungsgemäß häufigen Veränderungen, und die Empfehlungen sind in verschiedenen Fachgebieten nicht einheitlich.

Inhaltsverzeichnis

Einführung

TEILCHEN

Mechanik der Punktmasse und des starren Körpers

FELDER

Gravitation. Elektrizität und Magnetismus

QUANTEN

Struktur und Eigenschaften der Materie

Einführung

1 Was ist „Physik“? Wege physikalischer Erkenntnisgewinnung

Die *Physik* ist eine grundlegende Naturwissenschaft und beschäftigt sich mit der Untersuchung des Aufbaus, der Eigenschaften und der Bewegung der unbelebten Natur sowie mit den diese Bewegung hervorrufenden Kräften oder Wechselwirkungen. Wegen ihres grundlegenden und übergreifenden Charakters bildet die Physik ein unentbehrliches Fundament für viele andere Naturwissenschaften, wie z. B. die Chemie, die Astronomie, die Geowissenschaften und Meteorologie, sowie insbesondere für die gesamte Technik. So sind heute zahlreiche Physiker in den Ingenieurwissenschaften tätig, und viele in der Grundlagenforschung arbeitende Ingenieure sind zu hoch spezialisierten Physikern geworden. Da auch der Stoff, aus dem die Organismen bestehen und der in ihnen umgesetzt wird, den Gesetzen der Physik unterworfen ist, stellt diese darüber hinaus eine wesentliche Grundlage der biologischen und im weiteren Sinne auch der medizinischen Wissenschaft dar; man denke nur an die stürmische Entwicklung und zunehmende Bedeutung der Biophysik.

Die Physik ist eine *Erfahrungswissenschaft.* Jede ausgesprochene Behauptung oder Vermutung über einen physikalischen Sachverhalt ist das Resultat von Schlussfolgerungen, deren Ausgangspunkt bestimmte **Axiome** bilden. Das sind Grund- und Erfahrungssätze, deren Richtigkeit nicht durch logisches Schließen aus anderen Sätzen, sondern nur aus unmittelbar gegebenen Tatsachen hervorgeht. Ein Axiom kann man nicht logisch beweisen, sondern nur durch ein **Experiment** demonstrieren.

Das Experiment, d. h. die exakte Messung bestimmter, genau definierter *physikalischer Größen* im planmäßig und gezielt ausgeführten Versuch, bildet überhaupt die Grundlage jeglicher physikalischen Erkenntnis. Durch systematisches Ordnen des gewonnenen umfangreichen experimentellen Materials, durch die gedankliche Durchdringung mit den Methoden der *Mathematik* und Einordnung der Ergebnisse in schon bekannte Zusammenhänge lassen sich allgemein gültige physikalische **Gesetze** formulieren, die in ihrer Gesamtheit ein komplexes System von Naturerkenntnissen bilden, das sich in zunehmendem Maße ebenso erweitert, wie es an innerer Geschlossenheit gewinnt.

Dem hier skizzierten Weg der Erkenntnisgewinnung liegt die **induktive Methode** zu Grunde, die darin besteht, dass aus einer Fülle von Einzelbeobachtungen durch logische Schlussfolgerungen die allgemeinen Gesetzmäßigkeiten aufgedeckt und in **Theorien** zusammengefasst werden. Sofern eine Gruppe von Gesetzmäßigkeiten noch nicht sicher in das allgemeine Gebäude von Erkenntnissen eingegliedert werden kann, sucht man zunächst mit der Aufstellung einer **Hypothese** eine vorläufige Erklärung. Hypothesen müssen aber sofort verworfen werden, wenn sie in Widerspruch zu den Tatsachen geraten. Da der Wahrheitsgehalt aller physikalischen Lehrsätze allein auf ihrer Übereinstimmung mit der Wirklichkeit beruht, ist die Physik eine immer *induktiv* arbeitende Wissenschaft. Daraus folgt:

Es gibt keine physikalische Theorie, die nicht zu experimentell prüfbaren Konsequenzen führt. Das Experiment ist deshalb ein wesentlicher Bestandteil der praktischen Überprüfung jeder physikalischen Theorie.

Für die Gewinnung von neuen physikalischen Erkenntnissen ist aber ebenso der zweite Weg, die **deduktive Methode**, von großer Bedeutung. Sie stellt das Gegenstück und zugleich eine notwendige Ergänzung zur induktiven Methode dar. Mit ihr werden aus bekannten, allgemein gültigen Sätzen, deren Richtigkeit gesichert ist, zumeist durch mathematische Ableitungen neue Einzelerkenntnisse, Experimente und Erscheinungen vorausgesagt. Beide Methoden, die induktive und die deduktive, treten stets in enger Verknüpfung auf. Daraus ergibt sich, dass die Physik als Ganzes sich in untrennbarer Einheit von experimenteller und theoretischer Forschung entwickelt. Es gibt daher streng genommen keine Trennung zwischen experimenteller und theoretischer Physik, wohl aber aus Zweckmäßigkeitsgründen eine Arbeitsteilung zwischen Experimentalphysikern und theoretischen Physikern.

2 Physikalische Größen, Einheiten, Dimensionen, Gleichungen

2.1 Größen, Einheiten, Dimensionen

Zur kurzen und eindeutigen Beschreibung der Naturgesetze werden bestimmte physikalische **Größen** benutzt. Sie beschreiben Eigenschaften von physikalischen Objekten, für die ein *Messverfahren* existiert. Grundeigenschaften aller physikalischen Größen sind Erfassbarkeit durch Maß und Zahl (Metrisierung) und Verknüpfbarkeit mittels mathematischer Operationen. Physikalische Größen werden ihrer Qualität nach verschiedenen **Größenarten** zugeordnet. So z. B. gehören die Größen Wurfhöhe, Schwingungsamplitude und Kernradius sämtlich der Größenart „Länge“ an.

Als Maß zur Messung von Größen gleicher Art dienen die physikalischen **Einheiten**. Diese sind international festgelegte, reproduzierbare Größen und werden entweder durch eine Maßverkörperung, d. h. einen *Etalon* oder *Prototyp*, wie beim Kilogramm (vgl. 4.3), oder durch eine *Mess-* bzw. *Zählvorschrift*, wie beim Ampere (vgl. 28.6) bzw. Mol (vgl. 16.4) definiert. Bei der Messung einer physikalischen Größe wird dieselbe in Vielfachen bzw. Teilen der zugehörigen Einheit ausgedrückt. Jede physikalische Größe G trägt somit ein *quantitatives* und ein *qualitatives* Merkmal, und es kann daher ihr *Wert* formal als Produkt zweier Faktoren, *Zahlenwert* $\{G\}$ und *Einheit* $[G]$, aufgefasst werden:

$$G = \{G\}[G].$$

Beispiel: Elektrische Spannung $U = 220\,\mathrm{V}$; $\{U\} = 220$; $[U] = \mathrm{V}$ (Volt).

Man unterscheidet *Basisgrößenarten* und *abgeleitete Größenarten*. In der Mechanik kommt man z. B. mit drei Basisgrößenarten, der Länge s, der Zeit t und der Masse m, aus, wobei dann die Geschwindigkeit $v = s/t$, die Beschleunigung $a = v/t$, die Kraft $F = ma$ usw. abgeleitete Größenarten sind.

Entsprechend unterscheidet man zwischen *Basiseinheiten* und *abgeleiteten Einheiten*, je nachdem, ob es sich um Einheiten von Basisgrößenarten oder abgeleiteten Größenarten handelt.

Die SI-Basiseinheiten. Dem *Internationalen Einheitensystem* (Système International d'Unités, abgekürzt in allen Sprachen „SI“) liegen sieben Basiseinheiten zu Grunde; es sind dies die

Einheit der Länge:	das **Meter**	m	(vgl. 3.1)
Einheit der Masse:	das **Kilogramm**	kg	(vgl. 4.3)
Einheit der Zeit:	die **Sekunde**	s	(vgl. 3.1)
Einheit der elektrischen Stromstärke:	das **Ampere**	A	(vgl. 28.6)
Einheit der Temperatur:	das **Kelvin**	K	(vgl. 16.1)
Einheit der Stoffmenge:	das **Mol**	mol	(vgl. 16.4)
Einheit der Lichtstärke:	die **Candela**	cd	(vgl. 42.6).

Anmerkung: Die Temperatur darf wie bisher auch in Grad Celsius (°C) angegeben werden. CELSIUS-Temperatur ist gleich KELVIN-Temperatur minus 273,15 K.

Alle Einheiten, die aus diesen Basiseinheiten direkt gebildet werden (ohne Verwendung von Zahlenfaktoren), wie z. B. die Einheit der Geschwindigkeit 1 m/s (lies: Meter je Sekunde) $\equiv 1\,\mathrm{m\,s^{-1}}$ oder die Einheit der elektrischen Spannung 1 Volt (V) $= 1\,\mathrm{m^2\,s^{-3}\,kg\,A^{-1}}$, heißen *kohärente* Einheiten. *Nichtkohärente* Einheiten lassen sich zwar auch auf die Basiseinheiten zurückführen, jedoch treten in den entsprechenden Gleichungen Zahlenwerte auf, die von 1 verschieden sind (Beispiele: 1 Kilometer/Stunde $\equiv 1\,\mathrm{km\,h^{-1}} = 0{,}278\,\mathrm{m\,s^{-1}}$; 1 bar $= 10^5\,\mathrm{m^{-1}\,s^{-2}\,kg}$ usw.).

Tabelle 2.1. Vielfache und Teile von SI-Einheiten. Dezimale Vielfache und Teile von Basiseinheiten und abgeleiteten Einheiten werden wie folgt durch *Vorsätze* gekennzeichnet:

Vorsatz	Vorsatzzeichen	Faktor	Vorsatz	Vorsatzzeichen	Faktor
Yotta	Y	10^{24}	Dezi[1])	d	10^{-1}
Zetta	Z	10^{21}	Zenti[1])	c	10^{-2}
Exa	E	10^{18}	Milli	m	10^{-3}
Peta	P	10^{15}	Mikro	µ	10^{-6}
Tera	T	10^{12}	Nano	n	10^{-9}
Giga	G	10^{9}	Piko	p	10^{-12}
Mega	M	10^{6}	Femto	f	10^{-15}
Kilo	k	10^{3}	Atto	a	10^{-18}
Hekto[1])	h	10^{2}	Zepto	z	10^{-21}
Deka[1])	da	10	Yocto	y	10^{-24}

[1]) Diese Vorsätze sollen nur noch bei solchen Einheiten angewendet werden, bei denen sie bisher gebräuchlich waren, z. B. Hektoliter, Hektopascal, Dezitonne, Zentimeter.

Dimensionen physikalischer Größenarten. Eine Verallgemeinerung der physikalischen Größe ist deren *Dimension.* Sie kennzeichnet die *Qualität* einer physikalischen Größenart, ohne Hinweis auf bestimmte Einheiten; sie gibt den Zusammenhang einer physikalischen Größenart mit den Basisgrößenarten an.

Der Mechanik liegen allein die drei Dimensionen *Länge* L, *Masse* M und *Zeit* T zu Grunde, entsprechend den oben genannten drei mechanischen Basisgrößenarten. Demnach hat z. B. die Geschwindigkeit die Dimension Länge/Zeit, also $\mathsf{LT^{-1}}$ (im Unterschied zu ihrer Einheit Meter/Sekunde), die Kraft $F = ma$ die Dimension $\mathsf{MLT^{-2}}$, die Energie die Dimension $\mathsf{ML^2T^{-2}}$ usw.

Beispiele: *1.* Führe die Einheit der elektrischen Spannung, das Volt (V), auf die Basiseinheiten zurück! – *Lösung:* Aus der Einheitenbeziehung für die Energie $1\,\mathrm{J} = 1\,\mathrm{W\,s} = 1\,\mathrm{V\,A\,s} = 1\,\mathrm{N\,m} = 1\,\mathrm{kg\,m^2/s^2}$, vgl. (23/1), folgt $1\,\mathrm{V} = 1\,\mathrm{kg\,m^2/(s^3A)}$.

2. Drücke die inkohärente Energieeinheit Kilowattstunde (kWh) durch die SI-Einheit Joule (J) aus! – *Lösung:* $1\,\mathrm{kWh} = 10^3\,\mathrm{W} \cdot 3600\,\mathrm{s} = 3{,}6 \cdot 10^6\,\mathrm{W\,s} = 3{,}6 \cdot 10^6\,\mathrm{J} = 3{,}6\,\mathrm{MJ}$.

Aufgabe 2.1. Forme den Ausdruck kWh m/(dm^3 MPa) so um, dass er nur kohärente SI-Einheiten enthält, und vereinfache ihn durch formale Rechnung! Benutze dazu die Übersichten über die Einheiten auf der hinteren Einband-Innenseite!

2.2 Physikalische Gleichungen

Man unterscheidet zwischen *Größengleichungen, zugeschnittenen Größengleichungen, Zahlenwertgleichungen* und *Einheitengleichungen.*

In der **Größengleichung** stehen die Symbole für die physikalischen Größen, d. h. für die Produkte aus Zahlenwert und Einheit dieser Größen. Die Größengleichung gilt unabhängig von der Wahl der Einheiten.

Beispiele: $s = vt$; $F = ma$ usw.

Auch in den **zugeschnittenen Größengleichungen** stehen die Symbole für die physikalischen Größen; es treten jedoch in der Gleichung stets die Quotienten aus den Größen und ihren Einheiten, d. h. also die Zahlenwerte, auf.

Beispiel: Umrechnung der CELSIUS-Temperatur ϑ (Einheit °C) in die (absolute) KELVIN-Temperatur T (Einheit K)

$$\frac{T}{\mathrm{K}} = \frac{\vartheta}{{}^\circ\mathrm{C}} + 273{,}15 \qquad \text{oder} \qquad \{T\} = \{\vartheta\} + 273{,}15.$$

In der **Zahlenwertgleichung** bedeuten die Symbole der vorkommenden physikalischen Größen *nur* die Zahlenwerte dieser Größen. Für die Größen sind dann ganz bestimmte Einheiten vorgeschrieben, die in einer Gleichungslegende angegeben werden.

Beispiel: $s = \frac{1}{3{,}6} vt$ mit
s Weg in Metern,
v Geschwindigkeit in Kilometern je Stunde,
t Zeit in Sekunden.

In diesem Buch werden grundsätzlich keine Zahlenwertgleichungen verwendet.

Die Verwendung der SI-Einheiten bietet den Vorteil, dass die Größengleichungen ohne Veränderung auch als Zahlenwertgleichungen benutzt werden können.

Geht es darum, die *Einheit* einer physikalischen Größe zu ermitteln, so setzt man die in der zugehörigen Größengleichung vorkommenden Größen in eckige Klammern, d. h., man betrachtet lediglich die Einheiten der betreffenden Größen. Auf diese Weise entsteht aus der Größengleichung die zugehörige **Einheitengleichung**.

Beispiel: Aus der Definition der *spezifischen Wärmekapazität* $c = Q/[m(T_2 - T_1)]$, vgl. Abschnitt 17.1, mit Q als Wärmemenge, m Masse und T absoluter Temperatur folgt als Einheitengleichung

$$[c] = \frac{[Q]}{[m] \cdot [T]} = \frac{\mathrm{J}}{\mathrm{kg} \cdot \mathrm{K}} \equiv \mathrm{J\,kg^{-1}\,K^{-1}},$$

also für c die Einheit Joule je Kilogramm und Kelvin.

TEILCHEN

Mechanik der Punktmasse und des starren Körpers

Bei der Beschreibung von Bewegungsvorgängen ist es oft zulässig, von den Abmessungen und der Gestalt der beteiligten Körper sowie den Bewegungen ihrer einzelnen Teile gegeneinander (*innere* Bewegungen) abzusehen und die Körper als unveränderliche stoffliche **Teilchen** von konstanter Menge Substanz und gegebenenfalls konstanter elektrischer Ladung zu idealisieren. Das Teilchen dient so als *Denkmodell* für Körper sowohl in der Mikro- als auch in der Makrophysik, indem einerseits z. B. Elektronen, Atomkerne und die Moleküle eines Gases, andererseits aber auch die Planeten, deren Abmessungen klein sind im Verhältnis zu den Räumen, in denen sie sich bewegen, als Teilchen idealisiert werden können.
Für die mathematische Behandlung ist es zweckmäßig, wenn man sich die gesamte stoffliche Substanz sowie die daran gebundene elektrische Ladung des Teilchens in einem Punkt konzentriert denkt, so dass seine Lage durch die drei Koordinaten des Raumes angegeben werden kann. Man spricht dann von einer **Punktmasse** bzw. **Punktladung**. Diese kann keine Drehungen, sondern nur fortschreitende Bewegungen ausführen.
Makroskopische Körper lassen sich stets durch ein *System von Punktmassen* bzw. *Punktladungen* darstellen, so z. B. die Gase durch die Gesamtheit der Gasmoleküle oder die festen kristallinen Körper durch die Atome bzw. Ionen des Kristallgitters. Der **starre Körper** kann modellmäßig durch ein System starr gekoppelter Punktmassen aufgefasst werden.

3 Kinematik der Punktmasse

Die *Kinematik* ist die *Lehre von den Bewegungen* der Körper, in der die Ursachen der Bewegungen (die beteiligten Kräfte) sowie die durch sie hervorgerufenen Wirkungen auf andere Körper außer Acht bleiben.

3.1 Raum, Zeit, Bezugssystem

Jeder physikalische Vorgang läuft *in Raum und Zeit* ab. Das ist daraus zu ersehen, dass in allen Bereichen der Physik jedes Gesetz – offen oder verdeckt (explizit oder implizit) – Raum-Zeit-Beziehungen in Form von Längen und Zeitintervallen enthält.
Zur **Längenmessung** dienen Geräte, mit denen sich zwei Abstandsmarken reproduzierbar einstellen lassen, durch deren Entfernung die *Längeneinheit* festgelegt werden kann. Die zu vermessende Strecke wird dann mit der Längeneinheit verglichen und in Vielfachen oder Teilen derselben ausgedrückt.
Die Längeneinheit ist das **Meter (m)**. Die Meter-Definition basiert auf einem festgelegten Wert der Lichtgeschwindigkeit im Vakuum von 299 792 458 m/s. Sie wurde möglich durch die abso-

lute Messung der Frequenz von Laserstrahlung im sichtbaren Spektralbereich. Da Frequenz f und Wellenlänge λ der Strahlung mit der Lichtgeschwindigkeit c durch die Beziehung $c = f\lambda$ verknüpft sind (vgl. 36.1), kann die hohe Genauigkeit von Frequenzmessungen zur Darstellung der Längeneinheit genutzt werden. Aus dem oben angegebenen Wert für die Lichtgeschwindigkeit folgt als *Meter-Definition*:

Das Meter ist die Länge der Strecke, die Licht im Vakuum während der Dauer von 1/299 792 458 Sekunde durchläuft.

Für die praktische Handhabung wird die so definierte Längeneinheit auf körperliche Vergleichsmaßstäbe übertragen, die Abstandsmarken tragen (für eine bestimmte Temperatur und weitere genau festgelegte Umgebungsbedingungen). Die Genauigkeit solcher Vergleichsmaßstäbe beträgt einige 10^{-7}, d. h., bezogen auf die Länge von 1 m beträgt der prinzipiell nicht unterschreitbare Fehler in der Längenangabe einige 10^{-7} m.

Eine außerordentlich hohe Genauigkeit und Reproduzierbarkeit besitzen Verfahren zur Längenbestimmung, bei denen als maßverkörperndes Normal die Wellenlänge des Lichts zu Grunde gelegt wird *(optische Interferenzlängenmessung)*. Diese Methode besteht vom Prinzip her im Auszählen von Wellenlängen des zur Messung verwendeten Lichts. Auf diese Weise lässt sich das Meter auf Bruchteile der Lichtwellenlänge ($\approx 10^{-8}$ m) genau vermessen. Bezogen auf die Entfernung Erde–Mond entspricht dies einer Messungenauigkeit von nur wenigen Metern!

Mit Hilfe von *Endmaßen* lassen sich Längen zwischen etwa 0,1 mm und allgemein 0,25 m mit einer Genauigkeit von einigen Zehntel Mikrometer vermessen. Die häufig anzutreffende *Messschraube* („Mikrometerschraube") gestattet die Messung von Längen zwischen 0,01 mm und meist 25 mm auf etwa 5 µm genau. Mit Hilfe von *Messuhren* mit Taster kann eine Genauigkeit von etwa 1 µm erreicht werden. Beim *Messschieber* erfolgt die Ablesung der Länge auf dem Maßstab mittels *Nonius* (Bild 3.1).

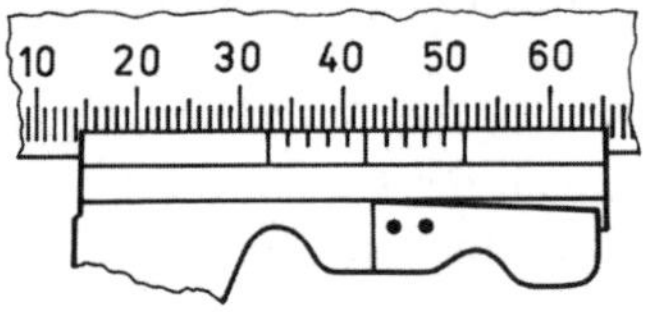

Bild 3.1. Nonius an einer geraden Skala. Ablesung: 32,7.
Die Dezimalstelle 7 ergibt sich daraus, dass der 7. Teilstrich der kurzen Hilfsskala, des Nonius, genau mit einem Teilstrich der Hauptskala zusammenfällt.

Die **Zeitmessung** erfolgt mit Hilfe von *Uhren*. Es handelt sich dabei um Messgeräte, deren Rolle jedes beliebige System erfüllen kann, welches einen zeitlich streng periodischen Vorgang ausführt und mit dessen Hilfe ein Zeitintervall reproduzierbar dargestellt werden kann. Die *Zeiteinheit* ist die **Sekunde (s)**. Ihre Definition geht auf Vorgänge im Atom zurück:

1 Sekunde ist die Dauer von 9 192 631 770 Schwingungsperioden der Strahlung des Atoms Caesium 133.

Das Funktionsprinzip einer *Atomuhr* beruht auf der Wechselwirkung der für die Messung benutzten Strahlungsübergänge im Atom (vgl. 44.2) mit elektromagnetischen Hochfrequenzfeldern, die von einem Hilfsgenerator erzeugt werden, unter Ausnutzung der *Resonanz* bei Übereinstimmung der Frequenzen von Strahlungsfeld und Hochfrequenzfeld. Der Caesium-Frequenz-Standard hat eine Genauigkeit von 10^{-14}, das entspricht einer Abweichung von 1 s in 10^{14} s $\approx$ 3 Millionen Jahren.

Durch geeignete Mittelung der Anzeigen mehrerer Atomuhren wird nach internationaler Übereinkunft für die physikalische Zeitmessung die *internationale Atomzeit* (IAT) festgelegt (SI-Sekunden-Definition). Aus astronomischen Ereignissen folgt eine *Weltzeit* UT (universal time), die aus der Erdrotation abgeleitet wird und für astronomische Beobachtungen sowie für die Navigation nach Himmelskörpern maßgebend ist. Die Atomzeit hat langfristig gegen die Weltzeit eine Abweichung, die bei Erreichen einer Sekunde durch Einschieben oder Auslassen einer „Schaltsekunde" ausgeglichen wird.

Relativität der Bewegungen. Jede Bewegung ist eine im Zeitablauf erfolgende Ortsveränderung eines Körpers *relativ zu anderen, willkürlich als ruhend angenommenen Körpern* der Umgebung, die das **Bezugssystem** bilden. Meist wird stillschweigend angenommen, dass der Beobachter stillsteht, das Bezugssystem also ruht. Registriert der Beobachter, dass sich in seiner Umgebung ein Körper bewegt, so kann er ohne Orientierung an anderen Körpern der Umgebung (d.h. ohne Zuhilfenahme eines Bezugssystems) nicht entscheiden, ob er sich selbst bewegt oder der Körper. Man denke hierbei nur an die bekannte Täuschung, der man immer wieder unterliegt, wenn man aus einem stillstehenden Eisenbahnabteil heraus auf einen anfahrenden Zug blickt. Wenn man sich nicht z. B. am Bahnsteig orientiert, hat man den Eindruck, der eigene Zug setze sich in Bewegung. Fahren beide Züge gleich schnell nebeneinander her, so sieht es für den Mitfahrenden aus, als stünden beide Züge still. Wir erkennen daraus:

Wie jede Bewegung ist auch der Zustand der Ruhe relativ.

Da zur vollständigen Bestimmung der Lage eines Körpers relativ zu den Körpern der Umgebung (dem Bezugssystem) im Allgemeinen die Angabe von drei Längen nötig ist, wird mit dem Bezugssystem ein *dreidimensionales Koordinatensystem* verknüpft. Meist wählt man ein kartesisches System, in welchem die drei Koordinatenachsen aufeinander senkrecht stehen. Die Gesamtheit aller durch die Koordinatentripel (x, y, z) gegebenen Punkte wird als **Raum** bezeichnet.

3.2 Die gleichförmige Bewegung

Es werde die Bewegung eines Teilchens (Punktmasse) längs einer Geraden, die durch eine Führungsschiene realisiert werden kann, betrachtet. Diese Gerade lassen wir mit der x-Achse unseres Bezugssystems zusammenfallen, so dass die Lage des Teilchens durch Angabe der entsprechenden Koordinate x bestimmt ist. Zur Beschreibung der Bewegung des Teilchens genügt es offenbar, wenn man zu jedem Zeitpunkt t seine Lage x bzw. den gegenüber einem beliebig wählbaren Bezugspunkt x_0 zurückgelegten *Weg* $x - x_0 = s$, d. h. das **Weg-Zeit-Gesetz** $s = s(t)$, kennt.

Werden in gleichen Zeitabschnitten stets gleich große Wegstrecken zurückgelegt, sprechen wir von einer **gleichförmigen Bewegung**, und wenn die Bewegung überdies auf gerader Bahn erfolgt, von einer *geradlinig gleichförmigen Bewegung*. Bei dieser einfachsten aller Bewegungsformen ist der zurückgelegte Weg s der verstrichenen Zeit t direkt proportional: $s \sim t$. Man erhält also als Weg-Zeit-Gesetz die einfache Beziehung

$$s = vt \qquad \text{mit} \qquad v = \text{const.} \tag{1}$$

Den Proportionalitätsfaktor v nennt man die **Geschwindigkeit** der gleichförmigen Bewegung; sie berechnet sich als *Quotient aus dem zurückgelegten Weg und der dazu benötigten Zeit* zu

$$v = \frac{s}{t} \qquad \textbf{(Geschwindigkeit der gleichförmigen Bewegung).} \tag{2}$$

Hieraus ergibt sich die Einheitengleichung

$$[v] = \frac{[s]}{[t]} = \frac{1\,\text{m}}{1\,\text{s}} = 1\,\text{m/s} \equiv 1\,\text{m}\,\text{s}^{-1}.$$

Trägt man wie in Bild 3.2a die zurückgelegte Wegstrecke s als Ordinate und die zugehörige Zeit t als Abszisse auf, so erhält man das **Weg-Zeit-Diagramm** der Bewegung. In diesem wird gemäß Gleichung (1) die gleichförmige Bewegung durch eine steigende Gerade beschrieben, deren Anstieg die (konstante) Geschwindigkeit v kennzeichnet. Ist nämlich s_1 der nach Ablauf der Zeit t_1 und s_2 der nach Ablauf der Zeit t_2 zurückgelegte Weg, so gilt $s_1/t_1 = s_2/t_2 = v =$ const. Die Geschwindigkeit kann daher – wie man aus dem Bild entnimmt – auch durch den konstanten *Differenzenquotienten*

$$v = \frac{s_2 - s_1}{t_2 - t_1} = \frac{\Delta s}{\Delta t}$$

beschrieben werden.

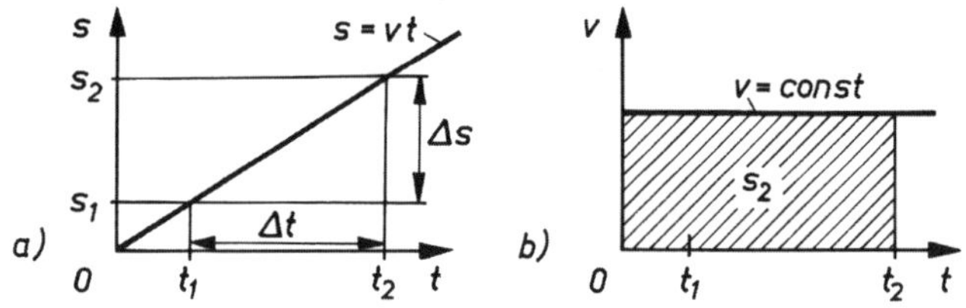

Bild 3.2. Bewegungsdiagramme der gleichförmigen Bewegung:
a) Weg-Zeit-Diagramm $s = s(t)$; b) Geschwindigkeit-Zeit-Diagramm $v = v(t)$;
der schraffierte Flächeninhalt entspricht dem durchlaufenen Weg s.

Der Weg s geht in anschaulicher Weise aus dem **Geschwindigkeit-Zeit-Diagramm** (Bild 3.2b) hervor, das die Geschwindigkeit als Funktion der Zeit $v = v(t)$ abbildet. In ihm wird nach (1) die gleichförmige Bewegung durch eine Gerade parallel zur t-Achse beschrieben. Da der Flächeninhalt unter der Geraden für eine vorgegebene Zeit t zahlenmäßig gleich dem Produkt vt ist, gibt dieser daher den in der Zeit t zurückgelegten Weg an (in Bild 3.2b den Weg $s_2 = vt_2$). Dies gilt auch bei beliebiger Abhängigkeit $v = v(t)$; vgl. die Bilder 3.3 und 3.4b.

Beispiel: Ein Fahrzeug legt die erste Hälfte einer vorgegebenen Strecke mit der Geschwindigkeit $v_1 =$ 30 km/h und die zweite Hälfte mit der Geschwindigkeit $v_2 =$ 50 km/h zurück. Mit welcher Durchschnittsgeschwindigkeit wird die gesamte Strecke zurückgelegt? – *Lösung:* Ist der Gesamtweg gleich $2s$, so ist nach (2) $v_1 = s/t_1$ und $v_2 = s/t_2$. Die Gesamtfahrzeit beträgt daher $t_1 + t_2 = s/v_1 + s/v_2$ und somit die Durchschnittsgeschwindigkeit

$$v = \frac{2s}{t_1 + t_2} = \frac{2}{\dfrac{1}{v_1} + \dfrac{1}{v_2}} = \frac{2v_1 v_2}{v_1 + v_2} = 37{,}5 \text{ km/h} \qquad \textit{(harmonisches Mittel),}$$

also nicht etwa 40 km/h (arithmetisches Mittel).

3.3 Die gleichmäßig beschleunigte Bewegung

Bei allen Bewegungsvorgängen wird eine bestimmte Geschwindigkeit nicht sprunghaft, sondern allmählich erreicht (z. B. Anfahrvorgänge). Das Gleiche trifft auf Abbremsvorgänge zu, bei denen die Geschwindigkeit ständig abnimmt. Derartige Bewegungen, bei denen sich die Geschwindigkeit *zeitlich ändert*, nennt man *beschleunigt*. Eine Bewegung, bei der die Geschwindigkeit in gleichen Zeiten um denselben Betrag wächst oder abnimmt, heißt **gleichmäßig beschleunigt.** Bei ihr ist die Geschwindigkeits*änderung* Δv der verstrichenen Zeitspanne Δt direkt proportional:

$$\Delta v = a\Delta t \qquad \text{mit} \qquad a = \text{const.} \tag{3}$$

Wird der Körper nicht aus der Ruhelage heraus beschleunigt, sondern hat er zum Zeitpunkt $t = t_0 = 0$ (d. h. zu Beginn der Zeitzählung, z. B. bei Verwendung einer Stoppuhr) bereits eine bestimmte *Anfangsgeschwindigkeit* v_0, dann ist, wenn v die *Endgeschwindigkeit* nach Ablauf der Zeit t ist, die Geschwindigkeitsänderung im Zeitintervall $\Delta t = t - t_0 = t$ wegen (3) gleich $\Delta v = v - v_0 = at$ und somit

$$v = at + v_0 \qquad \textbf{(Endgeschwindigkeit).} \tag{4}$$

Die konstante Größe a heißt **Beschleunigung**; sie ist demnach gleich dem *Quotienten aus der Geschwindigkeitsänderung und der dazu benötigten Zeit:*

$$a = \frac{\Delta v}{\Delta t} = \frac{v - v_0}{t} \qquad \textbf{(Beschleunigung bei der gleichmäßig beschleunigten Bewegung).} \tag{5}$$

$$\textit{Einheit:} \quad [a] = \frac{[v]}{[t]} = 1\,\frac{\text{m/s}}{\text{s}} = 1\,\frac{\text{m}}{\text{s}^2} \equiv 1\,\text{m}\,\text{s}^{-2}.$$

Wenn die Geschwindigkeit abnimmt ($\Delta v < 0$), hat a die Bedeutung einer **Verzögerung**; ihr Zahlenwert erhält dann negatives Vorzeichen ($a < 0$).
Als Geschwindigkeit-Zeit-Diagramm erhält man nach Gleichung (4) für die gleichmäßig beschleunigte Bewegung eine steigende, für die gleichmäßig verzögerte Bewegung eine fallende Gerade, deren Anstieg durch die konstante Beschleunigung a und deren Ordinatenabschnitt durch die Anfangsgeschwindigkeit v_0 gegeben ist (Bild 3.3).

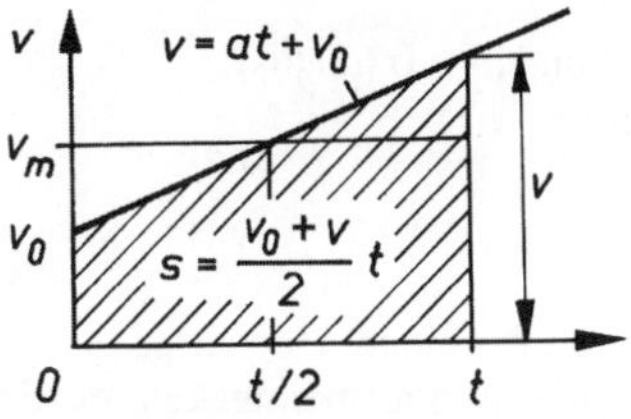

Bild 3.3. Geschwindigkeit-Zeit-Diagramm der gleichmäßig beschleunigten Bewegung. Die schraffierte Fläche gibt zahlenmäßig den zurückgelegten Weg an. v_m ist die mittlere Geschwindigkeit.

Die schraffiert gezeichnete Fläche unter der v,t-Geraden, welche die Gestalt eines Trapezes hat, ist – wie wir im vorigen Abschnitt gesehen haben – zahlenmäßig gleich dem Weg s. Dieser berechnet sich somit zu

$$s = \frac{v_0 + v}{2} t = v_m t. \tag{6}$$

$v_m = s/t = (v_0 + v)/2$ gibt dabei die **mittlere Geschwindigkeit** an; bei dieser Geschwindigkeit wird während der Zeit t in *gleichförmiger* Bewegung die gleiche Wegstrecke zurückgelegt wie in gleichmäßig beschleunigter Bewegung von v_0 auf v. Nach Einsetzen von v gemäß Gleichung (4) in Gleichung (6) erhält man

$$s = \frac{at^2}{2} + v_0 t \qquad \textbf{(Weg-Zeit-Gesetz der gleichmäßig beschleunigten Bewegung).} \tag{7}$$

Ersetzt man hingegen in (6) nach Gleichung (4) die Zeit $t = (v - v_0)/a$, so folgt nach Umstellung

$$v = \sqrt{2as + v_0^2} \qquad \textbf{(Endgeschwindigkeit).} \tag{8}$$

Aus den allgemein gültigen Gleichungen (4) bis (8) lassen sich nun bestimmte **Sonderfälle** ableiten. So ist beim *Start aus der Ruhelage* $v_0 = 0$ zu setzen. Beim *Abbremsen bis zum Stillstand* ist die Endgeschwindigkeit $v = 0$, womit sich aus (4) die Anfangsgeschwindigkeit bei gegebener Bremszeit zu $v_0 = -at$ und aus (8) der Bremsweg zu $s = -v_0^2/(2a)$ oder die Anfangsgeschwindigkeit bei gegebenem Bremsweg zu $v_0 = \sqrt{-2as}$ ergeben. Die Minuszeichen verschwinden beim Einsetzen des Wertes für die Beschleunigung a, der hier negativ ist. In Bild 3.4 sind die Bewegungsdiagramme für die gleichmäßig beschleunigte Bewegung zusammengestellt.

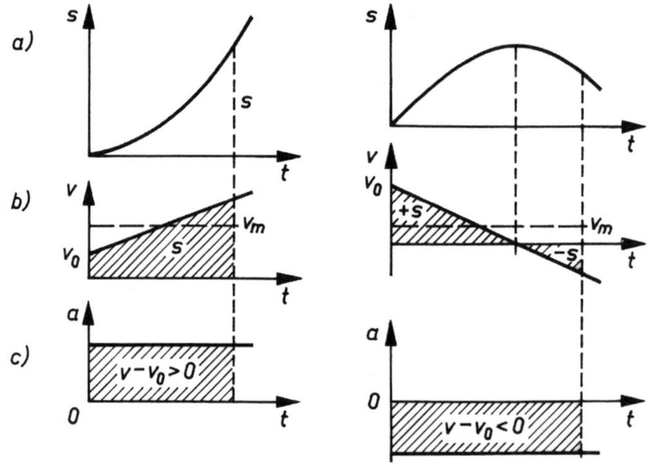

Bild 3.4. Bewegungsdiagramme für $a > 0$ (links) und $a < 0$ (rechts):
a) Weg-Zeit-Diagramm bzw. Ort-Zeit-Diagramm $s = s(t)$
b) Geschwindigkeit-Zeit-Diagramm $v = v(t)$
c) Beschleunigung-Zeit-Diagramm $a = a(t)$

Für $a < 0$ weist $s = s(t)$ in Bild 3.4a (rechts) ein Maximum auf, das einem Umkehrpunkt der Bewegung entspricht. Die einzelnen s-Werte werden nach Erreichen des Maximums in umgekehrter Richtung noch einmal durchlaufen, wobei die Geschwindigkeit jetzt negative Werte annimmt (Bild 3.4b (rechts)). $s = s(t)$ stellt in diesem Falle nicht den in einer bestimmten Zeit insgesamt zurückgelegten Weg dar, sondern die *momentane Entfernung zum Bezugspunkt*, was gleichbedeutend mit der *Ortskoordinate* des Körpers zur Zeit t ist. Dementsprechend bezeichnet man das s,t-Diagramm für $a < 0$ in Bild 3.4a auch als **Ort-Zeit-Diagramm**. Den vom Körper insgesamt zurückgelegten Weg erhält man durch Addition der Beträge der im v,t-Diagramm Bild 3.4b (rechts) schraffiert gezeichneten Flächen. Vergleiche dazu das Beispiel zum senkrechten Wurf in Abschnitt 3.4.

Beispiel: Der Fahrer eines mit 80 km/h fahrenden Pkw bemerkt plötzlich in 60 m Entfernung auf der Straße ein Hindernis, worauf er seinen Wagen mit der maximal möglichen Verzögerung von $a = -5\ \text{m/s}^2$ abbremst. a) Wie viel Sekunden nach Einsetzen des Bremsvorgangs und wie viel Meter vor dem Hindernis kommt der Wagen zum Stehen? b) Mit welcher Geschwindigkeit prallt der Wagen auf, wenn er anfänglich mit 90 km/h gefahren wird? – *Lösung:* a) Bekannt sind die Anfangsgeschwindigkeit $v_0 = (80/3{,}6)$ m/s $= 22{,}2$ m/s, die Endgeschwindigkeit $v = 0$ und die Beschleunigung a. Aus (4) folgt damit die Bremszeit $t = -v_0/a \approx 4{,}5$ s. Für den Bremsweg ergibt sich aus (8) $s = -v_0^2/(2a) = 49{,}3$ m; der Wagen kommt also $10{,}7$ m vor dem Hindernis zum Stehen. b) Mit $s = 60$ m und $v_0 = (90/3{,}6)$ m/s $=$ 25 m/s folgt nach (8) für die Aufprallgeschwindigkeit $v = 5$ m/s $= 18$ km/h.

Aufgabe 3.1. Um wie viel Meter vergrößert sich im obigen Beispiel die Strecke für den Anhaltevorgang gegenüber dem Bremsweg, wenn die Reaktionszeit des Fahrers bis zum Beginn des Bremsvorganges von $t_R = 0{,}8$ s berücksichtigt wird? Kommt es jetzt bei $v_0 = 80$ km/h zum Aufprall? Wenn ja, mit welcher Geschwindigkeit?

Aufgabe 3.2. Ein Kurzstreckenläufer legt die Strecke von 100 m in der Zeit von 10,5 s zurück. Während der ersten 20 m beschleunigt er dabei gleichmäßig und läuft den Rest der Strecke mit konstanter Geschwindigkeit. Wie groß sind die Beschleunigung und die Endgeschwindigkeit des Läufers? Stelle den Lauf in einem v,t- sowie in einem s,t-Diagramm dar!

3.4 Freier Fall. Senkrechter Wurf

Das wohl bekannteste Beispiel für eine gleichmäßig beschleunigte Bewegung ist der **freie Fall**. Ursache der Fallbewegung eines Körpers ist die Anziehungskraft der Erde. GALILEI (1564–1642) erkannte als Erster, dass *alle Körper mit der gleichen Beschleunigung* zum Mittelpunkt der Erde *fallen*, wenn der Einfluss des Luftwiderstandes vernachlässigt wird (Bild 3.5). Anhand sorgfältiger und für seine Zeit genauer Experimente konnte er zeigen, dass die Wege, die von einem Körper in 1, 2, 3, 4 ... Zeiteinheiten (z. B. Sekunden) durchfallen werden, sich wie 1 : 4 : 9 : 16 : ... verhalten, d. h., *die Fallhöhe ist dem Quadrat der Fallzeit proportional (Fallgesetz).*

So fällt ein Körper in Luft in der ersten Sekunde etwa 4,9 m und in jeder folgenden jeweils um das Doppelte dieses Wertes, also ungefähr um 9,8 m, mehr als in der vorangegangenen Sekunde. Die gesamte Fallhöhe, ausgedrückt in Metern, beträgt also

$$h = 4{,}9 + (4{,}9 + 9{,}8) + (4{,}9 + 2 \cdot 9{,}8) + \cdots + [4{,}9 + (t-1) \cdot 9{,}8],$$

wenn t die Anzahl der Sekunden angibt. Wir haben also t Summanden, die sich als Summe einer arithmetischen Reihe wie folgt zusammenfassen lassen:

$$h = 4{,}9\,t + \frac{9{,}8\,t(t-1)}{2} = \frac{9{,}8}{2} t^2.$$

Dies ist das quadratische Zeitgesetz des freien Falls mit dem speziellen Wert 9,8 m/s^2 für die **Fallbeschleunigung** oder **Schwerebeschleunigung**, die mit dem Buchstaben g (von lat. „gravitas“, die Schwere) bezeichnet wird.

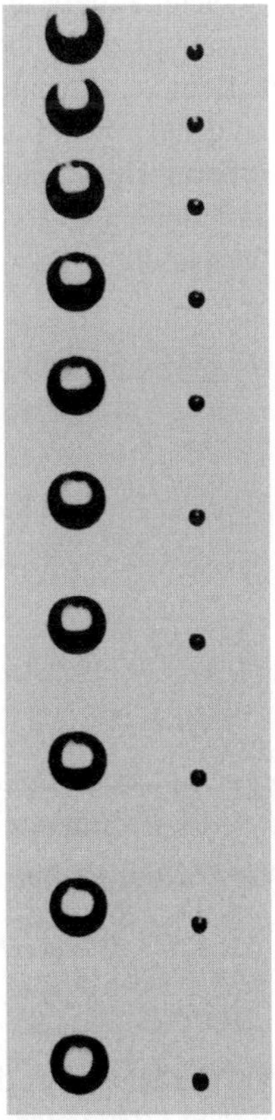

Bild 3.5. Stroboskopische Aufnahme von zwei frei fallenden Kugeln ungleicher Masse. Sie wurde hergestellt, indem bei geöffneter Blende in Abständen von 1/100 s mit Blitzlicht beleuchtet wurde. Man beachte, dass die leichte Kugel genauso schnell fällt wie die schwere Kugel.

Dieses Gesetz folgt mit der Anfangsgeschwindigkeit $v_0 = 0$ und dem genauen Wert der experimentell zu bestimmenden Fallbeschleunigung $a = g$, der innerhalb nicht allzu großer Höhenunterschiede konstant ist, unmittelbar auch aus (7):

$$h = \frac{g}{2} t^2 \qquad \textbf{(Fallhöhe).} \qquad (9)$$

Aus (8) erhält man die Endgeschwindigkeit nach Durchfallen der Höhe h:

$$v = \sqrt{2gh} \qquad \textbf{(Fallgeschwindigkeit).} \qquad (10)$$

Der Wert für die Fallbeschleunigung g kann z. B. mittels genauer Messungen der Fallzeit für eine vorgegebene Höhe nach Gleichung (9) $g = 2h/t^2$ bestimmt werden. Genauere Messungen sind mit Hilfe von *Pendeln* möglich (vgl. A.2 im *Anhang*). Infolge der Abweichung der Erde von der Kugelgestalt und wegen der Erddrehung ist g von der geographischen Breite abhängig (s. 5.2). Für Orte um den 50. Breitenkreis und niedrige Höhenlagen erhält man $g \approx 9,81\ \text{m/s}^2$. Als *Normwert* wurde der Wert für 45° nördlicher Breite und Meereshöhe vereinbart:

$$g_\text{n} = 9,806\,65\ \text{m/s}^2 \qquad \textbf{(Normfallbeschleunigung).}$$

Beispiel: Bestimme aus Bild 3.5 den Wert der Fallbeschleunigung g! – *Lösung:* Die Ausmessung der Abstände aufeinander folgender Positionen der frei fallenden Kugeln ergibt, dass in jeweils einer hundertstel Sekunde ($\Delta t = 10^{-2}$ s) die zurückgelegten Wege jedes Mal um $\Delta s \approx 1$ mm zunehmen. Die Geschwindigkeitszunahme zwischen zwei aufeinander folgenden Belichtungen beträgt also $\Delta v = \Delta s/\Delta t \approx 0,1$ m/s, woraus für die Beschleunigung folgt $a = \Delta v/\Delta t \approx 10\ \text{m/s}^2 \approx g$.

Der senkrechte Wurf. Beim senkrechten Wurf eines Körpers ist der gleichmäßig beschleunigten Fallbewegung eine *gleichförmige* Bewegung mit der Anfangsgeschwindigkeit v_0 überlagert. Die resultierende Bewegung ist ebenfalls gleichmäßig beschleunigt. Beim senkrechten Wurf **nach unten** hat v_0 dieselbe Richtung wie die Fallbewegung; es gelten daher für ihn die allgemeinen Bewegungsgesetze (4), (7) und (8) mit $a = g$ in unveränderter Form. Beim senkrechten Wurf **nach oben** ist demgegenüber zu beachten, dass die Fallbeschleunigung g als *Verzögerung* wirkt und daher negativ anzusetzen ist. Damit ergibt sich aus (4) die Geschwindigkeit nach Ablauf der Zeit t zu

$$v = v_0 - gt, \tag{11}$$

aus (7) die Wurfhöhe nach der Zeit t zu

$$h = v_0 t - \frac{g}{2}t^2 \tag{12}$$

und aus (8) die Geschwindigkeit in der Höhe h zu

$$v = \sqrt{v_0^2 - 2gh}. \tag{13}$$

Bei einer vorgegebenen Anfangsgeschwindigkeit v_0 erreicht der Körper eine bestimmte maximale Höhe h_max. In dieser Höhe ist er für einen Augenblick in Ruhe ($v = 0$), um danach frei nach unten zu fallen. Für den Gipfelpunkt gilt daher $0 = \sqrt{v_0^2 - 2gh_\text{max}}$, woraus folgt

$$h_\text{max} = \frac{v_0^2}{2g} \qquad \textbf{(maximale Wurfhöhe).} \tag{14}$$

$v_0 = \sqrt{2gh_\text{max}}$ ist diejenige Geschwindigkeit, die dem Körper erteilt werden muss, damit er die Höhe h_max gerade erreicht. Wie man sieht, ist sie der Geschwindigkeit (10) gleich, die der Körper erhält, wenn er aus der Höhe h_max frei zu Boden fällt.

Beispiel: Ein Körper werde mit der Anfangsgeschwindigkeit $v_0 = 20$ m/s senkrecht nach oben geworfen. Bis zu welcher Höhe steigt er maximal? Nach welcher Zeit hat er seine Anfangslage wieder erreicht? ($g \approx 10\ \text{m/s}^2$). Wurfhöhe h, Geschwindigkeit v und Beschleunigung a sind in Abhängigkeit von der Zeit graphisch darzustellen. – *Lösung:* Nach (14) ist $h_\text{max} = 20$ m. Die *Steigzeit* t_1 erhält man aus (11) mit der Bedingung $v = 0$ zu $t_1 = v_0/g = 2$ s. Der Körper kommt also nach $t_2 = 2t_1 = 4$ s wieder am Boden an. Entsprechend Gleichung (7) bzw. (12) wird die gleichmäßig beschleunigte Bewegung im Ort-Zeit-Diagramm durch eine *Parabel* beschrieben. In unserem Beispiel ist die Parabel wegen des negativen Vorzeichens der Beschleunigung nach unten geöffnet (Bild 3.6a). Das Maximum liegt an der Stelle $t = t_1$ bei $h = h_{max}$. Im v,t-Diagramm (Bild 3.6b) ergibt sich gemäß Gleichung (11) eine fallende Gerade mit dem Ordinatenabschnitt $v = v_0$ bei $t = 0$ und der Ordinate $v = -v_0$ bei $t = t_2 = 2t_1$. Sie veranschaulicht die verzögerte Bewegung während der Aufstiegsphase bis zum Stillstand ($v = 0$) zum Zeitpunkt t_1 und die anschließende beschleunigte Bewegung in umgekehrter Richtung (Abstiegsphase mit negativer Geschwindigkeit). Wegen der auf den Körper wirkenden konstanten Fallbeschleunigung $a = -g$ ergibt sich im a, t-Diagramm (Bild 3.6c) eine Gerade parallel zur t-Achse. Auch im höchsten Punkt der Flugbahn, wo die Geschwindigkeit gleich null ist, behält die Beschleunigung ihren Wert $a = -g$; denn „Beschleunigung" bedeutet Geschwindigkeits*änderung*, und im höchsten Punkt erfolgt die Änderung der Geschwindigkeit von positiven zu negativen Werten.

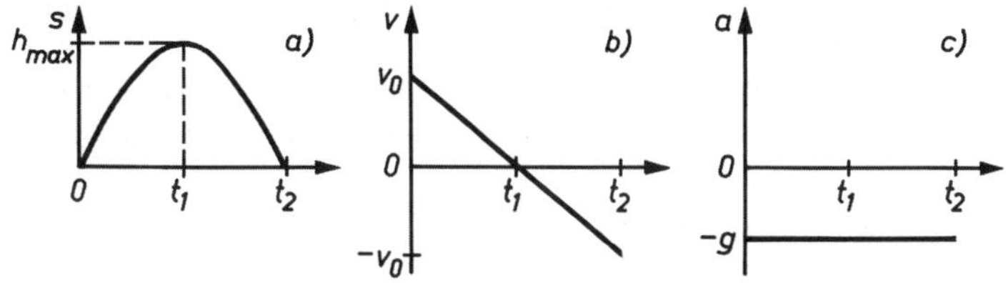

Bild 3.6. Senkrechter Wurf nach oben: Ort-Zeit-Diagramm (a), Geschwindigkeit-Zeit-Diagramm (b) und Beschleunigung-Zeit-Diagramm (c)

Aufgabe 3.3. Von einer 100 m hohen Plattform eines Aussichtsturmes wird ein Körper mit $v_0 = 15$ m/s senkrecht nach oben geworfen. a) Wie groß ist die Gipfelhöhe über dem Erdboden, und wann wird sie erreicht? b) Nach welcher Zeit und mit welcher Geschwindigkeit trifft der Körper am Erdboden auf? Luftwiderstand wird vernachlässigt.

3.5 Allgemeine Definition von Geschwindigkeit und Beschleunigung. Ungleichmäßig beschleunigte Bewegung

Wie aus den Bildern 3.4a und 3.6a hervorgeht, wird die beschleunigte Bewegung im Weg-Zeit-Diagramm durch eine *gekrümmte* Kurve $s = s(t)$ beschrieben. Im Gegensatz zur gleichförmigen Bewegung, für die man im s,t-Diagramm wegen der konstanten Geschwindigkeit eine Gerade erhält, ist daher für die beschleunigte Bewegung die Definition der Geschwindigkeit als Differenzenquotient $\Delta s/\Delta t$ wie in Abschnitt 3.2 nicht mehr ausreichend; denn dieser gibt – wie man aus Bild 3.7 ersehen kann – nur eine *mittlere (durchschnittliche)* Geschwindigkeit zwischen den Zeitpunkten t_1 und t_2 an, entsprechend dem Anstieg der *Sekante* durch die Kurvenpunkte P_1 und P_2.

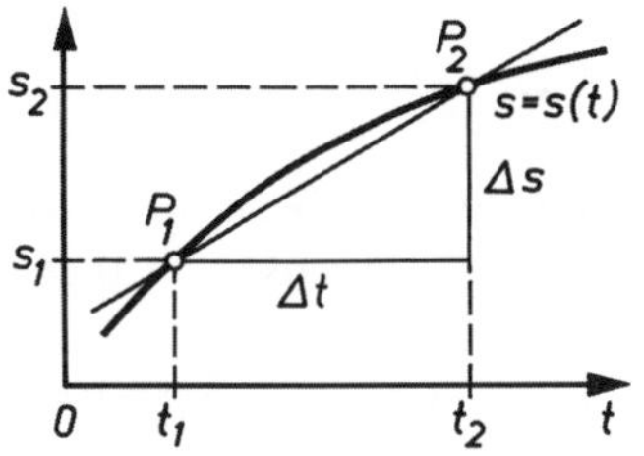

Bild 3.7. Zur Definition der Geschwindigkeit bei beschleunigter Bewegung

Um die **Momentangeschwindigkeit** $v(t)$ zu einem bestimmten Zeitpunkt t, z. B. $t = t_1$, zu erhalten, ist es erforderlich, den Anstieg der *Tangente* an die Weg-Zeit-Kurve im zugehörigen Kurvenpunkt P_1 zu bestimmen. Dies geschieht dadurch, dass das Zeitintervall Δt (und damit zugleich auch das Wegintervall Δs) verschwindend klein gewählt wird. Durch diesen

Grenzübergang wird der Differenzenquotient $\Delta s/\Delta t$ zum Differentialquotienten $\mathrm{d}s/\mathrm{d}t$, der dann die Geschwindigkeit im betreffenden Zeitpunkt angibt:

$$v(t) = \lim_{\Delta t \to 0} \frac{\Delta s}{\Delta t} = \frac{\mathrm{d}s}{\mathrm{d}t} \equiv \dot{s}. \tag{15}$$

Die allgemeine Definition der Geschwindigkeit lautet somit:

Die Geschwindigkeit ist gleich dem Differentialquotienten des Weges nach der Zeit.

Analog ist bei der Bestimmung der Beschleunigung zu verfahren, wenn die Bewegung *ungleichmäßig beschleunigt* ist. Denn in diesem Fall ist der Geschwindigkeits*zuwachs* Δv in gleichen Zeitintervallen Δt verschieden groß, d. h., die Beschleunigung ändert sich dauernd, weshalb diese Bewegung im v,t-Diagramm nicht wie bei gleichmäßiger Beschleunigung durch eine Gerade, sondern durch eine gekrümmte Kurve beschrieben wird. Daher gibt hier der Differenzenquotient (5) $\Delta v/\Delta t$ nur eine *durchschnittliche* Beschleunigung im Zeitintervall Δt an. Die **Momentanbeschleunigung** $a(t)$ erhält man wie oben durch Grenzübergang zu

$$a(t) = \lim_{\Delta t \to 0} \frac{\Delta v}{\Delta t} = \frac{\mathrm{d}v}{\mathrm{d}t} \equiv \dot{v} \tag{16}$$

oder mit (15) zu

$$a(t) = \frac{\mathrm{d}}{\mathrm{d}t}\left(\frac{\mathrm{d}s}{\mathrm{d}t}\right) = \frac{\mathrm{d}^2 s}{\mathrm{d}t^2} \equiv \ddot{s}. \tag{17}$$

Die Beschleunigung ist gleich dem Differentialquotienten der Geschwindigkeit nach der Zeit oder gleich dem zweiten Differentialquotienten des Weges nach der Zeit.

Mit Hilfe dieser Definitionen für Geschwindigkeit und Beschleunigung lassen sich die oben behandelten Gesetze der *gleichmäßig* beschleunigten Bewegung durch Anwendung der Integralrechnung auf analytischem Wege herleiten. So folgt zunächst aus (16) durch Umstellung $\mathrm{d}v = a\,\mathrm{d}t$ und hieraus mit $a = \text{const}$:

$$v = \int \mathrm{d}v = \int a\,\mathrm{d}t = a \int \mathrm{d}t = at + C.$$

Die Integrationskonstante C bestimmt man aus der **Anfangsbedingung**, dass der Körper zum Zeitpunkt $t = 0$ die Anfangsgeschwindigkeit $v = v_0$ haben soll. Durch Einsetzen dieser Werte für t und v folgt aus vorstehender Gleichung $C = v_0$, womit sich die bekannte Beziehung (4) $v = at + v_0$ ergibt. Mit (15) wird hieraus

$$\frac{\mathrm{d}s}{\mathrm{d}t} = at + v_0; \quad s = \int (at + v_0)\,\mathrm{d}t = \frac{a}{2}t^2 + v_0 t + C'.$$

Nehmen wir an, dass die zur Zeit $t = 0$ zurückgelegte Wegstrecke gleich s_0 ist, so folgt durch Einsetzen $C' = s_0$. Lassen wir hingegen die Bewegung zum Zeitpunkt $t = 0$ erst beginnen, d. h. $s_0 = 0$, so ist auch C' gleich null, und es folgt das Weg-Zeit-Gesetz (7).

Beispiele: *1.* Bei einer geradlinigen Bewegung werden nach 1, 2, 3 ... Sekunden 1, 8, 27 ... Meter zurückgelegt. Wie groß sind Geschwindigkeit und Beschleunigung nach der 1., 2. und 3. Sekunde? – *Lösung:* Wir entnehmen, dass s der dritten Potenz von t proportional ist, d. h., es gilt $s = kt^3$. Die Konstante k erhält man durch Einsetzen zusammengehöriger Werte von t und s zu $k = 1\ \mathrm{m/s^3}$. Nach (15) folgt damit als Geschwindigkeit $v(t) = 3kt^2$ und nach (16) als Beschleunigung $a(t) = 6kt$. Einsetzen von k ergibt $v(t) = 3t^2\ \mathrm{m/s^3}$; $a(t) = 6t\ \mathrm{m/s^3}$. Für $t = 1, 2, 3$ s erhält man $v = 3, 12, 27$ m/s und $a = 6, 12, 18\ \mathrm{m/s^2}$.

2. Die Geschwindigkeit einer senkrecht aufsteigenden Rakete zum Zeitpunkt t nach dem Start beträgt nach Gleichung (9/20):

$$v(t) = c \ln \frac{m_0}{m_0 - \dot{m}t} - gt = -c \ln\left(1 - \frac{\dot{m}}{m_0}t\right) - gt.$$

Dabei ist c die konstante Ausströmgeschwindigkeit der Verbrennungsgase aus dem Triebwerk, $\dot{m}$ der zeitlich konstante Treibstoffverbrauch, gemessen in Kilogramm je Sekunde, und m_0 die Startmasse der Rakete. Wie groß sind Startbeschleunigung und Endbeschleunigung der Rakete, wenn $c = 3000\,\mathrm{m/s}$, $\dot{m}/m_0 = 10^{-2}\,/\mathrm{s}$ und die Brenndauer des Treibsatzes $t_\mathrm{E} = 25\,\mathrm{s}$ beträgt? – *Lösung:* Aus obiger Gleichung für $v(t)$ erhält man durch Differentiation nach der Zeit

$$a(t) = \frac{c\,(\dot{m}/m_0)}{1 - (\dot{m}/m_0)t} - g.$$

Für $t = 0$ folgt hieraus als Startbeschleunigung $a(0) = c\,(\dot{m}/m_0) - g = 20\,\mathrm{m/s^2} \approx 2g$ und für $t = t_\mathrm{E} = 25\,\mathrm{s}$ als Endbeschleunigung $a(t_\mathrm{E}) = 30\,\mathrm{m/s^2} \approx 3g$.

Aufgabe 3.4. Ein Elektron bewegt sich mit der konstanten Geschwindigkeit $v_0 = 600\,\mathrm{km/s}$ geradlinig im Vakuum. Vom Zeitpunkt $t_0 = 0$ an wird es durch ein mit der Zeit linear anwachsendes Gegenfeld mit einer Verzögerung $a = -kt$ abgebremst ($k = 3 \cdot 10^{19}\,\mathrm{m/s^3}$). a) Bestimme Weg und Geschwindigkeit in Abhängigkeit von der Zeit allgemein! b) Zu welchem Zeitpunkt nach t_0 kehrt sich die Bewegungsrichtung des Elektrons um? c) Welchen Weg hat es bis dahin im Gegenfeld zurückgelegt?

3.6 Geschwindigkeit und Beschleunigung als Vektoren. Zusammengesetzte Bewegungen (Superposition)

Vektoren. Zur eindeutigen Bestimmung einer Geschwindigkeit gehört außer der Angabe ihres Zahlenwertes nebst Einheit die Angabe der *Richtung*. Gleiches gilt für die Beschleunigung. Derartige gerichtete Größen heißen *Vektoren*, im Gegensatz zu den ungerichteten *Skalaren*, wie z. B. der Zeit, der Temperatur und der Dichte. Vektoren stellt man durch Pfeile in der entsprechenden Richtung dar, deren Länge gleich so viel willkürlich gewählten Längeneinheiten ist, wie der Zahlenwert der betreffenden Größen angibt. Der Zahlenwert zusammen mit der Einheit eines Vektors heißt sein *Betrag*. Zwei vektorielle Größen sind nur dann gleich, wenn sie in Betrag und Richtung übereinstimmen.
Vektorielle Größen werden durch *fettgedruckte* lateinische Buchstaben gekennzeichnet, z. B. $\boldsymbol{v}$ für den Geschwindigkeitsvektor. Üblich ist auch die Kennzeichnung durch gewöhnliche Buchstaben mit einem darübergesetzten Pfeil (z. B. $\vec{v}$), wie sie in den Bildern dieses Buches verwendet wird.

Überlagerung von Bewegungen. Führt ein Körper zwei Bewegungen *gleichzeitig* aus (z. B. ein Boot, das über den Fluss setzt und dabei infolge der Strömung des Flusses abgetrieben wird), so setzen sich die beiden Teilbewegungen (Bewegung des Bootes in Bezug auf den Fluss und Bewegung des Flusses in Bezug auf das Ufer) zur Gesamtbewegung (Bewegung des Bootes gegenüber dem Ufer) so zusammen, als ob sie zeitlich nacheinander stattfinden würden. Man nennt dies das *Prinzip der ungestörten Superposition* (Überlagerung) oder auch das *Unabhängigkeitsprinzip*.
Danach ergibt sich der Geschwindigkeitsvektor $\boldsymbol{v}$ der aus zwei Teilbewegungen zusammengesetzten Bewegung als Diagonale des Parallelogramms, das aus den Geschwindigkeitsvektoren $\boldsymbol{v}_1$ und $\boldsymbol{v}_2$ der Teilbewegungen gebildet wird (Bild 3.8). Nach den Regeln der Vektorrechnung ist diese gleich der *Vektorsumme*

$$\boldsymbol{v} = \boldsymbol{v}_1 + \boldsymbol{v}_2 \qquad \textbf{(resultierende Geschwindigkeit).} \tag{18}$$

Es handelt sich hierbei um die *geometrische Addition* von Vektoren, im Gegensatz zur algebraischen Addition von Skalaren. Die zu addierenden vektoriellen Größen bezeichnet man als **Komponenten,** deren Summe als **Resultierende.** Damit lautet das

> **Superpositionsprinzip:**
>
> **Gleichzeitig ablaufende Bewegungen eines Körpers beeinflussen sich gegenseitig nicht. Resultierende Größen (Weg, Geschwindigkeit, Beschleunigung) ergeben sich durch geometrische Addition der Komponenten.**

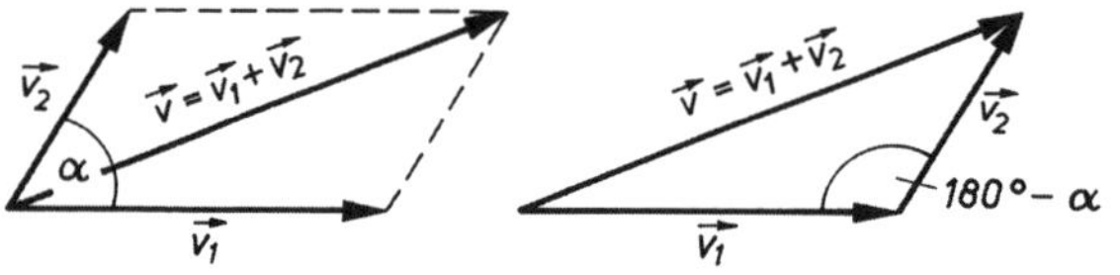

Bild 3.8. Superposition (Überlagerung) von Geschwindigkeiten. Anstatt des Parallelogramms genügt zur Ermittlung der resultierenden Geschwindigkeit auch das zugehörige Vektordreieck (rechts).

Schließen $\boldsymbol{v}_1$ und $\boldsymbol{v}_2$ den Winkel α ein (Bild 3.8), so berechnet sich der *Betrag* der resultierenden Geschwindigkeit aus dem rechten Teilbild mit Hilfe des Kosinussatzes zu

$$v = \sqrt{v_1^2 + v_2^2 - 2v_1v_2\cos(180° - \alpha)} = \sqrt{v_1^2 + v_2^2 + 2v_1v_2\cos\alpha}. \qquad (19)$$

Sind die beiden Bewegungen *gleichgerichtet* ($\alpha = 0°$) oder einander *entgegengerichtet* ($\alpha = 180°$), so folgt hieraus (unter Beachtung der binomischen Formeln)

$$v = |v_1 \pm v_2| \qquad \textbf{(Additionstheorem der Geschwindigkeiten).} \qquad (20)$$

Dieses Gesetz der Superposition gilt nicht für Geschwindigkeiten, die der Lichtgeschwindigkeit nahe kommen (vgl. 6.2, *relativistisches Additionstheorem der Geschwindigkeiten*).

Die zur Bildung der Resultierenden umgekehrte Aufgabe besteht darin, einen gegebenen Vektor, z. B. die Geschwindigkeit $\boldsymbol{v}$, in zwei oder mehrere Komponenten zu zerlegen. Dies ist nur dann eindeutig möglich, wenn die Richtungen der Komponenten vorgegeben sind. Besonders häufig

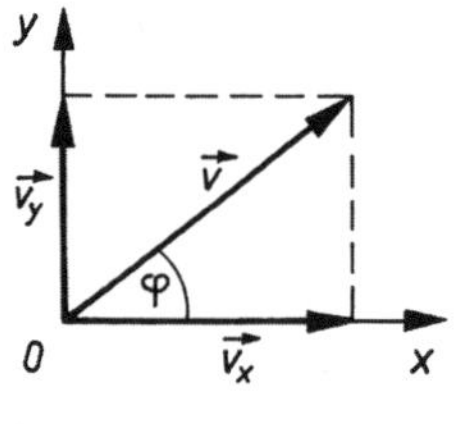

Bild 3.9. Komponentenzerlegung des Geschwindigkeitsvektors $\boldsymbol{v}$ in einem rechtwinkligen ebenen Koordinatensystem x, y

ist die Zerlegung in den Richtungen der x- und y-Achse eines *rechtwinkligen* Koordinatensystems. In diesem Fall ergeben sich nach Bild 3.9 die Beträge der Komponenten als Projektionen des Vektors $\boldsymbol{v}$ auf die x- und y-Achse zu $v_x = v\cos\varphi$ und $v_y = v\sin\varphi$ und der Betrag der Resultierenden wegen $v_x^2 + v_y^2 = v^2(\cos^2\varphi + \sin^2\varphi) = v^2$ zu $v = \sqrt{v_x^2 + v_y^2}$. Der Winkel φ folgt aus $\tan\varphi = v_y/v_x$.

Die Komponentenzerlegung des Vektors $\boldsymbol{v}$ in Bezug auf ein *räumliches* kartesisches Koordinatensystem lautet

$$\boldsymbol{v} = \boldsymbol{v}_x + \boldsymbol{v}_y + \boldsymbol{v}_z = v_x\boldsymbol{i} + v_y\boldsymbol{j} + v_z\boldsymbol{k}, \qquad (21)$$

wobei $\boldsymbol{v}_x$, $\boldsymbol{v}_y$, $\boldsymbol{v}_z$ die vektoriellen und v_x, v_y, v_z die skalaren Komponenten (Koordinaten) von $\boldsymbol{v}$ sowie $\boldsymbol{i}$, $\boldsymbol{j}$, $\boldsymbol{k}$ die Einheitsvektoren in Richtung der Koordinatenachsen x, y, z sind, für deren

Beträge gilt $|\boldsymbol{i}| = |\boldsymbol{j}| = |\boldsymbol{k}| = 1$. Der *Betrag* von $\boldsymbol{v}$ ergibt sich wie oben nach dem Lehrsatz des PYTHAGORAS zu

$$|\boldsymbol{v}| = v = \sqrt{v_x^2 + v_y^2 + v_z^2}. \tag{22}$$

Dieser gibt keine Information über die Richtung des Vektors $\boldsymbol{v}$ und ist als *positive* Größe definiert. Im Unterschied dazu können die Komponenten v_x, v_y und v_z sowohl positive als auch negative Werte annehmen. Bei den bisher zur Beschreibung der geradlinigen Bewegung verwendeten (positiven und negativen) Geschwindigkeiten und Beschleunigungen handelte es sich also nicht um den Betrag, sondern um die mit der Bewegungsrichtung zusammenfallende (einzige) Komponente des Geschwindigkeits- bzw. Beschleunigungsvektors.

Beispiel: In einem Flussbett der Breite $B = 100$ m fließt das Wasser mit einer Geschwindigkeit $v_F = 1{,}2$ m/s. Ein Fährschiff bewegt sich mit einer Relativgeschwindigkeit von $v_S = 5$ m/s gegenüber dem Wasser. a) Wie weit würde das Schiff abgetrieben, wenn es den Fluss senkrecht zu überqueren versucht? b) Unter welchem Winkel muss es gegensteuern, wenn es auf kürzestem Wege das andere Ufer erreichen will? c) In welche Richtung muss es steuern, wenn es einen beliebigen Punkt am gegenüberliegenden Ufer erreichen will? – *Lösung:* a) Nach Bild 3.10a ist $\tan\alpha = v_F/v_S = 0{,}24$ und damit $s = B\tan\alpha = 24$ m. b) Die resultierende Bewegung muss quer zur Flussrichtung verlaufen (Bild 3.10b). In diesem Fall ist $\sin\beta = v_F/v_S = 0{,}24$. Es muss also unter dem Winkel $\beta \approx 14°$ gegengesteuert werden. c) Für eine vorgegebene Abdrift s' (Bild 3.10c) ist $\tan\alpha' = s'/B$, der Winkel α' ist also bekannt. Nach dem Sinussatz gilt in dem Vektordreieck

$$\frac{v_S}{v_F} = \frac{\sin(90° - \alpha')}{\sin(\alpha' + \beta')} \quad \text{oder} \quad \sin(\alpha' + \beta') = \frac{v_F}{v_S}\cos\alpha'.$$

Hieraus erhält man den Winkel β', unter dem gegenzusteuern ist. Für $s' = 0$ (Beispiel b) wird $\alpha' = 0$ und somit $\sin\beta' = v_F/v_S$, wie zuvor.

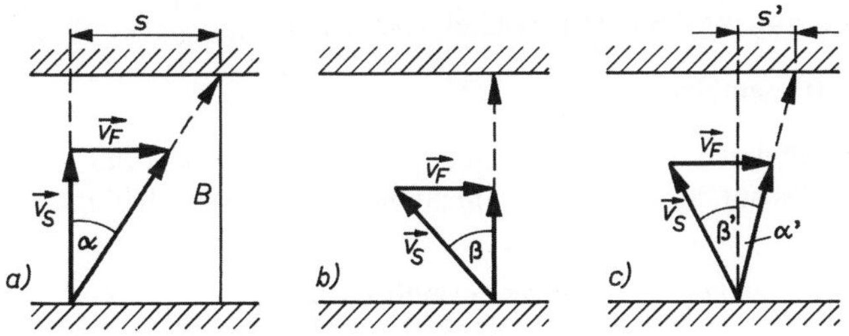

Bild 3.10. Zu obigem Rechenbeispiel: Superpositionsprinzip der Geschwindigkeiten

Aufgabe 3.5. Unter welchem Winkel in Bild 3.10 muss das Schiff steuern, um in der kürzesten Zeit das andere Ufer zu erreichen? Wie lange dauert die Überfahrt?

3.7 Die gleichförmige Kreisbewegung

Ein Teilchen bewege sich mit *konstanter* Geschwindigkeit v auf einer Kreisbahn (*gleichförmige* Kreisbewegung). Eine solche Bewegung vollführen auch alle Punkte eines rotierenden Körpers (mit Ausnahme derjenigen, die auf der Drehachse liegen) bei konstanter Drehzahl. Dabei überstreicht der vom Kreismittelpunkt zum Teilchen weisende Radius r in der Zeitspanne Δt einen zu ihr proportionalen Drehwinkel $\Delta\varphi$, zu dem ein Kreisbogen der Länge

$$\Delta s = r\,\Delta\varphi \tag{23}$$

gehört (Bild 3.11a). $\Delta\varphi = \Delta s/r$ ist dabei das *Bogenmaß* des Drehwinkels. Als Verhältnis zweier Strecken ist das Bogenmaß eines Winkels *dimensionslos*. Um Verwechslungen mit anderen dimensionslosen Größen zu vermeiden, wird es mit der Bezeichnung **rad** (Radiant) als *Einheit* versehen.

Ein Winkel hat die Größe 1 rad, wenn der zugehörige Kreisbogen gleich dem Radius des Kreises ist. Im Gradmaß entspricht dies dem Winkel $360°/(2\pi) = 57{,}3°$. Für den Vollkreis erhalten wir mit $\Delta s = 2\pi r$ (Kreisumfang) $\Delta\varphi = 2\pi r/r = 2\pi$ rad, entsprechend 360°. Demnach ist das Bogenmaß z. B. von 180° gleich π rad, von 1° gleich 0,017 453 rad.

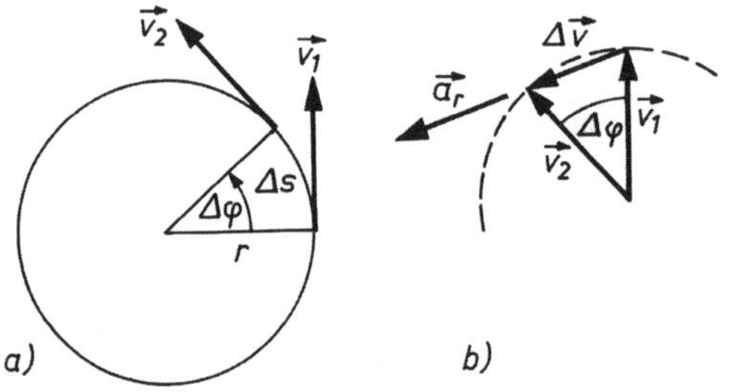

Bild 3.11. Zur Kreisbewegung: Der Geschwindigkeitsvektor $\boldsymbol{v}$ hat stets die Richtung der Tangente an die Kreisbahn (a), der Vektor der Geschwindigkeits*änderung* $\Delta\boldsymbol{v}$ ist bei gleich bleibender Drehzahl zum Kreismittelpunkt hin gerichtet (b).

Analog zur Geschwindigkeit v bei geradliniger Bewegung definiert man für die Kreisbewegung die **Winkelgeschwindigkeit** ω als Quotienten aus dem Drehwinkel $\Delta\varphi$ und dem Zeitintervall Δt, in dem dieser durchlaufen wird:

$$\omega = \frac{\Delta\varphi}{\Delta t} \qquad \textbf{(Winkelgeschwindigkeit).} \tag{24}$$

Einheit: $[\omega] = 1$ rad/s.

Der gesamte in der Zeit t zurückgelegte Drehwinkel wird damit

$$\varphi = \omega t \qquad \textbf{(Gesamtdrehwinkel),} \tag{25}$$

und die Anzahl der Umdrehungen in dieser Zeit ist $z = \varphi/(2\pi \text{ rad}) \equiv \varphi/(2\pi)$.
Für die Geschwindigkeit des auf der Kreisbahn umlaufenden Teilchens erhält man mit (23) und (24)

$$v = \frac{\Delta s}{\Delta t} = \frac{\Delta\varphi}{\Delta t} r = \omega r \qquad \textbf{(Bahngeschwindigkeit).} \tag{26}$$

Ist T die Dauer eines vollen Umlaufs, die *Periodendauer*, so ergibt sich aus (24) mit $\Delta\varphi = 2\pi \text{ rad} \equiv 2\pi$ als zugehörigem Drehwinkel die Winkelgeschwindigkeit zu

$$\omega = \frac{2\pi}{T} \qquad \textbf{(Winkelgeschwindigkeit).} \tag{27}$$

Werden in der Zeit t insgesamt z Umläufe vollführt, d. h. $t = zT$, so ist die Anzahl der Umläufe je Zeiteinheit

$$n = \frac{z}{t} = \frac{1}{T} \qquad \textbf{(Drehzahl).} \tag{28}$$

Einheit der Drehzahl: $[n] = 1/\text{s}$.

Damit wird Gleichung (27)

$$\omega = 2\pi n \qquad \textbf{(Kreisfrequenz, Winkelfrequenz).} \tag{29}$$

Winkelgeschwindigkeit als Vektor. Man kann die Winkelgeschwindigkeit ω als einen sog. *axialen Vektor* auffassen, der durch einen Pfeil dargestellt wird, dessen Länge sich aus dem Betrag nach (27) bzw. (29) ergibt und dessen Richtung mit der Drehachse (in Bild 3.11a senkrecht zur Zeichenebene) zusammenfällt. Der Richtungspfeil folgt aus der *Rechtsschraubenregel:*

Der Vektor der Winkelgeschwindigkeit zeigt in die Richtung, in die sich eine Rechtsschraube beim Eindrehen bewegt (Bild 3.12).

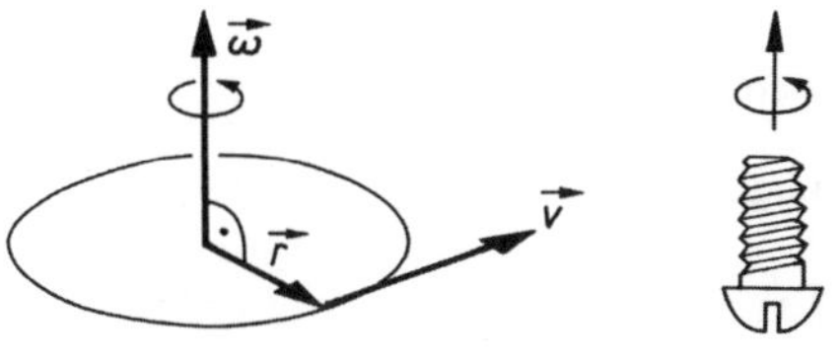

Bild 3.12. Zur Festlegung der Richtung des Vektors der Winkelgeschwindigkeit $\boldsymbol{\omega}$ (Rechtsschraube)

Damit lässt sich nach Gleichung (26) die Bahngeschwindigkeit des umlaufenden Teilchens $\boldsymbol{v}$ als *Vektorprodukt*, gebildet aus dem Vektor der Winkelgeschwindigkeit $\boldsymbol{\omega}$ und dem vom Kreismittelpunkt zum Teilchen zeigenden *Radiusvektor* $\boldsymbol{r}$, wie folgt schreiben:

$$\boldsymbol{v} = \boldsymbol{\omega} \times \boldsymbol{r} \qquad \textbf{(Bahngeschwindigkeit).} \tag{30}$$

Entsprechend der Definition des Vektorprodukts steht $\boldsymbol{v}$ senkrecht auf $\boldsymbol{\omega}$ und $\boldsymbol{r}$, d. h., $\boldsymbol{v}$ *hat stets die Richtung der Tangente an die Bahnkurve.*

Die Radialbeschleunigung. Bei der gleichförmigen Kreisbewegung ist zwar der *Betrag* der Geschwindigkeit $|\boldsymbol{v}| = v$ konstant, d. h., für die in aufeinander folgenden Zeitpunkten t_1 und t_2 vorhandenen Geschwindigkeiten $\boldsymbol{v}_1$ und $\boldsymbol{v}_2$ (vgl. Bild 3.11a) gilt $|\boldsymbol{v}_1| = |\boldsymbol{v}_2|$; es ändert sich aber fortgesetzt ihre Richtung, weshalb diese Bewegung *beschleunigt* ist. Zeichnen wir die beiden Vektoren $\boldsymbol{v}_1$ und $\boldsymbol{v}_2$ unter Beibehaltung ihrer Richtung so, dass ihre Anfangspunkte zusammenfallen (Bild 3.11b), so liegen ihre Endpunkte auf einem Kreis mit dem Radius v, dem sog. *Hodographen* der Bewegung. Wie man sieht, ergibt sich $\boldsymbol{v}_2$ aus $\boldsymbol{v}_1$ durch Addition eines Differenzvektors $\Delta\boldsymbol{v}$; es ist also $\boldsymbol{v}_2 = \boldsymbol{v}_1 + \Delta\boldsymbol{v}$ oder $\Delta\boldsymbol{v} = \boldsymbol{v}_2 - \boldsymbol{v}_1$. Der Vektor $\Delta\boldsymbol{v}$ beschreibt demnach die Geschwindigkeitsänderung. Machen wir den Winkel $\Delta\varphi$, den $\boldsymbol{v}_1$ und $\boldsymbol{v}_2$ miteinander einschließen, verschwindend klein, so steht $\Delta\boldsymbol{v}$ senkrecht auf $\boldsymbol{v}_1$ und $\boldsymbol{v}_2$. Der Vektor der Beschleunigung $\boldsymbol{a}_\mathrm{r} = \Delta\boldsymbol{v}/\Delta t$, der mit der Richtung von $\Delta\boldsymbol{v}$ zusammenfällt, ist daher stets vom Bahnpunkt zum Kreismittelpunkt gerichtet. Man spricht daher von der **Radial-, Zentral-** oder auch **Zentripetalbeschleunigung.**

Bei hinreichend kleinem Zentriwinkel $\Delta\varphi$ kann der Betrag von $\Delta\boldsymbol{v}$, wie aus Bild 3.11b hervorgeht, näherungsweise durch den zugehörigen Bogen des Kreises mit dem Radius v ersetzt werden. Es ist daher $\Delta v = v\Delta\varphi$ und somit $a_\mathrm{r} = \Delta v/\Delta t = v\Delta\varphi/\Delta t = v\omega$, woraus mit (26) folgt:

$$a_\mathrm{r} = \frac{v^2}{r} = \omega^2 r \qquad \textbf{(Radial- oder Zentripetalbeschleunigung).} \tag{31}$$

Die Beziehungen (26) und (31) lassen sich auf einfache Weise auch unter Benutzung von **ebenen Polarkoordinaten** r, φ gewinnen (Bild 3.13). Für die *Kreisbewegung* ist $r = \text{const}$ und $\varphi = \varphi(t)$, bei gleichförmiger Kreisbewegung nach (25) speziell $\varphi = \omega t$. Es ist somit

$$x(t) = r\cos\omega t; \qquad y(t) = r\sin\omega t.$$

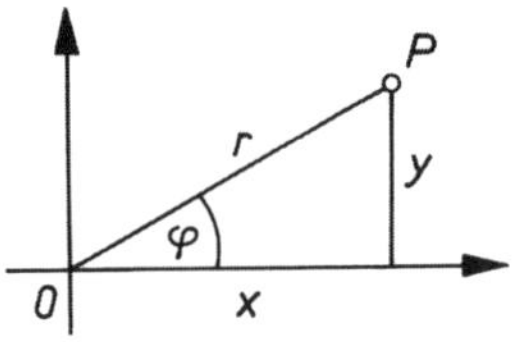

Bild 3.13. Zusammenhang zwischen den kartesischen Koordinaten x, y und den ebenen Polarkoordinaten r, φ eines Punktes P: $x = r\cos\varphi$, $y = r\sin\varphi$; $r = \sqrt{x^2 + y^2}$, $\tan\varphi = y/x$.

Durch Differentiation nach der Zeit erhält man daraus für die Komponenten und den Betrag des Geschwindigkeitsvektors

$$v_x = \dot{x} = -\omega r \sin\omega t; \quad v_y = \dot{y} = \omega r \cos\omega t; \quad v = \sqrt{v_x^2 + v_y^2} = \omega r.$$

Nochmalige Zeitableitung ergibt für die Beschleunigung

$$a_x = \ddot{x} = -\omega^2 r \cos\omega t; \quad a_y = \ddot{y} = -\omega^2 r \sin\omega t; \quad a_r = \sqrt{a_x^2 + a_y^2} = \omega^2 r.$$

Für $\varphi = 0$ bzw. $\omega t = 0$ hat $\boldsymbol{a}_r$ nur eine x-Komponente, für $\varphi = 90°$ bzw. $\omega t = \pi/2$ nur eine y-Komponente, welche beide negativ sind; d. h., der Beschleunigungsvektor ist stets zum Kreismittelpunkt hin gerichtet. Er hat also die entgegengesetzte Orientierung des Radiusvektors $\boldsymbol{r}$ in Bild 3.12, weshalb gilt

$$\boldsymbol{a}_r = -\omega^2 \boldsymbol{r}. \tag{32}$$

Ein Körper bewegt sich nur dann auf einer Kreisbahn, wenn er eine dem Betrage nach gleich bleibende, nach dem Mittelpunkt hin gerichtete Beschleunigung erfährt.

Beispiele: *1.* Ein stationärer Nachrichtensatellit, der über einem bestimmten Ort am Äquator scheinbar stillsteht, kreist in einer Höhe von 35 600 km über der Erdoberfläche. Wie groß ist seine Bahngeschwindigkeit? (Erdradius $R = 6380$ km). – *Lösung:* Aus (26) und (27) folgt $v = \omega r = 2\pi r/T$, wobei hier $r = R + h$ zu setzen und für T die Dauer einer Erdumdrehung, also 24 h (genau: 1 Sterntag = 86 164 s), einzusetzen ist. Damit folgt $v = 6{,}28 \cdot 41\,980$ km/(86 164 s) $= 3{,}06$ km/s.

2. Wie groß ist in Beispiel *1* die Radialbeschleunigung des Satelliten, die ihn auf der kreisförmigen Umlaufbahn hält? – *Lösung:* Aus (31) folgt $a_r = v^2/(R + h) = 0{,}22$ m/s^2. Dies ist genau der Wert der Fallbeschleunigung g in der Höhe des Satelliten (vgl. 8.1).

Aufgabe 3.6. Ein Satellit bewege sich um die Erde auf einer Kreisbahn, die konzentrisch zum Äquator verläuft, im Drehsinn der Erdrotation. Seine Umlaufzeit betrage $T_S = 96$ min. Die Umdrehungszeit der Erde ist $T_E = 86\,164$ s. In welchen Zeitabständen t_B befindet sich der Satellit über demselben Beobachtungspunkt des Äquators?

3.8 Die ungleichförmige Kreisbewegung

Wenn sich die Drehzahl zeitlich ändert, wie z. B. beim Anfahren von Motoren, so ist die Drehbewegung nicht mehr gleichförmig, und die nun zeitlich veränderliche Winkelgeschwindigkeit ist – analog zur Geschwindigkeit bei ungleichförmiger Bewegung (15) – definiert durch

$$\omega(t) = \frac{\mathrm{d}\varphi}{\mathrm{d}t} \equiv \dot{\varphi}. \tag{33}$$

Die Winkelgeschwindigkeit ist gleich dem Differentialquotienten des Drehwinkels nach der Zeit.

Ganz analog zur Beschleunigung (16) berechnet sich auch die *Winkelbeschleunigung*:

$$\alpha = \frac{\mathrm{d}\omega}{\mathrm{d}t} \quad \text{oder mit (33)} \quad \alpha = \frac{\mathrm{d}^2\varphi}{\mathrm{d}t^2} \equiv \ddot{\varphi}. \tag{34}$$

Die Winkelbeschleunigung ist gleich dem Differentialquotienten der Winkelgeschwindigkeit nach der Zeit oder gleich dem zweiten Differentialquotienten des Drehwinkels nach der Zeit.

Einheit der Winkelbeschleunigung: $[\alpha] = 1\ \mathrm{rad/s^2}$.

Die nun zusätzlich zur Radialbeschleunigung a_r vorhandene Beschleunigung *in* der Kreisbahn, die *Tangential-* oder *Bahnbeschleunigung* a_t, ergibt sich aus (34) mit $v = \omega r$ zu

$$a_\mathrm{t} = \frac{\mathrm{d}v}{\mathrm{d}t} = \frac{\mathrm{d}\omega}{\mathrm{d}t} r = \alpha r. \tag{35}$$

Entsprechend zu (30) gilt auch hier die Vektorgleichung

$$\boldsymbol{a}_\mathrm{t} = \boldsymbol{\alpha} \times \boldsymbol{r} \qquad \textbf{(Tangential- oder Bahnbeschleunigung).} \tag{36}$$

Dabei ist $\boldsymbol{\alpha} = \mathrm{d}\boldsymbol{\omega}/\mathrm{d}t$ der Vektor der Winkelbeschleunigung; er hat ebenso wie $\boldsymbol{\omega}$ die Richtung der Drehachse (s. Bild 3.12).

Die Größen der Kreisbewegung Drehwinkel φ, Winkelgeschwindigkeit ω und Winkelbeschleunigung α erhält man also aus den entsprechenden Größen der geradlinigen Bewegung Weglänge s, Geschwindigkeit v und Beschleunigung a einfach dadurch, dass letztere durch den Radius des Kreises dividiert werden:

$$\varphi = \frac{s}{r}; \qquad \omega = \frac{v}{r}; \qquad \alpha = \frac{a}{r}. \tag{37}$$

Ganz entsprechend gewinnt man die *Gesetze der Drehbewegung* aus denen der geradlinigen Bewegung, indem man die entsprechenden Gleichungen beiderseits durch den Radius dividiert (vgl. Tabelle 3.1).

Tabelle 3.1. Einander entsprechende Gesetze der geradlinigen Bewegung und der Drehbewegung

Geradlinige Bewegung		Drehbewegung		
Gleichförmige Bewegung ($v = \mathrm{const}$):		*Gleichförmige Drehbewegung* ($\omega = \mathrm{const}$):		
Weg	$s = vt$	Drehwinkel	$\varphi = \omega t$	(38)
Gleichmäßig beschleunigte Bewegung ($a = \mathrm{const}$):		*Gleichmäßig beschleunigte Drehbewegung* ($\alpha = \mathrm{const}$):		
Weg	$s = \frac{1}{2}(v_0 + v)t$	Drehwinkel	$\varphi = \frac{1}{2}(\omega_0 + \omega)t$	(39)
	$s = \frac{a}{2}t^2 + v_0 t$		$\varphi = \frac{\alpha}{2}t^2 + \omega_0 t$	(40)
Endgeschwindigkeit	$v = at + v_0$	Endwinkelgeschwindigkeit	$\omega = \alpha t + \omega_0$	(41)
	$v = \sqrt{2as + v_0^2}$		$\omega = \sqrt{2\alpha\varphi + \omega_0^2}$	(42)

Beispiel: Der Anker eines Elektromotors soll bei einer konstanten Winkelbeschleunigung von $94\ \mathrm{rad/s^2}$ aus dem Stillstand auf die Drehzahl $1800\ \mathrm{min^{-1}}$ gebracht werden. Berechne die Dauer des Anfahrvorgangs und die Anzahl der dazu notwendigen Umdrehungen! – *Lösung:* Mit $\omega_0 = 0$ folgt aus (41) $\omega = \alpha t$ und hieraus mit (29) die Beschleunigungsdauer zu $t = \omega/\alpha = 2\pi n/\alpha = 6{,}28 \cdot (1800/60)\ \mathrm{s^{-1}}/(94\ \mathrm{s^{-2}}) = 2\ \mathrm{s}$. Der Gesamtdrehwinkel während dieser Zeit beträgt nach (40) $\varphi = \alpha t^2/2$ und die Anzahl der Umdrehungen (mit 2π rad als Drehwinkel für eine Umdrehung) $z = \varphi/(2\pi\ \mathrm{rad}) = \alpha t^2/(4\pi\ \mathrm{rad}) = 30$.

3.9 Bewegung auf beliebig krummliniger Bahn

Zur Beschreibung der Bewegung eines Teilchens auf einer beliebigen Bahn *im Raum* ist es erforderlich, die Lagekoordinaten x, y, z des Bahnpunktes P, in dem sich das Teilchen momentan befindet, in Abhängigkeit von der Zeit darzustellen:

$$x = x(t), \quad y = y(t), \quad z = z(t).$$

Mit der Einführung eines aus den Einheitsvektoren $\boldsymbol{i}$, $\boldsymbol{j}$, $\boldsymbol{k}$ in Richtung der Koordinatenachsen gebildeten Dreibeins können diese drei Angaben zum zeitlich veränderlichen **Ortsvektor**

$$\boldsymbol{r}(t) = x(t)\,\boldsymbol{i} + y(t)\,\boldsymbol{j} + z(t)\,\boldsymbol{k} \tag{43}$$

zusammengefasst werden, der vom Koordinatenursprung O ausgeht und zum betrachteten Bahnpunkt zeigt (Bild 3.14a). Im Verlaufe der Bewegung des Teilchens ändern sich während des Zeitintervalls Δt dessen Koordinaten um Δx, Δy und Δz, entsprechend einer Änderung des Ortsvektors $\boldsymbol{r}$ um

$$\Delta\boldsymbol{r} = \Delta x\,\boldsymbol{i} + \Delta y\,\boldsymbol{j} + \Delta z\,\boldsymbol{k}.$$

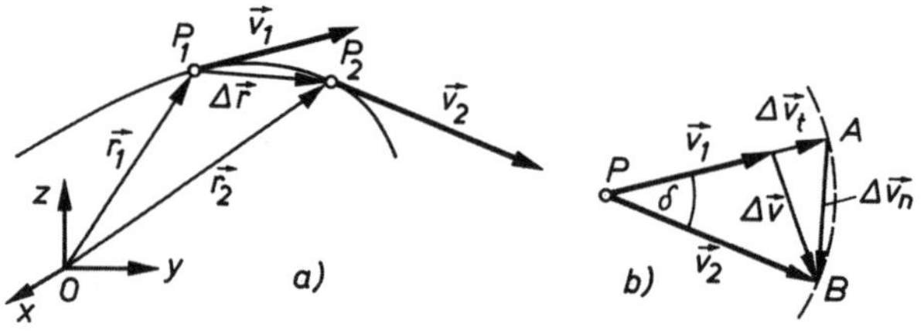

Bild 3.14. Änderung des Geschwindigkeitsvektors $\boldsymbol{v}$ bei krummliniger Bewegung (a) und Zerlegung des Vektors der Geschwindigkeitsänderung $\Delta\boldsymbol{v} = \boldsymbol{v}_2 - \boldsymbol{v}_1$ in eine tangentiale Komponente $\Delta\boldsymbol{v}_\mathrm{t}$ und eine normale Komponente $\Delta\boldsymbol{v}_\mathrm{n}$ (b): $\Delta\boldsymbol{v} = \Delta\boldsymbol{v}_\mathrm{t} + \Delta\boldsymbol{v}_\mathrm{n}$.

Befindet sich das Teilchen zum Zeitpunkt t_1 im Bahnpunkt P_1 mit dem Ortsvektor $\boldsymbol{r}_1$, so trifft man es zum Zeitpunkt $t_2 = t_1 + \Delta t$ an der Stelle P_2 mit dem Ortsvektor $\boldsymbol{r}_2 = \boldsymbol{r}_1 + \Delta\boldsymbol{r}$.
Machen wir das Zeitintervall verschwindend klein, entsprechend dem Grenzübergang von der Differenz Δt zum Differential $\mathrm{d}t$, so liegen die beiden Bahnpunkte P_1 und P_2 äußerst dicht beieinander, und wir erhalten als **Vektor der Geschwindigkeit**

$$\boldsymbol{v}(t) = \lim_{\Delta t \to 0} \frac{\Delta\boldsymbol{r}}{\Delta t} = \frac{\mathrm{d}\boldsymbol{r}}{\mathrm{d}t} \equiv \dot{\boldsymbol{r}}. \tag{44}$$

$\boldsymbol{v}(t)$ ist stets tangential zur Bahnkurve gerichtet, da das vektorielle Wegelement $\mathrm{d}\boldsymbol{r}$ vom Betrage $\mathrm{d}s$ immer die momentane Bewegungsrichtung angibt.
Zeichnet man die beiden in den benachbarten Punkten P_1 und P_2 vorhandenen Geschwindigkeitsvektoren $\boldsymbol{v}_1$ und $\boldsymbol{v}_2$ unter Beibehaltung ihres Betrages und ihrer Richtung so, dass sie mit ihren Anfangspunkten zusammenfallen (Bild 3.14b), so gibt der Differenzvektor $\Delta\boldsymbol{v} = \boldsymbol{v}_2 - \boldsymbol{v}_1$ den Zuwachs an, den die Geschwindigkeit im Zeitintervall Δt erfährt. Durch Grenzübergang $\Delta t \to 0$ (gleichbedeutend mit $\delta \to 0$, wobei δ der Winkel ist, den die beiden Geschwindigkeitsvektoren miteinander einschließen), erhält man als **Vektor der Beschleunigung**

$$\boldsymbol{a}(t) = \lim_{\Delta t \to 0} \frac{\Delta\boldsymbol{v}}{\Delta t} = \frac{\mathrm{d}\boldsymbol{v}}{\mathrm{d}t} \equiv \ddot{\boldsymbol{r}}. \tag{45}$$

Schlägt man, wie in Bild 3.14b, um P einen Kreisbogen AB vom Radius v_2, so erkennt man, dass sich $\Delta\boldsymbol{v}$ aus zwei Komponenten zusammensetzt: $\Delta\boldsymbol{v} = \Delta\boldsymbol{v}_\mathrm{t} + \Delta\boldsymbol{v}_\mathrm{n}$. Die Komponente $\Delta\boldsymbol{v}_\mathrm{t}$ ist *tangential* zur Bahnkurve gerichtet; bezieht man sie auf das zugehörige Zeitintervall Δt, so folgt durch Grenzübergang

$$\boldsymbol{a}_\mathrm{t} = \lim_{\Delta t \to 0} \frac{\Delta \boldsymbol{v}_\mathrm{t}}{\Delta t} = \frac{\mathrm{d}v}{\mathrm{d}t}\,\boldsymbol{e}_\mathrm{t} \qquad \textbf{(Tangentialbeschleunigung).} \qquad (46)$$

$\boldsymbol{e}_\mathrm{t}$ ist dabei der Einheitsvektor in Tangentenrichtung. Die zweite Komponente $\Delta\boldsymbol{v}_\mathrm{n}$ steht für $\delta \to 0$ senkrecht auf der Tangentenrichtung, sie hat also stets die Richtung der *Normale* zur Bahnkurve. Denkt man sich ein kurzes Stück der Bahnkurve um den betrachteten Punkt näherungsweise durch einen Kreisbogen, den sog. *Krümmungskreis*, ersetzt, so zeigt $\Delta\boldsymbol{v}_\mathrm{n}$ zum Mittelpunkt des Krümmungskreises. Entsprechend der Radialbeschleunigung (31) bei der Kreisbewegung erhält man daher hier mit dem *Krümmungsradius* ϱ und dem Einheitsvektor in Normalenrichtung $\boldsymbol{e}_\mathrm{n}$

$$\boldsymbol{a}_\mathrm{n} = \lim_{\Delta t \to 0} \frac{\Delta \boldsymbol{v}_\mathrm{n}}{\Delta t} = \frac{v^2}{\varrho}\,\boldsymbol{e}_\mathrm{n} \qquad \textbf{(Normalbeschleunigung).} \qquad (47)$$

Die Normalbeschleunigung bewirkt, dass das Teilchen sich nicht geradeaus bewegt, sondern auf der gekrümmten Bahn verbleibt. Der Vektor der resultierenden Beschleunigung (45) folgt damit zu

$$\boldsymbol{a} = \boldsymbol{a}_\mathrm{t} + \boldsymbol{a}_\mathrm{n} \quad \text{mit dem Betrag} \quad a = \sqrt{a_\mathrm{t}^2 + a_\mathrm{n}^2}. \qquad (48)$$

Zwei *Sonderfälle* lassen sich aus (46) und (47) unmittelbar ablesen: Bewegt sich das Teilchen mit einer Geschwindigkeit von gleich bleibendem Betrag v, aber veränderlicher Richtung, so erfährt es wegen $\mathrm{d}v/\mathrm{d}t = 0$ keine Tangentialbeschleunigung. Es tritt jedoch eine Normalbeschleunigung auf, die bei konstantem Krümmungsradius der Bahn eine *gleichförmige Kreisbewegung* zur Folge hat. Ist hingegen die Normalbeschleunigung gleich null, entsprechend einem unendlich großen Krümmungsradius ϱ, so liegt eine *geradlinige Bewegung* vor.

Aufgabe 3.7. Ein Elektron, welches in ein räumlich und zeitlich konstantes Magnetfeld eingeschossen wird und eine Geschwindigkeitskomponente v_z in Richtung der magnetischen Feldlinien hat, bewegt sich infolge der LORENTZ-Kraft (vgl. 28.7) auf einer *Schraubenbahn* um die Feldlinien, welche durch

$$x(t) = r\cos\omega t, \quad y(t) = r\sin\omega t, \quad z(t) = v_z t$$

beschrieben wird. Hierbei sind r, ω und v_z konstant. Berechne den Betrag von Geschwindigkeit und Beschleunigung des Elektrons!

4 Dynamik der Punktmasse

In den vorangegangenen Abschnitten wurden die für den Bewegungsablauf charakteristischen Größen eingeführt. Die Frage nach der Ursache der Bewegungen, z. B. für das Auftreten von Beschleunigungen, wurde dabei nicht gestellt. Für die Definition von Geschwindigkeit und Beschleunigung ist diese Fragestellung auch belanglos, denn beide Größen sind rein geometrisch-zeitlich und nicht als Wirkungen irgendwelcher Ursachen definiert. Wenn man nach den Ursachen von Beschleunigungen fragt, so gelangt man von der Kinematik zur *Dynamik*, der *Lehre von den Kräften.*

4.1 Der Kraftbegriff in der Physik. Zusammensetzung und Zerlegung von Kräften. Statisches Gleichgewicht

Im Alltag bringen wir den Begriff *Kraft* gefühlsmäßig mit einer körperlichen Anstrengung (Muskelkraft) zum Zwecke der Fortbewegung oder Verformung eines Körpers in Verbindung, oder mit dem „Gewicht“ eines Körpers, welches überhaupt als das Urbild der Kraft gelten darf (GALILEI). In Verallgemeinerung dieser Vorstellung wird in der Physik die Kraft als alleinige *Ursache für die Änderung des Bewegungszustandes* eines freien Körpers (Beschleunigung oder Abbremsung) oder für die *Änderung der äußeren Form* (Deformation) und gegebenenfalls auch der *inneren Struktur* eines festgehaltenen Körpers angesehen, ganz gleich, bei welchen Vorgängen diese Wirkungen beobachtet werden (z. B. Druck, Zug, Stoß, Schwerkraft, elektrische und magnetische Anziehung und Abstoßung usw.). Dabei kommt es mitunter vor, dass, wenn mehrere Kräfte auf einen freien Körper einwirken, diese keine Veränderungen seines Bewegungszustandes hervorrufen; die Kräfte heben sich dann in ihrer Wirkung gegenseitig auf, sie stehen untereinander im *Gleichgewicht.*

Kräfte sind durchweg eine Folge der *vier* grundsätzlich voneinander zu unterscheidenden Arten von **Wechselwirkungen** zwischen den Bausteinen der Materie, der *Gravitations*wechselwirkung, der *schwachen* Wechselwirkung, der *elektromagnetischen* und der *starken* Wechselwirkung (vgl. 50.5). So z. B. sind die Kräfte, auf denen die Festigkeit der Metalle beruht, elektromagnetischen Ursprungs und etwa 10^{40}mal (!) größer als die infolge der Schwerkraft (Gravitation) zwischen den Metallatomen wirkenden Kräfte. Die starke und schwache Wechselwirkung treten nur in der Kern- und Elementarteilchenphysik auf.

Die *Einheit der Kraft* ist das N e w t o n (N); sie wird in Abschnitt 4.3 definiert.

Die Kraft als vektorielle Größe. Verschiedene Kräfte können sich 1. durch ihren *Betrag*, 2. durch ihre *Richtung* (dargestellt durch einen Pfeil) und 3. durch ihren *Angriffspunkt* am Körper voneinander unterscheiden. Betrag und Richtung kennzeichnen die Kraft als Vektor. Die Gerade, auf welcher der Kraftvektor liegt, heißt *Wirkungslinie* der Kraft.

Zusammensetzen von Kräften mit gemeinsamem Angriffspunkt. Greifen in einem Punkt mehrere Kräfte an, ist die wirkende Gesamtkraft, die sog. *Resultierende*, nach den Regeln der Vektoraddition zu berechnen (analog zur Addition von Geschwindigkeiten, vgl. 3.6). So ist die Resultierende zweier Kräfte $\boldsymbol{F}_1$ und $\boldsymbol{F}_2$ gleich $\boldsymbol{F} = \boldsymbol{F}_1 + \boldsymbol{F}_2$. Man gewinnt sie als Diagonale des aus den beiden Komponenten $\boldsymbol{F}_1$ und $\boldsymbol{F}_2$ gebildeten *Kräfteparallelogramms* (Bild 4.1a).

Die Resultierende zweier Kräfte fasst deren Wirkung zusammen. Sie greift im Schnittpunkt der gegebenen Kräfte an und ist nach Größe und Richtung die Diagonale im Kräfteparallelogramm.

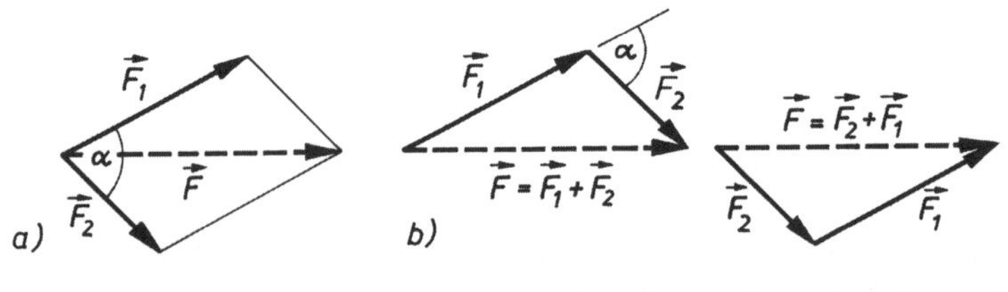

Bild 4.1. Zusammensetzung von zwei Kräften $\boldsymbol{F}_1$ und $\boldsymbol{F}_2$ zur Resultierenden $\boldsymbol{F}$: a) Kräfteparallelogramm; b) Kräftedreieck

Im Allgemeinen zeichnet man nur das halbe Parallelogramm, das *Kräftedreieck* (Bild 4.1b). Der **Betrag** der resultierenden Kraft berechnet sich mit Hilfe des Kosinussatzes $F^2 = F_1^2 + F_2^2 - 2F_1F_2\cos(180° - \alpha)$ zu

$$F = \sqrt{F_1^2 + F_2^2 + 2F_1F_2 \cos\alpha}. \tag{1}$$

Dabei ist α der von $\boldsymbol{F}_1$ und $\boldsymbol{F}_2$ eingeschlossene Winkel. Ist insbesondere α ein rechter Winkel, so folgt

$$F = \sqrt{F_1^2 + F_2^2}. \tag{2}$$

Als Spezialfall ist in (1) auch enthalten, dass sich zwei entgegengesetzt gleiche Kräfte in derselben Wirkungslinie ($\boldsymbol{F}_1 = -\boldsymbol{F}_2$, d. h. $F_1 = F_2$ und $\alpha = 180°$) in ihrer Wirkung aufheben, die resultierende Kraft also verschwindet.

Greifen in einem Punkt mehr als zwei Kräfte an, so lassen sich auch diese zu einer Resultierenden im Sinne einer *Ersatzkraft* zusammenfassen, welche nach Größe und Richtung die Wirkungen aller Teilkräfte in sich vereint. Zu ihrer Konstruktion verfährt man so, dass zunächst zwei Kräfte gemäß dem Parallelogrammsatz zu einer Resultierenden zusammengesetzt und danach dieselbe zusammen mit einer dritten Kraft nach dem gleichen Verfahren zu einer neuen Resultierenden vereinigt wird usw. Man findet jedoch sofort, dass man sich die Konstruktion der einzelnen Parallelogramme ersparen kann; es genügt, die im sog. **Lageplan** enthaltenen Einzelkräfte, wie in Bild 4.2a gezeigt, schrittweise zum **Krafteck** zusammenzusetzen. Die Resultierende $\boldsymbol{F}$ weist dann vom Angriffspunkt der ersten nach dem Endpunkt der letzten Teilkraft; sie ist damit dem Umfahrungssinn des Kraftecks stets entgegengerichtet. In dem Fall, dass der Endpunkt des Kraftecks mit dem Ausgangspunkt zusammenfällt (Bild 4.2b), das Krafteck also *geschlossen* ist, ist die Resultierende gleich null, d. h., die Kräfte befinden sich im **(statischen) Gleichgewicht**. Die Kraftvektoren bilden dann im Krafteck einen durchgehenden Umlaufsinn.

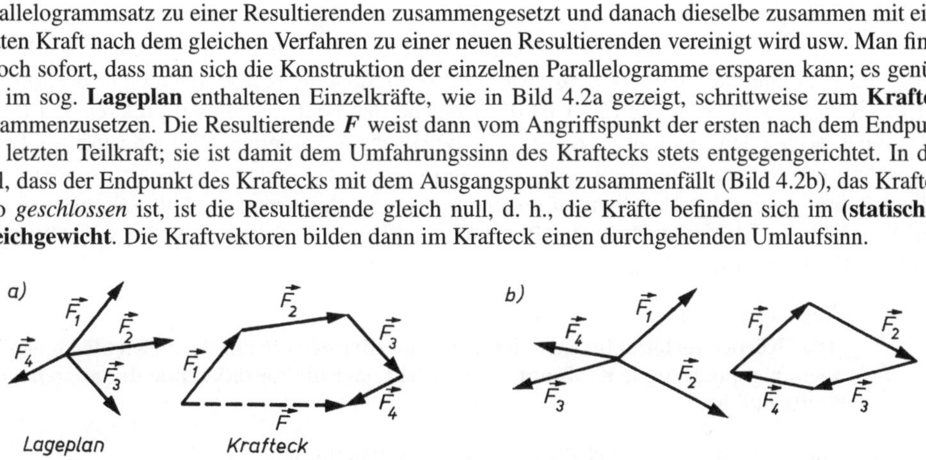

Bild 4.2. a) Ermittlung der Resultierenden $\boldsymbol{F}$ von vier Kräften mit gemeinsamem Angriffspunkt mittels Krafteck; b) Kräftegleichgewicht

Zerlegung einer Kraft in Komponenten. So wie mehrere Teilkräfte zu einer Kraft vereinigt werden können, ist auch die umgekehrte Aufgabe durchführbar, die Zerlegung einer Kraft $\boldsymbol{F}$ in Komponenten bezüglich beliebig vorgegebener, nichtparalleler Wirkungslinien (Bild 4.3). Man erhält das Kräfteparallelogramm und damit die Kraftkomponenten $\boldsymbol{F}_1$ und $\boldsymbol{F}_2$, indem parallel zu ihren Wirkungslinien Hilfslinien gezeichnet werden, die durch die Spitze des Vektorpfeiles von $\boldsymbol{F}$ gehen.

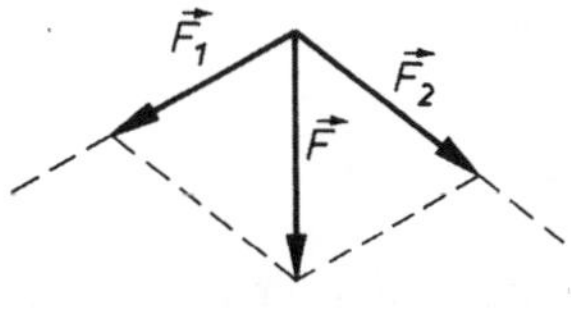

Bild 4.3. Zerlegung einer Kraft $\boldsymbol{F}$ in zwei Komponenten bezüglich vorgegebener Wirkungslinien

Beispiel: Bei der in Bild 4.4 beschriebenen Aufgabe sind $\boldsymbol{F}_1$ und die Wirkungslinien von $\boldsymbol{F}_2$ und $\boldsymbol{F}$ gegeben. Damit kann das Kräfteparallelogramm gezeichnet werden, und zwar mit $\boldsymbol{F}_1$ und $\boldsymbol{F}_2$ als Komponenten von $\boldsymbol{F}$ in Richtung der Spannseile. Aus dem von den Kräften gebildeten Dreieck findet man $F_2 = F_1/\cos 60° = 5000\,\text{N}$ und $F = F_1 \tan 60° = 4330\,\text{N}$.

Aufgabe 4.1. Ein Mast soll durch drei schräg verlaufende Spannseile, die mit dem Erdboden den gleichen Winkel einschließen, lotrecht gehalten werden. Die Spannkraft des ersten Seils beträgt $F_1 = 4{,}0\,\text{kN}$ und

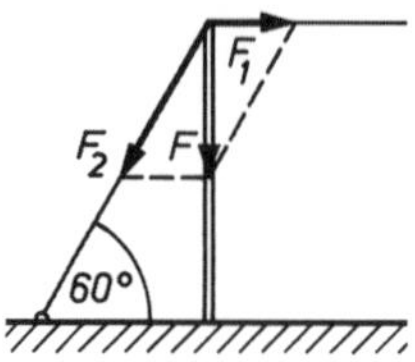

Bild 4.4. Ein senkrecht stehender Mast wird durch zwei Spannseile gehalten, von denen das waagrechte die Zugkraft $F_1 = 2500\,\text{N}$ ausübt. Mit welcher Kraft F_2 muss das schräge Seil gespannt sein, und wie groß ist die im Mast vertikal gerichtete Druckkraft F?

die des zweiten, um $\alpha_1 = 120°$ gegenüber dem ersten versetzten Seils $F_2 = 3{,}6\,\text{kN}$. Mit welcher Kraft und unter welchem Winkel α_2 gegen das zweite Seil versetzt muss das dritte Seil gespannt sein? Löse die Aufgabe auch zeichnerisch!

4.2 Das Trägheitsgesetz (1. Newtonsches Axiom)

Die Erfahrung lehrt, dass ein auf waagrechter Unterlage ruhender Körper nicht von selbst in Bewegung gerät und dass jeder bewegte, sich selbst überlassene Körper nach einer bestimmten Zeit zur Ruhe kommt. Im ersten Fall ist die Ursache das Fehlen jeglicher äußerer Kräfte, im zweiten das Vorhandensein äußerer Kräfte, die die Bewegung hemmen (Reibungskräfte). Diese Eigenschaft der Körper, ihren Bewegungszustand niemals von selbst zu ändern, sondern sich vielmehr einer Änderung desselben zu widersetzen, bezeichnet man als *Beharrungsvermögen* oder **Trägheit**. Für den Fall, dass alle Bewegungswiderstände fehlen, gilt das von NEWTON (1643 bis 1727) ausgesprochene

Trägheitsgesetz (1. NEWTONsches Axiom):

Jeder Körper verharrt im Zustand der Ruhe oder der geradlinigen gleichförmigen Bewegung, solange keine Kraft auf ihn einwirkt oder die Resultierende der angreifenden Kräfte null ist.

Es gilt also für die Vektoren von Geschwindigkeit und resultierender Kraft:

$$\boldsymbol{v} = \text{const} \quad \text{für} \quad \boldsymbol{F} = 0. \tag{3}$$

Die Unterscheidung zwischen Ruhe und geradliniger gleichförmiger Bewegung ist dabei allein eine Frage des gewählten *Bezugssystems*, von dem aus die Bewegung des Körpers beobachtet wird. Bezugssysteme, in denen das Trägheitsgesetz gilt, nennt man *Inertialsysteme* (vgl. 5.3). Die direkte experimentelle Überprüfung des Trägheitsgesetzes ist nicht möglich, da kein Körper äußeren Einflüssen (z. B. Reibungskräften) völlig entzogen werden kann. Als Begründung für die Richtigkeit dieses Gesetzes kann aber gelten, dass alle daraus gezogenen Schlussfolgerungen durch das Experiment bestätigt werden. Eine der Schlussfolgerungen ist:

Ändert ein Körper seinen Bewegungszustand, bewegt er sich also beschleunigt oder verzögert, so ist hierfür stets eine Kraft die Ursache.

4.3 Das Grundgesetz der Dynamik (2. Newtonsches Axiom)

Während das 1. NEWTONsche Axiom nur allgemein aussagt, dass für jede Beschleunigung eines Körpers eine Kraft die Ursache ist, definiert das 2. NEWTONsche Axiom den Zusammenhang zwischen Kraft und Beschleunigung genau. Es lautet:

$$\boldsymbol{F} = m\boldsymbol{a} \quad \textbf{(Grundgesetz der Dynamik).} \tag{4}$$

Die Beschleunigung eines Körpers ist der auf ihn einwirkenden Kraft proportional und erfolgt in derjenigen Richtung, in der die Kraft wirkt.

In dieser quantitativen Formulierung des Trägheitsgesetzes (3), welche sich auf zahlreiche Erfahrungstatsachen gründet, vor allem auf die bereits von GALILEI (1564–1642) zur Fall- und Wurfbewegung erkannten Gesetze der Dynamik, ist die Größe m zunächst ein skalarer Proportionalitätsfaktor, der offenbar ein Maß für den Widerstand eines Körpers gegen Beschleunigungen, für seine *Trägheit* also, darstellt. Denn bei gegebener Kraft ist die Beschleunigung um so kleiner, je größer m ist. Die Größe m hängt demnach von der Art des beschleunigten Körpers ab. Nach Gleichung (4) haben wir zwei beliebig beschaffenen Körpern immer dann den gleichen Wert von m zuzuordnen, wenn sie durch gleich große Kräfte dieselbe Beschleunigung erfahren. Man nennt die so definierte Größe m die *träge Masse* oder einfach die **Masse** des Körpers.

Die Masse kennzeichnet die Eigenschaft eines Körpers, sich der Änderung seines Bewegungszustandes zu widersetzen. Ihre Größe ist ein Maß für die Trägheit des Körpers.

Die *Einheit der Masse* ist das **Kilogramm (kg)**; neben dem Meter und der Sekunde ist sie die dritte Basiseinheit der Mechanik.

Die Darstellung der Masseneinheit erfolgt mittels des *Kilogramm-Prototyps* des jeweiligen Staatsinstituts. Seine Masse ist nach den internationalen Vergleichen mit dem in Paris aufbewahrten Prototyp, einem Platin(90%)-Iridium(10%)-Zylinder, bis auf eine relative Unsicherheit von 10^{-9} bekannt; dies entspricht einem Fehler von 1 g auf 1 Million kg. 1 kg ist ziemlich genau gleich der Masse von 1 Liter ($1\,l = 1\,dm^3$) reinen, luftfreien Wassers bei normalem Atmosphärendruck (1013 hPa) und von maximaler Dichte, d. h. bei 3,98 °C.
Die SI-Einheit der Masse ist also noch nicht – wie die Längen- und die Zeiteinheit – auf atomare Eigenschaften bzw. Naturkonstanten zurückgeführt. Im Bereich der Atome und Elementarteilchen wird jedoch die *atomare Masseneinheit* (u) verwendet, welche gleich dem 12. Teil der Masse des Kohlenstoffisotops ^{12}C ist (vgl. 18.1).

Mit der Masse als Basisgröße wird nach (4) die Kraft zu einer abgeleiteten Größe. Dies gilt demzufolge auch für die

Einheit der Kraft: $[F] = 1\,kg\,m/s^2 = 1$ Newton (N).

1 N ist die Kraft, die der Masse 1 kg die Beschleunigung 1 m/s^2 erteilt.
Aus Gleichung (4) geht hervor, dass eine *konstante Kraft* bei unveränderlicher Masse eine konstante Beschleunigung, d. h. also eine *gleichmäßig beschleunigte Bewegung* hervorruft. Bekanntestes Beispiel hierfür ist der freie Fall mit der (über kleine Höhenunterschiede) konstanten Fallbeschleunigung g. Für $\boldsymbol{F} = 0$ folgt $\boldsymbol{a} = 0$, d. h. $\boldsymbol{v} = \text{const}$, entsprechend einer *geradlinigen gleichförmigen Bewegung* bzw. dem Zustand der *Ruhe*. Dies ist wieder das Trägheitsgesetz (3). Eine quantitative Überprüfung des Grundgesetzes (4) kann mit Hilfe der ATWOODschen Fallmaschine erfolgen (vgl. das Rechenbeispiel im nächsten Abschnitt). Eine andere Formulierung des Grundgesetzes, die der ursprünglichen NEWTONschen Fassung entspricht, werden wir in Abschnitt 4.5 kennen lernen.

4.4 Träge und schwere Masse. Gewichtskraft. Radialkraft

Die Masse eines Körpers kennzeichnet nicht nur dessen **Trägheit**, sondern auch dessen **Schwere**. Letztere beruht auf der Eigenschaft der Körper, sich wechselseitig anzuziehen *(Gravitation)*. Die Kraft, mit der ein im Schwerefeld der Erde an einem Faden aufgehängter Körper den Faden spannt, heißt **Gewichtskraft** G des Körpers. Sie kann statisch mit Hilfe eines zwischen Körper und Aufhängung geschalteten Federkraftmessers (*Dynamometer*, Bild 4.5) gemessen werden.

Schneidet man den Faden durch, so bewegt sich der Körper, frei fallend, mit der gleich bleibenden Beschleunigung $g = 9{,}81\ \mathrm{m/s^2}$. Die Kraft, die ihn beschleunigt und die vorher den Faden spannte, bestimmt sich analog dem Grundgesetz (4) zu

$$G = mg \qquad \textbf{(Gewichtskraft).} \tag{5}$$

Die in dieser Gleichung vorkommende, aus der Gewichtskraft ermittelte Masse des Körpers wird als *schwere* Masse (m_s) bezeichnet, im Unterschied zu der in einem Beschleunigungsexperiment nach Gleichung (4) bestimmten *trägen* Masse $m_t = F/a$. Durch Präzisionsmessungen konnte die *Gleichheit von träger und schwerer Masse* nachgewiesen werden (vgl. 43.4). Diese Tatsache bildet in Form des *Äquivalenzprinzips* (s. 22.2) die experimentelle Grundlage für die von EINSTEIN 1915 aufgestellte allgemeine Relativitätstheorie.

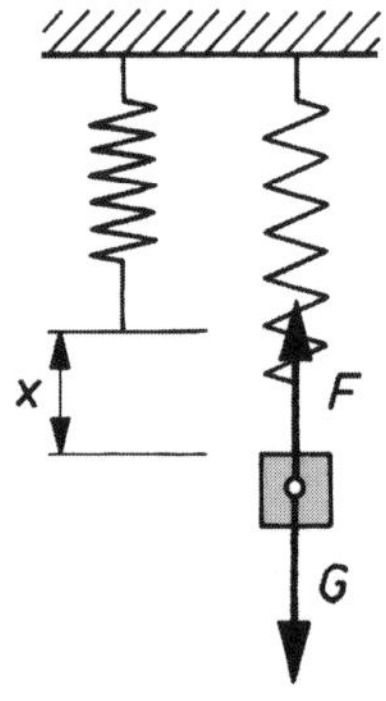

Bild 4.5. Federkraftmesser (*Dynamometer*). Die Auslenkung x der Schraubenfeder ist der an ihr angreifenden Kraft (hier der Gewichtskraft G des angehängten Körpers) proportional: $G = kx$ (k Federkonstante). Für die *rücktreibende* Federkraft F gilt aus Gleichgewichtsgründen $F + G = 0$ bzw. $F = -G = -kx$. Die Bestimmung von k erfolgt durch Messung von x_1 für eine bekannte Gewichtskraft G_1: $k = G_1/x_1$ (Eichung).

Die Bestimmung von Massen geschieht durch *Wägung*, d. h., die Masse eines Körpers wird durch Vergleich seiner Gewichtskraft mit der eines Massenormals ermittelt (Hebel- oder Balkenwaage).

Die Dichte. Unter der *Massendichte* (oder einfach *Dichte*) ϱ eines festen, flüssigen oder gasförmigen Stoffes versteht man den Quotienten aus der Masse einer bestimmten Stoffportion und dem von ihr eingenommenen Volumen:

$$\varrho = \frac{m}{V}; \quad \textit{Einheit:} \quad [\varrho] = 1\ \mathrm{kg/m^3}. \tag{6}$$

Beispielsweise beträgt die Dichte von Luft bei 0 °C und normalem Luftdruck $\varrho = 1{,}293\ \mathrm{kg/m^3}$. Um bei festen und flüssigen Stoffen mit ihren gegenüber Gasen wesentlich höheren Dichtewerten zu handlichen Zahlen zu kommen, rechnet man bei diesen meist in den gebräuchlichen Dichteeinheiten

$$[\varrho] = 1\ \mathrm{g/cm^3} = 1\ \mathrm{kg/dm^3} = 1\ \mathrm{t/m^3};$$

z. B. für Wasser ≈ 1; Quecksilber 13,6; Gold 19,3; Materie in der Nähe des Mittelpunkts der Sonne 100; Kernmaterie $2 \cdot 10^{14}$ (!); demgegenüber: das beste vom Menschen erzeugte Vakuum $10^{-19}\ \mathrm{g/cm^3}$. Zu *Methoden der Dichtebestimmung* vgl. 14.2.

Die Radialkraft. Um einen Körper auf einer Kreisbahn vom Radius r zu halten, ist die Radialbeschleunigung (3/32) $\boldsymbol{a}_r = -\omega^2 \boldsymbol{r}$ vom Betrage $a_r = \omega^2 r = v^2/r$ erforderlich. Ihr entspricht nach dem Grundgesetz (4) eine zum Kreismittelpunkt gerichtete Kraft, die **Radialkraft** oder **Zentripetalkraft**

$$\boldsymbol{F}_r = m\boldsymbol{a}_r = -m\omega^2 \boldsymbol{r}, \quad \text{Betrag} \quad F_r = m\omega^2 r = \frac{mv^2}{r}. \tag{7}$$

Beispiel: Wie groß sind die Beschleunigungen der Massen der in Bild 4.6a,b dargestellten Anordnungen? Gegeben sind für Anordnung a): $m_1 = 1{,}0$ kg, $m_2 = 3{,}0$ kg, und für die als ATWOODsche Fallmaschine bekannte Anordnung b): $m_1 = M$ und $m_2 = M + M'$, wobei M' eine auflegbare Zusatzmasse zu M ist. Massen der Rollen und der Seile sowie Reibung werden vernachlässigt.

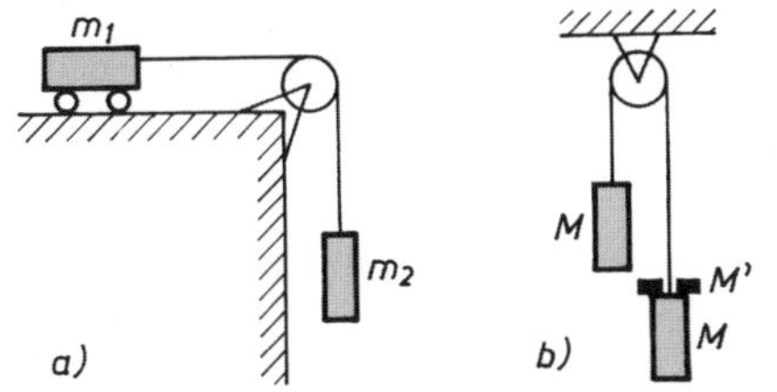

Bild 4.6. Versuche zum Grundgesetz der Dynamik.
Rechts: ATWOODsche Fallmaschine

Lösung: Die gesamte in Bewegung versetzte Masse ist bei beiden Anordnungen $m = m_1 + m_2$. Die beschleunigende Kraft F ist bei a) die Gewichtskraft $m_2 g$, bei b) die Differenz der Gewichtskräfte beider Massen $(m_2 - m_1)g = M'g$. Aus dem Grundgesetz (4) erhält man damit für Anordnung a) die Beschleunigung $a = F/m = m_2 g/(m_1 + m_2) = 7{,}36$ m/s^2 und für Anordnung b) die Beschleunigung $a = M'g/(2M + M')$. Es tritt also in beiden Fällen eine konstante Beschleunigung auf, welche auch experimentell festgestellt wird, wenn man z. B. die von den Massen zurückgelegten Wegstrecken s als Funktion der Zeit t misst und daraus nach (3/7) die Beschleunigung $a = 2s/t^2$ ermittelt.
Für die ATWOODsche Fallmaschine b) findet man also nach obiger Rechnung einerseits $a \sim M'g$, andererseits $a \sim 1/(2M + M')$, wie man durch Veränderung der Massen M und M' auch experimentell zeigen kann. Das heißt, die Beschleunigung ist der wirkenden Kraft $F = M'g$ proportional und der zu beschleunigenden Masse $m = 2M + M'$ umgekehrt proportional, wie es das Grundgesetz (4) fordert.

Aufgabe 4.2. Siehe Bild 4.7.

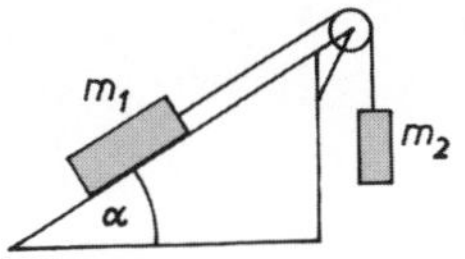

Bild 4.7. Die Masse m_1 gleitet reibungsfrei auf der schiefen Ebene.
a) Wie groß muss m_2 sein, um m_1 das Gleichgewicht zu halten?
b) Wie groß ist die Beschleunigung der Bewegung für den Fall, dass $m_1 = m_2$ ist? ($m_1 = 1{,}0$ kg; $\alpha = 30°$.)

4.5 Kraftstoß. Impuls (Bewegungsgröße)

Der Geschwindigkeitszuwachs, den ein Körper durch eine angreifende Kraft erfährt, hängt nicht nur von der Größe der Kraft selbst, sondern auch von der Zeitdauer Δt ihrer Einwirkung, d. h. also vom Wert des Produktes $F\Delta t$, ab. Man nennt dieses Produkt den **Kraftstoß**. Ist während der Zeitdauer Δt der Betrag der Kraft konstant, so stellt sich der Kraftstoß als Fläche unter dem Rechteck im *Kraft-Zeit-Diagramm* (Bild 4.8a) dar, welches den zeitlichen Verlauf der

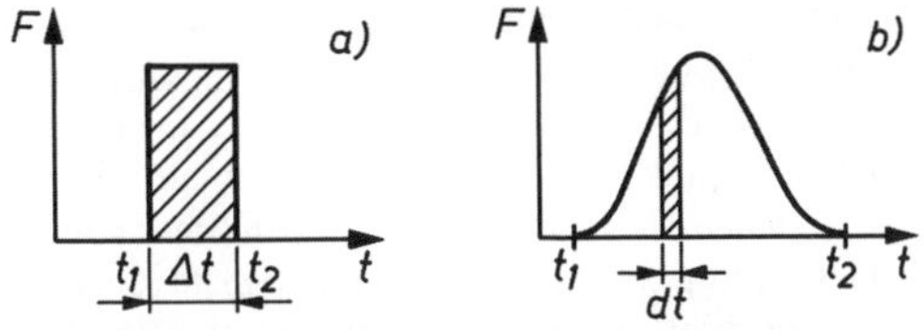

Bild 4.8. Kraftstoß bei zeitlich konstanter Kraft (a) und zeitlich veränderlicher Kraft (b)

Kraftübertragung auf den Körper veranschaulicht. Eine solche Art der Kraftübertragung, bei der die Kraft *momentan* ihren Maximalwert annimmt und danach ebenso plötzlich wieder auf null abfällt, ist allerdings äußerst selten. Vielmehr hat man es meist mit einem Verlauf zu tun,

wie ihn Bild 4.8b zeigt, nämlich einem allmählichen, mehr oder weniger steilen Anstieg und einem ebensolchen Abfall. Der Kraftstoß berechnet sich dann durch das *Zeitintegral der Kraft* $\int F \, dt$.
Der so definierte Kraftstoß steht in engem Zusammenhang mit einer anderen physikalisch bedeutsamen Größe, welche durch das Produkt aus der Masse m und dem Vektor der Geschwindigkeit $\boldsymbol{v}$ des Körpers gegeben ist und **Impuls** oder **Bewegungsgröße** genannt wird:

$$\boldsymbol{p} = m\boldsymbol{v}, \quad \textit{Einheit:} \quad [p] = 1 \text{ kg m/s} = 1 \text{ N s}. \tag{8}$$

Mit ihr lässt sich das Grundgesetz der Dynamik (4) wie folgt formulieren:

$$\boldsymbol{F} = \frac{\mathrm{d}(m\boldsymbol{v})}{\mathrm{d}t} = \frac{\mathrm{d}\boldsymbol{p}}{\mathrm{d}t}. \tag{9}$$

Die zeitliche Änderung des Impulsvektors ist der einwirkenden Kraft proportional und geschieht in der Richtung, in der jene Kraft angreift.

Dies ist die ursprüngliche NEWTONsche Fassung des Grundgesetzes. Sie geht in der Aussage wesentlich weiter als Gleichung (4) $\boldsymbol{F} = m\boldsymbol{a}$. Nach (9) ist $\boldsymbol{F} = m(\mathrm{d}\boldsymbol{v}/\mathrm{d}t) + (\mathrm{d}m/\mathrm{d}t)\boldsymbol{v} = m\boldsymbol{a} + \dot{m}\boldsymbol{v}$, woraus hervorgeht, dass nur für zeitlich unveränderliche Masse ($\dot{m} = 0$) die vorstehende Gleichung (4) gilt, während in (9) die Masse nicht konstant zu sein braucht, was z. B. bei Raketen und nach der Relativitätstheorie bei Geschwindigkeiten, die der Lichtgeschwindigkeit nahe kommen, der Fall ist.
Hat ein Körper zu Beginn der Krafteinwirkung (Zeitpunkt t_1) die Geschwindigkeit $\boldsymbol{v}_1$ und am Ende der Krafteinwirkung (Zeitpunkt t_2) die Geschwindigkeit $\boldsymbol{v}_2$, so folgt durch einfache Umformung des Grundgesetzes (9) für gleich bleibende Masse m:

$$\int_{t_1}^{t_2} \boldsymbol{F} \, \mathrm{d}t = \int_{v_1}^{v_2} \mathrm{d}(m\boldsymbol{v}) = m\boldsymbol{v}_2 - m\boldsymbol{v}_1 = m \, \Delta\boldsymbol{v} = \Delta\boldsymbol{p} \tag{10}$$

und bei konstanter Kraft

$$\boldsymbol{F} \, \Delta t = m\boldsymbol{v}_2 - m\boldsymbol{v}_1 = \Delta\boldsymbol{p} \qquad \textbf{(Kraftstoß)}. \tag{11}$$

Das heißt: *Der Kraftstoß ist gleich der durch ihn am Körper hervorgerufenen Änderung des Impulses.*
Bei fehlenden äußeren Kräften ist nach (9) $\mathrm{d}\boldsymbol{p}/\mathrm{d}t = 0$, d. h., der Impuls bleibt nach Größe und Richtung konstant *(Impulserhaltungssatz)*. Bei konstanter Masse ist diese Aussage gleichbedeutend mit dem Trägheitsgesetz (3).

Grundgesetz bei veränderlicher Masse. Findet zwischen einem Körper und seiner Umgebung ein Massenaustausch statt (z. B. *Rakete* während der Antriebsphase), so ist in (9) $\mathrm{d}\boldsymbol{p}/\mathrm{d}t$ als zeitliche Impulsänderung des Gesamtsystems aller beteiligten Massen (z. B. Rakete und abgestoßene Treibstoffgase) aufzufassen. Von einem Körper mit dem momentanen Impuls $m\boldsymbol{v}$ wird die infinitesimale Masse $\mathrm{d}m$ mit der Geschwindigkeit $\boldsymbol{v}'$ abgestoßen, wobei $\boldsymbol{v}'$ *im gleichen Bezugssystem wie die Körpergeschwindigkeit* $\boldsymbol{v}$, z. B. gegenüber der Erde, definiert ist. Der Gesamtimpuls von Körper und abgestoßener Masse beträgt anschließend $(m + \mathrm{d}m)(\boldsymbol{v} + \mathrm{d}\boldsymbol{v}) - \boldsymbol{v}' \, \mathrm{d}m$ (im Beispiel der Rakete ist $\mathrm{d}m < 0$). Der erste Term stellt den Impuls des Körpers selbst nach dem Abstoßen von $\mathrm{d}m$ dar, wobei sich die Masse des Körpers um $\mathrm{d}m$ und seine Geschwindigkeit um $\mathrm{d}\boldsymbol{v}$ geändert hat. Der zweite Term stellt den von der abgestoßenen Masse $\mathrm{d}m$ mitgeführten Impuls dar, daher das negative Vorzeichen. Die gesamte Impulsänderung ist also $\mathrm{d}\boldsymbol{p} = (m + \mathrm{d}m)(\boldsymbol{v} + \mathrm{d}\boldsymbol{v}) - \boldsymbol{v}' \, \mathrm{d}m - m\boldsymbol{v} = m \, \mathrm{d}\boldsymbol{v} + (\boldsymbol{v} - \boldsymbol{v}') \, \mathrm{d}m + \mathrm{d}m \, \mathrm{d}\boldsymbol{v}$. Das letzte Glied kann als infinitesimale Größe zweiter Ordnung weggelassen werden, so dass die zeitliche Impulsänderung $\mathrm{d}\boldsymbol{p}/\mathrm{d}t = m\,\mathrm{d}\boldsymbol{v}/\mathrm{d}t + (\mathrm{d}m/\mathrm{d}t)(\boldsymbol{v} - \boldsymbol{v}')$ beträgt. Nach (9) gilt daher

$$\boldsymbol{F} = m\frac{\mathrm{d}\boldsymbol{v}}{\mathrm{d}t} + \frac{\mathrm{d}m}{\mathrm{d}t}(\boldsymbol{v} - \boldsymbol{v}') = \frac{\mathrm{d}(m\boldsymbol{v})}{\mathrm{d}t} - \frac{\mathrm{d}m}{\mathrm{d}t}\boldsymbol{v}'. \tag{12}$$

Zum Beispiel gilt für eine mit der momentanen Geschwindigkeit $\boldsymbol{v} = v\boldsymbol{k}$ senkrecht nach oben steigende Rakete $\boldsymbol{F} = -mg\boldsymbol{k}$ und $\boldsymbol{v} - \boldsymbol{v}' = c\boldsymbol{k}$, wobei c die Ausströmgeschwindigkeit der Verbrennungsgase relativ zur Rakete und $\boldsymbol{k}$ der senkrecht nach oben zeigende Einheitsvektor ist. Für die Masse ist zu setzen $m = m_0 - \dot{m}t$, wobei m_0 die Anfangsmasse und $\dot{m}$ der sekundliche Massenausstoß ist. Analoges gilt für das *Ausströmen einer Flüssigkeit* aus einem fahrbaren Behälter. Hingegen gilt für das *Ausfließen nach unten* (Loch im Tankwagen) $\boldsymbol{v}' = \boldsymbol{v}$. Für das *Zufließen von oben* (Betanken in der Luft) gilt ebenfalls $\boldsymbol{v}' = \boldsymbol{v}$, jedoch mit $m = m_0 + \dot{m}t$. Wenn die aus- oder hinzutretenden Massenelemente die Geschwindigkeit null haben und daher keinen Impuls mit sich führen, ist $\boldsymbol{v}' = 0$ zu setzen. Letzteres gilt auch bei der relativistischen Massenveränderlichkeit (vgl. Abschnitt 6.3). Durch Integration der so entstehenden speziellen Bewegungsgleichung (12) erhält man das Geschwindigkeit-Zeit-Gesetz der Bewegung $v = v(t)$ und mit $\mathrm{d}s = v(t)\,\mathrm{d}t$ nach nochmaliger Integration das Weg-Zeit-Gesetz $s = s(t)$; vgl. dazu die Herleitung der *Raketengleichung* in Abschnitt 9.3.

Beispiel: Eine konstante Kraft von 200 N wirkt für die Dauer von 0,1 s auf einen anfänglich ruhenden Körper der Masse 4 kg. Wie groß sind Geschwindigkeit und Impuls des Körpers am Ende der Krafteinwirkung? – *Lösung:* Nach (11) ist der Kraftstoß $F\,\Delta t = 200\,\mathrm{N}\cdot 0{,}1\,\mathrm{s}$ gleich der Impulsänderung bzw., da der Anfangsimpuls null war, gleich dem Impuls $p = mv = 20\,\mathrm{N\,s}$, woraus folgt $v = p/m = 20\,\mathrm{kg\,m\,s^{-1}}/(4\,\mathrm{kg}) = 5\,\mathrm{m/s}$.

Aufgabe 4.3. Ein Pkw der Masse $m = 1$ t fährt mit der Geschwindigkeit $v_1 = 86$ km/h. Infolge Geschwindigkeitsbegrenzung wird der Wagen 8 s lang gebremst und hat anschließend die Geschwindigkeit $v_2 = 50$ km/h. Wie groß ist die Bremskraft, wenn angenommen wird, dass diese während des gesamten Bremsvorganges konstant ist?

4.6 Lösung der Bewegungsgleichung für konstante Kraft. Die Wurfbewegung

Das NEWTONsche Grundgesetz der Dynamik (9) beschreibt den Zusammenhang zwischen der an einem Körper angreifenden Kraft und dem Zeitablauf der durch sie hervorgerufenen Bewegung des Körpers in Form einer *Differentialgleichung*, der sog. **Bewegungsgleichung**. Mit ihrer Hilfe lässt sich die Bahn einer Punktmasse für ein bestimmtes Zeitintervall exakt berechnen, wenn die **Anfangsbedingungen**, gegeben durch *Ort* und *Impuls* (bzw. Geschwindigkeit), für einen beliebigen Zeitpunkt t_0 aus diesem Intervall sowie die wirkenden Kräfte für das gesamte Zeitintervall genau bekannt sind. Das bedeutet, dass bei Kenntnis der Kräfte und Anfangsbedingungen jeder frühere oder spätere Zustand eines Körpers angegeben werden kann *(Ursache-Wirkung- oder Kausalzusammenhang der klassischen Mechanik).*
Unter Voraussetzung konstanter Masse lautet die Bewegungsgleichung (9)

$$m\frac{\mathrm{d}\boldsymbol{v}}{\mathrm{d}t} = \boldsymbol{F} \quad \text{oder mit (3/44)} \quad m\frac{\mathrm{d}^2\boldsymbol{r}}{\mathrm{d}t^2} = \boldsymbol{F}. \tag{13}$$

Sie kann durch zweimalige Integration über die Zeit gelöst werden. Es folgt zunächst für die Geschwindigkeit *bei konstanter Kraft*

$$\mathrm{d}\boldsymbol{v} = \frac{\boldsymbol{F}}{m}\,\mathrm{d}t, \quad \boldsymbol{v}(t) = \frac{\boldsymbol{F}}{m}\int \mathrm{d}t = \frac{\boldsymbol{F}}{m}t + \boldsymbol{v}_0. \tag{14}$$

Dabei ist $\boldsymbol{v}_0$ eine Integrationskonstante. Ihre physikalische Bedeutung erkennt man, wenn in (14) $t = t_0 = 0$ gesetzt wird; es entsteht $\boldsymbol{v}(0) = \boldsymbol{v}_0$, d. h., $\boldsymbol{v}_0$ ist die Geschwindigkeit zum

Zeitpunkt $t = 0$, die für die Bewegung willkürlich vorgegeben werden kann. Wird nun in (14) $\boldsymbol{v}(t) = \mathrm{d}\boldsymbol{r}/\mathrm{d}t$ gesetzt und nochmals über t integriert, so folgt schließlich für den *Ortsvektor der Bahnkurve*

$$\boldsymbol{r}(t) = \frac{1}{2m}\boldsymbol{F}t^2 + \boldsymbol{v}_0 t + \boldsymbol{r}_0. \tag{15}$$

Dabei sind alle Integrationskonstanten in $\boldsymbol{r}_0$ zusammengefasst. Aus (15) folgt $\boldsymbol{r}(0) = \boldsymbol{r}_0$, entsprechend dem Ortsvektor des Teilchens zur Zeit $t = 0$. $\boldsymbol{v}_0 = 0$ und $\boldsymbol{r}_0 = 0$ bedeutet, dass die Bewegung zum Zeitpunkt $t = 0$ im Nullpunkt des gewählten Koordinatensystems mit der Anfangsgeschwindigkeit null beginnt.
Ist nun z. B. $\boldsymbol{F}$ die **Schwerkraft** und wird das Koordinatensystem so orientiert, dass die z-Achse mit dem Einheitsvektor $\boldsymbol{k}$ senkrecht nach oben zeigt, dann gilt

$$\boldsymbol{F} = m\boldsymbol{g} = -mg\boldsymbol{k} \tag{16}$$

mit $\boldsymbol{g} = -g\boldsymbol{k}$ als Vektor der Fallbeschleunigung. Aus (15) folgt damit

$$\boldsymbol{r}(t) = \frac{1}{2}\boldsymbol{g}t^2 + \boldsymbol{v}_0 t + \boldsymbol{r}_0. \tag{17}$$

Greift also an der Punktmasse eine nach Größe und Richtung konstante Kraft an, so beschreibt der zur Punktmasse zeigende Ortsvektor $\boldsymbol{r}(t)$ eine Bahnkurve, die sich im allgemeinen Falle aus der Überlagerung einer gleichmäßig beschleunigten Bewegung in Richtung der Kraft und einer geradlinigen gleichförmigen Bewegung mit der Anfangsgeschwindigkeit $\boldsymbol{v}_0$ ergibt. Eine solche finden wir z. B. beim **schiefen Wurf** vor (s. Bild 4.9a; dort ist $\boldsymbol{r}_0 = 0$). Durch Wahl der Anfangswerte für Ort und Impuls (bzw. Geschwindigkeit) ist nun, wie im Folgenden gezeigt, eine Spezialisierung der Bewegung möglich.

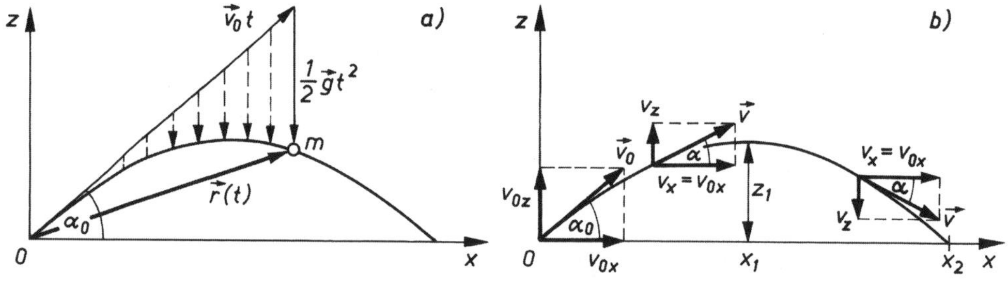

Bild 4.9. Schiefer Wurf als Überlagerung einer gleichförmigen geradlinigen Bewegung und einer (gleichmäßig beschleunigten) Fallbewegung: a) Darstellung des Ortsvektors der Bahnkurve $\boldsymbol{r}(t)$; b) Komponenten des Geschwindigkeitsvektors für $t = 0$ und für zwei beliebig spätere Zeitpunkte

Der senkrechte Wurf. Setzt man z. B. in Gleichung (17) als Anfangswerte

$$\boldsymbol{r}_0 = z_0\boldsymbol{k}, \qquad \boldsymbol{v}_0 = v_0\boldsymbol{k},$$

was bedeutet, dass die Bewegung nur in der z-Richtung, d. h. senkrecht zur Erdoberfläche, erfolgt und in der Höhe z_0 mit der Anfangsgeschwindigkeit v_0 beginnt, so folgt in Komponentendarstellung des Ortsvektors (17) bezüglich der x-, y- und z-Achse:

$$x(t) = y(t) = 0, \quad z(t) = -\frac{1}{2}gt^2 + v_0 t + z_0. \tag{18}$$

Diese Gleichungen beschreiben für $v_0 > 0$ den senkrechten Wurf nach oben, für $v_0 < 0$ den senkrechten Wurf nach unten und für $v_0 = 0$ den freien Fall aus der Höhe z_0 mit der Fallhöhe $h = z(t) - z_0$; vgl. (3/9).

Der schiefe Wurf. Die Anfangswerte in Gleichung (17)

$$\boldsymbol{r}_0 = 0, \qquad \boldsymbol{v}_0 = v_{0x}\boldsymbol{i} + v_{0z}\boldsymbol{k}$$

kennzeichnen eine Bewegung, die im Koordinatenursprung beginnt und deren Anfangsgeschwindigkeit $\boldsymbol{v}_0$ je eine Komponente senkrecht (v_{0z}) und tangential (v_{0x}) zur Erdoberfläche besitzt. Es handelt sich um den *schiefen Wurf* (Bild 4.9). Man entnimmt Bild 4.9b

$$v_{0x} = v_0 \cos\alpha_0, \qquad v_{0z} = v_0 \sin\alpha_0,$$

womit unter Beachtung obiger Anfangswerte aus (17) für die Koordinaten des Ortsvektors $\boldsymbol{r}(t)$ der in der x,z-Ebene ablaufenden Bewegung folgt

$$x(t) = v_0 t \cos\alpha_0, \qquad z(t) = v_0 t \sin\alpha_0 - \frac{g}{2}t^2 \tag{19}$$

und hieraus durch Zeitableitung als Horizontal- und Vertikalkomponente des Geschwindigkeitsvektors

$$v_x = v_0 \cos\alpha_0 = v_{0x}, \qquad v_z = v_0 \sin\alpha_0 - gt = v_{0z} - gt. \tag{20}$$

Die Richtung des Geschwindigkeitsvektors $\boldsymbol{v}$ zu einem beliebigen Zeitpunkt t, welche stets mit der Richtung der Tangente an die Bahnkurve zusammenfällt (Bild 4.9b), erhält man aus $\tan\alpha = v_z/v_x$, sein Betrag ist $v = \sqrt{v_x^2 + v_z^2}$. Die Gleichung der Bahnkurve ist eine *Parabel*. Man erhält sie durch Elimination von t aus den Gleichungen (19):

$$z = x \tan\alpha_0 - \frac{g}{2v_0^2\cos^2\alpha_0}x^2 \qquad \textbf{(Gleichung der Wurfparabel).} \tag{21}$$

Aus ihr lassen sich die maximale Höhe der Flugbahn, die *Wurfhöhe* z_1, und die *Wurfweite* x_2 berechnen. Das Parabelmaximum ergibt sich aus der Bedingung $\mathrm{d}z/\mathrm{d}x = 0$ an der Stelle

$$x_1 = \frac{v_0^2}{g}\sin\alpha_0\cos\alpha_0 = \frac{v_0^2}{2g}\sin 2\alpha_0.$$

Dies in (21) eingesetzt, ergibt den Scheitelwert

$$z_1 = \frac{v_0^2}{2g}\sin^2\alpha_0 \qquad \textbf{(Wurfhöhe).} \tag{22}$$

Als Schnittpunkt der Wurfparabel mit der x-Achse, d. h. für $z = 0$ in Gleichung (21), erhält man

$$x_2 = 2x_1 = \frac{v_0^2}{g}\sin 2\alpha_0 \qquad \textbf{(Wurfweite).} \tag{23}$$

Die größte Wurfweite wird für $\sin 2\alpha_0 = 1$, d. h. $\alpha_0 = 45°$, erreicht. Für jede Wurfweite kleiner als v_0^2/g gibt es wegen $\sin 2\alpha_0 = \sin(180° - 2\alpha_0)$ zwei Winkel, mit denen diese Weite erreicht wird, nämlich α_0 und $90° - \alpha_0$. Das heißt:

Bei Abwurfwinkeln, die sich zu 90° ergänzen, sind die Wurfweiten gleich.

Berücksichtigt man den Luftwiderstand, so ergeben sich Abweichungen von der Wurfparabel. Die dabei mit geringeren Reichweiten durchlaufenen Flugbahnen heißen *ballistische Kurven.*

Der horizontale Wurf. Die zugehörigen Gleichungen ergeben sich unmittelbar aus denen des schiefen Wurfs für $\alpha_0 = 0°$. Man erhält als Koordinaten der Bahnkurve aus (19) $x = v_0 t$, $z = -gt^2/2$ und als Geschwindigkeitskomponenten in x- und z-Richtung nach (20) $v_x = v_0$ und $v_z = -gt$. Wie man sieht, hängt v_z nicht von der Anfangsgeschwindigkeit v_0 ab; *der Körper durchfällt also beim horizontalen Wurf in der gleichen Zeit dieselbe Höhe, wie sie auch im freien Fall zurückgelegt wird* (Bild 4.10). Die Wurfparabel wird durch die Gleichung $z = -[g/(2v_0^2)]x^2$ beschrieben.

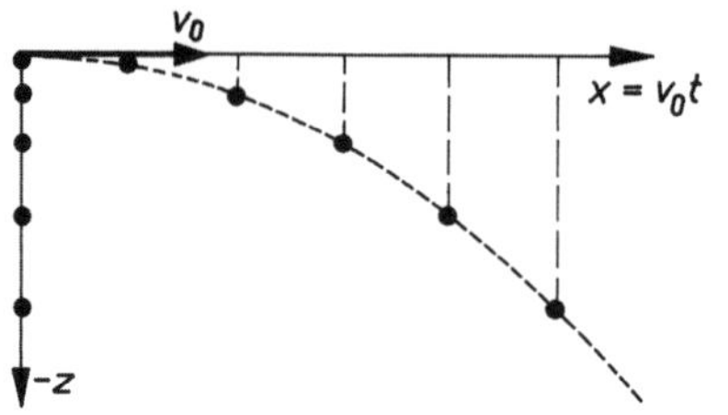

Bild 4.10. Horizontaler Wurf: Positionen eines geworfenen und eines frei fallenden Körpers in aufeinander folgenden gleichen Zeitintervallen

Beispiel: Ein Körper fliegt mit konstanter Geschwindigkeit $v_1 = 720$ km/h horizontal in einer Höhe von $H = 6000$ m. Ein anderer Körper wird mit der Geschwindigkeit v_0 unter dem Winkel $\alpha_0 = 60°$ in dem Augenblick abgefeuert, wo sich beide Körper genau übereinander befinden. Geschoss und Flugkörper sollen sich treffen ($g \approx 10$ m/s^2; kein Luftwiderstand). Berechne v_0 und die Zeit t_1, die das Geschoss auf seiner Bahn benötigt, um den Flugkörper zu erreichen! – *Lösung:* Für $t = t_1$ müssen die Bahnkoordinaten beider Körper übereinstimmen. Nach (19) ist also $x_1 = v_1 t_1 = v_0 t_1 \cos 60° = v_0 t_1/2$, d. h. $v_0 = 2v_1 = 400$ m/s, und $z_1 = v_0 t_1 \sin 60° - g t_1^2/2 = v_1 t_1 \sqrt{3} - g t_1^2/2 = H$. Die Lösung dieser quadratischen Gleichung für t_1 ergibt $t_1 = v_1\sqrt{3}/g \pm (1/g)\sqrt{3v_1^2 - 2gH} = 34{,}6$ s. Warum gibt es hier nur eine Lösung?

Aufgabe 4.4. a) Unter welchem Winkel muss ein Geschoss mit $v_0 = 100$ m/s abgefeuert werden, wenn das Ziel 1 km entfernt und 50 m unter dem Höhenniveau des Abschusspunktes liegt? Stelle zunächst eine allgemeine Beziehung für α_0 bei vorgegebenen Zielkoordinaten (x, z) auf! *Hinweis:* Benutze die Umformung $1/\cos^2\alpha_0 = 1 + \tan^2\alpha_0$! b) Nach welcher Zeit, mit welcher Geschwindigkeit und unter welchem Winkel wird der Zielpunkt erreicht? Luftwiderstand wird vernachlässigt.

4.7 Das Wechselwirkungsgesetz (3. Newtonsches Axiom)

Untersucht man die verschiedenen Kraftwirkungen näher, so erkennt man, dass immer mindestens zwei Körper an ihnen beteiligt sind. Man sagt: Die beiden Körper stehen miteinander *in Wechselwirkung*. Die Kraft stellt dabei jeweils nur eine einseitige Wirkung dar, sie kann gewissermaßen als die eine Hälfte der Wechselwirkung betrachtet werden. Auf dieser Erkenntnis beruht das 3. NEWTONsche Axiom, bekannt als

> **Wechselwirkungsgesetz oder Gegenwirkungsprinzip:**
>
> **Die von zwei Körpern aufeinander ausgeübten Kräfte (Wirkung und Gegenwirkung) sind gleich groß und einander entgegengerichtet.**

Ist $\boldsymbol{F}_{12}$ die vom ersten Körper auf den zweiten ausgeübte Kraft und $\boldsymbol{F}_{21}$ die Rückwirkung des zweiten Körpers auf den ersten, so gilt demnach

$$\boldsymbol{F}_{12} = -\boldsymbol{F}_{21} \qquad \text{oder} \qquad \boldsymbol{F}_{12} + \boldsymbol{F}_{21} = 0. \tag{24}$$

Kraft und Gegenkraft halten sich stets das Gleichgewicht. So übt ein auf einer Tischplatte ruhender Körper auf diese durch sein Gewicht eine senkrecht nach unten gerichtete Kraft aus, die jedoch den Körper nicht in Bewegung zu setzen vermag, da die Unterlage mit einer gleich großen, aber entgegengesetzt gerichteten Kraft auf ihn zurückwirkt, so dass die angreifende Gesamtkraft gemäß (24) gleich null ist. Derartige, von einer festen Unterlage ausgehenden Gegenkräfte nennt man **Reaktions- oder Zwangskräfte**. Da sie bei jeder unnachgiebigen Führung (z. B. Eisenbahnschiene, Gleit- oder Fahrbahnen, Radlager) auftreten, werden sie auch als **Führungskräfte** bezeichnet. Die Führungskraft verschwindet sofort, wenn die von dem betreffenden Körper selbst gegen die Führung ausgeübte Belastungskraft oder **eingeprägte Kraft** wegfällt.

Das Gegenwirkungsprinzip gilt nicht nur für den Fall zweier unmittelbar aneinander grenzender Körper bzw. Teile von Körpern, sondern auch für die durch *Felder* hervorgerufenen Krafteinwirkungen zwischen entfernten Körpern, wie die elektrische und magnetische Anziehung und Abstoßung oder die Gravitationskräfte zwischen den Himmelskörpern, wobei allerdings bei weit voneinander entfernten Körpern wegen der endlichen Ausbreitungsgeschwindigkeit der Kraftwirkungen die Gegenwirkung erst später einsetzt als die Wirkung (vgl. 6.1 und 22.1).

Beispiele: *1.* Wie groß ist in der in Bild 4.6b gezeigten Rollenanordnung die Spannkraft des Seils, wenn die beiderseits der Rolle hängenden Körper gleiche Masse haben? – *Lösung:* Die Spannkraft ist durch die Gewichtskraft nur *eines* Körpers gegeben; denn der jeweils andere Körper liefert durch sein Gewicht lediglich die Gegenkraft, die zur Aufrechterhaltung des Gleichgewichts erforderlich ist.

2. Was geschieht, wenn an dem einen Seilende in Bild 4.6b ein Mann von gleicher Masse wie die des Körpers am anderen Seilende hängt, der sich mit der Geschwindigkeit v am Seil hochzieht? (System anfänglich in Ruhe). – *Lösung:* Beide, Mann und Körper, bewegen sich gleichzeitig mit $v/2$ nach oben.

4.8 Reibungskräfte

Haftreibung (Reibung der Ruhe). Wenn zwei Körper gegeneinander bewegt werden, tritt erfahrungsgemäß immer ein Widerstand auf. Versuchen wir z. B. einen auf einer Tischplatte liegenden quaderförmigen Holzklotz durch eine horizontal angreifende Kraft $\boldsymbol{F}$ zu verschieben (Bild 4.11), so stellen wir fest, dass dies erst beim Erreichen einer bestimmten Größe der Kraft gelingt, während bei Aufwendung kleinerer Kräfte die Ruhelage nicht gestört wird. Das liegt

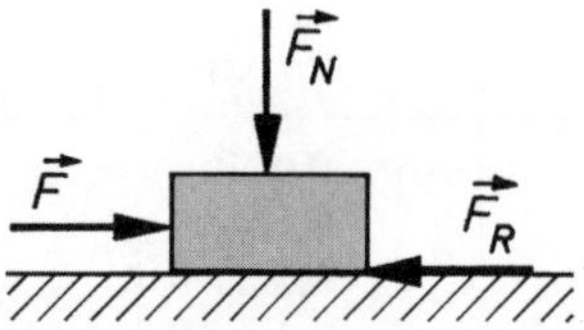

Bild 4.11. Zur Erklärung der Reibung zwischen festen Körpern ($\boldsymbol{F}_\text{R}$ Reibungskraft, $\boldsymbol{F}_\text{N}$ Normalkraft)

daran, dass bei kleineren Kräften die Bewegung durch die zwischen den beiden festen Körpern (Tischplatte und Holzklotz) auftretende *Reibung* verhindert wird, indem die Kraft $\boldsymbol{F}$ durch eine *ihr entgegengesetzt gerichtete, gleich große Reibungskraft* $\boldsymbol{F}_\text{R} = -\boldsymbol{F}$ kompensiert wird. Erst wenn $\boldsymbol{F}$ den zwischen den Körpern maximal übertragbaren Reibungswiderstand übersteigt, beginnt der Körper zu rutschen. Diesen kritischen Wert der Reibungskraft nennt man **Haftreibungskraft** $\boldsymbol{F_\text{RH}}$. Durch das Verhältnis von F_RH zu der senkrecht zur Kontaktfläche der Körper wirkenden Normalkraft F_N (Bild 4.11) wird die *Haftreibungszahl* μ_0 definiert:

$$\mu_0 = \frac{F_\text{RH}}{F_\text{N}} \qquad \textbf{(Haftreibungszahl).} \tag{25}$$

Bei Kenntnis von μ_0 folgt für den Betrag der Haftreibungskraft

$$F_\text{RH} = \mu_0 F_\text{N} \qquad \textbf{(Coulombsches Reibungsgesetz).} \tag{26}$$

Im Falle von Bild 4.11 ist die Normalkraft F_N gleich der Gewichtskraft G des Körpers. Liegt hingegen der Holzquader wie in Bild 4.12 auf einer schiefen Ebene mit dem Neigungswinkel α, so beträgt die Normalkraft $F_\text{N} = G \cos\alpha$. Außer ihr greift dann aber am Körper noch die Hangabtriebskraft $G \sin\alpha$ an. Benutzt man eine Vorrichtung mit verstellbarem Neigungswinkel α und vergrößert diesen allmählich bis zum kritischen Wert $\alpha = \varrho_0$, bei dem der Quader zu rutschen beginnt, so ist jetzt die Hangabtriebskraft gerade gleich der Haftreibungskraft F_RH, und es gilt nach Gleichung (26) $G \sin\varrho_0 = \mu_0 G \cos\varrho_0$, woraus für die Haftreibungszahl folgt

$$\mu_0 = \tan\varrho_0. \tag{27}$$

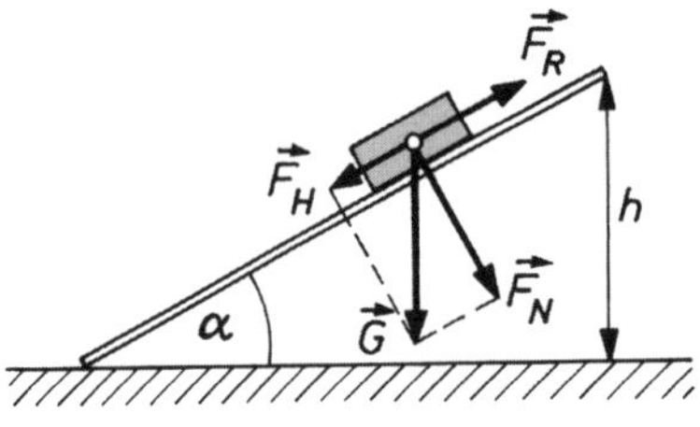

Bild 4.12. Reibung auf der schiefen Ebene

ϱ_0 nennt man den *Reibungswinkel*. Hieraus geht hervor, wie auch experimentell für die meisten trockenen Oberflächen nachgewiesen wurde:

Die Haftreibungszahl μ_0 ist unabhängig von der Normalkraft F_N und von der Größe der Berührungsfläche zwischen den Körpern.

Wenn man also in dem Abgleitexperiment auf der schiefen Ebene den Holzklotz statt auf die breite Seite hochkant auf die schmale Seite stellt, erhält man für μ_0 das gleiche Ergebnis. μ_0 hängt von den sich berührenden Materialien und von zahlreichen anderen Einflussfaktoren wie Temperatur, Oberflächenbeschaffenheit, Schmierung usw. ab. Eine Werteübersicht gibt die Tabelle 4.1.

Tabelle 4.1. Haftreibungszahlen μ_0 und Gleitreibungszahlen μ für einige Stoffpaarungen

Stoffpaarung	μ_0 trocken	 geschmiert	μ trocken	 geschmiert
Stahl auf Eis	0,027	–	0,014	–
Stahl auf Stahl	0,15	0,11	0,12	0,05
Holz auf Holz	0,4 ... 0,6	0,16	0,2 ... 0,4	0,08
Holz auf Metall	0,6 ... 0,7	0,11	0,4 ... 0,5	0,10
Leder auf Metall	0,3 ... 0,5	0,16	0,3	0,15
Gummi auf Asphalt	0,7 ... 0,8	–	0,5 ... 0,6	–

Gleitreibung (Reibung der Bewegung). Wenn nach Überschreiten der Haftreibungskraft der Körper einmal gleitet, bedarf es zur Aufrechterhaltung seiner Bewegung im Allgemeinen einer kleineren Kraft, um die dann noch vorhandene **Gleitreibungskraft F_{RG}** zu überwinden. Mit ihr kann analog zu (25) eine *Gleitreibungszahl* μ definiert werden:

$$\mu = \frac{F_{RG}}{F_N}, \quad \text{womit folgt} \quad F_{RG} = \mu F_N. \tag{28}$$

Für die meisten Materialien ist μ etwas kleiner als μ_0 und abhängig von der Werkstoffpaarung, den Schmierverhältnissen (trockene, gemischte oder Flüssigkeitsreibung), der Flächenpressung zwischen den Gleitflächen und der Gleitgeschwindigkeit. Die in der Tabelle 4.1 angegebenen Werte sind nur Richtwerte, die den Einfluss der einzelnen Faktoren nicht erkennen lassen.

Für das Auftreten von Gleit- bzw. Haftreibung sind folgende, für technische Anwendungen wichtige (unterschiedliche) Kriterien maßgebend: Bei *Gleitreibung* mit konstanter Geschwindigkeit muss die die Bewegung hervorrufende Kraft (Zugkraft) die Größe der Gleitreibungskraft F_{RG} annehmen, bei *Haftreibung* die Haftreibungskraft F_{RH} die Größe der Zugkraft, die den Grenzwert (26) nicht überschreiten darf.

Die Reibung ist im Allgemeinen eine höchst unerwünschte Erscheinung, weil sie mechanische Arbeit nutzlos in Wärme sowie in Verschleiß der reibenden Flächen umsetzt. Die Reibung ist aber nicht nur bewegungshemmend, sondern auch bewegungsfördernd. So wäre ohne die Haftreibung keine Fortbewegung, kein Gehen und Fahren, möglich. Sie ist der nach rückwärts gerichteten Druckkraft der Fußsohle bzw. des Rades entgegen, also nach vorwärts gerichtet und daher imstande, die zur Fortbewegung nötige Antriebskraft zu liefern.

Beispiel: Ein Körper mit der Gewichtskraft G liegt auf einer schiefen Ebene vom Neigungswinkel α (Bild 4.12). a) Welche Kraft F ist notwendig, um den Körper die schiefe Ebene *hinauf* gerade in Bewegung zu setzen? b) Wie groß ist für $\alpha > \varrho_0$ die notwendige Haltekraft F', um den Körper am Abgleiten zu hindern? – *Lösung:* a) Beim Hinaufziehen ist die Reibungskraft abwärts gerichtet, ebenso die Hangabtriebskraft $G \sin\alpha$. Mit der Normalkraft $G \cos\alpha$ muss daher unter Beachtung des Reibungsgesetzes (26) und Gleichung (27) gelten:

$$F = G\sin\alpha + \mu_0 G\cos\alpha = G\,(\sin\alpha + \tan\varrho_0\cos\alpha)$$

$$= G\,\frac{\sin\alpha\cos\varrho_0 + \sin\varrho_0\cos\alpha}{\cos\varrho_0} = G\,\frac{\sin(\alpha+\varrho_0)}{\cos\varrho_0}.$$

b) Soll der Körper am Abgleiten gehindert werden, so ändert die Reibungskraft ihre Richtung, d. h., in obiger Beziehung ist ϱ_0 durch $-\varrho_0$ zu ersetzen:

$$F' = G\,\frac{\sin(\alpha-\varrho_0)}{\cos\varrho_0} \qquad \textit{(Haltekraft)}.$$

Für $\alpha = \varrho_0$ wird $F' = 0$, d. h., der Körper bleibt – ohne Zuhilfenahme einer Kraft – in Ruhe, was den obigen Ausführungen zur Bestimmung von μ_0 entspricht.

Aufgabe 4.5. In Bild 4.7 seien die Massen $m_1 = 3{,}0\,\text{kg}$ und $m_2 = 2{,}0\,\text{kg}$; $\alpha = 30°$. Es wird eine Abwärtsbewegung von m_2 beobachtet (Rollen- und Seilmassen werden vernachlässigt). Mit welcher Beschleunigung bewegen sich die beiden Massen für den Fall, dass m_1 auf der schiefen Ebene eine Gleitreibung mit $\mu = 0{,}1$ erfährt?

Aufgabe 4.6. Ein Kraftfahrzeug ($m = 1{,}25\,\text{t}$) soll auf horizontaler Strecke mit der Verzögerung $a = 5\,\text{m/s}^2$ durch Haftreibung gebremst werden. a) Wie groß ist die erforderliche Haftreibungskraft? b) Die Haftreibungszahl für Gummireifen auf trockener Fahrbahn beträgt $\mu_0 = 0{,}7$. Ist damit der Bremsvorgang ausführbar?

Aufgabe 4.7. Bei einem rollenden Rad treten als bewegungshemmende Kräfte sowohl Gleitreibung an den Achslagern als auch Rollreibung am Boden auf, die man zusammen durch die *Fahrwiderstandszahl* μ' beschreibt. Bei welcher Steigung einer Bahnstrecke beginnen die Räder einer Lokomotive ($m_\text{L} = 60\,\text{t}$), die einen Zug der Gesamtmasse $m_\text{Z} = 800\,\text{t}$ zieht, zu rutschen? Haftreibungszahl der Triebräder $\mu_0 = 0{,}15$; Fahrwiderstandszahl des Zuges $\mu' = 0{,}002$.

5 Bewegte Bezugssysteme

Bisher wurde davon ausgegangen, dass die Bezugssysteme, in denen die Bewegungen beschrieben werden, *ruhen*. Dabei waren auch Bezugssysteme zugelassen, die mit der Erdoberfläche fest verbunden sind (wie z. B. der Hörsaal bei der Untersuchung des freien Falls), wobei jedoch in diesen Fällen von der Bewegung der Erde (Drehung um die eigene Achse und Bewegung um die Sonne) stets abgesehen wurde.

Wenn ein Körper in einem Bezugssystem ruht, tut er dies keinesfalls in einem relativ zu diesem Bezugssystem sich bewegenden zweiten Bezugssystem. Folglich ist seine Geschwindigkeit und möglicherweise auch seine Beschleunigung im zweiten Bezugssystem von null verschieden. Es soll nun untersucht werden, welchen Einfluss eine Bewegung des Bezugssystems auf die Form der Bewegungsgleichung hat, die nach (4/13) für das ruhende System $m\ddot{\boldsymbol{r}} = \boldsymbol{F}$ lautet.

5.1 Geradlinig beschleunigte Bezugssysteme. Trägheitskräfte

Wir betrachten zwei *geradlinig* gegeneinander bewegte Bezugssysteme, von denen das eine (System Σ) mit den Koordinatenachsen x, y, z als ruhend angenommen wird und das andere (System Σ') mit den Achsen x', y', z' sich gegenüber Σ *beschleunigt* bewegt, wobei die x- und x'-Achse zusammenfallen und y, z parallel zu y', z' liegen sollen (Bild 5.1).

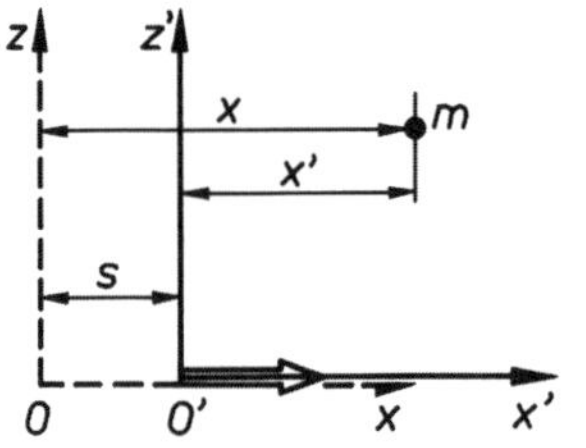

Bild 5.1. In x-Richtung gegeneinander bewegte Bezugssysteme (y- und y'-Achse sind senkrecht nach hinten orientiert.)

Liegen zum Zeitpunkt $t = 0$ die Koordinatenursprungspunkte beider Systeme O und O' zusammen und hat nach Ablauf der Zeit t der Punkt O' den Weg s zurückgelegt, so gilt für den Zusammenhang der Ortskoordinaten einer Punktmasse m in beiden Systemen:

$$x = x' + s, \quad y = y', \quad z = z'. \tag{1}$$

Durch zweimalige Differentiation nach der Zeit folgt hieraus

$$\ddot{x} = \ddot{x}' + \ddot{s}, \quad \ddot{y} = \ddot{y}', \quad \ddot{z} = \ddot{z}'.$$

Diese Gleichungen beschreiben den Zusammenhang zwischen den Komponenten des Beschleunigungsvektors in beiden Bezugssystemen; sie lassen sich verallgemeinernd zur Vektorgleichung

$$\ddot{\boldsymbol{r}} = \ddot{\boldsymbol{r}}' + \ddot{\boldsymbol{s}} \tag{2}$$

zusammenfassen, wobei speziell in unserem Beispiel $\boldsymbol{s}$ nur eine Komponente in x-Richtung besitzt. Gleichung (2) sagt aus, dass sich in Bewegungsrichtung die Beschleunigungen in den Systemen Σ und Σ' um den Betrag der Beschleunigung $\ddot{s}$ des Systems Σ' voneinander unterscheiden. Wird Gleichung (2) mit der Masse m durchmultipliziert, so erkennt man, dass auch die Kräfte in beiden Bezugssystemen verschieden sind: Greift im ruhenden System Σ an der Punktmasse m die Kraft $\boldsymbol{F} = m\ddot{\boldsymbol{r}}$ an (z. B. die Schwerkraft mit $\ddot{\boldsymbol{r}} = \boldsymbol{g}$), so wirkt auf sie im beschleunigten System Σ' wegen (2) die Kraft

$$\boldsymbol{F}' = \boldsymbol{F} - m\ddot{\boldsymbol{s}} = \boldsymbol{F} + \boldsymbol{F}_\mathrm{T} \tag{3}$$

mit $m\ddot{\boldsymbol{r}}' = \boldsymbol{F}'$. Auf die Punktmasse wirkt also in Σ' zusätzlich zu den *eingeprägten Kräften* $\boldsymbol{F}$, die von der Bewegung des Bezugssystems unabhängig sind, eine der Beschleunigung des Bezugssystems $\ddot{\boldsymbol{s}} = \boldsymbol{a}$ entgegengerichtete Kraft

$$\boldsymbol{F}_\mathrm{T} = -m\ddot{\boldsymbol{s}} = -m\boldsymbol{a} \qquad \textbf{(Trägheitskraft).} \tag{4}$$

Die Gleichungen (3) und (4) sagen aus:

> **Die Kraft auf einen Körper in einem beschleunigten Bezugssystem ist gleich der Summe aus eingeprägten Kräften und Trägheitskräften.**

Das Zustandekommen der Trägheitskraft erkennt man am ehesten, wenn man einen Körper betrachtet, an dem keine eingeprägten Kräfte angreifen ($\boldsymbol{F} = 0$) und der aus diesem Grunde im ruhenden Bezugssystem Σ, dem Trägheitsgesetz gehorchend, in Ruhe ist. Derselbe Körper *bewegt sich aus der Sicht eines Beobachters in* Σ' mit einer Beschleunigung, die entgegengesetzt gleich derjenigen ist, mit der sich Σ' gegen einen außerhalb (d. h. in Σ) befindlichen Beobachter bewegt, nämlich mit der Beschleunigung $-\boldsymbol{a}$. Wenn der in Σ' befindliche Beobachter die Gesetze der NEWTONschen Mechanik anwendet, zieht er den Schluss, dass an dem Körper eine Kraft $-m\boldsymbol{a}$ angreift. Auch er selbst verspürt diese Kraft (z. B. im Aufzug beim Anfahren und Abbremsen). Für einen außerhalb des beschleunigten Systems stehenden Beobachter hingegen existiert diese Kraft nicht; denn aus seiner Sicht ist der betrachtete Körper in Ruhe.

Trägheitskräfte wirken auf Körper, die sich in einem beschleunigten Bezugssystem befinden. Sie sind der Beschleunigung des Bezugssystems entgegengerichtet und können nur von einem mitbeschleunigten Beobachter wahrgenommen werden.

Trägheitskräfte müssen z. B. von den Insassen eines Raumschiffes bei Start und Landung ertragen werden. Sie greifen auch an einer Massekugel m an, die nach Bild 5.2 in der Kabine des Raumschiffes an einem Federkraftmesser senkrecht aufgehängt ist. Die Auslenkung der Feder ist ein Maß für die im System „Raumschiff" auf m wirkende Kraft $\boldsymbol{F}'$ (System Σ').

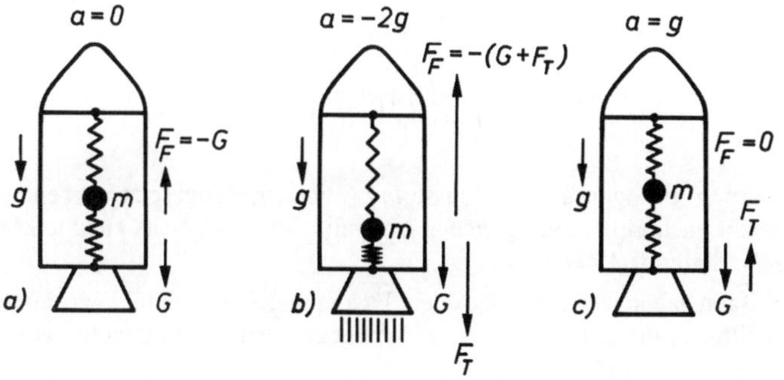

Bild 5.2. Trägheitskräfte in beschleunigten Bezugssystemen:
a) Raumschiff im Ruhezustand, b) bei Start und Landung, c) im freien Fall
(G Gewichtskraft von m; F_F rücktreibende Federkraft, F_T Trägheitskraft).
Stets muss gelten $G + F_F + F_T = 0$.

Das Bild 5.2a zeigt die Situation im Ruhezustand; an der Masse greift jetzt lediglich die Gewichtskraft $\boldsymbol{G} = m\boldsymbol{g}$ als eingeprägte Kraft an, die der rücktreibenden Federkraft $\boldsymbol{F}_F$ das Gleichgewicht hält. Beim Start (Bild 5.2b) tritt zusätzlich eine gegen die Fahrtrichtung wirkende Trägheitskraft auf, die sich der Gewichtskraft überlagert. Bei einer Startbeschleunigung von $\boldsymbol{a} = -2\boldsymbol{g}$ ist sie nach (4) gleich $\boldsymbol{F}_T = 2m\boldsymbol{g} = 2\boldsymbol{G}$. Insgesamt greift also nach (3) an den Körpern im Raumschiff die Kraft $\boldsymbol{F}' = 3\boldsymbol{G}$, d. h. vom 3-fachen ihres Gewichts, an. Die gleiche Situation finden wir bei der Landung vor, wenn das Raumschiff durch Bremsraketen abgebremst wird. Da die Bremsbeschleunigung gegen die Fahrtrichtung gerichtet ist, tritt eine Trägheitskraft auf, die ebenfalls in Richtung der Schwerkraft wirkt und sich somit zur Gewichtskraft der Körper addiert.

Dynamisches Gleichgewicht. Durch eine geeignete Beschleunigung des Bezugssystems gelingt es, die Schwerkraft lokal völlig auszuschalten (Zustand der *Schwerelosigkeit*). Dies tritt ein, wenn sich im zuvor geschilderten Beispiel das Raumschiff im *freien Fall*, also mit $\boldsymbol{a} = \boldsymbol{g}$, zur Erde bewegt (Bild 5.2c); nach (3) und (4) ist dann die Summe aus beschleunigender Kraft $\boldsymbol{F}$ ($= m\boldsymbol{g} = \boldsymbol{G}$) und Trägheitskraft $\boldsymbol{F}_T$ gleich null:

$$\boldsymbol{F}' = \boldsymbol{F} + (-m\boldsymbol{a}) = \boldsymbol{F} - m\boldsymbol{a} = 0. \tag{5}$$

Durch eine solche Auslegung des 2. NEWTONschen Axioms $\boldsymbol{F} = m\boldsymbol{a}$ wird es möglich, die Gesetze der Dynamik auf statische Gleichgewichtsbetrachtungen zurückzuführen. Es gilt dann das

Prinzip von d'Alembert:

Ein Körper befindet sich im dynamischen Gleichgewicht, wenn die Summe aus eingeprägten Kräften und Trägheitskräften gleich null ist.

Beispiel: Berechne für die in Bild 4.6a,b dargestellten Massenanordnungen die Seilkräfte! Massen der Rollen und Seile werden vernachlässigt. *Hinweis:* Die bei den Anordnungen auftretenden Beschleunigungen a wurden in dem Rechenbeispiel am Schluss von Abschnitt 4.4 ermittelt. – *Lösung:* In jeder der beiden Anordnungen stellen die Massen ein beschleunigtes Bezugssystem dar. Die Seilkraft F' ergibt sich daher nach (3) als Summe aus eingeprägter Kraft F und Trägheitskraft F_{T}, welche an *einer* der beiden Massen angreifen. Die gleiche Kraft F' wirkt nach dem Gegenwirkungsprinzip auch auf die jeweils andere Masse. Bei Anordnung a) ist F gleich der Gewichtskraft von m_2, also $m_2 g$; die Trägheitskraft ist nach (4) $F_{\mathrm{T}} = -m_2 a = -m_2^2 g/(m_1 + m_2)$. Somit wird

$$F' = F + F_{\mathrm{T}} = m_2 g\left(1 - \frac{m_2}{m_1 + m_2}\right) = \frac{m_1 m_2}{m_1 + m_2}\,g.$$

Für Anordnung b) mit den Massen $M = m_1$ und $M + M' = m_2$ gilt, bezogen auf m_2:

$$F = m_2 g; \quad F_{\mathrm{T}} = -m_2 a = -\frac{m_2(m_2 - m_1)}{m_1 + m_2}\,g;$$

$$F' = F + F_{\mathrm{T}} = m_2 g\left(1 - \frac{m_2 - m_1}{m_1 + m_2}\right) = \frac{2 m_1 m_2}{m_1 + m_2}\,g.$$

Eine entsprechende Rechnung, bezogen auf die Masse m_1 (mit entgegengesetzt wirkender Trägheitskraft), führt – wie man leicht nachprüft – zum gleichen Ergebnis. Für beiderseits gleiche Massen ($m_1 = m_2 = m$) folgt die *statische* Seilkraft $F' = F = mg$.

Aufgabe 5.1. In einem S-Bahnwagen ist an der Decke ein Fadenpendel befestigt. Es wird beim Anfahren auf horizontaler, gerader Strecke um den Winkel $\alpha = 3{,}5°$ gegenüber der Lotrechten ausgelenkt. Wie groß ist die Beschleunigung des Zuges?

Aufgabe 5.2. Ein Kran hebt eine Last von $1{,}2$ t mit der Beschleunigung $0{,}75$ m/s^2 lotrecht empor. Wie groß ist die Kraft, mit der das Kranseil beansprucht wird?

5.2 Gleichförmig rotierende Bezugssysteme. Zentrifugalkraft, Coriolis-Kraft

Trägheitskräfte treten in jeder Art von beschleunigten Bezugssystemen auf. Insbesondere trifft dies auch auf *rotierende* Systeme zu. Wenn sich ein Bezugssystem $\Sigma'(x', y', z')$ gegenüber einem als ruhend vorausgesetzten System $\Sigma(x, y, z)$ mit gleich bleibender Winkelgeschwindigkeit ω um eine feste Achse dreht (Bild 5.3), so vollführt jede mit Σ' fest verbundene, nicht auf der Drehachse liegende Punktmasse *in Bezug auf* Σ eine gleichförmige Kreisbewegung. Ein Beobachter in Σ führt diese auf das Vorhandensein der zum Kreismittelpunkt hin gerichteten Radialkraft (4/7) $\boldsymbol{F}_{\mathrm{r}} = -m\,\omega^2 \boldsymbol{r}$ zurück, die von der Drehachse aufgebracht werden muss, an der die Punktmasse befestigt ist. Sie kann mittels eines Federkraftmessers gemessen werden. Ein *mitrotierender Beobachter* in Σ' stellt hingegen fest, dass die Punktmasse ruht; sie führt in seinem Bezugssystem keine Kreisbewegung aus. Er muss daher nach dem NEWTONschen Grundgesetz fordern, dass die Resultierende der an der Punktmasse angreifenden Kräfte null ist. Hieraus schließt er, dass außer der Federkraft eine zweite Kraft an der Punktmasse angreift, die den gleichen Betrag, aber die entgegengesetzte Richtung hat. Diese nur vom mitrotierenden Beobachter empfundene, *senkrecht von der Drehachse weg gerichtete* Trägheitskraft ist die **Zentrifugalkraft** oder **Fliehkraft**

$$\boldsymbol{F}_\mathrm{Z} = m\,\omega^2 \boldsymbol{r} \quad \text{vom Betrage} \quad F_\mathrm{Z} = m\,\omega^2 r = \frac{mv^2}{r}, \tag{6}$$

wobei $\boldsymbol{r}$ den von der Drehachse zur Punktmasse zeigenden Ortsvektor bedeutet. Die zugehörige Beschleunigung ist die **Zentrifugalbeschleunigung**

$$\boldsymbol{a}_\mathrm{Z} = \omega^2 \boldsymbol{r} \quad \text{vom Betrage} \quad a_\mathrm{Z} = \omega^2 r = \frac{v^2}{r}. \tag{7}$$

Sobald die Radialkraft zu wirken aufhört, verschwindet wegen $\boldsymbol{F}_\mathrm{r} + \boldsymbol{F}_\mathrm{Z} = 0$ auch die zugehörige Trägheitskraft $\boldsymbol{F}_\mathrm{Z}$, und der Körper fliegt auf Grund seiner Trägheit tangential zu seiner bisherigen Bahn in derjenigen Richtung und mit derjenigen Geschwindigkeit weiter, die er im Augenblick des Verschwindens der Radialkraft hatte.

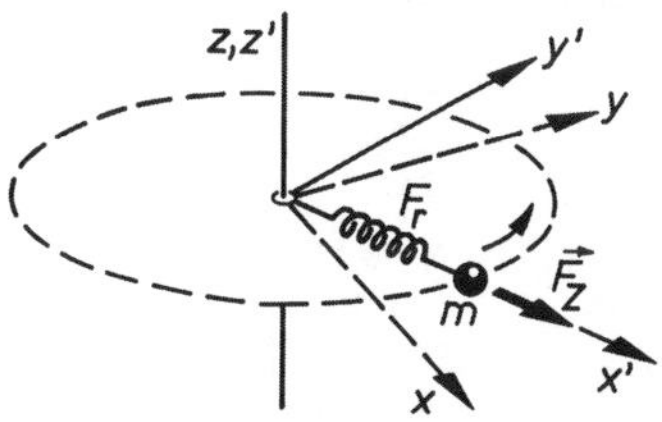

Bild 5.3. Zur Zentrifugalkraft (Fliehkraft): Das System (x', y', z'), mit dem die Punktmasse m fest verbunden ist, dreht sich gegenüber dem System (x, y, z) mit $z = z'$ als Drehachse.

Die Coriolis-Kraft. Wenn sich die Punktmasse im rotierenden Bezugssystem Σ' mit der Geschwindigkeit $\boldsymbol{v}'$ *bewegt*, tritt eine zusätzliche Trägheitskraft auf, die nach ihrem Entdecker benannte CORIOLIS-Kraft

$$\boldsymbol{F}_\mathrm{C} = 2m\boldsymbol{v}' \times \boldsymbol{\omega}, \quad \text{Betrag} \quad F_\mathrm{C} = 2mv'\omega \sin\alpha, \tag{8}$$

wobei α der Winkel zwischen der Drehachse ($\boldsymbol{\omega}$) und der Richtung von $\boldsymbol{v}'$ ist. Entsprechend der Definition des Vektorprodukts steht diese Kraft senkrecht zur Richtung der Drehachse und senkrecht zur Geschwindigkeit der Punktmasse.

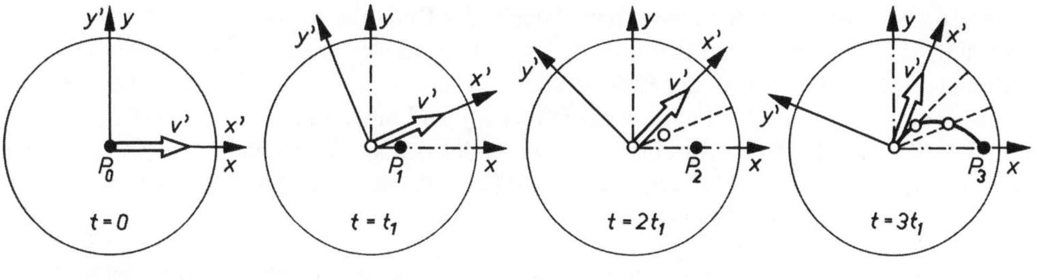

Bild 5.4. Bahnabweichung infolge des Wirkens der CORIOLIS-Kraft

Das Zustandekommen der CORIOLIS-Kraft veranschaulichen wir uns an einem speziellen Beispiel (Bild 5.4): Auf einer Drehscheibe, die sich mit konstanter Winkelgeschwindigkeit ω dreht (System Σ'; Vektor $\boldsymbol{\omega}$ senkrecht zur Zeichenebene nach vorn orientiert), befindet sich im Mittelpunkt P_0 ein Beobachter. Zum Zeitpunkt $t = 0$, zu dem die Achsen beider Systeme zusammenfallen, setze dieser in radialer Richtung x' bzw. x eine Punktmasse mit der Geschwindigkeit $\boldsymbol{v}'$ in Bewegung. Das Bild zeigt die Scheibe und die Lage der Punktmasse in jeweils gleichen Zeitabständen $\Delta t = t_1$. Für einen Beobachter außerhalb von Σ' bewegt sich die Punktmasse nach dem Trägheitsgesetz gleichförmig auf gerader Bahn in x-Richtung. Der in Σ' befindliche und in Richtung der ursprünglichen Geschwindigkeit $\boldsymbol{v}'$ blickende Beobachter stellt hingegen fest, dass sich die Punktmasse nicht – wie von ihm erwartet – auf gerader Bahn

in x'-Richtung bewegt, sondern dass sie nach rechts abweicht und eine gekrümmte Bahn durchläuft. Indem er das NEWTONsche Grundgesetz anwendet, wird er für die auftretende Bahnabweichung eine Trägheitskraft verantwortlich machen.
Hat die Punktmasse im Zeitintervall Δt die Strecke Δr $(= \Delta x)$ in radialer Richtung zurückgelegt, so hat sich inzwischen – da die Bahngeschwindigkeit der Drehscheibe weiter außen um $\Delta v = \omega \Delta r$ größer ist und die Punktmasse auf Grund ihrer Trägheit ihre ursprüngliche Bewegungsrichtung beibehält – die Drehscheibe unter ihr um das Wegstück $\Delta s = \Delta v \Delta t = \omega \Delta r \Delta t$ hinweggedreht. Mit $v' = \Delta r / \Delta t$ bzw. $\Delta r = v' \Delta t$ ergibt sich $\Delta s = v' \omega (\Delta t)^2$. Führt man die Bahnabweichung auf eine konstante Kraft und somit auf eine konstante Beschleunigung a_C zurück, so ist nach (3/7) $\Delta s = a_C (\Delta t)^2/2$. Durch Gleichsetzen der beiden Ausdrücke für Δs folgt

$$a_C = 2v'\omega \quad \textbf{(Coriolis-Beschleunigung).} \qquad (9)$$

Damit wird die CORIOLIS-Kraft $F_C = m a_C = 2mv'\omega$. Wenn die Bewegung nicht senkrecht zur Drehachse erfolgt, sondern $\boldsymbol{v}'$ mit $\boldsymbol{\omega}$ den Winkel α einschließt, gilt die Vektorgleichung (8).

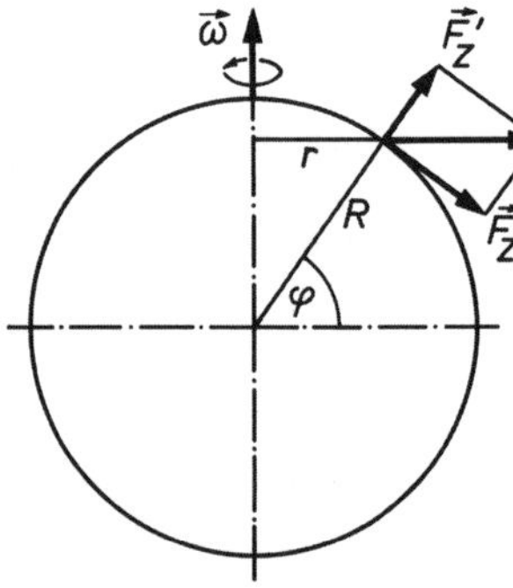

Bild 5.5. Zum Einfluss der Erddrehung auf die Fallbeschleunigung g

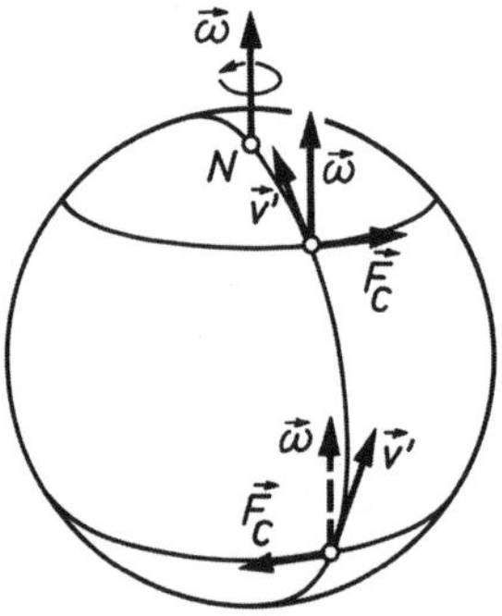

Bild 5.6. Zur Wirkung der CORIOLIS-Kraft auf die Bewegung von Körpern auf der Erde

Die Erde als rotierendes Bezugssystem. Wegen der Rotation der Erde um die eigene Achse treten auf ihr nach dem Urteil des mitbewegten Beobachters die zuvor genannten Trägheitskräfte auf. Auf Körper, die an der Erdoberfläche *ruhen*, wirkt nur die *Zentrifugalkraft* (6), die je eine Komponente in Richtung des Erdradius F_Z' und tangential zur Erdoberfläche F_Z'' hat (Bild 5.5). F_Z' berechnet sich für eine Masse m an der Erdoberfläche unter der geographischen Breite φ mit $r = R \cos\varphi$ (Erdradius $R = 6380$ km; Winkelgeschwindigkeit der Erddrehung $\omega = 2\pi/(24\,\text{h}) \approx 0{,}7 \cdot 10^{-4}\,\text{s}^{-1}$) zu

$$F_Z' = F_Z \cos\varphi = m\omega^2 r \cos\varphi = m\omega^2 R \cos^2\varphi = m \cdot (0{,}034\,\text{m/s}^2) \cos^2\varphi.$$

Da F_Z' der Fallbeschleunigung g entgegengerichtet ist, ergibt sich hieraus, dass g am Äquator $(\varphi = 0°)$ um $0{,}034\,\text{m/s}^2$ kleiner ist als an den Polen. In Wirklichkeit aber beträgt die Abweichung etwa $0{,}051\,\text{m/s}^2$, was auf die Abplattung der Erde an den Polen zurückzuführen ist. Diese hat ihre Ursache in der Wirkung der Tangentialkomponente $F_Z'' = m\omega^2 R \cos\varphi \sin\varphi$, die für $\varphi = 45°$ ihren maximalen Wert annimmt.
Massen, die sich auf der Erde *bewegen* (Geschosse, Winde, Meeresströmungen), unterliegen zusätzlich der Wirkung der CORIOLIS-*Kraft* (8). Bild 5.6 veranschaulicht dies für Körper, die sich entlang eines Meridians von Süd nach Nord bewegen. (Der Vektor $\boldsymbol{\omega}$ ist der Anschaulichkeit halber an dem betreffenden Ort gezeichnet, wo sich der Körper gerade befindet.) Man

erkennt, dass entsprechend der durch das Vektorprodukt (8) gegebenen Orientierung von $\boldsymbol{F}_\mathrm{C}$ (Rechtsschraube) die Körper auf der Nordhalbkugel nach Osten, auf der Südhalbkugel nach Westen abgelenkt werden *(Rechts- bzw. Linksabweichung der Geschosse)*.

Ein anschauliches Beispiel für die Wirkung der CORIOLIS-Kraft und zugleich eindrucksvolles Experiment zum Nachweis der Erddrehung war 1851 der FOUCAULT*sche Pendelversuch*: Führt eine an einem sehr langen Faden (z. B. in einem Kirchturm) aufgehängte Masse Pendelschwingungen mit kleinen Auslenkungen aus, so dreht sich für einen erdfesten Beobachter die Erde unter der Schwingungsebene des Pendels (welche infolge der Trägheit des Pendelkörpers ihre Richtung im Raum beibehält) hinweg. An einem Ort der geographischen Breite φ ist die Winkelgeschwindigkeit der (scheinbaren) Drehung der Schwingungsebene gleich der Normalkomponente der Winkelgeschwindigkeit der Erddrehung $\omega_\mathrm{n} = \omega \sin\varphi$. An den Polen ($\varphi = 90°$) beträgt sie 360° pro Sterntag, zum Äquator hin ($\varphi \to 0°$) nimmt sie auf null ab.

Beispiele: *1.* Eine Eisenbahnstrecke wird in einer überhöhten Kurve vom Radius $r = 500\,\mathrm{m}$ mit der Geschwindigkeit $v = 72\,\mathrm{km/h}$ befahren. Um welchen Winkel muss die Kurve überhöht werden, wenn die im Schwerpunkt des Waggons angreifende Gesamtkraft senkrecht zum Gleiskörper gerichtet sein soll? – Siehe Bild 5.7!

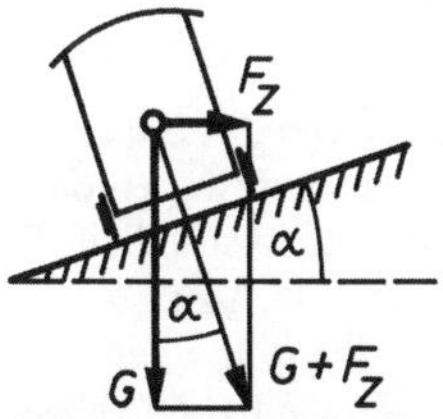

Bild 5.7. Die am Eisenbahnwagen angreifende Kraft ergibt sich als Resultierende aus Gewichtskraft $\boldsymbol{G}$ und Zentrifugalkraft $\boldsymbol{F}_\mathrm{Z}$. Es ist $\tan\alpha = F_\mathrm{Z}/G$. Mit (6) und $G = mg$ folgt $\tan\alpha = v^2/(rg) = 0{,}0816$; $\alpha = 4{,}7°$.

2. Welche Richtung hat die CORIOLIS-Kraft, wenn sich ein auf dem Äquator befindlicher Körper a) nach Westen, b) senkrecht nach oben, c) nach Norden bewegt? – *Lösung:* Anhand einer Skizze entsprechend Bild 5.6 überlegt man sich leicht, dass nach (8) im Fall a) $\boldsymbol{F}_\mathrm{C}$ zum Erdmittelpunkt, im Fall b) nach Westen gerichtet und im Fall c) $\boldsymbol{F}_\mathrm{C} = 0$ ist.

Aufgabe 5.3. Bei einer Fahrt durch eine nicht überhöhte Kurve wird ein „Ausbrechen" des Fahrzeuges aus der Kurve beobachtet, wenn die Geschwindigkeit 50 km/h überschreitet. Der Kurvenradius beträgt 28 m. Welchen Wert hat der Haftreibungskoeffizient μ_0 zwischen Straße und Fahrzeugreifen? (Vgl. dazu Abschnitt 4.8).

5.3 Inertialsysteme. Relativitätsprinzip der klassischen Mechanik

Aus den Darlegungen der beiden vorangegangenen Abschnitte geht hervor, dass die NEWTONsche Bewegungsgleichung $m\ddot{\boldsymbol{r}} = \boldsymbol{F}$ nur in einem Bezugssystem gilt, in dem keine Trägheitskräfte auftreten. Ein solches System darf weder Drehbewegungen ausführen, noch darf es geradlinig beschleunigt sein. Dann gilt auch das Trägheitsgesetz, wonach alle Körper, auf die keine Kräfte einwirken ($\boldsymbol{F} = 0$ und damit $\ddot{\boldsymbol{r}} = 0$), in dem betreffenden Bezugssystem in Ruhe sind oder sich gleichförmig und geradlinig bewegen ($\dot{\boldsymbol{r}} = \boldsymbol{v} = \mathrm{const}$). Ein solches Bezugssystem nennt man **Inertialsystem** (lateinisch „inertia" Trägheit).

Inertialsysteme sind Bezugssysteme, in denen das Trägheitsgesetz gilt. In ihnen sind Körper bei Abwesenheit äußerer Kräfte in Ruhe oder bewegen sich geradlinig und gleichförmig.

Ist Σ ein Inertialsystem und Σ' ein Bezugssystem, das sich relativ zu Σ geradlinig mit der konstanten, gegenüber der Lichtgeschwindigkeit kleinen Geschwindigkeit v in x- bzw. x'-Richtung bewegt (s. Bild 5.1), so wird der Übergang vom einen Bezugssystem zum anderen durch die Koordinatentransformation (1) mit $s = vt$ wie folgt beschrieben:

$$x = x' + vt, \quad y = y', \quad z = z'. \tag{10}$$

Diese Gleichungen werden als **Galilei-Transformation** bezeichnet. Zweimaliges Differenzieren nach der Zeit ergibt mit $v = \text{const}$: $\ddot{x} = \ddot{x}'$, $\ddot{y} = \ddot{y}'$, $\ddot{z} = \ddot{z}'$ oder vektoriell $\ddot{\boldsymbol{r}} = \ddot{\boldsymbol{r}}'$; d. h., *in beiden Bezugssystemen erfährt der Körper nach Betrag und Richtung die gleiche Beschleunigung*. Dasselbe gilt daher auch für die Kräfte in den beiden Systemen. Demnach ist auch Σ' ein Inertialsystem. Diese fundamentale Aussage bildet das

Relativitätsprinzip der klassischen Mechanik:

Beim Übergang von einem Inertialsystem zu einem anderen bleiben alle Gesetze der Mechanik ungeändert.

Gilt in einem Bezugssystem die NEWTONsche Bewegungsgleichung (Grundgesetz der Dynamik), so gilt sie mit den gleichen eingeprägten Kräften auch in jedem relativ dazu geradlinig gleichförmig bewegten anderen Bezugssystem. Man sagt: Die NEWTONsche Bewegungsgleichung ist *invariant* gegenüber GALILEI-Transformationen.

Ob ein gegebenes Bezugssystem Inertialsystem ist oder nicht, kann nur durch das Experiment entschieden werden; eine Unterscheidung zwischen zwei Inertialsystemen ist dagegen wegen des Relativitätsprinzips mit mechanischen Mitteln (Fallversuche, Pendelversuche usw.) nicht möglich. Da – wie wir im folgenden Abschnitt noch sehen werden – nicht nur die Gesetze der Mechanik, sondern auch die des Elektromagnetismus *in jedem Inertialsystem gleich* sind, ist es *prinzipiell unmöglich*, zwischen Inertialsystemen zu unterscheiden. Es kann daher auch keine „Absolutgeschwindigkeit" gegenüber einem „absolut ruhenden Raum", wie ihn NEWTON annahm, gemessen werden, gleichbedeutend damit, dass ein solcher überhaupt nicht definiert ist.

Mit sehr großer Genauigkeit ist das *heliozentrische* Bezugssystem, dessen Koordinatenanfangspunkt im Schwerpunkt des Sonnensystems liegt und dessen Koordinatenachsen auf drei Fixsterne zeigen, ein Inertialsystem. Demgegenüber ist ein Bezugssystem, dessen Achsen fest mit der Erde verbunden sind, wegen der Erdrotation kein Inertialsystem.

6 Grundzüge der speziellen Relativitätstheorie

6.1 Konstanz der Lichtgeschwindigkeit. Die Lorentz-Transformation

Im vorangegangenen Abschnitt wurde die Definition für ein Inertialsystem gegeben und gezeigt, dass eine geradlinig gleichförmige Bewegung eines solchen Systems ohne Einfluss auf den Ablauf mechanischer Vorgänge innerhalb dieses Systems ist. Diese Aussage basiert auf der GALILEI-Transformation (5/10)

$$x = x' + vt, \qquad y = y', \qquad z = z' \tag{1}$$

(s. o.), welche die Lage einer Punktmasse in zwei achsenparallelen, in x-Richtung mit der Relativgeschwindigkeit v gegeneinander bewegten Inertialsystemen Σ und Σ' beschreibt. Wir wenden nun versuchsweise die Transformation (1) auf die *Lichtausbreitung* an. Im Ursprung des als ruhend vorausgesetzten Systems Σ befinde sich eine punktförmige Lichtquelle, die zum Zeitpunkt $t = 0$ einen Lichtblitz aussendet. Dieser breite sich in Σ nach allen Seiten hin mit gleicher Geschwindigkeit, der

Lichtgeschwindigkeit im Vakuum $\quad c = 299\,792\,458\ \text{m/s}, \tag{2}$

aus. Für einen Beobachter (B), der sich neben der Lichtquelle in O befindet (Bild 6.1a), erscheinen die Wellenfronten des Lichts in Σ nach der Zeit t als Kugelflächen vom Radius ct mit dem Mittelpunkt in der Lichtquelle. Ihre Gleichung lautet

$$x^2 + y^2 + z^2 = c^2t^2. \tag{3}$$

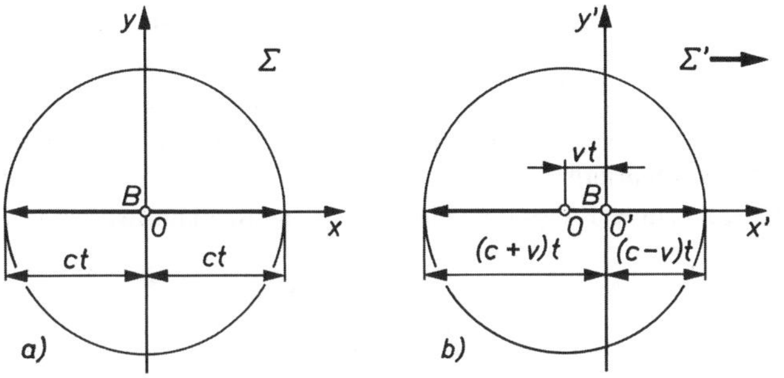

Bild 6.1. Darstellung einer Kugelwelle in zwei gegeneinander mit der Relativgeschwindigkeit v in x- bzw. x'-Richtung bewegten Inertialsystemen Σ und Σ' bei Anwendung der GALILEI-Transformation (c Ausbreitungsgeschwindigkeit der Welle)

Bewegt sich der Beobachter zusammen mit der Lichtquelle gegenüber dem System Σ (dem früher angenommenen „ruhenden Lichtäther") mit der Geschwindigkeit v in x-Richtung, so sollten ihm in seinem Bezugssystem Σ' wegen (1) die Wellenfronten als *exzentrische* Kugeln

$$(x' + vt)^2 + y'^2 + z'^2 = c^2t^2 \tag{4}$$

erscheinen (Bild 6.1b), gleichbedeutend damit, dass die Lichtgeschwindigkeit *in* seiner Bewegungsrichtung gemäß der GALILEI-Transformation (1) wegen $\dot{x}' = \dot{x} - v$ gleich $c' = c - v$, in der entgegengesetzten Richtung $c + v$ ist (analog zu Aufgabe 3.5).
Alle Versuche jedoch, die den Nachweis eines solchen Unterschiedes in der Lichtgeschwindigkeit in verschiedenen Richtungen des Raumes (und damit zugleich den Nachweis der Relativbewegung beider Inertialsysteme) zum Ziel hatten, fielen *negativ* aus. So wurde auf der Erde, die sich mit einer Geschwindigkeit von rund 30 km/s um die Sonne bewegt, von MICHELSON (1881) sowie in späteren, präziseren Experimenten stets *in allen Richtungen des Raumes eine einheitliche Lichtgeschwindigkeit* gemessen ($c = c'$). Daraus folgt:

Die Vakuumlichtgeschwindigkeit ist vom Bewegungszustand der Lichtquelle und des Beobachters unabhängig und hat in allen Inertialsystemen den gleichen Wert *c*.

Damit war zugleich auch der Nachweis erbracht, dass nicht nur die Gesetze der Mechanik, sondern auch die der *elektromagnetischen Erscheinungen*, zu denen das Licht gehört, in allen Inertialsystemen gleich sind. In Erweiterung des Relativitätsprinzips der klassischen Mechanik (vgl. 5.3) gilt daher das EINSTEINsche Relativitätsprinzip:

Alle Gesetze der Physik haben in jedem Inertialsystem die gleiche Form. Inertialsysteme sind grundsätzlich nicht unterscheidbar.

Das Ergebnis des MICHELSON-Experiments besagt, dass auch dem mit der Geschwindigkeit v bewegten Beobachter in Σ' die Wellenfronten des Lichts als Kugeln mit dem Zentrum am Ort des Beobachters O' erscheinen, was durch die Gleichung

$$x'^2 + y'^2 + z'^2 = c^2t'^2 \tag{5}$$

ausgedrückt wird. Das Bild 6.1b und die zugehörige Gleichung (4) sind also – angewandt auf die Lichtausbreitung – *falsch*.

EINSTEIN (1879–1955) erkannte, dass dieser Widerspruch zur GALILEI-Transformation (1) nur durch eine Revision unserer gewohnten Vorstellungen von Raum und Zeit beseitigt werden kann. So wird in der GALILEI-Transformation stillschweigend vorausgesetzt, dass in beiden Inertialsystemen die gleiche Zeitrechnung gilt, d. h., es wird gesetzt $t = t'$, was mit der Annahme der Existenz einer einheitlichen („absoluten") Weltzeit t gleichbedeutend ist. Die Identität der Gleichungen (3) und (5) kann aber nur befriedigt werden, wenn für beide Systeme eine *andere Zeitrechnung* zu Grunde gelegt wird ($t \neq t'$). Die Transformation (1) muss also durch eine andere ersetzt werden, welche die Lichtgeschwindigkeit beim Übergang von einem Inertialsystem zum anderen ungeändert (invariant) lässt, dafür aber mit den Raumkoordinaten auch die Zeit transformiert. Diese Forderung erfüllen die folgenden Transformationsgleichungen:

$$x = \frac{x' + vt'}{\sqrt{1 - \frac{v^2}{c^2}}}, \quad y = y', \quad z = z', \quad t = \frac{t' + \frac{v}{c^2}x'}{\sqrt{1 - \frac{v^2}{c^2}}}, \tag{6a}$$

$$x' = \frac{x - vt}{\sqrt{1 - \frac{v^2}{c^2}}}, \quad y' = y, \quad z' = z, \quad t' = \frac{t - \frac{v}{c^2}x}{\sqrt{1 - \frac{v^2}{c^2}}}. \tag{6b}$$

Diese Zuordnungen der Raum- *und* Zeitkoordinaten in beiden Systemen werden **Lorentz-Transformationen** genannt. Sie bilden die Grundlage der *speziellen Relativitätstheorie* (EINSTEIN, 1905).

Die Gleichungen (6) kann man auf folgende Weise gewinnen: Wir verallgemeinern (1) für die x-Koordinate in der Form

$$x = \gamma(x' + vt') \quad \text{bzw.} \quad x' = \gamma(x - vt) \tag{7}$$

mit einem noch zu bestimmenden Faktor γ. $x' = 0$ bedeutet $x = vt$, d. h., der Koordinatenanfangspunkt O' von Σ' bewegt sich im System Σ mit der Geschwindigkeit v. Ebenso folgt aus $x = 0$ die Beziehung $x' = -vt'$, gleichbedeutend damit, dass der Koordinatenanfangspunkt O des ruhend angenommenen Systems Σ sich in Σ' mit der entgegengesetzt gleichen Relativgeschwindigkeit bewegt (vgl. Bild 5.1). Weil keines der Systeme vor dem anderen ausgezeichnet ist, darf in den beiden Gleichungen (7) der gleiche Faktor γ angesetzt werden. Da die Relativbewegung beider Systeme nur in x-Richtung erfolgt, wird unverändert übernommen: $y = y'$, $z = z'$. Wegen der Konstanz der Lichtgeschwindigkeit ($c = c'$) gilt in den beiden Systemen

$$x = ct; \quad x' = ct', \tag{8}$$

womit durch Elimination von x und x' aus den Gleichungen (7) folgt

$$ct = (c + v)\,\gamma t'; \quad ct' = (c - v)\,\gamma t.$$

Multipliziert man diese Gleichungen links- und rechtsseitig miteinander, so kürzt sich das Produkt tt' heraus, und man findet

$$\gamma = \frac{1}{\sqrt{1 - (v^2/c^2)}}. \tag{9}$$

Damit folgen aus (7) die gesuchten Transformationsgleichungen (6) für die Ortskoordinaten. Die Beziehungen für die Zeitkoordinaten t und t' folgen dann aus diesen Gleichungen durch Eliminieren von x bzw. x'. Der Rechengang soll hier nicht ausgeführt werden. Aus der folgenden Tabelle 6.1 können die Werte $1/\gamma$ und γ für zunehmende Annäherung von v an die Lichtgeschwindigkeit (2) abgelesen werden.

Tabelle 6.1. Größe des relativistischen Faktors in den Gleichungen (6) der Lorentz-Transformation

v in % von c	$\sqrt{1-(v^2/c^2)}$	$1/\sqrt{1-(v^2/c^2)}$
0	1,000	1,000
10	0,995	1,005
50	0,866	1,155
80	0,600	1,667
86,6	0,500	2,000
90	0,436	2,294
99	0,141	7,09
99,5	0,0999	10,01
99,9	0,0447	22,36
99,99	0,0141	70,71
99,999	0,00447	223,6
99,9999	0,00141	707,1
100	0	∞

Da der Faktor γ für $v > c$ imaginär wird, Koordinaten und Zeit aber reelle Größen sind, folgt aus der LORENTZ-Transformation (6) $v \leq c$. Das bedeutet:

Die Vakuumlichtgeschwindigkeit ist die obere Grenze aller Geschwindigkeiten für die Ausbreitung einer beliebigen Wirkung, d. h. von Teilchen und Wellensignalen jeglicher Art.

Im täglichen Leben wie in der Technik haben wir es stets mit Geschwindigkeiten v zu tun, die der des Lichts nicht im entferntesten vergleichbar sind ($v \ll c$). Für diesen Fall geht wegen $\gamma \approx 1$ und $v/c^2 \approx 0$ die LORENTZ-Transformation (6) in die GALILEI-Transformation (1) über. Es behalten daher auch die Gleichung (4) und Bild 6.1b ihre volle Gültigkeit, wenn man anstelle von Lichtwellen z. B. die Ausbreitung von *Schallwellen* in ruhender Luft (System Σ) betrachtet. Gäbe es – wie man bis zur Durchführung des MICHELSON-Experiments allgemein annahm – analog dem Überträger des Schalls, der ruhenden Luft, auch für das Licht als Träger der Lichtwellen ein ruhendes Medium, den sog. *Äther*, gleichbedeutend mit einem absolut ruhenden Bezugssystem Σ, so müssten sich die gleichen Verhältnisse wie beim Schall auch für das Licht ergeben. Dies ist aber, wie oben dargelegt, nicht der Fall, womit bewiesen ist, dass ein ruhender Äther nicht existiert und der „absolute Raum" und die „absolute Zeit", wie sie von NEWTON postuliert wurden, Fiktionen sind.

Beispiel: Weise nach, dass – wie oben behauptet – die Gleichung (3), mit der die Ausbreitung einer kugelförmigen Lichtwelle beschrieben wird, invariant gegenüber der LORENTZ-Transformation ist!
Anleitung: Setze die Transformationsgleichungen (6a) in Gleichung (3) ein und bringe den so erhaltenen Ausdruck durch weiteres Ausrechnen und Ordnen in die Form (5). Verwende dabei zwischendurch die Abkürzung (9).

Aufgabe 6.1. Erläutere, wie die Gleichberechtigung der Systeme Σ und Σ' in den Gleichungen für die LORENTZ-Transformationen (6a) und die reziproken Transformationen (6b) zum Ausdruck kommt!

6.2 Folgerungen aus der Lorentz-Transformation

Gleichzeitigkeit von Ereignissen. In einem Inertialsystem Σ sollen zur Zeit t_1 am Ort x_1 und zur Zeit t_2 am Ort x_2 Ereignisse stattfinden; es sei $t_2 \geq t_1$. Der zeitliche Abstand dieser Ereignisse $\Delta t = t_2 - t_1$ in Σ wird von einem relativ dazu mit der Geschwindigkeit v bewegten Beobachter mit den ihm zur Verfügung stehenden Uhren nach (6b) zu

$$\Delta t' = t_2' - t_1' = \frac{\Delta t - v(x_2 - x_1)/c^2}{\sqrt{1 - (v^2/c^2)}} \tag{10}$$

registriert. Es sei nun $\Delta t = 0$, d. h., beide Ereignisse sind für einen Beobachter in Σ gleichzeitig. Für einen gegenüber Σ bewegten Beobachter sind dagegen nach (10) die Ereignisse *nicht* gleichzeitig ($\Delta t' \neq 0$).

Zeitdilatation (Zeitdehnung). Im Inertialsystem Σ stehe bei x_1 eine Uhr und gebe Zeitzeichen im Abstand $\Delta t = t_2 - t_1$. Ein Beobachter in Σ', der sich gegenüber Σ mit der Geschwindigkeit v bewegt, registriert zwischen zwei Zeichen die Zeitdifferenz

$$\Delta t' = t_2' - t_1' = \frac{t_2 - t_1}{\sqrt{1 - (v^2/c^2)}} = \frac{\Delta t}{\sqrt{1 - (v^2/c^2)}} \geq \Delta t. \tag{11}$$

Der Beobachter misst also ein größeres Zeitintervall, als die relativ zu ihm bewegte Uhr in Σ anzeigt. Dabei sind beide Inertialsysteme gleichberechtigt, d. h., die Messung eines zeitlichen Vorgangs in Σ' von Σ aus liefert das gleiche Ergebnis. Beide gegeneinander bewegte Beobachter stellen also fest, dass die Uhr des anderen nachgeht *(Uhrenparadoxon).*

Längenkontraktion. Aus den Gleichungen (6) folgt weiter, dass alle Körper, die sich relativ zum Beobachter bewegen, diesem in Bewegungsrichtung verkürzt erscheinen. Ein parallel zur Bewegungsrichtung liegender Messstab der Länge l hat für einen dazu mit der Geschwindigkeit v bewegten Beobachter die Länge

$$l' = l\sqrt{1 - (v^2/c^2)} \leq l. \tag{12}$$

Eine eindrucksvolle Bestätigung dieser relativistischen Phänomene liefern die Beobachtungen an schnell bewegten *Myonen* (vgl. 50.1). Diese Elementarteilchen entstehen in über 30 km Höhe durch Einwirkung der kosmischen Strahlung auf die Moleküle der Luft. Aus der Energie, mit der die Myonen auf der Erde ankommen, geht hervor, dass sie die ganze Strecke mit nahezu Lichtgeschwindigkeit ($v \approx 0{,}9995\ c$) zurücklegen. Sie sind nicht stabil, sondern zerfallen mit einer mittleren Lebensdauer von $\tau \approx 2 \cdot 10^{-6}$ s in andere Elementarteilchen. Sie könnten somit in dieser Zeit nur die verhältnismäßig kurze Strecke von $c\tau \approx 600$ m zurücklegen. Dies steht aber im Widerspruch dazu, dass die Myonen uns dennoch am Erdboden erreichen.

Der Widerspruch löst sich auf, wenn man berücksichtigt, dass das zerfallende Myon als sehr schnell bewegtes Objekt der relativistischen Zeitdilatation (11) unterworfen ist. Für einen Beobachter auf der Erde erscheint daher die Lebensdauer τ des Myons „gedehnt"; es vergehen für ihn nicht $2 \cdot 10^{-6}$ s, sondern wegen $\sqrt{1 - (v^2/c^2)} \approx 0{,}02$ nach (11) $2 \cdot 10^{-6}\ \mathrm{s}/0{,}02 = 10^{-4}$ s. In dieser Zeit kann das Teilchen 30 km zurücklegen. Nach neueren Messungen beträgt der tatsächlich zurückgelegte Weg 38 km. Der vermeintliche Widerspruch lässt sich auch auf der Grundlage der Längenkontraktion aufklären, wobei die Entfernung von 38 km auf den oben berechneten Wert von 600 m schrumpft.

So wie beim schnell fliegenden Myon werden auch in einem Raumschiff die Uhren und alle physikalischen und chemischen Prozesse einschließlich der Lebensvorgänge für einen Beobachter auf der Erde langsamer. Obwohl der Raumfahrer selbst nicht spürt, dass seine Zeit langsamer abläuft, so bleibt er doch für seinen auf der Erde zurückgebliebenen Zwillingsbruder jünger. Wegen der Gleichwertigkeit der Inertialsysteme stellt aber auch der raumfahrende Bruder von seinem Zwillingsbruder auf der Erde fest, dass dieser weniger schnell altert. Es erhebt sich die Frage, wie es sich verhält, wenn der Raumfahrer zur Erde zurückkehrt. Eine genaue Untersuchung zeigt, dass er dann jünger ist als sein daheim gebliebener Zwillingsbruder *(Zwillingsparadoxon)*. Dieser scheinbare Widerspruch klärt sich auf, wenn man bedenkt, dass bei der Umkehr des Raumschiffes zur Erde der Raumfahrer von einem Inertialsystem in ein anderes überwechselt, während sich für den Zwillingsbruder auf der Erde nichts ändert. Die Bezugssysteme sind also nicht mehr gleichwertig. Wegen der gegenüber der Lichtgeschwindigkeit geringen Geschwindigkeit der Raumschiffe hat jedoch dieses Phänomen des „asymmetrischen Alterns“ für die Raumfahrt keinerlei Bedeutung.

Additionstheorem der Geschwindigkeiten. In Σ' bewege sich ein Teilchen mit der Geschwindigkeit u'. Das System Σ' seinerseits bewege sich mit der Geschwindigkeit v gegenüber Σ in gleicher Richtung wie das Teilchen. Nach dem klassischen Superpositionsprinzip für Geschwindigkeiten (3/20), welches aus der GALILEI-Transformation folgt, hat dann das Teilchen in Bezug auf Σ die Geschwindigkeit

$$u = u' + v. \tag{13}$$

Dieser Zusammenhang gilt jedoch nur so lange, wie die Geschwindigkeiten klein sind gegen die Lichtgeschwindigkeit c. Den allgemein gültigen Zusammenhang liefern wieder die Gleichungen (6) der LORENTZ-Transformation. Man erhält

$$u = \frac{u' + v}{1 + \dfrac{u'v}{c^2}} \qquad \textbf{(relativistisches Additionstheorem der Geschwindigkeiten).} \tag{14}$$

Sind alle Geschwindigkeiten hinreichend klein gegenüber c, so folgt hieraus wegen $u'v \ll c^2$ wieder die klassische Beziehung (13).

Beispiel: Ein Neutrino (Elementarteilchen) bewegt sich mit Lichtgeschwindigkeit ($u' = c$). Ein Beobachter bewegt sich mit der Geschwindigkeit v auf das Neutrino zu. Wie groß ist die Relativgeschwindigkeit zwischen Neutrino und Beobachter? – *Lösung:* Nach der klassischen Beziehung (13) ergäbe sich eine Geschwindigkeit, die größer ist als die Lichtgeschwindigkeit. Dies widerspricht aber der Relativitätstheorie. Demgegenüber liefert (14)

$$u = \frac{c + v}{1 + \dfrac{cv}{c^2}} = \frac{c + v}{\dfrac{1}{c}(c + v)} = c. \tag{15}$$

Selbst dann, wenn beide Objekte mit Lichtgeschwindigkeit fliegen, begegnen sie sich nur mit der Relativgeschwindigkeit c; denn auch mit $v = c$ folgt aus (15) $u = c$!

6.3 Relativistische Bewegungsgleichung

In der relativistischen Mechanik wird nachgewiesen, dass die NEWTONsche Formulierung der Bewegungsgleichung (4/9) $\boldsymbol{F} = \dot{\boldsymbol{p}} = \mathrm{d}(m\boldsymbol{v})/\mathrm{d}t$ auch bei großen Geschwindigkeiten gilt, wenn man den **relativistischen Impuls**

$$\boldsymbol{p} = m\boldsymbol{v} = \frac{m_0 \boldsymbol{v}}{\sqrt{1 - (v^2/c^2)}} \tag{16}$$

mit der geschwindigkeitsabhängigen Masse

$$m = \frac{m_0}{\sqrt{1 - (v^2/c^2)}} \qquad \textbf{(Impulsmasse)} \tag{17}$$

zu Grunde legt. Damit lautet die **relativistische Bewegungsgleichung**

$$\boldsymbol{F} = \frac{\mathrm{d}}{\mathrm{d}t}\left(\frac{m_0 \boldsymbol{v}}{\sqrt{1-(v^2/c^2)}}\right). \tag{18}$$

In Übereinstimmung mit den Messergebnissen geht aus Gleichung (17) hervor, dass sich die Masse eines Teilchens, welches sich gegenüber einem Inertialsystem Σ mit der Geschwindigkeit v bewegt, für einen Beobachter in diesem System vergrößert (Bild 6.2). Für $v/c \to 0$ geht die Impulsmasse m in die **Ruhmasse** m_0 über. Diese wird gemessen, wenn das Teilchen im verwendeten Bezugssystem ruht ($v = 0$). Für $m \to m_0$ geht aus der relativistischen Bewegungsgleichung (18) wieder die NEWTONsche Bewegungsgleichung hervor. Mit zunehmender Annäherung an die Lichtgeschwindigkeit ($v/c \to 1$) strebt die Impulsmasse gegen unendlich große Werte, woraus folgt, dass es unmöglich ist, ein ruhmassebehaftetes Teilchen auf Lichtgeschwindigkeit (oder gar darüber) zu bringen; sein Trägheitswiderstand wächst ins Unermessliche, wodurch jede weitere Beschleunigung verhindert wird. Ein Teilchen mit $m_0 = 0$ (z. B. ein *Photon*, vgl. 43.1) hingegen muss sich immer mit Lichtgeschwindigkeit bewegen, für $v < c$ kann es nicht existieren.

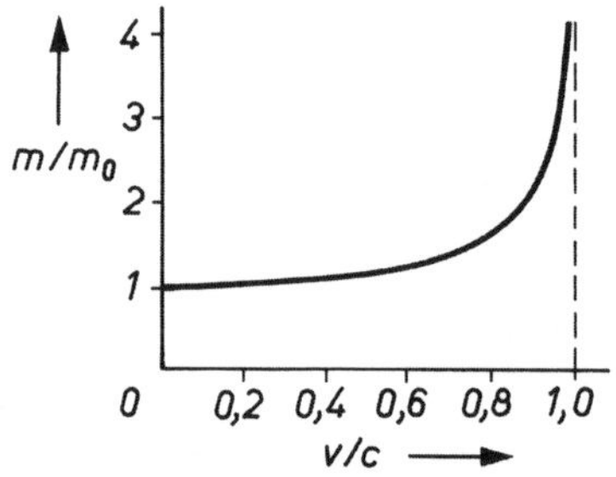

Bild 6.2. Abhängigkeit der Impulsmasse m von der Geschwindigkeit v

Beispiel: In einem Elektronen-Synchrotron werden die Elektronen so hoch beschleunigt, dass ihre Impulsmasse das 10000-fache der Ruhmasse beträgt. Welche Geschwindigkeit haben sie dann? – *Lösung:* Durch Quadrieren und Umstellen von (17) erhält man $v/c = \sqrt{1-(m_0/m)^2} = \sqrt{1-(10^{-4})^2} = \sqrt{0{,}99999999} \approx 1$, d. h., die Elektronen erreichen praktisch Lichtgeschwindigkeit.

Aufgabe 6.2. Für welche Geschwindigkeit wird die relativistische Masse eines Körpers gleich seiner doppelten Ruhmasse?

Aufgabe 6.3. In einem Beschleuniger werden Elementarteilchen auf die Geschwindigkeit $v = (3/4)c$ gebracht. Um wie viel Prozent vergrößert sich ihre Masse?

7 Arbeit und Energie

7.1 Arbeit

Die Wirkung einer Kraft wird erst sichtbar, wenn sie einen Widerstand längs eines Weges überwindet. Wir sagen dann, von der Kraft wird *Arbeit* verrichtet. Je nach Art des Bewegungswiderstandes unterscheidet man

a) *Widerstandsarbeit* gegen äußere Widerstände, z. B. Luftwiderstand, Reibungskräfte, elektrostatische Kräfte usw.,
b) *Verformungsarbeit* gegen innere Widerstände eines Körpers, z. B. beim Dehnen einer Feder oder beim Umformen eines Bleches,
c) *Beschleunigungsarbeit* gegen die *Trägheitskraft* eines Körpers.

Ist die Kraft F während der gesamten Verschiebung des Körpers konstant und wirkt sie stets in Richtung des Weges s, so ist die Arbeit definiert durch

$$W = Fs \qquad \textbf{(Arbeit bei konstanter Kraft).} \tag{1}$$

Einheit: $[W] = 1\,\mathrm{N\,m} = 1\,$J o u l e (J) $= 1\,$W a t t s e k u n d e (W s)
$= 1\,\mathrm{kg\,m^2/s^2}$.

1 J ist die Arbeit, die verrichtet wird, wenn sich der Angriffspunkt der Kraft 1 N um 1 m in Richtung der Kraft verschiebt.

Sind die Bewegungsmöglichkeiten des Körpers durch irgendwelche äußeren Bedingungen eingeschränkt, indem er sich z. B. nur in einer vorgeschriebenen Bahn (Führung) oder einer Ebene bewegen kann, so heißt die Bewegung *zwangläufig*. Hat in solchen Fällen die am Körper angreifende Kraft $\boldsymbol{F}$ nicht die Richtung der möglichen Verschiebung, sondern schließt mit ihr – wie in Bild 7.1 – den Winkel α ein, so ruft die zur Bewegungsrichtung senkrechte Kraftkomponente (Druckkraft) nach dem Wechselwirkungsgesetz eine **Zwangskraft** $\boldsymbol{F}_Z$ von gleicher Größe, aber entgegengesetzter Richtung hervor, die die Druckkomponente kompensiert. Es wird also lediglich die *in Wegrichtung* liegende Kraftkomponente $\boldsymbol{F}_s$ vom Betrage $F\cos\alpha$ wirksam.

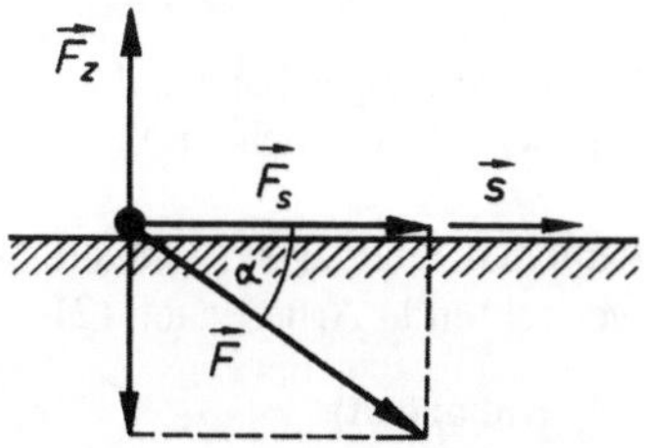

Bild 7.1. Zur Berechnung der mechanischen Arbeit bei zwangläufiger Bewegung in einer Ebene

Die bei der Verschiebung um s verrichtete Arbeit ist daher

$$W = F_s s = F s \cos\alpha = \boldsymbol{F} \cdot \boldsymbol{s}.$$

Es handelt sich hierbei um das *Skalarprodukt* aus dem Kraftvektor $\boldsymbol{F}$ und dem Verschiebungsvektor $\boldsymbol{s}$; die Arbeit ist also eine *skalare* Größe.

Verstehen wir unter $\boldsymbol{F}$ die Kraft, die den Bewegungswiderstand verursacht, so ist für die Verschiebung des Körpers *ohne Beschleunigung desselben* eine entgegengesetzt gleich große Kraft $-\boldsymbol{F}$ erforderlich. Bei einer solchen Betrachtungsweise gilt im Unterschied zu oben

$$W = -\boldsymbol{F} \cdot \boldsymbol{s} = -F s \cos\alpha \qquad \textbf{(Verschiebungsarbeit).} \tag{2}$$

Erfolgt die Verschiebung $\boldsymbol{s}$ entgegen der am Körper angreifenden Kraft $\boldsymbol{F}$, wie beispielsweise beim (nicht notwendig senkrechten) Anheben eines Körpers gegen die Schwerkraft (α ist dann ein stumpfer Winkel), so ergibt sich ein positiver Wert für die Arbeit, gleichbedeutend mit Arbeits*aufwand*, während bei einer Bewegung des Körpers in eine Richtung, in die auch die Kraft bzw. ihre Wegkomponente weist (α ist dann ein spitzer Winkel), W negativ wird, gleichbedeutend mit Arbeits*gewinn* (z. B. beim Absenken des Körpers).

Arbeit bei veränderlicher Kraft und beliebiger Verschiebung. Im Allgemeinen können sich längs der Bahn einer im Raum bewegten Punktmasse (bzw. Punktladung) sowohl der Betrag als auch die Richtung der angreifenden Kraft wie auch die Richtung der Verschiebung ändern. In diesem Fall gilt Gleichung (2) immer nur für einzelne, differentiell kleine Verschiebungen $\mathrm{d}\boldsymbol{r}$

vom Betrage ds, die in jedem Punkt der Bahn tangential zu ihr gerichtet sind (Bild 7.2a) und entlang selbiger der Kraftvektor näherungsweise als konstant vorausgesetzt werden darf:

$$dW = -\boldsymbol{F} \cdot d\boldsymbol{r} = -F\, ds \cos\alpha.$$

Die gesamte zwischen den Bahnpunkten P_1 und P_2 verrichtete Verschiebungsarbeit ist somit

$$W = -\int_{P_1}^{P_2} \boldsymbol{F} \cdot d\boldsymbol{r} = -\int_{P_1}^{P_2} F \cos\alpha\, ds, \tag{3}$$

also gleich dem Wegintegral der Kraft, welches nach Bild 7.2b zahlenmäßig die Fläche unter dem Graph der Funktion $F_s(s)$ zwischen Anfangs- und Endpunkt des Weges angibt.

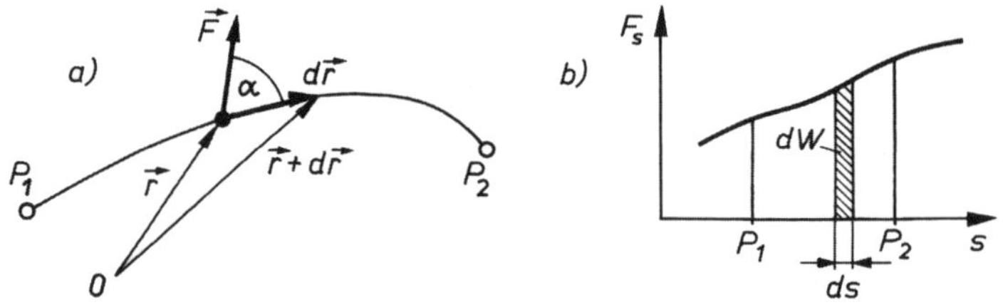

Bild 7.2. Zur Berechnung der Verschiebungsarbeit auf beliebiger Bahn und bei veränderlicher Kraft ($F_s = F \cos\alpha$ Kraftkomponente in Wegrichtung)

Arbeit gegen die Schwerkraft. Beim senkrechten Anheben einer Masse m auf die Höhe h (Bild 7.3a) ist die gegen die Schwerkraft $\boldsymbol{G} = m\boldsymbol{g}$ zu verrichtende Arbeit nach (2)

$$W = -m\boldsymbol{g} \cdot \boldsymbol{s} = -mgh \cos 180° = mgh \qquad \textbf{(Hubarbeit).} \tag{4}$$

Soll der gleiche Höhenunterschied h auf einer schiefen Ebene mit dem Neigungswinkel β überwunden werden (Bild 7.3b), so ist wegen $\alpha = 90° + \beta$ und $h = s \sin\beta$:

$$W = -mgs \cos(90° + \beta) = mgs \sin\beta = F_H s = mgh. \tag{5}$$

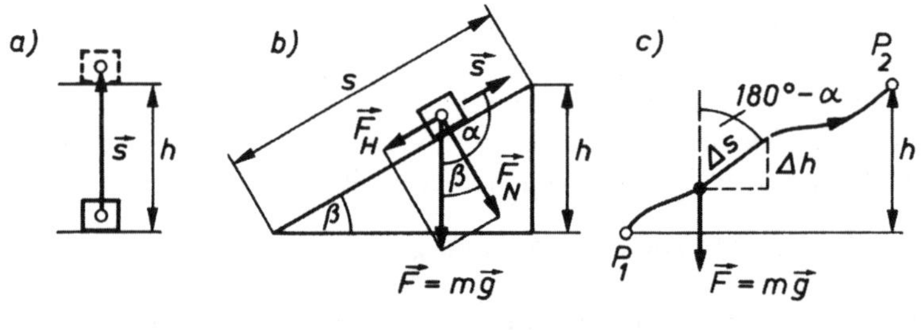

Bild 7.3. Arbeit gegen die Schwerkraft a) beim senkrechten Anheben, b) beim Verschieben auf einer schiefen Ebene, c) bei Bewegung auf beliebiger Bahn. Der Höhenunterschied h und damit die verrichtete Arbeit ist jedes Mal gleich groß.

Die Arbeit wird also nur gegen die *in Wegrichtung* liegende Komponente der Schwerkraft, die **Hangabtriebskraft** $F_H = mg \sin\beta = Gh/s$, verrichtet, während die Arbeit der Normalkomponente F_N, da diese senkrecht zur Bewegungsrichtung steht, gleich null ist. Beim Vergleich von (4) und (5) fällt auf, dass die Arbeit beim senkrechten Anheben genau so groß ist wie bei der (reibungsfreien) Bewegung auf der schiefen Ebene, vorausgesetzt, der Höhenunterschied ist der Gleiche.

Bild 7.3c zeigt nun einen *beliebig* verlaufenden Weg, dessen Anfangs- und Endpunkt sich in der Höhenlage ebenfalls um h unterscheiden. Ist wie oben α der Winkel zwischen Kraft- und Verschiebungsvektor, so erhält man mit $\Delta h = \Delta s \cos(180° - \alpha) = -\Delta s \cos\alpha$ bzw. $\mathrm{d}h = -\mathrm{d}s \cos\alpha$ für die Arbeit nach (3)

$$W = -\int_{P_1}^{P_2} F \cos\alpha \, \mathrm{d}s = \int_0^h mg \, \mathrm{d}h = mgh,$$

also wieder dasselbe Ergebnis wie in (4) und (5). Hieraus folgt:

Die Arbeit gegen die Schwerkraft wird allein vom zu überwindenden Höhenunterschied bestimmt, nicht dagegen vom Weg, auf dem die Verschiebung erfolgt.

In dieser Eigenschaft der Schwerkraft drückt sich ein allgemeines Merkmal einer bestimmten Gruppe von Kräften, der sog. **konservativen Kräfte**, aus. Die Bezeichnung rührt daher, dass bei diesen Kräften die Fähigkeit zur Arbeitsverrichtung erhalten bleibt (lateinisch „conservare" erhalten), was bei den *nichtkonservativen* Kräften, zu denen beispielsweise alle Reibungskräfte gehören, nicht der Fall ist.

Kräfte, welche die Eigenschaft haben, dass die gegen sie verrichtete Arbeit vom gewählten Weg unabhängig und nur eine Funktion der Koordinaten von Anfangs- und Endpunkt der Bewegung ist, heißen konservative Kräfte.

Spannarbeit einer elastischen Feder. Beim Spannen einer Schraubenfeder ist nach Bild 4.5 die mit der Auslenkung $\boldsymbol{x}$ veränderliche rücktreibende Federkraft $\boldsymbol{F} = -k\boldsymbol{x}$ (k Federkonstante) zu überwinden. Auch hierbei handelt es sich um eine konservative Kraft. Mit $\boldsymbol{F}_0 = -k\boldsymbol{x}_0$ als Maximalkraft erhalten wir für die zum Dehnen oder Stauchen der Feder erforderliche Arbeit

$$W = -\int_0^{x_0} (-k\boldsymbol{x}) \cdot \mathrm{d}\boldsymbol{x} = k \int_0^{x_0} x \, \mathrm{d}x \cos 0° = \frac{kx_0^2}{2} = \frac{F_0 x_0}{2}. \tag{6}$$

Beschleunigungsarbeit. Um eine Masse zu beschleunigen, muss Arbeit gegen ihren Trägheitswiderstand (5/4) $\boldsymbol{F}_\mathrm{T} = -m\boldsymbol{a} = -m \, \mathrm{d}\boldsymbol{v}/\mathrm{d}t$ verrichtet werden. Mit $\mathrm{d}\boldsymbol{r} = \boldsymbol{v} \, \mathrm{d}t$ und $\mathrm{d}(\boldsymbol{v}^2) = 2\boldsymbol{v} \cdot \mathrm{d}\boldsymbol{v}$ erhält man zunächst

$$\mathrm{d}W = -\boldsymbol{F}_\mathrm{T} \cdot \mathrm{d}\boldsymbol{r} = m \frac{\mathrm{d}\boldsymbol{v}}{\mathrm{d}t} \cdot \boldsymbol{v} \, \mathrm{d}t = m\boldsymbol{v} \cdot \mathrm{d}\boldsymbol{v} = \frac{m}{2} \mathrm{d}(\boldsymbol{v}^2).$$

Für eine Beschleunigung von der Anfangsgeschwindigkeit v_0 auf die Endgeschwindigkeit v zwischen den Punkten P_1 und P_2 der Bahnkurve folgt damit

$$W = -\int_{P_1}^{P_2} \boldsymbol{F}_\mathrm{T} \cdot \mathrm{d}\boldsymbol{r} = \int_{v_0}^{v} \frac{m}{2} \mathrm{d}(\boldsymbol{v}^2) = \frac{m}{2}(v^2 - v_0^2). \tag{7}$$

Beispiele: *1.* Eine Kette der Länge $l = 2$ m und der Gewichtskraft $G = 50$ N, welche flach am Boden liegt, wird an einem Ende bis auf ihre volle Länge nach oben gezogen. Wie groß ist die dazu notwendige Arbeit? – *Lösung:* Die Gewichtskraft eines Kettenstücks der Länge x beträgt $F(x) = Gx/l$, womit sich nach (3) ergibt

$$W = -\int_0^l F(x) \cos 180° \, \mathrm{d}x = \frac{G}{l} \int_0^l x \, \mathrm{d}x = \frac{Gl}{2} = 50 \text{ J}.$$

2. Eine Punktmasse werde auf einer vertikal in der x,z-Ebene verlaufenden Kreisbahn (Radius R) gegen die in $(-z)$-Richtung wirkende Schwerkraft $\boldsymbol{F} = -mg\boldsymbol{k}$ vom untersten Punkt $P_1(x_1 = 0;\, z_1 = -R)$ bis zum obersten Punkt $P_2(x_2 = 0;\, z_2 = +R)$ verschoben. Berechne die aufzuwendende Arbeit! – *Lösung:* Die Lage der Punktmasse auf der Kreisbahn beschreiben wir zweckmäßig in ebenen Polarkoordinaten (s. Bild 3.13) durch den Ortsvektor ($\boldsymbol{i}$, $\boldsymbol{k}$ Einheitsvektoren in x,z-Richtung)

$$\boldsymbol{r} = x\boldsymbol{i} + z\boldsymbol{k} = R\,(\boldsymbol{i}\ \cos\varphi + \boldsymbol{k}\ \sin\varphi),$$

womit durch Bildung der Ableitung nach φ für den infinitesimalen Verschiebungsvektor folgt:

$$\mathrm{d}\boldsymbol{r} = R\,(-\boldsymbol{i}\ \sin\varphi + \boldsymbol{k}\ \cos\varphi)\,\mathrm{d}\varphi.$$

Die Verschiebungsarbeit ist damit nach (3)

$$W = -\int\limits_{P_1}^{P_2} \boldsymbol{F}\cdot\mathrm{d}\boldsymbol{r} = mgR\int\limits_{-\pi/2}^{+\pi/2} \boldsymbol{k}\cdot(-\boldsymbol{i}\ \sin\varphi + \boldsymbol{k}\ \cos\varphi)\,\mathrm{d}\varphi$$

$$= mgR\int\limits_{-\pi/2}^{+\pi/2} \cos\varphi\ \mathrm{d}\varphi = mgR\Big[\sin\varphi\Big]_{-\pi/2}^{+\pi/2} = 2mgR,$$

d. h. also genauso groß wie beim senkrechten Anheben um $h=2R$. Wird die Masse nun auf der anderen Kreishälfte von P_2 wieder nach P_1 zurückgeführt, so wird – wie man leicht nachrechnet – die zuvor aufgewandte Arbeit (mit negativem Vorzeichen) wieder zurückgewonnen, weshalb für einen *geschlossenen Umlauf* (auf jedem beliebigen Weg) im konservativen Kraftfeld für die insgesamt verrichtete Arbeit gilt: $\oint \boldsymbol{F}\cdot\mathrm{d}\boldsymbol{r} = 0$.

3. Beim Anfahren eines Eisenbahnzuges von $m = 8\cdot 10^5$ kg Masse aus dem Stillstand wird eine Arbeit von $W = 9\cdot 10^7$ J verrichtet. Welche Geschwindigkeit erreicht der Zug (ohne Berücksichtigung der Reibung)? – *Lösung:* Mit $v_0 = 0$ folgt aus (7) $v = \sqrt{2W/m} = 15$ m/s $= 54$ km/h.

Aufgabe 7.1. Wann immer ist bei nicht verschwindender Kraft die Arbeit W gleich null? Nenne ein Beispiel für einen solchen Fall!

Aufgabe 7.2. Wie groß ist die Endgeschwindigkeit einer Massekugel von 15 g, welche durch Entspannen einer bis zur Hälfte ihrer Länge zusammengedrückten Feder beschleunigt wurde? Länge der Feder 14 cm; Federkonstante $k = 1$ kN/m.

7.2 Leistung. Wirkung

Als Maß für die in der Zeiteinheit gewonnene oder verbrauchte Arbeit dient die **Leistung**:

$$P = \frac{\text{Arbeit}}{\text{Zeit}} = \frac{W}{t}; \qquad \textit{Einheit:}\quad [P] = 1\ \text{J/s} = 1\ \text{W a t t (W)}. \tag{8}$$

Wenn die Arbeitsverrichtung zeitlich veränderlich ist, gilt anstelle von (8)

$$P = \frac{\mathrm{d}W}{\mathrm{d}t} \qquad \textbf{(Momentanleistung).} \tag{9}$$

Mit (3) $\mathrm{d}W = -\boldsymbol{F}\cdot\mathrm{d}\boldsymbol{r}$ und $\mathrm{d}\boldsymbol{r} = \boldsymbol{v}\,\mathrm{d}t$ folgt hieraus für die Leistung, die erforderlich ist, um einen Körper mit der Geschwindigkeit $\boldsymbol{v}$ zu bewegen, wobei die Kraft $\boldsymbol{F}$ zu überwinden ist:

$$P = -\boldsymbol{F}\cdot\boldsymbol{v} = -Fv\ \cos\alpha = F_v v \tag{10}$$

($F_v = -F\cos\alpha$ Kraftkomponente *entgegen* der Richtung der Geschwindigkeit). Bei konstanter Kraft wächst also die Leistung proportional zur Geschwindigkeit.

Beispiel: Welche Leistung muss der Motor eines Kraftwagens von 1 t Masse entwickeln, wenn er (ohne Berücksichtigung der Reibungswiderstände) den Wagen innerhalb von 10 s aus dem Stand auf 100 km/h gleichmäßig beschleunigen soll? – *Lösung:* Die Beschleunigung erfolgt gegen die konstante Trägheitskraft des Wagens $F = ma$, so dass sich mit $a = v/t$ als Endwert der Leistung $P = mav = mv^2/t \approx 77\,280$ J/s $= 77{,}28$ kW ergibt. Da während des Beschleunigungsvorganges die Leistung nicht konstant ist, sondern von null an linear mit v wächst, erhält man als *durchschnittliche (mittlere)* Leistung den *halben* Wert der Endleistung, also $\overline{P} = Fv/2$.

Als Beispiel zur *Momentanleistung* vgl. die weiter unten folgende Aufgabe 7.3.

Wirkung. Das Produkt aus der verrichteten Arbeit W und der dazu benötigten Zeit t bezeichnet man als *Wirkung*. Ihre Einheit ist $1\ \mathrm{J\,s} = 1\ \mathrm{N\,m\,s} = 1\ \mathrm{W\,s^2}$. Größen mit der Dimension einer Wirkung spielen im Zusammenhang mit dem *elementaren Wirkungsquantum h* in der Atomphysik eine dominierende Rolle (vgl. 42.4 und 44.3).

7.3 Der Energiebegriff. Potentielle und kinetische Energie

Wird an einem Körper Arbeit verrichtet, so hat dies stets eine Veränderung seiner Lage, seines Bewegungszustandes oder seiner Form zur Folge. So z. B. kann durch eine entsprechende Arbeitsverrichtung ein Körper um einen bestimmten Betrag angehoben, beschleunigt oder elastisch gedehnt werden, wodurch er in die Lage versetzt wird, bei Rückkehr in den ursprünglichen Zustand seinerseits Arbeit zu verrichten. Die dem Körper (oder einem *System* von Körpern) zugeführte Arbeit wird also in diesem vorübergehend *gespeichert*. Diese gespeicherte Arbeit nennt man **Energie**.

Die Energie kennzeichnet das in einem Körper oder einem System von Körpern bzw. Teilchen enthaltene Arbeitsvermögen.

Wird eine Masse im Schwerefeld angehoben, so hat sie in der neuen Lage eine höhere Energie. Man bezeichnet das Arbeitsvermögen, das einem Körper auf Grund seiner Lage in einem Kraftfeld oder seines Zustandes zukommt, als **potentielle Energie** *(Energie der Lage)*. An einem Körper verrichtete Arbeit wird aber nur dann als potentielle Energie in ihm angehäuft und unter freiwilliger Rückkehr des Körpers in seinen Ausgangszustand von ihm wieder abgegeben, wenn die Kräfte, gegen die die Arbeitsverrichtung erfolgte, **konservativ** sind, d. h., wenn die Arbeit *unabhängig vom Weg* ist (vgl. 7.1). Konservative Kräfte sind z. B. die Schwerkraft, die elastische Rückstellkraft einer Feder oder die elektrische und magnetische Anziehung bzw. Abstoßung. Nichtkonservative Kräfte sind vor allem Reibung und Luftwiderstand; gegen sie aufgewandte Arbeit erhöht nicht die potentielle Energie, sondern wird in *Wärme* umgewandelt. Ist $\boldsymbol{F}$ eine konservative Kraft, so gilt für den Zusammenhang zwischen aufgewandter Arbeit W und Erhöhung der potentiellen Energie ΔE_p gegenüber ihrem Anfangswert E_p0:

$$\Delta E_\mathrm{p} = E_\mathrm{p} - E_\mathrm{p0} = W = -\int \boldsymbol{F} \cdot \mathrm{d}\boldsymbol{r}. \tag{11}$$

Die Änderung der potentiellen Energie eines Körpers bei einer Lageänderung desselben im Kraftfeld ist gleich der dabei aufzuwendenden bzw. gewonnenen Verschiebungsarbeit.

Die Größe der potentiellen Energie selbst kann nur angegeben werden, wenn für E_p0 ein Wert willkürlich festgelegt wird. Nach (11) ist dann also

$$E_\mathrm{p} = E_\mathrm{p0} + W = E_\mathrm{p0} - \int \boldsymbol{F} \cdot \mathrm{d}\boldsymbol{r} \qquad \textbf{(potentielle Energie).} \tag{12}$$

Verlangt man zum Beispiel, dass die potentielle Energie einer Masse m in der Höhe $h = 0$ gleich null ist, so ist $E_{p0} = 0$ zu setzen, und es wird dann mit der Hubarbeit (4)

$$E_p = mgh. \tag{13}$$

Entsprechend erhält man für die potentielle Energie einer gespannten Feder mit (6)

$$E_p = \frac{kx^2}{2} \quad (k \text{ Federkonstante, } x \text{ Auslenkung}). \tag{14}$$

Ein bestimmtes Arbeitsvermögen kann einem Körper außer durch Veränderung seiner Lage bzw. seines Zustandes aber auch dadurch erteilt werden, dass man ihn auf eine bestimmte Geschwindigkeit *beschleunigt*. Die dem Körper auf diese Weise zugeführte Bewegungsenergie heißt **kinetische Energie** oder *Wucht*. Sie wird vollständig freigesetzt, wenn der Körper von der Geschwindigkeit v auf null abgebremst wird. Sie ist daher dem Betrage nach gleich derjenigen Arbeit, die vorher zu seiner Beschleunigung von $v_0 = 0$ auf die Geschwindigkeit v nötig war, nach (7) also

$$E_k = \frac{mv^2}{2} \quad \textbf{(kinetische Energie).} \tag{15}$$

7.4 Das Gesetz von der Erhaltung der Energie (Energiesatz)

Wir nehmen an, eine Punktmasse bewege sich unter dem Einfluss einer konservativen Kraft (z. B. frei fallender Körper). Die Kraft verrichte an der Punktmasse eine bestimmte Arbeit, die im Zeitintervall $\mathrm{d}t$ eine Zunahme an kinetischer Energie $\mathrm{d}E_k$ bewirkt. Diese Arbeit stammt aus dem Vorrat der Punktmasse an potentieller Energie, die in derselben Zeit um den gleichen Betrag abnimmt. Es ist also

$$\frac{\mathrm{d}E_k}{\mathrm{d}t} = -\frac{\mathrm{d}E_p}{\mathrm{d}t} \quad \text{oder} \quad \frac{\mathrm{d}(E_k + E_p)}{\mathrm{d}t} = 0;$$

d. h., die zeitliche Änderung der Summe aus kinetischer und potentieller Energie ist null, was bedeutet, dass die mechanische **Gesamtenergie** $E_g = E_k + E_p$ unter den genannten Voraussetzungen eine *zeitinvariante* Größe, eine sog. **Erhaltungsgröße**, ist. Denn aus obiger Gleichung folgt

$$E_k + E_p = E_g = \text{const} \tag{16}$$

oder

$$E_k(t_1) + E_p(t_1) = E_k(t_2) + E_p(t_2) \tag{17}$$

(Gesamtenergie zum Zeitpunkt t_1 = Gesamtenergie zum Zeitpunkt t_2). Diese Aussage bildet den

Energiesatz der Mechanik:

Bewegt sich eine Punktmasse unter dem Einfluss einer konservativen Kraft, so bleibt ihre gesamte mechanische Energie erhalten.

Der Energiesatz der Mechanik ist nur ein Sonderfall des umfassenderen Gesetzes von der Erhaltung der Energie. Nachdem zunächst R. Mayer (1842) als Erster die Äquivalenz von Wärme und mechanischer Energie erkannte und durch das Experiment quantitativ darstellte, verallgemeinerte v. Helmholtz diese Ergebnisse zum *Energieprinzip*, welches auch alle anderen in der Natur vorkommenden Energieformen mit einbezieht, also die elektrische und magnetische

Energie, die Licht- und Strahlungsenergie, die bei chemischen Reaktionen auftretende Energie, die Kernenergie u. a. Dabei wird davon ausgegangen, dass – wie durch zahlreiche Experimente und die tägliche Erfahrung bestätigt – die verschiedenen Energieformen ineinander *umwandelbar* sind.
Betrachten wir ein **abgeschlossenes System**, d. i. ein System von Teilchen oder Körpern, dessen Teile von außen her keinerlei Einwirkungen erfahren, dem also Energie weder zugeführt noch entzogen wird (dagegen sind beliebige *innere* Wechselwirkungen, z. B. infolge von Stößen oder elektrostatischen Kräften zwischen den Teilchen, zugelassen), so gilt für die Summe aller im System vorhandenen Energien das

Gesetz von der Erhaltung der Energie (Energieprinzip):

In einem abgeschlossenen System bleibt die Gesamtenergie unabhängig von ihrer jeweiligen Erscheinungsform erhalten. Energie kann weder verloren gehen noch von selbst entstehen, sie kann sich lediglich von einer Form in eine andere umwandeln.

Dieser Erhaltungssatz ist einer der Grundpfeiler der Physik, von ihm wird das gesamte Naturgeschehen beherrscht. Mit seiner Entdeckung waren zugleich die jahrhundertelangen Versuche, eine Maschine zu konstruieren, die fortwährend Arbeit verrichtet, ohne dass für eine ständige Energiezufuhr von außen gesorgt wird, eines sog. **Perpetuum mobile**, als aussichtslos erkannt (s. dazu Bild 7.4).

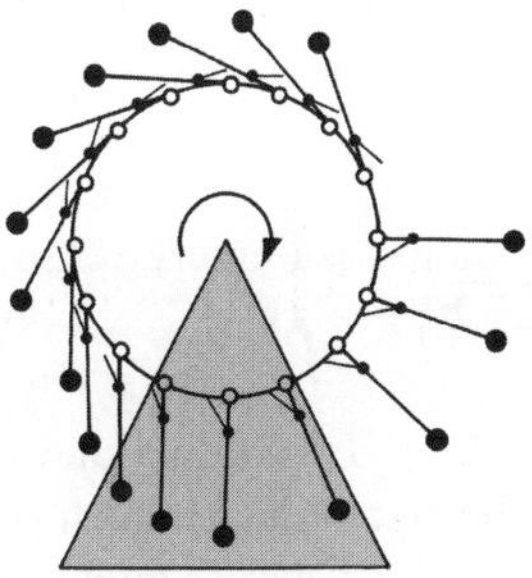

Bild 7.4. Das „Klappstützenkarussell“ als typischer Vertreter eines *Perpetuum mobile*. Die drehbar gelagerten Ausleger, welche auf der rechten Seite durch die Stützen in radialer Position gehalten werden, bewirken dort wegen ihres längeren Hebelarms scheinbar ein größeres Drehmoment als die Ausleger auf der linken Seite, so dass sich das Karussell im Uhrzeigersinn drehen müsste. Aber: Wer oder was sollte die Ausleger im oberen rechten Viertel aufrichten? So liegt der Schwerpunkt in Wirklichkeit zum Teil noch auf der linken Seite (s. dazu die Aufgabe 10.2).

Beispiel: Durch plötzliches Entspannen einer Schraubenfeder (Länge 20 cm, Federkonstante $k = 1$ kN/m) wird eine Kugel ($m = 100$ g) senkrecht nach oben geschleudert. Welche Anfangsgeschwindigkeit v_0 erhält die Kugel und bis zu welcher Höhe steigt sie maximal, wenn die Feder auf die Hälfte ihrer Ausgangslänge zusammengedrückt wurde? – *Lösung:* Für das Entspannen der Feder um den Betrag $x_0 = 0{,}1$ m gilt mit (13), (14) und (15) die Energiebilanz $kx_0^2/2 = mv_0^2/2 + mgx_0$, woraus folgt $v_0 = \sqrt{(kx_0^2/m) - 2gx_0} = 9{,}9$ m/s und daraus wegen $v_0 = \sqrt{2gh}$ für die Steighöhe: $h = v_0^2/(2g) = 5$ m.

Aufgabe 7.3. Wie groß ist im obigen Beispiel a) die von der Feder entwickelte Leistung P zu Beginn, am Ende und in der Mitte des Entspannungsvorgangs, b) die mittlere Leistung über den gesamten Federweg x_0? *Anleitung:* Gehe vom Energiesatz aus und berechne zunächst v in Abhängigkeit von der momentanen Auslenkung x der Feder und daraus P nach Gleichung (10)!

7.5 Äquivalenz von Masse und Energie

Eine der wichtigsten Schlussfolgerungen, die EINSTEIN aus seiner speziellen Relativitätstheorie zog, ist zweifellos die Erkenntnis, dass Masse und Energie ineinander umwandelbar sind. Die entsprechende Gleichung, die uns den quantitativen Zusammenhang zwischen der Masse und der ihr äquivalenten Energie liefert, gewinnen wir dadurch, dass wir die Gleichung für die relativistische Masse (6/17)

$$m = \frac{m_0}{\sqrt{1 - (v^2/c^2)}} \tag{18}$$

auf beiden Seiten mit dem Quadrat der Vakuumlichtgeschwindigkeit c multiplizieren und den Wurzelausdruck für $v^2/c^2 = x \ll 1$ nach der Näherungsformel $1/\sqrt{1-x} \approx 1 + (x/2)$ ersetzen:

$$mc^2 = \frac{m_0c^2}{\sqrt{1-(v^2/c^2)}} \approx m_0c^2\left(1 + \frac{1}{2}\frac{v^2}{c^2}\right) = m_0c^2 + \frac{m_0v^2}{2}. \tag{19}$$

Das zweite Glied auf der rechten Seite von (19) stellt die aus der nichtrelativistischen Mechanik her bekannte kinetische Energie $(m_0/2)v^2$ eines Teilchens mit der Ruhmasse m_0 und der Geschwindigkeit v dar. Demnach müssen auch alle übrigen in dieser Gleichung additiv verknüpften Glieder Energiegrößen darstellen. Fassen wir die linke Seite von Gleichung (19) als **relativistische Gesamtenergie** $E = mc^2$ des Teilchens auf, so erkennt man, dass auch dem *unbewegten* Teilchen ($v = 0$) mit der Ruhmasse m_0 eine bestimmte Energie zukommt, nämlich

$$E_0 = m_0c^2 \qquad \textbf{(Ruhenergie).} \tag{20}$$

Die relativistische Gesamtenergie ergibt sich folglich als Summe aus Ruhenergie und kinetischer Energie zu

$$E = E_0 + E_k = mc^2. \tag{21}$$

Damit wird die **relativistische kinetische Energie**

$$E_k = E - E_0 = (m - m_0)c^2 = m_0c^2\left(\frac{1}{\sqrt{1-(v^2/c^2)}} - 1\right). \tag{22}$$

Nach Gleichung (21) ist jeder Energie E eine Masse $m = E/c^2$ zugeordnet und umgekehrt. Da eine wesentliche Eigenschaft der Masse die Trägheit ist, besitzt demnach auch jede Energie diese Eigenschaft. Gleichung (21) wird daher auch als *Gesetz von der Trägheit der Energie* bezeichnet.

Bewegt sich das Teilchen in einem *Kraftfeld* (z. B. im Schwerefeld), so tritt noch die potentielle Energie des Teilchens E_p hinzu, und es gilt der **Energiesatz** in der Form

$$E_g = E_0 + E_k + E_p = mc^2 + E_p = \text{const.} \tag{23}$$

Beispiele: *1.* Welche Energie würde bei der restlosen Umwandlung von 1 g Masse freigesetzt? – *Lösung:* Nach (21) ist $E = 10^{-3}\,\text{kg} \cdot (3 \cdot 10^8\,\text{m/s})^2 = 9 \cdot 10^{13}\,\text{J} = 25 \cdot 10^6\,\text{kWh}$ (!).

2. Bei der Beschleunigung von Elektronen (Ruhmasse $m_{e0} = 0{,}91 \cdot 10^{-30}$ kg) in einem elektrischen Feld erhalten diese bei einer Beschleunigungsspannung von 10^6 V eine kinetische Energie von $1{,}6 \cdot 10^{-13}$ J. a) Welche Geschwindigkeit erreichen die Elektronen? b) Welche Geschwindigkeit würde sich bei nichtrelativistischer Rechnung ergeben? – *Lösung:* a) Aus (22) folgt nach einigen Umformungen

$$v = c\sqrt{1 - \left(1 + \frac{E_k}{m_{e0}c^2}\right)^{-2}} = 2{,}83 \cdot 10^8\,\text{m/s} \approx 0{,}94\,c.$$

b) $v = \sqrt{2E_k/m_0} = 5{,}92 \cdot 10^8$ m/s. Diese Geschwindigkeit wäre größer als c; das widerspricht der Erfahrung.

Aufgabe 7.4. Bei der Explosion von 1 t TNT (Trinitrotoluol) wird eine Energie von $4 \cdot 10^9$ J freigesetzt. Wie groß ist die Abnahme der Ruhmasse bei der Explosion einer Megatonnenbombe?

8 Gravitation

8.1 Die Keplerschen Gesetze der Planetenbewegung und das Gravitationsgesetz

In Abschnitt 4.4 hatten wir zwei Grundeigenschaften der Masse erkannt, die *Trägheit* und die *Schwere*. Erstere tritt bei der Beschleunigung oder Abbremsung von Körpern als Bewegungswiderstand auf, letztere bestimmt die Gewichtskraft eines Körpers. Diese hängt nicht von seiner Bewegung ab, sondern ist eine Folge der allgemeinen Massenanziehung, der **Gravitation**. Wo immer zwei Massen einander gegenüberstehen, ziehen sie sich von selbst wechselseitig an. So wie die Erde ihren natürlichen Trabanten, den Mond, anzieht, so zieht nach dem Wechselwirkungsprinzip (4/24) mit der gleichen Kraft der Mond die Erde an. Gleiches gilt für die zwischen der Sonne und den Planeten wirkenden Anziehungskräfte, welche die Ursache für deren Bahnbewegung im Sonnensystem sind.
Die Gesetze der Bewegung der Himmelskörper hat JOHANNES KEPLER (1571–1630) aus den astronomischen Beobachtungen von NIKOLAUS KOPERNIKUS (1473–1543) und speziell an dem Planeten Mars von TYCHO DE BRAHE (1546–1601) empirisch hergeleitet. Es sind dies die drei berühmten **Keplerschen Gesetze:**

1. *Die Planeten bewegen sich auf Ellipsen, in deren einem Brennpunkt die Sonne steht* (Bild 8.1).
2. *Der von der Sonne zu einem Planeten gezogene Fahrstrahl überstreicht in gleichen Zeiten gleiche Flächen* (Flächensatz, Bild 8.1).
3. *Die Quadrate der Umlaufzeiten verschiedener Planeten verhalten sich wie die dritten Potenzen der großen Halbachsen ihrer Bahnellipsen:*

$$\frac{T_1^2}{a_1^3} = \frac{T_2^2}{a_2^3} = \frac{T_3^2}{a_3^3} = \cdots = \text{const.} \qquad (1)$$

Die KEPLERschen Gesetze gelten grundsätzlich für alle zum Sonnensystem gehörigen, periodisch wiederkehrenden Himmelskörper (z. B. Kometen) sowie sinngemäß auch für alle die Erde umkreisenden Körper (Mond, künstliche Satelliten). Aus dem Flächensatz folgt, dass die Geschwindigkeit des umlaufenden Körpers im sonnen- bzw. erdnächsten Punkt der Bahn (*Perihel* bzw. *Perigäum*) am größten, im sonnen- bzw. erdfernsten Punkt (*Aphel* bzw. *Apogäum*) am kleinsten ist. Dies steht im Einklang mit dem Energiesatz, wonach die Gesamtenergie des umlaufenden Körpers stets konstant ist: Im Perihel besitzt er ein Minimum, im Aphel ein Maximum an potentieller Energie. Demnach muss seine kinetische Energie und damit seine Geschwindigkeit im Perihel am größten, im Aphel am kleinsten sein.

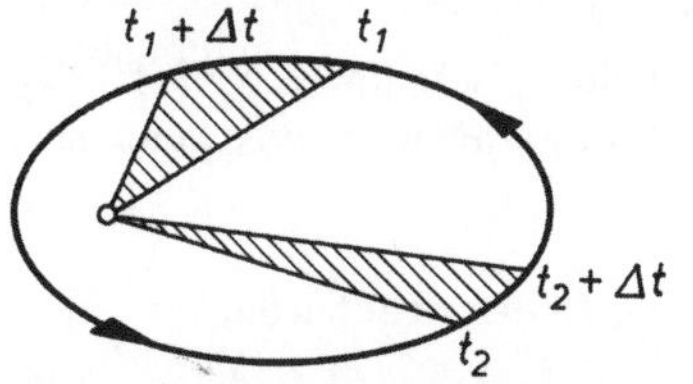

Bild 8.1. Zum 1. und 2. KEPLERschen Gesetz

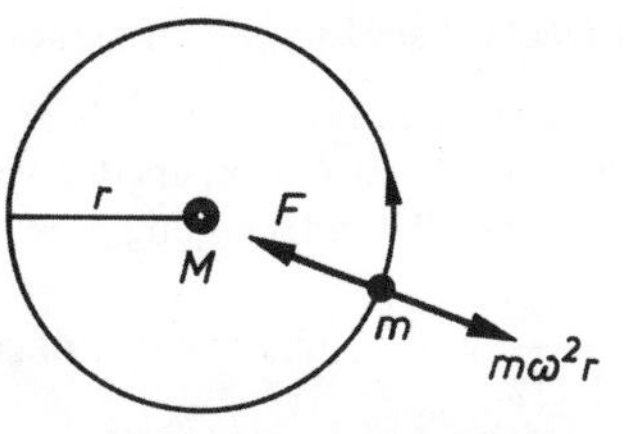

Bild 8.2. Zur Herleitung des Gravitationsgesetzes aus dem 3. KEPLERschen Gesetz

Ausgehend von der Erkenntnis, dass die allen Körpern innewohnende universelle Eigenschaft der gegenseitigen Massenanziehung, die **Schwerkraft**, die Ursache für die Bahnbewegung der Himmelskörper ist, gelang es NEWTON (1687), das Kraftgesetz für die Anziehung zweier Massen herzuleiten. Wir wollen dieses Kraftgesetz durch eine stark vereinfachte Überlegung aus dem 3. KEPLERschen Gesetz gewinnen (Bild 8.2): Infolge des Umlaufs eines Planeten der Masse m auf einer (wegen der geringen Exzentrizität der meisten Planetenbahnen) näherungsweise kreisförmig angenommenen Bahn vom Radius r um die Sonne (Masse M) mit der Winkelgeschwindigkeit $\omega = 2\pi/T$ (T Umlaufzeit) wirkt auf den Planeten die von der Sonne weg gerichtete Zentrifugalkraft $m\omega^2 r$, die der ihr entgegengesetzt gerichteten **Gravitationskraft** F das Gleichgewicht hält. Es gilt daher

$$F = m\omega^2 r = \frac{m(2\pi)^2 r}{T^2}$$

und mit dem 3. KEPLERschen Gesetz (1), welches für zwei Planeten auf Kreisbahnen lautet $T_1^2 : T_2^2 = r_1^3 : r_2^3$ oder $T^2 = \text{const} \cdot r^3$:

$$F = \text{const} \cdot \frac{m}{r^2}.$$

Da nach dem Wechselwirkungsgesetz (4/24) die Massen m und M sich wechselseitig anziehen, muss die Gravitationskraft F auch proportional zur Masse M sein; es gilt daher

$$F = \gamma \frac{mM}{r^2} \qquad \textbf{(Gravitationsgesetz, NEWTON 1687).} \qquad (2)$$

Die Gravitationskraft zwischen zwei Körpern ist dem Produkt ihrer Massen direkt und dem Quadrat ihres Abstandes indirekt proportional.

Das Gravitationsgesetz (2) ist außer für Punktmassen und homogene Kugeln auch für Körper, die wie die Erde aus homogenen Kugelschalen bestehen, streng gültig. Dabei ist r jeweils der Abstand der Kugelmittelpunkte, d. h., die Kugel verhält sich so, als sei ihre gesamte Masse im Mittelpunkt vereinigt.
In Gleichung (2) ist γ die *Gravitationskonstante*. Sie ist eine von der Beschaffenheit der Körper unabhängige universelle Naturkonstante, die experimentell bestimmt werden muss. Ihr Wert beträgt

$$\gamma = 6{,}674 \cdot 10^{-11}\ \text{N m}^2/\text{kg}^2 \qquad \textbf{(Gravitationskonstante).} \qquad (3)$$

Die Bestimmung der Gravitationskonstante γ gelang erstmals 1798 dem englischen Physiker CAVENDISH in einem Laborexperiment. Er benutzte dazu eine Drehwaage (Bild 8.3), mit der die Anziehungskraft zwischen je zwei sich gegenüberstehenden schweren und leichten Metallkugeln mit den Massen m_1 und m_2 aus der Verdrillung des elastischen Aufhängefadens des Waagebalkens mittels eines daran angebrachten Spiegels über Lichtzeiger gemessen wurde.

An der Erdoberfläche, d. h. für $r = R = 6{,}38 \cdot 10^6$ m (Erdradius), ist mit $M = 5{,}98 \cdot 10^{24}$ kg (Masse der Erde) die **Gewichtskraft** eines Körpers der Masse m nach (2) $\gamma mM/R^2 = mg$, womit sich die *für alle Körper gleich große* Fallbeschleunigung g berechnet zu

$$g = \frac{\gamma M}{R^2} = 9{,}81\ \text{m/s}^2 \qquad \textbf{(Fallbeschleunigung an der Erdoberfläche).} \qquad (4)$$

Entsprechend ist in der Höhe h über der Erdoberfläche $g(h) = \gamma M/(R+h)^2$ bzw. mit (4)

$$g(h) = g\frac{R^2}{(R+h)^2} \qquad \textbf{(Fallbeschleunigung in der Höhe } h\textbf{).} \qquad (5)$$

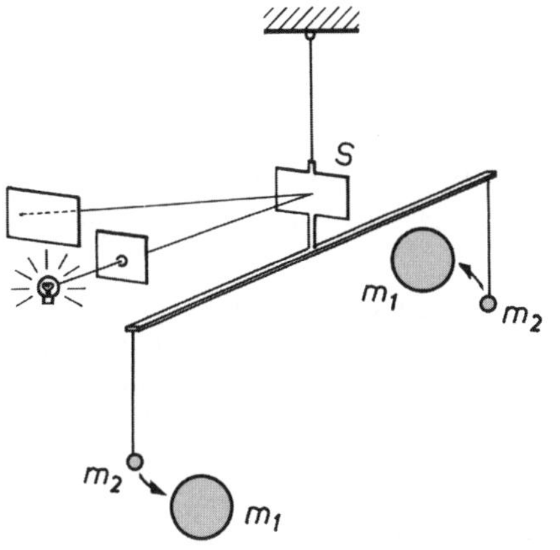

Bild 8.3. CAVENDISH-Experiment zur Bestimmung der Gravitationskonstante γ. CAVENDISH führte sein berühmt gewordenes Experiment, welches Ausdruck der hochentwickelten Experimentierkunst jener Zeit ist, allerdings nicht mit dem Ziel der Bestimmung der Gravitationskonstante γ, sondern der Masse bzw. mittleren Dichte der Erde durch. Aus dem Gravitationsgesetz (2) folgte damit aber zugleich auch der Wert für γ (vgl. die nachfolgenden Rechenbeispiele *1* und *2*).

Beispiele: *1.* Bestimme aus der Fallbeschleunigung g (bei bekanntem Erdradius) die mittlere Dichte der Erde ϱ_E! – *Lösung:* Aus (4) folgt $M = gR^2/\gamma$ und damit $\varrho_E = M/(4\pi R^3/3) = 3g/(4\pi R\gamma) = 5{,}50\,\text{kg/dm}^3$.

2. Zeige, wie aus der im oben beschriebenen CAVENDISH-Experiment gemessenen Gravitationskraft F zwischen den (bekannten) Massen m_1 und m_2 bei Kenntnis von R und g die mittlere Dichte der Erde ϱ_E und daraus die Gravitationskonstante γ bestimmt werden kann! – *Lösung:* Aus dem in Beispiel *1* errechneten Ausdruck für ϱ_E folgt $\gamma = 3g/(4\pi R\varrho_E)$. Dies in (2) eingesetzt, ergibt nach Umstellung $\varrho_E = 3m_1m_2g/(4\pi r^2RF)$ mit r als Entfernung der Kugelmittelpunkte von m_1 und m_2. Mit dem so ermittelten Wert für ϱ_E erhält man γ aus der davor stehenden Beziehung.

3. Bestimme mit Hilfe des Gravitationsgesetzes (2) den Wert des konstanten Verhältnisses T^2/a^3 (Zentralkörperkonstante) im 3. KEPLERschen Gesetz (1) für Erdsatelliten auf kreisförmigen Bahnen ($a = r$)! – *Lösung:* Die Zentrifugalkraft des Satelliten ist $m\omega^2 r = m(2\pi/T)^2 r = 4\pi^2 mr/T^2$. Durch Gleichsetzen mit (2) und Umstellen folgt mit der Masse der Erde $M \approx 6\cdot 10^{24}\,\text{kg}$ das für alle Erdsatelliten gleiche Verhältnis zu $T^2/r^3 = 4\pi^2/(\gamma M) \approx 10^{-13}\,\text{s}^2/\text{m}^3$. Für einen geostationären Fernsehsatelliten in 36 000 km Höhe über dem Äquator, d. h. in einem Abstand vom Erdmittelpunkt von $r = 42\,380\,\text{km}$, erhält man daraus die gewünschte Umlaufzeit von $T = \sqrt{10^{-13}\cdot(42\,380\cdot 10^3)^3}\,\text{s} \approx 86\,400\,\text{s} = 24\,\text{h}$.

Aufgabe 8.1. Zeige, wie sich aus dem im obigen Beispiel *3* bestimmten Verhältnis T^2/r^3 (für ein beliebiges Kraftzentrum M) die Masse eines unbekannten Planeten M_{Pl} aus den Bahndaten seines Trabanten (Bahnradius r_{Tr} und Umlaufdauer T_{Tr}) bestimmen lässt!

Aufgabe 8.2. Berechne die Fallbeschleunigung g a) an der Oberfläche des Mondes (Masse $7{,}38\cdot 10^{22}\,\text{kg}$; Radius 1738 km); b) in 36 000 km Höhe über dem Erdäquator, dem Aufenthaltsort für geostationäre Satelliten (Erdradius 6380 km)!

8.2 Arbeit gegen die Schwerkraft. Kosmische Geschwindigkeiten

Um einen Körper (Masse m) im Schwerefeld der Erde anzuheben, muss Verschiebungsarbeit gegen die Schwerkraft (2) verrichtet werden. Soll der Körper von der Entfernung r_1 bis in die Entfernung $r_2 > r_1$ vom Erdmittelpunkt gebracht werden, so ist die dabei aufzuwendende Arbeit nach (7/3)

$$W = -\int_{r_1}^{r_2} \boldsymbol{F}\cdot \mathrm{d}\boldsymbol{r} = -\int_{r_1}^{r_2} F\,\mathrm{d}r\cos 180^\circ = \gamma mM\int_{r_1}^{r_2}\frac{\mathrm{d}r}{r^2} = \gamma mM\left(\frac{1}{r_1}-\frac{1}{r_2}\right). \qquad (6)$$

Erfolgt die Verschiebung des Körpers von der Erdoberfläche aus bis in die Höhe h, d. h. $r_1 = R$ (Erdradius) und $r_2 = R + h$, so wird unter Beachtung von Gleichung (4)

$$W = \gamma m M \left(\frac{1}{R} - \frac{1}{R+h} \right) = \frac{\gamma m M}{R} \frac{h}{R+h} = mgR \frac{h}{R+h}. \tag{7}$$

Um diesen Betrag erhöht sich dabei die *potentielle Energie* des Körpers, d. h., es ist $W = \Delta E_\mathrm{p} = E_\mathrm{p}(r_2) - E_\mathrm{p}(r_1)$. Wenn $h \ll R$, so wird $W = mgh$, entsprechend dem bekannten Ausdruck für die Hubarbeit bzw. die Änderung der potentiellen Energie bei kleinen Höhenunterschieden.

Kosmische Geschwindigkeiten. Die vorstehenden Ausführungen sind von großer Bedeutung für die Beschreibung der Bahnen von ballistischen Flugkörpern (Geschosse, Fernraketen) sowie von Satelliten und Raumsonden. Für diese kommen mehrere Arten von Flugbahnen in Frage. Die *Kreisbahn* als spezieller Fall einer KEPLER-Ellipse wird erhalten, wenn die auf den umlaufenden Körper (Satelliten) wirkende Fliehkraft in der Höhe h gleich der Schwerkraft ist, wenn also mit (5) gilt

$$\frac{mv^2}{R+h} = mg(h) = mg\frac{R^2}{(R+h)^2}; \qquad v(h) = \sqrt{\frac{gR^2}{R+h}}. \tag{8}$$

Die Kreisbahngeschwindigkeit $v(h)$ nimmt, wie man sieht, mit zunehmender Höhe ab. Für einen in sehr geringer Höhe ($h \ll R$) umlaufenden Satelliten folgt

$$v_1 = \sqrt{gR} = 7{,}9\,\mathrm{km/s} \qquad \textbf{(1. kosmische Geschwindigkeit).} \tag{9}$$

Bei Geschwindigkeiten $v > v_1$ umkreist der Flugkörper die Erde auf einer *elliptischen* Bahn (Bild 8.4). Für $v < v_1$ kehrt der Körper wieder zur Erde zurück; er durchläuft dabei nur einen Teil der KEPLER-Ellipse. Die beiden Ellipsen für $v > v_1$ und $v < v_1$ unterscheiden sich dadurch, dass im ersten Fall der Mittelpunkt der Erde in dem dem Abschusspunkt näheren, im zweiten Fall im ferneren Ellipsenbrennpunkt liegt. Die Bahnen von Wurfkörpern sind also stets Ellipsen und *keine* Wurf*parabeln*, da die Richtung der Fallbeschleunigung über die Bahnkurven veränderlich ist. Für kleine Entfernungen kann näherungsweise die Bahnellipse durch eine Parabel angenähert werden.

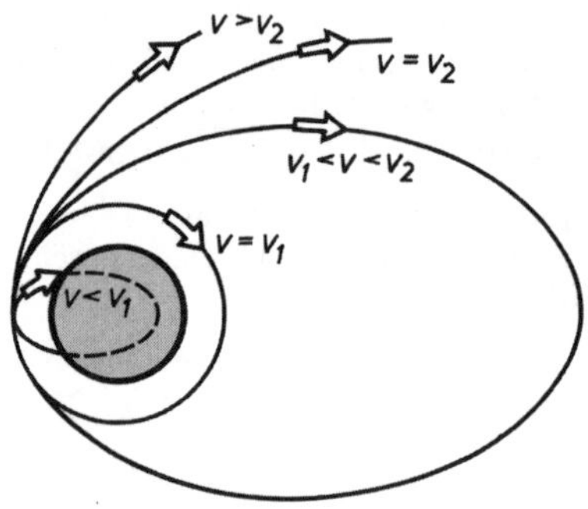

Bild 8.4. Bahnkurven ballistischer Flugkörper bei horizontalem Einschuss in die Flugbahn. v_1 1. kosmische Geschwindigkeit (Kreisbahngeschwindigkeit), v_2 2. kosmische Geschwindigkeit (Parabelgeschwindigkeit)

Die Mindestgeschwindigkeit, die ein Körper erhalten muss, um sich aus dem Anziehungsbereich der Erde völlig entfernen zu können, die sog. *Fluchtgeschwindigkeit*, folgt aus der Bedingung, dass die kinetische Energie des Körpers so groß sein muss wie die Arbeit, die erforderlich ist, um ihn bis ins Unendliche zu befördern, d. h., es muss mit Gleichung (7) gelten

$$\frac{mv^2}{2} = mgR\frac{h}{R+h} = mgR\frac{1}{(R/h)+1},$$

woraus für $h \to \infty$ folgt

$$v_2 = \sqrt{2gR} = 11{,}2\,\mathrm{km/s} \qquad \textbf{(2. kosmische Geschwindigkeit).} \tag{10}$$

Die zugehörige ballistische Flugbahn ist eine *Parabel* (Bild 8.4). Für $v > v_2$ entweicht der Flugkörper auf einer *hyperbolischen* Bahn ebenfalls auf Nimmerwiedersehen in den Weltraum.

Aufgabe 8.3. Wie groß ist die zu verrichtende Arbeit, um 1 kg Masse von der Erdoberfläche bis in die unendliche Ferne zu befördern? (Erdradius $R = 6380\,\text{km}$).

Aufgabe 8.4. Eine Raumsonde soll aus einer Erdumlaufbahn in $h = R = 6380\,\text{km}$ Höhe ins All gestartet werden. Berechne die erforderliche Geschwindigkeit!

9 Dynamik der Punktmassen-Systeme

Wir betrachten nun die Bewegung eines Systems, bestehend aus einer Anzahl von Teilchen, deren gegenseitige Lage veränderlich ist. Die Teilchen des Systems können aufeinander Kräfte ausüben, die dem *Wechselwirkungsgesetz* gehorchen (**innere Kräfte** des Systems), des weiteren können an den Teilchen **äußere Kräfte** angreifen, die von Kraftzentren herrühren, die sich außerhalb des Systems befinden. Wirken auf keines der Teilchen äußere Kräfte, so ist das System *abgeschlossen.*

9.1 Impulserhaltungssatz. Massenmittelpunkt

Das System bestehe der Einfachheit halber aus nur zwei Massen m_1 und m_2 (Bild 9.1), die ohne Reibung auf einer Unterlage gleiten und über eine elastische Kopplungsfeder (innere) Kräfte F^{i} aufeinander ausüben können. Wird die Feder gespannt und sodann freigegeben, so führen die Massen gegeneinander Schwingungen aus, wobei nach dem Wechselwirkungsgesetz für die abstoßenden bzw. anziehenden Kräfte, die auf die beiden Massen wirken, gilt

$$F_1^{\text{i}} = -F_2^{\text{i}}, \qquad \text{also nach (4/9)} \qquad \frac{\mathrm{d}(m_1 v_1)}{\mathrm{d}t} = -\frac{\mathrm{d}(m_2 v_2)}{\mathrm{d}t} \qquad \text{oder} \tag{1}$$

$$\frac{\mathrm{d}}{\mathrm{d}t}(m_1 v_1 + m_2 v_2) = 0, \qquad \text{d. h.} \qquad m_1 v_1 + m_2 v_2 = \text{const.} \tag{2}$$

Die Summe der Impulse beider Massen ist also stets konstant. Verallgemeinernd gilt für ein System von beliebig vielen Masseteilchen m_i mit nach Größe und Richtung unterschiedlichen Geschwindigkeiten $\boldsymbol{v}_i$ der

Impulserhaltungssatz:

In einem abgeschlossenen System, in dem nur innere Kräfte wirken, bleibt – welche Vorgänge sich innerhalb des Systems auch immer abspielen mögen – der Gesamtimpuls (Vektorsumme aller Einzelimpulse $m_i \boldsymbol{v}_i$) ungeändert.

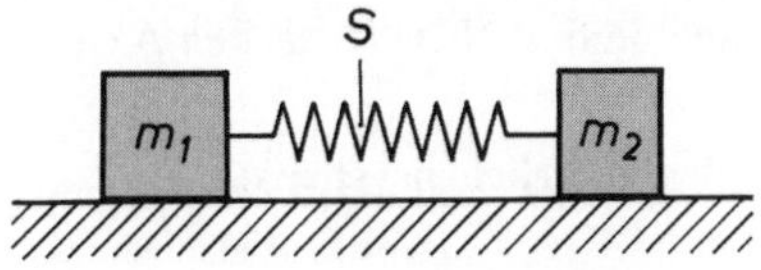

Bild 9.1. Zum Impulserhaltungssatz. S ist der gemeinsame Massenmittelpunkt (Schwerpunkt) der Massen m_1 und m_2.

Wären in unserem Beispiel vor dem Entspannen der Feder die Geschwindigkeiten und damit die Impulse beider Massen (also auch ihre Summe) gleich null, so gilt auch für jeden anderen Zeitpunkt nach Freigabe der Feder

$$m_1 v_1 + m_2 v_2 = 0 \qquad \text{oder} \qquad m_1 v_1 = -m_2 v_2, \tag{3}$$

d. h., die Impulse der Massen sind in jedem Augenblick einander entgegengesetzt gleich und heben sich somit stets auf. Die Einwirkung der Federkraft, welche eine innere Kraft ist, hat also den Gesamtimpuls nicht geändert.

Aus (2) folgt, wenn die Lagen der beiden Massen zur Zeit t durch die Koordinaten x_1 und x_2 gegeben sind:

$$m_1 \frac{\mathrm{d}x_1}{\mathrm{d}t} + m_2 \frac{\mathrm{d}x_2}{\mathrm{d}t} = \frac{\mathrm{d}}{\mathrm{d}t}(m_1 x_1 + m_2 x_2) = \text{const.} \tag{4}$$

Wir definieren nun durch die Koordinate

$$x_S = \frac{m_1 x_1 + m_2 x_2}{m_1 + m_2} \tag{5}$$

einen zwischen den beiden Massen gelegenen Punkt, den wir den **Massenmittelpunkt** (S) des Systems nennen (s. Bild 9.1). Lassen wir diesen mit dem Nullpunkt des Koordinatensystems zusammenfallen, also $x_S = 0$, so erkennen wir aus (5), dass für die Teilstrecken zwischen S und den beiden Massen stets gilt $|x_1|/|x_2| = m_2/m_1$, d. h., *der Massenmittelpunkt zweier Massen teilt deren Verbindungsstrecke im umgekehrten Verhältnis der Massen.*
Für die Geschwindigkeit des Massenmittelpunkts folgt nun aus (4) und (5)

$$v_S = \frac{\mathrm{d}x_S}{\mathrm{d}t} = \text{const,} \tag{6}$$

d. h., bei allen Bewegungen der beiden Massen bleibt ihr gemeinsamer Massenmittelpunkt in Ruhe (sofern die Konstante den Wert null hat), oder er bewegt sich geradlinig mit konstanter Geschwindigkeit. Für Systeme, deren Teilchen sich nur unter der Wirkung innerer Kräfte verschieben, gilt demnach der

Erhaltungssatz des Massenmittelpunkts:

Der Massenmittelpunkt eines abgeschlossenen Systems ist in Ruhe oder bewegt sich geradlinig und gleichförmig.

Bei der Explosion einer Bombe fliegen (durch das Wirken innerer Kräfte) ihre Teile nach allen Seiten auseinander, ihr gemeinsamer Massenmittelpunkt aber bleibt erhalten. – Platzt ein Körper im Fluge, so bewegt sich, wenn keine äußeren Kräfte hinzukommen, der Massenmittelpunkt des „Systems“ weiter, als ob nichts geschehen wäre.

Der Massenmittelpunkt eines Vielteilchensystems verhält sich demnach so wie eine einzelne Punktmasse; er befolgt das Trägheitsgesetz, sofern keine äußeren Kräfte auf das System einwirken (abgeschlossenes System). Greifen hingegen an den Teilchen des Systems äußere Kräfte $\boldsymbol{F}_i^{\mathrm{a}}$ an, deren Resultierende gleich $\boldsymbol{F}^{\mathrm{a}} = \sum \boldsymbol{F}_i^{\mathrm{a}}$ ist, so gilt, da innere Kräfte auf die Bewegung des Massenmittelpunkts keinen Einfluss haben, nach dem 2. NEWTONschen Axiom (4/13)

$$m \frac{\mathrm{d}\boldsymbol{v}_S}{\mathrm{d}t} = \boldsymbol{F}^{\mathrm{a}} \quad \textbf{(Bewegungsgleichung des Vielteilchensystems).} \tag{7}$$

Dabei ist m die *Gesamtmasse* des Systems. Gleichung (7) besagt:

Bei Einwirkung äußerer Kräfte auf ein System von Punktmassen bewegt sich dessen Massenmittelpunkt so, als sei die gesamte Masse des Systems in ihm vereinigt und als greife die resultierende Gesamtkraft an ihm an.

Für das *abgeschlossene* System ($\boldsymbol{F}^{\mathrm{a}} = 0$) folgt aus Gleichung (7) wieder der Erhaltungssatz des Massenmittelpunkts (6). Da die häufigste Kraft die Schwerkraft ist, bezeichnet man den Massenmittelpunkt gewöhnlich auch als **Schwerpunkt** und den zuletzt formulierten Satz daher auch als **Schwerpunktsatz**.

Beispiele: *1.* Von einer mit der Geschwindigkeit $v = 8000,0$ m/s fliegenden dritten Stufe einer Rakete, bestehend aus Antriebsteil ($m_1 = 500$ kg) und kegelförmiger Bugkapsel ($m_2 = 10$ kg), wird die Bugkapsel mit der Geschwindigkeit 0,51 m/s abgestoßen (Bild 9.2). Wie groß sind die Geschwindigkeiten von Antriebsteil und Kapsel danach? – *Lösung:* Antriebsteil und Kapsel bilden ein abgeschlossenes System. Es gilt daher der Impulserhaltungssatz, wonach der Gesamtimpuls vor dem Abstoßen der Kapsel gleich dem Impuls beider Massen danach sein muss: $(m_1 + m_2)v = m_1 v_1' + m_2 v_2'$. Mit der gegebenen Relativgeschwindigkeit $\Delta v = v_2' - v_1' = 0,51$ m/s erhält man, indem $v_2' = v_1' + \Delta v$ in die Impulsbilanz eingesetzt wird:

$$v_1' = v - \frac{m_2}{m_1 + m_2}\Delta v = 7999,99 \text{ m/s}; \qquad v_2' = 8000,50 \text{ m/s}.$$

Der Massenmittelpunkt des Systems hat weiterhin die Geschwindigkeit v.

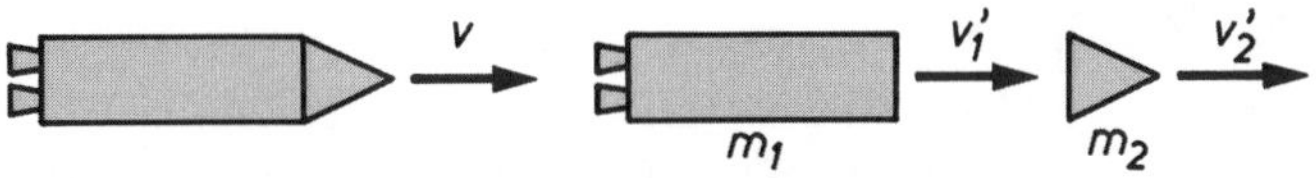

Bild 9.2. Trennung von Antriebsteil und Bugkapsel einer Raketenstufe in der Umlaufbahn

2. Ein Polonium-212-Kern emittiert beim radioaktiven Zerfall ein α-Teilchen mit der Geschwindigkeit $2 \cdot 10^7$ m/s. a) Berechne die Rückstoßgeschwindigkeit des Kerns! b) Welchen Anteil hat prozentual die kinetische Energie des α-Teilchens E_α und des Kerns E_K an der Gesamtenergie $E = E_\alpha + E_K$? Das Massenverhältnis von Kern und α-Teilchen beträgt 53. – *Lösung:* a) Nach dem Impulserhaltungssatz (3) sind die Impulse von Kern und α-Teilchen dem Betrage nach gleich: $p = Mv_K = mv_\alpha$; hieraus folgt $v_K = (m/M)v_\alpha = 3,77 \cdot 10^5$ m/s. b) Für die Gesamtenergie E gilt mit

$$E_K = Mv_K^2/2 = p^2/(2M) \qquad \text{und} \qquad E_\alpha = mv_\alpha^2/2 = p^2/(2m):$$

$$E = \frac{p^2}{2m} + \frac{p^2}{2M} = \frac{M+m}{m}\frac{p^2}{2M} = \frac{M+m}{M}\frac{p^2}{2m} = \left(1 + \frac{M}{m}\right)E_K = \left(1 + \frac{m}{M}\right)E_\alpha.$$

Damit wird $E_\alpha/E = 98,15\%$ und $E_K/E = 1,85\%$.

9.2 Die Gesetze des Stoßes

Als *Stoß* bezeichnet man in der Physik eine sich rasch vollziehende Wechselwirkung zwischen Teilchen bzw. Körpern, in deren Folge es zu *Impuls- und Energieänderungen* der Körper kommt. Dabei kann es sich sowohl um das unmittelbare Aufeinanderprallen fester Körper als auch um eine kurzzeitige gegenseitige Beeinflussung durch elektrostatische oder andere Kräfte handeln. Man denke hierbei an die Wechselwirkung von hochbeschleunigten Elementarteilchen untereinander oder mit Atomkernen.

Im folgenden beschränken wir uns zunächst auf den **zentralen (geraden) Stoß**; bei ihm fällt die Stoßrichtung in die Verbindungsgerade der Kugelmittelpunkte (Bild 9.3). Beim *nichtzentralen (schiefen) Stoß* bildet die Bewegungsrichtung des stoßenden Körpers mit der Mittelpunktsgeraden einen Winkel.

Zwei Kugeln mit den Massen m_1 und m_2 bewegen sich mit den Geschwindigkeiten $\boldsymbol{v}_1$ und $\boldsymbol{v}_2$ auf einer Geraden entweder aufeinander zu (dann haben $\boldsymbol{v}_1$ und $\boldsymbol{v}_2$, also auch die Impulse $m_1\boldsymbol{v}_1$ und $m_2\boldsymbol{v}_2$, entgegengesetzte Richtung), oder die erste Kugel bewegt sich hinter der zweiten her, dann muss, damit ein Zusammenstoß erfolgen kann, $v_1 > v_2$ sein (Bild 9.3).

Beim Fehlen äußerer Einwirkungen, z. B. der Schwerkraft, gilt für das aus den beiden Kugeln bestehende System der *Impulserhaltungssatz* (9/2). Es ist also, wenn wir die Geschwindigkeiten *nach dem Stoß* mit c_1 und c_2 bezeichnen:

$$m_1 v_1 + m_2 v_2 = m_1 c_1 + m_2 c_2. \tag{8}$$

Diese Gleichung reicht zur Bestimmung von c_1 und c_2 nicht aus. Aus der Undurchdringlichkeit der Kugeln können wir lediglich folgern $c_1 \leq c_2$. Für die beiden Grenzfälle, den *elastischen* und den *unelastischen* Stoß, lassen sich jedoch weitere Aussagen treffen.

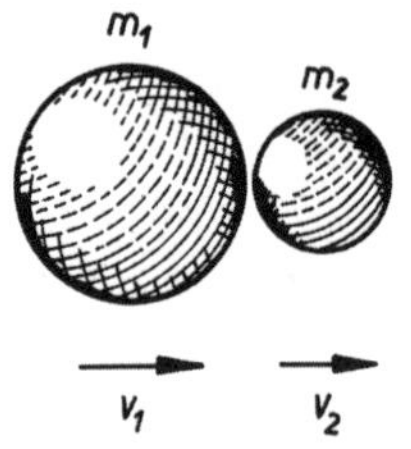

Bild 9.3. Zentraler (gerader) Stoß zweier Kugeln: Die Bewegungsrichtung der stoßenden Kugel (m_1) liegt in der Verbindungsgeraden der Kugelmittelpunkte.

Der unelastische Stoß. Ist das Material der Kugeln so beschaffen, dass die Kugeln nicht voneinander abprallen, sondern nach dem Stoß *mit gemeinsamer Geschwindigkeit* in Richtung der Bewegung der stoßenden Kugel ihren Weg fortsetzen, dann bezeichnen wir den Stoß als *unelastisch.* Dies tritt z. B. ein, wenn die stoßenden Körper aus einem bildsamen Material bestehen, das sich beim Stoß bleibend verformt. Dabei geht ein Teil der Bewegungsenergie in Verformungsarbeit bzw. Wärme über. Daher gilt:

Beim unelastischen Stoß bleibt der Impuls, nicht hingegen die Bewegungsenergie erhalten.

Bezeichnen wir die gemeinsame Geschwindigkeit $c_1 = c_2$ der Kugeln nach dem unelastischen Stoß mit c, so folgt aus dem Impulssatz (8)

$$m_1 v_1 + m_2 v_2 = (m_1 + m_2)c; \qquad c = \frac{m_1 v_1 + m_2 v_2}{m_1 + m_2}. \tag{9}$$

Trifft eine Kugel mit der Geschwindigkeit v_1 auf eine zweite von gleich großer Masse, die sich in Ruhe befindet ($m_1 = m_2$, $v_2 = 0$), so ergibt sich nach (9) für beide nach dem Stoß die Geschwindigkeit $c = v_1/2$. Lassen wir die beiden Kugeln mit gleicher Geschwindigkeit aufeinanderstoßen ($v_1 = -v_2$), so kommen sie zur Ruhe ($c = 0$). Zwei Kugeln *unterschiedlicher* Masse kommen zur Ruhe, wenn ihre entgegengesetzt gerichteten Geschwindigkeiten ihren Massen umgekehrt proportional sind; dann ist $m_1 v_1 + m_2 v_2 = 0$ und folglich auch $c = 0$.

Die beim unelastischen Stoß zur Formänderung bzw. Erwärmung der Körper aufgewendete Arbeit ergibt sich als Differenz der Bewegungsenergien beider Körper vor und nach dem Stoß:

$$\Delta E = \frac{m_1 v_1^2}{2} + \frac{m_2 v_2^2}{2} - \frac{(m_1 + m_2)c^2}{2}.$$

Setzt man hier den Wert für c nach (9) ein, so folgt nach einigen Umformungen

$$\Delta E = \frac{m_1 m_2}{2(m_1 + m_2)}(v_1 - v_2)^2, \tag{10}$$

ein Ausdruck, der stets positiv ist.

Beispiele: *1.* Zur Bestimmung der Geschwindigkeit eines Geschosses ($m_1 = 5{,}0$ g) wird dieses in einen pendelnd aufgehängten Holzklotz ($m_2 = 2{,}5$ kg) geschossen, der dadurch aus seiner Ruhelage um die Strecke $s = 30$ cm ausgelenkt und dabei um h angehoben wird (*ballistisches Pendel*, Bild 9.4). Die Pendellänge ist $l = 1$ m. Berechne die Geschossgeschwindigkeit v_1!
Lösung: Da das Geschoss im Holzklotz stecken bleibt und sich somit nach dem Einschlag zusammen mit ihm fortbewegt, liegt ein unelastischer Stoß vor. Mit $v_2 = 0$ und wegen $m_1 \ll m_2$ folgt aus (9) $v_1 = (m_2/m_1)c$. Außerdem gilt $c = \sqrt{2gh}$. h muss durch die bekannten Größen s und l ausgedrückt werden. Aus dem Bild liest man ab: $s^2 = l^2 - (l-h)^2 = 2lh - h^2 \approx 2lh$ (wegen $h \ll l$). Somit folgt $v_1 = (m_2/m_1)\sqrt{2gh} = (m_2/m_1)s\sqrt{g/l} = 475$ m/s.

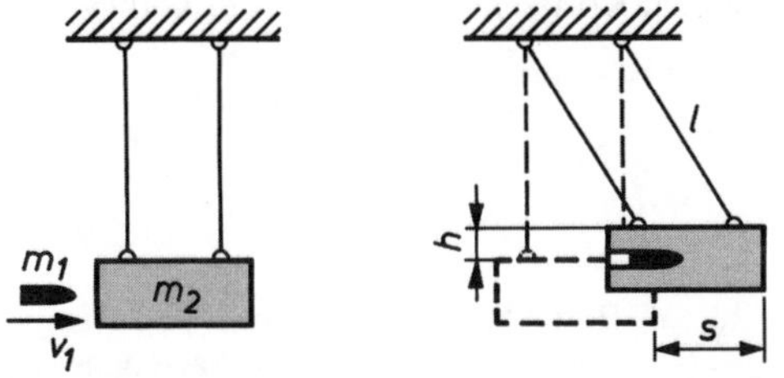

Bild 9.4. Ballistisches Pendel

2. Wie groß ist im obigen Beispiel derjenige Anteil der anfänglichen kinetischen Energie des Geschosses, der nicht in Bewegungsenergie des Pendelkörpers übergeführt, sondern in Wärme umgewandelt wird? – *Lösung:* Aus (10) folgt mit $v_2 = 0$:

$$\Delta E = \frac{m_2}{m_1 + m_2}\frac{m_1 v_1^2}{2} = \frac{m_2}{m_1 + m_2}E; \qquad \frac{\Delta E}{E} = \frac{m_2}{m_1 + m_2} = 0{,}998;$$

d. h., es gehen 99,8% der Geschossenergie als Wärme verloren.

Aufgabe 9.1. Zur Auslösung einer speziellen Kernreaktion wird ein Elementarteilchen (Masse m) auf einen schweren Targetkern (Massenverhältnis $M/m = 240$) geschossen, in welchem es verbleibt. Gib denjenigen Teil der anfänglichen kinetischen Energie des Kerngeschosses an, der nicht als Bewegungsenergie des sich bildenden Zwischenkerns verloren geht, sondern zur inneren Umwandlung des Targetkerns führt!

Der elastische Stoß. Ein Stoß heißt vollkommen *elastisch*, wenn die beiden Körper durch den Stoß weder erwärmt noch bleibend deformiert werden. Es wird also beim elastischen Stoß keine Bewegungsenergie in eine andere Energieform umgewandelt. Daher gilt neben dem Impulssatz (8) der Energiesatz der Mechanik

$$\frac{m_1 v_1^2}{2} + \frac{m_2 v_2^2}{2} = \frac{m_1 c_1^2}{2} + \frac{m_2 c_2^2}{2}. \tag{11}$$

Beim elastischen Stoß bleiben Impuls und Bewegungsenergie erhalten.

Durch Umstellung der Glieder in (8) und (11) erhalten wir zunächst

$$m_1(v_1 - c_1) = m_2(c_2 - v_2)$$

$$m_1(v_1^2 - c_1^2) = m_2(c_2^2 - v_2^2)$$

und nach Division der zweiten Gleichung durch die erste

$$v_1 + c_1 = c_2 + v_2.$$

Mit Hilfe dieser Beziehung kann man nun aus (8) entweder c_1 oder c_2 eliminieren. Man erhält

$$c_1 = \frac{v_1(m_1 - m_2) + 2m_2 v_2}{m_1 + m_2}; \qquad c_2 = \frac{v_2(m_2 - m_1) + 2m_1 v_1}{m_1 + m_2}. \tag{12}$$

Sonderfälle. Ist $m_1 = m_2$, so wird $c_1 = v_2$ und $c_2 = v_1$, d. h., beide Körper vertauschen ihre Geschwindigkeiten. Ist m_2 vor dem Stoß in Ruhe, also $v_2 = 0$, so vereinfachen sich die Gleichungen (12) zu

$$c_1 = v_1 \frac{(m_1/m_2) - 1}{(m_1/m_2) + 1}; \qquad c_2 = v_1 \frac{2(m_1/m_2)}{(m_1/m_2) + 1}. \tag{13}$$

Geht $m_2 \to \infty$ und ist $v_2 = 0$ (Körper stößt gegen feststehende Wand), so wird $c_1 = -v_1$, d. h., die Geschwindigkeit kehrt sich um *(Reflexion)*. Ist dagegen $m_1 \to \infty$ und $v_2 = 0$ (sehr großer Körper stößt auf ruhenden, sehr kleinen Körper), so wird $c_1 \approx v_1$ und $c_2 \approx 2v_1$.

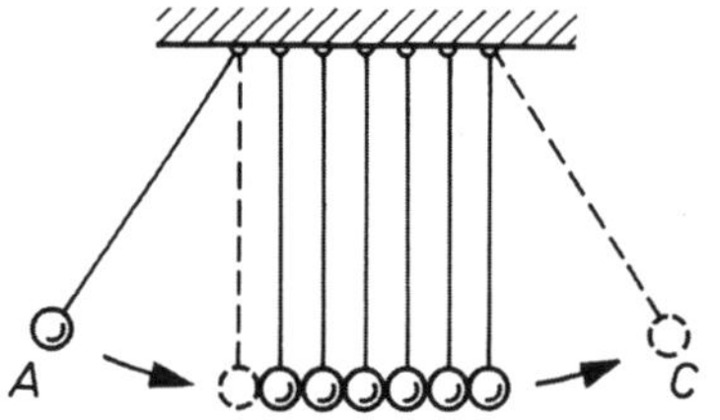

Bild 9.5. *Perkussionspendel* zur Demonstration von Energie- und Impulsübertragung beim elastischen Stoß

Beispiel: Bei dem in Bild 9.5 gezeigten Apparat sind mehrere elastische Kugeln gleicher Masse unmittelbar nebeneinander aufgehängt. Lässt man die erste Kugel (A) auf die Übrigen stoßen, so wird die letzte (C) bis zur Ausgangshöhe von (A) emporgeschleudert. Lässt man gleichzeitig *zwei* Kugeln mit der Geschwindigkeit v_1 auf die Übrigen stoßen, so werden nun die *beiden* letzten Kugeln mit der gleichen Geschwindigkeit v_1 fortgestoßen, und nicht etwa nur die letzte mit der entsprechend größeren Geschwindigkeit $v_1\sqrt{2}$, was mit dem Energiesatz durchaus in Einklang wäre; denn es gilt $2(mv_1^2/2) = m(v_1\sqrt{2})^2/2$. Beweise, dass dies allgemein auch bei n Kugeln der Fall ist! – *Lösung:* Es bleibt neben der Energie auch der Impuls erhalten. Ist m die Masse einer Kugel, n_1 die Anzahl und v_1 die Geschwindigkeit der stoßenden Kugeln, n_2 die Anzahl und v_2 die Geschwindigkeit der fortfliegenden Kugeln, so ist

$$n_1 \cdot mv_1 = n_2 \cdot mv_2, \qquad n_1 \cdot \frac{mv_1^2}{2} = n_2 \cdot \frac{mv_2^2}{2}.$$

Hieraus folgt $v_1 = v_2$ und $n_1 = n_2$.

Der nichtzentrale (schiefe) elastische Stoß. Nach einem *schiefen* elastischen Stoß bewegen sich die Stoßpartner in verschiedenen Richtungen (Bild 9.6a). Bei der mathematischen Behandlung haben wir deshalb den Impulssatz (8) in vektorieller Form anzuschreiben.

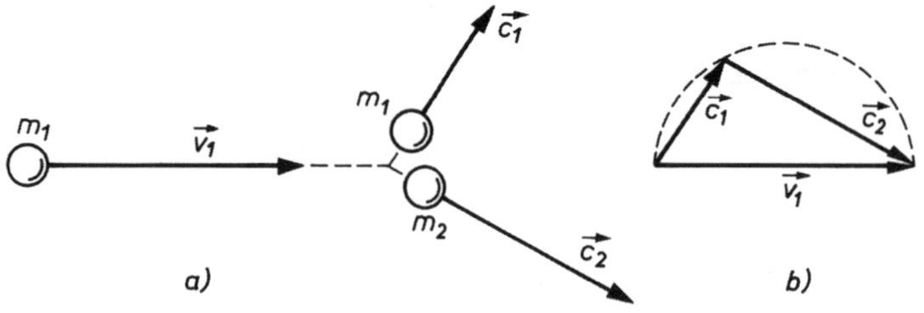

Bild 9.6. Geschwindigkeitsvektoren beim nichtzentralen (schiefen) elastischen Stoß für den Fall $m_1 = m_2$

Ist m_2 vor dem Stoß in Ruhe ($\boldsymbol{v}_2 = 0$), so gilt also

$$m_1\boldsymbol{v}_1 = m_1\boldsymbol{c}_1 + m_2\boldsymbol{c}_2. \tag{14}$$

Darüber hinaus gilt wieder der Energiesatz der Mechanik

$$\frac{m_1 v_1^2}{2} = \frac{m_1 c_1^2}{2} + \frac{m_2 c_2^2}{2}. \tag{15}$$

Für den Sonderfall gleicher Massen ($m_1 = m_2$) gehen die Gleichungen (14) und (15) über in

$$\boldsymbol{v}_1 = \boldsymbol{c}_1 + \boldsymbol{c}_2; \qquad v_1^2 = c_1^2 + c_2^2. \tag{16}$$

In Bild 9.6b ist das zugehörige Dreieck der Geschwindigkeitsvektoren dargestellt. In ihm steht $\boldsymbol{c}_1$ senkrecht auf $\boldsymbol{c}_2$; denn die rechtsstehende Beziehung (16) gilt nur im rechtwinkligen Dreieck. Daher laufen z. B. beim Billardspiel die mit dem Queue gestoßene Kugel und die anfänglich

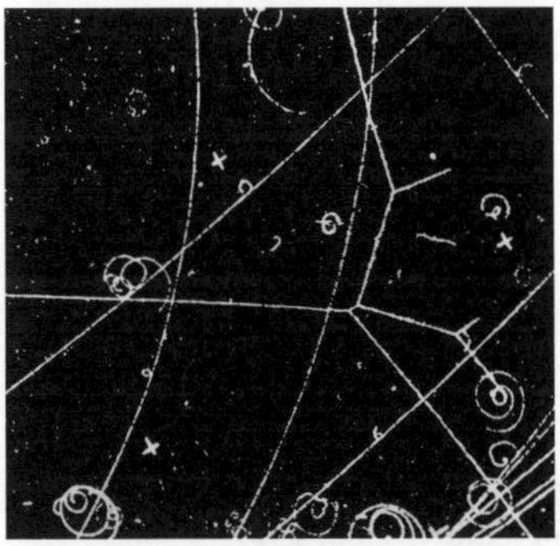

Bild 9.7. Blasenkammeraufnahme der Spur eines Protons, das nacheinander mit anderen Protonen zusammenstößt, die ursprünglich in Ruhe waren

ruhende Kugel nach einem schiefen Stoß unter einem Winkel von 90° auseinander. Diese Bedingung ist um so besser erfüllt, je weniger kinetische Energie beim Stoß in Drehbewegung der Kugeln übergeht. Besonders gut erreicht wird dies beim Stoß zwischen zwei gleichen Atomen (Bild 9.7).

9.3 Raketenantrieb

Die an einer Rakete angreifende Kraft setzt sich zusammen aus der in der Nähe von Himmelskörpern stets vorhandenen Schwerkraft, dem Schub des Triebwerks und gegebenenfalls einem Anteil der Luftreibung. Befindet sich die Rakete sehr weit von der Erde entfernt im luftleeren Raum, so können Schwerkraft und Luftreibung vernachlässigt werden *(kräftefreie Rakete)*. Damit ist das aus der Rakete samt den noch vorhandenen und bereits verbrauchten Treibstoffvorräten bestehende Gesamtsystem abgeschlossen, sein Gesamtimpuls also konstant. Der Raketenantrieb beruht auf dem sog. **Rückstoßprinzip**: Der Treibstoff wird als Abgas in Form eines Teilchenstrahls aus der Düse des Raketentriebwerks ausgestoßen, was das Auftreten einer Rückstoßkraft zur Folge hat, welche die Rakete beschleunigt. Es gilt hier das NEWTONsche *Grundgesetz bei veränderlicher Masse* (vgl. Abschnitt 4.5). Die entsprechende Bewegungsgleichung (4/12) lautet für die kräftefreie Rakete ($\boldsymbol{F} = 0$) sowie mit $v - v' = c$ als Ausströmgeschwindigkeit der Verbrennungsgase relativ zur Rakete:

$$0 = m\,\frac{\mathrm{d}v}{\mathrm{d}t} + \frac{\mathrm{d}m}{\mathrm{d}t}c, \qquad \text{also} \qquad m\,\frac{\mathrm{d}v}{\mathrm{d}t} = -c\,\frac{\mathrm{d}m}{\mathrm{d}t}.$$

Die letzte Gleichung entspricht dem Grundgesetz der Dynamik in der Form (4/4) $ma = F_{\text{Rü}}$ mit

$$F_{\text{Rü}} = -c\,\frac{\mathrm{d}m}{\mathrm{d}t} \qquad \textbf{(Rückstoßkraft).} \tag{17}$$

Mit der momentanen Raketenmasse $m = m_0 - \dot{m}t$ (m_0 Anfangsmasse, $\dot{m}$ sog. *Massenstrom* = sekundlicher Treibstoffverbrauch) folgt:

$$(m_0 - \dot{m}t)\frac{\mathrm{d}v}{\mathrm{d}t} = \dot{m}c, \qquad \mathrm{d}v = \frac{\dot{m}c}{m_0 - \dot{m}t}\,\mathrm{d}t$$

und für $\dot{m} = \text{const}$ nach Integration

$$v = -c \ln(m_0 - \dot{m}t) + C.$$

Ist die Anfangsgeschwindigkeit bei Brennbeginn gleich null, also $v = 0$ für $t = 0$, so wird die Integrationskonstante $C = c \ln m_0$, und wir erhalten die Geschwindigkeit der Rakete nach Ablauf der Zeit t zu

$$v(t) = c \ln \frac{m_0}{m_0 - \dot{m}t}. \tag{18}$$

Ist in der Zeit $t = t_\mathrm{E}$ der Treibsatz ausgebrannt, so beträgt die Endmasse $m_\mathrm{E} = m_0 - \dot{m}t_\mathrm{E}$, und die Rakete hat die Endgeschwindigkeit (Brennschlussgeschwindigkeit)

$$v_\mathrm{E} = c \ln \frac{m_0}{m_\mathrm{E}} = c \ln\left(1 + \frac{m_\mathrm{T}}{m_\mathrm{E}}\right) \quad \textbf{(Grundgleichung des idealen Raketenantriebs).} \tag{19}$$

Bei *senkrechtem* Aufstieg der Rakete wird infolge der Erdanziehung die ideale Raketengeschwindigkeit (18) um die Fallgeschwindigkeit gt verringert, wenn die Fallbeschleunigung g als konstant vorausgesetzt wird (auf 100 km Höhenunterschied ändert sich g um rund $0{,}3\ \mathrm{m/s^2}$). Es gilt dann also

$$v(t) = c \ln \frac{m_0}{m_0 - \dot{m}t} - gt. \tag{20}$$

Zusätzlich wird die Rakete durch den Luftwiderstand gebremst.

Beispiel: Welchen Wert muss das als ZIOLKOWSKI-Zahl Z bezeichnete Massenverhältnis von vollgetankter und leergebrannter Rakete m_0/m_E haben, wenn die Raketenendgeschwindigkeit v_E die Ausströmgeschwindigkeit c erreichen soll? – *Lösung:* Aus (19) folgt $Z = m_0/m_\mathrm{E} = \mathrm{e}^{v_\mathrm{E}/c}$. Für $v_\mathrm{E} = c$ wird $Z = \mathrm{e} = 2{,}72$, also $m_0 = 2{,}72\, m_\mathrm{E}$. Das bedeutet, dass der Treibstoff allein etwa zwei Drittel der Gesamtmasse der Rakete ausmacht. Bei $c = 3000$ m/s (maximal erreichbarer Wert) würde man also mit diesem Massenverhältnis (theoretisch) eine Endgeschwindigkeit von 3 km/s erreichen; dies ist im Verhältnis zur 1. kosmischen Geschwindigkeit (8 km/s, vgl. 8.2) wenig.

Einen Ausweg bietet die *Mehrstufenrakete*. Sie besteht aus mehreren (zwei bis vier) hintereinander geschalteten Stufen mit eigenem Antrieb. Nach dem Verbrauch ihres Treibstoffes wird die jeweils ausgebrannte Stufe abgeworfen und die nächste Stufe gezündet. Die Rakete, bestehend aus den restlichen Stufen und erleichtert um die Leermasse der abgebrannten Stufe, fliegt weiter und kann eine größere Geschwindigkeit erreichen, als es mit dem Ballast der ausgebrannten Brennstoffbehälter möglich wäre. Für das Mehrstufenprinzip gilt anstelle von (19): $v_\mathrm{E} = c \ln(Z_1 Z_2 \cdots Z_n)$ mit Z_i als Massenverhältnis der i-ten Stufe. So kann mit Hilfe einer Dreistufenrakete mit $c = 3000$ m/s und $Z = 3$ für alle Stufen – wie man leicht nachrechnet – die 1. kosmische Geschwindigkeit mühelos erreicht werden.

10 Statik des starren Körpers

Der *starre Körper* kann modellmäßig als System starr gekoppelter Punktmassen aufgefasst werden. In Wirklichkeit gibt es jedoch keinen Körper, bei dem die Teilchen, aus denen er aufgebaut ist (Atome, Moleküle, Ionen), gegeneinander völlig unbeweglich wären. Man kann aber in vielen Fällen von den kaum wahrnehmbaren Dehnungen, Verdrehungen usw. der als starr betrachteten Teile des Körpers absehen, weil sie für die mit dem Körper als Ganzem vorzunehmenden Ortsveränderungen keine Bedeutung haben. Kräfte, die an einem starren Körper angreifen, können daher keine Deformationen hervorrufen, sondern nur beschleunigte Verschiebungen *(Translationen)* und beschleunigte Drehungen *(Rotationen)*.

10.1 Freiheitsgrade des starren Körpers

Die Anzahl der zur eindeutigen Angabe der Lage aller Teilchen eines Systems erforderlichen Parameter (Lagekoordinaten, Winkel bei Drehbewegungen usw.) ist die Anzahl der *Freiheitsgrade* des Systems. Eine einzelne Punktmasse, die sich nur auf einer geraden Bahn bewegen kann, hat nur einen Freiheitsgrad; denn es genügt, von einem einmal festgelegten Punkt der Geraden aus die zurückgelegte Strecke anzugeben. Entsprechend hat eine Punktmasse, die sich in einer Fläche bewegt, zwei und eine im Raum frei bewegliche Punktmasse drei Freiheitsgrade. Auch beim starren Körper hat ein beliebig herausgegriffenes Teilchen (Punktmasse m_1) drei Freiheitsgrade der Translation. Wird m_1 festgehalten, so kann sich ein zweites Teilchen m_2 nur noch auf einer Kugel mit dem Abstand beider Teilchen als Radius um m_1 bewegen; es hat, entsprechend den Längen- und Breitenkreisen der Kugel, nur zwei Freiheitsgrade. Wird auch m_2 festgehalten, so kann ein drittes Teilchen, das nicht auf der durch m_1 und m_2 gehenden Geraden liegt, nur noch eine Drehbewegung um diese Gerade ausführen, es hat also nur noch einen Freiheitsgrad. Da die relativen Lagen der einzelnen Teilchen infolge der Starrheit ungeändert bleiben, ist durch die Lage der drei Teilchen auch die Lage aller übrigen Teilchen eindeutig festgelegt. Daraus ergibt sich:

Der starre Körper hat insgesamt 6 Freiheitsgrade. Drei von ihnen entfallen auf die Translationsbewegung, drei auf die Rotationsbewegung.

10.2 Kräfte am starren Körper. Drehmoment. Gleichgewichtsbedingungen

Wir betrachten zwei gleich große, entgegengesetzt wirkende Kräfte $\boldsymbol{F}_1$ und $\boldsymbol{F}_2 = -\boldsymbol{F}_1$, die an zwei Punkten eines starren Körpers *auf gleicher Wirkungslinie* angreifen (Bild 10.1a). Verschiebt man die nach rechts gerichtete Kraft $\boldsymbol{F}_2$ von ihrem Angriffspunkt A_2 nach A_3 (Bild 10.1b), so hat diese Verschiebung keinen Einfluss auf den Bewegungszustand des Körpers, weil

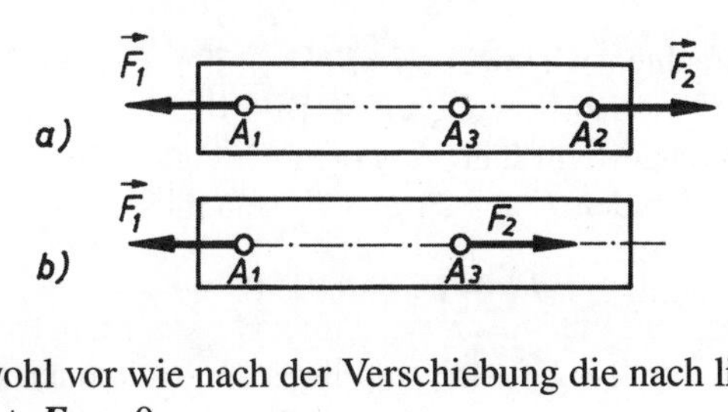

Bild 10.1. Zwei entgegengesetzt gleich große Kräfte auf gleicher Wirkungslinie

sich sowohl vor wie nach der Verschiebung die nach links und rechts gerichteten Kräfte aufheben: $\boldsymbol{F}_1 + \boldsymbol{F}_2 = 0$.

Kräfte, die an einem starren Körper angreifen, können in ihrer Wirkungslinie beliebig verschoben werden, ohne dass sich dabei die Wirkungen der Kräfte auf den Körper verändern (Linienflüchtigkeit des Kraftvektors).

Dagegen ist diese Verschiebung der Kräfte im Falle eines *deformierbaren* Körpers von Einfluss auf die Verformung desselben; im Fall a) wird der Körper zwischen A_1 und A_2 auf Zug beansprucht und dadurch gedehnt, im Fall b) nur zwischen A_1 und A_3. Untersuchungen über Beanspruchungen und Verformungen gehören in das Gebiet der *Festigkeitslehre*.

Zusammensetzen von Kräften. Kräfte, die *in einem Punkt* des starren Körpers angreifen, können entsprechend den Gesetzen der Vektoraddition zu einer Resultierenden zusammengesetzt werden (vgl. 4.1). Das zugehörige *Krafteck*, welches man durch Aneinanderreihen der Kraftvektoren erhält, liefert die Resultierende $\boldsymbol{F}$ (Bild 4.2).
Für die Ermittlung der Resultierenden zweier in *verschiedenen* Punkten des starren Körpers angreifenden Kräfte, deren Wirkungslinien in einer Ebene liegen, werden die Kräfte zunächst *längs ihrer Wirkungslinien bis zum gemeinsamen Schnittpunkt* verschoben; danach können sie zur Resultierenden zusammengesetzt werden. Dass der Schnittpunkt außerhalb des Körpers liegen kann, stört dabei nicht; denn die Resultierende kann wieder in ihrer Wirkungslinie verschoben werden, bis sie in einem Punkt des starren Körpers angreift.

Statisches Gleichgewicht. Wenn die Wirkungslinien der am starren Körper angreifenden Kräfte sich in einem Punkt schneiden und die Resultierende der Kräfte verschwindet, das Krafteck also geschlossen ist, befindet sich der Körper im *statischen Gleichgewicht.* Es treten dann am Körper weder beschleunigte Translationsbewegungen noch beschleunigte Rotationsbewegungen auf. Greifen die Kräfte am starren Körper so an, dass ihre Wirkungslinien sich *nicht* in einem Punkt schneiden, so ist für das Gleichgewicht außer der Forderung, dass die Resultierende aller (in einem Punkt angreifend gedachten) Kräfte verschwindet, noch eine weitere Bedingung zu erfüllen.

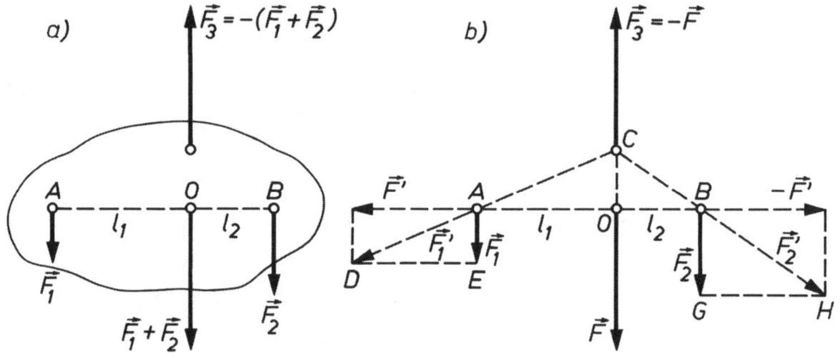

Bild 10.2. Zur Herleitung der Gleichgewichtsbedingungen für den starren Körper

Zur Formulierung dieser Bedingung betrachten wir zwei *parallele* Kräfte $\boldsymbol{F}_1$ und $\boldsymbol{F}_2$, die in gleicher Richtung an verschiedenen Stellen des Körpers angreifen (Bild 10.2a). Gesucht ist eine Kraft $\boldsymbol{F}_3$, die den beiden Kräften das Gleichgewicht hält. Aus oben Gesagtem folgt zunächst, dass $\boldsymbol{F}_3$ entgegengesetzt gleich der Resultierenden $\boldsymbol{F}$ aus $\boldsymbol{F}_1$ und $\boldsymbol{F}_2$ sein muss, also

$$\boldsymbol{F}_3 = -\boldsymbol{F} = -(\boldsymbol{F}_1 + \boldsymbol{F}_2), \qquad \text{d. h.} \qquad \boldsymbol{F}_1 + \boldsymbol{F}_2 + \boldsymbol{F}_3 = 0. \tag{1}$$

Zur graphischen Bestimmung der Resultierenden $\boldsymbol{F}_1 + \boldsymbol{F}_2$ und ihres Angriffspunktes werden in den Punkten A und B, in denen $\boldsymbol{F}_1$ und $\boldsymbol{F}_2$ angreifen (Bild 10.2b), die dem Betrage nach willkürlich angenommenen, in der Verbindungslinie von A und B liegenden *Hilfskräfte* $\boldsymbol{F}'$ und $-\boldsymbol{F}'$ (die sich in ihrer Wirkung aufheben) zu $\boldsymbol{F}_1$ und $\boldsymbol{F}_2$ addiert, womit zwei neue Kräfte $\boldsymbol{F}_1'$ und $\boldsymbol{F}_2'$ entstehen, deren Wirkungslinien nun nicht mehr parallel verlaufen, sondern deren Schnittpunkt den gesuchten Angriffspunkt C der resultierenden Kraft ergibt. Dieser kann auch in den Punkt O auf der Verbindungslinie AB, den *Mittelpunkt* der parallelen Kräfte, verlegt werden. Aus der Ähnlichkeit der Dreiecke CAO und CBO mit ADE und BHG folgt mit $\overline{CO} \equiv a$:

$$\frac{a}{l_1} = \frac{F_1}{F'}; \qquad \frac{a}{l_2} = \frac{F_2}{F'}$$

und hieraus

$$l_1 : l_2 = F_2 : F_1 \qquad \text{oder} \qquad F_1 l_1 = F_2 l_2. \tag{2}$$

Das bedeutet:

Die Resultierende zweier paralleler Kräfte ist zu diesen ebenfalls parallel und teilt deren Abstand im umgekehrten Verhältnis der Beträge der Kräfte.

Für das Gleichgewicht des starren Körpers in Bild 10.2a ist also außer (1) zusätzlich die Bedingung (2) zu erfüllen, durch welche die Wirkungslinie der Unterstützungskraft $\boldsymbol{F}_3$ festgelegt wird.

Das Drehmoment. Fassen wir in Bild 10.2 den Punkt O als *Drehpunkt* des starren Körpers auf, so sind die Kräfte $\boldsymbol{F}_1$ und $\boldsymbol{F}_2$ bestrebt, den Körper um diesen Punkt zu drehen. Dabei hängt die Drehwirkung einer Kraft nicht nur von ihrem Betrag ab, sondern auch vom Abstand l, den ihre Wirkungslinie vom Drehpunkt hat. Das Produkt aus dem Betrag der Kraft F und diesem Abstand l, der gelegentlich als *Kraftarm* bezeichnet wird, nennt man **Drehmoment** oder **Moment** der Kraft $\boldsymbol{F}$:

$$M = Fl \qquad \textbf{(Betrag des Drehmoments).} \tag{3}$$

Man beachte, dass l der *senkrechte* Abstand der Wirkungslinie der Kraft vom Drehpunkt ist. Aus (3) ergibt sich als

Einheit des Drehmoments: $[M] = 1\,\text{N}\,\text{m}$.

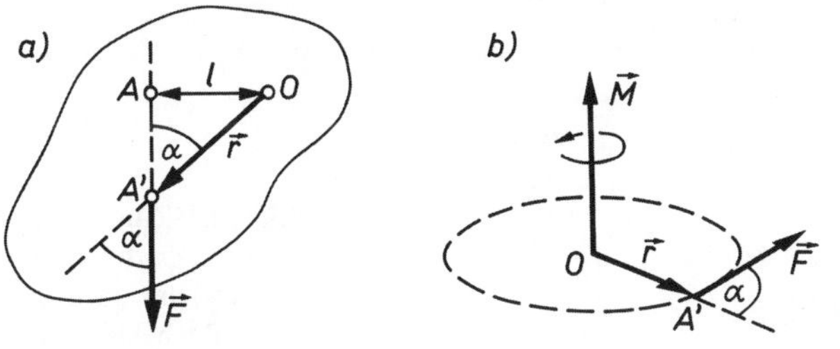

Bild 10.3. Zur Definition des Drehmoments $\boldsymbol{M}$

Verschiebt man in Bild 10.3a den Angriffspunkt der Kraft längs ihrer Wirkungslinie von A nach A', so dass nun der vom Drehpunkt O zum Angriffspunkt A' gerichtete Radiusvektor $\boldsymbol{r}$ mit dem Kraftvektor $\boldsymbol{F}$ keinen rechten Winkel mehr bildet, sondern mit ihm den Winkel α einschließt, so ändert sich am Betrag des Drehmoments nichts. Mit $l = r \sin\alpha$ schreibt sich Gleichung (3) jetzt lediglich in der Form

$$M = Fr \sin\alpha \qquad \textbf{(Betrag des Drehmoments).} \tag{4}$$

In Bild 10.2a unterscheiden sich die von den Kräften $\boldsymbol{F}_1$ und $\boldsymbol{F}_2$ erzeugten Drehmomente in Bezug auf den Punkt O im **Drehsinn**; $M_1 = F_1 l_1$ ist ein *links*drehendes Moment, $M_2 = F_2 l_2$ ein *rechts*drehendes. Linksdrehende Momente erhalten positives, rechtsdrehende negatives Vorzeichen. Fassen wir das Drehmoment als einen *axialen Vektor* auf, der mit der Drehachse zusammenfällt (wie die Winkelgeschwindigkeit $\boldsymbol{\omega}$, vgl. 3.7), so kann es durch das Vektorprodukt

$$\boldsymbol{M} = \boldsymbol{r} \times \boldsymbol{F} \qquad \textbf{(Vektor des Drehmoments)} \tag{5}$$

ausgedrückt werden, dessen Betrag $|\boldsymbol{M}| = M$ nach Gleichung (4) zu berechnen ist. Gemäß der Definition des Vektorprodukts steht $\boldsymbol{M}$ senkrecht auf den Vektoren $\boldsymbol{r}$ und $\boldsymbol{F}$ und bildet mit diesen ein Rechtssystem (Bild 10.3b). Es gilt die

Rechte-Hand-Regel:

Umfasst die rechte Hand die Drehachse so, dass die gekrümmten Finger den Drehsinn angeben, so zeigt der gestreckte Daumen in die Richtung des Vektors des Drehmoments.

Bei dem starren Körper in Bild 10.2 ist also wegen (2) $\boldsymbol{M}_1 = -\boldsymbol{M}_2$, d. h. $\boldsymbol{M}_1 + \boldsymbol{M}_2 = 0$. Das Moment $\boldsymbol{M}_3$ der Kraft $\boldsymbol{F}_3$ in Bezug auf O verschwindet in diesem Fall, da der Abstand ihrer Wirkungslinie von O gleich null ist. Für das Gleichgewicht folgt also

$$\boldsymbol{M}_1 + \boldsymbol{M}_2 + \boldsymbol{M}_3 = 0. \tag{6}$$

Die **Gleichgewichtsbedingungen** für einen starren Körper lauten somit wegen (1) und (6):

$$\sum \boldsymbol{F}_i = 0, \qquad \sum \boldsymbol{M}_i = 0. \tag{7}$$

Ein starrer Körper befindet sich im statischen Gleichgewicht, wenn die Vektorsumme aller angreifenden Kräfte sowie aller Drehmomente (in Bezug auf einen beliebig gewählten Drehpunkt) verschwindet.

Für die praktische Handhabung der Gleichungen (7) ist es oft erforderlich, alle Kraft- und Drehmomentenvektoren in Komponenten bezüglich der Achsen eines rechtwinkligen Koordinatensystems zu zerlegen. Im Gleichgewicht muss dann die Summe ihrer Komponenten für jede Achsenrichtung verschwinden.

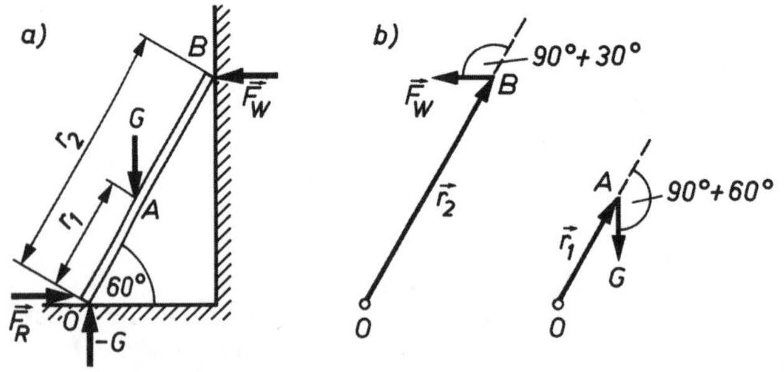

Bild 10.4. Zum Gleichgewicht einer Leiter, die im Punkt A durch die Gewichtskraft $\boldsymbol{G}$ belastet wird (siehe Rechenbeispiel)

Beispiel: Ein Mann (Gewichtskraft $G = 600\,\text{N}$) steht bei A auf einer 4 m langen Leiter (Bild 10.4a). Am Boden (im Punkt O) sorgt die horizontale Reibungskraft $\boldsymbol{F}_\text{R}$ dafür, dass die Leiter unterhalb einer bestimmten Belastung nicht wegrutscht. In den Endpunkten O und B, wo die Leiter aufsitzt bzw. an der Wand anliegt, greifen die Reaktionskräfte *(Auflagerkräfte)* $-\boldsymbol{G}$ und $\boldsymbol{F}_\text{W}$ an. Wie weit kann der Mann hinaufsteigen, ohne dass die Leiter wegrutscht, wenn die Reibungskraft $F_\text{R} = 200\,\text{N}$ beträgt? – *Lösung:* Für die Berechnung der Drehmomente wählen wir O als Drehpunkt. Dann ist das von $\boldsymbol{F}_\text{W}$ erzeugte linksdrehende Moment nach (4) und Bild 10.4b gleich $F_\text{W} r_2 \sin 120° = \sqrt{3} F_\text{W} r_2/2$ und das von $\boldsymbol{G}$

erzeugte rechtsdrehende Moment gleich $-Gr_1 \sin 150° = -Gr_1/2$. Im Gleichgewicht muss die Summe aller Drehmomente verschwinden, d. h. $\sqrt{3}F_W r_2/2 - Gr_1/2 = 0$, woraus $r_1 = \sqrt{3}F_W r_2/G$ folgt. Für das Gleichgewicht der Kräfte muss gelten: in *horizontaler* Richtung $F_R - F_W = 0$, d. h. $F_W = F_R$, in *vertikaler* Richtung ist $G - G = 0$. Somit wird $r_1 = \sqrt{3}F_R r_2/G$. Mit den Zahlenwerten erhält man $r_1 = 2{,}30$ m.

Aufgabe 10.1. An einer im Punkt A der Wand befestigten Stange AB (Bild 10.5), die durch ein Drahtseil BC in horizontaler Lage gehalten wird, greift im Abstand $a = l/3$ von A (l Länge der Stange) die Gewichtskraft $F_1 = 150$ N und in B die Gewichtskraft $F_2 = 100$ N an. Wie groß sind die Spannkraft (Haltekraft) F_3 im Seil und die Stützkräfte F_4 und F_5 im Punkt A der Wand? $\alpha = 30°$; die Gewichtskraft der Stange werde vernachlässigt. Zeichne das zugehörige Krafteck und überprüfe daran das Ergebnis!

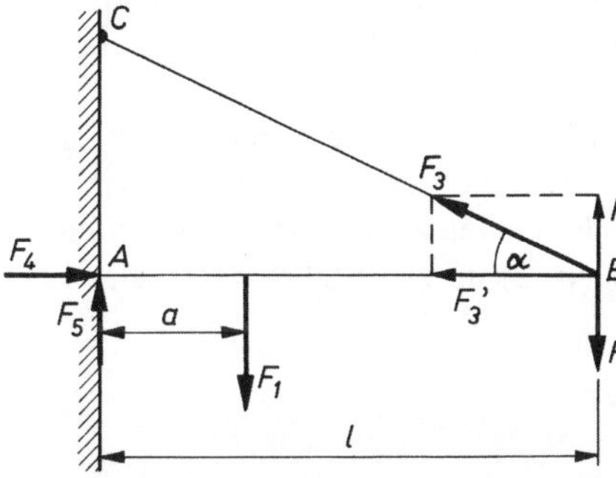

Bild 10.5. Zur Aufgabe 10.1: Zerlege zunächst die Seilkraft F_3 in eine Horizontal- und eine Vertikalkomponente und stelle dann je eine Gleichgewichtsbedingung für alle horizontalen und vertikalen Kraftkomponenten auf. Wähle Punkt B als Drehpunkt und formuliere die Bedingung für das Gleichgewicht der von F_1 und F_5 herrührenden Drehmomente!

Aufgabe 10.2. Überprüfe bei dem in Bild 7.4 dargestellten Perpetuum mobile durch die zahlenmäßige Bestimmung und Aufsummierung aller rechts- und linksdrehenden Momente, ob sich das Karussell wirklich – wie vom Erfinder behauptet – im Uhrzeigersinn dreht!

10.3 Kräftepaar

Zwei parallele Kräfte von gleichem Betrag, aber entgegengesetzter Richtung, $\boldsymbol{F}_1$ und $\boldsymbol{F}_2 = -\boldsymbol{F}_1$, deren Wirkungslinien nicht zusammenfallen, bilden ein *Kräftepaar* (Bild 10.6). Ein Kräftepaar bewirkt keine Translationsbewegung des Körpers, an dem es angreift, da $\boldsymbol{F}_1 + \boldsymbol{F}_2 = 0$, aber eine Drehung desselben; denn die beiden Angriffspunkte der Kräfte werden in entgegengesetzte Richtungen beschleunigt. Das resultierende Drehmoment bezüglich eines Punktes O, der in der Ebene beider Kräfte liegt, ist, wenn $\boldsymbol{r}_1$ und $\boldsymbol{r}_2$ die von O nach den Kraftangriffspunkten weisenden Vektoren sind, nach (5)

$$\boldsymbol{M} = \boldsymbol{r}_1 \times \boldsymbol{F}_1 + \boldsymbol{r}_2 \times \boldsymbol{F}_2 = \boldsymbol{r}_1 \times \boldsymbol{F}_1 + \boldsymbol{r}_2 \times (-\boldsymbol{F}_1) = (\boldsymbol{r}_1 - \boldsymbol{r}_2) \times \boldsymbol{F}_1; \tag{8}$$

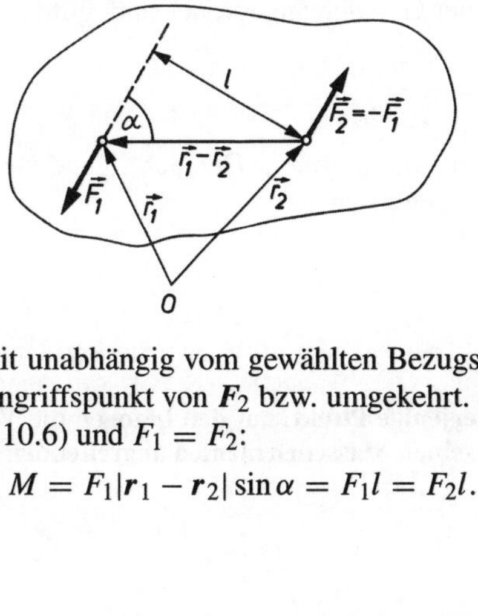

Bild 10.6. Kräftepaar, bestehend aus den beiden antiparallelen Kräften $\boldsymbol{F}_1$ und $-\boldsymbol{F}_1$

es ist somit unabhängig vom gewählten Bezugspunkt O und gleich dem Drehmoment von $\boldsymbol{F}_1$ um den Angriffspunkt von $\boldsymbol{F}_2$ bzw. umgekehrt. Sein Betrag ist nach (4) mit $l = |\boldsymbol{r}_1 - \boldsymbol{r}_2| \sin\alpha$ (vgl. Bild 10.6) und $F_1 = F_2$:

$$M = F_1|\boldsymbol{r}_1 - \boldsymbol{r}_2| \sin\alpha = F_1 l = F_2 l. \tag{9}$$

Im Gleichgewicht gehalten wird ein Kräftepaar nur durch ein anderes Kräftepaar von gleichem Betrag des Drehmoments, aber entgegengesetztem Drehsinn.

10.4 Der Schwerpunkt

Denkt man sich einen Körper in viele Massenelemente m_i zerlegt, so wirkt auf jedes die Schwerkraft $F_i = m_i g$. Wir setzen zwei von diesen parallelen Kräften zusammen; mit der nach Bild 10.2b gebildeten Ersatzkraft vereinigen wir die an einem beliebigen dritten Massenelement angreifende Kraft usw. Schließlich erhalten wir eine Resultierende, die gleich der Gewichtskraft des ganzen Körpers ist und in einem Punkt angreift, der als *Schwerpunkt* bezeichnet wird. Es ist für das Ergebnis gleichgültig, in welcher Reihenfolge man die vielen Einzelkräfte zusammensetzt und in welche Lage man den Körper vorher gebracht hat.

Die Lage des Schwerpunkts soll anhand eines einfachen Modellkörpers berechnet werden. Dieser bestehe aus nur zwei Massen m_1 und m_2, die durch eine (gewichtslose) Stange starr miteinander verbunden sind (Bild 10.7). Die Resultierende der beiden an m_1 und m_2 angreifenden parallelen Gewichtskräfte F_1 und F_2 teilt die Stange nach (2) im umgekehrten Verhältnis der

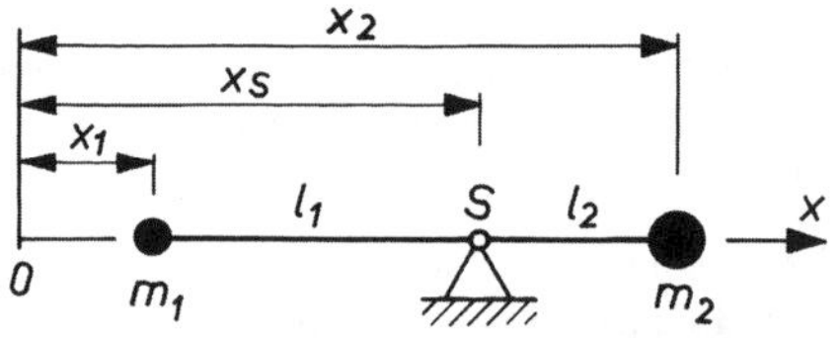

Bild 10.7. Bestimmung des Schwerpunkts S zweier Massen m_1 und m_2

Beträge der Kräfte in einem Punkt S, der gleich dem Schwerpunkt ist. Wird der Körper in S unterstützt, so ist er im Gleichgewicht, da die durch $F_1 = m_1 g$ und $F_2 = m_2 g$ hervorgerufenen Drehmomente (3) von entgegengesetztem Drehsinn und dem Betrage nach gleich sind:

$$m_1 g l_1 = m_2 g l_2 \qquad \text{oder} \qquad m_1 l_1 = m_2 l_2. \tag{10}$$

Führen wir ein Koordinatensystem ein, in welchem x_1 und x_2 die Koordinaten von m_1 und m_2 sind, so folgt damit aus (10) für die Schwerpunktkoordinate x_S:

$$m_1(x_S - x_1) = m_2(x_2 - x_S) \qquad \text{oder} \qquad x_S = \frac{m_1 x_1 + m_2 x_2}{m_1 + m_2}. \tag{11}$$

Diese Beziehung stimmt mit derjenigen für die Koordinate des *Massenmittelpunkts* (9/5) überein; *Schwerpunkt und Massenmittelpunkt sind also identisch.*

Für den Schwerpunkt von N Massen, die auf einer Geraden angeordnet sind, gilt

$$x_S = \frac{m_1 x_1 + m_2 x_2 + \cdots + m_N x_N}{m_1 + m_2 + \cdots + m_N} = \frac{\sum m_i x_i}{\sum m_i}. \tag{12a}$$

Ganz entsprechend erhält man, wenn die Massen statt auf einer Geraden irgendwie im Raum verteilt sind, die y- und z-Koordinate des Schwerpunkts zu

$$y_S = \frac{\sum m_i y_i}{\sum m_i}, \qquad z_S = \frac{\sum m_i z_i}{\sum m_i}. \tag{12b}$$

Aus den vorstehenden Überlegungen geht hervor:

Der Schwerpunkt eines Körpers ist derjenige Punkt, auf den bezogen die Vektorsumme aller Drehmomente, welche die an seinen Massenelementen angreifenden Gewichtskräfte bewirken, null ist.

Ein im Schwerpunkt unterstützter Körper befindet sich daher in jeder Lage im Gleichgewicht.

Wird ein Körper um eine nicht durch den Schwerpunkt S gehende Achse drehbar aufgehängt, so erzeugt die in S angreifende Gewichtskraft ein Drehmoment, das den Körper so weit dreht, bis S genau unter der Drehachse liegt. Hieraus ergibt sich ein **Verfahren zur experimentellen Bestimmung des Schwerpunkts**: Wird der Körper an einem Faden aufgehängt, so liegt S genau in der Verlängerung des Fadens unterhalb des Aufhängepunktes. Hängt man den Körper nacheinander an zwei verschiedenen Punkten auf, so liegt S im Schnittpunkt der Verlängerungen des Aufhängefadens. Der Schwerpunkt, der ja ein gedachter Punkt ist, kann dabei sowohl innerhalb als auch außerhalb des Körpers liegen.

Schwerpunktberechnung. Für einen räumlich ausgedehnten Körper ist wegen der Vielzahl der Masseteilchen eine Schwerpunktberechnung praktisch nur möglich, wenn wir uns diesen *homogen* mit Masse ausgefüllt denken und anstelle der Punktmassen m_i kleine Volumenelemente ΔV_i mit der Masse $\Delta m_i = \varrho \Delta V_i$ (ϱ Massendichte) betrachten. Beim Grenzübergang $\Delta V_i \to 0$ gehen die Summen in (12) über in Integrale; es wird also z. B. in (12a) für *konstante* Dichte ϱ:

$$\lim_{\Delta V \to 0} \sum \varrho \Delta V_i x_i = \varrho \int x \, \mathrm{d}V; \qquad \lim_{\Delta V \to 0} \sum \varrho \Delta V_i = \varrho \int \mathrm{d}V = \varrho V$$

mit V als Gesamtvolumen des Körpers. Die Schwerpunktkoordinaten sind somit

$$x_S = \frac{1}{V} \int x \, \mathrm{d}V, \qquad y_S = \frac{1}{V} \int y \, \mathrm{d}V, \qquad z_S = \frac{1}{V} \int z \, \mathrm{d}V. \tag{13}$$

Beispiele: *1.* Die Masse des Mondes beträgt 1,2% der Erdmasse, der Abstand Erde–Mond ist 384 000 km. In welcher Entfernung vom Erdmittelpunkt liegt der Schwerpunkt des Systems Erde–Mond? – *Lösung:* Kennzeichnen m_1 die Masse und $x_1 = 0$ die Lage der Erde, m_2 die Masse und $x_2 = 384\,000$ km die Lage des Mondes, so folgt mit $m_2/m_1 = 0{,}012$ aus (11)

$$x_S = \frac{m_2 x_2}{m_1 + m_2} = \frac{(m_2/m_1) x_2}{1 + (m_2/m_1)} = 4120 \, \text{km}.$$

Da der Erdradius 6380 km beträgt, liegt der gemeinsame Schwerpunkt von Erde und Mond noch innerhalb der Erde. Nach dem Erhaltungssatz des Massenmittelpunkts (vgl. 9.1), auch *Schwerpunktsatz* genannt, ist S in Ruhe, d. h., Erdmittelpunkt und Mond umkreisen ihren Schwerpunkt einmal innerhalb eines Monats.

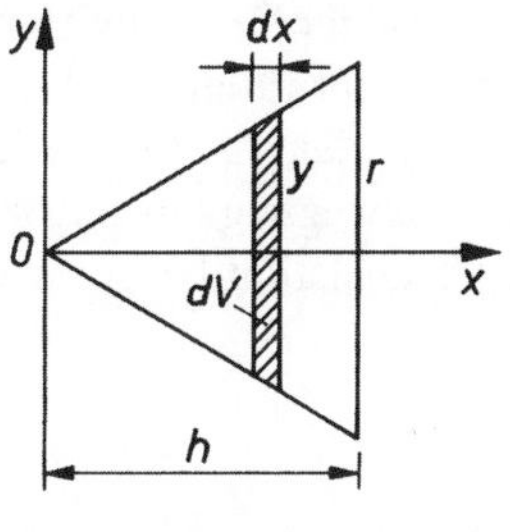

Bild 10.8. Schwerpunktberechnung für den Kegel: Der Kegel vom Radius r und der Höhe h entsteht durch Rotation der Geraden $y = (r/h)x$ um die x-Achse. $\mathrm{d}V = \pi y^2 \, \mathrm{d}x$ ist ein scheibchenförmiges Volumenelement vom Radius y und der Dicke $\mathrm{d}x$.

2. Berechnung des Schwerpunkts eines Kreiskegels: s. Bild 10.8! Wegen der Rotationssymmetrie muss der Schwerpunkt auf der x-Achse liegen; es ist also $y_S = z_S = 0$. Nach (13) erhält man mit dem Volumen des Kegels $V = \pi r^2 h/3$ und $y = (r/h)x$:

$$x_S = \frac{3}{\pi r^2 h} \int_0^h \pi x y^2 \, \mathrm{d}x = \frac{3}{h^3} \int_0^h x^3 \, \mathrm{d}x = \frac{3}{4} h.$$

S liegt also auf der Mittellinie um $h/4$ über der Grundfläche des Kegels.

Aufgabe 10.3. Berechne die Lage des Schwerpunkts einer homogenen Halbkugel (Radius R)!

10.5 Arten des Gleichgewichts

Wird ein Körper aus seiner Gleichgewichtslage verschoben, so ist gegen die im Schwerpunkt angreifende Gewichtskraft die Arbeit W zu verrichten, was zu einer Änderung der potentiellen Energie des Körpers $\Delta E_\text{p} = W$ führt. Das Vorzeichen von W hängt davon ab, ob der Schwerpunkt bei der Verschiebung aus der Gleichgewichtslage gehoben, gesenkt oder der Höhe nach beibehalten wird. Dementsprechend unterscheidet man *drei Gleichgewichtsarten*:

1. $W > 0$**:** Der Körper kann nur durch Erhöhung seiner potentiellen Energie aus der Gleichgewichtslage verschoben werden und kehrt, sich selbst überlassen, unter Energieabgabe wieder in die Gleichgewichtslage zurück (**stabiles Gleichgewicht,** Bild 10.9a).
2. $W = 0$**:** Der Körper kann ohne Energiezufuhr in eine benachbarte Lage verschoben werden; diese Lage ist wieder Gleichgewichtslage (**indifferentes Gleichgewicht,** Bild 10.9b).
3. $W < 0$**:** Bei einer kleinen Störung des Gleichgewichtszustandes entfernt sich der Körper unter Energieabgabe noch weiter aus der Gleichgewichtslage; er kehrt von selbst nicht in die Ausgangslage zurück (**labiles Gleichgewicht,** Bild 10.9c).

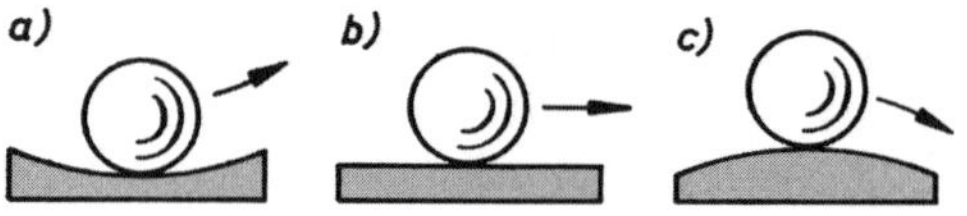

Bild 10.9. Arten des Gleichgewichts: a) stabiles, b) indifferentes, c) labiles Gleichgewicht

Daraus folgt, dass stabiles Gleichgewicht durch ein Minimum, labiles durch ein Maximum der potentiellen Energie in der Gleichgewichtslage gekennzeichnet ist.

11 Dynamik des starren Körpers

11.1 Bewegung eines frei beweglichen Körpers bei Einwirkung einer Kraft

Greift an einem Körper eine Kraft $\boldsymbol{F}$ an, so lässt sich diese durch ein Drehmoment bezüglich des Schwerpunkts und eine im Schwerpunkt angreifende Einzelkraft ersetzen. Um dies zu zeigen, werden im Schwerpunkt S (Bild 11.1) zwei zu $\boldsymbol{F}$ parallele, entgegengesetzt gleiche Kräfte $\boldsymbol{F}'$ und $-\boldsymbol{F}'$ angefügt, deren Betrag mit dem von $\boldsymbol{F}$ übereinstimmt. An der Gesamtwirkung auf den Körper ändert sich dadurch nichts. $\boldsymbol{F}'$ und $-\boldsymbol{F}'$ bilden zusammen ein Kräftepaar, das nach (10/8 und 9) dem Drehmoment $\boldsymbol{M} = \boldsymbol{r} \times \boldsymbol{F}$ vom Betrage $M = Fl$ äquivalent ist. Es verbleibt die im Schwerpunkt angreifende Einzelkraft $\boldsymbol{F}'$. Daraus folgt, dass die Bewegung eines Körpers durch Überlagerung einer Rotation um den Schwerpunkt und einer Translation beschrieben werden kann.

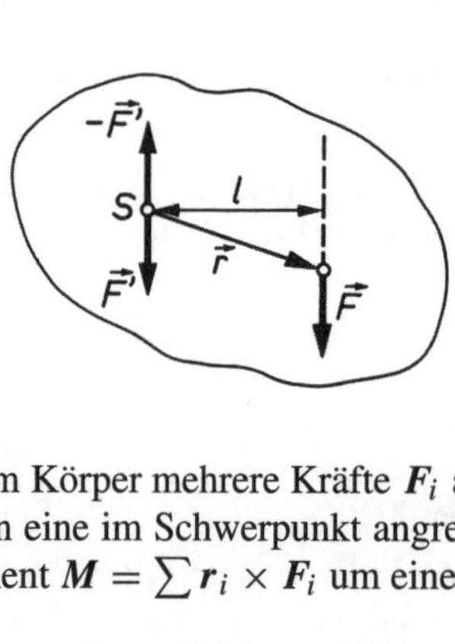

Bild 11.1. Umformung einer Einzelkraft in eine im Schwerpunkt angreifende Kraft und ein Kräftepaar

Greifen am Körper mehrere Kräfte $\boldsymbol{F}_i$ an, so kann jede von ihnen analog behandelt werden. Es wirkt dann eine im Schwerpunkt angreifende resultierende Kraft $\boldsymbol{F} = \sum \boldsymbol{F}_i' = \sum \boldsymbol{F}_i$ und ein Drehmoment $\boldsymbol{M} = \sum \boldsymbol{r}_i \times \boldsymbol{F}_i$ um eine durch den Schwerpunkt gehende Achse.

11.2 Kinetische Energie der Drehbewegung. Massenträgheitsmoment

Eine Punktmasse m, die sich im Abstand r um eine feste Achse A mit gleich bleibender Winkelgeschwindigkeit ω dreht (Bild 11.2), hat die kinetische Energie (Rotationsenergie)

$$E_\mathrm{k} = \frac{1}{2}mv^2 = \frac{1}{2}m(\omega r)^2 = \frac{1}{2}(mr^2)\,\omega^2 = \frac{1}{2}J\omega^2. \tag{1}$$

Die darin vorkommende Größe

$$J = mr^2, \qquad \textit{Einheit:}\quad [J] = 1\,\mathrm{kg\,m^2}, \tag{2}$$

nennt man das **Massenträgheitsmoment** der umlaufenden Punktmasse.

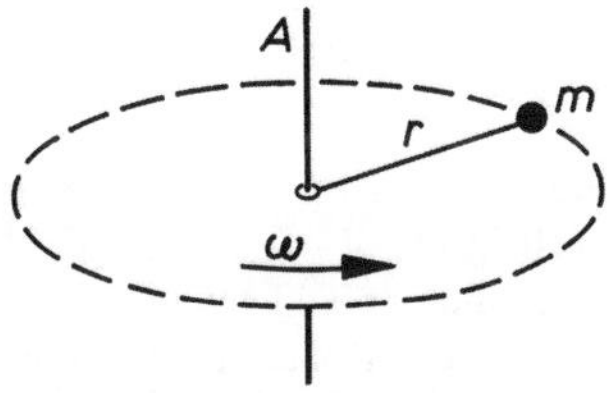

Bild 11.2. Auf einer Kreisbahn umlaufende Punktmasse

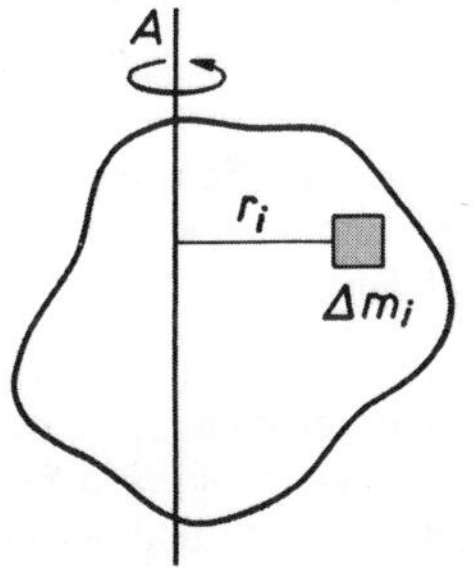

Bild 11.3. Zum Massenträgheitsmoment eines starren Körpers

Zur Berechnung des Trägheitsmoments eines *starren Körpers* denken wir uns diesen in viele kleine Massenelemente Δm_i zerlegt, die von der Drehachse A den Abstand r_i haben (Bild 11.3). J ergibt sich dann als Summe oder – bei Annahme einer kontinuierlichen Massenverteilung mit differentiell kleinen Massenelementen $\mathrm{d}m = \varrho\,\mathrm{d}V$ (ϱ konstante Massendichte) – als Integral der Trägheitsmomente aller Massenelemente:

$$J = \sum \Delta m_i r_i^2 \quad \text{bzw.} \quad J = \int r^2\,\mathrm{d}m \qquad \textbf{(Massenträgheitsmoment).} \tag{3}$$

Wie aus (1) hervorgeht, spielt das Trägheitsmoment bei der Drehbewegung eines Körpers eine analoge Rolle wie die Masse bei fortschreitender Bewegung. J ist aber außer von der Masse zusätzlich von der Form und den Abmessungen des Körpers sowie von der Massenverteilung im Körper und der Lage der Drehachse abhängig.

Das Massenträgheitsmoment kennzeichnet den Bewegungswiderstand eines um eine vorgegebene Achse rotierenden Körpers gegenüber einer Änderung der Drehzahl.

Für das **Trägheitsmoment eines Zylinders (Kreisscheibe)** mit homogener Massenverteilung bei Rotation um die Zylinderachse erhält man, wenn als Massenelement ein Hohlzylinder mit dem Innenradius r und der Dicke $\mathrm{d}r$ gewählt wird (Bild 11.4), also $\mathrm{d}m = \varrho\,\mathrm{d}V = 2\pi\varrho h r\,\mathrm{d}r$ (h Höhe des Zylinders bzw. Dicke der Kreisscheibe), nach (3)

$$J = 2\pi\varrho h \int_0^R r^3\,\mathrm{d}r = \frac{\pi}{2}\varrho h R^4 \qquad (R \text{ Zylinderradius}).$$

Da $\pi\varrho R^2 h = m$ die Masse des Zylinders ist, folgt $J = (1/2)\,mR^2$.

Für den **Hohlzylinder** sind in der obigen Rechnung der Innenradius r und der Außenradius R als Integrationsgrenzen zu wählen. Man erhält mit $m = \pi\varrho h(R^2 - r^2)$:

$$J = \frac{\pi}{2}\varrho h(R^4 - r^4) = \frac{\pi}{2}\varrho h(R^2 + r^2)(R^2 - r^2) = \frac{1}{2}m(R^2 + r^2).$$

Bei einem *sehr dünnwandigen* Hohlzylinder ist $r \approx R$ und somit $J \approx mR^2$.

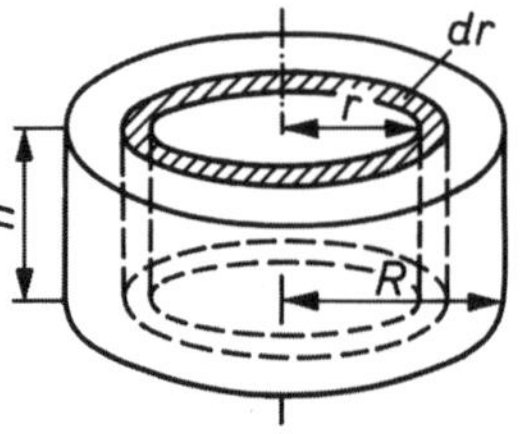

Bild 11.4. Zur Berechnung des Massenträgheitsmoments eines um seine Symmetrieachse rotierenden Zylinders bzw. Hohlzylinders

Das Trägheitsmoment bezüglich des Schwerpunkts ist für die **Kugel** $J = (2/5)\,mR^2$, für den **Quader** $J = (1/12)m(a^2 + b^2)$ mit a und b als Kantenlängen senkrecht zur Drehachse, für den **langen dünnen Stab** $J = (1/12)\,ml^2$ (l Stablänge).

Beispiel: Berechne die Endgeschwindigkeit, die ein zylindrischer Körper (Masse m, Radius R) hat, nachdem er aus der Höhe h auf einer schiefen Ebene herabgerollt ist (Bild 11.5)! – *Lösung:* Beim Herabrollen wandelt sich seine potentielle Energie mgh in Bewegungsenergie um, wobei letztere sich aus der kinetischen Energie der Translation $mv^2/2$ und der kinetischen Energie der Rotation um den Schwerpunkt $J\omega^2/2$ zusammensetzt. Nach dem Energiesatz gilt daher mit $v = \omega R$ (Rollbedingung):

$$mgh = \frac{mv^2}{2} + \frac{J\omega^2}{2} = \frac{v^2}{2}\left(m + \frac{J}{R^2}\right); \qquad v = \sqrt{\frac{2gh}{1 + [J/(mR^2)]}}.$$

Für einen Vollzylinder mit $J = mR^2/2$ wird $v = \sqrt{4gh/3}$, für einen sehr dünnwandigen Hohlzylinder mit $J = mR^2$ wird $v = \sqrt{gh}$. Der Hohlzylinder rollt also langsamer als der Vollzylinder, obwohl die Masse beider Körper gleich groß ist. Dieses Beispiel zeigt deutlich, dass die Energie der Rotationsbewegung entscheidend von der Massenverteilung über den Körper abhängig ist, was in den unterschiedlichen Trägheitsmomenten zum Ausdruck kommt.

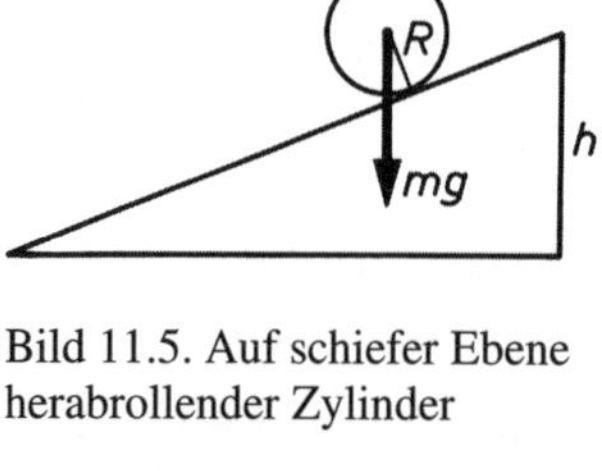

Bild 11.5. Auf schiefer Ebene herabrollender Zylinder

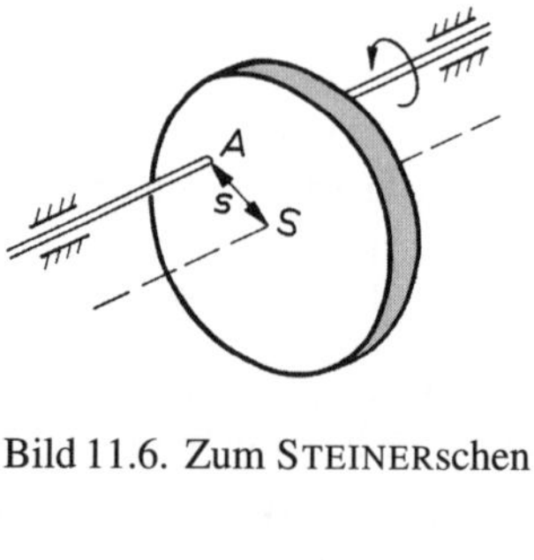

Bild 11.6. Zum STEINERschen Satz

Wenn der Zylinder nicht rollt, sondern reibungsfrei auf der Ebene herab*gleitet*, entfällt der Rotationsanteil der kinetischen Energie, und es ergibt sich die bekannte Endgeschwindigkeit für den freien Fall $v = \sqrt{2gh}$.

Satz von Steiner. Rotiert ein Körper mit der Winkelgeschwindigkeit ω um eine innerhalb oder außerhalb desselben verlaufende Achse A, die nicht durch den Schwerpunkt S geht (Bild 11.6), so führt einerseits S eine translatorische Bewegung auf einer Kreisbahn mit der Geschwindigkeit $v = \omega s$ um A aus (s Abstand zwischen A und S), wobei man sich die gesamte Masse des

Körpers in S vereinigt zu denken hat, zum anderen dreht sich der Körper mit der gleichen Winkelgeschwindigkeit um die zu A parallele, durch S gehende Achse. Dementsprechend ergibt sich die kinetische Energie der Bewegung als Summe aus Translations- und Rotationsenergie zu

$$E_\mathrm{k} = \frac{mv^2}{2} + \frac{J_S\,\omega^2}{2} = \frac{1}{2}\,(ms^2 + J_S)\,\omega^2.$$

Der in Klammern stehende Ausdruck ist das zur Achse A gehörige Trägheitsmoment, J_S das Trägheitsmoment bezüglich der Schwerpunktachse. Es ist also

$$J_A = J_S + ms^2 \qquad \textbf{(Steinerscher Satz).} \tag{4}$$

Das Trägheitsmoment eines Körpers setzt sich additiv zusammen aus dem Trägheitsmoment J_S bezüglich der Schwerpunktachse und dem Trägheitsmoment ms^2 der im Schwerpunkt vereinigt gedachten Gesamtmasse des Körpers bezüglich der zur Schwerpunktachse parallelen Drehachse.

Ist also J_S bekannt, so kann das Trägheitsmoment in Bezug auf jede andere zur Schwerpunktachse parallele Achse nach diesem Satz berechnet werden.

Beispiele: *1.* Wie groß ist das Trägheitsmoment einer 2 m langen Stange (Masse 4,5 kg), wenn sie sich um ihren Endpunkt dreht? – *Lösung:* Mit $J_S = ml^2/12$ (s. oben) ist nach (4)

$$J = \frac{ml^2}{12} + m\left(\frac{l}{2}\right)^2 = \frac{ml^2}{3} = 4J_S = 6\ \mathrm{kg\,m^2}.$$

2. Mit welcher Geschwindigkeit trifft der Endpunkt eines ursprünglich senkrecht stehenden Bleistiftes (Länge $l = 17$ cm) beim Umfallen auf die Tischplatte auf? – *Lösung:* Gleichsetzen von potentieller Energie $mgl/2$ (= Arbeit beim Anheben der im Schwerpunkt vereinigt gedachten Masse des Bleistiftes auf die Höhe des Schwerpunkts $l/2$) und kinetischer Energie $J\omega^2/2$ mit $J = ml^2/3$ (s. Beispiel *1*) und $\omega = v/l$ ergibt $v = \sqrt{3gl} = 2{,}24$ m/s ($\approx$ 8 km/h).

Aufgabe 11.1. Löse die im Rechenbeispiel zu Bild 11.5 oben behandelte Aufgabe des auf der schiefen Ebene herabrollenden Zylinders, indem als momentane Drehachse die auf der schiefen Ebene aufliegende Mantellinie des Zylinders gewählt wird! (Anwendung des STEINERschen Satzes).

11.3 Arbeit und Leistung bei der Drehbewegung. Grundgesetz der Dynamik

Bei der Drehbewegung eines Körpers um eine fest mit ihm verbundene Achse wird seine jeweilige Lage durch den Drehwinkel φ gegen eine willkürlich gewählte Anfangslage beschrieben, und es haben alle Teilchen des Körpers dieselbe Winkelgeschwindigkeit $\omega = \mathrm{d}\varphi/\mathrm{d}t \equiv \dot{\varphi}$ und dieselbe Winkelbeschleunigung $\alpha = \mathrm{d}\omega/\mathrm{d}t \equiv \dot{\omega} = \ddot{\varphi}$. Zurückgelegte Weglänge s, Geschwindigkeit v und Beschleunigung a eines Körperteilchens sind von dessen Abstand r von der Drehachse wie folgt abhängig (vgl. 3/37):

$$s = r\varphi; \qquad v = r\omega; \qquad a = r\alpha.$$

Die **Arbeit bei der Drehbewegung** berechnet sich mit dem Drehmoment $M = Fr$ zu

$$\mathrm{d}W = F\,\mathrm{d}s = Fr\,\mathrm{d}\varphi = M\,\mathrm{d}\varphi; \qquad W = \int M\,\mathrm{d}\varphi. \tag{5}$$

Aus ihr folgt für die **Leistung** (Momentanleistung)

$$P = \frac{dW}{dt} = M\,\frac{d\varphi}{dt} = M\omega. \tag{6}$$

Der verrichteten Arbeit W entspricht (bei fehlenden Reibungswiderständen) ein gleich großer Zuwachs an kinetischer Energie (1), der – bezogen auf die Zeit – gleich der Leistung (6) sein muss:

$$P = \frac{dE_k}{dt} = \frac{d}{dt}\left(\frac{J}{2}\omega^2\right) = J\omega\dot{\omega} = M\omega. \tag{7}$$

Hieraus entnimmt man als Bewegungsgleichung für den rotierenden Körper

$$M = J\dot{\omega} = J\alpha \qquad \textbf{(Grundgesetz der Dynamik).} \tag{8}$$

Bei *gleichmäßig beschleunigter* Drehbewegung, d. h. bei konstantem Drehmoment $\boldsymbol{M}$, ist die Winkelbeschleunigung $\alpha = (\omega - \omega_0)/t$ (ω_0 Anfangswinkelgeschwindigkeit) und damit

$$M = J\,\frac{\omega - \omega_0}{t}. \tag{9}$$

Der Gleichung (8) entspricht das Grundgesetz $F = ma$ für die fortschreitende Bewegung. Die vorstehenden Betrachtungen spiegeln die völlige Analogie der Größen und Gesetzmäßigkeiten der Rotationsbewegung zu denen der Translationsbewegung wider.
Die folgende Tabelle 11.1 gibt eine entsprechende Übersicht.

Tabelle 11.1. Analoge Größen für Translations- und Rotationsbewegung

Translation		Rotation	
Weg	s	Drehwinkel	φ
Geschwindigkeit	$v = \dot{s}$	Winkelgeschwindigkeit	$\omega = \dot{\varphi}$
Beschleunigung	$a = \dot{v} = \ddot{s}$	Winkelbeschleunigung	$\alpha = \dot{\omega} = \ddot{\varphi}$
Masse	m	Trägheitsmoment	J
Impuls	$p = mv$	Drehimpuls	$L = J\omega$
Kraft	$F = ma$	Drehmoment	$M = J\alpha$
Arbeit[1])	$W = Fs$	Arbeit[1])	$W = M\varphi$
Leistung[1])	$P = Fv$	Leistung[1])	$P = M\omega$
kinetische Energie	$E_k = \frac{m}{2}v^2$	Rotationsenergie	$E_k = \frac{J}{2}\omega^2$

[1]) Die angegebenen Beziehungen gelten nur für einen ganz speziellen Fall (vgl. 7.1 und 7.2).

Beispiele: *1.* Eine Schwungscheibe ($J = 1000\,\text{kg m}^2$) wird durch ein konstantes Drehmoment vom Betrag $M = 2000\,\text{N m}$ für die Dauer von 20 s in Rotation versetzt. Wie groß ist die kinetische Energie der Scheibe nach dieser Zeit, und wie groß ist die aufgebrachte Leistung am Ende des Beschleunigungsvorganges? – *Lösung:* Aus (9) folgt $\omega = Mt/J$ und damit aus (1) $E_k = M^2t^2/(2J) = 8\cdot10^5\,\text{N m}$. Die Endleistung ergibt sich aus (7) zu $P = M^2t/J = 8\cdot10^4\,\text{N m/s} = 80\,\text{kW}$.

2. Leistungsmessung mit dem PRONY*schen Zaum*: Wie groß ist die Leistung eines Motors, der bei einer Anpresskraft der Bremsbacken an die Welle von $F = 530\,\text{N}$ eine Drehzahl von $n = 900\,\text{min}^{-1}$ hat? Radius der Welle $r = 0{,}10\,\text{m}$; Reibungszahl $\mu = 0{,}40$. – *Lösung:* Das durch die Reibungskraft (4/28) hervorgerufene bremsende Drehmoment beträgt $M = F_R r = \mu F r$. Mit $\omega = 2\pi n$ ($n = 15\,\text{s}^{-1}$) folgt aus (7) $P = 2\pi\mu F r n \approx 2\,\text{kW}$.

11.4 Der Drehimpuls (Drall). Drehimpulserhaltungssatz

Die Bewegungsgleichung (8) für die Drehbewegung eines starren Körpers lautet für ein konstantes Trägheitsmoment J in vektorieller Form

$$\boldsymbol{M} = J\frac{\mathrm{d}\boldsymbol{\omega}}{\mathrm{d}t} = \frac{\mathrm{d}(J\boldsymbol{\omega})}{\mathrm{d}t} = \frac{\mathrm{d}\boldsymbol{L}}{\mathrm{d}t}, \tag{10}$$

in Analogie zum 2. NEWTONschen Axiom (4/9) $\boldsymbol{F} = \mathrm{d}\boldsymbol{p}/\mathrm{d}t$. Die hier eingeführte vektorielle Größe

$$\boldsymbol{L} = J\boldsymbol{\omega}, \quad \textit{Einheit:} \quad [L] = 1\,\mathrm{N\,m\,s}, \tag{11}$$

heißt **Drehimpuls** oder **Drall**. Der Drehimpuls ist ein axialer Vektor, dessen Richtung mit der des Vektors der Winkelgeschwindigkeit $\boldsymbol{\omega}$ übereinstimmt (vgl. Bild 3.12). Das Grundgesetz der Drehbewegung (10) sagt aus:

Die zeitliche Änderung des Drehimpulses eines um eine feste Achse drehbaren Körpers ist gleich dem Gesamtdrehmoment aller am Körper angreifenden äußeren Kräfte.

Für $\boldsymbol{M} = 0$ ist nach (10) $\mathrm{d}\boldsymbol{L}/\mathrm{d}t = 0$, d. h. $\boldsymbol{L} = \text{const}$. Es gilt somit der

Drehimpulserhaltungssatz:

Wirken auf ein rotierendes System von außen keine Drehmomente, so bleibt sein Drehimpuls nach Größe und Richtung konstant.

(Beispiel: Planetenbewegung.) Für ein *abgeschlossenes System mehrerer Körper* gilt analog dem Impulserhaltungssatz (vgl. 9.1), dass der Gesamtdrehimpuls (Vektorsumme aller Einzeldrehimpulse $J_i\boldsymbol{\omega}_i$) stets konstant bleibt.

Experimente zum Drehimpulserhaltungssatz: *1.* Einer auf einem Drehschemel sitzenden Versuchsperson (Bild 11.7) werde ein rotierendes Rad (z. B. von einem Fahrrad, dessen Felgen mit Blei beschwert sind) übergeben, und zwar so, dass die Drehachse horizontal, also senkrecht zur Achse des Drehschemels steht. Beim Aufrichten des Rades (Parallelstellen der Achsen) beginnt der Schemel im entgegengesetzten Sinn wie das Rad zu rotieren. Umkehr der Radachse um 180° bewirkt Umkehr des Drehsinns des Schemels. *Erklärung:* In dem Maße, wie die Radachse aus der horizontalen Lage gebracht wird, tritt eine Drehimpulskomponente in Richtung der Schemelachse auf. Da der Gesamtdrehimpuls des abgeschlossenen Systems Rad – Versuchsperson, der ursprünglich gleich null war, nicht geändert werden darf, muss die Versuchsperson einen der Richtung nach entgegengesetzten Drehimpuls erhalten.

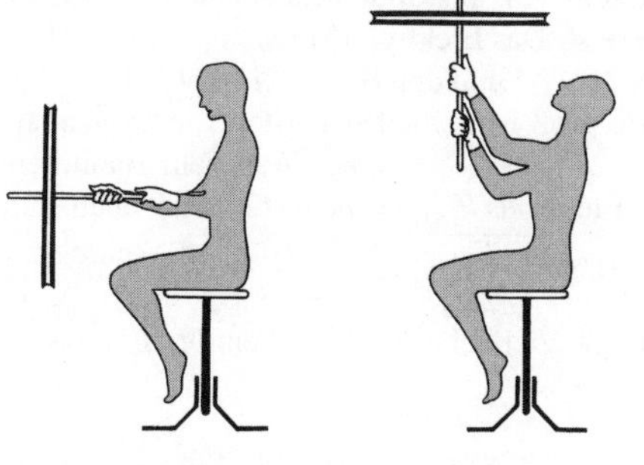

Bild 11.7. Experiment zur Demonstration des Drehimpulserhaltungssatzes

2. Eine auf dem Drehschemel sitzende Person, welche mit ausgestreckten Armen in jeder Hand eine kleine Hantel hält, werde durch Anstoßen in Drehbewegung versetzt. Beim Anziehen der Arme zur Brust hin vergrößert sich infolge des kleiner werdenden Trägheitsmoments die Winkelgeschwindigkeit der Drehbewegung; das Produkt aus J und ω, der Drehimpuls L, bleibt ungeändert.

Der Drehimpuls ist nicht nur für ausgedehnte Körper definiert, sondern auch für einzelne Teilchen, die sich auf beliebigen gekrümmten Bahnen (z. B. Ellipsen) um ein Drehzentrum bewegen. Für eine Punktmasse m, die sich auf einer Kreisbahn mit konstanter Geschwindigkeit $v = \omega r$ bewegt, folgt aus (11) mit (2):

$$L = mr^2\omega = rmv = rp \qquad (12)$$

mit dem Impuls der Punktmasse $p = mv$. Vektoriell lautet Gleichung (12):

$$\boldsymbol{L} = \boldsymbol{r} \times \boldsymbol{p} = m\boldsymbol{r} \times \boldsymbol{v} \quad \textbf{(Bahndrehimpuls einer Punktmasse).} \qquad (13)$$

Beispiele: *1.* Auf einem Drehschemel sitzt – wie in Bild 11.7 – eine Person und hält bei ausgestreckten Armen in jeder Hand, 75 cm von der Drehachse des Schemels entfernt, eine Hantel von 2 kg Masse. Person und Schemel werden durch einen einmaligen Anstoß so in Drehung versetzt, dass in jeder Sekunde eine halbe Umdrehung stattfindet. Wie ändert sich die Drehzahl, wenn die Person die Hanteln beiderseits um 65 cm zur Brust hin anzieht? Trägheitsmoment von Person und Schemel: $J_P = 1{,}95\,\text{kg m}^2$, $J_S = 0{,}27\,\text{kg m}^2$. Reibung wird vernachlässigt. – *Lösung:* Mit m als Masse einer Hantel, $r_1 = 0{,}75\,\text{m}$ und $r_2 = 0{,}10\,\text{m}$ als Entfernungen der Hanteln von der Drehachse in den beiden Positionen der Hanteln ergeben sich die zugehörigen Gesamt-Trägheitsmomente (Schemel, Person mit Hanteln) zu $J_1 = J_P + J_S + 2mr_1^2 = 4{,}47\,\text{kg m}^2$ und $J_2 = J_P + J_S + 2mr_2^2 = 2{,}26\,\text{kg m}^2$. Nach dem Drehimpulserhaltungssatz gilt mit (11) $L = J_1\omega_1 = J_2\omega_2 = \text{const}$, woraus mit $\omega = 2\pi n$ für die Drehzahlen folgt: $n_2 = (J_1/J_2)n_1 \approx 2n_1$. Die Drehzahl erhöht sich also von anfänglich $n_1 = 0{,}5\,\text{s}^{-1}$ auf $n_2 = 1\,\text{s}^{-1}$ (Pirouetten-Effekt).

2. Zwei Schwungräder mit den Trägheitsmomenten J_1 und J_2 drehen sich gleichsinnig mit den Winkelgeschwindigkeiten ω_1 und ω_2. Durch eine Reibkupplung werden sie aneinander angekuppelt. a) Berechne die gemeinsame Winkelgeschwindigkeit ω der Schwungräder nach dem Ankuppeln! b) Wie ändert sich dabei die kinetische Energie des Systems? c) Wie müsste das Verhältnis $\omega_1 : \omega_2$ sein, wenn nach dem Ankuppeln Stillstand eintreten soll? d) Wie groß ist im Fall c) die in Wärme umgewandelte Energie? *Lösung:* a) Der Vorgang ist ein Analogon zum *unelastischen Stoß* (vgl. 9.2). Es gilt der Drehimpulserhaltungssatz, d. h., es ist mit (11) $J_1\omega_1 + J_2\omega_2 = (J_1 + J_2)\,\omega$, woraus sich ω berechnet. b) Die Änderung der kinetischen Energie erhält man durch formale Übertragung der Gleichung (9/10) auf den hier vorliegenden unelastischen „Drehstoß" zu

$$\Delta E_{\text{rot}} = \frac{J_1 J_2}{2(J_1 + J_2)}\,(\omega_1 - \omega_2)^2.$$

c) Für $\omega = 0$ folgt aus a) $\omega_1 : \omega_2 = -(J_2 : J_1)$ mit $\omega_2 < 0$, d. h. gegensinnige Rotation. d) Die gesamte ursprünglich vorhandene Rotationsenergie wird in Wärme umgewandelt. Die erzeugte Wärmemenge beträgt daher nach (1) $Q = J_1\omega_1^2/2 + J_2\omega_2^2/2$.

3. Nach dem BOHRschen Atommodell „besteht" ein Wasserstoffatom aus einem Proton als Atomkern und einem Elektron, welches den Atomkern umkreist. Das Elektron (Masse $m_e = 9{,}1 \cdot 10^{-31}$ kg) hat im Grundzustand die kinetische Energie $E_{k1} = 2{,}18 \cdot 10^{-18}$ J und den Bahndrehimpuls $L_1 = 1{,}05 \cdot 10^{-34}$ J s. Man bestimme den Radius r_1 des H-Atoms! Wie groß ist L_n auf der n-ten Elektronenbahn, wenn für diese gilt $r_n = n^2 r_1$ und $v_n = v_1/n$? ($n = 1, 2, 3, \ldots$). – *Lösung:* Aus dem Bahndrehimpuls (12) $L_1 = m_e v_1 r_1$ und der kinetischen Energie des Elektrons $E_{k1} = m_e v_1^2/2$ erhält man durch Elimination von v_1 den sog. BOHRschen Radius $r_1 = L_1/\sqrt{2m_e E_{k1}} = 0{,}53 \cdot 10^{-10}$ m. Analog dazu folgt mit $E_{kn} = m_e v_n^2/2 = E_{k1}/n^2$: $L_n = r_n\sqrt{2m_e E_{kn}} = n^2 r_1\sqrt{2m_e E_{k1}/n^2} = n r_1\sqrt{2m_e E_{k1}} = nL_1$. Für den Drehimpuls des Elektrons sind also nur ganzzahlige Vielfache des kleinsten Drehimpulses L_1 möglich (*Drehimpulsquantelung*, vgl. 44.3).

11.5 Kreiselbewegungen. Freie Achsen

Der im vorangegangenen Abschnitt dargelegte Zusammenhang zwischen Drehmoment und Drehimpuls lässt sich anschaulich am **Kreisel** demonstrieren. Unter einem Kreisel verstehen wir

einen starren Körper, der sich völlig frei oder um höchstens einen Punkt, in dem er festgehalten wird, dreht. Er hat drei Freiheitsgrade der Rotation um diesen Punkt, wobei die Drehachse im Zeitablauf ihre Lage im Raum und relativ zum Kreisel ändern kann.
Jeder Körper hat zwei aufeinander senkrechte, durch den Schwerpunkt gehende Achsen, von denen die eine zum größten, die andere zum kleinsten Trägheitsmoment gehört. Zusammen mit einer dritten Achse, die auf den beiden anderen senkrecht steht, bilden sie die sog. **Hauptträgheitsachsen** oder **Hauptachsen** des Körpers. Sie sind fest mit dem Körper verbunden. Jede Symmetrieachse ist auch Hauptträgheitsachse.
Sind x, y, z die Koordinaten eines rechtwinkligen Koordinatensystems, das mit den Hauptträgheitsachsen des Körpers zusammenfällt, so gehorchen die zu diesen Achsen gehörigen *Hauptträgheitsmomente* J_1, J_2 und J_3 der Beziehung

$$J_1x^2 + J_2y^2 + J_3z^2 = 1, \tag{14}$$

die hier nicht hergeleitet werden kann. Dies ist die Gleichung eines Ellipsoids, des sog. *Trägheitsellipsoids* des Körpers, mit den Halbachsen

$$a = \frac{1}{\sqrt{J_1}}, \qquad b = \frac{1}{\sqrt{J_2}}, \qquad c = \frac{1}{\sqrt{J_3}}. \tag{15}$$

Dabei können zwei oder auch alle drei Hauptträgheitsmomente gleich sein. Im ersten Fall sprechen wir von einem **symmetrischen Kreisel**, im zweiten Fall von einem **Kugelkreisel**. So ist jeder auf einer Drehmaschine gefertigte Körper ein symmetrischer Kreisel; sein Trägheitsellipsoid ist ein Rotationsellipsoid, da zwei Halbachsen gleich groß sind. Die Symmetrieachse des Kreisels wird **Figurenachse** genannt.

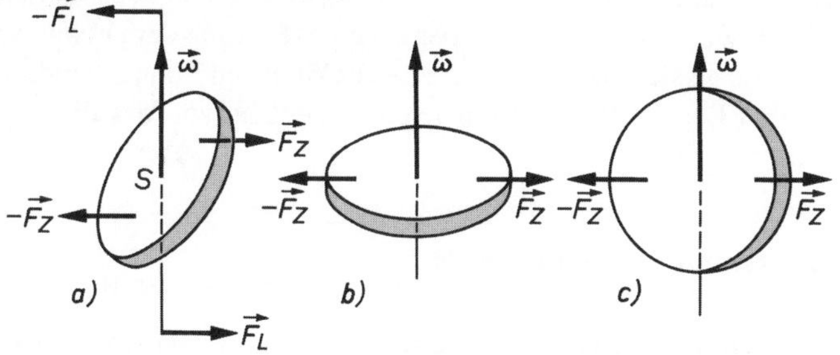

Bild 11.8. Einfluss der Zentrifugalkräfte auf die Stabilität der Drehbewegung einer Kreisscheibe
a) um eine beliebig orientierte Schwerpunktachse
b) um die Hauptachse mit dem größten Trägheitsmoment
c) um die Hauptachse mit dem kleinsten Trägheitsmoment

Bild 11.8a zeigt eine Kreisscheibe, die um eine Schwerpunktachse rotiert, die keine Symmetrieachse, also keine Hauptträgheitsachse, ist. Die infolge der Rotation auftretenden Fliehkräfte $\boldsymbol{F}_Z$ und $-\boldsymbol{F}_Z$ bilden ein Kräftepaar, dessen Moment, das sog. *Zentrifugalmoment*, bewirkt, dass der Kreisel sich um die im Schwerpunkt S senkrecht auf der Zeichenebene stehende Achse dreht. Hat der Kreisel die Endlage b) in Bild 11.8 erreicht, so verschwindet wegen der nun in einer Wirkungslinie liegenden Zentrifugalkräfte das Zentrifugalmoment, und die Rotation kann *stabil* erfolgen. Bei fester Achsenlagerung wird das Zentrifugalmoment durch ein entgegengesetztes Drehmoment aufgehoben, das durch Zwangskräfte in der Achse erzeugt wird (*Lagerreaktion* $\boldsymbol{F}_L$, Bild 11.8a).

Diese Überlegungen zeigen, dass der Körper eine stabile Drehbewegung nur um solche Achsen ausführen kann, für die das Drehmoment der Zentrifugalkräfte verschwindet. Dies ist nur bei der Rotation des Körpers um die Achse seines *größten* oder *kleinsten* Trägheitsmoments der Fall, entsprechend Bild 11.8b und c. Die Drehachse braucht dann nicht mehr in Lagern gehaltert zu werden, weshalb diese stabilen Drehachsen als **freie Achsen** bezeichnet werden.

Die Drehachsen eines starren Körpers, auf welche dieser keinerlei Kraftwirkung infolge von Fliehkräften ausübt, heißen freie Achsen. Es sind dies die durch den Schwerpunkt gehenden, zum größten und kleinsten Trägheitsmoment des Körpers gehörigen Drehachsen.

Dies kann an folgendem einfachen Experiment demonstriert werden (Bild 11.9): Wird ein quaderförmiger Körper derart nach oben geworfen, dass er sich um jeweils eine seiner drei Symmetrieachsen *1*, *2* oder *3* dreht, so zeigt sich, dass er eine *stabile* Drehbewegung nur um die Achse *1* mit dem größten und die Achse *3* mit dem kleinsten Trägheitsmoment ausführt, während er um die Achse *2* mit dem mittleren Trägheitsmoment torkelt (*labile* Bewegung).

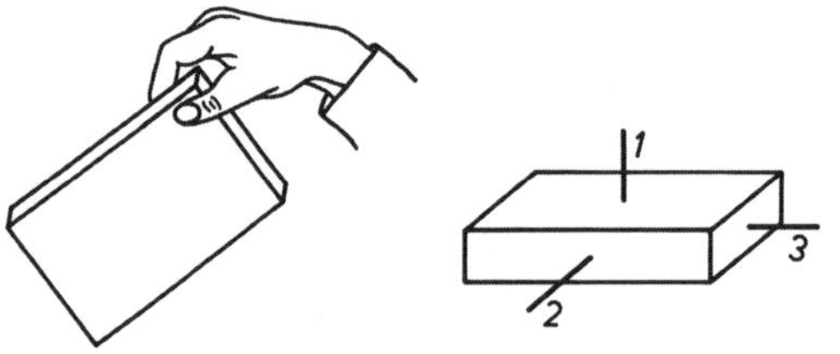

Bild 11.9. Starrer Körper mit zugehörigen Hauptträgheitsachsen *1*, *2* und *3*. Die Achsen *1* und *3* sind *freie Achsen.*

Eine wirklich *stabile* Drehachse ist allerdings nur die zum *größten* Trägheitsmoment gehörige (Bild 11.8b); denn in diese Lage stellt sich der Körper bei einer Störung der Drehbewegung stets auch dann ein, wenn er um die an sich stabile Achse *3* seines kleinsten Trägheitsmoments rotiert. Jede Störung dieser stabilen Lage ruft sofort ein Drehmoment hervor, das die ursprüngliche Lage wieder herzustellen versucht.

11.6 Bewegung des symmetrischen Kreisels

Kräftefreier Kreisel. Greifen am Kreisel keine seinen Bewegungszustand ändernden Kräfte bzw. Drehmomente an, so wird er als *kräftefrei* bezeichnet. Kräftefreiheit kann durch eine spezielle Konstruktion erreicht werden, bei der der Schwerpunkt mit dem Unterstützungspunkt des Kreisels zusammenfällt.

Das Fehlen äußerer Kräfte hat die Erhaltung von Energie (hier nur Rotationsenergie) und Drehimpuls zur Folge. Da der Drehimpuls ein Vektor ist, ergibt sich daraus, dass dieser bei noch so komplizierten Kreiselbewegungen sowohl dem Betrage als auch der Richtung nach konstant bleibt. Die durch den Kreiselschwerpunkt in Richtung des Drehimpulsvektors $\boldsymbol{L}$ weisende Gerade mit unveränderlicher Richtung bezeichnet man daher als *raumfeste Impulsachse* (s. Bild 11.10).

Die Symmetrieachse des Kreisels mit dem größten Trägheitsmoment J_1, die *Figurenachse*, braucht aber bei der Kreiselbewegung nicht unbedingt mit der raumfesten Impulsachse $\boldsymbol{L}$ zusammenzufallen, sondern sie kann auf einem Kegelmantel um den im Raum feststehenden Vektor $\boldsymbol{L}$ umlaufen. Man nennt diese Bewegung des kräftefreien Kreisels **Nutation**. Fallen zu Beginn der Kreiselbewegung Figurenachse und Drehimpulsachse zusammen, so erfolgt die Drehbewegung *nutationsfrei*, d. h., die Figurenachse behält ihre Richtung im Raum bei.

Die Achse, um welche *in einem bestimmten Augenblick* die Drehung des Kreisels erfolgt, ist jedoch im Allgemeinen weder die Figurenachse noch die Impulsachse, sondern eine dritte Achse, die als *momentane Drehachse* bezeichnet wird. D. h., der Vektor der Winkelgeschwindigkeit $\boldsymbol{\omega}$ der Drehbewegung des Kreisels um diese Achse muss nicht mit der Figurenachse des Kreisels zusammenfallen. Zu einer solchen Bewegung kommt es zum Beispiel, wenn der um seine Figurenachse rotierende Kreisel einen seitlichen Stoß erhält. Der Vektor der Winkelgeschwindigkeit $\boldsymbol{\omega}$ erhält dadurch eine zusätzliche Komponente und fällt dann weder mit der Figurenachse noch mit der Drehimpulsachse zusammen. Da nur die Drehimpulsachse eine raumfeste Achse ist, führen daher bei der Kreiselbewegung sowohl die Figurenachse als auch die momentane Drehachse ($\boldsymbol{\omega}$) Bewegungen um die raumfeste Impulsachse ($\boldsymbol{L}$) aus (Bild 11.10).

Um diese komplizierte Bewegung näher zu analysieren, zerlegt man den Vektor $\boldsymbol{\omega}$, der also im Allgemeinen nicht die Richtung der Figurenachse hat, in seine beiden aufeinander senkrecht stehenden Komponenten ω_1 in Richtung der Figurenachse mit dem größten Trägheitsmoment J_1 und ω_2 in Richtung der zweiten Hauptträgheitsachse mit dem kleinsten Trägheitsmoment J_2 (Bild 11.10 links). Die Bewegung wird damit in zwei unabhängige Rotationsbewegungen um die entsprechenden Hauptträgheitsachsen zerlegt. Da die Trägheitsmomente J_1 und J_2 in diesen Achsenrichtungen im Allgemeinen verschieden sind, fällt der gemäß Gleichung (11) aus den Komponenten $\boldsymbol{L}_1 = J_1\boldsymbol{\omega}_1$ und $\boldsymbol{L}_2 = J_2\boldsymbol{\omega}_2$ vektoriell zusammengesetzte Drehimpuls $\boldsymbol{L}$ nicht in die Richtung der momentanen Drehachse ($\boldsymbol{\omega}$).

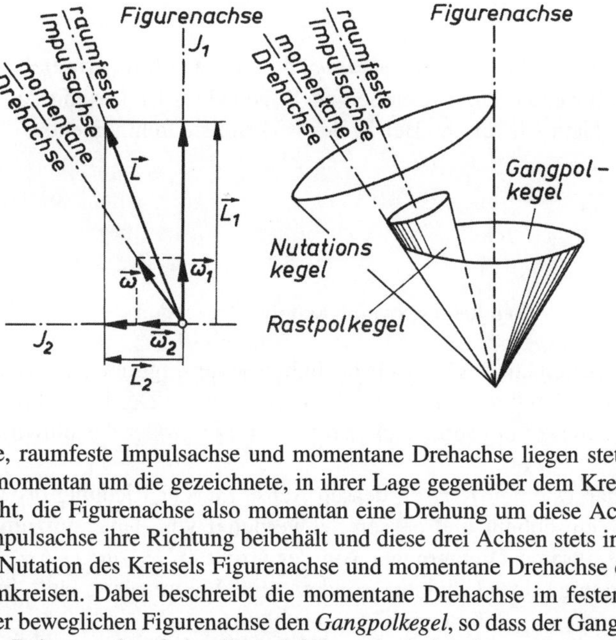

Bild 11.10. Achsen bei der Drehbewegung des kräftefreien Kreisels (*Nutation*)

Figurenachse, raumfeste Impulsachse und momentane Drehachse liegen stets in einer Ebene. Da sich der Kreisel momentan um die gezeichnete, in ihrer Lage gegenüber dem Kreisel dauernd veränderliche $\boldsymbol{\omega}$-Achse dreht, die Figurenachse also momentan eine Drehung um diese Achse ausführt, und weil die raumfeste Impulsachse ihre Richtung beibehält und diese drei Achsen stets in einer Ebene liegen, folgt, dass bei der Nutation des Kreisels Figurenachse und momentane Drehachse dauernd die raumfeste Impulsachse umkreisen. Dabei beschreibt die momentane Drehachse im festen Raum den *Rastpolkegel*, gegenüber der beweglichen Figurenachse den *Gangpolkegel*, so dass der Gangpolkegel auf dem Rastpolkegel abrollt. Beim nutationsfreien Kreisel fallen alle drei Achsen zusammen, die Figurenachse behält ihre Richtung im Raum bei und alle drei Kegel entarten in eine Gerade in Richtung dieser Achse.

Kreisel unter Einwirkung äußerer Kräfte. In Bild 11.11 ist ein Kreisel (rotierendes Rad) mit horizontal gelegener Drehachse dargestellt, der *nicht kräftefrei* ist, da er außerhalb seines Schwerpunkts S in O unterstützt ist. Unter der Wirkung der in S angreifenden Schwerkraft $\boldsymbol{F}$ kippt jedoch der Kreisel nicht nach unten ab, wie es bei fehlender Rotation der Fall wäre, sondern die Figurenachse weicht einer solchen Bewegung seitlich aus, indem sie sich horizontal mit konstanter Winkelgeschwindigkeit ω_P dreht. Diese Bewegung des Kreisels nennt man **Präzession**.

Die Präzessionsbewegung kommt dadurch zustande, dass die in S angreifende Schwerkraft $\boldsymbol{F}$ in Bezug auf den Unterstützungspunkt O ein Drehmoment $\boldsymbol{M}$ erzeugt, das wegen (10) $\boldsymbol{M} = \mathrm{d}\boldsymbol{L}/\mathrm{d}t$ in der Zeit $\mathrm{d}t$ eine Änderung des Drehimpulses $\mathrm{d}\boldsymbol{L} = \boldsymbol{M}\,\mathrm{d}t$ hervorruft. Der Vektor $\mathrm{d}\boldsymbol{L}$ hat dabei die Richtung von $\boldsymbol{M}$ und setzt sich mit $\boldsymbol{L}$ zum veränderten Drehimpuls $\boldsymbol{L}' = \boldsymbol{L} + \mathrm{d}\boldsymbol{L}$ zusammen, in dessen Richtung sich die Kreiselachse immer wieder neu einstellt.

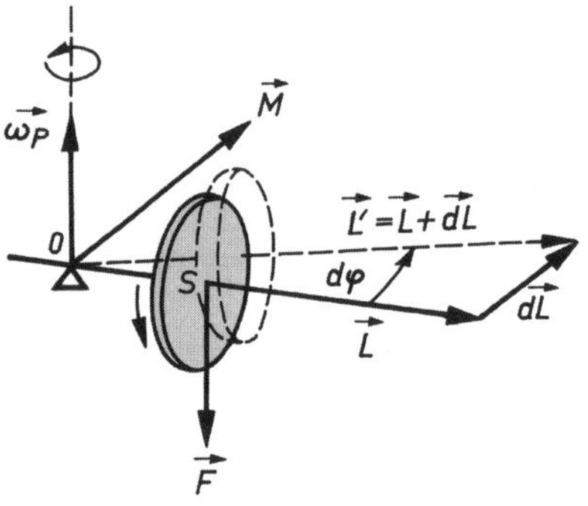

Bild 11.11. Bewegung eines außerhalb des Schwerpunkts unterstützten Kreisels (*Präzession*)

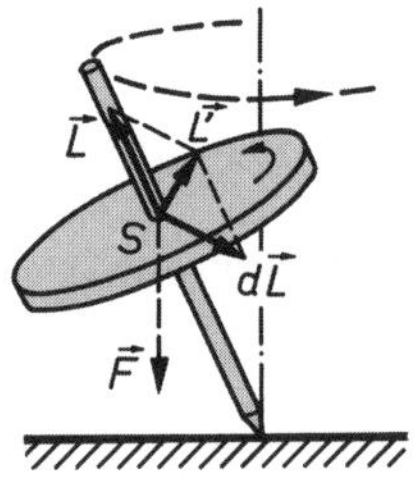

Bild 11.12. Präzession eines Kinderkreisels

Die Winkelgeschwindigkeit der Präzession $\omega_\mathrm{P} = \mathrm{d}\varphi/\mathrm{d}t$ kann wie folgt ermittelt werden: Der Betrag $|\mathrm{d}\boldsymbol{L}|$ berechnet sich wegen seiner Kleinheit als Bogen eines Kreises mit dem Radius $|\boldsymbol{L}|$ zu $\mathrm{d}L = L\,\mathrm{d}\varphi$. Damit erhalten wir für den Betrag des wirkenden Drehmoments

$$M = \frac{\mathrm{d}L}{\mathrm{d}t} = L\frac{\mathrm{d}\varphi}{\mathrm{d}t} = L\,\omega_\mathrm{P}, \tag{16}$$

woraus mit (11) folgt

$$\omega_\mathrm{P} = \frac{M}{L} = \frac{M}{J\omega} \qquad \textbf{(Winkelgeschwindigkeit der Präzession).} \tag{17}$$

Dabei sind J das Trägheitsmoment des Kreisels bezüglich seiner Figurenachse und ω die Winkelgeschwindigkeit der Rotation des Kreisels um die Figurenachse. Der Kreisel präzediert also um so schneller, je langsamer er um seine Achse rotiert und je größer das einwirkende Drehmoment ist.

Bei dem in Bild 11.12 dargestellten Kreisel, dessen Achse mit der Richtung der Schwerkraft $F = mg$ den Winkel α einschließt und dessen Schwerpunkt vom Unterstützungspunkt den Abstand s hat, ist das wirksame Drehmoment von der Größe $M = mgs\sin\alpha$. Der Kreisel kippt nicht unter der Wirkung seines Gewichts, sondern seine Figurenachse läuft, indem sie der Schwerkraft senkrecht ausweicht, auf einem Kegelmantel um.

Anwendungen. Die Eigenschaften des Kreisels werden besonders in der modernen Luftfahrt- und Raketentechnik genutzt. Ein mit hoher Drehzahl um seine vertikal gerichtete Figurenachse rotierender Kreisel behält seine gegenüber Störungen sehr unempfindliche Lage mit großer Genauigkeit bei und dient beim Blindflug als *künstlicher Horizont*. Die Kombination zweier solcher Kreisel, die für die Einhaltung des Horizontal- und Geradeausfluges sorgen, nennt man *Autopilot*. Ähnliche Anordnungen benutzt man auch zur Steuerung ballistischer Raketen. Eine weitere, lange bekannte Anwendung ist der *Kreiselkompass*. Es handelt sich um einen Kreisel, der so aufgehängt ist, dass er sich vertikal und horizontal drehen kann (*kardanische Aufhängung*). Seine Achse verläuft horizontal und weicht den wirkenden vertikalen Kräften so lange horizontal aus, bis sie in Richtung des Meridians verläuft; sie zeigt dann die geographische Nord-Süd-Richtung an.

KONTINUA

Mechanik der deformierbaren Medien

12 Die Zustandsformen der Stoffe

Alle stoffliche Materie ist aus Atomen bzw. Molekülen aufgebaut. Dabei haben wir es bei den uns umgebenden Körpern nicht mit einzelnen Materieteilchen zu tun, die wegen ihrer Kleinheit auch nicht direkt mit unseren Sinnesorganen wahrnehmbar sind, sondern stets mit Anhäufungen einer großen Zahl von Atomen oder Molekülen, d. h. mit einem *makroskopischen Vielteilchensystem*. So beträgt die Anzahl der Teilchen in 1 cm^3 bei 20 °C und normalem Luftdruck je nach Zustandsform des Stoffes etwa 10^{19} bis 10^{23}.

Zur Beschreibung bestimmter makroskopischer Eigenschaften, wie z. B. der Elastizität von festen Körpern oder des Strömungsverhaltens von Flüssigkeiten, ist es zweckmäßig, den Körper nicht als ein solches Vielteilchensystem, sondern als eine *lückenlos zusammenhängende, das Körpervolumen stetig ausfüllende Massenverteilung*, ein so genanntes **Kontinuum**, aufzufassen. Dabei wird von der inneren Struktur des Körpers abstrahiert, und es werden Aussagen lediglich über das Gesamtverhalten aller Teilchen des Körpervolumens gemacht. Für ein tieferes Verständnis ist es allerdings oft notwendig, auf den strukturellen Aufbau der Körper Rücksicht zu nehmen und somit Teilchen- und Kontinuumsaspekt nebeneinander zu betrachten.

Bei den realen Stoffen unterscheiden wir aus der Erfahrung heraus drei Zustandsformen oder **Aggregatzustände**: *fest*, *flüssig* und *gasförmig*. **Festkörper** haben ein festes Volumen und eine feste Gestalt, die bei Einwirkung von Kräften veränderlich sind. Wenn die Kräfte ein bestimmtes Maß nicht übersteigen, sind die durch sie hervorgerufenen Volumen- und Gestaltänderungen reversibel; man sagt, die Festkörper besitzen *Formelastizität*. **Flüssigkeiten** haben ein festes Volumen, aber keine feste Gestalt; sie passen sich jeder Gefäßform an. Sie sind wie die festen Körper zusammendrückbar *(kompressibel)*, sie besitzen *Volumenelastizität*. **Gase** haben weder ein bestimmtes Eigenvolumen noch eine feste Gestalt, sie füllen jedes Volumen aus. Sie sind kompressibler als feste und flüssige Körper.

In welchem der drei Aggregatzustände ein Stoff jeweils vorliegt, hängt von der Stärke der Anziehungskräfte, die die Materieteilchen aufeinander ausüben, und von der Intensität ihrer Wärmebewegung ab, die den Anziehungskräften entgegenwirkt. Es lassen sich also zwei grundsätzliche Tendenzen erkennen, eine ordnende, die bewirkt, dass sich die Teilchen auf Grund der zwischen ihnen wirkenden Kräfte nach bestimmten Gesetzmäßigkeiten ordnen, und eine zerstreuende, die bestrebt ist, die gegenseitige Kopplung der Teilchen des Systems zunichte zu machen. So bilden im *festen* Zustand die Atome oder Moleküle ein *Kristallgitter* mit regelmäßiger, streng periodischer Anordnung ihrer Gleichgewichtslagen (*Fernordnung*, Bild 12.1a), oder sie weisen bei den *amorphen* Stoffen eine statistische Verteilung auf, wobei sie unter dem Einfluss der Wärme Schwingungen um ihre Gleichgewichtslagen ausführen.

Im *gasförmigen* Zustand bewegen sich die Moleküle vollkommen *ungeordnet* (Bild 12.1c), wobei sie fortwährend miteinander zusammenstoßen. Die Abstände zwischen den Molekülen sind relativ groß und daher die Wechselwirkungskräfte zwischen ihnen klein. Im *flüssigen* Zustand besteht die Bewegung der Moleküle aus kleinen Schwingungen um die Gleichgewichtslagen und einer Verschiebung der Gleichgewichtslagen. Flüssigkeiten nehmen hinsichtlich der Stärke der zwischenmolekularen Wechselwirkungskräfte und des Ordnungszustandes (*Nahordnung*, Bild 12.1b) eine Mittelstellung zwischen Gasen und Festkörpern ein. Dies trifft auch auf die Zahl der Teilchen je Volumeneinheit zu, die beim Festkörper am größten ist.

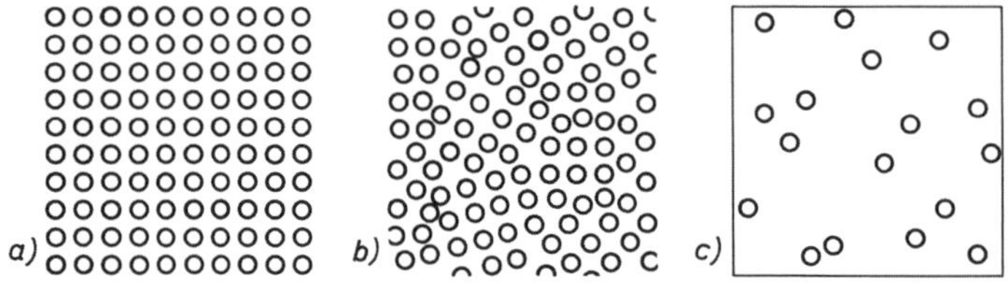

Bild 12.1. Zweidimensionale Schemata der Ordnungszustände der molekularen Bausteine: a) *Fernordnung* in einem kristallinen Festkörper; b) *Nahordnung* in einer Flüssigkeit; c) *Unordnung* in einem Gas

13 Der deformierbare feste Körper

13.1 Elastische Verformung. Hookesches Gesetz

Ein Körper heißt *elastisch*, wenn in ihm bei einer durch äußere Kräfte hervorgerufenen Änderung seines Volumens oder seiner Gestalt Reaktionskräfte wachgerufen werden, die diese Änderung rückgängig zu machen suchen. Eine durch eine äußere Kraft bewirkte elastische Verformung (Deformation) des Körpers verschwindet also nach Wegnahme der angreifenden Kraft, sie ist *reversibel*.

Wird ein an einem Ende festgehaltener Stab (z. B. aus Metall) von gleichförmigem Querschnitt A und der Länge l_0 durch die Kraft F auf die Länge $l = l_0 + \Delta l$ elastisch gedehnt (Bild 13.1), dann ist die Längenänderung Δl der angreifenden Kraft sowie der Anfangslänge des Stabes direkt und dem Stabquerschnitt indirekt proportional:

$$\Delta l = \alpha \frac{F l_0}{A} \qquad (\alpha \text{ Stoffkonstante}). \tag{1}$$

Man bezeichnet die auf die Ausgangslänge l_0 bezogene Längenänderung

$$\varepsilon = \frac{\Delta l}{l_0} = \frac{l - l_0}{l_0} \tag{2}$$

als (elastische) **Dehnung**. Sie ist *dimensionslos*. Die auf den Querschnitt bezogene, senkrecht zur Oberfläche des Körpers angreifende (Zug- oder Druck-) Kraft

$$\sigma = \frac{F}{A}, \qquad \textit{Einheit: } [\sigma] = 1\ \text{N/m}^2 = 1\ \text{P a s c a l (Pa)}, \tag{3}$$

heißt **Spannung** oder genauer **Normalspannung**. Positive Spannungen werden als Zugspannungen, negative als Druckspannungen definiert. In (1) ist α der *Dehnungskoeffizient*; sein Kehrwert $1/\alpha = E$ ist der **Elastizitätsmodul**. Dieser hat nach (1) die gleiche Einheit wie die Spannung σ. Mit (2) und (3) wird aus (1):

$$\varepsilon = \alpha\sigma \qquad \text{oder} \qquad \sigma = E\varepsilon \qquad \textbf{(Hookesches Gesetz).} \tag{4}$$

Dehnung und Spannung sind einander proportional.

Die elastischen Eigenschaften fester Körper finden ihre Erklärung in den **Bindungskräften**, die die Bausteine (Atome, Moleküle) im Kristallgitter zusammenhalten. Diese setzen sich aus einem *anziehenden* (negativen) Anteil F_1 und einem *abstoßenden* (positiven) Anteil F_2 zusammen (Bild 13.2). Aus der Überlagerung beider resultiert eine *Wechselwirkungskraft* $F = F_1 + F_2$, die als Funktion des gegenseitigen Abstandes r der Gitterbausteine den im Bild gezeichneten Verlauf aufweist. Im Gleichgewichtsabstand r_0 ist $F = 0$. Man erkennt, dass eine durch die äußeren Kräfte hervorgerufene Vergrößerung des Gitterabstandes überwiegende Anziehung, eine Verkleinerung Abstoßung bewirkt. Durch die äußeren Kräfte werden also im Kristallgitter rücktreibende Kräfte von gleicher Größe wachgerufen. Für kleine Deformationen $\varepsilon = \Delta r / r_0$ kann die Kraftkurve in der Umgebung der Gleichgewichtslage durch die Tangente angenähert werden, deren (negativer) Anstieg $\mathrm{d}F/\mathrm{d}r$ an der Stelle r_0 dem Elastizitätsmodul E entspricht. An dem nichtlinearen Verlauf der Kraftkurve erkennt man, dass das HOOKEsche Gesetz (4) nur für kleine Deformationen erfüllt ist; bei größeren Deformationen ergibt sich im Fall einer Druckbeanspruchung ein größerer, bei Zugbeanspruchung ein kleinerer Elastizitätsmodul.

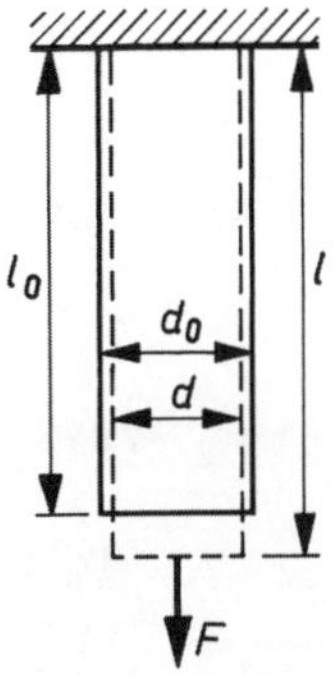

Bild 13.1. Elastische Dehnung eines Stabes unter der Wirkung einer Zugkraft F

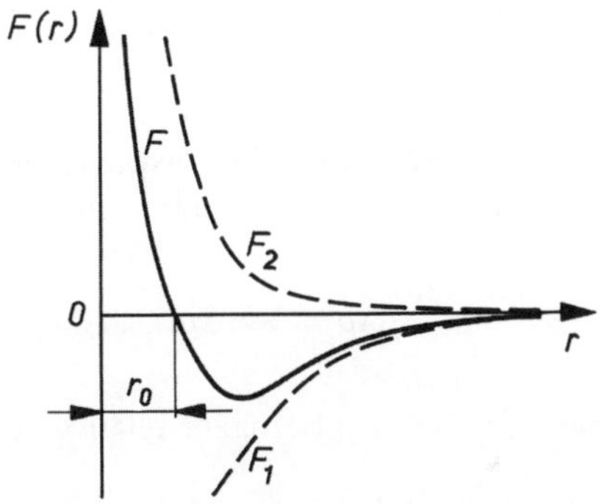

Bild 13.2. Kraftwirkungen zwischen den Gitterbausteinen als Funktion ihres gegenseitigen Abstandes r (r_0 Gleichgewichtsabstand = „Gitterkonstante“)

Beispiel: Welche Zugspannung σ wäre erforderlich, um einen Stab auf das Doppelte seiner Anfangslänge l_0 elastisch zu dehnen ? – *Lösung:* Für $l = 2l_0$ wird nach (2) $\varepsilon = 1$, entsprechend einer Dehnung von 100%. Aus (4) folgt damit für die zugehörige Spannung $\sigma = E$. Berücksichtigt man jedoch, dass z. B. für Stahl $E \approx 2\cdot10^{11}$ Pa $= 2\cdot10^{5}$ MPa ist und die Spannung, bis zu der das HOOKEsche Gesetz (4) gilt, je nach Stahlsorte z. B. nur 200 MPa beträgt, so erkennt man, dass bei diesem Material eine rein elastische Dehnung von maximal nur $\varepsilon = \sigma/E = 10^{-3}$, entsprechend 0,1%, möglich ist. Bei höheren als zu dieser Dehnung gehörigen Spannungen ($\sigma > E/10^3$) tritt *plastische Verformung* und danach der *Bruch* ein (vgl. 13.6).

13.2 Querkontraktion. Kompressibilität

Erfahrungsgemäß erleidet der Durchmesser d eines Stabes bei der elastischen Dehnung eine Veränderung; er verringert sich bei Zugbeanspruchung (s. Bild 13.1) und vergrößert sich bei Druck. Durch den Quotienten aus der **Querdehnung** $\varepsilon_Q = -\Delta d/d_0 = -(d - d_0)/d_0$ und der Längsdehnung (2) wird eine zweite Elastizitätskonstante definiert:

$$\nu = \frac{\varepsilon_Q}{\varepsilon} = -\frac{\Delta d}{d_0} : \frac{\Delta l}{l_0} \qquad \textbf{(Poissonsche Querkontraktionszahl).} \tag{5}$$

Die **Volumenänderung** des (prismatisch angenommenen) Stabes mit dem Anfangsvolumen $V_0 = d_0^2 l_0$ ist daher bei elastischer Deformation

$$\begin{aligned}\Delta V &= (d_0 + \Delta d)^2 (l_0 + \Delta l) - d_0^2 l_0 \\ &= [d_0^2 + 2d_0 \Delta d + (\Delta d)^2](l_0 + \Delta l) - d_0^2 l_0 \\ &\approx d_0^2 \Delta l + 2 l_0 d_0 \Delta d\end{aligned}$$

bei Vernachlässigung der kleinen Größen $\Delta d \Delta l$ und $(\Delta d)^2$. Für die relative Volumenänderung folgt somit unter Berücksichtigung von (2) und (5)

$$\frac{\Delta V}{V_0} = \frac{\Delta V}{d_0^2 l_0} = \frac{\Delta l}{l_0} + 2\frac{\Delta d}{d_0} = \frac{\Delta l}{l_0}\left(1 + 2\frac{\Delta d}{d_0} : \frac{\Delta l}{l_0}\right) = \varepsilon(1 - 2\nu). \tag{6}$$

Mit (4) erhält man damit für den sog. *einachsigen* Spannungszustand (Zugstab)

$$\frac{\Delta V}{V_0} = \frac{1 - 2\nu}{E}\sigma. \tag{7}$$

Wird auf einen Körper ein **allseitiger (hydrostatischer) Druck** $-\sigma = \Delta p$ ausgeübt, so ist die Volumenänderung dreimal so groß, und es gilt somit anstelle von (7)

$$\frac{\Delta V}{V_0} = -\frac{3(1 - 2\nu)}{E}\Delta p = -\varkappa \Delta p. \tag{8}$$

Für die auf die Druckzunahme Δp bezogene relative Volumenabnahme $-\Delta V / V_0$ folgt hieraus

$$\varkappa = -\frac{1}{V_0}\frac{\Delta V}{\Delta p} = \frac{3(1 - 2\nu)}{E} = \frac{1}{K} \qquad \textbf{(Kompressibilität).} \tag{9}$$

Der reziproke Wert $1/\varkappa = K$ heißt **Kompressionsmodul**. Dieser ist ein Maß für die *Volumenelastizität* fester und flüssiger Stoffe. Da das Volumen aller Körper durch Druck verkleinert wird ($\Delta V < 0$ für $\Delta p > 0$), ist stets

$$\varkappa > 0 \qquad \text{und daher nach (9)} \qquad \nu < 0{,}5. \tag{10}$$

Der Wert der Querkontraktionszahl ν liegt also stets zwischen 0 und 0,5 (z. B. Stahl 0,28; Aluminiumlegierungen 0,34).

Beispiele: *1.* Für welchen Wert der POISSONschen Querkontraktionszahl ν ist bei einer Deformation des Körpers dessen Volumenänderung gleich null? – *Lösung:* Nach (8) verschwindet die sog. *Volumendilatation* $\Delta V / V_0$ für $\nu = 0{,}5$. Solange sich das Material elastisch verformt, ist jedoch nach (10) stets $\nu < 0{,}5$. Der Grenzfall $\nu = 0{,}5$ liegt bei *ideal plastischem* Materialverhalten vor (vgl. 13.6).

2. Welche Volumenabnahme erfährt ein Würfel aus Aluminium ($E = 74$ GPa; $\nu = 0{,}34$) mit 10 cm Kantenlänge, wenn man ihn in 1000 m Meerestiefe bringt? Je Meter Meerestiefe nimmt der allseitige Druck um 10 kPa zu. – *Lösung:* Mit $V_0 = 10^{-3}$ m^3, $\Delta p = 10^7$ Pa und $\varkappa = 1{,}30 \cdot 10^{-11}$ Pa^{-1} folgt aus (8) und (9): $\Delta V = -\varkappa V_0 \Delta p = -1{,}30 \cdot 10^{-7}$ m$^3 \approx -(5\text{ mm})^3$.

Aufgabe 13.1. Ein zylindrischer Zugstab aus Stahl (Durchmesser d_0; $E = 206$ GPa; $\nu = 0{,}28$) werde durch eine Zugspannung von 200 MPa elastisch gedehnt. Um wie viel Promille verringert sich dadurch der Stabquerschnitt?

13.3 Elastisches Verhalten bei Scherbeanspruchung

Durch Kräfte, die *tangential* zu der Ebene gerichtet sind, an der sie angreifen (sog. Scherungskräfte oder Schubkräfte), wird die *Gestalt* (nicht aber das Volumen) eines elastisch isotropen Festkörpers geändert. So z. B. erfährt ein Würfel durch sie die in Bild 13.3 gezeigte Deformation, die als **Scherung** bezeichnet wird. Sie ist gegeben durch das Verhältnis $s/l = \tan\gamma \approx \gamma$, also durch den Winkel, um den die senkrechten Kanten des Würfels gedreht werden. Auch sie ist reversibel, sofern die Kräfte ein bestimmtes Maß nicht übersteigen. Die auf die Angriffsfläche A bezogene Tangentialkraft F ist die **Schubspannung**

$$\tau = \frac{F}{A}; \qquad \textit{Einheit:} \quad [\tau] = 1\ \mathrm{N/m^2} = 1\ \mathrm{Pa}. \tag{11}$$

Zwischen ihr und der durch sie bewirkten elastischen Scherung γ besteht analog zum HOOKEschen Gesetz (4) bei kleinen Werten von γ Proportionalität:

$$\tau = G\gamma \qquad \textbf{(Hookesches Gesetz für Scherbeanspruchung).} \tag{12}$$

Die Materialkonstante G heißt **Schub-, Scher-** oder **Torsionsmodul** und ist ein Maß für die *Gestalt*elastizität fester Körper. Bei elastisch isotropen festen Körpern lässt sich G, wie in 13.5 gezeigt wird, durch E und ν ausdrücken.

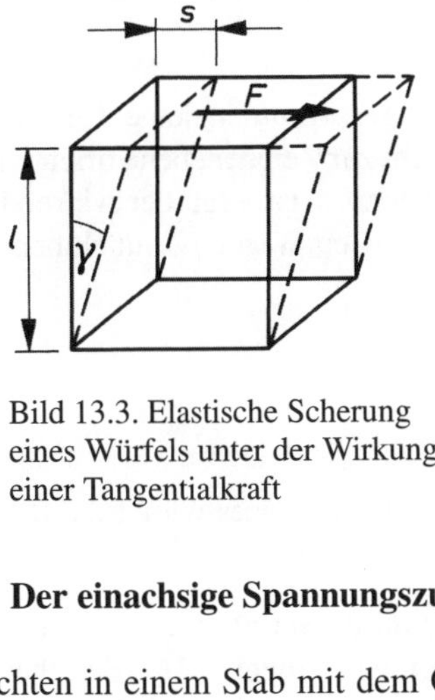

Bild 13.3. Elastische Scherung eines Würfels unter der Wirkung einer Tangentialkraft

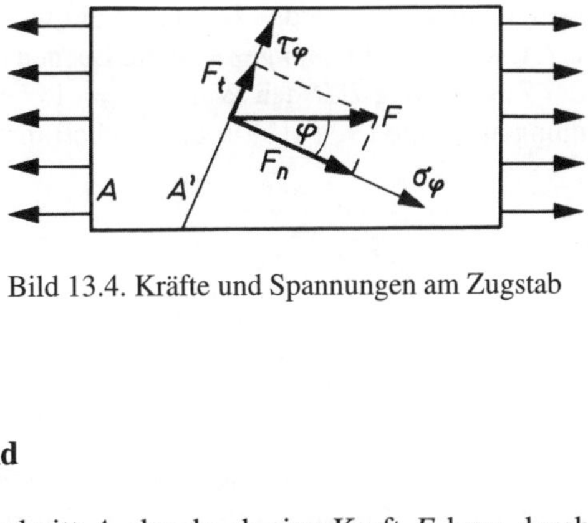

Bild 13.4. Kräfte und Spannungen am Zugstab

13.4 Der einachsige Spannungszustand

Wir betrachten in einem Stab mit dem Querschnitt A, der durch eine Kraft F bzw. durch die Spannung $\sigma = F/A$ auf Zug beansprucht ist (Bild 13.4), eine zur Zeichenebene senkrechte Fläche A', deren Normale mit der Richtung der angreifenden Kraft den Winkel φ einschließt, und fragen nach den Spannungen, die an dieser Fläche angreifen. Dazu denken wir uns den Teil des Stabes rechts von A' fortgenommen und die Wirkung dieses Teiles durch eine in Richtung des Stabes nach rechts wirkende Kraft F ersetzt, die auf die Fläche A' gleichmäßig verteilt ist. F kann nun in eine Komponente F_n senkrecht und eine Komponente F_t parallel zur Ebene A' zerlegt werden. Es ist

$$F_n = F\cos\varphi, \qquad F_t = F\sin\varphi. \tag{13}$$

Mit A als der zur Stabachse senkrechten Querschnittsfläche ist die unter dem Winkel φ gegenüber A geneigte Schnittfläche $A' = A/\cos\varphi$. Damit erhalten wir mit (3) für die an der Ebene A' angreifende Normalspannung σ_φ und nach (11) für die in A' wirkende Schubspannung τ_φ:

$$\sigma_\varphi = \frac{F_n}{A'} = \frac{F}{A}\cos^2\varphi = \sigma\cos^2\varphi \qquad (14)$$

$$\tau_\varphi = \frac{F_t}{A'} = \frac{F}{A}\sin\varphi\cos\varphi = \frac{\sigma}{2}\sin 2\varphi. \qquad (15)$$

Die Normalspannung σ_φ für eine Orientierung der Fläche A', für die keine Schubspannung τ_φ auftritt, bezeichnet man als **Hauptspannung** σ_1. Mit $\sin 2\varphi = 0$ und somit $\varphi = 0$ ergibt sie sich hier zu $\sigma_1 = F/A = \sigma$. Für einen allgemeinen *dreiachsigen* Spannungszustand, wie er sich im Innern eines Körpers bei komplizierter Beanspruchung ausbilden kann, ergeben sich *drei zueinander senkrechte Hauptspannungen* σ_1, σ_2 und σ_3. Sie greifen senkrecht an den Flächen eines *würfelförmigen* Volumenelements an, wobei dieses dann in Bezug auf den Körper so orientiert ist, dass die Schubspannungen τ in den Würfelflächen verschwinden.

Beispiel: Wie groß ist in einem Stab, der durch die Spannung σ auf Zug beansprucht wird, die maximale Schubspannung τ_{max}, und unter welchem Winkel φ gegenüber der Zugrichtung wird sie wirksam? Wie groß ist die senkrecht dazu, d. h. auf die unter dem betreffenden Winkel geneigte Ebene wirkende Normalspannung σ_φ? – *Lösung:* Aus (15) folgt, dass die Schubspannung τ_φ für $\sin 2\varphi = 1$, d. h. $\varphi = 45°$, ihren Maximalwert $\tau_{max} = \sigma/2$ annimmt. Nach (14) wird damit gleichfalls $\sigma_\varphi = \sigma/2$.

13.5 Zusammenhang zwischen Schubmodul, Elastizitätsmodul und Poissonscher Querkontraktionszahl

Wir betrachten innerhalb des Zugstabes ein würfelförmiges Volumenelement mit der Kantenlänge 1, dessen in Bild 13.5 gezeichnete Ebenen senkrecht zur Zeichenebene orientiert sind und mit der Zugrichtung BD den Winkel $\varphi = 45°$ einschließen. Als Folge der wirkenden Schubspannungen τ_φ, die nach (15) in diesem Fall ihren maximalen Wert $\sigma/2$ annehmen, erhält der

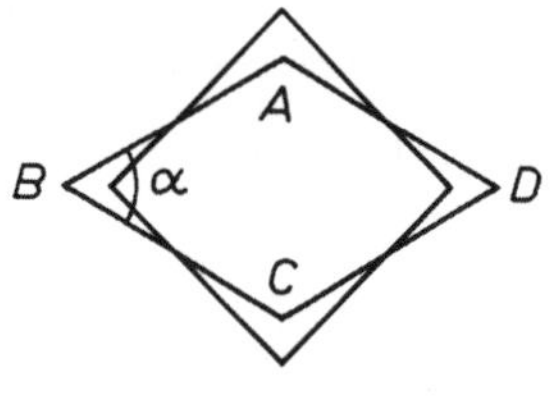

Bild 13.5. Gestaltänderung eines Würfels bei Schubdeformation

Würfel durch Verlängerung in Richtung des Zuges und durch Verkürzung senkrecht dazu eine rhombische Form. Der vorher rechte Winkel bei B ist in den Winkel $ABC = \alpha$ übergegangen. Nach (12) $\tau = G\gamma$ ist die Schubspannung der Winkeländerung γ (s. Bild 13.3) proportional, die hier

$$\gamma = 90° - \alpha$$

beträgt. Aus Bild 13.5 folgt mit der Dehnung ε in Richtung BD und der Querverkürzung $\nu\varepsilon$ in Richtung AC:

$$\tan\frac{\alpha}{2} = \frac{\overline{AC}}{\overline{BD}} = \frac{1-\nu\varepsilon}{1+\varepsilon} \approx 1 - \nu\varepsilon - \varepsilon = 1 - \varepsilon(1+\nu),$$

und mit der trigonometrischen Beziehung

$$\tan(\alpha_1 - \alpha_2) = \frac{\tan\alpha_1 - \tan\alpha_2}{1 + \tan\alpha_1\tan\alpha_2}$$

wird

$$\frac{\gamma}{2} \approx \tan\frac{\gamma}{2} = \tan\left(45° - \frac{\alpha}{2}\right) = \frac{1 - [1 - \varepsilon(1+\nu)]}{1 + [1 - \varepsilon(1+\nu)]} = \frac{\varepsilon(1+\nu)}{2 - \varepsilon\nu - \varepsilon} \approx \frac{\varepsilon(1+\nu)}{2},$$

$$\gamma_{45°} \approx \varepsilon(1+\nu),$$

wobei durch den Index 45° angedeutet ist, dass die Scherung entlang einer zur Zugrichtung unter dem Winkel 45° stehenden Ebene erfolgt. Fernerhin ist mit (12) und (4)

$$\gamma_{45°} = \varepsilon(1+\nu) = \frac{\tau_{45°}}{G} = \frac{\sigma}{2G} = \frac{E\varepsilon}{2G},$$

also

$$G = \frac{E}{2(1+\nu)} \qquad \textbf{(Schubmodul).} \qquad (16)$$

Bei der Herleitung von Gleichung (16) wurde davon ausgegangen, dass die elastischen Moduln E, G und ν von der Richtung im Körper unabhängig sind *(isotroper Körper)*. Dies trifft jedoch nicht auf die Kristalle zu, welche elastisch anisotrop sind, weshalb für sie Gleichung (16) nicht gilt. Wohl aber kann sie auf die technischen Metalle und Legierungen angewandt werden, welche aus einer Vielzahl mikroskopisch kleiner Kriställchen *(Kristallite, Körner)* bestehen. Bei diesen sog. *polykristallinen* Stoffen mittelt sich wegen der statistisch regellosen räumlichen Lage der zahlreichen Kristallite der Anisotropieeffekt praktisch heraus (Quasiisotropie).

13.6 Plastische Verformung. Spannungs-Dehnungs-Diagramm

Wird ein Metallstab wie in Bild 13.1 durch eine anwachsende äußere Kraft F auf Zug oder Druck belastet und werden die dabei auftretenden Dehnungen $\varepsilon = \Delta l / l_0$ in Abhängigkeit von der jeweils wirkenden Spannung $\sigma = F/A$ (A momentaner Stabquerschnitt) graphisch dargestellt, so erhält man das **(wahre) Spannungs-Dehnungs-Diagramm** $\sigma = f(\varepsilon)$, welches das Verformungsverhalten eines Materials für eine konstante Temperatur und eine konstante Ver-

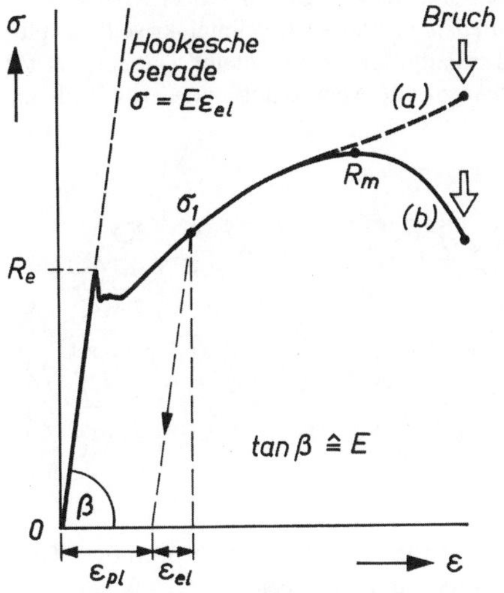

Bild 13.6. Spannungs-Dehnungs-Diagramm:
(a) *wahre* (auf die jeweils aktuelle Querschnittsfläche A des Zugstabes bezogene) Spannungs-Dehnungs-Kurve $\sigma = F/A = f(\varepsilon)$;
(b) *scheinbare* (auf den Ausgangsquerschnitt A_0 des Zugstabes bezogene) Spannungs-Dehnungs-Kurve $F/A_0 = g(\varepsilon)$; R_e Streckgrenze, R_m Zugfestigkeit, E Elastizitätsmodul

formungsgeschwindigkeit bis hin zum Bruch beschreibt (Bild 13.6, Kurvenzug a). Es fällt auf, dass ab einer materialspezifischen Spannung $\sigma = R_e$, der sog. *Streckgrenze*, deutliche Abweichungen von dem durch das HOOKEsche Gesetz (4) $\sigma = E\varepsilon$ beschriebenen linear-elastischen

Materialverhalten auftreten. Der Grund dafür ist, dass das Metall in diesem Belastungsbereich zusätzlich zu den elastischen Dehnungen, welche bei Entlastung wieder verschwinden, in zunehmendem Maße größere bleibende, sog. **plastische** Dehnungen erleidet. Man spricht dann von *Fließen* des Metalls. Diese Eigenschaft wird bei allen technologischen Formgebungsverfahren, wie z. B. Walzen, Pressen und Schmieden, praktisch genutzt.
Experimente haben ergeben, dass es berechtigt ist, elastische Dehnung $\varepsilon_{el} = \sigma/E$ und plastische Dehnung ε_{pl} zur Gesamtdehnung $\varepsilon = \varepsilon_{el} + \varepsilon_{pl}$ zusammenzufassen. Den bei einer beliebigen Spannung σ_1 vorhandenen plastischen Dehnungsanteil erhält man, indem in Bild 13.6 die zur HOOKEschen Gerade parallele, durch σ_1 gehende Gerade gezeichnet wird, welche bei Entlastung des Stabes von σ_1 auf null durchlaufen würde. Ihr Abszissenabschnitt markiert die Aufteilung der Gesamtdehnung bei σ_1 in elastischen und plastischen Dehnungsanteil. Bei solchen Metallen, bei denen keine so ausgeprägte Streckgrenze R_e wie in Bild 13.6, sondern ein *kontinuierlicher Übergang* von der HOOKEschen Geraden zum gekrümmten Kurvenverlauf auftritt, wird als Streckgrenze diejenige Spannung σ_1 definiert, bei der $\varepsilon_{pl} = 0{,}2\%$ beträgt (sog. *0,2-Dehngrenze* $R_{p0,2}$).

Im **technischen Zugversuch** wird ein *Last-Verlängerungs-Diagramm* $F = f(\Delta l)$ von einer genormten Zugprobe aufgenommen, welches der *scheinbaren Spannungs-Dehnungs-Kurve* (b) in Bild 13.6 $F/A_0 = g(\varepsilon)$ mit A_0 als Ausgangsquerschnitt des Zugstabes entspricht. Der Wert im Kurvenmaximum, d. h. bei der Maximalkraft, wird als **Zugfestigkeit** R_m bezeichnet. Die *wahre Spannungs-Dehnungs-Kurve* (a), $\sigma = F/A = f(\varepsilon)$, kann nicht unmittelbar aufgezeichnet werden, da sich während der Verformung im plastischen Bereich der Zugstab lokal mehr oder weniger stark einschnürt, wodurch der Stabquerschnitt A an dieser Stelle mit zunehmender Verformung abnimmt und dadurch die Zugspannung σ bis zum Bruch stetig ansteigt, während die von der Zugprüfmaschine angezeigte Last F (Kurve (b)) ein Maximum durchläuft und danach wieder abfällt.

Mikroskopische Erklärung der Plastizität. Es ist experimentell gesichert, dass die plastische Verformung *ohne Volumenänderung* erfolgt ($\Delta V = 0$). Hieraus ergibt sich nach (9) für plastisches Materialverhalten $\nu = 0{,}5$. Aus der Volumenkonstanz folgt nach 13.3, dass für die plastische Verformung, bei der also nur *Gestalt*änderungen auftreten, allein die *Schub*spannungen τ verantwortlich sind. In der Tat konnte beim Studium der Vorgänge, die sich im Kristallgitter des Festkörpers bei plastischer Deformation abspielen, nachgewiesen werden, dass der Verformungsprozess in einem **Abgleiten** ganzer Kristallbereiche entlang kristallographisch definierter Ebenen, den *Gleitebenen*, und ausgewählter kristallographischer Richtungen, den *Gleitrichtungen*, besteht, wobei das Kristallgitter erhalten bleibt. Dabei spielt für den Gleitmechanismus ein bestimmter Typ von *Gitterbaufehlern*, die **Versetzung**, eine entscheidende Rolle (TAYLOR, OROWAN, POLANYI, 1934).

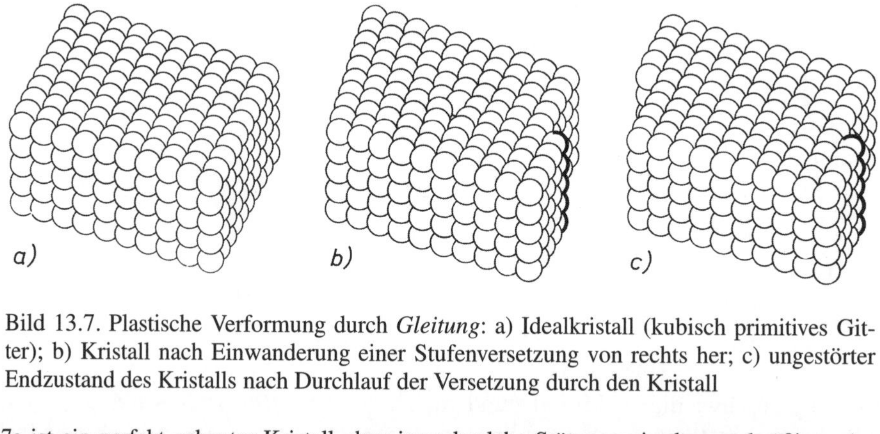

Bild 13.7. Plastische Verformung durch *Gleitung*: a) Idealkristall (kubisch primitives Gitter); b) Kristall nach Einwanderung einer Stufenversetzung von rechts her; c) ungestörter Endzustand des Kristalls nach Durchlauf der Versetzung durch den Kristall

In Bild 13.7a ist ein perfekt gebauter Kristall ohne irgendwelche Störungen in der regelmäßigen Anordnung der Gitterbausteine, ein sog. *Idealkristall*, schematisch dargestellt, wobei die Atome als Kugeln gezeichnet sind. Ein durch eine sog. *Stufenversetzung* gestörter Kristall *(Realkristall)* unterscheidet sich vom Idealkristall dadurch, dass eine Gitterebene im Innern des Kristalls aufhört (Bild 13.7b). Die im Kristall verlaufende Randlinie solch einer „eingeschobenen“ Gitterebene bezeichnet man als **Versetzungslinie**. Diese kann schon durch eine verhältnismäßig niedrige Schubspannung durch das Kristallgitter hindurchbewegt werden, wodurch die zu beiden Seiten der Gleitebene (in der die Versetzungslinie wandert) liegenden Kristallbereiche um genau einen Atomabstand gegeneinander verschoben werden. Ist die Versetzungslinie aus dem Kristall ausgetreten, so ist das Gitter wieder ohne Störung (Bild 13.7c); zurückgeblieben ist aber eine (nur äußerlich wahrnehmbare) Gestaltänderung des Kristalls.

14 Ruhende Flüssigkeiten und Gase

14.1 Druck in Flüssigkeiten (hydrostatischer Druck)

Da Flüssigkeitsteilchen frei gegeneinander verschiebbar sind, verlagern sie sich bei Einwirkung äußerer Kräfte so, dass sich die Flüssigkeitsoberfläche *stets senkrecht zur wirkenden Kraft* (z. B. zur Schwerkraft) einstellt. Zur Beschreibung der kräftemäßigen Beanspruchung einer Flüssigkeit (oder eines Gases) wird deshalb anstelle des Kraftvektors eine skalare Größe, der **Druck** p, benutzt, der als Quotient aus der in Richtung der Flächennormalen angreifenden, flächenhaft verteilten Kraft F und der Größe dieser Fläche A definiert ist:

$$p = \frac{F}{A} \quad \text{bzw.} \quad p = \frac{\mathrm{d}F}{\mathrm{d}A} \quad \textbf{(Druck).} \tag{1}$$

Einheit des Drucks: $[p] = 1\,\mathrm{N/m^2} = 1$ P a s c a l (Pa).

Außerhalb des SI ist als allgemein anwendbare Druckeinheit auch das B a r (bar) zugelassen: 1 bar $=$ 10^5 Pa. Für den *Blutdruck* ist auch noch die Einheit 1 mm Hg $= 133{,}3$ Pa zulässig.

Wird auf eine Flüssigkeit, die sich im Innern eines Gefäßes befindet, mittels eines belasteten Kolbens ein Druck $p = F/A$ ausgeübt (Bild 14.1), so breitet sich dieser in der Flüssigkeit *allseitig in gleicher Stärke* aus; es gilt der Satz von der allseitigen Gleichheit des hydrostatischen Drucks (*Gesetz von* PASCAL):

> **Überall im Innern der Flüssigkeit sowie an der Gefäßwand ist, unabhängig von deren Neigung, der Druck gleich.**

Somit wirkt auf jedes gleich große, beliebig orientierte Flächenelement $\mathrm{d}A$ im Innern oder an der Oberfläche der Flüssigkeit die gleiche Kraft $\mathrm{d}F = p\,\mathrm{d}A$ in Richtung der Flächennormalen, wenn von dem durch die Schwerkraft verursachten, mit der Tiefe der Flüssigkeit veränderlichen Schweredruck (s. 14.2) abgesehen wird.

Hierauf beruht das **Prinzip der Hydraulik** (Bild 14.2): Zwei Zylinder unterschiedlichen Querschnitts $A_2 > A_1$, die durch ein Rohr miteinander verbunden und mit Wasser oder Öl gefüllt sind, werden durch verschiebbare Kolben abgeschlossen. Greift am Kolben des engen Zylinders die Kraft F_1 an, entsteht ein Druck $p = F_1/A_1$, infolgedessen der Kolben des zweiten Zylinders gehoben wird. Da der Druck in beiden Zylindern gleich ist, also $p = F_1/A_1 = F_2/A_2$, folgt damit für die Kraft $F_2 = F_1 A_2/A_1$; d. h., die von diesem Kolben ausgeübte Kraft ist im Verhältnis der Kolbenquerschnitte größer.

Kompressibilität. Durch allseitigen (hydrostatischen) Druck wird das Volumen einer Flüssigkeit geringfügig verringert. Dabei zeigt sich, dass innerhalb gewisser Grenzen die relative Volumenänderung $\Delta V/V$ der Druckänderung Δp proportional ist: $\Delta V/V = -\varkappa \Delta p$. Das negative Vorzeichen ergibt sich daraus, dass einer Druckzunahme ($\Delta p > 0$) eine Volumenabnahme

($\Delta V < 0$) entspricht. Analog zu den Festkörpern (vgl. 13.2) folgt somit als Maß für die Zusammendrückbarkeit einer Flüssigkeit die Größe

$$\varkappa = -\frac{1}{V}\frac{\Delta V}{\Delta p} \quad \text{bzw.} \quad \varkappa = -\frac{1}{V}\frac{\mathrm{d}V}{\mathrm{d}p} \qquad \textbf{(Kompressibilität).} \tag{2}$$

Die Kompressibilität von Flüssigkeiten ist temperaturabhängig und übersteigt die von festen Körpern um ein bis zwei Zehnerpotenzen. So z. B. ist sie bei Wasser (20 °C, niedrige Drücke) etwa $5 \cdot 10^{-10}\ \mathrm{Pa}^{-1}$ und damit rund 100mal größer als die von Stahl.

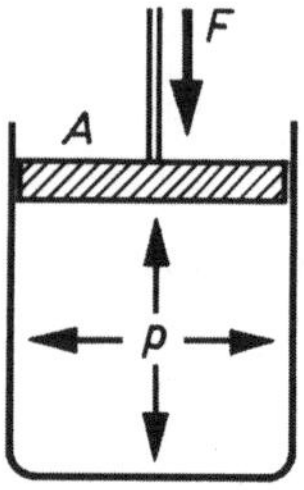

Bild 14.1. Kolbendruck

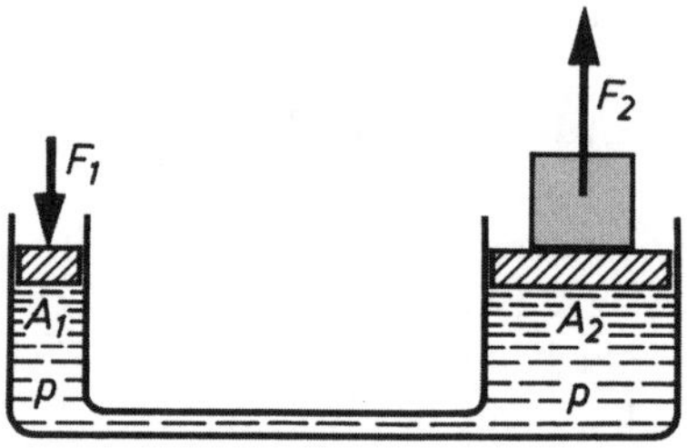

Bild 14.2. Prinzip der Hydraulik

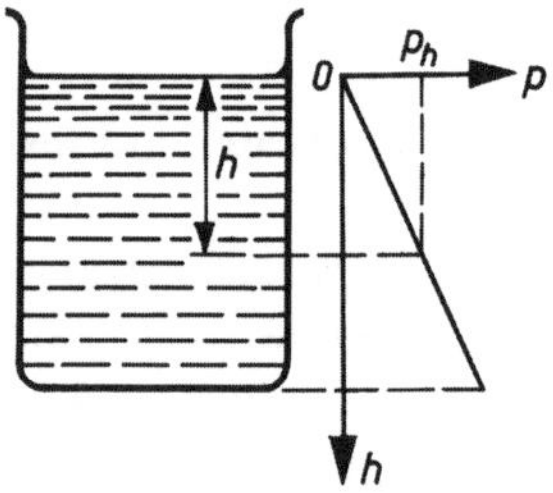

Bild 14.3. Schweredruck in einer Flüssigkeit

14.2 Schweredruck. Auftrieb. Schwimmstabilität

Als *Schweredruck* einer Flüssigkeit in der von der Flüssigkeitsoberfläche aus gemessenen Tiefe h (*Niveauhöhe*, Bild 14.3) bezeichnet man den Druck, der durch die Gewichtskraft der darüber liegenden Flüssigkeitssäule hervorgerufen wird. Bei inkompressiblen Flüssigkeiten ist die Dichte ϱ unabhängig von der Tiefe. Die Gewichtskraft der Flüssigkeitssäule ist mit V als deren Volumen und A als Bodenfläche

$$G_{\mathrm{Fl}} = mg = \varrho V g = \varrho A h g,$$

womit sich für den Druck ergibt

$$p = \frac{G_{\mathrm{Fl}}}{A} = \varrho g h \qquad \textbf{(Schweredruck einer Flüssigkeit).} \tag{3}$$

Der Schweredruck steigt also linear mit der Niveauhöhe h an (Bild 14.3) und ist dem PASCALschen Gesetz zufolge (vgl. 14.1) unabhängig von der Neigung der seitlichen Begrenzungsflächen des Gefäßes und damit von der Gefäßform. Daher sind die auf gleiche Bodenflächen A bei gleicher Flüssigkeitshöhe h ausgeübten Kräfte unabhängig von der Gefäßform gleich (*hydrostatisches Paradoxon*, Bild 14.4).
In einem *offenen* Behälter ist der Druck an einer bestimmten Messstelle der darin befindlichen Flüssigkeit gleich der Summe aus dem Schweredruck (3) und dem Druck der umgebenden Atmosphäre p_0 *(Luftdruck)*. Wenn die Flüssigkeit in einem *geschlossenen* Behälter unter einem *Überdruck* $p_{\ddot{u}}$ gegenüber dem äußeren Luftdruck p_0 steht (z. B. Kolbendruck), so ist der Gesamtdruck

$$p = \varrho g h + p_0 + p_{\ddot{u}} \qquad \textbf{(hydrostatischer Druck).}$$

Dabei ist p der *absolute Druck*, d. h. gemessen vom absoluten Nulldruck, entsprechend 100% Vakuum.

Zur **Messung des atmosphärischen Luftdrucks** benutzte TORRICELLI (1643) eine einseitig geschlossene Glasröhre, welche mit Quecksilber ($\varrho = 13{,}59\ \mathrm{g/cm^3}$) gefüllt und danach mit der Öffnung nach unten in ein Gefäß mit Quecksilber gebracht wurde *(Quecksilberbarometer)*. Die Quecksilbersäule in der Röhre stellt sich dann in einer solchen Höhe h über dem Spiegel im Gefäß ein, dass ihr Schweredruck dem äußeren Luftdruck p_0 das Gleichgewicht hält. Bei Normalluftdruck ist $h = 760\ \mathrm{mm}$ und somit nach (3) $p_0 \approx 1{,}013 \cdot 10^5\ \mathrm{Pa} = 1013\ \mathrm{hPa}$.

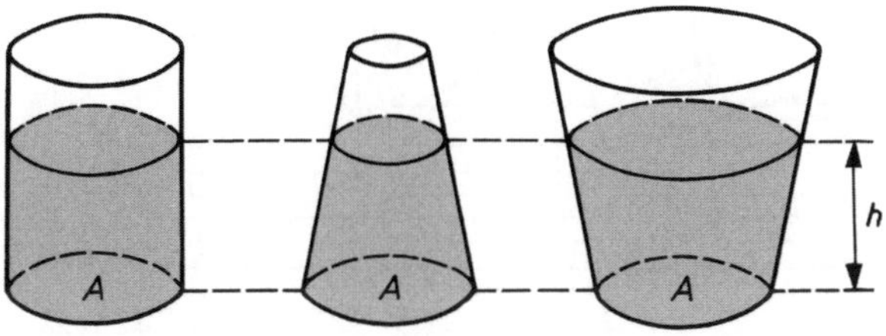

Bild 14.4. Hydrostatisches Paradoxon: Die Kräfte auf die Bodenflächen sind gleich.

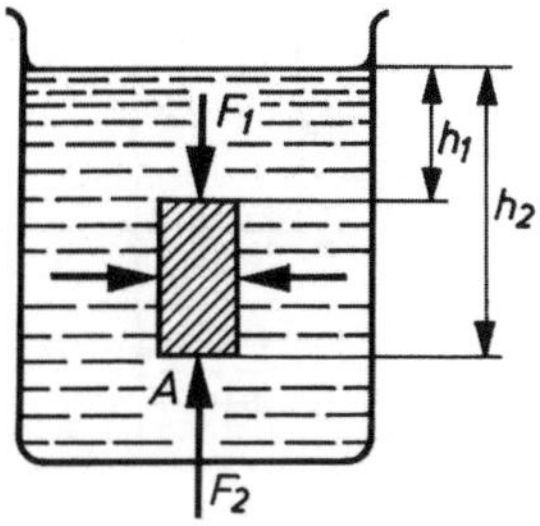

Bild 14.5. Auftrieb als Folge der Druckdifferenz zwischen Boden- und Deckfläche des Körpers

Auftrieb. Taucht ein (prismatisch angenommener) Körper in eine Flüssigkeit völlig ein (Bild 14.5), dann wirken auf seine Begrenzungsflächen Kräfte, die dem jeweils herrschenden Schweredruck zuzuschreiben sind. Die Kräfte auf die Seitenflächen kompensieren sich. Die Differenz der Kräfte auf Grund- und Deckfläche ist mit (3)

$$F_A = F_2 - F_1 = (p_2 - p_1)A = \varrho_{Fl} g\,(h_2 - h_1)A = \varrho_{Fl} g V,$$

wobei ϱ_{Fl} die Dichte der Flüssigkeit, V das Volumen des Körpers und $\varrho_{Fl} V = m_{Fl}$ somit die Masse der vom Körper verdrängten Flüssigkeit ist. Die resultierende, nach oben gerichtete Kraft ist damit

$$F_A = \varrho_{Fl} V g = G_{Fl} \qquad \textbf{(Auftriebskraft).} \qquad (4)$$

Die Auftriebskraft ist gleich der Gewichtskraft des vom Körper verdrängten Flüssigkeitsvolumens (Archimedisches Prinzip).

Ist die Auftriebskraft eines vollständig eingetauchten Körpers größer als dessen Gewichtskraft G, so taucht er so weit auf, bis G gleich der Gewichtskraft der verdrängten Flüssigkeit G_{Fl} ist; der Körper **schwimmt**. Ist $F_A = G$, so **schwebt** der Körper, ist $F_A < G$, **sinkt** er zu Boden.
Der durch den Auftrieb verursachte scheinbare Gewichtsverlust eines Tauchkörpers kann zur Bestimmung der Dichte einer Flüssigkeit benutzt werden (MOHRsche *Waage, Aräometer*). Andererseits lässt sich bei bekannter Dichte der Flüssigkeit aus dem Auftrieb das Volumen eines unregelmäßig geformten Körpers und daraus mittels Wägung dessen Dichte ermitteln (*hydrostatische Waage*, vgl. das nachfolgende Beispiel 2).
Für den Auftrieb in Gasen gilt Gleichung (4) sinngemäß. Hingegen gilt für den Schweredruck eines Gases *nicht* die lineare Abhängigkeit (3) von der Höhe h (vgl. 14.4).

Stabilität beim Schwimmen. Der Angriffspunkt der Schwerkraft ist der Schwerpunkt S eines schwimmenden Körpers, der Angriffspunkt der Auftriebskraft dagegen der Schwerpunkt der verdrängten Flüssigkeit S_{Fl}. In der Gleichgewichtslage (Bild 14.6a) fallen die Wirkungslinien der beiden Kräfte zusammen, das resultierende Drehmoment des Kräftepaares ist null. Bei Störung des Gleichgewichts erzeugt das Kräftepaar ein Drehmoment $\boldsymbol{M} = \boldsymbol{r} \times \boldsymbol{F}_A$ ($\boldsymbol{r}$ Vektor von S nach S_{Fl}), das den Körper in die Gleichgewichtslage zurückdreht (aufrichtet) oder aus ihr entfernt (kippt), je nachdem, ob der Auftriebsvektor die

Mittelebene des Körpers oberhalb oder unterhalb des Schwerpunkts S schneidet (Bild 14.6b und c). Im ersten Fall ist die Schwimmlage stabil, im zweiten instabil. Der Schnittpunkt M des Auftriebsvektors mit der Mittelebene heißt *Metazentrum*.

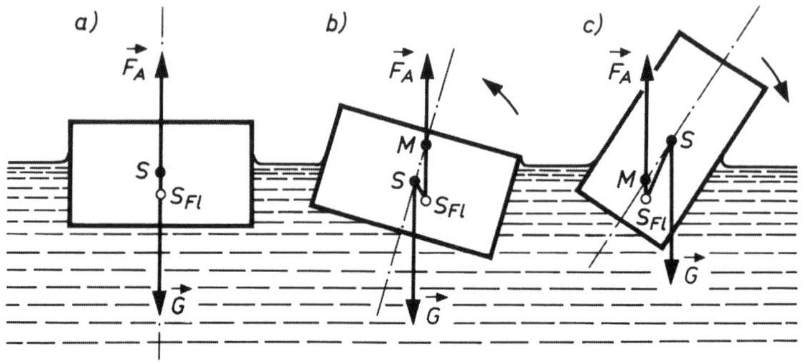

Bild 14.6. Stabilität eines schwimmenden Körpers (M Metazentrum)

Beispiele: *1.* Ein Ballon mit einem Volumen von 500 m³ soll eine Masse von 250 kg tragen. Welche Dichte muss das Füllgas haben? Dichte der Luft bei 15 °C: $\varrho_L = 1{,}23\,\text{kg/m}^3$. – *Lösung:* Die Tragkraft eines Ballons ist gleich der Gewichtskraft der verdrängten Luft (Auftriebskraft) abzüglich der Gewichtskraft des Füllgases, also $F = (\varrho_L - \varrho_{Gas})gV = mg$. Hieraus erhält man $\varrho_{Gas} = \varrho_L - (m/V) = 0{,}73\,\text{kg/m}^3$ (Maximalwert), z. B. heiße Luft von rund 320 °C mit $\varrho \approx 0{,}6\,\text{kg/m}^3$.

2. Zur Bestimmung der Dichte eines festen Körpers mittels der *hydrostatischen Waage* wird der Körper einmal in Luft gewogen (Masse m) und ein zweites Mal nach Einhängen in eine Flüssigkeit bekannter Dichte ϱ_{Fl} (scheinbare Masse m'). Berechne aus m, m' und ϱ_{Fl} die Dichte des Körpers ϱ_K! – *Lösung:* Der Gewichtsverlust des Körpers in der Flüssigkeit ist gleich der Auftriebskraft, also $(m - m')g = \varrho_{Fl}Vg$, woraus mit $V = m/\varrho_K$ folgt $\varrho_K = \varrho_{Fl}m/(m - m')$.

Aufgabe 14.1. Etwa zeitgleich mit der Erfindung des Quecksilberbarometers durch TORRICELLI baute der Magdeburger Bürgermeister OTTO VON GUERICKE zur Messung des Luftdrucks ein Wasserbarometer. Welche Höhe hat dessen Wassersäule?

Aufgabe 14.2. Wenn man von der Erdoberfläche aus um 30 m emporsteigt, verringert sich der Luftdruck um etwa 4 hPa. Welcher Wert für die Dichte der Luft folgt hieraus?

Aufgabe 14.3. Der aus dem Wasser ragende Teil eines Eisberges hat das Volumen $V_0 = 10^4\,\text{m}^3$. Wie viel Prozent des Gesamtvolumens V des Eisberges befinden sich unter Wasser, und wie groß ist die Masse des Eisberges? Dichte des Eises $\varrho_E = 0{,}93 \cdot 10^3\,\text{kg/m}^3$; Dichte des Meerwassers $\varrho_M = 1{,}03 \cdot 10^3\,\text{kg/m}^3$.

14.3 Druck in Gasen. Zusammenhang zwischen Druck, Volumen und Dichte

Der Druck der Gase auf die Gefäßwandung ist, wie in Abschnitt 18.2 näher untersucht wird, die Folge der Wärmebewegung der Gasmoleküle und der damit verbundenen *elastischen Stöße* derselben *gegen die Wand.* Aus dieser einfachen Vorstellung heraus lässt sich eine Aussage über den Zusammenhang zwischen Druck und Volumen eines Gases leicht gewinnen: Im selben Verhältnis, wie das Volumen des Gases verringert wird, muss – da die Gesamtzahl der Moleküle erhalten bleibt – bei gleich bleibender Temperatur die Stoßzahl je Flächen- und Zeiteinheit und damit der Gasdruck anwachsen. Durch das Experiment wird diese Überlegung vollauf bestätigt: Wird ein Gas vom Ausgangsvolumen V_0 auf das Volumen $V = V_0/2$ zusammengedrückt, so steigt der mittels eines an das Gefäß angeschlossenen Manometers gemessene Gasdruck von seinem ursprünglichen Wert p_0 auf den Wert $p = 2p_0$ an. Bei Kompression auf ein Drittel des

Ausgangsvolumens wächst der Druck auf das Dreifache usw. *Druck und Volumen eines Gases sind einander umgekehrt proportional.* Oder:

Das Produkt aus Druck und Volumen eines Gases ergibt bei gleich bleibender Temperatur stets den gleichen Wert (Gesetz von Boyle-Mariotte).

$$pV = p_0 V_0 \qquad \text{oder} \qquad pV = \text{const.} \tag{5}$$

Der Wert der Konstante hängt von der Temperatur und von der Gasmenge ab. Der Beweis für dieses Gesetz, welches streng nur für das *ideale Gas* (vernachlässigbares Eigenvolumen der Gasmoleküle, keine Anziehungskräfte zwischen den Molekülen) gilt, wird später auf der Grundlage der *kinetischen Gastheorie* gegeben (vgl. 18.2).
Mit der Dichte des Gases $\varrho = m/V$ folgt aus (5) $pm/\varrho = p_0 m/\varrho_0$. Da die Masse des Gases unverändert bleibt, erhält man

$$\frac{p}{p_0} = \frac{\varrho}{\varrho_0} \qquad \text{oder} \qquad \frac{p}{\varrho} = \text{const.} \tag{6}$$

Druck und Dichte eines Gases sind bei konstanter Temperatur einander proportional.

Die Kompressibilität $\varkappa$ eines idealen Gases bei konstanter Temperatur berechnet sich nach (2) mit (5)

$$V = \frac{\text{const}}{p} \qquad \text{und} \qquad \frac{\mathrm{d}V}{\mathrm{d}p} = -\frac{\text{const}}{p^2} = -\frac{V}{p}$$

zu

$$\varkappa = -\frac{1}{V}\frac{\mathrm{d}V}{\mathrm{d}p} = \frac{1}{p} \qquad \textbf{(isotherme Kompressibilität des idealen Gases).} \tag{7}$$

Die isotherme Kompressibilität eines idealen Gases ist also gleich dem reziproken Wert seines Drucks; sie ist somit für alle idealen Gase gleichen Drucks gleich.

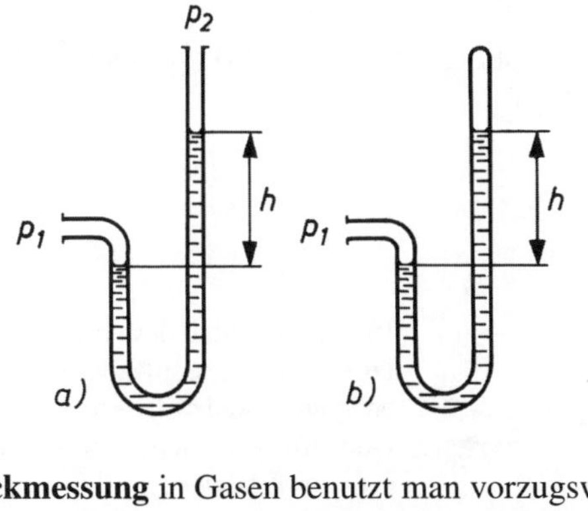

Bild 14.7. a) Offenes, b) geschlossenes Flüssigkeitsmanometer

Zur **Druckmessung** in Gasen benutzt man vorzugsweise *Flüssigkeitsmanometer* (U-Rohr-Manometer) in offener oder geschlossener Form (Bild 14.7). Der eine Schenkel ist an das Gasgefäß angeschlossen, in dem der zu messende Druck p_1 herrscht. Ist der andere Schenkel offen, so wird durch die Höhe der Flüssigkeitssäule h die Druckdifferenz $p_1 - p_2$ gegen den atmosphärischen Luftdruck p_2 gemessen. Im geschlossenen Manometer wird durch h unmittelbar der Gasdruck p_1 gemessen. Die Skalenteilung ist beim geschlossenen Manometer nicht linear, da die Luft im geschlossenen Schenkel mit steigendem Druck zunehmend komprimiert wird und dabei ihre Kompressibilität nach (7) immer mehr abnimmt.

Beispiel: Eine Sauerstoffflasche von 40 Litern steht gegenüber dem äußeren Luftdruck von 1000 hPa unter einem Überdruck von 2,5 MPa. Wie viel Sauerstoff entweicht beim Öffnen der Flasche? – *Lösung:* Der Druck in der Flasche ist gleich der Summe aus Überdruck und Luftdruck, also $p_1 = (2{,}5 + 0{,}1)$ MPa $= 2{,}6$ MPa. Nach dem Entweichen steht das Gas unter dem Luftdruck $p_2 = 0{,}1$ MPa und hat nach (5) das Volumen $V_2 = p_1 V_1 / p_2 = 1040$ l. Da das Volumen $V_1 = 40$ l in der Flasche zurückbleibt, entweichen also 1000 l.

Aufgabe 14.4. Auf welchen Bruchteil verringert sich im obigen Rechenbeispiel die Dichte des Sauerstoffs beim Entspannen?

14.4 Schweredruck in Gasen. Barometrische Höhenformel

Der atmosphärische **Luftdruck** ergibt sich wie der Schweredruck bei den Flüssigkeiten aus der Gewichtskraft der über dem Erdboden ruhenden Luftsäule. Seine Berechnung kann jedoch nicht nach der entsprechenden Beziehung (3) $p = \varrho g h$ erfolgen, da wegen der im Vergleich zu den Flüssigkeiten großen Kompressibilität der Luft deren Dichte mit zunehmender Bodennähe stetig anwächst. Die obige Beziehung kann daher nur auf eine geringe Höhendifferenz $\mathrm{d}h$ angewandt werden, innerhalb der die Dichte ϱ näherungsweise als konstant angesehen werden darf. Einer Höhenabnahme $-\mathrm{d}h$ entspricht dann eine Druckzunahme der Größe

$$\mathrm{d}p = -\varrho g\,\mathrm{d}h.$$

Sind p und ϱ Druck und Dichte in der Höhe h und p_0 und ϱ_0 Druck und Dichte in Meeresspiegelhöhe ($h = 0$), so folgt mit (6) $\varrho = \varrho_0 p / p_0$ aus obiger Gleichung nach Umstellung und Integration

$$\int_{p_0}^{p} \frac{\mathrm{d}p}{p} = -\frac{\varrho_0 g}{p_0} \int_0^h \mathrm{d}h, \qquad \ln \frac{p}{p_0} = -\frac{\varrho_0 g h}{p_0}, \tag{8}$$

$$p = p_0 \mathrm{e}^{-\varrho_0 g h / p_0} \qquad \textbf{(barometrische Höhenformel).} \tag{9}$$

Beträgt in der Höhe h die Temperatur ϑ °C, so ist der Exponent in (9) noch durch $(1 + \beta\vartheta)$ zu dividieren mit $\beta = 1/(273{,}15\,°\mathrm{C})$; vgl. (16/14).

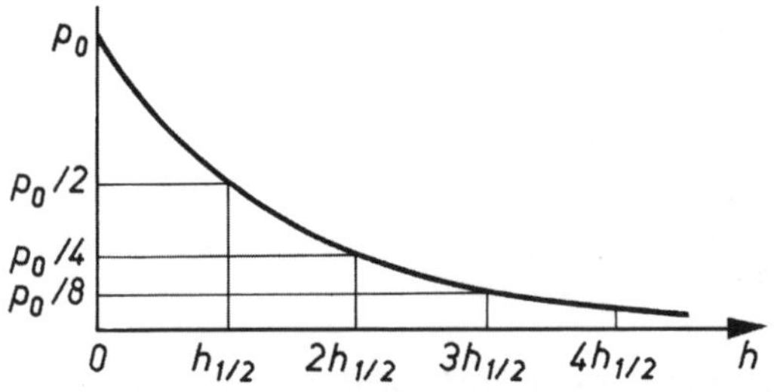

Bild 14.8. Abfall des atmosphärischen Drucks mit zunehmender Höhe h entsprechend der barometrischen Höhenformel (9); $h_{1/2} = 5{,}54$ km („*Halbwertshöhe*“)

Man erkennt hieraus, dass der Schweredruck p eines Gases (unter Voraussetzung gleicher Temperatur in allen Höhen) mit zunehmender Höhe h *exponentiell* abfällt (Bild 14.8), im Gegensatz zu einer Flüssigkeit mit einem linearen Abfall (vgl. Bild 14.3). Es lässt sich daher keine scharfe Grenze für die Atmosphäre angeben.
In der barometrischen Höhenformel (9) erhält man im Exponenten mit

$$p_0 = 1{,}013\,25 \cdot 10^5\ \mathrm{Pa} = 1013{,}25\ \mathrm{hPa} \qquad \textbf{(Normalluftdruck)} \tag{10}$$

und der in Bodennähe bei 0 °C herrschenden Luftdichte $\varrho_0 = 1{,}293\,\text{kg/m}^3$ den Zahlenwert $\varrho_0 g/p_0 = 1{,}252 \cdot 10^{-4}\,\text{m}^{-1}$. Für $p = p_0/2$ folgt damit aus Gleichung (8) für die sog. **Halbwertshöhe** $h_{1/2} = \ln 2/(\varrho_0 g/p_0) = 0{,}6932/(1{,}252 \cdot 10^{-4}\,\text{m}^{-1}) = 5{,}54\,\text{km}$, was bedeutet, dass – entsprechend einer Eigenart der Exponentialfunktion – der Luftdruck nach jeweils 5,54 km Höhenzuwachs auf die Hälfte des vorangegangenen Wertes abfällt (vgl. Bild 14.8).

Die Wirkung des atmosphärischen Luftdrucks wurde erstmals 1657 in eindrucksvoller Weise durch OTTO VON GUERICKE mit seinen *„Magdeburger Halbkugeln"* demonstriert (Bild 14.9): Zwei Halbkugelschalen aus Kupfer, deren Durchmesser 60 cm betrug, wurden unter Zwischenlegen eines Lederringes luftdicht aneinander gelegt und mittels der ebenfalls von GUERICKE erfundenen Vakuum-Luftpumpe nahezu luftleer gepumpt. Der nur noch von außen wirkende Luftdruck presst die Halbkugeln mit der Kraft $F = p_0 \pi r^2 = 10^5\,\text{Pa} \cdot 3{,}14 \cdot (30 \cdot 10^{-2}\,\text{m})^2 \approx 28\,300\,\text{N}$ zusammen. Je 8 Pferde zu beiden Seiten waren nicht in der Lage, die Halbkugeln voneinander zu trennen.

Bild 14.9. Historisches Experiment OTTO VON GUERICKEs zur Demonstration des Luftdrucks, in neuerer Zeit mehrfach wiederholt in Regie der Otto-von-Guericke-Gesellschaft e.V. zu Magdeburg

Beispiel: Wie groß ist das Volumen V eines Ballons in 15 km Höhe, wenn seine Gasfüllung in Meereshöhe das Volumen V_0 hat? Temperatur- und andere Nebeneinflüsse seien vernachlässigt. – *Lösung:* Die Drücke p_0 in Meereshöhe und p in 15 km Höhe sind für das Füllgas und die Luft gleich. Nach (5) ist $p/p_0 = V_0/V$, womit aus (9) folgt $V_0/V = \text{e}^{-1{,}25 \cdot 10^{-4} \cdot 15\,000} = 1/7$; $V = 7V_0$.

14.5 Erscheinungen an Grenzflächen. Kohäsion und Adhäsion

Am Zustandekommen der bisher besprochenen Eigenschaften von Flüssigkeiten und Gasen ist die Gesamtheit aller Teilchen eines *stofflich in sich homogenen Systems*, einer sog. **Phase**, beteiligt. Liegen mehrere Phasen nebeneinander vor (z. B. der ungelöste feste Bodenkörper und seine flüssige Lösung; die in einer Emulsion schwebenden Öltröpfchen und die Grundflüssigkeit; die einzelnen kristallinen Bestandteile einer Legierung), so berühren sie sich in den *Phasengrenzen.* Grenzflächen flüssiger und fester Körper gegenüber der Gasphase bezeichnet man schlechthin als *Oberflächen.*

Zwischen den Molekülen einer Phase bestehen Anziehungskräfte, die **Kohäsionkräfte**, die bei den festen Körpern vor allem deren Festigkeitseigenschaften bestimmen. Eine geringe Kohäsion besteht auch zwischen den Molekülen der Gase, wodurch der Unterschied zwischen dem *idealen* Gas, bei dem diese Kräfte fehlen, und dem *realen* Gas bedingt ist.

An der Grenzfläche zweier verschiedener Phasen treten ebenfalls zwischenmolekulare Kräfte, die **Adhäsionskräfte**, auf. Sie bewirken das Aneinanderhaften verschiedener Körper. Die Adhäsion ist die Ursache der Benetzung, der Ausbreitung eines Tropfens auf der Oberfläche einer anderen Flüssigkeit, des Anhaftens von Kreide usw. Alle diese Erscheinungen sind auf das Verhalten der in unmittelbarer Nähe der Grenzfläche befindlichen Moleküle zurückzuführen.

14.6 Spezifische Oberflächenenergie, Oberflächenspannung

Zwischen den Molekülen einer Flüssigkeit wirken *Kohäsionskräfte*, die einen begrenzten Wirkungsbereich haben. Im Innern der Flüssigkeit heben sich die auf ein Molekül wirkenden Kräfte gegenseitig auf, weil es dort allseitig von gleichartigen Molekülen umgeben ist. An der Oberfläche dagegen fehlt eine nach außen gerichtete Anziehungskraft (bzw. es wirken dort lediglich die wesentlich schwächeren Kräfte der Moleküle des angrenzenden Gases), so dass innerhalb einer dünnen Oberflächenschicht, deren Dicke gleich der molekularen Wirkungssphäre (ungefähr 10^{-8} m) ist, an den Molekülen eine senkrecht ins Innere der Flüssigkeit gerichtete resultierende Kraft angreift (Bild 14.10). Diese Kraft wird, auf die Flächeneinheit bezogen, *Binnendruck* oder *Kohäsionsdruck* genannt.

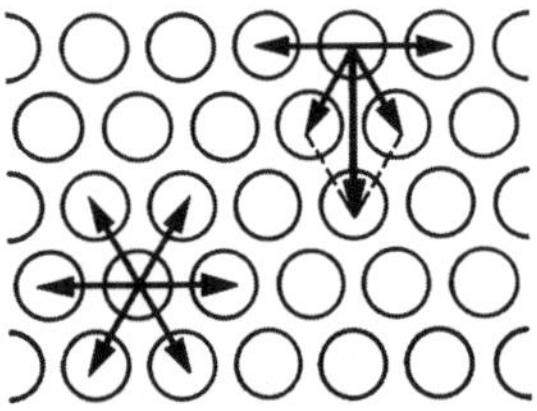

Bild 14.10. Modell zur Deutung der Oberflächenenergie

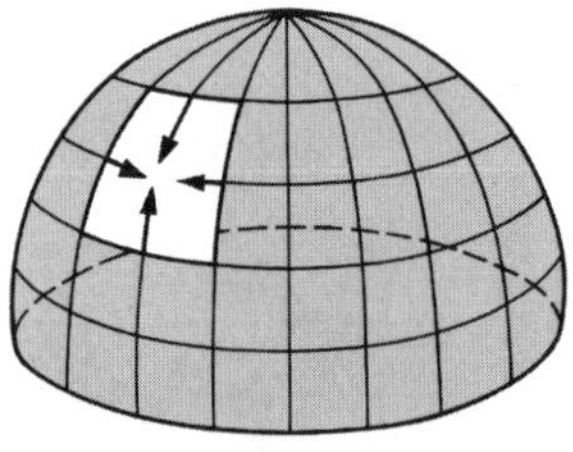

Bild 14.11. Zur Erklärung der Oberflächenspannung

Um die Oberfläche einer Flüssigkeit zu vergrößern, müssen Moleküle aus deren Innern an die Oberfläche gebracht werden. Dazu muss Arbeit gegen den Kohäsionsdruck verrichtet werden. Die Moleküle an der Flüssigkeitsoberfläche haben daher potentielle Energie *(Oberflächenenergie)*. Die gesamte Zunahme der Oberflächenenergie ΔE ist der Oberflächenvergrößerung ΔA proportional:

$$\Delta E = \sigma \Delta A. \tag{11}$$

$\sigma = \Delta E / \Delta A$ ist die **spezifische Oberflächenenergie**. Da ein System immer bestrebt ist, den stabilen Gleichgewichtszustand kleinster potentieller Energie einzunehmen, sind Flüssigkeitsoberflächen stets *Minimalflächen*. Flüssigkeitstropfen oder Gasbläschen nehmen von selbst Kugelgestalt an, da die Kugel unter allen Körpern gleichen Volumens die kleinste Oberfläche hat. Flüssigkeitsoberflächen verhalten sich ähnlich wie gespannte Gummimembranen.

An jeder Begrenzungslinie einer Flüssigkeitsoberfläche (oder eines Teilstücks von ihr) greifen Kräfte tangential zur Oberfläche an, die senkrecht auf der Begrenzungslinie stehen und ins Innere des Oberflächenstücks gerichtet sind (Bild 14.11). Zur Verschiebung eines Stücks der Begrenzungslinie von der Länge l um $\mathrm{d}s$, d. h. zur Vergrößerung des Oberflächenstücks um $\mathrm{d}A = l\,\mathrm{d}s$, ist eine Arbeit $\mathrm{d}W = F\,\mathrm{d}s$ gegen diese Kräfte zu verrichten. Die Oberflächenenergie steigt um $\mathrm{d}E = \mathrm{d}W$, und es ist nach (11)

$$\sigma = \frac{\mathrm{d}W}{\mathrm{d}A} = \frac{F\,\mathrm{d}s}{l\,\mathrm{d}s} = \frac{F}{l} \quad \textbf{(spezifische Oberflächenenergie, Oberflächenspannung).} \tag{12}$$

Die spezifische Oberflächenenergie σ ist somit gleich dem auf die Längeneinheit der Begrenzungslinie bezogenen Betrag der Oberflächenkraft. σ wird daher auch als **Oberflächenspannung** bezeichnet.

Die Messung der Oberflächenspannung σ kann mittels der **Bügelmethode** (Bild 14.12) erfolgen: Man zieht den Drahtbügel mit dem quer gespannten Messdraht AB der Länge l aus der Oberfläche der in einem Schälchen befindlichen Flüssigkeit heraus, wobei die Flüssigkeitslamelle $ABCD$ hochgezogen wird. Aus der mit Hilfe einer Federwaage gemessenen Kraft F, bei der die Lamelle reißt, und aus der Randlänge $2l$ (Vorder- und Rückseite des Messdrahtes) kann nach (12) die Oberflächenspannung zu $\sigma = F/(2l)$ bestimmt werden.

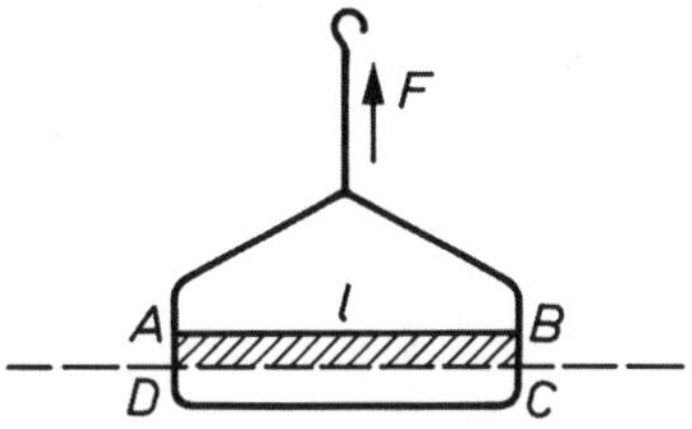

Bild 14.12. Bügelmethode zur Messung der Oberflächenspannung σ
$ABCD$: Aus der Flüssigkeitsoberfläche DC am Messdraht AB hochgezogene Flüssigkeitslamelle;
F = zu messende Abreißkraft der Lamelle

Druck in der Seifenblase. Kohäsionsdruck. Die bei einer Änderung des Radius r einer Seifenblase (Oberfläche $A = 4\pi r^2$) um Δr verrichtete Arbeit ist $\Delta W = F\Delta r = 4\pi r^2 \Delta p \Delta r$, wobei $\Delta p = p_\mathrm{i} - p_\mathrm{a}$ der Überdruck in der Blase (p_i Innendruck) gegenüber dem Außendruck p_a ist. Aus Gleichgewichtsgründen muss diese Arbeit gleich der Änderung der Oberflächenenergie infolge Vergrößerung der *zwei* Oberflächen (innen und außen) sein. Mit $\Delta A = 8\pi r \Delta r$ (dies folgt durch Differentiation aus $A = 4\pi r^2$) ist also nach (11) $\Delta W = 2\sigma \cdot 8\pi r \Delta r$. Durch Gleichsetzen beider Ausdrücke für ΔW erhält man

$$\Delta p = \frac{4\sigma}{r} \qquad \textit{(Überdruck in der Seifenblase).} \qquad (13)$$

Infolge der Oberflächenkräfte herrscht also in *einer* nach außen konvexen (bzw. konkaven) Flüssigkeitsoberfläche von Kugelgestalt gegenüber dem Außendruck der in das Innere (bzw. nach außen) gerichtete Überdruck

$$\Delta p = \frac{2\sigma}{r} \qquad \textit{(Kohäsionsdruck).} \qquad (14)$$

Ein solcher Überdruck herrscht z. B. im Innern eines kugelförmigen Flüssigkeitstropfens.

14.7 Benetzung und Kapillarwirkung

Sind in einer Grenzschicht Festkörper/Flüssigkeit die Adhäsionskräfte zwischen den Molekülen des Festkörpers und der Flüssigkeit sehr viel größer als die Kohäsionskräfte zwischen den Flüssigkeitsmolekülen, so breitet sich die Flüssigkeit auf der Oberfläche des festen Körpers aus *(vollkommene Benetzung)*, im anderen Fall, wenn die Kohäsionkräfte überwiegen, zieht sie sich zu mehr oder weniger flachen Tropfen zusammen (*unvollkommene Benetzung*, Bild 14.13). In jeder Grenzfläche herrscht eine **Grenzflächenspannung** σ_{ij}, auch in der Grenze zwischen Festkörper und Gasphase. Die Indizes i, j = 1, 2, 3 bezeichnen die beiden in Kontakt stehenden Phasen. Im Gleichgewicht muss die Summe der Horizontalkomponenten von σ_{13}, σ_{12} und σ_{23} verschwinden, und es stellt sich zwischen Flüssigkeitsoberfläche und fester Unterlage ein bestimmter **Randwinkel** ϑ ein. Es gilt dann für die **Haftspannung** $\sigma_{13} - \sigma_{23}$:

$$\sigma_{13} - \sigma_{23} = \sigma_{12} \cos\vartheta \qquad \textbf{(Kapillaritätsgesetz).} \qquad (15)$$

Die Grenzflächenspannungen gegenüber dem festen Körper σ_{13} und σ_{23} lassen sich einzeln nicht messen, wohl aber der Randwinkel ϑ und die Oberflächenspannung σ_{12}.
Die gleichen Verhältnisse wie beim Flüssigkeitstropfen finden wir beim Hochziehen bzw. Herabdrücken einer Flüssigkeit an einer Wand vor. Die Flüssigkeit *benetzt* die Wand wie in Bild 14.13a und 14.14a, wenn $0° \leq \vartheta \leq 90°$ ist. Im Grenzfall vollständiger Benetzung ($\vartheta = 0°$, z. B. im Fall Wasser an Glas) bedeckt eine Flüssigkeitsschicht die gesamte feste Oberfläche. Für $90° < \vartheta \leq 180°$ wird die Wand *nicht benetzt*, entsprechend Bild 14.13b und 14.14b.

Die Benetzungserscheinungen sind ursächlich wichtig für die Wirkung der Waschmittel, der Schwimmaufbereitung von Erzen, der Herstellung von Emulsionen u. a.

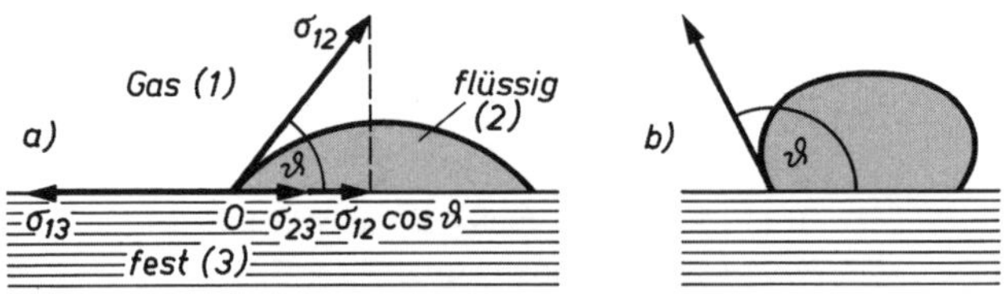

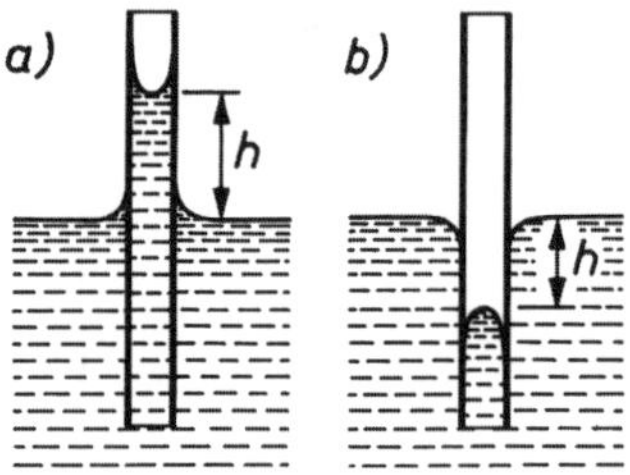

Bild 14.13. Flüssigkeitstropfen auf fester Unterlage:
a) unvollkommene Benetzung; b) keine Benetzung

Bild 14.14

Bild 14.14. a) Kapillare Hebung (Kapillaraszension) benetzender Flüssigkeiten;
b) kapillare Senkung (Kapillardepression) nichtbenetzender Flüssigkeiten

Kapillare Steighöhe. In engen Röhren (Haarröhrchen, Kapillaren) mit dem Radius r steigt im Fall $\vartheta < 90°$ eine Flüssigkeit bis zu einer bestimmten Höhe h, und es bildet sich eine nach unten gewölbte Flüssigkeitsoberfläche, ein *konkaver Meniskus* (Bild 14.14a). Diese Erscheinung heißt *kapillare Hebung* oder *Kapillaraszension.* Hier halten sich die von der Oberflächenspannung σ bewirkte, am Umfang des Meniskus (Länge $l = 2\pi r$) angreifende Kraft (12) $F = \sigma l = 2\pi r \sigma$ und das Gewicht der angehobenen Flüssigkeitssäule $G = m_{\mathrm{Fl}} g = \varrho V g = \varrho \pi r^2 h g$ das Gleichgewicht. Durch Gleichsetzen folgt für die Steighöhe $h = 2\sigma/(\varrho g r)$. Diese Beziehung ergibt sich auch aus der Forderung, dass der Kohäsionsdruck (14) des kugelförmig angenommenen Meniskus gleich dem Schweredruck (3) sein muss:

$$2\sigma/r = \varrho g h \qquad \text{oder} \qquad h = 2\sigma/(\varrho g r).$$

Bei nicht vollständiger Benetzung ist die Steighöhe h vom Randwinkel ϑ abhängig. Man erhält, wenn in obiger Beziehung für die Oberflächenspannung σ, welche mit σ_{12} in Bild 14.13a identisch ist, die wahre Haftspannung gemäß Gleichung (15) $\sigma \cos\vartheta$ gesetzt wird:

$$h = \frac{2\sigma \cos\vartheta}{\varrho g r} \qquad \textbf{(kapillare Steighöhe).} \qquad (16)$$

Hieraus geht hervor, dass bei nichtbenetzenden Flüssigkeiten (z. B. Quecksilber), bei denen ϑ ein stumpfer Winkel ist, wegen $\cos\vartheta < 0$ eine *negative* Steighöhe auftritt, entsprechend einer Absenkung des Meniskus. Die Flüssigkeit steht dann in der Kapillare niedriger als im übrigen Niveau, und der Meniskus ist im Gegensatz zur Kapillaraszension *konvex* (*Kapillardepression*, Bild 14.14b). Die Steighöhe ist, wie aus (16) hervorgeht, dem Radius der Kapillare umgekehrt proportional.

Mit (16) erhält man zugleich eine Methode, um die Oberflächenspannung σ oder bei deren Kenntnis den Randwinkel ϑ zu messen *(Steighöhenmethode).* Die Kapillaraszension ist Ursache des Aufsteigens von Flüssigkeiten in allen porösen Körpern, wie Ziegelsteinen, Dochten, Pflanzenfasern, Holz usw.

Beispiele: *1.* Wie groß ist die gegen die Oberflächenspannung zu verrichtende Arbeit, wenn 1 Liter Wasser ($\sigma = 0{,}074$ N/m) mittels eines Zerstäubers in lauter Tröpfchen von 0,1 mm Durchmesser vollständig zerstäubt wird? – *Lösung:* Da das Volumen eines Tröpfchens gleich $4\pi r^3/3 \approx 5 \cdot 10^{-13}$ m^3 ist, beträgt die Anzahl der zu bildenden Tröpfchen 10^{-3} m$^3/(5 \cdot 10^{-13}$ m$^3) = 2 \cdot 10^9$, die zusammen eine Oberfläche von 60 m^2 (!) haben. Demgegenüber kann die ursprüngliche Oberfläche des Wassers vernachlässigt werden. Mit $\Delta A = 60$ m^2 folgt aus (11) für die Arbeit $\Delta W \approx 4{,}5$ J.

2. Was geschieht, wenn eine kleine Seifenblase durch ein Röhrchen mit einer größeren verbunden wird, so dass ein Überströmen der Luft erfolgen kann? – Da nach (13) der Überdruck im Innern einer Seifenblase um so größer ist, je kleiner ihr Radius ist, wird die Luft aus der kleinen Blase in die große strömen, so dass sich diese weiter vergrößert, während sich die kleine vollständig zusammenzieht.

Aufgabe 14.5. An der Ausflussöffnung einer Pipette (Radius der Öffnung $R = 0{,}5$ mm) befindet sich ein kugelförmiger Wassertropfen ($\sigma = 0{,}074$ N/m, Dichte $\varrho = 1$ kg/dm^3). Welchen Durchmesser kann der Tropfen maximal haben, bevor er abreißt?

15 Strömende Flüssigkeiten und Gase (Strömungsmechanik)

Die *Strömungsmechanik* ist die Lehre von den **Massenströmen**. Sie beschreibt die Bewegungen kontinuierlich verteilter Flüssigkeits- und Gasmassen, die durch *Druckdifferenzen*, durch die *Schwerkraft* und durch zwischenmolekulare *Reibungskräfte* verursacht werden. Dabei dominiert die geordnete, in einer bestimmten Richtung verlaufende Bewegung der Moleküle gegenüber ihrer statistisch ungeordneten thermischen Bewegung. In der Strömungsmechanik wird allerdings anstelle der sich bewegenden Einzelteilchen ein strömendes *Kontinuum* betrachtet.

Die Strömungsmechanik wird in die **Hydrodynamik** und die **Gasdynamik** untergliedert. Die Bewegung *inkompressibler* Medien wird in der Hydrodynamik behandelt, die der *kompressiblen* Medien in der Gasdynamik. Gase, deren Strömungsgeschwindigkeit etwa 30% der Schallgeschwindigkeit nicht übersteigt, sowie alle Flüssigkeiten können als annähernd inkompressibel betrachtet werden. Für die Lehre von den Bewegungen der Luft wird oft auch der Begriff **Aerodynamik** verwendet.

15.1 Das Strömungsfeld. Kennzeichnung und Einteilung von Strömungen

Das von einer Strömung durchsetzte Raumgebiet wird als **Strömungsfeld** bezeichnet. Einen anschaulichen Eindruck von den Strömungsverhältnissen vermittelt dabei das **Stromlinienbild**. Dieses kann mit Hilfe von Schwebe-, Farb- oder Rauchteilchen, die der Flüssigkeit bzw. dem Gas zugesetzt werden und deren Bewegungsablauf verfolgt wird, sichtbar gemacht werden (Bild 15.1). Während einer kurzen Zeitdauer (Momentaufnahme) legen diese Teilchen kleine Wegstrecken zurück, denen nach Größe und Richtung die *Geschwindigkeitsvektoren* der

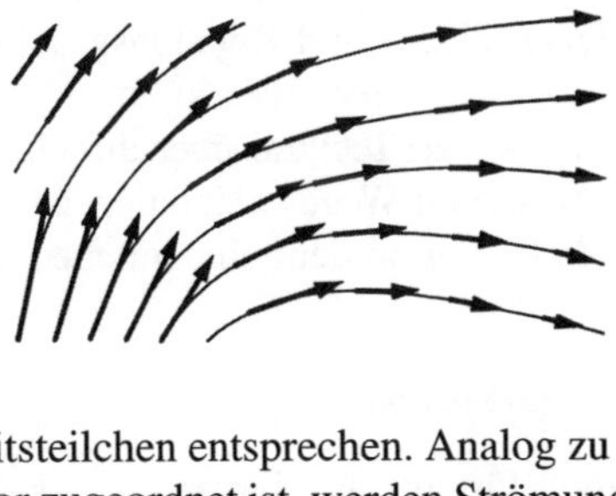

Bild 15.1. Strömungsfeld: Stromlinien mit tangential zu ihnen verlaufenden Geschwindigkeitsvektoren. Je dichter die Stromlinien, um so größer die Strömungsgeschwindigkeit.

Flüssigkeitsteilchen entsprechen. Analog zu den Kraftfeldern, bei denen jedem Raumpunkt ein Kraftvektor zugeordnet ist, werden Strömungen durch das **Geschwindigkeitsfeld** mit dem Vektor der Strömungsgeschwindigkeit $\boldsymbol{v}$ als Feldvektor beschrieben. Dabei ist $\boldsymbol{v}$ im Allgemeinen sowohl eine Funktion der Ortskoordinaten x, y, z als auch der Zeit t.
Die Feldlinien des Geschwindigkeitsfeldes sind die **Stromlinien**. Als solche bezeichnet man Linien, die in jedem Punkt einer Strömung durch Anlegen der Tangente die Richtung der dort vorhandenen Momentangeschwindigkeit angeben. Ist das Stromlinienbild zeitlich veränderlich, ist also $\boldsymbol{v}$ an einer bestimmten Stelle der Strömung eine Funktion der Zeit, so sprechen wir von

einer *nichtstationären (instationären)* Strömung. Zeitlich gleich bleibende Strömungen werden als *stationär* bezeichnet. *Laminare* Strömung ist vorhanden, wenn keine Schwankungen in Größe und Richtung der Geschwindigkeit auftreten, im Unterschied zur *turbulenten* Strömung.
Von den Stromlinien zu unterscheiden sind die **Bahnlinien**, die von den einzelnen Flüssigkeitsteilchen während der gesamten Dauer ihrer Bewegung durchlaufen werden. Nur im Falle stationärer Strömungen sind die Bahnlinien mit den Stromlinien identisch.
Die **Stromliniendichte**, d. i. die durch den Zahlenwert der Geschwindigkeit gegebene Anzahl von Stromlinien, die eine Fläche von der Größe der Flächeneinheit *senkrecht* durchsetzt, liefert ein anschauliches Bild von der Geschwindigkeitsverteilung in der Strömung:

Je enger die Stromlinien an einer bestimmten Stelle des Strömungsfeldes verlaufen, um so größer ist dort die Strömungsgeschwindigkeit.

Die Gesamtheit der durch die Umrandung C (Bild 15.2) einer durchströmten Fläche tretenden Stromlinien bildet eine **Stromröhre**; ihr flüssiger Inhalt heißt **Stromfaden**.
Wenn aus einem durch eine *geschlossene* Fläche begrenzten Raumgebiet mehr Flüssigkeit (Gas) ausströmt als in dieses hineinströmt bzw. umgekehrt, so bezeichnet man dieses Gebiet als eine **Quelle** bzw. **Senke** des Strömungsfeldes *(Quellenfeld)*. Wenn ebenso viel Flüssigkeit ein- wie ausströmt, ist das umschlossene Gebiet *quellenfrei*.

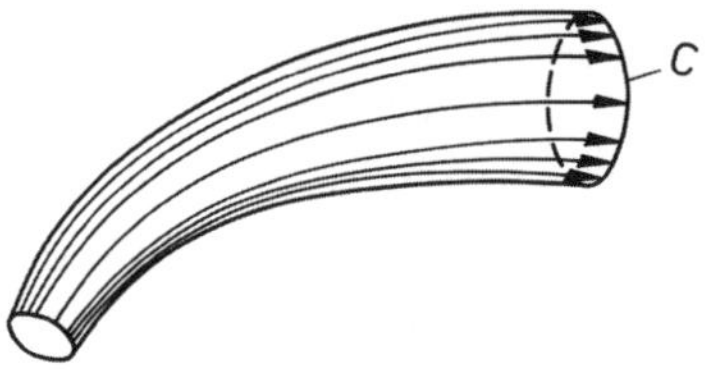

Bild 15.2. Stromröhre

Eine Strömung kann ein-, zwei- oder dreidimensional sein, je nachdem, ob sich der Strömungszustand längs einer Linie, innerhalb einer Fläche oder im Raum ändert. Die *lineare* oder *eindimensionale* Strömung ist Gegenstand der **Hydraulik**; ein Beispiel hierfür ist die Rohrströmung. Bei der Umströmung von Widerstandskörpern, wie Flugzeugen, Schiffskörpern und Raketen, handelt es sich um *räumliche* oder *dreidimensionale* Strömungen.
Wirbelströmung nennt man eine Strömung, in der *geschlossene* (z. B. kreisförmige) Stromlinien auftreten. Wie sich jede Bewegung eines starren Körpers aus einer translatorischen und einer rotatorischen Komponente zusammensetzt, kann auch die momentane Geschwindigkeit eines Flüssigkeitselements als Vektorsumme aus Translations- und Rotationsgeschwindigkeit aufgefasst werden.
Als Maß der Drehbewegung dient die *Zirkulation* Γ, die als Integral über die Geschwindigkeit $\boldsymbol{v}$ längs eines in der Flüssigkeit liegenden geschlossenen Weges $\boldsymbol{s}$ definiert ist. Führt man diese Integration im Abstand R um einen *Wirbelkern* herum, in dem alle Teilchen die gleiche Winkelgeschwindigkeit ω haben, dann erhält man

$$\Gamma = \oint \boldsymbol{v} \cdot \mathrm{d}\boldsymbol{s} = \omega R \cdot 2\pi R = 2\pi R^2 \omega \qquad \textbf{(Zirkulation).}$$

In *idealen* Flüssigkeiten und Gasen ist die Zirkulation für eine aus den gleichen Flüssigkeitsteilchen bestehende geschlossene Kurve konstant, da Reibungskräfte in ihnen nicht auftreten. Daraus folgen die **Helmholtzschen Wirbelsätze**:

1. *Wirbel können nicht erzeugt werden.*
2. *Vorhandene Wirbel können nicht vernichtet werden.*
3. *Bei abnehmendem Querschnitt πR^2 eines Wirbels erhöht sich entsprechend der Konstanz von Γ seine Winkelgeschwindigkeit ω.*

Eine **wirbelfreie Strömung** liegt dann vor, wenn für jedes Flüssigkeitselement die Zirkulation null ist.

15.2 Strömungen idealer Flüssigkeiten und Gase. Kontinuitätsgleichung

Für die praktische Behandlung von Strömungsvorgängen genügt es in vielen Fällen, vom *idealen Gas* bzw. von der *idealen Flüssigkeit* auszugehen, wodurch die Verhältnisse erheblich vereinfacht werden.
Das **ideale Gas** ist ein Modellgas, bei dem das Eigenvolumen der Gasmoleküle und – mit Ausnahme elastischer Stöße – auch die Wechselwirkung zwischen den Gasmolekülen vernachlässigt werden, so dass bei Strömungsvorgängen von den bei realen Gasen vorhandenen Reibungskräften abgesehen werden kann. Bei genügend hohen Temperaturen und geringen Drücken verhalten sich reale Gase annähernd wie ideale.
Die **ideale Flüssigkeit** ist ein Modell, bei dem die Flüssigkeit als ein nicht zusammendrückbares *(inkompressibles), reibungsfreies* Medium angesehen wird. Bei weit über dem Schmelzpunkt liegenden Temperaturen und nicht zu hohen Druckdifferenzen werden diese Bedingungen auch durch reale Flüssigkeiten annähernd erfüllt.

Bei den praktischen Problemen der Strömungsmechanik kann in den meisten Fällen auch die Kompressibilität der Gase vernachlässigt werden, wenn die Strömungsgeschwindigkeiten die halbe Schallgeschwindigkeit nicht übersteigen, so dass es fast immer genügt, von „Flüssigkeiten" zu sprechen. So beträgt die Dichteänderung der Luft bei einer Strömungsgeschwindigkeit von 150 m/s nur etwa 1%.
Strömende Flüssigkeiten und Gase werden zusammenfassend als **Fluide** bezeichnet. Als *ideales Fluid* ist ein reibungsfrei strömendes, inkompressibles Medium anzusehen.

Wir betrachten eine Strömung, bei der sich die Teilchen mit der konstanten Geschwindigkeit $v = s/t$ bewegen. Stellt man eine Fläche A *senkrecht* zu den Stromlinien, so tritt durch diese in der Zeit t das Flüssigkeitsvolumen $V = As = Avt$ hindurch. Somit folgt als **Stromstärke** oder **Volumenstrom**

$$I = \frac{\mathrm{d}V}{\mathrm{d}t} = vA; \qquad \textit{Einheit:} \quad [I] = 1\,\frac{\mathrm{m}^3}{\mathrm{s}}. \tag{1}$$

Ist ϱ die (konstante) Dichte der Flüssigkeit, so ergibt sich die **Massenstromstärke**

$$I_\mathrm{m} = \frac{\mathrm{d}m}{\mathrm{d}t} = \varrho\frac{\mathrm{d}V}{\mathrm{d}t} = \varrho vA; \qquad \textit{Einheit:} \quad [I_\mathrm{m}] = 1\,\frac{\mathrm{kg}}{\mathrm{s}}. \tag{2}$$

Hieraus folgt als **Massenstromdichte**

$$j_\mathrm{m} = \frac{\mathrm{d}I_\mathrm{m}}{\mathrm{d}A} = \varrho v; \qquad \textit{Einheit:} \quad [j_\mathrm{m}] = 1\,\frac{\mathrm{kg}}{\mathrm{m}^2\mathrm{s}}. \tag{3}$$

Da der Massenstrom stets die Richtung der Teilchengeschwindigkeit $\boldsymbol{v}$ hat, gilt vektoriell

$$\boldsymbol{j}_\mathrm{m} = \varrho\boldsymbol{v} \qquad \textbf{(Vektor der Massenstromdichte).} \tag{4}$$

Wir betrachten jetzt den allgemeinen Fall, dass sich die Strömungsgeschwindigkeit $\boldsymbol{v}$ nach Größe und Richtung ändert, die Stromlinien also keine parallelen Geraden sind, und die Fläche A, welche auch gekrümmt sein kann, nicht notwendig senkrecht durchströmt wird (Bild 15.3a). Die Massenstromstärke durch ein kleines *gerichtetes* Flächenelement $\mathrm{d}\boldsymbol{A}$ mit dem Normaleneinheitsvektor $\boldsymbol{e}_\mathrm{n}$ ist dann, da in Wirklichkeit nur das zu $\boldsymbol{j}_\mathrm{m}$ *senkrechte* Flächenelement $\mathrm{d}A' = \mathrm{d}A\,\cos\alpha$ durchströmt wird (Bild 15.3b), nach (3)

$$\mathrm{d}I_\mathrm{m} = |\boldsymbol{j}_\mathrm{m}|\,\mathrm{d}A' = |\boldsymbol{j}_\mathrm{m}|\,\mathrm{d}A\,\cos\alpha = \boldsymbol{j}_\mathrm{m}\cdot\mathrm{d}\boldsymbol{A}, \tag{5}$$

also gleich dem Skalarprodukt aus dem Stromdichtevektor $\boldsymbol{j}_\mathrm{m}$ und dem Flächenvektor $\mathrm{d}\boldsymbol{A}$. Wird $\boldsymbol{j}_\mathrm{m}$ über eine *geschlossene* Fläche A_0 integriert, so erhält man den gesamten ein- und austretenden Massenstrom durch diese Fläche. Es bedeutet dann

$$I_\mathrm{m} = \oint_{A_0} \boldsymbol{j}_\mathrm{m} \cdot \mathrm{d}\boldsymbol{A} \begin{cases} > 0: & \text{Im umschlossenen Gebiet befinden sich } \textit{Quellen}. \\ < 0: & \text{Im umschlossenen Gebiet befinden sich } \textit{Senken}. \\ = 0: & \text{Das umschlossene Gebiet ist } \textit{quellenfrei}. \end{cases}$$

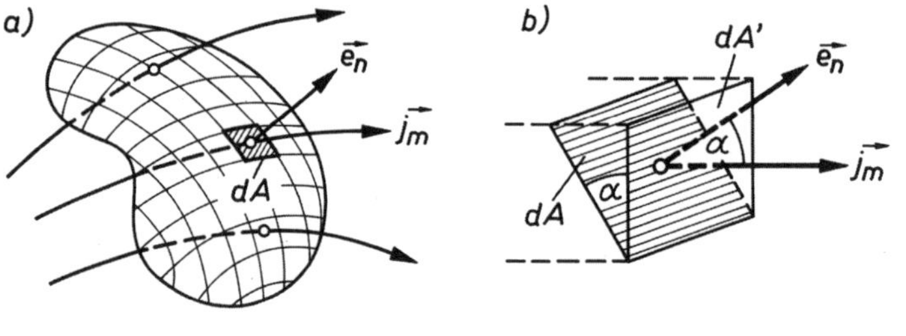

Bild 15.3. Durchströmung (Durchflutung) eines Flächenelements $\mathrm{d}A$; $\boldsymbol{e}_\mathrm{n}$ Normaleneinheitsvektor des Flächenelements

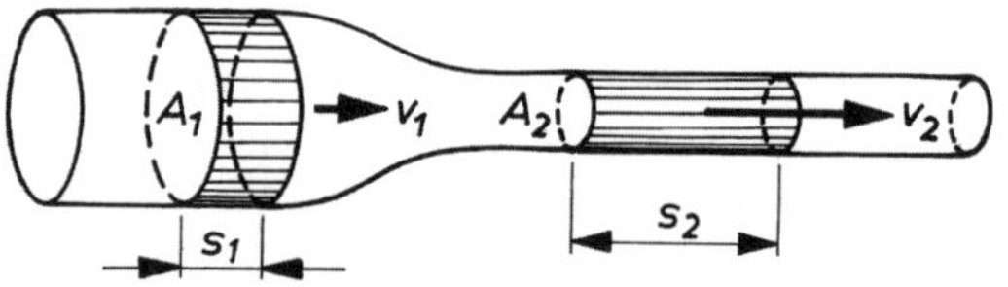

Bild 15.4. Zur Kontinuitätsgleichung $v_1 A_1 = v_2 A_2$

Der mathematische Ausdruck dafür, dass durch die Begrenzungsflächen eines bestimmten Raumelements zu jeder Zeit nicht mehr Flüssigkeit ein- als ausströmt (bzw. umgekehrt), ist also

$$I_\mathrm{m} = \frac{\mathrm{d}m}{\mathrm{d}t} = \oint \boldsymbol{j}_\mathrm{m} \cdot \mathrm{d}\boldsymbol{A} = \oint \varrho \boldsymbol{v} \cdot \mathrm{d}\boldsymbol{A} = 0. \tag{6}$$

Diese Beziehung nennt man die **Kontinuitätsgleichung** für Massenströme. Sie beinhaltet den *Satz von der Erhaltung der Masse*.

Bei Anwendung der Gleichung (6) auf die sich verengende Stromröhre in Bild 15.4 reduziert sich die Integration auf eine Summation der Massenströme durch die beiden Rohröffnungen mit den Querschnittsflächen A_1 und A_2, welche mit den Geschwindigkeiten v_1 und v_2 durchströmt werden. Bei der Bildung der beiden skalaren Produkte $\boldsymbol{v} \cdot \boldsymbol{A}$ ist zu beachten, dass die Flächenvektoren $\boldsymbol{A}_1$ und $\boldsymbol{A}_2$ jeweils nach außen orientiert sind. Für eine *inkompressible* Flüssigkeit, d. h. für $\varrho = \mathrm{const}$, folgt damit nach (6):

$$v_1 A_1 \cos 180° + v_2 A_2 \cos 0° = -v_1 A_1 + v_2 A_2 = 0,$$

$$v_1 A_1 = v_2 A_2 \qquad \text{oder} \qquad vA = \mathrm{const} \qquad \textbf{(Kontinuitätsgleichung).} \tag{7}$$

In einer Stromröhre verhalten sich die Strömungsgeschwindigkeiten umgekehrt proportional zu den Querschnittsflächen.

Mit $v = s/t$ folgt aus Gleichung (7)

$$\frac{s_1 A_1}{t} = \frac{s_2 A_2}{t}, \quad \text{d. h.} \quad \frac{V_1}{t} = \frac{V_2}{t} \quad \text{oder} \quad \frac{V}{t} = vA = \mathrm{const}. \tag{8}$$

In gleichen Zeiten werden alle Querschnitte einer Stromröhre von gleichen Volumina durchsetzt.

Bei stationär strömenden Gasen müssen Dichteschwankungen berücksichtigt werden. Es gilt dann für zwei Querschnitte einer Stromröhre nach (6)

$$\varrho_1 v_1 A_1 = \varrho_2 v_2 A_2. \tag{9}$$

15.3 Die Bernoullische Gleichung. Druckmessung

Eine Flüssigkeit bewege sich durch ein Rohr (Stromröhre) mit veränderlichem Querschnitt unter der Wirkung einer *Druckdifferenz* $p_1 - p_2$, die durch zwei Kolben an den Rohrenden mit den Querschnitten A_1 und A_2 durch die Kräfte F_1 und F_2 erzeugt wird (Bild 15.5). Beim Verschieben des Kolbens *1* um die Strecke s_1 wird die Arbeit $F_1 s_1 = p_1 A_1 s_1 = p_1 V$ auf die Flüssigkeit übertragen und bei der gleichzeitig stattfindenden Bewegung des Kolbens *2* um s_2 von der (inkompressiblen) Flüssigkeit die Arbeit $F_2 s_2 = p_2 A_2 s_2 = p_2 V$ abgegeben; der Differenzbetrag $(p_1 - p_2)V$ tritt als Zuwachs an kinetischer Energie (wegen $v_2 > v_1$) und an potentieller Energie der Flüssigkeitsteilchen zwischen den Höhenniveaus h_1 und h_2 in Erscheinung:

$$(p_1 - p_2)V = \frac{m}{2}(v_2^2 - v_1^2) + mg\,(h_2 - h_1).$$

Ordnen der Größen und Division durch das Volumen V führt von der Energiebilanz zu der als BERNOULLIsche *Gleichung* bezeichneten Druckbilanz

$$p_1 + \frac{\varrho}{2}v_1^2 + \varrho g h_1 = p_2 + \frac{\varrho}{2}v_2^2 + \varrho g h_2. \qquad (10)$$

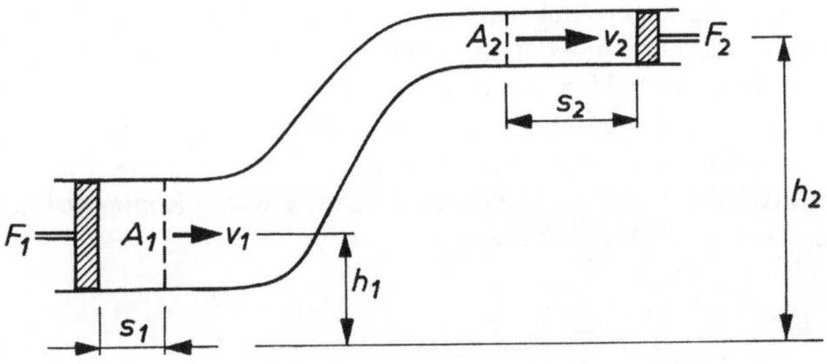

Bild 15.5. Zur Herleitung der BERNOULLIschen Gleichung

Verläuft die Stromröhre *horizontal* wie in Bild 15.4, also $h_1 = h_2$, so wird

$$p_1 + \frac{\varrho}{2}v_1^2 = p_2 + \frac{\varrho}{2}v_2^2 \qquad (11)$$

oder

$$p + \frac{\varrho}{2}v^2 = p_g = \text{const} \qquad \textbf{(Bernoullische Gleichung).} \qquad (12)$$

Darin ist p der *statische Druck* (Kolbendruck), die Größe $\varrho v^2/2$ wird als *dynamischer Druck* oder *Staudruck* bezeichnet. Die in der ganzen Strömung konstante Summe aus beiden Drücken kennzeichnet den *Gesamtdruck*; er ist gleich dem statischen Druck in der ruhenden Flüssigkeit, wenn also $v = 0$ ist.

In einer horizontalen Stromröhre ist der Gesamtdruck, das ist die Summe aus statischem Druck und Staudruck, überall gleich.

Je größer also an einer bestimmten Stelle die Strömungsgeschwindigkeit und damit der Staudruck ist, um so kleiner ist dort der statische Druck und umgekehrt. Trifft z. B. die Strömung auf ein ihr entgegenstehendes Hindernis, an dem in einem bestimmten Punkt die Strömungsgeschwindigkeit $v_2 = 0$ ist, so muss der dort herrschende statische Druck p_2 nach (11) gleich der Summe aus statischem Druck und Staudruck $p_1 + \varrho v_1^2/2$ in der übrigen Strömung sein. Der Druckanstieg $\Delta p = p_2 - p_1$ in diesem als **Staupunkt** bezeichneten Hindernispunkt ist der Staudruck.

Im Staupunkt herrscht der größte (statische) Druck, der in der gesamten Strömung überhaupt auftreten kann.

Druckmessung. Die verschiedenen Druckgrößen in einer Strömung (statischer Druck, Staudruck und Gesamtdruck) lassen sich mit Hilfe der in Bild 15.6 dargestellten Vorrichtungen messen. Die im Bildteil a gezeigte **Druckmesssonde**, deren Öffnung *tangential zur Strömung* liegt, gestattet die Messung des statischen Druckes p, indem dieser über ein U-Rohr-Manometer mit dem äußeren Luftdruck p_0 verglichen

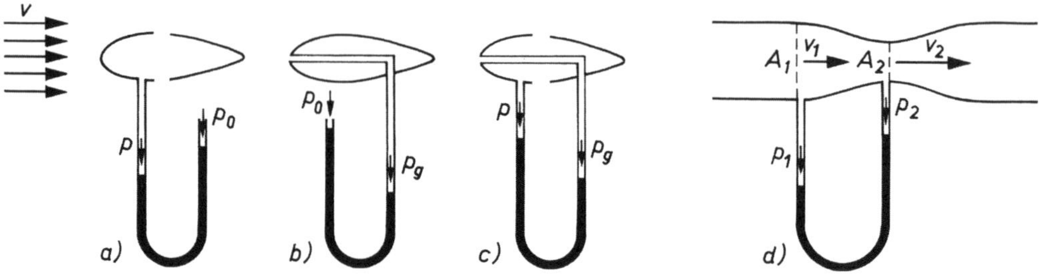

Bild 15.6. Druckmesssonden (Erläuterungen im Text)

wird. Ist die Öffnung der Sonde der Strömung zugewandt (Bildteil b), so kann mit dem sog. **Pitot-Rohr** die Differenz zwischen Gesamtdruck p_g und dem äußeren Druck gemessen werden. Das **Prandtlsche Staurohr** (Bildteil c) ist eine Kombination der beiden vorgenannten Strömungsmesssonden. Die von ihm angezeigte Differenz von Gesamtdruck und statischem Druck ist nach (12) gleich dem Staudruck $\varrho v^2/2$. Mit dieser Sonde kann daher an jeder Stelle des Strömungsfeldes die Strömungsgeschwindigkeit v gemessen werden. Für die als **Venturi-Düse** bekannte Querschnittsverengung des Rohres (Bildteil d) ergibt sich nach (1) und (11) am Manometer die Druckdifferenz

$$p_1 - p_2 = \frac{\varrho}{2}\,(v_2^2 - v_1^2) = \frac{\varrho I^2}{2}\left(\frac{1}{A_2^2} - \frac{1}{A_1^2}\right).$$

Als Funktion bekannter oder leicht messbarer Größen folgt daraus der Volumenstrom

$$I = \frac{V}{t} = A_1 A_2 \sqrt{\frac{2\,(p_1 - p_2)}{\varrho\,(A_1^2 - A_2^2)}}.$$

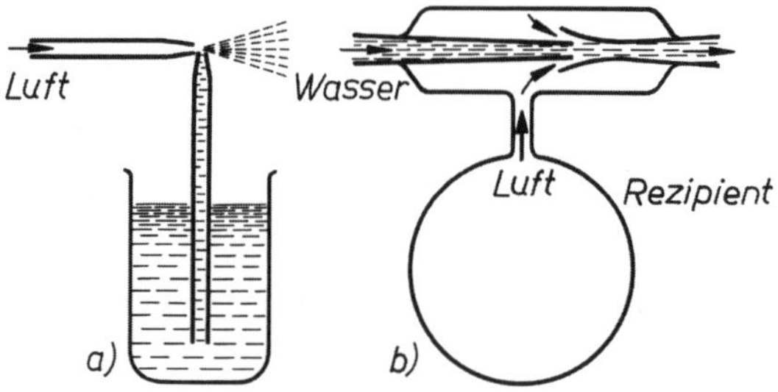

Bild 15.7. a) Zerstäuber; b) Wasserstrahlpumpe

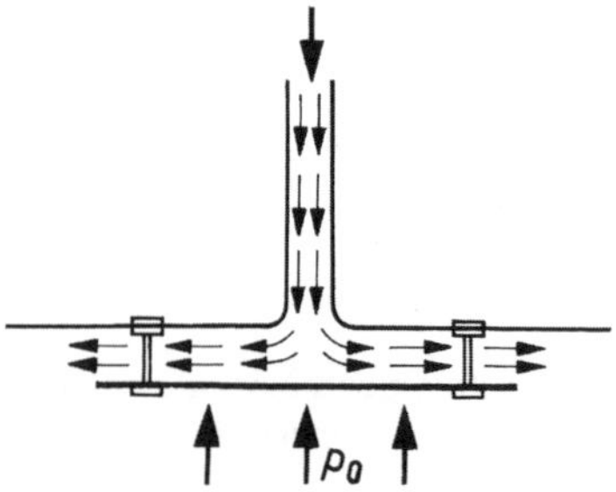

Bild 15.8. Aerodynamisches Paradoxon

Anwendungen der Bernoullischen Gleichung. Es gibt zahlreiche Erscheinungen und Vorrichtungen, die darauf beruhen, dass bei einer Zunahme des Staudruckes bzw. der Strömungsgeschwindigkeit gemäß (12) der statische Druck abnimmt. Als Beispiel zeigt Bild 15.7a einen **Zerstäuber**: Der durch das waagrechte Rohr strömende Luftstrom wird mittels einer Düse eingeengt und beschleunigt, so dass der am oberen Rand des Steigrohres wirkende statische Druck kleiner ist als der auf die Flüssigkeitsoberfläche

im Becherglas wirkende äußere Druck bzw. Gesamtdruck; die Flüssigkeit wird durch das Steigrohr nach oben gedrückt und an der Düse versprüht.
Bei der **Wasserstrahlpumpe** (Bild 15.7b) wird ein Wasserstrahl mittels einer Düse eingeschnürt. Infolge des verminderten statischen Druckes werden die Gasmoleküle der Umgebung angesaugt und mitgerissen. Der angeschlossene Rezipient kann so annähernd bis auf den Dampfdruck des Wassers (etwa 37 hPa bei 300 K) evakuiert werden.
Als **aerodynamisches Paradoxon** wird die Erscheinung bezeichnet, dass ein Gas- oder Flüssigkeitsstrahl, der aus einem Rohr gegen eine quer gestellte bewegliche Platte strömt (Bild 15.8), diese nicht wegbläst, sondern im Gegenteil sogar anzieht, da der von unten gegen die Platte wirkende äußere Druck p_0 den von oben wirkenden statischen Druck in der Strömung übertrifft.

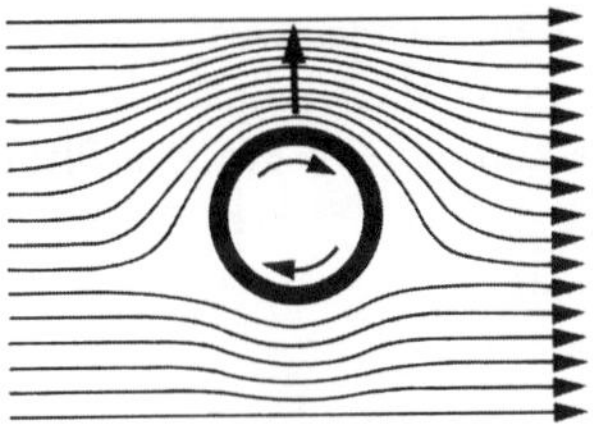

Bild 15.9. MAGNUS-Effekt

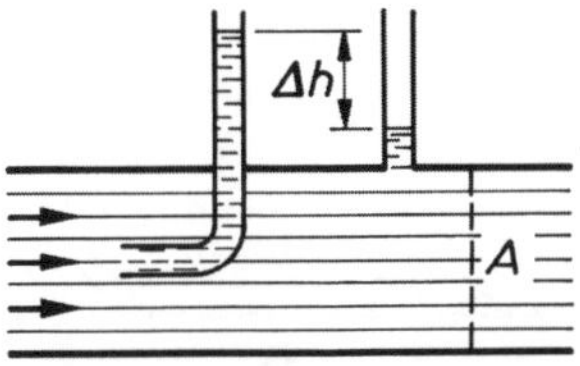

Bild 15.10. Durchflussmessung (s. Rechenbeispiel 2)

Magnus-Effekt: Wird ein rotierender Zylinder von einer Flüssigkeit oder einem Gas umströmt, so stellt sich in der Umgebung desselben das in Bild 15.9 dargestellte Stromlinienbild ein. Da die Stromlinien oberhalb des Zylinders dichter und unterhalb weniger dicht als im Falle des ruhenden Zylinders verlaufen, ist nach der BERNOULLIschen Gleichung der statische Druck oberhalb des Zylinders kleiner als unterhalb, und der Zylinder erfährt eine nach oben quer zur Strömung gerichtete Kraft. In gleicher Weise lässt sich auch die von der normalen Wurfparabel abweichende Flugbahn eines mit Effet gespielten Tennis- oder Fußballs erklären.

Beispiele: *1.* Berechne die Geschwindigkeit v_0, mit der ein Gas aus einem Gefäß, in welchem es unter dem Druck p steht, in den freien Raum (Atmosphärendruck p_0) ausströmt! Das Gas soll sich im Innern des Gefäßes in Ruhe befinden. – *Lösung:* Für eine horizontal verlaufende Stromlinie ist nach (12) $p = p_0 + \varrho v_0^2/2$. Mit $\Delta p = p - p_0$ als Überdruck im Gefäß folgt hieraus

$$v_0 = \sqrt{\frac{2\Delta p}{\varrho}} \qquad \text{(BUNSENsches \textit{Ausströmungsgesetz}).} \tag{13}$$

2. Durch ein Rohr vom Querschnitt $A = 1\,\mathrm{dm}^2$ strömt eine ideale Flüssigkeit. Zwei Flüssigkeitsmanometer der in Bild 15.10 gezeigten Art zeigen eine Höhendifferenz von $\Delta h = 35\,\mathrm{cm}$ an. Welches Flüssigkeitsvolumen strömt je Sekunde durch das Rohr? – *Lösung:* Da das vorn liegende Manometer den Gesamtdruck und das dahinter liegende nur den statischen Druck anzeigt, liefert die Differenz beider Anzeigen den Staudruck: $\varrho v^2/2 = \varrho g \Delta h$ (nach (14/3)). Daraus folgt für die Strömungsgeschwindigkeit $v = \sqrt{2g\Delta h} = 2{,}62\,\mathrm{m/s}$. Aus der Kontinuitätsgleichung (8) erhält man hiermit $V/t = vA = 0{,}0262\,\mathrm{m^3/s} = 26{,}2\,\mathrm{l/s}$.

Aufgabe 15.1. Wie ändern sich im Bild 15.10 die Manometeranzeigen, wenn durch Schließen eines Ventils am Ende der Leitung die Strömung unterbrochen wird?

Aufgabe 15.2. Berechne mit Hilfe der BERNOULLIschen Gleichung (10) die Ausflussgeschwindigkeit v_1 durch die Seitenöffnung eines oben offenen Gefäßes in den freien Raum (Atmosphärendruck p_0)! Die Ausflussöffnung soll um $\Delta h = h_2 - h_1$ unter dem Flüssigkeitsspiegel liegen, und ihr Querschnitt soll im Vergleich zu dem des Gefäßes sehr klein sein, so dass die Absinkgeschwindigkeit des Spiegels vernachlässigt werden kann ($v_2 \approx 0$).

15.4 Strömungen realer Flüssigkeiten und Gase. Laminare Strömung

Bei der Bewegung *realer Fluide* werden zwischenmolekulare Wechselwirkungskräfte zwischen den Teilchen wirksam, die man unter dem Begriff der *inneren Reibung* zusammenfasst. Auf ihnen beruht die **Viskosität** (Zähflüssigkeit) der Flüssigkeiten und Gase. Diese ist z. B. bei Wasser nicht so auffällig wie bei dickflüssigen Stoffen (Sirup, Pech), deren innere Reibung besonders groß ist.

Die innere Reibung einer Flüssigkeit spielt bei der **laminaren (schlichten) Strömung** eine dominierende Rolle. Im Gegensatz zur *turbulenten* Strömung, bei welcher der Hauptbewegung der Flüssigkeitsteilchen eine ungeordnete Mischbewegung überlagert ist, gleiten in der *laminaren Strömung* Flüssigkeitsschichten (Lamellen) mit verschiedenen Geschwindigkeiten übereinander hinweg, ohne sich zu durchmischen (Bild 15.11). Die Flüssigkeitsteilchen bewegen sich nur in Strömungsrichtung, haben also keine Geschwindigkeitskomponente quer zur Strömungsrichtung.

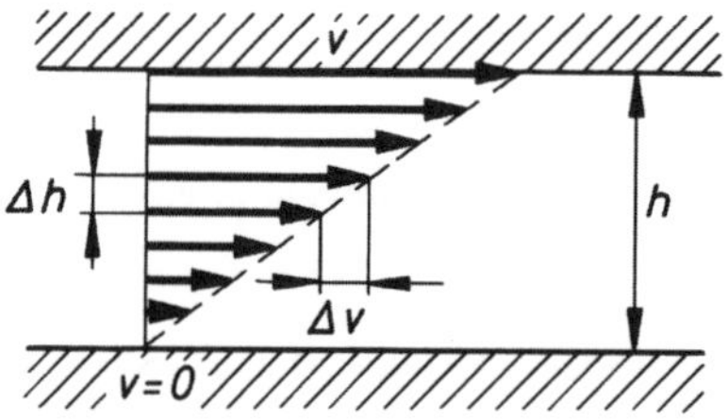

Bild 15.11. Zur Herleitung des NEWTONschen Reibungsgesetzes (14) für die laminare Strömung

Eine solche Strömung kann z. B. dadurch erzeugt werden, dass nach Bild 15.11 zwei ebene Platten, zwischen denen sich eine Flüssigkeitsschicht der Höhe h befindet, relativ zueinander langsam tangential bewegt werden. Die obere, mit der Geschwindigkeit v bewegte Platte nimmt die an ihr wegen der *Adhäsionskräfte* fest haftende Flüssigkeitsschicht, die sog. **Grenzschicht**, mit, die nun ihrerseits infolge Reibung die darunter befindliche Flüssigkeitslamelle zu einer gleich gerichteten Bewegung mit einer um Δv kleineren Geschwindigkeit veranlasst usw. An der unteren (ruhenden) Platte haftet die Flüssigkeit ebenfalls und ist daher dort in Ruhe. Auf diese Weise entsteht in der Flüssigkeit ein *Geschwindigkeitsgefälle* v/h bzw. $\Delta v/\Delta h$, das jedoch nicht notwendig linear (wie in Bild 15.11) zu sein braucht; es wird daher besser durch $\mathrm{d}v/\mathrm{d}h$ beschrieben.

Die der Bewegung entgegengesetzte **Reibungskraft** F_{R}, welche den Bewegungswiderstand der zähen Flüssigkeit verkörpert, ist dem Geschwindigkeitsgefälle und der Fläche A, mit der die Platte die Flüssigkeit berührt, proportional:

$$F_{\mathrm{R}} = \eta A \frac{\mathrm{d}v}{\mathrm{d}h} \qquad \textbf{(Newtonsches Reibungsgesetz).} \tag{14}$$

In der sog. *stationären Parallelströmung* gemäß Bild 15.11 greift also an jeder Flüssigkeitsschicht in Strömungsrichtung eine *Schubspannung* (13/11) $\tau = F_{\mathrm{R}}/A = \eta(\mathrm{d}v/\mathrm{d}h)$ an, die dem örtlichen Geschwindigkeitsgefälle proportional ist.

η ist dabei eine Stoffkonstante; sie wird **dynamische Viskosität** genannt und hat die

Einheit: $[\eta] = 1\ \mathrm{N\,s/m^2} = 1\ \mathrm{Pa\,s}$.

Der Kehrwert von η wird *Fluidität* und der Quotient $\nu = \eta/\varrho$ (ϱ Dichte) **kinematische Viskosität** genannt (*Einheit:* $[\nu] = 1\ \mathrm{m^2/s}$).

Die Tabelle 15.1 gibt für eine Auswahl von Stoffen eine Übersicht über die Viskositätswerte.

Tabelle 15.1. Dynamische und kinematische Viskosität einiger Stoffe bei verschiedenen Temperaturen ϑ

Stoff	ϑ (°C)	η (mPa s)	ν (mm^2/s)
Luft	0	0,017 2	13
	20	0,018 2	15
	100	0,021 8	23
Wasserdampf	100	0,017 2	29
	250	0,018 4	44
Helium	20	0,022 0	123,2
Ethanol	20	1,16	1,47
Wasser	0	1,792	1,794
	20	1,005	1,007
	100	0,284	0,296
Motorenöl	20	20 ... 10 000	20 ... 10 000
Rizinusöl	20	950	1 090
Geräteglas	700	10^8	$0{,}4 \cdot 10^8$
Pech	20	$3 \cdot 10^{10}$	$2{,}5 \cdot 10^{10}$

15.5 Gesetze von Hagen-Poiseuille und Stokes

Eine wichtige praktische Anwendung findet das NEWTONsche Reibungsgesetz (14) bei der Behandlung der laminaren *Durchströmung eines Rohres*. HAGEN und POISEUILLE bestimmten den Volumenstrom durch ein Rohr der Länge l und vom Radius R unter dem Einfluss eines Druckgefälles $(p_1 - p_2)/l$ zwischen den Rohrenden zu

$$I = \frac{V}{t} = \frac{\pi R^4 (p_1 - p_2)}{8\eta l} \qquad \textbf{(Gesetz von Hagen-Poiseuille).} \tag{15}$$

Bei der Herleitung dieser zunächst experimentell gefundenen Beziehung wird davon ausgegangen, dass – wie in Bild 15.12 dargestellt – koaxiale zylindrische Flüssigkeitsschichten langsam aufeinander abgleiten. Als Volumenelement im Rohrinnern betrachten wir einen Flüssigkeitszylinder mit dem Radius $r < R$, der am angrenzenden Hohlzylinder der Dicke dr abgleitet. Die auf dieses Volumenelement wirkende Druckkraft (Druckdifferenz mal Zylinderquerschnitt) hält der am Zylindermantel (Fläche A) angreifenden Reibungskraft (14) das Gleichgewicht:

$$(p_1 - p_2)\,\pi r^2 = -\eta A \,\frac{\mathrm{d}v}{\mathrm{d}r} = -\eta \cdot 2\pi r l \,\frac{\mathrm{d}v}{\mathrm{d}r}.$$

Das negative Vorzeichen bei der Reibungskraft bedeutet, dass die Geschwindigkeit der Schichten mit wachsendem Radius abnimmt. Daraus folgt nach Umstellung

$$r\,\mathrm{d}r = -\frac{2\eta l}{p_1 - p_2}\,\mathrm{d}v \qquad \text{und nach Integration} \qquad r^2 = -\frac{4\eta l}{p_1 - p_2}v + C.$$

Die Integrationskonstante C findet man aus der *Haftbedingung* $v = 0$ für $r = R$ zu $C = R^2$. Damit erhält man für die Geschwindigkeit in Abhängigkeit vom Abstand r von der Rohrmitte:

$$v(r) = \frac{p_1 - p_2}{4\eta l}\,(R^2 - r^2) \qquad \textbf{(parabolisches Geschwindigkeitsgefälle).} \tag{16}$$

Die Volumenstromstärke durch ein Flächenelement des Rohrquerschnitts $dA = 2\pi r\, dr$ beträgt nach (1) $dI = v(r)\, dA = 2\pi r\, dr\, v(r)$. Mit (16) folgt hieraus für den gesamten Volumenstrom durch das Rohr

$$I = \int_0^R \frac{\pi\,(p_1 - p_2)}{2\eta l}\,(R^2 - r^2) r\, dr = \frac{\pi R^4\,(p_1 - p_2)}{8\eta l}.$$

Das HAGEN-POISEUILLEsche Gesetz spielt u. a. in der Physiologie des Blutkreislaufs eine wichtige Rolle; geringfügige Veränderungen der Gefäßquerschnitte bewirken wegen $I \sim R^4$ große Veränderungen im Blutdurchsatz.

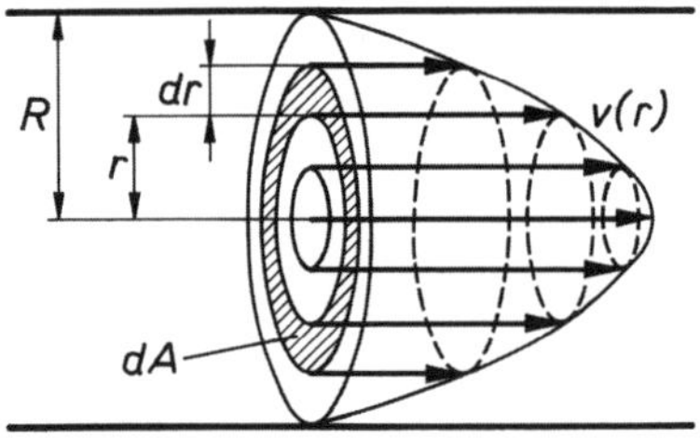

Bild 15.12. Laminare Durchströmung eines Rohres (parabolisches Geschwindigkeitsprofil)

Definiert man nach Gleichung (1) durch $I = \bar{v}\pi R^2$ eine mittlere Strömungsgeschwindigkeit $\bar{v}$ im Rohr und berücksichtigt, dass $\pi R^2\,(p_1 - p_2)$ die an der Flüssigkeit im Rohr von außen angreifende Kraft ist, welche aus Gleichgewichtsgründen dem Betrage nach gleich dem Reibungswiderstand F_R sein muss, so folgt aus (15)

$$F_R = 8\pi\eta l\bar{v} \quad \textbf{(Reibungskraft der Rohrströmung).} \qquad (17)$$

Einen ähnlichen Ausdruck erhält man für die Reibungskraft bei der *Umströmung einer Kugel*, wobei anstelle der Rohrlänge l der Kugelradius R als charakteristische Länge eingeht:

$$F_R = 6\pi\eta R v \quad \textbf{(Stokessches Reibungsgesetz).} \qquad (18)$$

Dabei ist es gleichgültig, ob die Kugel in Ruhe ist und von der Flüssigkeit umströmt wird oder ob sie sich mit der Geschwindigkeit v durch die ruhende Flüssigkeit bewegt.

Beispiele: *1.* Wie ändert sich der Volumenstrom durch ein zylindrisches Rohr, wenn sich der Rohrdurchmesser infolge von Ablagerungen um 15% verringert? – *Lösung:* Nach (15) gilt $I_2 : I_1 = R_2^4 : R_1^4 = (0{,}85 R_1)^4 : R_1^4 = 0{,}85^4 = 0{,}52$. Der Volumenstrom verringert sich demnach auf 52% des ursprünglichen Wertes.

2. Mit dem *Kugelfallviskosimeter* wird die Zähigkeit einer Flüssigkeit dadurch bestimmt, dass man eine Kugel in der Flüssigkeit zu Boden sinken lässt und dabei die sich einstellende *konstante* Sinkgeschwindigkeit misst. Diese folgt aus dem Gleichgewicht zwischen der nach unten gerichteten Gewichtskraft der Kugel $G = \varrho_K V_K g$ einerseits und den nach oben gerichteten Kräften an der Kugel, der Reibungskraft (18) $F_R = 6\pi\eta R v$ und der Auftriebskraft (14/4) $F_A = \varrho_{Fl} V_K g$ andererseits, also $G = F_R + F_A$, mit $V_K = 4\pi R^3/3$ zu

$$v = \frac{2\,(\varrho_K - \varrho_{Fl}) R^2 g}{9\eta} \quad \textbf{(Sinkgeschwindigkeit einer Kugel).} \qquad (19)$$

Wie groß ist die dynamische Viskosität von Motorenöl ($\varrho_{Fl} = 0{,}85$ g/cm^3), wenn die Kugel vom Radius $R = 3$ mm und der Dichte $\varrho_K = 2{,}5$ g/cm^3 in 8,5 s eine Strecke von 30 cm durchfällt? – *Lösung:* Mit $v = s/t$ folgt aus (19) nach Umstellung $\eta = 0{,}92$ Pa s.

Aufgabe 15.3. Eine Staumauer hat 1,5 m unter dem Wasserspiegel eine röhrenförmige Öffnung von 2 mm Radius und 2 m Länge. Wie viel Wasser ($\eta = 10^{-3}$ Pa s) geht hierdurch an einem Tag verloren?

15.6 Umströmung durch reale Flüssigkeiten und Gase. Reynolds-Zahl

Umströmt eine reale Flüssigkeit oder ein reales Gas z. B. einen Kreiszylinder (Bild 15.13), dann rufen – im Unterschied zur Umströmung durch eine ideale Flüssigkeit oder ein ideales Gas – die durch Reibung entstehenden *Wirbel* eine unsymmetrische Druckverteilung vor und hinter dem Zylinder hervor, was dazu führt, dass auf diesen in Strömungsrichtung eine Kraft,

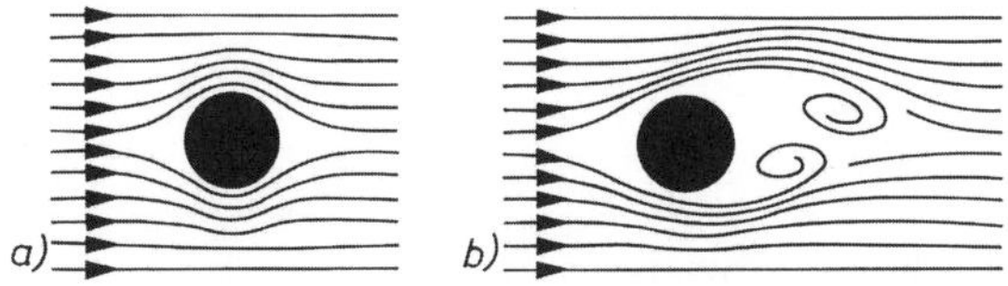

Bild 15.13. Umströmung eines Zylinders
a) durch eine ideale Flüssigkeit,
b) durch eine reale Flüssigkeit (Wirbelbildung)

der **Strömungswiderstand** F_W, ausgeübt wird. Dabei ist F_W dem Staudruck $\varrho v^2/2$ sowie der *Stirnfläche A* des Strömungskörpers (d. i. der größte, der Strömung entgegenstehende Querschnitt) proportional:

$$F_W = c_W A \frac{\varrho v^2}{2} \quad \textbf{(Strömungswiderstand).} \qquad (20)$$

Die dimensionslose Zahl c_W ist der **Widerstandsbeiwert**, der weitgehend durch die Form des Körpers bestimmt wird. Er wird im Allgemeinen durch Versuche im *Strömungs-* bzw. *Windkanal*, in dem der Körper aufgehängt und dabei umströmt wird, ermittelt. Durch Wahl einer günstigen Form für den umströmten Körper *(Stromlinienform)* kann die Wirbelbildung stark verringert und der Strömungswiderstand merklich herabgesetzt werden. Für einige Körper sind die c_W-Werte in der Tabelle 15.2 angegeben.

Tabelle 15.2. Widerstandsbeiwerte c_W einiger Körper

Dünne ebene Kreisplatte	1,11
Halbkugel, Rundung gegen die Strömung	0,40
Rundung von der Strömung abgewandt	1,17
Kugel	0,2 … 0,4
Halbkugelschale, Rundung gegen die Strömung	0,34
Höhlung gegen die Strömung	1,3 … 1,6
Kraftwagen	
offen, alte Form	1,0
geschlossene, leicht gerundete Form	0,4 … 0,5
Stromlinienform	0,2
Stromlinienkörper	0,055

Erreicht die Strömungsgeschwindigkeit die *Schallgeschwindigkeit*, so steigt c_W zunächst stark an **(Schallmauer)**, um dann wieder etwas abzufallen. Gibt man die Geschwindigkeit v im Verhältnis zur Schallgeschwindigkeit c an, so erhält man die sog. **Mach-Zahl** $Ma = v/c$. Von $Ma \approx 0,7$ an darf Luft nicht mehr als inkompressibel angesehen werden, sie wird in zunehmendem Maße auf der Stirnseite des bewegten Körpers komprimiert, was mit einem *Knall* und mit zum Teil wesentlicher *Erwärmung* verbunden ist.

Ähnliche Strömungen. Da im Allgemeinen die Berechnung des Strömungswiderstandes (20) mathematisch sehr aufwändig ist, zieht man Messungen vor, die bei größeren Objekten (wie Raketen, Flugzeugen, Schiffen) zunächst an einem verkleinerten *Modell* durchgeführt werden. Dabei ist zu beachten, dass eine geometrische Ähnlichkeit zwischen Original- und Modellkörper noch keine *hydrodynamische Ähnlichkeit* zwischen Original- und Modellströmung garantiert.

Hierzu ist zusätzlich erforderlich, dass das *Verhältnis von kinetischer Energie* des strömenden Mediums *zur Reibungsarbeit* desselben *für die Original- und Modellströmung gleich* ist. Kennzeichnet man eine für den Widerstandskörper charakteristische Abmessung von Original und Modell (z. B. Spannweite eines Flugzeuges oder Radius eines Rohres) durch die Längen l_O und l_M, so ist l_O/l_M das *geometrische Ähnlichkeitsverhältnis* beider Körper, das auch für alle anderen Längen gelten muss. Original- und Modellströmung sind dann hydrodynamisch ähnlich, wenn gilt

$$\frac{\varrho_O l_O v_O}{\eta_O} = \frac{\varrho_M l_M v_M}{\eta_M}, \tag{21}$$

d. h., wenn die Werte der dimensionslosen Größe

$$Re = \frac{\varrho l v}{\eta} \qquad \textbf{(Reynolds-Zahl)} \tag{22}$$

für Original- und Modellströmung gleich sind. Wird also im Modell l kleiner gewählt, so muss, um das gleiche Strömungsbild wie beim Original zu erhalten, im Modellversuch die Strömungsgeschwindigkeit v oder die Dichte ϱ des strömenden Mediums entsprechend erhöht oder dessen Zähigkeit η herabgesetzt werden.

Geometrisch ähnliche Körper erzeugen hydrodynamisch ähnliche Strömungen, wenn ihre Reynolds-Zahlen gleich sind.

In diesem Fall sind auch die Widerstandsbeiwerte c_W gleich; denn es folgt z. B. für eine umströmte Kugel durch Gleichsetzen der Reibungswiderstände (18) und (20)

$$6\pi\eta R v = c_W(\pi R^2)\frac{\varrho}{2}v^2; \qquad c_W = 12\frac{\eta}{\varrho R v},$$

d. h., $c_W \sim 1/Re$. In einer laminaren Strömung sind die Reibungskräfte dominierend und daher die REYNOLDS-Zahlen klein. Oberhalb einer kritischen REYNOLDS-Zahl, wenn z. B. die Strömungsgeschwindigkeit eine gewisse Grenze überschreitet, wird die Strömung instabil, sie schlägt von der laminaren in die mit Wirbelbildung verbundene *turbulente* Strömungsform um (bei der Rohrströmung z. B. bei $Re = 1160$, wenn für l in (22) der Rohr*halbmesser* eingesetzt wird).

Beispiele: *1.* Der Strömungswiderstand eines Kraftwagens bei einer Geschwindigkeit von 108 km/h soll am Modell im Windkanal bestimmt werden. Der Durchmesser der maximalen Querschnittsfläche ist beim Kraftwagen $d_K = 1{,}5$ m, beim Modell $d_M = 1{,}0$ m. Berechne die erforderliche Strömungsgeschwindigkeit v_M im Windkanal! – *Lösung:* Nach (22) ist $Re_K = (1{,}5\text{ m}) \cdot (30\text{ m/s})\varrho/\eta$ und $Re_M = (1{,}0\text{ m})v_M\varrho/\eta$. Mit (21) $Re_K = Re_M$ wird $v_M = 45$ m/s $= 162$ km/h.

2. Berechne die zur Überwindung des Luftwiderstandes eines Kraftwagens (Stirnfläche 2 m²; $c_W = 0{,}45$) erforderliche Antriebsleistung bei einer Geschwindigkeit von 100 km/h! $\varrho_{\text{Luft}} \approx 1{,}3\text{ kg/m}^3$. – *Lösung:* Nach (7/10) und (20) ist die Leistung $P = F_W v = c_W A\varrho v^3/2 \approx 12{,}5$ kW.

Aufgabe 15.4. Welches Volumen darf je Minute maximal durch ein Wasserleitungsrohr vom Durchmesser 4 cm fließen, damit die Strömung noch als laminar angesehen werden kann? $\eta = 10^{-3}$ Pa s; $\varrho = 1\text{ kg/dm}^3$; kritische REYNOLDS-Zahl s. oben.

Aufgabe 15.5. Berechne die Sinkgeschwindigkeit eines Fallschirms ($c_W = 1{,}35$) von 50 m² Stirnfläche, der mit 800 N belastet ist, a) in Bodennähe, b) in 5,5 km Höhe (halber Luftdruck)! Dichte $\varrho = 1{,}3\text{ kg/m}^3$.

15.7 Die Bewegungsgleichung eines Fluids

Die vollständige Beschreibung des Strömungsfeldes einer Flüssigkeit oder eines Gases, d. h. die Angabe des Geschwindigkeits- oder Druckzustandes an jedem Ort x, y, z zu einem beliebigen Zeitpunkt t, erfordert die Lösung der *Bewegungsgleichung des Fluids.* Zu ihrer Aufstellung gehen wir von den Kräften aus, die an einem bewegten Fluidelement mit den Kantenlängen $\mathrm{d}x$, $\mathrm{d}y$, $\mathrm{d}z$ und der Masse $\mathrm{d}m = \varrho\,\mathrm{d}V = \varrho\,\mathrm{d}x\,\mathrm{d}y\,\mathrm{d}z$ (Dichte ϱ) angreifen. Es sind dies zum einen *äußere (eingeprägte)* Kräfte $\mathrm{d}\boldsymbol{F}$ (z. B. die Schwerkraft $\boldsymbol{g}\,\mathrm{d}m$), zum anderen als „innere" Kräfte die *Trägheitskraft* (5/4) $-\boldsymbol{a}\,\mathrm{d}m = -(\mathrm{d}\boldsymbol{v}/\mathrm{d}t)\,\mathrm{d}m$ sowie die *Druckkraft*. Die x-Komponente der Druckkraft ergibt sich aus der Differenz der Drücke auf die beiden in x-Richtung orientierten, im Abstand $\mathrm{d}x$ liegenden Begrenzungsflächen $\mathrm{d}A_x = \mathrm{d}y\,\mathrm{d}z$ des Fluidelements (Bild 15.14):

$$p\,\mathrm{d}A_x - \left(p + \frac{\partial p}{\partial x}\mathrm{d}x\right)\mathrm{d}A_x = -\frac{\partial p}{\partial x}\,\mathrm{d}x\,\mathrm{d}A_x = -\frac{\partial p}{\partial x}\,\mathrm{d}V;$$

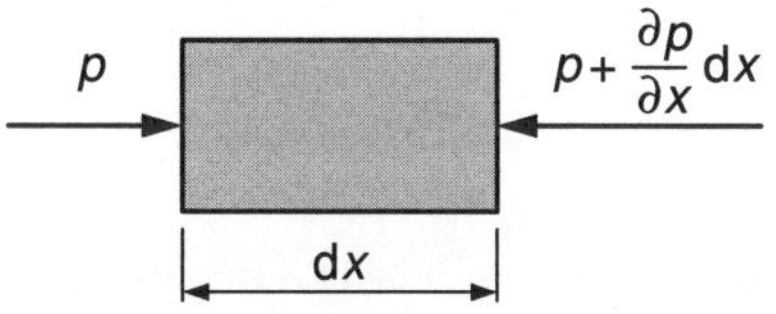

Bild 15.14. Auf ein Fluidelement in x-Richtung wirkende Druckkraft

entsprechendes gilt für die y- und z-Komponente. (Dabei ist $\partial p/\partial x$ die sog. *partielle* Ableitung; sie wird gebildet, indem bei der Differentiation nach x die übrigen Variablen y, z und t konstant gehalten werden.) Für den Vektor der Druckkraft folgt somit ($\boldsymbol{i}$, $\boldsymbol{j}$, $\boldsymbol{k}$ Einheitsvektoren):

$$-\left(\frac{\partial p}{\partial x}\boldsymbol{i} + \frac{\partial p}{\partial y}\boldsymbol{j} + \frac{\partial p}{\partial z}\boldsymbol{k}\right)\mathrm{d}V = -(\operatorname{grad} p)\,\mathrm{d}V \qquad \textbf{(Druckkraft).}$$

Dabei ist $\operatorname{grad} p$ der *Druckgradient*, ein Vektor, der stets in die Richtung größter Druckzunahme weist. Für jedes Fluidelement muss aus Gleichgewichtsgründen gefordert werden, dass die Vektorsumme aller an ihm angreifenden Kräfte, also von äußerer Kraft, Druckkraft und Trägheitskraft, gleich null ist (D'ALEMBERTsches Prinzip, vgl. 5.1). Als Bewegungsgleichung folgt daraus, wenn alle Kräfte noch durch die Masse $\mathrm{d}m$ dividiert werden:

$$\boldsymbol{f} - \frac{1}{\varrho}\operatorname{grad} p - \frac{\mathrm{d}\boldsymbol{v}}{\mathrm{d}t} = 0 \qquad \textbf{(Bewegungsgleichung).} \tag{23}$$

Dabei ist $\boldsymbol{f} = \mathrm{d}\boldsymbol{F}/\mathrm{d}m$ die sog. *Massenkraft*, $\varrho\boldsymbol{f} = \mathrm{d}\boldsymbol{F}/\mathrm{d}V$ die *Volumenkraft*.

Für $\boldsymbol{v} = 0$ erhält man aus (23) die **Grundgleichung der Hydrostatik** $\varrho\boldsymbol{f} = \operatorname{grad} p$. Ist $\boldsymbol{F} = m\boldsymbol{g}$ die Schwerkraft in $(-z)$-Richtung und somit $f_z = F/m = -g$, so folgt mit $(\operatorname{grad} p)_z = \partial p/\partial z$ die *Änderung des Schweredrucks* (14/3) $-\Delta p = \varrho g\,\Delta z$ (Druckabnahme bei Zunahme der Höhe z in der Flüssigkeit).

Mit dem *totalen* Differential des Vektors der Strömungsgeschwindigkeit $\boldsymbol{v}(x, y, z, t)$

$$\mathrm{d}\boldsymbol{v} = \frac{\partial \boldsymbol{v}}{\partial t}\mathrm{d}t + \frac{\partial \boldsymbol{v}}{\partial x}\mathrm{d}x + \frac{\partial \boldsymbol{v}}{\partial y}\mathrm{d}y + \frac{\partial \boldsymbol{v}}{\partial z}\mathrm{d}z$$

und $\mathrm{d}x/\mathrm{d}t = v_x$ usw. folgt für die Beschleunigung eines Fluidelements

$$\frac{\mathrm{d}\boldsymbol{v}}{\mathrm{d}t} = \frac{\partial \boldsymbol{v}}{\partial t} + v_x\frac{\partial \boldsymbol{v}}{\partial x} + v_y\frac{\partial \boldsymbol{v}}{\partial y} + v_z\frac{\partial \boldsymbol{v}}{\partial z} \tag{24}$$

und damit aus Gleichung (23) die **Eulersche Gleichung der Hydrodynamik**

$$\boldsymbol{f} - \frac{1}{\varrho}\operatorname{grad} p = \frac{\partial \boldsymbol{v}}{\partial t} + v_x \frac{\partial \boldsymbol{v}}{\partial x} + v_y \frac{\partial \boldsymbol{v}}{\partial y} + v_z \frac{\partial \boldsymbol{v}}{\partial z}. \tag{25}$$

Die Vektorgleichung liefert drei skalare Gleichungen für die insgesamt fünf Größen ϱ, p, v_x, v_y, v_z, so dass für die Berechnung von Strömungsvorgängen zwei weitere Gleichungen erforderlich sind. Es sind dies die *Kontinuitätsgleichung* (vgl. 15.2) und die *Zustandsgleichung*. Letztere lautet für eine ideale Flüssigkeit $\varrho = \text{const}$, für ein ideales Gas bei der Temperatur T gemäß (16/21) $p = \varrho RT$.
Ergänzt man die EULERsche Gleichung (25) durch einen Term der *inneren Reibung*

$$\nu\, \Delta \boldsymbol{v} = \nu \left(\frac{\partial^2 \boldsymbol{v}}{\partial x^2} + \frac{\partial^2 \boldsymbol{v}}{\partial y^2} + \frac{\partial^2 \boldsymbol{v}}{\partial z^2} \right)$$

(NEWTONsche Reibungskraft (14) je Masseneinheit mit $\nu = \eta/\varrho$ als kinematische Viskosität, vgl. 15.4), so erhält man die **Navier-Stokes-Gleichung**

$$\boldsymbol{f} - \frac{1}{\varrho}\operatorname{grad} p + \nu\, \Delta \boldsymbol{v} = \frac{\partial \boldsymbol{v}}{\partial t} + v_x \frac{\partial \boldsymbol{v}}{\partial x} + v_y \frac{\partial \boldsymbol{v}}{\partial y} + v_z \frac{\partial \boldsymbol{v}}{\partial z}, \tag{26}$$

die als Ausgangspunkt für Strömungsberechnungen in *realen* Flüssigkeiten dient.

Auf der rechten Seite von Gleichung (24), (25) und (26) ist $\partial \boldsymbol{v}/\partial t$ die sog. *lokale Änderung*, die die Geschwindigkeit $\boldsymbol{v}$ in einem festen Punkt (x, y, z) mit fortschreitender Zeit erfährt, während die drei anderen Glieder die Änderung von $\boldsymbol{v}$ zum Ausdruck bringen, die sich durch eine Ortsveränderung ergibt; man nennt sie die *konvektive Änderung*. Lokale und konvektive Änderung zusammen ergeben die *substanzielle Änderung* (24) $\mathrm{d}\boldsymbol{v}/\mathrm{d}t$. Eine solche Zerlegung gilt nicht nur für die Änderung der Geschwindigkeit, sondern für jede Größe, die ein Maß für eine bestimmte, *dem bewegten Teilchen anhaftende Eigenschaft* darstellt, so z. B. auch für die Dichte ϱ einer kompressiblen Flüssigkeit. Besonders anschaulich wird der Sachverhalt an folgendem Beispiel: In einem großen Raum, in dem sich die Temperatur T örtlich und zeitlich ändert, zeigt ein an einem festen Ort aufgestelltes Thermometer die lokale Änderung der Temperatur $\partial T/\partial t$ an und ein im Raum mit der Geschwindigkeit v entlang des Weges s herumgeführtes Thermometer die substanzielle Änderung $\mathrm{d}T/\mathrm{d}t$, d. h., es gilt $\mathrm{d}T/\mathrm{d}t = \partial T/\partial t + v(\partial T/\partial s)$.

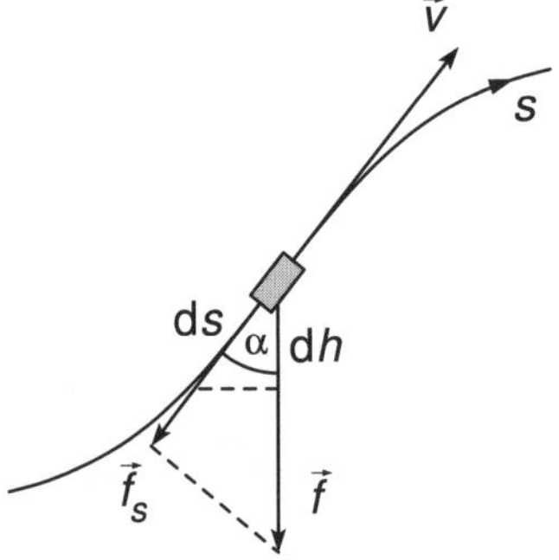

Bild 15.15. Komponente der Schwerkraft f_s tangential zur Stromlinie

Als Anwendung der EULERschen Gleichung (25) wollen wir zeigen, dass die in Abschnitt 15.3 hergeleitete BERNOULLIsche Gleichung (12) bzw. (10) und (11) als Spezialfall in (25) enthalten ist. Dazu betrachten wir ein Flüssigkeitsteilchen, auf welches als einzige Massenkraft die in negative z-Richtung weisende Schwerkraft bzw. Massenkraft $\boldsymbol{f} = \boldsymbol{g} = -g\boldsymbol{k}$ wirkt. Bezeichnet s den Weg entlang einer *Stromlinie* (Bild 15.15), welche in allen Punkten vom Geschwindigkeitsvektor $\boldsymbol{v}$ tangiert wird und zu einem bestimmten Zeitpunkt t mit der Richtung der Schwerkraft den Winkel α einschließt, und ist ferner $v = v(s, t)$ der Betrag der Geschwindigkeit an der Stelle s der Stromlinie zum Zeitpunkt t, so gilt für die

Wegkomponente der Massenkraft $f_s = -g\cos\alpha = -g(\mathrm{d}h/\mathrm{d}s)$, und die EULERsche Gleichung nimmt mit $(\operatorname{grad} p)_s = \partial p/\partial s$ die Form

$$-g\frac{\mathrm{d}h}{\mathrm{d}s} - \frac{1}{\varrho}\frac{\partial p}{\partial s} = \frac{\partial v}{\partial t} + v\frac{\partial v}{\partial s} \quad \text{oder} \quad g\frac{\mathrm{d}h}{\mathrm{d}s} + \frac{1}{\varrho}\frac{\partial p}{\partial s} + \frac{1}{2}\frac{\partial(v^2)}{\partial s} + \frac{\partial v}{\partial t} = 0$$

an. Durch Integration zwischen den Punkten s_1 und s_2 der Stromlinie erhält man daraus

$$\int_{s_1}^{s_2} \frac{\partial}{\partial s}\left(\frac{v^2}{2} + gh\right)\mathrm{d}s + \int_{s_1}^{s_2}\left(\frac{1}{\varrho}\frac{\partial p}{\partial s} + \frac{\partial v}{\partial t}\right)\mathrm{d}s$$

$$= \left[\frac{v^2}{2} + gh\right]_{s_1}^{s_2} + \int_{s_1}^{s_2}\frac{\mathrm{d}p}{\varrho} + \int_{s_1}^{s_2}\frac{\partial v}{\partial t}\,\mathrm{d}s = 0$$

oder

$$\frac{v_1^2}{2} + gh_1 = \frac{v_2^2}{2} + gh_2 + \int_{s_1}^{s_2}\frac{\mathrm{d}p}{\varrho} + \int_{s_1}^{s_2}\frac{\partial v}{\partial t}\,\mathrm{d}s. \tag{27}$$

Dies ist die BERNOULLIsche Gleichung für die *instationäre* Strömung eines *kompressiblen* Fluids. Instationäre Strömungen, bei denen der Trägheitsterm $\partial v/\partial t$ wesentlich ist, sind z. B. die Schwingungen einer Flüssigkeit in kommunizierenden Röhren und Gefäßen sowie das Ausfließen aus einem Behälter (s. nachfolgendes Beispiel). Für die *stationäre* Strömung, bei der sich das Stromlinienbild zeitlich nicht ändert, gilt $\partial v/\partial t = 0$, und Gleichung (27) geht damit und mit $\varrho = \text{const}$ (inkompressibles Fluid) wegen $\int_{s_1}^{s_2}\mathrm{d}p/\varrho = (p_2 - p_1)/\varrho$ in die schon vorher mit Hilfe des Energiesatzes gefundene Form (10) der BERNOULLIschen Gleichung über.

Beispiele: *1.* Aus einem großen Gefäß (Bild 15.16; Querschnitt $A_1 \gg A_2$; $h = 5$ m) beginnt die (ideale) Flüssigkeit nach plötzlichem Öffnen des Absperrventils bei *2* durch das Rohr ($l = 10$ m) abzufließen. a) Man ermittle mit Hilfe der BERNOULLIschen Gleichung (27) die Abflussgeschwindigkeit v_2 als Funktion der Zeit! b) Nach welcher Zeit hat v_2 90% der stationären Geschwindigkeit erreicht?

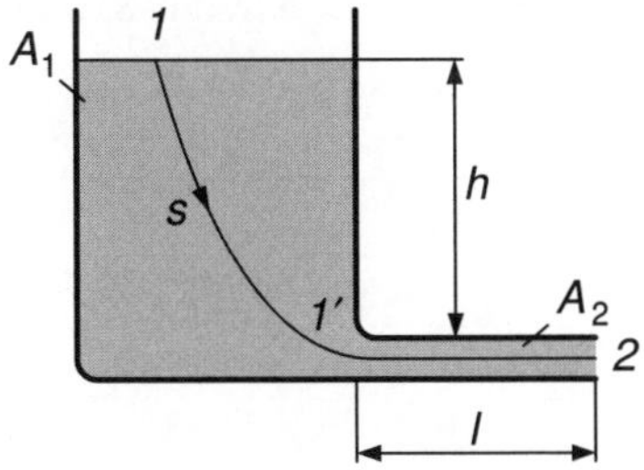

Bild 15.16. Zur Berechnung der Ausflussgeschwindigkeit (instationäre Strömung)

Lösung: a) Mit $v_1 \approx 0$ (wegen $A_1 \gg A_2$), $h_1 = h$, $h_2 = 0$, $\varrho = \text{const}$ und $p_1 = p_2 = p_0$ als Atmosphärendruck lautet die BERNOULLIsche Gleichung (27)

$$gh = \frac{v_2^2}{2} + \int_{s_1}^{s_2}\frac{\partial v}{\partial t}\mathrm{d}s = \frac{v_2^2}{2} + \int_{s_1}^{s_{1'}}\frac{\partial v}{\partial t}\mathrm{d}s + \int_{s_{1'}}^{s_2}\frac{\partial v}{\partial t}\mathrm{d}s.$$

Nach der Kontinuitätsgleichung (7) gilt für die Strömungsgeschwindigkeit längs der Stromlinie s innerhalb des Gefäßes zwischen *1* und *1'* $v = v_1 \approx 0$ und im Rohr zwischen *1'* und *2* $v = v_2$, so dass

$$\int_{s_1}^{s_{1'}}\frac{\partial v}{\partial t}\mathrm{d}s = 0 \qquad \text{und} \qquad \int_{s_{1'}}^{s_2}\frac{\partial v}{\partial t}\mathrm{d}t = \frac{\mathrm{d}v_2}{\mathrm{d}t}\int_{s_{1'}}^{s_2}\mathrm{d}s = \frac{\mathrm{d}v_2}{\mathrm{d}t}l.$$

Damit folgt

$$gh = \frac{v_2^2}{2} + \frac{\mathrm{d}v_2}{\mathrm{d}t} l \qquad \text{oder} \qquad \frac{\mathrm{d}v_2}{2gh - v_2^2} = \frac{\mathrm{d}t}{2l},$$

und nach Integration mit $v_2(t = 0) = 0$ für die Abflussgeschwindigkeit v_2 als Funktion der Zeit (Bild 15.17):

$$\frac{1}{\sqrt{2gh}} \operatorname{Artanh}\left(\frac{v_2}{\sqrt{2gh}}\right) = \frac{t}{2l} \quad \text{bzw.} \quad v_2 = \sqrt{2gh} \tanh\left(\frac{\sqrt{2gh}}{2l} t\right). \tag{28}$$

b) Nach $t = (2l/\sqrt{2gh}) \operatorname{Artanh}(v_2/\sqrt{2gh}) = 2{,}019 \operatorname{Artanh}(0{,}9)\ \mathrm{s} \approx 3\ \mathrm{s}$ werden 90% der stationären Geschwindigkeit $v_2(t \to \infty) = \sqrt{2gh} = 9{,}9$ m/s (Ausflussformel) erreicht.

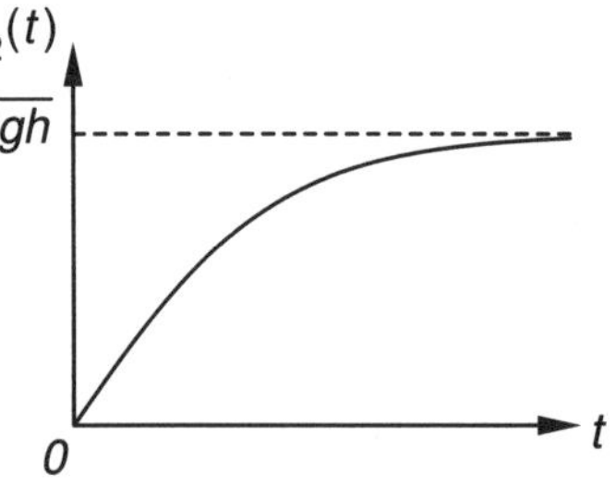

Bild 15.17. Zeitlicher Verlauf von v_2 gemäß Gleichung (28)

2. a) Man ermittle durch Lösung der NAVIER-STOKES-Gleichung (26) das Geschwindigkeitsprofil der laminaren Strömung von Hydrauliköl ($\eta = 10$ mPa s; $\varrho = \text{const}$) in einem von zwei parallelen Platten im Abstand $h = 0{,}1$ mm gebildeten ebenen Spalt, das durch einen Druckunterschied von $\Delta p = 5$ MPa zwischen den beiden Enden des $l = 10$ cm langen Spalts erzeugt wird! b) Wie groß sind die maximale und mittlere Strömungsgeschwindigkeit sowie der den Spalt durchsetzende Volumenstrom (Spaltbreite $b = 20$ cm)?

Lösung: a) Mit der x-Achse in Strömungsrichtung und der y-Achse senkrecht zu dem sich von $y = 0$ bis $y = h$ erstreckenden Spalt gilt für die Geschwindigkeitskomponenten $v_x = v_x(y)$, $v_y = v_z = 0$. Mit dem Druckgradienten in x-Richtung $\partial p/\partial x = -\Delta p/l$ und unter Beachtung von $\boldsymbol{f} = 0$, $\partial v_x/\partial t = 0$ sowie $\partial v_x/\partial x = \partial v_x/\partial z = 0$ reduziert sich die verbleibende x-Komponente der NAVIER-STOKES-Gleichung (26) auf

$$-\frac{1}{\varrho}\frac{\partial p}{\partial x} + \nu \frac{\partial^2 v_x}{\partial y^2} = 0, \quad \text{oder} \quad \frac{\Delta p}{l} + \eta \frac{\partial^2 v_x}{\partial y^2} = 0.$$

Zweimalige Integration liefert

$$v_x = -\frac{\Delta p}{2\eta l} y^2 + C_1 y + C_2.$$

Aus den Randbedingungen $v_x(y = 0) = v_x(y = h) = 0$ (vgl. 15.4) folgt für die Integrationskonstanten $C_1 = \Delta p h/(2\eta l)$ und $C_2 = 0$, womit sich das parabolische Geschwindigkeitsprofil

$$v_x = -\frac{\Delta p}{2\eta l} y^2 + \frac{\Delta p h}{2\eta l} y = \frac{\Delta p}{2\eta l} y(h - y)$$

ergibt (*Poiseuille*-Strömung). b) v_x wird maximal für $y = h/2$, also $v_{x,\max} = \Delta p h^2/(8\eta l) = 6{,}25$ m/s. Die mittlere Strömungsgeschwindigkeit ergibt sich zu

$$\overline{v_x} = \frac{1}{h}\int_0^h v_x \,\mathrm{d}y = \frac{\Delta p}{2\eta l h}\left[\frac{1}{2}hy^2 - \frac{1}{3}y^3\right]_0^h = \frac{\Delta p h^2}{12\eta l} = \frac{2}{3} v_{x,\max} = 4{,}17\ \mathrm{m/s},$$

womit man für den Volumenstrom $\dot{V} = bh\overline{v_x} = \Delta p b h^3/(12\eta l) = 8{,}33 \cdot 10^{-5}\ \mathrm{m^3/s} = 83{,}3\ \mathrm{cm^3/s}$ erhält.

WÄRME

Thermodynamik und Gaskinetik

Die *Theorie der Wärme* lässt sich von zwei verschiedenen Seiten her entwickeln: Die **phänomenologische Thermodynamik** geht von Begriffen wie Temperatur, Wärmemenge, Druck u. a. aus, die sämtlich der makroskopischen Beobachtungswelt entnommen sind und direkt gemessen werden können. Sie leitet ihre Schlussfolgerungen aus wenigen Erfahrungstatsachen (Axiomen) her, zu denen insbesondere die *Hauptsätze der Thermodynamik* gehören. Dabei wird vom atomaren bzw. molekularen Aufbau der Stoffe vollständig abgesehen, was oft den „Nachteil" der Unanschaulichkeit und das Bedürfnis nach tieferer Erklärung in sich birgt. Diese tiefere Einsicht liefert die molekularkinetische Betrachtungsweise, welche Gegenstand der **statistischen Thermodynamik** ist und hier nur am Beispiel der *kinetischen Gastheorie* behandelt wird. Oft ist es aber auch schon bei der Behandlung der phänomenologischen Theorie angebracht, einen Seitenblick auf die statistische Betrachtungsweise zu werfen, wie wir das auch hier tun wollen.

16 Verhalten der Körper bei Temperaturänderung

16.1 Die Temperatur und ihre Messung

Berühren wir einen Körper, so haben wir *Wärme-* oder *Kälte*empfindungen. Wir führen diese Empfindungen auf den *Wärmezustand* des Körpers zurück, der, wie wir später sehen werden, allein durch die kinetische Energie der sich fortgesetzt bewegenden Moleküle des Körpers bestimmt und makroskopisch durch seine **Temperatur** gemessen wird. Die Temperatur kennzeichnet den Wärmezustand eines Körpers unabhängig davon, um welchen Stoff es sich handelt und auf welche Weise der Körper in den betreffenden Zustand gelangte, ob durch Berührung mit einem Körper höherer bzw. niedrigerer Temperatur, durch eine plötzliche Volumenänderung (bei Gasen) oder anderweitig. Man nennt die Temperatur daher eine *Zustandsgröße*.

Die Temperatur ist ein Maß für den Wärmezustand eines Körpers.

Werden zwei oder mehrere Körper miteinander in Berührung (in thermischen Kontakt) gebracht, so stellt sich in dem nun aus ihnen zusammen gebildeten *thermodynamischen System* ein Gleichgewichtszustand derart ein, dass (nach hinreichend langer Zeit) alle Körper dieselbe Temperatur annehmen. Die Körper stehen dann untereinander im **thermischen Gleichgewicht**. Dies lässt darauf schließen, dass in jedem System eine im Vergleich zur Mechanik neue Zustandsgröße, die Temperatur, existiert, derenzufolge es zu einer neuen Art von Wechselwirkung zwischen den Körpern kommt, die sich von den anderen bekannten Wechselwirkungen vom Wesen her unterscheidet. Gleichheit der Temperatur *im gesamten System* ist notwendige Voraussetzung für die Existenz des thermischen Gleichgewichts. Diese Aussage wird oft als **0. Hauptsatz der Thermodynamik** bezeichnet. Er stellt die Existenz der Temperatur als Zustandsgröße in thermodynamischen Systemen fest.

Das thermische Gleichgewicht ist ein Spezialfall des allgemeineren *thermodynamischen Gleichgewichts*, bei dem neben der Temperatur weitere makroskopische Zustandsgrößen wie Volumen, Druck u. a. betrachtet werden (vgl. 19.3).

Diese Erfahrungstatsache wenden wir zum Beispiel unbewusst an, wenn wir mit Hilfe unseres Tastsinns auf Grund der Unterscheidung „wärmer" oder „kälter" mehrere Körper unterschiedlicher Temperatur so ordnen, dass jeweils der folgende eine höhere Temperatur hat als der vorangehende. Zur quantitativen und genauen *Messung* von Temperaturen reichen jedoch unsere Sinnesorgane nicht aus. Es bedarf hierfür physikalischer Methoden, mit denen die mit Temperaturänderungen verbundenen Eigenschaftsänderungen eines Stoffes quantitativ erfasst werden können. So zeigt beispielsweise ein bestimmtes Volumen oder ein bestimmter Druck eines Gases, ein bestimmter elektrischer Widerstand oder eine bestimmte Farbe eines Körpers eine ganz bestimmte Temperatur an. Die entsprechenden Messgeräte heißen **Thermometer**.
Im täglichen Leben begegnen uns am häufigsten Thermometer, bei denen zur Temperaturanzeige die mit einer Temperaturänderung verbundene *Volumenänderung* einer „thermometrischen Substanz", meist einer Flüssigkeit, benutzt wird. Am bekanntesten ist das *Quecksilberthermometer*. Auf dem Glasrohr, welches das Quecksilber enthält, befindet sich eine *Skala*, die auf folgende Weise erhalten wird (Bild 16.1): Man bringt das Thermometer einmal in schmelzendes Eis und dann in den Dampf des bei Normalluftdruck von 1013,15 hPa siedenden Wassers und markiert in beiden Fällen den Stand des Quecksilberspiegels. Die so erhaltenen zwei Punkte der Temperaturskala heißen **Fundamentalpunkte** oder **Fixpunkte** (*Eispunkt* und *Dampfpunkt*). Der Abstand dieser beiden Punkte wird nach CELSIUS (1742) in 100 gleiche Teile geteilt; die Teilstrecke gibt die **Einheit der Celsius-Temperatur**, den Grad Celsius (°C), an.

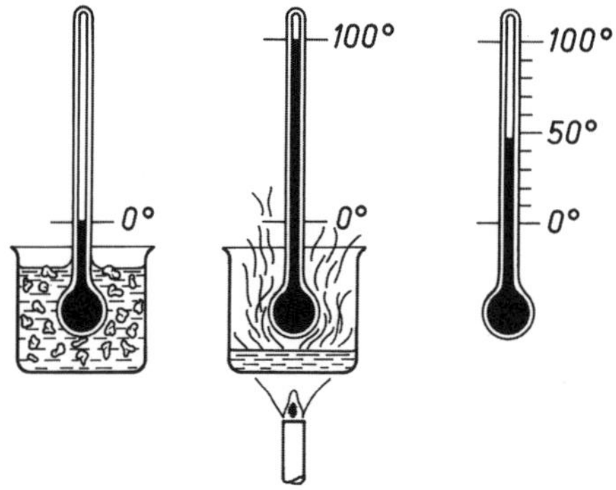

Bild 16.1. Fixpunkte der CELSIUS-Skala: 0 °C *(Eispunkt)* und 100 °C *(Dampfpunkt)* des Wassers bei Normalluftdruck

Dem Eispunkt ordnet man die Temperatur 0 °C zu (Nullpunkt der CELSIUS-Skala), womit dem Dampfpunkt des Wassers die Temperatur 100 °C zukommt. (Die seit 1990 gültige Internationale Temperaturskala weist als Siedepunkt des Wassers genau 99,975 °C aus.) Indem die für 1 °C gefundene Teilstrecke über die Fixpunkte hinaus abgetragen wird, ergeben sich für Temperaturen unter 0 °C negative Werte.
Im Jahre 1954 wurde anstelle des Eispunktes der um 0,01 °C darüber liegende *Tripelpunkt* von reinem Wasser (vgl. 20.4) als Fixpunkt eingeführt, was jedoch innerhalb der Messgenauigkeit auf die gleiche Skala führt wie die frühere Definition.

Die Wahl der Thermometerflüssigkeit und die gleichmäßige Unterteilung des Abstandes der Fundamentalpunkte zum Zwecke der Festlegung einer Temperaturskala sind im Grunde willkürlich. Füllt man jedoch Thermometerröhren statt mit Quecksilber mit anderen Flüssigkeiten (z. B. Alkohol), bestimmt für jede die Lage der Fundamentalpunkte und teilt ihren Abstand in 100 gleiche Teile, so stimmen die Angaben der Thermometer *nicht* überein. Eine von der Thermometersubstanz weitgehend unabhängige

Temperaturskala erhält man mit dem *Gasthermometer* (vgl. 16.3) bei Benutzung von Gasen, die in ihrem Verhalten dem des idealen Gases sehr nahe kommen, wie z. B. Helium.

Von W. THOMSON (LORD KELVIN, 1848) wurde aus später ersichtlichen Gründen (vgl. 19.2) eine andere Temperaturskala eingeführt, die auf dem **absoluten Nullpunkt** als einzigem Fixpunkt aufbauende, nur positive Temperaturwerte enthaltende *thermodynamische*, *absolute* oder KELVIN-*Skala*. Die Einheit der Temperatur ist hierbei das **Kelvin (K)**.

1 Kelvin ist der 273,16te Teil der thermodynamischen Temperatur des Tripelpunktes bzw. der 273,15te Teil des Eispunktes von Wasser.

Das K e l v i n ist eine der sieben SI-Basiseinheiten und betragsmäßig genauso groß wie der G r a d C e l s i u s. Daher stimmen in K e l v i n angegebene Temperatur*differenzen* mit den entsprechenden Angaben in °C überein:

Einheit der Temperaturdifferenz: 1 Kelvin (K).

Wir bezeichnen Temperaturen in der CELSIUS-Skala mit ϑ, in der KELVIN-Skala *(absolute Temperaturen)* mit T. Da der absolute Nullpunkt $T = 0\,\text{K}$ bei $\vartheta = -273,15\,°\text{C}$ liegt (s. 16.3), gilt für den Zusammenhang zwischen absoluter Temperatur T und CELSIUS-Temperatur ϑ:

$$T/\text{K} = \vartheta/°\text{C} + 273,15 \qquad \text{und} \qquad \Delta T = \Delta\vartheta. \tag{1}$$

$\vartheta = 0\,°\text{C}$ entspricht somit der absoluten Temperatur $T_0 = 273,15\,\text{K}$.

Außer Flüssigkeits- und Gasthermometern werden zu Temperaturmessungen auch *Widerstandsthermometer* benutzt. Diese beruhen auf der Zunahme des elektrischen Widerstandes von Metalldrähten mit steigender Temperatur (vgl. 25.2); hauptsächlich verwendet werden Platin- und Nickeldrähte. Die Widerstandsänderung wird dabei mittels einer WHEATSTONE-Brücke (s. 25.3) gemessen. Bei den *Thermoelementen* wird zur Temperaturmessung der SEEBECK-Effekt ausgenutzt (vgl. 26.2). Für sehr hohe Temperaturen werden *Strahlungspyrometer* verwendet, mit denen die vom Körper ausgesandte Wärmestrahlung gemessen wird (vgl. 42.5).

16.2 Thermische Ausdehnung fester und flüssiger Körper

Im Allgemeinen dehnen sich Körper bei Temperaturerhöhung aus. Da die Ausdehnung (mit Ausnahme der nichtregulären Kristalle) in allen Richtungen gleich ist, ist die Gestalt eines festen Körpers bei erhöhter Temperatur der ursprünglichen ähnlich. Für den Regelfall genügt daher die Feststellung der Ausdehnung in einer Richtung *(lineare Ausdehnung)*. Betrachtet man z. B. einen prismatischen Stab der Länge l_0, so stellt man fest, dass der Längenzuwachs $\Delta l = l - l_0$ innerhalb eines bestimmten Temperaturbereiches der ursprünglichen Länge l_0 und der Temperaturzunahme $\Delta\vartheta = \vartheta - \vartheta_0$ ziemlich genau proportional ist:

$$\Delta l = \alpha l_0 \Delta\vartheta \qquad \textbf{(Längenänderung)} \tag{2}$$

bzw. mit (13/2)

$$\varepsilon = \frac{\Delta l}{l_0} = \frac{l - l_0}{l_0} = \alpha\Delta\vartheta \qquad \textbf{(Wärmedehnung).} \tag{3}$$

Für den stoffabhängigen Proportionalitätsfaktor, den **linearen thermischen Ausdehnungskoeffizienten** α, folgt somit

$$\alpha = \frac{1}{l_0}\frac{\Delta l}{\Delta\vartheta}, \qquad \textit{Einheit:} \quad [\alpha] = 1\,\text{K}^{-1}. \tag{4}$$

Die Gesamtlänge bei der Temperatur ϑ ist damit, wenn l_0 die Länge bei $\vartheta_0 = 0\,°\mathrm{C}$ ist (wobei dann $\Delta\vartheta = \vartheta - \vartheta_0 = \vartheta$):

$$l = l_0 + \Delta l = l_0\,(1 + \alpha\vartheta). \tag{5}$$

Bei Abkühlung ist $\vartheta < 0$, womit sich eine Längen*abnahme* (Verkürzung) ergibt. Die linearen Ausdehnungskoeffizienten einiger Stoffe enthält die folgende Tabelle 16.1.

Tabelle 16.1. Mittlerer linearer Ausdehnungskoeffizient α (in $10^{-6}\,\mathrm{K}^{-1}$) einiger Stoffe zwischen 0 und 100 °C

Aluminium	23,1	Platin	9
Beton	12	Polyamide	110
Chromstahl	10,0	PVC	80
Diamant	1,3	Porzellan	3
Eisen	11,9	Quarzglas	0,5
Glas	9	Silber	19
Graphit	2	Silicium	2
Kupfer	16	Stahl	16

Räumliche (kubische) Ausdehnung. Betrachtet man die durch die thermische Ausdehnung verursachte *Volumenänderung* $\Delta V = V - V_0$ von festen, flüssigen und gasförmigen Körpern bei konstantem Druck, so haben wir dieses Verhalten durch einen *räumlichen* oder *kubischen Ausdehnungskoeffizienten* zu beschreiben. Analog zu (4) ist dieser durch

$$\gamma = \frac{1}{V_0}\frac{\Delta V}{\Delta\vartheta}, \qquad \textit{Einheit:}\quad [\gamma] = 1\,\mathrm{K}^{-1}, \tag{6}$$

definiert, womit sich für das Volumen bei der Temperatur ϑ ergibt, wenn V_0 das Volumen bei 0 °C bezeichnet:

$$V = V_0 + \Delta V = V_0\,(1 + \gamma\vartheta). \tag{7}$$

Für einen Würfel mit der Kantenlänge l_0 eines *isotropen* Stoffes, der also in allen drei Richtungen das gleiche Ausdehnungsverhalten zeigt, gilt mit (5):

$$V = l^3 = l_0^3\,(1 + \alpha\vartheta)^3 = V_0\,(1 + 3\alpha\vartheta + 3\alpha^2\vartheta^2 + \alpha^3\vartheta^3).$$

Wegen der sehr kleinen Werte von α können in der Klammer das quadratische und erst recht das kubische Glied vernachlässigt werden, womit man erhält:

$$V = V_0\,(1 + 3\alpha\vartheta). \tag{8}$$

Der kubische Ausdehnungskoeffizient eines festen Körpers ist also (fast genau) dreimal so groß wie der lineare: $\gamma = 3\alpha$.
Da flüssige (und gasförmige) Körper keine bestimmte Gestalt haben, kann man bei ihnen nur den räumlichen Ausdehnungskoeffizienten aus der Volumenänderung messen. Die Raumausdehnungskoeffizienten einiger Flüssigkeiten enthält die Tabelle 16.2.

Tabelle 16.2. Raumausdehnungskoeffizient γ (in $10^{-3}\,\mathrm{K}^{-1}$) einiger Flüssigkeiten bei 20 °C

Benzol	1,23	Propanon	1,49
Essigsäure	1,07	Quecksilber	0,182
Ethanol	1,10	Silikonöl	1,0
Glycerin	0,50	Wasser	0,21

Abhängigkeit der Dichte von der Temperatur. Die Dichte eines Stoffes ist ϱ = Masse/Volumen $= m/V$. Es gilt daher mit (7) folgende Abhängigkeit von der Temperatur:

$$\varrho(\vartheta) = \frac{m}{V(\vartheta)} = \frac{m}{V_0(1+\gamma\vartheta)} = \frac{\varrho_0}{1+\gamma\vartheta}; \tag{9}$$

die Dichte nimmt also mit wachsender Temperatur ab.

Eine Ausnahme bildet das **Wasser** bei Temperaturen zwischen 0 °C und 4 °C. In diesem Bereich dehnt es sich mit *abnehmender* Temperatur aus *(Anomalie des Wassers)*. Bei 4 °C (genau 3,98 °C) hat das Wasser die größte Dichte, nämlich 999,972 kg/m^3 ($\approx$ 1 kg/dm^3). Infolge dieser Anomalie findet während des Erstarrens des Wassers eine Ausdehnung um etwa 9% (entsprechend einer linearen Ausdehnung von etwa 3%) statt, was eine starke Sprengwirkung eingeschlossenen Wassers (Verursachung von Spannungen) zur Folge hat. Eis schwimmt auf dem Schmelzwasser, da seine Dichte kleiner ist als die des Wassers.

Beispiel: Eine lückenlos verlegte Eisenbahnschiene werde durch Sonneneinstrahlung um 20 K erwärmt. Wie groß sind die dadurch im Gleis hervorgerufenen Druckspannungen? (Elastizitätsmodul von Stahl $E = 206 \cdot 10^3$ MPa; $\alpha = 12 \cdot 10^{-6}\,\mathrm{K}^{-1}$). – *Lösung:* Aus (3) folgt zunächst für die (verhinderte) Wärmedehnung $\varepsilon = \alpha\Delta\vartheta$ und hieraus nach (13/4) für die Wärmespannung $\sigma = E\varepsilon = E\alpha\Delta\vartheta \approx 50$ MPa; dies ist etwa 1/10 der Streckgrenze von Schienenstahl.

Aufgabe 16.1. Wie viel Gramm Quecksilber müssen bei 0 °C (Dichte $\varrho_0 = 13{,}546$ g/cm^3) in einem Thermometer eingeschlossen sein, wenn bei einem Kapillardurchmesser von $d = 0{,}5$ mm ein Temperaturanstieg von 1 K einen Vorlauf des Quecksilberfadens von 1 mm bewirken soll? Die thermische Ausdehnung des Glaskörpers ist zu vernachlässigen.

Aufgabe 16.2. Welche Längen müssen bei 0 °C ein Aluminium- und ein Stahlstab haben, damit der Stahlstab bei beliebiger Temperaturänderung immer um 10 cm länger ist als der Aluminiumstab ($\alpha_{\mathrm{Al}} = 23{,}1 \cdot 10^{-6}\,\mathrm{K}^{-1}$, $\alpha_{\mathrm{St}} = 12 \cdot 10^{-6}\,\mathrm{K}^{-1}$)?

16.3 Durch Änderung der Temperatur bewirkte Zustandsänderungen der Gase. Der absolute Nullpunkt

Wird ein Gas erwärmt, so dehnt es sich wie die festen und flüssigen Körper aus, oder es steigt, wenn seine Ausdehnung verhindert wird, der Druck. Außer der Temperatur können sich also bei einer *Zustandsänderung* des Gases das Volumen und der Druck des Gases ändern. Die Größen **Druck**, **Volumen** und **Temperatur** kennzeichnen den Zustand eines Gases eindeutig; man nennt sie daher die **thermischen Zustandsgrößen**. Diese sind jedoch nicht unabhängig voneinander, sondern es besteht zwischen ihnen eine Beziehung, die man als *Zustandsgleichung* bezeichnet. In einfachen Fällen bleibt jeweils eine der drei Zustandsgrößen konstant. Je nachdem, ob der Druck, das Volumen oder die Temperatur konstant gehalten wird, sprechen wir von einer *isobaren*, *isochoren* oder *isothermen* Zustandsänderung.

1. Erwärmung bei konstantem Druck. Wird ein Gas unter konstantem Druck von 0 °C auf die Temperatur ϑ erwärmt, so nimmt sein Volumen von V_0 auf V zu gemäß der Beziehung (7)

$$V = V_0\,(1+\gamma\vartheta). \tag{10}$$

Der Raumausdehnungskoeffizient γ der Gase ist erheblich größer als der von festen und flüssigen Stoffen und unterscheidet sich zwischen den einzelnen Gasen sehr wenig. Die Unterschiede sind um so geringer, je niedriger der Druck ist. Im Grenzfall verschwindenden Druckes hat er – bezogen auf das Anfangsvolumen bei 0 °C – für alle Gase den gleichen Wert

$$\gamma = 0{,}003\,661\,\mathrm{K}^{-1} = \frac{1}{273{,}15\,\mathrm{K}} \qquad \textbf{(Ausdehnungskoeffizient des idealen Gases).} \tag{11}$$

Damit erhalten wir aus (10)

$$V = V_0\left(1 + \frac{\vartheta}{273,15\,\mathrm{K}}\right) \quad \textbf{(1. Gay-Lussacsches Gesetz).} \tag{12}$$

Gase, die dem Gesetz (12) genügen, verhalten sich *ideal* in dem Sinne, dass sie sich zur Festlegung einer einheitlichen, von der Art des Gases unabhängigen Temperaturskala eignen. Der Geltungsbereich der Beziehung (12) und damit die Verwendbarkeit eines Gases als ideale Thermometersubstanz ist aber auf Temperaturen beschränkt, die weit genug vom Siedepunkt, an dem Verflüssigung des Gases eintritt, entfernt sind. Trägt man für konstanten Druck das Gasvolumen gegen die Temperatur auf (Bild 16.2), so kann durch Extrapolation der erhaltenen Geraden das GAY-LUSSACsche Gesetz (12) zur Festlegung der Temperaturskala auch im Bereich tiefer Temperaturen unterhalb des Siedepunktes verwendet werden. Auf diese Weise wird über die Beziehung (12) ein idealisiertes Modellgas definiert, das **ideale Gas**, dessen Volumen bei $\vartheta = -273,15\,°\mathrm{C}$ den Wert null hat. Da das Gasvolumen nicht negativ werden kann, ist dieser Wert zugleich die tiefstmögliche Temperatur der so definierten *absoluten* Temperaturskala, der **absolute Nullpunkt** $T = 0\,\mathrm{K}$.

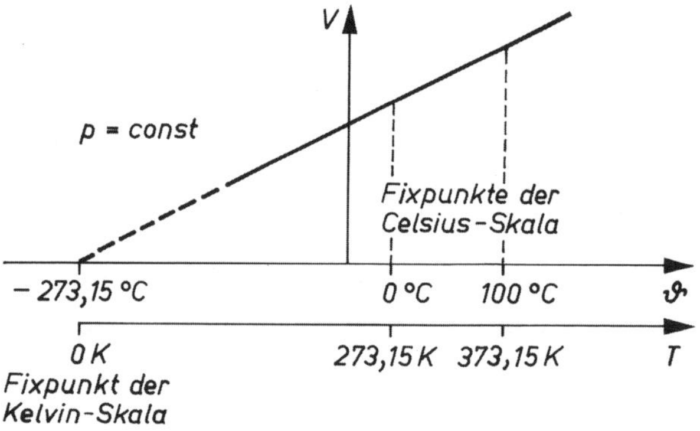

Bild 16.2. Zusammenhang zwischen Volumen V und Temperatur ϑ bzw. T für ein verdünntes Gas bei konstantem Druck. Die Extrapolation zu tieferen Temperaturen hin führt zum *absoluten Nullpunkt* $T = 0\,\mathrm{K}$ bei $\vartheta = -273,15\,°\mathrm{C}$.

Der tiefere Sinn des absoluten Nullpunkts liegt darin, dass hier die Gasmoleküle keine kinetische Energie mehr haben, d. h., völliger Stillstand der Molekularbewegung eintritt. Das durch die Gültigkeit des GAY-LUSSACschen Gesetzes (12) für alle Temperaturen (und beliebige Drücke) definierte ideale Gas entspricht den gaskinetischen Modellannahmen, dass die Gasmoleküle *kein Eigenvolumen* haben und zwischen ihnen *keinerlei molekularen Kräfte* wirken. Einatomige Gase, wie z. B. Helium, verhalten sich nahezu wie ein ideales Gas.

Der Nullpunkt der CELSIUS-Skala liegt damit bei $T_0 = 273,15\,\mathrm{K}$. Gleichung (12) kann somit wie folgt umgeformt werden:

$$V = V_0\frac{273,15\,\mathrm{K} + \vartheta}{273,15\,\mathrm{K}} = V_0\frac{T}{T_0}$$

oder

$$\frac{V_0}{T_0} = \frac{V}{T} = \mathrm{const} \quad \textbf{(1. Gay-Lussacsches Gesetz).} \tag{13}$$

2. Erwärmung bei konstantem Volumen. Im Gegensatz zu den flüssigen und festen Körpern kann man ohne große Schwierigkeiten ein Gas bei konstantem Volumen erwärmen. Dabei zeigt sich, dass die beobachtete Druckzunahme der Temperaturerhöhung proportional ist, und zwar ergibt sich bei genauer Messung z. B. an Helium, dass bei nicht zu hohen Drücken die Druckzunahme je Kelvin Temperaturerhöhung genau 1/273,15 des Druckes bei 0 °C beträgt. Daraus ergibt sich: Steht das Gas bei 0 °C unter dem Druck p_0, so beträgt der Gasdruck bei der Temperatur ϑ

$$p = p_0 (1 + \beta\vartheta) = p_0 \left(1 + \frac{\vartheta}{273{,}15\,\mathrm{K}}\right) \quad \textbf{(2. Gay-Lussacsches Gesetz).} \qquad (14)$$

Der sog. **Spannungskoeffizient** β hat für verdünnte Gase, wie das Experiment zeigt, den gleichen Wert wie der Ausdehnungskoeffizient (11). Gleichung (14) nimmt daher nach einer entsprechenden Umformung wie bei den Gleichungen (12) und (13) die folgende Form an:

$$\frac{p_0}{T_0} = \frac{p}{T} = \text{const.} \qquad (15)$$

Hier ist jeweils der *absolute* Druck, d. h. einschließlich des äußeren Luftdruckes, einzusetzen.

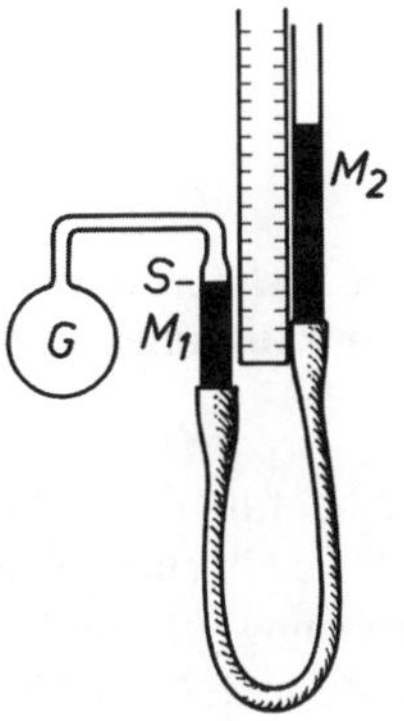

Bild 16.3. *Gasthermometer:* Eine mit trockener Luft gefüllte Glaskugel G wird über einen Gummischlauch mit einem verschiebbaren Glasrohr M_2 verbunden. Der Schlauch ist mit Quecksilber gefüllt, das in dem Ansatzrohr M_1 bis zu einer Marke S reicht, wenn die Glaskugel von schmelzendem Eis (0 °C) umgeben ist. Wird die Luft in der Glaskugel erwärmt, so steigt das Quecksilber im Manometerrohr M_2. M_2 wird nun so weit angehoben, bis der Quecksilberspiegel in M_1 wieder die Marke S erreicht. Die Luft nimmt jetzt wieder das gleiche Volumen ein und steht unter einem Druck, der gleich dem Atmosphärendruck, vermehrt um den durch das Manometer als Niveauunterschied zwischen M_1 und M_2 angezeigten Druck ist.

Die in Bild 16.3 beschriebene Vorrichtung kann zur genauen *Temperaturmessung* benutzt werden: Man misst den Druck für die Temperatur des schmelzenden Eises und für eine Flüssigkeit unbekannter Temperatur ϑ, welche die das Gas enthaltende Glaskugel G umgibt. Aus den erhaltenen Messwerten p_0 und p kann dann aus (14) ϑ bzw. aus (15) T bestimmt werden. Bei diesem Gasthermometer konstanter Dichte wird die Temperatur also nicht über eine Volumenänderung wie beim Flüssigkeitsthermometer, sondern über eine Druckänderung gemessen. Da die mit dem Gasthermometer (z. B. mit Heliumfüllung) gemessene Temperatur sehr genau der *thermodynamischen Temperatur* (vgl. 19.2) entspricht, verwendet man selbiges als *Primärthermometer* zur sorgfältigen Messung der Temperaturen von definierenden Fixpunkten (Tripel-, Siede- und Erstarrungspunkte von bestimmten Stoffen) als Bezugspunkte zur Eichung *(Kalibrierung)* von Sekundärthermometern.

Beispiel: Die Luft in einem Autoreifen stehe bei 25 °C unter einem Überdruck von 280 kPa. Wie ändert sich der Reifendruck bei Abkühlung auf −10 °C? (Die Änderung des Reifenvolumens werde vernachlässigt.) – *Lösung:* In Gleichung (15) ist der *absolute* Druck, d. h. einschließlich des äußeren Luftdruckes, einzusetzen. Nimmt man diesen mit 100 kPa an, so folgt aus $p_1/T_1 = p_2/T_2$ mit $p_1 = 380\,\mathrm{kPa}$, $T_1 = 298\,\mathrm{K}$ und $T_2 = 263\,\mathrm{K}$: $p_2 = p_1 T_2/T_1 = 335{,}4\,\mathrm{kPa}$. Dem entspricht ein Überdruck von 235,4 kPa. Der Reifendruck verringert sich also um 44,6 kPa.

Aufgabe 16.3. Zeige durch Betrachtung zweier aufeinander folgender Zustandsänderungen, dass das 2. GAY-LUSSACsche Gesetz (14) und damit die Gleichheit von Ausdehnungskoeffizient γ und Spannungskoeffizient β des idealen Gases auch aus dem 1. GAY-LUSSACschen Gesetz (10) bzw. (12) in Verbindung mit dem BOYLE-MARIOTTEschen Gesetz (14/5) folgt!

16.4 Die thermische Zustandsgleichung des idealen Gases

Wir betrachten nun eine *konstante, unveränderliche* Menge idealen Gases *(geschlossenes System)* bei Veränderung aller drei Zustandsgrößen p, V und ϑ. Dazu stellen wir uns vor, dass zunächst die Temperatur des Gases bei gleich bleibendem Volumen eine Veränderung erfährt und danach bei gleich bleibender Temperatur das Volumen. Für den ersten Vorgang gilt nach (14) $p_\vartheta = p_0(1 + \beta\vartheta)$. Für die darauf folgende Volumenänderung von V_0 auf V bei der konstant gehaltenen Temperatur ϑ, bei der sich der Druck nochmals von p_ϑ auf p verändert, gilt das BOYLE-MARIOTTEsche Gesetz (14/5)

$$p_\vartheta V_0 = pV.$$

Setzt man hier für p_ϑ den vorher gefundenen Ausdruck ein, so folgt

$$pV = p_0 V_0 (1 + \beta\vartheta). \qquad (16)$$

Mit $\beta = 1/(273{,}15\,\mathrm{K})$ und Einführung der absoluten Temperatur $T = (\vartheta/°\mathrm{C} + 273{,}15)\,\mathrm{K}$ sowie $T_0 = 273{,}15\,\mathrm{K}$ (entsprechend $\vartheta = 0\,°\mathrm{C}$) erhalten wir Gleichung (16) in der Form

$$\frac{pV}{T} = \frac{p_0 V_0}{T_0} \qquad (17)$$

(thermische Zustandsgleichung des idealen Gases).

Das Produkt aus dem absoluten Druck und dem Volumen, dividiert durch die absolute Temperatur, hat für alle nur möglichen Zustände einer konstanten Gasmenge den gleichen Wert.

Die Zustandsgleichung (17) gilt unabhängig davon, in welcher Reihenfolge man die Änderungen des Druckes oder des Volumens oder der Temperatur vornimmt; sie gilt auch, wenn man alle drei Größen gleichzeitig verändert. Mit anderen Worten: Die Gleichung gilt *unabhängig vom Weg*, auf dem das Gas aus dem Zustand (p_0, V_0, T_0) in den neuen Zustand (p, V, T) überführt wird. Sie geht für $p = p_0$ (**isobare** Zustandsänderung) und $V = V_0$ (**isochore** Zustandsänderung) in je eine der beiden Formen des GAY-LUSSACschen Gesetzes, für $T = T_0$ (**isotherme** Zustandsänderung) in das BOYLE-MARIOTTEsche Gesetz über.
Der Ausdruck pV/T in Gleichung (17) ist eine *extensive*, d. h. eine der Gasmenge proportionale Größe. Beziehen wir uns auf eine feste, durch eine bestimmte Anzahl von Molekülen gegebene Gasmenge, so hat der Quotient (17) für alle Gase den gleichen Wert. Als eine solche feste Gasmenge wählen wir **1 mol**. Das M o l (mol) ist SI-Basiseinheit für die **Stoffmenge** n und ist wie folgt definiert:

1 mol ist diejenige Stoffmenge, die ebenso viele gleichartige Teilchen (z. B. Gasmoleküle) enthält, wie Atome in 12 g des Kohlenstoffisotops ^{12}C enthalten sind; es sind dies genau 6,022 142 · 10^{23} Teilchen.

Nach einem von AVOGADRO gefundenen Gesetz (vgl. 18.2) nimmt 1 mol eines idealen Gases, unabhängig von dessen chemischer Beschaffenheit, im **Normzustand**, d. h. bei der Temperatur des schmelzenden Eises $T_0 = 273{,}15\,\mathrm{K}$ und Normalluftdruck $p_0 = 1013{,}25\,\mathrm{hPa}$, das gleiche Volumen ein, nämlich

$$V_{\mathrm{m}0} = 22{,}414 \cdot 10^{-3}\,\mathrm{m^3/mol} \qquad (18)$$

(molares Normvolumen des idealen Gases).

Mit diesen Werten folgt für den mit R_m bezeichneten Quotienten (17)

$$R_\mathrm{m} = \frac{p_0 V_{\mathrm{m}0}}{T_0} = 8{,}3145\,\mathrm{J/(mol\,K)} \qquad (19)$$

(molare oder allgemeine Gaskonstante),

und die Zustandsgleichung (17) lautet, bezogen auf 1 mol des Gases, $pV_m = R_m T$. Für eine beliebige Gasmenge, bestehend aus n Molen mit dem zugehörigen Volumen $V = nV_m$, gilt demnach

$$pV = nR_m T \qquad \textbf{(allgemeine Zustandsgleichung des idealen Gases).} \qquad (20)$$

Benutzt man als Mengenangabe des Gases nicht – wie in (20) – die Stoffmenge n (in mol), sondern die Masse $m = nM$ (in kg) mit M als **Molmasse** des betreffenden Gases (letztere beträgt so viel Gramm, wie die relative Atom- bzw. Molekülmasse angibt, vgl. 18.1), so nimmt die Zustandsgleichung (20) die Form

$$pV = \frac{m}{M} R_m T = mRT \qquad \text{oder} \qquad p = \varrho RT \qquad (21)$$

an mit der von Gas zu Gas verschiedenen **speziellen Gaskonstante** $R = R_m/M$ und der Dichte des Gases $\varrho = m/V$.

Für Gasgemische berechnet sich die spezielle Gaskonstante, wenn $m_i = \varrho_i V$ die Massen, ϱ_i die nach (9) berechneten Dichten und $R_i = R_m/M_i$ die speziellen Gaskonstanten mit M_i als Molmassen der verschiedenen Gase sind, zu

$$R = \frac{m_1 R_1 + m_2 R_2 + \cdots}{m_1 + m_2 + \cdots} \qquad \text{(vgl. Abschnitt 18.6).} \qquad (22)$$

Alle *realen* Gase zeigen in ihrem Verhalten Abweichungen von der Zustandsgleichung (20) bzw. (21), die aber um so geringer sind, je kleiner ihr Druck und je höher ihre Temperatur ist.

Beispiel: Eine Stahlflasche von 10 l enthält 40 g Wasserstoff. Bei welcher Temperatur erreicht der Überdruck 5 MPa? – *Lösung:* Mit der Molmasse des Wasserstoffs (H_2) $M = 2$ g/mol folgt für die spezielle Gaskonstante von Wasserstoff mit (19) $R = R_m/M \approx 4{,}2$ kJ/(kg K). Damit erhalten wir nach (21) $T = pV/(mR) = 297{,}62\,\text{K} \approx 24{,}5\,°\text{C}$.

Aufgabe 16.4. Bei 30 °C hat eine in 5 dm^3 eingeschlossene bestimmte Menge Luft (Molmasse $M = 28{,}85$ g/mol) einen Druck von 17,5 MPa. Welches Volumen nimmt die Luft a) im Normzustand (0 °C und 1013,25 hPa), b) bei 100 °C und 50,0 MPa ein? c) Um welche Luftmenge handelt es sich?

17 Der I. Hauptsatz der Thermodynamik (Energiesatz)

17.1 Wärmemenge und Wärmekapazität

Wärme ist Energie. Ebenso wie aus mechanischer (potentieller und kinetischer) oder elektrischer Energie kann auch aus Wärme *Arbeit* gewonnen werden. Wärme ist stets an einen festen, flüssigen oder gasförmigen Körper gebunden. Sie kann mit anderen Körpern ausgetauscht werden, wobei eine bestimmte **Wärmemenge** Q, entsprechend einer bestimmten Menge an Energie, vom wärmeren Körper auf den kälteren übergeht. Es ist daher auch die

$$\textit{Einheit der Wärmemenge:} \quad [Q] = 1\,\text{J} = 1\,\text{W s} = 1\,\text{N m}.$$

Wird einem Körper der Masse m die Wärmemenge Q zugeführt, so erhöht sich seine Temperatur T proportional zu Q und umgekehrt proportional zu m:

$$\Delta T \sim \frac{1}{m} Q,$$

d. h., die für eine Temperaturerhöhung ΔT des Körpers von T_1 auf T_2 erforderliche Wärmemenge ist

$$Q = cm\Delta T = cm(T_2 - T_1) \qquad \textbf{(Wärmemenge).} \qquad (1)$$

Den Proportionalitätsfaktor c in vorstehender Gleichung, der innerhalb eines bestimmten Temperaturbereiches konstant ist, nennt man **spezifische Wärmekapazität** des Stoffes:

$$c = \frac{1}{m}\frac{Q}{T_2 - T_1} \quad \text{bzw. differentiell} \quad c = \frac{1}{m}\frac{\mathrm{d}Q}{\mathrm{d}T}; \tag{2}$$

Einheit: $[c] = 1$ J/(kg K).

Die spezifische Wärmekapazität c gibt zahlenmäßig diejenige Wärmemenge an, die erforderlich ist, um 1 kg des betreffenden Stoffes um 1 K zu erwärmen.

Die in Gleichung (1) vorkommende Größe

$$C = cm, \quad \textit{Einheit:} \quad [C] = 1\ \text{J/K}, \tag{3}$$

ist die **Wärmekapazität des Körpers**; sie gibt diejenige Wärmemenge an, die nötig ist, um *den ganzen Körper* der Masse m um 1 K zu erwärmen. Demnach ist, wenn in (3) für m die Molmasse $M = m/n$ und für c der Ausdruck (2) eingesetzt wird,

$$C_\mathrm{m} = cM = \frac{cm}{n} = \frac{1}{n}\frac{\mathrm{d}Q}{\mathrm{d}T}; \quad \textit{Einheit:} \quad [C_\mathrm{m}] = 1\ \text{J/(mol K)}, \tag{4}$$

die **molare Wärmekapazität (Molwärme)** eines Stoffes.
Bei den Gasen haben wir zwischen der spezifischen Wärmekapazität bzw. Molwärme *bei konstantem Volumen* (c_V bzw. $C_{\mathrm{m}V}$) und *bei konstantem Druck* (c_p bzw. $C_{\mathrm{m}p}$) zu unterscheiden. Wir kommen in Abschnitt 17.3 darauf zurück.

Kalorimetrie. Die spezifische Wärmekapazität fester und flüssiger Stoffe kann durch *Mischung*, z. B. durch Eintauchen eines festen Körpers oder durch Hineingießen einer bestimmten Menge Flüssigkeit (Masse m) mit der unbekannten Wärmekapazität c und der Temperatur ϑ in eine Flüssigkeit bekannter Wärmekapazität c_Fl der Temperatur $\vartheta_\mathrm{Fl} < \vartheta$ bestimmt werden. Bei bekannter Wärmekapazität C_K des Gefäßes, das die Flüssigkeit enthält *(Kalorimeter)*, lässt sich mit Hilfe des Energieerhaltungssatzes aus der gemessenen Mischungstemperatur ϑ_M die spezifische Wärmekapazität c bestimmen. Die vom Körper abgegebene Wärmeenergie ist gleich der von Flüssigkeit und Kalorimeter aufgenommenen Wärmeenergie:

$$cm\,(\vartheta - \vartheta_\mathrm{M}) = c_\mathrm{Fl} m_\mathrm{Fl}\,(\vartheta_\mathrm{M} - \vartheta_\mathrm{Fl}) + C_\mathrm{K}\,(\vartheta_\mathrm{M} - \vartheta_\mathrm{Fl}), \tag{5}$$

$$c = \frac{c_\mathrm{Fl} m_\mathrm{Fl} + C_\mathrm{K}}{m}\,\frac{\vartheta_\mathrm{M} - \vartheta_\mathrm{Fl}}{\vartheta - \vartheta_\mathrm{M}} \quad \textbf{(Kalorimeter-Formel).} \tag{6}$$

Voraussetzung für die Gültigkeit dieser Formel ist, dass die Mischung bei konstantem Druck, d. h. also als *isobarer* Prozess, erfolgt und keine Änderungen des Aggregatzustandes (Schmelzen, Erstarren) der beteiligten Stoffe stattfinden. Treten jedoch derartige *Phasenumwandlungen* auf, so ist die dabei aufgenommene bzw. abgegebene **Umwandlungswärme** $Q = mq$ mit der *spezifischen Umwandlungswärme* q (= Wärmetönung je kg des betreffenden Stoffes) in der Energiebilanz (5) zusätzlich zu berücksichtigen (s. Beispiel 2).

Beispiele: *1.* Berechne die Zeit, in der ein elektrischer Heißwasserspeicher 8 l Wasser ($c = 4{,}19$ J/(g K)) von 10 °C auf 95 °C erwärmt! Die Heizleistung beträgt $P = 950$ W, der Wirkungsgrad η (infolge von Wärmeverlusten verminderte effektive Heizleistung) 92%. – *Lösung:* Die bereitgestellte Energie beträgt $E = \eta P t$. Sie erscheint als Zunahme der Wärmeenergie des Wassers $Q = cm\Delta\vartheta$. Aus $E = Q$ folgt mit $m = 8$ kg, $\Delta\vartheta = 85$ K und $\eta = 0{,}92$ für die erforderliche Zeit $t = cm\Delta\vartheta/(\eta P) = 54$ min 18 s.

2. Eine bestimmte Menge Eis ($m_E = 100$ g; spezifische Wärmekapazität $c_E = 2{,}09$ kJ/(kg K); spezifische Schmelzwärme $q = 332$ kJ/kg) wird in siedendes Wasser ($m_W = 500$ g; $c_W = 4{,}19$ kJ/(kg K)) gebracht. Als Mischungstemperatur wird $\vartheta_M = 69$ °C ermittelt. Als Kalorimeter dient ein Thermosgefäß, dessen Wärmekapazität zu vernachlässigen ist. Welche Temperatur hatte das Eis? –
Lösung: Die vom Eis aufgenommene Wärmemenge ist gleich der vom Wasser abgegebenen Wärmemenge. Erstere besteht aus drei Anteilen: $c_E m_E (\vartheta_0 - \vartheta_E)$ zum Erwärmen des Eises auf die Schmelztemperatur ϑ_0, $m_E q$ zum Schmelzen des Eises und $c_W m_E (\vartheta_M - \vartheta_0)$ zur Erwärmung des geschmolzenen Eises auf die Mischungstemperatur ϑ_M. Die vom siedenden Wasser (Siedetemperatur ϑ_S) abgegebene Wärmemenge beträgt $c_W m_W (\vartheta_S - \vartheta_M)$. Nach dem Energiesatz gilt also:

$$c_E m_E (\vartheta_0 - \vartheta_E) + m_E q + c_W m_E (\vartheta_M - \vartheta_0) = c_W m_W (\vartheta_S - \vartheta_M);$$

$$\vartheta_E = \frac{1}{c_E m_E} [m_E q + c_W m_E (\vartheta_M - \vartheta_0) - c_W m_W (\vartheta_S - \vartheta_M)] + \vartheta_0.$$

Mit $\vartheta_0 = 0$ °C, $\vartheta_S = 100$ °C folgt hieraus $\vartheta_E = -14$ °C.

Aufgabe 17.1. Ein Kalorimeter ist mit $m_k = 0{,}5$ kg kaltem Wasser der Temperatur $\vartheta_k = 10$ °C gefüllt (spezifische Wärmekapazität des Wassers $c_W = 4{,}19$ kJ/(kg K)). Zur Bestimmung der Wärmekapazität des Kalorimeters (einschl. Deckel, Rührwerk und Thermometer) werden $m_w = 0{,}5$ kg warmes Wasser von $\vartheta_w = 80$ °C hinzugegeben. Es wird eine Mischungstemperatur von $\vartheta_M = 42$ °C ermittelt. Wie groß ist die Wärmekapazität des Kalorimeters C_K?

17.2 Innere Energie eines Systems. Formulierung des I. Hauptsatzes

Ausgehend von der Erkenntnis, dass Wärme eine Form der Energie ist, die sich in andere Energieformen umwandeln lässt, formulierte ROBERT MAYER (1842) erstmals das **Prinzip von der Erhaltung der Energie**, welches besagt: *In einem abgeschlossenen System bleibt der gesamte Energievorrat, also die Summe aus Wärmeenergie, mechanischer oder anderer Energie, stets konstant.* Dies ist die Grundaussage des *I. Hauptsatzes der Thermodynamik.* Man bezeichnet ihn auch als *Satz von der Unmöglichkeit eines Perpetuum mobile 1. Art:* Es ist nicht möglich, eine Maschine zu konstruieren, welche Arbeit verrichtet, ohne Energie aus einer äußeren Quelle zu schöpfen.

Um hierfür eine mathematische Formulierung zu gewinnen, beschreiben wir den gesamten Energieinhalt des betrachteten Systems (z. B. einer bestimmten Menge eines Gases) durch eine Größe U, die wir die **innere Energie** des Systems nennen. Diese muss eine eindeutige Funktion der Zustandsgrößen Druck p, Volumen V und Temperatur T sein; denn wäre der Energieinhalt von der Art abhängig, wie das System in den Zustand gebracht wurde (wäre z. B. der Energieaufwand größer, wenn 1 l Luft von 0 °C zuerst auf 100 °C erwärmt und dann auf 10 cm^3 komprimiert wird, als wenn dieselbe Luftmenge zuerst auf 10 cm^3 komprimiert und danach auf 100 °C erwärmt wird), so könnte man dadurch, dass man die Luft auf dem zweiten, weniger Energie erfordernden Weg in den alten Zustand zurückbringt, die Energiedifferenz gewinnen und hätte damit eine Maschine, die Arbeit aus dem Nichts erzeugt.

Wird also ein System aus einem Zustand *1* in einen anderen Zustand *2* überführt, so ist die dabei auftretende Änderung der inneren Energie $\Delta U = U_2 - U_1$ unabhängig von den durchlaufenen Zwischenzuständen (unabhängig vom Weg). Hieraus folgt, dass bei jedem *Kreisprozess*, bei dem das System eine Folge von unterschiedlichen Zustandsänderungen durchläuft, die wieder in den Ausgangszustand zurückführen, $\Delta U = 0$ ist.

Die innere Energie U ist eine kalorische Zustandsgröße, die den Energieinhalt eines Systems als eindeutige Funktion seiner thermischen Zustandsgrößen p, V, T beschreibt.

Jede Änderung der inneren Energie ΔU eines Systems kann nach dem Energieerhaltungssatz nur so erfolgen, dass dem System aus seiner Umgebung (von außen) Energie teils in Form von Wärme (Q), teils durch Verrichtung mechanischer oder elektrischer Arbeit (W) zugeführt oder entzogen wird (Bild 17.1). Legen wir ein für allemal fest, dass *jede zugeführte Energiemenge – gleichgültig in welcher Form – positiv und jede dem System entzogene (vom System abgegebene) Energie negativ* gezählt wird, so gilt daher

$$\Delta U = Q + W \qquad \textbf{(I. Hauptsatz)} \tag{7}$$

oder in differentieller Form

$$\mathrm{d}U = \mathrm{d}Q + \mathrm{d}W \qquad \textbf{(Änderung der inneren Energie).} \tag{8}$$

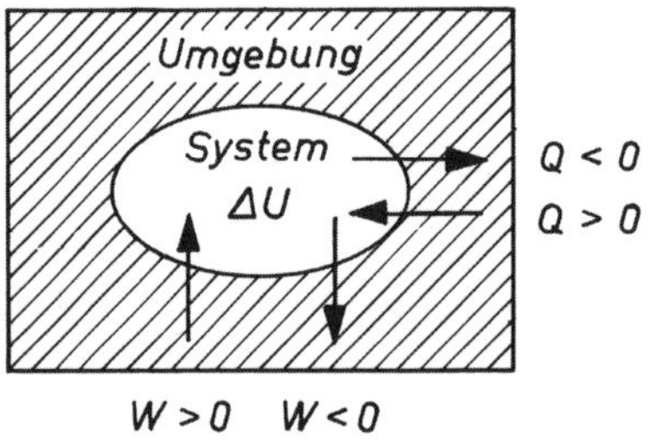

Bild 17.1. Zur Erläuterung des I. Hauptsatzes

Im Gegensatz zur inneren Energie U, die eine Zustandsgröße ist, wird durch die Größen Q und W der innere Zustand eines Systems nicht eindeutig bestimmt; denn die bei einer Zustandsänderung z. B. vom System aufgenommene Energie, die nun Teil der inneren Energie U des Systems ist, braucht nicht als Wärme zugeführt worden sein, sondern kann auch in Form mechanischer Arbeit, z. B. bei der Kompression eines Gases, auf das System übertragen worden sein. Q und W sind daher *keine Zustandsgrößen*, sondern sog. **Prozessgrößen**, die von der Art des durchlaufenen Prozesses bestimmt werden. Mit anderen Worten: *Änderungen* der inneren Energie eines Körpers ΔU lassen sich gemäß Gleichung (7) in Abhängigkeit vom Prozess in Wärmemenge und Arbeit einteilen, während für den gesamten Energieinhalt U des Körpers eine solche Aufteilung nicht möglich ist.

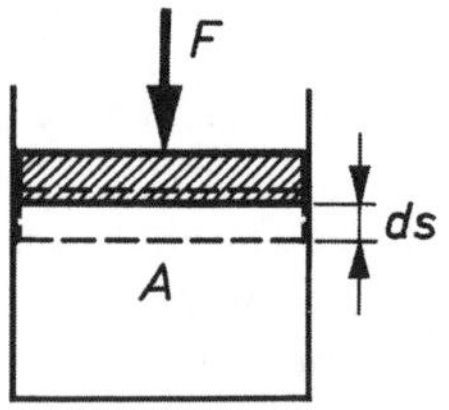

Bild 17.2. Zur Volumenarbeit eines Gases (F am Kolben angreifende Kraft, ds Verschiebungsweg des Kolbens mit der Querschnittsfläche A; $\mathrm{d}V = A\,\mathrm{d}s$ Volumenänderung)

Bei *Gasen* besteht die Arbeitsleistung in einer Volumenänderung gegen den äußeren Druck p. Befindet sich das Gas in einem Zylinder mit beweglichem Kolben der Querschnittsfläche A (Bild 17.2), dann ist die vom Gas bei Hebung des Kolbens um ds (Vergrößerung des Volumens von V_1 auf V_2) gegen die äußere Kraft $F = pA$ verrichtete (d. h. nach außen hin abgegebene) **Ausdehnungs-** oder **Volumenarbeit**

$$W = -\int_{s_1}^{s_2} F\,\mathrm{d}s = -\int_{s_1}^{s_2} pA\,\mathrm{d}s = -\int_{V_1}^{V_2} p\,\mathrm{d}V. \tag{9}$$

In einem ***p*,*V*-Diagramm** (Bild 17.3) ist die von einem Gas bzw. an einem Gas verrichtete Arbeit betragsmäßig gleich der Fläche unter der p,V-Kurve. Bei den sog. *Kreisprozessen*, bei denen das System nach Durchlaufen einer Reihe von Zustandsänderungen in seinen Ausgangszustand zurückkehrt (Bild 17.3c), ist die Volumenarbeit betragsmäßig gleich der von der p, V-Kurve umschlossenen Fläche. Mit (9) lautet der I. Hauptsatz (8):

$$\mathrm{d}U = \mathrm{d}Q - p\,\mathrm{d}V. \tag{10}$$

Die Änderung der inneren Energie eines Gases ist gleich der Differenz aus zu- bzw. abgeführter Wärmemenge und vom Gas bzw. am Gas verrichteter Volumenarbeit.

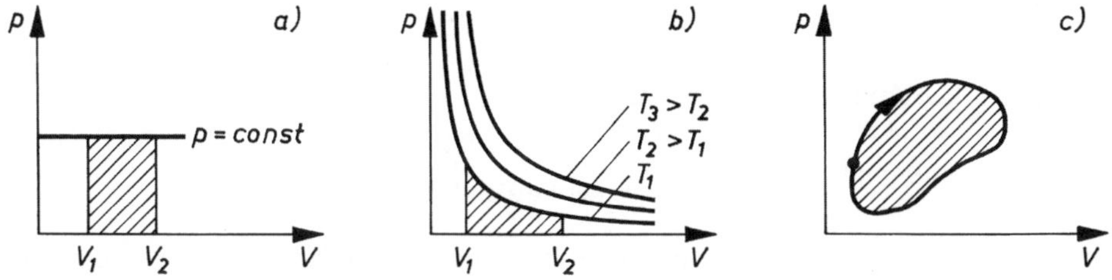

Bild 17.3. Volumenarbeit a) bei isobarer, b) bei isothermer Zustandsänderung eines idealen Gases, c) bei einem Kreisprozess

Beispiel: Siehe Bild 17.4! Wie groß ist für den dort beschriebenen Fall a) die Änderung der inneren Energie des Gases, wenn bei einer zugeführten Wärmemenge von 3 kJ die Expansionsarbeit 1 kJ verrichtet wird? Berechne für den Fall b) die zugeführte Wärmeenergie und die Arbeit, wenn der Druck im Zustand *1* halb so groß ist wie im Zustand *3* ! – *Lösung:* a) Aus dem I. Hauptsatz (7) ergibt sich mit $Q_{132} = 3$ kJ und $W_{132} = W_{32} = -1$ kJ: $U_2 - U_1 = \Delta U_{12} = Q_{132} + W_{132} = 2$ kJ. b) Aus dem Vergleich der Flächen unter den Geradenabschnitten *1-4* und *3-2* (gemessen von der Abszisse) folgt für die verrichtete Arbeit $W_{142} = W_{14} = (1/2)W_{32} = -0{,}5$ kJ und mit $\Delta U_{12} = 2$ kJ (s. oben): $Q_{142} = \Delta U_{12} - W_{142} = 2{,}5$ kJ.

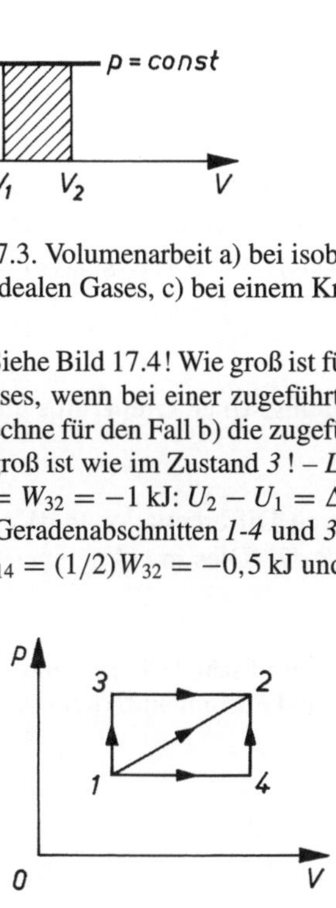

Bild 17.4. Ein Gas werde vom Zustand *1* in den Zustand *2* überführt, und zwar a) auf dem Weg *1-3-2*, b) auf dem Weg *1-4-2*. Die Änderung der inneren Energie $\Delta U = U_2 - U_1$ ist unabhängig vom Weg stets gleich groß.

Aufgabe 17.2. Berechne in obigem Beispiel a) die Wärmeenergie und die Arbeit, wenn das Gas entlang der Diagonale *1-2* aus dem Zustand *1* in den Zustand *2* gebracht wird; b) die Änderung der inneren Energie, die Arbeit sowie die zugeführte Wärmeenergie, wenn das Gas den Kreisprozess *1-3-2-4-1* durchläuft!

17.3 Spezifische Wärmekapazität des idealen Gases. Kalorische Zustandsgleichung

Die spezifische Wärmekapazität, d. i. die Wärmemenge, die erforderlich ist, um 1 kg eines Stoffes um 1 K zu erwärmen, hängt davon ab, ob die Zuführung der Wärme unter Konstanthaltung des Volumens oder des Druckes erfolgt, da ein Teil der zugeführten Wärmeenergie, wenn der Körper sich ausdehnen kann, für die von ihm verrichtete *Ausdehnungsarbeit* gegen den gleich bleibenden äußeren Druck benötigt wird. Die Unterscheidung macht sich vor allem bei den Gasen wegen ihres großen thermischen Ausdehnungskoeffizienten bemerkbar. Unter Anwendung des I. Hauptsatzes (10) $dQ = dU + p dV$ folgt für die spezifische Wärmekapazität (2) allgemein

$$c = \frac{1}{m}\frac{dQ}{dT} = \frac{1}{m}\left(\frac{dU}{dT} + p\frac{dV}{dT}\right), \tag{11}$$

woraus für eine Erwärmung bei Konstanthaltung des Volumens, d. h. $dV = 0$, folgt

$$c_V = \frac{1}{m}\left(\frac{dQ}{dT}\right)_{V=\text{const}} = \frac{1}{m}\frac{dU}{dT} \quad \textbf{(spezifische Wärmekapazität bei konstantem Volumen)} \tag{12}$$

oder mit (4) für die Änderung der inneren Energie

$$dU = mc_V\, dT = nC_{mV}\, dT \quad \textbf{(kalorische Zustandsgleichung des idealen Gases).} \tag{13}$$

Da die innere Energie U eine Zustandsgröße ist, kann ihre Änderung nicht von der speziellen Art der Zustandsänderung abhängen, so dass Gleichung (13) für *alle beliebigen* Zustandsänderungen gilt. Damit lässt sich für das ideale Gas der I. Hauptsatz wie folgt formulieren:

$$dQ = mc_V\, dT + p\, dV. \tag{14}$$

Die einem Gas zugeführte Wärme dient der Erhöhung seiner Temperatur und der Vergrößerung seines Volumens.

Aus der Zustandsgleichung (16/21) $pV = mRT$ folgt durch Differentiation $p\, dV + V dp = mR\, dT$, bei konstantem Druck ($dp = 0$) also $p\, dV = mR\, dT$. Dies in (11) eingesetzt, ergibt als spezifische Wärmekapazität bei konstantem Druck

$$c_p = \frac{1}{m}\left(\frac{dQ}{dT}\right)_{p=\text{const}} = \frac{1}{m}\left(\frac{dU}{dT} + mR\right) \quad \textbf{(spezifische Wärmekapazität bei konstantem Druck)} \tag{15}$$

$$= c_V + R,$$

d. h., es ist wegen (4) und mit $MR = R_m$ (M Molmasse):

$$c_p - c_V = R \qquad \text{oder} \qquad C_{mp} - C_{mV} = R_m. \tag{16}$$

Die Differenz der Molwärmen bei konstantem Druck und konstantem Volumen ist für das ideale Gas gleich der allgemeinen Gaskonstante R_m. Sie ist zahlenmäßig gleich der Ausdehnungsarbeit von 1 mol idealen Gases bei einer Temperaturerhöhung um 1 K.

Beispiel: Welche Arbeit verrichtet 1 kg Kohlendioxid (CO_2) bei Erwärmung von 0 °C auf 20 °C, wenn es sich bei gleich bleibendem Druck (z. B. Atmosphärendruck) ausdehnen kann? – *Lösung:* Die isobare Ausdehnungsarbeit von 1 kg Gas bei 1 K Temperaturerhöhung ist durch die Differenz der spezifischen Wärmekapazitäten $c_p - c_V$ gegeben. Aus (16) folgt hierfür $c_p - c_V = R = R_m/M$. Für CO_2 ist nach 16.4 $M = (1 \cdot 12 + 2 \cdot 16)$ g/mol $= 44$ g/mol und damit $R_m/M = 189$ J/(kg K), in Übereinstimmung mit der Differenz der bei 0 °C für CO_2 gemessenen Werte $c_p = 821$ J/(kg K) und $c_V = 632$ J/(kg K). Bei einer Temperaturerhöhung um 20 K erhält man als Ausdehnungsarbeit entsprechend das 20-fache dieses Wertes, also $20 \cdot 189$ J $= 3{,}78$ kJ.

17.4 Anwendung des I. Hauptsatzes auf spezielle Zustandsänderungen des idealen Gases

Isobare Zustandsänderung (p = const). Aus der Zustandsgleichung des idealen Gases $pV = mRT$ folgt für konstanten Druck durch Differentiation $p\,\mathrm{d}V = mR\,\mathrm{d}T$, womit der I. Hauptsatz (9) die Form

$$\mathrm{d}U = \mathrm{d}Q - mR\,\mathrm{d}T$$

annimmt bzw. mit (15)

$$\mathrm{d}Q = mc_p\,\mathrm{d}T = nC_{\mathrm{m}p}\,\mathrm{d}T.$$

Es ist also mit (13) $\mathrm{d}U/\mathrm{d}Q = c_V/c_p$, d. h., die einem Gas zugeführte Wärmemenge $\mathrm{d}Q$ geht nicht vollständig in innere Energie des Gases über, sondern nur zu dem Bruchteil $\mathrm{d}U = (c_V/c_p)\,\mathrm{d}Q$; die Differenz $\mathrm{d}Q - \mathrm{d}U$ entfällt auf die Ausdehnungsarbeit des Gases gegen den konstanten äußeren Druck p (s. das Rechenbeispiel im vorangegangenen Abschnitt).
Im p,V-Diagramm sind die Linien gleichen Druckes, die **Isobaren**, Parallelen zur V-Achse (Bild 17.3a). Die bei Volumenänderung von V_1 auf V_2 vom Gas bzw. am Gas isobar verrichtete Arbeit ist

$$W = -\int_{V_1}^{V_2} p\,\mathrm{d}V = p(V_1 - V_2) = mR(T_1 - T_2) = nR_{\mathrm{m}}(T_1 - T_2). \tag{17}$$

Die isobare Zustandsänderung kann durch die Anordnung in Bild 17.5a verwirklicht werden, bei der ein über einen Mechanismus (Zahnrad und Zahnstange) durch ein Gewicht belasteter, reibungsfrei beweglicher Kolben das Gas im Zylinder unter einen konstanten Innendruck versetzt.

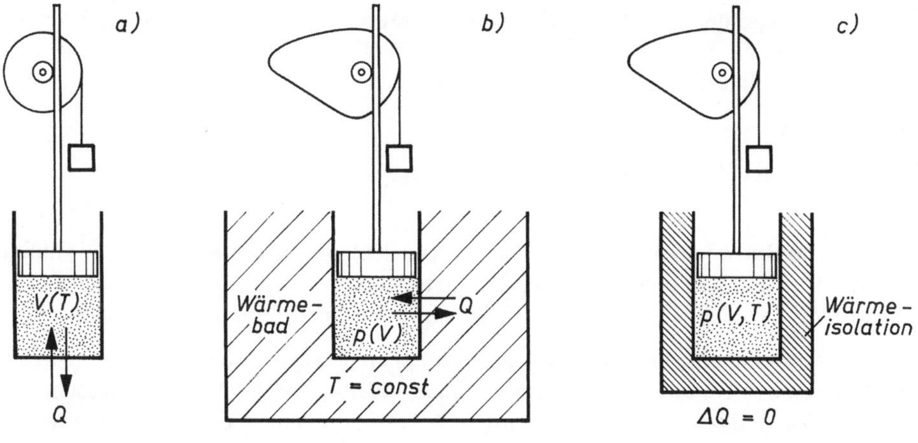

Bild 17.5. Realisierung der a) isobaren, b) isothermen, c) adiabatischen (isentropen) Zustandsänderung

Bei Wärmezufuhr Q erhöht sich die Temperatur, und das Volumen $V(T)$ nimmt bei konstantem Druck p zu, wobei eine Hubarbeit W verrichtet wird. Damit das System im p,V-Diagramm eine Isobare durchläuft, muss die Zustandsänderung **quasistatisch** geführt werden, d. h. *genügend langsam und in infinitesimal kleinen Schritten*, so dass sich das im Zylinder befindliche Gas hinsichtlich Druck und Temperatur in sich und mit der Umgebung stets im **thermodynamischen Gleichgewicht** befindet. Unter diesen Bedingungen kann die Zustandsänderung ebenso

gut auch rückwärts, d. h. *reversibel*, geleitet werden, was in diesem Falle mit einer Abgabe der Wärmemenge Q bei Absenkung des Gewichts verbunden ist.
Isobare Vorgänge sind nicht auf Gase beschränkt. Zum Beispiel verlaufen alle Vorgänge in der freien Atmosphäre, u. a. Schmelzen und Verdampfen, isobar.

Isochore Zustandsänderung (V = const). Wegen $\mathrm{d}V = 0$ verrichtet das Gas *keine Volumenarbeit*; der I. Hauptsatz (10) nimmt daher bei isochoren Zustandsänderungen die Form

$$\mathrm{d}U = \mathrm{d}Q$$

an. Das heißt, die gesamte dem Gas zugeführte (entzogene) Wärme findet sich in der Erhöhung (Erniedrigung) der inneren Energie des Gases wieder. Im p, V-Diagramm wird diese Zustandsänderung durch eine Parallele zur p-Achse beschrieben.

Isotherme Zustandsänderung (T = const). Ihre Realisierung kann nach Bild 17.5b so erfolgen, dass sich das in einem Zylinder mit guter Wärmeleitfähigkeit befindliche Gas mit einem *Wärmebad* großer Wärmekapazität und daher konstanter Temperatur im thermischen Gleichgewicht befindet.

Quasistatische und damit reversible Volumenänderung kann man durch geeignete Belastung des Kolbens entsprechend dem Gasdruck $p(V)$ erreichen. In Bild 17.5b wird dies durch die dargestellte Kurvenbahn realisiert, auf der das Seil des Gewichts abläuft. Bei richtiger Form der Kurvenbahn wird erreicht, dass der Kolben bei isothermer Expansion oder Kompression in jeder Lage stehen bleibt, gerade so wie eine im indifferenten Gleichgewicht befindliche Waage. Die Zugabe oder Wegnahme eines kleinen Gewichts genügt, um den Kolben bei Gewährleistung des thermodynamischen Gleichgewichts sinken oder steigen zu lassen.

Wegen $\mathrm{d}T = 0$ und somit nach (13) $\mathrm{d}U = 0$ lautet der I. Hauptsatz (10) hier

$$\mathrm{d}Q = p\,\mathrm{d}V = -\mathrm{d}W,$$

d. h., die dem Gas zugeführte Wärme erhöht nicht dessen innere Energie, sondern wird vollständig in Volumenarbeit des Gases umgesetzt. Die bei Volumenänderung von V_1 auf V_2 isotherm verrichtete Arbeit errechnet sich mit der Zustandsgleichung (16/21) zu

$$W = -\int_{V_1}^{V_2} p\,\mathrm{d}V = -mRT \int_{V_1}^{V_2} \frac{\mathrm{d}V}{V} = mRT \ln\left(\frac{V_1}{V_2}\right) = nR_\mathrm{m}T \ln\left(\frac{V_1}{V_2}\right). \qquad (18)$$

Sie entspricht der in Bild 17.3b schraffierten Fläche unter der zugehörigen **Isotherme**, die durch die Gleichung $pV = mRT = \text{const}$ beschrieben wird und im p, V-Diagramm eine gleichseitige Hyperbel darstellt, die von den Koordinatenachsen um so weiter entfernt liegt, je größer T ist.

Adiabatische (isentrope) Zustandsänderung. Wird bei einer Zustandsänderung ein Wärmeaustausch zwischen System und Umgebung verhindert, indem z. B. durch eine entsprechende Wärmeisolation des Gefäßes dafür gesorgt wird, dass das darin enthaltene Gas Wärme weder aufnehmen noch abgeben kann, so spricht man von einer *adiabatischen* Zustandsänderung (Bild 17.5c). Für sie gilt also $\mathrm{d}Q = 0$, womit der I. Hauptsatz (10) lautet:

$$\mathrm{d}U = -p\,\mathrm{d}V = \mathrm{d}W.$$

Bei einer adiabatischen Expansion verrichtet das Gas Arbeit auf Kosten seiner inneren Energie, wodurch die Temperatur sinkt; adiabatische Kompression erhöht die innere Energie des Gases um den Betrag an aufgewandter Kompressionsarbeit, womit die Temperatur ansteigt. Es ändern sich hierbei also alle drei Zustandsgrößen p, V und T. Die Zustandsfunktion, die bei den hier betrachteten *reversibel adiabatischen* Vorgängen konstant bleibt, heißt **Entropie**; sie wird erst in Abschnitt 19.4 eingeführt. Man spricht daher in diesem Fall auch von **isentroper** Zustandsänderung.

Zur Ermittlung des Zusammenhangs zwischen den Zustandsgrößen differenzieren wir die Gasgleichung $pV = mRT$ und erhalten $\mathrm{d}T = (p\,\mathrm{d}V + V\mathrm{d}p)/(mR)$; dies in die Beziehung (13) $\mathrm{d}U = mc_V\mathrm{d}T$ eingesetzt, ergibt mit obiger Gleichung für den I. Hauptsatz:

$$\mathrm{d}U = \frac{c_V}{R}(p\,\mathrm{d}V + V\,\mathrm{d}p) = -p\,\mathrm{d}V. \tag{19}$$

Setzt man hierin nach (16) $R = c_p - c_V$, so folgt nach Umformung

$$\frac{c_p}{c_V}\frac{\mathrm{d}V}{V} + \frac{\mathrm{d}p}{p} = 0.$$

Mit dem **Adiabaten-(Isentropen-)exponenten** $\varkappa = c_p/c_V = C_{\mathrm{m}p}/C_{\mathrm{m}V}$ erhält man daraus durch Integration und Umformung

$$\varkappa \ln V + \ln p = \ln V^{\varkappa} + \ln p = \ln(pV^{\varkappa}) = \mathrm{const}$$

oder

$$pV^{\varkappa} = \mathrm{const}, \quad \text{d. h.} \quad p_1V_1^{\varkappa} = p_2V_2^{\varkappa} \qquad \textbf{(Poissonsche Adiabatengleichung).} \tag{20}$$

Mit Hilfe des allgemeinen Gasgesetzes $pV/T = \mathrm{const}$ lässt sich diese Gleichung auch auf andere Paare von Zustandsgrößen umrechnen; man erhält so

$$TV^{\varkappa-1} = \mathrm{const} \qquad \text{und} \qquad Tp^{\frac{1-\varkappa}{\varkappa}} = \mathrm{const}. \tag{21}$$

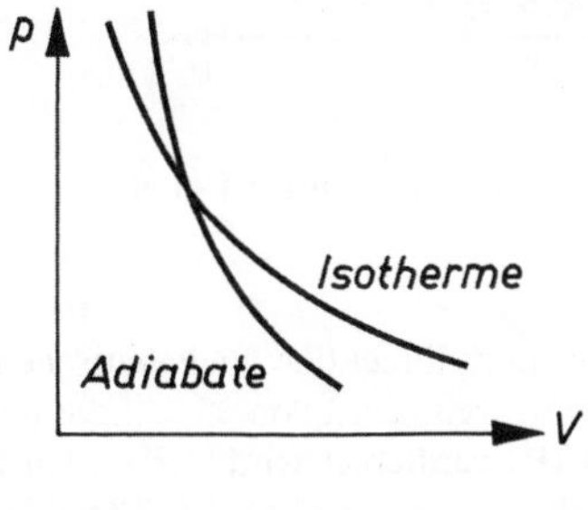

Bild 17.6. Adiabate und Isotherme im p,V-Diagramm

Da adiabatische Expansion stets mit Abkühlung verbunden ist und der Druck nach der Adiabatengleichung (20) umgekehrt proportional zu V wegen $\varkappa > 1$ stärker sinkt als bei isothermer Expansion, verlaufen die sog. **Adiabaten (Isentropen)** im p,V-Diagramm stets steiler als die Isothermen (vgl. Bild 17.6). Die adiabatische Volumenarbeit berechnet sich wegen $\mathrm{d}W = \mathrm{d}U = mc_V\,\mathrm{d}T = nC_{\mathrm{m}V}\,\mathrm{d}T$ durch Integration zu

$$W = mc_V(T_2 - T_1) = nC_{\mathrm{m}V}(T_2 - T_1). \tag{22}$$

Polytrope Zustandsänderungen. Vollkommen adiabatische oder isotherme Zustandsänderungen lassen sich in der Praxis mit Wärmekraftmaschinen nicht verwirklichen. Die tatsächlichen Zustandsänderungen liegen zwischen den beiden Grenzfällen. Die **Polytropen** genannten Kurven im p,V-Diagramm liegen daher bei technischen Vorgängen zwischen den durch den gleichen Ausgangspunkt gehenden Isothermen und Adiabaten (Bild 17.7). Polytrope Zustandsänderungen gehorchen Zustandsgleichungen der Form

$$pV^k = \mathrm{const}, \quad \text{d. h.} \quad p_1V_1^k = p_2V_2^k, \tag{23}$$

wobei der **Polytropenexponent** k Werte zwischen 1 und $\varkappa$ annimmt.
Formal lassen sich alle behandelten Zustandsänderungen und die ihnen entsprechenden Gleichungen als *Sonderfälle* der polytropen Zustandsänderung mit

$$\mathrm{d}Q = mc_k\,\mathrm{d}T \qquad \text{und} \qquad c_k = c_V\frac{k-\varkappa}{k-1} \tag{24}$$

darstellen, wobei der Polytropenexponent Werte im Bereich $0 \leq k < \infty$ annimmt. Bild 17.7 zeigt für eine feste Gasmenge einen Vergleich der Expansionskurven der verschiedenen Zustandsänderungen, ausgehend vom gleichen Druck p_1 und Volumen V_1 auf das Volumen V_2. Nach (24) ist bei polytroper Expansion eines Gases für $0 \leq k < \varkappa$ (wegen $\mathrm{d}T \leq 0$ für $1 \leq k < \varkappa$ und $\mathrm{d}T \geq 0$ für $0 \leq k < 1$) Wärme zuzuführen, für $k > \varkappa$ (wegen $\mathrm{d}T < 0$) Wärme abzuführen.

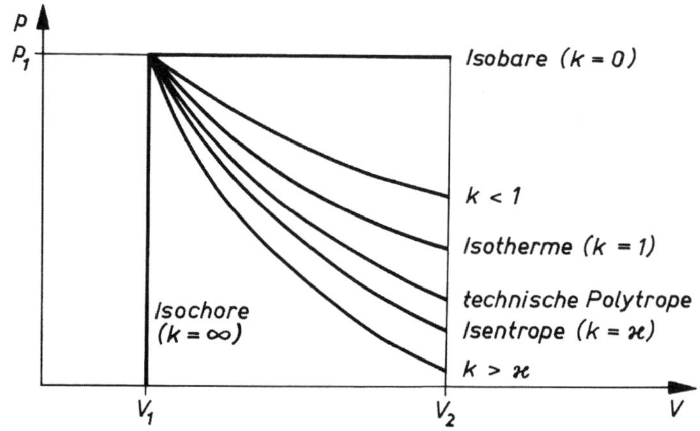

Bild 17.7. Polytrope Expansion vom Volumen V_1 auf das Volumen V_2 bei verschiedenen Polytropenexponenten k

Beispiele: *1.* Im Dieselmotor wird die hohe Zündtemperatur im Zylinder durch adiabatische Kompression der angesaugten Luft erreicht. Welche Temperatur entsteht, wenn Luft von 25 °C (298 K) und einem Anfangsdruck von 100 kPa (Atmosphärendruck) auf 3800 kPa verdichtet wird? ($\varkappa = 1{,}4$.) – *Lösung:* Nach (21) ist

$$T_1 p_1^{\frac{1-\varkappa}{\varkappa}} = T_2 p_2^{\frac{1-\varkappa}{\varkappa}}; \qquad T_2 = T_1\left(\frac{p_1}{p_2}\right)^{\frac{1-\varkappa}{\varkappa}} = T_1\left(\frac{p_2}{p_1}\right)^{\frac{\varkappa-1}{\varkappa}} = 298\ \mathrm{K}\cdot 38^{0{,}286}$$

$$= 298\ \mathrm{K}\cdot 2{,}83 = 843{,}34\ \mathrm{K}, \quad \text{entsprechend } \vartheta_2 = 570{,}2\ ^\circ\mathrm{C}.$$

2. 3,0 m³ Luft von 100 kPa sollen isotherm auf 500 kPa komprimiert werden. Berechne a) das Volumen nach der Verdichtung; b) die erforderliche Kompressionsarbeit; c) die abzuführende Wärmemenge! – *Lösung:* a) Nach dem BOYLE-MARIOTTEschen Gesetz ist $V_2 = p_1V_1/p_2 = 0{,}6\ \mathrm{m}^3$; b) aus (18) folgt mit $p_1V_1 = p_2V_2 = mRT$: $W = p_1V_1\ln(p_2/p_1) = 483\ \mathrm{kJ}$; c) nach dem I. Hauptsatz ist wegen $\mathrm{d}T = 0$ und damit $\mathrm{d}U = 0$ die abzuführende Wärmemenge $\mathrm{d}Q = p\,\mathrm{d}V = -\mathrm{d}W$ (s. oben), also betragsmäßig gleich der am Gas verrichteten Arbeit von 483 kJ.

3. 1,0 m³ Luft von 300 K soll bei konstantem Druck von 100 kPa auf 1000 K erwärmt werden. Berechne a) das Endvolumen; b) die verrichtete Ausdehnungsarbeit; c) die zuzuführende Wärmemenge! ($\varkappa = 1{,}4$.) – *Lösung:* Es handelt sich um eine isobare Zustandsänderung. Daher folgt a) aus (16/13) $V_2 = V_1T_2/T_1 = 3{,}33\ \mathrm{m}^3$; b) aus (17) $W = p\,(V_1 - V_2) = -233\ \mathrm{kJ}$ (vom Gas abgegebene Arbeit); c) nach

(15) ist $Q = mc_p\Delta T$. Wird hier die aus $pV_1 = mRT_1$ ermittelte Masse $m = pV_1/(RT_1)$ eingesetzt, so erhält man mit (16) $R = c_p - c_V$ und $\varkappa = c_p/c_V$:

$$Q = \frac{c_p pV_1 \Delta T}{(c_p - c_V)T_1} = \frac{1}{1-(1/\varkappa)} \frac{pV_1 \Delta T}{T_1} = \frac{\varkappa}{\varkappa - 1} \frac{pV_1}{T_1}(T_2 - T_1) = 817\,\text{kJ}.$$

4. 1,0 m³ Luft von 100 kPa und 300 K soll durch Temperaturerhöhung auf einen Druck von 300 kPa gebracht werden. Wie groß sind a) die erforderliche Temperatur; b) die zuzuführende Wärmemenge? ($\varkappa = 1{,}4$.) – *Lösung:* Für die vorliegende isochore Zustandsänderung (V = const) folgt a) nach (16/15) $T_2 = T_1 p_2/p_1 = 900\,\text{K}$; b) wegen $\mathrm{d}V = 0$ und damit $\mathrm{d}W = 0$ ist nach dem I. Hauptsatz $\mathrm{d}Q = \mathrm{d}U = mc_V\,\mathrm{d}T$ (s. oben). Aus $pV = mRT$ folgt $V\mathrm{d}p = mR\,\mathrm{d}T$ bzw. $m\,\mathrm{d}T = V\mathrm{d}p/R$. Dies zuvor eingesetzt, ergibt mit $R = c_p - c_V$ und $\varkappa = c_p/c_V$: $\mathrm{d}Q = V\mathrm{d}p/(\varkappa - 1)$ und daraus durch Integration $Q = V\,(p_2 - p_1)/(\varkappa - 1) = 500\,\text{kJ}$.

Aufgabe 17.3. Luft (Molmasse $M \approx 29\cdot 10^{-3}$ kg/mol) wird von einem Kompressor bei Atmosphärendruck $p_1 = 1000\,\text{hPa}$ und bei der Temperatur $T = 294\,\text{K}$ angesaugt und *isotherm* auf den Druck $p_2 = 3{,}5\,\text{MPa}$ komprimiert. Welche Wärmemenge Q muss je Kilogramm komprimierter Luft an das Kühlwasser abgegeben werden, und wie groß ist die vom Kompressor zu verrichtende Arbeit?

17.5 Zustandsänderungen des idealen Gases in offenen Systemen. Technische Arbeit. Enthalpie

Die bisher betrachteten Zustandsänderungen bezogen sich auf gleich bleibende, nach außen abgeschlossene Stoffmengen, auf sog. *geschlossene Systeme*. Die von diesen Systemen abgegebene Arbeit war reine Volumenarbeit und durch (9) gegeben. Im Unterschied dazu sind in der Technik (z. B. beim Luftverdichter oder bei der Kolbendampfmaschine) häufig Vorgänge anzutreffen, bei denen der Arbeitsstoff einen Behälter oder ein Rohrleitungssystem durchströmt. Das durchströmte Volumen bezeichnet man als **offenes System**, den Vorgang auch als **Gleichdruckprozess**. Dieser kann idealisiert anhand von Bild 17.8a und am zugehörigen p,V-Diagramm erläutert werden: Ein Gas strömt aus einem sehr großen Behälter mit konstantem Druck p_1 durch das Ventil O_1 (Ventil O_2 geschlossen) in den Zylinder V und schiebt den Kolben K vor

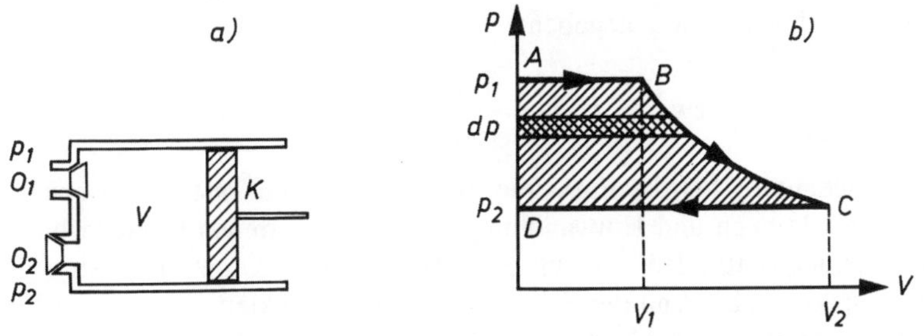

Bild 17.8. Die beim Gleichdruckprozess (a) gewonnene technische Arbeit (b)

sich her. Die verrichtete Verdrängungsarbeit ist $-p_1V_1$ und durch die Fläche unter der Isobaren AB im p,V-Diagramm gegeben. Nach Absperrung der Ventile wird das Gas einer Zustandsänderung unterworfen, es dehnt sich dabei auf das Volumen V_2 aus und verrichtet die Ausdehnungsarbeit $-\int_{V_1}^{V_2} p\,\mathrm{d}V$, entsprechend der Fläche unter der Kurve BC. Der Druck sinkt auf p_2. Dann wird das Ventil O_2 geöffnet und das Gas unter konstantem Druck p_2 in einen großen Behälter gleichen Druckes ausgestoßen. Dazu ist die Arbeit p_2V_2 aufzuwenden. Nach

Schließen von O_2 wird das Ventil O_1 zum Behälter mit dem Druck p_1 wieder geöffnet, der Prozess beginnt erneut mit neuem Arbeitsstoff, die Maschine arbeitet periodisch.
Die gesamte abgegebene Arbeit kann für technische Zwecke genutzt werden. Sie wird daher als **technische Arbeit** W_{techn} bezeichnet und entspricht dem Flächeninhalt des geschlossenen Kurvenstücks $ABCD$ bzw. der Fläche *neben* der Kurve BC (s. Bild 17.8b):

$$W_{\text{techn}} = -p_1 V_1 - \int_{V_1}^{V_2} p \, \mathrm{d}V + p_2 V_2 = \int_{p_1}^{p_2} V \, \mathrm{d}p \qquad \textbf{(technische Arbeit).} \qquad (25)$$

Wegen $\mathrm{d}W_{\text{techn}} = V \, \mathrm{d}p$ kann mittels einer kleinen Umformung der I. Hauptsatz in folgende Form gebracht werden:

$$\begin{aligned} \mathrm{d}Q &= \mathrm{d}U + p \, \mathrm{d}V + V \, \mathrm{d}p - V \, \mathrm{d}p = \mathrm{d}U + \mathrm{d}(pV) - V \, \mathrm{d}p \\ &= \mathrm{d}(U + pV) - V \, \mathrm{d}p = \mathrm{d}H - \mathrm{d}W_{\text{techn}} \end{aligned}$$

mit der neuen Zustandsgröße

$$H = U + pV \qquad \textbf{(Enthalpie).} \qquad (26)$$

Das Produkt pV heißt **Verdrängungsarbeit**. Bei isothermen Zustandsänderungen ist die technische Arbeit W_{techn} wegen $p_1 V_1 = p_2 V_2$ und (25) gleich der Volumenarbeit W, während bei adiabatischen Zustandsänderungen wegen (20) $pV^{\varkappa} = \text{const}$ gilt $W_{\text{techn}} = \varkappa W$ und bei polytropen Zustandsänderungen wegen (23) $pV^k = \text{const}$ entsprechend $W_{\text{techn}} = kW$. Für isobare Zustandsänderungen ist $\mathrm{d}W_{\text{techn}} = 0$, womit der I. Hauptsatz (10) in die Form $\mathrm{d}Q = \mathrm{d}H = \mathrm{d}U + p \, \mathrm{d}V$ übergeht.

Die Enthalpie ist eine Zustandsgröße, deren Differenz zwischen Anfangs- und Endzustand gleich der bei konstantem Druck ausgetauschten Wärme ist.

Somit ist die spezifische bzw. molare Wärmekapazität bei konstantem Druck (vgl. 17.3) wie folgt durch die Enthalpieänderung gegeben:

$$c_p = \frac{1}{m} \frac{\mathrm{d}H}{\mathrm{d}T} \qquad \text{bzw.} \qquad C_{\mathrm{m}p} = \frac{1}{n} \frac{\mathrm{d}H}{\mathrm{d}T}. \qquad (27)$$

Eine besondere Bedeutung hat die Enthalpie für chemische und metallurgische Prozesse, da viele chemische Reaktionen und Umwandlungsvorgänge in offenen Gefäßen bei konstantem (Atmosphären-) Druck stattfinden. So läuft eine chemische Reaktion unter den gegebenen Bedingungen dann spontan ab, wenn die Enthalpie der Produkte kleiner ist als die Enthalpie der Ausgangsstoffe, wenn also für die Enthalpieänderung $\Delta H \leq 0$ gilt.

Beispiel: Ein Kompressor mit $V_1 = 3\,\mathrm{l}$ Hubraum verdichtet Luft von Normdruck $p_1 = p_0 = 101{,}325\,\mathrm{kPa}$ auf Druckluft von $p_2 = 400\,\mathrm{kPa}$, wobei der Kompressionsakt eine polytrope Zustandsänderung mit dem Polytropenexponenten $k = 1{,}3$ darstellt. Berechne die Kompressorarbeit W_{techn} für einen Arbeitszyklus und vergleiche diese mit der Kompressionsarbeit W! –
Lösung: Die Kompressorarbeit für einen Zyklus ist gleich der technischen Arbeit (25), für die sich mit der Polytropengleichung (23) $p_1 V_1^k = pV^k$ der Ausdruck

$$W_{\text{techn}} = p_1^{1/k} V_1 \int_{p_1}^{p_2} p^{-1/k} \, \mathrm{d}p = \frac{k}{k-1} \left[\left(\frac{p_2}{p_1} \right)^{(k-1)/k} - 1 \right] p_1 V_1$$

ergibt. Mit den Zahlenwerten folgt daraus $W_{techn} = 491,1$ J. Die Kompressionsarbeit (9) ist

$$W = -\int_{V_1}^{V_2} p\,dV = \frac{1}{k} W_{techn} = 377,8\ \text{J}.$$

Diese ist um den Anteil $(1 - 1/k)W_{techn} = 113,3$ J geringer als die Kompressorarbeit, die zusätzlich noch die Arbeit für das Ansaugen und Ausschieben des Gases beinhaltet.

18 Kinetische Gastheorie

Bereits im 17. Jahrhundert wurde von HOOKE die Hypothese formuliert, dass sich die Atome oder Moleküle eines Gases in ständiger ungeordneter Bewegung befinden; sie wurde jedoch erst in der Mitte des 19. Jahrhunderts durch JOULE, CLAUSIUS und MAXWELL endgültig bewiesen und in eine mathematische Form gebracht. Bei der Erwärmung eines Gases wird die zugeführte Energie in kinetische Energie der Teilchen umgesetzt. So kann z. B. unter dem Mikroskop beobachtet werden, dass gerade noch sichtbare Teilchen eines in einem Gas befindlichen anderen Stoffes (z. B. Rauch in Luft) kleine unregelmäßige Bewegungen ausführen. Diese kommen durch Stöße mit aufprallenden Molekülen zustande und sind um so lebhafter, je höher die Temperatur des Gases ist (BROWNsche *Molekularbewegung*, Bild 18.1).
Dies lässt darauf schließen, dass Temperatur und mittlere kinetische Energie der Translationsbewegung der Teilchen in einem engen Zusammenhang stehen. Ausgehend hiervon werden in der *kinetischen Gastheorie* die makroskopischen Zustandseigenschaften der Gase sowie die Gesetze der Thermodynamik auf die Bewegung der Moleküle und damit die Wärme als Energieform auf rein mechanische Vorgänge zurückgeführt.

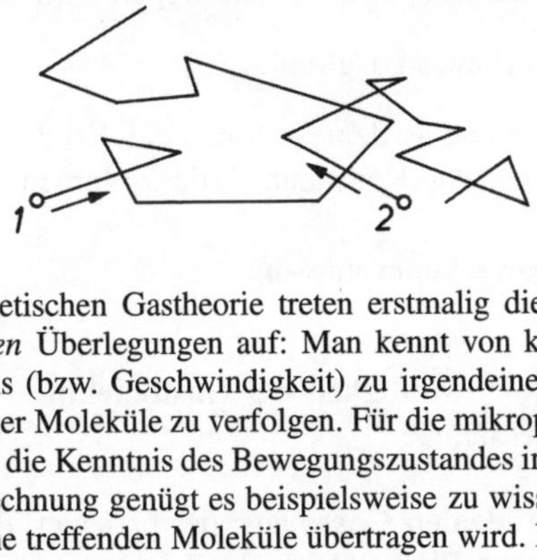

Bild 18.1. BROWNsche Molekularbewegung

In der kinetischen Gastheorie treten erstmalig die für viele Gebiete der modernen Physik typischen *statistischen* Überlegungen auf: Man kennt von keinem Molekül die Anfangsbedingungen, d. h. Ort und Impuls (bzw. Geschwindigkeit) zu irgendeinem Zeitpunkt, so dass es unmöglich ist, das Schicksal einzelner Moleküle zu verfolgen. Für die mikrophysikalische Deutung makroskopisch beobachtbarer Größen ist die Kenntnis des Bewegungszustandes individueller Moleküle aber gar nicht erforderlich. Zur Druckberechnung genügt es beispielsweise zu wissen, welcher Impuls je Zeiteinheit durch *alle* auf die Wandfläche treffenden Moleküle übertragen wird. Die Kenntnis, wie viel und welche Teilchen mit welchem Impuls auftreffen, ist überflüssig. Statt dessen interessieren das *durchschnittliche Verhalten aller Moleküle*, d. h. der Mittelwert einer physikalischen Größe über ein bestimmtes Zeitintervall oder über eine Gesamtheit von Teilchen, und die *Verteilung der Moleküle auf bestimmte Raum-, Energie- oder Geschwindigkeitsbereiche*. Deren Bestimmung ist Gegenstand der **statistischen Mechanik**. Die statistische Methode liefert *Wahrscheinlichkeits*aussagen, die den zu erwartenden Mikrozustand quantitativ charakterisieren.

18.1 Die Masse der Atome und Moleküle

Die Massen der Atome natürlich vorkommender Elemente liegen zwischen $1,67 \cdot 10^{-27}$ kg für das leichteste aller Atome, den Wasserstoff, und $3,95 \cdot 10^{-25}$ kg für Uran; die Massen der Atome von Transuranen sind noch ein wenig größer. Wegen dieser außerordentlich kleinen Massenwerte eignet sich das Kilogramm in der Atomphysik als Masseneinheit wenig. 1962 hat man das Kohlenstoffisotop ^{12}C als *Bezugsatom für alle Atommassen* festgesetzt und definiert den 12. Teil der Masse dieses Atoms als

$$\textbf{atomare Masseneinheit} \quad \mathrm{u} = 1{,}660\,539 \cdot 10^{-27}\,\mathrm{kg}. \tag{1}$$

Den Quotienten aus der Masse eines Atoms μ und der atomaren Masseneinheit u bezeichnet man als **relative Atommasse** A_r. Sie ist eine dimensionslose Größe und gibt an, wievielmal größer die Masse eines Atoms ist als der 12. Teil der Masse des Kohlenstoffatoms ^{12}C. Kohlenstoff 12 selbst hat demnach die relative Atommasse $A_\mathrm{r} = 12$. Es ist also allgemein

$$\mu = A_\mathrm{r}\mathrm{u} \qquad \textbf{(Atommasse).} \tag{2}$$

Zur Kennzeichnung der Masse der Moleküle wird entsprechend die **relative Molekülmasse** M_r benutzt, die als Summe der relativen Atommassen aller im Molekül vereinigten Atome errechnet wird. Damit gilt analog zu (2)

$$\mu = M_\mathrm{r}\mathrm{u} \qquad \textbf{(Molekülmasse).} \tag{3}$$

Setzt sich ein Körper (der Stoffmenge n) aus N Atomen bzw. Molekülen zusammen, so gibt die **molare Teilchenzahl**

$$N_\mathrm{A} = \frac{N}{n} = 6{,}022\,142 \cdot 10^{23}\,\mathrm{mol}^{-1} \qquad \textbf{(Avogadro-Konstante)} \tag{4}$$

die Anzahl der Teilchen in der Stoffmengeneinheit $n = 1$ mol an (vgl. 16.4). Damit ergeben sich als **molare Masse (Molmasse)** M gerade so viel Gramm, wie die relative Atom- bzw. Molekülmasse angibt; denn es gilt mit der Beziehung (2) bzw. (3) und wegen $N_\mathrm{A}\mathrm{u} = 1$ g/mol:

$$M = N_\mathrm{A}\mu = N_\mathrm{A}\mathrm{u}\, A_\mathrm{r}\,(\text{bzw. } M_\mathrm{r}) = A_\mathrm{r}\,(\text{bzw. } M_\mathrm{r})\ \mathrm{g/mol}. \tag{5}$$

Aus der Dichte $\varrho = m/V$ (mit m als der Masse und V dem Volumen des Körpers) und der Molmasse (5) $M = m/n$ erhält man mit der AVOGADRO-Konstante (4) das Volumen je Teilchen

$$V' = \frac{V}{N} = \frac{m}{\varrho N} = \frac{M}{\varrho N_\mathrm{A}} \qquad \textbf{(scheinbares Atomvolumen).} \tag{6}$$

18.2 Druck und mittlere quadratische Geschwindigkeit der Gasmoleküle. Grundgleichung der kinetischen Gastheorie

Die kinetische Gastheorie geht vom Modell des **idealen Gases** aus; das bedeutet, die Atome bzw. Moleküle werden als Punktmassen (also ohne Eigenvolumen) angesehen, die aufeinander keinerlei zwischenmolekulare Kräfte ausüben, sondern lediglich *elastische Stöße* auf die Gefäßwand ausführen. Zusammenstöße zwischen den Molekülen sollen ebenfalls vollkommen elastisch erfolgen, jedoch so selten sein, dass sich die Moleküle im Gas überwiegend frei bewegen können. Jedes hinreichend verdünnte Gas erfüllt damit die Bedingungen für ein ideales Gas.

Der **Druck** des Gases auf eine Wand ist durch die mittlere Kraft gegeben, die die Moleküle bei ihrem Aufprall auf die Wand ausüben. Um ihn zu berechnen, betrachten wir zunächst ein einzelnes Molekül der Masse μ, das sich in einem Kasten bewegt, der in x-Richtung die Länge l hat und von Wänden der Fläche A begrenzt wird (Bild 18.2). Trifft es mit der Geschwindigkeit $\boldsymbol{v}$ unter irgendeinem Winkel auf die senkrecht zur x-Richtung stehende Wand auf, so wird es von dieser mit der dem Betrage nach gleichen Geschwindigkeit $\boldsymbol{v}'$ reflektiert, und zwar so, dass $\boldsymbol{v}$ und $\boldsymbol{v}'$ mit der Wand denselben Winkel bilden *(Reflexionsgesetz)*. Dabei wird lediglich die x-Komponente v_x des Geschwindigkeitsvektors geändert, indem diese ihr Vorzeichen umkehrt, während die beiden anderen Komponenten v_y und v_z ungeändert bleiben. Der beim Stoß auf die Wand übertragene Impuls ist gleich der Impulsänderung des Teilchens

$$\Delta p_x = \mu v_x - \mu(-v_x) = 2\mu v_x .$$

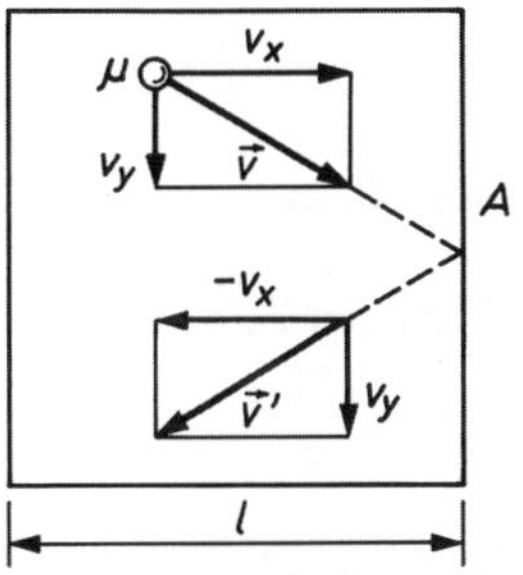

Bild 18.2. Zur Berechnung des durch den Aufprall von Gasmolekülen (Masse μ) auf die Wand eines Behälters (Fläche A) ausgeübten Druckes

Da das Molekül die Strecke l zwischen zwei gegenüberliegenden Wänden in der Zeit l/v_x zurücklegt, beträgt die Zeit, die zwischen zwei aufeinander folgenden Zusammenstößen mit derselben Wand verstreicht, $\Delta t = 2l/v_x$. Nach dem 2. NEWTONschen Axiom (4/9) beträgt daher die von einem Molekül auf die Wand ausgeübte mittlere Kraft

$$F = \frac{\Delta p_x}{\Delta t} = \frac{2\mu v_x}{2l/v_x} = \frac{\mu v_x^2}{l},$$

und der mittlere Druck, der durch dieses Teilchen verursacht wird, ist

$$p = \frac{F}{A} = \frac{\mu v_x^2}{Al} = \frac{\mu v_x^2}{V},$$

wobei $V = Al$ das Volumen des Kastens ist. Befinden sich im Kasten N Moleküle, dann gilt für den Druck

$$p = \frac{N\mu\overline{v_x^2}}{V}. \qquad (7)$$

Hierbei ist $\overline{v_x^2}$ der Mittelwert von v_x^2 für die N Moleküle. Mit dem Quadrat des Geschwindigkeitsvektors $v^2 = v_x^2 + v_y^2 + v_z^2$ erhält man das sog. *mittlere Geschwindigkeitsquadrat*

$$\overline{v^2} = \overline{v_x^2} + \overline{v_y^2} + \overline{v_z^2}.$$

Da die Bewegung der Moleküle zufälliger (statistischer) Natur ist, sind alle Flugrichtungen gleich wahrscheinlich, weshalb gilt $\overline{v_x^2} = \overline{v_y^2} = \overline{v_z^2}$ und damit $\overline{v^2} = 3\overline{v_x^2}$ oder $\overline{v_x^2} = \overline{v^2}/3$. Dies in Gleichung (7) eingesetzt, ergibt

$$pV = \frac{1}{3}N\mu\overline{v^2} \quad \textbf{(Grundgleichung der kinetischen Gastheorie).} \qquad (8)$$

Da die Wurzel aus dem mittleren Geschwindigkeitsquadrat $\sqrt{\overline{v^2}}$, die sog. **mittlere quadratische Geschwindigkeit**, für gleich bleibende Temperatur T einen bestimmten Wert hat, steht auf der rechten Seite von (8), wenn wir uns auf eine bestimmte Gasmenge beziehen, eine Konstante. Gleichung (8) stellt daher das bekannte BOYLE-MARIOTTEsche Gesetz (14/5) $pV = \text{const}$ für $T = \text{const}$ dar.

Den Zusammenhang zwischen Temperatur und mittlerem Geschwindigkeitsquadrat erhält man, wenn Gleichung (8) mit der Zustandsgleichung des idealen Gases (16/20) $pV = nR_\mathrm{m}T$ kombiniert wird. Durch Gleichsetzen der rechten Seiten folgt

$$\overline{v^2} = \frac{3R_\mathrm{m}T}{\mu(N/n)} = \frac{3R_\mathrm{m}T}{\mu N_\mathrm{A}} = \frac{3kT}{\mu} \quad \textbf{(mittleres Geschwindigkeitsquadrat)} \tag{9}$$

mit der AVOGADRO-Konstante (4) und

$$k = \frac{R_\mathrm{m}}{N_\mathrm{A}} = 1{,}380\,650 \cdot 10^{-23}\ \mathrm{J/K} \quad \textbf{(Boltzmann-Konstante).} \tag{10}$$

Mit der Beziehung (9) geht Gleichung (8) über in eine neue Form der Zustandsgleichung, welche die Teilchenzahl N enthält:

$$pV = NkT. \tag{11}$$

Diese Zustandsgleichung gilt allgemein, da sie keine von der Natur des Gases abhängige Größen enthält. Aus ihr folgt unmittelbar die

Regel von Avogadro:

Gleiche Volumina verschiedener (idealer) Gase enthalten bei gleichem Druck und gleicher Temperatur dieselbe Anzahl von Molekülen.

Speziell ergibt sich hieraus die Anzahl der Moleküle in der Volumeneinheit 1 m^3 eines beliebigen idealen Gases im Normzustand, d. h. bei der Temperatur 0 °C, entsprechend $T_0 = 273{,}15$ K, und Normdruck $p_0 = 1013{,}25$ hPa:

$$N_\mathrm{L} = \frac{p_0}{kT_0} = 2{,}686\,777 \cdot 10^{25}\ \mathrm{m}^{-3} \quad \textbf{(Loschmidt-Konstante).} \tag{12}$$

Weiterhin kann mit Hilfe dieser Größen aus Gleichung (11) das Volumen, das 1 mol idealen Gases ($N \equiv N_\mathrm{A}$) im Normzustand einnimmt, das **molare Normvolumen**, leicht berechnet werden:

$$V_{\mathrm{m}0} = \frac{N_\mathrm{A}kT_0}{p_0} = \frac{R_\mathrm{m}T_0}{p_0} = 22{,}414 \cdot 10^{-3}\ \mathrm{m^3/mol}. \tag{13}$$

Beispiele: *1.* Berechne die mittlere quadratische Geschwindigkeit der Moleküle des Sauerstoffs bei 20 °C! – *Lösung:* Mit der relativen Atommasse des Sauerstoffs $A_\mathrm{r} = 16$ (vgl. Periodensystem der Elemente, Seite 451) ergibt sich nach (5) für das O_2-Molekül die Molmasse von $M = 32$ g/mol. Damit und mit $T = 293$ K folgt aus den Beziehungen (5) und (9)

$$\sqrt{\overline{v^2}} = \sqrt{3R_\mathrm{m}T/M} = 478\ \mathrm{m/s}.$$

Die mittlere quadratische Geschwindigkeit ist stets größer als die Geschwindigkeit $\bar{v}$, die als *mittlere Geschwindigkeit* (arithmetisches Mittel der Geschwindigkeitsbeträge) bezeichnet wird; z. B. ist für 3 Moleküle $\sqrt{(2^2+6^2+9^2)/3} > (2+6+9)/3$; vgl. 18.3.

2. Wie ändert sich die mittlere quadratische Geschwindigkeit von Gasmolekülen, wenn das Gas bei konstantem Druck so weit erhitzt wird, bis sich das Volumen vervierfacht hat? – *Lösung:* Für isobare Zustandsänderungen ($p = p_0$) gilt $V_0/T_0 = V/T$. Für $V = 4V_0$ folgt $T = 4T_0$. Nach (9) ist somit

$$\overline{v^2}/\overline{v_0^2} = 4 \quad \text{oder} \quad \sqrt{\overline{v^2}} = 2\sqrt{\overline{v_0^2}}.$$

Die Molekülgeschwindigkeit wird also verdoppelt.

3. Wie viel Luftmoleküle befinden sich noch in einer evakuierten Röntgenröhre vom Volumen 4 l, wenn in dieser bei 20 °C ein Restdruck von 1 Pa herrscht? – *Lösung:* Die Anzahl der Moleküle beträgt nach (11) $N = pV/(kT) = 10^{18}$.

Aufgabe 18.1. In einem Behälter von 2 l Inhalt befindet sich 1 mol Argongas, dessen Moleküle eine mittlere quadratische Geschwindigkeit von 400 m/s haben. a) Wie groß sind Druck und Temperatur des Gases? b) Wie ändert sich die mittlere quadratische Geschwindigkeit bei einer adiabatischen Expansion des Gases auf das vierfache Volumen? (Adiabatenexponent $\varkappa = 1{,}66$; $A_r = 39{,}148$.)

18.3 Die Geschwindigkeitsverteilung der Gasmoleküle

Unter den Gasmolekülen kommen innerhalb eines von der Temperatur abhängigen, mehr oder weniger großen Bereiches alle Geschwindigkeiten vor. Damit ist die Wahrscheinlichkeit, ein Molekül mit genau einer bestimmten Geschwindigkeit v anzutreffen, praktisch gleich null. Man kann daher stets nur Aussagen darüber gewinnen, *mit welcher Wahrscheinlichkeit* eine bestimmte Molekülgeschwindigkeit innerhalb eines vorgegebenen Geschwindigkeitsintervalls $\mathrm{d}v$ liegt. Die Verteilung der Moleküle auf die einzelnen Geschwindigkeitsintervalle in Abhängigkeit von der Temperatur T ist von MAXWELL (1860) angegeben worden. Danach sind alle Richtungen gleich wahrscheinlich, und von N Teilchen (Masse μ) je Volumeneinheit haben bei der Temperatur T

$$\mathrm{d}N_v = 4\pi N \left(\frac{\mu}{2\pi kT}\right)^{3/2} v^2 \mathrm{e}^{-\frac{\mu v^2}{2kT}}\,\mathrm{d}v \qquad \textbf{(Maxwellsche Geschwindigkeitsverteilung)} \tag{14}$$

Teilchen eine Geschwindigkeit zwischen v und $v + \mathrm{d}v$. Die Verteilung der Geschwindigkeiten ist demnach von der Molekülmasse und von der Temperatur abhängig.

In Bild 18.3a ist die Verteilung (14) für Sauerstoff bei drei Temperaturen für ein Geschwindigkeitsintervall der Breite $\mathrm{d}v = 100$ m/s dargestellt, wobei auf der Ordinate der Anteil an der Gesamtzahl der Moleküle $\mathrm{d}N_v/N$ im Intervall $\mathrm{d}v$ in Prozent aufgetragen ist. Man entnimmt der Darstellung, dass z. B. bei 0 °C etwa 18% der Moleküle eine Geschwindigkeit zwischen 500 und 600 m/s haben. Man erkennt, dass es nur wenige Moleküle mit sehr kleinen Geschwindigkeiten gibt und dass auch die Anzahl der Moleküle mit großen Werten von v rasch abnimmt. Mit steigender Temperatur verschiebt sich das Maximum der Verteilung zu immer höheren Geschwindigkeiten, und die Kurve wird flacher.

Bei der Herleitung von (14) wird davon ausgegangen, dass die im thermischen Gleichgewicht stets gleich bleibende Anzahl von Molekülen $\mathrm{d}N_v$, die eine Geschwindigkeit zwischen v und $v + \mathrm{d}v$ haben, der Gesamtteilchenzahl N, der Breite des Geschwindigkeitsintervalls $\mathrm{d}v$ und einer Funktion $f(v)$, der sog. *Verteilungsfunktion*, proportional ist, die außer von v noch von der Temperatur T abhängt:

$$\mathrm{d}N_v = Nf(v)\,\mathrm{d}v. \tag{15}$$

Um die unbekannte Verteilungsfunktion zu bestimmen, betrachten wir zunächst die *räumliche* Verteilung der Luftmoleküle im Schwerefeld der Erde, die durch die *barometrische Höhenformel* (14/9) beschrieben wird. Indem aus dieser mit Hilfe der Zustandsgleichung des idealen Gases (11) der Druck $p = (N/V)\,kT = nkT$ (n ist hier die *Teilchenzahldichte*) und die Massendichte $\varrho = N\mu/V = n\mu$ eliminiert werden, erhält man mit $E_\mathrm{p} = \mu gh$ als potentieller Energie eines Moleküls als Verteilungsgesetz für die Teilchenzahldichte

$$n = n_0\,\mathrm{e}^{-E_\mathrm{p}/(kT)} \qquad \textbf{(Boltzmannsches Verteilungsgesetz).} \tag{16}$$

In dieser Form hängt n nicht mehr von den speziellen Größen h und g ab; die Beziehung (16) ist daher für ein beliebiges konservatives Kraftfeld gültig. Hieraus und aus der Definition der Teilchenzahldichte $n = \mathrm{d}N_{\boldsymbol{r}}/\mathrm{d}V$ (der Index bei N drückt die Abhängigkeit von den Ortskoordinaten durch den Ortsvektor $\boldsymbol{r}$ aus) folgt, dass die Anzahl der Moleküle $\mathrm{d}N_{\boldsymbol{r}}$ im Volumenelement $\mathrm{d}V = \mathrm{d}x\,\mathrm{d}y\,\mathrm{d}z$ an der Stelle $\boldsymbol{r}$

des Raumes dem BOLTZMANN-*Faktor* $\exp[-E_p(\boldsymbol{r})/(kT)]$ und der Größe des Volumenelements selbst proportional ist: $dN_{\boldsymbol{r}} \sim \exp[-E_p/(kT)]\,dx\,dy\,dz$.
Es liegt nun nahe, denselben Ausdruck als Ansatz für die Verteilung der *Geschwindigkeiten* der Gasmoleküle zu verwenden, wobei die ortsabhängige Größe E_p durch die geschwindigkeitsabhängige Größe $E_k = \mu v^2/2$, die kinetische Energie eines Moleküls, und das Volumenelement $dx\,dy\,dz$ durch das Volumenelement im „Geschwindigkeitsraum" $dv_x\,dv_y\,dv_z$ zu ersetzen sind mit v_x, v_y, v_z als Komponenten

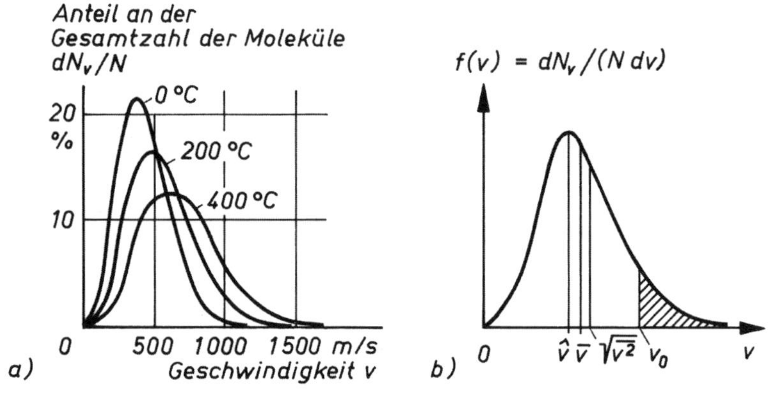

Bild 18.3. MAXWELLsche Geschwindigkeitsverteilung für Sauerstoff
a) bei 3 Temperaturen für eine Intervallbreite von $\Delta v = 100$ m/s;
b) $\hat{v}$ wahrscheinlichste Geschwindigkeit, $\bar{v}$ mittlere Geschwindigkeit, $\sqrt{\overline{v^2}}$ mittlere quadratische Geschwindigkeit. Die schraffierte Fläche unter der $f(v)$-Kurve gibt den Anteil $\Delta N/(N\Delta v)$ an Molekülen mit einer Geschwindigkeit $v \geq v_0$ an.

des Geschwindigkeitsvektors $\boldsymbol{v}$. Danach ist die Anzahl der Moleküle dN_v, deren Geschwindigkeitskomponenten in den Intervallen zwischen v_x und $v_x + dv_x$, v_y und $v_y + dv_y$ sowie v_z und $v_z + dv_z$ liegen, gleich

$$dN_v = C\,e^{-E_k/(kT)}\,dv_x\,dv_y\,dv_z = C\,e^{-\mu(v_x^2+v_y^2+v_z^2)/(2kT)}\,dv_x\,dv_y\,dv_z. \qquad (17)$$

Der Proportionalitätsfaktor C lässt sich aus der Bedingung bestimmen, dass die Integration von Gleichung (17) über alle Geschwindigkeiten gerade die Gesamtteilchenzahl N ergeben muss *(Normierungsbedingung)*. Nach Substitution von $\xi = v_x\sqrt{\mu/(2kT)}$, $\eta = v_y\sqrt{\mu/(2kT)}$, $\zeta = v_z\sqrt{\mu/(2kT)}$ erhält man somit wegen $\int\limits_{-\infty}^{+\infty} e^{-\xi^2}\,d\xi = \sqrt{\pi}$:

$$\int dN_v = N = \frac{C}{\sqrt{[\mu/(2kT)]^3}} \int\limits_{-\infty}^{\infty} e^{-\xi^2} d\xi \int\limits_{-\infty}^{\infty} e^{-\eta^2} d\eta \int\limits_{-\infty}^{\infty} e^{-\zeta^2} d\zeta = C\sqrt{\frac{\pi^3}{[\mu/(2kT)]^3}};$$

$$C = N\left(\frac{\mu}{2\pi kT}\right)^{3/2}.$$

Um die mit (15) eingeführte Verteilungsfunktion für den *Betrag* der Geschwindigkeit v zu erhalten, ist in (17) das rechtwinklige „Volumenelement" $dv_x\,dv_y\,dv_z$ durch das kugelförmige Element im Geschwindigkeitsraum $4\pi v^2\,dv$ (Kugelschicht der Dicke dv mit der Oberfläche $4\pi v^2$) zu ersetzen. Man erhält dann die gesuchte Verteilungsfunktion (14)

$$f(v) = \frac{dN_v}{N dv} = 4\pi\left(\frac{\mu}{2\pi kT}\right)^{3/2} v^2 e^{-\frac{\mu v^2}{2kT}}.$$

Das Maximum der Verteilung liegt bei der *wahrscheinlichsten (am häufigsten vorkommenden) Geschwindigkeit* $\hat{v}$; diese folgt aus der Extremalbedingung $\mathrm{d}f(v)/\mathrm{d}v = 0$ zu

$$\hat{v} = \sqrt{\frac{2kT}{\mu}} \quad \text{(wahrscheinlichste Geschwindigkeit).} \tag{18}$$

Die *mittlere Geschwindigkeit* $\bar{v}$ (Mittelwert der Geschwindigkeitsbeträge) ist gegeben durch

$$\bar{v} = \frac{1}{N}\int v\,\mathrm{d}N_v = \int_0^\infty v f(v)\,\mathrm{d}v = \sqrt{\frac{8kT}{\pi\mu}} = 1{,}13\,\hat{v}. \tag{19}$$

Die *mittlere quadratische Geschwindigkeit* (Wurzel aus dem Mittelwert der Geschwindigkeitsquadrate) folgt aus (18) zu

$$\sqrt{\overline{v^2}} = \sqrt{\frac{1}{N}\int v^2\,\mathrm{d}N_v} = \sqrt{\int_0^\infty v^2 f(v)\,\mathrm{d}v} = \sqrt{\frac{3kT}{\mu}} = 1{,}23\,\hat{v}, \tag{20}$$

in Übereinstimmung mit dem aus anderen Überlegungen bereits erhaltenen Ergebnis (9).

Die mittlere Geschwindigkeit $\bar{v}$ der Gasmoleküle ist ein wenig größer als die wahrscheinlichste (am häufigsten vorkommende) Geschwindigkeit $\hat{v}$, die mittlere quadratische Geschwindigkeit ein wenig größer als die mittlere Geschwindigkeit (Bild 18.3b).

Beispiel: Wie viel Prozent aller Moleküle des Sauerstoffs (O_2) haben bei 20 °C eine Geschwindigkeit zwischen 200 und 300 m/s? – *Lösung:* In der MAXWELLschen Geschwindigkeitsverteilung (14) haben wir zu setzen $v = 250$ m/s (Mittelwert des Geschwindigkeitsintervalls) und für die Intervallbreite $\mathrm{d}v \approx \Delta v = 100$ m/s. Mit $\mu/k = N_\mathrm{A}\mu/(N_\mathrm{A}k) = M/R_\mathrm{m}$ (nach Gleichung (4) und (10)), $M = 2 \cdot 16$ g/mol und den übrigen Zahlenwerten folgt aus (14) $\Delta N/N \approx \mathrm{d}N_v/N = 15{,}74\%$.

Aufgabe 18.2. a) Bei welcher Geschwindigkeit der O_2-Moleküle liegt bei 20 °C das Maximum der Geschwindigkeitsverteilung? b) Wie viel Prozent der Moleküle liegen im Geschwindigkeitsintervall ±50 m/s um das Maximum der Verteilung? c) Bei welcher Temperatur liegen noch 15% der O_2-Moleküle in dem betreffenden Geschwindigkeitsintervall? *Anleitung:* Setze zur Ermittlung der Temperaturabhängigkeit in (14) den Ausdruck (18) für die wahrscheinlichste Geschwindigkeit $\hat{v}$ ein.

18.4 Molekularenergie und Temperatur. Wärmekapazität der Körper

Multipliziert man die Gleichung (9) für das mittlere Geschwindigkeitsquadrat $\overline{v^2} = 3kT/\mu$ mit $\mu/2$, so erhält man

$$\overline{E_\mathrm{k}} = \frac{\mu\overline{v^2}}{2} = \frac{3}{2}kT \quad \textbf{(mittlere kinetische Energie eines Teilchens).} \tag{21}$$

Diese Gleichung sagt aus:

Die mittlere kinetische Energie der Moleküle eines Körpers hängt nur von dessen absoluter Temperatur ab und ist dieser proportional.

Damit ist die wichtige Zustandsgröße „Temperatur“ molekularkinetisch erklärt. Für 1 mol eines **einatomigen Gases** (z. B. Helium, welches keine Moleküle bildet) erhält man eine mittlere kinetische Energie von

$$\overline{E_\mathrm{k}}/\mathrm{mol} = N_\mathrm{A} \cdot \frac{3}{2}kT = \frac{3}{2}R_\mathrm{m}T. \tag{22}$$

Wenn man von der durch das Schwerefeld bedingten, äußerst geringen potentiellen Energie der Gasmoleküle absieht, gibt dieser Ausdruck die gesamte innere Energie U eines einatomigen Gases an. Es ist also

$$U = \frac{3}{2} n R_\text{m} T \qquad \textbf{(innere Energie eines einatomigen Gases),} \tag{23}$$

wenn $\{n\}$ die Anzahl der Mole angibt. Damit haben wir die Möglichkeit, die **Molwärme** einatomiger Gase bei konstantem Volumen $C_{\text{m}V}$ zu berechnen. Mit der Beziehung (17/13) folgt

$$C_{\text{m}V} = \frac{1}{n}\frac{\text{d}U}{\text{d}T} = \frac{3}{2} R_\text{m} = 12{,}5\ \text{J/(mol K)} \tag{24}$$

und damit wegen (17/16) die Molwärme bei konstantem Druck

$$C_{\text{m}p} = C_{\text{m}V} + R_\text{m} = \frac{5}{2} R_\text{m} = 20{,}8\ \text{J/(mol K)}. \tag{25}$$

Bei **mehratomigen Molekülen** weichen die gemessenen Molwärmen von diesen Werten ab. Das ist darauf zurückzuführen, dass diese Moleküle neben Translationsbewegungen zusätzlich noch Rotationsbewegungen ausführen, deren kinetische Energie mit in Rechnung zu stellen ist. Sämtliche Bewegungsmöglichkeiten eines Körpers und ebenso eines Moleküls sind durch dessen *Freiheitsgrade* gegeben (vgl. 10.1). Jeder frei bewegliche, ausgedehnte Körper hat insgesamt 6 Freiheitsgrade, und zwar 3 Freiheitsgrade der Translation und 3 der Rotation. Die praktisch ausdehnungslosen Teilchen der einatomigen Gase haben lediglich 3 Freiheitsgrade der Translation, so dass nach (21) auf jeden Freiheitsgrad eine mittlere kinetische Energie von $kT/2$ entfällt. Derselbe Energiebetrag kommt bei den mehratomigen Molekülen auch jedem Rotationsfreiheitsgrad zu; es gilt der

Gleichverteilungssatz:

Die einem Körper zugeführte Wärmeenergie verteilt sich gleichmäßig auf alle Freiheitsgrade seiner Atome oder Moleküle und beträgt je Teilchen und Freiheitsgrad $kT/2$, je Mol und Freiheitsgrad $N_\text{A}kT/2 = R_\text{m}T/2$.

Bei den **zweiatomigen Molekülen**, wie z. B. H_2, O_2 und N_2, die man durch ein sog. Hantelmodell darstellen kann (Bild 18.4), entfällt der Rotationsfreiheitsgrad um die Längsachse, da wegen der fehlenden Ausdehnung das Trägheitsmoment bezüglich dieser Achse und damit

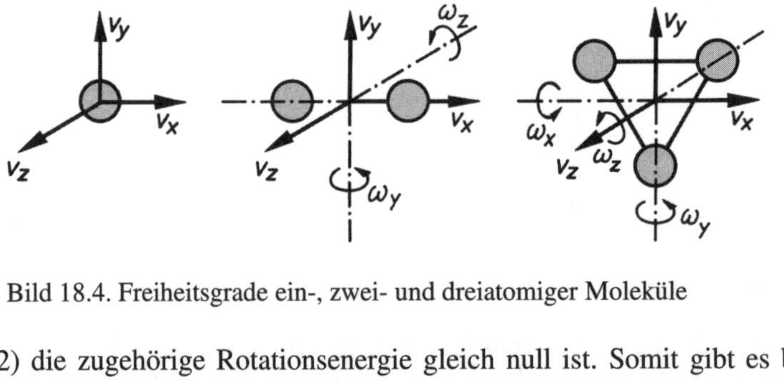

Bild 18.4. Freiheitsgrade ein-, zwei- und dreiatomiger Moleküle

nach (11/2) die zugehörige Rotationsenergie gleich null ist. Somit gibt es bei ihnen 5 Freiheitsgrade, denen je Mol des Gases eine Energie von $(5/2)R_\text{m}T$ und daher eine Molwärme von $C_{\text{m}V} = (5/2)R_\text{m}$ bzw. $C_{\text{m}p} = (7/2)R_\text{m}$ zukommt. Hieraus ergibt sich ein Adiabatenexponent von $\varkappa = C_{\text{m}p}/C_{\text{m}V} = 7/5 = 1{,}4$ (z. B. für Luft). Diese Werte stimmen mit den experimentell gewonnenen vorzüglich überein. Bei höheren Temperaturen wirkt sich bei den zweiatomigen

Gasen noch ein weiterer Freiheitsgrad aus, der auf *Schwingungen* der Atome des Moleküls gegeneinander zurückzuführen ist (Freiheitsgrad der Oszillation).

Molwärme fester Körper. Die Bausteine im Kristallgitter eines Festkörpers führen unter dem Einfluss der Wärme *quasi-elastische Schwingungen um ihre festen Ruhelagen* aus, sie haben im einfachsten Fall 3 Schwingungsfreiheitsgrade in den drei Raumrichtungen. Die schwingenden Atome besitzen infolge des Wirkens der Bindungskräfte aber zusätzlich potentielle Energie, die im zeitlichen Mittel gleich der kinetischen Energie ist (vgl. 33.2). Somit ergibt sich eine Molwärme von $(6/2)R_\mathrm{m} \approx 25$ J/(mol K) für alle Festkörper (DULONG-PETITsche Regel). Bei tiefen Temperaturen zeigen sich jedoch größere Abweichungen von diesem Wert; die Molwärme geht mit Annäherung an den absoluten Nullpunkt gegen null. Diese Erscheinung lässt sich nur auf der Grundlage der *Quantentheorie* erklären.

Beispiele: *1.* Berechne auf der Grundlage des Gleichverteilungssatzes c_V und c_p für gasförmigen Stickstoff ($A_\mathrm{r} = 14$)! – *Lösung:* Für N_2 ist $C_{\mathrm{m}V} = (5/2)R_\mathrm{m}$ und $C_{\mathrm{m}p} = (7/2)R_\mathrm{m}$, s. oben. Nach Gleichung (17/4) gilt $c = C_\mathrm{m}/M$, wobei die Molmasse hier gleich $2 \cdot 0{,}014$ kg/mol ist. Damit folgt $c_V = 0{,}742$ kJ/(kg K) und $c_p = 1{,}039$ kJ/(kg K).

2. Der Adiabatenexponent eines Gases wird zu $\varkappa = 1{,}33$ ermittelt. Bestimme die Zahl der Freiheitsgrade der Gasmoleküle! – *Lösung:* Ist f die Anzahl der Freiheitsgrade, so ist nach dem Gleichverteilungssatz die molare Energie gleich $(f/2)\,R_\mathrm{m}T$ und somit

$$C_{\mathrm{m}V} = \frac{f}{2}\,R_\mathrm{m}; \qquad C_{\mathrm{m}p} = \frac{f}{2}\,R_\mathrm{m} + R_\mathrm{m} = \frac{f+2}{2}\,R_\mathrm{m}; \qquad \varkappa = \frac{C_{\mathrm{m}p}}{C_{\mathrm{m}V}} = \frac{f+2}{f}.$$

Hieraus folgt $f = 2/(\varkappa - 1) = 2/0{,}33 = 6$. Es handelt sich also um ein drei- oder mehratomiges Gas.

Aufgabe 18.3. In einem Gas, bestehend aus Wasserstoff- und Sauerstoffmolekülen, haben die Wasserstoffmoleküle eine mittlere quadratische Geschwindigkeit von 300 m/s. Wie groß ist die mittlere quadratische Geschwindigkeit der Sauerstoffmoleküle?

Aufgabe 18.4. Berechne mit Hilfe des Gleichverteilungssatzes die innere Energie von 1 mol des Gases in Aufgabe 18.3, wenn es die gleiche Anzahl von Wasserstoff- und Sauerstoffmolekülen enthält!

Aufgabe 18.5. Ermittle unter Anwendung der DULONG-PETITschen Regel, aus welchem Material ein Metallkörper gefertigt ist, für dessen spezifische Wärmekapazität mit einem Kalorimeter der Wert $c = 0{,}926$ kJ/(kg K) gemessen wurde!

18.5 Stoßzahl und mittlere freie Weglänge

Auf seinem Wege durch das Gas erleidet ein Molekül zahlreiche Zusammenstöße, was zur Folge hat, dass es trotz seiner hohen Geschwindigkeit nur kleine Wegstrecken ungestört zurücklegen kann. Für die Berechnung der durchschnittlichen Anzahl der Zusammenstöße je Zeiteinheit, der **Stoßzahl** z, ist es erforderlich, das Eigenvolumen der Moleküle zu berücksichtigen. Behandelt man die Moleküle als elastische Kugeln mit dem Radius r_0, so haben im Augenblick des Zusammenstoßes die Mittelpunkte zweier Moleküle den Abstand $d = 2r_0$. Betrachten wir zunächst alle Moleküle bis auf ein herausgegriffenes in Ruhe, so wird ein Zusammenstoß desselben nur mit denjenigen Molekülen erfolgen, deren Mittelpunkte innerhalb eines vom **Stoß-** oder **Wirkungsquerschnitt** $A_\mathrm{S} = \pi d^2 = 4\pi r_0^2$ des sich bewegenden Moleküls überstrichenen Kreiszylinders liegen (Bild 18.5).

Hat das herausgegriffene Molekül die mittlere Geschwindigkeit $\bar{v}$, so beträgt das je Zeiteinheit überstrichene Zylindervolumen $A_\mathrm{S}\bar{v}$. Multiplizieren wir dieses mit der Anzahl der Moleküle je Volumeneinheit N/V *(Teilchenzahldichte)*, so erhalten wir die Anzahl der je Zeiteinheit erfolgenden Zusammenstöße: $z = (N/V)A_\mathrm{S}\bar{v} = 4\pi r_0^2(N/V)\bar{v}$. Die genauere Rechnung, die auch die Bewegung der übrigen Moleküle berücksichtigt, liefert zusätzlich den Faktor $\sqrt{2}$. Drücken

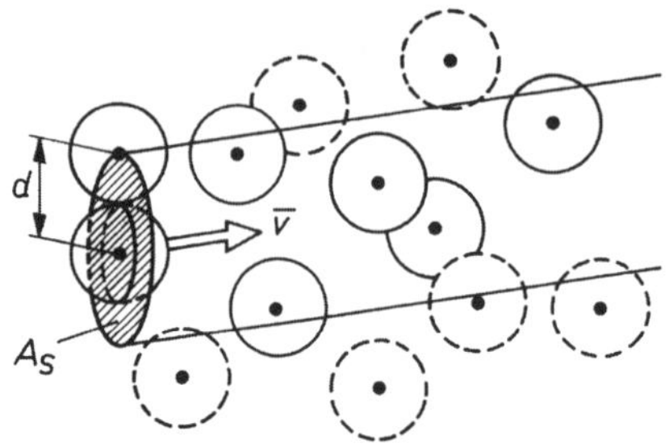

Bild 18.5. Zur Definition des Stoß- oder Wirkungsquerschnitts A_S: Ein Molekül stößt mit allen Molekülen zusammen, deren Mittelpunkte innerhalb des von A_S überstrichenen Kreiszylinders liegen (ausgezogene Kreise) und verfehlt die übrigen (gestrichelte Kreise).

wir ferner die Teilchenzahldichte N/V und die mittlere Geschwindigkeit $\bar{v}$ mit Hilfe der Gleichungen (11) und (19) durch die Zustandsgrößen Druck p und Temperatur T aus, so erhalten wir

$$z = 4\pi\sqrt{2}r_0^2\frac{N}{V}\,\bar{v} = 16\sqrt{\pi}r_0^2\frac{p}{\sqrt{\mu kT}} \qquad \textbf{(Stoßzahl).} \qquad (26)$$

Der reziproke Wert von z gibt die durchschnittliche Zeit zwischen zwei Zusammenstößen, die sog. **Stoßzeit** $\tau = 1/z$, an. Die Strecke, die ein Molekül in dieser Zeit, also zwischen zwei Zusammenstößen, zurücklegt, bezeichnet man als *mittlere freie Weglänge* Λ. Sie ergibt sich aus den Gleichungen (26) und (11) zu

$$\Lambda = \frac{\bar{v}}{z} = \frac{1}{4\pi\sqrt{2}r_0^2(N/V)} = \frac{kT}{4\sqrt{2}\pi r_0^2 p} \qquad \textbf{(mittlere freie Weglänge).} \qquad (27)$$

Die mittlere freie Weglänge ist um so größer, je geringer die Teilchenzahldichte des Gases und je kleiner der Wirkungsquerschnitt der Moleküle ist. Bei konstanter Temperatur ist sie dem Druck umgekehrt proportional.

Von der mittleren freien Weglänge hängen wichtige *Transporterscheinungen* in Gasen ab wie die innere Reibung (vgl. 15.4), die Wärmeleitung (vgl. 21.1) und die Diffusion (vgl. 21.3).

Beispiel: In einem Gefäß mit der maximalen Ausdehnung 20 cm befindet sich Stickstoff (Molekülradius $r_0 = 1{,}89 \cdot 10^{-10}$ m) unter normalem Atmosphärendruck ($p_0 = 1013{,}25$ hPa) bei 20 °C. a) Wie groß ist die mittlere freie Weglänge Λ der Stickstoffmoleküle? b) Wie viel Zusammenstöße erleidet ein Molekül beim einmaligen Durchqueren des Gefäßes? c) Auf welchen Wert müsste man den Gasdruck mindestens reduzieren, damit ein Molekül unterwegs keinen Zusammenstoß erleidet? – *Lösung:* a) Aus (27) folgt $\Lambda = 6{,}29 \cdot 10^{-8}$ m $= 3{,}33 \cdot 10^2\,r_0$. b) Die Zahl der Zusammenstöße beträgt $(0{,}2\text{ m})/\Lambda = 3{,}18 \cdot 10^6$. c) Wir haben jetzt zu setzen $\Lambda = 0{,}2$ m; durch Umstellung von Gleichung (27) ergibt sich damit $p_1 = 3{,}2 \cdot 10^{-2}$ Pa.

18.6 Gemische idealer Gase. Gesetz von Dalton

Bei der Herleitung der Zustandsgleichung idealer Gase wurde nicht vorausgesetzt, dass alle Moleküle gleich sein müssen. Befindet sich im Volumen V ein Gemisch verschiedener Gase im *thermischen Gleichgewicht*, d. h., ist die mittlere kinetische Energie der Gasmoleküle aller Sorten gleich (und damit kT), so lässt sich die Zustandsgleichung für das Gemisch in der Form (11)

$$pV = NkT \qquad \textbf{(Zustandsgleichung des Gasgemisches)} \qquad (28)$$

darstellen. Darin ist p der Gesamtdruck und $N = \sum N_i$ die Summe der Molekülzahlen aller Komponenten. Nimmt die Teilchenart i das Volumen V allein ein, gilt

$$p_i V = N_i kT.$$

Durch Summation und Vergleich mit (28) findet man

$$p = \sum_i p_i \qquad \textbf{(Gesamtdruck des Gasgemisches).} \qquad (29)$$

p_i ist der **Partialdruck** des i-ten Gases. Das ist derjenige Druck, den das i-te Gas ausüben würde, wenn es das gesamte Volumen V allein ausfüllte. Gleichung (29) beinhaltet das

Gesetz von Dalton:
Der Gesamtdruck eines Gemisches idealer Gase ist gleich der Summe der Partialdrücke.

Ist R_i die spezielle Gaskonstante der i-ten Gasart und m_i deren Masse, so gilt die Zustandsgleichung

$$p_i V = m_i R_i T, \qquad (30)$$

woraus durch Summation und unter Verwendung von Gleichung (29) die Beziehung $pV = \sum m_i R_i T$ entsteht. Mit $m = \sum m_i$ als Gesamtmasse des Gasgemisches lässt sich diese in die Form der Zustandsgleichung $pV = mRT$ überführen. Darin ist R die spezielle Gaskonstante des Gasgemisches (16/22):

$$R = \frac{\sum_i m_i R_i}{\sum_i m_i} = \sum_i \frac{m_i}{m} R_i \qquad \textbf{(mittlere Gaskonstante).} \qquad (31)$$

Das Verhältnis m_i/m ist der *Massenanteil* der i-ten Gasart am Gemisch.
Die innere Energie U eines Gasgemisches ist gleich der Summe der Energien der Komponenten des Gemisches. Für ideale Gase mit den konstanten Molwärmen $C_{\mathrm{m}Vi}$ im thermischen Gleichgewicht gilt daher in Verallgemeinerung von Gleichung (23) und (24)

$$U = \sum_i n_i C_{\mathrm{m}Vi} T \qquad \text{oder} \qquad U = nC_{\mathrm{m}V} T \qquad (32)$$

mit

$$C_{\mathrm{m}V} = \frac{\sum_i n_i C_{\mathrm{m}Vi}}{\sum_i n_i} = \sum_i \frac{n_i}{n} C_{\mathrm{m}Vi} \qquad \textbf{(mittlere Molwärme).} \qquad (33)$$

Beispiel: Luft besteht im wesentlichen aus O_2 und N_2 mit den Massenanteilen 23,1% bzw. 76,9%. Berechne die spezielle Gaskonstante von Luft sowie die Partialdrücke von O_2 und N_2 im Normzustand! – *Lösung:* Mit den Molmassen von O_2 $M_1 = 32$ g und von N_2 $M_2 = 28$ g ergibt sich für die speziellen Gaskonstanten von O_2 und N_2: $R_1 = R_\mathrm{m}/M_1 = 0{,}2598$ kJ/(kg K); $R_2 = R_\mathrm{m}/M_2 = 0{,}2969$ kJ/(kg K). Mit den Massenanteilen $m_1/m = 0{,}231$ für O_2 und $m_2/m = 0{,}769$ für N_2 folgt nach Gleichung (31) $R = (m_1/m)R_1 + (m_2/m)R_2 = 0{,}2883$ kJ/(kg K). Die Partialdrücke erhält man nach Division von Gleichung (30) durch $pV = mRT$ zu $p_i = (m_i/m)(R_i/R)p$, woraus mit dem Normdruck $p = p_0 = 1013{,}25$ hPa die Partialdrücke $p_1 = 210{,}90$ hPa für O_2 und $p_2 = 802{,}35$ hPa für N_2 folgen. Die Kontrolle ergibt $p_1 + p_2 = p_0$.

Aufgabe 18.6. Durch Mischung von 10 l Argon (Ar) bei einem Druck von 5,0 MPa und einer Temperatur von 20 °C mit 10 l Sauerstoff (O_2) bei 0,2 MPa und −25 °C in einem Behälter von 50 l wird ein Argon-Sauerstoff-Mischgas zum Schutzgasschweißen hergestellt. a) Welche Temperatur und welchen Druck hat das Mischgas, wenn der Behälter wärmeisoliert ist? b) Wie groß ist die mittlere Molwärme $C_{\mathrm{m}V}$ des Mischgases?

19 Der II. Hauptsatz der Thermodynamik (Entropiesatz)

19.1 Der Carnot-Kreisprozess. Wärmekraftmaschine, Kältemaschine und Wärmepumpe

Der I. Hauptsatz macht eine Aussage über die Energiebilanz, die bei jeder Umwandlung von mechanischer (oder elektrischer) Energie in Wärme und umgekehrt erfüllt sein muss. Ob eine solche Umwandlung unter gegebenen Bedingungen aber stattfindet und welcher Anteil der Energie umgewandelt wird, darüber gibt der I. Hauptsatz keine Auskunft. Es war aber schon lange vor der Erkenntnis des I. Hauptsatzes bekannt, dass sich zwar mechanische Arbeit z. B. durch Reibung vollständig in Wärme umwandeln lässt, nicht hingegen Wärmeenergie mit Hilfe von Wärmekraftmaschinen vollständig in mechanische Arbeit.

Welcher Bruchteil der Wärme maximal umgewandelt werden kann, lässt sich nach CARNOT (1824) anhand eines Gedankenexperiments ermitteln. Die dazu benutzte Maschine besteht aus einem Zylinder mit verschiebbarem Kolben, der als Arbeitsstoff eine konstante Menge idealen Gases enthält. Durch zwei Wärmespeicher sehr großer Wärmekapazität mit den Temperaturen T_1 und $T_2 < T_1$ kann das Gas (durch Berührung mit dem einen oder dem anderen Zylinder) entweder auf T_1 erwärmt oder auf T_2 abgekühlt werden, ohne dass sich die Temperatur der Speicher ändert (Bild 19.1).

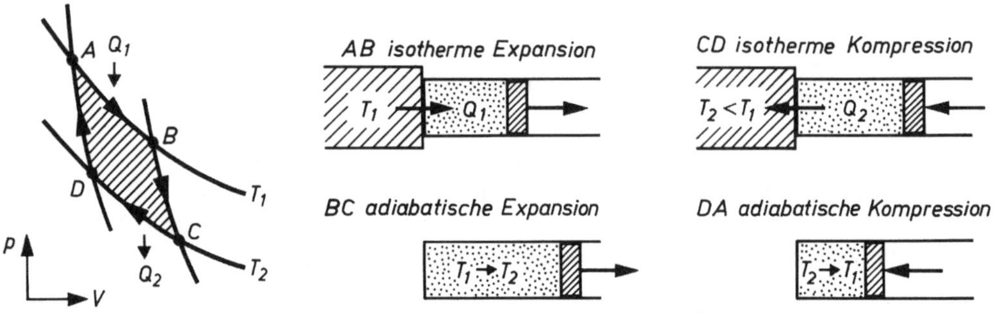

Bild 19.1. Der rechtsläufige CARNOT-Prozess (Isothermen AB und CD, Adiabaten BC und DA)

Beim CARNOT-Prozess wird mit dem Gas ein sog. **Kreisprozess** durchlaufen (Bild 17.3c). Man versteht darunter eine Folge unterschiedlicher Zustandsänderungen, durch die das Gas wieder in den Ausgangszustand zurückgeführt wird. Dies gehört zu den wesentlichen Eigenschaften einer Maschine, die beliebig lange arbeiten soll. Die Zustandsänderungen werden *quasistatisch* geführt, d. h. *genügend langsam und in infinitesimal kleinen Schritten*, so dass sich das im Zylinder befindliche Gas hinsichtlich Druck und Temperatur in sich und mit der Umgebung (dem Außendruck und der Temperatur des einen oder des anderen Speichers) stets im thermodynamischen Gleichgewicht befindet. Unter diesen Bedingungen können die Zustandsänderungen ebenso gut auch rückwärts, d. h. *reversibel*, geleitet werden (vgl. 17.4). Außerdem wird von Reibungs- und anderen Verlusten abgesehen.

Von der **rechtsläufigen Carnot-Maschine** werden bei einem solchen Kreisprozess *vier* verschiedene Zustandsänderungen entlang von 2 Isothermen und 2 Adiabaten durchlaufen, die wir im p, V-Diagramm (Bild 19.1) verfolgen wollen: Beginnend im Punkt A, erfolgt zunächst unter Zufuhr der Wärmemenge Q_1 aus dem Speicher höherer Temperatur T_1 eine *isotherme Expansion* bei dieser Temperatur bis zum Punkt B. Die dabei gewonnene Ausdehnungsarbeit ist nach

(17/18)

$$W_{AB} = mRT_1 \ln(V_A/V_B) < 0; \qquad |W_{AB}| = Q_1. \tag{1}$$

Es folgt eine *adiabatische Expansion* zwischen den Punkten B und C, wobei sich das Gas auf die Temperatur des kälteren Speichers T_2 abkühlt. Da diese Zustandsänderung unter Wärmeabschluss stattfindet, wird zwischen dem Gas und den Wärmespeichern keine Wärmeenergie ausgetauscht. Danach wird das Gas bei der Temperatur T_2 zwischen den Punkten C und D unter Aufwendung der Arbeit

$$W_{CD} = mRT_2 \ln(V_C/V_D) > 0; \qquad W_{CD} = |Q_2|, \tag{2}$$

isotherm komprimiert, wobei die (negative) Wärmemenge Q_2 an den mit dem Gaszylinder verbundenen kälteren Speicher der Temperatur T_2 (Kühlwasser) abgeführt wird. Durch anschließende *adiabatische Kompression* entlang der Adiabaten DA wird das Gas schließlich in den Ausgangszustand zurückgeführt.
Die gesamte Nutzarbeit nach einem Umlauf errechnet sich als Differenz der zu- und abgeführten Wärmemengen zu

$$|W| = |W_{AB} + W_{CD}| = Q_1 - |Q_2| = Q_1 + Q_2 \qquad \text{mit} \qquad Q_2 < 0. \tag{3}$$

Es spielen also nur die isothermen Arbeitsanteile eine Rolle; die beiden adiabatischen Arbeitsanteile, die sich nach (17/22) zu $W_{BC} = mc_V\,(T_2 - T_1)$ und $W_{DA} = mc_V\,(T_1 - T_2)$ berechnen, heben sich in der Summe auf. Für sie gelten nach (17/21) die POISSONschen Gleichungen

$$T_1 V_A^{\varkappa-1} = T_2 V_D^{\varkappa-1}, \qquad T_1 V_B^{\varkappa-1} = T_2 V_C^{\varkappa-1},$$

woraus man durch Division der linken und der rechten Seiten $V_A/V_B = V_D/V_C$ erhält. Aus (1), (2) und (3) folgt damit als Kreisprozessarbeit

$$|W| = mR\,(T_1 - T_2) \ln(V_A/V_B) \qquad \textbf{(Nutzarbeit).} \tag{4}$$

Der **thermische Wirkungsgrad** ergibt sich als Quotient aus gewonnener mechanischer Arbeit und zugeführter Wärmeenergie nach (3) zu

$$\eta = \frac{|W|}{Q_1} = \frac{Q_1 - |Q_2|}{Q_1} = \frac{Q_1 + Q_2}{Q_1}, \tag{5}$$

woraus mit (1) und (4) für die CARNOT-Maschine folgt

$$\eta_C = \frac{T_1 - T_2}{T_1} \qquad \textbf{(thermischer Wirkungsgrad der Carnot-Maschine).} \tag{6}$$

η_C wird also allein durch die Temperaturen der beiden Wärmespeicher bestimmt und ist stets kleiner als 1 und unabhängig vom Arbeitsstoff. Die Gültigkeit von Gleichung (6) ist also nicht auf ideale Gase beschränkt.
Die Verhältnisse lassen sich in einem Energieflussdiagramm veranschaulichen (Bild 19.2a): Nur ein Teil der dem oberen Wärmebehälter entnommenen Wärmeenergie Q_1 kann durch die den Kreisprozess realisierende (ideale) Wärmekraftmaschine in Nutzarbeit (4) umgesetzt werden, der andere Teil $Q_2 = (\eta_C - 1)\,Q_1 = -(T_2/T_1)\,Q_1$ wird vom Arbeitsstoff bei niedrigerer Temperatur an den unteren Wärmebehälter als *Abwärme* wieder abgegeben. Um einen hohen Wirkungsgrad zu garantieren, muss die Wärme also bei möglichst hoher Ausgangstemperatur zugeführt und die Abwärme bei möglichst tiefer Temperatur abgeführt werden. Ein Wirkungsgrad nahe 1 könnte nur erreicht werden, wenn T_2 in der Nähe des absoluten Nullpunktes läge.

Für technische Zwecke stehen jedoch nur atmosphärische Luft oder Wasser der Umgebung als Kühlkörper zur Verfügung.

Der linksläufige Carnot-Prozess. Lässt man den Kreisprozess in der umgekehrten Richtung *A-D-C-B-A* durchlaufen, so kehren sich die Vorzeichen der Wärmemengen Q und Arbeiten W um. Die CARNOT-Maschine arbeitet jetzt als **Kältemaschine** oder **Wärmepumpe**, indem durch Zuführung der mechanischen Arbeit W eine bestimmte Wärmemenge Q_2 aus dem kälteren Speicher aufgenommen und dem wärmeren Speicher die Wärmemenge $|Q_1| = W + Q_2$ zugeführt wird (Bild 19.2b und c). Es wird also der kalte Speicher (z. B. das Innere eines Haushaltkühlschrankes) weiter abgekühlt und der wärmere (der Raum, in dem sich der Kühlschrank befindet) weiter erwärmt.

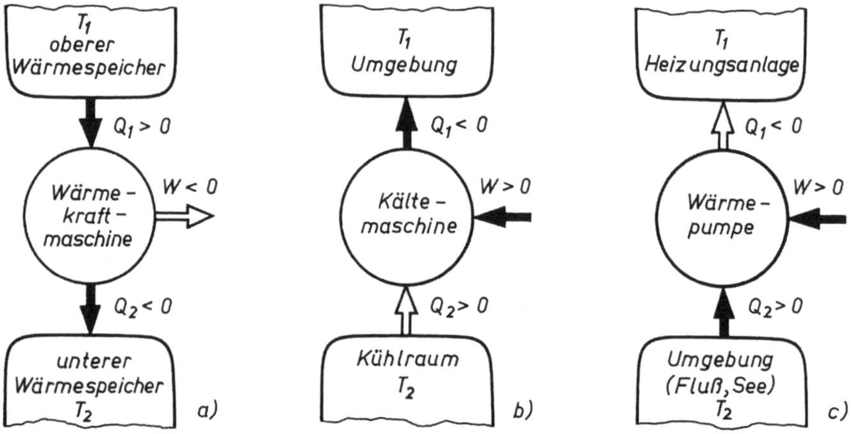

Bild 19.2. Energieflussdiagramme von a) Wärmekraftmaschine, b) Kältemaschine, c) Wärmepumpe. Der hohle Pfeil kennzeichnet jeweils den Nutzeffekt der Maschine.

Im Falle der Kältemaschine (Bild 19.2b) ist die *Leistungszahl* $\varepsilon_{KM} = Q_2/W$ maßgebend für den mit der aufgewandten Arbeit W erreichbaren Entzug von Wärme Q_2 aus einem Kühlraum. Für den CARNOT-Prozess ergibt sich aus den Beziehungen (2) und (4)

$$\varepsilon_{KM} = \frac{Q_2}{W} = \frac{T_2}{T_1 - T_2} \qquad \textbf{(Leistungszahl der Kältemaschine).} \qquad (7)$$

Bei der Wärmepumpe (Bild 19.2c) wird der Nutzeffekt der aufgewandten Arbeit durch die an die Heizungsanlage (z. B. Warmwasserheizung) abgegebene Wärmemenge Q_1 bestimmt. Die Leistungszahl der Wärmepumpe ist daher $\varepsilon_{WP} = |Q_1|/W$; für die CARNOT-Maschine ergibt sie sich nach den Gleichungen (1) und (4) zu

$$\varepsilon_{WP} = \frac{|Q_1|}{W} = \frac{T_1}{T_1 - T_2} \qquad \textbf{(Leistungszahl der Wärmepumpe).} \qquad (8)$$

Es ist stets $\varepsilon_{WP} > 1$, da sowohl die aus der Umgebung (z. B. See, Erdreich, Grundwasser) entnommene Wärmemenge Q_2 als auch die dafür aufgewandte Arbeit W als Wärme $|Q_1| = Q_2 + W$ der Heizungsanlage zugeführt wird. Beide Leistungskennziffern (7) und (8) sind um so günstiger, je geringer der Temperaturunterschied zwischen oberem und unterem Wärmebehälter ist.

Technische Kreisprozesse. Reale Wärmekraftmaschinen weichen vom CARNOT-Prozess ab. Sie stellen meist *offene Systeme* dar (vgl. 17.5), bei denen die Arbeitssubstanz nach einem Zyklus ausgetauscht wird.

Die Prozesse verlaufen stark irreversibel (z. B. Wirbelbildung und hohe Druckdifferenzen, Verbrennung), so dass sich kein thermodynamisches Gleichgewicht einstellen kann. Trotzdem lassen sich idealisierte Vergleichsprozesse zur Bewertung technischer Kreisprozesse in realen Maschinen angeben, von denen eine Auswahl in Bild 19.3 dargestellt ist.

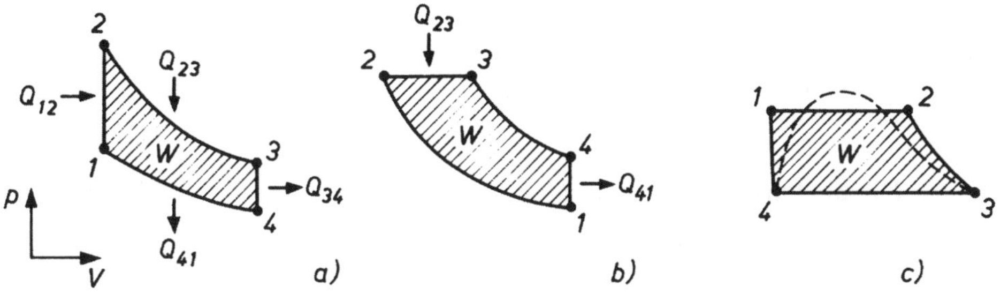

Bild 19.3. Idealisierte Vergleichsprozesse für Wärmekraftmaschinen:
a) STIRLING-Prozess, b) DIESEL-Prozess, c) CLAUSIUS-RANKINE-Prozess

Der STIRLING-*Prozess* (2 Isothermen, 2 Isochoren, Bild 19.3a) beschreibt eine als geschlossenes System mit annähernd idealen Gasen arbeitende **Heißgasmaschine** (STIRLING-Motor). Sein thermischer Wirkungsgrad ist gleich dem des CARNOT-Prozesses (6), wenn durch entsprechende Betriebsbedingungen (interne Wärmeaustauscher) die zur isochoren Aufheizung benötigte Wärme Q_{12} durch die bei der isochoren Abkühlung frei werdende Abwärme $Q_{34} = -Q_{12}$ gedeckt wird (Regeneration). Der umgekehrte STIRLING-Prozess wird in Form der **Stirling-Gaskältemaschine** (mit Helium als Arbeitsgas) zur Tieftemperaturerzeugung eingesetzt.
Bei einem nach dem DIESEL-*Prozess* (mit 2 Adiabaten, 1 Isobare, 1 Isochore, Bild 19.3b) arbeitenden **Verbrennungsmotor** wird heiße Luft adiabatisch so hoch verdichtet *(1-2)*, dass der eingespritzte Kraftstoff durch Selbstentzündung nahezu isobar *(2-3)* verbrennt. Der Austausch der verbrannten Gase durch Frischluft wird als isochore Wärmeabgabe Q_{41} angenähert. **Dampfkraftanlagen** werden mit dem CLAUSIUS-RANKINE-*Prozess* unter Berücksichtigung des Phasenwechsels Dampf/Wasser beschrieben (Bild 19.3c; die gestrichelte Linie ist die *Dampfdruckkurve*, vgl. 20.3). Dabei kennzeichnen *1-2* isobare Verdampfung, *2-3* adiabatische Dampfentspannung in der Turbine, *3-4* isobare Verflüssigung im Kondensor, *4-1* isentrope Druckerhöhung des Wassers von Kondensor- auf Kesseldruck. Der dazu umgekehrte Prozess dient als Vergleichsprozess für Kältemaschinen, welche Kaltdämpfe (z. B. Ammoniak) als Arbeitsmedium verwenden, oder als Wärmepumpe zur reversiblen Heizung.

Beispiele: *1.* In einer Kesselanlage werden stündlich $m = 150$ kg Steinkohle (Heizwert $H = 29$ MJ/kg) verbrannt. Welche Leistung kann aus der dabei erzeugten Wärme mit einer nach dem CARNOT-Kreisprozess zwischen den Temperaturen $\vartheta_1 = 400\,°\mathrm{C}$ und $\vartheta_2 = 20\,°\mathrm{C}$ arbeitenden Wärmekraftmaschine gewonnen werden? Wie groß ist die Abwärme? – *Lösung:* Die der Anlage je Zeiteinheit zugeführte Wärmeenergie beträgt $Q_1/t = mH/t = 4350\,\mathrm{MJ}/(3600\,\mathrm{s}) \approx 1{,}2\,\mathrm{MW}$. Mit dem Wirkungsgrad der CARNOT-Maschine (6) $\eta_C = 380\,\mathrm{K}/(673{,}15\,\mathrm{K}) = 0{,}565$ ergibt sich somit für die Leistung $P = \eta_C Q_1/t = 0{,}68\,\mathrm{MW}$. Die Abwärme je Zeiteinheit beträgt $Q_2/t = (\eta_C - 1)\, Q_1/t = -0{,}52\,\mathrm{MW}$.

2. Welche Energie benötigt ein Haushaltkühlschrank mit einer Leistungszahl von 40% der des CARNOT-Prozesses (7), um 1 kg Kühlgut der spezifischen Wärmekapazität $c = 4$ kJ/(kg K) (Lebensmittel) von Zimmertemperatur $\vartheta_1 = 20\,°\mathrm{C}$ auf die Kühlschrank-Innenraumtemperatur $\vartheta_2 = 5\,°\mathrm{C}$ abzukühlen? Welche Wärmemenge gibt dabei der Kühlschrank an das Zimmer ab? – *Lösung:* Die dem Kühlgut zu entziehende Wärmemenge beträgt nach (17/1) $Q_2 = cm\,(\vartheta_1 - \vartheta_2) = 60\,\mathrm{kJ}$. Dafür ist nach (7) die Arbeit $W = Q_2/(0{,}4\,\varepsilon_{KM}) = Q_2\,(T_1 - T_2)/(0{,}4T_2) = 8{,}17\,\mathrm{kJ}$ erforderlich. Diese dem Kühlschrank zuzuführende Energie wird zusammen mit Q_2 als Wärme $|Q_1| = W + Q_2 = 68{,}17\,\mathrm{kJ}$ an das Zimmer abgegeben.

3. Eine Wärmepumpe mit einer Antriebsleistung von $P = 7$ kW und 40% der Leistungszahl des CARNOT-Prozesses soll ein Haus beheizen, wobei als Wärmereservoir die Außenluft dient. Bis zu welcher Außentemperatur ϑ_2 kann eine Innentemperatur von $\vartheta_1 = 21\,°\mathrm{C}$ aufrechterhalten werden, wenn der nötige

Wärmestrom $\dot{Q} = Q/t$ der Temperaturdifferenz proportional ist und $1{,}2$ kW je 1 K Temperaturdifferenz beträgt? – *Lösung:* Der von der Wärmepumpe erzeugte Wärmestrom beträgt nach (8) $\dot{Q}_1 = Q_1/t = 0{,}4\,\varepsilon_{\mathrm{WP}} W/t = 0{,}4\,(W/t)\,T_1/(T_1 - T_2) = 0{,}4 P T_1/\,(T_1 - T_2)$. Dieser muss gleich dem zur Heizung nötigen Wärmestrom $\dot{Q} = q\,(T_1 - T_2)$ mit $q = 1{,}2$ kW/K sein. Daraus ergibt sich $T_1 - T_2 = \sqrt{0{,}4 P T_1/q}$. Mit den angegebenen Werten erhält man hieraus $T_2 = 267{,}95$ K bzw. $\vartheta_2 = -5{,}2\,°\mathrm{C}$. Eine elektrische Heizung müsste die Leistung $P = \dot{Q} = 31{,}4$ kW aufbringen.

Aufgabe 19.1. Berechne den thermischen Wirkungsgrad eines DIESEL-Motors (s. Vergleichsprozess Bild 19.3b), dessen Einspritzverhältnis $V_3/V_2 = 2$ und dessen Verdichtungsverhältnis $V_1/V_2 = 10$ beträgt! (Adiabatenexponent $\varkappa = 1{,}4$.)

19.2 Thermodynamische Temperatur

Eine von den stofflichen Eigenschaften des Messgerätes unabhängige Festlegung der Temperaturskala und ihres Nullpunktes kann mit Hilfe der CARNOT-Maschine vorgenommen werden, deren Wirkungsgrad, wie wir im vorigen Abschnitt gesehen haben, vom Arbeitsstoff unabhängig ist. Um die Temperaturen T_1 und T_2 zweier Wärmebehälter vergleichen zu können, lässt man zwischen ihnen einen CARNOT-Prozess ablaufen und bestimmt dessen Wirkungsgrad. Wird durch entsprechende Unterteilung der Temperaturdifferenz $T_1 - T_2$ die Temperatur*einheit* festgelegt, können die Temperaturen der Behälter in Einheiten dieser sog. *thermodynamischen (stoffunabhängigen) Temperaturskala* aus dem Wirkungsgrad ermittelt werden. Teilt man z. B. das Temperaturintervall zwischen dem Eispunkt T_0 und dem Dampfpunkt T_1 des Wassers nach CELSIUS in 100 Grad ein und fixiert dadurch die Temperatureinheit, so erhält man aus dem Wirkungsgrad

$$\eta_{\mathrm{C}} = \frac{T_1 - T_0}{T_1} = \frac{100\,\mathrm{K}}{T_0 + 100\,\mathrm{K}}$$

die Temperatur des Eispunktes zu $T_0 = 273{,}15$ K. Bei einem Wirkungsgrad $\eta_{\mathrm{C}} = 1$ ist die Temperatur des kälteren Behälters 0 K. Damit ist der absolute Nullpunkt festgelegt.

19.3 Reversible und irreversible Vorgänge. II. Hauptsatz

Jede mechanische Bewegung materieller Körper hat die bemerkenswerte Eigenschaft, **reversibel**, d. h. vollständig *umkehrbar*, zu sein. Das bedeutet, dass jede Bahnkurve vom Körper ohne weiteres auch in der umgekehrten Richtung durchlaufen werden kann. Man erkennt dies z. B. an einem hin- und herschwingenden Fadenpendel oder an einer Stahlkugel, die, wenn man sie aus einiger Höhe auf eine spiegelglatte Glasplatte fallen lässt, nach dem Aufprall *von selbst* wieder in die Höhe steigt. Völlig anders hingegen verhält sich ein vom Dach herabgefallener Ziegel; er wird niemals wieder auf das Dach zurückspringen. Das liegt daran, dass Vorgänge, bei denen die Wärme als Energieform im Spiel ist, im Allgemeinen **irreversibel**, d. h. *nicht umkehrbar*, sind. Dazu gehört z. B. die Verwandlung von mechanischer Arbeit in Wärme durch *Reibung*. In unserem Beispiel steigt der herabgefallene Dachziegel deshalb nicht von selbst wieder nach oben, weil sich die beim Aufprall infolge Reibung erzeugte Wärme nicht selbsttätig unter Abkühlung des Ziegels in Hubarbeit zurückverwandelt.
Werden zwei Körper unterschiedlicher Temperatur in Berührung gebracht, so strömt vom wärmeren Körper Wärme auf den kälteren über, dagegen kann von selbst niemals Wärme vom kälteren Körper auf den wärmeren übergehen. Auch die Expansion eines Gases in einen evakuierten Raum ist irreversibel. Nach Öffnung des Ventils verteilt sich das Gas zu beiden Seiten der Trennwand, sammelt sich jedoch nicht von selbst (ohne äußere Eingriffe) wieder in einer Hälfte des Gefäßes an.

Ein Vorgang ist nicht umkehrbar (irreversibel), wenn er nicht auch in umgekehrter Richtung ablaufen kann, ohne dass eine Arbeitsverrichtung von außen erfolgt.

Allgemein hat jedes sich selbst überlassene System von Körpern die Tendenz, in den Zustand des **thermodynamischen Gleichgewichts** überzugehen, in dem die Körper relativ zueinander ruhen und ihre Temperaturen und Drücke gleich sind. Ein System, das diesen Zustand erreicht hat, kann ihn niemals von selbst (ohne äußere Einwirkungen) wieder verlassen. So gleichen sich Temperaturunterschiede wohl aus, sie entstehen aber nicht von allein. Die Erfahrungstatsache, dass es in der Natur derartige irreversible Prozesse gibt, bezeichnet man als den **II. Hauptsatz der Wärmelehre**. Dieser legt demnach die *Richtung des Ablaufs der Naturvorgänge* fest, die stets durch eine *Annäherung an den Gleichgewichtszustand* gekennzeichnet ist. Eine erste Fassung des II. Hauptsatzes, die aus vorstehenden Überlegungen zwangsläufig folgt, ist daher:

Auf Kosten der Energie von Körpern, die untereinander im thermodynamischen Gleichgewicht stehen, kann keine Arbeit gewonnen werden.

Kreisprozesse bedürfen daher wenigstens zweier Energiespeicher unterschiedlicher Temperatur (vgl. 19.1). THOMSON (1851) und PLANCK (1905) gaben deshalb dem II. Hauptsatz folgende Formulierung:

Es gibt keine periodisch arbeitende Maschine, die nichts weiter leistet, als einem Wärmespeicher Wärme zu entziehen und diese in mechanische Arbeit umzusetzen (Satz von der Unmöglichkeit eines Perpetuum mobile 2. Art).

Ein solches dem I. Hauptsatz nicht widersprechendes, nach dem II. Hauptsatz aber unmögliches *Perpetuum mobile 2. Art* könnte beispielsweise dem Meerwasser periodisch Wärme entziehen und in mechanische Arbeit (etwa zum Zwecke des Antriebs von Schiffsmotoren) umwandeln.

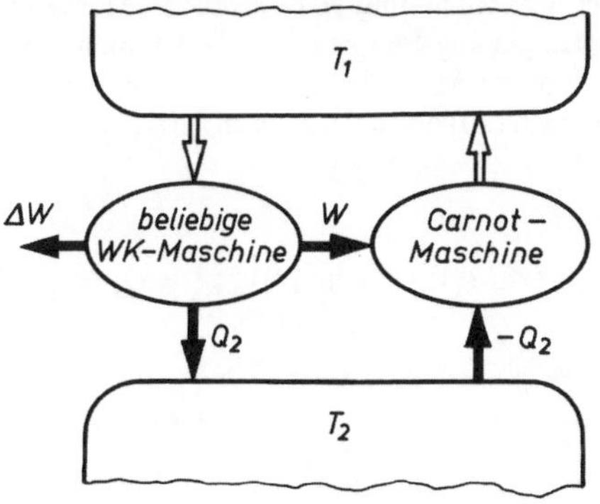

Bild 19.4. Kopplung einer beliebigen reversibel bzw. irreversibel arbeitenden Wärmekraftmaschine mit einer als Wärmepumpe betriebenen CARNOT-Maschine

Unter Benutzung des II. Hauptsatzes kann nun bewiesen werden, dass der Wirkungsgrad eines beliebigen *reversiblen* Kreisprozesses η_{rev} gleich dem des CARNOT-Prozesses η_C ist und dieser den Wirkungsgrad aller beliebigen, *irreversibel* arbeitenden Maschinen übersteigt. Zu diesem Zweck wird die mit einer zunächst beliebigen, reversibel arbeitenden Wärmekraftmaschine erzeugte mechanische Arbeit dazu verwendet, um eine zwischen den gleichen Wärmespeichern als Wärmepumpe arbeitende CARNOT-Maschine zu betreiben (Bild 19.4). Unterstellt man der beliebigen Maschine den höheren Wirkungsgrad, so wäre nur ein Teil (W) der von ihr gelieferten Arbeit notwendig, um die an den kälteren Wärmespeicher der Temperatur T_2 abgegebene Wärmemenge Q_2 durch die CARNOT-Maschine wieder in den wärmeren Speicher der Temperatur T_1 zurückzuführen; der Rest ΔW verbliebe als Nutzarbeit. Die Maschinenkombination hätte – im Widerspruch zum II. Hauptsatz – ohne weitere Veränderungen allein durch Wärmeentzug aus dem wärmeren Speicher Nutzarbeit erzeugt. Vertauscht man die beiden Maschinen und nimmt für die CARNOT-Maschine den höheren Wirkungsgrad an, widerspricht dies ebenfalls dem II. Hauptsatz. Es gilt also:

Der Wirkungsgrad beliebiger reversibler Kreisprozesse ist gleich dem Wirkungsgrad des Carnot-Prozesses: $\eta_{\text{rev}} = \eta_{\text{C}}$.

Arbeitet die beliebige Wärmekraftmaschine irreversibel, so kann ihr Wirkungsgrad nur ebenso groß oder kleiner als der der CARNOT-Maschine sein. Wäre das erstere der Fall, so würde der CARNOT-Prozess die Veränderungen infolge des ersten Prozesses gerade wieder rückgängig machen; dieser wäre also umkehrbar, was unseren Voraussetzungen widerspricht. Daraus folgt:

Der Wirkungsgrad einer beliebigen, irreversibel arbeitenden Wärmekraftmaschine ist stets kleiner als der Wirkungsgrad der (reversibel arbeitenden) Carnot-Maschine.

$$\eta_{\text{irr}} < \eta_{\text{rev}} = \eta_{\text{C}} = \frac{T_1 - T_2}{T_1}. \tag{9}$$

Für die aus einer gegebenen Wärmemenge Q_1 durch eine irreversibel arbeitende Wärmekraftmaschine erzeugte nutzbare Arbeit gilt also mit (5) und (9):

$$|W_{\text{irr}}| = \eta_{\text{irr}} Q_1 < |W_{\text{rev}}| = \eta_{\text{rev}} Q_1. \tag{10}$$

Die reversible Prozessführung liefert somit von allen möglichen Prozessführungen die maximale nutzbare Arbeit. In dieser Formulierung hat der II. Hauptsatz besondere Bedeutung für alle technischen Prozesse, bei denen Arbeit gewonnen wird, indem ein System aus einem gegebenen Anfangszustand in das thermodynamische Gleichgewicht mit der Umgebung gebracht wird.

Beispiel: Berechne die maximale Arbeit, die bei der Abkühlung eines Körpers (Masse m, spezifische Wärmekapazität c) der Temperatur T_1 auf die Umgebungstemperatur T_2 gewonnen werden kann! – *Lösung:* Die bei *reversibler* Prozessführung gewinnbare Arbeit $W_{\max}$ ergibt sich aus der an die Umgebung abzugebenden Wärmemenge $\mathrm{d}Q_1 = cm\,\mathrm{d}T$ nach (10) und (9) $\mathrm{d}W = \eta_{\text{rev}}\,\mathrm{d}Q_1 = (1-T_2/T)\,cm\,\mathrm{d}T$ durch Integration zu

$$W_{\max} = \int_{T_1}^{T_2} \left(1 - \frac{T_2}{T}\right) cm\,\mathrm{d}T = cm\,[T_2 - T_1 - T_2 \ln(T_2/T_1)], \quad \text{d. h.} \quad |W_{\max}| < Q_1 = cm\,(T_1 - T_2).$$

19.4 Entropie

Im Abschnitt zuvor wurde gezeigt, dass für eine beliebige Wärmekraftmaschine durch Vergleich ihres Wirkungsgrades (5)

$$\eta = 1 + \frac{Q_2}{Q_1} \qquad (Q_2 < 0) \tag{11}$$

mit dem Wirkungsgrad der reversibel arbeitenden CARNOT-Maschine (6)

$$\eta_{\text{C}} = 1 - \frac{T_2}{T_1} \tag{12}$$

entschieden werden kann, ob der in ihr durchlaufene Kreisprozess reversibel ist, d. h. von selbst auch in umgekehrter Richtung ablaufen kann, oder nicht. Während nach (9) für reversible Prozesse $\eta = \eta_C$ gilt, nach vorstehenden Gleichungen also $Q_2/Q_1 = -T_2/T_1$ ist, muss für irreversible Prozesse, für die nach (9) stets $\eta < \eta_C$ gilt, nach (11) und (12) $Q_2/Q_1 < -T_2/T_1$ sein. Dies kann auch in der Form

$$\frac{Q_2}{T_2} \leq -\frac{Q_1}{T_1} \quad \text{oder} \quad \frac{Q_1}{T_1} + \frac{Q_2}{T_2} \leq 0 \tag{13}$$

geschrieben werden, wobei das Gleichheitszeichen für den reversiblen Prozess steht. Da wir uns hier immer auf den CARNOT-Prozess beziehen, bei dem die Wärme reversibel zu- und abgeführt wird (vgl. 19.1), handelt es sich bei Q_1 und Q_2 in (13) ebenfalls um *reversibel* ausgetauschte Wärmemengen (Q_{rev}).

Der Begründer der Thermodynamik, CLAUSIUS (1854), erkannte als Erster die weit über den Problemkreis der Wärmekraftmaschinen hinausreichende Bedeutung der Beziehung (13). Er definierte den Quotienten aus der einem Körper oder einem System von Körpern reversibel zu- oder abgeführten Wärmemenge und der Temperatur T, bei der dies geschieht, Q_{rev}/T, als Änderung einer neuen physikalischen Größe, der **Entropie** S,

$$\Delta S = \frac{Q_{\text{rev}}}{T}; \qquad \textit{Einheit:} \quad [S] = 1\,\frac{\text{J}}{\text{K}} \qquad \textbf{(Entropieänderung)} \tag{14}$$

und formulierte auf dieser Grundlage ein eindeutiges Kriterium für die Umkehrbarkeit bzw. Nichtumkehrbarkeit beliebiger Vorgänge in der Natur, bei denen Wärme als Energieform beteiligt ist. Bei Gültigkeit des Gleichheitszeichens in (13) entsprechen $\Delta S_1 = Q_{\text{rev}\,1}/T_1 > 0$ und $\Delta S_2 = Q_{\text{rev}\,2}/T_2 < 0$ den Entropieänderungen des Gases am oberen und unteren Arbeitspunkt der CARNOT-Maschine (vgl. Beispiel *1*) oder allgemein zweier Teilvorgänge eines beliebig anderen reversiblen Prozesses. Für die Gesamt-Entropieänderung des (abgeschlossenen) Systems ergibt sich damit nach (13) $\Delta S = \Delta S_1 + \Delta S_2 = 0$.

Der Wärmeaustausch erfolgt jedoch niemals in einem einzigen Schritt bei einer feststehenden Temperatur (wie beim CARNOT-Prozess zwischen Wärmespeicher und Gas), sondern in zahlreichen aufeinander folgenden infinitesimal kleinen (und daher reversibel führbaren) Teilschritten bei jeweils veränderter Temperatur, weshalb in Verallgemeinerung von Gleichung (13) für jeden beliebigen reversiblen Kreisprozess gilt:

$$\sum_i \frac{Q_{\text{rev},i}}{T_i} = 0 \quad \text{bzw.} \quad \oint \frac{\mathrm{d}Q_{\text{rev}}}{T} = 0. \tag{15}$$

Wird z. B. ein Gas aus dem Zustand *1* (p_1, V_1, T_1), in welchem es die Entropie S_1 hat, reversibel in den Zustand *2* (p_2, V_2, T_2) mit der Entropie S_2 entlang dem Kurvenstück (a) in Bild 19.5a überführt und danach entlang dem Kurvenstück (b) zurück in den Ausgangszustand, so gilt für die Summe der dabei stattfindenden infinitesimalen Entropieänderungen $\mathrm{d}S = \mathrm{d}Q_{\text{rev}}/T$ nach (15):

$$\overset{(a)}{\int_1^2} \frac{\mathrm{d}Q_{\text{rev}}}{T} + \overset{(b)}{\int_2^1} \frac{\mathrm{d}Q_{\text{rev}}}{T} = 0 \quad \text{oder} \quad \overset{(a)}{\int_1^2} \frac{\mathrm{d}Q_{\text{rev}}}{T} = \overset{(b)}{\int_1^2} \frac{\mathrm{d}Q_{\text{rev}}}{T}.$$

Man kann eine beliebige Kurve im p,V-Diagramm durch eine Zickzackkurve differentiell kleiner, aufeinander folgender isothermer und adiabatischer Zustandsänderungen annähern und sich auf diese Weise einen beliebigen reversiblen Kreisprozess in eine große Zahl von CARNOT-Prozessen zerlegt denken. Für jeden Einzelnen von ihnen bleibt die Entropie ungeändert, somit auch für alle zusammengenommen. Dabei kompensieren sich beim Durchlaufen der einzelnen CARNOT-Prozesse gemäß Bild 19.5b die Beiträge der inneren Kurvenstücke, da sie jeweils zweifach in entgegengesetzten Richtungen durchlaufen werden. Es bleiben somit nur die Beiträge der Randkurven übrig, so dass vorstehende Gleichung für eine beliebige geschlossene Kurve im p,V-Diagramm gilt.

Folglich hängt die Entropiedifferenz zwischen den Zuständen *1* und *2*

$$\Delta S = S_2 - S_1 = \int_1^2 \frac{\mathrm{d}Q_{\mathrm{rev}}}{T} \qquad \textbf{(Entropiedifferenz)} \tag{16}$$

allein vom Anfangs- und Endzustand ab, nicht aber vom Weg, auf dem die Zustandsänderung vollzogen wird. Eine solche Größe hat die Eigenschaft einer **Zustandsgröße** (vgl. 17.2). Die Entropie kann daher zur Kennzeichnung des Zustandes eines thermodynamischen Systems in gleicher Weise verwendet werden wie die Temperatur oder die innere Energie U, wenn über einen Nullpunkt der Entropieskala verfügt wird; sie ist dann das von diesem Nullpunkt an erstreckte Integral $\int \mathrm{d}Q_{\mathrm{rev}}/T$.

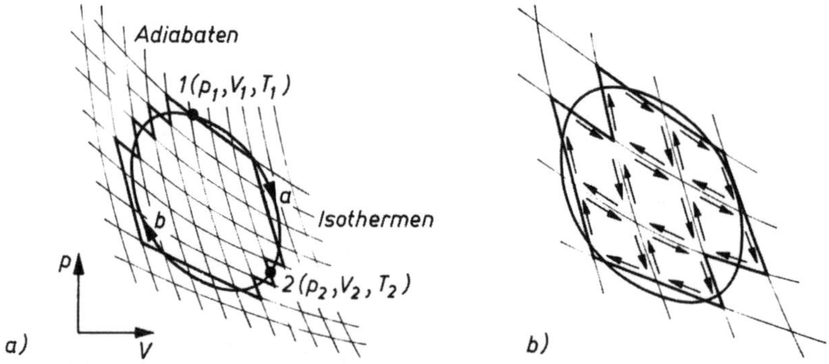

Bild 19.5. a) Beliebiger Kreisprozess im p, V-Diagramm; b) Kompensation der inneren Beiträge des Kreisprozesses bei seiner Zerlegung in lauter „kleine" CARNOT-Prozesse

Der Nullpunkt der Entropie ist im Prinzip frei wählbar. Nach dem III. Hauptsatz der Thermodynamik ist die Entropie von chemisch reinen, ideal kristallisierten Stoffen, die sich im Gleichgewicht befinden, am absoluten Temperaturnullpunkt gleich null (vgl. 19.7). Wird – wie in der Technik üblich – der Nullpunkt der Entropie willkürlich auf die Temperatur 0 °C, entsprechend $T_0 = 273{,}15$ K, gelegt, so folgt für einen festen Körper oder eine Flüssigkeit wegen $\mathrm{d}Q = cm\,\mathrm{d}T$ aus Gleichung (16) mit $S_1 = S(T_0) = 0$ und $S_2 = S(T) = S$:

$$S = \int_{T_0}^{T} \frac{cm\,\mathrm{d}T}{T} = cm \ln \frac{T}{T_0} \qquad \textbf{(Entropie).} \tag{17}$$

Für $\mathrm{d}Q_{\mathrm{rev}} = 0$, so genannte *reversibel adiabatische* Vorgänge, auch **isentrope** Prozesse genannt, folgt aus (16):

$$S_2 = S_1 \qquad \text{bzw.} \qquad \Delta S = 0.$$

Bei allen umkehrbaren (reversiblen) Vorgängen bleibt die Gesamtentropie der beteiligten Körper konstant.

Wird die Zustandsänderung auf dem Weg (a) und damit der Kreisprozess in Bild 19.5 als Ganzes *irreversibel* geführt, so ergibt sich wegen (13) und mit (16):

$$\oint \frac{\mathrm{d}Q}{T} = {}^{(a)}\!\int_1^2 \frac{\mathrm{d}Q}{T} + {}^{(b)}\!\int_2^1 \frac{\mathrm{d}Q_{\mathrm{rev}}}{T} = {}^{(a)}\!\int_1^2 \frac{\mathrm{d}Q}{T} + S_1 - S_2 < 0.$$

Ist das System *abgeschlossen* (was man durch Erweiterung des Systems immer erreichen kann) und sich selbst überlassen, so strebt es dem thermischen Gleichgewicht zu, so dass in ihm die Prozesse, als Gesamtheit betrachtet, stets irreversibel verlaufen. Da keine Wärme mit der Umgebung ausgetauscht werden kann, folgt mit $\mathrm{d}Q = 0$ aus vorstehender Gleichung $S_1 - S_2 < 0$ bzw. entsprechend Gleichung (15):

$$S_2 > S_1 \qquad \text{oder} \qquad \Delta S > 0.$$

Daraus ergibt sich die als **Entropiesatz** bezeichnete quantitative Form des II. Hauptsatzes:

Bei allen nichtumkehrbaren (irreversiblen) Vorgängen wächst die Gesamtentropie der beteiligten Körper bis zu einem Maximum im thermischen Gleichgewicht. Von selbst verlaufen also nur Vorgänge, bei denen die Entropie zunimmt.

Der Entropiebegriff ist nicht nur auf Kreisprozesse anwendbar, sondern er gilt verallgemeinert für jeden thermodynamischen Prozess (s. Beispiel *2*).
Je schneller die Entropie wächst, um so stärker wird der Vorgang in eine bestimmte Richtung verlaufen, d. h., um so weniger wird er umkehrbar sein. Die Größe der (positiven) Entropieänderung ΔS ist damit ein *Maß für die Irreversibilität* beliebiger Naturvorgänge. Bleibt die Entropie konstant ($\Delta S = 0$), so ist der Vorgang reversibel, d. h., er kann ohne weiteres auch in umgekehrter Richtung ablaufen. Dies ist nur der Fall, wenn sich das (abgeschlossene) System im thermischen Gleichgewicht befindet. Alle Ausgleichsprozesse hingegen, die über eine Kette von Nichtgleichgewichtszuständen dem Gleichgewicht zustreben (wie Reibung, Wärmeleitung, Diffusion), führen zu einer Erhöhung der Entropie. Die damit verbundene Gerichtetheit sämtlicher Makroprozesse ermöglicht die Festlegung einer **Zeitrichtung**, indem derjenige Zeitpunkt eines Vorgangs der spätere ist, dem die größere Entropie zukommt.

Beispiele: *1.* Erläutere die beim CARNOT-Kreisprozess auftretende Entropieänderung der beiden Wärmespeicher und des Gases einzeln und zusammengenommen! – *Lösung:* Dem „oberen" Speicher wird zum Zwecke der Erzeugung mechanischer Arbeit die Wärmemenge Q_1 bei der Temperatur T_1 entzogen und dem Gas zugeführt. Dadurch verringert sich die Entropie des Speichers um Q_1/T_1, während sich die Entropie des Gases um denselben Betrag erhöht. Bei der Abgabe der Wärmemenge $Q_2 < 0$ durch das Gas bei der tieferen Temperatur T_2 an den "unteren" Speicher verringert sich die Entropie des Gases um $|Q_2|/T_2$, und die Entropie des Speichers wächst um diesen Betrag. Da es sich um einen reversiblen Prozess handelt, ist nach (13) $Q_1/T_1 = |Q_2|/T_2$, weshalb die Entropie des Gases und der beiden Speicher zusammengenommen (abgeschlossenes System) ungeändert bleibt.

2. Ein glühendes Stück Eisen der Masse $m = 1$ kg und der Temperatur $\vartheta_1 = 800\,°\mathrm{C}$ (spezifische Wärmekapazität $c = 470$ J/(kg K)) lässt man in Luft von $\vartheta_2 = 20\,°\mathrm{C}$ abkühlen. Berechne die Entropieänderung des Eisens und der umgebenden Luft sowie des Gesamtsystems Eisen plus Luft! – *Lösung:* Zur Berechnung der irreversiblen Abkühlung denkt man sich das Eisenstück dadurch reversibel auf die Umgebungstemperatur gebracht, dass in differentiellen Schritten jeweils die Wärmemenge $\mathrm{d}Q_{\mathrm{rev}} = cm\,\mathrm{d}T$ bei der *sich ständig ändernden* Temperatur T abgegeben wird, so dass man für die Entropieänderung des Eisens nach (16) erhält

$$\Delta S_{\mathrm{E}} = \int_{T_1}^{T_2} \frac{cm\,\mathrm{d}T}{T} = cm \ln \frac{T_2}{T_1} = -609{,}9\ \mathrm{J/K}.$$

Die Entropie des Eisens nimmt also ab. Die umgebende Luft nimmt die vom Eisen abgegebene Wärme $Q = cm\,(T_1 - T_2)$ bei der *konstanten* Temperatur T_2 auf, ihre Entropie vergrößert sich nach (14) um

$$\Delta S_{\mathrm{L}} = \frac{Q}{T_2} = \frac{cm\,(T_1 - T_2)}{T_2} = +1250{,}6\ \mathrm{J/K}.$$

Die Entropieänderung des Gesamtsystems ergibt sich aus der Addition der Einzel-Entropieänderungen zu $\Delta S = \Delta S_E + \Delta S_L = 640{,}7\,\mathrm{J/K} > 0$, d. h., der Abkühlungsvorgang ist nach dem II. Hauptsatz irreversibel.

3. Die Abkühlung des Eisens in Beispiel 2 werde *reversibel* geführt. Wie groß sind die an die umgebende Luft abgegebene Wärme Q und die erhaltene Arbeit? – *Lösung:* Bei reversibel geführter Abkühlung ist die Entropieänderung des Gesamtsystems Eisen plus Luft gleich null, also

$$\Delta S = cm \ln \frac{T_2}{T_1} + \frac{Q}{T_2} = 0 \qquad \text{und somit} \qquad Q = cmT_2 \ln \frac{T_1}{T_2} = 178{,}8\,\mathrm{kJ}.$$

Die erhaltene Arbeit beträgt $W = cm\,(T_1 - T_2) - Q = 187{,}8\,\mathrm{kJ}$. Sie ist zugleich die durch Ausnutzung des Temperaturgefälles zwischen Körper und Umgebung (z. B. mittels einer Wärmekraftmaschine) maximal erhältliche Arbeit.

4. Zeige am Beispiel der Mischung von 1 l Wasser von 10 °C mit 1 l Wasser von 90 °C (spezifische Wärmekapazität $c = 4187\,\mathrm{J/(kg\,K)}$) durch Berechnung der Entropien, dass der Mischvorgang ein irreversibler Prozess ist! – *Lösung:* Aus (17) folgen mit $m = 1\,\mathrm{kg}$ und der Bezugstemperatur $T_0 = 273{,}15\,\mathrm{K}$ (0 °C) als Entropien für das kalte und heiße Wasser $S_1 = 150{,}55\,\mathrm{J/K}$ und $S_2 = 1192{,}44\,\mathrm{J/K}$, als Gesamtentropie vor dem Mischen also $S_1 + S_2 \approx 1343\,\mathrm{J/K}$. Nach dem Mischen erhält man für das gesamte Wasser der Temperatur 323,15 K (50 °C) als Mischungsentropie $S \approx 1408\,\mathrm{J/K}$. Die Entropie des Wassers erhöht sich als Folge des Mischvorgangs um $\Delta S \approx 65\,\mathrm{J/K}$; eine Entmischung wird von selbst niemals stattfinden.

5. Stelle den CARNOT-Kreisprozess in einem ***T*, *S*-Diagramm** (mit T als Ordinate) dar! Was bedeutet die beim Kreisprozess umfahrene Fläche in diesem Diagramm? – *Lösung:* Der Kreisprozess erscheint im T, S-Diagramm als Rechteck (Bild 19.6); denn die Isothermen ($T = \mathrm{const}$) sind dabei waagrechte, die Adiabaten ($\mathrm{d}Q_{\mathrm{rev}} = 0$ und damit wegen (17) $S = \mathrm{const}$) senkrechte Geraden *(Isentropen)*. Wegen $T\,\mathrm{d}S = \mathrm{d}Q_{\mathrm{rev}}$ beschreibt ein Flächenstück in diesem Diagramm zahlenmäßig eine bestimmte Wärmemenge. Die

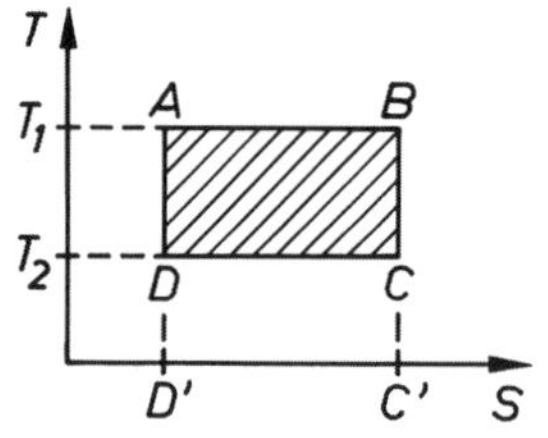

Bild 19.6. T, S-Diagramm des CARNOT-Prozesses

dem Gas zugeführte Wärmemenge Q_1 entspricht dem rechteckigen Flächeninhalt A-D'-C'-B, die nicht genutzte, an den „unteren" Speicher abgeführte Wärmemenge Q_2 dem Flächeninhalt D-D'-C'-C. Die umlaufene Fläche A-B-C-D gibt daher die Differenz von zu- und abgeführter Wärme $Q_1 - |Q_2|$ und damit ebenso wie im p, V-Diagramm die Kreisprozessarbeit an.

Aufgabe 19.2. Ein Stahlteil (spezifische Wärmekapazität $c = 0{,}46\,\mathrm{kJ/(kg\,K)}$) von 1 kg und 200 °C wird mit einem anderen Stahlteil von 4 kg und 20 °C gekoppelt, so dass sich die Temperaturen ausgleichen. Berechne die Endtemperatur und die Entropiezunahme des Systems!

Aufgabe 19.3. Welche Endtemperatur stellt sich ein, wenn der Temperaturausgleich zwischen den Körpern in Aufgabe 19.2 reversibel geführt wird?

19.5 Entropieänderung des idealen Gases. Irreversible Prozesse

Wie jede Zustandsfunktion kann auch die Entropie durch zwei Zustandsgrößen, z. B. Druck und Temperatur oder Volumen und Temperatur, ausgedrückt werden. Mit dem I. Hauptsatz (17/10) erhalten wir nach (14) zunächst

$$\mathrm{d}S = \frac{\mathrm{d}U + p\,\mathrm{d}V}{T}. \tag{18}$$

Setzt man hierin nach der Zustandsgleichung $p = nR_mT/V$ und nach (17/13) $dU = nC_{mV}\,dT$, so kann die Differenz der Entropie des idealen Gases zwischen den beiden Zuständen (V_1, T_1) und (V_2, T_2) wie folgt berechnet werden:

$$\Delta S = \int_{S_1}^{S_2} dS = nC_{mV} \int_{T_1}^{T_2} \frac{dT}{T} + nR_m \int_{V_1}^{V_2} \frac{dV}{V} = nC_{mV} \ln \frac{T_2}{T_1} + nR_m \ln \frac{V_2}{V_1}. \tag{19}$$

Bei reversiblen Zustandsänderungen wird eine durch die Gleichung (19) beschriebene Entropiezunahme (-abnahme) ΔS des Gases durch eine entsprechende Entropieabnahme (-zunahme) der Umgebung gerade kompensiert, so dass die Entropie für das abgeschlossene Gesamtsystem „Gas plus Umgebung" ungeändert bleibt (vgl. Beispiel *1* im vorangegangenen Abschnitt).
Da die Entropieänderung unabhängig von der Art des Prozesses nur vom Anfangs- und Endzustand abhängt, kann mit der Beziehung (19) auch die Entropiezunahme des idealen Gases bei irreversibler adiabatischer Expansion des Gases ins Vakuum oder in ein anderes Gas hinein ermittelt werden. Da kein Energieaustausch mit der Umgebung stattfindet ($dQ = dW = 0$) und somit nach dem I. Hauptsatz die von Druck und Volumen unabhängige innere Energie des idealen Gases konstant bleibt, ändert sich dabei die Temperatur nicht. Eine oberflächliche Betrachtung würde zu der Annahme verleiten, dass die Entropieänderung null ist, da keine Wärme mit der Umgebung ausgetauscht wird. Tatsächlich muss jedoch zur Entropieberechnung die irreversible Expansion durch eine reversible isotherme Ausdehnung ($T_2 = T_1$; $V_2/V_1 = p_1/p_2$) ersetzt werden *(reversibler Ersatzprozess)*, so dass nach Gleichung (19) die Entropie wächst um

$$\Delta S = nR_m \ln \frac{V_2}{V_1} = nR_m \ln \frac{p_1}{p_2}. \tag{20}$$

Dieses Ergebnis können wir z. B. zur Berechnung der Entropiezunahme bei der irreversiblen **Mischung zweier Gase** verwenden. Zwei (ideale) Gase A und B mit den Stoffmengen n_A und n_B, die sich anfänglich bei der gemeinsamen Temperatur T in getrennten Teilvolumina V_A und V_B eines abgeschlossenen Systems vom Volumen V befinden (Bild 19.7), diffundieren nach Entfernen der Trennwand ineinander, so dass es ohne äußere Einwirkung zu einer vollständigen Durchmischung der beiden Gase kommt. Da

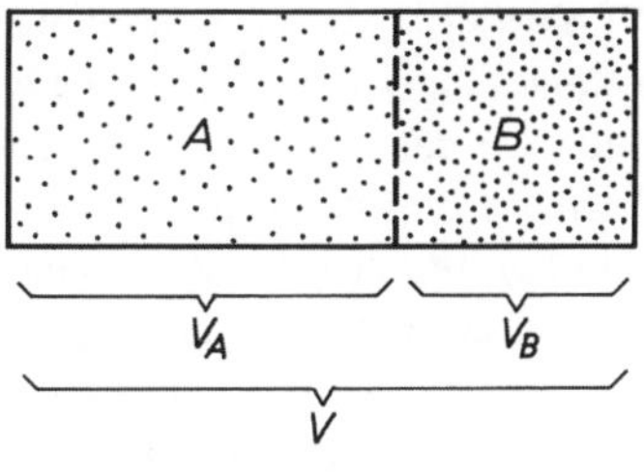

Bild 19.7. Zur irreversiblen Mischung zweier Gase A und B

sich nach dem DALTONschen Gesetz (vgl. 18.6) in einem Gasgemisch jedes Gas so verhält, als würde es unabhängig vom anderen das Volumen V allein ausfüllen, kann man sich die Mischung auch als irreversible adiabatische Expansion der Gase von ihrem Anfangsvolumen $V_1 = V_A$ bzw. $V_1 = V_B$ auf das gemeinsame Endvolumen $V_2 = V$ entstanden denken. Die genannte Entropiezunahme ergibt sich dann aus der Addition der Einzelentropien nach Gleichung (20) zu

$$\Delta S = n_A R_m \ln \frac{V}{V_A} + n_B R_m \ln \frac{V}{V_B} \qquad \textbf{(Mischungsentropie).} \tag{21}$$

Da $V > V_A$ und $V > V_B$, wird $\Delta S > 0$, d. h., wir haben es in Übereinstimmung mit der Erfahrung mit einem irreversiblen Vorgang zu tun; die Gase mischen sich zwar von selbst, der umgekehrte Vorgang der Entmischung findet aber niemals von allein statt.

Multipliziert man ΔS mit der Temperatur T, so erhält man die mit dem Anwachsen der Entropie verbundene **Dissipationsenergie** $E_{\text{diss}} = T\,\Delta S$. Sie ist gleich der Arbeit, die durch reversible isotherme Expansion der Gase in den Endzustand gewonnen werden könnte und nun durch den irreversiblen Mischungsvorgang als nutzbare Arbeit verloren geht. Umgekehrt gibt E_{diss} die Arbeit an, die man mindestens aufwenden müsste, um das Gasgemisch durch einen (reversiblen) Entmischungsprozess (z. B. durch Kompression mittels semipermeabler, d. h. jeweils nur für eine Gasart durchlässiger Trennwände) wieder in seine Komponenten im Anfangszustand zu zerlegen.

Beispiel: Welche Arbeit erfordert die Entmischung von 1 kg Luft bei 20 °C in ihre Bestandteile O_2 und N_2 (23,1% bzw. 76,9%), wenn diese danach denselben Druck und dieselbe Temperatur haben? – *Lösung:* $m = 1$ kg Luft enthält $n_A = 0{,}231 m/M_A = 7{,}2$ mol O_2 (mit $M_A = 32$ g als Molmasse von O_2) und $n_B = 0{,}769 m/M_B = 27{,}5$ mol N_2 (mit $M_B = 28$ g als Molmasse von N_2). Dividiert man die Zustandsgleichung des Gemisches $pV = (n_A + n_B)\,R_m T$ durch die jeweilige Zustandsgleichung der Komponenten nach Entmischung $pV_A = n_A R_m T$ bzw. $pV_B = n_B R_m T$, so erhält man für die reziproken Volumenanteile $V/V_A = (n_A + n_B)/n_A = 4{,}82$ und $V/V_B = (n_A + n_B)/n_B = 1{,}26$. Eingesetzt in Gleichung (21) ergibt dies $\Delta S = 147{,}0$ J/K und somit für die Entmischungsarbeit $W = T\,\Delta S = 43{,}1$ kJ.

Aufgabe 19.4. Berechne die Entropieänderung von 1 mol eines einatomigen idealen Gases, das a) isobar, b) isotherm, c) adiabatisch auf das doppelte Volumen expandiert!

19.6 Entropie und Wahrscheinlichkeit

Die im vorigen Abschnitt betrachtete Expansion eines Gases ins Vakuum oder die selbsttätige Durchmischung zweier Gase durch Diffusion sind Beispiele für die irreversible Annäherung eines abgeschlossenen, sich selbst überlassenen Systems an das thermodynamische Gleichgewicht, wobei die Unumkehrbarkeit des Vorganges nach dem II. Hauptsatz durch ein Anwachsen der Entropie gekennzeichnet ist. Nach den Grundvorstellungen der kinetischen Gastheorie (vgl. Abschnitt 18) kann z. B. die irreversible Durchmischung zweier Gase auch als Folge eines *statistischen Zufallsprozesses* betrachtet werden, der eine zufällige Verteilung von A- und B-Molekülen im Volumen V erzeugt. So wie sich schwarze und weiße Kugeln in einer Schüttelbox nach dem Durchmischen nicht durch weiteres Schütteln wieder entmischen, so werden sich auch die Moleküle infolge ihrer thermischen Molekularbewegung nicht von selbst wieder so ordnen, dass sich der Anfangszustand (vgl. Bild 19.7) einstellt. (Von einer ähnlichen Tatsache zeugt auch mancher Arbeitstisch, wenn die ordnende Hand längere Zeit nicht eingegriffen hat.)
Der Grund für diese Irreversibilität kann darin gesehen werden, dass dem *Zustand größerer Unordnung eine größere statistische Wahrscheinlichkeit* zukommt, die im Vergleich zum geordneten Zustand um so höher ist, je größer die Anzahl der Teilchen ist. Zwischen Entropie S und Wahrscheinlichkeit W eines thermodynamischen Zustandes muss demzufolge ein funktioneller Zusammenhang $S = f(W)$ bestehen.
Die Entropie zweier Systeme, die voneinander *statistisch unabhängig* sind (z. B. zweier Gase, die sich in getrennten Teilvolumina eines Raumes befinden, s. Bild 19.7), ist nach der Definition der Entropie als einer additiven Größe gleich der Summe der Entropien der Einzelsysteme, wenn wir die beiden Systeme als *eines* betrachten. Die Wahrscheinlichkeit dafür, das eine System in dem einen, das andere in dem anderen angegebenen Zustand anzutreffen, ist nach den Regeln der Wahrscheinlichkeitsrechnung gleich dem Produkt der Einzelwahrscheinlichkeiten. Wir haben also

$$S = S_1 + S_2 = f(W_1) + f(W_2); \qquad W = W_1 W_2.$$

Die gesuchte Funktion $S = f(W)$ muss also der Bedingung

$$f(W) = f(W_1 W_2) = f(W_1) + f(W_2)$$

genügen. Dies leistet die Funktion $\ln W$, da $\ln(W_1 W_2) = \ln W_1 + \ln W_2$ ist. Wir setzen daher

$$S = k \ln W \qquad \textbf{(Boltzmann-Gleichung).} \tag{22}$$

Der Proportionalitätsfaktor k erweist sich, wie wir noch sehen werden, als die BOLTZMANN-Konstante (18/10) $k = 1{,}380\,650 \cdot 10^{-23}$ J/K.

Die Entropie ist ein Maß für die Wahrscheinlichkeit eines Zustandes oder den Grad der Unordnung.

Die Entropieänderung (16) kann nach Gleichung (22) auch durch das Verhältnis der Wahrscheinlichkeiten oder die *Relativwahrscheinlichkeit* zweier Zustände ausgedrückt werden:

$$\Delta S = S_2 - S_1 = k \ln W_2 - k \ln W_1 = k \ln \frac{W_2}{W_1}. \tag{23}$$

Zur Verdeutlichung berechnen wir die Entropieänderung (23) bei freier Expansion eines sich selbst überlassenen idealen Gases ins Vakuum (vgl. 19.5). Die Wahrscheinlichkeit dafür, ein zufällig herausgegriffenes Molekül im Endvolumen V_2 vorzufinden, bezogen darauf, es im Anfangsvolumen V_1 anzutreffen, ist gleich dem Verhältnis der Volumina V_2/V_1. Für N Moleküle ergibt sich die Relativwahrscheinlichkeit der beiden thermodynamischen Zustände, nämlich das Gas aus N Molekülen im gesamten Endvolumen V_2 anzutreffen oder nur im Volumen V_1, als Produkt der N statistisch unabhängigen Einzelwahrscheinlichkeiten zu

$$\frac{W_2}{W_1} = \left(\frac{V_2}{V_1}\right)^N. \tag{24}$$

Damit erhält man für die Entropieänderung (23) infolge irreversibler Expansion die Zunahme

$$\Delta S = k \ln \left(\frac{V_2}{V_1}\right)^N = Nk \ln \frac{V_2}{V_1} = nN_\mathrm{A} k \ln \frac{V_2}{V_1} \tag{25}$$

mit $N = nN_\mathrm{A}$ (n Stoffmenge, N_A AVOGADRO-Konstante = molare Teilchenzahl). Gleichung (25) stimmt mit der durch thermodynamische Betrachtung gewonnenen Beziehung (20) überein, wenn $k = R_\mathrm{m}/N_\mathrm{A}$, d. h. k nach (18/10) gleich der BOLTZMANN-Konstanten ist.

Die Wahrscheinlichkeit W_1 bzw. W_2 eines Zustandes selbst kann, ähnlich wie in Gleichung (24), durch die Relativwahrscheinlichkeit in Bezug auf eine nicht weiter zu unterteilende kleine Raumzelle V_0 ausgedrückt werden, die Teil einer auch die Impulskoordinaten aller Teilchen umfassenden *Phasenraumzelle* ist. Diese sog. **thermodynamische Wahrscheinlichkeit** ist für ein Vielteilchensystem eine sehr große Zahl und unterscheidet sich daher vom Wahrscheinlichkeitsbegriff der Wahrscheinlichkeitsrechnung, in der die Wahrscheinlichkeit höchstens den Wert 1 (Gewissheit) haben kann.

Die Relativwahrscheinlichkeit (24) ist um so höher, je größer die Teilchenzahl N ist. Dies bedeutet umgekehrt, dass bei sehr kleinen Teilchenzahlen oder -dichten die Wahrscheinlichkeit dafür, dass sich trotz des zur Verfügung stehenden größeren Volumens V_2 alle Teilchen zufällig (und für kurze Zeit) nur im Teilvolumen V_1 aufhalten, zunimmt, was sich u. a. in zufälligen *Dichteschwankungen* äußert. Dies zeigt, dass der II. Hauptsatz und seine Folgerungen im Grunde Wahrscheinlichkeitsaussagen beinhalten, die jedoch für makroskopische Systeme ($N \gtrsim N_\mathrm{A}$) praktisch mit Gewissheit eintreten.

Entropieverhalten offener Systeme. Der hohe Grad der Strukturiertheit der uns umgebenden Welt, insbesondere der organischen Materie (z. B. biologische Evolution mit ihrer Entwicklung von niederen zu höheren Lebensformen) scheint im krassen Widerspruch zum II. Hauptsatz zu stehen. Dieser Widerspruch löst sich jedoch sofort auf, wenn man beachtet, dass der II. Hauptsatz in der vorstehenden Fassung

für *abgeschlossene* Systeme gilt. Die meisten in der Natur vorkommenden Systeme sind aber mehr oder weniger *offene* Systeme, die dadurch gekennzeichnet sind, dass bei ihnen ein Stoff- und Energieaustausch mit der Umgebung stattfindet (z. B. Transportprozesse).
Die gesamte Entropieänderung in offenen Systemen setzt sich aus einem Entropiefluss $(\mathrm{d}S)_\mathrm{a}$ von oder nach außen und einer Entropieerzeugung $(\mathrm{d}S)_\mathrm{i}$ im Innern des Systems zusammen: $\mathrm{d}S = (\mathrm{d}S)_\mathrm{a} + (\mathrm{d}S)_\mathrm{i}$. Während für die innere Entropieänderung in Übereinstimmung mit dem II. Hauptsatz stets $(\mathrm{d}S)_\mathrm{i} \geq 0$ gilt, kann die gesamte Entropieänderung auch negativ sein ($\mathrm{d}S < 0$), nämlich dann, wenn die Entropieabgabe nach außen $(\mathrm{d}S)_\mathrm{a} < 0$ die Entropieerzeugung im Innern übersteigt. Trotz der im Systeminnern ablaufenden irreversiblen Prozesse (die immer mit einer Energiedissipation, d. h. einer Umwandlung von zugeführter Energie in Wärme, verbunden sind) kann so die Gesamtentropie des Systems auf Kosten der Entropiezunahme der Umgebung abnehmen und das System in einen makroskopisch höheren Ordnungszustand übergehen.
Im stationären Zustand tritt an die Stelle des thermodynamischen Gleichgewichts das *Fließgleichgewicht*, bei dem die Entropieabgabe die Entropieerzeugung gerade kompensiert: $(\mathrm{d}S)_\mathrm{a} = -(\mathrm{d}S)_\mathrm{i} < 0$, $\mathrm{d}S = 0$. Das Entropieverhalten offener Systeme kann sich somit grundsätzlich von dem abgeschlossener Systeme unterscheiden. In offenen Systemen können sich stationäre Nichtgleichgewichtszustände mit hohem Ordnungsgrad herausbilden *(sog. dissipative Strukturen).*

Beispiel: Wärmeübergang kalt/warm. Die Wahrscheinlichkeit des Übergangs der Wärmemenge $Q = 1\,\mathrm{J}$ *von einem kälteren* Körper der Temperatur $T_1 = 300\,\mathrm{K}$ *auf einen wärmeren* der Temperatur $T_2 = 301\,\mathrm{K}$ soll berechnet werden. Die Entropieabnahme ist dabei nach (23)

$$\Delta S = k \ln \frac{W_2}{W_1} = -\frac{Q}{T_1} + \frac{Q}{T_2} = Q\,\frac{T_1 - T_2}{T_1 T_2} \approx -\frac{1}{9} \cdot 10^{-4}\ \mathrm{J/K},$$

woraus sich mit $k = 1{,}38 \cdot 10^{-23}\ \mathrm{J/K}$ die Übergangswahrscheinlichkeit ergibt zu

$$\frac{W_2}{W_1} = \mathrm{e}^{\Delta S/k} = \mathrm{e}^{-(1\mathrm{J/K})/(9\cdot 10^4 k)} \approx 1 : \mathrm{e}^{8\cdot 10^{17}} \approx 1 : 10^{3\cdot 10^{17}}.$$

Das Ergebnis besagt, dass der Wärmeübergang kalt/warm im Laufe einer Beobachtungszeit von $10^{3\cdot 10^{17}}$ s nur 1 s lang, d. h. also praktisch nie stattfindet! Man bedenke, dass erst seit 10^{17} s Leben auf der Erde existiert.

Aufgabe 19.5. Berechne die Relativwahrscheinlichkeit dafür, dass sich 1 mg Luft bei konstantem Druck und gleich bleibender Temperatur spontan in seine Bestandteile O_2 und N_2 entmischt! (Siehe dazu das Beispiel in Abschnitt 19.5.)

19.7 III. Hauptsatz (Satz von der Unerreichbarkeit des absoluten Nullpunkts)

Die Bestimmung der Entropie am absoluten Nullpunkt und die Angabe von Absolutwerten der Entropie ist mit Hilfe des I. und II. Hauptsatzes der Thermodynamik allein nicht möglich. NERNST war zunächst in Verallgemeinerung experimenteller Untersuchungen bei tiefen Temperaturen zu dem Ergebnis gekommen, dass die Entropie beliebiger isothermer Prozesse bei $T = 0\,\mathrm{K}$ unabhängig von Volumen, Druck und Aggregatzustand einem *universellen Grenzwert* zustrebt **(Nernstsches Wärmetheorem)**. Die hierdurch definierte Entropiekonstante kann nach PLANCK – ohne mit der Thermodynamik in Widerspruch zu geraten – gleich null gesetzt werden, so dass die Entropie eines sich im stabilen Gleichgewicht befindlichen Systems bei Annäherung an den absoluten Nullpunkt gegen null geht:

$$S \to 0 \quad \text{für} \quad T \to 0 \qquad \textbf{(III. Hauptsatz).} \tag{26}$$

Der Gleichgewichtszustand am absoluten Nullpunkt zeichnet sich durch *maximale Ordnung und geringste (thermodynamische) Wahrscheinlichkeit* aus, die nach Gleichung (22) infolge des

III. Hauptsatzes für $T = 0$ den Wert $W = W_{\min} = 1$ annimmt. Mit dem III. Hauptsatz ist der Nullpunkt der Entropieskala festgelegt, so dass sich der *Absolutwert der Entropie* errechnet aus

$$S = \int_0^T \frac{\mathrm{d}Q_{\mathrm{rev}}}{T} = \int_0^T \frac{cm}{T}\,\mathrm{d}T. \tag{27}$$

Für die spezifische Wärmekapazität c kann je nach Zustandsänderung auch c_p oder c_V gesetzt werden. Aus dem Integral (27) folgt

$$c = c_p = c_V \to 0 \qquad \text{für} \qquad T \to 0;$$

anderenfalls würde das Integral wegen der unteren Grenze $T = 0$ divergieren. Dieses mit der experimentellen Beobachtung übereinstimmende Verhalten der spezifischen Wärmekapazität lässt sich wie somit auch der III. Hauptsatz nur auf der Grundlage der Quantentheorie erklären. Das Verschwinden der spezifischen Wärmekapazität bedeutet wegen $\mathrm{d}T = \mathrm{d}Q/(cm)$, dass der absolute Nullpunkt *thermodynamisch instabil* ist, d. h., dass bei $T = 0$ bereits die Zufuhr einer beliebig kleinen Wärmemenge eine endliche Temperaturerhöhung bewirkt. Da Körper niemals vollständig energetisch isoliert werden können, ist eine solche Wärmezufuhr unvermeidlich, so dass man sich dem absoluten Nullpunkt zwar beliebig nähern, ihn jedoch in endlicher Zeit niemals erreichen kann.

20 Reale Gase. Phasenumwandlungen

20.1 Die van-der-Waalssche Zustandsgleichung. Gasverflüssigung

Das Verhalten *realer Gase* weicht vor allem bei tiefen Temperaturen und hohen Drücken, aber häufig auch schon unter Normalbedingungen, von dem des idealen Gases ab. Der Grund hierfür ist, dass sich bei starker Annäherung der Gasmoleküle deren Wechselwirkungen sowie deren Eigenvolumina auf Druck und Volumen des Gases auswirken. Da diese Einflüsse von der Natur des Gases abhängen, kann der reale Zustand aller Gase nicht durch nur eine Zustandsgleichung erfasst werden. Von den vielen bekannten, empirisch ermittelten Gleichungen gibt die von VAN DER WAALS (1873) aufgestellte Zustandsgleichung eine gute Beschreibung des Verhaltens realer Gase und vermittelt zugleich eine qualitative Vorstellung vom Übergang des Gases in den flüssigen Zustand. Für 1 mol eines Gases hat sie die Form

$$\left(p + \frac{a}{{V_{\mathrm{m}}}^2}\right)(V_{\mathrm{m}} - b) = R_{\mathrm{m}} T \qquad \textbf{(Van-der-Waals-Gleichung).} \tag{1}$$

Dabei sind a und b von der Gasart abhängige Stoffkonstanten, die empirisch ermittelt werden müssen. Gleichung (1) geht aus der Zustandsgleichung für das ideale Gas (16/20) durch Hinzufügen von Korrekturgliedern für den Druck und das Volumen hervor. Das Korrekturglied $a/{V_{\mathrm{m}}}^2$ heißt *Binnen-* oder *Kohäsionsdruck* und beschreibt die Auswirkungen der zwischenmolekularen Anziehung, der sog. **Van-der-Waals-Kräfte**, b ist das (molare) *Kovolumen*.

Die zwischenmolekularen Anziehungskräfte heben sich im Innern eines Gasvolumens auf. Sie werden nur bei den am Rande des Gasraumes auf die Gefäßwandung stoßenden Teilchen wirksam. Auf diese wirkt eine ins Innere des Volumens gerichtete Kraft, die eine Abnahme des Wanddruckes, d. h. eine Vergrößerung des Innendruckes p im Gas, nach sich zieht und demzufolge eine positive Druckkorrektur in der Zustandsgleichung erforderlich macht. Diese Korrektur p_{Bi} ist einmal der Dichte der stoßenden

Teilchen, zum anderen der Dichte der anziehenden Teilchen, insgesamt also dem Dichtequadrat ϱ^2 proportional. Wegen $\varrho \sim n/V = 1/V_m$ (n Stoffmenge, V_m molares Volumen) wird

$$p_{Bi} = a\frac{n^2}{V^2} = \frac{a}{V_m{}^2}. \tag{2}$$

Wird das Eigenvolumen in Rechnung gestellt, verringert sich das den Teilchen zur Verfügung stehende „freie" Volumen, so dass V in der Zustandsgleichung durch ein Glied der Form $(V - B)$ mit $B > 0$ zu ersetzen ist. Das heißt, das Volumen realer Gase lässt sich nicht unter ein durch B gegebenes Volumen, das sog. *van-der-Waalssche Kovolumen*, verringern. B ist gleich dem vierfachen Eigenvolumen V_T der Teilchen, multipliziert mit deren Anzahl, da das von jeweils 2 zusammenstoßenden Molekeln vom Radius r beanspruchte Volumen gleich dem einer Kugel vom Radius $2r$ ist. Die mittlere Raumerfüllung eines Moleküls ist dann halb so groß, also gleich $4\pi(2r)^3/6 = 4V_T$, die Raumerfüllung aller $N = nN_A$ Teilchen (das Kovolumen)

$$B = 4nN_A V_T = nb \qquad \text{mit} \qquad b = 4V_T N_A. \tag{3}$$

Die Darstellung der VAN-DER-WAALSschen Gleichung (1) im p,V-Diagramm für verschiedene Temperaturen T ergibt die in Bild 20.1 gezeichnete Isothermenschar mit den optimalen Parametern a, b für Kohlendioxid (CO_2). Oberhalb einer bestimmten, von Gas zu Gas verschiedenen Temperatur T_k (für CO_2 ist $T_k = 304{,}2$ K) verläuft die Isotherme praktisch wie

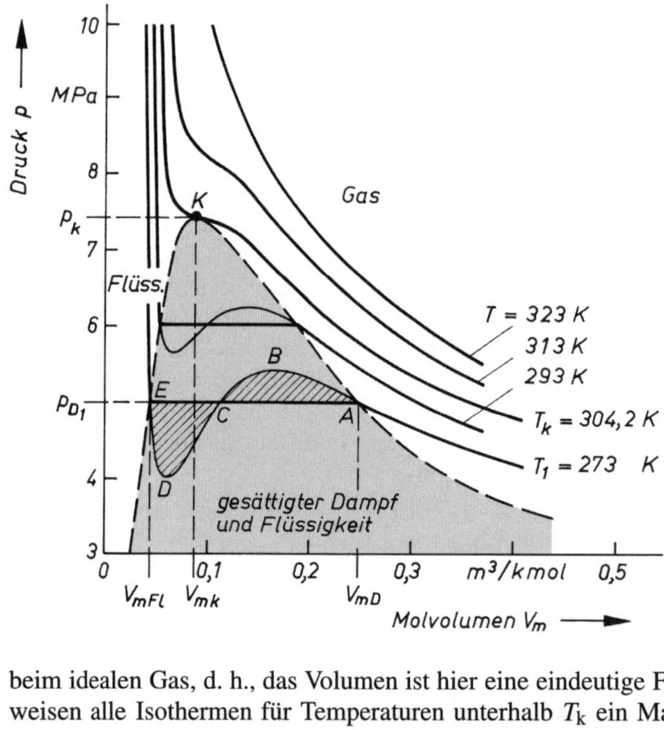

Bild 20.1. Isothermen für Kohlendioxid (CO_2). Die Isotherme $T_1 = 273$ K verläuft im Bereich der *Kondensation* (Umwandlung in den flüssigen Aggregatzustand) zwischen A und E nicht über B und D, sondern geradlinig über C beim konstanten Dampfdruck p_{D_1}. K kritischer Punkt: $T_k = 304{,}2$ K kritische Temperatur, $p_k = 7{,}38$ MPa kritischer Druck, $V_{mk} = 0{,}094\ m^3/kmol$ kritisches Volumen

beim idealen Gas, d. h., das Volumen ist hier eine eindeutige Funktion des Druckes. Hingegen weisen alle Isothermen für Temperaturen unterhalb T_k ein Maximum und ein Minimum auf. Ein solcher Verlauf wie zwischen den Punkten B und D der Isotherme T_1 ist jedoch physikalisch nicht sinnvoll, da das Volumen danach in diesem Bereich mit fallendem Druck abnehmen müsste.

Bei der experimentellen Nachprüfung findet man, dass beim Komprimieren des Gases die Isotherme T_1 zwischen den Punkten A und E nicht über B und D durchlaufen wird, sondern dass zwischen A und E der Druck *konstant* bleibt. Der Grund hierfür ist, dass sich beim Punkt A

Flüssigkeitströpfchen auszuscheiden beginnen; das Gas beginnt also, sich in eine *flüssige* und eine *gasförmige Phase* zu trennen. In diesem Gebiet der **Kondensation** nimmt das Gas den Charakter eines **gesättigten Dampfes** an. Technisch wird der Dampf rechts von Punkt *A überhitzter Dampf*, im Grenzzustand *A trocken gesättigter Dampf* und im **Koexistenzgebiet** von flüssiger und gasförmiger Phase *AE Nassdampf* genannt. Beim Punkt *E* ist das Gas vollständig verflüssigt. Der nun folgende steile Anstieg des Druckes entspricht der gegenüber dem Gas sehr viel geringeren Kompressibilität der Flüssigkeit. Der allein von der Temperatur abhängige konstante Druck, bei dem sich die Verflüssigung aus der Dampfphase vollzieht, wird **Dampfdruck** oder **Sättigungsdruck des Dampfes** p_D genannt. Dieser ergibt sich für eine bestimmte Temperatur nach dem I. und II. Hauptsatz aus der Forderung, dass für die zugehörige Isotherme die schraffierten Flächenstücke in Bild 20.1 oberhalb und unterhalb der Geraden *EA* gleich sein müssen (MAXWELLsche Gerade). Die VAN-DER-WAALSsche Zustandsgleichung (1) beschreibt demnach das Verhalten von realen Gasen *und* Flüssigkeiten. Sie versagt allerdings, wenn Gas und Flüssigkeit nebeneinander vorliegen.
Mit steigender Temperatur wird dieses Gebiet der Koexistenz von gasförmiger und flüssiger Phase (der Bereich innerhalb der gestrichelten *Grenzkurve*) immer kleiner. Bei der **kritischen Temperatur** T_k geht es in den **kritischen Punkt** *K*, den Wendepunkt der kritischen Isotherme T_k, über. Oberhalb *K* kann keine Flüssigkeit mehr existieren.

Für jedes Gas existiert eine kritische Temperatur T_k, oberhalb der es durch Anwendung noch so hoher Drücke nicht verflüssigt werden kann.

Der Mindestdruck, der bei der kritischen Temperatur gerade noch gesättigten Dampf hervorbringt, heißt **kritischer Druck** p_k. Am kritischen Punkt *K* fallen die auf der gestrichelten Grenzkurve liegenden Volumina V_{mFl} und V_{mD} der reinen Flüssigkeits- bzw. Dampfphase zusammen und heißen **kritisches Volumen** V_{mk}. In Tabelle 20.1 sind die *kritischen Daten* einiger Stoffe zusammengestellt. Die verschiedenen Volumina auf der MAXWELLschen Geraden *EA* kommen durch unterschiedliche relative Anteile der flüssigen und dampfförmigen Phase mit den Molvolumina V_{mFl} und V_{mD} zustande (vgl. 20.3).

Tabelle 20.1. Kritische Daten einiger Stoffe, geordnet nach den kritischen Temperaturen

	T_k/K	p_k/MPa	$V_{mk}/(m^3\,kmol^{-1})$
Helium (^4He)	5,2	0,23	0,058
Wasserstoff (H_2)	33,2	1,30	0,067
Stickstoff (N_2)	126,3	3,39	0,090
Sauerstoff (O_2)	154,8	5,08	0,075
Kohlendioxid (CO_2)	304,2	7,38	0,094
Acetylen (C_2H_2)	308,3	6,14	0,113
Ethylalkohol (C_2H_5OH)	513,9	6,14	0,167
Wasser (H_2O)	647,4	22,12	0,056
Quecksilber (Hg)	1765	149,0	0,043

Die Kurvenabschnitte *AB* und *DE* in Bild 20.1 entsprechen *metastabilen Zuständen*, nämlich *übersättigtem Dampf* (Kondensationsverzug) bzw. *überhitzter Flüssigkeit* (Siedeverzug), die sich bei fehlenden Kondensationskeimen (staubfreie Gasatmosphäre) und erschütterungsfreiem Gefäß einstellen können. Spätestens bei Annäherung an die Zustände *B* und *D* wird das System instabil (vgl. das Rechenbeispiel), und der Phasenübergang setzt schlagartig ein. Diese Effekte werden in der *Nebelkammer* bzw. in der *Blasenkammer* zur Sichtbarmachung der Bahnen von Elementarteilchen ausgenutzt (s. Bild 9.7 und 44.20).

Gesetz der korrespondierenden Zustände. Der kritische Punkt K in Bild 20.1 ist durch einen verschwindenden Anstieg $\mathrm{d}p/\mathrm{d}V_\mathrm{m} = 0$ und einen Wendepunkt $\mathrm{d}^2p/(\mathrm{d}V_\mathrm{m})^2 = 0$ der kritischen Isotherme T_k gekennzeichnet. Mit Hilfe dieser Bedingungen lassen sich seine Daten, die kritische Temperatur T_k, der kritische Druck p_k und das kritische Volumen V_mk, aus der Zustandsgleichung (1) zu

$$T_\mathrm{k} = \frac{8a}{27bR_\mathrm{m}}, \qquad p_\mathrm{k} = \frac{a}{27b^2}, \qquad V_\mathrm{mk} = 3b \tag{4}$$

bestimmen. Führt man die reduzierten Variablen $\overline{p} = p/p_\mathrm{k}$, $\overline{V} = V_\mathrm{m}/V_\mathrm{mk}$ und $\overline{T} = T/T_\mathrm{k}$ ein, so erhält man die Zustandsgleichung (1) in einer stoffunabhängigen Form

$$\left(\overline{p} + \frac{3}{\overline{V}^2}\right)\left(\overline{V} - \frac{1}{3}\right) = \frac{8}{3}\overline{T} \qquad \textbf{(reduzierte Zustandsgleichung),}$$

in der die von der Natur des Gases abhängigen Konstanten a und b nicht mehr vorkommen. Mit anderen Worten: Misst man Druck, Volumen und Temperatur in Einheiten der entsprechenden kritischen Größen, so erhält man eine für sämtliche Substanzen gültige Zustandsgleichung, bekannt als *Gesetz der korrespondierenden (übereinstimmenden) Zustände*. Dieses Gesetz gilt auch für andere Eigenschaften der Stoffe, so für den reduzierten Dampfdruck $p_\mathrm{D}/p_\mathrm{k}$ oder die reduzierte molare Verdampfungswärme $r_\mathrm{m}/(R_\mathrm{m}T_\mathrm{k})$, vgl. 20.3, als Funktion der reduzierten Temperatur T/T_k.

Beispiel: Wie groß ist die Kompressibilität (14/2) des Stoffes in Bild 20.1 an den Punkten B und D? Was folgt daraus für sein Verhalten bei Annäherung an diese Zustände? – *Lösung:* Wegen $\mathrm{d}p/\mathrm{d}V = 0$ in den Punkten B und D (horizontale Tangente) gilt in diesen Zuständen für die Kompressibilität $\varkappa = -(\mathrm{d}V/\mathrm{d}p)/V \to \infty$, d. h., eine beliebig kleine Druckänderung bewirkt eine große Volumenänderung. Das Gas bzw. die Flüssigkeit können in diesen Zuständen isoliert nicht existieren, die Phasenumwandlung setzt spontan ein.

Aufgabe 20.1. Berechne aus den kritischen Daten von Kohlendioxid die entsprechenden VAN-DER-WAALSschen Konstanten a und b sowie das Eigenvolumen V_T und den Radius r der CO_2-Moleküle!

20.2 Joule-Thomson-Effekt. Erzeugung tiefer Temperaturen

Gase, deren kritische Temperatur oberhalb der Raumtemperatur liegt, z. B. CO_2 mit $\vartheta_\mathrm{k} = 31\,°\mathrm{C}$, lassen sich nach obigen Ausführungen allein durch Kompression verflüssigen. Liegt die kritische Temperatur hingegen unterhalb der Raumtemperatur, wie beispielsweise bei Luft, H_2 und Helium (vgl. Tabelle 20.1), so müssen die Gase, um sie verflüssigen zu können, z. B. unter Ausnutzung des JOULE-THOMSON-Effekts erst unter die kritische Temperatur abgekühlt werden. Bei einem *idealen* Gas hängt die innere Energie U, wie in Abschnitt 17.3 gezeigt wurde, nicht vom Volumen ab. Bei einem *realen* Gas hingegen ist U, bedingt durch die Wechselwirkungen und das Eigenvolumen der Moleküle, volumen- bzw. druckabhängig. Dehnt sich nämlich ein VAN-DER-WAALS-Gas auf ein größeres Volumen aus, so vergrößert sich die mittlere Entfernung zwischen den Molekülen, und es muss Arbeit gegen die Anziehungskräfte verrichtet werden. Bei einer Volumenvergrößerung ist dies gerade die Arbeit $p_\mathrm{Bi}\,\mathrm{d}V$ gegen den Binnendruck (2) $p_\mathrm{Bi} = a/V_\mathrm{m}^2 = n^2a/V^2$, die zum Term $nC_{\mathrm{m}V}\,\mathrm{d}T$ der inneren Energie des idealen Gases (17/13) hinzutritt. Die Änderung der inneren Energie eines der Zustandsgleichung (1) gehorchenden realen Gases beträgt somit

$$\mathrm{d}U = nC_{\mathrm{m}V}\,\mathrm{d}T + \frac{n^2a}{V^2}\,\mathrm{d}V \qquad \textbf{(kalorische Zustandsgleichung eines Van-der-Waals-Gases).} \tag{5}$$

Bei der Entspannung eines realen Gases wird sich daher die Temperatur ändern, selbst wenn dabei die innere Energie konstant bleibt ($\mathrm{d}U = 0$), weil sie ohne Wärmeaustausch (adiabatisch) und ohne äußere Arbeitsverrichtung (gedrosselt) erfolgt (vgl. das Rechenbeispiel).

Beim JOULE-THOMSON-Prozess (Bild 20.2) wird das im Volumen V_1 eingeschlossene Gas, welches unter dem konstanten Druck p_1 steht, mit Hilfe eines Kolbens durch ein Drosselfilter (poröse Wand, Wattebausch), das Wirbel- und Strahlbildung verhindert, langsam in den Raum V_2 gepresst, in dem der Druck $p_2 < p_1$ herrscht. Der linke Kolben hat dem Gas die Arbeit $p_1 V_1$ zugeführt, durch die Verdrängung des rechten Kolbens wird vom Gas die Arbeit $p_2 V_2$ abgegeben. Die Differenz ist gleich der Änderung der inneren Energie:

$$p_1 V_1 - p_2 V_2 = U_2 - U_1 \qquad \text{oder} \qquad U_1 + p_1 V_1 = U_2 + p_2 V_2 .$$

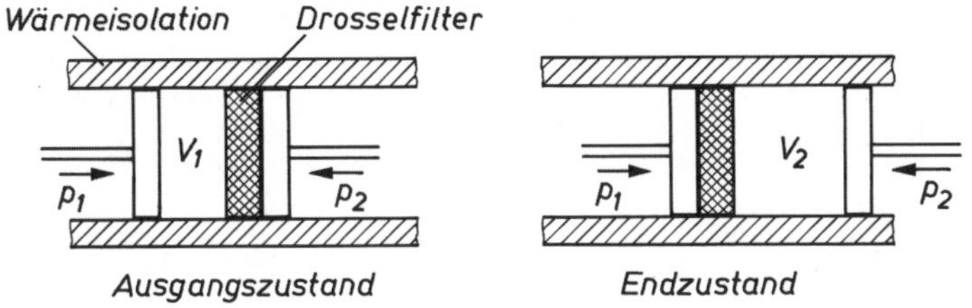

Bild 20.2. Schema des JOULE-THOMSON-Prozesses: gedrosselte (isenthalpe) Entspannung eines realen Gases

Bei dem Prozess bleibt also die Enthalpie (17/26) $H = U + pV$ konstant. Für die dabei auftretende Temperaturänderung liefert die Rechnung auf der Grundlage von (1) und (5)

$$\Delta T \approx \frac{\Delta p}{C_{\mathrm{m}p}} \left(\frac{2a}{R_{\mathrm{m}} T} - b \right) \qquad \textbf{(Temperaturänderung beim Joule-Thomson-Prozess).} \tag{6}$$

Demnach kühlt sich das Gas bei Entspannung ($\Delta p < 0$) nur dann ab, wenn $2a/(R_{\mathrm{m}} T) > b$ bzw.

$$T < T_{\mathrm{i}} = \frac{2a}{R_{\mathrm{m}} b} \qquad \textbf{(Abkühlungsbedingung)} \tag{7}$$

ist, anderenfalls erwärmt es sich. T_{i} wird **Inversionstemperatur** genannt; sie ist druckabhängig. Luft (mit $T_{\mathrm{i}} \approx 490\,\mathrm{K}$ unter Normdruck), ebenso Sauerstoff und Stickstoff können bereits bei Zimmertemperatur durch gedrosselte Entspannung abgekühlt und verflüssigt werden. Bei Wasserstoff und den Edelgasen liegen wegen der geringen zwischenmolekularen Kräfte (und damit der kleinen Werte für a) die Inversionstemperaturen sehr niedrig. Wasserstoff ($T_{\mathrm{i}} \approx 200\,\mathrm{K}$) muss daher zwecks Verflüssigung zunächst mit flüssigem Stickstoff, Helium ($T_{\mathrm{i}} \approx 40\,\mathrm{K}$) mit flüssigem Wasserstoff unter die Inversionstemperatur vorgekühlt werden. Zwischen der Inversionstemperatur und der kritischen Temperatur T_{k} (vgl. 20.1) besteht nach (4) und (7) für ein VAN-DER-WAALS-Gas der theoretische Zusammenhang $T_{\mathrm{i}} = 6{,}75\, T_{\mathrm{k}}$.

Linde-Verfahren. Erstmals wurde der JOULE-THOMSON-Effekt 1895 von LINDE zur *Luftverflüssigung* genutzt. Dabei wird die Luft durch Entspannung über ein Drosselventil von 20 MPa auf 2 MPa um etwa 45 K abgekühlt. Die abgekühlte Luft wird im Gegenstrom zurückgeleitet, dient dabei zunächst zur Vorkühlung komprimierter Luft und wird anschließend abermals dem Kompressor zugeführt. Fortsetzung dieses Kreislaufs führt schließlich zur Verflüssigung.

Erzeugung tiefer Temperaturen. Temperaturen bis etwa −70 °C lassen sich mit *Kältemischungen*, bestehend aus einer Flüssigkeit (Wasser, Alkohol) und einer darin löslichen festen Substanz (Eis, Salze, feste Kohlensäure) erzeugen. Dabei wird die bei der Auflösung verbrauchte Lösungswärme (s. 20.5) ausgenutzt. Für größere Kälteleistungen werden *Kompressionsmaschinen*, die nach dem umgekehrten

CLAUSIUS-RANKINE-Prozess (vgl. Bild 19.3c) arbeiten, verwendet. Das Arbeitsmittel (Ammoniak, Freon o. ä.) wird unter Arbeitsaufwand komprimiert und dabei verflüssigt, wobei die Kondensationswärme an die Umgebung (Raumluft, Kühlflüssigkeit) abgegeben wird. Das flüssige Kühlmittel gelangt dann in den Kühlraum, wo es infolge Entspannung verdampft. Die Verdampfungswärme wird dem Kühlgut entzogen. Temperaturen unter $-100\,°C$ erhält man durch Kühlung mit verflüssigten Gasen. Mit flüssigem ^4He lassen sich Temperaturen bis 4,2 K (Siedepunkt bei Normdruck), durch Abpumpen des verdampften Heliums über der Flüssigkeit Temperaturen bis 0,7 K erzielen. Tiefste Temperaturen bis 10^{-3} K und darunter erreicht man mittels der sog. *adiabatischen Entmagnetisierung* eines vorher in Kontakt mit einem Heliumbad magnetisierten paramagnetischen Salzes.

Beispiel: Die Temperaturänderung von 0,05 mol Kohlendioxid mit $a = 365\,\text{kPa}\,\text{m}^6/\text{kmol}^2$ und $C_{mV} = 27{,}83$ J/(mol K) bei der adiabatischen Expansion ins Vakuum auf das 100-fache seines Anfangsvolumens $V_1 = 30\,\text{cm}^3$ („CO_2-Patrone") ist zu berechnen. – *Lösung:* Da sich bei diesem Vorgang wegen $dQ = 0$ und $dW = 0$ die innere Energie des Gases nicht ändert ($dU = 0$), folgt aus Gleichung (5) $nC_{mV}\,dT = -(n^2a/V^2)\,dV$ und nach Integration

$$\Delta T = -\frac{na}{C_{mV}}\int_{V_1}^{V_2}\frac{dV}{V^2} = \frac{na}{C_{mV}}\left(\frac{1}{V_2}-\frac{1}{V_1}\right) \approx -\frac{na}{C_{mV}V_1} \qquad \text{für} \qquad V_2 \gg V_1.$$

Mit den angegebenen Werten erhält man eine *Abkühlung* um $\Delta T = -21{,}9$ K.

Aufgabe 20.2. Ermittle unter Verwendung der kritischen Daten (Tabelle 20.1) den JOULE-THOMSON-Koeffizienten $\mu_{JT} = dT/dp \approx \Delta T/\Delta p$ nach Gleichung (6) für Sauerstoffgas bei 20 °C! $C_{mp} = 29{,}2$ J/(mol K).

20.3 Gleichgewicht zwischen flüssiger und gasförmiger Phase. Sieden und Verdunsten

Ebenso wie bei der oben besprochenen Verflüssigung eines Gases sprechen wir auch bei dem umgekehrten Vorgang der *Verdampfung* von einer **Phasenumwandlung**. Darunter versteht man allgemein nicht nur die Umwandlung der drei Aggregatzustände fest, flüssig und gasförmig ineinander, sondern auch Übergänge eines Festkörpers in verschiedene Modifikationen, die sich etwa durch ihre Kristallstruktur unterscheiden *(Polymorphismus)*. Daher wird in der Thermodynamik der allgemeinere Begriff der **Phase** verwendet, mit der man einen *chemisch und physikalisch homogenen Zustand* eines Stoffes bezeichnet. Bei Systemen mit nur einem Stoff, einer **Komponente**, unterscheiden wir eine gasförmige, eine flüssige und gegebenenfalls mehrere feste Phasen.

Allen hier betrachteten Phasenumwandlungen ist gemeinsam, dass sie mit einer **Umwandlungswärme** (*latente Wärme* oder *Wärmetönung*) verbunden sind, ohne dass eine Temperaturänderung auftritt. Um eine Flüssigkeit am Siedepunkt in Dampf zu überführen, muss *Verdampfungswärme* zugeführt werden (vgl. Bild 20.3). Sie dient dazu, die Bindung der Moleküle aufzubrechen und die Entropiedifferenz zwischen flüssiger und gasförmiger Phase zu überwinden. Beim umgekehrten Prozess der Verflüssigung muss eine *Kondensationswärme* vom selben Betrag entzogen werden. Analog dazu wird beim Phasenübergang fest/flüssig eine *Schmelzwärme* benötigt, beim umgekehrten Prozess wird eine gleich große *Erstarrungswärme* abgegeben. Beim direkten Übergang vom festen in den gasförmigen Aggregatzustand (Sublimation) muss die *Sublimationswärme* zugeführt werden; sie ist gleich der Summe von Schmelz- und Verdampfungswärme. Erfolgen die Phasenumwandlungen bei konstantem Druck, dann sind die Umwandlungswärmen (die auch bei Veränderungen von Kristallmodifikationen in der festen Phase auftreten) durch die Differenz der Enthalpien der beiden Phasen gegeben; man spricht daher in diesem Falle auch von **Umwandlungsenthalpien**.

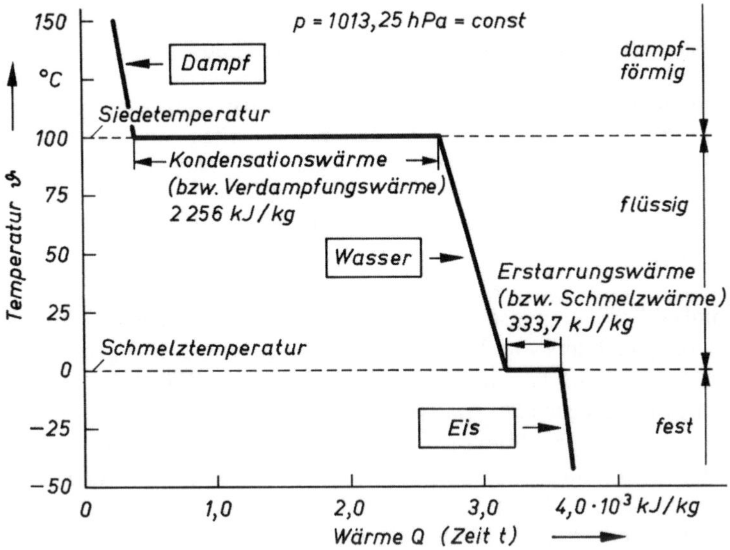

Bild 20.3. Abkühlungskurve von 1 kg Wasser unter Normdruck in Abhängigkeit von der abgeführten Wärmemenge Q (bzw. von der Zeit): Die sog. *Haltepunkte* der Kurve (ϑ = const) kennzeichnen jeweils eine Phasenumwandlung; die unterschiedlichen Anstiege entsprechen unterschiedlichen spezifischen Wärmekapazitäten der Aggregatzustände.

Wir betrachten jetzt den Übergang aus dem flüssigen in den gasförmigen Zustand, die Verdampfung, etwas genauer. Bringt man in einen evakuierten Raum, z. B. in den luftleeren Raum über der Quecksilbersäule einer TORRICELLIschen Röhre (Bild 20.4a), eine geringe Menge einer Flüssigkeit, z. B. Wasser, so verdampft diese zum Teil, und der Stand der Quecksilbersäule fällt; es stellt sich im Verdampfungsraum ein Gleichgewicht zwischen Flüssigkeit und Gasphase ein. Wir sprechen jetzt nicht mehr von einem Gas, sondern von einem *gesättigten Dampf*, und der Dampfdruck, der sich über der Flüssigkeit einstellt, heißt **Sättigungsdruck** oder auch **Dampfspannung**. Er kann aus dem Abfall der Quecksilbersäule gegenüber ihrem Stand beim Vakuum ermittelt werden.

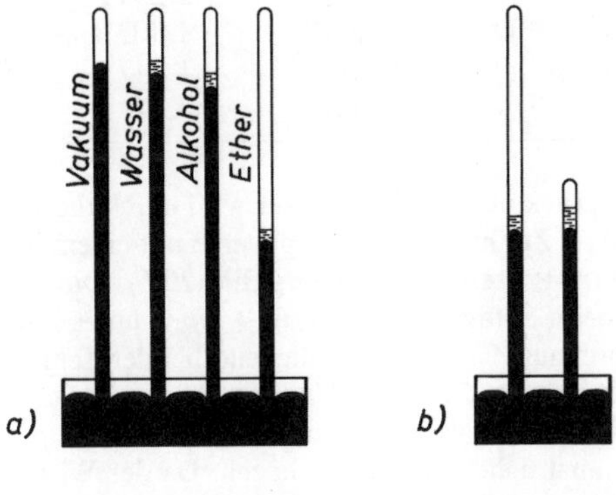

Bild 20.4. a) Dampfdruck verschiedener Flüssigkeiten; b) Unabhängigkeit des Sättigungsdruckes vom Volumen bei gleicher Flüssigkeit

Der Sättigungsdruck ist (vorausgesetzt, dass noch Flüssigkeit neben dem Dampf vorhanden ist) völlig *unabhängig vom Volumen* des Dampfraumes. Wird das Volumen vergrößert, so wird neuer Dampf gebildet (Bild 20.4b), wird es verkleinert, kondensiert eine entsprechende Menge Dampf. Es stellt sich also stets von selbst Sättigung ein. Wird der Raum mit dem gesättigten

Dampf und der Flüssigkeit erwärmt, so verdampft zusätzlich Flüssigkeit, und der Sättigungsdruck steigt; bei Abkühlung fällt er wieder ab, indem Dampf kondensiert.

Der Sättigungsdruck eines Dampfes hängt nur von der Temperatur, nicht hingegen vom Volumen des Dampfraumes ab. Gleichgewicht zwischen einer Flüssigkeit und ihrem Dampf existiert also nur bei zusammengehörigen Werten von Druck und Temperatur.

Dies ist der Grund, weshalb die Isothermen eines realen Gases im Koexistenzgebiet (im p,V-Diagramm von Bild 20.1 zwischen E und A) unter konstantem Druck, dem Sättigungsdruck p_D, verlaufen.

Neben dem Dampf- oder Sättigungsdruck p_D ist das **Phasengleichgewicht** zwischen Dampf und Flüssigkeit durch gleichfalls vom Volumen unabhängige und für eine gegebene Temperatur charakteristische Molvolumina V_mD und V_mFl von Dampf- bzw. Flüssigkeitsphase festgelegt. Diese oder die ihnen entsprechenden **spezifischen Volumina** $v_\mathrm{D} = V_\mathrm{mD}/M = V_\mathrm{D}/m_\mathrm{D}$ und $v_\mathrm{Fl} = V_\mathrm{mFl}/M = V_\mathrm{Fl}/m_\mathrm{Fl}$ (M Molmasse) bzw. **Sättigungsdichten** $1/v_\mathrm{D}$ und $1/v_\mathrm{Fl}$ können für technische Zwecke zusammen mit dem zugehörigen Dampfdruck p_D (und den kalorischen Zustandsgrößen innere Energie U, Enthalpie H und Entropie S) so genannten **Dampftabellen** entnommen werden. Tabelle 20.2 enthält eine Auswahl der Zustandsgrößen p_D, v_Fl und v_D für Wasser und gesättigten Wasserdampf.

Tabelle 20.2. Dampftabelle für Wasser: Dampfdruck p_D und spezifische Volumina von Wasser (v_Fl) und gesättigtem Wasserdampf (v_D) für verschiedene Temperaturen

$\frac{\vartheta}{°C}$	$\frac{p_\mathrm{D}}{\mathrm{kPa}}$	$\frac{v_\mathrm{Fl}}{\mathrm{dm^3\,kg^{-1}}}$	$\frac{v_\mathrm{D}}{\mathrm{m^3\,kg^{-1}}}$	$\frac{\vartheta}{°C}$	$\frac{p_\mathrm{D}}{\mathrm{kPa}}$	$\frac{v_\mathrm{Fl}}{\mathrm{dm^3\,kg^{-1}}}$	$\frac{v_\mathrm{D}}{\mathrm{m^3\,kg^{-1}}}$
0	0,611	1,000 2	206,3	70	31,16	1,022 8	5,049
5	0,872	1,000 0	147,2	80	47,36	1,029 0	3,410
10	1,23	1,000 4	106,4	90	70,11	1,035 9	2,361
15	1,70	1,001 0	77,99	100	101,325	1,043 5	1,673
20	2,34	1,001 8	57,84	120	198,5	1,060 3	0,891 4
25	3,17	1,003 0	43,41	140	361,4	1,079 8	0,508 4
30	4,24	1,004 4	32,93	160	618	1,102 1	0,306 8
35	5,62	1,006 1	25,25	180	1 003	1,127 5	0,193 9
40	7,37	1,007 9	19,55	200	1 555	1,150 5	0,127 3
45	9,58	1,009 9	15,28	250	3 980	1,251 2	0,050 06
50	12,33	1,010 1	12,05	300	8 590	1,403 6	0,021 63
55	15,74	1,014 5	9,584	350	16 540	1,747	0,008 803
60	19,92	1,017 1	7,682	374,2	22 110	3,14	0,003 14

Der Zusammenhang zwischen dem Sättigungsdruck und der Temperatur wird durch die **Dampfdruckkurve** (Sättigungskurve) beschrieben (Bild 20.5). Zu ihrer Berechnung werde mit einem Mol verdampfender Flüssigkeit als Arbeitsstoff ein CARNOT-Prozess durchlaufen (Bild 20.6). Die Substanz wird zunächst bei der Temperatur $(T + \mathrm{d}T)$ und beim Sättigungsdruck $(p_\mathrm{D} + \mathrm{d}p_\mathrm{D})$ unter Zufuhr der *molaren Verdampfungswärme* r_m verdampft (Abschnitt AB) und anschließend bei der Temperatur T und dem Sättigungsdruck p_D wieder kondensiert (Abschnitt CD). Die Abschnitte BC und DA sollten Adiabaten sein. Ihr Verlauf beeinflusst jedoch die Größe der verrichteten Arbeit $\mathrm{d}W = (V_\mathrm{mD} - V_\mathrm{mFl})\,\mathrm{d}p_\mathrm{D}$ praktisch nicht, da beide Isothermen infinitesimal nahe beieinander liegen. Da der Wirkungsgrad des CARNOT-Prozesses vom Arbeitsstoff und somit vom Aggregatzustand unabhängig ist, muss nach (19/5 und 6) gelten

$$\eta_\mathrm{C} = \frac{(V_\mathrm{mD} - V_\mathrm{mFl})\,\mathrm{d}p_\mathrm{D}}{r_\mathrm{m}} = 1 - \frac{T}{T + \mathrm{d}T} \approx \frac{\mathrm{d}T}{T}, \qquad (8)$$

woraus für den *Anstieg der Dampfdruckkurve* in Bild 20.5 folgt

$$\frac{dp_D}{dT} = \frac{r_m}{(V_{mD} - V_{mFl})\,T} \qquad \textbf{(Clausius-Clapeyronsche Gleichung).} \tag{9}$$

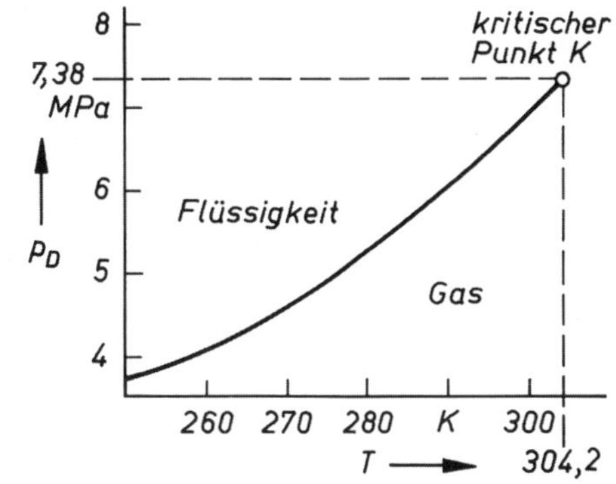

Bild 20.5. Verlauf der Dampfdruckkurve (Sättigungskurve) für Kohlendioxid (CO_2). Sie ergibt sich aus dem p, V-Diagramm Bild 20.1, indem die Dampfdruckwerte p_D über der Temperatur T der zugehörigen Isothermen abgetragen werden.

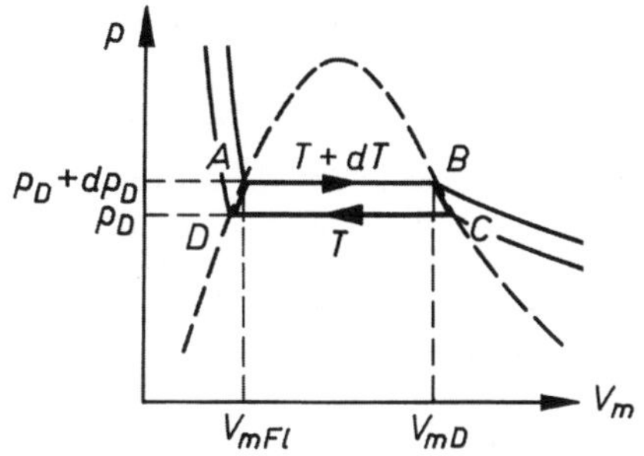

Bild 20.6. CARNOT-Prozess mit einer verdampfenden Flüssigkeit als Arbeitsstoff

Da das Molvolumen des Dampfes V_{mD} stets größer ist als das der Flüssigkeit V_{mFl}, ist der Anstieg der Dampfdruckkurve positiv, d. h., der Dampfdruck steigt mit der Temperatur an. Vernachlässigt man das relativ geringe Molvolumen der Flüssigkeit gegen das des Dampfes sowie die Temperaturabhängigkeit der Verdampfungswärme r_m, dann folgt, wenn der gesättigte Dampf näherungsweise als ideales Gas angesehen wird, mit der Zustandsgleichung $V_{mD} = R_m T / p_D$ aus (9)

$$\frac{dp_D}{dT} = \frac{p_D r_m}{R_m T^2}, \qquad \frac{dp_D}{p_D} = \frac{r_m}{R_m}\frac{dT}{T^2}$$

und nach Integration

$$\ln p_D = -\frac{r_m}{R_m T} + C \qquad \text{bzw.} \qquad p_D \sim e^{-\frac{r_m}{R_m T}}. \tag{10}$$

In diesem Ergebnis spiegelt sich das BOLTZMANNsche Verteilungsgesetz (18/16) wider, was auf die kinetische Natur des Phasengleichgewichts zwischen Flüssigkeit und Dampf hindeutet. Dies ist das wesentliche Glied der Dampfdruckkurve, die sich für viele Stoffe befriedigend durch eine Gleichung der Form

$$\log p_D = -\frac{a}{T} - b \log T + c \qquad (a, b, c \text{ Konstanten})$$

darstellen lässt. Sie endet zu großen Temperaturen hin im kritischen Punkt K (vgl. 20.1).

Sieden und Verdunsten. Eine Flüssigkeit *siedet*, wenn ihr Dampfdruck gleich dem auf der Flüssigkeit lastenden Druck eines anderen Gases (z. B. der atmosphärischen Luft) wird. Dann tritt Dampfentwicklung nicht nur an der Oberfläche ein, sondern es bilden sich Dampfblasen auch im Flüssigkeitsinnern.

Die Siedetemperatur (der Siedepunkt) ist diejenige Temperatur einer Flüssigkeit, bei der der Sättigungsdruck ihres Dampfes gleich dem Druck über der Flüssigkeit ist.

Die Druckabhängigkeit des Siedepunktes ist der Dampfdruckkurve (Bild 20.5) zu entnehmen. Der Siedepunkt sinkt bei Druckabnahme; so z. B. siedet Wasser in 3000 m Höhe schon bei 90 °C.

Ist der Sättigungsdruck kleiner als der Außendruck, verdampft die Flüssigkeit nur durch ihre freie Oberfläche und entsprechend langsamer. Falls dieser Vorgang in der freien Atmosphäre erfolgt (offenes Gefäß), nennt man ihn *Verdunstung*. Der gebildete Dampf wird im Luftstrom ständig weggeführt, so dass die Einstellung des Phasengleichgewichts verhindert wird und große Flüssigkeitsmengen verdunsten können (Wasserkreislauf der Natur). Die dazu notwendige Verdampfungswärme wird der Flüssigkeit entzogen, die sich demzufolge abkühlt (z. B. Verdunstung von Äther auf der Haut, Wasserverdunstung in Kühltürmen).

Beispiele: *1.* In einem Dampfkessel von $V = 5\,\mathrm{m}^3$ befinden sich $m = 3000\,\mathrm{kg}$ Wasser und gesättigter Dampf bei 300 °C. Berechne die Dampfmasse m_D! – *Lösung:* Mit den Teilvolumina $V_\mathrm{Fl} = m_\mathrm{Fl} v_\mathrm{Fl}$ und $V_\mathrm{D} = m_\mathrm{D} v_\mathrm{D}$ von Wasser bzw. Dampf gilt $V = V_\mathrm{Fl} + V_\mathrm{D} = m_\mathrm{Fl} v_\mathrm{Fl} + m_\mathrm{D} v_\mathrm{D}$. Eliminiert man daraus die Flüssigkeitsmasse m_Fl mit Hilfe der ebenfalls geltenden Beziehung $m = m_\mathrm{Fl} + m_\mathrm{D}$, so erhält man für die Dampfmasse den Ausdruck

$$m_\mathrm{D} = \frac{V - m v_\mathrm{Fl}}{v_\mathrm{D} - v_\mathrm{Fl}} \tag{11}$$

und mit den Werten für v_Fl und v_D bei 300 °C aus Tabelle 20.2: $m_\mathrm{D} = 39{,}0\,\mathrm{kg}$.

2. Bis unter welchen Druck muss ein Rezipient evakuiert werden, damit eine darin enthaltene Wassermenge ($r_\mathrm{m} = 40\,680\,\mathrm{J/mol}$) bei 20 °C zu sieden beginnt? – *Lösung:* Nach der CLAUSIUS-CLAPEYRONschen Gleichung in der integrierten Form (10) gilt für das Verhältnis der Dampfdrücke p_D1 und p_D2 bei zwei verschiedenen Temperaturen T_1 und T_2:

$$\frac{p_\mathrm{D1}}{p_\mathrm{D2}} = \mathrm{e}^{-\frac{r_\mathrm{m}}{R_\mathrm{m}}\left(\frac{1}{T_1} - \frac{1}{T_2}\right)}.$$

Mit dem Siedepunkt unter Normbedingungen als Vergleichszustand, d. h. $p_\mathrm{D2} = 1013{,}25\,\mathrm{hPa}$ und $T_2 = 373{,}15\,\mathrm{K}$, ergibt sich mit $T_1 = 293{,}15\,\mathrm{K}$ und $R_\mathrm{m} = 8{,}314\,\mathrm{J/(mol\,K)}$ ein erforderliches Vakuum von $p_\mathrm{D1} = 0{,}0279\,p_\mathrm{D2} = 28{,}3\,\mathrm{hPa}$ (= 28,3 mbar).

Aufgabe 20.3. Kann man durch Ablesen des Manometerdrucks feststellen, wie viel Flüssiggas noch in einer Druckflasche enthalten ist?

Aufgabe 20.4. Welche Wärmemenge Q ist dem Dampfkessel in Beispiel *1* zuzuführen, wenn bei gleich bleibendem Druck $\Delta m_\mathrm{D} = 1000\,\mathrm{kg}$ Dampf entnommen werden? (Spezifische Verdampfungsenthalpie $r = 1403\,\mathrm{kJ/kg}$.)

Aufgabe 20.5. Bei welcher Temperatur siedet Wasser auf dem $h = 8848\,\mathrm{m}$ hohen Mount Everest? *Anleitung:* Berechne zunächst den Luftdruck p in der Höhe h nach der barometrischen Höhenformel (14/9) mit $p_0 = 1013{,}25\,\mathrm{hPa}$ und $\varrho_0 = 1{,}293\,\mathrm{kg/m^3}$!

20.4 Gleichgewicht zwischen fester und flüssiger Phase. Koexistenz dreier Phasen

Jeder feste Körper, der sich durch Erwärmen in den flüssigen Zustand überführen lässt, *schmilzt* bei einer ganz bestimmten Temperatur, der *Schmelztemperatur (Schmelzpunkt)*. Die Versuche zeigen, dass sich die Schmelztemperatur ändert, wenn sich der Druck ändert. Zu einem bestimmten Druck gehört eine feste Schmelztemperatur und umgekehrt.

Die feste und die flüssige Phase eines Stoffes können nur bei den zusammengehörigen Werten von Schmelzdruck und Schmelztemperatur im Gleichgewicht sein.

Stellt man den Schmelzdruck p_S als Funktion der Temperatur dar, so erhält man die **Schmelzdruckkurve** (Kurve b bzw. b' in Bild 20.7). Ihr Anstieg ist analog zu dem der Dampfdruckkurve durch die Gleichung von CLAUSIUS-CLAPEYRON (9)

$$\frac{dp_S}{dT} = \frac{s_m}{(V_{mFl} - V_{mF})\,T} \tag{12}$$

gegeben, wobei s_m die *molare Schmelzwärme*, T die Schmelztemperatur und V_{mFl} und V_{mF} die molaren Volumina von Flüssigkeit und Festkörper sind. Da die Volumenänderung beim Schmelzen bzw. Erstarren wesentlich geringer als bei der Verdampfung ist, verlaufen die Schmelzdruckkurven steiler als die Dampfdruckkurven. Im Allgemeinen ist $V_{mFl} > V_{mF}$, d. h., die Dichte sinkt beim Schmelzen; der Anstieg der Schmelzdruckkurve ist positiv, der Schmelzdruck steigt also mit der Temperatur. Eine Ausnahme bildet z. B. Eis. Wasser hat bei 4 °C seine größte Dichte (*Anomalie des Wassers*, vgl. 16.2). Der Anstieg der Schmelzdruckkurve (12) ist hier wegen $V_{mFl} < V_{mF}$ negativ, d. h., die Schmelztemperatur sinkt mit steigendem Druck *(Regelation des Eises)*. Beim Eislaufen wird davon Gebrauch gemacht: Das Eis schmilzt unter dem vom Körpergewicht erzeugten Druck. Der Wasserfilm erstarrt wieder, nachdem der Schlittschuh auf ihm abgeglitten ist. Auf demselben Effekt beruht auch die Beweglichkeit von Gletschern.

Sublimieren. Unter geeigneten Drücken gehen die festen Körper bei Wärmezufuhr nicht in den flüssigen, sondern unmittelbar in den gasförmigen Zustand über, sie *sublimieren*. Unter normalen Bedingungen können wir diesen Vorgang z. B. am Kohlensäureschnee (Trockeneis) beobachten. Dieser entsteht, wenn man Kohlendioxid aus einer Druckgasflasche ausströmen lässt. Er hat eine Temperatur von −78 °C und behält diese bei, bis er vollständig sublimiert ist. Die dabei verbrauchte Wärmemenge heißt *Sublimationswärme*. Die Temperaturabhängigkeit des Sublimationsdruckes wird durch die *Sublimationskurve* beschrieben.

Das p, T-Diagramm (Zustandsdiagramm) eines Stoffes. Man erhält einen vollständigen Überblick über das Verhalten eines chemisch einheitlichen Stoffes in seinen drei Aggregatzuständen, wenn man in einem *p, T-Diagramm* den Dampfdruck, den Schmelzdruck und den Sublimationsdruck als Funktion der Temperatur aufträgt. Bild 20.7 zeigt schematisch ein solches *Zustandsdiagramm*. Die drei Zweige a, b und c trennen drei Gebiete voneinander, in denen

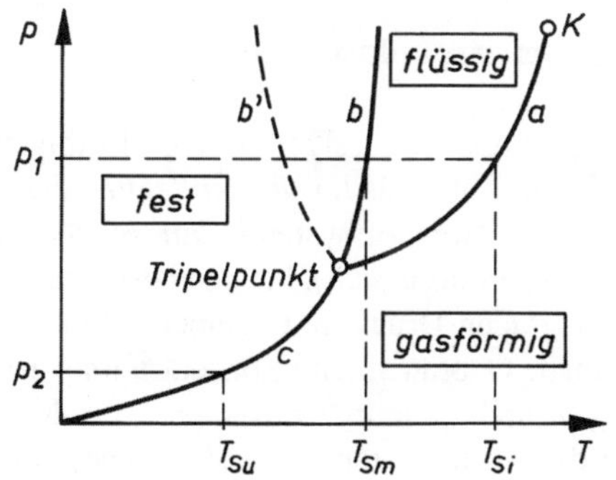

Bild 20.7. Zustandsdiagramm (schematisch): a Dampfdruckkurve (Bild 20.5), b Schmelzkurve, c Sublimationskurve, b′ anomaler Verlauf der Schmelzkurve von Eis, T_{Sm} Schmelztemperatur und T_{Si} Siedetemperatur beim Druck p_1. Bei einem Druck p_2 unterhalb des Tripelpunktes kann sich (bei der Sublimationstemperatur T_{Su}) nur ein Gleichgewicht zwischen fester und gasförmiger Phase einstellen.

nur die feste oder nur die flüssige oder nur die gasförmige Phase existieren kann. In diesen Gebieten können p und T innerhalb gewisser Grenzen beliebig gewählt werden. Man sagt, der Zustand hat zwei *Freiheitsgrade*. Sollen aber zwei Phasen nebeneinander existieren, so wird der Zustand durch einen Punkt auf einem der drei Zweige beschrieben, so dass jetzt nur noch eine Zustandsgröße frei wählbar ist; wir haben also nur noch einen Freiheitsgrad. Der sog. **Tripelpunkt**, in dem alle drei Zweige zusammenlaufen, gibt an, bei welchem Druck und welcher

Temperatur alle drei Phasen nebeneinander vorhanden sein können; in diesem Zustand gibt es überhaupt keinen Freiheitsgrad des Systems mehr.

Der Zustand, in dem feste, flüssige und gasförmige Phase miteinander im Gleichgewicht stehen, heißt Tripelpunkt.

Tripelpunkte sind als Fundamentalpunkte der Temperaturskala besonders geeignet, da sie im Gegensatz zum Schmelz- und Siedepunkt druckunabhängig sind. Zur Definition der Temperatureinheit wird der Tripelpunkt von reinem Wasser benutzt, der bei $T = 273{,}16$ K (also um $0{,}01$ K über dem Eispunkt bei Normdruck) und $p = 610$ Pa liegt (vgl. 16.1). Die Werte für den Tripelpunkt von Kohlendioxid (CO_2) betragen $T = 216{,}8$ K und $p = 511$ kPa.
Allgemein gilt bei Systemen mit mehreren chemisch unabhängigen Bestandteilen (Komponenten K), bei denen die Anzahl der Phasen P größer sein kann als die Anzahl der Aggregatzustände, für die Zahl der Freiheitsgrade

$$f = K + 2 - P \qquad \textbf{(Gibbssche Phasenregel).} \tag{13}$$

Bei einem reinen Stoff (*einkomponentiges System*, z. B. Wasser) ist $K = 1$, also $f = 3 - P$. Für die Koexistenz dreier Phasen ($P = 3$) ist dann die Zahl der Freiheitsgrade $f = 0$ (Tripelpunkt); für $P = 2$ wird $f = 1$, d. h., es kann entweder über den Druck oder die Temperatur willkürlich verfügt werden; für $P = 1$ können wegen $f = 2$ Druck und Temperatur frei gewählt werden. Bei mehreren festen Aggregatzuständen, z. B. *Hochdruckmodifikationen* von Eis oder Schwefel, sind mehrere Tripelpunkte im Bereich der festen Phasen vorhanden.

Beispiel: Wie viel Phasen können bei einem *Zweistoffsystem* (z. B. Wasser/Salz) maximal nebeneinander existieren? – *Lösung:* Die Anzahl der koexistierenden Phasen nach (13) $P = K + 2 - f$ wird maximal, wenn die Zahl der Freiheitsgrade $f = 0$ beträgt; für $K = 2$ gilt somit $P_{max} = K + 2 = 4$. In einem Zweistoffsystem können also maximal vier Phasen im *Quadrupelpunkt* koexistieren (im Falle des Systems Wasser/Salz die Phasen Salz, Eis, wässrige Salzlösung und Dampf).

Aufgabe 20.6. a) Warum muss man, um flüssiges Kohlendioxid herzustellen und aufzubewahren, mindestens einen Druck von 511 kPa ausüben? b) Warum entsteht Kohlensäureschnee, wenn Kohlendioxid aus einer Druckgasflasche ausströmt?

20.5 Lösungen. Siedepunktserhöhung, Gefrierpunktserniedrigung

Lösungen sind Gemische aus zwei oder mehreren festen, flüssigen oder gasförmigen Substanzen, von denen die mit dem überwiegenden Mengenanteil als *Lösungsmittel* und die übrigen als *gelöste Stoffe* bezeichnet werden. Die Phase eines Zweistoffsystems (*binäres* System), bestehend aus zwei Komponenten (z. B. Salz oder Gas in Flüssigkeit), hat nach der Phasenregel (13) drei Freiheitsgrade; zu den bekannten Freiheitsgraden Druck und Temperatur einkomponentiger Systeme kommt hier die **Konzentration** hinzu. Gebräuchliche Konzentrationsmaße sind der *Stoffmengenanteil* oder *Molenbruch* $x_A = n_A/n$ und $x_B = n_B/n = 1 - x_A$ der Komponenten A und B mit $n = n_A + n_B$ als Stoffmenge der Lösung, und die *molare Konzentration* oder *Molarität* $c = n_B/V$, die die Stoffmenge des gelösten Stoffes B je Volumeneinheit der Lösung angibt.
Beim Auflösen eines kristallin-festen oder gasförmigen Stoffes in einem flüssigen Lösungsmittel wird **Lösungswärme** (bei konstantem Druck **Lösungsenthalpie**) *verbraucht* (z. B. bei festen Salzen in Wasser) oder *frei* (z. B. bei Gasen in Flüssigkeit). Zwei Stoffe sind gewöhnlich nur begrenzt ineinander löslich. Die **Sättigungskonzentration** (auch als *Löslichkeit* eines Stoffes bezeichnet) wird erreicht, wenn in einer Lösung – ähnlich wie bei einem gesättigtem Dampf

(vgl. 20.3) – ein Gleichgewicht zwischen der Lösung und der ungelöst bleibenden Substanzmenge (Bodenkörper oder Gasatmosphäre) eintritt.
Ist in einer Flüssigkeit (A) eine nichtflüchtige Substanz (B) gelöst (z. B. Salz in Wasser), so ist *der Dampfdruck der Lösung stets kleiner als der Dampfdruck des reinen Lösungsmittels.* Für eine schwache oder verdünnte Lösung mit $x_B = n_B/(n_A + n_B) \ll 1$ ist die relative Dampfdruckerniedrigung – unabhängig von der chemischen Zusammensetzung – gleich dem Molenbruch x_B des gelösten Stoffes:

$$\frac{\Delta p_D}{p_D} = -x_B = -\frac{n_B}{n_A + n_B} \qquad \text{(14)}$$

(Raoultsches Gesetz der Dampfdruckerniedrigung).

Eine qualitative Erklärung findet dieses Gesetz durch das *Prinzip von* LE CHATELIER, auch *Prinzip des kleinsten Zwangs* genannt:

Wird auf ein im Gleichgewicht befindliches System durch Änderung einer Zustandsvariablen ein Zwang ausgeübt, so ändern sich die anderen Zustandsvariablen von selbst so, dass sie den Zwang zu vermindern suchen.

Wird also das Gleichgewicht der Lösung durch Erhöhung der Salzkonzentration gestört, so sucht das System diesem Zwang *auszuweichen*, indem Prozesse ausgelöst werden, die mit einer Herabsetzung der Konzentration verbunden sind: Der Dampfdruck muss sich erniedrigen, damit ein Teil des Dampfes in Flüssigkeit kondensiert.
Eine direkte Folge der Dampfdruckerniedrigung ist, da der Umgebungsdruck unbeeinflusst bleibt, eine **Siedepunktserhöhung** der Lösung im Vergleich zum reinen Lösungsmittel (vgl. 20.3). Ihr Betrag ΔT ergibt sich durch Kombination der Gleichung (14) mit der CLAUSIUS-CLAPEYRONschen Gleichung (9) in der Form $\Delta p_D/p_D = r_m \Delta T/(R_m T^2)$ zu

$$\Delta T = x_B \frac{R_m T^2}{r_m} \qquad \text{(15)}$$

(Raoultsches Gesetz der Siedepunktserhöhung).

Die Siedepunktserhöhung ist ebenfalls dem Molenbruch des gelösten Stoffes proportional, wobei die Proportionalitätskonstante $R_m T^2/r_m$ nur von den Eigenschaften des Lösungsmittels abhängt. Gleichung (15) beschreibt auch die **Gefrierpunktserniedrigung** einer Lösung infolge Konzentrationserhöhung, wobei dann anstelle von r_m die molare Schmelzwärme s_m des Lösungsmittels (vgl. 20.4) zu setzen ist.

Der osmotische Druck. Der Partialdruck (vgl. 18.6), den die Moleküle des gelösten Stoffes in einer Lösung ausüben, tritt als Drucküberschuss oder *osmotischer Druck* der Lösung gegenüber dem reinen Lösungsmittel in Erscheinung, wenn die Lösung durch eine nur für die Moleküle des Lösungsmittels durchlässige Membran *(semipermeable Wand)* vom Lösungsmittel getrennt ist. Da in einer verdünnten Lösung die Moleküle der gelösten Substanz wie Moleküle eines idealen Gases oder Dampfes behandelt werden können, ergibt sich mit der Zustandsgleichung (16/20) der osmotische Druck zu

$$\Pi = \frac{n_B}{V} R_m T = c R_m T \qquad \text{(16)}$$

(Van't-Hoffsches Gesetz des osmotischen Drucks).

Darin sind n_B die Stoffmenge der gelösten Substanz, V das Volumen und $c = n_B/V$ die molare Konzentration der Lösung. Die Moleküle des Lösungsmittels diffundieren als Folge eines selbsttätigen Durchmischungsprozesses (vgl. 19.5) durch die nur für sie durchlässige semipermeable Wand und verdünnen die Lösung so lange, bis der osmotische Druck (16) gleich einem äußeren Druck (z. B. dem Schweredruck der Lösung) ist. Dieser Vorgang der **Osmose** ist ein wichtiger *Transportmechanismus* zwischen den Zellen pflanzlicher Gewebe, der die Aufnahme von Wasser durch die Zellwände hindurch bewirkt.

Beispiel: Berechne die in 1 Liter Wasser zu lösende Menge Glycerin ($C_3H_5(OH)_3$), damit dieses erst bei $-5\,°C$ erstarrt! Molare Schmelzwärme des Wassers $s_m = 6007$ J/mol. – *Lösung:* Mit $T = 273$ K und $\Delta T = 5\,\text{K}$ folgt aus (15) $x_\text{B} = 0{,}0485$. Mit den Molmassen $M_\text{A} = 18\,\text{g/mol}$ für Wasser und $M_\text{B} = 92\,\text{g/mol}$ für Glycerin ergibt sich aus $n_\text{A} = m_\text{A}/M_\text{A}$, $n_\text{B} = m_\text{B}/M_\text{B}$ und (14) $n_\text{B} = (n_\text{A} + n_\text{B})\,x_\text{B}$ für $m_\text{A} = 1000\,\text{g}$ Wasser: $m_\text{B} = 260{,}5\,\text{g}$ Glycerin.

Aufgabe 20.7. Begründe mit Hilfe des LE-CHATELIERschen Prinzips, warum die Löslichkeit eines Stoffes bei Temperaturerhöhung zunimmt/abnimmt, sofern beim Lösungsvorgang Wärme verbraucht/frei wird!

Aufgabe 20.8. Berechne den osmotischen Druck von 200 ml wässriger Zuckerlösung mit einem Zuckergehalt von $m = 5$ g bei 20 °C! Molmasse von Zucker $M = 342$ g/mol.

21 Ausgleichsvorgänge

21.1 Wärmeleitung

Befinden sich zwei Stellen eines Körpers auf unterschiedlichen Temperaturen, so wird sich nach dem II. Hauptsatz der vorhandene Temperaturunterschied im Laufe der Zeit ausgleichen, indem eine bestimmte Wärmemenge Q von der wärmeren zur kälteren Stelle übergeht. Diese Erscheinung bezeichnet man als *Wärmeleitung*.

Wärmeleitung ist ein durch Temperaturunterschiede hervorgerufener Energietransport.

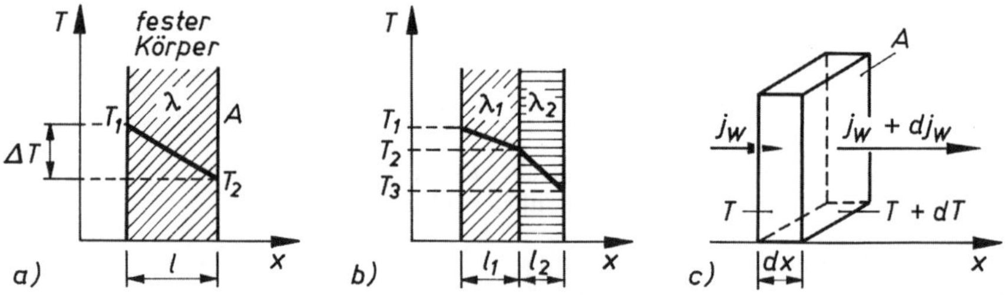

Bild 21.1. Wärmeleitung a) durch eine einschichtige, b) durch eine zweischichtige Wand; c) zu- und abfließender Wärmestrom für eine differentiell dünne Schicht

Betrachten wir die *stationäre* (d. h. *zeitlich konstant* erfolgende) Wärmeleitung durch eine ebene Wand der Fläche A und der Dicke l (Bild 21.1a), so ist die übertragene Wärmeenergie Q direkt proportional der Temperaturdifferenz $\Delta T = T_1 - T_2$, der Wandfläche A und der Zeit t, aber indirekt proportional der Wanddicke l:

$$Q = \lambda \frac{A t \Delta T}{l}. \tag{1}$$

Der Proportionalitätsfaktor λ heißt **Wärmeleitfähigkeit** (*Einheit:* 1 W/(m K)) und ist eine Stoffkonstante. Hieraus ergibt sich analog zum Massenstrom (15/2)

$$\Phi = \frac{\mathrm{d}Q}{\mathrm{d}t} \equiv \dot{Q} = \lambda \frac{A \Delta T}{l} \quad \textbf{(Wärmestrom).} \tag{2}$$

Einheit: $[\Phi] = 1\,\text{J/s} = 1\,\text{W}$.

Damit wird die **Wärmestromdichte**

$$j_\text{W} = \frac{\mathrm{d}\Phi}{\mathrm{d}A} = \lambda \frac{\Delta T}{l}; \qquad \textit{Einheit:} \quad [j_\text{W}] = 1\,\text{W/m}^2. \tag{3}$$

Analog dem elektrischen Widerstand (25/8) bezeichnet man den Ausdruck

$$R_\lambda = \frac{1}{\lambda}\frac{l}{A}, \qquad \textit{Einheit:} \quad [R_\lambda] = 1\,\mathrm{K/W}, \tag{4}$$

als **Wärmeleitwiderstand**. Damit folgt nun für den Wärmestrom aus (2) die dem OHMschen Gesetz der Elektrizitätslehre entsprechende Beziehung

$$\Phi = \frac{\Delta T}{R_\lambda} \qquad \text{oder} \qquad \Delta T = R_\lambda \Phi. \tag{5}$$

Für eine *zweischichtige* Wand (Bild 21.1b) addieren sich die Wärmeleitwiderstände (4) der einzelnen Schichten, und man erhält für den effektiven Wärmestrom

$$\Phi = A\,\frac{T_1 - T_3}{\dfrac{l_1}{\lambda_1} + \dfrac{l_2}{\lambda_2}}. \tag{6}$$

Ist das Temperaturgefälle *nicht* – wie in Bild 21.1a,b – linear, sondern in x-Richtung veränderlich, so lautet das Wärmeleitungsgesetz (3)

$$j_\mathrm{W} = -\lambda\,\frac{\mathrm{d}T}{\mathrm{d}x} \qquad \text{oder} \qquad \boldsymbol{j}_\mathrm{W} = -\lambda\,\mathrm{grad}\,T \qquad \textbf{(Fouriersches Wärmeleitungsgesetz).} \tag{7}$$

$\mathrm{d}T/\mathrm{d}x$ (bzw. $\Delta T/l$ in Gleichung (3)) nennt man den *Temperaturgradienten*. Das negative Vorzeichen drückt aus, dass mit zunehmendem Wärmeweg x ($\mathrm{d}x > 0$) die Temperatur T abnimmt ($\mathrm{d}T < 0$).
Der gesamte, einem Körper zu- und von ihm abfließende Wärmestrom ergibt sich aus (2) und (3), wenn man über die gesamte Körperoberfläche A_0 integriert. Dieser muss gleich der zeitlichen Änderung der Wärmeenergie des betreffenden Körpers mit der Masse m und der spezifischen Wärmekapazität c sein. Folglich gilt die *Bilanzgleichung*

$$\dot{Q} = \oint_{A_0} \boldsymbol{j}_\mathrm{W} \cdot \mathrm{d}\boldsymbol{A} = cm\,\frac{\mathrm{d}T}{\mathrm{d}t}. \tag{8}$$

Diese Gleichung drückt den Satz von der Erhaltung der Wärmeenergie aus und kann als *Kontinuitätsgleichung für Wärmeströme* angesehen werden. Für einen nur in x-Richtung fließenden Wärmestrom (Bild 21.1c) durch eine differentiell dünne Schicht der Masse $\mathrm{d}m = \varrho A\,\mathrm{d}x$ (ϱ Dichte) nimmt die Bilanzgleichung (8) die Form an:

$$c\varrho A\,\mathrm{d}x\,\frac{\mathrm{d}T}{\mathrm{d}t} = [j_\mathrm{W} - (j_\mathrm{W} + \mathrm{d}j_\mathrm{W})]\,A \qquad \text{oder} \qquad \frac{\mathrm{d}T}{\mathrm{d}t} = -\frac{1}{c\varrho}\frac{\mathrm{d}j_\mathrm{W}}{\mathrm{d}x}.$$

Setzen wir für j_W den FOURIERschen Ausdruck (7) ein und schreiben – da T sowohl vom Ort als auch von der Zeit abhängt – anstelle des Differentialzeichens (d) das Symbol ∂ für die sog. *partielle* Ableitung, so erhalten wir die partielle Differentialgleichung

$$\frac{\partial T}{\partial t} = \frac{\lambda}{c\varrho}\frac{\partial^2 T}{\partial x^2} \qquad \textbf{(eindimensionale Wärmeleitungsgleichung).} \tag{9}$$

Der Quotient $\lambda/(c\varrho) = a$ wird als **Temperaturleitfähigkeit** bezeichnet (*Einheit:* $1\,\mathrm{m^2/s}$). Die Lösungen von Gleichung (9) beschreiben die Wärmeausbreitung in Form des örtlich und zeitlich veränderlichen Temperaturfeldes $T = T(x, t)$.

Ersetzt man in Gleichung (9) t durch $-t$, so wechselt die linke Seite der Gleichung ihr Vorzeichen, sie ist also gegenüber einer Zeitumkehr-Transformation nicht invariant. Folglich beschreibt sie Vorgänge, die *nicht umkehrbar*, also in Übereinstimmung mit der Aussage des II. Hauptsatzes *irreversibel* sind.

Im **stationären** Fall sind die Temperaturunterschiede zeitlich konstant, d. h., es ist $\partial T/\partial t = 0$. Dies bedeutet nach Gleichung (8), dass zu- und abgeführter Wärmestrom gleich groß und durch die Beziehung (2) gegeben sind. Es wird also stets genauso viel Wärme ab- wie zugeführt *(Fließgleichgewicht)*.

Als ein wichtiges Beispiel für einen **instationären** Vorgang ist in Bild 21.2 die Lösung der Wärmeleitungsgleichung (9)

$$T(x,t) = T_0 + (T_1 - T_0)\sqrt{\frac{t_0}{t}}\,\mathrm{e}^{-\frac{x^2}{4at}} \qquad \text{mit} \qquad a = \frac{\lambda}{c\varrho} \tag{10}$$

für die Ausbreitung einer anfänglich punktförmigen Wärmequelle in einem unendlich langen, dünnen Stab dargestellt (z. B. Lötstelle oder Schweißnaht).

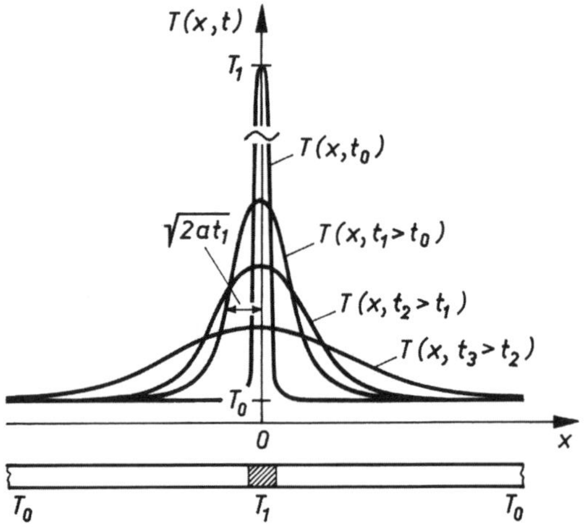

Bild 21.2. Orts- und zeitabhängiger Temperaturverlauf eines an einer eng begrenzten Stelle bei $x = 0$ kurzzeitig auf T_1 erwärmten langen dünnen Stabes der Temperatur T_0, beschrieben durch die sich als Lösung der Wärmeleitungsgleichung (9) ergebende GAUSS-Funktion (10)

Die Wärmeleitfähigkeit fester Körper wird durch zwei verschiedene Mechanismen verursacht. Zum einen führt die thermische Energie zu kollektiven Schwingungen der Gitterbausteine *(Gitterschwingungen)*, die als **Phononen** bezeichnet werden und die bei ihrer Bewegung durch einen Kristall Wärmeenergie mit sich führen. Die von diesem Prozess herrührende *Phononen-Wärmeleitfähigkeit* λ_p ist von Störungen des Kristallgitters abhängig, die die Phononenausbreitung behindern. Zum anderen sind die im Festkörper vorhandenen beweglichen Ladungsträger (meist Elektronen) zugleich Träger thermischer Energie. Die darauf beruhende *elektronische Wärmeleitfähigkeit* λ_e ist daher bei den Metallen mit der elektrischen Leitfähigkeit $\varkappa$ durch das WIEDEMANN-FRANZsche Gesetz $\lambda_e/\varkappa = \text{const} \cdot T$ verbunden (vgl. 26.1). Es gilt $\lambda = \lambda_e + \lambda_p$.

Die Dominanz der elektronischen Komponente der Wärmeleitfähigkeit führt bei Metallen zu großen λ-Werten, während in Halbleitern und Isolatoren wegen der geringen Ladungsträgerkonzentration die Wärmeleitung im wesentlichen durch Phononen vermittelt wird. Noch geringer sind die Wärmeleitfähigkeiten von zusammengesetzten Stoffen, wie z. B. Holz, von Flüssigkeiten (außer Quecksilber!) und Gasen (vgl. Tabelle 21.1).

Beispiel: Welche Temperatur T_2 hat die Grenzfläche innerhalb der zweischichtigen Wand von Bild 21.1b bei gegebenen Außentemperaturen T_1 und T_3 und stationärer Wärmeleitung? – *Lösung:* Durch Gleichsetzen von zu- und abgeführtem Wärmestrom nach Gleichung (2), $\Phi_{zu} = \lambda_1 (T_1 - T_2)/l_1 = \Phi_{ab} = \lambda_2 (T_2 - T_3)/l_2$, ergibt sich nach Umstellung

$$T_2 = \frac{\Lambda_1 T_1 + \Lambda_2 T_3}{\Lambda_1 + \Lambda_2} \qquad \text{mit} \qquad \Lambda_1 = \frac{\lambda_1}{l_1} \quad \text{und} \quad \Lambda_2 = \frac{\lambda_2}{l_2}.$$

Tabelle 21.1. Wärmeleitfähigkeit einiger Stoffe bei 300 K in J/(s m K) = W/(m K)

Wärmeleiter		Wärmeisolatoren		Flüssigkeiten		Gase	
Aluminium	230	Glas	$1{,}0\cdots 1{,}2$	Ethanol	$0{,}17$	Helium	$0{,}144$
Kupfer	380	Glaswolle	$0{,}04\cdots 0{,}05$	Benzol	$0{,}17$	Kohlendioxid	$0{,}014$
Messing	110	Holz	$0{,}14\cdots 0{,}20$	Glycerin	$0{,}29$	Luft	$0{,}023$
Silber	420	Polystyrol	$0{,}15\cdots 0{,}17$	Quecksilber	$8{,}37$	Wasserstoff	$0{,}173$
Stahl	55	Ziegelstein	$0{,}4\cdots 0{,}6$	Wasser	$0{,}59$	Vakuum	0

21.2 Wärmeübergang, Wärmedurchgang, Konvektion

Unter **Wärmeübergang** versteht man die Übertragung von Wärmeenergie von einem festen Körper auf eine Flüssigkeit oder ein Gas bzw. in umgekehrter Richtung. An der Übergangsstelle tritt ein mehr oder weniger stark ausgeprägter Temperaturgradient auf (Bild 21.3a). Der Wärmestrom Φ ist der Größe der Begrenzungsfläche A und der zwischen beiden Medien herrschenden Temperaturdifferenz $\Delta T = T_1 - T_2$ proportional; es gilt

$$\Phi = \alpha A \Delta T \qquad (\alpha \text{ Wärmeübergangskoeffizient, } \textit{Einheit:}\ 1\ \mathrm{W/(m^2\,K)}). \tag{11}$$

α hängt von der Oberflächenbeschaffenheit (Rauigkeit) der Wand und der Bewegung der Flüssigkeiten bzw. Gase ab.

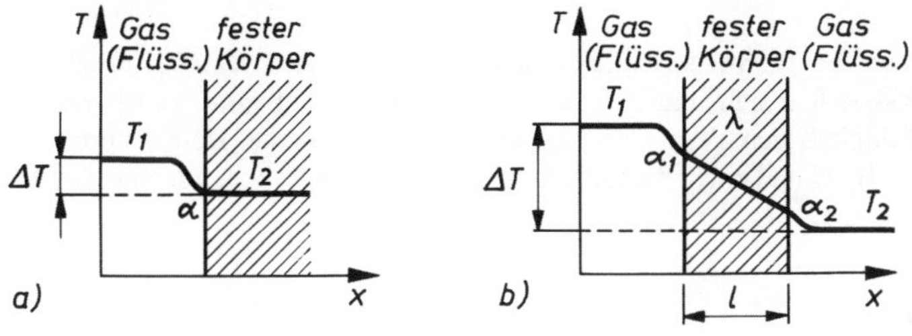

Bild 21.3. a) Wärmeübergang, b) Wärmedurchgang

Wärmedurchgang. Sind Gase oder Flüssigkeiten durch eine feste Wand getrennt (Bild 21.3b), so findet zunächst ein Wärmeübergang vom Gas (von der Flüssigkeit) auf die Wand, danach Wärmeleitung in der Wand und anschließend wieder Wärmeübergang an das andere Gas (die andere Flüssigkeit) statt. Für den resultierenden Wärmestrom gilt wie bei Gleichung (11)

$$\Phi = k A \Delta T \qquad (k \text{ Wärmedurchgangskoeffizient, } \textit{Einheit:}\ 1\ \mathrm{W/(m^2\,K)}). \tag{12}$$

Entsprechend den drei Teilprozessen erhält man für eine ebene Wand der Dicke l aus der Addition der Wärmewiderstände

$$\frac{1}{k} = \frac{1}{\alpha_1} + \frac{1}{\alpha_2} + \frac{l}{\lambda}. \tag{13}$$

Konvektion (Wärmemitführung). Diese tritt bei Flüssigkeiten und Gasen auf und beruht auf der Entstehung von Dichteunterschieden infolge ungleichmäßiger Erwärmung, wodurch es zur Ausbildung einer Flüssigkeits- oder Gas*strömung* kommt (*freie* Konvektion). Dabei führen

die Moleküle des strömenden Mediums thermische Energie mit sich. So z. B. steigt erwärmte Luft infolge des Auftriebs nach oben, statt ihrer sinkt kältere zu Boden usw. Konvektive Wärmeübertragung finden wir bei Wärmetauschern (Gegenstromprinzip), bei der Zentralheizung, bei meteorologischen Vorgängen u. a. Bei *erzwungener* Konvektion wird durch äußere Kräfte (Umwälzpumpe, Ventilator) eine *Zwangsströmung* erzeugt. Da der Temperaturausgleich bei Konvektion bedeutend schneller vonstatten geht als bei Wärmeleitung, sind Maßnahmen der Wärmedämmung häufig mit der Verhinderung von Konvektion verbunden (z. B. Doppelfenster, Schaumstoffe u. a.). Bei Glasgefäßen mit Vakuummantel (Thermosbehälter, Dewar-Gefäß) wird Konvektion und Wärmeleitung vermieden.
Eine weitere Form der Wärmeübertragung, die sich vom Wesen her grundlegend von den hier besprochenen Erscheinungen des Wärmetransports unterscheidet, ist die **Wärmestrahlung**. Sie wird erst in Abschnitt 42.1 behandelt.

Beispiel: Berechne die Zeit, in der sich ein Behälter von $A = 1,5\,\mathrm{m}^2$ Oberfläche und $V = 0,3\,\mathrm{m}^3$ Wasserinhalt, spezifische Wärmekapazität $c = 4,19$ kJ/(kg K), von seiner Anfangsinnentemperatur $\vartheta_1 = 80\,°\mathrm{C}$ auf $\vartheta_2 = 50\,°\mathrm{C}$ abkühlt, wenn sein Wärmedurchgangskoeffizient $k = 10\,\mathrm{W/(m^2\,K)}$ und die Außentemperatur $\vartheta_\mathrm{a} = 20\,°\mathrm{C}$ beträgt. – *Lösung:* Bei der momentanen Behältertemperatur ϑ besteht nach (8) und (12) zwischen der Abnahme der inneren Energie des Wassers und dem nach außen abfließenden Wärmestrom die Bilanzgleichung $cm\,(\mathrm{d}\vartheta/\mathrm{d}t) = kA\,(\vartheta_\mathrm{a} - \vartheta)$. Umgestellt nach d$t$ und beidseitig integriert zwischen den Grenzen $\vartheta = \vartheta_1$ zur Zeit $t = 0$ und $\vartheta = \vartheta_2$ zur Zeit t, ergibt

$$t = \frac{cm}{kA}\int_{\vartheta_1}^{\vartheta_2}\frac{\mathrm{d}\vartheta}{\vartheta_\mathrm{a} - \vartheta} = \frac{cm}{kA}\ln\frac{\vartheta_1 - \vartheta_\mathrm{a}}{\vartheta_2 - \vartheta_\mathrm{a}} = 16,1\,\mathrm{h}.$$

Aufgabe 21.1. Berechne den Wärmedurchgangskoeffizienten k einer $l = 38$ cm dicken Ziegelwand, deren Wärmeübergangskoeffizienten innen $\alpha_1 = 6\,\mathrm{W/(m^2\,K)}$ und außen $\alpha_2 = 18\,\mathrm{W/(m^2\,K)}$ betragen und deren Wärmeleitfähigkeit den Wert $\lambda = 0,7\,\mathrm{W/(m\,K)}$ hat! Welche Heizleistung P ist bei einer Außentemperatur von $-10\,°\mathrm{C}$ und einer Wandfläche von $50\,\mathrm{m}^2$ erforderlich, um eine Zimmertemperatur von 20 °C aufrechtzuerhalten?

21.3 Diffusion

Zu den thermisch bedingten Transportphänomenen, wie der Wärmeleitung, gehört auch die *Diffusion*. Schichtet man ein leichteres Gas (oder eine Flüssigkeit) über ein schwereres (über eine schwerere Flüssigkeit), so durchmischen sich beide im Laufe der Zeit, indem die Moleküle ineinander diffundieren (vgl. 19.5). Obwohl die Moleküle für sich regellos statistische Bewegungen (komplizierte Zickzackbahnen wie in Bild 18.1) ausführen, so tritt doch insgesamt ein Massenstrom in Richtung geringerer Dichte auf. Diese Diffusion findet auch statt, wenn die Konzentration $c = n/V$ = Stoffmenge/Volumen eines Gases, gemessen in mol/m^3, von Ort zu Ort verschieden ist.

Diffusion ist ein Massentransport, der Dichte- bzw. Konzentrationsunterschiede von Teilchen durch mikroskopische Bewegung derselben ausgleicht.

Beträgt das *Konzentrationsgefälle* auf die Entfernung l (bzw. dx bei nichtlinearem Gefälle) gleich $(c_1 - c_2)/l = \Delta c/l$ bzw. $\mathrm{d}c/\mathrm{d}x$, so gilt im stationären Fall für den **Stoffmengenstrom** I_n das zum Wärmeleitungsgesetz (2) bzw. (7) analoge Gesetz

$$I_n = \frac{\mathrm{d}n}{\mathrm{d}t} = D\,\frac{A\Delta c}{l} \quad \text{bzw.} \quad I_n = j_n A; \quad \textit{Einheit:} \quad [I_n] = 1\,\mathrm{mol/s} \qquad (14)$$

mit der **Diffusionsstromdichte**

$$j_n = \frac{\mathrm{d}I_n}{\mathrm{d}A} = -D\,\frac{\mathrm{d}c}{\mathrm{d}x}; \quad \textit{Einheit:}\ [j_n] = 1\ \mathrm{mol/(m^2\,s)} \qquad (15)$$

oder – analog zum Wärmeleitungsgesetz (7) – vektoriell

$$\boldsymbol{j}_n = -D\,\mathrm{grad}\,c \qquad \textbf{(1. Ficksches Gesetz).} \qquad (16)$$

Der Proportionalitätsfaktor D heißt **Diffusionskoeffizient**. Dieser hat für Gase einen Wert von etwa $10^{-5}\ \mathrm{m^2/s}$, für Flüssigkeiten von rund $10^{-10}\ \mathrm{m^2/s}$ und für Festkörper von ca. $10^{-20}\ \mathrm{m^2/s}$. Für die im Allgemeinen orts- und zeitabhängige Konzentration $c = c(x, t)$ gilt die zur Wärmeleitungsgleichung (9) analoge *eindimensionale Diffusionsgleichung*

$$\frac{\partial c}{\partial t} = D\,\frac{\partial^2 c}{\partial x^2} \qquad \textbf{(2. Ficksches Gesetz).} \qquad (17)$$

Dieses Gesetz folgt aus einer dem *Massenerhaltungssatz* entsprechenden Bilanzgleichung in Verbindung mit dem 1. FICKschen Gesetz (16). Im *stationären* Fall, d. h. für $\partial c/\partial t = 0$, ist der Diffusionsstrom (14) und somit auch der Konzentrationsunterschied Δc zeitlich konstant.
Die Diffusionsgleichung (17) hat dieselben mathematischen Eigenschaften wie die Wärmeleitungsgleichung (9). Demzufolge beschreibt Bild 21.2 auch die örtliche und zeitliche Ausbreitung einer zum Zeitpunkt $t = t_0$ bei $x = 0$ konzentrierten Teilchenwolke, wenn man T durch die Konzentration c und die Temperaturleitfähigkeit a durch den Diffusionskoeffizienten D ersetzt. Für die mittlere Entfernung L, bis zu der sich die Teilchenwolke zum Zeitpunkt t durch Diffusion ausgebreitet hat, lässt sich hiernach aus Bild 21.2 sofort die wichtige Beziehung

$$L = \sqrt{2Dt} \qquad \textbf{(Diffusionsentfernung)} \qquad (18)$$

ablesen. Setzt man L gleich der Abmessung des Gebietes mit Konzentrationsunterschieden, so erhält man aus (18) die für den Konzentrationsausgleich charakteristische *Ausgleichszeit.*

Befindet sich das Medium, in dem Diffusion stattfindet, nicht in Ruhe, sondern bewegt es sich mit der allen Teilchen gemeinsamen *Driftgeschwindigkeit* v, dann überlagert sich dem Diffusionsstrom (14) ein **Drift-** oder **Konvektionsstrom** $I_{n\mathrm{K}} = cvA$. Die gesamte Stromdichte ist dann

$$j_n = -D\,\frac{\mathrm{d}c}{\mathrm{d}x} + cv, \qquad \text{vektoriell} \qquad \boldsymbol{j}_n = -D\,\mathrm{grad}\,c + c\boldsymbol{v}. \qquad (19)$$

Findet Diffusion unter dem Einfluss äußerer Kräfte statt, z. B. des Schwerefeldes oder eines elektrischen Feldes, dann gilt für die von der Kraft F auf ein Molekül hervorgerufene Drift- oder Wanderungsgeschwindigkeit v in Gleichung (19) die Beziehung $v = \beta F$. Die sog. *Beweglichkeit* β der Teilchen ist mit dem Diffusionskoeffizienten D durch die EINSTEIN-Beziehung $\beta = D/(kT)$ verknüpft (k BOLTZMANN-Konstante). Im stationären Zustand kompensieren sich Diffusions- und Driftstrom gerade, so dass sich eine aus der Bedingung $j_n = -D\,(\mathrm{d}c/\mathrm{d}x) + cv = 0$ folgende stationäre Konzentrationsverteilung $c = c(x)$ einstellt. Beispiele für einen solchen dynamischen Gleichgewichtszustand sind die Ladungsträgerkonzentration an einem *pn-Übergang* in Halbleitern (vgl. 46.4) und der Konzentrationsabfall in Gasen oder Lösungen im Schwerefeld *(Sedimentation).*
Der Wert des Diffusionskoeffizienten D hängt nicht nur von der diffundierenden Komponente ab, sondern auch von der Temperatur sowie vom Stoff (der Matrix), in dem die Diffusion erfolgt. Der Diffusionskoeffizient von *Gasen* ist über die Beziehung $D = \Lambda\overline{v}/3$ mit der mittleren freien Weglänge Λ gemäß der Gleichung (18/27) und der mittleren thermischen Geschwindigkeit $\overline{v}$ gemäß (18/19) der Gasmoleküle verknüpft. Diffusionsvorgänge in *Festkörpern* sind über die Beziehung

$$D = D_0\,\mathrm{e}^{-E/(kT)} \qquad \textbf{(Arrhenius-Gleichung)} \qquad (20)$$

mit D_0 als einer Konstanten und E als *Aktivierungsenergie* stark temperaturabhängig. Sie nehmen mit der Temperatur zu. So z. B. kann man eine Legierung durch Glühen homogenisieren. Auch bei Anlauf-, Oxidations- und Verzunderungsvorgängen spielt die Diffusion der Metallatome und ihrer Reaktionspartner eine dominierende Rolle. Einen großen Einfluss haben Diffusionserscheinungen beim Härten und Sintern, bei der Korrosion, Rekristallisation und anderen metallurgischen Prozessen. Von erheblicher Bedeutung sind Diffusionsprozesse auch in vielen anderen Bereichen der stoffwandelnden Industrie sowie bei der Isotopentrennung und bei der Dotierung von Halbleitern.

Beispiele: *1.* In einem Stahltank von $V = 0{,}5\,\mathrm{m}^3$ Fassungsvermögen, $A = 3\,\mathrm{m}^2$ Oberfläche und $l = 2\,\mathrm{mm}$ Wandstärke befindet sich Druckwasserstoff bei 25 °C. a) Wie groß ist der Stoffmengenstrom I_n von Wasserstoff durch die Tankwand infolge von Diffusion, wenn die Wasserstoffkonzentration an der inneren Oberfläche $c_1 = 1{,}5\,\mathrm{kmol/m}^3$, an der äußeren Oberfläche $c_2 = 0$ und der Diffusionskoeffizient $D = 0{,}3 \cdot 10^{-12}\,\mathrm{m}^2/\mathrm{s}$ beträgt? b) Man berechne den Mengenverlust von Wasserstoff und den damit verbundenen Druckabfall nach 24 h unter der Voraussetzung, dass das Konzentrationsgefälle für diesen Zeitraum als konstant betrachtet werden kann! – *Lösung:* a) Aus dem Konzentrationsgefälle auf die Entfernung l, $\Delta c/l = (c_1 - c_2)/l = 750\,\mathrm{kmol/m}^4$, folgt für den Stoffmengenstrom nach dem 1. FICKschen Gesetz (14) $I_n = 6{,}75 \cdot 10^{-10}\,\mathrm{kmol/s}$. b) Der Mengenverlust nach $t = 24\,\mathrm{h} = 86\,400\,\mathrm{s}$ beträgt $\Delta n = I_n t = 0{,}0583\,\mathrm{mol}$. Mit der allgemeinen Zustandsgleichung (16/20) folgt für den damit verbundenen Druckabfall $\Delta p = \Delta n R_\mathrm{m} T/V = 289\,\mathrm{Pa}$.

2. Berechne die stationäre Konzentrationsverteilung von diffundierenden Teilchen im homogenen Schwerefeld! – *Lösung:* Der durch die Schwerkraft $F = -\mu g$ (μ Molekülmasse) hervorgerufenen Sinkbewegung mit der Geschwindigkeit $v = \beta F = -\beta\mu g$ wirkt der durch das vertikale Konzentrationsgefälle bedingte Diffusionsstrom (15) entgegen. Im stationären Zustand gilt mit (19)

$$j_n = -D\,\frac{\mathrm{d}c}{\mathrm{d}x} - c\beta\mu g = 0 \qquad \text{oder} \qquad \frac{\mathrm{d}c}{c} = -\frac{\beta\mu g}{D}\,\mathrm{d}x\,.$$

Beidseitig integriert zwischen den Grenzen $c = c_0$ für $x = 0$ und c in der Höhe x ergibt

$$\ln\frac{c}{c_0} = -\frac{\beta\mu g}{D}\,x \qquad \text{oder} \qquad c = c_0\,\mathrm{e}^{-\frac{\beta\mu g}{D}x}\,. \tag{21}$$

Die Konzentration nimmt exponentiell mit der Höhe ab.

Aufgabe 21.2. Berechne die Strecke L, um die sich ein Molekül a) in einem Gas, b) in einer Flüssigkeit und c) in einem Festkörper durch Diffusion in 24 h von seinem Ausgangsort entfernt! Verwende die im Text angegebenen Werte der Diffusionskoeffizienten!

Aufgabe 21.3. Leite durch Vergleich der Konzentrationsverteilung (21) im obigen Beispiel mit der für ein ideales Gas aus der barometrischen Höhenformel (14/9) resultierenden Verteilung die EINSTEIN-Beziehung $\beta = D/(kT)$ zwischen Beweglichkeit β und Diffusionskoeffizient D her!

FELDER

Gravitation. Elektrizität und Magnetismus

22 Das Gravitationsfeld

22.1 Fernwirkung und Nahwirkung. Der Feldbegriff

Für die Übertragung einer Kraft von einem Körper auf einen anderen ist erfahrungsgemäß ein unmittelbarer Kontakt nicht erforderlich, sondern es treten Kraftwirkungen zwischen Körpern auch dann auf, wenn diese räumlich voneinander getrennt sind und der zwischen ihnen befindliche Raum leer, d. h. frei von Substanzen, ist. Man denke an die Kraftwirkungen zwischen elektrisch geladenen oder magnetischen Körpern und an die Gravitationskräfte, welche die Sonne auf die Planeten über weite Entfernungen ausübt. Dies deutet auf den ersten Blick auf eine **Fernwirkung** zwischen den Körpern hin, derart, dass die Kraftwirkung den zwischen den Körpern liegenden Raum gleichsam überspringt, so dass eine gegenseitige Beeinflussung ohne Vermittlung des Raumes stattfinden kann.

Eine solche *Fernwirkungstheorie* schließt aber ein, dass sich eine Veränderung des einen Körpers *im gleichen Augenblick* durch eine veränderte Kraftwirkung auf den anderen Körper bemerkbar macht. Die Kraft würde sich demnach also unendlich schnell im Raum ausbreiten, im Gegensatz zu allen experimentellen Erfahrungen und den Aussagen der Relativitätstheorie (s. 6.1), nach denen sich alle Arten von Wirkungen maximal mit Lichtgeschwindigkeit ausbreiten können. Es vergeht also in Wirklichkeit zwischen den Wechselwirkungen der beiden Körper stets eine endliche, von der gegenseitigen Entfernung abhängige Zeit.

Diese Tatsache führt zu einer weiteren unlösbaren Schwierigkeit, die gegen eine Fernwirkungstheorie spricht: Eine Energie, die durch elektrische, magnetische oder durch Gravitationskräfte zwischen zwei entfernt gelegenen Körpern übertragen wird, wäre kurzzeitig, nämlich während der Laufzeit der betreffenden Kraftwirkung, überhaupt nicht vorhanden, was einer Verletzung des Energieerhaltungssatzes gleichkäme. FARADAY nahm daher an, dass es wirkliche Fernwirkungen nicht gibt, sondern dass durch die Anwesenheit eines Körpers der ihn umgebende Raum zum *Träger physikalischer Eigenschaften* wird. So gesehen werden die Kraftwirkungen auf einen Körper durch die örtlichen Veränderungen hervorgerufen, die der Raum infolge der Anwesenheit eines anderen Körpers erfährt. Die Kraftwirkungen werden also durch den Raum als solchen vermittelt (**Nahwirkungstheorie**). Die unmittelbare Fernwirkung zwischen zwei Körpern wird durch die Nahwirkung zwischen dem einen Körper und dem *„Feld"* des anderen Körpers ersetzt.

Diese Auffassung wird mathematisch dadurch zum Ausdruck gebracht, dass z. B. im Falle der allgemeinen Massenanziehung *(Gravitation)* die am Ort $\boldsymbol{r}(x, y, z)$ des Raumes wirkende Kraft $\boldsymbol{F}(\boldsymbol{r})$ in der Form

$$\boldsymbol{F}(\boldsymbol{r}) = m\boldsymbol{G}(\boldsymbol{r}) \tag{1}$$

als Produkt aus zwei Faktoren geschrieben wird, von denen der eine, die Masse m, eine Eigenschaft des Objektes ist, auf das die Kraft wirkt, und der andere, $\boldsymbol{G}(\boldsymbol{r})$, eine Eigenschaft des Raumes am Ort $\boldsymbol{r}$ der Kraftwirkung ist und das **Kraftfeld** beschreibt, das von einer anderen, entfernt gelegenen Masse hervorgerufen wird. Man nennt den Vektor $\boldsymbol{G}(\boldsymbol{r})$ die **Feldstärke** (in diesem Falle die *Gravitationsfeldstärke*) am Ort $\boldsymbol{r}$. Sie ist, wie aus (1) hervorgeht, zahlenmäßig gleich derjenigen Kraft, die auf eine Masse von der Größe der Masseneinheit am Ort $\boldsymbol{r}$ des Raumes wirkt. Analog zu (1) kann die Kraft auf eine punktförmige elektrische Ladung q im Feld eines anderen elektrisch geladenen Körpers durch

$$\boldsymbol{F}(\boldsymbol{r}) = q\boldsymbol{E}(\boldsymbol{r}) \tag{2}$$

beschrieben werden. $\boldsymbol{E}(\boldsymbol{r})$ ist der Vektor der *elektrischen Feldstärke*; er gibt nach Betrag und Richtung diejenige Kraft an, die auf die Ladungseinheit am Ort $\boldsymbol{r}$ des Feldes ausgeübt wird. Im Unterschied zu den Gravitationskräften können wegen der Existenz von elektrischen Ladungen zweierlei Vorzeichens im elektrischen Feld sowohl Anziehungs- als auch Abstoßungskräfte auftreten.

Folgendes Beispiel soll den Begriff der *Nahwirkung* verdeutlichen: Eine Gummimembran werde an einer Stelle eingedrückt; sie wird dadurch nicht nur am Ort des Kraftangriffs, sondern auch in größerer Entfernung davon verformt, wobei die hervorgerufenen Druck-, Zug- und Schubwirkungen des entstandenen elastischen Spannungsfeldes jedoch stets von einem Ort zum benachbarten übertragen werden. In gleicher Weise erzeugt die Anwesenheit einer Masse oder einer elektrischen Ladung eine Störung des Raumes derart, dass dadurch wie bei der Gummimembran die gesamte Umgebung beeinflusst wird. Angesichts dieses Sachverhaltes könnte man geneigt sein, auch das elektrische (und magnetische) Feld *mechanisch* zu interpretieren, d. h. analog zu dem beschriebenen elastomechanischen Modell der Gummimembran ein raumausfüllendes elastisches Medium, den so genannten **Äther**, als Überträger für die Kraftwirkungen anzunehmen. Alle experimentellen Erfahrungen lehren jedoch, dass es einen solchen Äther nicht gibt (vgl. 6.1). Also wird der *Raum selbst* durch die Anwesenheit des Feldes zum *Träger und Überträger von Energie*, womit die physikalische Bedeutung des Raumes weit über seine rein geometrische hinausgeht.

Das Feldlinienbild. Ein Kraftfeld lässt sich besonders anschaulich durch das Feldlinienbild beschreiben. Unter den *Feldlinien* oder *Kraftlinien* versteht man dabei jene Raumkurven, die so gelegt sind, dass ihre Tangentenrichtung in allen Raumpunkten P mit der Richtung des Feldvek-

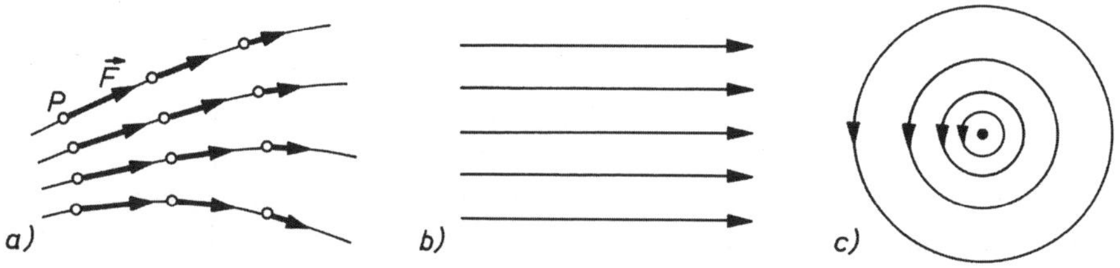

Bild 22.1. Feldlinienbilder von Kraftfeldern: a) inhomogenes und b) homogenes Feld, c) Wirbelfeld. Die Feldlinien geben in allen Punkten die Richtung der wirkenden Kraft an.

tors, d. h. mit der Kraftwirkungsrichtung, übereinstimmt (Bild 22.1a). Die Feldlinien werden so gezeichnet, dass die relative Feldliniendichte *(Flussdichte)*, d. i. die Anzahl der durch eine im Raum angeordnete Fläche von bestimmter Größe senkrecht hindurchtretenden Feldlinien, ein Maß für die Feldstärke darstellt.

Je dichter die Feldlinien verlaufen, um so größer ist die Feldstärke.

Im Allgemeinen ändert sich in einem Kraftfeld die Feldstärke von Ort zu Ort nach Größe und Richtung, wie dies in Bild 22.1a zum Ausdruck kommt. Ein solches Feld wird als *inhomogen* bezeichnet. In einem *homogenen* Feld ist der Feldvektor nach Größe und Richtung konstant, d. h., die Feldlinien verlaufen überall parallel und in gleichem Abstand voneinander (Bild 22.1b).
Überall dort, wo Feldlinien beginnen bzw. enden, befinden sich *Quellen* bzw. *Senken* (negative Quellen) des Kraftfeldes. Sind Körper vorhanden, von denen Feldlinien ausgehen oder in die sie einmünden, sprechen wir daher von einem **Quellenfeld**. Andererseits können Feldlinien auch in sich geschlossen verlaufen, so dass es für sie keinen Anfang und kein Ende, d. h. keine Quellen, gibt. Solche geschlossenen Feldlinien heißen *Wirbel*, die zugehörigen Felder **Wirbelfelder** (Bild 22.1c).
Hinsichtlich der zeitlichen Veränderung von Feldern unterscheiden wir *stationäre* oder *statische* Felder, in denen die Feldstärke überall zeitlich konstant ist, und *Wechselfelder* mit zeitlich (periodisch oder unperiodisch) sich ändernder Feldstärke.

22.2 Gravitationsfeldstärke, Gravitationspotential

Trägheit und *Schwere* sind zwei Eigenschaften der Masse, die nicht notwendig miteinander identisch sein müssen (s. 4.4). Im Rahmen der von EINSTEIN (1916) aufgestellten *allgemeinen Relativitätstheorie* wird die Gravitation als ein Äquivalent zur beschleunigten Bewegung beschrieben. Wer sich in einem beschleunigten Bezugssystem befindet, kann durch kein physikalisches Experiment entscheiden, ob das veränderte Gewicht der mitgeführten Körper auf Gravitationswirkungen oder auf Trägheitskräfte (s. 5.1) zurückzuführen ist. Quantitativ findet diese als *Einsteinsches Äquivalenzprinzip* bezeichnete Aussage ihren Ausdruck in der Gleichheit von „träger" und „schwerer" Masse.

Gravitationsfeldstärke. Nach dem 2. NEWTONschen Axiom führt das Kraftfeld $\boldsymbol{F} = m\boldsymbol{a}$ zur Beschleunigung $\boldsymbol{a}$ der *trägen* Masse m. In einem Gravitationsfeld der Feldstärke $\boldsymbol{G}$ wirkt nach (1) auf die *schwere* Masse m die Kraft $\boldsymbol{F} = m\boldsymbol{G}$. Auf Grund der Gleichheit von träger und schwerer Masse (s. o.) ist daher die Beschleunigung einer Masse im Gravitationsfeld gleich der Gravitationsfeldstärke:

$$\boldsymbol{a} = \boldsymbol{G}. \tag{3}$$

Da auf der Erdoberfläche die Feldkraft (1) gleich der Gewichtskraft $m\boldsymbol{g}$ ist, ist somit die Gravitationsfeldstärke $\boldsymbol{G}$ mit dem Vektor der *Schwerebeschleunigung* (Fallbeschleunigung) $\boldsymbol{g}$ identisch.
Zur Darstellung des Gravitationsfeldes erinnern wir uns an das NEWTONsche Gravitationsgesetz (8/2), wonach sich zwei Massen m und M wechselseitig mit einer Kraft anziehen, die dem Produkt beider Massen direkt und dem Quadrat ihres Abstandes umgekehrt proportional ist. Befindet sich M im Koordinatenursprung, so ist die an m angreifende Kraft $\boldsymbol{F}$ stets zum Ursprung (auf das Kraftzentrum M) gerichtet. Der von M nach m weisende Ortsvektor $\boldsymbol{r} = x\boldsymbol{i} + y\boldsymbol{j} + z\boldsymbol{k}$ vom Betrag $r = \sqrt{x^2 + y^2 + z^2}$ definiert den Einheitsvektor $\boldsymbol{r}/r = \boldsymbol{e}_r$ in radialer Richtung (vom Kraftzentrum weg).
Somit gilt für den Vektor der **Gravitationskraft** nach (8/2)

$$\boldsymbol{F} = -F\boldsymbol{e}_r = -\frac{\gamma m M}{r^2}\boldsymbol{e}_r, \qquad \text{Betrag} \quad F = \frac{\gamma m M}{r^2} \tag{4}$$

mit der *Gravitationskonstanten* (8/3) $\gamma = 6{,}674 \cdot 10^{-11}\ \mathrm{N\,m^2/kg^2}$.

Wegen (1) folgt damit als **Gravitationsfeldstärke** im Abstand r von der Masse M

$$\boldsymbol{G} = \frac{\boldsymbol{F}}{m} = -G\boldsymbol{e}_r = -\frac{\gamma M}{r^2}\boldsymbol{e}_r, \quad \text{Betrag} \quad G = \frac{\gamma M}{r^2}. \tag{5}$$

Die Feldlinien verlaufen *radialsymmetrisch* zum Kraftzentrum M hin (Bild 22.2). Ein solches Feld nennt man *Zentralfeld*, die zugehörige Kraft *Zentralkraft*. Die Feldstärke (5) nimmt ebenso wie die Schwerkraft (4) umgekehrt proportional zum Quadrat des Abstandes r von der Masse M ab (Bild 22.3a).

Das Gravitationsfeld ist ein wirbelfreies Quellenfeld.

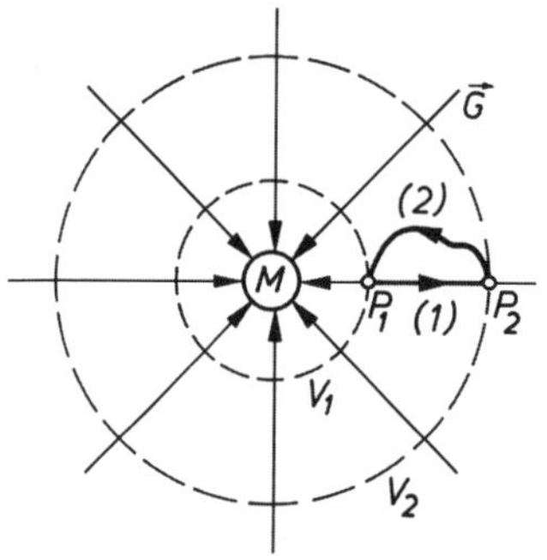

Bild 22.2. Verlauf der Feldlinien des Gravitationsfeldes $\boldsymbol{G}$ und zweier Äquipotentialflächen V_1 und V_2 in der Umgebung einer Punktmasse M

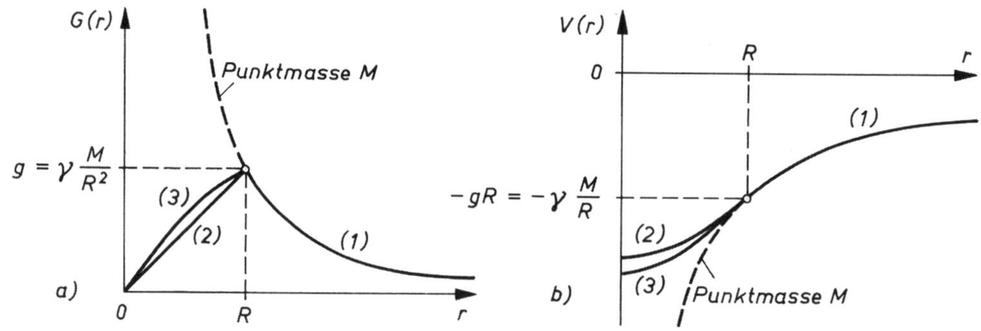

Bild 22.3. Gravitationsfeldstärke $G(r)$ (Bildteil a) und Gravitationspotential $V(r)$ (Bildteil b) außerhalb ($r > R$) und innerhalb ($r < R$) einer Massenkugel vom Radius R, z. B. der Erde
(1) Verlauf außerhalb der Massenkugel (gleich dem Verlauf für eine Punktmasse M)
(2) idealer Verlauf bei konstanter Dichte
(3) realer Verlauf infolge Dichtezunahme der Erde von außen nach innen

Potentielle Energie, Gravitationspotential. In Abschnitt 8.2 wurde die *Arbeit* berechnet, die aufgewandt werden muss, um einen Körper (Masse m) – wie in Bild 22.2 gezeigt – zwischen zwei Punkten P_1 und P_2 mit den Entfernungen r_1 und r_2 vom Kraftzentrum (Masse M) weg zu verschieben; sie beträgt

$$W = -\int_{r_1}^{r_2} \boldsymbol{F} \cdot \mathrm{d}\boldsymbol{r} = \gamma m M \left(\frac{1}{r_1} - \frac{1}{r_2}\right). \tag{6}$$

Da es sich bei der Schwerkraft um ein *konservatives Kraftfeld* handelt (vgl. 7.1), wird der gleiche Betrag (6) an Arbeit wieder zurückgewonnen, wenn der Körper *auf einem beliebigen Weg* (etwa entlang (2) im Bild 22.2) von P_2 nach P_1 zurückgeführt wird, d. h., die insgesamt bei einem *geschlossenen Umlauf* verrichtete Arbeit ist null. Für das Wegintegral der Kraft $\boldsymbol{F}$ bzw. der Feldstärke $\boldsymbol{G}$ gilt also

$$\oint \boldsymbol{G} \cdot \mathrm{d}\boldsymbol{r} = 0 \qquad \textbf{(Bedingung für die Wirbelfreiheit des Gravitationsfeldes).} \qquad (7)$$

Die Arbeit W lässt sich, wie bekannt, als Differenz der potentiellen Energie des Körpers in den Entfernungen r_1 und r_2 darstellen: $W = E_\mathrm{p}(r_2) - E_\mathrm{p}(r_1)$. Damit folgt aus (6), wenn der Nullpunkt der potentiellen Energie ins Unendliche verlegt wird, also $E_\mathrm{p}(r_2) = 0$ für $r_2 \to \infty$, für eine beliebige Entfernung $r_1 = r$ der Masse m vom Kraftzentrum M:

$$E_\mathrm{p}(r) = -\int_{\infty}^{r} \boldsymbol{F} \cdot \mathrm{d}\boldsymbol{r} = -\frac{\gamma m M}{r} \qquad \textbf{(potentielle Energie eines Körpers im Gravitationsfeld).} \qquad (8)$$

Das heißt, *die potentielle Energie ist im gesamten Feld negativ, sie nimmt mit zunehmender Entfernung r vom Kraftzentrum zu und wird im Unendlichen null.* Man verbindet mit $E_\mathrm{p}(r \to \infty) = 0$ die Vorstellung, dass dort wegen $\boldsymbol{G} \to 0$ die Bindung an das Kraftzentrum aufhört und die Masse m aus dem Zentralfeld „befreit“ ist.
Wird die Gleichung (8) durch die Probemasse m dividiert, so erhält man die *vom Körper unabhängige Feldgröße*

$$V(r) = \frac{E_\mathrm{p}(r)}{m} = -\int_{\infty}^{r} \boldsymbol{G} \cdot \mathrm{d}\boldsymbol{r} = -\frac{\gamma M}{r} \qquad \textbf{(Gravitationspotential).} \qquad (9)$$

Das Potential V am Ort r im Gravitationsfeld einer Zentralmasse ist derjenigen Arbeit zahlenmäßig gleich, die gewonnen wird, wenn 1 kg Masse aus dem Unendlichen an den Ort r gelangt.

Aus (9) geht hervor, dass für $r = \mathrm{const}$ ein konstanter Wert des Potentials V erhalten wird. Die Flächen gleichen Potentials, die sog. **Äquipotentialflächen** $V = \mathrm{const}$, sind demnach konzentrische Kugeln um die felderzeugende Masse M (im Bild 22.2 mit V_1 und V_2 bezeichnet); sie werden von den Feldstärkevektoren $\boldsymbol{G}$ senkrecht durchsetzt. Äquipotentialflächen des Schwerefeldes der Erde sind z. B. die Wasseroberflächen der Ozeane. Wird eine Masse auf einer solchen Potentialfläche verschoben, so ist in Gleichung (6) $r_1 = r_2$ und daher $W = 0$.

Entlang einer Äquipotentialfläche wird keine Arbeit verrichtet.

Das Gravitationspotential beschreibt – ähnlich wie die Feldstärke – die Intensität des Gravitationsfeldes in allen Raumpunkten (s. Bild 22.3b). Die Einführung des Potentials bedeutet eine wesentliche Vereinfachung der Beschreibung von Vektorfeldern: Während für die Darstellung eines Kraftfeldes mit seinen drei Komponenten des Feldstärkevektors drei Ortsfunktionen erforderlich sind, genügt für das (skalare) Potential eine einzige. An die Stelle des Kraftfeldes $\boldsymbol{F}(\boldsymbol{r})$ bzw. $\boldsymbol{G}(\boldsymbol{r})$ tritt so das **Potentialfeld** $V(\boldsymbol{r})$.

Beim Fortschreiten im Feld $\boldsymbol{G}$ um die Strecke $\mathrm{d}\boldsymbol{r}$ ändert sich nach (9) das Potential um $\mathrm{d}V = -\boldsymbol{G} \cdot \mathrm{d}\boldsymbol{r} = -|\boldsymbol{G}|\,|\mathrm{d}\boldsymbol{r}| \cos\alpha$. Beim Fortschreiten *auf* einer Äquipotentialfläche ist der Winkel α zwischen $\boldsymbol{G}$ und $\mathrm{d}\boldsymbol{r}$ gleich 90° und demzufolge $\mathrm{d}V = 0$, entsprechend $V = \mathrm{const}$ (s. o.). Beim Fortschreiten um $|\mathrm{d}\boldsymbol{r}| = \mathrm{d}s$ *senkrecht* zu einer Äquipotentialfläche, d. h. also entlang einer Feldlinie, ist $\alpha = 0°$ bzw. 180°, und die *Änderung* des Potentials $\mathrm{d}V$ (Abnahme bzw. Zunahme) erreicht mit $\cos\alpha = \pm 1$ ihr Extremum.

Der Vektor, der im Feld stets in Richtung der stärksten Zunahme des Potentials V zeigt, heißt „Gradient des Potentials" (grad V).

Die Feldstärke weist also (wegen des Minuszeichens in obiger Gleichung) stets in Richtung des stärksten Potential*gefälles*, womit gilt

$$\boldsymbol{G} = -\operatorname{grad} V \qquad \textbf{(Feldstärke als Gradient des Potentials)} \tag{10}$$

sowie $\mathrm{d}V = \operatorname{grad} V \cdot \mathrm{d}\boldsymbol{r} = |\operatorname{grad} V|\,\mathrm{d}s \cos\alpha$. In Feldrichtung ($\alpha = 0°$) ist $|\operatorname{grad} V| = \mathrm{d}V/\mathrm{d}s$, $\operatorname{grad} V = (\mathrm{d}V/\mathrm{d}s)\,\boldsymbol{e}$ und nach (10) $\boldsymbol{G} = -(\mathrm{d}V/\mathrm{d}s)\,\boldsymbol{e}$.
Fasst man im Gebirge Linien gleicher Höhe über dem Meeresspiegel als Potentiallinien auf, so lassen sich orthogonal dazu Falllinien (Feldlinien) konstruieren, entlang derer die Höhe am schnellsten abnimmt. Diese Linien folgen stets der Kraftwirkung, also fließen darauf auch Wasserläufe, Geröll, Gletscher usw. zu Tal.

Beispiel: Berechne aus $E_\mathrm{p} = mgh$ Gravitationspotential und -feldstärke auf der Erdoberfläche! – *Lösung:* Nach obigen Ausführungen ist $V = E_\mathrm{p}/m = gh$, $\operatorname{grad} V = (\mathrm{d}V/\mathrm{d}h)\,\boldsymbol{e} = g\boldsymbol{e}$ und nach (10) $\boldsymbol{G} = -g\boldsymbol{e}$. Mit dem Einheitsvektor $\boldsymbol{e}$ in Höhenrichtung ist $\boldsymbol{G} = \text{const}$ ein homogenes Feld in Lotrichtung.

22.3 Massen als Senken des Gravitationsfeldes

In einem Strömungsfeld (vgl. 15.1) stellt die Stromliniendichte (= Anzahl der Stromlinien/Querschnittsfläche A, welche senkrecht durchflutet wird) ein Maß für den Betrag des Vektors der Massenstromdichte $\boldsymbol{j}_\mathrm{m}$ dar, und der gesamte durch eine beliebige Fläche hindurchtretende Fluss, die Stromstärke I_m, berechnet sich nach (15/5) zu $I_\mathrm{m} = \int \boldsymbol{j}_\mathrm{m} \cdot \mathrm{d}\boldsymbol{A}$. Analog ist im Gravitationsfeld die Feldlinienzahl je Flächeneinheit ein Maß für die Gravitationsfeldstärke $\boldsymbol{G}$, und durch eine Fläche A geht der

$$\textbf{Gravitationsfluss} = \int_{(A)} \boldsymbol{G} \cdot \mathrm{d}\boldsymbol{A}.$$

Denkt man sich um die im vorigen Abschnitt betrachtete Zentralmasse M im Abstand r eine Kugelfläche (mit nach außen orientierten Flächenvektoren d$\boldsymbol{A}$) gelegt, so wird diese von den Feldlinien senkrecht von außen nach innen durchdrungen (Bild 22.2). Der Betrag der Feldstärke ist auf der Kugeloberfläche überall konstant. Mit (5) $G = \gamma M/r^2$ und der Oberfläche der Kugel $A = 4\pi r^2$ erhält man für den Gravitationsfluss durch deren Oberfläche (und allgemein durch jede geschlossene Fläche):

$$\oint \boldsymbol{G} \cdot \mathrm{d}\boldsymbol{A} = \oint G\,\mathrm{d}A \cos 180° = -G \oint \mathrm{d}A = -GA = -4\pi\gamma M. \tag{11}$$

Man erkennt: *Der Gravitationsfluss wird nur von der Stoffmenge (= M) im Innern des umschlossenen Gebietes bestimmt und ist von deren Verteilung unabhängig.* Die Anzahl der aus dem Unendlichen kommenden Feldlinien könnte man auch durch Abzählen der Masseneinheiten bestimmen, auf denen sie jeweils enden. Alle weiteren Massen außerhalb liefern keinen Beitrag zum betrachteten Gravitationsfluss. Gäbe es einen Himmelskörper, der innen hohl ist, würden sich im Innern alle Gravitationswirkungen gegenseitig aufheben, und es würde dort Schwerelosigkeit herrschen.
Die Gravitationsfeldstärke im Innern der Erdkugel (oder eines anderen Himmelskörpers) im Abstand r vom Mittelpunkt wird also nur durch die Masse der konzentrischen *Innenkugel* vom Radius r bestimmt. Bei konstanter Dichte ϱ_E ist diese $M(r) = 4\pi r^3 \varrho_\mathrm{E}/3$, und nach (5) wird

$$G(r) = \gamma \frac{4\pi\varrho_\mathrm{E}}{3} r \qquad \text{bzw.} \qquad G(r) = \frac{g}{R} r \tag{12}$$

mit $G(R) = 4\pi\gamma\varrho_E R/3 = g$ als Gravitationsfeldstärke an der Erdoberfläche. Während also die Feldstärke im Innern einer homogenen Kugel proportional zu r wächst, nimmt sie außerhalb mit $1/r^2$ ab (s. Bild 22.3a).

Beispiele: *1.* Die Kenntnis der Feldstärke- und Dichteverteilung $G(r)$ und $\varrho(r)$ im Innern von ausgedehnten Massen ermöglicht in der Geo- und Astrophysik die Berechnung der Drücke in Himmelskörpern. Analog zu Abschnitt 14.4 nimmt der Schweredruck p in einer Kugel von innen nach außen gemäß $\mathrm{d}p = -\varrho G\,\mathrm{d}r$ bis auf den Wert null an der Kugeloberfläche ab. Berechne für konstante Dichte $\varrho_E = 5{,}5 \cdot 10^3\ \mathrm{kg/m^3}$ den Druckverlauf im Erdinnern und den Druck im Erdmittelpunkt! Erdradius $R = 6380\ \mathrm{km}$; $g = 9{,}81\ \mathrm{m/s^2}$. – *Lösung:* Mit (12) folgt

$$p = -\varrho_E \int_R^r G\,\mathrm{d}r = \frac{\varrho_E g}{2R}(R^2 - r^2)$$

und hiernach $p(r = 0) = \varrho_E g R/2 = 1{,}72 \cdot 10^{11}\ \mathrm{Pa} = 172\ \mathrm{GPa}\ \ (= 1{,}72\ \mathrm{Mbar})$!

2. Man berechne den Verlauf des Gravitationspotentials $V(r)$ innerhalb einer Massenkugel von konstanter Dichte (Kurve *2* in Bild 22.3b). – *Lösung:* An der Kugeloberfläche ist nach (9) $V(R) = -\gamma M/R$ bzw. $V(R) = -gR$ wegen (5) $G(R) = g = \gamma M/R^2$. Für die Verschiebungsarbeit je Masseneinheit im inneren Gravitationsfeld vom Radius r bis an die Oberfläche erhält man mit (12)

$$\frac{W}{m} = V(R) - V(r) = -\int_r^R \boldsymbol{G} \cdot \mathrm{d}\boldsymbol{r} = \int_r^R G\,\mathrm{d}r = \frac{g}{R}\int_r^R r\,\mathrm{d}r = \frac{g}{2R}(R^2 - r^2);$$

$$V(r) = V(R) - \frac{W}{m} = -gR - \frac{g}{2R}(R^2 - r^2) = -\frac{g}{2R}(3R^2 - r^2).$$

3. Wie groß sind Gravitationspotential und potentielle Energie im Erdmittelpunkt, wenn diese an der Erdoberfläche gleich null sind? – *Lösung:* Allgemein gilt für den Zusammenhang zwischen dem Potential $V(r)$ und der Feldstärke $G(r)$: $V(r) = \int G(r)\,\mathrm{d}r + C$, wobei C eine Integrationskonstante ist, welche sich aus der für das Potential vorgegebenen Randbedingung ergibt. Mit (12) folgt $V(r) = gr^2/(2R) + C$. An der Erdoberfläche $r = R$ soll $V(R) = 0$ sein; daraus ergibt sich $C = -gR/2$, womit folgt $V(r) = -g(R^2 - r^2)/(2R)$, für den Erdmittelpunkt $r = 0$: $V_0 = -gR/2$ und nach (9) $E_p = -mgR/2$.

23 Das elektrostatische Feld

Zum Einheitensystem. Im Zusammenhang mit der Behandlung des elektrischen Feldes macht es sich erforderlich, das System der mechanischen Basiseinheiten durch Hinzunahme einer neuen Basiseinheit aus dem Bereich des Elektromagnetismus zu erweitern. Das Internationale Einheitensystem (SI) setzt die *Einheit der elektrischen Stromstärke*, das **Ampere (A)**, als unabhängige Basiseinheit zusätzlich zu den mechanischen Basiseinheiten **Meter, Kilogramm** und **Sekunde** fest (MKSA-System). Alle anderen Einheiten elektromagnetischer Größen leiten sich dann aus den genannten vier Basiseinheiten ab. Der Zusammenhang zwischen den abgeleiteten Einheiten für mechanische und elektrische Größen ist durch die folgende Beziehung zwischen den **Energieeinheiten** gegeben:

$$1\ \mathrm{J} = 1\ \mathrm{N\,m} = 1\ \mathrm{kg\,m^2\,s^{-2}} = 1\ \mathrm{W\,s} = 1\ \mathrm{V\,A\,s} \tag{1}$$

mit den abgeleiteten Einheiten J o u l e (J) für die Arbeit bzw. Energie, N e w t o n (N) für die Kraft, W a t t (W) für die Leistung und V o l t (V) für die elektrische Spannung (vgl. 23.4). Die Einheit der *elektrischen Ladung*, von der wir im Folgenden ausgehen, ist wegen der Definition für die elektrische Stromstärke (25/3) 1 A m p e r e s e k u n d e (A s) = 1 C o u l o m b (C). Ein Strom von 1 Ampere entnimmt z. B. einer Batterie je Sekunde die Ladung 1 Coulomb.

23.1 Die elektrische Ladung. Ladungsnachweis

Elektrische Ladungen haben ihren Ursprung in der Existenz der beiden subatomaren Teilchen **Proton** und **Elektron**. Diese Teilchen kommen in jedem Stoff vor und verkörpern die kleinsten Mengen der beiden sich durch das Vorzeichen unterscheidenden Arten von Elektrizität, der *positiven* im Falle des Protons und der *negativen* im Falle des Elektrons.
Ladungen haben die Eigenschaft, **abstoßende** bzw. **anziehende Kräfte** aufeinander auszuüben, je nachdem, ob es sich um die Wechselwirkung zweier gleichartiger *(gleichnamiger)* bzw. zweier ungleichartiger *(ungleichnamiger)* Ladungsträger handelt. Die Größe einer elektrischen Ladung kann durch die Kraftwirkung gemessen werden, die von ihr auf eine andere Ladung ausgeübt wird.

Zwei austauschbare Ladungen sind einander gleich, wenn eine dritte bei gleicher Anordnung auf beide nacheinander die gleiche Kraft ausübt.

Diese Erfahrungstatsachen bilden die Grundlage der **Elektrostatik**, desjenigen Zweiges der Physik, der sich mit den Kräften zwischen *ruhenden* elektrischen Ladungen infolge der von ihnen ausgehenden elektrischen Felder und den durch diese Kräfte bedingten Gleichgewichtszuständen beschäftigt. Erste genauere Versuche zur Elektrostatik hat OTTO VON GUERICKE angestellt.
Elektron und Proton tragen je eine vom Betrag gleich große elektrische Ladung

$$e = 1{,}602\,176 \cdot 10^{-19}\ \mathrm{C} \qquad \textbf{(Elementarladung).}$$

Sie ist bei den Elektronen an die Masse $m_e = 9{,}109\,382 \cdot 10^{-31}$ kg gebunden; somit ist

$$\frac{e}{m_e} = 1{,}758\,820 \cdot 10^{11}\ \frac{\mathrm{C}}{\mathrm{kg}} \qquad \textbf{(spezifische Ladung des Elektrons).}$$

Für die Existenz einer kleinsten negativen Elektrizitätsmenge, eines „Atoms der Elektrizität" mit der Ladung $-e$, spricht eine Reihe experimenteller Befunde, wie z. B. die FARADAYschen Gesetze der Elektrolyse (vgl. 26.4), wonach die *Ionen* als Träger der Elektrizität stets ganzzahlige Vielfache dieser Ladung besitzen, weiterhin die Aufklärung der Natur der *Katodenstrahlen* (vgl. 27.2), die sich als aus den Atomen des Katodenmaterials kommende kleinste negative Elektrizitätsträger erwiesen. Die erste zuverlässige Messung der Elementarladung *e* gelang MILLIKAN 1910 (vgl. 23.3).
Da die Atome aus einer ebenso großen Zahl von Teilchen mit positiver Ladung wie solchen mit negativer Ladung „bestehen", bedeutet die **Aufladung** eines Körpers die Vermehrung der Elektrizitätsteilchen *einer* Art. Der Körper, der Elektronen abgibt, behält eine positive Überschussladung; der Körper, in dem sich Elektronen ansammeln, wird negativ geladen. Aus Atomen, die Elektronen abgeben (bzw. aufnehmen), entstehen positive (bzw. negative) Ionen. Man kann also niemals eine Ladung eines Vorzeichens allein erzeugen; es gilt vielmehr für die Elektrizität der

Ladungserhaltungssatz:
In einem abgeschlossenen System bleibt die Summe aus positiven und negativen Ladungen konstant.

Die Stärke der Bindung der Elektronen an die Atome ist in den verschiedenen Stoffen unterschiedlich. In den **Isolatoren** (Glas, Hartgummi u. ä.) sind die Elektronen fest an die Atome gebunden und daher im Stoff nicht ohne weiteres verschiebbar, so dass von außen aufgebrachte Ladungen dort haften bleiben, wo sie zugeführt werden. In **Metallen** hingegen sind stets ein oder mehrere Elektronen je Atom, die sog. *Leitungselektronen*, frei beweglich und unter der Wirkung elektrischer Kräfte leicht verschiebbar. Wegen dieser Eigenschaft sind die Metalle **elektrische Leiter** (vgl. 26.1).

Ladungsnachweis. Für die Messung elektrischer Ladungen werden *Elektrometer* benutzt. Das BRAUNsche *Elektrometer* (Bild 23.1a) besteht aus einem geerdeten Metallgehäuse, in das die Messelektrode isoliert eingeführt ist. Diese trägt einen Metallbügel mit daran befestigtem Zeiger. Wird eine elektrische Ladung auf die Messelektrode und damit auf das Anzeigesystem übertragen, so schlägt der Zeiger aus, da er jetzt Ladungen des gleichen Vorzeichens wie der Bügel trägt und deshalb vom Bügel abgestoßen wird. Der Ausschlag wächst monoton mit der aufs Elektrometer übertragenen Ladung. Um die Empfindlichkeit zu steigern, werden Elektrometer meist mit einem konstanten Hilfsfeld ausgestattet, das sich beim *Einfadenelektrometer* (Bild 23.1b) zwischen den Platten eines Kondensators nach Anschluss einer Spannungsquelle ausbildet. An der zu messenden Ladung auf dem Metallfaden greift eine Kraft an, die eine mikroskopisch beobachtbare Durchbiegung des Fadens bewirkt.

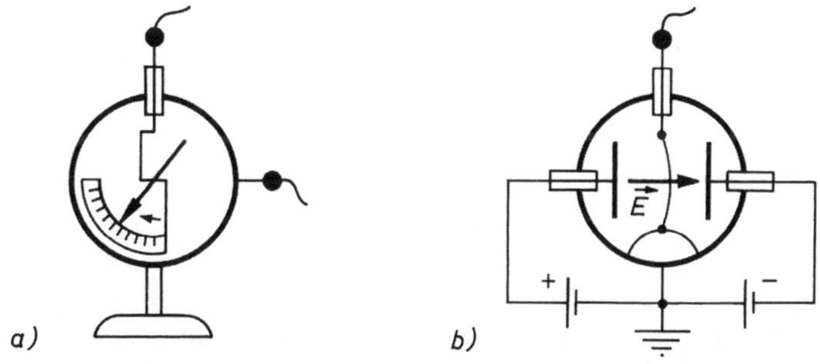

Bild 23.1. a) BRAUNsches Elektrometer, b) Einfadenelektrometer

Beim *ballistischen Galvanometer* wird der Körper, dessen Ladung gemessen werden soll, über ein dazwischen geschaltetes Galvanometer (zum Funktionsprinzip vgl. 28.6) entladen. Ist die Entladungsdauer klein gegenüber der Schwingungsdauer des Galvanometers, so ruft der bei der Entladung auftretende Stromstoß einen Endausschlag des Galvanometers hervor, welcher der zu messenden Ladung proportional ist (s. das Rechenbeispiel in Abschnitt 33.5).

23.2 Ladungen als Quellen bzw. Senken des elektrischen Feldes

Statische elektrische Felder haben ihren Ursprung in *ruhenden* elektrischen Ladungen. Zur modellmäßigen Darstellung der Felder bedienen wir uns nach FARADAY (1852) des *Kraftlinien-* oder *Feldlinienbildes* (vgl. 22.1), welches ein anschauliches Bild der Verteilung der Feldstärke vermittelt. Die Feldlinien beschreiben den Weg, auf dem man fortschreiten muss, um immer der Richtung der elektrischen Feldstärke zu folgen. Sie geben so in allen Punkten des Raumes die *Kraftwirkungsrichtungen* auf weitere, in das Feld gebrachte elektrische Ladungen an. Den Feldverlauf kann man sichtbar machen, wenn in das elektrische Feld eine Glasplatte gebracht und diese mit kleinen Gipskriställchen bestreut wird, die sich unter der Wirkung des elektrischen Feldes – ähnlich wie Eisenfeilspäne im Magnetfeld – in Richtung des Feldes ordnen.
Die Feldlinien eines elektrostatischen Feldes beginnen und enden stets in elektrischen Ladungen. Als Richtungssinn der Feldlinien wird die Richtung *von der positiven zur negativen Ladung* festgelegt. Es gibt demnach hier keine in sich geschlossenen Feldlinien (Wirbel):

> **Das elektrostatische Feld ist ein wirbelfreies Quellenfeld. Die positiven Ladungen sind die Quellen, die negativen Ladungen die Senken (negative Quellen) des elektrischen Feldes.**

Betrachten wir eine einzelne positive **Punktladung** (Bild 23.2a), so erzeugt diese (analog zum Gravitationsfeld einer Punktmasse in Bild 22.2) ein *radialsymmetrisches* Feld. Die polar entgegengesetzte (negative) Ladung denken wir uns in sehr großer Entfernung („im Unendlichen"). Bei einer negativen Punktladung sind die Feldlinien zur Ladung hin gerichtet. Die Feldlinienbilder zwischen zwei ungleichnamigen bzw. gleichnamigen Punktladungen (Bild 23.2b und c) ergeben sich durch Überlagerung zweier radialsymmetrischer Felder entsprechender Richtung. Die Feldlinienbilder lassen aus der Dichte des Feldlinienverlaufs unmittelbar Rückschlüsse auf den Betrag der Feldstärke an verschiedenen Punkten des Feldes zu:

Je dichter die Feldlinien verlaufen, um so stärker ist an der betreffenden Stelle das Feld.

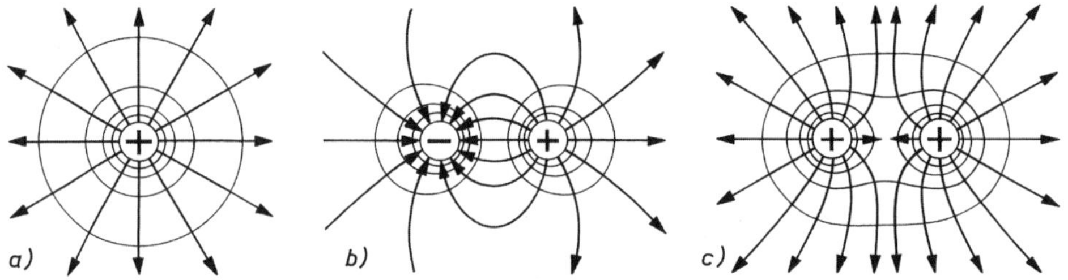

Bild 23.2. Feldlinienbild a) einer Punktladung, b) zweier ungleichnamiger Punktladungen (elektrischer Dipol), c) zweier gleichnamiger Punktladungen. Die Feldlinien durchdringen die Äquipotentialflächen $\varphi = \text{const}$ (dünne Linien) senkrecht; vgl. Abschnitt 23.4.

Bei *inhomogenen* Feldern wie in Bild 23.2 nimmt somit in den Richtungen, in denen die Feldlinien auseinander laufen, die Feldstärke ab, in entgegengesetzter Richtung zu. In *homogenen* Feldern, in denen die Feldlinien überall parallel in gleichem Abstand voneinander verlaufen, ist die Feldstärke räumlich nach Betrag und Richtung konstant.

23.3 Kraftwirkungen des elektrischen Feldes. Elektrische Feldstärke

Elektrische Felder üben Kräfte auf elektrisch geladene Körper aus. Diese Kraftwirkungen charakterisieren das elektrische Feld als *Kraftfeld*. Die Feldstärke $\boldsymbol{E}$ des elektrischen Feldes wird deshalb sinnvoll so definiert, dass sie diese Kraftwirkungen quantitativ beschreibt. Zur „Ausmessung" eines elektrischen Feldes benutzt man eine Probeladung q, die so klein gewählt wird, dass sie das zu untersuchende Feld nicht wesentlich stört. Man kann nun den Feldverlauf prinzipiell dadurch bestimmen, dass man an den verschiedenen Orten des felderfüllten Raumes die Kraft $\boldsymbol{F}$ auf diese Probeladung *nach Betrag und Richtung* misst. Diese Kraft hängt aber außer von der Stärke des Feldes noch von der kleinen (bekannten) Probeladung q ab. Um eine reine *Feldgröße* zu erhalten, muss deshalb die gemessene Kraft noch durch die Größe der Probeladung dividiert werden.

Die elektrische Feldstärke E ist gleich dem Quotienten aus der auf eine Probeladung wirkenden Feldkraft F und der Probeladung q:

$$\boldsymbol{E} = \frac{\boldsymbol{F}}{q}; \qquad \textit{Einheit:} \quad [E] = 1\,\frac{\mathrm{N}}{\mathrm{C}} = 1\,\frac{\mathrm{N\,m}}{\mathrm{C\,m}} = 1\,\frac{\mathrm{W\,s}}{\mathrm{A\,s\,m}} = 1\,\frac{\mathrm{V\,A\,s}}{\mathrm{A\,s\,m}} = 1\,\frac{\mathrm{V}}{\mathrm{m}};$$

$$\boldsymbol{F} = q\boldsymbol{E} \qquad \textbf{(Feldkraft).} \qquad (2)$$

Die Kraftwirkung des elektrischen Feldes auf Ladungen wird bei der MILLIKAN-Methode (1910) zur Bestimmung der Größe der Elementarladung e ausgenutzt (Bild 23.3): Im (homogenen) Feld eines Plattenkondensators werden kleine Öltröpfchen mit einem Mikroskop beobachtet, die durch Zerstäuben von Öl erzeugt werden, wodurch sie sich auf kleine ganzzahlige Vielfache der Elementarladung ze aufladen. Aus der Sinkgeschwindigkeit der Tröpfchen im ungeladenen Kondensator ($\boldsymbol{E} = 0$) wird deren Radius bzw. Masse m bestimmt (s. *Kugelfallviskosimeter*, Beispiel 2 in Abschnitt 15.5). Legt man dann eine veränderliche Spannung an den Kondensator, so findet man Feldstärken $\boldsymbol{E}$, für die einzelne Tröpfchen in der Schwebe gehalten werden, bei denen also die Feldkraft der Gewichtskraft das Gleichgewicht hält: $zeE = mg$. Die größte Feldstärke, bei der noch Tröpfchen schweben, entspricht $z = 1$ und liefert die Größe ihrer Ladung $e = 1{,}6 \cdot 10^{-19}$ C.

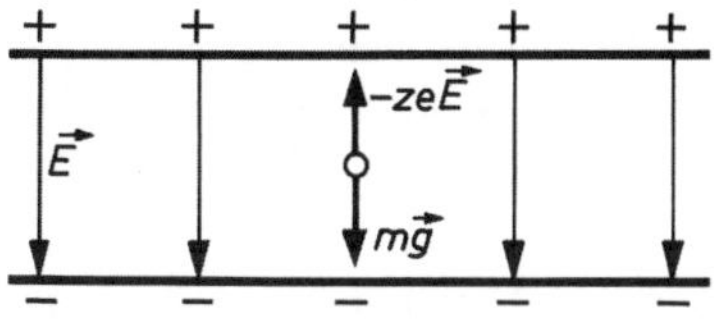

Bild 23.3. MILLIKAN-Methode zur Bestimmung der Elementarladung e

Dipol im elektrischen Feld. An einem *Dipol*, bestehend aus den im Abstand l befindlichen gleich großen, aber ungleichnamigen Ladungen $-q$ und $+q$, deren Positionen im elektrischen Feld $\boldsymbol{E} = \boldsymbol{E}(\boldsymbol{r})$ durch die Ortsvektoren $\boldsymbol{r}_1$ und $\boldsymbol{r}_2$ beschrieben sein mögen, greifen die Kräfte $\boldsymbol{F}_1 = -q\boldsymbol{E}_1$ und $\boldsymbol{F}_2 = +q\boldsymbol{E}_2$ an. Diese bewirken eine resultierende Kraft

$$\boldsymbol{F} = \boldsymbol{F}_1 + \boldsymbol{F}_2 = (-q\boldsymbol{E}_1) + (+q\boldsymbol{E}_2) = q\,(\boldsymbol{E}_2 - \boldsymbol{E}_1) = q\Delta\boldsymbol{E} \tag{3}$$

sowie ein resultierendes Drehmoment (10/5)

$$\boldsymbol{M} = \boldsymbol{r}_1 \times \boldsymbol{F}_1 + \boldsymbol{r}_2 \times \boldsymbol{F}_2 = \boldsymbol{r}_1 i \times (-q\boldsymbol{E}_1) + \boldsymbol{r}_2 \times (+q\boldsymbol{E}_2). \tag{4}$$

Im *homogenen* Feld (Bild 23.4a) ist $\boldsymbol{E}_1 = \boldsymbol{E}_2 = \boldsymbol{E}$. Die resultierende Kraft (3) verschwindet, und es verbleibt nach (4) nur das Drehmoment

$$\boldsymbol{M} = q\,(\boldsymbol{r}_2 - \boldsymbol{r}_1) \times \boldsymbol{E} = q\,\boldsymbol{l} \times \boldsymbol{E} = \boldsymbol{p} \times \boldsymbol{E} \tag{5}$$

vom Betrage $M = qlE \sin\alpha$, das darauf hinwirkt, den Dipol in die Feldrichtung zu drehen.

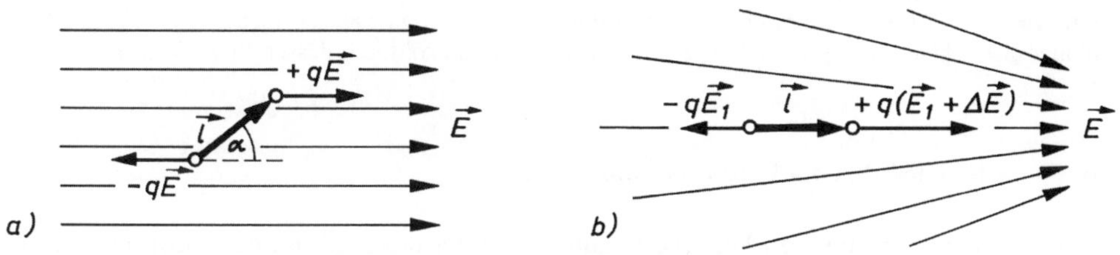

Bild 23.4. Dipol a) im homogenen Feld, b) im inhomogenen Feld

Der *von der negativen zur positiven Ladung* weisende Vektor in Gleichung (5)

$$\boldsymbol{p} = q\boldsymbol{l}, \qquad \textit{Einheit:} \quad [p] = 1\,\text{C m} = 1\,\text{A s m}, \tag{6}$$

heißt **elektrisches Dipolmoment**. Zeigt der Vektor der *Dipolachse* $\boldsymbol{l}$ in Richtung des homogenen Feldes ($\alpha = 0°$), so wird das Drehmoment $\boldsymbol{M} = 0$, und der Dipol befindet sich im stabilen Gleichgewicht. Zeigt die Dipolachse $\boldsymbol{l}$ entgegen der Feldrichtung ($\alpha = 180°$), ist ebenfalls $\boldsymbol{M} = 0$, jedoch befindet sich dann der Dipol in einem labilen Gleichgewicht.

Im *inhomogenen* Feld dagegen, in dem die Feldstärke nach Betrag und Richtung von Ort zu Ort verschieden ist, kann sich ein Dipol nicht im Gleichgewicht befinden. Selbst wenn er sich wie in Bild 23.4b in Feldrichtung einstellt, wodurch das Drehmoment verschwindet, verbleibt wegen $\Delta \boldsymbol{E} = \boldsymbol{E}_2 - \boldsymbol{E}_1 \neq 0$ eine resultierende Kraft (3), die in diesem Falle den Dipol in das Feld hineintreibt. Dies führt u. a. zur *Ion-Dipol-Wechselwirkung:* Anlagerung von neutralen Molekülen mit großem Dipolmoment an Ionen, die z. B. bei Wasser mit $H_2O + H^+ \rightarrow H_3O^+$ beginnt *(Hydratation)*.

Beispiele: *1.* Welche Feldstärke E bzw. Spannung (14) $U = Ed$ an den Kondensatorplatten von Bild 23.3 (Abstand $d = 5$ mm) ist erforderlich, um ein Öltröpfchen (Durchmesser $2R = 1\,\mu$m; Dichte $\varrho = 0{,}86$ g/cm^3), welches eine elektrische Ladung vom Dreifachen der Elementarladung e trägt, in Luft in der Schwebe zu halten? – *Lösung:* Die Auftriebskraft des Tröpfchens kann vernachlässigt werden. Aus dem Gleichgewicht von Feldkraft und Schwerkraft $3eE = 3eU/d = mg$ folgt mit $\varrho = 0{,}86 \cdot 10^3$ kg/m^3, $R = 0{,}5 \cdot 10^{-6}$ m und $d = 5 \cdot 10^{-3}$ m als Tröpfchenmasse $m = \varrho(4/3)\pi R^3 = 4{,}5 \cdot 10^{-16}$ kg und damit $E = 9{,}2$ kV/m bzw. $U = 46$ V.

2. Man berechne die potentielle Energie eines Dipols mit dem Dipolmoment $\boldsymbol{p}$ in einem homogenen äußeren Feld $\boldsymbol{E}$ = const (Bild 23.4a) und beurteile die stabile und die labile Gleichgewichtslage. – *Lösung:* Zur Berechnung können analog (22/8) entweder aus dem Unendlichen $-q$ nach P_1 und $+q$ nach P_2 verschoben werden, oder man denkt sich in P_1 eine Ladungstrennung $(-q) + q = 0$ und führt $+q$ nach P_2:

$$E_\mathrm{p} = -\int_\infty^{P_1} (-q\boldsymbol{E}) \cdot \mathrm{d}\boldsymbol{r} - \int_\infty^{P_2} (+q\boldsymbol{E}) \cdot \mathrm{d}\boldsymbol{r} = -\int_{P_1}^{\infty} q\boldsymbol{E} \cdot \mathrm{d}\boldsymbol{r} - \int_\infty^{P_2} q\boldsymbol{E} \cdot \mathrm{d}\boldsymbol{r}$$

$$= -\int_{P_1}^{P_2} q\boldsymbol{E} \cdot \mathrm{d}\boldsymbol{r} = -q\boldsymbol{E} \cdot (\boldsymbol{r}_2 - \boldsymbol{r}_1) = -q\boldsymbol{l} \cdot \boldsymbol{E} = -\boldsymbol{p} \cdot \boldsymbol{E}.$$

Die potentielle Energie $E_\mathrm{p} = -\boldsymbol{p} \cdot \boldsymbol{E} = -pE\cos\alpha$ hat für $\alpha = 0°$ ihr Minimum und für $\alpha = 180°$ ihr Maximum.

Aufgabe 23.1. Bei einem *elektrischen Pendel* hängt ein kleines geladenes Kügelchen an einem isolierenden Faden in einem *horizontalen* homogenen elektrischen Feld. Durch die Kraftwirkung des elektrischen Feldes erfolgt eine statische Auslenkung des Kügelchens um einen Winkel α aus der Lotrichtung. Wie groß ist die elektrische Feldstärke, wenn die spezifische Ladung des Kügelchens $q/m = 300\,\mu$C/kg beträgt und $\alpha = 22°$ ist? Gleichgewicht herrscht, wenn die Resultierende aus horizontaler Feldkraft $q\boldsymbol{E}$ und vertikaler Gewichtskraft $m\boldsymbol{g}$ in Richtung des Fadens zeigt und so durch dessen Spannkraft kompensiert wird.

23.4 Elektrostatisches Potential. Spannung

Um in einem elektrostatischen Feld die Ladung q, an der das Feld mit der Kraft $q\boldsymbol{E}$ angreift, von P_1 nach P_2 zu verschieben (Bild 23.5), ist die Arbeit (7/3)

$$W = -\int_{P_1}^{P_2} \boldsymbol{F} \cdot \mathrm{d}\boldsymbol{r} = -q\int_{P_1}^{P_2} \boldsymbol{E} \cdot \mathrm{d}\boldsymbol{r} \qquad \textbf{(Verschiebungsarbeit im elektrischen Feld)} \qquad (7)$$

zu verrichten. Da das elektrostatische Feld wirbelfrei ist, muss das Wegintegral über die Feldstärke längs einer *geschlossenen* Kurve $\oint \boldsymbol{E} \cdot \mathrm{d}\boldsymbol{r}$ verschwinden (vgl. 22.2). Deshalb kann das wirbelfreie Vektorfeld $\boldsymbol{E}$ (ebenso wie das Gravitationsfeld) durch eine skalare Ortsfunktion $\varphi(\boldsymbol{r})$ beschrieben werden, deren Nullpunkt bei Zentralfeldern (z. B. von Punktladungen) im

Unendlichen festgelegt wird, bei elektrischen Geräten bzw. Anlagen jedoch meist am Gehäuse bzw. auf dem Erdboden *(Nullpotential)*. Diese Funktion φ heißt **elektrostatisches Potential**. Analog zum Gravitationspotential (22/9) ist das elektrostatische Potential im Punkt P des Feldes definiert durch

$$\varphi(P) = -\int_{\infty}^{P} \boldsymbol{E} \cdot \mathrm{d}\boldsymbol{r} \qquad \textbf{(elektrostatisches Potential).} \tag{8}$$

Im Feld $\boldsymbol{E} = E\boldsymbol{e}$ folgt für eine sehr kleine Verschiebung $|\mathrm{d}\boldsymbol{r}| = \mathrm{d}s$ als Potentialänderung $\mathrm{d}\varphi = -\boldsymbol{E} \cdot \mathrm{d}\boldsymbol{r} = -E\,\mathrm{d}s\cos\alpha$. Bei einer Verschiebung in Richtung des Feldes ($\alpha = 0°$) ist dann analog zu (22/10)

$$\boldsymbol{E} = -\frac{\mathrm{d}\varphi}{\mathrm{d}s}\,\boldsymbol{e} = -\operatorname{grad}\varphi \qquad \textbf{(elektrische Feldstärke als Gradient des Potentials } \varphi\textbf{).} \tag{9}$$

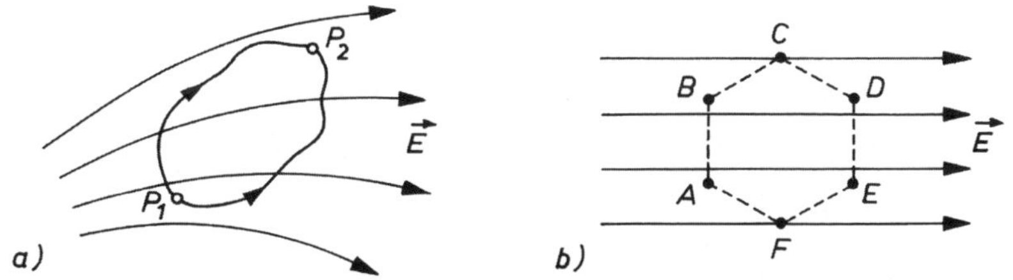

Bild 23.5. Zum Potential- und Spannungsbegriff im elektrostatischen Feld:
a) Die Verschiebungsarbeit zwischen zwei Punkten des Feldes ist unabhängig vom Weg;
b) Berechnung der Spannungen zwischen je zwei Punkten im homogenen Feld
(s. Rechenbeispiel)

Die Feldstärke erhält man also durch Bildung des negativen Gradienten von φ (vgl. 22.2). Es handelt sich dabei um einen Vektor, der im Feld stets die Richtung der maximalen Abnahme des Potentials angibt; diese Richtung entspricht dem Verlauf der Feldstärke $\boldsymbol{E}$. Mit Hilfe des Potentials (8) lässt sich die Verschiebungsarbeit (7) wie folgt schreiben:

$$W = -q\left(\int_{P_1}^{\infty} \boldsymbol{E} \cdot \mathrm{d}\boldsymbol{r} + \int_{\infty}^{P_2} \boldsymbol{E} \cdot \mathrm{d}\boldsymbol{r}\right) = q\left(\int_{\infty}^{P_1} \boldsymbol{E} \cdot \mathrm{d}\boldsymbol{r} - \int_{\infty}^{P_2} \boldsymbol{E} \cdot \mathrm{d}\boldsymbol{r}\right) =$$

$$= q\,(\varphi_2 - \varphi_1) = E_\mathrm{p}(P_2) - E_\mathrm{p}(P_1), \tag{10}$$

entsprechend einer Änderung der potentiellen Energie E_p der Ladung q zwischen den Feldpunkten P_1 und P_2. Hieraus folgt:

Das elektrostatische Potential φ in einem Punkt des elektrostatischen Feldes ist gleich dem Quotienten aus der potentiellen Energie E_p einer Probeladung in diesem Punkt und der Probeladung q.

$$\varphi = \frac{E_\mathrm{p}}{q} \qquad \textit{Einheit:}\ [\varphi] = 1\,\frac{\mathrm{N\,m}}{\mathrm{A\,s}} = 1\,\frac{\mathrm{W\,s}}{\mathrm{A\,s}} = 1\ \mathrm{V\,o\,l\,t}\ (\mathrm{V}). \tag{11}$$

Die Potentialdifferenz $\varphi_2 - \varphi_1 = U$ nennt man **Spannung** zwischen den Punkten P_1 und P_2 des Feldes. Aus (10) folgt somit:

Die Spannung U zwischen zwei Punkten des elektrostatischen Feldes ist gleich dem Quotienten aus der Arbeit, die zur Verschiebung einer Probeladung zwischen diesen Punkten erforderlich ist, und der Probeladung q.

$$U = \frac{W}{q} \qquad \textit{Einheit:} \quad [U] = 1\,\frac{\mathrm{N\,m}}{\mathrm{A\,s}} = 1\,\mathrm{V}. \tag{12}$$

Die Energieaufnahme einer Ladung hängt somit nur von der durchlaufenen Spannung U ab. Durchläuft ein Teilchen mit der Elementarladung $q = e = 1{,}602\,176 \cdot 10^{-19}$ C die Spannung von 1 V, so beträgt seine Energiezunahme

1 Elektronvolt (eV) $= 1{,}602\,176 \cdot 10^{-19}$ J.

Nach (7) und (12) ist die Spannung gleich dem negativen Linienintegral über die elektrische Feldstärke zwischen den Feldpunkten P_1 und P_2:

$$U = -\int_{P_1}^{P_2} \boldsymbol{E} \cdot \mathrm{d}\boldsymbol{r} = \varphi_2 - \varphi_1 \qquad \textbf{(Spannung).} \tag{13}$$

Für ein *homogenes* Feld, in welchem $\boldsymbol{E}$ überall konstant ist, erhält man $U = -\boldsymbol{E} \cdot \boldsymbol{l}$, wobei $\boldsymbol{l}$ der Vektor von P_1 nach P_2 ist. Sieht man vom Vorzeichen der Spannung ab, so wird

$$U = El\cos\alpha = Ed \qquad \text{bzw.} \qquad E = \frac{U}{d} \tag{14}$$

mit l als Entfernung zwischen P_1 und P_2 und $l\cos\alpha = d$ als Länge ihrer Projektion auf die Feldrichtung.

Alle Punkte gleichen Potentials, zwischen denen also die Spannung null herrscht, liegen auf geschlossenen Flächen, den **Äquipotentialflächen**. Sie umschließen die felderzeugenden Ladungen. Bei jeder Verschiebung $\mathrm{d}\boldsymbol{r}$ einer Probeladung q *auf einer solchen Fläche* braucht nach (10) wegen $\varphi_2 = \varphi_1$ keine Arbeit verrichtet zu werden, weshalb das skalare Produkt $\boldsymbol{E} \cdot \mathrm{d}\boldsymbol{r}$ verschwindet, gleichbedeutend damit, dass die Feldstärke $\boldsymbol{E}$ auf der Verschiebung $\mathrm{d}\boldsymbol{r}$ und somit auf der Äquipotentialfläche $\varphi = \mathrm{const}$ senkrecht steht (Bild 23.2).

Die elektrischen Feldlinien verlaufen überall senkrecht zu den Äquipotentialflächen.

Mathematisch wird dieser Sachverhalt durch Gleichung (9) ausgedrückt.

Beispiel: Wie groß sind in einem homogenen elektrischen Feld der Feldstärke $E = 10$ kV/m die Spannungen zwischen dem Punkt A im Bild 23.5b und den übrigen Eckpunkten $B \ldots F$ eines regulären Sechsecks von 2 cm Seitenlänge? – *Lösung:* AB, CF und DE liegen auf Äquipotentialflächen in jeweils gleichen Abständen: $U_{AB} = 0$; $U_{AC} = U_{AF}$ und $U_{AD} = U_{AE} = 2U_{AF}$. Es genügt, U_{AF} zu berechnen. Die Projektion des Abstandes AF auf die Feldrichtung hat die Länge $d = 2\,\mathrm{cm} \cdot \cos 30° = 1{,}73$ cm. Nach (14) ist $U_{AF} = Ed = 173$ V.

23.5 Elektrische Ladungen auf Leitern. Influenz

Ein *Leiter* ist ein Stoff, in dem sich elektrische Ladungsträger (Elektronen, Ionen) unter der Wirkung eines elektrischen Feldes frei bewegen können. Bringt man an eine Stelle des Leiters eine Ladungsmenge aus sehr vielen gleichnamigen beweglichen Einzelladungen q, so bewirken die abstoßenden Kräfte $\boldsymbol{F}$ zwischen diesen Ladungsträgern, dass sie sich so weit als möglich voneinander entfernen und an der Oberfläche des Leiters sammeln. Die Ladungsverteilung an der Leiteroberfläche ist durch das *Gleichgewicht der elektrostatischen Kräfte* ($\boldsymbol{F} = 0$) bestimmt. Daraus folgt wegen (2) $\boldsymbol{F} = q\boldsymbol{E}$, dass sich in einem (abgeschlossenen) Leiter kein elektrostatisches Feld aufrechterhalten lässt. Wegen $\boldsymbol{E} = 0$ ist nach (9) das Potential φ überall konstant.

In einem Leiter ist die Feldstärke / das Potential des elektrostatischen Feldes $E = 0$ / $\varphi = \text{const.}$

Die an der Oberfläche eines geladenen Leiters versammelten Ladungsträger befinden sich erst dann im Gleichgewicht, wenn der Feldstärkevektor außerhalb des Leiters *senkrecht zur Oberfläche* gerichtet ist. Solange das nicht der Fall ist, existiert eine Kraftkomponente tangential zur Oberfläche, unter deren Wirkung sich die frei beweglichen Ladungen bis zum Verschwinden dieser Komponente verschieben.

Elektrische Feldlinien, die auf einem Leiter entspringen oder enden, stehen senkrecht auf der Leiteroberfläche.

Daher braucht bei einer Verschiebung einer Ladung entlang der Oberfläche, senkrecht zur Kraft des äußeren elektrischen Feldes, keine Arbeit verrichtet zu werden. Die Leiteroberfläche befindet sich also auf konstantem Potential; sie ist eine *Äquipotentialfläche* des Außenfeldes (vgl. 23.4).

Da sich im Innern eines massiven leitenden Körpers weder Ladungen noch Feld befinden, ändern sich die elektrischen Verhältnisse nicht, wenn man ihn durch seine leitfähige Körperhülle ersetzt. So ist in einer geladenen Hohlkugel die Feldstärke null und das Potential konstant und gleich dem der Kugeloberfläche. Auf diese Weise lassen sich Räume gegen statische elektrische Felder *abschirmen*, indem man sie mit elektrisch leitenden Wänden umgibt. Meist genügt zur Abschirmung schon ein nicht zu weitmaschiges Drahtnetz (FARADAY-*Käfig*).

Influenz. Bringt man einen *ungeladenen Leiter*, z. B. eine ebene Metallplatte, in ein äußeres elektrisches Feld, so wird in ihm infolge der elektrostatischen Kräfte, die das Feld auf die Leitungselektronen im Metall ausübt, eine *Ladungstrennung* derart hervorgerufen, dass die eine Leiteroberfläche eine negative, die gegenüberliegende Oberfläche eine gleich große positive Aufladung erfährt (Bild 23.6a). Diese Erscheinung nennt man *Influenz*; der Leiter wird dabei **polarisiert**. Verwendet man anstelle einer Metallplatte zwei aufeinander liegende Bleche (Bild 23.6a), die dann aber im Feld getrennt (Bild 23.6b) und so aus dem Feld herausgeführt werden

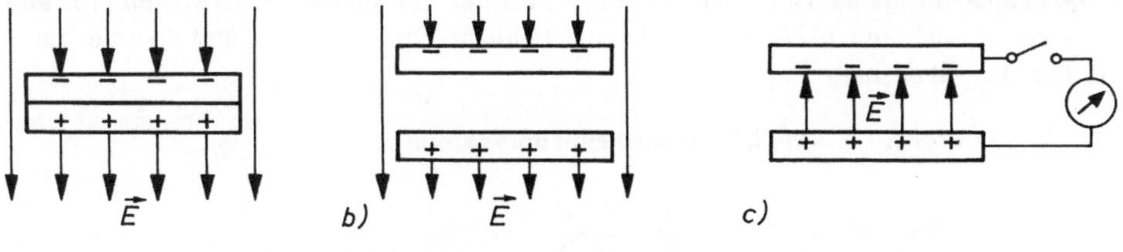

Bild 23.6. Influenzversuch: a) Influenz in einer Metallplatte bzw. in zwei aufeinanderliegenden Blechen; b) Ladungstrennung im Feld; c) Messung der influenzierten Ladung

(Bild 23.6c), so erhält das eine Blech eine positive, das andere eine gleich große negative Ladung. Die Feldstärke zwischen den beiden Blechen ist dabei dem Betrage nach gleich der des influenzierenden Feldes. Die Größe der auf *einem* Blech influenzierten Ladung Q, die man z. B. mit Hilfe eines ballistischen Galvanometers messen kann, hängt davon ab, wie viele Feldlinien auf der Leiteroberfläche enden; sie ist deshalb dem Betrag der Feldstärke $E = |\boldsymbol{E}|$ und der Fläche A des Bleches proportional:

$$Q = \varepsilon_0 E A \qquad \text{bzw.} \qquad \mathrm{d}Q = \varepsilon_0 E\, \mathrm{d}A. \tag{15}$$

Dabei ist ε_0 ein Proportionalitätsfaktor, die *elektrische Feldkonstante* oder **Influenzkonstante**. Diese Größe muss experimentell bestimmt werden; man erhält

$$\varepsilon_0 = 8{,}854\,188 \cdot 10^{-12}\ \mathrm{A\,s/(V\,m)} \qquad \textbf{(Influenzkonstante).} \tag{16}$$

Die Stärke elektrischer Felder kann also außer durch Kraftwirkungen auf Ladungen gemäß Gleichung (2) $\boldsymbol{E} = \boldsymbol{F}/q$ auch durch ein Experiment wie in Bild 23.6 gemessen werden; nach (15) erhält man aus der im Leiter influenzierten Ladung Q für die Komponente der elektrischen Feldstärke senkrecht zur Leiteroberfläche $E = Q/(\varepsilon_0 A)$.

23.6 Elektrischer Fluss, Flussdichte

Die Gesamtheit der Feldlinien, die ein Flächenstück A des felderfüllten Raumes senkrecht durchsetzen, nennt man (in Analogie zur Strömungsmechanik) den **elektrischen Fluss** Ψ. Dieser kann in einem Influenzversuch (Bild 23.6) gemessen werden: Da jede Feldlinie in einer Ladung entspringt bzw. endet, ist die in einer Leiteroberfläche durch Influenz gebundene elektrische Ladung Q ein Maß für den in diese Fläche eintretenden bzw. aus ihr austretenden elektrischen Fluss; wir setzen daher $\Psi = Q$.
Auf diese Weise lässt sich neben der elektrischen Feldstärke $\boldsymbol{E}$ eine weitere Feldgröße einführen, die anschaulich durch die Anzahl der Feldlinien je Flächeneinheit gegeben ist:

$$D = \frac{\mathrm{d}\Psi}{\mathrm{d}A} = \frac{\mathrm{d}Q}{\mathrm{d}A} \qquad \textbf{(elektrische Flussdichte, Verschiebungsdichte)} \qquad (17)$$

Einheit: $[D] = 1\,\frac{\mathrm{C}}{\mathrm{m}^2} = 1\,\frac{\mathrm{A\,s}}{\mathrm{m}^2}.$

Auf einer Leiteroberfläche stimmt nach oben Gesagtem der Betrag der Verschiebungsdichte D mit der *Ladungsbedeckung* des Leiters σ überein:

$$\sigma = \frac{\mathrm{d}Q}{\mathrm{d}A} \qquad \textbf{(Ladungsbedeckung, Flächenladungsdichte).} \qquad (18)$$

Die Verschiebungsdichte ist ebenso wie die Feldstärke ein Vektor; sie ist wegen (15) und (17) dem Betrage nach gleich $D = \varepsilon_0 E$, also der Feldstärke proportional, und überdies ihr gleich gerichtet. Es gilt deshalb

$$\boldsymbol{D} = \varepsilon_0 \boldsymbol{E} \qquad \textbf{(Verschiebungsdichte im Vakuum).} \qquad (19)$$

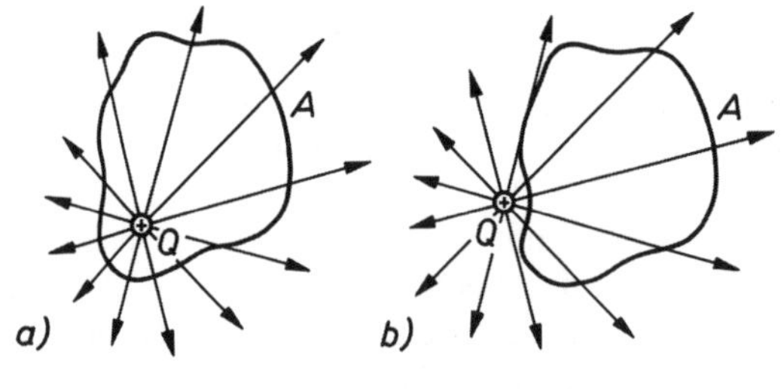

Bild 23.7. Elektrischer Fluss Ψ durch eine geschlossene Fläche A, die im Fall a) ein Gebiet mit Quellen (Ladung Q), im Fall b) ein quellenfreies Gebiet umschließt.

Der elektrische Fluss durch eine beliebig orientierte Fläche $\boldsymbol{A}$ ergibt sich aus (17) – analog Bild 15.3 und zugehöriger Gleichung (15/5) – zu

$$\Psi = \int \boldsymbol{D} \cdot \mathrm{d}\boldsymbol{A} \qquad \textbf{(elektrischer Fluss).} \qquad (20)$$

Legt man um eine oder mehrere Ladungen Q_i eine geschlossene, ansonsten aber beliebig geformte Fläche A (Bild 23.7a), so ist der durch sie hindurchgehende elektrische Fluss gleich der

Summe der von der Fläche eingeschlossenen Ladungen als Quellen (oder Senken) des elektrischen Feldes:

$$\Psi = \oint_{(A)} \boldsymbol{D} \cdot \mathrm{d}\boldsymbol{A} = \sum_i Q_i \qquad \textbf{(elektrisches Durchflutungsgesetz).} \tag{21}$$

Liegen die Ladungen außerhalb der geschlossenen Fläche (Bild 23.7b), so verschwindet das Oberflächenintegral (21), da in diesem Falle in den von der Fläche umhüllten Raum ebenso viele Feldlinien eintreten wie austreten.

23.7 Das elektrische Zentralfeld (Punktladung und Punktladungssystem)

Denken wir uns eine Kugel vom Radius r um eine Punktladung Q als Mittelpunkt gelegt, so ist die Dichte der Feldlinien auf der Kugeloberfläche überall gleich groß, d. h., der Betrag der Verschiebungsdichte $\boldsymbol{D}$ ist auf der Kugeloberfläche konstant, und die Feldlinien durchsetzen die Kugelfläche überall senkrecht. Der Fluss durch die Kugelfläche ist dann nach (21)

$$\Psi = \oint \boldsymbol{D} \cdot \mathrm{d}\boldsymbol{A} = \varepsilon_0 \oint E \,\mathrm{d}A = \varepsilon_0 E \oint \mathrm{d}A = \varepsilon_0 E(4\pi r^2) = Q,$$

woraus für den Betrag der elektrischen Feldstärke im Abstand r von der Punktladung Q folgt:

$$E = \frac{Q}{4\pi\varepsilon_0 r^2}. \tag{22}$$

Da die elektrischen Feldlinien *radialsymmetrisch* zu der im Koordinatenursprung angenommenen Ladung verlaufen (vgl. Bild 23.2a), wird der Vektor der elektrischen Feldstärke am Ort $\boldsymbol{r}$ des Feldes durch

$$\boldsymbol{E} = \frac{Q}{4\pi\varepsilon_0 r^2}\boldsymbol{e}_r \qquad \textbf{(elektrische Feldstärke einer Punktladung)} \tag{23}$$

beschrieben mit $\boldsymbol{e}_r = \boldsymbol{r}/r$ als Einheitsvektor in radialer Richtung. Der Richtungssinn von $\boldsymbol{E}$ ergibt sich aus dem Vorzeichen von Q. Damit folgt nach (8)

$$\varphi(r) = -\int_{\infty}^{r} \boldsymbol{E} \cdot \mathrm{d}\boldsymbol{r} = \frac{Q}{4\pi\varepsilon_0 r} \qquad \textbf{(elektrostatisches Potential einer Punktladung).} \tag{24}$$

Die Äquipotentialflächen sind konzentrische Kugelflächen mit Q als Mittelpunkt.
Die hier angegebenen Beziehungen für Feldstärke und Potential sind auch für eine *geladene Kugel* vom Radius R gültig, sofern $r \geq R$ ist; denn:

> **Eine elektrisch geladene Kugel wirkt für einen außerhalb oder auf ihrer Oberfläche liegenden Punkt so, als sei die gesamte Ladung in ihrem Mittelpunkt vereinigt.**

Befinden sich im Raum mehrere Punktladungen $Q_1, \ldots, Q_n$ (*Punktladungssystem* wie z. B. in Bild 23.2b und c), so wird das elektrische Feld über die Berechnung des elektrostatischen Potentials bestimmt. Das resultierende Potential an einem beliebigen Ort ergibt sich durch Addition der Einzelpotentiale φ_i, die von den Ladungen Q_i gemäß Gleichung (24) in den Abständen r_i unabhängig voneinander aufgebaut werden:

$$\varphi = \frac{1}{4\pi\varepsilon_0}\left(\frac{Q_1}{r_1} + \frac{Q_2}{r_2} + \cdots + \frac{Q_n}{r_n}\right) = \frac{1}{4\pi\varepsilon_0}\sum_{i=1}^{n}\frac{Q_i}{r_i}. \tag{25}$$

Wenn keine Punktladungen, sondern flächenhaft bzw. räumlich verteilte Ladungen vorliegen, wird die **Flächenladungsdichte** $\sigma = \mathrm{d}Q/\mathrm{d}A$ bzw. die **Raumladungsdichte** $\varrho = \mathrm{d}Q/\mathrm{d}V$ verwendet. An die Stelle der Ladungen Q_i treten $\mathrm{d}Q = \sigma\,\mathrm{d}A$ bzw. $\mathrm{d}Q = \varrho\,\mathrm{d}V$, und statt der Summation (25) wird über die gesamte geladene Fläche bzw. das gesamte geladene Volumen integriert:

$$\varphi = \frac{1}{4\pi\varepsilon_0}\int\frac{\sigma\,\mathrm{d}A}{r} \quad \text{bzw.} \quad \varphi = \frac{1}{4\pi\varepsilon_0}\int\frac{\varrho\,\mathrm{d}V}{r}.$$

Kraftwirkungen zwischen Ladungen. Die Kraft zwischen zwei punktförmigen Ladungen q und Q ist diejenige Kraft, welche die Ladung q im Feld der Ladung Q erfährt, nach Gleichung (2) $\boldsymbol{F} = q\boldsymbol{E}$ mit der Feldstärke (23) also

$$\boldsymbol{F} = \frac{1}{4\pi\varepsilon_0}\frac{qQ}{r^2}\boldsymbol{e}_r, \qquad \text{Betrag} \quad F = \frac{1}{4\pi\varepsilon_0}\frac{qQ}{r^2} \qquad \textbf{(Coulombsches Gesetz).} \tag{26}$$

Bei *gleichen* Vorzeichen von q und Q sind $\boldsymbol{F}$ und der Einheitsvektor $\boldsymbol{e}_r$, der von Q nach q zeigt, gleich gerichtet, und wir beobachten *Abstoßung*; bei *ungleichen* Vorzeichen sind $\boldsymbol{F}$ und $\boldsymbol{e}_r$ entgegengerichtet, und wir erhalten *Anziehung*. Dieses Gesetz wurde zuerst von COULOMB (1785) auf Grund von genauen Messungen gefunden:

Die zwischen zwei Punktladungen (geladenen Kugeln) wirkende Kraft ist dem Produkt beider Ladungen proportional und nimmt mit dem Quadrat ihres Abstandes (Mittelpunktabstandes) ab.

Beispiele: *1.* Man berechne für das Wasserstoffatom das Verhältnis von elektrostatischer Anziehungskraft und Gravitationskraft zwischen Proton und Elektron, die je eine Elementarladung tragen ($m_\mathrm{p} = 1{,}673 \cdot 10^{-27}$ kg; $m_\mathrm{e} = 9{,}109 \cdot 10^{-31}$ kg; $e = 1{,}602 \cdot 10^{-19}$ C). – *Lösung:* Mit der COULOMB-Kraft (26) $F_\mathrm{C} = e^2/(4\pi\varepsilon_0 r^2)$ und der Gravitationskraft (22/4) $F_\mathrm{G} = \gamma m_\mathrm{p} m_\mathrm{e}/r^2$ erhält man $F_\mathrm{C} : F_\mathrm{G} = e^2/(4\pi\varepsilon_0) : \gamma m_\mathrm{p} m_\mathrm{e} \approx 2 \cdot 10^{39}$! Die elektrostatischen Kräfte sind also ungleich stärker als die Gravitationskräfte, was (trotz vieler formaler Analogien zwischen elektrischem Feld und Gravitationsfeld) auf ihre unterschiedliche Natur hinweist.

2. Welches ist der kleinste Abstand, bis zu dem sich ein beim radioaktiven Zerfall des Poloniums entstehendes α-Teilchen dem Kern eines Goldatoms annähern kann, wenn es sich mit der Energie $E_\alpha = 7$ MeV direkt auf ihn zu bewegt? (RUTHERFORD-Streuung, Bild 44.1). Welchen Wert erreicht die Abstoßungskraft im Punkt der größten Annäherung, wo das Teilchen am Kern „reflektiert" wird? Ladung des α-Teilchens $q = 2e$, Ladung des Au-Kerns $Q = Ze$ mit der Ordnungszahl $Z = 79$; $\varepsilon_0 = 8{,}854 \cdot 10^{-12}$ C/(V m). – *Lösung:* Beim Anflug des α-Teilchens auf den Au-Kern büßt es seine gesamte kinetische Energie E_α ein, erhält dafür aber zunehmend potentielle Energie, die im kernnächsten Abstand r_min nach (11) und (24) gleich $E_\mathrm{p} = qQ/(4\pi\varepsilon_0 r_\mathrm{min}) = 2Ze^2/(4\pi\varepsilon_0 r_\mathrm{min})$ ist. Aus $E_\mathrm{p} = E_\alpha$ folgt mit der Energieeinheit 1 eV $= 1{,}602 \cdot 10^{-19}$ J:

$$r_\mathrm{min} = \frac{Ze^2}{2\pi\varepsilon_0 E_\alpha} = 3{,}25 \cdot 10^{-14}\ \mathrm{m} \qquad \text{und nach (26)} \qquad F_\mathrm{max} = \frac{2Ze^2}{4\pi\varepsilon_0 r_\mathrm{min}^2} \approx 34\ \mathrm{N}.$$

r_min ist von der Größenordnung des Kernradius.

Aufgabe 23.2. Berechne die Kraft, mit der sich zwei kugelförmige Gaswolken anziehen, die sich in 1000 m Abstand voneinander befinden und jeweils aus 1 mol einfach positiver bzw. negativer Ionen bestehen!

Aufgabe 23.3. Welche Arbeit muss beim Heranführen einer Punktladung $q = 2 \cdot 10^{-8}$ C aus dem Unendlichen zu einem Punkt verrichtet werden, der 1 cm von der Oberfläche einer Kugel mit dem Radius $R = 1$ cm und der Flächenladungsdichte $\sigma = 10^{-5}$ C/m² entfernt ist?

23.8 Kapazität. Kondensatoren

Bringt man auf eine leitende Kugel eine Ladung Q, so verteilt sie sich auf der Kugeloberfläche, da infolge der elektrostatischen Abstoßung gleichnamige Ladungsträger so weit wie möglich auseinander streben. Das davon ausgehende $\boldsymbol{D}$-Feld endet auf benachbarten Leitern, an den Raumwänden, auf der Erdoberfläche oder im Unendlichen und influenziert dort insgesamt die Ladung $-Q$ (Senken). Enden alle Feldlinien im Unendlichen, wo das Potential $\varphi(\infty) = 0$ herrscht, so liegt die Kugeloberfläche (Radius R) als Sitz der Ladung Q auf der Spannung (Potentialdifferenz) $U = \varphi(R) - \varphi(\infty) = \varphi(R)$. Nach (24) ist daher $U = Q/(4\pi\varepsilon_0 R) = Q/C$ mit

$$C = 4\pi\varepsilon_0 R \qquad \textbf{(Kapazität der frei stehenden Kugel).} \qquad (27)$$

Eine solche Proportionalität $Q \sim U$ zwischen Ladung und Spannung gilt für jede Anordnung von isoliert aufgestellten Leitern *(Konduktoren)*. Der Proportionalitätsfaktor C, die **Kapazität** des Leiters, ist eine lediglich durch seine Geometrie (Abmessungen, Gestalt, Anordnung) bestimmte Größe. Es gilt somit

$$C = \frac{Q}{U} \qquad \textbf{(Kapazität, allgemein).} \qquad (28)$$

Die Kapazität C kennzeichnet das „Fassungsvermögen" eines Leiters für elektrische Ladungen bei einer bestimmten Spannung. So besitzt auch jedes *Elektrometer* (vgl. Bild 23.1) eine bestimmte Kapazität, weshalb damit nicht nur Ladungen, sondern wegen $Q \sim U$ auch Spannungen gemessen werden können, wenn es in Volt geeicht wird *(elektrostatisches Voltmeter)*. Aus der Definitionsgleichung (28) folgt als

$$\textit{Einheit der Kapazität:} \quad [C] = \frac{[Q]}{[U]} = 1\,\frac{\mathrm{C}}{\mathrm{V}} = 1\,\frac{\mathrm{A\,s}}{\mathrm{V}} = 1 \text{ Farad (F)}.$$

Ein Leiter der Kapazität 1 Farad (F) wird durch die Ladung 1 Coulomb (1 C = 1 A s) auf eine Spannung von 1 Volt (V) aufgeladen.

Da 1 F eine sehr große Einheit darstellt, werden Kapazitäten in der Praxis in Mikrofarad ($1\,\mu\mathrm{F} = 10^{-6}\,\mathrm{F}$), Nanofarad ($1\,\mathrm{nF} = 10^{-9}\,\mathrm{F}$) oder Pikofarad ($1\,\mathrm{pF} = 10^{-12}\,\mathrm{F}$) angegeben.

Kondensatoren. Stellen wir einer isoliert aufgestellten Metallplatte eine zweite Platte gleicher Größe im Abstand d gegenüber, die leitend mit der Erde verbunden ist, so entsteht ein *Plattenkondensator*. Wird die Konduktorplatte aufgeladen, so verlaufen die elektrischen Feldlinien alle zur gegenüberliegenden Kondensatorplatte, da auf dieser eine entgegengesetzt gleiche Ladung durch Influenz gebunden wird. Als Ladung des Kondensators bezeichnet man diejenige, die *eine* Platte trägt.

Zwischen den Kondensatorplatten bildet sich bei im Verhältnis zur Plattengröße kleinem Plattenabstand d ein *homogenes* elektrisches Feld aus. Die konstante Feldstärke ist nach (14) $E = U/d$. Die auf der geerdeten Kondensatorplatte der Fläche A durch das elektrische Feld influenzierte Ladung Q lässt sich nun über die elektrische Verschiebungsdichte (17) und (19) angeben zu

$$Q = DA = \varepsilon_0 E A = \frac{\varepsilon_0 A}{d}\,U,$$

woraus mit Gleichung (28) folgt

$$C = \frac{\varepsilon_0 A}{d} \qquad \textbf{(Kapazität des leeren Plattenkondensators).} \qquad (29)$$

Aus der Beziehung (29) geht hervor: Je kleiner der Plattenabstand, um so größer ist die Kapazität des Kondensators. Da sich bei einer Veränderung des Plattenabstandes die Ladung auf den Platten und damit die Feldstärke nicht ändert, nimmt die Spannung zwischen den Platten $U = Ed$ bei Vergrößerung ihres Abstandes zu.

Allgemein wird jede Vorrichtung, die zur Speicherung einer elektrischen Ladung dient, als Kondensator bezeichnet, sie ist also nicht an die Plattenform gebunden. Jeder Kondensator besteht aus zwei gegeneinander *isoliert* in einem bestimmten Abstand angeordneten Leitern, z. B. beim *Zylinderkondensator* aus zwei konzentrischen Zylinderflächen mit unterschiedlichen Radien (Koaxialkabel, Leidener Flasche). Große Kapazitäten lassen sich nach (29) durch große Leiterflächen A erreichen. Dazu werden übereinander liegende Metall- und Isolierpapierfolien zusammen aufgewickelt *(Wickelkondensatoren)*. Eine Erhöhung von C wird auch durch kleinstmögliche Elektrodenabstände d erzielt. Dazu kann die isolierende Oxidschicht genutzt werden, mit der sich Metalle überziehen, wenn sie mit einem Elektrolyten in Berührung kommen *(Elektrolytkondensatoren)*. Schließlich steigt auch die Kapazität, wenn durch eine geeignete Isolierschicht zwischen den Leiterflächen die elektrische Verschiebungsdichte bei gleicher Feldstärke gegenüber dem Vakuum erhöht wird *(Keramikkondensatoren)*; vgl. 24.2.

Schaltung von Kondensatoren. Für zwei *parallel* geschaltete Kondensatoren (Bild 23.8a) ist $U = U_1 = U_2$, und die Ladungen addieren sich: $Q = Q_1 + Q_2 = UC_1 + UC_2 = UC$. Die Gesamtkapazität hat deshalb die Größe $C = C_1 + C_2$, allgemein

$$C = \sum_i C_i \qquad \textbf{(Gesamtkapazität } C \textbf{ bei Parallelschaltung).} \qquad (30)$$

Bei zwei *in Reihe* geschalteten Kondensatoren (Bild 23.8b) liegen nur die linke Platte von C_1 und die rechte Platte von C_2 an der Spannung U. Die „inneren" Platten laden sich durch Influenz auf, so dass beide Kondensatoren jeweils die gleiche Ladung tragen: $Q = Q_1 = Q_2$. Die Teilspannungen addieren sich zu $U = U_1 + U_2 = Q/C_1 + Q/C_2 = Q/C$. Die Gesamtkapazität C berechnet sich somit hier nach $1/C = 1/C_1 + 1/C_2$, allgemein

$$\frac{1}{C} = \sum_i \frac{1}{C_i} \qquad \textbf{(Gesamtkapazität } C \textbf{ bei Reihenschaltung).} \qquad (31)$$

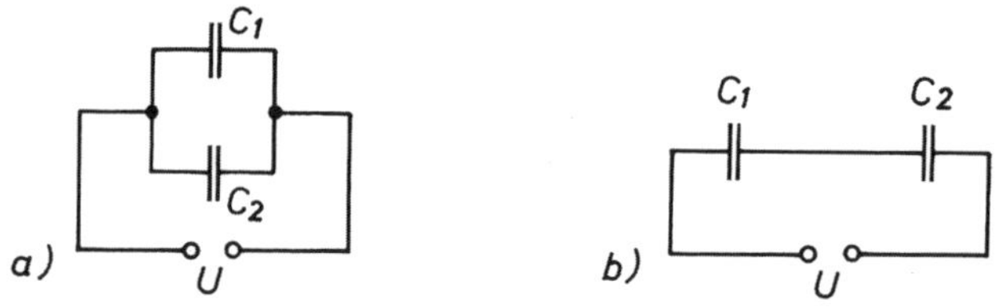

Bild 23.8. a) Parallelschaltung, b) Reihenschaltung von Kondensatoren

Beispiel: Die Flächenladungsdichte eines Plattenkondensators mit der Plattengröße $A = 1\ \text{dm}^2$ betrage $\sigma = 5{,}3\ \mu\text{C/m}^2$. Ein Elektron erlangt beim Durchlaufen des Weges von einer Platte zur anderen eine Geschwindigkeit von $3{,}25 \cdot 10^7$ m/s. Wie groß ist die Kapazität des Kondensators? Man bestimme die Feldstärke im Kondensator und den Plattenabstand. Ruhmasse des Elektrons $m_e = 9{,}11 \cdot 10^{-31}$ kg; $e = 1{,}602 \cdot 10^{-19}$ C; $\varepsilon_0 = 8{,}854 \cdot 10^{-12}$ C/(V m). – *Lösung:* Nach (18) ist $\sigma = Q/A$, woraus für die Ladung auf einer Kondensatorplatte folgt $Q = \sigma A = 5{,}3 \cdot 10^{-8}$ C. Die beim Durchlaufen des Plattenabstandes vom Elektron aufgenommene kinetische Energie $m_e v^2/2$ ist gleich der Arbeit zur Überwindung der Potentialdifferenz (Spannung) U, also mit $|q| = e$ nach (12) gleich eU; daraus folgt $U = m_e v^2/(2e) = 3$ kV. Somit wird nach (28) $C = Q/U = 1{,}8 \cdot 10^{-11}\ \text{F} = 18$ pF. Aus (17) und (19) folgt $E = D/\varepsilon_0 = \sigma/\varepsilon_0 = 600$ kV/m und mit (14) $d = U/E = 5$ mm.

Aufgabe 23.4. Man bestimme die Kapazität C_E der Erdkugel (Radius 6380 km). Um wie viel ändert sich das Potential der Erdkugel, wenn man ihr eine Ladung von 1 C überträgt?

Aufgabe 23.5. Auf eine Kugel von 8 cm Durchmesser werde eine elektrische Ladung von $4{,}45 \cdot 10^{-7}$ C gebracht. Welche Spannung erhält sie dadurch gegen Erde?

24 Das elektrische Feld in Isolatoren (Dielektrika)

24.1 Elektrische Polarisation der Dielektrika. Piezoelektrizität

Die elektrischen Erscheinungen werden durch die Anwesenheit von Stoffen beeinflusst und unterscheiden sich daher von denen im Vakuum. Die Unterschiede liegen in der *Struktur der Stoffe* begründet. Alle Stoffe sind aus Atomen bzw. Molekülen aufgebaut, die ihrerseits aus positiv und negativ geladenen Teilchen bestehen. Von besonderer Bedeutung sind dabei die *Elektronen*, die bei Isolatoren, den sog. **Dielektrika**, im Gegensatz zu Leitern nur innerhalb der Atome oder Moleküle verschiebbar sind. Infolge der Kräfte eines äußeren Feldes, die an den Elektronen und positiven Atomkernen des Moleküls angreifen, findet eine *Verschiebung der Elektronenhüllen* derart statt, dass die Schwerpunkte der positiven und negativen Ladungen nicht mehr zusammenfallen. Die Moleküle werden im elektrischen Feld zu *elektrischen Dipolen*. Ihr influenziertes Dipolmoment $\boldsymbol{p}$ ist bei nicht zu starken Feldern der äußeren Feldstärke $\boldsymbol{E}_0$ proportional:

$$\boldsymbol{p} = \alpha \boldsymbol{E}_0. \quad (1)$$

α ist die **Polarisierbarkeit** der Moleküle und hängt nur von deren Art ab. Man nennt diese Erscheinung **Verschiebungspolarisation**, da sie auf einer Ladungsverschiebung beruht. Sie tritt bei allen Stoffen auf.

Viele Stoffe bestehen aus Molekülen, die von Natur aus permanente elektrische Dipole sind. Diese zeigen zusätzlich eine sog. **Orientierungspolarisation**. Sie besteht darin, dass die ohne äußeres Feld völlig regellos orientierten Dipolmoleküle sich unter dem Einfluss eines äußeren Feldes vorzugsweise in Feldrichtung einstellen (vgl. 23.3). Dadurch wird ein resultierendes Dipolmoment in Feldrichtung erzeugt, das (bei nicht zu starken Feldern) ebenfalls der äußeren Feldstärke $\boldsymbol{E}_0$ proportional, jedoch wegen der desorientierenden Wirkung der Wärmebewegung zur Temperatur umgekehrt proportional ist: $\boldsymbol{p} \sim \boldsymbol{E}_0/T$.

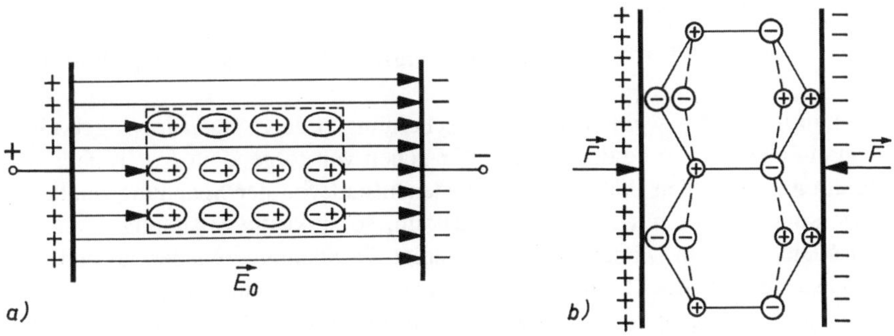

Bild 24.1. Entstehung freier Oberflächenladungen infolge Polarisation der Moleküle a) durch ein elektrisches Feld, b) durch eine mechanische Druckbeanspruchung (*piezoelektrischer Effekt*)

Bild 24.1a veranschaulicht die Polarisation eines Dielektrikums im Feld eines Plattenkondensators. Die Dipolachsen bilden Ketten in Feldrichtung, so dass sich im Innern des Stoffes die jeweils einander gegenüberliegenden ungleichnamigen Dipolladungen kompensieren, während an der Oberfläche des Dielektrikums unkompensierte *freie Ladungen* auftreten. Diese Oberflächenladungen sind auf der Seite, wo das äußere Feld eintritt, negativ, dort wo es austritt, positiv. Dadurch wird im Stoff ein *Gegenfeld* hervorgerufen, um welches das äußere Feld im Innern des Stoffes geschwächt wird. Befinden sich im Volumen V des Dielektrikums N Moleküle, von denen jedes ein elementares Dipolmoment $\boldsymbol{p}$ besitzt, so ergibt die *Dipoldichte* die **elektrische Polarisation** $\boldsymbol{P}$ des Dielektrikums:

$$\boldsymbol{P} = \frac{N}{V}\,\boldsymbol{p} = n\boldsymbol{p} = n\alpha \boldsymbol{E}_0 \tag{2}$$

$$\textit{Einheit:}\quad [P] = \frac{[p]}{[V]} = 1\,\frac{\mathrm{A\,s\,m}}{\mathrm{m}^3} = 1\,\frac{\mathrm{A\,s}}{\mathrm{m}^2} = 1\,\frac{\mathrm{C}}{\mathrm{m}^2}.$$

Die Polarisation $\boldsymbol{P}$ ist, wie auch ihre Einheit zeigt, betragsmäßig gleich der Flächenladungsdichte (23/18) $\sigma = \mathrm{d}Q/\mathrm{d}A$ der freien Oberflächenladungen des Dielektrikums. Polarisation und Oberflächenladungen verschwinden nach Abschalten des äußeren Feldes. Nur in Ausnahmefällen, bei den sog. *Elektreten*, bleibt auch dann eine *permanente Polarisation* erhalten.

Piezoelektrizität. Bestimmte Kristalle, z. B. Quarz (SiO_2), lassen sich auch rein mechanisch durch eine Druck-, Zug- oder Schubspannung, also ohne ein äußeres elektrisches Feld, polarisieren. Dazu wird eine dünne Platte senkrecht zu einer sog. **polaren Achse** des Kristallgitters aus einem größeren *Einkristall* herausgeschnitten. Komprimiert man z. B. eine Quarzplatte in Richtung dieser polaren Achse (Bild 24.1b), so verschieben sich die positiven (Silicium-) und die negativen (Sauerstoff-)Ionen aus ihren Normallagen im Kristallgitter so, dass ihre Ladungsschwerpunkte nicht mehr zusammenfallen und dadurch Dipole entstehen. Im Innern der Kristalle kompensieren sich die Ladungen dieser Dipole; nur auf der einen Grenzfläche entsteht ein Überschuss an positiver und auf der gegenüberliegenden Seite ein Überschuss an negativer Ladung *(longitudinaler piezoelektrischer Effekt)*. Eine geringere Polarisation zeigt der senkrecht zur polaren Achse auftretende *transversale piezoelektrische Effekt*. Quarze werden als Sensoren zu Druck-, Kraft- und Beschleunigungsmessungen sowie in der Elektroakustik für Mikrofone, Tonabnehmer u. a. verwendet.
Bringt man eine Quarzplatte durch Aufladen der Grenzflächen in ein elektrisches Feld, so dehnt bzw. kontrahiert sie sich in Richtung der polaren Achse. Dieser *reziproke piezoelektrische Effekt* wird bei den sog. **Schwingquarzen** zur Frequenzstabilisierung von Oszillatorschwingungen (z. B. bei Uhren, Sendern usw.) oder zur Erzeugung von *Ultraschall* genutzt.

24.2 Permittivität (Dielektrizitätskonstante), elektrische Suszeptibilität

Es soll nun untersucht werden, welche Erscheinungen durch das Einbringen eines Dielektrikums in ein elektrisches Feld auftreten. Wir gehen von folgendem *Experiment* aus: Füllt man den Raum zwischen den Platten eines geladenen und von der Spannungsquelle wieder abgetrennten Kondensators mit einem Dielektrikum, so sinkt die Spannung U am Kondensator. Wird das Dielektrikum wieder entfernt, so steigt die Spannung wieder auf den ursprünglichen Wert. Da sich die auf den Kondensatorplatten vorhandene Ladung Q durch das Einbringen des Dielektrikums nicht geändert haben kann, muss wegen $U = Q/C$ durch Anwesenheit des Dielektrikums die Kapazität C des Kondensators erhöht worden sein. Das Verhältnis der durch das Dielektrikum vergrößerten Kapazität C eines Kondensators zu seiner Vakuum-Kapazität C_0 definiert den Stoffwert

$$\varepsilon_\mathrm{r} = \frac{C}{C_0} \qquad \textbf{(Permittivitäts- oder Dielektrizitätszahl).} \tag{3}$$

Da in diesem Experiment die Ladung konstant bleibt, ändert sich auch die Verschiebungsdichte $D = Q/A$ nicht. Es gilt mit U_0 bzw. U als Spannung am Kondensator ohne bzw. mit Dielektrikum: $Q = C_0U_0 = CU$, also $U_0 = (C/C_0)\,U = \varepsilon_\mathrm{r}U$ oder $U = U_0/\varepsilon_\mathrm{r}$. Die Spannung am Kondensator fällt also durch das Einbringen des Dielektrikums ($\varepsilon_\mathrm{r} > 1$) ab. Wegen (23/14) $U = Ed$ (d Plattenabstand) gilt dies auch für die elektrische Feldstärke:

$$\boldsymbol{E} = \frac{1}{\varepsilon_r} \boldsymbol{E}_0 \qquad \text{oder} \qquad \boldsymbol{E}_0 = \varepsilon_r \boldsymbol{E}. \tag{4}$$

Bei gleich bleibender Ladungsverteilung ist die Feldstärke E im Dielektrikum um den Faktor $1/\varepsilon_r$ kleiner als die Vakuum-Feldstärke E_0.

Diese Schwächung der Feldstärke im Stoff wird durch das Gegenfeld $\boldsymbol{E}_P$ der durch *Polarisation des Dielektrikums* hervorgerufenen freien Oberflächenladungen (Bild 24.1a) bewirkt. Die Feldstärke im Stoff $\boldsymbol{E}$ ergibt sich somit aus der Überlagerung von Vakuum-Feldstärke $\boldsymbol{E}_0$ und ihr entgegengerichteter Polarisationsfeldstärke $\boldsymbol{E}_P$ (Bild 24.2):

$$\boldsymbol{E} = \frac{\boldsymbol{E}_0}{\varepsilon_r} = \boldsymbol{E}_0 + \boldsymbol{E}_P. \tag{5}$$

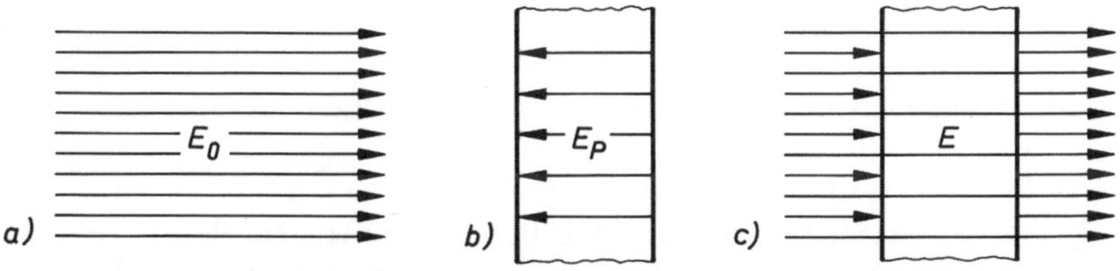

Bild 24.2. Polarisation eines Dielektrikums ($\varepsilon_r = 2$): a) elektrisches Feld $\boldsymbol{E}_0$ ohne Stoff; b) das infolge Polarisation im Stoff sich ausbildende Feld der Oberflächenladungen $\boldsymbol{E}_P$; c) resultierendes Feld im Stoff $\boldsymbol{E} = \boldsymbol{E}_0 + \boldsymbol{E}_P = \boldsymbol{E}_0/\varepsilon_r$

Dieser Abfall der Feldstärke tritt nicht ein, wenn man obiges Experiment so abwandelt, dass der Kondensator während des Einbringens des Dielektrikums an der Spannungsquelle *angeschlossen bleibt.* Auf diese Weise wird die Spannung und damit die Feldstärke im Kondensator konstant gehalten. Da sich durch das Dielektrikum die Kapazität des Kondensators nach (3) um den Faktor ε_r erhöht, muss zur Konstanthaltung der Spannung wegen $U = Q/C$ auch die Ladung auf den Kondensatorplatten durch Nachfließen von der Spannungsquelle von Q auf $\varepsilon_r Q$ zunehmen. Damit wächst auch die Verschiebungsdichte $D = Q/A$ auf das ε_r-fache dieses Wertes, und es gilt jetzt anstelle von Gleichung (23/19)

$$\boldsymbol{D} = \varepsilon_r \varepsilon_0 \boldsymbol{E} = \varepsilon \boldsymbol{E} \qquad \textbf{(Verschiebungsdichte im Dielektrikum)} \tag{6}$$

mit der **Permittivität** oder **Dielektrizitätskonstante** $\varepsilon = \varepsilon_r \varepsilon_0$.
Die Differenz der durch das Dielektrikum vergrößerten Verschiebungsdichte (6) zur Verschiebungsdichte bei derselben Feldstärke im Vakuum ($\varepsilon_r = 1$) ist somit

$$\boldsymbol{P} = \boldsymbol{D} - \varepsilon_0 \boldsymbol{E} = (\varepsilon_r - 1)\, \varepsilon_0 \boldsymbol{E} = \chi_e \varepsilon_0 \boldsymbol{E} \qquad \textbf{(elektrische Polarisation).} \tag{7}$$

Der Proportionalitätsfaktor $\chi_e = \varepsilon_r - 1$ heißt **elektrische Suszeptibilität** des Stoffes. $\boldsymbol{P}$ ist diejenige Verschiebungsdichte, die zur Kompensation der durch das äußere Feld im Dielektrikum erzeugten freien Oberflächenladungen erforderlich ist (vgl. 24.1).
Aus Gleichung (5) erhalten wir für die Feldstärke $\boldsymbol{E}_P$ des Gegenfeldes, erzeugt durch die freien Oberflächenladungen auf dem Dielektrikum:

$$\boldsymbol{E}_P = \boldsymbol{E} - \boldsymbol{E}_0 = (1 - \varepsilon_r)\, \boldsymbol{E} = -\chi_e \boldsymbol{E}. \tag{8}$$

Wie man sieht, gilt mit (7) $\boldsymbol{P} = -\varepsilon_0 \boldsymbol{E}_P$, d. h., $\boldsymbol{E}_P$ ist die zur Polarisation $\boldsymbol{P}$ gehörige Feldstärke; man nennt sie **Elektrisierung**.

Für Stoffe ist $\varepsilon_r > 1$ und damit $\chi_e = \varepsilon_r - 1 > 0$; im *Vakuum* ist $\varepsilon_r = 1$ und $\chi_e = 0$. Die ε_r-Werte der Gase sind wegen der geringen Moleküldichte nur sehr wenig größer als 1 und daher die Suszeptibilitäten sehr klein (einige 10^{-3}). Deshalb gelten die in Abschnitt 23 für das Vakuum abgeleiteten Gesetzmäßigkeiten in sehr guter Näherung auch für Luft. Bei festen Isolierstoffen und vielen Flüssigkeiten liegt ε_r meist in der Größenordnung von 2 ... 10, für Stoffe mit permanenten Dipolmolekülen jedoch vielfach erheblich höher (z. B. bei Wasser mit $\varepsilon_r = 81$).

Bei Stoffen, deren Moleküle eine unsymmetrische Anordnung der inneren Ladungen und damit ein permanentes Dipolmoment aufweisen, hat die elektrische Suszeptibilität χ_e zwei Anteile, die den beiden Arten von Polarisation, Verschiebungs- und Orientierungspolarisation (vgl. 24.1), entsprechen. Der nicht temperaturabhängige Anteil, welcher durch die Verschiebungspolarisation hervorgerufen wird und allen Stoffen eigen ist, heißt **dielektrische** Suszeptibilität; der durch die Orientierungspolarisation verursachte temperaturabhängige Anteil heißt **parelektrische** Suszeptibilität (analog zu „diamagnetisch" und „paramagnetisch", vgl. 29.1).

24.3 Verhalten von *D* und *E* an der Grenzfläche zweier Medien

Zwei verschiedene Stoffe mit den Permittivitäten ε_1 und ε_2 (z. B. Vakuum mit $\varepsilon_1 = \varepsilon_0$ und Stoff mit $\varepsilon_2 > \varepsilon_0$) sollen eine gemeinsame Grenzfläche haben. Tritt ein elektrisches Feld vom Stoff *1* in den Stoff *2* über, so muss das Verhältnis von Verschiebungsdichte zu Feldstärke $D/E = \varepsilon$ zwangsläufig einen Sprung erleiden. Welche der beiden Feldgrößen $\boldsymbol{D}$ und $\boldsymbol{E}$ sich an der Grenzfläche wie stark ändert, hängt von der Einfallsrichtung der Feldlinien ab.
Stellen wir z. B. zwischen die Platten eines geladenen Kondensators parallel zu diesen eine dielektrische Platte einheitlicher Dicke, die den Kondensatorraum nicht vollständig ausfüllt, so haben $\boldsymbol{D}$ und $\boldsymbol{E}$ bezogen auf eine Grenzfläche des Dielektrikums nur *Normal*komponenten (D^n und E^n). Der elektrische Fluss Ψ durch ein Grenzflächenstück A wird im gesamten Kondensator nur durch die Ladungsbelegung Q auf den Kondensatorplatten bestimmt und ist demzufolge vor und hinter der Grenzfläche gleich, nach (23/17) $\Psi = D_1^n A = D_2^n A$, d. h., es ist $D_1^n = D_2^n$. Die Normalkomponente von $\boldsymbol{D}$ hat also innerhalb des ganzen Kondensators den gleichen Wert. Aber auch bei *schrägem* Durchgang des Feldes durch die Grenzfläche gilt

$$D_1^n = D_2^n, \qquad \text{d. h.} \qquad \varepsilon_1 E_1^n = \varepsilon_2 E_2^n. \tag{9}$$

Die Normalkomponente der Verschiebungsdichte *D* tritt stetig durch die Grenzfläche.

Im Gegensatz dazu hat, wie auch aus Bild 24.2 hervorgeht, die Normalkomponente der elektrischen Feldstärke E^n in den freien Oberflächenladungen des polarisierten Dielektrikums zusätzliche Quellen und Senken, in denen Feldlinien beginnen oder enden, und sie erleidet daher beim Übergang vom einen Medium in das andere nach (9) einen Sprung: $E_2^n = (\varepsilon_1/\varepsilon_2)\, E_1^n$.
Stellt man die dielektrische Platte im Kondensator so, dass das elektrische Feld parallel zur Grenzfläche verläuft, so haben jetzt $\boldsymbol{D}$ und $\boldsymbol{E}$ bezogen auf diese nur *Tangential*komponenten (D^t und E^t). Die Spannung U zwischen zwei im Abstand d auf der Grenzfläche gelegenen Punkten P_1 und P_2 muss unabhängig davon sein, ob die Distanz d im Medium *1* oder im Medium *2* durchlaufen wird, d. h., es muss nach (23/14) gelten $U = E_1^t d = E_2^t d$, also $E_1^t = E_2^t$. Aber auch bei *schrägem* Durchtritt des Feldes durch die Grenzfläche gilt

$$E_1^t = E_2^t, \qquad \text{d. h.} \qquad \frac{D_1^t}{\varepsilon_1} = \frac{D_2^t}{\varepsilon_2}. \tag{10}$$

Die Tangentialkomponente der Feldstärke *E* tritt stetig durch die Grenzfläche.

Die Tangentialkomponente der Verschiebungsdichte $\boldsymbol{D}$ erleidet daher einen Sprung. Aus diesen Gesetzmäßigkeiten geht hervor, dass die $\boldsymbol{E}$- und $\boldsymbol{D}$-Linien beim Übertritt in ein Medium mit größerer Permittivität ε eine *Brechung* vom Grenzflächenlot weg erfahren.

Beispiele: *1.* Ein Plattenkondensator (Plattengröße $A = 5\,\mathrm{cm}^2$, Plattenabstand $d = 1$ mm) ist mit Glimmer ($\varepsilon_r = 7$) ausgefüllt. Er wird auf eine Spannung von $U = 500$ V aufgeladen. Wie groß sind a) die Feldstärke E und b) die Verschiebungsdichte D im Kondensatorraum, c) die Ladung Q auf einer Platte, d) die Polarisation P des Glimmers und e) die infolge der Polarisation auf dem Glimmer entstandenen freien Oberflächenladungen Q_P? – *Lösung:* Es ist a) nach (23/14) $E = U/d = 500$ kV/m; b) nach (6) mit $\varepsilon_0 = 8{,}854 \cdot 10^{-12}$ C/(V m): $D = 31\,\mu\mathrm{C/m^2}$; c) nach (23/17) $Q = DA = 15{,}5$ nC; d) nach (7) $P = 26{,}6\,\mu\mathrm{C/m^2}$; e) $P = Q_P/A$, d. h. $Q_P = PA = 13{,}3\,\mathrm{nC} = Q - Q_0$, wobei $Q_0 = D_0A = \varepsilon_0 EA = 2{,}2$ nC die Plattenladung des leeren Kondensators ist.

2. Zwischen die Platten eines leeren Kondensators (Plattenabstand $d = 8$ mm) wird eine Glasplatte ($\varepsilon_r = 7{,}5$) der Dicke $x = d/2$ eingeführt. a) In welchem Verhältnis wird dadurch die Kapazität des Kondensators vergrößert? b) Wie groß ist der Spannungsabfall im Luftraum ($\varepsilon_{rL} \approx 1$) und in der Glasplatte bei einer Aufladung der Kondensatorplatten auf 2500 V? – *Lösung:* a) Nach (9) ist die Normalkomponente der Verschiebungsdichte $\boldsymbol{D}$ im Glas- und Luftraum gleich: $\varepsilon_r E_G = \varepsilon_{rL} E_0 \approx E_0$, d. h. $E_G \approx E_0/\varepsilon_r$. Die Spannung zwischen den Kondensatorplatten ist die Summe aus den Spannungsabfällen in Luft und Glas, nach (23/14) also

$$U = E_0\,(d-x) + E_G x = E_0\,(d-x) + \frac{E_0}{\varepsilon_r}\,x = E_0\left(d - x\,\frac{\varepsilon_r - 1}{\varepsilon_r}\right).$$

Ohne Glasplatte ($x = 0$) ist $U_0 = E_0 d$. Wegen $C/C_0 = U_0/U$ wird somit die Kapazität durch die Platte im Verhältnis $d : [d - x\,(\varepsilon_r - 1)/\varepsilon_r] = 1{,}76$ vergrößert. Bei vollständiger Ausfüllung mit dem Dielektrikum ($x = d$) wird dieser Faktor gleich ε_r. b) Aus obiger Beziehung erhält man mit $U = 2500$ V durch Umstellung zunächst $E_0 = U/[d - x\,(\varepsilon_r - 1)/\varepsilon_r] = 551{,}5$ V/mm und hieraus die Spannungsabfälle $U_L = E_0\,(d-x) = 2206$ V in der Luftschicht und $U_G = (E_0/\varepsilon_r)\,x = 294$ V in der Glasplatte. Man erkennt, dass bei fast vollständiger Ausfüllung mit dem Dielektrikum im verbleibenden Luftspalt sehr hohe Spannungen bzw. Feldstärken auftreten können.

3. Im Unterschied zu Beispiel *2* sei jetzt der Raum zwischen den Kondensatorplatten über deren gesamten Abstand d, jedoch nur zu einem Teil X der Plattenfläche A mit dem Dielektrikum aufgefüllt. In welchem Verhältnis vergrößert sich die Kapazität des Kondensators für den Fall, dass die Hälfte des Kondensatorraumes mit Glas gefüllt ist? Werte für d und ε_r wie im obigen Beispiel. – *Lösung:* In diesem Fall verlaufen die Feldlinien *parallel* zur Grenzfläche des Dielektrikums, weshalb nach (10) die Tangentialkomponente der elektrischen Feldstärke im Glas- und Luftraum gleich ist, nämlich überall $E = U/d$, während die Verschiebungsdichten in Glas und Luft die Werte $D_G = \varepsilon_r\varepsilon_0 E = \varepsilon_r\varepsilon_0 U/d$ und $D_L = \varepsilon_0 E = \varepsilon_0 U/d$ annehmen. Die auf den Kondensatorplatten gespeicherte Ladung Q teilt sich auf die beiden an Glas und Luft angrenzenden Plattenflächenanteile X und $(A - X)$ wie folgt auf:

$$Q = D_G X + D_L\,(A - X) = \frac{\varepsilon_0 U}{d}[A + X\,(\varepsilon_r - 1)] = CU.$$

Hieraus folgt mit $C_0 = \varepsilon_0 A/d$ (Kapazität des leeren Kondensators):

$$C = \frac{A + X\,(\varepsilon_r - 1)}{A}\,C_0 = 4{,}25\,C_0.$$

Aufgabe 24.1. Zeige mit Hilfe der Beziehung (23/29) unter Beachtung von Gleichung (3), dass sich die Kapazität C eines nach obigem Beispiel *1* mit einem Dielektrikum teilweise gefüllten Kondensators als Gesamtkapazität einer *Reihenschaltung* (23/31) aus gefülltem und leerem Kondensator berechnen lässt!

Aufgabe 24.2. Zeige analog wie in Aufgabe 24.1, dass sich die Kapazität eines nach obigem Beispiel *2* mit einem Dielektrikum teilweise gefüllten Kondensators als Gesamtkapazität einer *Parallelschaltung* (23/30) aus gefülltem und leerem Kondensator berechnen lässt!

24.4 Energieinhalt des elektrischen Feldes

Einfache Experimente zeigen, dass jeder geladene Kondensator einen Energiespeicher darstellt. Um die Aufladung q eines Plattenkondensators um den Betrag $\mathrm{d}q$ zu erhöhen, muss die Ladungsmenge $\mathrm{d}q$ von der einen Kondensatorplatte gegen die Feldkräfte zur anderen verschoben werden. Bei der am Kondensator anliegenden Spannung $U = q/C$ ist die dafür aufzuwendende Verschiebungsarbeit nach (23/12)

$$\mathrm{d}W = U\,\mathrm{d}q = \frac{q}{C}\,\mathrm{d}q\,.$$

Denken wir uns die Aufladung des Kondensators von Anfang an portionsweise jeweils durch sehr kleine Ladungsmengen $\mathrm{d}q$ vorgenommen, so ist für das Aufbringen der Gesamtladung Q die Arbeit

$$W = \frac{1}{C}\int\limits_0^Q q\,\mathrm{d}q = \frac{1}{2C}\,Q^2 = \frac{1}{2}\,CU^2 = \frac{1}{2}\,QU \tag{11}$$

erforderlich; sie stellt die im Kondensator **gespeicherte Energie** dar.
Um zu verdeutlichen, dass es sich um *Energie im elektrischen Feld* handelt, setzen wir in Gleichung (11) für das homogene Feld des Plattenkondensators nach (23/17) $Q = DA$ und nach (23/14) $U = Ed$. Mit $Ad = V$ als Volumen des felderfüllten Raumes zwischen den Kondensatorplatten folgt

$$W_\mathrm{e} = \frac{1}{2}DEV \qquad \textbf{(elektrische Feldenergie).} \tag{12}$$

Teilt man W_e durch das felderfüllte Volumen V, so erhält man

$$w_\mathrm{e} = \frac{W_\mathrm{e}}{V} = \frac{1}{2}\,DE = \frac{1}{2}\,\varepsilon E^2 = \frac{1}{2}\,\varepsilon_\mathrm{r}\varepsilon_0 E^2 \qquad \textbf{(Energiedichte des elektrischen Feldes).} \tag{13}$$

Diese Gleichung, welche der Einfachheit halber nur für ein homogenes Feld hergeleitet wurde, hat keinen Bezug mehr zum Kondensator; sie besitzt in dieser Form allgemeine Gültigkeit für beliebige, auch zeitlich veränderliche elektrische Felder sowohl im Vakuum als auch im stofferfüllten Raum. Da sie auch für den leeren (stofffreien) Raum gilt, muss das raumerfüllende Feld selbst Träger der Energie sein (FARADAY, MAXWELL).

Beispiele: *1.* Ein Fotoblitzkondensator von 1000 µF wird auf 220 V aufgeladen. Wie groß ist die im Feld gespeicherte Energie? Welche Leistung wird beim Entladen über die Fotoblitzlampe bei 1 ms Blitzdauer umgesetzt? – *Lösung:* Nach (11) ist die Energie $W_\mathrm{e} = CU^2/2 \approx 24\,\mathrm{W\,s}$, die Leistung $P = W/t = 24\,\mathrm{kW}$. Die in Kondensatoren speicherbare Energie ist gering ($24\,\mathrm{W\,s} \approx 7\cdot 10^{-6}\,\mathrm{kWh}$!). Bei schneller Entladung können jedoch, wie man sieht, große Leistungen auftreten.

2. Man berechne auf Grund der Modellannahme, dass für ein kugelförmig gedachtes Elektron die seiner Masse m_e zukommende relativistische Ruhenergie (7/20) $E_0 = m_\mathrm{e}c^2$ dem Energieinhalt seines elektrischen Feldes genau entspricht, den Radius des Elektrons. – *Lösung:* Mit (11) und (23/27) ist $W_\mathrm{e} = Q^2/(2C) = e^2/(8\pi\varepsilon_0 r_\mathrm{e}) = m_\mathrm{e}c^2$, woraus sich mit den entsprechenden Konstanten $r_\mathrm{e} = 1{,}4\cdot 10^{-15}\,\mathrm{m}$ errechnet. Man beachte, dass r_e mit den Radien von Proton und Neutron nach (47/2) für die Massenzahl $A = 1$ übereinstimmt. Nimmt man weiter an, dass sich die Ruhenergie auf Feldenergie und Kohäsionsenergie (welche die auseinander strebenden Ladungsteile zusammenhält) gemäß $2W_\mathrm{e} = m_\mathrm{e}c^2$ aufteilt, folgt

$$r_\mathrm{e} = 2{,}8\cdot 10^{-15}\,\mathrm{m} \qquad \textbf{(klassischer Elektronenradius).}$$

25 Der Gleichstromkreis

25.1 Das stationäre elektrische Feld in einem Leiter

Im Unterschied zum *elektrostatischen* Feld eines isoliert aufgestellten, elektrisch geladenen Leiters, welches nur außerhalb des Leiters existiert, die Feldstärke $\boldsymbol{E}$ im Leiterinnern also stets gleich null ist (vgl. 23.5), kann ein **stationäres elektrisches Feld** im Innern eines Leiters, z. B. in einem Metalldraht, aufrechterhalten werden, wenn bei ständiger Energiezufuhr von außen Ladungen an der einen Seite zu- und an der anderen wieder abgeführt werden. Dazu muss der Leiter mit seinen beiden Enden an eine *konstante Spannungsquelle* angeschlossen werden. Das elektrische Feld im Leiter greift an den Leitungselektronen mit der Kraft $\boldsymbol{F} = -e\boldsymbol{E}$ an und bewirkt eine gerichtete Bewegung der Ladungsträger, d. h., im geschlossenen Kreis fließt über den Leiter ein **stationärer elektrischer Strom (Gleichstrom)**. Dieser ist verknüpft mit einem ständigen *Transport elektrischer Ladungen*, einer dauernden *Wärmeentwicklung* und einem *magnetischen Feld* um den Leiter herum (vgl. 28.3). Durch diese wesentlichen Eigenschaften, zu denen noch mechanische, chemische und Lichtwirkungen hinzukommen, ist der elektrische Strom beobachtbar und messbar.

Ein **elektrischer Stromkreis**, der aus Spannungsquelle und Leiter besteht, ist mit einem *Flüssigkeitskreislauf* vergleichbar, der sich aus einer Zirkulationspumpe und einem geschlossenen Leitungssystem zusammensetzt. Der in Flussrichtung monoton fallende Flüssigkeitsdruck ist ein mechanisches Analogon zum **elektrischen Potential**; Druckdifferenzen zwischen zwei Punkten entsprechen Potentialdifferenzen oder **elektrischen Spannungen**. Man spricht von Druckabfall und *Spannungsabfall*. Die von der Zirkulationspumpe erzeugte Druckdifferenz zwischen Ansaug- und Ausstoßöffnung entspricht der Spannung zwischen den Polklemmen der Spannungsquelle, die geförderte Flüssigkeitsmenge (in kg/s) der **elektrischen Stromstärke** (in C/s).

25.2 Stromstärke, Spannung, Widerstand. Ohmsches Gesetz

Die Stärke eines elektrischen Stromes wird durch die transportierte Ladungsmenge je Zeiteinheit ausgedrückt:

$$I = \frac{\mathrm{d}Q}{\mathrm{d}t} \qquad \textbf{(elektrische Stromstärke).} \tag{1}$$

Einheit: $[I] = 1$ A m p e r e (A); Definition s. Abschnitt 28.6.

Die bei der Stromstärke I in der Zeitspanne $t = t_2 - t_1$ transportierte Ladung beträgt somit

$$Q = \int_{t_1}^{t_2} I \,\mathrm{d}t \qquad \textbf{(Elektrizitätsmenge).} \tag{2}$$

Zeitlich konstante Ströme heißen **Gleichströme**; für sie vereinfachen sich (1) und (2) zu

$$I = \frac{Q}{t}; \qquad Q = It. \tag{3}$$

Bezogen auf die Fläche, durch die der Strom hindurchtritt, ergibt sich die *Stromdichte* $\boldsymbol{j}$, ein Vektor vom Betrag

$$j = \frac{\mathrm{d}I}{\mathrm{d}A} \quad \text{bzw.} \quad j = \frac{I}{A} \qquad \textbf{(Stromdichte);} \tag{4}$$

Einheit: $[j] = 1\ \mathrm{A/m^2}$.

Analog zur Massenstromstärke (15/5) ist dann die Stromstärke durch eine beliebige Fläche, deren Flächennormale mit der Richtung von $\boldsymbol{j}$ den Winkel α einschließt (Bild 15.3), gegeben durch das Skalarprodukt aus Stromdichtevektor und Flächenelementvektor

$$I = \int \boldsymbol{j} \cdot \mathrm{d}\boldsymbol{A} \qquad \text{bzw.} \qquad I = \boldsymbol{j} \cdot \boldsymbol{A} = jA\cos\alpha. \tag{5}$$

Die konventionelle *Stromrichtung* ist so festgelegt, dass der Strom vom Pluspol der Spannungsquelle über den äußeren Stromkreis zum Minuspol der Spannungsquelle fließt (Bild 25.1). So stimmt diese Stromrichtung mit der Bewegungsrichtung *positiver* Ladungsträger durch die Kraftwirkung eines elektrischen Feldes überein, während sich negative Ladungsträger, wie z. B. Elektronen, entgegengesetzt zur so definierten Stromrichtung bewegen.

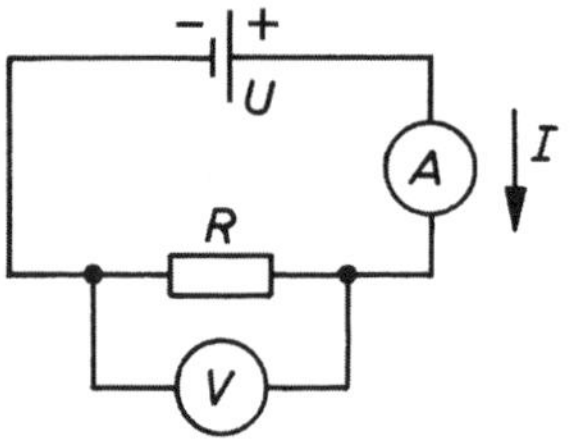

Bild 25.1. Einfacher elektrischer Stromkreis mit Spannungsquelle U, Widerstand R, Strommesser (A) und Spannungsmesser (V). Strom fließt vom Pluspol (langer Strich) zum Minuspol (kurzer Strich) der Spannungsquelle.

Die Ladungsträger verlieren im Leiter laufend potentielle Energie, die irreversibel in Wärmeenergie umgewandelt wird. Dieser Energieverlust rührt daher, dass die Ladungsträger bei ihrer Bewegung durch den Leiter infolge Wechselwirkung mit den Gitteratomen eine Art Reibungskraft erfahren, die sich darin äußert, dass jeder Leiter dem elektrischen Strom I einen „bremsenden“ **Widerstand** R entgegensetzt. Um gegen diesen Widerstand einen konstanten Strom (Gleichstrom) aufrechtzuerhalten, muss von der Spannungsquelle konstanter Spannung U (Gleichspannung) her eine ständige Energiezufuhr erfolgen.

Wird die Spannung U n-fach erhöht oder der Widerstand R n-fach geteilt, steigt der Strom auf das n-fache. Damit gilt für den Zusammenhang zwischen Strom, Spannung und Widerstand:

Bei konstantem elektrischen Widerstand R ist die Stromstärke I der am Widerstand anliegenden Spannung U proportional.

$$I = \frac{U}{R} \qquad \text{mit} \qquad R = \text{const} \qquad \textbf{(Ohmsches Gesetz).} \tag{6}$$

Es wird jetzt die Spannungsquelle durch eine *Stromquelle* ersetzt. Diese unterscheidet sich von der Spannungsquelle (Bild 25.1) dadurch, dass sie im Stromkreis eine bestimmte Stromstärke *erzwingt*, wobei die dazu notwendige Spannung an den Polklemmen in weiten Grenzen schwanken kann. Der Strom verursacht am Widerstand R einen **Spannungsabfall** $U = RI$, welcher derjenigen Spannung gleich ist, die sich zwischen den Polen der Stromquelle einstellt. Neben dem elektrischen Widerstand R als physikalische Größe werden auch Leiter selbst (z. B. Bauelemente) als Widerstände bezeichnet.

Das OHMsche Gesetz (6) definiert als

$$\textit{Einheit des elektrischen Widerstandes:} \quad [R] = \frac{[U]}{[I]} = 1\,\frac{\text{V}}{\text{A}} = 1\ \text{Ohm}\,(\Omega).$$

Den Kehrwert des elektrischen Widerstandes bezeichnet man als **Leitwert** G:

$$G = \frac{1}{R}; \qquad \textit{Einheit:} \quad [G] = 1\,\Omega^{-1} = 1\,\frac{\text{A}}{\text{V}} = 1\ \text{Siemens}\,(\text{S}). \tag{7}$$

Der Widerstand eines Leiters mit konstantem Querschnitt ist dessen Länge l direkt und dessen Querschnitt A umgekehrt proportional:

$$R = \varrho \frac{l}{A} = \frac{1}{\varkappa} \frac{l}{A} \qquad \textbf{(Widerstand eines Drahtes).} \tag{8}$$

Der materialspezifische Proportionalitätsfaktor ϱ heißt **spezifischer Widerstand** (*Einheit:* Ω m oder $\Omega\,\mathrm{mm^2/m}$), sein Kehrwert $\varkappa = 1/\varrho$ **elektrische Leitfähigkeit** (*Einheit:* S/m = $\Omega^{-1}\,\mathrm{m}^{-1}$). Der spezifische Widerstand ist temperaturabhängig. Es gilt in guter Näherung

$$\varrho = \varrho_0 (1 + \alpha \Delta T + \beta \Delta T^2), \tag{9}$$

wobei ϱ_0 der spezifische Widerstand bei einer festen Bezugstemperatur, α und β *Temperaturkoeffizienten* sind. Für Metalle ist α im Allgemeinen positiv; der Widerstand metallischer Leiter nimmt also mit wachsender Temperatur zu.

Die angelegte Spannung U hält im Leiter der Länge l die elektrische Feldstärke $E = U/l$ aufrecht. Damit kann das OHMsche Gesetz (6) wegen (4) und (8) als Proportionalität zwischen der Stromdichte $\boldsymbol{j}$ und der Feldstärke $\boldsymbol{E}$ in der vektoriellen Form $\boldsymbol{j} = \varkappa \boldsymbol{E}$ geschrieben werden. Berücksichtigt man weiter, dass nach (23/9) $\boldsymbol{E} = -\operatorname{grad} \varphi$ mit φ als elektrischem Potential ist, folgt

$$\boldsymbol{j} = \varkappa \boldsymbol{E} = -\varkappa \operatorname{grad} \varphi \qquad \textbf{(Ohmsches Gesetz).} \tag{10}$$

Diese Beziehung bringt zum Ausdruck, dass die Ladungsträger stets in Richtung des größten Potentialgefälles, d. h. in Richtung des stärksten Abfalls ihrer potentiellen Energie, fließen. In einem Stromkreis wird ihre Bewegungsrichtung durch die Leitungsführung bestimmt.

Kennlinien nichtlinearer Widerstände. Ersetzt man im Stromkreis von Bild 25.1 den ohmschen Widerstand R durch eine Metallfaden- oder Kohlefadenlampe und variiert die angelegte Gleichspannung, so steigt bzw. fällt der Widerstand durch Eigenerwärmung infolge höherer Strombelastung (*Kalt-* bzw. *Heißleiter* mit $\alpha > 0$ bzw. $\alpha < 0$). Zwischen gemessener Spannung und gemessener Stromstärke besteht ein *nichtlinearer* Zusammenhang, dessen Verlauf

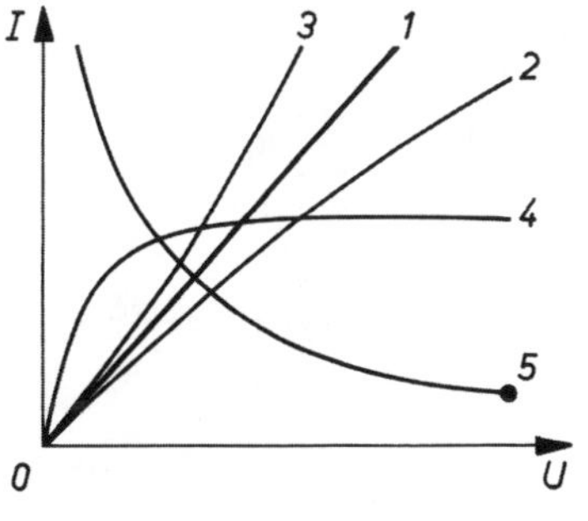

Bild 25.2. Strom-Spannungs-Kennlinien: *1* ohmscher Widerstand, *2* Kaltleiter, *3* Heißleiter, *4* Sättigungskennlinie, *5* fallende Kennlinie

durch eine **Strom-Spannungs-Kennlinie** $I = I(U)$ dargestellt wird (Bild 25.2). Sowohl der durch $R = U/I$ definierte Gleichstromwiderstand als auch der für kleine Strom-Spannungs-Änderungen maßgebliche Kehrwert des Anstiegs

$$r = \frac{\mathrm{d}U}{\mathrm{d}I} \qquad \textbf{(differentieller Widerstand)}$$

ist vom jeweiligen Punkt auf der Kennlinie *(Arbeitspunkt)* abhängig. Nur im Fall der Geraden ist $R = r = \text{const}$, und es ändert sich die Stromstärke gemäß dem OHMschen Gesetz (6) proportional zur anliegenden Spannung.

Grundsätzlich kann man jedes stromleitende Bauelement mit zwei Anschlüssen (Zweipol), insbesondere solche aus Halbleitermaterialien, als nichtlinearen Widerstand betrachten. Ein typisches Beispiel ist der **Gleichrichter**, bei dem sich mit dem Vorzeichenwechsel der Spannung die Stromstärke von sehr kleinen Werten (*Sperrrichtung*) zu sehr großen Werten (*Durchlassrichtung*) ändert. Geht eine Kennlinie durch den Nullpunkt ($U = 0$, $I = 0$), so sind die für den Stromfluss notwendigen Ladungsträger auch vorhanden, wenn das Bauelement nicht eingeschaltet ist. Beteiligen sich alle in der Zeiteinheit verfügbaren Ladungsträger an der Stromleitung, erhält man eine *Sättigungskennlinie* (Bild 25.2). Dagegen entstehen z. B. in einem **Lichtbogen** die Ladungsträger erst durch den Stromfluss selbst; seine charakteristische *fallende Kennlinie* mit $r < 0$ beginnt dann mit der *Zündspannung*.
Ist die Stromstärke durch ein Bauelement neben der anliegenden Spannung noch von einer weiteren Größe abhängig, z. B. von der äußeren Temperatur bei einem *Thermistor* oder von der Beleuchtungsstärke bei einer *Photodiode*, so kann dessen Kennlinienfeld zur Messung eben dieser Größe genutzt werden *(passive Wandler)*.

Beispiel: Man berechne die Stromstärke I durch eine Glühlampe bei $U = 220$ V, die einen Glühfaden (Länge $l = 25{,}6$ cm; Durchmesser $d = 0{,}024$ mm) aus Wolfram (bei 20 °C ist $\varrho_0 = 0{,}055\ \Omega\ \text{mm}^2/\text{m}$; $\alpha = 4{,}1 \cdot 10^{-3}\ \text{K}^{-1}$, $\beta = 10^{-6}\ \text{K}^{-2}$) besitzt, a) beim Einschalten, wenn der Glühfaden noch Zimmertemperatur hat, b) bei einer Glühfadentemperatur von 2300 °C. – *Lösung:* a) Der Kaltwiderstand beträgt $R_0 = \varrho_0 l/A = 31{,}12\ \Omega$; der Einschaltstrom $I_0 = U/R_0 = 7{,}07$ A. b) Der Heißwiderstand ist $R = R_0(1 + \alpha\Delta T + \beta\Delta T^2) = 484\ \Omega$, der Betriebsstrom $I = U/R = 0{,}455$ A bei einer Leistung von $P = UI = 100$ W nach (18).

25.3 Reihen- und Parallelschaltung von Widerständen. Kirchhoffsche Gesetze

Reihenschaltung (Bild 25.3a): Jeder der n in Reihe geschalteten Teilwiderstände R_i ($i = 1, 2, \ldots, n$) wird von einem Strom gleicher Stromstärke I durchflossen, so dass an jedem Teilwiderstand eine Teilspannung $U_i = R_i I$ abfällt, die dem zugehörigen Widerstand R_i direkt proportional ist *(Spannungsteilung)*. Die Gesamtspannung ist dann

$$U = \sum_{i=1}^{n} U_i = I \sum_{i=1}^{n} R_i = I R_{\text{ges}} \qquad \text{mit} \qquad R_{\text{ges}} = \sum_{i=1}^{n} R_i \tag{11}$$

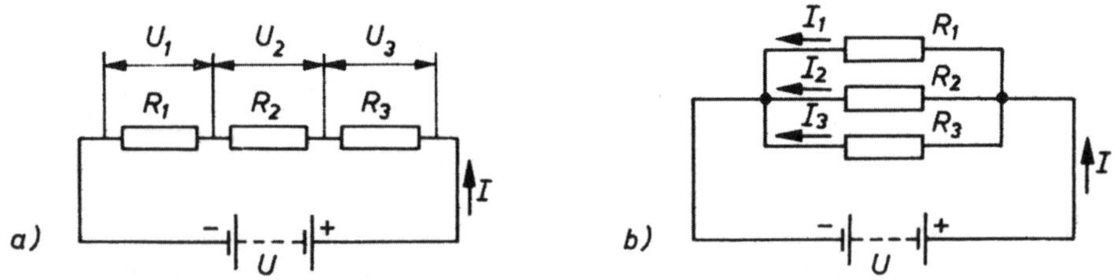

Bild 25.3. a) Reihenschaltung, b) Parallelschaltung von Widerständen

als **Gesamtwiderstand** *(Ersatzwiderstand)*, den die in Reihe geschalteten Teilwiderstände R_i haben. Derartige Widerstandskombinationen werden wegen $U_i/U = R_i/R_{\text{ges}}$ als so genannte **Spannungsteiler** verwendet. Eine kontinuierliche Einstellung einer Spannung im Bereich $0 \leq U_1 \leq U$ geschieht mit dem Widerstand R_{ges}, der durch einen beweglichen Schleifkontakt in zwei Teilwiderstände R_1 und R_2 unterteilt wird *(Potentiometer)*.

Parallelschaltung (Bild 25.3b): An jedem der n parallel geschalteten Teilwiderstände R_i liegt die gleiche Spannung U an, so dass durch jeden Teilwiderstand ein Teilstrom $I_i = U/R_i$ fließt, der dem zugehörigen Widerstand R_i umgekehrt proportional ist *(Stromteilung)*. Der Gesamtstrom ist dann

$$I = \sum_{i=1}^{n} I_i = U \sum_{i=1}^{n} \frac{1}{R_i} = \frac{U}{R_{\text{ges}}} \quad \text{mit} \quad \frac{1}{R_{\text{ges}}} = \sum_{i=1}^{n} \frac{1}{R_i} \tag{12}$$

bzw. wegen (7) $G_{\text{ges}} = \sum G_i$ als **Gesamtleitwert** *(Ersatzleitwert)*, den die parallel geschalteten Teilleitwerte $G_i = 1/R_i$ haben.

Innenwiderstände. Alle im geschlossenen Stromkreis liegenden Schaltelemente wie Messgeräte und Spannungsquelle (s. Bild 25.1) werden ebenfalls vom Strom durchflossen und haben selbst einen Widerstand, den *Innenwiderstand* R_I. An einem „idealen" Strommesser dürfte kein Spannungsabfall auftreten, demzufolge müsste sein Innenwiderstand $R_\text{I} = 0$ sein. Über einen „idealen" Spannungsmesser sollte kein Strom fließen, es wäre also $R_\text{I} \to \infty$ anzustreben. In der Praxis haben die Messgeräte sehr kleine bzw. sehr große Innenwiderstände, die man bei Strommessung in Reihe und bei Spannungsmessung parallel geschaltet zu berücksichtigen hat.

Der *Innenwiderstand* R_I *der Spannungsquelle* liegt mit dem äußeren Widerstand R_A des übrigen Stromkreises in Reihe (Bild 25.1). Dadurch tritt in der Spannungsquelle ein innerer Spannungsabfall $U_\text{I} = I R_\text{I}$ auf. Während die Spannungsquelle die **Urspannung** U_0 erzeugt, die auch **EMK** (elektromotorische Kraft) genannt wird, liegt an ihren Polen nur die *Klemmenspannung* U_K an. Sie ist entsprechend der Strombelastung um den inneren Spannungsabfall U_I kleiner als die Urspannung:

$$U_\text{K} = U_0 - U_\text{I} = U_0 - I R_\text{I} = I R_\text{A} \quad \textbf{(Klemmenspannung einer Spannungsquelle).} \tag{13}$$

Im **Leerlauf** ($I = 0$) ist $U_\text{K} = U_0$, während bei **Kurzschluss** ($R_\text{A} = 0$) die Klemmenspannung zusammenbricht ($U_\text{K} = 0$), wobei der Kurzschlussstrom $I = U_0/R_\text{I}$ fließt.

Verzweigte Stromkreise mit Spannungsquellen und Widerständen stellen ein zusammenhängendes *Netzwerk* dar, dessen Verzweigungspunkte als *Knoten* (Bild 25.4a) und dessen nicht verzweigte Teile als *Maschen* (Bild 25.4b) bezeichnet werden. Zur Berechnung von Netzwerken

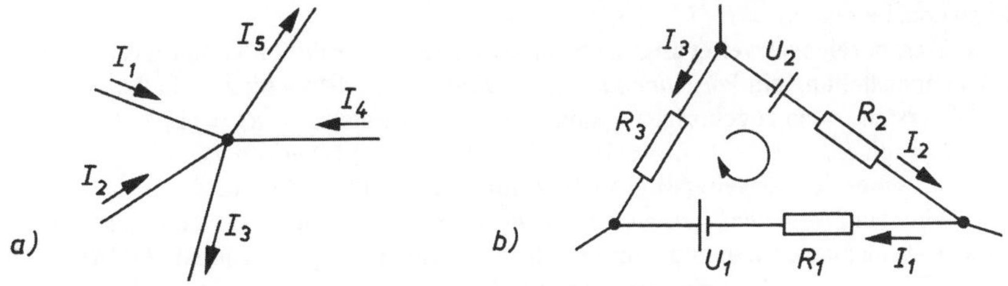

Bild 25.4. Stromverteilungen: a) Knoten, b) Masche. Es gilt:
a) $I_1 + I_2 - I_3 + I_4 - I_5 = 0$; b) $R_1 I_1 + R_2 I_2 - R_3 I_3 = U_1 + U_2$.

dienen die als KIRCHHOFFsche *Gesetze* verallgemeinerten Gleichungen (11) und (12):

In jedem Knoten ist die Summe aller zu- und abfließenden Ströme null.

$$\sum_i I_i = 0 \quad \textbf{(1. Kirchhoffsches Gesetz; Knotensatz).} \tag{14}$$

In jeder Masche ist die Summe aller Spannungsabfälle an den Widerständen gleich der Summe aller Urspannungen.

$$\sum_i R_i I_i = \sum_k U_k \quad \textbf{(2. Kirchhoffsches Gesetz; Maschensatz).} \tag{15}$$

Anwendung des Knotensatzes (14) *und des Maschensatzes* (15), s. Bild 25.4: Zunächst wird die Richtung für jeden Strom sowie ein Umlaufsinn für jede Masche willkürlich festgelegt. Damit sind die *Vorzeichen* der Ströme und Spannungen bestimmt: Dem Knoten zufließende Ströme werden positiv, abfließende negativ gezählt. Spannungsabfälle sind positiv, wenn Stromrichtung und Umlaufsinn in der Masche übereinstimmen; Urspannungen sind positiv, wenn der Umlaufsinn vom Minus- zum Pluspol der Spannungsquelle führt, im umgekehrten Fall negativ. Es werden so viele voneinander unabhängige Gleichungen (14) und (15) benötigt, wie unbekannte Ströme im Netzwerk vorkommen. Treten unter den *Lösungen* des inhomogenen linearen Gleichungssystems negative Werte für Ströme auf, so fließen diese entgegengesetzt zur angenommenen Stromrichtung.

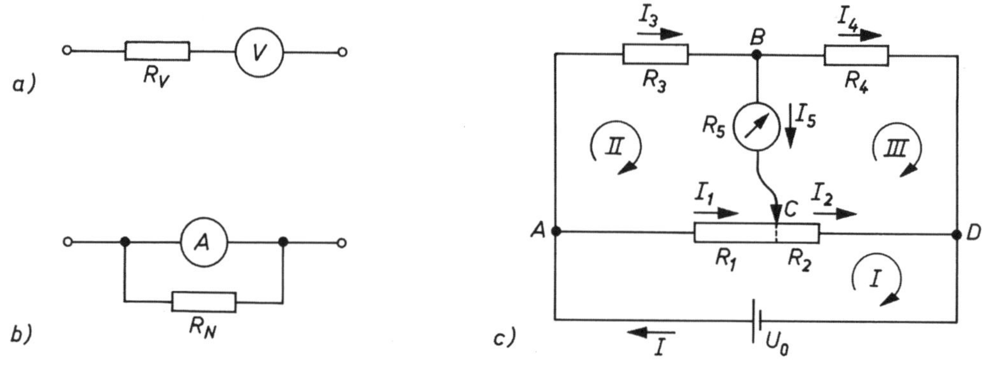

Bild 25.5. Messbereichserweiterung a) von Spannungsmesser, b) von Strommesser; c) Anwendung von Knoten- und Maschensatz auf die WHEATSTONE-Brücke

Beispiele: *1.* Ein elektrisches Messgerät zeigt Vollausschlag, wenn am Messwerk eine Spannung $U = 100\,\text{mV}$ liegt, wobei ein Strom $I = 50\,\mu\text{A}$ fließt. Wie sind diese Grundmessbereiche zu erweitern, um a) Spannungen bis $U_n = 1\,\text{kV}$; b) Ströme bis $I_m = 2\,\text{A}$ messen zu können? – *Lösung:* Der Innenwiderstand des Messwerks beträgt $R_\text{I} = U/I = 2\,\text{k}\Omega$.

a) Für die **Messbereichserweiterung als Spannungsmesser** (Bild 25.5a) auf das n-fache ($n = U_n/U$) ist zur Spannungsteilung ein *Vorwiderstand* R_V *in Reihe* zum Messwerk zu schalten. In Reihenschaltung sind die Widerstände den zugehörigen Spannungen proportional: $R_\text{V}/R_\text{I} = (U_n - U)/U = n - 1$. Es ist ein Vorwiderstand $R_\text{V} = (n-1)\,R_\text{I} = (10^4 - 1)\cdot 2\,\text{k}\Omega \approx 20\,\text{M}\Omega$ erforderlich.

b) Für die **Messbereichserweiterung als Strommesser** (Bild 25.5b) auf das m-fache ($m = I_m/I$) ist zur Stromteilung ein *Nebenwiderstand* (Shunt) R_N *parallel* zum Messwerk zu schalten. In Parallelschaltung sind die Widerstände den zugehörigen Strömen umgekehrt proportional: $R_\text{N}/R_\text{I} = I/(I_m - I) = 1/(m-1)$. Somit ist ein Nebenwiderstand von $R_\text{N} = R_\text{I}/(m-1) = 2\,\text{k}\Omega/(4\cdot 10^4 - 1) \approx 50\,\text{m}\Omega$ erforderlich.

2. Durch Anwendung des Knoten- und Maschensatzes (14) und (15) auf eine **Wheatstonesche Brückenschaltung** (Bild 25.5c) stelle man ein Gleichungssystem zur Berechnung der Ströme auf. Was ergibt sich daraus speziell für eine *abgeglichene* Brücke, bei der durch passende Einstellung des Schleifkontaktes C der Brückenstrom I_5 über das Galvanometer null wird? – *Lösung:* Zur Berechnung der sechs Ströme $I, I_1, \ldots I_5$ liefern die vier Knoten A, B, C, D durch Anwendung des Knotensatzes drei unabhängige Gleichungen; die drei Maschen I, II, III ergeben durch Anwendung des Maschensatzes drei weitere Gleichungen:

$$\begin{aligned}
I - I_1 - I_3 &= 0 \quad \text{(A)}, & R_1 I_1 + R_2 I_2 &= U_0 \quad \text{(I)},\\
I_3 - I_4 - I_5 &= 0 \quad \text{(B)}, & R_3 I_3 + R_5 I_5 - R_1 I_1 &= 0 \quad \text{(II)},\\
I_1 + I_5 - I_2 &= 0 \quad \text{(C)}, & R_4 I_4 - R_2 I_2 - R_5 I_5 &= 0 \quad \text{(III)}.
\end{aligned}$$

Für die abgeglichene Brücke mit $I_5 = 0$ folgt: $I_3 = I_4$ (B′); $I_1 = I_2$ (C′); $R_3 I_3 = R_1 I_1$ (II′); $R_4 I_4 = R_2 I_2$ (III′). Dividiert man nun (II′) durch (III′), so erhält man unter Beachtung von (B′) und (C′):

$$\frac{R_1}{R_2} = \frac{R_3}{R_4} \quad \textbf{(Abgleichbedingung).} \tag{16}$$

Ist R_4 ein bekannter Vergleichswiderstand, so lässt sich aus dem Widerstandsverhältnis R_1/R_2 bei abgeglichener Brücke der unbekannte Widerstand R_3 ermitteln.

Aufgabe 25.1. Berechne in einer nicht abgeglichenen WHEATSTONE-Brücke gemäß Bild 25.5c den Brückenstrom I_5! Das Beispiel *2* liefert die sechs Ausgangsgleichungen (A) ... (III).

Aufgabe 25.2. Man denke sich alle Eckpunkte eines Würfels entlang jeder Kante durch gleiche Widerstände $R = 100\ \Omega$ leitend verbunden. Berechne den Gesamtwiderstand R_{ges} des Widerstands-Netzwerkes zwischen den Knoten an den Endpunkten a) einer Raumdiagonale, b) einer Flächendiagonale und c) einer Kante! – *Anleitung:* Zur Netzwerk-Entflechtung werden alle Knoten kurzgeschlossen, die aus Symmetriegründen bei Stromfluss gleiches Potential haben.

25.4 Arbeit und Leistung elektrischer Gleichströme

Fließt zwischen zwei Punkten mit der Spannung U ein konstanter Strom I, so wird während der Zeit t nach (3) die Ladung $Q = It$ transportiert und nach (23/12) die Energie

$$W = QU = UIt \quad \textbf{(Arbeit eines Gleichstromes)} \tag{17}$$

umgesetzt. Daraus folgt unter Berücksichtigung des OHMschen Gesetzes (6):

$$P = \frac{W}{t} = UI = \frac{U^2}{R} = I^2 R \quad \textbf{(Leistung eines Gleichstromes).} \tag{18}$$

Nach (18) wird durch $U = P/I$ die Einheit der elektrischen Spannung definiert:

1 Volt (V) ist die Spannung zwischen zwei Punkten eines metallischen Leiters, in dem bei einem zeitlich unveränderlichen Strom der Stärke 1 A zwischen den beiden Punkten die Leistung 1 W umgesetzt wird.

Beispiel: Welche maximale Stromleistung P_{max} kann einer Spannungsquelle (Urspannung $U_0 = 6$ V, Innenwiderstand $R_I = 0{,}02\ \Omega$) durch einen geeigneten Lastwiderstand R_A entnommen werden? – *Lösung:* Nach (13) ist $I = U_0/(R_I + R_A)$ und nach (18) $P = U_0^2 R_A/(R_I + R_A)^2$. Aus $\mathrm{d}P/\mathrm{d}R_A = U_0^2(R_I - R_A)/(R_I + R_A)^3 = 0$ folgt die **Anpassung:** $R_I = R_A$. Damit wird $P_{max} = U_0^2/(4R_I) = 450$ W.

26 Elektrische Leitungsvorgänge in Festkörpern und Flüssigkeiten

Einteilung der Festkörper. Nach ihrer Fähigkeit, den elektrischen Strom zu leiten, unterscheidet man **Nichtleiter (Isolatoren)** (Gläser, keramische und polymere Stoffe, Harze usw.), **Leiter** (insbesondere die Metalle) und **Halbleiter**, deren Leitfähigkeit durch strukturelle Defekte oder durch Erwärmung bzw. Einstrahlung von Lichtenergie erhöht wird (z. B. Germanium, Silicium, metallische Sulfide und Oxide). Die elektrische Leitfähigkeit der Metalle und der meisten nichtmetallischen Festkörper beruht hauptsächlich auf der **Elektronenleitung**.
Ein natürliches Klassifikationsmerkmal für die Festkörper hinsichtlich ihrer elektrischen Leitfähigkeit bietet die *Temperaturabhängigkeit des spezifischen Widerstandes* (25/9). Metallische Leiter haben einen *positiven* Temperaturkoeffizienten α, d. h., der elektrische Widerstand nimmt mit der Temperatur zu, Halbleiter einen *negativen*; ihr Widerstand nimmt mit wachsender Temperatur ab bzw. ihre Leitfähigkeit zu. Zwischen Halbleiter und Isolator gibt es physikalisch keinen prinzipiellen Unterschied, sondern lediglich eine messtechnisch festgelegte Grenze. Ein Stoff wird als Halbleiter bezeichnet, wenn er bei Zimmertemperatur einen spezifischen elektrischen Widerstand ϱ zwischen $10^{-14}\ \Omega$ m und $10^{-6}\ \Omega$ m hat.

26.1 Klassische Theorie der freien Elektronen in Metallen

Die hervorstechenden physikalischen Merkmale der Metalle sind ihre hohe elektrische Leitfähigkeit und die große Wärmeleitfähigkeit. Diese Eigenschaften hängen damit zusammen, dass in den Metallen *freie*, d. h. nicht an die Gitteratome gebundene und somit leicht verschiebbare Elektronen, die **Leitungselektronen**, vorhanden sind, die in ihrer Gesamtheit das sog. **Elektronengas** bilden. Die Leitungselektronen führen innerhalb des Metallgitters, ähnlich wie die Atome eines Gases, eine ungeordnete Bewegung aus, die mit der Temperatur zunimmt. Schreibt man ihnen im Mittel dieselbe thermische Energie zu wie den Gasatomen (18/21) $\overline{E_\text{k}} = (3/2)kT$, so erkennt man, dass sie sich im Metall bei Zimmertemperatur mit einer kinetischen Energie von etwa $6 \cdot 10^{-21}\ \text{J} = 0{,}037\ \text{eV}$ bewegen. Trotz dieser relativ hohen Energie können die Elektronen aber unter normalen Bedingungen nicht aus dem Metall austreten. Die Metalloberfläche wirkt wie die Wand eines Gefäßes, das die Elektronen einschließt und das sie nur verlassen können, wenn sie die für jedes Metall charakteristische **Austrittsarbeit** W_a aufbringen; diese beträgt bei den Metallen 1 eV bis 5 eV, sie liegt also weit über der thermischen Energie der Elektronen.

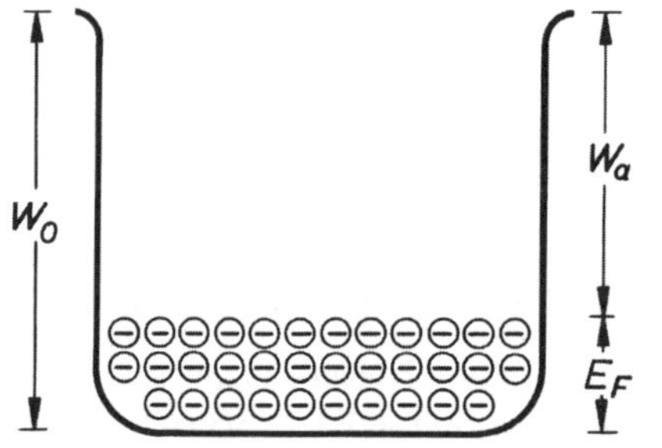

Bild 26.1. Potentialtopfmodell der Metalle. W_0 Austrittsarbeit der Elektronen minimaler Energie; W_a effektive Austrittsarbeit; E_F maximale Elektronenenergie am absoluten Nullpunkt (Nullpunkts- oder FERMI-Energie). Freie Elektronen der Energie null befinden sich außerhalb und in Höhe des Topfrandes.

Schematisch wird dieser Sachverhalt durch das Modell des *Potentialtopfes* beschrieben (Bild 26.1). Der „Potentialwall" an der Oberfläche kommt dadurch zustande, dass die elektrostatischen Potentiale der positiven Gitterionen sich im Innern des Metalls derart überlagern, dass insgesamt eine Erniedrigung des Potentials gegenüber dem an der Metalloberfläche eintritt (vgl. 46.1).

Auf der Grundlage der **klassischen Elektronentheorie der Metalle**, in der dem Elektronengas thermodynamisch die gleichen Eigenschaften zugeschrieben werden wie dem idealen Gas, gelang die Deutung wichtiger Erscheinungen der elektrischen Leitfähigkeit (DRUDE, 1902). Wird an einen Metalldraht eine Spannung angelegt, so überlagert sich der ungeordneten thermischen Bewegung der Leitungselektronen eine geordnete *Driftbewegung* parallel zur Richtung des elektrischen Feldes $\boldsymbol{E}$, wobei sich die Elektronen mit der *Driftgeschwindigkeit* $\boldsymbol{v}$ dem elektrischen Feld entgegen, d. h. vom Minus- zum Pluspol, bewegen; es entsteht ein elektrischer Strom.

Bei ihrer Bewegung durch das Kristallgitter werden die Elektronen durch Wechselwirkung mit den Gitterbausteinen gebremst; hieraus resultiert der elektrische Widerstand, der bei Temperaturerhöhung und Verstärkung der thermischen Gitterschwingungen zunimmt. Im Innern eines Leiters bewirkt die Feldstärke $\boldsymbol{E}$ zunächst eine Beschleunigung $\boldsymbol{a} = q\boldsymbol{E}/m_\text{e}$ der Elektronen mit der Ladung $q = -e$ und der Masse m_e. Zwischen zwei Stößen mit Gitterbausteinen nimmt dann die Geschwindigkeit in Feldrichtung linear mit der Zeit zu (gleichmäßig beschleunigte Bewegung). Bei einer freien Flugzeit τ ist im Mittel die Driftgeschwindigkeit $\boldsymbol{v} = \boldsymbol{a}\tau/2 = q\boldsymbol{E}\tau/(2m_\text{e})$ und damit der Feldstärke $\boldsymbol{E}$ direkt proportional:

$$\boldsymbol{v} = \mu \boldsymbol{E} \qquad \text{mit} \qquad \mu = q\tau/(2m_\text{e}). \tag{1}$$

Die Größe μ nennt man die **Beweglichkeit** der Ladungsträger (Elektronen). Der Zusammenhang (1) stellt nach Multiplikation mit q/μ analog zur Flüssigkeitsströmung durch ein Rohr (15/17) die geschwindigkeitsproportionale Reibungskraft $F_R = (q/\mu)v = qE$ dar, welche die Feldkraft gerade kompensiert und zu einer konstanten Driftgeschwindigkeit führt.
Wird in der Zeit t die Ladung Q durch einen Leiter der Länge l und vom Querschnitt A (Volumen $V = Al$) transportiert, so ist die Stromstärke $I = Q/t$ und mit der Driftgeschwindigkeit $v = l/t$ die Stromdichte

$$j = \frac{I}{A} = \frac{Ql}{Alt} = \frac{Q}{V}v, \qquad \text{vektoriell} \qquad \boldsymbol{j} = (Q/V)\boldsymbol{v}, \tag{2}$$

analog zur Massenstromdichte (15/4) $\boldsymbol{j}_m = (m/V)\boldsymbol{v}$. Sind an der Stromleitung N Ladungsträger (Leitungselektronen) $q = -e$ je Volumeneinheit beteiligt, so ist $n = N/V$ die *Ladungsträgerkonzentration* oder **Elektronendichte** und $Q/V = Nq/V = nq$ die **Ladungsdichte** der beweglichen Ladungen. Setzen wir überdies $\boldsymbol{v}$ nach Gleichung (1) in (2) ein, so folgt in Übereinstimmung mit (25/10)

$$\boldsymbol{j} = nq\boldsymbol{v} = nq\mu\boldsymbol{E} = \varkappa\boldsymbol{E} \qquad \textbf{(Ohmsches Gesetz)} \tag{3}$$

mit der elektrischen Leitfähigkeit $\varkappa = nq\mu$.
Das Leitungsmodell des OHMschen Gesetzes gilt nicht nur für Metalle. Allerdings setzt sich bei *bipolarer Stromleitung*, bei der sowohl positive wie negative Ladungsträger (z. B. in Elektrolyten und Halbleitern) beteiligt sind, die Leitfähigkeit aus den Anteilen beider Ladungsträgerarten additiv zusammen. Man beachte, dass bei negativen Ladungsträgern, wie den Elektronen, sowohl die Ladungsdichte nq als auch μ negativ ist, also $\varkappa > 0$ wird.

Ein weiterer Erfolg der klassischen Elektronentheorie war die Herleitung des zunächst empirisch gefundenen Zusammenhanges zwischen Wärmeleitfähigkeit λ und elektrischer Leitfähigkeit $\varkappa$ der Metalle

$$\frac{\lambda}{\varkappa} = 3\left(\frac{k}{e}\right)^2 T \qquad \textbf{(Wiedemann-Franzsches Gesetz)} \tag{4}$$

mit der Konstante $3(k/e)^2 = 2{,}23 \cdot 10^{-8}\ \mathrm{V^2/K^2}$. Dieses Gesetz besagt, dass bei konstanter Temperatur T elektrische Leitfähigkeit und Wärmeleitfähigkeit einander proportional sind, d. h., **gute Stromleiter** (wie Kupfer) **sind auch gute Wärmeleiter**. Ursache dafür ist, dass in Metallen überwiegend die Leitungselektronen die Übertragung der Energie vom wärmeren zum kälteren Teil des Körpers besorgen (vgl. 21.1).
Beim Versuch allerdings, die *spezifische Wärmekapazität* der Metalle zu erklären, versagte die klassische Elektronentheorie. Nach den bisherigen Überlegungen müsste ebenso wie dem einatomigen idealen Gas auch dem Elektronengas die Molwärme $(3/2)\,R_m$ zukommen, wenn man annimmt, dass jedes Atom ein Elektron an das Elektronengas abgibt. Zusammen mit der Molwärme der Gitterbausteine von $3R_m$ ergäbe das insgesamt einen Betrag von $(9/2)\,R_m$ für die Molwärme eines Metalls. Dies steht aber in krassem Widerspruch zur experimentell bestätigten DULONG-PETITschen Regel, wonach bei nicht zu tiefen Temperaturen alle Festkörper eine Molwärme von $(6/2)\,R_m \approx 25$ J/(mol K) besitzen (vgl. 18.4). Eine Lösung dieses Widerspruchs sowie die Deutung weiterer mit der klassischen Elektronentheorie nicht erklärbarer Erscheinungen gelang erst durch Anwendung der *Quantentheorie* auf das Elektronengas. Das betrifft insbesondere auch die exakte Beschreibung der Leitfähigkeitseigenschaften von Festkörpern (s. 46.2).

Beispiel: Mit welcher Geschwindigkeit bewegen sich die Elektronen bei einer Stromdichte von $j = 10\ \mathrm{A/mm^2}$ durch einen Kupferdraht, wenn jedes Atom ein Elektron zum Elektronengas beisteuert? Dichte von Kupfer $\varrho = 8930\ \mathrm{kg/m^3}$; relative Atommasse $A_r = 63{,}55$. – *Lösung:* Mit der Dichte $\varrho = m/V$ erhält man für die Elektronendichte $n = N/V = N\varrho/m = N_A\varrho/M = 8{,}5 \cdot 10^{28}\ \mathrm{m^{-3}}$ (Molmasse $M =$

$63{,}55 \cdot 10^{-3}$ kg/mol; AVOGADRO-Konstante $N_A = 6{,}022 \cdot 10^{23}$ mol^{-1}). Mit $|q| = e = 1{,}6 \cdot 10^{-19}$ A s folgt aus (3) $v = j/(ne) \approx 0{,}7$ mm/s. Die hohe Übertragungsgeschwindigkeit elektrischer Energie wird demnach nicht durch eine entsprechende Wanderungsgeschwindigkeit der Elektronen, sondern durch die Ausbreitungsgeschwindigkeit des von ihnen getragenen elektrischen Feldes verursacht (vgl. 38.1).

26.2 Thermoelektrische Effekte

Zwei verschiedene Isolatoren *polarisieren* sich gegenseitig, wenn sie einander innig genug berühren *(Reibungselektrizität)*. Stehen zwei verschiedene Metalle *(1)* und *(2)* miteinander in bloßem Kontakt wie in Bild 26.2a, so gehen Elektronen von dem einen Metall *(1)* auf das andere *(2)* über, und zwar vom Metall mit der kleineren Austrittsarbeit der Elektronen (vgl. 26.1) auf das mit der größeren Austrittsarbeit. Als Folge lädt sich das erste Metall gegen das zweite positiv auf. Die in der Berührungsschicht entstehende Spannung heißt **Kontaktspannung** *(Voltaspannung)*. Ihre Größe ist von der Temperatur T der Kontaktstelle abhängig: $U = U(T)$. Werden auch die Enden beider Metalle leitend verbunden, so entsteht eine zweite polarisierte Berührungsschicht. Es fließt aber insgesamt im Leiterkreis kein Strom, da sich die an den beiden Kontaktstellen auftretenden, einander entgegen wirkenden Kontaktspannungen bei gleicher Temperatur der Kontaktstellen kompensieren.

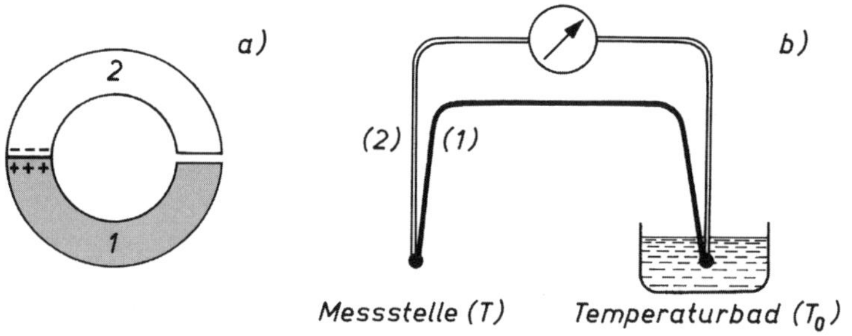

Bild 26.2. a) Entstehung einer Kontaktspannung zwischen zwei sich berührenden Metallen *(1)* und *(2)*; b) Thermoelement (T Messtemperatur, T_0 Bezugstemperatur)

Lötet man zwei Drähte aus verschiedenen Metallen wie in Bild 26.2b zu einem **Thermoelement** zusammen, so zeigt das in den Leiterkreis eingeschaltete Galvanometer einen elektrischen *Thermostrom* an, wenn die Temperaturen an den Lötstellen T und T_0 verschieden sind **(Seebeck-Effekt)**. Die Stromstärke ist außer von der Temperaturdifferenz $T - T_0$ vom Widerstand des Leiterkreises abhängig. Da eine der beiden Kontaktspannungen überwiegt, entsteht eine *Thermospannung* $U_{\text{therm}} = U(T) - U(T_0)$, durch welche wie durch eine Spannungsquelle ein Stromfluss aufrechterhalten wird. In engen Grenzen ist die Thermospannung durch $U_{\text{therm}} = a(T - T_0)$ gegeben. Die Änderung der Thermospannung mit der Temperatur $\mathrm{d}U_{\text{therm}}/\mathrm{d}T = a$ bezeichnet man als *Empfindlichkeit* des Thermoelements; ihre Größe liegt für Metalle bei 10^{-5} V/K bis 10^{-4} V/K und ist in einem weiten Bereich selbst temperaturabhängig. Für *Temperaturmessungen* hält man die eine Lötstelle (T_0) auf einer festen Temperatur, z. B. derjenigen des schmelzenden Eises von 0 °C, während man die andere der Messtemperatur T aussetzt.

Thermoelemente werden in den verschiedensten technischen Ausführungen zur Temperaturmessung in Metallschmelzen, Bädern, auf Oberflächen, in Bohrungen u. dgl. verwendet. Benutzt werden Drahtkombinationen *(Thermopaare)* aus Kupfer/Konstantan für Temperaturen von −250 °C bis 500 °C, Platin/Platin-Rhodium für Temperaturen bis 1600 °C, Wolfram/Wolfram-Molybdän für Temperaturen bis 3300 °C, wobei sich die Auswahl nach dem gewünschten Messbereich richtet. Wird eine Anzahl von Thermoelementen in Reihe geschaltet und die erste, dritte, fünfte usw. Lötstelle der Messtemperatur ausgesetzt, vervielfacht sich die Empfindlichkeit der Anordnung *(Thermosäule)*. In zunehmendem Maße werden wegen ihrer wesentlich höheren Empfindlichkeit *Halbleiter-Thermoelemente* benutzt, die aus p- und n-leitenden Materialien (s. 46.3) zusammengesetzt sind.

Die Umkehrung des SEEBECK-Effekts ist der **Peltier-Effekt**. Schaltet man in Bild 26.2b an die Stelle des Galvanometers eine Spannungsquelle ein, dann fließt ein Strom durch jede Kontaktstelle beider Metalle, die sich als Folge dessen je nach Stromrichtung entweder erwärmt oder abkühlt. PELTIER-*Elemente* auf der Basis von Halbleitermaterialien können z. B. als Kühlaggregate eingesetzt werden.

26.3 Elektrokinetische Effekte

Zwei verschiedene Stoffe, die sich berühren, laden sich gegeneinander auf. Sie bilden an der Berührungsfläche eine *elektrische Doppelschicht*, d. h. eine beidseitig mit Ladungen unterschiedlichen Vorzeichens und gleicher Flächenladungsdichte belegte Fläche. Beim Durchgang durch die Doppelschicht ändert sich das Potential nahezu sprunghaft. Diese Erscheinung ist auch zwischen festen Teilchen und einer isolierenden Flüssigkeit sowie zwischen der Flüssigkeit und der Gefäßwandung zu beobachten; sie bildet die Grundlage für die nachfolgend beschriebenen *elektrokinetischen Effekte*.

Elektrophorese. Werden molekulare oder kolloide Teilchen in einer Flüssigkeit dispergiert, dann laden sie sich gegenüber dem Dispersionsmittel unter Bildung einer elektrischen Doppelschicht auf und bewegen sich im elektrischen Feld zur gegenpoligen Elektrode *(Elektrophorese)*. Da sich Teilchen unterschiedlicher Substanzen in der Regel auch in ihrer Beweglichkeit unterscheiden, ermöglicht die Elektrophorese eine Trennung von Substanzgemischen. So können z. B. winzige Mengen von Proteingemischen auf diesem Wege qualitativ und quantitativ analysiert werden.

Elektroosmose. Durch Kontakt einer Flüssigkeit mit einer festen Wand entsteht ebenfalls eine elektrische Doppelschicht, wobei die geladenen Flüssigkeitsteilchen im Gegensatz zu den an der Wand verbleibenden Ladungen beweglich sind und einem äußeren elektrischen Feld folgen. Zwei Flüssigkeitsbehälter, in die Anode und Katode hineinragen, seien durch eine dicke, poröse Wand mit großer Benetzungsfläche getrennt (Bild 26.3). Der Ladungsaustausch zwischen Porenwandungen und angrenzender Flüssigkeit soll dort zur Bildung von positiven Ladungen *(Ionen)* führen, an die sich noch neutrale Moleküle anlagern, z. B. Wassermoleküle durch *Hydratation*. Die positiv geladenen Teilchen bewegen sich nun im äußeren Feld zur Katode und bilden auf diese Weise einen gerichteten Massenstrom, der den Flüssigkeitsspiegel im linken Gefäß sinken lässt. Die Elektroosmose wird technisch zur Entwässerung von Torf oder von Baugruben genutzt.

26.4 Elektrolytische Stromleitung. Faradaysche Gesetze

Wasser, in dem Salze, Säuren oder Basen gelöst sind, ist elektrisch leitend. Der Grund dafür ist, dass die gelösten Stoffe (z. B. $CuSO_4$, HCl oder NaOH) in Lösung *dissoziieren*, d. h. in negativ und positiv geladene Atome und Moleküle aufspalten, die **Ionen** genannt werden (ARRHENIUS, 1887). Derartige Leiter heißen **Elektrolyte**. Die gebildeten Ionen tragen jeweils so viel negative bzw. positive Elementarladungen, wie ihre chemische Wertigkeit angibt. So dissoziieren die genannten Stoffe wie folgt: $CuSO_4 \rightarrow Cu^{++} + SO_4^{--}$; $HCl \rightarrow H^+ + Cl^-$; $NaOH \rightarrow Na^+ + OH^-$.

Bringt man in den Elektrolyten zwei Elektroden, die mit den Polen einer Gleichspannungsquelle verbunden sind (Bild 26.4), so kommt es zur *elektrolytischen Stromleitung*. Sie unterscheidet sich von der elektronischen Stromleitung vor allem dadurch, dass der Ionenstrom mit *Massetransport* verbunden ist. Die zur Katode wandernden positiven Metall- und Wasserstoff-Ionen heißen **Kationen**, die zur Anode wandernden negativen Säurerest- und OH-Ionen **Anionen**.

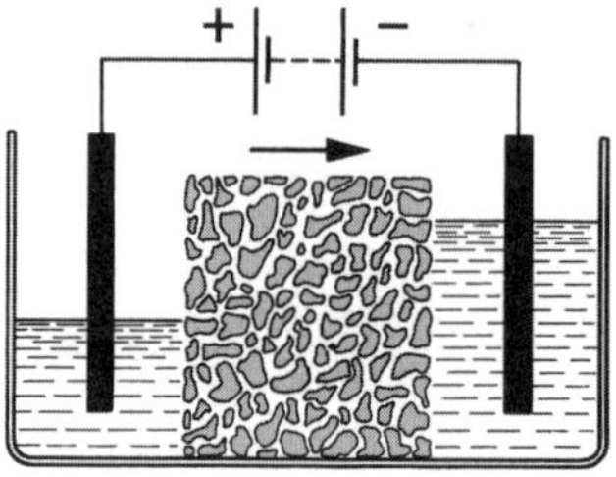

Bild 26.3. Elektroosmose

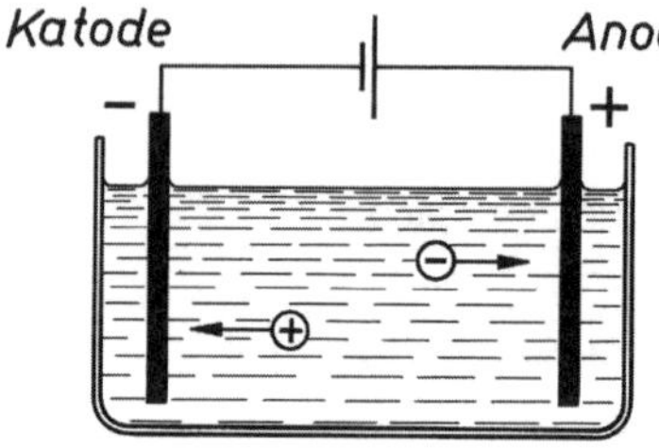

Bild 26.4. Elektrolyse

Unter der Annahme, dass sich die Ionen im Elektrolyten auf Grund der „Reibung“ mit den Flüssigkeitsmolekülen mit konstanter Geschwindigkeit v bewegen, gilt auch hier das OHMsche Gesetz (3) $\boldsymbol{j} = \varkappa \boldsymbol{E}$ mit der elektrischen Leitfähigkeit des Elektrolyten $\varkappa = nq(\mu_+ + \mu_-)$, wobei μ_+ und μ_- die Ladungsträgerbeweglichkeiten der in gleicher Konzentration n vorliegenden positiven und negativen Ionen sind (*binärer* Elektrolyt). Die Messung der Leitfähigkeit von Elektrolyten kann wegen der Konzentrationsänderung infolge der Abscheidungsprozesse nur mit Wechselstrom erfolgen.

Die Kationen nehmen an der Katode Elektronen auf, während die Anionen an der Anode durch Elektronenabgabe neutralisiert werden. Auf diese Weise können mittels Elektrolyse Metalle an der Katode *abgeschieden* werden. In wässrigen Lösungen führen häufig auch Sekundärreaktionen an den Elektroden im Ergebnis der Elektrolyse zur Zersetzung des Wassers, d. h. zur Wasserstoffabscheidung an der Katode und zur Sauerstoffabscheidung an der Anode.
Den Zusammenhang zwischen der an einer Elektrode abgeschiedenen Masse und der transportierten Ladung beschreiben die FARADAYschen *Gesetze der Elektrolyse*.

1. Faradaysches Gesetz:

Die abgeschiedenen Massen sind der transportierten Ladung proportional.

$$m = KQ = KIt. \tag{5}$$

Der Proportionalitätsfaktor K heißt **elektrochemisches Äquivalent**. Dieses gibt an, wie viel Kilogramm eines Stoffes beim Transport der Ladung 1 C abgeschieden werden, also bei einem Strom von 1 A und 1 s Dauer. Da mit jeder Elementarladung e bzw. mit ze bei einem z-fach geladenen Ion die Masse eines Ions transportiert wird, ist in Gleichung (5) m der Molmasse M und Q der *Wertigkeit* z der Ionen proportional. Damit ist $K = m/Q \sim M/z$, und es gilt das

2. Faradaysche Gesetz:

Die elektrochemischen Äquivalente verschiedener chemischer Elemente verhalten sich wie deren Äquivalentmassen (= Molmasse/Wertigkeit).

$$K_1 : K_2 = \left(\frac{M_1}{z_1}\right) : \left(\frac{M_2}{z_2}\right). \tag{6}$$

Um 1 mol eines 1-wertigen Stoffes elektrolytisch abzuscheiden, müssen $\{N_A\} = 6{,}022 \cdot 10^{23}$ Ionen der Ladung e transportiert werden; es fließt dann also durch den Elektrolyten insgesamt die Ladung

$$F = N_A e = 96\,485{,}34 \text{ C/mol} \qquad \textbf{(Faraday-Konstante).} \tag{7}$$

Zur Abscheidung von 1 mol eines z-wertigen Stoffes ist demnach die Ladung $Q_m = zF$ erforderlich. Es ist daher nach (5) $M = KQ_m = KzF$. Hieraus folgt mit M_r bzw. A_r als relative Molekül- bzw. Atommasse:

$$K = \frac{M}{zF} = \frac{M_r\,(\text{bzw. } A_r)}{zF} \cdot 10^{-3}\ \text{kg/mol} \qquad \textbf{(elektrochemisches Äquivalent).} \qquad (8)$$

Elektrolytische Vorgänge spielen in vielen Zweigen der Technik eine große Rolle, so z. B. bei der elektrolytischen Gewinnung von Kupfer, Zink und Aluminium, bei der elektrolytischen Reinigung und elektroerosiven Bearbeitung von Werkstücken sowie bei der Herstellung metallischer Überzüge *(Galvanotechnik)*.

Beispiel: Welche Menge Silber ($A_r = 107{,}9$) wird aus einer Silbernitratlösung ($AgNO_3$) bei einem Strom von 1 A in 1 s elektrolytisch abgeschieden? – *Lösung:* Mit $z = 1$ der Ag^+-Ionen erhält man aus (7) und (8) $K = 1{,}118$ mg/C (*historische Definition des Ampere* als Stromstärkeeinheit aus dem elektrochemischen Äquivalent).

Aufgabe 26.1. Nach welcher Zeit scheidet ein Strom von 1 A aus angesäuertem Wasser 1 l Wasserstoffgas (im Normzustand) ab? $A_r = 1{,}008$; Dichte $\varrho = 0{,}089\,87$ kg/m^3.

26.5 Elektrochemische Spannungsquellen

Primärelemente. Zwischen eingetauchter Metallelektrode und Elektrolyt treten *Urspannungen* auf. Sie werden dadurch verursacht, dass Metallionen so lange in Lösung gehen, bis das elektrische Feld in der sich bildenden *elektrischen Doppelschicht* zwischen negativer Elektrode und positivem Elektrolyten den weiteren Austritt der positiven Ionen unterdrückt. Da das Lösungsstreben der Metalle *(Lösungstension)* unterschiedlich ist, sind Urspannungen verschieden groß. An einem solchen „Halbelement" Metall/Elektrolyt kann die entstehende Urspannung nicht direkt gemessen werden. Es bedarf einer zweiten Elektrode, eines zweiten Halbelements. Als Bezugsbasis wählt man die **Normal-Wasserstoffelektrode**, die aus Platinblech besteht und von gasförmigem Wasserstoff umspült wird. Die Stoffe werden dann nach der Größe ihrer Urspannung gegen diese Normalelektrode in die *elektrochemische* oder VOLTAsche *Spannungsreihe* (Bild 26.5) eingeordnet.

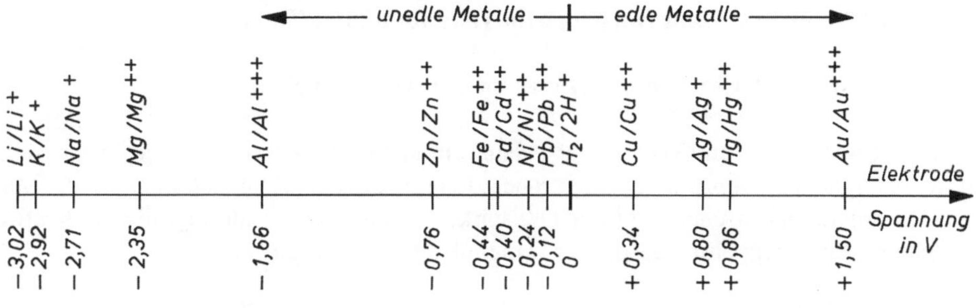

Bild 26.5. Elektrochemische Spannungsreihe chemischer Elemente und ihre Normalspannung gegen eine Normal-Wasserstoffelektrode bei wässriger Lösung der Konzentration 1 kmol/m^3

Die bei Auflösung des Elektrodenmaterials entstehende Spannung wird in den galvanischen Primärelementen zur Umwandlung chemischer Energie in elektrische genutzt. Eines der bekanntesten Primärelemente ist das **Daniell-Element**. Es besteht aus einer Kupferelektrode in Kupfersulfatlösung, einer Zinkelektrode in Zinksulfatlösung und einer porösen Tonwand, die beide Elektrolyte voneinander trennt. Werden die beiden Elektroden verbunden, dann geht

ständig Zink in Lösung, und an der Kupferelektrode wird Kupfer abgeschieden. Ein Strommesser im Stromkreis zeigt bis zur vollständigen Auflösung der Zinkelektrode einen Strom an.
Die Überlegung, dass man die Lebensdauer der Primärelemente durch ständige Zufuhr des Elektrodenmaterials vergrößern könnte, führte zur Entwicklung der **Brennstoffzellen**. Im Gegensatz zu den eigentlichen Primärelementen wird den Brennstoffzellen die chemische Energie nicht in Form fester Metalle oder Metallverbindungen, sondern als gasförmiger oder flüssiger Brennstoff zugeführt.
So z. B. wird in der *Wasserstoff-Sauerstoff-Brennstoffzelle* (sog. *Knallgaszelle*) in einem zur Elektrolyse inversen Prozess durch Zuführung von H_2 auf der Anodenseite und O_2 auf der Katodenseite unter Entstehung von Wasser chemische Energie mit hohem Wirkungsgrad unmittelbar in elektrische Energie umgewandelt. Als Elektroden verwendet man poröse, teilweise mit Platin oder anderen Stoffen imprägnierte, als Katalysator wirkende Materialien. Sie bilden die beiden sich gegenüber stehenden Wände der Zelle, durch die hindurch die Reaktionsgase H_2 und O_2 von außen beidseitig dem dazwischen befindlichen Elektrolyten (z. B. Kalilauge) zugeführt werden.

Sekundärelemente. Während in den Primärelementen ein irreversibler chemischer Prozess stattfindet, arbeiten die Sekundärelemente weitgehend reversibel. In ihnen wird die *elektrolytische Polarisation*, die chemische Veränderung der Elektroden bei Stromdurchgang, zur Energiespeicherung ausgenutzt.

Eines der bekanntesten Sekundärelemente ist der weit verbreitete **Blei-Akkumulator**. Er besteht aus zwei Bleielektroden, die in verdünnte Schwefelsäure eintauchen und sich dabei mit Bleisulfat überziehen. Beim elektrolytischen Stromdurchgang laufen die folgenden chemischen Reaktionen ab:

$$\textbf{Anode:}\quad \mathrm{PbSO_4 + 2H_2O} \underset{\text{Entladen}}{\overset{\text{Aufladen}}{\rightleftarrows}} \mathrm{PbO_2 + H_2SO_4 + 2H^+ + 2e^-}$$

$$\textbf{Katode:}\quad \mathrm{PbSO_4 + 2e^-} \underset{\text{Entladen}}{\overset{\text{Aufladen}}{\rightleftarrows}} \mathrm{Pb + SO_4^{--}}.$$

Durch das Laden entsteht an der Anode unter Elektronenabgabe Bleidioxid ($Pb^{++} \rightarrow Pb^{4+} + 2\,e^-$, *Oxidation*) und an der Katode nach Elektronenaufnahme metallisches Blei ($Pb^{++} + 2\,e^- \rightarrow Pb$, *Reduktion*); gleichzeitig steigt die Säurekonzentration (Säuredichte). Es entstehen zwei Elektroden mit unterschiedlichen Oberflächen, die gegeneinander eine Spannung von 2 V haben. Eine Stromentnahme ist nun so lange möglich, bis beide Elektroden wieder sulfatiert sind.

27 Elektrische Leitungsvorgänge im Vakuum und in Gasen

27.1 Bewegung freier Ladungsträger im elektrischen Feld

Im Vakuum oder in einem Gas kann erst dann ein elektrischer Strom fließen, wenn sich in ihm frei bewegliche Ladungsträger (Elektronen, Ionen) befinden. Eine Ladung q mit der Masse m wird in einem elektrischen Feld der Feldstärke $\boldsymbol{E}$ durch die an ihr angreifende Kraft $q\boldsymbol{E}$ beschleunigt. Nach dem Grundgesetz der Dynamik $q\boldsymbol{E} = m\boldsymbol{a}$ ergibt sich

$$\boldsymbol{a} = \frac{q}{m}\boldsymbol{E} \qquad \textbf{(Beschleunigung eines Ladungsträgers).} \tag{1}$$

Im *homogenen* Feld erfolgt somit in Feldrichtung eine gleichmäßig beschleunigte Bewegung. Die Feldkräfte verrichten am Ladungsträger Beschleunigungsarbeit. Die dadurch erzielte Zunahme der kinetischen Energie des Teilchens ist nach dem Energieerhaltungssatz gleich der Abnahme der potentiellen Energie des Teilchens im Feld:

$$\Delta E_\mathrm{k} = \frac{m}{2}\,(v^2 - v_0^2) = -\Delta E_\mathrm{p} = qU. \tag{2}$$

Die Energiezunahme hängt somit nur von der durchlaufenen Spannung, der *Beschleunigungsspannung* U, ab. Durchläuft ein Teilchen der Ladung $q = e = 1{,}602\,176 \cdot 10^{-19}$ C die Potentialdifferenz von 1 V, so beträgt seine Energiezunahme **1 Elektronvolt (eV)** $= 1{,}602\,176 \cdot 10^{-19}$ J (vgl. 23.4). Für die Anfangsgeschwindigkeit $v_0 = 0$ ergibt sich aus (2):

$$v = \sqrt{2\frac{q}{m}U} \qquad \textbf{(Endgeschwindigkeit eines Ladungsträgers).} \qquad (3)$$

Der benutzte Wert $mv^2/2$ für die kinetische Energie des Teilchens ist allerdings nur für Geschwindigkeiten richtig, die klein gegen die Vakuumlichtgeschwindigkeit c sind. Bei sehr schnell fliegenden Teilchen vergrößert sich die Masse gegenüber ihrer Ruhmasse m_0 nach der Beziehung (6/17), so dass mit der relativistischen kinetischen Energie (7/22) anstelle von (2) gilt:

$$m_0c^2\left(\frac{1}{\sqrt{1-(v/c)^2}} - 1\right) = qU. \qquad (4)$$

Wegen $\boldsymbol{F} = q\boldsymbol{E} = -q \operatorname{grad} \varphi$ lässt sich die Bewegung des Teilchens im elektrischen Feld dadurch veranschaulichen, dass man sich den Potentialverlauf $\varphi = \varphi(\boldsymbol{r})$ als „Gebirge" vorstellt, auf dessen Relief das Teilchen reibungsfrei gleiten kann. In Bild 27.1 sind fünf verschiedene Anfangslagen für ein positiv geladenes Teilchen markiert: Von *1* aus wird das Teilchen in x-Richtung beschleunigt; von *2* führt das Teilchen Schwingungen um die Gleichgewichtslage $x_{\min}$

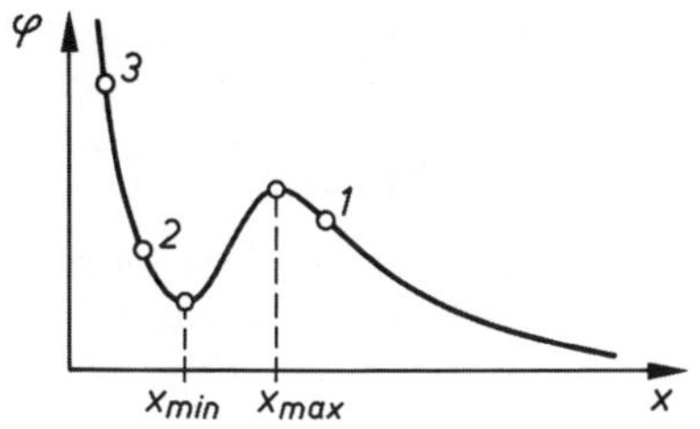

Bild 27.1. Beispiel eines Potentialverlaufs $\varphi = \varphi(x)$.

aus (gebundenes Teilchen); von *3* aus wird das Teilchen zunächst stark beschleunigt, zwischen $x_{\min}$ und $x_{\max}$ wieder verzögert, um dann weiter in x-Richtung eine abnehmende Beschleunigung zu erfahren. Von $x_{\max}$ aus kann das Teilchen nach links oder rechts beschleunigt werden, und in $x_{\min}$ verbleibt es ständig in Ruhe (*labile* und *stabile* Gleichgewichtslage). Aus der durchlaufenen „Höhendifferenz" U folgt sofort die momentane Teilchengeschwindigkeit v nach (2), (3) oder (4).

Beispiel: Ein Elektron ($q = -e$) befinde sich in einem homogenen elektrischen Feld $\boldsymbol{E} = -E\boldsymbol{j}$ am Koordinatenursprung ($\boldsymbol{i}$, $\boldsymbol{j}$ Einheitsvektoren). Man bestimme für drei Fälle die Bewegung des Elektrons mit unterschiedlicher Anfangsgeschwindigkeit: a) $v_0 = 0$; b) $\boldsymbol{v}_0 = -v_0\boldsymbol{j}$; c) $\boldsymbol{v}_0 = v_0\boldsymbol{i}$. – *Lösung:* a) $a_x = 0$, $v_x = 0$, $x = 0$; $a_y = eE/m$, $v_y = eEt/m$, $y = eEt^2/(2m)$, d. h. gleichmäßig beschleunigte Bewegung, analog zum freien Fall einer Masse im Schwerefeld mit eE/m anstelle von g. b) $a_x = 0$, $v_x = 0$, $x = 0$; $a_y = eE/m$, $v_y = eEt/m - v_0$, $y = eEt^2/(2m) - v_0t$, analog zum senkrechten Wurf nach oben, wobei das Elektron gegen das elektrische Feld anläuft. c) $a_x = 0$, $v_x = v_0$, $x = v_0t$; $a_y = eE/m$, $v_y = eEt/m$, $y = eEt^2/(2m)$, analog zum waagrechten Wurf; das Elektron beschreibt die *Parabelbahn* $y = eEx^2/(2mv_0^2)$, s. Bild 27.2.

Die zuletzt unter c) untersuchte Ablenkung von Elektronenstrahlen durch elektrische *Querfelder* wird z. B. beim **Elektronenstrahloszillographen** zur Registrierung des zeitlichen Verlaufs schnell veränderlicher Spannungen genutzt. Der Winkel α, um den die Bewegungsrichtung der Elektronen nach Verlassen des Feldes der Länge l gegenüber der Eintrittsrichtung verändert ist, berechnet sich aus der Bahngleichung $y = eEx^2/(2mv_0^2)$ zu

$$\tan\alpha = \left(\frac{\mathrm{d}y}{\mathrm{d}x}\right)_{x=l} = \frac{eEl}{mv_0^2} = \frac{l}{2d}\frac{U_y}{U_a} \tag{5}$$

mit $E = U_y/d$ und $v_0 = \sqrt{2eU_a/m}$ nach (3). Somit ist die auf dem Leuchtschirm auftretende Ablenkung s der Ablenkspannung U_y direkt und der Anodenspannung U_a umgekehrt proportional. Zur Erfassung eines zeitlichen Spannungsverlaufes wird an ein senkrecht zum Vertikalplattenpaar angeordnetes zweites Plattenpaar eine linear mit der Zeit ansteigende Spannung (*Kippspannung*, Bild 33.1) angelegt, die sich gegebenenfalls periodisch wiederholt und den Leuchtpunkt mit konstanter Geschwindigkeit horizontal von links nach rechts laufen und zurückspringen lässt *(Zeitablenkung)*.

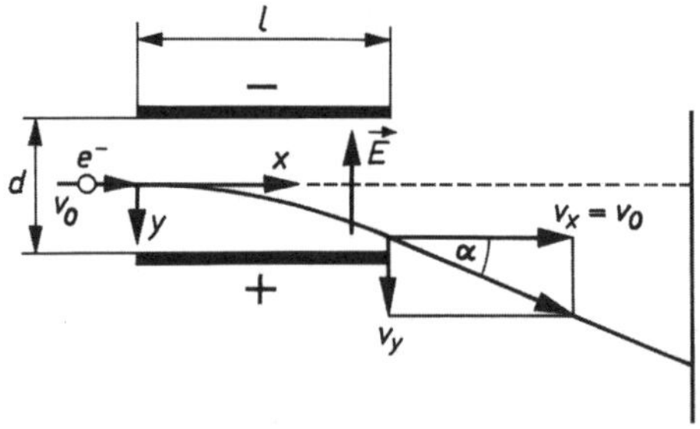

Bild 27.2. Prinzip der Elektronenstrahlröhre: Ablenkung eines Elektrons im homogenen elektrischen Querfeld

Aufgabe 27.1. Ein Elektron mit der Geschwindigkeit $v = 6{,}5$ km/s soll im Vakuum durch ein elektrisches Gegenfeld entlang 0,5 m Wegstrecke vollständig abgebremst werden. Berechne a) die notwendige Potentialdifferenz, b) die zugehörige Feldstärke, c) die Bremsverzögerung!

Aufgabe 27.2. Man berechne Geschwindigkeit und Massenzunahme m/m_0 von Elektronen mit a) 250 eV (Elektronenröhre), b) 25 keV (Fernsehbildröhre) und c) 2,5 MeV (β-Teilchen).

Aufgabe 27.3. In einem Teilchenbeschleuniger werden Protonen auf eine kinetische Energie von 10 GeV gebracht. Wie weit hat sich dadurch die Teilchengeschwindigkeit der Lichtgeschwindigkeit angenähert? Auf das Wievielfache hat die bewegte Masse m gegenüber ihrer Ruhmasse m_0 zugenommen? Spezifische Ladung des Protons: $e/m_0 = 9{,}579 \cdot 10^7$ C/kg.

27.2 Ladungsträgerinjektion, Katodenstrahlen

Im Vakuum bzw. in hochverdünnten Gasen kann der Einfluss der Restmoleküle auf die elektrischen Leitungsprozesse weitgehend vernachlässigt werden. Ein Stromdurchgang ist erst möglich, wenn die erforderlichen Ladungsträger durch besondere Prozesse bereitgestellt werden. Dabei hat die *Ladungsträgerinjektion durch Elektronenemission* aus festen, meist metallischen Elektroden eine große Bedeutung erlangt *(Katodenstrahlen)*. Da die im Metall frei beweglichen Leitungselektronen durch einen Potentialwall am Austritt aus dem Metall gehindert werden, können sie aus dem Metall nur befreit werden, wenn ihnen von außen Energie zugeführt wird, die mindestens von der Größe der *Austrittsarbeit* W_a sein muss (vgl. 26.1). Dies kann auf verschiedene Weise geschehen:
Durch Erhitzen des Metalls kommt es zur **thermischen Elektronenemission**, z. B. in *Glühkatoden* von Elektronenröhren. Als Temperaturabhängigkeit der Stromdichte der austretenden Elektronen gilt die Beziehung

$$j = aT^2 \mathrm{e}^{-W_a/(kT)} \qquad \textbf{(Richardson-Gleichung)} \tag{6}$$

mit $a \approx 6 \cdot 10^5$ A/(m² K²) für reine Metalle.

Durch Einstrahlung von Licht wird **Photoelektronenemission** angeregt. Jedes auf eine Katode (z. B. in einer Photozelle) auftreffende Lichtquant genügend hoher Energie überträgt diese auf je ein Leitungselektron, das dann die Elektrode mit einer bestimmten Geschwindigkeit verlässt (*äußerer lichtelektrischer Effekt* oder *Photoeffekt*, vgl. 43.2).

Feldemission von Elektronen tritt bei kalter Katode auf und wird durch extrem hohe Feldstärken verursacht, wie sie beispielsweise an Metallspitzen vorkommen, an denen eine hohe Spannung anliegt (Sprüheffekt). Die Feldemission wird u. a. beim *Feldelektronenmikroskop* genutzt, das der Untersuchung der Struktur von Metalloberflächen dient.

Durch *Aufprall von Elektronen oder Ionen* auf eine Metalloberfläche tritt **Sekundärelektronenemission** auf. Die historisch gesehen ersten *Katodenstrahlen* waren die in weitgehend evakuierten Entladungsröhren mit sich gegenüberstehender (kalter) Katode und Anode erzeugten und zur Anode hin beschleunigten Elektronen. Sie entstehen dadurch, dass die vorhandenen positiven Gasionen infolge der hohen Beschleunigung, die sie in dem starken elektrischen Feld zur Katode hin erfahren, aus dieser Elektronen herausschlagen.

Für den Nachweis von Strahlung (Elektronen, Lichtquanten) ist der *Sekundärelektronenvervielfacher* (SEV) von besonderer Bedeutung. Die aus einer Katode durch Photoelektronenemission freigesetzten Elektronen werden dadurch vervielfacht, dass man sie in gebündelter Form auf mehrere hintereinander angeordnete Elektroden auftreffen lässt, wobei jeweils ein Elektron mehrere Sekundärelektronen auslöst. Auf diese Weise werden Verstärkungsfaktoren von etwa 10^{10} erreicht. Damit wird es möglich, sogar einzelne Lichtquanten (Photonen) nachzuweisen.

Aufgabe 27.4. Welchen Sättigungsstrom I_S würde eine BaO-Glühkatode mit einer Oberfläche von 1 cm^2 bei Rotglut (700 °C) liefern? Werte in Gleichung (6): $a = 4 \cdot 10^3$ A/(m^2 K^2); $W_a = 1{,}0$ eV.

27.3 Gasentladungen

Den Durchgang eines elektrischen Stromes durch ein Gas nennt man *Gasentladung*. Da bei nicht zu hohen Temperaturen alle Gase Nichtleiter sind, kann eine Gasentladung nur entstehen, wenn das Gas durch Einschuss *(Injektion)* oder Erzeugung von Ladungsträgern (*Ionisation* der Gasmoleküle) elektrisch leitend wird (*Zündung* der Gasentladung). Man benutzt dazu ein mit Gas gefülltes gläsernes oder metallisches Gefäß, die *Gasentladungsröhre* (Bild 27.4), die zwei Metallelektroden enthält, an denen eine hohe Spannung anliegt, die den Entladungsstrom in der *Gasentladungsstrecke* verursacht.

Bei der **unselbstständigen Gasentladung** entstehen die Ladungsträger nicht durch den Stromfluss selbst, sondern durch andere Mechanismen wie injizierte Elektronenemission aus einer Elektrode oder Volumenionisation durch radioaktive, kosmische, UV- oder Röntgen-Strahlen. Die Ladungsträgerkonzentration kann jedoch unterhalb einer bestimmten angelegten Spannung nicht beliebig gesteigert werden, da die Energie der gebildeten Elektronen noch nicht ausreicht, um selbst neutrale Gasmoleküle zu ionisieren, und da stets von selbst Wiedervereinigungsprozesse *(Rekombinationen)* gegenpoliger Ladungsträger stattfinden.

Die unselbstständige Gasentladung wird u. a. in der **Ionisationskammer** für Strahlungsmessungen praktisch genutzt. Diese besteht im einfachsten Fall (Bild 27.3a) aus einem mit Luft oder einem Edelgas gefüllten Zylinder, der durch zwei isolierte Plattenelektroden abgeschlossen ist, die über einen Arbeitswiderstand R mit einer Spannungsquelle verbunden sind. Ein einfallendes geladenes Teilchen erzeugt im Kammervolumen Ionenpaare, deren Anzahl von der Art und der Energie der Teilchen sowie von der Gasart und vom Gasdruck abhängt. Die Ladungsträger wandern durch das vorhandene elektrische Feld zu den Elektroden und erzeugen einen Kammerstrom, der etwa linear mit der Kammerspannung wächst *(Rekombinationsbereich)*. Bei der Sättigungsspannung von einigen 100 V werden alle Ladungsträger von den Elektroden abgesaugt *(Sättigungsbereich)*. Die durch Ionisation des Füllgases erzeugten Elektronen

können durch die Spannung an den Elektroden so stark beschleunigt werden, dass sie durch Stoßionisation eine *Primärlawine* erzeugen. Deren Ladung ist zwar um vieles größer als die der ursprünglichen Ionisation, dieser aber immer noch proportional *(Proportionalbereich).*
Das **Zählrohr** (Bild 27.3b und c) kann je nach Höhe der angelegten Spannung in zwei Arbeitsbereichen betrieben werden, im *Proportionalbereich* oder im *Auslösebereich.* Im Proportionalzählrohr wird wie in der Ionisationskammer der Ionenstrom durch die Ausbildung einer Primärlawine um Faktoren 10 bis 10^5 verstärkt. Der dadurch erzeugte Zählrohrspannungsimpuls hängt von der Anzahl der primär gebildeten Ionen, von der Energie des Teilchens und von der Stoßionisation ab. Beim *Auslösezählrohr* (GEIGER-MÜLLER-*Zählrohr*) ist die Spannung so hoch, dass die erzeugten Elektronen nicht nur weitere Atome ionisieren, sondern diese auch zur Strahlung anregen. Die von den angeregten Atomen emittierten energiereichen Lichtquanten ionisieren selbst wieder und erzeugen eine *sekundäre Lawine.* Die Entladung greift auf das gesamte Zählrohrvolumen über. Die Impulshöhe ist *unabhängig* von der Primärionisation und damit von der Energie der einfallenden Teilchen; sie hängt nur von der angelegten Elektrodenspannung ab. Um eine selbstständige Gasentladung (s. u.) zu verhindern, muss durch eine spezielle elektronische Schaltung oder durch Zusatz eines Löschgases die Entladung zum Abreißen gebracht werden. Das Auslösezählrohr kann daher nur zur Teilchenzählung, nicht aber zur Energiebestimmung der Teilchen benutzt werden.

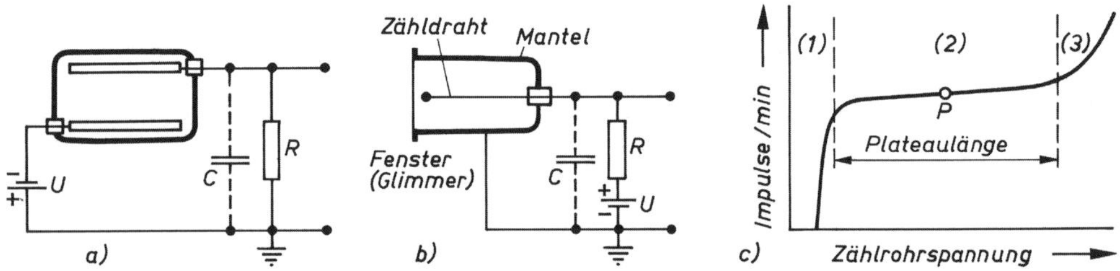

Bild 27.3. Schema von a) Ionisationskammer; b) Fensterzählrohr (*R* Arbeitswiderstand, *C* Kapazität der Kammer bzw. des Zählrohrs, *U* Spannungsquelle); c) Charakteristik eines Zählrohres: *(1)* Proportionalbereich, *(2)* Auslösebereich, *(3)* Dauerentladung, *P* Arbeitspunkt im (möglichst flachen) Plateau

Im Falle der **selbstständigen Gasentladung** werden die Ladungsträger durch den Stromfluss freigesetzt. Bei genügend großen Feldstärken erreichen die Ladungsträger eine kinetische Energie, die ausreicht, um durch *Stoßionisation* neutrale Gasmoleküle zu ionisieren bzw. an den Elektroden Sekundärelektronen freizusetzen. Es kommt zur Ausbildung einer Elektronenlawine, wodurch das Gas in den *Plasmazustand* (vgl. 27.4) versetzt wird.
Die Vorstufe zur Zündung stromstärkerer Entladungen ist die **Townsend-Entladung** mit Stromdichten im Bereich von etwa 10^{-14} bis 10^{-6} A/m^2. Sie wird auch *Dunkelentladung* oder *dunkler Vorstrom* genannt, weil die Stromdichten zu gering sind, um merkliche Leuchterscheinungen hervorzurufen.
An die TOWNSEND-Entladung schließt sich bei niedrigen Drücken unter 5 kPa die **Glimmentladung** an, die vor allem im Bereich von 10^{-2} bis 1 A/m^2 stabil ist. Dazu wird die Glimmstrecke über einen Widerstand (zur Strombegrenzung) in Reihe an eine Spannungsquelle angeschlossen. Die Glimmentladung setzt nach Überschreiten der *Zündspannung* schlagartig ein und erst dann wieder aus, wenn der Spannungsabfall an der Glimmstrecke, die sog. *Brennspannung*, auf die *Löschspannung* abfällt.

Charakteristisch für die Glimmentladung ist ihre auffallende optische Struktur (Bild 27.4): An die Katode K schließt sich der ASTONsche *Dunkelraum* a an, in dem die aus der Katode austretenden Elektronen durch das starke elektrische Feld auf kurzer Strecke so beschleunigt werden, dass ihre Energie zur Ionisation und Lichtanregung in der sog. *Katodenschicht* b ausreicht. In dem sich anschließenden HITTORFschen (CROOKESschen) *Dunkelraum* c ist die Elektronengeschwindigkeit bereits so groß, dass bei Stößen die Wahrscheinlichkeit der Ionisierung gegenüber der Lichtanregung überwiegt. Im anschließenden *negativen Glimmlicht* d ist die Ionenkonzentration sehr hoch. Die Mehrzahl der in diesen Entladungsbereich über den *Glimmsaum* eindringenden Elektronen verliert durch Stoßprozesse Energie. Die übrigen schnellen Elektronen durchfliegen ohne Lichtanregung den FARADAYschen *Dunkelraum* e und erreichen die *positive Säule* f, in der eine relativ hohe Ladungsträgerkonzentration herrscht. Unter geeigneten Versuchsbedingungen lassen sich noch ein *Anodenglimmlicht* g und der unmittelbar an die Anode A grenzende *Anodendunkelraum* h beobachten. Auftreten und Ausprägung der genannten Entladungsräume hängen stark von Gasdruck, Geometrie und anderen Parametern ab. Wird z. B. nur der Elektrodenabstand geändert, dann verändert sich im wesentlichen die Ausdehnung der positiven Säule, während die übrigen Entladungsbereiche ihre Struktur beibehalten.

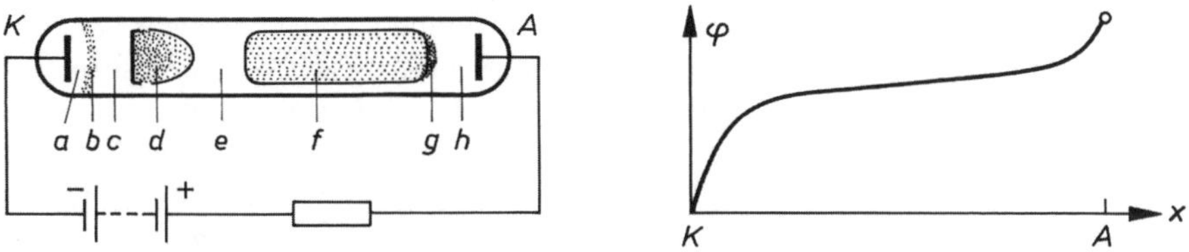

Bild 27.4. Schema einer Gasentladungsröhre mit Katode K, Anode A und den Entladungsbereichen (a ASTONscher Dunkelraum, b Katodenschicht, c HITTORFscher Dunkelraum, d negatives Glimmlicht, e FARADAYscher Dunkelraum, f positive Säule, g Anodenglimmlicht, h Anodendunkelraum). Rechts: Potentialverlauf zwischen Katode und Anode

Aus dem Potentialverlauf $\varphi = \varphi(x)$ (Bild 27.4) kann die Feldstärke $E = \mathrm{d}\varphi/\mathrm{d}x$ und die Ladungsdichte in der Entladungsstrecke bestimmt werden. Hohe Feldstärken herrschen vor der Katode im sog. *Katodenfall* und vor der Anode im sog. *Anodenfall.* Die konkave Krümmung der Kurve ($\mathrm{d}^2\varphi/\mathrm{d}x^2 < 0$) vor der Katode zeigt uns einen Überschuss positiver Ladungen (Ionen) und die konvexe Krümmung ($\mathrm{d}^2\varphi/\mathrm{d}x^2 > 0$) vor der Anode einen Überschuss negativer Ladung (Elektronen) an. Nur im Wendepunkt ist die Ladungsbilanz ausgeglichen.

Durch feine Bohrungen in der Katode treten aus dem Glimmentladungsraum positive Ionen als **Kanalstrahlen** aus.

Bei höheren Drücken und unter Verwendung stark gekrümmter Elektroden, die eine hohe Inhomogenität des elektrischen Feldes verursachen, tritt als Sonderform der Glimmentladung die **Koronaentladung** oder **Spitzenentladung** auf. Ihre Besonderheit ist, dass Ionisation und Lichtanregung auf die unmittelbare Umgebung der gekrümmten Elektrode beschränkt sind und der übrige Entladungsraum dunkel bleibt. Bei Spannungssteigerung wird die Koronaentladung instabil und geht in die **Funkenentladung** über, die erstmalig 1627 durch OTTO VON GUERICKE beobachtet wurde. In diese Gruppe der Gasentladungen gehören auch solche Naturerscheinungen wie *Blitz* und *Elmsfeuer*.

Die Glimmentladung geht in eine **Bogenentladung** über, wenn bei hohen Stromdichten die Katode so erhitzt wird, dass durch thermische Elektronenemission zusätzlich Ladungsträger freigesetzt werden. So liefert z. B. der Xenon-Hochdruckbogen mit Wolframkatode eine Lichtquelle mit extrem hoher Leuchtdichte.

Selbstständige Gasentladungen finden in der Technik vielfältige Anwendung. Das helle negative Glimmlicht von Glimmentladungen wird in *Glimmlampen* für Signal- und Kontrollzwecke genutzt. Die Strahlung der positiven Säule wird in *Leuchtstoffröhren* verschiedener Gasfüllungen zu Beleuchtungszwecken verwendet; dabei dienen Leuchtstoffe als Belag der Innenwand zur Umwandlung des ultravioletten Anteils der Strahlung in sichtbares Licht (Neonlampe, Xenonlampe, Tageslichtlampe). Dem Druck in der Gasentladungsstrecke nach unterscheidet man *Niederdruck-, Hochdruck-* und *Höchstdrucklampen* (Natriumdampflampe, Quecksilberdampflampe). In der Metallurgie und Metallverarbeitung spielen Lichtbogenschweißen, Plasmabrenner, Plasmaspritzen, Funkenerosion und Lichtbogenofen eine große Rolle. Auch in der Elektrotechnik gibt es zahlreiche Anwendungen, wie z. B. Hochstromgleichrichter und verschiedene Schaltmittel.

27.4 Plasmaströme

Ein *Plasma* ist ein Gas mit einer merklichen Konzentration an freien Elektronen und Ionen, wobei die Zahl der negativen und positiven Ladungen *im Mittel gleich* ist. So beträgt z. B. die Ladungsträgerkonzentration in der Ionosphäre und im Verbrennungsmotor etwa 10^{10} Ionen/m^3, erreicht in Sternatmosphären und in Detonationszentren ungefähr 10^{20} m^{-3} und liegt im Sterninnern in der Größenordnung von 10^{30} m^{-3}.
Die für den Plasmazustand erforderliche starke Ionisierung kann durch Energiezufuhr in einer Gasentladung, aber auch durch Erhitzen auf hohe Temperaturen erzwungen werden. So beginnt z. B. für Stickstoff bei Temperaturen um 7000 K eine merkliche thermische Ionisation, bei 20 000 K setzt die mehrfache Ionisation ein, und bei 30 000 K besteht das Stickstoffplasma bereits zu 60% aus Elektronen und zu je 20% aus N^+- und N^{++}-Ionen. Bei Temperaturen in der Größenordnung von 10^6 K haben die Atomkerne ihre Elektronenhülle vollständig verloren und besitzen eine so hohe thermische Energie, dass es zur Kernverschmelzung *(Kernfusion)* kommt (s. Abschnitt 49.5).
Im Plasmazustand, der wegen seiner besonderen Eigenschaften oft auch als *vierter Aggregatzustand* bezeichnet wird, befinden sich mehr als 99% der Massen des Kosmos. Seine technische Bedeutung nimmt schnell zu. Von besonderem Interesse sind dabei die *Wechselwirkungen zwischen Plasmaströmen und Magnetfeldern.* Sie werden durch die **Magnetohydrodynamik** (MHD) oder **Magnetoplasmadynamik** (MPD) untersucht und beschrieben. Wichtige Anwendungen sind der magnetohydrodynamische Generator *(MHD-Generator)* und das *Plasmatriebwerk.*

28 Das magnetostatische Feld der Dipole und Gleichströme

28.1 Analogien und Unterschiede zum elektrostatischen Feld

Neben der elektrostatischen ist die *magnetische* Kraftwirkung als weitere Art nichtmechanischer Kraftwirkungen seit langem bekannt. Sie tritt zwischen Körpern auf, die wir **Magnete** nennen. Die Anziehung bzw. Abstoßung der Enden zweier Stabmagnete wird (analog zu der Kraftwirkung zwischen zwei elektrisch geladenen Körpern) auf die Wirkung des zwischen ihnen befindlichen *magnetostatischen Feldes* zurückgeführt. Die Feldlinien eines Stabmagneten (magnetischer Dipol) verlaufen wie die eines elektrischen Dipols. Sie lassen sich bekanntlich durch Eisenfeilspäne auf einer horizontalen Unterlage gut sichtbar machen (vgl. Bild 23.2b und 28.1). Die Kraftwirkungen konzentrieren sich an den **Magnetpolen**, die (analog zu „plus" und „minus") als *Nord-* und *Südpol* bezeichnet werden.
Als *Richtung der Feldlinien* wird (für den Außenraum des Magneten) die Richtung *vom Nord- zum Südpol* definiert. Ganz analog zum Verhalten elektrischer Ladungen gilt in der Magnetostatik der Satz:

> **Gleichnamige magnetische Pole stoßen sich ab, ungleichnamige magnetische Pole ziehen sich an.**

Das nach Norden weisende Ende einer Magnetnadel wird als Nordpol, das andere Ende entsprechend als Südpol definiert. Die Erde ist demnach ein großer Magnet, dessen magnetischer Südpol in der Nähe des geographischen Nordpols und dessen magnetischer Nordpol nahe dem geographischen Südpol liegt. Die Abweichung der Magnetnadel gegenüber der geographischen Nordrichtung heißt *Deklination*, die Abweichung gegenüber der Horizontalen wird *Inklination* genannt.

Halbiert man einen Stabmagneten, so entstehen dadurch zwei neue, kleinere Magnete mit je einem Nord- und Südpol. Auch das kleinste Bruchstück eines Magneten stellt stets wieder einen **magnetischen Dipol** dar, der sich im magnetischen Feld wie ein elektrischer Dipol im elektrischen Feld verhält (vgl. 23.3).

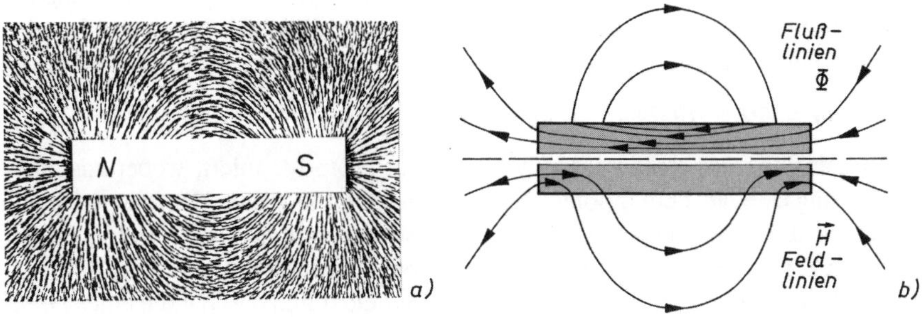

Bild 28.1. a) Feldlinienbild im Außenraum eines Stabmagneten, sichtbar gemacht durch Eisenfeilspäne; b) unterschiedlicher Verlauf der Feldlinien ($\boldsymbol{H}$) und der Flusslinien (Φ bzw. $\boldsymbol{B}$, vgl. 28.5) im Innern eines Permanentmagneten

Im Gegensatz zu den Ladungen eines elektrischen Dipols lassen sich jedoch bei einem magnetischen Dipol die entgegengesetzten Pole *nicht* voneinander trennen, da sie nicht wie die elektrischen Ladungen substanzieller Natur sind, sondern lediglich die Austritts- und Eintritts-„öffnung" eines magnetisierten Zustandes charakterisieren, der als **magnetischer Fluss** Φ bezeichnet wird. Von außen gesehen verkörpert dieser die *Gesamtheit der vom Pol ausgehenden magnetischen Kraftlinien*; Φ wird daher gelegentlich auch als **magnetische Polstärke** bezeichnet. Man stößt somit auf einen bedeutsamen Unterschied zwischen Elektrostatik und Magnetostatik:

> **Es gibt keine einzelnen magnetischen Ladungen (Monopole), sondern nur magnetische Dipole. Der magnetische Fluss ist quellenfrei** (s. Bild 28.1b).

In Analogie zur elektrischen Feldstärke $\boldsymbol{E}$ im elektrischen Feld kann auch für das Magnetfeld eine **magnetische Feldstärke** $\boldsymbol{H}$ definiert werden, die mit dem magnetischen Fluss Φ eng verknüpft ist. Ein *Permanentmagnet* besteht aus lauter kleinen (atomaren) magnetischen Dipolen, die sämtlich in eine Richtung eingestellt sind und in dieser Richtung verharren. Im Innern kompensieren sich die hintereinander liegenden Nord- und Südpole der einzelnen *Elementarmagnete*, so dass nur an den Enden Flächenbelegungen magnetischer Pole übrig bleiben. Diese sind die **Quellen** der magnetischen Feldstärke $\boldsymbol{H}$. Vergleichbar damit ist das Auftreten freier Oberflächenladungen auf einem Dielektrikum (s. 24.1), jedoch können im Unterschied dazu freie Magnetpole von den Oberflächen nicht abgeführt werden, weil es keine „magnetischen Leiter" geben kann. Analog zum elektrostatischen Feld gilt:

> **Der Verlauf der magnetischen Feldstärke eines permanenten Magneten ist wirbelfrei** (s. Bild 28.1b).

Das heißt, es gilt analog zum Gravitationsfeld (vgl. 22.2) und zum elektrostatischen Feld (vgl. 23.4):

$$\oint \boldsymbol{H} \cdot \mathrm{d}\boldsymbol{r} = 0 \qquad \textbf{(Bedingung für die Wirbelfreiheit des Magnetfeldes).} \qquad (1)$$

Die Magnetostatik magnetischer Dipole hat eine so große Ähnlichkeit mit der Elektrostatik, dass es möglich ist, dort entwickelte Begriffe und Gesetzmäßigkeiten formal auf die magnetischen Erscheinungen zu übertragen.

28.2 Kraftwirkungen des magnetischen Feldes auf magnetische Dipole. Magnetische Feldstärke

Das magnetische Feld ist ebenso wie das elektrische Feld ein *Kraftfeld*. Zur Untersuchung seiner Kraftwirkung benutzt man, da es keine einzelnen Magnetpole gibt, einen magnetischen Probe*dipol* mit dem *vom Süd- zum Nordpol* weisenden vektoriellen Polabstand $\boldsymbol{l}$ und dem diesem gleich gerichteten **magnetischen Dipolmoment**

$$\boldsymbol{m} = \Phi \boldsymbol{l}, \quad \textit{Einheit:} \quad [m] = 1\,\mathrm{V\,s\,m}. \tag{2}$$

Dieses ist analog zum elektrischen Dipolmoment (23/6) definiert, wobei anstelle der elektrischen Ladung $q = \Psi$, dem dipoleigenen elektrischen Fluss, hier der magnetische Fluss Φ als Maß für den „Eigenmagnetismus" des Dipols steht. Φ wird in Weber (1 Wb = 1 V s) gemessen und kann z. B. in einem Induktionsversuch bestimmt werden (vgl. 29.1).
So wie sich ein elektrischer Dipol im elektrischen Feld durch das Wirken eines *Drehmoments* in die Richtung der elektrischen Feldstärke einstellt (vgl. 23.3), so schwenkt auch ein magnetischer Probedipol (z. B. eine Magnetnadel) in einem äußeren Magnetfeld der magnetischen Feldstärke $\boldsymbol{H}$ in die Feldrichtung ein. Analog zu (23/5) wird auch hier das **Drehmoment** als Vektorprodukt aus Dipolmoment und Feldstärke berechnet:

$$\boldsymbol{M} = \boldsymbol{m} \times \boldsymbol{H}, \qquad \text{Betrag} \quad M = mH \sin\alpha. \tag{3}$$

Einheit der magnetischen Feldstärke: $$[H] = \frac{[M]}{[m]} = 1\,\frac{\mathrm{N\,m}}{\mathrm{V\,s\,m}} = 1\,\frac{\mathrm{V\,A\,s}}{\mathrm{V\,s\,m}} = 1\,\frac{\mathrm{A}}{\mathrm{m}}.$$

Die Messung der magnetischen Feldstärke $\boldsymbol{H}$ erfolgt durch Bestimmung des Drehmomentes $\boldsymbol{M}$, das ein kleiner Magnet von bekanntem Dipolmoment $\boldsymbol{m}$ im Magnetfeld erfährt.
Im *inhomogenen* Feld, wo die Feldstärke nach Betrag und Richtung von Ort zu Ort verschieden ist, wirkt neben dem Drehmoment auch immer noch eine resultierende Kraft, die den Dipol in das Feld hineinzieht (vgl. 23.3). Unmagnetische Eisenteilchen (z. B. Feilspäne) werden im äußeren Magnetfeld selbst zu magnetischen Dipolen *(magnetische Influenz)*. Sie werden dann im Magnetfeld sowohl ausgerichtet als auch von den Polen eines Permanentmagneten angezogen.

Beispiel: Eine in der x, y-Ebene drehbare Magnetnadel mit $|\boldsymbol{m}| = 1{,}25 \cdot 10^{-6}\,\mathrm{V\,s\,m}$ wird in einem Magnetfeld zur Drehmomentmessung an einem in z-Richtung verlaufenden Torsionsfaden aufgehängt. Nun wird am Aufhängepunkt der Torsionsfaden so verdrillt, dass der Südpol der Magnetnadel in y-Richtung zeigt, wobei ein Drehmoment $M_z = 4{,}0 \cdot 10^{-4}\,\mathrm{N\,m}$ gemessen wird. Welche Feldkomponente von $\boldsymbol{H}$ wurde bestimmt, und wie groß ist diese? – *Lösung:* Das magnetische Dipolmoment $\boldsymbol{m} = -m\boldsymbol{j}$ bewirkt nach (3) das Drehmoment $M_z = \boldsymbol{M} \cdot \boldsymbol{k} = -m\,(\boldsymbol{j} \times \boldsymbol{H}) \cdot \boldsymbol{k}$ (Spatprodukt) $= m\,(\boldsymbol{H} \times \boldsymbol{j}) \cdot \boldsymbol{k} = m\boldsymbol{H} \cdot (\boldsymbol{j} \times \boldsymbol{k}) = m\boldsymbol{H} \cdot \boldsymbol{i} = mH_x$, woraus $H_x = M_z/m = 3{,}2$ A/cm folgt.

28.3 Das Magnetfeld eines geraden Stromleiters. Durchflutungsgesetz

Führt man um einen geraden, von einem konstanten Gleichstrom durchflossenen Draht eine Magnetnadel im Kreis herum, so zeigt diese nicht etwa in die radiale Richtung, als ob sie vom Draht angezogen würde, sondern stellt sich stets in die *tangentiale* Richtung ein (Bild 28.2). So wird nachgewiesen, dass ein Leiter, der von einem konstanten Gleichstrom durchflossen wird, sich mit einem statischen magnetischen Feld umgibt, dessen Feldlinien als geschlossene konzentrische Kreise *(magnetische Wirbel)* senkrecht zum Leiter mit dem Leiter als Mittelpunkt verlaufen (OERSTED, 1820). Der Richtungssinn der magnetischen Feldlinien um den Leiter (s. Bild 28.2a) ergibt sich aus der

Rechte-Hand-Regel:

Umschließt man den Leiter mit der rechten Hand so, dass der gespreizte Daumen in Stromrichtung weist, so zeigen die gekrümmten Finger in die Richtung der magnetischen Feldlinien.

Da die Feldlinien in sich geschlossen sind, gibt es hier keine Quellen des Magnetfeldes:

Das magnetische Feld stationärer elektrischer Ströme ist ein quellenfreies Wirbelfeld.

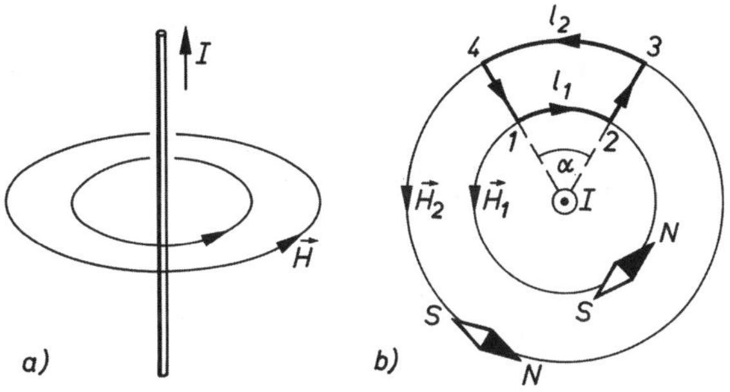

Bild 28.2. Magnetische Feldlinien um einen stromdurchflossenen Leiter

Das Wegintegral der magnetischen Feldstärke $\boldsymbol{H}$ längs eines geschlossenen Umlaufs ist nach (1) *nur dann gleich null*, wenn der Integrationsweg *keinen Strom umschließt*. Aus (1) kann daher der Betrag der magnetischen Feldstärke H in der Umgebung eines stromführenden geraden Leiters bestimmt werden. Als Integrationsweg für den geschlossenen Umlauf wählen wir den in Bild 28.2b gezeichneten Weg *1-2-3-4-1*. Zur Integration tragen nur die beiden Teilstrecken *1-2* und *3-4* mit den Längen $l_1 = r_1\alpha$ und $l_2 = r_2\alpha$ bei, die entlang der kreisförmigen Feldlinien mit den Radien r_1 und r_2 verlaufen und zu den Feldstärken H_1 und H_2 gehören. Die Teilstrecken *2-3* und *4-1* liefern keinen Beitrag zum Umlaufintegral (1), da sie senkrecht zu $\boldsymbol{H}$ verlaufen und daher das skalare Produkt $\boldsymbol{H} \cdot \mathrm{d}\boldsymbol{r}$ verschwindet. Da auf jeder Feldlinie der Betrag der zugehörigen Feldstärke konstant ist und die Strecke l_1 entgegen der Feldrichtung durchlaufen wird, ergibt die Bedingung (1)

$$\oint \boldsymbol{H} \cdot \mathrm{d}\boldsymbol{r} = H_2 l_2 - H_1 l_1 = H_2 r_2 \alpha - H_1 r_1 \alpha = 0,$$

woraus $H_1 r_1 = H_2 r_2$, d. h. $Hr = \text{const}$ oder $H \sim 1/r$ folgt. Da H, wie das Experiment zeigt, der Stromstärke I im Leiter proportional ist, gilt somit $H \sim I/r$. Über den Proportionalitätsfaktor wird mit der Wahl des Maßsystems verfügt. Im SI wird sinnvollerweise gesetzt:

$$H = \frac{I}{2\pi r} \qquad \textbf{(magnetische Feldstärke außerhalb eines geraden Stromleiters).} \tag{4}$$

Im Nenner steht so die Länge der den Leiter umschließenden kreisförmigen Feldlinie. Gleichung (4) dient als Definitionsgleichung für die *Einheit* der magnetischen Feldstärke A/m.

Das Durchflutungsgesetz. Führen wir den Integrationsweg um den geraden, stromführenden Leiter in Bild 28.2 *vollständig herum*, z. B. entlang einer Feldlinie vom Radius r mit der zugehörigen Feldstärke (4), so verschwindet das Umlaufintegral (1) *nicht*, weil in diesem Falle fortwährend Größen gleichen Vorzeichens summiert werden. Mit (4) und $|\mathrm{d}\boldsymbol{r}| = \mathrm{d}s = r\,\mathrm{d}\alpha$ folgt somit für einen geschlossenen Umlauf (C) um den Strom I:

$$\oint_{(C)} \boldsymbol{H} \cdot \mathrm{d}\boldsymbol{r} = \oint_{(C)} H\,\mathrm{d}s = \oint_{(C)} \frac{I}{2\pi r} r\,\mathrm{d}\alpha = \frac{I}{2\pi} \int_0^{2\pi} \mathrm{d}\alpha = I.$$

Die Stromstärke I bezeichnet dabei den *Gesamtstrom* durch eine Fläche A, die vom geschlossenen Integrationsweg (C), z. B. wie oben von einer geschlossenen Feldlinie (Wirbel), begrenzt wird. Dieser Gesamtstrom I kann entweder als Stromverteilung mit der Stromdichte $\boldsymbol{j}$ nach (25/5) oder als Summe von Einzelströmen I_i vorliegen und wird in Analogie zur Strömungsmechanik **Durchflutung** genannt (vgl. Bild 15.3 und die zugehörigen Ausführungen in 15.2). Man erhält somit

$$\oint_{(C)} \boldsymbol{H} \cdot \mathrm{d}\boldsymbol{r} = \int_{(A)} \boldsymbol{j} \cdot \mathrm{d}\boldsymbol{A} = \sum_i I_i \qquad \textbf{(Durchflutungsgesetz).} \qquad (5)$$

Das heißt, jeder elektrische Strom erzeugt einen magnetischen Wirbel. Das Integral $\int \boldsymbol{H} \cdot \mathrm{d}\boldsymbol{r}$ zwischen zwei festen Punkten wird in Analogie zur elektrischen Spannung (23/13) als **magnetische Spannung** U_m, bei geschlossenem Integrationsweg wie in (5) als *magnetische Umlaufspannung* bezeichnet. Diese ist somit gleich der elektrischen Durchflutung der von der Randkurve C eingeschlossenen Fläche A und ist nur dann gleich null, wenn – wie in Bild 28.2b – der Integrationsweg keinen Strom umschließt. Dagegen ist im elektrostatischen Feld, wo es keine Wirbel gibt, das Umlaufintegral über die elektrische Feldstärke $\oint \boldsymbol{E} \cdot \mathrm{d}\boldsymbol{r}$ immer null (s. 23.4).

28.4 Einfache Feldberechnungen

Das Durchflutungsgesetz (5) kann in einigen Fällen zur Berechnung der Magnetfelder von Gleichstromkreisen dienen, wenn bereits aus der Leiteranordnung Vorstellungen über die Feldverteilung abzuleiten sind.

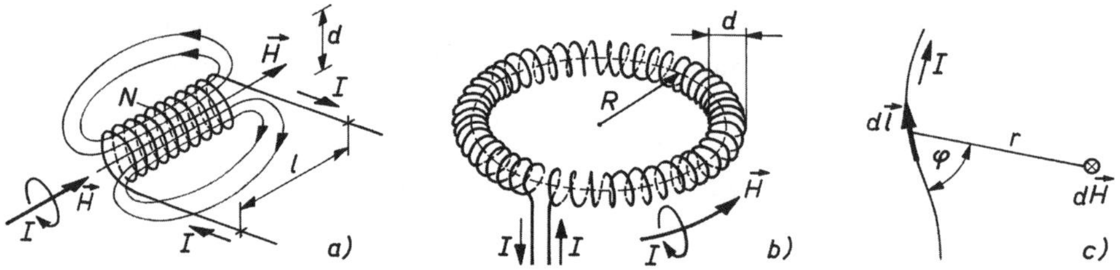

Bild 28.3. Magnetfeld a) einer stromdurchflossenen Zylinderspule (Solenoid), b) einer stromdurchflossenen Ringspule (Toroid); c) das zum Leiterelement d$\boldsymbol{l}$ gehörige Magnetfeldelement d$\boldsymbol{H}$

Magnetfeld einer Zylinderspule (*Solenoid*, Bild 28.3a). Im Innern einer stromdurchflossenen schlanken Spule ($l \gg d$) bildet sich ein *homogenes* Magnetfeld aus, im Außenraum ist $H \approx 0$. Da die von einer geschlossenen Feldlinie umrandete Fläche bei einer Spule von N Windungen N-mal vom Strom I durchflossen wird und zum Umlaufintegral nur das Feld H im Spuleninnern längs der Spulenlänge l Beiträge liefert, lautet hier das Durchflutungsgesetz (5)

$$U_\mathrm{m} = \oint \boldsymbol{H} \cdot \mathrm{d}\boldsymbol{r} = \int_0^l H\,\mathrm{d}s = Hl = NI \qquad \text{oder} \qquad (6)$$

$$H = \frac{NI}{l} \quad \textbf{(magnetische Feldstärke in einer langen Zylinderspule).} \tag{7}$$

Gleichung (7) gilt korrekt nur für die Spulenmitte; an den Spulenenden sinkt die magnetische Feldstärke infolge des *Streufeldes* bis auf die Hälfte ab.

Magnetfeld einer Ringspule (*Toroid*, Bild 28.3b). Die Feldlinien verlaufen in einer hinreichend dicht bewickelten Ringspule vollständig im Innern der Spule kreisförmig mit Radien r zwischen $R - (d/2) \leq r \leq R + (d/2)$. Das Durchflutungsgesetz ergibt

$$H \cdot 2\pi r = NI \qquad \text{oder} \qquad H = \frac{NI}{l} \tag{8}$$

mit $l = 2\pi r$ als Feldlinienlänge wie in (7). Da das Feld im Spuleninnern für $R \gg d/2$ nahezu homogen wird, ist dann auch $l = 2\pi R$. Wird die Ringspule mit einem geschlossenen Eisenkern gefüllt, entspricht l dem „Eisenweg", der nicht mit der Spulenlänge übereinstimmen muss (vgl. Abschnitt 29.3).
Für *beliebig geformte* dünne Stromleiter lässt sich das zugehörige Magnetfeld nach dem Gesetz von BIOT-SAVART berechnen. Danach erzeugt ein Leiterstück der Länge dl in einem Punkt, dessen Entfernung r vom Leiterstück mit der Richtung desselben einen Winkel φ bildet (s. Bild 28.3c), senkrecht zu dl und r den Beitrag

$$\mathrm{d}H = \frac{I\,\mathrm{d}l}{4\pi r^2}\sin\varphi \qquad \textbf{(Gesetz von Biot-Savart)} \tag{9}$$

zum magnetischen Gesamtfeld des Leiters. Die durch den ganzen Leiter im betreffenden Punkt erzeugte Feldstärke erhält man durch Integration über alle Leiterstücke dl.

Magnetfeld in einer kreisförmigen Leiterschleife vom Radius R (*Kreisstrom*, Bild 28.5): Mit $\varphi = 90°$, $r = R$ und d$l = R\,\mathrm{d}\alpha$ folgt für die im Mittelpunkt des Kreisstromes herrschende magnetische Feldstärke nach (9)

$$H = \frac{I}{4\pi R}\int_0^{2\pi} \mathrm{d}\alpha = \frac{I}{2R}. \tag{10}$$

Beispiel: Man berechne für den unendlich langen, geraden Stromleiter (Bild 28.2a) die magnetische Feldstärke im Abstand R vom Leiter nach dem Gesetz von BIOT-SAVART und vergleiche mit (4). – *Lösung:* Das Leiterstück l und die Strecke R bilden die Katheten eines rechtwinkligen Dreiecks, r seine Hypotenuse. Aus $l = R\cot\varphi$ und $\sin\varphi = R/r$ folgt $\mathrm{d}l = -R\,\mathrm{d}\varphi/\sin^2\varphi = -r^2\,\mathrm{d}\varphi/R$ und damit nach (9) $\mathrm{d}H = -I\sin\varphi\,\mathrm{d}\varphi/(4\pi R)$. Zu integrieren ist l von $-\infty$ bis $+\infty$, also φ von π bis 0, womit folgt $H = I/(4\pi R)\int_0^\pi \sin\varphi\,\mathrm{d}\varphi = I/(2\pi R)$, in Übereinstimmung mit (4).

Aufgabe 28.1. Man bestimme die Horizontalkomponente der magnetischen Feldstärke H_E des Erdfeldes. Dazu wird dieser ein in der Horizontalebene senkrecht zur magnetischen Nord-Süd-Richtung verlaufendes Zusatzfeld H einer flachen stromdurchflossenen Spule überlagert. Die Richtung der resultierenden Feldstärke wird durch eine Magnetnadel, die im Zentrum der Spule angeordnet ist, angezeigt *(Tangentenbussole)*. Mit dem Spulendurchmesser $2R = 30$ cm und einer Windungszahl von $N = 20$ wird bei $I = 150$ mA für beide Stromrichtungen eine Magnetnadelablenkung von $\alpha = \pm 32°$ bestimmt.

28.5 Magnetische Flussdichte (Induktion)

Der magnetische Fluss Φ (z. B. in einer stromführenden Zylinderspule) steht in engem Zusammenhang mit der dort herrschenden magnetischen Feldstärke $\boldsymbol{H}$. Eine quantitative Abhängigkeit erhält man jedoch erst dann, wenn man den Fluss Φ, d. h. die Gesamtzahl der magnetischen Flusslinien, auf die von ihm senkrecht durchsetzte Fläche A bezieht. Man erhält so den Betrag der *magnetischen Flussdichte* oder *Induktion*

$$B = \frac{\Phi}{A} \quad \text{bzw.} \quad B = \frac{\mathrm{d}\Phi}{\mathrm{d}A} \tag{11}$$

Einheit: $[B] = 1\ \mathrm{V\,s/m^2} = 1\ \mathrm{Wb/m^2} = 1$ T e s l a (T).

Die magnetische Flussdichte (Induktion) B ist gleich dem magnetischen Fluss Φ je Flächeneinheit.

Diese neue magnetische Feldgröße ist ebenso wie die Feldstärke $\boldsymbol{H}$ ein Vektor, wobei die *Flusslinien* des $\boldsymbol{B}$-Feldes und die *Feldlinien* des $\boldsymbol{H}$-Feldes gleichgerichtet sind, soweit es sich nicht – wie in Bild 28.1 – um Ferromagnetika handelt. Der magnetische Fluss durch eine beliebig orientierte Fläche $\boldsymbol{A}$ ergibt sich (analog Bild 15.3) zu

$$\Phi = \int \boldsymbol{B} \cdot \mathrm{d}\boldsymbol{A} = \int B\,\mathrm{d}A\,\cos\alpha, \tag{12}$$

wobei α der Winkel ist, den die Flusslinien jeweils mit der Normale des Flächenelements $\mathrm{d}\boldsymbol{A}$ einschließen. Für den magnetischen Fluss durch eine *geschlossene* Fläche erhält man, da es keine isolierten Magnetpole gibt (s. 28.1), im Unterschied zum elektrischen Fluss (23/21) immer

$$\oint \boldsymbol{B} \cdot \mathrm{d}\boldsymbol{A} = 0 \quad \textbf{(Bedingung für die Quellenfreiheit des } \boldsymbol{B}\textbf{-Feldes).} \tag{13}$$

Das heißt, die *Flusslinien* ($\boldsymbol{B}$-Linien) *sind stets in sich geschlossen*. Für die $\boldsymbol{H}$-Linien gilt das nur, wenn diese überall im Vakuum oder in ein und demselben Stoff verlaufen (vgl. 29.3). Zwischen $\boldsymbol{B}$ und $\boldsymbol{H}$ gilt im *Vakuum* die Proportionalität

$$\boldsymbol{B} = \mu_0 \boldsymbol{H} \quad \textbf{(magnetische Flussdichte im Vakuum)} \tag{14}$$

mit der *magnetischen Feldkonstante*

$$\mu_0 = 4\pi \cdot 10^{-7}\,\frac{\mathrm{V\,s}}{\mathrm{A\,m}} = 12{,}566\,371 \cdot 10^{-7}\,\frac{\mathrm{V\,s}}{\mathrm{A\,m}} \quad \textbf{(Induktionskonstante).} \tag{15}$$

Die Größe μ_0 ist durch die Definition der Einheit für die elektrische Stromstärke, das *Ampere*, festgelegt (vgl. den folgenden Abschnitt).

Beispiel: Welche magnetische Spannung U_m ist für die Erzeugung eines Flusses $\Phi = 1{,}26 \cdot 10^{-5}$ Wb (V s) in einer Zylinderspule (Luftspule) der Länge $l = 120$ cm und der Querschnittsfläche $A = 3\ \mathrm{cm^2}$ notwendig? – *Lösung:* Nach dem Durchflutungsgesetz (6) ist $U_\mathrm{m} = Hl$, woraus mit (14) und (11) $U_\mathrm{m} = Bl/\mu_0 = \Phi l/(\mu_0 A) = 4{,}0 \cdot 10^4\ \mathrm{A} = 40\ \mathrm{kA}$ folgt.

28.6 Kraftwirkungen des magnetischen Feldes auf Stromleiter

Magnetische Felder üben auf stromführende Leiter Kräfte aus. So wird z. B. ein Metallstab, der an zwei zur Stromzuführung dienenden dünnen Drähten als Pendel quer zu den Feldlinien des Magnetfeldes zwischen den Polen eines Dauermagneten aufgehängt ist (Bild 28.4a), senkrecht zum Magnetfeld ausgelenkt, sobald er von einem elektrischen Strom durchflossen wird. Wie durch das Experiment gezeigt werden kann, ist der Betrag der Kraft $\mathrm{d}\boldsymbol{F}$, die ein stromdurchflossenes Leiterelement im Magnetfeld erfährt, der Stromstärke I, der Länge des Leiterelementes $\mathrm{d}\boldsymbol{l}$ und der magnetischen Flussdichte $\boldsymbol{B} = \mu_0 \boldsymbol{H}$ proportional. Die Richtung der Kraft steht senkrecht auf der von $\mathrm{d}\boldsymbol{l}$ und $\boldsymbol{B}$ bzw. $\boldsymbol{H}$ aufgespannten Ebene, wobei die Richtung von $\mathrm{d}\boldsymbol{l}$ durch die Stromrichtung festgelegt ist. Dies führt auf den exakten Zusammenhang

$$\mathrm{d}\boldsymbol{F} = I(\mathrm{d}\boldsymbol{l} \times \boldsymbol{B}) = \mu_0 I(\mathrm{d}\boldsymbol{l} \times \boldsymbol{H}). \tag{16}$$

Auf einen geraden, vom Strom I durchflossenen Leiter, der wie in Bild 28.4a *senkrecht* zu den Feldlinien eines homogenen Magnetfeldes $\boldsymbol{H}$ verläuft und im Magnetfeld die Länge l hat, wirkt so eine Kraft vom Betrag

$$F = IlB = \mu_0 IlH \qquad \textbf{(Kraft auf einen Stromleiter im Magnetfeld).} \qquad (17)$$

Wird das Feld, in dem sich der Leiter befindet, durch einen zweiten, vom Strom I_2 durchflossenen Leiter erzeugt, der im Abstand r parallel zum ersten Leiter mit der Stromstärke I_1 verläuft (Bild 28.4b), so ist dessen Magnetfeld am Ort des ersten Leiters nach (4) von der Stärke $H = I_2/(2\pi r)$, und es wirkt demzufolge zwischen beiden Leitern nach (17) eine Kraft

$$F = \frac{\mu_0 I_1 I_2 l}{2\pi r} \qquad \textbf{(Kraft zwischen zwei parallelen Stromleitern).} \qquad (18)$$

Je nachdem, ob die Leiter in der gleichen Richtung oder in entgegengesetzter Richtung vom Strom durchflossen werden, ziehen sie sich an bzw. stoßen sich ab.

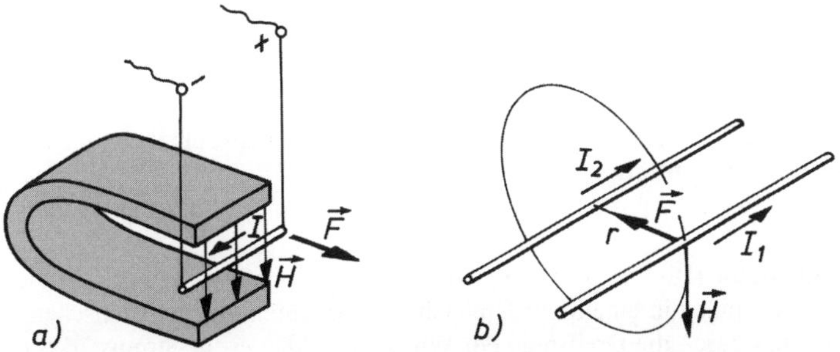

Bild 28.4. Kraftwirkung a) eines Magnetfeldes auf einen stromführenden Leiter, b) zwischen zwei gleichsinnig vom Strom durchflossenen Leitern

Gleichung (18) dient zur Festlegung einer Basiseinheit des SI, der

Einheit der elektrischen Stromstärke:

Das Ampere (A) *ist die Stärke eines zeitlich unveränderlichen elektrischen Stromes durch zwei geradlinige, parallele, unendlich lange Leiter von vernachlässigbarem Querschnitt, die einen Abstand von* 1 m *haben und zwischen denen die durch den Strom magnetisch hervorgerufene Kraft im Vakuum je* 1 m *Länge der Doppelleitung* $2 \cdot 10^{-7}$ N *beträgt.*

Durch diese Definition sind Zahlenwert und Einheit von μ_0 festgelegt: Mit $F = 2 \cdot 10^{-7}$ N, $I_1 = I_2 = 1$ A, $l = 1$ m und $r = 1$ m folgt aus (18) für die magnetische Feldkonstante (15) $\mu_0 = 4\pi \cdot 10^{-7}$ V s/(A m).

Spulen als magnetische Dipole. Eine stromführende Zylinderspule (Elektromagnet) gleicht infolge des an den Spulenenden ein- bzw. austretenden magnetischen Flusses einem Stabmagneten mit Süd- und Nordpol (vgl. 28.1). Sie hat ein magnetisches Dipolmoment, welches sich nach (2) mit (11), (14) und (7) berechnet zu

$$\boldsymbol{m} = \Phi \boldsymbol{l} = \mu_0 N I \boldsymbol{A} \qquad \textbf{(magnetisches Dipolmoment einer Spule).} \qquad (19)$$

Der Vektor $\boldsymbol{A}$ vom Betrag der Querschnittsfläche der Spule zeigt in Richtung der Spulenachse. Dieses Dipolmoment ist in *Süd-Nord-Richtung* des Ersatzmagneten orientiert, wobei Stromrichtung und Feldrichtung wieder durch die Rechte-Hand-Regel verknüpft sind (vgl. Bild 28.3a). Für einen sog. *Kreisstrom* (Bild 28.5) folgt mit $N = 1$ aus (19)

$$\boldsymbol{m} = \mu_0 I \boldsymbol{A} \qquad \textbf{(magnetisches Dipolmoment eines Kreisstromes).} \qquad (20)$$

Das Feld eines Kreisstromes stimmt in hinreichend großen Abständen, in denen sich nur noch dieses Gesamtmoment bemerkbar macht, mit dem Feld eines magnetischen Dipols des Moments $\boldsymbol{m}$ überein. Stromdurchflossene Spule bzw. Kreisstrom erfahren somit in einem äußeren Magnetfeld $\boldsymbol{H}$ nach (3) ein Drehmoment

$$\boldsymbol{M} = \boldsymbol{m} \times \boldsymbol{H} = NI(\boldsymbol{A} \times \boldsymbol{B}). \tag{21}$$

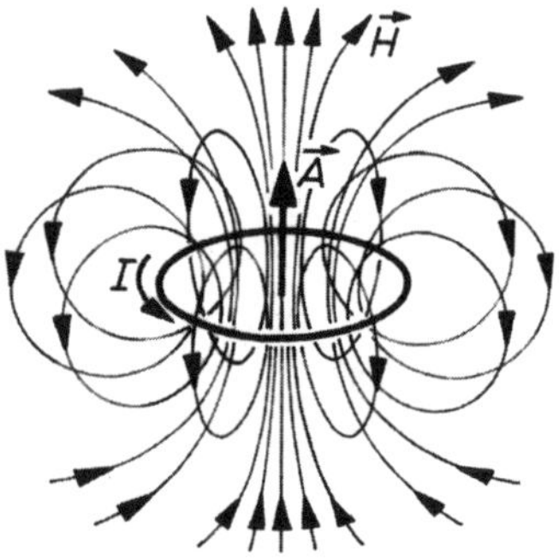

Bild 28.5. Magnetfeld eines Kreisstromes (I Stromstärke, $\boldsymbol{A}$ Flächenvektor)

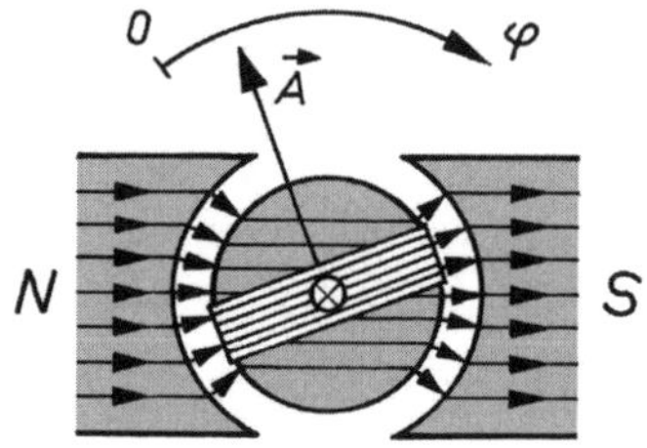

Bild 28.6. Drehspulgalvanometer

Beim **Drehspulgalvanometer** (Bild 28.6) befindet sich eine Spule drehbar gelagert an zwei Rückstellfedern bzw. einem Torsionsfaden in einem zur Drehachse senkrechten magnetostatischen Feld. Am Instrument ist bei Stromfluss durch die Drehspule der Winkelausschlag φ zur Stromstärke I proportional *(lineare Teilung)*. Es stellt sich ein Gleichgewicht derart ein, dass die Beträge des Drehmoments (21) auf die als Dipol wirkende Spule im Magnetfeld $\boldsymbol{B}$ und des rückstellenden Drehmoments der um den Ausschlagwinkel φ gespannten Feder gleich sind. Da die $\boldsymbol{B}$-Linien senkrecht aus den Polschuhen aus- und senkrecht in den zylindrischen Spulenkern eintreten, den Luftspalt also in radialer Richtung durchqueren, steht das magnetische Moment $\boldsymbol{m}$ stets senkrecht auf $\boldsymbol{H}$ (bzw. $\boldsymbol{A} \perp \boldsymbol{B}$). Das rückstellende Moment der Federn ist dem Drehwinkel proportional: $M = D\varphi$, wobei D die *Winkelrichtgröße* der Rückstellfedern ist. Somit lautet die Gleichgewichtsbedingung $M = NIAB = D\varphi$, woraus $\varphi = kI$ mit $k = NAB/D$ als Gerätekonstante folgt.

28.7 Bewegung freier Ladungsträger im magnetischen Feld. Lorentz-Kraft

Die Kraft, die ein stromführender Leiter im Magnetfeld erfährt, greift an dessen Ladungsträgern an. Sie ist daher auch vorhanden, wenn sich die Ladungsträger außerhalb des Leiters, d. h. frei im Raum, bewegen. Mit der Stromstärke $I = \mathrm{d}Q/\mathrm{d}t$ und der Geschwindigkeit der Ladungsträger $\boldsymbol{v} = \mathrm{d}\boldsymbol{l}/\mathrm{d}t$ lässt sich die Gleichung (16) wie folgt schreiben:

$$\mathrm{d}\boldsymbol{F} = I\,(\mathrm{d}\boldsymbol{l} \times \boldsymbol{B}) = \mathrm{d}Q\left(\frac{\mathrm{d}\boldsymbol{l}}{\mathrm{d}t} \times \boldsymbol{B}\right) = \mathrm{d}Q\,(\boldsymbol{v} \times \boldsymbol{B}).$$

Das heißt, auf eine mit der Geschwindigkeit $\boldsymbol{v}$ relativ zum Magnetfeld $\boldsymbol{B}$ bewegte Ladung q (für *Elektronen* ist $q = -e$ zu setzen) wirkt eine Kraft

$$\boldsymbol{F}_\mathrm{L} = q\,(\boldsymbol{v} \times \boldsymbol{B}) \qquad \textbf{(Lorentz-Kraft)}. \tag{22}$$

Die Lorentz-Kraft wirkt stets senkrecht zur momentanen Bewegungsrichtung des Ladungsträgers und senkrecht zur Richtung des Magnetfeldes.

Das geladene Teilchen wird durch die LORENTZ-Kraft stets senkrecht zur momentanen Bewegungsrichtung beschleunigt, wodurch sich nur die Richtung, nicht jedoch der Betrag seiner Geschwindigkeit ändert. Deshalb verrichtet das magnetische Feld (im Gegensatz zum elektrischen Feld) *keine Arbeit* am bewegten Ladungsträger.
Nach (22) ist die LORENTZ-Kraft gleich null, wenn die Ladung relativ zum Magnetfeld ruht oder sich genau in Feldrichtung bewegt. Wird hingegen ein frei fliegendes geladenes Teilchen senkrecht zu den Feldlinien in ein homogenes Magnetfeld eingeschossen, so wird es durch die LORENTZ-Kraft mit konstanter Geschwindigkeit auf einer *Kreisbahn* herumgeführt.

In den sog. **Kreisbeschleunigern** werden geladene atomare Teilchen (Protonen, Deuteronen, „künstliche" α-Teilchen usw.) mit Hilfe elektrischer Wechselfelder periodisch wiederkehrend beschleunigt. Dabei werden die Kreisbahnen der Teilchen durch homogene Magnetfelder hervorgerufen. Das *Zyklotron* nach LAWRENCE (Bild 28.7a) arbeitet mit einem zeitlich konstanten Magnetfeld, so dass die Teilchen zwischen zwei Beschleunigungsphasen Halbkreise durchlaufen, deren Radien mit wachsender Geschwindigkeit zunehmen. Dadurch entsteht eine aus Halbkreisen zusammengesetzte spiralförmige Bahn. Will man zu Teilchenenergien im relativistischen Bereich ($v \approx c$, der Lichtgeschwindigkeit) vorstoßen, so nimmt infolge der relativistischen Massenzunahme die Winkelgeschwindigkeit ω der Teilchen ab. Um die Beschleunigungsphasen weiter synchron aufrechtzuerhalten, muss die Frequenz des elektrischen Wechselfeldes ebenfalls abnehmen *(Synchrozyklotron)*. Die riesigen Abmessungen des magnetischen Führungsfeldes werden beim *Synchrotron* (Bild 28.7b) vermieden. Es arbeitet mit einem zeitlich anwachsenden Magnetfeld, dessen Stärke mit der Zeit derart zunimmt, dass trotz wachsender Geschwindigkeit die Teilchen auf einem Kreis mit konstantem Radius, dem *Sollkreis*, geführt werden können. Ein Synchrotron zur Beschleunigung von Elektronen besitzt einen relativ kleinen Sollkreis und erzeugt sog. „künstliche" β-Strahlung.

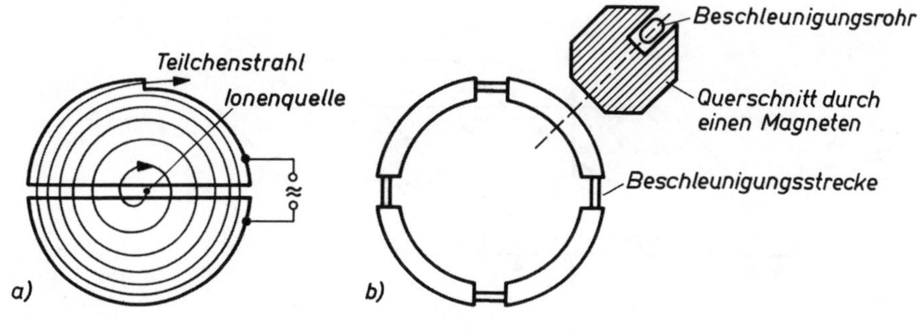

Bild 28.7. Prinzip von a) Zyklotron, b) Synchrotron

Beispiel: Für die Kreisbewegung eines geladenen Teilchens der Ladung q und der Ruhmasse m_0 in einem homogenen Magnetfeld $\boldsymbol{B}$ = const berechne man den Radius r *(Bahnbedingung)* und die Winkelgeschwindigkeit ω *(Synchronbedingung)* für Geschwindigkeiten $v \ll c$ und $v \approx c$ (c Lichtgeschwindigkeit). – *Lösung:* Die LORENTZ-Kraft wirkt als Zentripetalkraft in radialer Richtung: $qvB = mv^2/r$. Hieraus folgt für den Radius der Kreisbahn $r = mv/(qB)$ und für die Winkelgeschwindigkeit der Kreisbewegung $\omega = v/r = (q/m)B$. Für sog. „klassische" Teilchen mit $m = m_0$ ist die Umlauffrequenz $f = \omega/(2\pi)$ von der Geschwindigkeit des Teilchens unabhängig, da bei höherer Geschwindigkeit zwangsläufig ein größerer Kreis durchlaufen wird, so dass das Verhältnis v/r konstant bleibt. Für sog. „relativistische" Teilchen mit $m = m_0/\sqrt{1-(v/c)^2}$ (vgl. 6.3) nimmt mit Annäherung an die Lichtgeschwindigkeit der Radius der Kreisbahn nur noch infolge der relativistischen Massenänderung zu und die Winkelgeschwindigkeit $\omega \approx c/r$ ab.

Aufgabe 28.2. In einer Nebelkammer, die sich in einem Magnetfeld der Feldstärke $H = 1{,}99 \cdot 10^6$ A/m befindet, hinterlässt ein atomares Teilchen, das mit einer Geschwindigkeit von $v = 10^7$ m/s fliegt, eine kreisförmige Bahnspur mit dem Radius $r = 8{,}3$ cm. Gesucht ist die spezifische Ladung q/m des Teilchens.

28.8 Galvano- und thermomagnetische Effekte. Hall-Effekt

Galvanomagnetische Effekte treten in einem stromdurchflossenen Leiter oder Halbleiter auf, der zusätzlich einem äußeren Magnetfeld ausgesetzt ist. Fließt ein konstanter elektrischer Strom durch ein senkrecht zur Stromrichtung verlaufendes Magnetfeld der Flussdichte $\boldsymbol{B}$, wirkt auf die Ladungsträger die LORENTZ-Kraft (22) $\boldsymbol{F}_\mathrm{L} = q\ (\boldsymbol{v} \times \boldsymbol{B})$. Sie lenkt die Ladungen in einer Leiterplatte (Dicke d, Breite b, Bild 28.8) senkrecht zur Strom- und Feldrichtung ab und verursacht sowohl in als auch senkrecht zur Stromflussrichtung zusätzliche Potentialdifferenzen. Zwischen den Stellen *1* und *2* der Leiterplatte stellt man eine Erhöhung des elektrischen Widerstandes fest (THOMSON-Effekt). Zwischen *3* und *4* misst man eine Spannung U_H (HALL-Effekt). Mit (23/2 und 16) folgt aus der LORENTZ-Kraft (22) $F_\mathrm{L}/q = E = U_\mathrm{H}/b = vB$ und hieraus wegen (26/3) und $j = I/(bd)$:

$$U_\mathrm{H} = vBb = \frac{IB}{nqd} \qquad \textbf{(Hall-Spannung).} \qquad (23)$$

Von den jeweiligen Versuchsbedingungen unabhängig ist dabei die HALL-*Konstante* $A_\mathrm{H} = 1/(nq) = \mu/\varkappa$ mit nq als Ladungsdichte, μ Ladungsträgerbeweglichkeit und $\varkappa$ elektrische Leitfähigkeit (vgl. 26.1). Die Messung der HALL-Konstante A_H bietet die Möglichkeit, die Konzentration n und das Vorzeichen der Ladungsträger, z. B. zwecks Unterscheidung zwischen n- und p-leitenden Halbleitermaterialien (vgl. 46.3), zu bestimmen. Außerdem werden HALL-Sonden wegen der Proportionalität zwischen U_H und magnetischer Flussdichte B bzw. Feldstärke $H = B/\mu_0$ zum Ausmessen von Magnetfeldern benutzt.

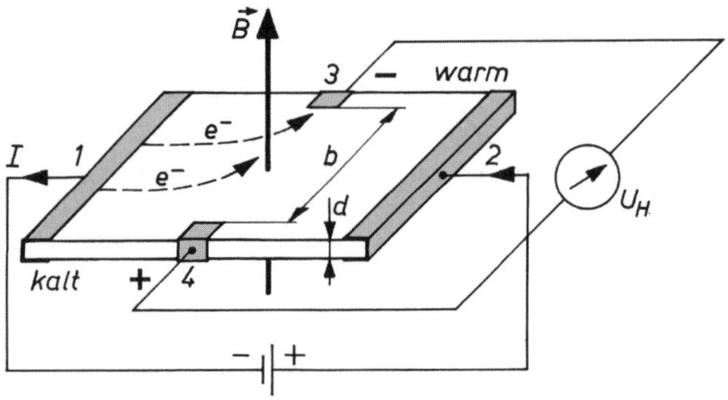

Bild 28.8. Normaler HALL-Effekt (Elektronenleiter mit $q = -e$ und $A_\mathrm{H} < 0$)

In sehr dünnen *(„zweidimensionalen")* HALL-Sonden ($d \approx 100$ Atomschichten) tritt bei sehr starken Magnetfeldern eine überraschende Abweichung auf: Die HALL-Spannung U_H steigt nicht linear mit B an, sondern in charakteristischen Stufen. Schreibt man Gleichung (23) als OHMsches Gesetz $U_\mathrm{H} = R_\mathrm{H} I$ und bestimmt die Werte des so definierten HALL-Widerstandes R_H aus den „Stufenspannungen", so nimmt R_H nur ganzzahlige ($z = 1, 2, 3, \ldots$) und gebrochen rationale Teile ($z = 1/3, 2/3, 2/5, 5/2, \ldots$) des Wertes $R_\mathrm{H0} = 25\,812{,}8\ \Omega$ an: $R_\mathrm{H} = R_\mathrm{H0}/z$. Bemerkenswert ist dabei, dass sich R_H0 durch das PLANCKsche Wirkungsquantum h (vgl. 42.4) und die Elementarladung e darstellen lässt: $R_\mathrm{H0} = h/e^2$. Damit ist das O h m (Ω) als Einheit des elektrischen Widerstandes auf zwei Elementarkonstanten zurückgeführt *(Widerstandsnormal)*. Dieses 1980 durch V. KLITZING u. a. entdeckte Phänomen heißt **Quanten-Hall-Effekt**.

Da die LORENTZ-Kraft von der Geschwindigkeit der Ladungsträger abhängt, gelangen die langsameren Elektronen vorwiegend auf die eine Seite der Probe und die schnelleren auf die andere, so dass zum einen eine *transversale*, d. h. senkrecht zu Stromrichtung und Magnetfeld verlaufende **Temperaturdifferenz** entsteht (ETTINGSHAUSEN-Effekt) und gleichzeitig eine *longitudinale* Temperaturdifferenz in Richtung des elektrischen Stromes (NERNST-Effekt). Sind elektrischer Strom und Magnetfeld parallel, dann wäre

in Gleichung (22) $\boldsymbol{v} \times \boldsymbol{B} = 0$. Die Ladungsträger im Festkörper ändern aber infolge von Stößen häufig ihre Richtung, so dass unter dem Einfluss der LORENTZ-Kraft zusätzliche longitudinale Potential- und Temperaturdifferenzen entstehen.
Bisher wurde davon ausgegangen, dass der Ladungsträgerstrom durch ein äußeres elektrisches Feld verursacht wird. Aber auch ein Temperaturgradient (Wärmestrom) führt infolge von Ladungsträgerdiffusion zu einem Ladungsträgerstrom (homogener thermoelektrischer Effekt), welcher der LORENTZ-Kraft unterliegt. In Analogie zu den galvanomagnetischen Effekten treten dann die *thermomagnetischen* Effekte auf. Die galvano- und thermomagnetischen Effekte sind für die Direktumwandlung von thermischer Energie in Elektroenergie und umgekehrt von Bedeutung.

29 Das magnetische Feld in Stoffen

29.1 Magnetische Polarisation der Stoffe

So wie ein Stoff, der in ein elektrisches Feld gebracht wird, nach (24/8) eine *Elektrisierung* $\boldsymbol{E}_\text{P} = -\chi_\text{e}\boldsymbol{E}$ erfährt, führt das Einbringen eines Stoffes in ein magnetisches Feld zu einer *Magnetisierung* $\boldsymbol{M}$ desselben, die in analoger Weise durch

$$\boldsymbol{M} = \chi_\text{m}\boldsymbol{H} \qquad \textbf{(Magnetisierung)} \tag{1}$$

beschrieben werden kann. χ_m ist die **magnetische Suszeptibilität** des Stoffes.
Die Magnetisierung der Stoffe ist auf magnetische Dipole der Atome zurückzuführen, die sich unter Einwirkung des äußeren Magnetfeldes bilden oder ausrichten (vgl. 46.6). Zu ihrer Untersuchung benutzen wir eine von einem Gleichstrom durchflossene *Ringspule* (Bild 28.3b), deren Innenraum einmal leer und einmal vollständig mit dem betreffenden Stoff gefüllt ist. Nach dem Durchflutungsgesetz (28/8) ändert sich bei gleicher Stromstärke die Feldstärke $\boldsymbol{H}$ in der Ringspule durch das Einbringen des Stoffes nicht. Messen wir jedoch den magnetischen Fluss der stoffgefüllten Spule (z. B. in einem Induktionsversuch, vgl. 30.1), so erhalten wir in dieser gegenüber der leeren Spule eine um die **magnetische Polarisation** $\boldsymbol{J}$ veränderte magnetische Flussdichte $\boldsymbol{B}$. Diese hat sich gegenüber der Flussdichte (28/14) $\mu_0\boldsymbol{H}$ im Vakuum um den Faktor μ_r *im Innern des Stoffes* geändert:

$$\boldsymbol{B} = \mu_0\boldsymbol{H} + \boldsymbol{J} = \mu_\text{r}\mu_0\boldsymbol{H} \qquad \text{oder} \qquad \boldsymbol{B} = \mu\boldsymbol{H}. \tag{2}$$

Die dimensionslose Größe μ_r heißt **Permeabilitätszahl**, $\mu = \mu_\text{r}\mu_0$ ist die **Permeabilität** des Stoffes. Man erkennt daraus:

Wird der gesamte vom Magnetfeld erfüllte leere Raum mit einem Stoff gefüllt, so tritt in allen Gesetzmäßigkeiten anstelle von μ_0 das Produkt $\mu = \mu_\text{r}\mu_0$.

Aus (2) folgt für den Zusammenhang zwischen magnetischer Polarisation und Magnetisierung (1) mit der magnetischen Suszeptibilität $\chi_\text{m} = \mu_\text{r} - 1$:

$$\boldsymbol{J} = \boldsymbol{B} - \mu_0\boldsymbol{H} = (\mu_\text{r} - 1)\,\mu_0\boldsymbol{H} = \chi_\text{m}\mu_0\boldsymbol{H} = \mu_0\boldsymbol{M}. \tag{3}$$

Nach dem unterschiedlichen Verhalten der Stoffe im Magnetfeld, wie es z. B. im Bild 29.1 zum Ausdruck kommt, unterscheidet man

$$\left.\begin{array}{lll} \textbf{Diamagnetika} & \text{mit} & \mu_\text{r} < 1, \quad \chi_\text{m} < 0 \\ \textbf{Paramagnetika} & \text{mit} & \mu_\text{r} > 1, \quad \chi_\text{m} > 0 \end{array}\right\} \quad \mu_\text{r} \approx 1, \quad \chi_\text{m} \approx 0;$$

$$\textbf{Ferromagnetika} \quad \text{mit} \quad \mu_\text{r} \gg 1, \quad \chi_\text{m} \gg 1.$$

Nach (3) ist die durch die Magnetisierung $\boldsymbol{M}$ hervorgerufene magnetische Polarisation $\boldsymbol{J}$ bei den Dia- und Paramagnetika der Feldstärke proportional. Bei den Ferromagnetika sind jedoch μ_r und χ_m stark von der Feldstärke und von ihrer Vorgeschichte abhängig und somit *keine Konstanten*. In den Diamagnetika sind die Vektoren $\boldsymbol{M}$ und $\boldsymbol{J}$ wegen $\chi_m < 0$ dem Feldstärkevektor $\boldsymbol{H}$ entgegengerichtet, in den Para- und Ferromagnetika wegen $\chi_m > 0$ ihm gleichgerichtet.

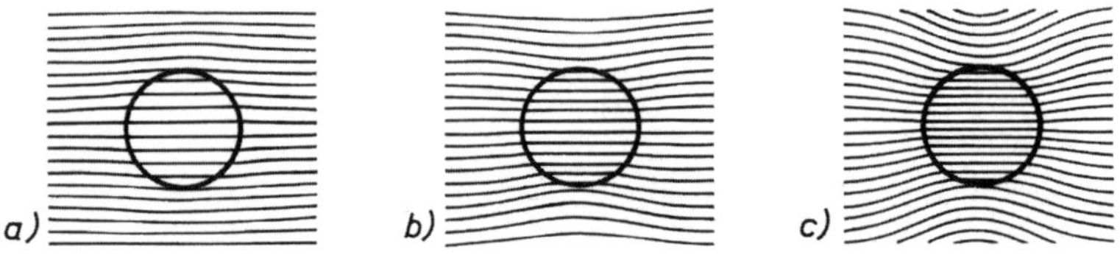

Bild 29.1. Kugel a) aus diamagnetischem, b) aus paramagnetischem, c) aus ferromagnetischem Material im Vakuum. Das $\boldsymbol{B}$-Feld ist in allen Fällen innerhalb und in großer Entfernung von der Kugel homogen.

Ein bedeutsamer Magnetisierungseffekt tritt nur bei ferromagnetischen Stoffen auf; bei ihnen kommen Permeabilitätszahlen der Größenordnung $\mu_r = 10^2 \ldots 10^5$ vor. Für Para- und Diamagnetika dagegen ist $\mu_r \approx 1$, χ_m also nur wenig von null verschieden. So liegen die Suszeptibilitäten von festen und flüssigen *Diamagnetika* (z. B. Cu, Zn, Bi, H_2O) in der Größenordnung von $-\chi_m = 10^{-5} \ldots 10^{-4}$, bei diamagnetischen Gasen (z. B. H_2, N_2) im Normzustand in der Größenordnung von einigen -10^{-9}. Die festen, flüssigen und gasförmigen *Paramagnetika* (z. B. Sn, Al, Mn, O_2) haben Suszeptibilitäten in der Größenordnung $\chi_m = 10^{-6} \ldots 10^{-3}$. Die Anwesenheit dia- und paramagnetischer Stoffe (z. B. von Luft) hat daher praktisch keinen Einfluss auf die magnetischen Erscheinungen; es kann meist in guter Näherung $\mu_r = 1$ und $\chi_m = 0$ gesetzt werden.

29.2 Magnetisierung der Ferromagnetika. Hysterese

Ferromagnetika zeichnen sich gegenüber den dia- und paramagnetischen Stoffen durch eine wesentlich höhere magnetische Polarisation (3) schon bei relativ kleinen Feldstärken aus. Zu ihnen gehören Eisen, Cobalt und Nickel, einige Fe_2O_3 enthaltende Mischoxide (z. B. die *Ferrite*) und Legierungen der ferromagnetischen Metalle, aber auch einige Legierungen, die ausschließlich aus nichtferromagnetischen Metallen bestehen, z. B. die HEUSLERschen Legierungen Cu_2AlMn und Cu_2SnMn. Oberhalb der sog. **Curie-Temperatur** T_C (bei Eisen 768 °C) verhalten sich die unterhalb T_C ferromagnetischen Stoffe paramagnetisch (vgl. 46.7).

Der Ferromagnetismus ist an die kristalline Struktur des Festkörpers gebunden. Eisenionen (in Lösungen) und Eisenatome (in Dämpfen) verhalten sich paramagnetisch.

Die Abhängigkeit der magnetischen Polarisation J von der Feldstärke H, wie sie für Ferromagnetika charakteristisch ist, kann man an Hand ihrer **Magnetisierungskurve** verfolgen (Bild 29.2): Bei erstmaliger Magnetisierung des Materials bewegen wir uns mit wachsender Feldstärke entlang der sog. *Neukurve (N)* von O nach S. Bewirkt eine Feldstärkeerhöhung im weiteren keine höhere Magnetisierung, dann ist im Punkt S die *Sättigungspolarisation* J_S bei der *Sättigungsfeldstärke* H_S erreicht. Geht man mit der Feldstärke wieder auf $H = 0$ zurück, so verschwindet nur der *temporäre Magnetismus* $J_S - J_R$, und es bleibt ein Restbetrag an Polarisation, die *Remanenz* J_R, erhalten. Das bedeutet, dass wir uns nicht mehr auf der Neukurve, sondern entlang des absteigenden Astes *(1)* der Magnetisierungskurve bewegen. Der *remanente Magnetismus* kann durch ein ihm entgegengerichtetes Magnetfeld mit der *Koerzitivfeldstärke* $-H_K$ (z. B. durch Umkehren der Stromrichtung in der Magnetisierungsspule) wieder zum Verschwinden gebracht werden. Bei weiterer Erhöhung der Feldstärke in umgekehrter Richtung

ergibt sich ein Bereich negativer Polarisation mit einem Kurvenverlauf, der antisymmetrisch zu dem bei positiver Polarisation ist.
Die Neukurve *(N)* wird bei einem solchen Auf- und Ummagnetisierungsprozess eines ursprünglich unmagnetischen Ferromagnetikums also *nur einmal* durchlaufen. Jeder weitere Ummagnetisierungszyklus ist immer mit einem vollen Umlauf der durch die Äste *(1)* und *(2)* gebildeten sog. **Hysteresisschleife** verbunden.

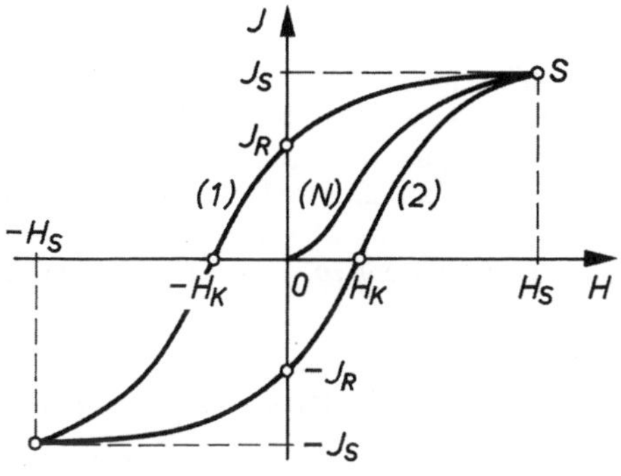

Bild 29.2. Verlauf der Aufmagnetisierungskurve entlang der *Neukurve (N)* und der Ummagnetisierung entlang der Äste *(1)* und *(2)* der Hysteresisschleife. J_S Sättigungspolarisation, J_R Remanenz; H_S Sättigungsfeldstärke, H_K Koerzitivfeldstärke

Die **Hysterese** spielt für die magnetischen Werkstoffe eine große Rolle. *Hartmagnetische* Werkstoffe haben breite Hysteresisschleifen mit großen Koerzitivfeldstärken H_K und eignen sich deshalb vor allem als Dauermagnete (Permanentmagnete). *Weichmagnetische* Werkstoffe zeichnen sich durch schmale Hysteresisschleifen mit kleinen Koerzitivfeldstärken aus. Sie werden vorwiegend in der Wechselstromtechnik eingesetzt, wo die Hysteresisschleife bei der ständigen Ummagnetisierung des Eisens in Spulen, Transformatoren, Motoren usw. durch den Wechselstrom entsprechend seiner Frequenz in jeder Sekunde viele Male durchlaufen wird. Da die von der Hysteresisschleife eingeschlossene Fläche gleich der während eines Ummagnetisierungszyklus aufzuwendenden *Arbeit je Volumeneinheit*

$$w = \oint H \, \mathrm{d}J \tag{4}$$

ist, die bei jedem vollen Umlauf *in Wärme* umgesetzt wird, können die damit verbundenen **Hysteresisverluste** trotz schmaler Hysteresisschleifen zu beträchtlicher Erwärmung der Eisenkerne führen.

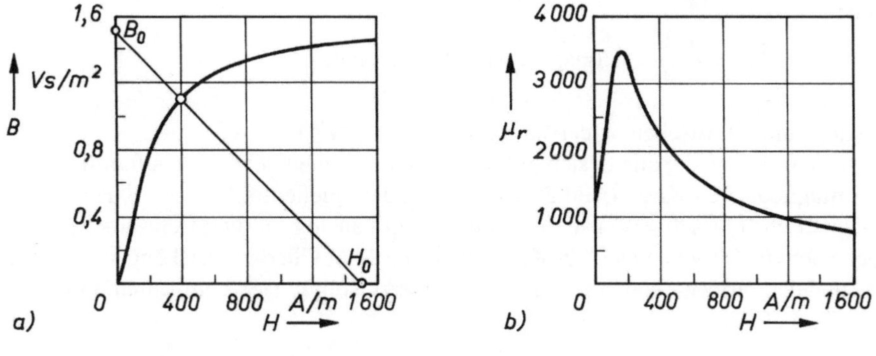

Bild 29.3. Technische Magnetisierungskurve (a) und Permeabilitätszahl (b) von Dynamoblech. Graphische Bestimmung von H und B in einem magnetischen Kreis mit Luftspalt (vgl. 29.3, Beispiel 2)

Wie man aus der Hysteresisschleife (Bild 29.2) erkennt, ist die magnetische Polarisation J und damit auch die Flussdichte $B = \mu_0 H + J$ keine eindeutige Funktion der Feldstärke H.

Technische Magnetisierungskurven wie in Bild 29.3a stellen deshalb eine Mittelung der beiden Kurvenäste *(1)* und *(2)* der Hysteresisschleife dar. Damit lässt sich für die Beträge von Flussdichte und Feldstärke die Gleichung (2) $B = \mu_r \mu_0 H$ formal aufrechterhalten, wenn man die Permeabilitätszahl $\mu_r = B/(\mu_0 H)$ als Funktion der Feldstärke H auffasst und sie aus der technischen Magnetisierungskurve berechnet (Bild 29.3b). Dabei durchläuft μ_r mit wachsendem H zunächst ein ausgeprägtes Maximum, um dann im Sättigungsbereich dem Verlauf $\mu_r = 1 + J_S/(\mu_0 H)$ zu folgen.

Beispiel: In einer stromdurchflossenen Ringspule aus 200 Windungen mit einem geschlossenen Eisenkern (Dynamoblech) von 20 cm mittlerem Umfang herrscht die Flussdichte $B = 1{,}0$ T. Man ermittle die Feldstärke H in der Spule, die Stromstärke sowie die Permeabilitätszahl μ_r des Kerns. Wie groß werden Flussdichte B und Permeabilitätszahl μ_r bei Verdopplung der Stromstärke? – *Lösung:* Aus Bild 29.3a und b liest man $H = 300$ A/m und $\mu_r = 2700$ ab. Die Stromstärke ergibt sich aus (28/8) $NI = Hl$ zu $I = 0{,}3$ A. Für $I = 0{,}6$ A ist dann $H = 600$ A/m und (nach Bild 29.3a und b) $B = 1{,}24$ T, $\mu_r = 1650$. Eine Steigerung der Stromstärke im Sättigungsbereich führt nur zu einer geringfügigen Erhöhung der magnetischen Flussdichte.

Aufgabe 29.1. Die Hysteresisschleife eines hartmagnetischen Werkstoffs habe die Form eines Parallelogramms mit horizontaler Sättigungscharakteristik. Berechne die Hysteresisverluste je Ummagnetisierungszyklus für $H_K = 750$ A/m und $J_S = 0{,}9$ T!

29.3 Der magnetische Kreis. Entmagnetisierung

Man kann die Bündelung der magnetischen Flusslinien in ferromagnetischen Materialien so deuten, als ob der Stoff mit $\mu \gg \mu_0$ gegenüber dem Vakuum eine hohe „Leitfähigkeit" für den Durchtritt der Flusslinien besitzt. Analog zum OHMschen Gesetz (25/10) $\boldsymbol{j} = \varkappa \boldsymbol{E}$ mit $\boldsymbol{j}$ als Stromdichte und $\boldsymbol{E}$ als elektrischer Feldstärke führt dann entsprechend $\boldsymbol{B} = \mu \boldsymbol{H}$ bei gleicher magnetischer Feldstärke $\boldsymbol{H}$ eine große Permeabilität μ (analog der elektrischen Leitfähigkeit $\varkappa$) zu hoher magnetischer Flussdichte $\boldsymbol{B}$. Für den magnetischen Fluss $\Phi = BA$ (anstelle der elektrischen Stromstärke $I = jA$; A Leiterquerschnitt) folgt so mit der **magnetischen Spannung** $U_m = Hl$ (anstelle der elektrischen Spannung $U = El$; l Leiterlänge)

$$\Phi = \frac{U_m}{R_m} \qquad \textbf{(Ohmsches Gesetz der Magnetostatik)} \tag{5}$$

mit

$$R_m = \frac{1}{\mu}\frac{l}{A} \qquad \textbf{(magnetischer Widerstand),} \tag{6}$$

analog zum elektrischen Widerstand (25/8) $R = l/(\varkappa A)$.

Eine Anordnung, die alle in sich geschlossenen $\boldsymbol{B}$-Linien gebündelt aufnimmt, bezeichnet man als **magnetischen Kreis** (Bild 29.4a). Wegen der Quellenfreiheit des $\boldsymbol{B}$-Feldes ist überall der magnetische Fluss $\Phi = \text{const}$; im Stromkreis gilt analog für die Stromstärke $I = \text{const}$. Ist wie bei einem Elektromagneten der Kreis stückweise aus Gliedern der Längen l_i, der Querschnitte A_i und der Permeabilitäten μ_i zusammengesetzt, so gilt nach dem Durchflutungsgesetz (28/7) mit (5) und (6):

$$U_m = \oint \boldsymbol{H} \cdot \mathrm{d}\boldsymbol{r} = \sum_i H_i l_i = \sum_i U_{mi} = \Phi \sum_i R_{mi} = \Phi R_m = NI. \tag{7}$$

Das heißt, die Summe der magnetischen Spannungsabfälle $U_{mi} = R_{mi}\Phi$ ist gleich der *magnetischen Umlaufspannung* NI. Die Glieder des magnetischen Kreises wirken wie die Teilwiderstände eines „magnetischen Spannungsteilers", in denen die magnetische Feldstärke $H_i =$

$U_{\mathrm{m}i}/l_i = R_{\mathrm{m}i}\Phi/l_i = \Phi/(\mu_i A_i)$ leicht zu berechnen ist. Allerdings ist das OHMsche Gesetz (5) mit Vorsicht anzuwenden, weil oft Streufelder auftreten, also der magnetische Fluss im magnetischen Kreis nicht so gut „geführt" ist wie der Strom im Stromkreis.

Verhalten von B und H an Grenzflächen. Wird aus einem geschlossenen Eisenkreis ein Segment herausgeschnitten (Bild 29.4a) und nur der Restkörper magnetisiert, so ist im Luftspalt die magnetische Polarisation $\boldsymbol{J} = 0$. Dann geht zwar die Flussdichte $\boldsymbol{B}$ als quellenfreies Vektorfeld stetig durch die beiden Grenzflächen, nicht hingegen wegen Gleichung (2) die magnetische Feldstärke $\boldsymbol{H}$. Diese erleidet an den Grenzflächen einen Sprung, da an der Oberfläche des magnetisierten Stoffes Pole nicht durch Gegenpole kompensiert werden und damit die freien Nordpole Quellen und die freien Südpole Senken eines zusätzlichen $\boldsymbol{H}$-Feldes darstellen (vgl. 28.1). Die Verhältnisse sind analog denen beim Durchgang des elektrischen Feldes durch die Grenzfläche zweier Stoffe (s. 24.3); man braucht sich nur in allen Aussagen, wie z. B. in den Gleichungen (24/9 und 10), $\boldsymbol{E}$ durch $\boldsymbol{H}$, $\boldsymbol{D}$ durch $\boldsymbol{B}$ und ε durch μ ersetzt zu denken. Analog zum elektrischen Feld gilt:

Die Tangentialkomponente des H-Feldes und die Normalkomponente des B-Feldes treten stetig durch die Grenzfläche zweier Stoffe.

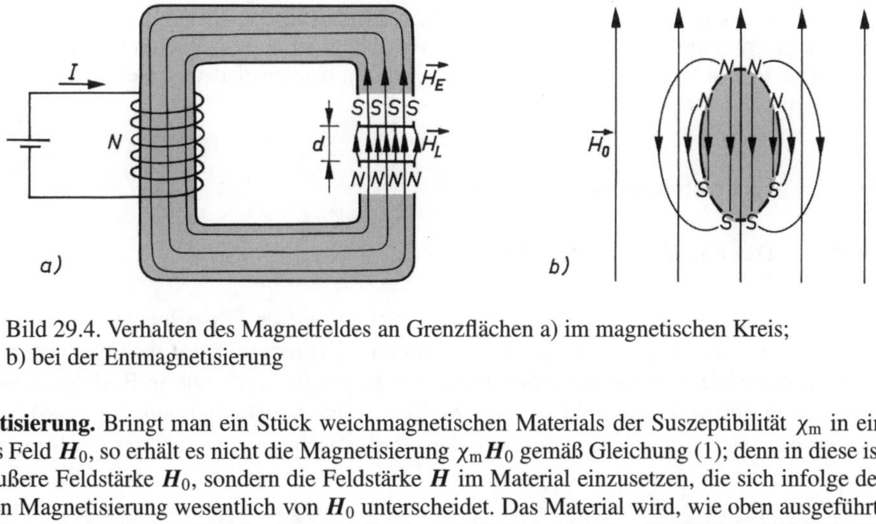

Bild 29.4. Verhalten des Magnetfeldes an Grenzflächen a) im magnetischen Kreis; b) bei der Entmagnetisierung

Entmagnetisierung. Bringt man ein Stück weichmagnetischen Materials der Suszeptibilität χ_m in ein homogenes Feld $\boldsymbol{H}_0$, so erhält es nicht die Magnetisierung $\chi_\mathrm{m}\boldsymbol{H}_0$ gemäß Gleichung (1); denn in diese ist nicht die äußere Feldstärke $\boldsymbol{H}_0$, sondern die Feldstärke $\boldsymbol{H}$ im Material einzusetzen, die sich infolge der eintretenden Magnetisierung wesentlich von $\boldsymbol{H}_0$ unterscheidet. Das Material wird, wie oben ausgeführt, selbst zu einem magnetischen Dipol mit freien Nord- und Südpolen an den Endflächen (Bild 29.4b). Das von diesen Quellen ausgehende Gegenfeld $-\beta\boldsymbol{M}$ ist der Magnetisierung proportional und schwächt das äußere Feld $\boldsymbol{H}_0$. β ist dabei der *Entmagnetisierungsfaktor*. Es ist also im Stoff $\boldsymbol{H} = \boldsymbol{H}_0 - \beta\boldsymbol{M} = \boldsymbol{H}_0 - \beta\chi_\mathrm{m}\boldsymbol{H}$, woraus folgt

$$\boldsymbol{H} = \frac{1}{1+\beta\chi_\mathrm{m}}\boldsymbol{H}_0 \qquad \textbf{(Feldstärke im Innern eines magnetisierten Körpers).} \qquad (8)$$

Die Größe und die Verteilung von $\boldsymbol{H}$ im Körper ist im Allgemeinen von dessen Gestalt abhängig; nur bei einem Rotationsellipsoid ist auch das Innenfeld *homogen* (Bild 29.4b). β liegt im Intervall $0 \leq \beta \leq 1$. Die beiden Grenzfälle sind leicht überschaubar: Für ein lang gestrecktes Drahtstück in Feldrichtung gilt wegen der Stetigkeit der Tangentialkomponente von $\boldsymbol{H}$ an der Mantelfläche des Drahtes auch im Drahtinnern $\boldsymbol{H} = \boldsymbol{H}_0$, also $\beta = 0$; für eine dünne Platte quer zur Feldrichtung gilt wegen der Stetigkeit der Normalkomponenten von $\boldsymbol{B}$ an der Grenzfläche der Platte $\mu_0\boldsymbol{H}_0 = \mu_0\mu_\mathrm{r}\boldsymbol{H}$, also $\beta = 1$ (wegen $\chi_\mathrm{m} = \mu_\mathrm{r} - 1$). Für eine Kugel liefert die exakte Rechnung $\beta = 1/3$.

Beispiele: *1.* Eine vom Strom I durchflossene Spule (Windungszahl N) habe einen Eisenkern (mittlerer Eisenweg l, Permeabilitätszahl μ_r) mit einem Luftspalt der Breite d (vgl. Bild 29.4a). Man berechne allgemein die Feldstärken H_L im Luftspalt und H_E im Eisenkern nach dem OHMschen Gesetz (5) und vergleiche sie mit der Feldstärke in der Ringspule (28/8). – *Lösung:* Die Reihenschaltung der magnetischen Widerstände (6) von Eisenkern und Luftspalt ergibt den Gesamtwiderstand $R_m = l/(\mu_r\mu_0 A) + d/(\mu_0 A)$. Der magnetische Fluss beträgt nach (7) $\Phi = NI/R_m$. Andererseits ist $\Phi = BA = \mu_r\mu_0 H_E A$ (im Eisen) $= \mu_0 H_L A$ (im Luftspalt), woraus folgt $H_E = \Phi/(\mu_r\mu_0 A) = NI/(l+\mu_r d)$ und eine μ_r-fach ($10^2 \dots 10^5$-fach) so hohe Feldstärke im Luftspalt $H_L = \Phi/(\mu_0 A) = NI/(l/\mu_r + d) = \mu_r H_E$. Für $d \ll l/\mu_r$ ist $H_E \approx NI/l$ und für $l \gg d \gg l/\mu_r$ ist $H_L \approx NI/d$. Die Feldstärken entsprechen denen in leeren Spulen der Längen l bzw. d.

2. Man bestimme die Größen H_E, H_L und B des magnetischen Kreises in Bild 29.4a, wenn auch μ_r unbekannt ist, anhand der Magnetisierungskurve $B = B(H_E)$ in Bild 29.3a mit $I = 2{,}4$ A, $N = 500$, $l = 80$ cm und $d = 1$ mm. – *Lösung:* Mit der magnetischen Feldstärke im Luftspalt $H_L = B/\mu_0$ folgt aus (7) $H_E l + Bd/\mu_0 = NI$. Die Unbekannten H_E und B liegen auf der Geraden durch den Abszissenschnittpunkt $H_0 = NI/l = 1500$ A/m ($B = 0$ gesetzt) und den Ordinatenschnittpunkt $B_0 = \mu_0 NI/d = 1{,}5$ T ($H_E = 0$ gesetzt). Der Schnittpunkt der Gerade mit der Magnetisierungskurve liefert $H_E = 400$ A/m und $B = 1{,}1$ T. Daraus folgt $H_L = 8{,}8 \cdot 10^5$ A/m und wegen $B_E = B_L$, d. h. $\mu_r\mu_0 H_E = \mu_0 H_L$, $\mu_r = H_L/H_E = 2200$.

Aufgabe 29.2. Eine von Gleichstrom durchflossene Spule mit Eisenkern soll zusätzlich für Wechselstrom einen sehr hohen Widerstand haben *(Drossel)*. Dazu wird die magnetische Feldstärke vom Wert $H_0 = 1200$ A/m im geschlossenen Eisenkern aus Dynamoblech (Bild 29.3b) durch einen Luftspalt auf $H_E = 150$ A/m gesenkt, um den Maximalwert der Permeabilität zu nutzen. Wie groß ist das Verhältnis von Spaltbreite zu Eisenweg d/l? Die Berechnung von H_L demonstriert uns, welch hohe Feldstärken in einem Luftspalt auftreten.

30 Elektromagnetische Induktion

30.1 Das Faradaysche Induktionsgesetz

1831 erkannte FARADAY durch eine Reihe zielgerichteter Experimente, dass durch *zeitlich veränderliche Magnetfelder* elektrische Spannungen (Felder) erregt werden. Man nennt diese Erscheinung *elektromagnetische Induktion*. Wird zum Beispiel, wie in Bild 30.1a veranschaulicht, die in einem Magnetfeld befindliche Leiterschleife plötzlich aus dem Feld herausgezogen, so lässt sich mit einem angeschlossenen ballistischen Galvanometer ein **Spannungsstoß**

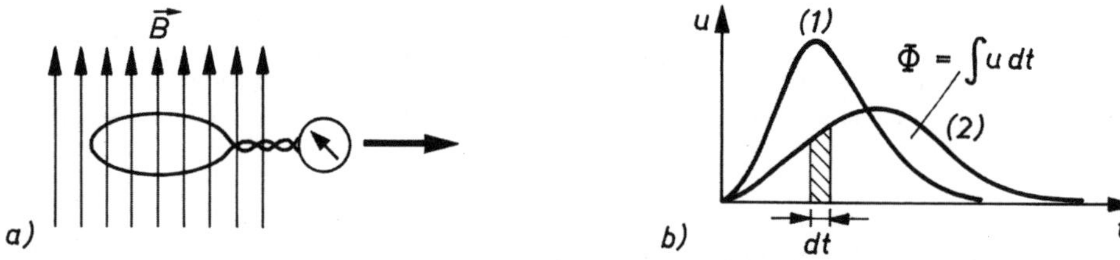

Bild 30.1. a) Induktionsversuch zur Messung der magnetischen Flussdichte (Induktion) B.
b) Mit einem ballistischen Galvanometer gemessener Spannungsstoß beim Herausziehen der Schleife aus dem Magnetfeld. Der magnetische Fluss Φ entspricht der Fläche unter der $u(t)$-Kurve, *1* bei schneller Bewegung, *2* bei langsamer Bewegung der Schleife; die Flächeninhalte unter beiden Kurven sind gleich.

$\int u_{ind}\,dt$ messen (Bild 30.1b). Dieser hängt nur davon ab, wie viele Feldlinien durch die von der Leiterschleife umrandete Fläche A anfänglich hindurchtraten, er ist also durch den magnetischen Fluss $\Phi = \int u_{\text{ind}}\,\mathrm{d}t$ innerhalb dieser Fläche gegeben. Dieses Versuchsergebnis folgt unmittelbar aus

$$u_{\text{ind}} = -\frac{\mathrm{d}\Phi}{\mathrm{d}t} \qquad \textbf{(Induktionsgesetz).} \tag{1}$$

Die induzierte Spannung u_{ind} in einem geschlossenen Leiterkreis, der den sich zeitlich ändernden magnetischen Fluss umrandet, ist gleich der Änderungsgeschwindigkeit des magnetischen Flusses.

Bei einer Spule mit N Windungen addieren sich die erregten Induktionsspannungen in den einzelnen Windungen zur Gesamtspannung

$$u_{\text{ind}} = -N\frac{\mathrm{d}\Phi}{\mathrm{d}t} \qquad \textbf{(Induktionsspannung in einer Spule).} \tag{2}$$

Auf dem oben beschriebenen und in Bild 30.1 dargestellten Prinzip beruhen die *Flussmesser*, wobei anstelle der Leiterbewegung auch das Magnetfeld ein- oder ausgeschaltet werden kann. Der dabei gemessene Spannungsstoß ist aber erst dann ein Maß für die Stärke des Magnetfeldes, wenn man ihn auf die vom Leiter umrandete und von den Feldlinien senkrecht durchsetzte Querschnittsfläche A bezieht. So erhält man eine weitere Messmethode zur Bestimmung der **magnetischen Flussdichte** oder **Induktion** (28/11) vom Betrage $B = \Phi/A$.

Im geschlossenen Leiterkreis ruft die Induktionsspannung nach dem OHMschen Gesetz einen *Induktionsstrom* hervor. Die induzierten Spannungen und Ströme sind im Allgemeinen (bei nichtlinearer Flussänderung) ebenfalls zeitlich veränderlich. Sie sollen, wie im Folgenden alle zeitlich veränderlichen Spannungen und Ströme, durch Kleinbuchstaben u und i gekennzeichnet werden.

Das Minuszeichen in (1) und (2) bringt den *Energieerhaltungssatz* zum Ausdruck, der hier speziell als **Lenzsche Regel** über die Richtung der induzierten Spannungen und Ströme Auskunft gibt:

Der induzierte Strom ist stets so gerichtet, dass das von ihm erzeugte Magnetfeld der Ursache seiner Entstehung entgegenwirkt (LENZ, 1834).

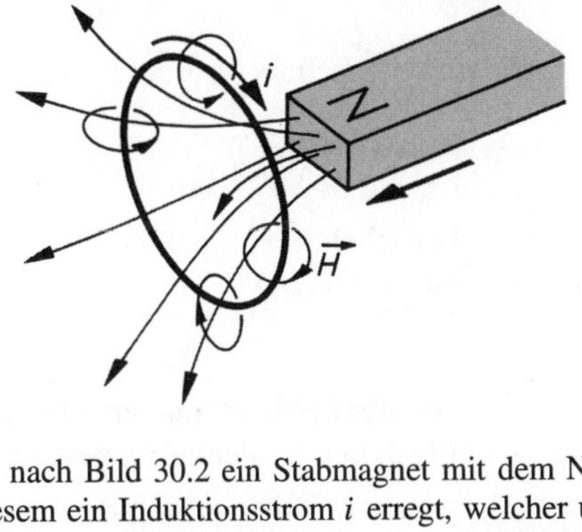

Bild 30.2. Zur LENZschen Regel: Sowohl bei Annäherung des Stabmagneten an den Drahtring als auch bei Entfernung desselben ist mechanische Arbeit zu verrichten.

Wird z. B. nach Bild 30.2 ein Stabmagnet mit dem Nordpol voran gegen einen Drahtring geführt, so wird in diesem ein Induktionsstrom i erregt, welcher um den Leiter herum ein Magnetfeld H erzeugt. Der Kreisstrom ist damit einem magnetischen Dipol äquivalent (s. 28.6), der seinen Nordpol auf der dem Stabmagneten zugewandten Seite hat. Daher muss bei Annäherung der gleichnamigen Magnetpole gegen die Abstoßungskraft mechanische Arbeit verrichtet werden; sie liefert die Energie für den sich ausbildenden Induktionsstrom im Drahtring. Wird der Nordpol vom Drahtring wegbewegt, kehrt sich die Stromrichtung in ihm um, so dass dem Nordpol des Magneten jetzt ein Südpol des Kreisstromes gegenübersteht, die sich gegenseitig anziehen; auch hierbei muss also Arbeit verrichtet werden.

Drückt man den magnetischen Fluss Φ nach (28/12) durch die magnetische Flussdichte $\boldsymbol{B}$ aus, so erhält das Induktionsgesetz (1) die Form

$$u_{\text{ind}} = -\frac{\mathrm{d}\Phi}{\mathrm{d}t} = -\frac{\mathrm{d}}{\mathrm{d}t}\int \boldsymbol{B}\cdot\mathrm{d}\boldsymbol{A} = -\frac{\mathrm{d}}{\mathrm{d}t}\int B\,\mathrm{d}A\cos\alpha. \qquad (3)$$

α ist der Winkel zwischen der Richtung von $\boldsymbol{B}$ und der Flächennormale der Fläche A, durch die der veränderliche magnetische Fluss Φ tritt. Aus Gleichung (3) lesen wir ab, dass Induktionsspannungen erzeugt werden können

1. durch zeitliche Änderung des Betrages B der magnetischen Flussdichte, z. B. infolge Änderung des elektrischen Stromes, der das Magnetfeld erzeugt (vgl. 30.2), oder wegen (29/2) infolge Änderung der Art des Stoffes innerhalb des felderfüllten Raumes *(Permeabilitätsänderung);*
2. durch zeitliche Änderung der Größe der Fläche A, die vom magnetischen Fluss durchsetzt wird, z. B. infolge der Bewegung eines Leiters relativ zum Magnetfeld (vgl. 30.4);
3. durch zeitliche Änderung des Winkels α zwischen Feldrichtung und Flächennormale, z. B. durch Drehen einer Leiterschleife im Magnetfeld (vgl. 30.4).

Induktionsspannungen bzw. -ströme können also entweder in relativ zum Magnetfeld ruhenden Leitern durch zeitlich veränderliche Magnetfelder *(Transformatorprinzip)* oder bei zeitlich konstanten Magnetfeldern durch Bewegung von Leitern relativ zum Magnetfeld *(Generatorprinzip)* erzeugt werden.

Beispiel: Der magnetische Fluss, der eine Leiterschleife durchsetzt, wächst in den ersten 2 s *gleichförmig* von 0 auf 7 Wb an, bleibt dann 3 s konstant, um in den folgenden 4 s gleichförmig bis auf −3 Wb abzusinken. Man berechne die Spannungen, die während dieser drei Zeitintervalle in der Leiterschleife induziert werden. – *Lösung:* Bei einer gleichförmigen Änderung vereinfacht sich das Induktionsgesetz (1) zu $u_{\text{ind}} = -\Delta\Phi/\Delta t$. Während der ersten 2 s wird wegen $\Delta\Phi = 7$ Wb die konstante Spannung von $-3{,}5$ V, in den letzten 4 s wegen $\Delta\Phi = -10$ Wb eine solche von $+2{,}5$ V und bei konstantem magnetischen Fluss keine Spannung induziert.

30.2 Selbstinduktion

Jeder stromführende Leiter ist von einem Magnetfeld umgeben, dessen Fluss der Stromstärke im Leiter proportional ist:

$$\Phi = LI. \qquad (4)$$

Den Proportionalitätsfaktor L nennt man die *Induktivität* des Leiters. Aus der Einheitengleichung zu (4) folgt als

Einheit der Induktivität: $[L] = [\Phi]/[I] = 1$ V s/A = 1 H e n r y (H).

Ist der Leiter zu einer **Spule** von N Windungen aufgewickelt, so ist bei gleicher Stromstärke der magnetische Fluss N-mal so groß. Es gilt dann anstelle von (4)

$$N\Phi = LI \quad \text{bzw.} \quad N\Phi = Li. \qquad (5)$$

Die Induktivität eines Leiters wird nur durch seine Geometrie (Abmessungen, Gestalt) und die Art des Stoffes, der vom Magnetfeld durchsetzt wird (z. B. den Spulenkern), bestimmt.

Beispiel: Man berechne die Induktivität einer langen Zylinderspule (Bild 28.3a) mit $l = 5$ cm, Durchmesser $d = 6$ mm, $N = 500$. – *Lösung:* Da das Feld im Innern der Spule hinreichend homogen ist, ergibt sich mit (5), (28/11 und 14) sowie (28/7)

$$L = \frac{N\Phi}{I} = \frac{NBA}{I} = \frac{N\mu_0 HA}{I} = \frac{\mu_0 N^2 A}{l} \qquad (6)$$

(Induktivität einer leeren Zylinderspule).

Mit $A = \pi d^2/4$ und den angegebenen Zahlenwerten folgt $L = 0{,}18$ mH.

Ändert sich in einer Spule die elektrische Stromstärke, so ändert sich im Innern der Spule auch gleichzeitig der magnetische Fluss. Nach dem Induktionsgesetz wird deshalb in der felderzeugenden Spule *selbst* eine Spannung induziert *(Selbstinduktion)*. Für sie folgt mit Gleichung (5) aus dem Induktionsgesetz (2)

$$u_{\text{ind}} = -L\frac{\mathrm{d}i}{\mathrm{d}t} \quad \textbf{(Selbstinduktionsspannung).} \tag{7}$$

Diese Spannung ruft in der Spule einen sekundären Induktionsstrom hervor, der nach der LENZschen Regel der primären Stromänderung entgegenwirkt. Er ist also dem Primärstrom entgegengerichtet, wenn dieser zunimmt, und gleichgerichtet, wenn dieser abnimmt. Wäre dies nicht so, käme es durch eine zufällige Erhöhung der Stromstärke zu einer fortwährenden Verstärkung des Stromes, was dem Energiesatz widersprechen würde. Infolge der Selbstinduktion kann die Stromstärke in einer Spule niemals sprunghaft, sondern immer nur mit einer gewissen Trägheit ansteigen, so dass eine bestimmte Zeit vergeht, bis die Stromstärke ihre volle Höhe erreicht hat. Andererseits fließt beim plötzlichen Ausschalten des Spulenstroms der Induktionsstrom weiter, wobei sehr hohe Selbstinduktionsspannungen z. B. zu Funkenentladungen an den Schaltkontakten führen.

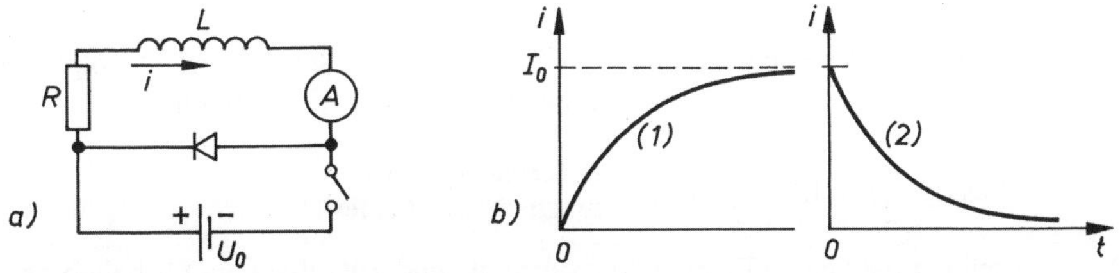

Bild 30.3. Zur Wirkung der Selbstinduktion im Stromkreis beim *Einschaltvorgang (1)* und beim *Ausschaltvorgang (2):* a) Schaltskizze, b) zeitlicher Verlauf des Stromes. Die Gleichrichterstrecke schützt den Schalter (Funkenlöschung); beim Einschaltvorgang ist sie in Sperrrichtung und beim Ausschaltvorgang in Durchlassrichtung gepolt.

Beim **Einschaltvorgang** (s. Bild 30.3a) ist die Summe aus dem Spannungsabfall an der Spule $-u_{\text{ind}} = L\,(\mathrm{d}i/\mathrm{d}t)$ und dem Spannungsabfall am Widerstand Ri gleich der Betriebsspannung U_0, d. h. $L\,(\mathrm{d}i/\mathrm{d}t) + Ri = U_0$ *(Differentialgleichung für die Stromstärke)*. Mit $i = U_0/R - i_{\text{ind}}$ lässt sie sich wegen $U_0/R = I_0 = \text{const}$ (Maximalwert der Stromstärke) in die Form $L\,(\mathrm{d}i_{\text{ind}}/\mathrm{d}t) + Ri_{\text{ind}} = 0$ bringen, welche nach *Trennung der Variablen* in $\mathrm{d}i_{\text{ind}}/i_{\text{ind}} = -(R/L)\,\mathrm{d}t$ übergeht und mit der Anfangsbedingung $i = 0 = (U_0/R) - i_{\text{ind}}$ für $t = 0$ durch direkte Integration lösbar ist. Es ergibt sich $\ln i_{\text{ind}} - \ln(U_0/R) = -(R/L)t$ und hieraus die Lösung

$$i = \frac{U_0}{R}\left(1 - \mathrm{e}^{-\frac{R}{L}t}\right) = I_0\left(1 - \mathrm{e}^{-\frac{R}{L}t}\right). \tag{8}$$

Man erkennt ein allmähliches Anwachsen der Stromstärke i bis zum vollen Wert I_0 (Bild 30.3b, Kurve *1*). Beim **Ausschaltvorgang** ($U_0 = 0$) fließt dann der Induktionsstrom $i = -i_{\text{ind}}$ über die Gleichrichterstrecke ab (vgl. Bild 30.3a). Mit der Anfangsbedingung $i = I_0$ für $t = 0$ ergibt sich aus $L\,(\mathrm{d}i/\mathrm{d}t) + Ri = 0$ analog zu obiger Rechnung

$$i = I_0\,\mathrm{e}^{-\frac{R}{L}t}, \tag{9}$$

wonach beim Ausschalten des Gleichstromes die Stromstärke monoton auf null abklingt (Bild 30.3b, Kurve *2*). Die Geschwindigkeit der Stromänderung hängt in beiden Fällen wesentlich vom Quotienten L/R ab, welcher die Dimension einer Zeit hat und *Zeitkonstante* des Stromkreises heißt.

30.3 Energieinhalt des magnetischen Feldes

Zum Aufbau eines Magnetfeldes in einer Spule ist ein Spulenstrom erforderlich. Beim Einschalten des Stromes muss durch die Stromquelle Arbeit gegen die Wirkung der Selbstinduktion der Spule verrichtet werden. Diese Arbeit wird als **magnetische Feldenergie** im Magnetfeld der Spule gespeichert. Die Zunahme der Stromstärke i um $\mathrm{d}i$ ist mit einer Erhöhung des magnetischen Flusses um $\mathrm{d}\Phi$ verbunden, wobei die äußere Spannung u die Selbstinduktionsspannung (7) $u_{\text{ind}} = -N(\mathrm{d}\Phi/\mathrm{d}t) = -L(\mathrm{d}i/\mathrm{d}t)$ kompensieren muss: $u + u_{\text{ind}} = 0$. Dazu ist nach (25/17) die Arbeit

$$\mathrm{d}W = ui\,\mathrm{d}t = -u_{\text{ind}}\,i\,\mathrm{d}t = L\frac{\mathrm{d}i}{\mathrm{d}t}\,i\,\mathrm{d}t = Li\,\mathrm{d}i$$

erforderlich. Die aufzuwendende Gesamtarbeit und damit die insgesamt im Magnetfeld gespeicherte Energie ist mit $L = \text{const}$:

$$W_{\text{m}} = \int_0^I Li\,\mathrm{d}i = \frac{1}{2}LI^2 \qquad \textbf{(magnetische Feldenergie).} \qquad (10)$$

Mit der Induktivität der Spule (6) $L = \mu_0 N^2 A/l$ und mit (28/7) $I = Hl/N$ folgt hieraus, wenn man die Feldenergie W_{m} noch durch das Spulenvolumen $V = Al$ dividiert:

$$w_{\text{m}} = \frac{1}{2}\mu_0 H^2 = \frac{1}{2}BH \qquad \textbf{(Energiedichte des magnetischen Feldes).} \qquad (11)$$

Diese Gleichung hat keinen Bezug mehr zur Spule und gilt allgemein für beliebige Magnetfelder im Vakuum. Für Stoffe mit konstanter Permeabilität ist μ_0 durch $\mu = \mu_{\text{r}}\mu_0$ zu ersetzen.

Beispiel: Bestimme die Tragkraft eines als Hufeisenmagnet ausgeführten Elektromagneten (magnetisches *Joch*), dessen beide Polschuhe durch den zu tragenden (ferromagnetischen) Körper *(Anker)* zu einem magnetischen Kreis geschlossen werden. Man gehe davon aus, dass die im engen Luftspalt zwischen Polschuh und Anker vorhandene magnetische Energiedichte (11) gleich dem Anpressdruck p zwischen Joch und Anker ist. Daten des Magnetkreises: Stromstärke $I = 4$ A, Windungszahl der Magnetspule $N = 200$, geschlossener Eisenweg $l = 70$ cm, Eisenquerschnitt $A = 7\ \text{cm}^2$; die Flussdichte entnehme man dem Bild 29.3a. – *Lösung:* Im Luftspalt ist B genauso groß wie im Eisen, so dass dort gilt $H = B/\mu_0$ und nach (11) $w_{\text{m}} = p = B^2/(2\mu_0)$. Die Tragkraft für beide Polflächen ist $F = 2pA$, also

$$F = \frac{1}{\mu_0}B^2 A \qquad \textbf{(Tragkraft eines Magnetjochs).} \qquad (12)$$

Mit den Zahlenwerten folgt aus (28/7) $H = NI/l = 1143$ A/m und aus Bild 29.3a: $B = 1{,}4$ T. Somit wird $F = 1{,}1$ kN.

Aufgabe 30.1. Um beim Abschalten von Spulen Funkenbildungen zwischen den Schaltkontakten zu vermeiden, werden z. B. parallel zu den Kontakten Kondensatoren geschaltet. Wie groß muss die Prüfspannung eines Funkenlöschkondensators mit $C = 4\ \mu\text{F}$ für eine vom Strom $I = 2$ A durchflossene Spule mit $L = 1$ H sein? – *Anleitung:* Die beim Abschalten des Spulenstromes frei werdende magnetische Feldenergie muss im Kondensator als elektrische Feldenergie zwischengespeichert werden.

30.4 Elektromagnetische Induktion in einem bewegten Leiter

Wird ein gerades Drahtstück der Länge l senkrecht zu einem zeitlich konstanten, homogenen Magnetfeld $\boldsymbol{B}$ mit der Geschwindigkeit $v = \mathrm{d}s/\mathrm{d}t$ bewegt (Bild 30.4a), so überstreicht dieses in der Zeit $\mathrm{d}t$ das Flächenelement $\mathrm{d}A = l\,\mathrm{d}s$. Damit nimmt das Induktionsgesetz (1) wegen $\Phi = BA$ die spezielle Form an:

$$u_{\text{ind}} = -\frac{\mathrm{d}(BA)}{\mathrm{d}t} = -B\frac{\mathrm{d}A}{\mathrm{d}t} = -Bl\frac{\mathrm{d}s}{\mathrm{d}t} = -Blv. \tag{13}$$

Das Zustandekommen der Induktionsspannung im bewegten Leiter lässt sich wie folgt erklären: Auf die frei verschiebbaren Leitungselektronen innerhalb des Drahtes, die gemeinsam mit dem Draht relativ zum Feld bewegt werden, wirkt die LORENTZ-Kraft (28/22) $\boldsymbol{F}_\text{L} = -e(\boldsymbol{v} \times \boldsymbol{B})$. Dies führt während der Bewegung zu einer Ladungstrennung und damit zur Ausbildung eines elektrischen Feldes $\boldsymbol{E}_\text{ind}$ im Leiter. Gleichgewicht stellt sich ein, wenn die an den Elektronen angreifende resultierende Kraft $\boldsymbol{F} = -e\boldsymbol{E}_\text{ind} + \boldsymbol{F}_\text{L} = 0$ wird bzw. $\boldsymbol{E}_\text{ind} = -(\boldsymbol{v} \times \boldsymbol{B})$ gilt. Zwischen den Leiterenden tritt demzufolge eine elektrische Induktionsspannung $u_\text{ind} = E_\text{ind}l$ auf. Für die Bewegung des Leiters mit der Geschwindigkeit $\boldsymbol{v}$ senkrecht zu $\boldsymbol{B}$ ergibt sich hieraus wieder Gleichung (13).

Werden die Leiterenden, zwischen denen eine Induktionsspannung auftritt, außerhalb des Feldes miteinander verbunden, so fließt in dem geschlossenen Kreis ein *Induktionsstrom.*

Am Widerstand des Kreises (Verbraucher) wird dann eine elektrische Leistung umgesetzt, die gleich der mechanischen Leistung ist, die zur Aufrechterhaltung der Bewegung des stromdurchflossenen Leiters im Magnetfeld aufgewendet werden muss.

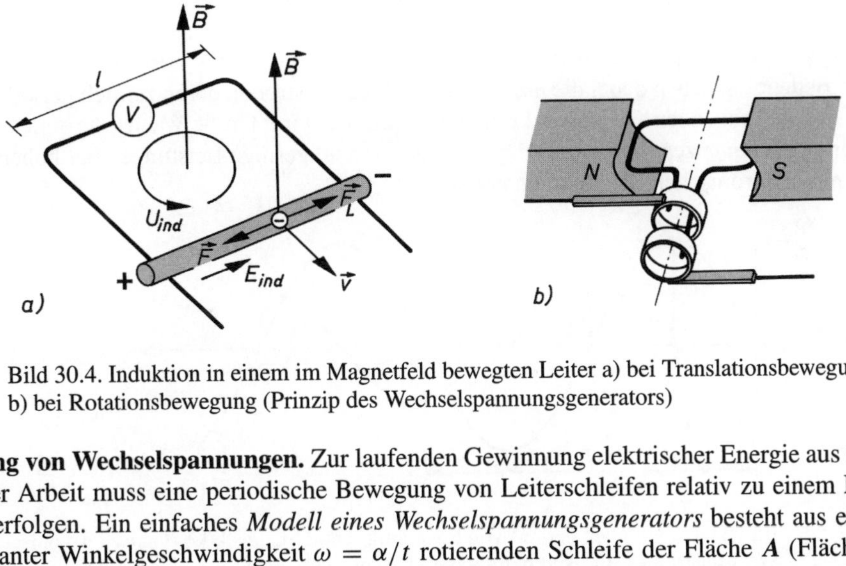

Bild 30.4. Induktion in einem im Magnetfeld bewegten Leiter a) bei Translationsbewegung, b) bei Rotationsbewegung (Prinzip des Wechselspannungsgenerators)

Erzeugung von Wechselspannungen. Zur laufenden Gewinnung elektrischer Energie aus mechanischer Arbeit muss eine periodische Bewegung von Leiterschleifen relativ zu einem Magnetfeld erfolgen. Ein einfaches *Modell eines Wechselspannungsgenerators* besteht aus einer mit konstanter Winkelgeschwindigkeit $\omega = \alpha/t$ rotierenden Schleife der Fläche $\boldsymbol{A}$ (Flächenvektor) in einem homogenen Magnetfeld der Induktion $\boldsymbol{B}$ (Bild 30.4b). Der die Leiterschleife durchsetzende magnetische Fluss Φ wird dabei periodisch mit der Frequenz $f = \omega/(2\pi)$ geändert. Entsprechend (28/12) ist

$$\Phi = \boldsymbol{B} \cdot \boldsymbol{A} = BA\cos\alpha = \Phi_0 \cos\omega t. \tag{14}$$

Nach dem Induktionsgesetz (1) entsteht an den Schleifenenden eine **Wechselspannung**

$$u(t) = -\frac{\mathrm{d}\Phi}{\mathrm{d}t} = \omega\Phi_0 \sin\omega t = U_0 \sin\omega t. \tag{15}$$

Bei der technischen Ausführung von Generatoren *(Dynamomaschinen)* sind viele Schleifen als Induktionsspulen *(Anker)* der Windungszahl N zur Steigerung der Maximalspannung $U_0 =$

$\omega N \Phi_0 = \omega N B A$ vereinigt. Der Permanentmagnet wird durch Elektromagnete ersetzt, wobei das Erregerfeld B zur Senkung des magnetischen Widerstandes bis auf kleine Luftspalte in einem geschlossenen Eisenkreis verläuft (vgl. 29.3). Da es nur auf die Relativbewegung von Leiterschleifen und Magnetfeld ankommt, werden Induktionsspulen meist am *Ständer (Stator)* des Generators fest verlegt, während sich die Erregerspulen auf dem *Läufer (Rotor)* befinden und sich an den Induktionsspulen vorbeidrehen. So kann die erzeugte Wechselspannung bequem am Ständer abgegriffen werden, während die geringen Erregerströme über Schleifringe dem Läufer zuzuführen sind.

Aufgabe 30.2. Ein Draht bewegt sich mit einer Geschwindigkeit von 40 cm/s senkrecht zu den Feldlinien durch ein 5 cm breites homogenes Magnetfeld, wobei das an den Drahtenden angeschlossene Galvanometer von 1 kΩ Innenwiderstand einen Strom von 10 μA anzeigt. Welche Stärke hat das Feld?

Aufgabe 30.3. Der Anker einer Dynamomaschine mit 1000 Windungen und einer Querschnittsfläche von $100\,\text{cm}^2$ rotiert in einem homogenen Magnetfeld um eine zum Feld senkrechte Achse mit einer Drehzahl von $6000\,\text{min}^{-1}$. Wie groß muss die magnetische Flussdichte sein, damit der Scheitelwert der induzierten Spannung 100 V beträgt?

31 Der Wechselstromkreis

31.1 Wechselspannung, Wechselstrom, Dreiphasenstrom

Die wichtigste Gruppe der *instationären* Ströme sind die *Wechselströme*. Die größte technische Bedeutung haben dabei die *harmonischen* Wechselströme, deren zeitlich periodischer Verlauf durch Sinus- oder Kosinusfunktionen beschrieben wird. Große Wechselstromleistungen bei niedrigen Frequenzen werden mit Dynamomaschinen, geringe Leistungen bei hohen Frequenzen mit elektronischen Schaltungen erzeugt.

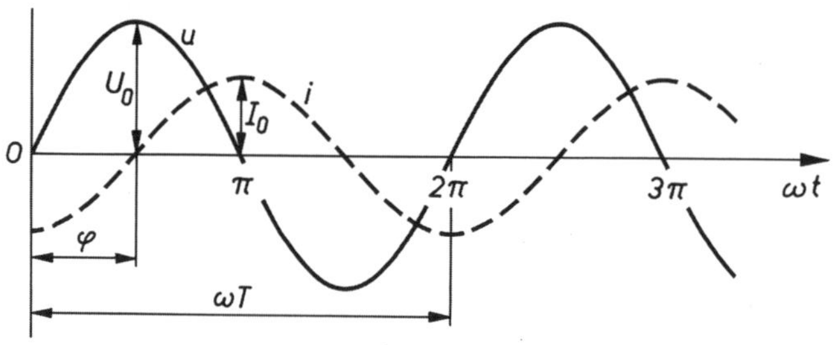

Bild 31.1. Zeitlicher Verlauf von Spannung u und Stromstärke i eines harmonischen Wechselstromes. Im Bild beträgt die Phasenverschiebung $\varphi = \omega t = (2\pi/T)(T/4) = +\pi/2$, d. h., die Spannung eilt dem Strom um eine Viertelperiode voraus.

Die in einer gleichförmig im homogenen Magnetfeld rotierenden Leiterschleife induzierte **Wechselspannung** u wird in Abhängigkeit von der Zeit durch Gleichung (30/15) beschrieben:

$$u(t) = U_0 \sin \omega t \qquad \textbf{(Momentanwert der Spannung).} \qquad (1)$$

In einem an den Generator angeschlossenen Stromkreis wird durch die Wechselspannung ein **Wechselstrom** i der gleichen Frequenz erzeugt (Bild 31.1):

$$i(t) = I_0 \sin(\omega t - \varphi) \qquad \textbf{(Momentanwert der Stromstärke).} \qquad (2)$$

Dabei sind U_0 und I_0 die **Scheitelwerte** von Spannung und Stromstärke, auch *Spitzenwerte* oder *Amplituden* genannt. Die **Kreisfrequenz** $\omega = 2\pi f = 2\pi/T$ entspricht der Winkelgeschwindigkeit des Läufers, bei Mehrpolmaschinen ganzzahligen Vielfachen davon. Der Winkel φ gibt die **Phasenverschiebung** der Stromstärke gegenüber der Spannung an. *Für* $\varphi > 0$ *wie in Bild 31.1 eilt die Spannung dem Strom voraus, für* $\varphi < 0$ *eilt der Strom der Spannung voraus*. Die Phasenverschiebung hängt, wie im Abschnitt 31.3 gezeigt wird, von den im Stromkreis vorhandenen Induktivitäten L und Kapazitäten C ab.

Dreiphasenwechselstrom (Drehstrom). Werden im Ständer eines Wechselspannungsgenerators (s. vorigen Abschnitt) anstelle der einen Schleife bzw. Spulenwicklung drei um je 120° gegeneinander versetzte gleichartige Wicklungen *(Stränge)* angeordnet, an denen der Feldmagnet vorbeirotiert, so entsteht in jedem Strang eine gesonderte (Einphasen-) Wechselspannung gleicher Amplitude und Frequenz. Die Sinuskurven dieser Wechselspannungen sind gegeneinander um 120° phasenverschoben, was zur Folge hat, dass die Summe der Spannungen und bei gleicher Belastung aller drei Stränge durch die daran angeschlossenen Verbraucher auch die Summe der Ströme in jedem Augenblick gleich null ist; es gilt dann

$$U_0 \sin \omega t + U_0 \sin(\omega t + 120°) + U_0 \sin(\omega t + 240°) = 0,$$

wie mit der Umformung $\sin\alpha + \sin\beta = 2\sin[(\alpha+\beta)/2]\cos[(\alpha-\beta)/2]$ leicht gezeigt werden kann. Daher lassen sich die drei Wicklungsstränge des Generators (oder die Enden der drei Widerstände von Verbrauchern) in zwei unterschiedlichen Schaltungen, der *Stern-* oder der *Dreieckschaltung* (Bild 31.2) so verketten, dass jeweils die Rückleiter entfallen können und nur drei Leiter *(Phasen)* übrig bleiben, die mit R, S und T bezeichnet werden.

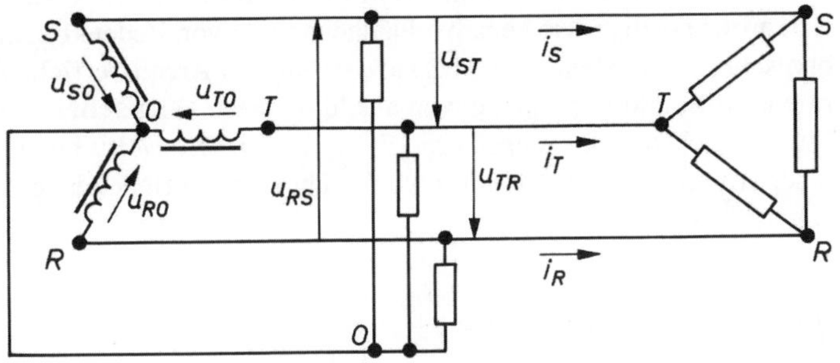

Bild 31.2. Beispiel für ein Dreiphasenwechselstromnetz: Generator in *Sternschaltung* (links), drei Verbraucher zu einem „Stern" verschaltet (Mitte), ein Verbraucher, z. B. ein Drehstrommotor, in *Dreieckschaltung* (rechts)

So werden bei der **Sternschaltung** (Bild 31.2 links) die Anfänge der drei Spulenwicklungen im Sternpunkt O miteinander verbunden *(Nullleiter)*; dieser kann geerdet werden. Die drei anderen Enden R, S und T führen zu den Verbrauchern. In den drei Stromkreisen zwischen R und O, S und O sowie T und O liegen die zu einem „Stern" verschalteten Kleinverbraucher (Bildmitte) an den (Einphasen-) Wechselspannungen *(Strangspannungen)* $u_{TO} = U_0 \sin\omega t$, $u_{SO} = U_0 \sin(\omega t + 120°)$ und $u_{RO} = U_0 \sin(\omega t + 240°)$ von üblicherweise 220 V. Großverbraucher liegen dagegen meist am Dreiphasenstromnetz. Dessen Wechselspannungen zwischen jeweils zwei der drei Leiter, also zwischen R und S, S und T sowie T und R *(Leitungsspannungen)*, betragen das $\sqrt{3}$-fache, im Fall einer Strangspannung von 220 V also 380 V; denn es ist z. B. mit der Umformung $\sin\alpha - \sin\beta = 2\sin[(\alpha-\beta)/2]\cos[(\alpha+\beta)/2]$:

$$u_{RS} = u_{RO} - u_{SO} = U_0 \sin(\omega t + 240°) - U_0 \sin(\omega t + 120°)$$
$$= U_0\sqrt{3}\sin(\omega t - 90°).$$

Bei der Sternschaltung ist der in jeder Leitung R, S oder T fließende *Leitungsstrom* gleich dem Strom in jeder Phasenwicklung *(Strangstrom)*. Für den Zusammenhang zwischen Leitungs- und Strangwerten gilt also bei der Sternschaltung:

Leitungsspannung = $\sqrt{3}$ · Strangspannung

Leitungsstrom = Strangstrom.

Bei der **Dreieckschaltung** (Bild 31.2 rechts) wird jeweils das Ende der einen mit dem Anfang der in der Phasenfolge nächsten Wicklung verbunden. Zwischen je zwei Netzleitungen (R, S oder T) herrscht die Strangspannung, dagegen ist der Leitungsstrom hier gleich dem $\sqrt{3}$-fachen des Strangstromes.

Leitungsspannung = Strangspannung

Leitungsstrom = $\sqrt{3}$ · Strangstrom.

Nicht nur Generatoren, sondern auch Verbraucher, z. B. größere Motoren ($P > 2{,}5$ kW), werden, wie erwähnt, als Drehstromanlagen ausgeführt und können in Stern- oder Dreieckschaltung betrieben werden. Zur *Leistung* in Drehstromkreisen vgl. Beispiel *2* im folgenden Abschnitt.

31.2 Arbeit und Leistung elektrischer Wechselströme

Messgeräte für Wechselströme zeigen einen *zeitlichen Mittelwert*, den sog. **Effektivwert** an. Würde man allerdings $i = I_0 \sin \omega t$ zur Mittelwertbildung über eine Periodendauer integrieren, so ergäbe sich der Wert null; denn es kommen innerhalb dieses Zeitintervalls unter der Sinuskurve stets gleich große positive wie negative Flächenanteile vor. Bedenkt man aber, dass Wechselströme an ohmschen Widerständen R *(Wirkwiderständen)* Arbeit verrichten, die z. B. als JOULEsche Wärme auftritt, und geht man davon aus, dass diese **Wirkarbeit** des Wechselstromes sich analog zum Gleichstromkreis nach (25/17) zu $W = UIt = RI^2t$ berechnet, so hat man nicht den zeitlichen Mittelwert von i, sondern von i^2 über eine Periodendauer T, also den *quadratischen Mittelwert* $\overline{i^2} = I^2$ zu bilden:

$$I^2 = \frac{1}{T}\int_0^T i^2\,\mathrm{d}t = \frac{I_0^2}{T}\int_0^T \sin^2(\omega t)\,\mathrm{d}t = \frac{I_0^2}{2};$$

$$I = \frac{I_0}{\sqrt{2}} \approx 0{,}707 I_0 \qquad \textbf{(Effektivwert der Stromstärke).} \tag{3}$$

Der Effektivwert eines Wechselstromes entspricht demjenigen Gleichstrom, der die gleiche (thermische oder mechanische) Leistung hervorbringt.

Entsprechend ergibt sich der Effektivwert der Wechselspannung zu $U = U_0/\sqrt{2}$.
Allgemein erhält man den zeitlichen Mittelwert der **Leistung des Wechselstromes** bei beliebiger Phasenverschiebung φ zwischen Spannung und Stromstärke, indem man die Arbeit während einer Periode durch die Periodendauer dividiert, mit (1) und (2) also

$$P = \frac{1}{T}\int_0^T ui\,\mathrm{d}t = \frac{U_0 I_0}{T}\int_0^T \sin\omega t\ \sin(\omega t - \varphi)\,\mathrm{d}t$$

$$= \frac{U_0 I_0}{2T}\left[\int_0^T \cos\varphi\,\mathrm{d}t - \int_0^T \cos(2\omega t - \varphi)\,\mathrm{d}t\right].$$

Der Integrand wurde mit Hilfe der Formel $\sin\alpha\,\sin\beta = (1/2)[\cos(\alpha-\beta) - \cos(\alpha+\beta)]$ umgeformt. Während das zweite Integral eine phasenverschobene Sinuskurve enthält, deren Zeitmittel gleich null ist, ergibt sich mit dem ersten Integral

$$P = \frac{U_0 I_0}{2}\cos\varphi = UI\cos\varphi \qquad \textbf{(Wirkleistung).} \tag{4}$$

Der Phasenwinkel φ hängt, wie im folgenden Abschnitt gezeigt wird, von den im Stromkreis vorhandenen (Wirk-)Widerständen R, Induktivitäten L und Kapazitäten C ab. Für $\varphi = 0$ nimmt die Wirkleistung ihren Maximalwert UI an (reiner Wirkwiderstand). Hingegen verschwindet die Wirkleistung für $\varphi = \pm\pi/2$; die Wechselströme verrichten dann im Zeitmittel keine Arbeit, und es tritt insgesamt auch kein Verlust an elektromagnetischer Energie auf. Das liegt daran, dass die während einer Viertelperiode zum Aufbau des magnetischen bzw. elektrischen Feldes in einer Induktivität L bzw. Kapazität C (reine *Blindwiderstände*, s. 31.3) von der Stromquelle aufzubringende Feldenergie in der folgenden Viertelperiode beim Abbau der Felder wieder in den Stromkreis zurückfließt. Für die Größe der Leistung ist daher auch der Faktor **cos φ** in Gleichung (4) ausschlaggebend; man nennt ihn den **Leistungsfaktor**. Ist dieser niedrig, benötigt man für eine bestimmte Wirkleistung wesentlich höhere Stromstärken, die als *Blindströme* das Leitungsnetz zusätzlich belasten, ohne selbst Arbeit zu verrichten.

Beispiele: *1.* Auf welche Gleichspannung lädt sich ein Kondensator auf, der mit einem Gleichrichter in Reihe an eine Wechselspannung von $U = 220$ V angeschlossen wird? – *Lösung:* Bei einem Effektivwert von 220 V liegt am Kondensator die Spitzenspannung $U_0 = \sqrt{2}\,U = 311$ V.

2. Ein Drehstrommotor wird mit seinen Wicklungen in Sternschaltung angelassen und dann in Dreieckschaltung betrieben. Um wie viel ändert sich durch die *Stern/Dreieck-Umschaltung* seine Leistungsaufnahme, wenn sich seine Verbraucherwiderstände dabei nicht ändern? – *Lösung:* Nehmen wir an, es befinden sich im Stromkreis nur ohmsche Widerstände R, so ist $\cos\varphi = 1$ (s. o.), und es gilt das OHMsche Gesetz $I = U/R$. Damit wird wegen $U_{\mathrm{RS}} = \sqrt{3}\,U_{\mathrm{RO}}$ (U_{RS}, U_{RO} Effektivwerte von Leitungsspannung und Strangspannung, vgl. 31.1) nach (4) bei Sternschaltung $P_{\mathrm{Stern}} = 3\,U_{\mathrm{RO}}^2/R$ (Wirkleistung von drei Strängen), bei Dreieckschaltung $P_{\mathrm{Dreieck}} = 3\,U_{\mathrm{RS}}^2/R = 9\,U_{\mathrm{RO}}^2/R = 3\,P_{\mathrm{Stern}}$.

Aufgabe 31.1. Ein Einphasen-Wechselstrommotor nimmt an einem 220-V-Netz bei seiner Nennleistung von 180 W einen Strom der Stromstärke 1,17 A auf. Berechne Leistungsfaktor und Phasenwinkel des Motors!

31.3 Wechselstromwiderstände. Ohmsches Gesetz für Wechselstrom

In einem von Wechselstrom durchflossenen Stromkreis, in dem sich außer der Wechselspannungsquelle ohmsche Widerstände R, Induktivitäten L und Kapazitäten C befinden, treten Spannungsabfälle infolge des Stromflusses nicht nur an den ohmschen Widerständen, sondern auch an den Induktivitäten und Kapazitäten auf. Denn bei wechselstromgespeisten Spulen wirkt der von außen angelegten Spannung die durch die Selbstinduktion in der Spule hervorgerufene Spannung entgegen. Da hierdurch die Stromstärke herabgesetzt wird, ist dies mit einer scheinbaren Erhöhung des Widerstandes der Spule verbunden. Auch ein Kondensator stellt infolge des periodischen Auf- und Entladevorgangs für den Wechselstrom (im Gegensatz zum Gleichstrom) einen endlichen Widerstand dar.

Im Unterschied zum ohmschen Widerstand, dem **Wirkwiderstand** R (*Resistanz*), bezeichnet man die Widerstände von Induktivität L und Kapazität C als **induktiven** und **kapazitiven Blindwiderstand** X_L und X_C *(Reaktanzen)*. Der aus Wirkwiderstand und Blindwiderständen zusammengesetzte Wechselstromwiderstand heißt **Scheinwiderstand** Z (oder *Impedanz*) des Wechselstromkreises.

Zur Berechnung von Wechselstromkreisen werden in der Elektrotechnik Stromstärke, Spannung und Widerstand mit Vorteil als *komplexe Größen* aufgefasst, die als *Zeiger* in der komplexen (GAUSSschen) Zahlenebene dargestellt werden können. Dieses Vorgehen beruht mathematisch auf dem Zusammenhang

$$e^{j\varphi} = \cos\varphi + j\,\sin\varphi \qquad \textbf{(Eulersche Formel).} \tag{5}$$

Eine **komplexe Zahl** $z = x + j\,y$ mit $j = +\sqrt{-1}$ als imaginäre Einheit stellt in der GAUSSschen Zahlenebene einen Punkt dar (Bild 31.3), dessen Abstand von der reellen Zahlengeraden (x-Achse) gleich dem *Imaginärteil* y und dessen Abstand von der imaginären Zahlengeraden (y-Achse) gleich dem *Realteil* x ist. Verbindet man den Nullpunkt mit dem Punkt z, so stellt z einen **Zeiger** dar, dessen Länge $|z|$ (*Betrag* von z) ist und welcher mit der positiven Richtung der reellen Achse den Winkel φ (*Argument* von z) einschließt.

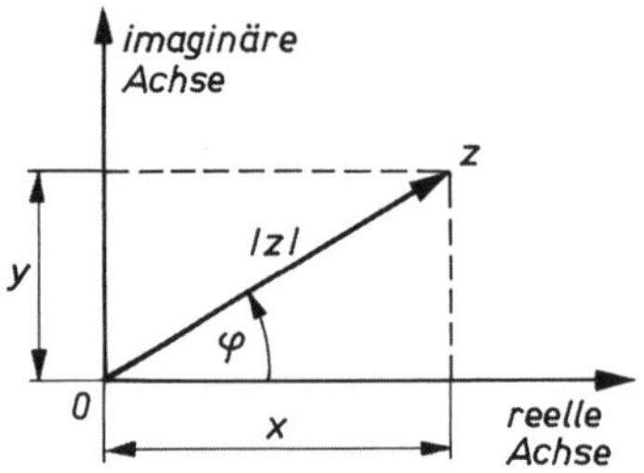

Bild 31.3. Darstellung einer komplexen Zahl $z = x + j\,y = |z|\,e^{j\varphi}$ in der GAUSSschen Zahlenebene

Es ist dann

$$x = |z|\cos\varphi, \qquad y = |z|\sin\varphi; \qquad |z| = \sqrt{x^2 + y^2}, \qquad \tan\varphi = \frac{y}{x};$$

$$z = x + j\,y = |z|\,(\cos\varphi + j\,\sin\varphi) = |z|\,e^{j\varphi}.$$

Setzt man nun $\varphi = \omega t$, so rotiert der Zeiger z mit der Winkelgeschwindigkeit ω in der GAUSSschen Zahlenebene, wobei seine Projektionen auf die reelle und imaginäre Achse sich nach einer Kosinus- bzw. Sinusfunktion zeitlich ändern.

Wechselspannung und Wechselstrom können so durch die Zeiger

$$u = U_0\,e^{j\omega t} \qquad \text{und} \qquad i = I_0\,e^{j(\omega t - \varphi)} \tag{6}$$

dargestellt werden, deren Imaginärteile die Sinusfunktionen (1) und (2) ergeben. Analog zum OHMschen Gesetz im Gleichstromkreis erhält man damit für den Widerstand im Wechselstromkreis

$$Z = \frac{u}{i} = |Z|\,e^{j\varphi}, \quad \text{Betrag } |Z| = \frac{U_0}{I_0} = \frac{U}{I} \qquad \textbf{(Scheinwiderstand, Impedanz).} \tag{7}$$

U_0, I_0 sind die Scheitelwerte, U, I die Effektivwerte (3) von u und i. Der Winkel φ gibt die **Phasenverschiebung** von i gegenüber u an. *Für* $\varphi > 0$ *bleibt nach (6) der Strom hinter der Spannung zurück bzw. die Spannung eilt dem Strom voraus; für* $\varphi < 0$ *eilt der Strom der Spannung voraus.*

Ohmscher Widerstand im Wechselstromkreis. Bild 31.4 zeigt eine Wechselstrom-Reihenschaltung aus ohmschem Widerstand R, Induktivität L und Kapazität C. Ohne L und C kann ein Spannungsabfall u nur am ohmschen Widerstand R auftreten: $u = u_R$. Dabei sind die Momentanwerte $u(t)$ und $i(t)$ wie im Gleichstromkreis zu jeder Zeit einander proportional: $u = Ri$. Nach (7) ist also $Z = u/i = R$, d. h., der Zeiger Z ist in diesem Fall gleich der *reellen* Größe R, er weist daher in der komplexen Widerstandsebene (Bild 31.4, Mitte) in Richtung der positiven reellen Achse, gleichbedeutend mit $\varphi = 0$. Dies bedeutet:

> **Spannung und Strom sind phasengleich, wenn in einem Wechselstromkreis nur ohmsche Widerstände R vorhanden sind** (Bild 31.5a).

Wegen $\varphi = 0$, $e^{j\varphi} = 1$ in (7) gilt in diesem Fall wie im Gleichstromkreis auch im Wechselstromkreis das OHMsche Gesetz in der Form $|Z| = R = U/I$ mit R als sog. **Wirkwiderstand**.

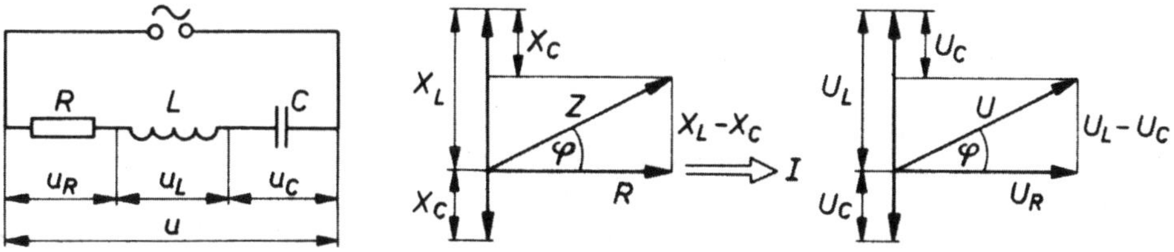

Bild 31.4. Links: Reihenschaltung aus ohmschem Widerstand R, Induktivität L und Kapazität C. Widerstände (Mitte) und Spannungsabfälle (rechts) in komplexer Darstellung

Induktiver Widerstand im Wechselstromkreis. Ohne ohmschen Widerstand R und Kapazität C ist der Spannungsabfall an einer Spule (Induktivität L) $u = u_L$ entgegengesetzt gleich der in ihr induzierten Spannung (30/7) $u = -u_{\text{ind}} = L(\mathrm{d}i/\mathrm{d}t)$. Mit (6) $u = U_0\,\mathrm{e}^{\mathrm{j}\omega t}$ und $\mathrm{d}i/\mathrm{d}t = \mathrm{j}\,\omega I_0\,\mathrm{e}^{\mathrm{j}(\omega t-\varphi)} = \mathrm{j}\,\omega i$ folgt daraus für den Scheinwiderstand (7):

$$Z = \frac{u}{i} = \mathrm{j}\,\omega L, \qquad \text{Betrag:} \quad X_L = \omega L \qquad \textbf{(induktiver Blindwiderstand).} \qquad (8)$$

Der induktive Widerstand X_L ist der Frequenz $f = \omega/(2\pi)$ der Wechselspannung proportional. Das OHMsche Gesetz lautet hier $U_L = X_L I = \omega L I$. Da Z eine *imaginäre* Größe ist, weist der zugehörige Zeiger in der Impedanzebene von Bild 31.4 (Mitte) in Richtung der positiven imaginären Achse, entsprechend einer Phasenverschiebung der Stromstärke gegenüber der Spannung um den Winkel $\varphi = +90°$ oder $\varphi = +\pi/2$ bzw. einem zeitlichen Vorlauf von u gegenüber i um $t = \varphi/\omega = (+\pi/2)/(2\pi/T) = +T/4$ (Bild 31.5b).

Die Spannung eilt dem Strom um eine Viertelperiode voraus, wenn in einem Wechselstromkreis nur Induktivitäten L vorhanden sind.

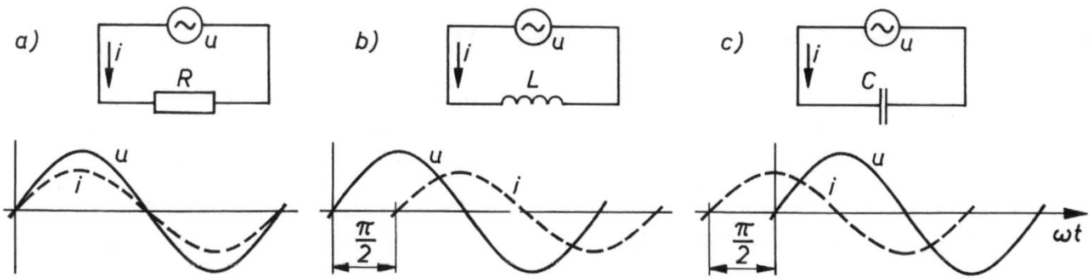

Bild 31.5. Phasengleichheit bzw. Phasenverschiebung zwischen Stromstärke und Spannung a) an einem (ohmschen) Wirkwiderstand, b) an einem induktiven und c) an einem kapazitiven Widerstand. Alle drei Wechselstromwiderstände sind in der Darstellung gleich groß: $R = \omega L = 1/(\omega C)$.

Kapazitiver Widerstand im Wechselstromkreis. Nach (23/28) sind Ladung q und Spannung u am Kondensator (Kapazität C) einander proportional: $q = Cu$. Bei fehlendem ohmschen Widerstand R und fehlender Induktivität L im Stromkreis folgt damit wegen (25/1) $i = \mathrm{d}q/\mathrm{d}t = C(\mathrm{d}u/\mathrm{d}t)$, wobei $u = u_C$. Mit (6) $i = I_0\,\mathrm{e}^{\mathrm{j}(\omega t-\varphi)}$ und $\mathrm{d}u/\mathrm{d}t = \mathrm{j}\,\omega U_0\,\mathrm{e}^{\mathrm{j}\omega t} = \mathrm{j}\,\omega u$ erhält man daraus für den Scheinwiderstand (7):

$$Z = \frac{u}{i} = \frac{1}{\mathrm{j}\,\omega C} = -\frac{\mathrm{j}}{\omega C}, \qquad \text{Betrag:} \quad X_C = \frac{1}{\omega C} \qquad \textbf{(kapazitiver Blindwiderstand).} \qquad (9)$$

X_C ist der Frequenz der Wechselspannung umgekehrt proportional. Das OHMsche Gesetz lautet $U_C = X_C I = I/(\omega C)$. Z ist hier eine *negativ-imaginäre* Größe, der zugehörige Zeiger in der Impedanzebene (Bild 31.4, Mitte) weist in die negative Richtung der imaginären Achse, entsprechend einer Phasenverschiebung von i gegenüber u um den Winkel $\varphi = -90°$ oder $\varphi = -\pi/2$ bzw. einer zeitlichen Verzögerung von u gegenüber i um $t = -T/4$ (Bild 31.5c).

Der Strom eilt der Spannung um eine Viertelperiode voraus, wenn in einem Wechselstromkreis nur Kapazitäten C vorhanden sind.

Reihenschaltung von R, L und C. Zur Berechnung des resultierenden Scheinwiderstandes Z in Wechselstromkreisen mit ohmschen Widerständen R, Induktivitäten L und Kapazitäten C können die sog. *Widerstandsoperatoren* R, $\mathrm{j}\omega L$ und $1/(\mathrm{j}\omega C)$ formal wie Widerstände in Gleichstromkreisen miteinander verknüpft werden, wobei für Reihen- und Parallelschaltung die bekannten Gesetze (25/11 und 12) gelten. Der Scheinwiderstand Z ist dann im Allgemeinen eine *komplexe* Größe. Für die Reihenschaltung von Bild 31.4 ergibt sich Z als Summe der o. g. Widerstandsoperatoren zu

$$Z = R + \mathrm{j}\omega L + \frac{1}{\mathrm{j}\omega C} = R + \mathrm{j}\left(\omega L - \frac{1}{\omega C}\right) \qquad (10)$$

(Scheinwiderstand bei Reihenschaltung von R, L und C).

In der Impedanzebene von Bild 31.4 (Mitte) ist dies der Zeiger mit dem Wirkwiderstand R als Realteil und dem Gesamt-Blindwiderstand $X = X_L - X_C = \omega L - 1/(\omega C)$ als Imaginärteil. Aus dem Bild entnimmt man weiterhin

$$|Z| = \sqrt{R^2 + \left(\omega L - \frac{1}{\omega C}\right)^2} \qquad (11)$$

(Betrag von Z),

$$\tan\varphi = \frac{X_L - X_C}{R} = \frac{\omega L - \dfrac{1}{\omega C}}{R} \qquad (12)$$

(Phasenverschiebung φ der Gesamtspannung gegenüber dem Strom).

Das OHMsche Gesetz $U = |Z|I$ lautet somit wegen (11)

$$U = I\sqrt{R^2 + \left(\omega L - \frac{1}{\omega C}\right)^2} \qquad (13)$$

(Klemmenspannung an einer Reihenschaltung aus R, L und C).

Mit $U_R = RI$, $U_L = X_L I = \omega L I$ und $U_C = X_C I = I/(\omega C)$ als den Effektivwerten der an R, L und C abgegriffenen Spannungen folgt also

$$|Z| = \sqrt{R^2 + (X_L - X_C)^2}\,, \qquad U = \sqrt{U_R^2 + (U_L - U_C)^2}\,. \qquad (14)$$

Bei einer Reihenschaltung sind Widerstände und Spannungen geometrisch (vektoriell) zu addieren (Bild 31.4).

Parallelschaltung von R, L und C (Bild 31.6). Analog zum Gleichstromkreis sind hier die *Leitwerte* (reziproke Widerstände) zum Gesamtleitwert zu addieren. So ergibt sich der komplexe Scheinleitwert $1/Z$ als Summe aus dem reellen (ohmschen) Wirkleitwert $1/R$ und den imaginären Blindleitwerten $1/(\mathrm{j}\omega L)$ und $\mathrm{j}\omega C$:

$$\frac{1}{Z} = \frac{1}{R} + \frac{1}{\mathrm{j}\omega L} + \mathrm{j}\omega C = \frac{1}{R} + \mathrm{j}\left(\omega C - \frac{1}{\omega L}\right) \qquad (15)$$

(Scheinleitwert bei Parallelschaltung von R, L und C).

Das OHMsche Gesetz $I = U/|Z|$ lautet somit hier

$$I = U\sqrt{\left(\frac{1}{R}\right)^2 + \left(\omega C - \frac{1}{\omega L}\right)^2} \qquad \textbf{(Gesamtstrom in einer Parallelschaltung aus } R, L \textbf{ und } C\textbf{).} \qquad (16)$$

Bezeichnen wir die Leitwerte $1/R$, ωC und $1/(\omega L)$ mit G, B_C und B_L, so berechnen sich die Effektivwerte der durch R, C und L fließenden Ströme im Einzelnen zu $I_R = GU$, $I_C = B_C U$ und $I_L = B_L U$. Damit folgt für den komplexen Scheinleitwert $Y = 1/Z$ und den Gesamtstrom I nach (15) und (16):

$$|Y| = \frac{1}{|Z|} = \sqrt{G^2 + (B_C - B_L)^2}, \qquad I = \sqrt{I_R^2 + (I_C - I_L)^2}. \qquad (17)$$

Bei einer Parallelschaltung sind Leitwerte und Stromstärken geometrisch (vektoriell) zu addieren (Bild 31.6).

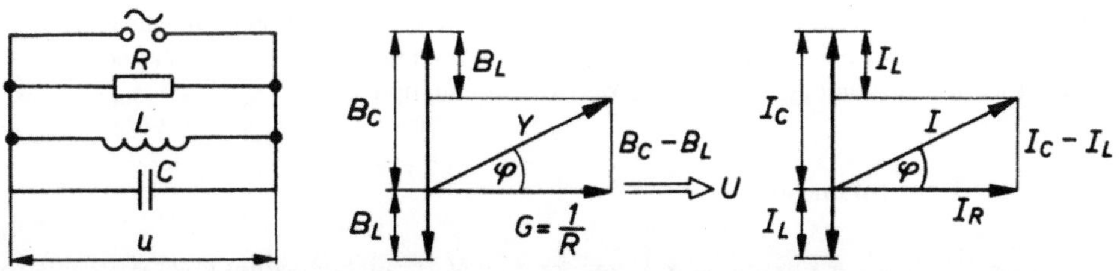

Bild 31.6. Links: Parallelschaltung aus ohmschem Widerstand R, Induktivität L und Kapazität C. Leitwerte (Mitte) und Stromstärken (rechts) in komplexer Darstellung

Dem Bild entnimmt man weiterhin

$$\tan\varphi = \frac{B_C - B_L}{G} = R\left(\omega C - \frac{1}{\omega L}\right) \qquad \textbf{(Phasenverschiebung } \varphi \textbf{ des Gesamtstromes gegenüber der Spannung).} \qquad (18)$$

Beispiele: *1.* Für eine Reihenschaltung aus einem Widerstand $R = 1\,\text{k}\Omega$ und einer Kapazität $C = 3{,}3\,\mu\text{F}$ berechne man Betrag $|Z|$ und Phasenwinkel φ bei $f = 50\,\text{Hz}$. – *Lösung:* Mit $\omega = 2\pi f = 314\,\text{s}^{-1}$ folgt aus (11) $|Z| = \sqrt{R^2 + 1/(\omega C)^2} = 1389\,\Omega$ und aus (12) $\varphi = \arctan(-1/(\omega RC)) \approx -44°$.

2. Legt man eine Gleichspannung $U_1 = 12\,\text{V}$ an eine Spule, wird ein Strom $I_1 = 0{,}6\,\text{A}$ gemessen; wird eine Wechselspannung ($f = 50\,\text{Hz}$) von $U = 220\,\text{V}$ angelegt, fließt ein Strom von $I = 1{,}96\,\text{A}$. Man berechne für die Spule den Wirkwiderstand, den Betrag des Scheinwiderstandes Z, den Blindwiderstand X_L, die Induktivität L und die Phasenverschiebung φ. – *Lösung:* Die Spule kann im Ersatzschaltbild als Reihenschaltung von R und L aufgefasst werden. Es ist $R = U_1/I_1 = 20\,\Omega$; $|Z| = U/I = 112\,\Omega$; aus (14) $X_L = \sqrt{|Z|^2 - R^2} = 110\,\Omega$; $L = X_L/\omega = X_L/(2\pi f) = 0{,}35\,\text{H}$; aus (12) folgt $\varphi = \arctan(X_L/R) = 79{,}7°$.

3. Durch die Induktivitäten von elektrischen Maschinen ist infolge der (positiven) Phasenverschiebung der Leistungsfaktor $\cos\varphi < 1$. Zu seiner Verbesserung wird die Tatsache technisch genutzt, dass Kondensatoren auf Grund ihrer entgegengesetzten (negativen) Phasenverschiebung den induktiven Blindstrom kompensieren können.

Ein Motor für 220 V ($f = 50\,\text{Hz}$) hat den Leistungsfaktor $\cos\varphi = 0{,}66$ und verbraucht 1,6 kW. Man berechne die Stromstärke I, den Scheinwiderstand Z und die Kapazität C des Kondensators, der dem Motor *parallel* geschaltet werden muss, um den Blindstrom vollständig zu kompensieren. – *Lösung:* Nach (4) ist $I = P/(U\cos\varphi) = 11\,\text{A}$, woraus nach dem OHMschen Gesetz $|Z| = U/I = 20\,\Omega$ folgt.

Mit $Z = |Z|\,e^{j\varphi}$ erhält man als Scheinleitwert $1/Z = e^{-j\varphi}/|Z| = (\cos\varphi - j\,\sin\varphi)/|Z|$, für dessen Blindkomponente also $-j\,\sin\varphi/|Z|$; diese ist durch den Blindleitwert des Kondensators $j\,\omega C$ zu kompensieren, also muss gelten $\omega C = \sin\varphi/|Z|$ oder mit $\omega = 2\pi f$:

$$C = \frac{I \sin\varphi}{2\pi f U} \qquad \textbf{(Kapazität des Phasenschieber-Kondensators).}$$

Hiernach wird im vorliegenden Fall $C = 120\,\mu\text{F}$.

Aufgabe 31.2. In einem Wechselstromkreis mit der Eingangsspannung U_1 stellt die Reihenschaltung eines ohmschen Widerstandes R und einer Kapazität C einen Spannungsteiler dar. Man berechne die Ausgangsspannung U_2, wenn sie a) über R *(Hochpass)* und b) über C *(Tiefpass)* abgegriffen wird.

Aufgabe 31.3. Wechselstromwiderstände können auch mit einer umgerüsteten WHEATSTONE-Brücke (Bild 25.5c) gemessen werden, wenn die Gleichspannungsquelle durch eine Wechselspannungsquelle, die ohmschen Widerstände R_3 und R_4 durch Scheinwiderstände $Z_3 = R_3 + j\,X_3$ und $Z_4 = R_4 + j\,X_4$ sowie das Galvanometer durch ein auf Wechselspannung ansprechendes Messinstrument ersetzt werden *(Wechselstrombrücke)*. Man leite dafür aus Gleichung (25/16) die *zwei Abgleichbedingungen*, und zwar für Real- und Imaginärteil, ab. Welcher Kapazitätswert C_3 wurde mit $C_4 = 2\,\mu\text{F}$ und einem Widerstandsverhältnis $R_1/R_2 = 5$ gemessen? – *Anleitung:* Da R_1/R_2 reell ist, muss der Imaginärteil von Z_3/Z_4 gleich null sein. Um Z_3/Z_4 in Real- und Imaginärteil zu trennen, werden Zähler und Nenner des Bruches mit $R_4 - j\,X_4$ (konjugiert komplexer Wert von Z_4) multipliziert.

31.4 Der Transformator

Der Transport elektrischer Energie vom Erzeuger zum Verbraucher erfolgt über Wechselstromnetze, wobei die gleiche Wirkleistung UI entweder bei Hochspannung und niedrigen Strömen oder bei Niederspannung und hohen Strömen übertragen werden kann. Zur Herabsetzung der Übertragungs-Verlustleistung $P = RI^2$, die in den ohmschen Widerständen R der Leitungen in Wärme umgesetzt wird, wählt man bei relativ geringen Stromstärken die Übertragungsspannung entsprechend hoch. Das erfordert, die Generatorspannung (z. B. 15 kV) auf die Übertragungsspannung (z. B. 380 kV) hochzutransformieren und diese für die Ortsnetze wieder auf die Netzspannung (z. B. 220/380 V) herunterzutransformieren *(Umspannstationen)*.

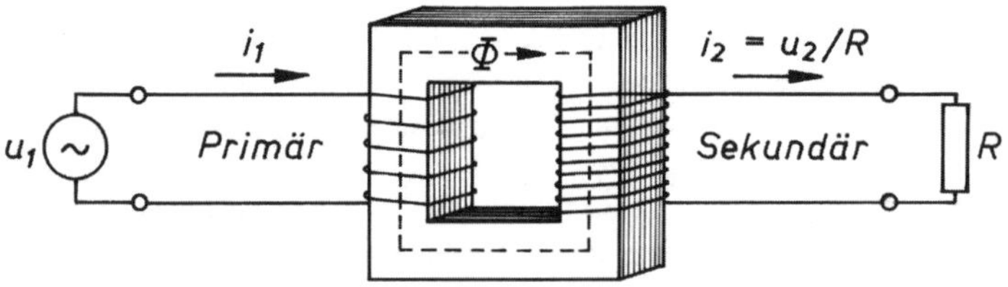

Bild 31.7. Transformator

Ein zu diesem Zweck benutzter **Transformator** besteht aus zwei Spulen mit unterschiedlichen Windungszahlen N_1 und N_2 und den Induktivitäten L_1 und L_2, die sich auf einem gemeinsamen Eisenkern befinden (Bild 31.7). Jeder Wechselstrom in Primär- und Sekundärspule erzeugt im Eisenkern einen sinusförmig mit der Zeit veränderlichen magnetischen Fluss Φ, der auch die jeweils andere Spule durchsetzt und so die Transformatorwicklungen *fest* miteinander koppelt. Da beim idealen Transformator (ohne Streufeld) die Induktivitäten zum gleichen magnetischen Kreis gehören, unterscheiden sie sich nach Gleichung (30/6) nur in den Windungszahlen: $L_1 \sim N_1^2$, $L_2 \sim N_2^2$; $L_1/L_2 = (N_1/N_2)^2$.

Wird an die Primärspule eine Wechselspannung $u_1 = U_0\,\mathrm{e}^{\mathrm{j}\omega t}$ angelegt, fließt ein Primärstrom $i_1 = u_1/(\mathrm{j}\,\omega L_1)$, der nach (30/5) seinerseits den Magnetfluss $\Phi = L_1 i_1/N_1 = u_1/(\mathrm{j}\,\omega N_1)$ erzeugt. Das sich ändernde Magnetfeld induziert sowohl in der Primärspule eine Selbstinduktionsspannung, die in jedem Augenblick der angelegten Spannung u_1 genau gleich und entgegengerichtet ist, als auch in der Sekundärspule eine *Gegeninduktionsspannung* $u_2 = -N_2(\mathrm{d}\Phi/\mathrm{d}t) = -N_2(\mathrm{d}u_1/\mathrm{d}t)/(\mathrm{j}\,\omega N_1) = -(N_2/N_1)\,u_1$. Die Phase des magnetischen Flusses Φ eilt der Phase der Primärspannung u_1 um $\pi/2$ nach und der Phase der Sekundärspannung u_2 um $\pi/2$ voraus; also sind u_1 und u_2 gegenphasige Wechselspannungen, die sich im Verhältnis der Windungszahlen transformieren:

$$\ddot{u} = \left|\frac{u_1}{u_2}\right| = \frac{N_1}{N_2} \quad \textbf{(Übersetzungsverhältnis des Transformators).} \qquad (19)$$

Ist ein Verbraucher angeschlossen, fließt ein Sekundärstrom i_2 über die Sekundärspule und erzeugt in dieser eine Selbstinduktionsspannung, welche das Magnetfeld schwächen müsste (LENZsche Regel). Da aber der Magnetfluss $\Phi = L_1 i_1/N_1 + L_2 i_2/N_2$ bereits durch u_1 bestimmt ist, muss sich der Primärstrom i_1 erhöhen, um die Feldschwächung durch den Sekundärstrom i_2 gerade zu kompensieren. Aus $\Delta\Phi = 0 = L_1\Delta i_1/N_1 + L_2\Delta i_2/N_2$ folgt die Stromzunahme $\Delta i_1 = -L_2 N_1 \Delta i_2/(L_1 N_2) = -(N_2/N_1)\Delta i_2$ (s. o.). Bei Belastung transformieren sich also die Wechselströme näherungsweise im umgekehrten Verhältnis der Windungszahlen $i_1/i_2 \approx -(N_2/N_1)$ und sind nahezu gegenphasig.
Transformatoren haben auch in vielen Bereichen der Elektronik, z. B. in Netzteilen oder als Übertrager und Messwandler, große technische Bedeutung.

31.5 Anharmonische Wechselströme in der Elektronik

Neben der Energieerzeugung, -übertragung und -wandlung findet die Physik des Elektromagnetismus eine weitere technische Anwendung in der *Elektronik.* Ihr Arbeitsgegenstand ist hauptsächlich die Erfassung, Übertragung, Speicherung und Verarbeitung von *Informationen* (Daten, Nachrichten) mittels *Signalen.* Da bei harmonischen Vorgängen (Sinusschwingungen) aufeinander folgende Perioden völlig gleich sind, die Verläufe sich also nur in den Kenngrößen Amplitude, Frequenz und Phase unterscheiden, werden Informationen im Allgemeinen durch **anharmonische (nichtsinusförmige) Signale** weitergeleitet, die sich mathematisch durch eine FOURIER-*Reihe* beschreiben lassen (s. 35.4).
Stromverläufe $i = i(t)$ und Spannungsverläufe $u = u(t)$ können eine Information übertragen entweder **direkt** als *analoge* Signale, wobei lückenlos kontinuierlich jeder Zwischenwert innerhalb eines Bereiches möglich ist, oder als *digitale* Signale, bei denen diskret gestufte Zwischenwerte durch verbotene Bereiche voneinander getrennt sind; **codiert**, indem die den digitalen Signalen zugeordneten Ziffern und Zeichen verschlüsselt werden, oder **moduliert** durch Veränderung von Amplitude, Frequenz oder Phase. Die Nutzung einer Information setzt eine Vorschrift ihrer Zuordnung *(Abbildung)* voraus. So können z. B. kurze stoßartige Vorgänge, sog. *Impulse*, Informationen durch ihre Form, Amplitude oder Breite, ihre Anzahl oder ihren Abstand, ihre Anordnung in einer Folge usw. übertragen. Man denke hier an das historisch bedeutsame Morsealphabet.
Nichtelektrische Vorgänge, wie z. B. der Druck $p = p(t)$ in der Messtechnik, werden meist in elektrische Verläufe, z. B. eine Spannung $u = u(t)$ bei der analogen Messwerterfassung, umgewandelt. Das setzt eine eindeutige Zuordnung durch eine *Kennlinie* $u = f(p)$ voraus. Die Richtung des Informationsflusses kennzeichnet dabei die eine Größe als Eingangs- und die andere als Ausgangsgröße. Das Verhältnis der Änderungen von Ausgangs- und Eingangsgröße (Anstieg der Kennlinie) bezeichnet man bei einem *Wandler* als **Empfindlichkeit** $E = \mathrm{d}u/\mathrm{d}p$. Für große Signale wird aus nahe liegenden Gründen eine lineare Abhängigkeit $u \sim p$ bevorzugt. Bei kleinen Signalen Δu und Δp kann man davon ausgehen, dass der Kurvenzug jeder Kennlinie zwischen benachbarten Punkten durch eine Gerade ersetzt werden kann und $\Delta u = E\,\Delta p$ ist. Stellen Ausgangs- und Eingangsgröße Verläufe derselben Art dar, ist die Empfindlichkeit dimensionslos, und man spricht bei $E > 1$ von **Verstärkung**.

Die Wandlung oder Verstärkung eines großen Signals wird dann unproblematisch, wenn nur die Alternative – dessen Anwesenheit oder Abwesenheit – weiter zu beachten ist. Man bezeichnet diese Elementarinformation **1 bit** mit „L" (logisch „eins") oder „O" (logisch „null") und charakterisiert sie durch zwei alternative Zustände, z. B. in einem Bauelement durch „stromführend" oder „stromlos", an einer Elektrode durch „Spannung anliegend" oder „abgeschaltet", in einem Speichermedium durch seine remanente Magnetisierung „in" oder „entgegen" einer Vorzugsrichtung usw. Damit können Zahlen (und Zeichen) dargestellt werden, die nur die Ziffern „1" und „0" kennen *(Dualsystem).*

31.6 Gleichrichter und Verstärker. Elektronische Bauelemente

Mit der Erfindung der **Elektronenröhre** nach 1900 begann die Entwicklung der *Elektronik.* Die einfachste Röhre ist die **Diode**, bestehend aus einem evakuierten Gefäß mit zwei eingeschmolzenen Elektroden, der (Glüh-)*Katode*, welche durch einen Heizfaden ihre Betriebstemperatur erhält, und der *Anode*, welche die von der Katode emittierten Elektronen aufnimmt. Bei positiver Anode steigt mit zunehmender Anodenspannung U_a zwischen Katode und Anode der zwischen beiden Elektroden fließende Anodenstrom $I_a \sim U_a^{3/2}$ zunächst langsam, dann schneller an. Wird versuchsweise die Katodentemperatur erniedrigt, stellt man fest, dass I_a einem Sättigungswert zustrebt, wenn alle aus der Katode emittierten Elektronen zur Anode gelangen. Bei umgekehrter Polung von Anode und Katode kann – abgesehen von einem geringen Anlaufstrom bei kleiner negativer Anodenspannung – kein Anodenstrom durch die Röhre fließen. Auf dieser Ventilwirkung beruht die Anwendung der Diode als **Gleichrichter** für nieder- und hochfrequente Wechselströme und zur Demodulation von Wechselspannungen.
Zum Steuern des Elektronenstromes werden zwischen Katode und Anode (meist als dünne Wendel ausgeführte) zusätzliche Elektroden, sog. *Gitter*, eingefügt. Mit derartigen Elektronenröhren lässt sich eine *Verstärkerwirkung* erzielen. Die **Triode** (*Dreielektrodenröhre,* Bild 31.8) enthält ein (Steuer-)Gitter. Die zwischen Katode und Gitter liegende regelbare Spannung U_g beeinflusst den Anodenstrom der Röhre. Dadurch lässt sich die Triode zur Verstärkung von Gleich- oder Wechselspannungen, insbesondere bei hohen Frequenzen, sowie zur Erzeugung nieder- und hochfrequenter Wechselspannungen (Oszillator) verwenden.

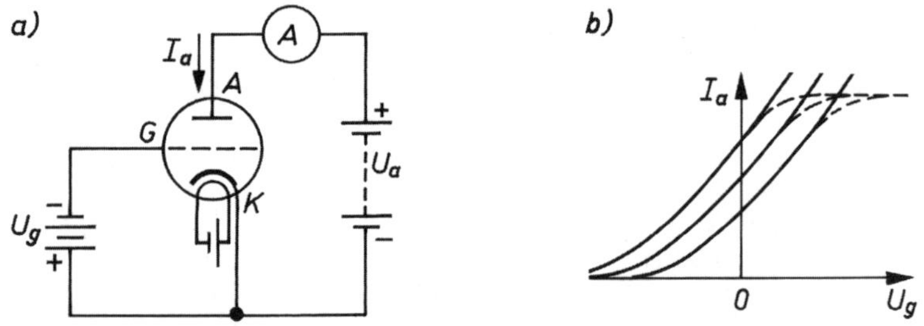

Bild 31.8. a) Schaltung zur Aufnahme der Kennlinie einer Triode (A Anode, G Gitter, K Glühkatode; U_a Anodenspannung, I_a Anodenstrom, U_g Gitterspannung); b) Kennlinien einer Triode bei konstanter Anodenspannung (U_a als Parameter)

Auf dem Wege zur *Mikroelektronik* wurde die Elektronenröhre sowohl als Gleichrichter wie auch als Steuerröhre weitgehend durch Halbleiterbauelemente verdrängt. Die **Halbleiterdiode** ist ein Gleichrichter, bestehend aus zwei Schichten eines Halbleitermaterials, z. B. aus Germanium- oder Siliciumkristallen, von denen durch spezielle Technologien die eine Schicht für positive Ladungen (p-)leitend, die andere für negative Ladungen (n-)leitend gemacht wurde (vgl. später in Abschnitt 46.4). Der durch einen solchen sog. **pn-Übergang** (s. Bild 46.7) fließende Strom ist von der Polung der angelegten Spannung abhängig *(Richtwirkung).* Liegt der positive

Pol am p- und der negative am n-Leiter, ist der Kristall stromdurchlässig (Durchlassrichtung); wird aber der negative Pol an die p- und der positive an die n-Schicht gelegt, ist die Stromstärke sehr gering (Sperrrichtung). Bild 31.9a zeigt die Strom-Spannungs-Kennlinie einer Gleichrichterdiode. Wegen dieser Eigenschaft können Bauelemente mit einem pn-Übergang aus Wechselströmen zeitlich nicht konstante, sog. *pulsierende Gleichströme*, erzeugen. Dioden sind als Netz-Gleichrichter oder Signal-Gleichrichter einsetzbar.

In einem **Netzteil** (Bild 31.10) liegt an jeder der beiden Sekundärwicklungen des Transformators die benötigte Wechselspannung. Bei offenem Schalter (S) lässt der obere Gleichrichter nur während der positiven Halbwelle einen Stromfluss durch den Verbraucherwiderstand R zu *(Einweggleichrichtung)*. Bei geschlossenem Schalter addiert sich hierzu die Funktion des unteren Sekundär-Stromkreises *(Zweiweggleichrichtung)*, wobei der untere Gleichrichter während der negativen Halbwelle stromdurchlässig ist.

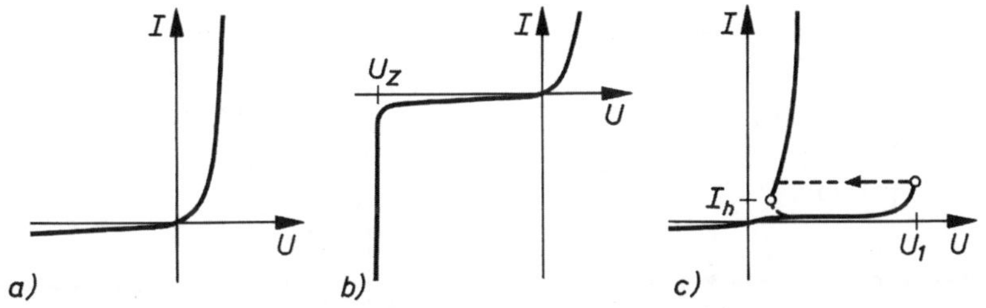

Bild 31.9. Kennlinien von Halbleiterdioden: a) Gleichrichterdiode; b) ZENERdiode (U_Z Z-Spannung); c) Vierschichtdiode (U_1 Zündspannung, I_h Haltestromstärke)

Es gibt auch Sonderausführungen von Halbleiterdioden, die ständig entweder in Sperr- oder in Durchlassrichtung betrieben werden. Die Kennlinie von sog. **Zener-Dioden (Z-Dioden)** knickt bei einer bestimmten Sperrspannung ab; danach ist der Spannungsabfall vom Diodenstrom nahezu unabhängig (differentieller Widerstand $r = \mathrm{d}U/\mathrm{d}I$ sehr klein, Bild 31.9b). Man nutzt sie zur Konstanthaltung einer Spannung (Referenz-Spannung). Die **Kapazitätsdioden** verändern ihren Kapazitätswert mit der angelegten Spannung und dienen zur Abstimmung oder automatischen Nachstimmung von Schwingkreisen. **Tunneldioden** haben einen Kennlinienbereich mit fallender Charakteristik (negativer Widerstand $\mathrm{d}U/\mathrm{d}I < 0$) und erregen zusammen mit einer Spannungsquelle Schwingkreise zu ungedämpften Schwingungen.

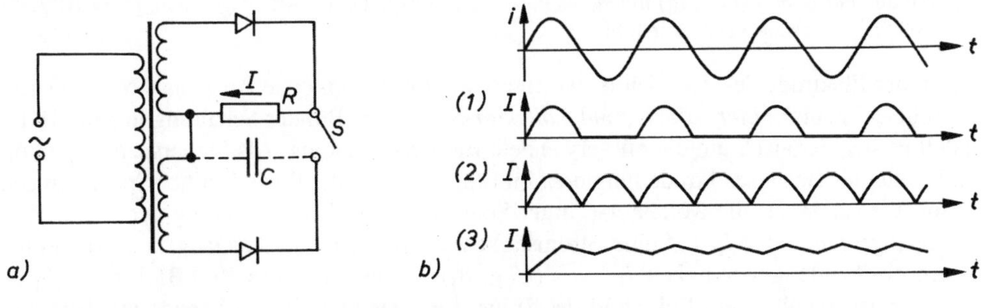

Bild 31.10. a) Schaltung zur Gleichrichtung von Wechselströmen; b) zeitlicher Verlauf des Wechselstromes i und der Gleichströme I nach Einweg- *(1)* und Zweiweggleichrichtung *(2)* sowie nach Glättung durch einen Ladekondensator C *(3)*

Die **Vierschichtdiode** ist ein Bauelement mit der Schichtenfolge n-p-n-p. In der üblichen Betriebsart sind die beiden äußeren np-Übergänge in Durchlassrichtung und der innere pn-Übergang in Sperrrichtung gepolt. Sie verhält sich wie eine gesperrte Diode, solange die anliegende Spannung unter ihrer *Zündspannung* bleibt (s. Bild 31.9c). Wird diese jedoch überschritten, erfolgt ein Ladungsdurchbruch, und sie wirkt dann wie eine in Durchlassrichtung gepolte Diode mit geringem Widerstand. Erst wenn die

Stromstärke unter die sog. *Haltestromstärke* sinkt, kehrt die Diode wieder in den Sperrzustand zurück. Beim **Thyristor**, der als *elektronischer Schalter* fungiert, kann mit einer vorgespannten Steuerelektrode am mittleren pn-Übergang zusätzlich die Zündspannung in einem weiten Bereich verändert werden.

Ein weiteres wichtiges Halbleiterbauelement, welches die Elektronenröhre z. B. als Verstärker ersetzt, ist der **Bipolartransistor**. Er besteht aus zwei pn-Übergängen, hat also eine Schichtfolge n-p-n oder p-n-p (vgl. später in 46.5). Die mit den Schichten verbundenen und herausgeführten Elektroden werden der Reihe nach als *Emitter* (E), *Basis* (B) und *Kollektor* (C) bezeichnet (Bild 31.11a). Von außen gesehen stellt der Transistor einen Stromknoten mit zufließendem Kollektorstrom I_C, zufließendem Basisstrom I_B und abfließendem Emitterstrom I_E dar. Nach dem KIRCHHOFFschen Knotensatz (25/14) gilt also $I_C + I_B - I_E = 0$. Da I_B im Eingangskreis sehr viel kleiner ist als I_C im Ausgangskreis, folgt $I_C \approx I_E$.

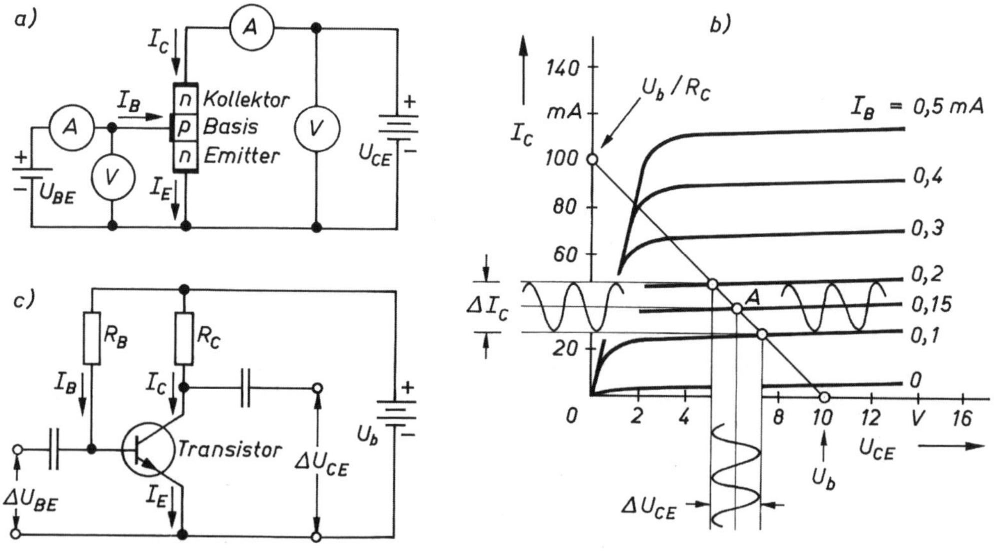

Bild 31.11. Der Bipolartransistor in Emitterschaltung: a) Schaltung zur Aufnahme der Kennlinie; b) Kennlinienfeld $I_C = f(U_{CE}, I_B)$ mit I_B als Parameter. Beispiel einer Arbeitsgeraden: $U_b = 10\,\text{V}$, $R_C = 100\,\Omega$; c) einfache Verstärkerstufe

Je nach der Elektrode des Transistors, welche sowohl Eingangs- wie Ausgangskreis angehört, unterscheidet man *Emitter-*, *Basis-* und *Kollektor-Schaltung*. Bei der Schaltung in Bild 31.11a handelt es sich demnach um die oft verwendete Emitter-Schaltung. Als Steuerspannungen mit dem Emitter als Bezugselektrode fungieren im Eingangskreis die Basis-Emitter-Spannung U_{BE} und im Ausgangskreis die Kollektor-Emitter-Spannung U_{CE}. Eine Änderung der Stromstärke im Eingangskreis um ΔI_B hat eine Stromstärkeänderung ΔI_C im Ausgangskreis zur Folge. Die entsprechende Abhängigkeit $I_C = f(U_{CE}, I_B)$ beschreibt das in Bild 31.11b für I_B als Parameter dargestellte **Kennlinienfeld** des Transistors. Als Maß für die Verstärkung bestimmt man das Verhältnis der Stromänderung im Ausgangskreis zu der im Eingangskreis

$$\beta = \frac{\Delta I_C}{\Delta I_B} \quad \text{bei} \quad U_{CE} = \text{const} \qquad \textbf{(Stromverstärkung des Transistors).}$$

Bild 31.11c zeigt eine **Verstärkerstufe**. Der *Arbeitspunkt A* des Transistors wird durch den Basiswiderstand R_B, den Arbeitswiderstand R_C und die Betriebsspannung U_b festgelegt. Die Anwendung des KIRCHHOFFschen Maschensatzes (25/15) auf den Ausgangskreis definiert die *Arbeitsgerade* $U_{CE} + R_C I_C = U_b$ (Bild 31.11b) mit dem Abszissenschnittpunkt $U_{CE} = U_b$ ($I_C = 0$ gesetzt) und dem Ordinatenschnittpunkt $I_C = U_b/R_C$ ($U_{CE} = 0$ gesetzt). Alle zeitveränderlichen elektrischen Größen folgen in ihrem Verlauf genau der Arbeitsgeraden durch den Arbeitspunkt A. Die zu A gehörige Basisstromstärke wird durch den Basiswiderstand eingestellt: $U_{BE} + R_B I_B = U_b$. Aus dem Kennlinienfeld entnimmt man, dass schon eine geringe Änderung der Basisstromstärke ΔI_B, entsprechend einer kleinen Änderung der Eingangsspannung ΔU_{BE}, eine große Änderung des Kollektorstromes ΔI_C und damit eine große Änderung der Ausgangsspannung $\Delta U_{CE} = U_b - R_C \Delta I_C$ bewirkt.

Der **Unipolartransistor** (*Feldeffekttransistor*, MOSFET) besteht aus einheitlichem Halbleitermaterial mit einer z. B. n-leitenden Verbindung von sehr geringem Kanalquerschnitt zwischen *Source*- und *Drain*-Elektrode, deren Leitfähigkeit durch ein äußeres elektrisches Feld verändert werden kann. Die isoliert aufgesetzte *Gate*-Elektrode saugt bei positiver Aufladung zusätzlich Elektronen in den Kanal und drängt bei negativer Aufladung Elektronen aus diesem heraus.

Ist die geforderte Verstärkung nicht mit einem einzigen Transistor zu erreichen, werden mehrere Stufen hintereinander geschaltet. Das Ausgangssignal der vorangehenden Stufe liefert das Eingangssignal für die folgende. Dabei kann die Kopplung zwischen beiden *galvanisch* (über eine leitende Verbindung), *induktiv* (z. B. über einen Transformator) oder *kapazitiv* (Bild 31.11c) erfolgen. Über kapazitive und induktive Koppelglieder werden nur Wechselströme und Wechselspannungen übertragen.

Schaltungen mit diskreten Bauelementen, die auf Leiterplatten angeordnet sind, werden meist nur noch bei der Verarbeitung von Signalen größerer Leistung benutzt. Kommt es nur auf die Verarbeitung von Informationen an, haben sich die **integrierten Schaltkreise** (*Chips*) durchgesetzt. Die gesamte Schaltung befindet sich in Form einer Mikrostruktur von Funktionselementen (Widerstände, Kapazitäten, pn-Übergänge, Transistoren, Sensoren u. a.) in oder auf einem Halbleiter-Einkristallplättchen. Ein unmittelbarer Zugriff auf die einzelnen Funktionselemente ist in der Mikroelektronik nicht mehr möglich.

32 Die Maxwellschen Gleichungen

32.1 Wirbel des magnetischen Feldes. Verschiebungsstrom

Ein von Gleichstrom durchflossener Leiter werde durch einen schmalen Luftspalt unterbrochen. Die Anordnung stellt dann einen Kondensator dar, dessen Flächen Ladungen unterschiedlichen Vorzeichens tragen (Bild 32.1). Die elektrischen Flusslinien des $\boldsymbol{D}$-Feldes im Luftspalt entspringen in den positiven Ladungen auf der einen und enden in den negativen Ladungen auf der anderen Leiterendfläche. Der elektrische Fluss Ψ ist der Ladungsmenge Q auf einer Kondensatorfläche gleich (vgl. 23.6):

$$Q = \Psi = \int \boldsymbol{D} \cdot \mathrm{d}\boldsymbol{A} \qquad (1)$$

Während nun ein Gleichstrom nicht durch den Luftspalt im Leiter hindurchtritt, setzt sich dagegen ein Wechselstrom durch den Spalt hindurch fort. Sein periodischer Richtungswechsel bewirkt ein ständiges Auf- und Entladen der Kondensatorflächen, d. h., es fließt ständig ein periodischer Ladestrom auf eine Fläche zu und von der anderen weg. Die zeitliche Änderung der

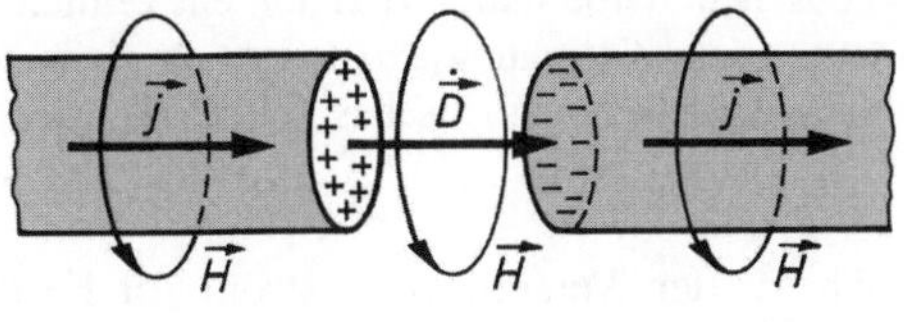

Bild 32.1. Zur Entstehung des Verschiebungsstromes

Ladung auf den Kondensatorflächen ist gleich dem im Leiter zu- und abfließenden Strom i, der sich nach (25/1 und 5) aus (1) durch Differentiation nach der Zeit ergibt zu

$$i = \int \boldsymbol{j} \cdot \mathrm{d}\boldsymbol{A} = \frac{\mathrm{d}Q}{\mathrm{d}t} = \frac{\mathrm{d}\Psi}{\mathrm{d}t} = \frac{\mathrm{d}}{\mathrm{d}t} \int \boldsymbol{D} \cdot \mathrm{d}\boldsymbol{A} = \int \dot{\boldsymbol{D}} \cdot \mathrm{d}\boldsymbol{A}. \qquad (2)$$

Man nennt die Änderungsgeschwindigkeit der Verschiebungsdichte $\dot{\boldsymbol{D}}$ die **Verschiebungsstromdichte** und $\mathrm{d}\Psi/\mathrm{d}t = \int \dot{\boldsymbol{D}} \cdot \mathrm{d}\boldsymbol{A}$ den **Verschiebungsstrom**. Nach (2) sind Leitungsstrom i und Verschiebungsstrom gleich. Demnach setzt sich die Leitungsstromdichte als Verschiebungsstromdichte im Luftspalt stetig fort:

$$\boldsymbol{j} = \frac{\mathrm{d}\boldsymbol{D}}{\mathrm{d}t} \equiv \dot{\boldsymbol{D}} \qquad \textbf{(Leitungsstromdichte = Verschiebungsstromdichte).}$$

Wir können uns dann die Lücke im Stromfluss in Bild 32.1 geschlossen denken, wenn wir im Bereich des Luftspaltes $\boldsymbol{j}$ durch $\dot{\boldsymbol{D}}$ ersetzen. Es gibt also in diesem Sinne *nur geschlossene elektrische Ströme*.

MAXWELL erkannte, dass ebenso wie der Leitungsstrom auch der Verschiebungsstrom in seiner Umgebung ein *magnetisches Wirbelfeld* erzeugt (Bild 32.2a). Im *Durchflutungsgesetz* (28/5) ist deshalb bei zeitlich veränderlichen elektrischen Feldern zur Leitungsstromdichte $\boldsymbol{j}$ die Verschiebungsstromdichte $\dot{\boldsymbol{D}}$ zu addieren (MAXWELLsche Ergänzung):

$$\oint \boldsymbol{H} \cdot \mathrm{d}\boldsymbol{r} = \int (\boldsymbol{j} + \dot{\boldsymbol{D}}) \cdot \mathrm{d}\boldsymbol{A} \qquad \textbf{(I. Maxwellsche Gleichung).} \tag{3}$$

Diese Gleichung gilt auch im Vakuum und in elektrisch nichtleitenden Stoffen (Dielektrika), wo es keinen Leitungsstrom gibt. In diesem Fall folgt wegen $\boldsymbol{j} = 0$ aus (3)

$$\oint \boldsymbol{H} \cdot \mathrm{d}\boldsymbol{r} = \frac{\mathrm{d}}{\mathrm{d}t} \int \boldsymbol{D} \cdot \mathrm{d}\boldsymbol{A} = \int \dot{\boldsymbol{D}} \cdot \mathrm{d}\boldsymbol{A}. \tag{4}$$

Diese Gleichung bringt zusätzlich zum Durchflutungsgesetz die folgende wichtige physikalische Tatsache zum Ausdruck:

Jedes zeitlich veränderliche elektrische Feld erzeugt ein magnetisches Wirbelfeld.

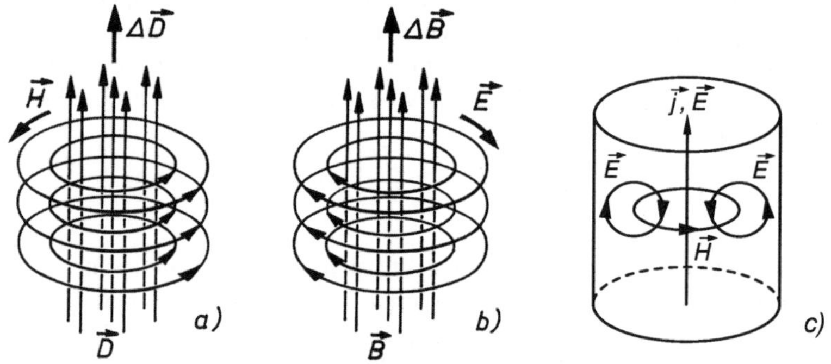

Bild 32.2. a) Induktion eines magnetischen Wirbelfeldes $\boldsymbol{H}$ durch ein zeitlich veränderliches elektrisches Feld $\boldsymbol{D}$ (I. MAXWELLsche Gleichung); b) Induktion eines elektrischen Wirbelfeldes $\boldsymbol{E}$ durch ein zeitlich veränderliches magnetisches Feld $\boldsymbol{B}$ (II. MAXWELLsche Gleichung); c) Skineffekt

Ebenso wie für den Leitungsstrom gilt auch für den Verschiebungsstrom zur Festlegung des Richtungssinns des ihn umgebenden magnetischen Wirbels $\boldsymbol{H}$ die *Rechte-Hand-Regel* (vgl. 28.3). Anstelle der Richtung des Leitungsstromes ist dabei die Richtung der Änderung des elektrischen Feldes $\Delta\boldsymbol{D}$ zu betrachten. Bild 32.2a veranschaulicht eine *positive* Änderung (Zunahme) des elektrischen Feldes ($\Delta\boldsymbol{D}$ und $\boldsymbol{D}$ sind in diesem Fall gleichgerichtet) und das zugehörige magnetische Wirbelfeld.

32.2 Wirbel des elektrischen Feldes. Wirbelströme

Während ein elektro*statisches* Feld wirbelfrei ist (vgl. 23.4), entsteht nach dem FARADAYschen Induktionsgesetz in einem ringförmigen Leiter als Folge der zeitlichen Änderung eines von ihm umspannten Magnetfeldes ein *elektrisches Wirbelfeld* $\boldsymbol{E}_{\text{ind}}$. Dieses Wirbelfeld ist auch ohne Anwesenheit des Leiters vorhanden, der Leiter dient lediglich dem experimentellen Nachweis des entstehenden elektrischen Feldes (Bild 32.2b) bzw. der zugehörigen Induktionsspannung. Die Spannung kann nach (23/13) als Linienintegral der elektrischen Feldstärke entlang des Wirbels (geschlossener Umlauf) dargestellt werden, womit aus dem Induktionsgesetz (30/1) folgt:

$$\oint \boldsymbol{E}_{\text{ind}} \cdot \mathrm{d}\boldsymbol{r} = u_{\text{ind}} = -\frac{\mathrm{d}\Phi}{\mathrm{d}t}.$$

Dabei gibt der magnetische Fluss (28/12) $\Phi = \int \boldsymbol{B} \cdot \mathrm{d}\boldsymbol{A}$ die Gesamtheit der Flusslinien des $\boldsymbol{B}$-Feldes durch die vom Integrationsweg umspannte Fläche A an. Somit wird

$$\oint \boldsymbol{E} \cdot \mathrm{d}\boldsymbol{r} = -\frac{\mathrm{d}}{\mathrm{d}t} \int \boldsymbol{B} \cdot \mathrm{d}\boldsymbol{A} = -\int \dot{\boldsymbol{B}} \cdot \mathrm{d}\boldsymbol{A} \qquad \textbf{(II. Maxwellsche Gleichung).} \tag{5}$$

Jedes zeitlich veränderliche Magnetfeld erzeugt ein elektrisches Wirbelfeld.

Gleichung (5) weist eine bemerkenswerte Analogie zur I. MAXWELLschen Gleichung (4) auf. Jedoch ergibt sich der Richtungssinn des elektrischen Wirbels $\boldsymbol{E}$ wegen des LENZschen Prinzips (negatives Vorzeichen) hier nach der *Linke-Hand-Regel.* In Bild 32.2b ist eine *positive* Änderung (Zunahme) des Magnetfeldes mit dem zugehörigen elektrischen Wirbelfeld dargestellt.

Wirbelströme. Findet der Induktionsvorgang in einem leitfähigen Medium statt, bewirkt das elektrische Wirbelfeld nach dem OHMschen Gesetz *Wirbelströme* mit der Stromdichteverteilung $\boldsymbol{j} = \varkappa \boldsymbol{E}$ ($\varkappa$ elektrische Leitfähigkeit). Sie entstehen in einem Metallkörper, wenn dieser von einem magnetischen Wechselfeld durchsetzt oder in einem inhomogenen Magnetfeld bewegt wird. Ein Teil der dabei aufgewandten elektromagnetischen oder mechanischen Energie wird verzehrt und irreversibel in Wärme umgewandelt *(Wirbelstromverluste).*
Um die Ausbildung von Wirbelströmen stark einzuschränken, baut man Eisenkerne von Transformatoren, Läufer von Elektromotoren u. a. nicht aus kompakten Metallkörpern, sondern setzt sie aus gegeneinander isolierten Blechen quer zur Wirbelstromrichtung zusammen. Spulenkerne für die Hochfrequenztechnik werden aus schlecht leitenden magnetischen Werkstoffen (z. B. als Pulverkerne) hergestellt. In der Praxis werden Wirbelströme auch zur Dämpfung oder Bremsung von Bewegungen genutzt, da diese nach der LENZschen Regel stets so gerichtet sind, dass sie die verursachende Bewegung hemmen *(Wirbelstrombremse).*

Skineffekt. In wechselstromführenden Leitern werden durch das um die Leiterachse zirkulare magnetische Wechselfeld bei höheren Frequenzen im Leiter selbst Wirbelströme hervorgerufen. Diese induzierten Ströme fließen an der Oberfläche in Richtung des Leiterstromes und im Innern des Leiters der Stromrichtung entgegen (Bild 32.2c). Durch Auslöschung innen und Verstärkung außen ergibt sich eine ungleichmäßige Stromverteilung über den Leiterquerschnitt derart, dass der Gesamtstrom nur in einer dünnen Oberflächenschicht mit der Eindringtiefe $d \approx 1/\sqrt{\pi \mu \varkappa f}$ fließt *(Haut-* oder *Skineffekt)* mit μ als magnetischer Permeabilität, $\varkappa$ elektrischer Leitfähigkeit und f als Frequenz des Wechselstromes. Dadurch ist der wirksame Stromquerschnitt stark herabgesetzt, und der elektrische Widerstand des Leiters nimmt merklich zu. Um dieser störenden Erscheinung entgegenzuwirken, vergrößert man die Oberfläche des Leiters, indem man ihn aus zahlreichen, gegeneinander isolierten und verdrillten Drähten herstellt, die gleich oft innen und außen zu liegen kommen *(Hochfrequenzlitze)*. Auch versilbert man häufig die Leiteroberflächen, da es nur auf deren Leitfähigkeit ankommt, oder man ersetzt den massiven Leiter durch ein dünnwandiges Rohr.

32.3 Elektromagnetisches Feld. System der Maxwellschen Gleichungen

Bei Berücksichtigung der zeitlichen Änderungen sowohl des elektrischen als auch des magnetischen Feldes sowie von vorhandenen Leitungsströmen wird die enge *Kopplung* der elektrischen und magnetischen Größen deutlich. Nach der I. und II. MAXWELLschen Gleichung (3) und (5) treten elektrische und magnetische Erscheinungen *räumlich und zeitlich zusammen* auf. Durch wechselseitige Erzeugung entsteht z. B. aus einem elektrischen ein magnetisches Wechselfeld und daraus wiederum ein elektrisches Wechselfeld usw., so dass wir von einem einheitlichen *elektromagnetischen Feld* sprechen. Das folgende *vollständige System der Feldgleichungen*, von denen jede in den vorangegangenen Abschnitten einzeln behandelt wurde, bildet das theoretische Fundament der **Elektrodynamik**:

$$\oint \boldsymbol{D} \cdot \mathrm{d}\boldsymbol{A} = Q, \qquad (23/21) \qquad\qquad \oint \boldsymbol{B} \cdot \mathrm{d}\boldsymbol{A} = 0; \qquad (28/13)$$

$$\oint \boldsymbol{E} \cdot \mathrm{d}\boldsymbol{r} = -\int \dot{\boldsymbol{B}} \cdot \mathrm{d}\boldsymbol{A}, \qquad (32/5) \qquad\qquad \oint \boldsymbol{H} \cdot \mathrm{d}\boldsymbol{r} = \int (\boldsymbol{j} + \dot{\boldsymbol{D}}) \cdot \mathrm{d}\boldsymbol{A}; \qquad (32/3)$$

$$\boldsymbol{D} = \varepsilon_0 \boldsymbol{E} + \boldsymbol{P}, \qquad (24/7) \qquad\qquad \boldsymbol{B} = \mu_0 \boldsymbol{H} + \boldsymbol{J}. \qquad (29/2)$$

Diese Gleichungen beschreiben die Erzeugung der Felder $\boldsymbol{D}$ und $\boldsymbol{E}$, $\boldsymbol{B}$ und $\boldsymbol{H}$ bei gegebener Ladungsverteilung Q, Stromdichte $\boldsymbol{j}$, elektrischer Polarisation $\boldsymbol{P}$ und magnetischer Polarisation $\boldsymbol{J}$.
Elektromagnetische Felder üben gemäß (23/2) und (28/22) auf Ladungsträger q die Kräfte

$$\boldsymbol{F} = q(\boldsymbol{E} + \boldsymbol{v} \times \boldsymbol{B})$$

aus, die nach den Gesetzen der Mechanik Verschiebungen bzw. Bewegungen der Ladungen hervorrufen. Damit kommt es jedoch im Allgemeinen zu einer Rückwirkung auf die Felder selbst. Diese Einflüsse können meist durch die *Materialgleichungen* (24/6), (29/2) und (25/10)

$$\boldsymbol{D} = \varepsilon \boldsymbol{E}, \qquad \boldsymbol{B} = \mu \boldsymbol{H}, \qquad \boldsymbol{j} = \varkappa \boldsymbol{E} \qquad (6)$$

erfasst werden.
Das allgemeine Gleichungssystem der Elektrodynamik enthält als Sonderfälle

1. mit $\dot{\boldsymbol{D}} = 0$ und $\dot{\boldsymbol{B}} = 0$ die **Elektrostatik** und **Magnetostatik**. Dies führt zu einer Entkopplung der Gleichungen derart, dass elektrostatische und magnetostatische Felder *vollkommen unabhängig* voneinander existieren, wenn zum einen eine Ladungsverteilung Q, zum anderen eine magnetische Polarisation $\boldsymbol{J}$ oder eine Stromverteilung $\boldsymbol{j}$ vorliegt;
2. mit $\boldsymbol{j} \neq 0$, $\dot{\boldsymbol{B}} = 0$, $\dot{\boldsymbol{D}} = 0$ die **Elektrodynamik stationärer Ströme**. Die Stromverteilung wird über das OHMsche Gesetz $\boldsymbol{j} = \varkappa \boldsymbol{E}$ aus der elektrischen Feldstärke bestimmt. Da magnetostatische Felder nicht auf die elektrischen Ströme zurückwirken, bilden sie lediglich deren Begleiterscheinung;
3. mit $\boldsymbol{j} \neq 0$, $\dot{\boldsymbol{B}} \neq 0$, $|\dot{\boldsymbol{D}}| \ll |\boldsymbol{j}|$ ($\dot{\boldsymbol{D}} \approx 0$) die **Elektrodynamik quasistationärer Ströme**. Solche *nahezu stationären* elektromagnetischen Erscheinungen ergeben sich, wenn ihre zwar hohe, aber endliche Ausbreitungsgeschwindigkeit für die Vorgänge in den Leitersystemen noch keine Rolle spielt. Die Vernachlässigung des Verschiebungsstromes gegenüber dem Leitungsstrom ist gerechtfertigt, weil dabei die Rückwirkung seines magnetischen Wirbelfeldes auf die elektrischen Vorgänge bis zu hohen Frequenzen gering bleibt;
4. mit $\dot{\boldsymbol{B}} \neq 0$, $\dot{\boldsymbol{D}} \neq 0$ die **elektromagnetischen Wellen**. Die MAXWELLschen Gleichungen ergeben eine *Wellengleichung*, welche die Ausbreitung elektromagnetischer Felder in Form von Wellen mit konstanter Ausbreitungsgeschwindigkeit und endlicher Wellenlänge beschreibt (vgl. Abschnitt 38). Da auch das Licht eine elektromagnetische Wellenerscheinung ist, folgt hieraus der Zusammenhang zwischen Elektrodynamik und *Wellenoptik* (s. Abschnitt 41).

32.4 Relativistische Elektrodynamik

Elektrische und magnetische Kräfte sind nur verschiedene Erscheinungsformen ein und desselben Phänomens, der *elektromagnetischen Wechselwirkung*. Mit Hilfe der *speziellen Relativitätstheorie* (vgl. 6.1) lässt sich zeigen, dass ein rein elektrostatisches Feld in einem Bezugssystem Σ einem Beobachter, der sich relativ zu Σ geradlinig gleichförmig bewegt (Bezugssystem Σ'), als Überlagerung eines elektrischen und eines magnetischen Feldes erscheint und von diesem auch experimentell festgestellt wird. Ebenso sieht ein Beobachter, der sich relativ zu einem rein magnetostatischen Feld bewegt, zusätzlich ein überlagertes elektrisches Feld.
Dass wir gewohnheitsmäßig (und aus pragmatischen Gründen auch berechtigt) elektrostatisches und magnetostatisches Feld unterscheiden, liegt daran, dass wir unser Laborsystem, in dem die vorhandenen Felder über Kraftwirkungen gemessen werden, als bevorzugt betrachten. In ihm stoßen sich zwei ruhende Ladungen q und Q gleichen Vorzeichens im Abstand r auf Grund des COULOMBschen Gesetzes (23/26) mit der Kraft $F_C = qQ/(4\pi\varepsilon_0 r^2)$ ab. q befindet sich also im elektrischen Feld der Ladung Q mit der Feldstärke $E = Q/(4\pi\varepsilon_0 r^2)$ bzw. umgekehrt (Bild 32.3a).

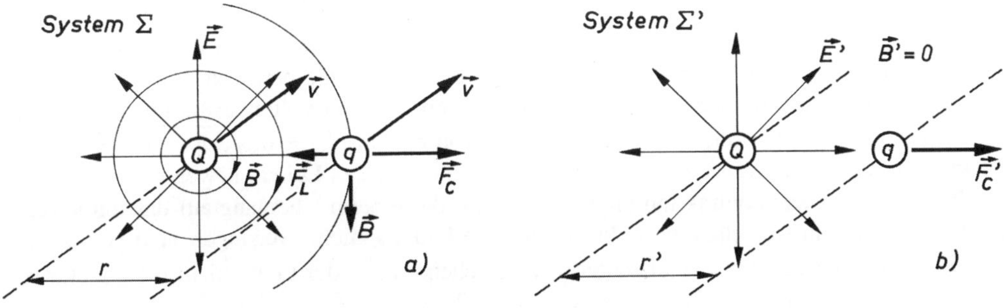

Bild 32.3. Elektromagnetische Wechselwirkung a) im Laborsystem Σ, b) im mitbewegten Bezugssystem Σ'

Bewegen sich q und Q im festen Abstand r mit der Geschwindigkeit v parallel nebeneinander her (Bild 32.3a), so stellen sie noch zusätzlich zwei Stromelemente dar, die je einen magnetischen Wirbel um die Bahnkurve erzeugen, dem die jeweils andere Ladung ausgesetzt ist. Ein Stromelement I (Länge $\mathrm{d}l$, Querschnitt A) habe das Volumen $\mathrm{d}V = A\,\mathrm{d}l$. Nach (26/2) ist mit der Raumladungsdichte $\varrho = \mathrm{d}Q/\mathrm{d}V$: $I\,\mathrm{d}l = jA\,\mathrm{d}l = j\,\mathrm{d}V = \varrho v\,\mathrm{d}V = v\,\mathrm{d}Q$. Also erzeugt eine Ladung Q, die sich mit der Geschwindigkeit v bewegt, nach dem BIOT-SAVARTschen Gesetz (28/9) im senkrechten Abstand r (d. h. $\varphi = 90°$) die magnetische Feldstärke $H = Qv/(4\pi r^2)$ bzw. die Induktion $B = \mu_0 H = \mu_0 Qv/(4\pi r^2)$. Dort befindet sich die Ladung q, und auf sie wirkt die LORENTZ-Kraft (28/22) $F_L = qvB = \mu_0 qQv^2/(4\pi r^2)$. Sie bewirkt, dass sich die beiden bewegten Ladungen gegenseitig anziehen. (Zwei gleich gerichtete Ströme ziehen sich an.) Da zwischen Q und q außerdem die COULOMBsche Abstoßungskraft wirkt, ergibt sich die Gesamtkraft, die *elektromagnetische Wechselwirkungskraft*, als Differenz

$$F = F_C - F_L = \frac{qQ}{4\pi\varepsilon_0 r^2}\left(1 - \varepsilon_0\mu_0 v^2\right) = \frac{qQ}{4\pi\varepsilon_0 r^2}\left(1 - \frac{v^2}{c^2}\right) \qquad (7)$$

mit der Lichtgeschwindigkeit im Vakuum (38/14) $c = 1/\sqrt{\varepsilon_0\mu_0}$. Für einen Beobachter, der sich zusammen mit den Ladungen Q und q bewegt (System Σ'), ruhen die Ladungen, und die magnetische Wirkung von bewegten Ladungen tritt überhaupt nicht auf (Bild 32.3b).

Die magnetische Kraft ist eine unmittelbare Folge der relativistischen *Zeitdilatation* (s. Abschnitt 6.2). Danach erscheint ein im Bezugssystem Σ' ablaufendes Zeitintervall $\mathrm{d}t'$ einem Beobachter im System Σ gedehnt auf $\mathrm{d}t = \mathrm{d}t'/\sqrt{1-(v/c)^2}$. Für den Abstand der Ladungen senkrecht zur Bewegungsrichtung gilt $r = r'$, womit $\mathrm{d}r/\mathrm{d}t = (\mathrm{d}r'/\mathrm{d}t')\sqrt{1-(v/c)^2}$ folgt und

$$\frac{\mathrm{d}^2 r}{\mathrm{d}t^2} = \frac{\mathrm{d}^2 r'}{\mathrm{d}t'^2}\left(1 - \frac{v^2}{c^2}\right).$$

Die Beschleunigung in Σ ist also um den Faktor $[1-(v/c)^2]$ kleiner als in Σ'. Nach Multiplikation mit m_0 kann man daraus direkt auf die wirkenden Kräfte (7) schließen.

Bei den bisherigen Überlegungen tritt das magnetische Feld als Sonderfall des elektrischen Feldes bewegter Ladungen auf. Jedoch kann auch das durch Gleichströme verursachte magnetostatische Feld um einen (elektrisch neutralen) Leiter herum, wie bekannt, allein auftreten. Denn im Laborsystem Σ des Leiters ergeben die frei beweglichen Leitungselektronen mit der Ladungsdichte ϱ_- und die unbeweglichen (positiven) Gitterionen mit der Ladungsdichte ϱ_+ zusammen die Ladungsdichte $\varrho = \varrho_+ + \varrho_- = 0$, d. h., vom Leiter geht kein makroskopisches elektrisches Feld aus.

Anders liegen die Verhältnisse, wenn sich der Beobachter relativ zum Leiter bewegt. Erfolgt die Bewegung mit der Driftgeschwindigkeit v der Elektronen, so ruhen für ihn die Elektronen, während sich die Gitterionen mit v in entgegengesetzter Richtung bewegen. Infolge der relativistischen *Längenkontraktion* (6/12) und der damit verbundenen Volumenverkleinerung erhöht sich daher für die Gitterionen die Ladungsdichte von ϱ_+ auf $\varrho'_+ = \varrho_+/\sqrt{1-(v/c)^2}$. Für die Elektronen hingegen, die sich relativ zum Laborsystem Σ des Leiters bewegen und dort daher bereits der Längenkontraktion unterliegen, wird diese beim Übergang auf das mitbewegte System Σ', in dem sie ruhen, unwirksam, und die Ladungsdichte verringert sich von ϱ_- auf $\varrho'_- = \varrho_-\sqrt{1-(v/c)^2}$. Dem Beobachter in Σ' erscheint daher der Leiter nicht mehr elektrisch neutral, sondern wegen $\varrho' = \varrho'_+ + \varrho'_- = \varrho_+(v/c)^2/\sqrt{1-(v/c)^2} > 0$ (mit $\varrho_- = -\varrho_+$, s. o.) positiv geladen. Zusätzlich zum zirkularen Magnetfeld um den Leiter herum stellt er also noch ein vom Leiter ausgehendes, radial nach außen gerichtetes elektrisches Feld fest.

WELLEN

Mechanische und elektromagnetische Schwingungen und Wellen

Anhand vieler Experimente lässt sich zeigen, dass Systeme, deren stabiler Gleichgewichtszustand von außen gestört wurde, meist nicht durch eine einfache Rückkehr in die ursprüngliche Lage gelangen, sondern um diese hin- und her*schwingen* (z. B. federnd aufgehängte Teile, an Seilen pendelnde Lasten, vibrierende Membranen, angezupfte Saiten usw.) Den schwingenden Körpern ist gemeinsam, dass sie *zeitlich periodische Auslenkungen aus ihrer Gleichgewichtslage* erfahren, als Folge davon, dass bei Störung des Gleichgewichts Kräfte auftreten, die in die Gleichgewichtslage zurückwirken, diese aber auf Grund ihrer Trägheit immer wieder verlassen. Bei genauerer Betrachtung erweisen sich Schwingungen als Vorgänge, bei denen sich Energie periodisch von einer Energieform in eine andere um- und wieder zurückverwandelt. Ein schwingungsfähiges System besteht daher grundsätzlich aus zwei voneinander unabhängigen Energiespeichern, die miteinander in Energieaustausch stehen. Es sind dies bei den *mechanischen Schwingungen* z. B. eine elastische Feder und ein daran befestigter Massekörper. Die Feder ist dabei der Speicher für potentielle Energie, die Masse der für kinetische Energie. Ähnliche Energieumwandlungen vollziehen sich auch bei den *elektrischen Schwingungen*, bei denen sich elektrische und magnetische Feldenergie periodisch ineinander umwandeln.

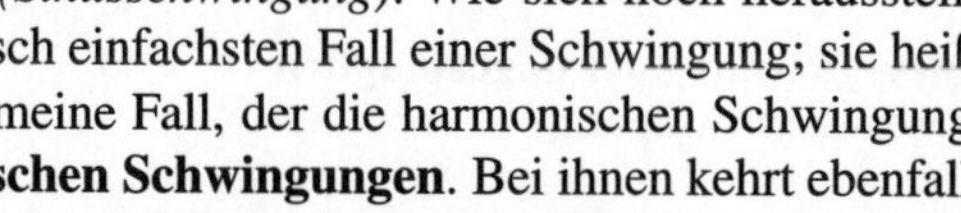

Bild 33.1. Kippschwingung

Aus der Vielfalt der möglichen Formen von Schwingungen hebt sich ein Schwingungstyp deutlich ab; er ist dadurch gekennzeichnet, dass er sich durch eine einfache Sinusfunktion beschreiben lässt *(Sinusschwingung)*. Wie sich noch herausstellen wird, handelt es sich dabei um den physikalisch einfachsten Fall einer Schwingung; sie heißt **harmonische Schwingung**.
Der allgemeine Fall, der die harmonischen Schwingungen als Spezialfall enthält, sind die **anharmonischen Schwingungen**. Bei ihnen kehrt ebenfalls der gleiche Schwingungszustand immer in bestimmten Zeitabständen wieder. Ein Beispiel für einen anharmonischen Verlauf sind die *Kippschwingungen* mit einem sägezahnartigen Verlauf (Bild 33.1).

33 Mechanische Schwingungen

Eine *freie* Schwingung eines schwingungsfähigen Systems entsteht nach einem einmaligen äußeren Anstoß. Infolge der stets auftretenden Energieverluste des Systems ist eine freie Schwingung auch stets eine gedämpfte Schwingung. Die freie ungedämpfte Schwingung ist ein Idealfall, der sich mathematisch besonders einfach behandeln lässt.

33.1 Lineare Federschwingungen

Ein *linearer Federschwinger (elastisches Pendel)* besteht im Modell aus einer Schraubenfeder und einem angehängten Massekörper (Bild 33.2). Diese beiden Elemente schaffen die Voraussetzung für das Zustandekommen einer Schwingung. Die von der Feder und dem Schwerefeld der Erde ausgeübten Kräfte halten sich in einer bestimmten Lage (Ruhelage) das Gleichgewicht. Bei einer Störung dieses Zustandes, z. B. einer Auslenkung u nach oben, wird die Feder

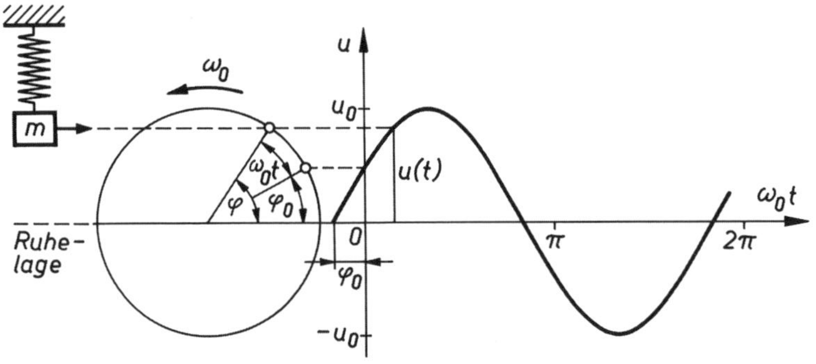

Bild 33.2. Ein linearer Federschwinger beschreibt eine harmonische Schwingung.

zusätzlich gestaucht und übt auf die Masse eine rücktreibende Kraft F aus, welche die Auslenkung wieder rückgängig macht. Dabei wird die Masse beschleunigt und schwingt infolge ihrer Trägheit über die Ruhelage hinaus. Jetzt wird die Feder gedehnt und die Bewegung der Masse bis zum Stillstand verzögert. Dann läuft der Vorgang in umgekehrter Richtung ab usw.

Einfache Versuche zeigen, dass für nicht zu große Auslenkungen der Feder die rücktreibende Federkraft F der Auslenkung u direkt proportional und ihr entgegengerichtet ist (s. auch Bild 4.5):

$$F = -ku \qquad \textbf{(Kraftgesetz der harmonischen Schwingung).} \tag{1}$$

Der Proportionalitätsfaktor k heißt **Federkonstante** oder **Richtgröße**; seine Einheit ist $[k] = 1\ \mathrm{N/m}$.

Da die rücktreibende Kraft eine Beschleunigung $\mathrm{d}^2u/\mathrm{d}t^2$ des Massekörpers bewirkt, folgt mit der NEWTONschen Bewegungsgleichung (4/13) $F = m(\mathrm{d}^2u/\mathrm{d}t^2)$ aus (1)

$$m\frac{\mathrm{d}^2u}{\mathrm{d}t^2} + ku = 0 \qquad \textbf{(Bewegungsgleichung der ungedämpften harmonischen Schwingung).} \tag{2}$$

Außer dem linearen Federschwinger führen auch andere Schwingungsvorgänge auf die gleiche *Differentialgleichung* (2). Man abstrahiert deshalb vom speziellen Beispiel und nennt Systeme, die harmonische Schwingungen ausführen, **harmonische Oszillatoren**.

Die Bewegung des elastischen Pendels entspricht genau der Bewegung der *Projektion* eines mit konstanter Winkelgeschwindigkeit ω_0 auf einem Kreis vom Radius u_0 umlaufenden Punktes (Bild 33.2). Die **Elongation** u des Schwingers zum Zeitpunkt t ist gleich dem zum **Phasenwinkel** $\varphi = \omega_0 t + \varphi_0$ gehörigen Ordinatenwert:

$$u(t) = u_0 \sin(\omega_0 t + \varphi_0) \qquad \textbf{(Weg-Zeit-Gesetz der harmonischen Schwingung).} \tag{3}$$

u_0 heißt Schwingungsweite oder **Amplitude**. Der Phasenwinkel φ setzt sich im Allgemeinen aus zwei Teilen zusammen, aus der **Anfangsphase** (Phasenkonstante) φ_0, welche die Anfangslage des schwingenden Körpers zum Zeitpunkt $t = 0$ angibt, und dem Winkel $\omega_0 t$, den der mit der Winkelgeschwindigkeit ω_0 auf der Kreisbahn umlaufende Punkt in der Zeit t überstreicht. Lässt man den Beginn der Zeitzählung (Zeitpunkt $t = 0$) mit jenem Augenblick zusammenfallen, in dem der schwingende Körper gerade durch seine Ruhelage geht ($u = 0$), so ist in diesem Fall $\varphi_0 = 0$, und man erhält anstelle von (3) $u = u_0 \sin \omega_0 t$.
Die Winkelgeschwindigkeit ω_0 der Kreisbewegung, deren Projektion auf die u-Achse die harmonische Schwingung ergibt, heißt **Kreisfrequenz**. Während der Zeitdauer einer vollen Schwingung, der **Periodendauer** T, durchläuft der zugeordnete Punkt den Winkel $\varphi = 360° \equiv 2\pi = \omega_0 T$, d. h., es ist $\omega_0 = 2\pi/T$. Ist N die Anzahl der Umläufe bzw. Schwingungen in der Zeit t, so ist $f_0 = N/t$ die Anzahl der Schwingungen je Zeiteinheit, die **Eigenfrequenz**. Mit der Periodendauer $T = t/N = 1/f_0$ folgt somit

$$\omega_0 = 2\pi f_0 = \frac{2\pi}{T} \qquad \textbf{(Eigenkreisfrequenz).} \tag{4}$$

Einheit der Frequenz: $[f] = 1/\text{s} = 1$ H e r t z (Hz).

ω_0 bzw. f_0 sind von der Schwingungsamplitude u_0 unabhängig und haben für jede Oszillatoranordnung einen konstanten Wert. Die Eigenfrequenz eines Oszillators gestattet unter anderem, den Zeitablauf durch Abzählen von Perioden zu bestimmen, und spielt in der *Zeitmessung* die entscheidende Rolle.
Die Schwingungsdifferentialgleichung (2) wird, wie man sich leicht überzeugt, durch den Ansatz (3) gelöst, aber nur für einen ganz bestimmten Wert von ω_0, den sog. *Eigenwert.* Bildet man nämlich die Ableitungen

$$\frac{\mathrm{d}u}{\mathrm{d}t} = \omega_0 u_0 \cos(\omega_0 t + \varphi_0), \tag{5a}$$

$$\frac{\mathrm{d}^2u}{\mathrm{d}t^2} = -\omega_0^2 u_0 \sin(\omega t + \varphi_0) = -\omega_0^2 u \tag{5b}$$

und setzt diese in (2) ein, so ergibt sich $-m\omega_0^2 u + ku = 0$, d. h.

$$\omega_0 = \sqrt{\frac{k}{m}} \qquad \textbf{(Eigenkreisfrequenz des Federschwingers),} \tag{6}$$

woraus mit (4) folgt

$$f_0 = \frac{1}{2\pi}\sqrt{\frac{k}{m}}; \qquad T = \frac{1}{f_0} = 2\pi\sqrt{\frac{m}{k}} \qquad \textbf{(Eigenfrequenz } f_0 \textbf{ und Periodendauer } T \textbf{ der ungedämpften harmonischen Schwingung).} \tag{7}$$

u_0 und φ_0 im Weg-Zeit-Gesetz (3) sind die Integrationskonstanten, die bei der Lösung der Differentialgleichung (2) auftreten. Sie ergeben sich aus den sog. **Anfangsbedingungen** des Bewegungsablaufs. Meist wählt man den Zeitpunkt $t = 0$ als Beginn des Ablaufs und schreibt dafür eine bestimmte Auslenkung $u_0 = u(0)$ und eine bestimmte Geschwindigkeit $v_0 = \dot{u}(0)$ vor. Wird z. B. der Oszillator um die Strecke u_m statisch ausgelenkt und zum Zeitpunkt $t = 0$ freigegeben, so muss nach (3) und (5a) gelten

$$u(0) = u_\mathrm{m} = u_0 \sin \varphi_0; \qquad \dot{u}(0) = 0 = \omega_0 u_0 \cos \varphi_0.$$

Daraus folgt $\varphi_0 = \pi/2$, $u_0 = u_\mathrm{m}$ und damit als Weg-Zeit-Gesetz (3)

$$u(t) = u_\mathrm{m} \cos \omega_0 t.$$

Erhält in einem anderen Fall der Oszillator in seiner Nulllage zum Zeitpunkt $t = 0$ die Anfangsgeschwindigkeit v_0, so muss gelten

$$u(0) = 0 = u_0 \sin \varphi_0; \qquad \dot{u}(0) = v_0 = \omega_0 u_0 \cos \varphi_0.$$

Daraus folgt $\varphi_0 = 0$, $u_0 = v_0/\omega_0$ und damit aus (3)

$$u(t) = \frac{v_0}{\omega_0} \sin \omega_0 t.$$

Beispiele: *1.* Mit welcher Eigenfrequenz kann ein Pkw mit der Leermasse $m = 900$ kg auf Grund seiner Federung schwingen, wenn sich die Karosserie bei einer Belastung mit einer Masse $m_1 = 250$ kg um 35 mm senkt? – *Lösung:* Wegen $m_1 g + F = 0$ (Gewichtskraft und Federkraft halten sich das Gleichgewicht) folgt aus (1) für die Richtgröße der Federung $k = -F/u = m_1 g/u$ und damit aus (7) die Eigenfrequenz zu $f_0 = \sqrt{m_1 g/(mu)}/(2\pi) = 1{,}4$ Hz.

2. Zu welchen Zeitpunkten sind Elongation u, Geschwindigkeit v und Beschleunigung a eines schwingenden Körpers am größten, und wie groß sind die Maximalwerte? ($u_0 = 1$ m; $\omega_0 = 2\pi\ \text{s}^{-1}$; $\varphi_0 = 0$.) – *Lösung:* Aus (3) liest man unmittelbar ab, dass die Elongation immer dann am größten ist, wenn der Sinus seine Extremwerte ± 1 annimmt; dies ist für $\omega_0 t = \pi/2, 3\pi/2, 5\pi/2, \ldots$, d. h. also zu den Zeitpunkten $t = 1/4, 3/4, 5/4, \ldots$ Sekunden der Fall. Die Elongation beträgt dann $\pm u_0 = \pm 1$ m. Nach (5a) ergeben sich die Maximalwerte von v für $\cos \omega_0 t = \pm 1$, d. h. für $\omega_0 t = 0, \pi, 2\pi, 3\pi, \ldots$ bzw. $t = 0, 1/2, 1, 3/2, \ldots$ Sekunden, also jedes Mal beim Hindurchschwingen durch die Ruhelage, zu $v_{max} = \pm\omega_0 u_0 = \pm 6{,}28$ m/s. Die Beschleunigung ist nach (6) maximal zu den gleichen Zeiten, wo die Elongation ihre maximalen Werte annimmt, d. h. in den Umkehrpunkten der Schwingung. Ihr größter Wert ist $\pm\omega_0^2 u_0 = \pm(2\pi)^2 \cdot 1\ \text{m/s}^2 = \pm 39{,}4\ \text{m/s}^2$.

Aufgabe 33.1. Man denke sich in der Erdkugel eine Bohrung von Pol zu Pol, in die man eine Masse m hineinfallen lässt. Welche Periodendauer T der sich einstellenden Schwingung der Masse zwischen den Polen würde man feststellen? Wie groß ist ihre Geschwindigkeit im Erdmittelpunkt? – *Anleitung:* Nach (22/12) ist wie in (1) die rücktreibende Kraft F der Auslenkung $u (= r)$ proportional. Auf der Erdoberfläche ist $kR = mg$ (Erdradius $R = 6380$ km).

33.2 Energiebilanz des harmonischen Oszillators

Bei allen ungedämpften schwingungsfähigen Systemen findet eine periodische reversible Umwandlung von potentieller in kinetische Energie (und umgekehrt) statt. Quantitativ wird die Energiebilanz des linearen Federschwingers aus der Kräftebilanz (2)

$$m\ddot{u} + ku = 0 \qquad \left(\text{mit der Beschleunigung } \ddot{u} \equiv \frac{\mathrm{d}^2 u}{\mathrm{d}t^2}\right)$$

gewonnen. Nach der sog. *Energiemethode* multipliziert man diese Gleichung mit der Geschwindigkeit $\dot{u} \equiv \mathrm{d}u/\mathrm{d}t$ und erhält, wie man leicht überprüft,

$$(m\ddot{u} + ku)\,\dot{u} = \frac{\mathrm{d}}{\mathrm{d}t}\left(\frac{m}{2}\dot{u}^2 + \frac{k}{2}u^2\right) = 0.$$

Da die zeitliche Ableitung des rechten Klammerausdrucks gleich null ist, ist dieser selbst eine konstante Größe (Erhaltungsgröße)

$$\frac{m}{2}\dot{u}^2 + \frac{k}{2}u^2 = E = \text{const}, \tag{8}$$

nämlich gleich der Gesamtenergie oder **Schwingungsenergie** des (abgeschlossenen) Systems. Der geschwindigkeitsabhängige Anteil $m\dot{u}^2/2$ ist die kinetische Energie E_k, der ortsabhängige Anteil $ku^2/2$ nach (7/14) die potentielle Energie E_p. Damit besagt Gleichung (8):

In jeder Schwingungsphase ist die Summe aus kinetischer und potentieller Energie konstant und gleich der Gesamtenergie des Oszillators (Energieerhaltungssatz).

Nach den Gleichungen (3) und (5a) sowie mit (6) $\omega_0 = \sqrt{k/m}$ ergibt sich

$$E_k = \frac{m}{2}\dot{u}^2 = \frac{k}{2\omega_0^2}\dot{u}^2 = \frac{k}{2}u_0^2\cos^2(\omega_0 t + \varphi_0), \tag{9}$$

$$E_p = \frac{k}{2}u^2 = \frac{k}{2}u_0^2\sin^2(\omega_0 t + \varphi_0). \tag{10}$$

Damit ist nach (8)

$$E = \frac{k}{2}u_0^2[\cos^2(\omega_0 t + \varphi_0) + \sin^2(\omega_0 t + \varphi_0)] = \frac{k}{2}u_0^2 = \text{const.} \tag{11}$$

Der konstante Wert der Gesamtenergie, den der Energieerhaltungssatz fordert, ist also der Richtgröße k und dem Quadrat der Amplitude proportional.

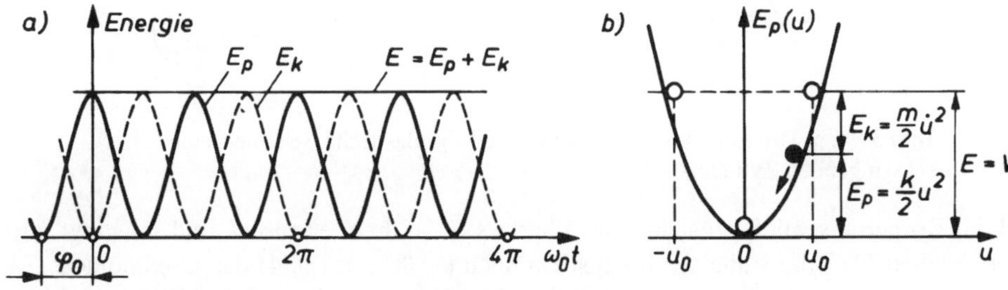

Bild 33.3. Energiebilanz des harmonischen Oszillators a) in Abhängigkeit von der Zeit, b) anhand des Verlaufs der potentiellen Energie (W Arbeit zum Anstoß einer Schwingung)

In Bild 33.3a sind E_k, E_p und E gemäß Gleichung (9), (10) und (11) graphisch dargestellt. Während die Schwingung mit der Eigenfrequenz ω_0 erfolgt, pulsieren kinetische und potentielle Energie als quadratische Größen mit der doppelten Frequenz $2\omega_0$ um einen zeitlichen Mittelwert zwischen 0 und $E = E_k + E_p$. Das ist ohne weiteres verständlich, denn energetisch sind z. B. die beiden Umkehrpunkte der Schwingung oder die Nulldurchgänge in beiden Richtungen völlig gleichwertig, während sie bei Auslenkung u und Geschwindigkeit $\dot{u}$ das umgekehrte Vorzeichen tragen. Die graphische Darstellung demonstriert:

Die Gesamtenergie eines Oszillators entfällt im zeitlichen Mittel zu gleichen Teilen auf kinetische und potentielle Energie.

Stellt man die potentielle Energie (10) in Abhängigkeit von der Auslenkung graphisch dar (Bild 33.3b), so lässt sich die Bewegung des harmonischen Oszillators auch als Bewegung eines Teilchens in einer **Potentialmulde** begreifen. Natürlich braucht dann die Bindung an eine Ruhelage nicht notwendig auf elastischen Kräften zu beruhen. Es genügt als Voraussetzung für ein schwingungsfähiges System, dass eine Potentialmulde und eine Trägheit vorhanden sind. Da jedes Teilchen in einer stabilen Gleichgewichtslage (z. B. Atom im Kristallgitter) sich zugleich in einer Potentialmulde befindet, wird es bei kleinen Auslenkungen ($E_p \sim u^2$) harmonische und bei großen Auslenkungen anharmonische Schwingungen ausführen können.

33.3 Drehschwingungen

Ein starrer Körper sei um eine raumfeste Achse mit dem Trägheitsmoment J drehbar gelagert und durch eine Spiralfeder mit der Halterung verbunden (Bild 33.4a). Wird der Körper aus seiner Ruhelage ausgelenkt, so übt die Spiralfeder auf den Körper ein *rücktreibendes Drehmoment* M aus, das dem Drehwinkel φ proportional und seinem Drehsinn entgegengerichtet ist:

$$M = -D\varphi \qquad \textbf{(Grundgesetz der ungedämpften harmonischen Drehschwingung).} \tag{12}$$

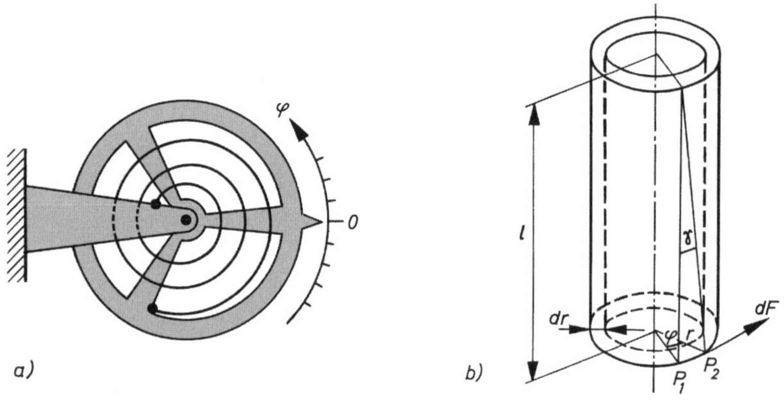

Bild 33.4. a) Drehschwinger (φ Drehwinkel); b) elastische Scherung eines schwingenden Zylinders

Wird der Körper anschließend sich selbst überlassen, so dreht er zurück und schwingt infolge seiner Trägheit über die Ruhelage hinaus. Da nach (11/8) mit (3/34) das Drehmoment $J\alpha = J\,(\mathrm{d}^2\varphi/\mathrm{d}t^2)$ ist mit $\alpha = \mathrm{d}^2\varphi/\mathrm{d}t^2$ als Winkelbeschleunigung, ergibt sich aus Gleichung (12)

$$J\,\frac{\mathrm{d}^2\varphi}{\mathrm{d}t^2} + D\varphi = 0 \qquad \textbf{(Differentialgleichung der ungedämpften Drehschwingung).} \tag{13}$$

D bezeichnet wieder die Federkonstante, hier speziell die **Winkelrichtgröße**. Dividiert man Gleichung (13) durch J, so erhält man für Drehschwingungen die zur Differentialgleichung (2) analoge Bewegungsgleichung

$$\frac{\mathrm{d}^2\varphi}{\mathrm{d}t^2} + \omega_0^2\varphi = 0 \qquad \text{mit}$$

$$\omega_0 = \frac{2\pi}{T} = \sqrt{\frac{D}{J}} \qquad \textbf{(Eigenkreisfrequenz der ungedämpften Drehschwingung).} \tag{14}$$

Drehschwingungen werden häufig benutzt, um unbekannte Trägheitsmomente J und Winkelrichtgrößen D aus der Periodendauer experimentell zu bestimmen. Meist bedient man sich eines horizontalen Drehtisches, an dessen vertikaler Drehachse eine Spiralfeder angreift, oder eines vertikal ausgespannten Drahtes, der am unteren Ende mit einer Auflage- oder Anhängevorrichtung belastet ist und Torsionsschwingungen ausführen kann.

Torsion eines elastischen Zylinders. Ein Draht hat kreisförmigen Querschnitt und kann in lauter koaxiale, ineinander geschobene Hohlzylinder von differentiell dünner Wandstärke zerlegt werden (s. Bild 33.4b). Bei einer Verdrehung eines Stückes der Länge l um den Winkel φ erleidet ein Hohlzylinder im Abstand r von der Mittelachse eine Scherung um den Winkel γ.

Der Kreisbogen zwischen den Punkten P_1 und P_2 beträgt $\varphi r \approx \gamma l$. Die an jedem der Hohlzylinder tangential angreifende Kraft $\mathrm{d}F$ erzeugt in der Querschnittsfläche $\mathrm{d}A = 2\pi r\,\mathrm{d}r$ die Schubspannung

$$\tau = \frac{\mathrm{d}F}{\mathrm{d}A} = G\gamma = G\frac{\varphi}{l}r,$$

entsprechend dem Zusammenhang (13/12) zwischen Schubspannung τ und Scherung γ (G Schubmodul). τ steigt linear von der Mittelachse $r = 0$ nach außen an. Aus der am Hohlzylinder tangential angreifenden Kraft $\mathrm{d}F$ kann das wirkende Drehmoment berechnet werden:

$$\mathrm{d}M = r\,\mathrm{d}F = G\frac{\varphi}{l}r^2\,\mathrm{d}A = 2\pi G\frac{\varphi}{l}r^3\,\mathrm{d}r.$$

Das gesamte auf die Querschnittsfläche A mit dem Drahtradius R ausgeübte Drehmoment ist

$$M = \int_A \mathrm{d}M = 2\pi G\frac{\varphi}{l}\int_0^R r^3\,\mathrm{d}r = \frac{\pi G R^4}{2l}\varphi = D\varphi.$$

Das rücktreibende Drehmoment auf einen angehängten Körper ist gleich $-D\varphi$, die Winkelrichtgröße beträgt $D = \pi G R^4/(2l)$.

Beispiel: Die Periodendauer eines Drehschwingers vergrößere sich nach Befestigung einer Zusatzmasse mit bekanntem Trägheitsmoment $J_1 = 10^{-3}\,\mathrm{kg\,m^2}$ von $T_0 = 8{,}41\,\mathrm{s}$ auf $T_1 = 11{,}18\,\mathrm{s}$. Man berechne das Trägheitsmoment J des ursprünglichen Schwingers und die Winkelrichtgröße D. – *Lösung:* Es gilt nach (14) $T_0 = 2\pi\sqrt{J/D}$ und $T_1 = 2\pi\sqrt{(J + J_1)/D}$. Eliminiert man einmal D und einmal J aus den Bestimmungsgleichungen, so ergibt sich:

$$J = J_1\frac{T_0^2}{T_1^2 - T_0^2} = 1{,}30 \cdot 10^{-3}\,\mathrm{kg\,m^2}; \qquad D = \frac{4\pi^2 J_1}{T_1^2 - T_0^2} = 7{,}28 \cdot 10^{-4}\,\mathrm{N\,m}.$$

Aufgabe 33.2. Ein Massekörper mit dem Trägheitsmoment $J = 2{,}5 \cdot 10^{-3}\,\mathrm{kg\,m^2}$ wird an einem Stahldraht aufgehängt und in Torsionsschwingungen versetzt. Bestimme aus der gemessenen Periodendauer $T = 3{,}8\,\mathrm{s}$ den Schubmodul G des Stahles! Drahtlänge $l = 2{,}40\,\mathrm{m}$, Drahtdurchmesser $2R = 1{,}2\,\mathrm{mm}$.

33.4 Pendelschwingungen

Pendel schwingen im Schwerefeld der Erde. Das **mathematische Pendel** denkt man sich als Punktmasse m, die an einem masselosen Faden aufgehängt ist. Bei Experimenten versucht man, diesen Voraussetzungen möglichst nahe zu kommen. Das **physikalische** (oder auch *physische*) **Pendel** ist ein starrer Körper, der um eine feste Achse drehbar gelagert ist. Bild 33.5 zeigt die beiden Ausführungen. Da der Faden des mathematischen Pendels immer gespannt bleibt, kann man ihn als starr betrachten. Mit dieser Voraussetzung gelingt es, sowohl die Schwingungen des mathematischen als auch die des physikalischen Pendels einheitlich zu behandeln.
Das rücktreibende Drehmoment bei ausgelenktem Pendel beträgt nach (10/4)

$$M = -mgs\sin\varphi$$

und ist dem Drehsinn des Auslenkungswinkels φ entgegengerichtet (Minuszeichen). Allgemein sind Pendelschwingungen mit großen Auslenkungen anharmonische Schwingungen. Beschränkt man sich jedoch auf kleine Auslenkungswinkel, so kann

$$\sin\varphi \approx \varphi \qquad \text{und somit} \qquad M = -mgs\,\varphi \tag{15}$$

gesetzt werden. Das Drehmoment hat damit die Form (12). Es gelten also alle Beziehungen für Drehschwingungen auch für Pendelschwingungen kleiner Ausschläge, wenn als Winkelrichtgröße $D = mgs$ gesetzt wird. Man erhält damit nach (14)

$$T = 2\pi\sqrt{\frac{J}{mgs}} \quad \textbf{(Periodendauer des physikalischen Pendels).} \tag{16}$$

Die Größe des Trägheitsmoments J beträgt für das mathematische Pendel, bei dem der Schwerpunktabstand s mit der Pendellänge l identisch ist, nach (11/2) $J = ml^2$. Aus (16) folgt damit

$$T = 2\pi\sqrt{\frac{l}{g}} \quad \textbf{(Periodendauer des mathematischen Pendels).} \tag{17}$$

Die Periodendauer ist von der Pendellänge, nicht aber von der Pendelmasse abhängig.

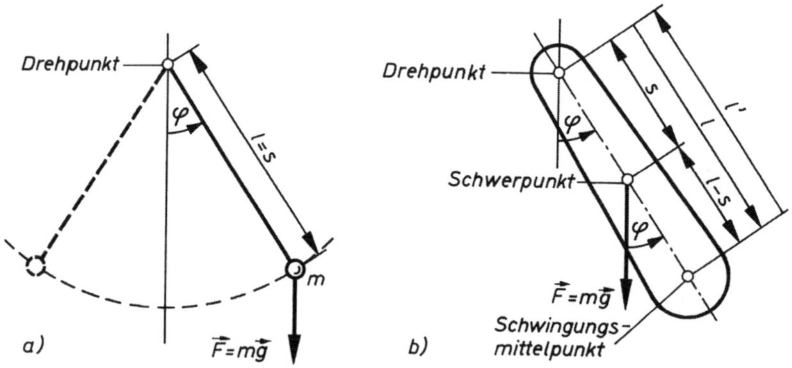

Bild 33.5. Mathematisches (a) und physikalisches Pendel (b)

Für größere Auslenkungswinkel gilt die Näherung (15) $\sin\varphi \approx \varphi$ und damit (16) bzw. (17) nicht mehr, d. h., die Periodendauer T wird von der Amplitude φ_0 abhängig (s. Abschnitt 35.5). Es ist

$$T(\varphi_0) = 2\pi\sqrt{\frac{l}{g}}\left(1 + \frac{1}{16}\varphi_0^2 + \frac{11}{3072}\varphi_0^4 + \cdots\right), \tag{18}$$

wobei φ_0 in *Radiant* (vgl. Abschnitt 3.7) einzusetzen ist. Für $\varphi_0 = 5°, 10°, 20°$ liegt T etwa 0,05%, 0,19%, 0,77% über dem durch Gleichung (16) bzw. (17) gegebenen Wert.

Wie aus (16) und (17) hervorgeht, ist die Periodendauer eines mathematischen Pendels der eines physikalischen Pendels gleich, wenn

$$l = \frac{J}{ms} \quad \textbf{(reduzierte Pendellänge)} \tag{19}$$

ist. Trägt man beim physikalischen Pendel vom Drehpunkt aus auf einer Geraden durch den Schwerpunkt die Strecke der reduzierten Pendellänge (19) ab, wie in Bild 33.5b dargestellt, so erhält man den **Schwingungsmittelpunkt**.

Die Periodendauer eines physikalischen Pendels bleibt unverändert, wenn man Drehpunkt und Schwingungsmittelpunkt vertauscht.

Das zeigt die folgende Rechnung: Mit dem Trägheitsmoment J_S um die parallele Achse durch den Schwerpunkt ist nach dem STEINERschen Satz (11/4) $J = J_S + ms^2$ und damit die reduzierte Pendellänge (19) um den Drehpunkt

$$l = \frac{J_S}{ms} + s. \tag{20}$$

Die reduzierte Pendellänge um den Schwingungsmittelpunkt ist

$$l' = \frac{J_S}{m(l-s)} + (l-s).$$

Nach Einsetzen von $(l-s) = J_S/(ms)$ aus Gleichung (20) ergibt sich schließlich

$$l' = s + \frac{J_S}{ms} = l.$$

Beim **Reversionspendel** wird die reduzierte Pendellänge experimentell durch Messung der Periodendauer bestimmt. Anstelle des mathematischen Pendels wird dann das Reversionspendel zu genauen Messungen der Schwerebeschleunigung g benutzt.

Beispiel: Wie lang ist ein dünner Stab, der um seinen Endpunkt mit der Periodendauer $T = 2$ s schwingt? *Lösung:* Nach (17) folgt für die reduzierte Pendellänge $l = gT^2/(4\pi^2) = 0{,}994\,\text{m} \approx 1\,\text{m}$. Ein mathematisches Pendel dieser Länge, dessen *Halb*schwingung also 1 s dauert, heißt *Sekundenpendel*. Nach 11.2 (Beispiel *1*) ist für die Stablänge L das Trägheitsmoment bezüglich einer Drehachse um das Stabende, d. h. im Schwerpunktabstand $s = L/2$, gleich $J = mL^2/3$. Nach (19) folgt damit $l = 2L/3$ bzw. $L = 3l/2 = 1{,}491\,\text{m} \approx 1{,}50\,\text{m}$. Das heißt, die Schwingung um das Stabende hat die gleiche Periodendauer wie die um den Schwingungsmittelpunkt, welcher um 1/3 der Stablänge vom anderen Ende entfernt liegt.

33.5 Freie gedämpfte Schwingungen

Da ein schwingungsfähiges System niemals vollständig abgeschlossen ist, wird ihm durch Kopplung zu angrenzenden Medien laufend Schwingungsenergie entzogen. *Abstrahlung* von Energie (z. B. als Schallwellen von einer schwingenden Saite) und *Reibung* führen dazu, dass die Schwingungsamplitude u_0 mit der Zeit immer kleiner wird, bis die Schwingung schließlich ganz aufhört. Man spricht dann von einer **gedämpften Schwingung**.
Die Bewegungsgleichung für die freie gedämpfte Schwingung gewinnt man, wenn in der Bewegungsgleichung für die ungedämpfte Schwingung (2) noch eine **Reibungskraft** berücksichtigt wird. Reibungskräfte sind bei langsamer Bewegung in einem bremsenden Medium oft der Geschwindigkeit $\mathrm{d}u/\mathrm{d}t$ proportional und ihr stets entgegengerichtet, weil sie grundsätzlich jede Bewegung verzögern (vgl. STOKESsches Reibungsgesetz (15/18)). Die Reibungskraft ist also von der Form $-\beta(\mathrm{d}u/\mathrm{d}t)$ und muss zur rücktreibenden Federkraft $-ku$ addiert werden. Auf diese Weise erhält man

$$m\frac{\mathrm{d}^2u}{\mathrm{d}t^2} + \beta\frac{\mathrm{d}u}{\mathrm{d}t} + ku = 0 \tag{21}$$

(Differentialgleichung der gedämpften Schwingung).

Die allgemeine Lösung dieser Differentialgleichung ist

$$u(t) = u_0\,\mathrm{e}^{-\delta t}\sin(\omega t + \varphi_0) \tag{22}$$

mit $\delta = \beta/(2m)$ als **Dämpfungskonstante** *(Abklingkonstante)* und

$$\omega = \sqrt{\omega_0^2 - \delta^2} = \frac{2\pi}{T} \tag{23}$$

(Kreisfrequenz der gedämpften Schwingung).

ω_0 ist die Eigenkreisfrequenz des Oszillators, z. B. (6) oder (14).

Die Energieverluste führen also zu einer ständigen Abnahme der Amplitude und zu einer Verringerung der Frequenz bzw. einer Zunahme der Periodendauer T.

Die Richtigkeit von (23) überprüfe man durch Einsetzen der Lösung (22) und deren Ableitungen

$$\frac{\mathrm{d}u}{\mathrm{d}t} = -\delta u_0\,\mathrm{e}^{-\delta t}\sin(\omega t + \varphi_0) + \omega u_0\,\mathrm{e}^{-\delta t}\cos(\omega t + \varphi_0),$$

$$\frac{\mathrm{d}^2u}{\mathrm{d}t^2} = (\delta^2 - \omega^2)u_0\,\mathrm{e}^{-\delta t}\sin(\omega t + \varphi_0) - 2\delta\omega u_0\,\mathrm{e}^{-\delta t}\cos(\omega t + \varphi_0)$$

in die Differentialgleichung (21).

Ist die Auslenkung zum Zeitpunkt t_0 nach (22) $u(t_0)$, so ist sie nach Ablauf einer Periode wegen (23)

$$u(t_0 + T) = u_0\,\mathrm{e}^{-\delta(t_0+T)}\sin[\omega(t_0 + T) + \varphi_0]$$
$$= u_0\,\mathrm{e}^{-\delta(t_0+T)}\sin(\omega t_0 + \varphi_0) = u(t_0)\,\mathrm{e}^{-\delta T}.$$

Den natürlichen Logarithmus des Quotienten aus *zwei aufeinander folgenden phasengleichen* Schwingungszuständen (z. B. den Amplituden u_n und u_{n+1} mit $n = 1, 2, 3, \ldots$)

$$\ln\frac{u(t)}{u(t+T)} = \ln\frac{u_n}{u_{n+1}} = \delta T = \Lambda \qquad (24)$$

bezeichnet man als **logarithmisches Dekrement**. Es stellt ein anschauliches Maß für die Dämpfung eines Oszillators dar und kann experimentell einfach bestimmt werden.

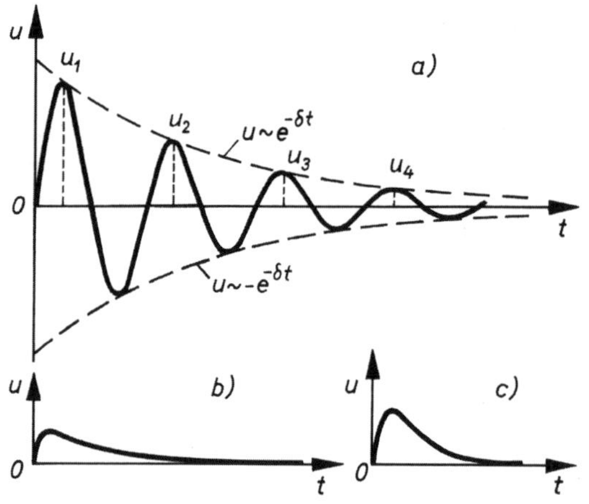

Bild 33.6. Freie gedämpfte Schwingungen für verschiedene Dämpfung bei gleichen Anfangsbedingungen $u(0)=0$ und $\dot{u}(0) = v_0$:
a) schwache Dämpfung: $\delta < \omega_0$ *(Schwingfall)*
b) starke Dämpfung: $\delta > \omega_0$ *(Kriechfall)*
c) $\delta = \omega_0$ *(aperiodischer Grenzfall)*

Schwache und starke Dämpfung. Die Konstanten u_0 und φ_0 sind in der allgemeinen Lösung (22) zunächst unbestimmt. Um den Bewegungsablauf eindeutig angeben zu können, werden sie aus den *Anfangsbedingungen* ermittelt. Erhält z. B. die Masse des linearen Federschwingers zum Zeitpunkt $t = 0$ in seiner Ruhelage die Anfangsgeschwindigkeit v_0, so gilt

$$u(0) = 0 = u_0\sin\varphi_0; \qquad \dot{u}(0) = v_0 = u_0(-\delta\sin\varphi_0 + \omega\cos\varphi_0).$$

Daraus folgt $\varphi_0 = 0$, $u_0 = v_0/\omega = v_0/\sqrt{\omega_0^2 - \delta^2}$ und der Bewegungsablauf (Bild 33.6a)

$$u(t) = \frac{v_0}{\sqrt{\omega_0^2 - \delta^2}}\,\mathrm{e}^{-\delta t}\sin\sqrt{\omega_0^2 - \delta^2}\,t \qquad \textbf{(Schwingfall } \delta < \omega_0\textbf{)}. \qquad (25)$$

Allerdings gilt der zeitliche Verlauf (25) nur für den sog. **Schwingfall**, der sich bei *schwacher* Dämpfung, d. h. $\delta < \omega_0$, ergibt. Vom Schwingfall unterscheidet sich qualitativ der sog. **Kriechfall**, in den die Bewegung bei *starker* Dämpfung, d. h. für $\delta > \omega_0$, übergeht. Er soll jetzt mit den oben formulierten Anfangsbedingungen behandelt werden.

Weil das Argument der Sinusfunktion in (25) $\sqrt{\omega_0^2 - \delta^2}\, t$ für $\delta > \omega_0$ in die imaginäre Größe $\mathrm{j}\sqrt{\delta^2 - \omega_0^2}\, t = \mathrm{j}\,x$ übergeht und damit seinen anschaulichen Sinn verliert, ersetzt man die trigonometrische Sinusfunktion mit Hilfe der Beziehung $\sin \mathrm{j}\,x = \mathrm{j}\,\sinh x$ durch die hyperbolische Sinusfunktion. So erhält man den Bewegungsablauf (Bild 33.6b)

$$u(t) = \frac{v_0}{\sqrt{\delta^2 - \omega_0^2}}\, \mathrm{e}^{-\delta t} \sinh \sqrt{\delta^2 - \omega_0^2}\, t \qquad \textbf{(Kriechfall } \delta > \omega_0\textbf{).} \qquad (26)$$

Einen unperiodischen Verlauf liefert auch der sog. **aperiodische Grenzfall** für $\delta = \omega_0$. Mit

$$\omega = \sqrt{\omega_0^2 - \delta^2} \qquad \text{und} \qquad \lim_{\omega \to 0} \frac{\sin \omega t}{\omega} = t$$

erhält man aus (25) bei gleichen Anfangsbedingungen für diesen Bewegungsablauf (Bild 33.6c)

$$u(t) = v_0 t\, \mathrm{e}^{-\delta t} \qquad \textbf{(aperiodischer Grenzfall } \delta = \omega_0\textbf{).} \qquad (27)$$

In der Technik wird dieser Fall angestrebt, wenn (z. B. bei Messinstrumenten) der stationäre Zustand in kürzester Zeit ohne Schwingungen erreicht werden soll.

Beispiel: Wie groß ist ein kurzzeitiger Kraftstoß (= Anfangsimpuls $p_0 = m v_0$), der einem Schwingungssystem aus der Ruhelage die maximale Auslenkung $u_1 = 5{,}6$ cm erteilt? (Periodendauer $T = 1{,}8$ s; logarithmisches Dekrement $\Lambda = 3{,}0$; Masse $m = 4{,}5$ g.) – *Lösung:* Mit (23) $\omega = \sqrt{\omega_0^2 - \delta^2}$ bestimmt man nach (25) für das erste Maximum aus $\mathrm{d}u/\mathrm{d}t = v_0\, \mathrm{e}^{-\delta t}[-(\delta/\omega) \sin \omega t + \cos \omega t] = 0$ dessen Zeitpunkt $t = t_1$. Man erhält mit (23) und (24) $\tan \omega t_1 = \omega/\delta = 2\pi/\Lambda$, $\omega t_1 = 1{,}1253$ und aus (25) mit (23) $v_0 = u_1 (2\pi/T)\, \mathrm{e}^{(\Lambda/2\pi)\omega t_1} / \sin \omega t_1$. Damit wird $p_0 = m v_0 = 1{,}67 \cdot 10^{-3}$ N s.
Dieses Messprinzip wird beim **ballistischen Galvanometer** angewendet, mit dem Stromstöße (= Ladungsmengen) und Spannungsstöße (= Magnetflüsse) gemessen werden. Sie sind den Galvanometer-Endausschlägen u_1 proportional, wenn die Periodendauer T des Instruments groß gegen die Dauer des Messvorgangs ist.

Aufgabe 33.3. Bild 33.6a stelle die mit einem Oszillographen (Zeitbasis: 10 µs/cm) aufgenommene Abklingkurve eines Schwingers in Originalgröße dar. Man bestimme Frequenz f und Dämpfungskonstante δ. – *Anleitung:* Man entnehme zunächst T (zweckmäßig aus der Mittelung über vier Perioden) und bestimme daraus f. Aus u_1 und u_2 erhält man δ nach (24).

33.6 Erzwungene Schwingungen

Wird ein schwingungsfähiges System permanent von außen angeregt, ohne dass es auf den Erreger zurückwirken kann, so spricht man von *erzwungenen Schwingungen.* So stellt z. B. eine von einem Motor angetriebene, nicht ausgewuchtete Welle einen Schwinger dar, der bei zu fester Kopplung an das Fundament der Maschine dieses zum Mitschwingen bringt. In diesem Fall ist die Welle der *Erreger (Oszillator)*, das Fundament der *Mitschwinger (Resonator).*
Einfache Experimente zeigen, dass nach Einsetzen der Erregung ein *Einschwingvorgang* durchlaufen wird, der dann in den stationären *eingeschwungenen Zustand* übergeht, in dem dann die erzwungene Schwingung $u(t)$ bei konstanter Amplitude der Erregerschwingung $x(t)$ mit gleicher Frequenz, jedoch mit einer Phasenverschiebung φ nachläuft (Bild 33.7).

Der lineare Federschwinger ist der periodischen Erregung $x(t) = x_0 \sin \omega t$ ausgesetzt, die durch Drehbewegung des Antriebs mit der Winkelgeschwindigkeit ω hervorgerufen wird. Damit wird die Aufhängung der Feder um x verschoben und die Feder um den Betrag $u - x$ gestaucht oder gedehnt. Die rücktreibende Federkraft auf die Masse m beträgt daher $-k(u - x)$ statt $-ku$ bei der freien Schwingung. Die Kräftebilanz für die erzwungene gedämpfte Schwingung lautet somit anstelle von (21)

$$m \frac{\mathrm{d}^2 u}{\mathrm{d}t^2} + \beta \frac{\mathrm{d}u}{\mathrm{d}t} + ku = kx(t) \qquad \text{bzw.} \quad = F(t) \tag{28}$$

für beliebige zeitabhängige Erregerkräfte $F(t)$. Mit $\delta = \beta/(2m)$ und $\omega_0^2 = k/m$ (vgl. 33.5) folgt daraus die Differentialgleichung

$$\frac{\mathrm{d}^2 u}{\mathrm{d}t^2} + 2\delta \frac{\mathrm{d}u}{\mathrm{d}t} + \omega_0^2 u = \omega_0^2 x = \omega_0^2 x_0 \sin \omega t. \tag{29}$$

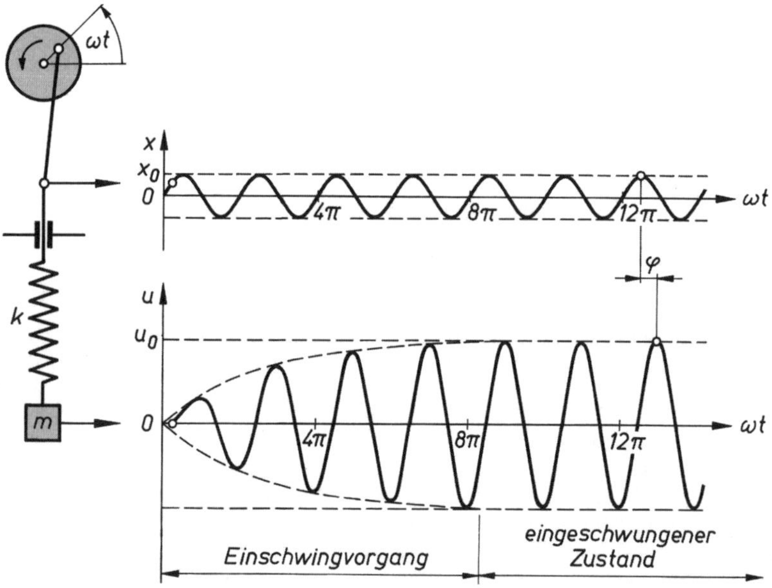

Bild 33.7. Erzeugung erzwungener Schwingungen $u(t)$ durch Aufprägen von Erregerauslenkungen $x(t)$

Mit dem periodischen Lösungsansatz für den eingeschwungenen Zustand

$$u = u_0 \sin(\omega t - \varphi) = u_0 (\sin \omega t \cos \varphi - \cos \omega t \sin \varphi)$$

erhält man nach zweimaligem Differenzieren, Einsetzen in (27) und Vergleich der Koeffizienten von $\sin \omega t$ und $\cos \omega t$ das Gleichungssystem

$$(\omega_0^2 - \omega^2) \cos \varphi + 2\delta\omega \sin \varphi = \frac{\omega_0^2 x_0}{u_0} \tag{30a}$$

$$-(\omega_0^2 - \omega^2) \sin \varphi + 2\delta\omega \cos \varphi = 0 \tag{30b}$$

für u_0 und φ. Aus (30a) und (30b) folgt nach Quadrieren und Addieren für das Verhältnis von erregter Amplitude u_0 und Erregeramplitude x_0:

$$\frac{u_0}{x_0} = \frac{\omega_0^2}{\sqrt{(\omega_0^2 - \omega^2)^2 + (2\delta\omega)^2}} = \frac{\omega_0^2}{\omega_0^2 - \omega^2} \cos \varphi \qquad \textbf{(Amplitudengang)} \tag{31}$$

und aus (30b) für die Phasenverschiebung φ zwischen der erzwungenen Schwingung $u(t)$ und der Erregerschwingung $x(t)$:

$$\tan\varphi = \frac{2\delta\omega}{\omega_0^2 - \omega^2} \quad \text{für } 0 \leq \varphi \leq \pi \qquad \textbf{(Phasengang).} \tag{32}$$

Den **Amplitudengang** (31) einer erzwungenen Schwingung in Abhängigkeit von der Erregerfrequenz ω für verschiedene Dämpfungskonstanten δ zeigt Bild 33.8a. Für niedrige Frequenzen $\omega \ll \omega_0$ sind Erregerschwingung und erregte Schwingung annähernd gleich. Mit zunehmender Frequenz steigt die Amplitude der erzwungenen Schwingung bis zu einem Maximum an und fällt für hohe Frequenzen $\omega \gg \omega_0$ auf null ab. Die zum Maximum gehörige Frequenz ω_{res} erhält man durch Nullsetzen der ersten Ableitung des Amplitudengangs (31) nach ω; es ergibt sich

$$\omega_{res} = 2\pi f_{res} = \sqrt{\omega_0^2 - 2\delta^2} \qquad \textbf{(Resonanzkreisfrequenz).} \tag{33}$$

Man beobachtet die für erzwungene Schwingungen charakteristische Erscheinung der

Resonanz:
Die Amplitude der erzwungenen Schwingungen weist für nicht zu große Dämpfungen stets ein Maximum auf, wenn die Erregerfrequenz in unmittelbarer Nähe der Eigenfrequenz des Mitschwingers liegt (Resonanzbedingung: $\omega \approx \omega_0$).

Bei geringer Dämpfung „erzwingen" kleine Erregungen für $\omega = \omega_{res}$ sehr hohe Amplituden, ohne Dämpfung sogar unendlich große. Die damit verbundene Zerstörung des Systems bezeichnet man als *Resonanzkatastrophe*. Durchläuft aber z. B. eine Maschine beim Anlassen rasch den Resonanzbereich noch während des Einschwingvorganges, so bleiben die großen Resonanzamplituden ohne beeinträchtigende Wirkung auf den Resonator.

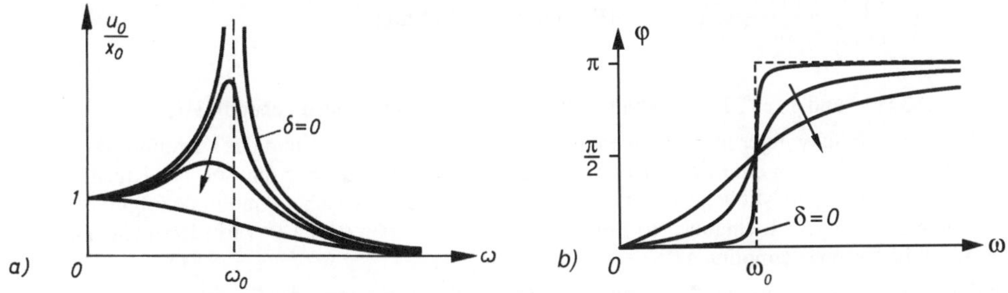

Bild 33.8. a) Amplitudengang und b) Phasenverschiebung der erzwungenen Schwingung in Abhängigkeit von der Erregerfrequenz ω (in Pfeilrichtung nimmt die Dämpfung δ zu und die Resonanzkreisfrequenz (33) ab); ω_0 Eigenfrequenz der ungedämpften Schwingung des erregten Systems.

Der Phasenwinkel der erzwungenen Schwingung bleibt für $\omega = \omega_0$ nach (32) um eine Viertelperiode ($\varphi = \pi/2$) hinter der Erregerschwingung zurück. Der Resonator geht daher bei Eigenkreisfrequenz ω_0 mit maximaler Geschwindigkeit durch die Gleichgewichtslage, wenn der Oszillator seine größte Auslenkung zeigt (Bild 33.7). Die Geschwindigkeit der Masse und die Oszillatorauslenkung sind dann als Vektoren immer gleichgerichtet, so dass die Bewegung der Masse *in jeder Lage* über elastische Kraftwirkungen der Feder angetrieben wird.

Die großen Amplituden im Resonanzfall entstehen durch permanente Energiezufuhr in jeder Schwingungslage.

Für $\omega < \omega_0$ ist nach (32) $\tan\varphi > 0$, und die **Phasenverschiebung** φ der erzwungenen Schwingung gegenüber der Erregerschwingung ist für kleine Dämpfungskonstanten δ und bei größerem δ für sehr niedrige Erregerfrequenzen ($\omega \ll \omega_0$) klein (Bild 33.8b). Für $\omega > \omega_0$ ist $\tan\varphi < 0$, und φ nähert sich sowohl für kleines δ als auch für $\omega \gg \omega_0$ dem Wert π. Bei geringer Dämpfung kann daher ein *Phasensprung* von gleichphasigen ($\varphi \approx 0$) zu gegenphasigen Schwingungen ($\varphi \approx \pi$) beobachtet werden, wenn die Erregerfrequenz wächst und ω_0 überstreicht.

Beispiele: *1.* Rotierende Maschinenwellen erleiden infolge auftretender Fliehkräfte eine elastische Durchbiegung (s. Bild 33.9). Die Welle trage eine exzentrische Schwungmasse $m = 560$ kg mit dem Schwerpunktabstand x von der Wellenachse und dem Schwerpunktabstand u von der Drehachse. Die Durch-

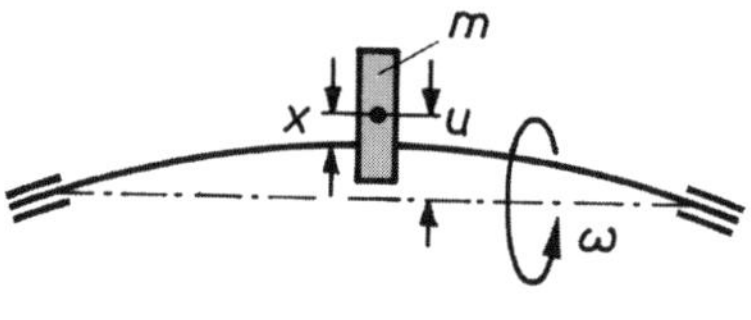

Bild 33.9. Durchbiegung einer rotierenden Maschinenwelle bei Resonanz

biegung $(u - x)$ sei der im Schwerpunkt angreifenden Fliehkraft proportional. Die Richtgröße für die Durchbiegung der Welle beträgt $k = 1{,}03 \cdot 10^6$ N/m. Man bestimme die kritische Drehzahl n, bei der Resonanz mit der Eigenfrequenz der Welle auftritt. – *Lösung:* Aus (33) $\omega_{\text{res}} = \omega_0$ folgt $\delta = 0$. Nach (5/6) und (1) ist $F = m\omega^2 u = k(u - x)$ und daher

$$u = x\frac{\omega_0^2}{\omega_0^2 - \omega^2}.$$

u geht gegen ∞, wenn $\omega \to \omega_0 = \sqrt{k/m} = 42{,}9\,\text{s}^{-1}$, d. h. $n = \omega/(2\pi) = 6{,}8\,\text{s}^{-1}$. Nach Überschreiten der kritischen Drehzahl läuft die Welle wieder ruhig; sie „zentriert" sich selbst.

2. Wie groß ist die *Resonanzüberhöhung* $(u_0/x_0)_{\max}$ für die Welle aus Beispiel *1*, wenn die Dämpfungskonstante $\delta = 15\,\text{s}^{-1}$ beträgt? – *Lösung:* Durch Einsetzen von $\omega^2 = \omega_{\text{res}}^2 = \omega_0^2 - 2\delta^2$ in (31) folgt

$$\left(\frac{u_0}{x_0}\right)_{\max} = \frac{1}{2\delta}\frac{\omega_0^2}{\sqrt{\omega_0^2 - \delta^2}} \quad \textbf{(Resonanzüberhöhung).} \tag{34}$$

Mit $\omega_0^2 = 1839\,\text{s}^{-2}$ und $\delta^2 = 225\,\text{s}^{-2}$ erhält man $(u_0/x_0)_{\max} = 1{,}53$, entsprechend 53%.

Aufgabe 33.4. Ein Schwinger mit der Eigenkreisfrequenz $\omega_0 = 15{,}7\,\text{s}^{-1}$ und der Dämpfungskonstante $\delta = 0{,}786\,\text{s}^{-1}$ wird durch eine Erregerschwingung der Amplitude $x_0 = 5$ mm mit der Kreisfrequenz $\omega = 14{,}934\,\text{s}^{-1}$ anregt. a) Mit welcher Phasenverschiebung und mit welcher Amplitude folgt die erregte Schwingung der Erregerschwingung? b) Bei welcher Erregerkreisfrequenz ω_{res} tritt Resonanz auf, und wie groß ist die Resonanzamplitude?

Aufgabe 33.5. Wie groß muss die Dämpfungskonstante δ (verglichen mit der Eigenfrequenz ω_0 der ungedämpften Schwingung) mindestens sein, damit eine Resonanzerscheinung ausbleibt (vgl. Bild 33.8a)?

Aufgabe 33.6. Man drücke die Phasenverschiebung φ_{res} bei Resonanz durch ω_0 und δ aus.

34 Elektrische Schwingungen

34.1 Der geschlossene Schwingkreis

Eine Parallelschaltung eines Kondensators (Kapazität C) und einer Spule (Induktivität L) bezeichnet man als geschlossenen **Schwingkreis**. Wurde der Kondensator in Bild 34.1 bei Schalterstellung *1* aufgeladen, kann sich die im Kondensator gespeicherte Ladung $+Q$ und $-Q$ durch einen Stromfluss i über die Spule ausgleichen, sobald der Schalter in Stellung *2* gebracht wird. Spannung und elektrische Feldstärke des Kondensators nehmen ab, und gleichzeitig baut sich mit dem durch die Spule fließenden Strom ein Magnetfeld auf. Die Zunahme des magnetischen Flusses induziert eine Gegenspannung, welche nur ein gebremstes Anwachsen des Stromes zulässt. Sind Spannung und elektrische Feldstärke des Kondensators null, haben Strom und magnetische Feldstärke in der Spule ihren größten Wert erreicht. Die elektrische Feldenergie ist vollständig in magnetische Feldenergie umgewandelt. Mit dem Ladungsausgleich entfällt die Ursache des Entladestroms, und das Magnetfeld muss zusammenbrechen. Die Abnahme des Magnetflusses induziert eine Spannung, die jetzt so gerichtet ist, dass der Strom in gleicher Richtung weiterfließt und nur allmählich abnehmen kann. Gleichzeitig wird der Kondensator mit umgekehrter Polarität erneut aufgeladen. Spannung und elektrische Feldstärke steigen entgegengesetzt zur Ausgangsrichtung an und erreichen ihren größten Wert, wenn das Magnetfeld verschwunden ist. Dann wiederholt sich der Vorgang mit umgekehrter Richtung und im weiteren Verlauf periodisch.

Im Schwingkreis findet eine periodische gegenseitige Umwandlung von elektrischer und magnetischer Feldenergie statt (elektromagnetische Schwingung).

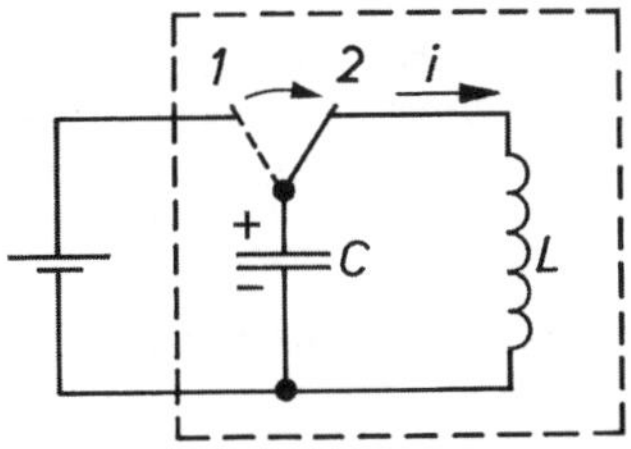

Bild 34.1. Erregung eines geschlossenen elektrischen Schwingkreises

Herleitung der Schwingungsdifferentialgleichung. Induktivität und Kapazität sind im geschlossenen Schwingkreis parallel geschaltet. Daher sind die in der Spule induzierte Spannung (30/7) und die am Kondensator anliegende Spannung (23/28) gleich:

$$u = -L\frac{\mathrm{d}i}{\mathrm{d}t} = \frac{q}{C}. \tag{1}$$

Differentiation dieser Gleichung nach der Zeit und Umstellen ergeben

$$L\frac{\mathrm{d}^2 i}{\mathrm{d}t^2} + \frac{1}{C}\frac{\mathrm{d}q}{\mathrm{d}t} = 0.$$

Mit $\mathrm{d}q/\mathrm{d}t \equiv i$ folgt für den Schwingkreis somit die Differentialgleichung des harmonischen Oszillators (33/2 mit 33/6), in der m und k hier den Größen L und $1/C$ entsprechen:

$$\frac{\mathrm{d}^2 i}{\mathrm{d}t^2} + \omega_0^2 i = 0 \qquad \text{mit} \qquad \omega_0 = 2\pi f_0 = \frac{1}{\sqrt{LC}}.$$

Es ist also analog zu (33/7):

$$T = \frac{1}{f_0} = 2\pi\sqrt{LC} \tag{2}$$

(Periodendauer der ungedämpften elektrischen Schwingung; Thomsonsche Schwingungsgleichung).

Man gewinnt den Energieerhaltungssatz für den Schwingkreis, wenn (1) mit $i \equiv \mathrm{d}q/\mathrm{d}t$ multipliziert und umgeformt wird. Mit (30/10) als magnetische und (24/11) als elektrische Feldenergie folgt

$$Li\frac{\mathrm{d}i}{\mathrm{d}t} + \frac{1}{C}q\frac{\mathrm{d}q}{\mathrm{d}t} = \frac{\mathrm{d}}{\mathrm{d}t}\left(\frac{L}{2}i^2 + \frac{1}{2C}q^2\right) = \frac{\mathrm{d}E}{\mathrm{d}t} = 0, \quad \text{d. h.} \quad E = \frac{L}{2}i^2 + \frac{1}{2C}q^2 = \text{const.}$$

Analogiebeziehungen. Linearer Federschwinger, Drehschwinger und elektrischer Schwingkreis zeigen ohne äußere Anregung ein völlig analoges Schwingungsverhalten und werden unter dem abstrakten Begriff des *harmonischen Oszillators* zusammengefasst. Die Ursache dafür, dass äußerlich so verschiedenartige Systeme sich gleichartig verhalten, liegt in derselben Struktur der Energiebilanz dieser Oszillatoren begründet. Es gilt für den

Federschwinger: (vgl. 33.2)	$\frac{m}{2}\dot{u}^2 + \frac{k}{2}u^2 = E = \text{const}$
Drehschwinger: (vgl. 33.3)	$\frac{J}{2}\dot{\varphi}^2 + \frac{D}{2}\varphi^2 = E = \text{const}$
elektrischen Schwingkreis:	$\frac{L}{2}i^2 + \frac{1}{2C}q^2 = E = \text{const.}$

Den Energieverlusten durch Reibung bei mechanischen Schwingern entspricht beim Schwingkreis die Entstehung JOULEscher Wärme in einem ohmschen Widerstand; der geschwindigkeitsproportionalen Reibungskraft in (33/21) $F_\beta = \beta\dot{u}$ entspricht der Spannungsabfall $u_R = Ri$ am Widerstand R.
Daraus lässt sich für das Schwingungsverhalten ein widerspruchsfreies System von Analogiebeziehungen aufbauen (s. Tabelle 34.1). Es genügt dann die Lösung eines Problems; die Lösung der beiden anderen kann durch formales Einsetzen der zeitabhängigen und zeitunabhängigen Größen direkt angegeben werden. Auf diese Weise können schwer darstellbare (meist mechanische) Vorgänge in technischen Anlagen, die optimiert werden sollen, durch andere (meist elektrische) Vorgänge modelliert werden. An den *Modellen* wird dann bei vergleichsweise geringem Aufwand das Verhalten des Systems bei Änderung verschiedener Parameter untersucht.

Tabelle 34.1. Analogiebeziehungen zwischen Größen für Translations-, Rotations- und elektrische Schwingungen

	Translations-schwingungen	Rotations-schwingungen	elektrische Schwingungen
kinetische Energie	$\frac{m}{2}\dot{u}^2$	$\frac{J}{2}\dot{\varphi}^2$	$\frac{L}{2}i^2$
potentielle Energie	$\frac{k}{2}u^2$	$\frac{D}{2}\varphi^2$	$\frac{1}{2C}q^2$
zeitabhängige Größen	$\dot{u}$	$\dot{\varphi}$	$\dot{q} = i$
	u	φ	$q = \int i \, \mathrm{d}t$
zeitunabhängige Konstanten	m	J	L
	β	β_φ	R
	k	D	$1/C$
Eigenkreisfrequenz	$\omega_0 = \sqrt{\frac{k}{m}}$	$\omega_0 = \sqrt{\frac{D}{J}}$	$\omega_0 = \frac{1}{\sqrt{LC}}$
Dämpfungskonstante	$\delta = \frac{\beta}{2m}$	$\delta = \frac{\beta_\varphi}{2J}$	$\delta = \frac{R}{2L}$

Beispiel: Mit einem Drehkondensator der veränderlichen Kapazität $C = 60\ldots390\,\text{pF}$ soll ein Schwingkreis aufgebaut werden, dessen Eigenfrequenz das Frequenzband $f = 400\,\text{kHz}$ bis $1\,\text{MHz}$ überstreicht. In welchem Bereich muss die Induktivität der Spule liegen? – *Lösung:* Nach (2) ist $L = 1/(4\pi^2 f_0^2 C)$. Mit $f_0 = 400\,\text{kHz}$ und $C = 390\,\text{pF}$ ist $L = 406\,\mu\text{H}$ die untere Grenze; mit $f_0 = 1\,\text{MHz}$ und $C = 60\,\text{pF}$ ist $L = 422\,\mu\text{H}$ die obere Grenze.

34.2 Strom- und Spannungsresonanz

Ebenso wie bei mechanischen Oszillatoren kann man auch das Mitschwingen von elektrischen Schwingkreisen durch Erregung von außen erzwingen. Da man eine Induktivität L und eine Kapazität C parallel oder in Reihe schalten kann, sind zwei Möglichkeiten der Anregung zu unterscheiden. Bild 34.2 zeigt einen *Parallelkreis*, der durch einen eingespeisten Wechsel*strom* $i(t)$, und einen *Reihenkreis*, der durch eine angelegte Wechsel*spannung* $u(t)$ von außen zu erzwungenen Schwingungen angeregt wird. Beide Quellen seien *ideal*, d. h., die zeitlichen Verläufe von $u(t)$ und $i(t)$ werden durch die internen Vorgänge im Schwingkreis nicht beeinflusst.

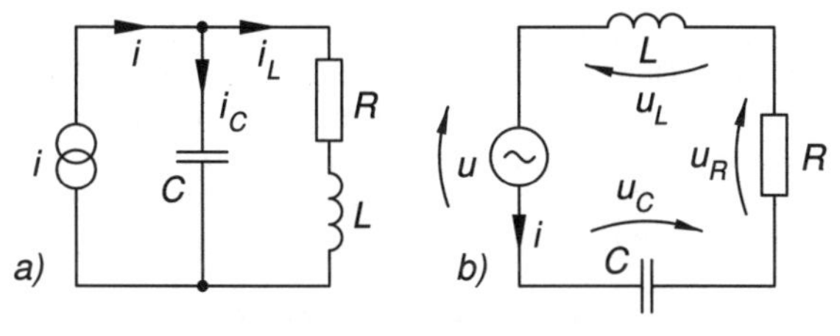

Bild 34.2. Anregung a) eines Parallelschwingkreises durch eine Wechselstromquelle mit $i = i_0 \sin \omega t$, b) eines Reihenschwingkreises durch eine Wechselspannungsquelle mit $u = u_0 \sin \omega t$ zu erzwungenen Schwingungen. L Induktivität und R ohmscher Widerstand der Schwingkreisspule, C Kapazität des Schwingkreises

Parallelschwingkreis (Bild 34.2a). Der fremderregte Parallelkreis entspricht im zeitlichen Ablauf seiner erzwungenen Schwingungen dem fremderregten Federschwinger (Bild 33.7). Durch den Wechselstrom $i = i_0 \sin \omega t$ wird dem Kondensator C fortwährend Ladung $q = \int i \, \mathrm{d}t$ zu- und abgeführt, so wie beim Federschwinger durch den Erregerausschlag $x = x_0 \sin \omega t$ dauernd der Aufhängepunkt seiner Feder bewegt wird. q und x sind entsprechende permanente Störungen des Gleichgewichtszustandes, denen Ausgleichsvorgänge des Schwingungssystems folgen, die jedoch vom Rhythmus der Störungen synchronisiert werden. Stimmt aber die Periodendauer des Wechselstroms und der Eigenschwingung überein (*Resonanz*), beginnt die Ladungszufuhr durch die Stromquelle immer in dem Moment, wenn die Kapazität C gerade mit der Entladung über die Induktivität L beginnt. Daher steigen die Stromamplituden der erzwungenen Schwingung und die Schwingungsenergie von Periode zu Periode an *(Einschwingvorgang)*, bis die gleichzeitig steigenden Energieverluste im ohmschen Widerstand R die laufend zugeführten Energiemengen gerade kompensieren *(eingeschwungener Zustand)*.

Stromresonanz:
Im Parallelschwingkreis werden hohe Stromstärken erzwungen, wenn dessen Eigenfrequenz mit der Erregerfrequenz übereinstimmt.

Herleitung der Schwingungsgleichung: Da die Kapazität C zur Induktivität L mit dem Widerstand R parallel geschaltet ist (Bild 34.2a), liegt an beiden dieselbe Spannung an: $u_L + u_R = u_C$. Setzt man hierin die Spannungsabfälle $u_L = L(\mathrm{d}i_L/\mathrm{d}t)$, $u_R = Ri_L$ sowie $u_C = (1/C) \int i_C \, \mathrm{d}t$ ein, dividiert durch L und differenziert einmal nach t, erhält man

$$\frac{\mathrm{d}^2 i_L}{\mathrm{d}t^2} + \frac{R}{L}\frac{\mathrm{d}i_L}{\mathrm{d}t} = \frac{1}{LC} i_C.$$

Mit Hilfe der Analogiebeziehungen in 34.1, Tabelle 34.1, und unter Berücksichtigung des Knotensatzes (25/14) $i_C = i - i_L$ entsteht daraus die Differentialgleichung

$$\frac{\mathrm{d}^2 i_L}{\mathrm{d}t^2} + 2\delta \frac{\mathrm{d}i_L}{\mathrm{d}t} + \omega_0^2 i_L = \omega_0^2 i = \omega_0^2 i_0 \sin \omega t. \tag{3}$$

Diese ist völlig analog zur Bewegungsgleichung (33/29) des zu erzwungenen Schwingungen angeregten mechanischen Federschwingers, wenn dort die momentane Auslenkung u und die äußere Erregung x

durch den Spulenstrom $i_L = i_{L0}\sin(\omega t - \varphi)$ und den Erregerstrom $i = i_0 \sin\omega t$ ersetzt werden. Man beobachtet also auch hier eine **Resonanzerscheinung**. Es gelten daher für Amplitudengang und Phasenverschiebung für den Parallelschwingkreis die gleichen Abhängigkeiten (33/31) und (33/32) von der Erregerfrequenz ω wie für die erzwungene Federschwingung, entsprechend den in Bild 33.8 dargestellten Verläufen mit i_{L0}/i_0 anstelle von u_0/x_0 für das Verhältnis von erregter Amplitude zu Erregeramplitude sowie für die Phasenverschiebung φ zwischen dem Spulenstrom i_L und dem Erregerstrom i:

$$\frac{i_{L0}}{i_0} = \frac{\omega_0^2}{\sqrt{(\omega_0^2-\omega^2)^2+(2\delta\omega)^2}} = \frac{1}{\sqrt{(1-\omega^2LC)^2+(\omega RC)^2}} \tag{4}$$

$$\tan\varphi = \frac{2\delta\omega}{\omega_0^2-\omega^2} = \frac{\omega RC}{1-\omega^2LC} \quad \text{für } 0 \le \varphi \le \pi. \tag{5}$$

Der innerhalb des Schwingkreises fließende Strom i_{L0} wird im Resonanzfall sehr viel größer als der äußere Erregerstrom i_0, was in der Praxis durchaus zum Durchbrennen der Spulenwicklung führen kann. Anders betrachtet ist der in den Schwingkreis eingespeiste Strom betragsmäßig viel kleiner als der im Kreis fließende Strom; man nennt daher den Parallelkreis auch *Sperrkreis*. Bei Resonanz gilt $i_{L0} \gg i_0$ und somit $|i_C| = |i - i_L| \approx |i_L| \gg |i|$, Spulenstrom i_L und Auf- und Entladestrom des Kondensators i_C kompensieren sich in diesem Fall. Für die Resonanzfrequenz gilt eine zu (33/33) analoge Beziehung:

$$\omega_{\text{res}} = 2\pi f_{\text{res}} = \sqrt{\omega_0^2 - 2\delta^2} = \sqrt{\frac{1}{LC} - \frac{R^2}{2L^2}} \quad \textbf{(Resonanzkreisfrequenz des Parallelschwingkreises).} \tag{6}$$

Für $R \to 0$ ergibt sich das Resonanzverhalten des *ungedämpften* Parallelschwingkreises aus Abschnitt 34.1. Es gelten hierfür die Beziehungen $i_{L0}/i_0 = 1/(1-\omega^2LC)$, $\varphi = 0$ und $\omega_{\text{res}} = \omega_0 = 1/\sqrt{LC}$.

Reihenschwingkreis (Bild 34.2b). Induktivität bzw. Kapazität nehmen abwechselnd während einer Viertelperiode des Stromflusses Energie aus der Spannungsquelle auf und geben ihre magnetische bzw. elektrische Feldenergie in der nächsten Viertelperiode zurück. Erfolgt aber die Erregung mit $\omega = \omega_0 = 1/\sqrt{LC}$ (Eigenfrequenz des Schwingkreises), ist die Summe beider Energieformen konstant (vgl. 34.1), so dass die Zeiten der Energieaufnahme in der Induktivität mit denen der Energieabgabe in der Kapazität und umgekehrt zusammenfallen. Nach Durchlaufen des Einschwingvorganges braucht die Spannungsquelle nur noch die im Allgemeinen geringen Energieverluste an Schwingungsenergie im ohmschen Widerstand R laufend zu ersetzen. Außerhalb des Resonanzbereiches pendelt ein Teil der Schwingungsenergie zwischen Spannungsquelle und Schwingkreis hin und her.

Diskussion des Resonanzverhaltens. Der im gesamten Kreis einheitliche Strom i ruft an der Kapazität C, dem Widerstand R und der Induktivität L die Spannungsabfälle $u_L = L(\mathrm{d}i/\mathrm{d}t)$, $u_R = Ri$ und $u_C = (1/C)\int i\,\mathrm{d}t$ hervor. Gemäß dem Maschensatz (25/15) addieren sich die drei Spannungsabfälle zur Erregerspannung $u = u_0 \sin\omega t$:

$$u_L + u_R + u_C = L\frac{\mathrm{d}i}{\mathrm{d}t} + Ri + \frac{1}{C}\int i\,\mathrm{d}t = u = u_0\sin\omega t. \tag{7}$$

Durch Differentiation nach der Zeit t und Einsetzen der Abkürzungen gemäß Tabelle 34.1 erhält man daraus die Differentialgleichung in Normalform

$$\frac{\mathrm{d}^2 i}{\mathrm{d}t^2} + 2\delta\frac{\mathrm{d}i}{\mathrm{d}t} + \omega_0^2 i = \frac{2\delta\omega u_0}{R}\cos\omega t. \tag{8}$$

Ihre Lösung erfolgt analog zu (33/29) und liefert mit ω_0 und δ gemäß Tabelle 34.1:

$$\frac{Ri_0}{u_0} = \frac{2\delta\omega}{\sqrt{(\omega_0^2-\omega^2)^2+(2\delta\omega)^2}} = \frac{\omega RC}{\sqrt{(1-\omega^2LC)^2+(\omega RC)^2}} \quad (=\cos\varphi) \tag{9}$$

$$\tan\varphi = \frac{\omega^2-\omega_0^2}{2\delta\omega} = \frac{\omega^2LC-1}{\omega RC} \quad \text{für } -\frac{\pi}{2} \le \varphi \le \frac{\pi}{2}. \tag{10}$$

Bild 34.3 zeigt den Amplituden- und Phasengang der erzwungenen Schwingung. Im Gegensatz zum Parallelkreis hängt die Resonanzfrequenz hier nicht von der Dämpfung ab und ist gleich der Eigenfrequenz des ungedämpften Schwingkreises:

$$\omega_{\text{res}} = 2\pi f_{\text{res}} = \omega_0 = \frac{1}{\sqrt{LC}} \quad \textbf{(Resonanzkreisfrequenz des Reihenschwingkreises).} \tag{11}$$

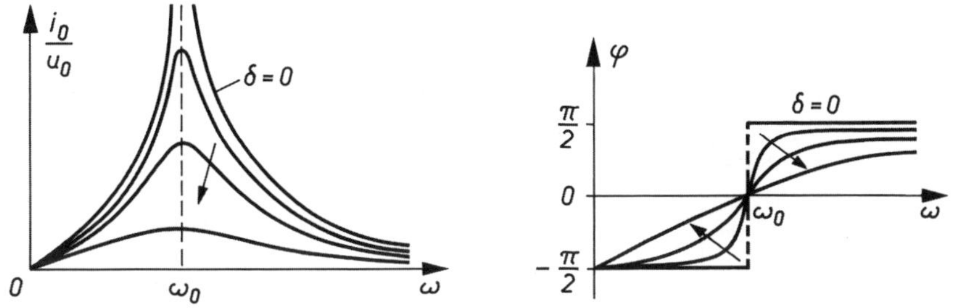

Bild 34.3. Amplitudengang (links, in nicht normierter Darstellung) und Phasenverschiebung (rechts) des Reihenschwingkreises in Abhängigkeit von der Erregerfrequenz ω (in Pfeilrichtung nimmt die Dämpfung δ zu.)

Von besonderem Interesse ist hier das Verhalten der am Kondensator anliegenden Spannung u_C gegenüber der äußeren Spannung u. Ersetzt man in (7) den Strom i mittels $i = C(\mathrm{d}u_C/\mathrm{d}t)$ und $\mathrm{d}i/\mathrm{d}t = C(\mathrm{d}^2u_C/\mathrm{d}t^2)$ durch die Spannung u_C, so ergibt sich mit den Abkürzungen aus Tabelle 34.1

$$\frac{\mathrm{d}^2u_C}{\mathrm{d}t^2} + 2\delta\frac{\mathrm{d}u_C}{\mathrm{d}t} + \omega_0^2 u_C = \omega_0^2 u = \omega_0^2 u_0 \sin\omega t. \tag{12}$$

Die Kondensatorspannung u_C im Reihenkreis gehorcht somit derselben Gleichung (3) wie der Spulenstrom i_L im Parallelkreis. Folglich gelten beim Reihenschwingkreis für den Amplitudengang und die Phasenverschiebung von $u_C = u_{C0}\sin(\omega t - \varphi)$ gegenüber der Erregerspannung $u = u_0 \sin\omega t$ die gleichen Abhängigkeiten von der Erregerfrequenz ω wie diejenigen beim Parallelschwingkreis (4) bzw. (5) für i_L gegenüber i. Im Fall der **Resonanz** wächst die Spannung am Kondensator u_{C0} stark an (was zu Durchschlägen im Kondensator führen kann); es entsteht

Spannungsresonanz:

Im Reihenschwingkreis fallen an Induktivität und Kapazität hohe Spannungen ab, wenn die Erregerfrequenz mit der Resonanzfrequenz übereinstimmt.

Beispiel: Man berechne die *Resonanzbreite* $\Delta\omega$ des Reihenschwingkreises als Differenz $\omega_2 - \omega_1 \equiv \Delta\omega$ derjenigen Kreisfrequenzen ω_1 und ω_2, bei denen die Amplitude in (9) auf den $(1/\sqrt{2})$fachen Wert vom Maximum abfällt! – *Lösung:* Aus (9) und (10) leitet man die Beziehung $\cos\varphi = 1/\sqrt{1+\tan^2\varphi} = 2\delta\omega/\sqrt{(\omega_0^2-\omega^2)^2+(2\delta\omega)^2}$ ab, so dass $\varphi_{1,2} = \pm 45°$ bzw. $\tan\varphi_{1,2} = \pm 1$ folgt. Aus (10) erhält man $\omega_0^2 - \omega_1^2 = 2\delta\omega_1$ und $\omega_2^2 - \omega_0^2 = 2\delta\omega_2$, deren Addition $\omega_2^2 - \omega_1^2 = (\omega_2-\omega_1)(\omega_2+\omega_1) = 2\delta(\omega_2+\omega_1)$, also $\Delta\omega = 2\delta = R/L$ ergibt. Den Quotienten $Q = \omega_0/\Delta\omega = (1/R)\sqrt{L/C}$ bezeichnet man auch als *Resonanzschärfe* oder *Güte* eines Schwingkreises.

Aufgabe 34.1. Aus einer Spule mit der Induktivität $L = 2{,}5\ \mathrm{H}$ und einem Kondensator soll ein Reihenschwingkreis (s. Bild 34.2b) aufgebaut werden. Der ohmsche Widerstand der Spule einschließlich Zuleitungen beträgt $R = 300\ \Omega$. a) Wie groß muss die Kapazität C des Kondensators sein, wenn Resonanz zur angelegten Wechselspannung (10 V/50 Hz) angestrebt wird? b) Wie groß ist das logarithmische Dekrement? c) Welcher Strom fließt durch den Schwingkreis? d) Welche Spannung liegt am Kondensator an?

34.3 Erzeugung ungedämpfter elektrischer Schwingungen

Die Erzeugung von elektrischen Schwingungen mit *gleich bleibender Amplitude* ist von großer technischer Bedeutung. Um eine ungedämpfte Schwingung aufrechtzuerhalten, muss man dem Schwingkreis in jeder Periode genau so viel Energie von außen zuführen, wie ihm durch Verluste entzogen wird. Dazu ist eine Schaltung erforderlich, welche die „Energieportionen" im Takt der Eigenfrequenz des Schwingkreises einspeist. Das kann mit einem *Transistor* geschehen (s. Bild 34.4a).

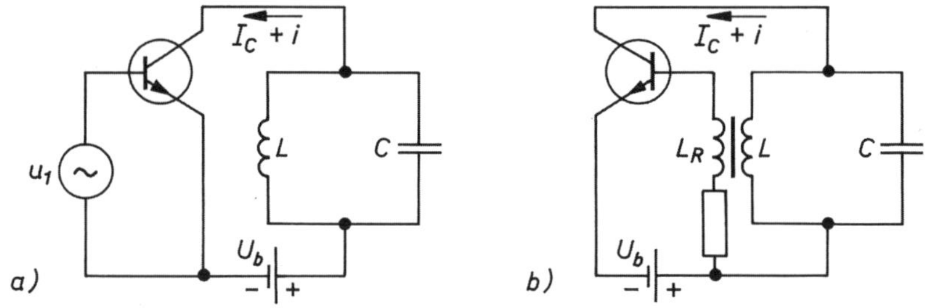

Bild 34.4. a) Fremderregte Verstärkerschaltung, b) MEISSNERsche Rückkopplungsschaltung mit Transistoren

Fremderregung (Verstärkerprinzip). Eine kleine Wechselspannung u_1 an der Basis des Transistors führt zu periodischen Schwankungen des Kollektorstromes um seinen Mittelwert, d. h., dem Gleichstrom I_C ist ein Wechselstrom i überlagert. Er bildet den Erregerwechselstrom für den Schwingkreis, der erzwungene Schwingungen in *Stromresonanz* ausführt (vgl. 34.2). Auch die Kollektorspannung erleidet infolge Spannungsabfall an Induktivität L und Kapazität C periodische Schwankungen um den Wert der Betriebsspannung U_b, d. h., der Kollektorgleichspannung U_b ist eine Wechselspannung u_2 überlagert. Das Verhältnis von Ausgangs- zu Eingangswechselspannung definiert die *Spannungsverstärkung*

$$V = \frac{u_2}{u_1}. \tag{13}$$

Die zur Verstärkung notwendige Energie wird der Betriebsspannungsquelle entzogen.
Zur **Selbsterregung** eines Schwingkreises mit einer Verstärkerstufe ist es notwendig, den Gleichlauf von Erregung und Schwingung zu gewährleisten, also den Kollektorwechselstrom durch die Schwingungsfrequenz selbst zu steuern und die Energieeinspeisung in der richtigen Phasenlage vorzunehmen. Das gelang erstmals mit der MEISSNERschen *Rückkopplungsschaltung* durch eine Rückführungsschleife vom Ausgang auf den Eingang einer Verstärkerstufe (Bild 34.4b). Dabei sind Schwingkreisspule (L) und Basiskreis- oder Rückkopplungsspule (L_R) *induktiv* wie Primär- und Sekundärwicklung eines Transformators gekoppelt. Dadurch wird die Schwingwechselspannung im Verhältnis der Windungszahlen unterteilt, so dass der Bruchteil von Primär- zu Sekundärspannung des „Transformators"

$$ü = \frac{u_1}{u_2} \tag{14}$$

als Steuerwechselspannung auf die Basis des Transistors gelangt. Der darauf einsetzende Kollektorwechselstrom i regt den Schwingkreis erneut und im weiteren Verlauf über die Rückführungsschleife periodisch an. Die richtige Phasenlage wird durch entsprechende Polung der Basiskreisspule erreicht.

Die Selbsterregung wird entweder durch den Einschaltvorgang oder durch kleine statistische Schwankungen des Kollektorstromes in Gang gebracht und der Schwingkreis zu Eigenschwingungen angestoßen. Die kleinen Anfangsamplituden schaukeln sich wie in Bild 33.7 durch fortwährende Verstärkung in einem *Einschwingvorgang* zum stationären *eingeschwungenen Zustand* auf. Beide Vorgänge lassen sich mit einem Oszillographen gut demonstrieren.
Zum Aufrechterhalten einer ungedämpften Schwingung genügt es, wenn das Produkt von (5) und (6) $V\ddot{u} = 1$ ist. Zum Einschwingen muss $V\ddot{u} > 1$ sein. Daraus folgt:

$V\ddot{u} \geq 1$ **(Rückkopplungsbedingung nach Barkhausen).**

Eine große Zahl von Schwingschaltungen beruht auf dem *Rückkopplungsprinzip:* Ein Bruchteil der Ausgangsspannung (-energie) eines Verstärkers wird auf den Eingang zurückgeführt und reproduziert nach Verstärkung die ungedämpfte Schwingung.

35 Überlagerung harmonischer Schwingungen

Es kann vorkommen, dass Körper oder Teilchen zwei (oder mehrere) harmonische Schwingungen gleichzeitig ausführen. So folgt die Ladung eines Fahrzeuges gleichzeitig den Federschwingungen aller Radaufhängungen. Üben die Schwingungen keinen Einfluss aufeinander aus, wird die beobachtete Bewegung durch die Resultierende der Auslenkungen der einzelnen Schwingungen bestimmt. In diesem Fall spricht man von **ungestörter Überlagerung** (oder **Superposition**) **von Schwingungen**. Es genügt, die Überlagerung von Schwingungen längs gleicher Richtung und längs aufeinander senkrechter Richtungen zu behandeln. Andere Fälle können auf diese zurückgeführt werden.

35.1 Überlagerung zweier Schwingungen längs gleicher Richtung

Haben zwei gegebene Schwingungen (33/3)

$$u_1 = u_0 \sin(\omega_1 t + \varphi_1) \qquad \text{und} \qquad u_2 = u_0 \sin(\omega_2 t + \varphi_2)$$

gleiche Richtung und der Einfachheit halber auch gleiche Amplitude, dann ist ihre Summe gleich ihrer Resultierenden *(skalare Superposition)*. Es ist nach der trigonometrischen Beziehung $\sin\alpha + \sin\beta = 2\cos[(\alpha-\beta)/2]\ \sin[(\alpha+\beta)/2]$:

$$u = u_1 + u_2 = 2u_0 \cos\left(\frac{\omega_1 - \omega_2}{2}t + \frac{\varphi_1 - \varphi_2}{2}\right) \sin\left(\frac{\omega_1 + \omega_2}{2}t + \frac{\varphi_1 + \varphi_2}{2}\right).$$

Mit den Differenzen $\Delta\omega = \omega_1 - \omega_2$, $\Delta\varphi = \varphi_1 - \varphi_2$ und den Mittelwerten $\bar{\omega} = (\omega_1 + \omega_2)/2$ und $\bar{\varphi} = (\varphi_1 + \varphi_2)/2$ ergibt sich

$$u = 2u_0 \cos\left(\frac{\Delta\omega}{2}t + \frac{\Delta\varphi}{2}\right) \sin(\bar{\omega}t + \bar{\varphi}). \tag{1}$$

Dieses Ergebnis wird nun diskutiert.

Überlagerung von Schwingungen gleicher Frequenz und verschiedener Phase. Ist $\omega_1 = \omega_2 = \omega$, d. h. $\Delta\omega = 0$, so lautet (1)

$$u = 2u_0 \cos\frac{\Delta\varphi}{2}\ \sin(\omega t + \bar{\varphi}). \tag{2}$$

Die Amplitude $2u_0\cos(\Delta\varphi/2)$ der resultierenden harmonischen Schwingung hängt von der Phasendifferenz der beiden Teilschwingungen ab (s. Bild 35.1). Sie hat

a) ihren *größten Wert* $2u_0$, wenn $\Delta\varphi = 0, \pm 2\pi, \pm 4\pi, \ldots$ ist, d. h., wenn die Maxima der beiden Teilschwingungen zusammenfallen;
b) den *Wert null*, wenn $\Delta\varphi = \pm\pi, \pm 3\pi, \pm 5\pi, \ldots$ ist, d. h., wenn gleich große Maxima und Minima der beiden Teilschwingungen zusammenfallen.

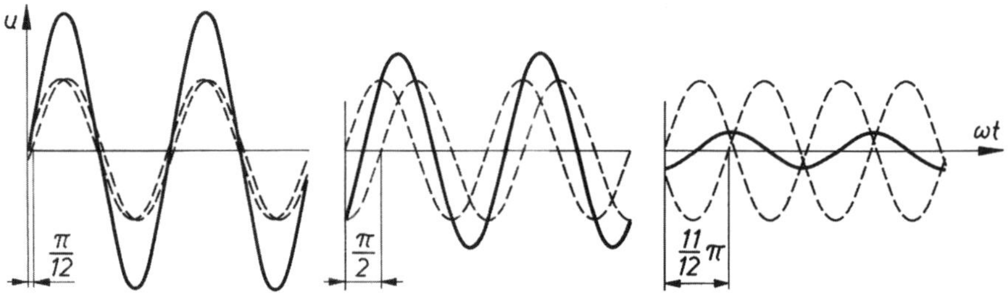

Bild 35.1. Überlagerung zweier Schwingungen gleicher Frequenz mit kleiner Phasendifferenz $\Delta\varphi \to 0$ (links), mit $\Delta\varphi = \pi/2$ (Mitte) und $\Delta\varphi \to \pi$ (rechts)

Der letztere Fall, wo sich zwei Schwingungen „gegenseitig auslöschen", spielt bei den *Interferenzerscheinungen* eine große Rolle. Sind die Amplituden der Teilschwingungen verschieden, entsteht statt „Auslöschung" ein Minimum der Überlagerung.

Die Resultierende zweier harmonischer Schwingungen gleicher Richtung und gleicher Frequenz ist wieder eine harmonische Schwingung, deren Amplitude von der Phasendifferenz der Teilschwingungen abhängt.

Überlagerung von Schwingungen verschiedener Frequenz. Die resultierende Schwingung ist wegen $\omega_1 \neq \omega_2$ keine harmonische Schwingung. Unterscheiden sich die Frequenzen der Teilschwingungen sehr stark (z. B. $\omega_1 \gg \omega_2$), sind beide auch in der Resultierenden noch deutlich zu erkennen (s. Bild 35.2a).
Wenn sich bei der Überlagerung zweier harmonischer Schwingungen deren Frequenzen *nur wenig* unterscheiden, d. h. $\omega_1 \approx \omega_2 \approx \overline{\omega} = \omega$ mit $|\omega_1 - \omega_2| = \Delta\omega \ll \omega$, liegt der wichtige Spezialfall einer *Schwebung* vor (Bild 35.2b). Für $\varphi_1 = \varphi_2 = 0$ erhält man dann aus (1)

$$u = 2u_0 \cos\left(\frac{\Delta\omega}{2}t\right) \sin\omega t \qquad \textbf{(Schwebung).} \tag{3}$$

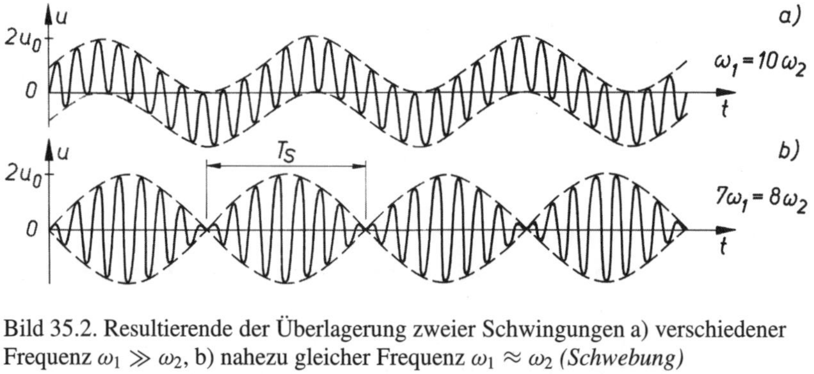

Bild 35.2. Resultierende der Überlagerung zweier Schwingungen a) verschiedener Frequenz $\omega_1 \gg \omega_2$, b) nahezu gleicher Frequenz $\omega_1 \approx \omega_2$ *(Schwebung)*

Dieser Ausdruck beschreibt – gemäß der schnell veränderlichen sin-Funktion – eine Schwingung der Frequenz ω, deren Amplitude gleich $2u_0 \cos[(\Delta\omega/2)t]$ ist, welche aber nicht konstant bleibt, sondern gemäß der (wegen $\Delta\omega \ll \omega$) langsam veränderlichen cos-Funktion periodisch zwischen 0 und $2u_0$ anschwillt und abklingt (Bild 35.2b; es zeigt allerdings die Schwebung mit dem Sinus anstelle des Kosinus in (3) als Amplitudenfunktion).

Schwebungen sind Schwingungen mit periodisch anschwellender und abklingender Amplitude.

Ihre größte Schwingungsamplitude $u_m = 2u_0$ bezeichnet man als *Schwebungsamplitude*. Da während einer Periode der cos- bzw. sin-Funktion zwei Schwebungsperioden ausgeführt werden, entspricht die *Schwebungsdauer* T_S der halben Periodendauer der cos- bzw. sin-Funktion, d. h. $(\Delta\omega/2)T_S = \pi$ oder $T_S = 2\pi/\Delta\omega = 1/(f_1 - f_2) = 1/f_S$. Daraus folgt:

Die Schwebungsfrequenz ist die Differenzfrequenz der überlagerten Schwingungen: $f_S = |f_1 - f_2|$.

Die Schwebung wird gern mit zwei gleichzeitig angeschlagenen Stimmgabeln demonstriert, deren Eigenfrequenzen sich nur um einige Hertz unterscheiden. Man vernimmt einen Ton der mittleren Frequenz $\bar{\omega}$, dessen Amplitude (Lautstärke) langsam zu- und abnimmt.
Sind die Amplituden der zwei Teilschwingungen nicht gleich, dann entsteht eine sog. „unreine" Schwebung, d. h., ihre Schwebungsamplitude wird nicht null, sondern durchläuft Minima.

Aufgabe 35.1. Ein mit Leuchtstoffröhren beleuchtetes Vierbackenfutter einer Drehmaschine läuft scheinbar rückwärts *(stroboskopischer Effekt)*. Wie hoch ist seine Drehzahl n, wenn es bei 50-Hz-Wechselstrom in jeder Halbperiode einmal beleuchtet wird und dabei 12 Umdrehungen je Minute beobachtet werden?

Aufgabe 35.2. Eine Saite von 88 cm Länge gibt den gleichen Ton wie eine Stimmgabel mit der Frequenz $f = 440$ Hz *(Kammerton* a*)*. Verkürzt man die Saite bei gleich bleibender Saitenspannung um 0,6 cm, so erzeugen die Töne von Saite und Stimmgabel in ihrer Überlagerung eine Schwebung. Wie hoch ist die Schwebungsfrequenz f_S? – *Anleitung:* Die Frequenz der Grundschwingung einer Saite ist umgekehrt proportional zur Länge der Saite.

35.2 Gekoppelte Schwingungen

Gekoppelte Schwingungen demonstriert man gern mit zwei gleichen Pendeln, die über geeignete *Koppelglieder* miteinander in Wechselwirkung treten. Die Kopplung kann beim Fadenpendel durch eine starre Verbindung in bestimmter Höhe erzeugt werden. Als Realisierungsvariante zeigt Bild 35.3 Pendel, die in parallelen Ebenen schwingen. In beliebiger Lage werden beide Pendel beim Schwingen aufeinander Kräfte ausüben, so dass ihre Bewegung nicht mehr unabhängig voneinander abläuft.

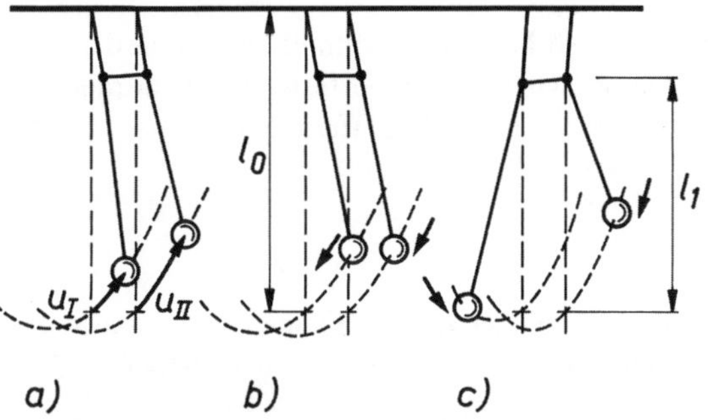

Bild 35.3. Gekoppelte Pendel:
a) Schwingungslagen u_I und u_{II};
b) gleichphasige Schwingung $u_I = u_{II}$;
c) gegenphasige Schwingung $u_I = -u_{II}$
(Pfeile zeigen in die momentane Bewegungsrichtung.)

Bei einem Demonstrationsversuch wird das Pendel I statisch um $u_I = u_m$ ausgelenkt und das Pendel II in der Ruhelage $u_{II} = 0$ festgehalten; zum Zeitpunkt $t = 0$ wird das gekoppelte

Schwingungssystem sich selbst überlassen. Man beobachtet für jedes Pendel den Vorgang einer **Schwebung** (s. Bild 35.4), der sich analog auch bei anderen gleichen Oszillatoren (z. B. linearen Federschwingern und elektrischen Schwingkreisen), die „lose“ gekoppelt sind, so abspielt.

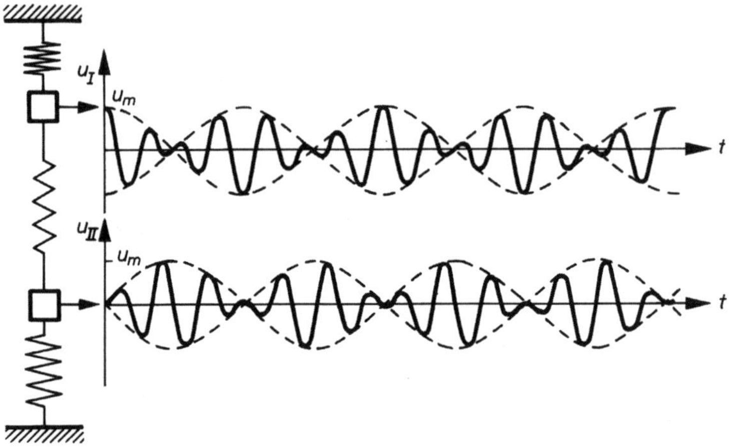

Bild 35.4. Gekoppelte Federschwingungen

Das Pendel I regt über das Koppelglied das Pendel II zu erzwungenen Schwingungen an. Da aber Erreger und Mitschwinger ein abgeschlossenes System bilden, ist die gesamte Schwingungsenergie konstant, und die Amplituden von I müssen abnehmen, wenn die von II zunehmen. Nach einer halben Schwebungsperiode ruht das Pendel I, wenn Pendel II mit maximaler Amplitude schwingt und die gesamte Schwingungsenergie aufgenommen hat. Mit vertauschten Rollen läuft der Vorgang in umgekehrter Richtung erneut ab usw. Man stellt fest:

Zwischen gekoppelten Oszillatoren findet ein laufender, zeitlich periodischer Energieaustausch statt.

Nur in zwei besonderen Fällen, man nennt sie **Fundamentalschwingungen** des gekoppelten Systems, findet *kein* Energieaustausch statt: Schwingen die Pendel *gleichphasig* (Bild 35.3b), so entfällt die Wirkung des Koppelgliedes; beide schwingen mit ihrer Eigenfrequenz

$$f_0 = \frac{1}{T_0} = \frac{1}{2\pi}\sqrt{\frac{g}{l_0}}.$$

Schwingen die Pendel *gegenphasig* (Bild 35.3c), so kann aus Symmetriegründen der Mittelpunkt des Koppelgliedes ohne Einfluss auf den Schwingungsablauf festgehalten werden; beide Pendel schwingen bei verkürzter Pendellänge $l_1 < l_0$ mit der Eigenfrequenz

$$f_1 = \frac{1}{T_1} = \frac{1}{2\pi}\sqrt{\frac{g}{l_1}}.$$

Die Überlagerung der Fundamentalschwingungen mit den Frequenzen f_0 und f_1 ergibt die Schwebung der gekoppelten Oszillatoren mit der Schwebungsfrequenz $f_S = f_1 - f_0$.

Die beiden gleichen linearen Federschwinger (Massen m, Federkonstanten k) in Bild 35.4 (links) führen gekoppelte Schwingungen aus, wenn sie über eine elastische Koppelfeder (Federkonstante k_{12}) verbunden sind. Auch dafür lassen sich die Frequenzen der Fundamentalschwingungen leicht angeben. Schwingen die Massen gleichphasig, wird die Koppelfeder nicht deformiert, und beide schwingen unabhängig voneinander mit ihrer Eigenfrequenz (33/7)

$$f_0 = \frac{1}{2\pi}\sqrt{\frac{k}{m}}. \tag{4}$$

Schwingen die Massen gegenphasig aufeinander zu und voneinander weg, bleibt aus Symmetriegründen die Mitte der Koppelfeder in Ruhe; sie könnte dort auch ohne Einfluss auf den Schwingungsablauf befestigt sein. Die elastischen Kräfte auf jede der Massen werden damit durch die Federkonstanten k und $2k_{12}$ der halbierten Koppelfeder bestimmt. Beide schwingen jetzt mit der Eigenfrequenz

$$f_1 = \frac{1}{2\pi}\sqrt{\frac{k+2k_{12}}{m}}. \tag{5}$$

Um die Bewegung beider Oszillatormassen I und II in Abhängigkeit von der Zeit (Bild 35.4) zu erhalten, muss man ihre Bewegungsgleichungen aufstellen. Man betrachte einen Schwingungszustand, bei dem Masse I um u_{I} und Masse II um u_{II} aus der Ruhelage ausgelenkt sind. Dabei ist die Koppelfeder um $u_{\mathrm{I}} - u_{\mathrm{II}}$ gedehnt bzw. gestaucht, deshalb wirken zusätzlich auf die Masse I die rücktreibende Kraft $-k_{12}(u_{\mathrm{I}} - u_{\mathrm{II}})$ und nach dem Wechselwirkungsprinzip (4/24) auf die Masse II die entgegengerichtete Kraft $-k_{12}(u_{\mathrm{II}} - u_{\mathrm{I}})$. Mit den Federkräften $-ku_{\mathrm{I}}$ bzw. $-ku_{\mathrm{II}}$ auf die Massen I bzw. II gilt (vgl. 33/1 und 2)

$$m\ddot{u}_{\mathrm{I}} + ku_{\mathrm{I}} + k_{12}(u_{\mathrm{I}} - u_{\mathrm{II}}) = 0, \tag{6}$$

$$m\ddot{u}_{\mathrm{II}} + ku_{\mathrm{II}} + k_{12}(u_{\mathrm{II}} - u_{\mathrm{I}}) = 0. \tag{7}$$

Werden beide Gleichungen einmal addiert und zum anderen subtrahiert, so gewinnt man nach Division durch m Bewegungsgleichungen vom Typ der freien ungedämpften Schwingung (vgl. 33.1)

$$(\ddot{u}_{\mathrm{I}} + \ddot{u}_{\mathrm{II}}) + \frac{k}{m}(u_{\mathrm{I}} + u_{\mathrm{II}}) = 0, \tag{8}$$

$$(\ddot{u}_{\mathrm{I}} - \ddot{u}_{\mathrm{II}}) + \frac{k+2k_{12}}{m}(u_{\mathrm{I}} - u_{\mathrm{II}}) = 0 \tag{9}$$

für die Veränderlichen $u_1 = u_{\mathrm{I}} + u_{\mathrm{II}}$ und $u_2 = u_{\mathrm{I}} - u_{\mathrm{II}}$. Als allgemeine Lösungen von (8) und (9) ergeben sich im Gegensatz zu (6) und (7) harmonische Schwingungen, und zwar u_1 mit der Kreisfrequenz $\omega_0 = \sqrt{k/m}$ und u_2 mit der Kreisfrequenz $\omega_1 = \sqrt{(k+2k_{12})/m}$, in Übereinstimmung mit (4) und (5). Damit entsprechen u_1 und u_2 den Fundamentalschwingungen, die im Fall der gleichphasigen Schwingung $u_{\mathrm{I}} = u_{\mathrm{II}}$, wo nur $u_1 \neq 0$, und im Fall der gegenphasigen Schwingung $u_{\mathrm{I}} = -u_{\mathrm{II}}$, wo nur $u_2 \neq 0$, deutlich hervortreten.
Zur Demonstration gekoppelter Schwingungen werden jetzt Anfangsbedingungen gestellt. Es sei nach Bild 35.4 für $t = 0$: $u_{\mathrm{I}}(0) = u_{\mathrm{m}}$, $u_{\mathrm{II}}(0) = 0$ und $\dot{u}_{\mathrm{I}}(0) = \dot{u}_{\mathrm{II}}(0) = 0$. Daraus folgt $u_1(0) = u_2(0) = u_{\mathrm{m}}$ und $\dot{u}_1(0) = \dot{u}_2(0) = 0$. Man überzeuge sich, dass die harmonischen Schwingungen

$$u_1 = u_{\mathrm{m}} \cos\omega_0 t \qquad \text{und} \qquad u_2 = u_{\mathrm{m}} \cos\omega_1 t$$

die Anfangsbedingungen befriedigen. Durch Überlagerung ergeben sich die *Schwebungen*

$$u_{\mathrm{I}} = \frac{u_1 + u_2}{2} = \frac{u_{\mathrm{m}}}{2}(\cos\omega_0 t + \cos\omega_1 t) = u_{\mathrm{m}} \cos\left(\frac{\omega_1 - \omega_0}{2}t\right) \cos\left(\frac{\omega_1 + \omega_0}{2}t\right),$$

$$u_{\mathrm{II}} = \frac{u_1 - u_2}{2} = \frac{u_{\mathrm{m}}}{2}(\cos\omega_0 t - \cos\omega_1 t) = u_{\mathrm{m}} \sin\left(\frac{\omega_1 - \omega_0}{2}t\right) \sin\left(\frac{\omega_1 + \omega_0}{2}t\right).$$

Man definiert als Maß für die Kopplung den *Kopplungsgrad*

$$\varkappa = \frac{k_{12}}{k + k_{12}} = \frac{f_1^2 - f_0^2}{f_1^2 + f_0^2} \qquad (0 < \varkappa < 1). \tag{10}$$

Bei loser Kopplung ist $k_{12} \ll k$; $\varkappa$ wird dann klein und $f_0 \approx f_1$.

Treten nicht nur zwei, sondern n Oszillatoren über geeignete Koppelglieder in Wechselwirkung, ergeben sich auch n Eigenfrequenzen des gekoppelten Systems *(Fundamental-* oder *Eigenschwingungen).* Große Bedeutung hat die Untersuchung der Eigenschwingungen einer großen Anzahl elastisch gekoppelter Teilchen für die Molekülphysik und für die Festkörperphysik der Gitterschwingungen.

Beispiel: Man bestimme die Schwebungsdauer T_S und den Kopplungsgrad $\varkappa$ gekoppelter Pendel aus Messungen der Periodendauern der beiden Fundamentalschwingungen $T_0 = 1{,}277$ s und $T_1 = 1{,}211$ s. – *Lösung:* $T_S = 1/f_S = 1/(f_1 - f_0) = T_0 T_1/(T_0 - T_1) = 23$ s; nach (10) ist $\varkappa = (T_0^2 - T_1^2)/(T_0^2 + T_1^2) = 0{,}053 = 5{,}3\%$.

35.3 Überlagerung zweier Schwingungen längs aufeinander senkrechter Richtungen

Kann ein Oszillator, z. B. ein Fadenpendel, Schwingungen auf einer Fläche ausführen, so hat er zwei Freiheitsgrade. Um den Verlauf der charakteristischen Bahnkurven zu beschreiben, bedient man sich eines von der Ruhelage zum Schwerpunkt der Oszillatormasse zeigenden Vektors $\boldsymbol{s} = \{u, v\}$ mit den *zueinander senkrechten* Komponenten u und v für die Auslenkungen in x- und y-Richtung. Die Überlagerung der unabhängigen Teilschwingungen

$$u = u_0 \sin(\omega_1 t + \varphi_1) \tag{11}$$

$$v = v_0 \sin(\omega_2 t + \varphi_2) \tag{12}$$

ergibt die Resultierende $\boldsymbol{s}$ *(vektorielle Superposition).* Da die sin-Funktionen nur Werte zwischen ± 1 annehmen können, muss die Bahnkurve des Oszillators innerhalb des *Amplitudenrechtecks* mit den Seiten $2u_0$ und $2v_0$ verlaufen.

Elliptische Schwingungen. Sind wie beim Fadenpendel keine Schwingungsrichtungen vor anderen ausgezeichnet, so sind auch die Frequenzen der Schwingung längs aufeinander senkrechter Richtungen gleich; es gilt $\omega_1 = \omega_2 = \omega$ für *elliptische* Schwingungen. Den Verlauf der Bahnkurven zeigt Bild 35.5; er wird durch die Phasendifferenz $\Delta\varphi = \varphi_1 - \varphi_2$ und die Amplituden u_0 und v_0 der Teilschwingungen bestimmt.

Herleitung der Bahnkurve. Nach einem Additionstheorem der Trigonometrie folgt aus (11) mit $\varphi_1 = \varphi_2 + \Delta\varphi$, wenn überdies nach (12) $\sin(\omega t + \varphi_2) = v/v_0$ und $\cos(\omega t + \varphi_2) = \sqrt{1 - (v/v_0)^2}$ eingesetzt wird:

$$\frac{u}{u_0} = \sin(\omega t + \varphi_2 + \Delta\varphi) = \sin(\omega t + \varphi_2)\,\cos\Delta\varphi + \cos(\omega t + \varphi_2)\,\sin\Delta\varphi$$

$$= \frac{v}{v_0}\cos\Delta\varphi + \sqrt{1 - \left(\frac{v}{v_0}\right)^2}\,\sin\Delta\varphi.$$

Durch Umformen und Quadrieren erhält man:

$$\left(\frac{u}{u_0} - \frac{v}{v_0}\cos\Delta\varphi\right)^2 = \left[1 - \left(\frac{v}{v_0}\right)^2\right]\sin^2\Delta\varphi$$

und daraus schließlich

$$\left(\frac{u}{u_0}\right)^2 - 2\frac{uv}{u_0 v_0}\cos\Delta\varphi + \left(\frac{v}{v_0}\right)^2 = \sin^2\Delta\varphi$$ **(Bahnkurve der elliptischen Schwingung).**

Der berechnete Verlauf entspricht einer Ellipse, deren Hauptachsen im Allgemeinen nicht mit den Koordinatenachsen zusammenfallen. Nur für $\Delta\varphi = \pi/2$ bzw. $= 3\pi/2$ nimmt die Ellipse die Hauptlage

$$\left(\frac{u}{u_0}\right)^2 + \left(\frac{v}{v_0}\right)^2 = 1$$

ein. Besondere Bedeutung haben die folgenden *Spezialfälle:*

Zirkulare Schwingung: Bei gleichen Amplituden $u_0 = v_0$ gehen die Ellipsen der Hauptlage ($\Delta\varphi = \pi/2$ bzw. $= 3\pi/2$) in einen *Kreis* über, der mit konstanter Winkelgeschwindigkeit ω durchlaufen wird.

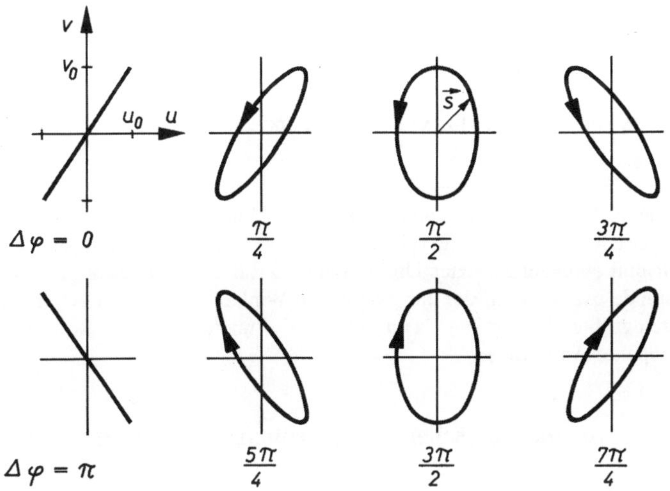

Bild 35.5. Elliptische Schwingungen. Für $0 < \Delta\varphi < \pi$ werden die Ellipsen im mathematischen Drehsinn und für $\pi < \Delta\varphi < 2\pi$ entgegen diesem durchlaufen (*rechts-* und *linkselliptische* Schwingungen).

Lineare Schwingung: Für $\Delta\varphi = 0$ bzw. $= \pi$ entartet die Ellipse zu einer in sich zurücklaufenden *Geraden* durch den Ursprung:

$$\left(\frac{u}{u_0} \mp \frac{v}{v_0}\right)^2 = 0 \qquad \text{oder} \qquad v = \pm\frac{v_0}{u_0}u.$$

Die Resultierende zweier harmonischer Schwingungen längs aufeinander senkrechter Richtungen und gleicher Frequenz ist eine elliptische Schwingung, deren Bahnkurve von der Phasendifferenz und dem Amplitudenverhältnis der Teilschwingungen abhängt.

Lissajous-Figuren. Sind die Frequenzen zweier aufeinander senkrechter Schwingungen verschieden ($\omega_1 \neq \omega_2$), so erhält man bei der Überlagerung Bahnkurven mit komplizierter Struktur. Verhalten sich $\omega_1/\omega_2 = n_1/n_2$ wie ganze Zahlen, ergibt sich wieder eine periodische Bewegung mit $\omega = n_2\omega_1 = n_1\omega_2$. Nach n_2 Perioden der einen und n_1 Perioden der anderen Teilschwingung wiederholt sich der gleiche Schwingungszustand. Das Bild der stehenden Kurve

ist noch von der Anfangsphasendifferenz $\Delta\varphi$ und dem Amplitudenverhältnis u_0/v_0 der beiden Teilschwingungen abhängig. Einige Spezialfälle zeigt Bild 35.6. Man nennt die Bahnen der zweifach periodischen Bewegung allgemein LISSAJOUS-*Figuren*.
Man kann elliptische Schwingungen und LISSAJOUS-Figuren auf dem Leuchtschirm eines Oszillographen sichtbar machen. Die Überlagerung zweier elektrischer Schwingungen längs aufeinander senkrechter Richtungen geschieht dabei durch gleichzeitige Ablenkung des Elektronenstrahls in horizontaler und vertikaler Richtung.

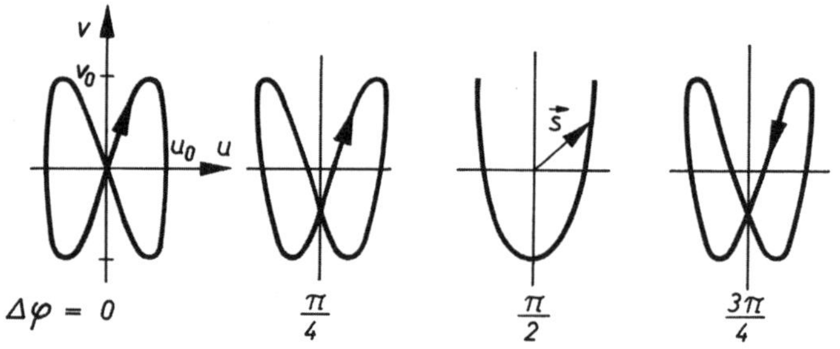

Bild 35.6. LISSAJOUS-Figuren für $\omega_1/\omega_2 = 1/2$ und $u_0/v_0 = 2/3$

Beispiel: Man überlege, welche Resultierende die Überlagerung zweier zirkularer Schwingungen gleicher Amplitude u_0, gleicher Frequenz, aber entgegengesetzter Umlaufrichtung ergibt. – *Lösung:* Man zeichne verschiedene Phasen der Auslenkungsvektoren $\boldsymbol{s}$ und $\boldsymbol{s}'$, deren Endpunkte sich mit konstanter Winkelgeschwindigkeit und entgegengesetzter Umlaufrichtung auf einem Kreisbogen vom Radius u_0 bewegen. Die Resultierende oszilliert auf der unbeweglichen Winkelhalbierenden zwischen den Vektoren $\boldsymbol{s}$ und $\boldsymbol{s}'$ und hat ihren größten Betrag $2u_0$, wenn sich $\boldsymbol{s}$ und $\boldsymbol{s}'$ überdecken. Die Resultierende ist eine lineare Schwingung doppelter Amplitude.

35.4 Überlagerung von harmonischen zu anharmonischen Schwingungen

Bei vielen physikalischen und technischen Problemen ergibt sich die Fragestellung: Welcher Schwingungsablauf entsteht, wenn die **Grundschwingung** $u_1 \sin(\omega_1 t + \varphi_1)$ mit ihren **Oberschwingungen** $u_n \sin(n\omega_1 t + \varphi_n)$ überlagert wird? Eine Oberschwingung ist eine harmonische Schwingung, deren Frequenz $\omega_n = n\omega_1$ ein ganzzahliges Vielfaches einer Grundfrequenz ω_1 beträgt, die also n-mal so schnell schwingt. Die Schwingung doppelter Grundfrequenz heißt 1. Oberschwingung oder 2. Harmonische, die dreifacher Grundfrequenz 2. Oberschwingung oder 3. Harmonische usw. Zu untersuchen ist somit der Schwingungsvorgang

$$u(t) = u_0 + u_1 \sin(\omega_1 t + \varphi_1) + u_2 \sin(2\omega_1 t + \varphi_2) + u_3 \sin(3\omega_1 t + \varphi_3) + \ldots$$

$$= u_0 + \sum_{n=1}^{\infty} u_n \sin(n\omega_1 t + \varphi_n), \tag{13}$$

wobei u_0 den Mittelwert des Vorgangs berücksichtigt. Eine unendliche Reihe der Gestalt (13) bezeichnet man als **Fourier-Reihe**.
Nach Ablauf einer Periodendauer $T = 2\pi/\omega_1$ entsteht für die Grundschwingung wieder der gleiche Schwingungszustand. Für die 1. Oberschwingung sind nach der Zeit T bereits 2 Perioden verstrichen, und es entsteht zum zweiten Mal der gleiche Schwingungszustand; für die 2. Oberschwingung liegt nach der Zeit T zum dritten Mal der gleiche Schwingungszustand

vor usw. Bei Überlagerung muss die gemeinsame periodische Eigenschaft aller Teilschwingungen auch für die nichtharmonische Summe erhalten bleiben. Periodische nichtharmonische Vorgänge nennt man auch anharmonische Schwingungen. Dafür gilt

$$u(t) = u(t+T)$$ **(periodische Eigenschaft harmonischer und anharmonischer Schwingungen).**

Von großer Bedeutung ist auch das umgekehrte Verfahren der

Fourier-Analyse:

Jede anharmonische Schwingung lässt sich in eine Summe harmonischer Teilschwingungen (Grund- und Oberschwingungen) zerlegen.

Das Problem ist gelöst, wenn die Amplituden u_n und die Anfangsphasen φ_n in (13) bestimmt sind. Nach einem Additionstheorem der Trigonometrie ist

$$u_n \sin(n\omega_1 t + \varphi_n) = u_n[\sin\varphi_n \, \cos(n\omega_1 t) + \cos\varphi_n \, \sin(n\omega_1 t)].$$

Wird $u_n \sin\varphi_n = a_n$ und $u_n \cos\varphi_n = b_n$ gesetzt, so ergibt sich die FOURIER-Reihe (13) in der Form

$$u(t) = u_0 + \sum_{n=1}^{\infty} a_n \cos(n\omega_1 t) + \sum_{n=1}^{\infty} b_n \sin(n\omega_1 t) \qquad \textbf{(Fourier-Reihe).} \tag{14}$$

Wie in Lehrbüchern der Mathematik gezeigt wird, berechnen sich die FOURIER-*Koeffizienten* a_n und b_n durch folgende Integrale über eine Periode:

$$a_n = \frac{2}{T}\int_0^T u(t)\cos(n\omega_1 t)\,\mathrm{d}t, \qquad b_n = \frac{2}{T}\int_0^T u(t)\sin(n\omega_1 t)\,\mathrm{d}t. \tag{15}$$

Wenn a_n und b_n bestimmt sind, ergeben sich die Amplituden und die Anfangsphasen in (13) aus

$$u_n^2 = a_n^2 + b_n^2 \qquad \text{und} \qquad \tan\varphi_n = \frac{a_n}{b_n}.$$

Für *gerade* Funktionen, die nach Spiegelung an der Ordinate den gleichen Verlauf $u(-t) = u(t)$ ergeben, sind alle $b_n = 0$. Für *ungerade* Funktionen, die nach Spiegelung an Ordinate und Abszisse wieder den gleichen Verlauf $u(-t) = -u(t)$ ergeben, sind alle $a_n = 0$ und $u_0 = 0$. Die FOURIER-Reihen (14) gerader Funktionen $u(t)$ enthalten also nur cos-Glieder, die ungerader Funktionen nur sin-Glieder.

Beispiel: Man zerlege die *Rechteck-Schwingung* in Bild 35.7 in harmonische Schwingungen. – *Lösung:* Der Verlauf ist eine ungerade Funktion, folglich sind alle $a_n = 0$, außerdem ist $u_0 = 0$. Die FOURIER-Koeffizienten (15) und die FOURIER-Reihe (14) ergeben sich zu

$$b_n = \frac{2}{T}u_\mathrm{m}\left(\int_0^{T/2}\sin(n\omega_1 t)\,\mathrm{d}t - \int_{T/2}^{T}\sin(n\omega_1 t)\,\mathrm{d}t\right) = 2u_\mathrm{m}\,\frac{1-\cos(n\pi)}{n\pi} = 2u_\mathrm{m}\,\frac{1-(-1)^n}{n\pi};$$

$$u(t) = \frac{4u_\mathrm{m}}{\pi}\left(\sin(\omega_1 t) + \frac{1}{3}\sin(3\omega_1 t) + \frac{1}{5}\sin(5\omega_1 t) + \frac{1}{7}\sin(7\omega_1 t) + \ldots\right). \tag{16}$$

In diesem Fall verschwinden alle zu den geradzahligen Vielfachen der Grundfrequenz ω_1 gehörigen Amplituden u_n. Bild 35.8 zeigt die Annäherung des Rechtecks durch die Summe der Harmonischen. Praktisch brauchbare Näherungen für den Schwingungsvorgang $u(t)$ erreicht man meist mit einer geringen Anzahl von Oberschwingungen.

Spektren physikalischer Vorgänge. Stellt man die Amplituden u_n der harmonischen Teilschwingungen in Abhängigkeit von ihrer Frequenz dar, erhält man das *Amplitudenspektrum* des Vorgangs. Bild 35.7 zeigt das Spektrum der Rechteck-Schwingung (s. o.). Für streng periodische Vorgänge ergibt sich ein **Linienspektrum**.
Auch *unperiodische* Vorgänge (z. B. gedämpfte Schwingungen) können durch Überlagerung harmonischer Schwingungen dargestellt werden. Es zeigt sich, dass im Allgemeinen statt diskreter Spektrallinien eine lückenlos dichte Anhäufung von Spektrallinien, ein **kontinuierliches Spektrum**, entsteht.

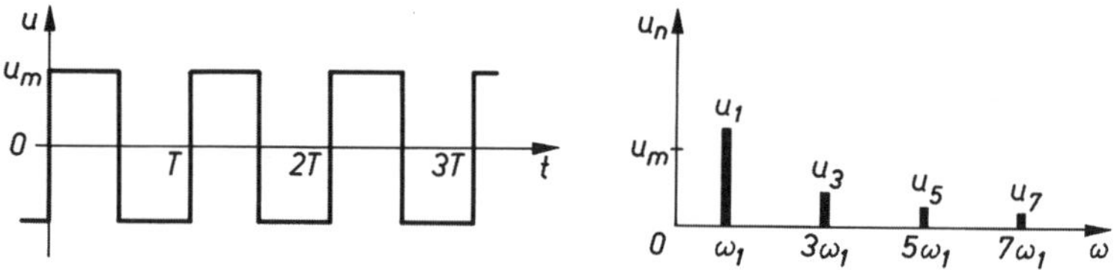

Bild 35.7. Rechteck-Schwingung (links) und zugehöriges Linienspektrum (rechts);
$$u(t) = u(t+T) = \begin{cases} u_m & \text{für} \quad 0 \le t < T/2, \\ -u_m & \text{für} \quad T/2 \le t < T. \end{cases}$$

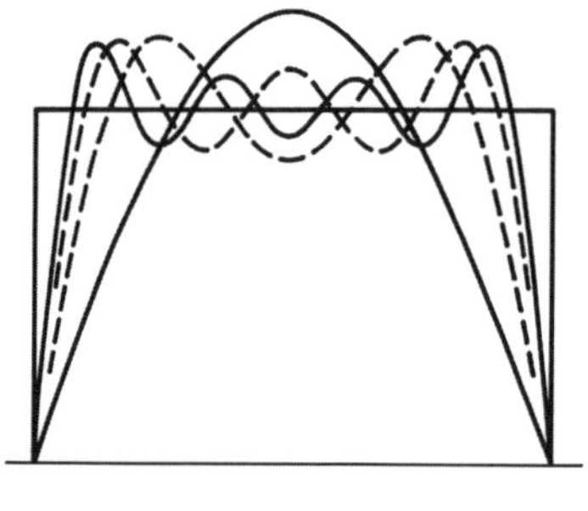

Bild 35.8. Approximation einer Rechteck-Schwingung durch die Grundschwingung und durch die mit $7\omega_1$ abgebrochene FOURIER-Reihe (16), demonstriert an einer halben Periode. Zwischensummen bis zu $3\,\omega_1$ bzw. $5\,\omega_1$ sind gestrichelt gezeichnet.

Die spektrale Zerlegung eines Vorgangs in seine harmonischen Teilschwingungen wird in vielfältiger Weise durch die Natur und durch die Experimente des Menschen realisiert. So hat jeder harmonische Oszillator die Eigenschaft, unter Einfluss einer Fremderregung erzwungene Schwingungen auszuführen und auf diejenigen Komponenten anzusprechen, die in der Nähe seiner Eigenfrequenz liegen *(Resonanz)*. Die *Absorption* bestimmter Frequenzbänder kann damit erklärt werden. Durch Änderung der Resonanzfrequenz des Oszillators erfolgt die *Abstimmung* der Rundfunk- und Fernsehempfänger, die aus einem umfangreichen Spektrum der drahtlosen Informationsübertragung die interessierenden Komponenten (Programme) aussieben. Registriergeräte zur originalgetreuen Erfassung eines breiten Frequenzspektrums (z. B. Mikrofone) arbeiten auch nach dem Prinzip des Mitschwingens; jedoch liegt der Resonanzbereich entweder weit außerhalb, oder er wird durch große Dämpfung unterdrückt.

Aufgabe 35.3. Ein in der Elektronik häufig anzutreffender Spannungsverlauf ist die sog. *Sägezahn-Spannung* oder *Kippschwingung* $u(t) = u_\mathrm{m} t/T$ für $0 \le t < T$ und anschließender periodischer Fortsetzung für $t \ge T$. Man berechne die zugehörigen FOURIER-Koeffizienten.

35.5 Nichtlineare Schwingungen. Deterministisches Chaos

Bei den bisher behandelten *harmonischen* Schwingungen besteht zwischen der Auslenkung u bzw. φ des Systems aus der Gleichgewichtslage und der rücktreibenden Kraft bzw. dem rücktreibenden Drehmoment ein *linearer* Zusammenhang, ausgedrückt durch die Gesetze (33/1) bzw. (33/12). Für viele reale Schwingungen ist diese einfache Proportionalität jedoch nur näherungsweise erfüllt, wie z. B. schon beim einfachen Fadenpendel, für dessen Periodendauer deshalb nur für sehr kleine Auslenkungen φ_0 die Beziehung (33/17) $T_0 = 2\pi\sqrt{l/g}$ gilt, für größere dagegen die genauere Abhängigkeit (33/18)

$$T(\varphi_0) = 2\pi\sqrt{\frac{l}{g}}\left(1 + \frac{1}{16}\varphi_0^2 + \frac{11}{3072}\varphi_0^4 + \cdots\right). \tag{17}$$

Hierin zeigt sich eine der wichtigsten Eigenschaften der *anharmonischen* Schwingung:

Die Eigenfrequenz bzw. Periodendauer einer anharmonischen Schwingung ist nicht konstant, sondern hängt von der Amplitude der Schwingung ab.

Hieraus resultieren ganz neue Effekte, wie Sprünge von Amplitude und Phase bei periodisch angetriebenen nichtlinearen Schwingern oder gar der gänzliche Verlust der Periodizität der Bewegung bis hin zum irregulären (*chaotischen*) Verhalten des schwingenden Systems bei Überschreitung eines kritischen Wertes der Anregungsamplitude.

Die freie nichtlineare Schwingung. Nach (17) schwingt das Pendel also nicht isochron, sondern näherungsweise mit einer um $\Delta T = T_0\varphi_0^2/16$ gegenüber T_0 vergrößerten Periodendauer. Zu diesem Ergebnis gelangt man, wenn beim rücktreibenden Drehmoment $M = -mgs\sin\varphi$ des ausgelenkten Pendels (vgl. 33.4) nicht von der Linearisierung $\sin\varphi \approx \varphi$ ausgegangen, sondern der erste nichtlineare Term in der TAYLOR-Reihenentwicklung der Sinusfunktion, $\sin\varphi \approx \varphi - \varphi^3/6$, berücksichtigt wird. Damit erhält man $M = -mgs(\varphi - \varphi^3/6)$, woraus mit den Abkürzungen $A = -mgs/6$ und $D = mgs$ an Stelle der harmonischen Schwingungsgleichung (33/13) für die Drehschwingung die nichtlineare Differentialgleichung

$$J\frac{\mathrm{d}^2\varphi}{\mathrm{d}t^2} + D\varphi + A\varphi^3 = 0 \qquad (J \text{ Massenträgheitsmoment})$$

folgt, bzw. die für viele ungedämpfte nichtlineare Schwingungen typische Form

$$\frac{\mathrm{d}^2u}{\mathrm{d}t^2} + \omega_0^2 u + au^3 = 0 \qquad \textbf{(Bewegungsgleichung des anharmonischen Oszillators),} \tag{18}$$

die sich von der Bewegungsgleichung des harmonischen Oszillators (33/2 mit 6) durch einen kubischen Term au^3 unterscheidet. Beim anharmonischen Pendel hat u die Bedeutung von φ, und es ist $\omega_0 = \sqrt{mgs/J}$ und $a = -\omega_0^2/6$. Oder es ist im Fall einer Schraubenfeder, wenn diese über den elastischen Bereich hinaus gedehnt wird, $\omega_0 = \sqrt{k/m}$ und $a = k'/m$, wobei für die rücktreibende Federkraft anstelle von (33/1) gilt:

$$F = -ku - k'u^3 \qquad \textbf{(nichtlineares Kraftgesetz).} \tag{19}$$

Eine näherungsweise Lösung der anharmonischen Schwingungsgleichung (18) ergibt mit dem periodischen Lösungsansatz $u = u_0\cos\omega t$ und $\cos^3\omega t \approx (3/4)\cos\omega t$ (Grundschwingung) für Eigenfrequenz und Periodendauer:

$$\omega = \omega_0\sqrt{1 + \frac{3au_0^2}{4\omega_0^2}}, \qquad T \approx T_0\left(1 - \frac{3au_0^2}{8\omega_0^2}\right). \tag{20a,b}$$

Für das anharmonische Pendel mit der Auslenkung $u_0 = \varphi_0$ und mit $a = -\omega_0^2/6$ (s. o.) folgt daraus die erste Näherung obiger Gleichung (17) $T = T_0(1 + \varphi_0^2/16)$.

Beispiel: Wie groß darf der maximale Auslenkungswinkel einer Pendelschwingung gewählt werden, damit diese innerhalb des relativen Fehlers von 0,1% als isochron betrachtet werden kann? – *Lösung:* Mit $\Delta T/T_0 = \varphi_0^2/16 \leq 0{,}1\% = 0{,}001$ folgt $\varphi_0 \leq \sqrt{16 \cdot 10^{-3}} = 0{,}126\,\text{rad} = 7{,}25°$.

Für die **erzwungene nichtlineare Schwingung** hat die Abhängigkeit der Periodendauer bzw. Eigenfrequenz von der Amplitude wichtige Konsequenzen für das *Resonanzverhalten bei periodischer Erregung*. Mit dem Kraftgesetz (19) geht die Bewegungsgleichung der erzwungenen Schwingung (33/29) in die folgende, um den anharmonischen Term au^3 erweiterte Gleichung über (x_0 Erregerausschlag, δ Dämpfungskonstante):

$$\frac{\mathrm{d}^2u}{\mathrm{d}t^2} + 2\delta\frac{\mathrm{d}u}{\mathrm{d}t} + \omega_0^2 u + au^3 = \omega_0^2 x_0 \sin(\omega t). \tag{21}$$

Mit dem periodischen Lösungsansatz $u = u_0 \sin(\omega t - \varphi)$, vgl. 33.6, und den gleichen Näherungsannahmen, auf denen auch die Lösung der Bewegungsgleichung (18) basiert, erhält man für den Zusammenhang zwischen Erregerfrequenz ω und Amplitude u_0 der erregten Schwingung:

$$\omega^2 = \omega_0^2 - 2\delta^2 + \frac{3au_0^2}{4} \pm \sqrt{\frac{\omega_0^4 x_0^2}{u_0^2} + 4\delta^2\left(\delta^2 - \omega_0^2 - \frac{3au_0^2}{4}\right)}. \tag{22}$$

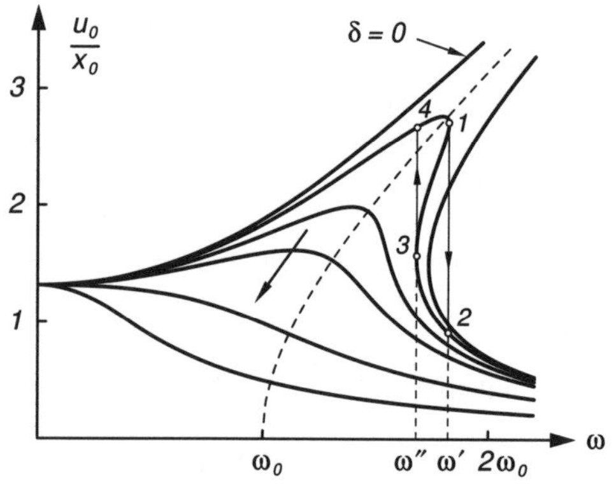

Bild 35.9. Amplitudengang der nichtlinearen erzwungenen Schwingung in Abhängigkeit von der Erregerfrequenz ω (in Pfeilrichtung nimmt die Dämpfung δ zu); gestrichelte Kurve: Gleichung (20a); beim Überschreiten der Frequenzen ω' und ω'' springt die Amplitude von *1* nach *2* bzw. von *3* nach *4*.

In Bild 35.9 ist der nach vorstehender Gleichung berechnete **Amplitudengang** u_0/x_0 in Abhängigkeit von der Erregerfrequenz ω für $a > 0$ und verschiedene Dämpfungskonstanten δ dargestellt. Die gestrichelte Kurve gibt die Abhängigkeit der Amplitude u_0 von der Eigenkreisfrequenz der freien ungedämpften Schwingung nach Gleichung (20a) wieder. Im Unterschied zur *harmonischen* erzwungenen Schwingung (vgl. Bild 33.8a) sind die Resonanzkurven *geneigt*, für $a > 0$ nach rechts und für $a < 0$ nach links. Hierdurch entstehen Mehrdeutigkeiten im Bereich der Überhänge, wodurch für eine bestimmte Erregerfrequenz ω zwei oder drei verschiedene Amplitudenwerte u_0 möglich sind. Von den drei übereinander liegenden Ästen einer Resonanzkurve im Bereich des Überhangs entsprechen jeweils nur der obere und untere Ast *stabilen* Schwingungszuständen. Welche Amplitudenwerte tatsächlich angenommen werden, hängt von der Vorgeschichte beim Durchlaufen der Erregerfrequenz ab. Erhöht man z. B. die Erregerfrequenz quasistatisch von $\omega = 0$ kommend, so wächst die Amplitude bis zum Punkt *1* in Bild 35.9, wo die Kurve eine vertikale Tangente hat, und springt von hier in den Zustand *2* mit der kleineren Amplitude. Verringert man ω wieder, so nimmt die Amplitude bis zum Punkt *3* kontinuierlich zu und springt dann wieder zum höheren Wert *4* (*Hysterese*).

Chaotisches Verhalten. Betrachtet man die potentielle Energie $E_p = -\int F\,du$ in Abhängigkeit von der Auslenkung u, so ergibt sich mit dem nichtlinearen Kraftgesetz (19)

$$E_p = \frac{k}{2}u^2 + \frac{k'}{4}u^4. \tag{23}$$

Hat k' (wie beim Drehpendel mit $u = \varphi$, $k' = -mgs/6$) negatives Vorzeichen, so weist der Verlauf der potentiellen Energie (23) drei Gleichgewichtslagen auf (vgl. 10.5), zwei stabile in den sog. Potentialmulden bei $u_{1,2} = \pm\sqrt{-k/k'}$ und eine instabile (labile) bei $u = 0$ (*Doppelmuldenpotential*; Bild 35.10). Realisierungen eines solchen *bistabilen* Schwingers sind beispielsweise das periodisch angetriebene Überschlagpendel (Überschlagschaukel) oder der Drehschwinger in Bild 33.4a mit einer auf dessen äußerem Rand befestigten, hinreichend großen Zusatzmasse. Bei kleinen Erregeramplituden schwingt die Masse harmonisch oder anharmonisch um eine der beiden Ruhelagen u_1 bzw. u_2. Bei Erregeramplituden, deren Energie die Höhe des Potentialberges zwischen den beiden Potentialmulden gerade übersteigt, kann die Schwingung scheinbar wie zufällig von der einen zur anderen Mulde wechseln. Kleinste Änderungen des Auslenkungswinkels entscheiden über die Stabilität oder Instabilität des Systems, im konkreten Fall also darüber, ob das Pendel im Überschlagpunkt umkehrt oder sich weiterdreht. Dies führt zu komplizierten, *stochastischen* Schwingungsverläufen, deren Periodendauer ein Vielfaches von derjenigen der Erregerschwingung betragen oder im Grenzfall sogar unendlich groß werden kann (sog. *deterministische Chaos*).

Chaotische Schwingungen treten also erst auf, wenn (bei gegebener Dämpfungskonstante δ) Erregeramplitude x_0 und Erregerfrequenz ω oberhalb gewisser kritischer Werte liegen. Genauere Untersuchungen zeigen, dass der Existenzbereich chaotischer Schwingungen auf bestimmte Wertebereiche dieser Parameter beschränkt ist und dass bei Veränderung der Parameter demzufolge ein vielfacher Wechsel zwischen chaotischem und periodischem Verhalten zu beobachten ist.

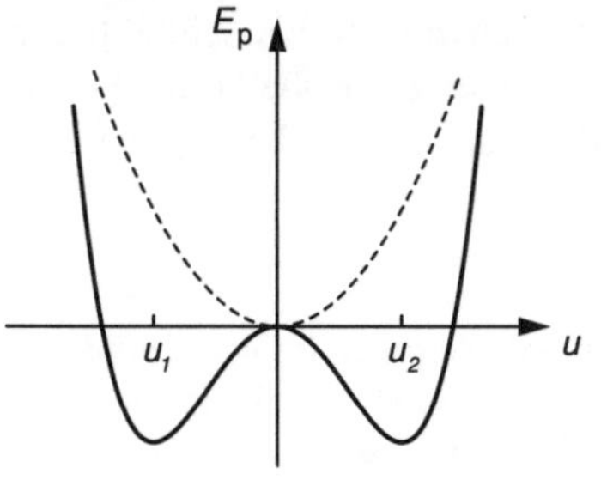

Bild 35.10. Potentielle Energie E_p in Abhängigkeit von der Auslenkung u für einen bistabilen nichtlinearen Schwinger (Doppelmuldenpotential) und für den harmonischen Oszillator ($k' = 0$ in (19) und (23); gestrichelte Kurve).

Deterministisches Chaos zeigen u. a. auch klassische Drei- und Mehrkörpersysteme, turbulente Strömungen, nichtlineare optische Systeme, gekoppelte chemische Reaktionen oder Klimamodelle. Die sensitive Abhängigkeit solcher Systeme von kleinen Störungen wird auch als *Schmetterlingseffekt* bezeichnet. Damit ist gemeint, dass sozusagen der Flügelschlag eines Schmetterlings im Prinzip das Wetter an einem davon weit entfernten Ort beeinflussen kann. Da die Anfangsbedingungen empirisch stets nur mit endlicher Genauigkeit bekannt sein können, ergeben sich aus der Verstärkung der Anfangsungenauigkeiten auch prinzipielle Grenzen der Vorhersagbarkeit des Langzeitverhaltens nichtlinearer Systeme (was zum Beispiel durch unsere Erfahrung mit der Wettervorhersage bestätigt zu werden scheint).

Die mit nichtlinearem Verhalten verbundenen Instabilitäten sind auch unabdingbare Voraussetzungen für *Strukturbildungsprozesse*, d. h. der spontane Übergang von einem raum-zeitlich homogenen Zustand eines Systems in einen räumlich oder zeitlich oszillierenden Zustand bei Veränderung äußerer Parameter. Beispiele hierfür sind Musterbildung in Strömungen durch hydrodynamische Instabilitäten, oszillierende chemische Reaktionen oder die Populationsdynamik in ökologischen Systemen. Hierbei handelt es sich zugleich um sog. *dissipative Strukturen*, wie sie für offene Systeme fernab vom thermodynamischen Gleichgewicht charakteristisch sind (vgl. 19.6, Entropieverhalten offener Systeme).

36 Allgemeine Wellenlehre

36.1 Zusammenhang von Schwingungen und Wellen

Jeder Stoff besteht aus Teilchen, deren Massen einer Änderung ihres Bewegungszustandes nur träge folgen, und er besitzt elastische Eigenschaften, die von der nichtstarren Kopplung der Teilchen untereinander herrühren. Die trägen und die elastischen Eigenschaften eines Stoffes bilden die Voraussetzung dafür, dass einerseits ein Masseteilchen nach Störung seines Gleichgewichtszustandes (ähnlich wie ein Federschwinger) Schwingungen um seine Gleichgewichtslage ausführt und dass sich andererseits eine solche Schwingung eines Teilchens an einem bestimmten Ort von diesem aus im Stoff *fortpflanzt*, indem jeweils ein Teilchen alle Nachbarteilchen zu erzwungenen Schwingungen anregt. Die Schwingung der Nachbarteilchen folgt dabei der Erregerschwingung mit einer geringen Zeitverzögerung bzw. Phasenverschiebung. Diese Erscheinung der Ausbreitung eines Schwingungszustandes im Raum, bei dem eine Energieübertragung, nicht aber ein Massentransport stattfindet, bezeichnet man als **Welle**.

Modell einer Welle. Wellenausbreitung demonstriert man gern mit einer *Pendelkette*, weil hier der Zusammenhang mit den Schwingungen offensichtlich ist. Während ein Pendel allein nur eine freie Schwingung mit seiner Eigenfrequenz um seine Ruhelage ausführen kann, führen zwei gleiche *gekoppelte* Pendel neben ihrer Schwingung eine *Schwebung* aus (vgl. 35.2). Zur Ausbildung einer Wellenerscheinung benötigt man viele in gleichen Abständen angeordnete gekoppelte Pendel, die bei Auslenkung aus der Ruhelage über geeignete Koppelglieder zu ihren jeweiligen Nachbarn auf diese Kräfte ausüben. Eine solche Kette erhält man, wenn man an die beiden in Bild 35.3 dargestellten Pendel links und rechts weitere gleichartige Pendel ankoppelt. Bei einem Demonstrationsversuch beobachtet man: Wird das äußere Pendel zu einer Schwingung angestoßen, ist es **Erregerzentrum** einer Welle. Es beginnt in gleichen Zeitabständen zunächst das zweite, dann das dritte Pendel usw. zu schwingen, bis schließlich alle übrigen Pendel nacheinander Schwingungen ausführen und wieder zur Ruhe kommen. In Form einer Schwebung geht die Schwingungsenergie von Pendel *1* auf *2*, von *2* auf *3* usw. über. Der Versuch zeigt bereits die wesentlichen

Kennzeichen einer Welle:

Teilchen führen Schwingungen am Ort aus, während sich infolge Kopplung benachbarter Teilchen der Bewegungszustand (die Schwingungsenergie) mit konstanter, endlicher Geschwindigkeit vom Erregerzentrum wegbewegt.

Harmonische Wellen. Den Naturvorgängen kommen die sog. *Seilwellen* sehr nahe, die sich gut mit einem gespannten Gummischlauch demonstrieren lassen. Wird das eine Ende als Erregerzentrum periodisch bewegt, beobachtet man einen Wellenvorgang, den das Raum-Zeit-Diagramm in Bild 36.1 verdeutlicht. Parallel zur x-Achse sind in gleichen Zeitabständen aufeinander folgende Momentaufnahmen der Auslenkung $u = u(t, x)$ (ähnlich der Bildfolge einer Filmkamera) dargestellt.

Die *Gestalt* einer Welle wird vom Erregerzentrum, der *Quelle*, bestimmt. Im Koordinatenursprung $x = 0$ befinde sich der harmonische Oszillator mit dem bekannten Schwingungsverlauf (33/3)

$$u(t, 0) = u_0 \sin(\omega t + \varphi_0). \tag{1}$$

Wir verfolgen nun die Ausbreitung dieses Schwingungszustandes mit konstanter Geschwindigkeit c längs einer Kette gleicher Teilchen in Richtung der x-Achse. Alle Teilchen, die wir uns durch gleichmäßige Unterteilung des Seiles entstanden denken, schwingen mit gleicher Amplitude u_0 und gleicher Frequenz ω, jedoch zeitlich versetzt. Da eine Welle eine bestimmte Zeitspanne t' braucht, um von null nach $x = ct'$ zu gelangen, hat das Teilchen an der Stelle x zur Zeit t denselben Schwingungszustand, den das Teilchen an der Stelle $x = 0$ zur Zeit $t - t' = t - (x/c)$ hatte. Es gilt also für die Schwingungszustände $u(t, x) = u(t - t', 0)$ mit (1)

$$u(t, x) = u_0 \sin\left[\omega\left(t - \frac{x}{c}\right) + \varphi_0\right] \quad \textbf{(Gleichung der harmonischen Welle).} \tag{2}$$

Die harmonische Welle („Sinuswelle") ist ein zeitlich *und* räumlich periodischer Vorgang.

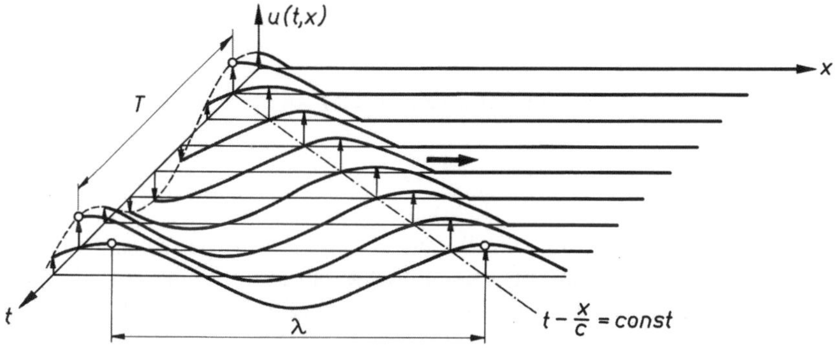

Bild 36.1. Raum-Zeit-Diagramm einer entstehenden Seilwelle (T Periodendauer, λ Wellenlänge)

Auch dann, wenn wie bei Seilwellen keine Teilchen im eigentlichen Sinne, sondern eine kontinuierliche Masseverteilung (oder bei elektromagnetischen Wellen die Feldstärke) Schwingungen ausführt, benutzt man zur Beschreibung des Wellenvorgangs an bestimmten Orten die bekannten Grundbegriffe der *Periodendauer* T, der *Frequenz* $f = 1/T$ und der *Kreisfrequenz* $\omega = 2\pi f$. Beliebige Auslenkungen u an einem Ort nennt man wie bei den Schwingungen *Elongation* und die maximale Auslenkung u_0 *Amplitude* der Welle. Da neben der Auslenkung aus der Ruhelage auch andere physikalische Größen Vorgänge beschreiben, die sich wellenförmig im Raum ausbreiten, nennt man $u = u(t, x)$ allgemein *Erregung* (in physikalischen Überlegungen) oder *Wellenfunktion*, wenn die mathematische Darstellung gemeint ist. Alle von der Welle erfassten Raumpunkte werden als **Wellenfeld** bezeichnet.

Die anschaulichen Begriffe *Wellenberg* für $u > 0$ und *Wellental* für $u < 0$, die von den Wasserwellen entlehnt sind, werden häufig auch im übertragenen Sinne gebraucht.

Das Argument der Sinusfunktion (2) $\varphi = \omega[t - (x/c)] + \varphi_0$ bezeichnet man als **Phase**, φ_0 als *Anfangsphase* der Welle. Die Anfangsphase wird im Folgenden $\varphi_0 = 0$ gesetzt, wenn sie für die Beschreibung des Wellenvorgangs keine wesentliche Rolle spielt. Legen wir eine bestimmte Phase durch

$$t - \frac{x}{c} = \text{const}$$

fest, gehören dazu stets derselbe Sinuswert und dieselbe Auslenkung u. (Die strichpunktierte Gerade in Bild 36.1 erfasst z. B. stets das erste Maximum nach dem Schwingeinsatz.) Da t ständig wächst, verschiebt sich die Phase stetig zu größeren x-Werten. Ihre Ausbreitungsgeschwindigkeit c nennt man daher **Phasengeschwindigkeit**.
Eine Momentanaufnahme der Welle zu einem beliebigen Zeitpunkt (s. Bild 36.1) zeigt:

Gleiche Schwingungszustände wiederholen sich in Ausbreitungsrichtung periodisch in bestimmten Abständen, der Wellenlänge λ.

Eine wichtige Beziehung zwischen der *zeitlichen* Periodizität (Schwingungsfrequenz f), der *räumlichen* Periodizität (Wellenlänge λ) und der Phasengeschwindigkeit c ergibt sich durch folgende Überlegung: Während sich an einem Ort ein bestimmter Schwingungszustand (z. B. ein Maximum) nach Ablauf einer Periode erneut ausbildet, entfernt sich der gleiche Schwingungszustand um genau eine Wellenlänge vom betrachteten Ort. Da also die zugehörige Phase in der Zeit T um die Strecke λ fortschreitet, erhält man als Phasengeschwindigkeit $c = \lambda/T$ oder mit $f = 1/T$:

$$c = f\lambda \qquad \textbf{(Phasengeschwindigkeit einer Welle).} \tag{3}$$

Es ist zweckmäßig, neben der Kreisfrequenz $\omega = 2\pi f = 2\pi/T$ die Größe

$$k = \frac{2\pi}{\lambda} \qquad \textbf{(Wellenzahl)} \tag{4}$$

als räumliches Analogon einzuführen. So wie ω das 2π-fache der Anzahl von zeitlichen Perioden je Zeiteinheit (an einem Ort) darstellt, ist k das 2π-fache der Anzahl von räumlichen Perioden je Längeneinheit (zu einem Zeitpunkt). Wird nach (4) $\lambda = 2\pi/k$ in (3) eingesetzt, so folgt

$$c = \frac{\omega}{k} \qquad \textbf{(Phasengeschwindigkeit).} \tag{5}$$

Die harmonische Welle (2) mit $\varphi_0 = 0$ erhält damit die Darstellung

$$u(t, x) = u_0 \sin(\omega t - kx) \qquad \textbf{(Wellenfunktion).} \tag{6}$$

Beispiele: *1.* Die Auslenkung eines Punktes aus der Gleichgewichtslage ist an der Quelle der Schwingungen (im Erregerzentrum einer sich ausbreitenden Welle) zum Zeitpunkt $t = 0$ gleich null und 4 cm davon entfernt zur Zeit $t = T/6$ gleich der halben Amplitude. Gesucht ist die Wellenlänge. – *Lösung:* Mit $\omega = 2\pi f = 2\pi/T$ und (3) $c = f\lambda$ nimmt die Gleichung der Welle (2) die folgende, häufig benutzte Form an:

$$u(t, x) = u_0 \sin\left[2\pi\left(\frac{t}{T} - \frac{x}{\lambda}\right) + \varphi_0\right].$$

Aus $u(t, x) = 0$ für $t = 0$ und $x = 0$ folgt $\varphi_0 = 0$, aus $u(t, x) = u_0/2$ für $t = T/6$ und $x = 4$ cm:

$$\sin\left(\frac{\pi}{3} - \frac{2\pi x}{\lambda}\right) = 0{,}5; \qquad \frac{\pi}{3} - \frac{2\pi x}{\lambda} = \frac{\pi}{6}\ (30°); \qquad \lambda = 12x = 48\ \text{cm}.$$

2. Mit welcher Maximalgeschwindigkeit v_0 *(Geschwindigkeitsamplitude)* schwingt jeder Teil eines Seiles durch die Nulllage, auf dem sich harmonische Wellen mit $u_0 = 0{,}2$ m, $\lambda = 3{,}2$ m und $c = 2{,}4$ m/s ausbreiten? – *Lösung:* Aus (6) folgt $v = \mathrm{d}u/\mathrm{d}t = \omega u_0 \cos(\omega t - kx) \leq \omega u_0 = 2\pi f u_0 = v_0$; mit (3) ist $v_0 = 2\pi c u_0/\lambda = 0{,}94$ m/s.

3. Eine ebene Welle werde durch die Wellenfunktion (6) mit $\omega = 20{,}5\ \text{s}^{-1}$ und $k = 2{,}5\ \text{m}^{-1}$ beschrieben. Wie lautet das Ort-Zeit-Gesetz $x = x(t)$, nach welchem sich die Phase, die der Welle am Ort $x_1 = 0{,}40$ m zum Zeitpunkt $t_1 = 0{,}1$ s zukommt, ausbreitet? – *Lösung:* Die Phase der Welle ist $\varphi = \omega t - kx = \omega t_1 - kx_1 = 1{,}05 \approx \pi/3$ (60°), womit man $x(t) = (\omega/k)t - \pi/(3k) = (8{,}2\ \text{m/s})t - 0{,}42$ m erhält mit der Phasengeschwindigkeit $c = \mathrm{d}x/\mathrm{d}t = \omega/k = 8{,}2$ m/s.

36.2 Die eindimensionale Wellengleichung und ihre allgemeine Lösung

Bei einer Welle (wie der behandelten Seilwelle) hängt die Erregung (Auslenkung) u außer von der Zeit t noch von der Wegkoordinate x in Ausbreitungsrichtung ab. Mathematisch gesehen ist die harmonische Welle (2)

$$u(t,x) = u_0 \sin\left[\omega\left(t - \frac{x}{c}\right)\right]$$

eine von vielen Lösungen der sog. *Wellengleichung*, in der die zweiten Ableitungen von u nach den unabhängigen Variablen t und x vorkommen. Die bei konstant gehaltenem t gebildeten Ableitungen von $u(t,x)$ nach x und ebenso die bei konstant gehaltenem x gebildeten Ableitungen nach t heißen *partielle* Ableitungen:

$$\frac{\partial u}{\partial x} = -\frac{\omega}{c} u_0 \cos\left[\omega\left(t - \frac{x}{c}\right)\right]; \quad \frac{\partial^2 u}{\partial x^2} = -\frac{\omega^2}{c^2} u_0 \sin\left[\omega\left(t - \frac{x}{c}\right)\right] = -\frac{\omega^2}{c^2} u;$$
$$\frac{\partial u}{\partial t} = \omega u_0 \cos\left[\omega\left(t - \frac{x}{c}\right)\right]; \quad \frac{\partial^2 u}{\partial t^2} = -\omega^2 u_0 \sin\left[\omega\left(t - \frac{x}{c}\right)\right] = -\omega^2 u.$$

Wie man sieht, erfüllt die harmonische Welle $u(t,x)$ die partielle Differentialgleichung

$$\frac{\partial^2 u}{\partial x^2} = \frac{1}{c^2}\frac{\partial^2 u}{\partial t^2} \quad \textbf{(eindimensionale Wellengleichung).} \tag{7}$$

Die mechanischen (und elektromagnetischen) Wellen mit *einer bestimmten* Ausbreitungsrichtung im Raum werden durch den Gleichungstyp (7) beschrieben. Der Wert der Phasengeschwindigkeit c stellt dabei eine wellenspezifische und für das Ausbreitungsmedium charakteristische Größe dar.

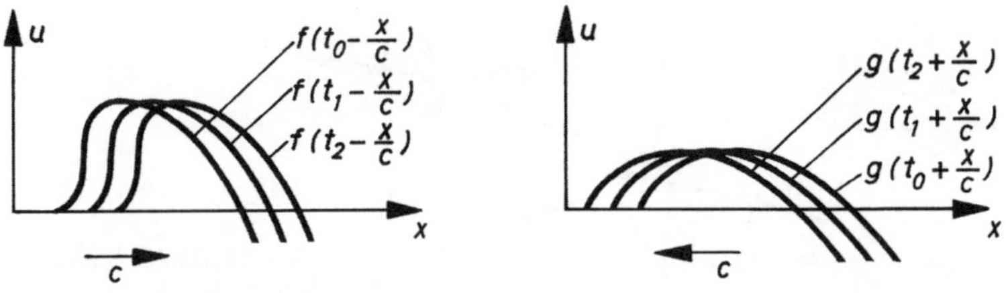

Bild 36.2. Ausbreitung einer Störung f bzw. g mit der Phasengeschwindigkeit c in bzw. entgegengesetzt zur x-Richtung für die Zeitpunkte $t_0 < t_1 < t_2$

Die **allgemeine Lösung** der Wellengleichung (7) ist nach D'ALEMBERT

$$u(t,x) = f\left(t - \frac{x}{c}\right) + g\left(t + \frac{x}{c}\right)$$

mit willkürlichen, jedoch zweimal differenzierbaren Funktionen f und g. Die Funktion f stellt eine beliebige Störung dar, die im Erregerzentrum $x = 0$ durch die Auslenkung $f(t)$ erzeugt wurde und die in x-Richtung unverändert mit konstanter Phasengeschwindigkeit c fortschreitet; die Funktion g ist eine Störung, die in entgegengesetzter Richtung (Phasengeschwindigkeit $-c$) läuft (s. Bild 36.2).

36.3 Transversal- und Longitudinalwellen

Ein wesentliches Merkmal mechanischer (und elektromagnetischer) Wellen ist die Schwingungsrichtung der Teilchen (bzw. der Feldvektoren). Nach ihrer Orientierung zur Ausbreitungsrichtung unterscheidet man zwei Grundtypen von Wellen:

Transversalwellen schwingen senkrecht zur Ausbreitungsrichtung.
Longitudinalwellen schwingen parallel zur Ausbreitungsrichtung.

Die Teilchen eines Stoffes schwingen bei Transversalwellen auf parallelen Ebenen, jedoch phasenverschoben zueinander. Eine Vorstellung von den Transversalwellen vermitteln die Seilwellen. Bei Longitudinalwellen schwingen die Teilchen aufeinander zu und voneinander weg. Transversalwellen beanspruchen damit z. B. ein Kristallgitter auf Scherung *(Scherungswellen)*, Longitudinalwellen dehnen und stauchen das Kristallgitter *(Kompressionswellen)*. Denkt man sich einen Festkörper in würfelförmige Volumenelemente zerlegt, so entstehen daraus also einmal spatförmige, das andere Mal quaderförmige Elemente.

In festen Stoffen können sich auf Grund ihrer Gestaltelastizität sowohl reine Transversalwellen als auch auf Grund ihrer Volumenelastizität reine Longitudinalwellen ausbreiten.

Dazu folgt nun eine detaillierte Darstellung anhand von Beispielen.

Seilwellen. Eine schlaffe Saite setzt wie ein schlaffes Seil einer Verbiegung keinen Widerstand entgegen. Wird das Seil aber z. B. in x-Richtung ausgespannt, wirkt tangential eine elastische Spannkraft $\boldsymbol{F} = \{F_x, F_u\}$ (s. Bild 36.3). Die Komponente in x-Richtung F_x ist konstant und wird durch die statische Vorspannung $\sigma = F_x/A$ (A Seilquerschnitt) erzeugt. Die dazu senkrechte Komponente F_u tritt bei seitlichen Auslenkungen auf; sie ist zeit- und ortsabhängig und treibt die Transversalschwingungen um die Ruhelage an, während sich die Schwingungszustände in x-Richtung ausbreiten (*Transversalwellen*).

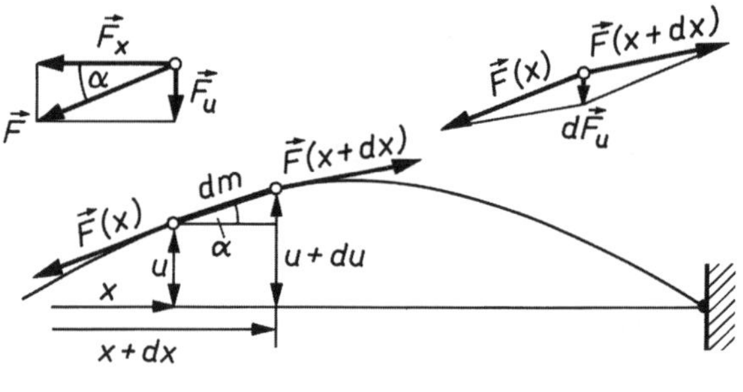

Bild 36.3. Zur Herleitung der Wellengleichung für die Transversalwellen entlang eines gespannten Seiles

Herleitung der Wellengleichung: Ist das Seil im Winkel α gegenüber der Ruhelage angestellt, so beträgt die Kraftkomponente senkrecht zur Ruhelage:

$$F_u = F_x \tan\alpha = F_x \frac{\mathrm{d}u}{\mathrm{d}x} = \sigma A \frac{\mathrm{d}u}{\mathrm{d}x}. \tag{8}$$

Denkt man sich das Seil in Volumenelemente vom Querschnitt A und der Länge $\mathrm{d}x$ zerlegt, so ist deren Masse $\mathrm{d}m = \varrho A\,\mathrm{d}x$ (ϱ Dichte). Nach der NEWTONschen Bewegungsgleichung (4/13) folgt für die am Massenelement $\mathrm{d}m$ angreifende Kraft $\mathrm{d}F_u$:

$$\mathrm{d}F_u = \mathrm{d}m \frac{\mathrm{d}^2u}{\mathrm{d}t^2} \quad \text{bzw.} \quad \frac{\mathrm{d}F_u}{\mathrm{d}x} = \varrho A \frac{\mathrm{d}^2u}{\mathrm{d}t^2}. \tag{9}$$

Wird F_u in (8) nach x differenziert und die Ableitung in (9) eingesetzt, ergibt sich nach Einführen partieller Differentialquotienten:

$$\frac{\partial^2 u}{\partial x^2} = \frac{\varrho}{\sigma}\frac{\partial^2 u}{\partial t^2}. \qquad (10)$$

Durch Vergleich von (10) mit der Wellengleichung (7) folgt

$$c_\mathrm{S} = \sqrt{\frac{\sigma}{\varrho}} \qquad \textbf{(Phasengeschwindigkeit von Seilwellen).} \qquad (11)$$

Longitudinalwellen in Stäben. In Stäben können sich auf Grund der eigenen elastischen Stoffeigenschaften (ohne Vorspannung) eindimensionale mechanische Wellen ausbreiten. Bekannt ist die Weiterleitung von Geräuschen in lang gestreckten Metallkörpern (Heizungsrohren, Bahnschienen u. a.).

Wird gegen ein Stabende ein Schlag geführt (Bild 36.4), erleidet zunächst der Stirnteil eine Stauchung mit einer seitlichen Aufbauchung und eine Verschiebung in Längsrichtung. Diese *Verdichtung* wandert, verbunden mit einer Massenverschiebung, als *Stoßwelle* mit der gleichen charakteristischen Phasengeschwindigkeit c wie alle *Längsschwingungen* durch den Stab.

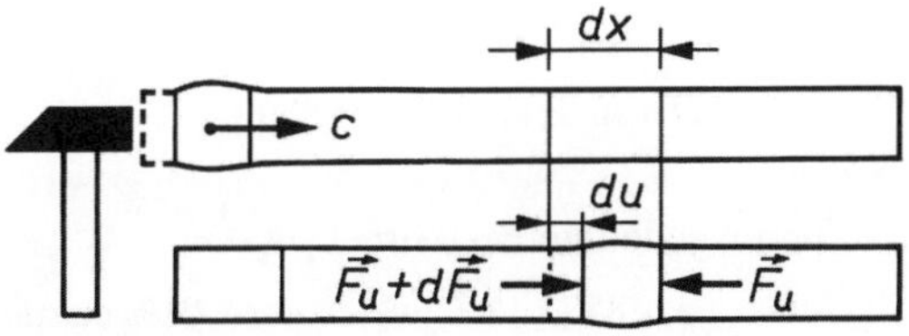

Bild 36.4. Zur Herleitung der Wellengleichung für eine durch einen Verdichtungsstoß angeregte Longitudinalwelle in einem Stab

Herleitung der Wellengleichung: Um ein Volumenelement vom Stabquerschnitt A und der Länge $\mathrm{d}x$ um den Betrag $\mathrm{d}u$ zu stauchen, ist nach dem HOOKEschen Gesetz (13/4) $\sigma = E\varepsilon$ (E Elastizitätsmodul) mit $\sigma = F_u/A$ und $\varepsilon = \mathrm{d}u/\mathrm{d}x$ die Druckkraft

$$F_u = EA\frac{\mathrm{d}u}{\mathrm{d}x} \qquad (12)$$

notwendig. Für die Verschiebung $u = u(t, x)$ jedes Volumenelements (Masse $\mathrm{d}m = \varrho A\,\mathrm{d}x$) in x-Richtung gilt ebenfalls die Bewegungsgleichung (9). Wird F_u in (12) nach x differenziert und die Ableitung in (9) eingesetzt, ergibt sich nach Einführen partieller Differentialquotienten:

$$\frac{\partial^2 u}{\partial x^2} = \frac{\varrho}{E}\frac{\partial^2 u}{\partial t^2}. \qquad (13)$$

Vergleicht man diese Wellengleichung mit (7), so folgt

$$c_\mathrm{L} = \sqrt{\frac{E}{\varrho}} \qquad \textbf{(Phasengeschwindigkeit von Longitudinalwellen in Stäben).} \qquad (14)$$

Die Ausbreitung von Longitudinalwellen in einem Stab, dessen Radius klein gegenüber der Wellenlänge ist, unterscheidet sich von der in einem **ausgedehnten Festkörper**, bei dem sich eine seitliche Aufbauchung nicht ungehindert ausbilden kann. Infolge der allseitigen elastischen Bindung rufen Querdilatationen (bzw. Querkontraktionen) Reaktionsspannungen hervor, die auf die Längskontraktionen (bzw. Längsdilatationen) zurückwirken. Die theoretische Behandlung liefert mit dem Kompressionsmodul K (13/9) und dem Schubmodul G (13/6):

$$c_{\mathrm{L}} = \sqrt{\frac{K + 4G/3}{\varrho}} \qquad \textbf{(Phasengeschwindigkeit von Longitudinalwellen).} \tag{15}$$

Bei dünnen Stäben braucht die Querkontraktion nicht berücksichtigt zu werden; die POISSONsche Querkontraktionszahl ist dann $\nu = 0$. Damit wird nach (13/9 und 16) $K = E/3$ und $G = E/2$, und aus (15) folgt (14).

Transversalwellen in Stäben. Bewegt man das Ende eines langen dünnen Stabes auf und ab, laufen *Biegewellen* entlang seiner Längsachse. Bei dieser Art von Transversalwellen wird die Ausbreitungsgeschwindigkeit, da sie vom Stabquerschnitt abhängig ist, für dicke Stäbe null. Demgegenüber breitet sich eine elastische *Verdrehung (Torsion)* eines zylindrischen Stabes mit einer vom Querschnitt unabhängigen konstanten Geschwindigkeit von einem Ende über seine ganze Länge aus. Die Auslenkung der Massen des Stabes erfolgt in Drehrichtung, d. h. senkrecht zur Längsachse (vgl. 33.3). Dies ist z. B. der Fall, wenn ein Antrieb, der sich am Ende einer langen Maschinenwelle befindet, eingeschaltet wird; das angreifende Drehmoment erregt dann eine *Scherwelle*, die sich in Längsrichtung der Maschinenwelle fortpflanzt. Die zugehörige Phasengeschwindigkeit erhält man, wenn in (14) anstelle des Elastizitätsmoduls E entsprechend der hier vorliegenden Beanspruchungsart der Schubmodul G gesetzt wird:

$$c_{\mathrm{T}} = \sqrt{\frac{G}{\varrho}} \qquad \textbf{(Phasengeschwindigkeit von Transversalwellen).} \tag{16}$$

Die Beziehung (16) gilt allgemein auch für ausgedehnte Festkörper.

Beispiele: *1.* Ein Stahldraht ($E = 206 \cdot 10^3$ MPa; $\varrho = 7850\,\mathrm{kg/m^3}$) werde um 0,01% elastisch gedehnt. Man berechne die Phasengeschwindigkeiten, mit denen sich Longitudinalwellen (c_{L}) und Seilwellen (c_{S}) ausbreiten können. – *Lösung:* Nach (14) ist $c_{\mathrm{L}} = \sqrt{E/\varrho} = 5{,}2\,\mathrm{km/s}$. Nach (11) und (13/4) ist $c_{\mathrm{S}} = \sqrt{E\varepsilon/\varrho} = c_{\mathrm{L}}\sqrt{\varepsilon} = c_{\mathrm{L}}\sqrt{10^{-4}} = 52\,\mathrm{m/s}$. Longitudinalwellen sind also wesentlich schneller als (die transversalen) Seilwellen.

2. Von einer Erdbebenwarte werden die vom Bebenzentrum gleichzeitig mit $c_{\mathrm{L}} = 14\,\mathrm{km/s}$ und $c_{\mathrm{T}} = 7{,}5\,\mathrm{km/s}$ ausgehenden elastischen Longitudinal- und Transversalwellen nacheinander registriert. Man überlege, warum elastische Transversalwellen stets eine geringere Geschwindigkeit als Longitudinalwellen haben und berechne die POISSONsche Querkontraktionszahl ν für den betreffenden Teil des Erdinnern. – *Lösung:* Aus (15) und (16) folgt für das Verhältnis der Geschwindigkeiten von Transversal- und Longitudinalwellen $\gamma = c_{\mathrm{T}}/c_{\mathrm{L}} = 1/\sqrt{(K/G) + (4/3)}$ und mit (13/9 und 16) $\gamma = \sqrt{(1-2\nu)/[2(1-\nu)]}$. Da nach (13/10) $0 \le \nu < 1/2$ ist, muss $c_{\mathrm{L}}/\sqrt{2} \ge c_{\mathrm{T}} > 0$ sein. Wird vorstehende Beziehung für γ nach ν umgestellt, so ergibt sich $\nu = (1-2\gamma^2)/[2(1-\gamma^2)] = 0{,}30$.

36.4 Stehende Wellen. Eigenschwingungen

Eine charakteristische „statische" Wellenerscheinung ergibt sich, wenn eine nach links und eine nach rechts laufende harmonische Welle (2)

$$u_1 = u_0 \sin\left[\omega\left(t + \frac{x}{c}\right)\right] \qquad \text{und} \qquad u_2 = u_0 \sin\left[\omega\left(t - \frac{x}{c}\right)\right]$$

gleicher Amplitude und Frequenz überlagert werden. Die Resultierende ist auf Grund der trigonometrischen Beziehung $\sin\alpha + \sin\beta = 2\cos[(\alpha-\beta)/2]\,\sin[(\alpha+\beta)/2]$:

$$u = u_1 + u_2 = 2u_0 \cos\left(\frac{\omega}{c}x\right)\sin\omega t. \tag{17}$$

Im Vergleich zu den beiden voranstehenden Gleichungen für eine nach links und eine nach rechts laufende Welle fehlt in (17) die typische Verknüpfung $(t \pm x/c)$ von Zeit und Ortskoordinate im Argument der trigonometrischen Funktionen, welche das Fortschreiten der Phase angibt. Der x-freie sin-Faktor in (17) stellt daher eine im ganzen Raum phasengleiche harmonische Schwingung dar, deren Amplitude $2u_0 \cos[(\omega/c)x]$ eine periodische Funktion nur von x ist (Bild 36.5a). Dies entspricht dem Erscheinungsbild einer harmonischen Welle mit der *Ausbreitungsgeschwindigkeit null*, einer sog. **stehenden Welle**.

Die Überlagerung zweier harmonischer Wellen gleicher Amplitude und Frequenz, aber entgegengesetzter Ausbreitungsrichtung, ergibt eine stehende Welle.

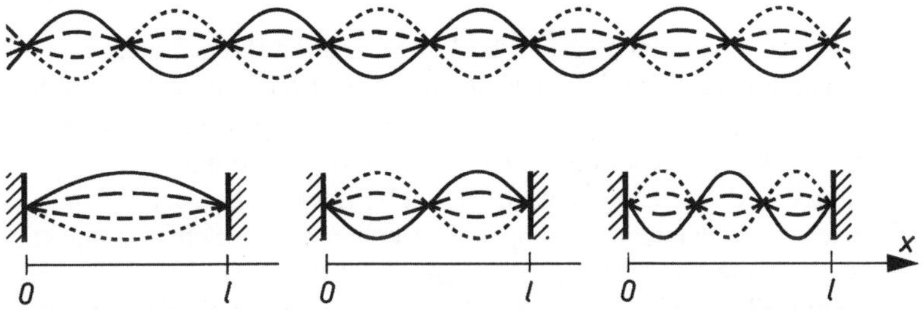

Bild 36.5. Stehende Welle a) unbegrenzter Ausdehnung, b) zwischen zwei festen Enden

Es gibt markante Stellen, wo periodisch aufgereiht die cos-Funktion in (17) abwechselnd gleich 0 und ± 1 ist, wo sich also stets Nullstellen bzw. Extrema der Auslenkung u, d. h. **Schwingungsknoten** $(u = 0)$ und **Schwingungsbäuche** $(u_{\text{max, min}} = \pm 2u_0)$ befinden. Die Schwingungsknoten bleiben stets in Ruhe; die Teilwellen entgegengesetzter Ausbreitungsrichtung haben dort die entgegengesetzte Schwingungsphase. Die Schwingungsbäuche schwingen stets mit maximaler Amplitude $2u_0$. Dort haben die Teilwellen entgegengesetzter Ausbreitungsrichtung die gleiche Schwingungsphase. Der Abstand zweier Knoten bzw. zweier Bäuche beträgt daher $\lambda/2$.

Für die Messtechnik haben allgemein stehende Wellen deshalb besondere Bedeutung, weil sich die Wellenlängen über die Knotenabstände $\lambda/2$ bequem bestimmen lassen. Bei bekannter Frequenz f folgt daraus die Phasengeschwindigkeit $c = f\lambda$.

Stehende Wellen treten nach *Reflexion* am Rand des Ausbreitungsmediums auf, indem sich hinlaufende und reflektierte Welle überlagern. Zwei Grenzfälle lassen sich anschaulich mit einem gespannten Seil demonstrieren, wenn man eine Seilwelle gegen das zweite Seilende laufen lässt. Wird das Seilende an einer festen Wand gehalten (wie in Bild 36.6a), so liegt dort ein

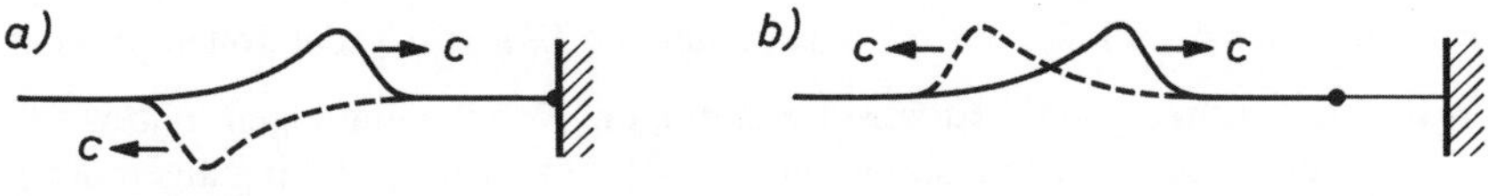

Bild 36.6. Hinlaufende (——) und reflektierte (– – –) Seilwelle a) am festen Ende, b) am losen Ende

Schwingungsknoten. Also löschen sich hinlaufende und reflektierte Welle dort aus, d. h., sie müssen am festen Ende *entgegengesetzte Schwingungsphase* haben. Nach den Ausführungen in 35.1 bedeutet dies:

Bei Reflexion einer Welle am festen Ende tritt ein Phasensprung von $\Delta\varphi = \pi$ auf.

Wird das Seilende jedoch über ein zwischengeschaltetes Stück Faden gehalten (wie in Bild 36.6b), so kann das Ende in transversaler Richtung kräftefrei ausschwingen; es liegt dort also stets ein Schwingungsbauch. Hinlaufende und reflektierte Wellen werden sich daher dort zur Amplitude $2u_0$ verstärken, d. h., sie müssen *gleiche Schwingungsphase* haben:

Bei Reflexion einer Welle am losen Ende tritt kein Phasensprung auf ($\Delta\varphi = 0$).

Die unterschiedliche Phasenlage nach der Reflexion erkennt man deutlich an einer wandernden Momentauslenkung des Seiles (s. Bild 36.6).

Die schwingende Saite. Sie unterscheidet sich von der Schwingung eines Körpers als starres Ganzes; jeder Teil der Saite schwingt zwar mit gleicher Frequenz, aber mit unterschiedlicher Amplitude.
Eine in x-Richtung gespannte Saite der Länge l hat an ihren Enden $x = 0$ und $x = l$, wo sie nicht schwingen kann, Schwingungsknoten $u = 0$. Man kann daher ihre Schwingung auch als *stehende Seilwelle* $u = u(t, x)$ auffassen, die wegen der Einspannstellen noch den zusätzlichen Bedingungen zweier fester Enden, den sog. **Randbedingungen** $u(t, 0) = 0$ und $u(t, l) = 0$, genügen muss (s. Bild 36.5b). Je nach Art der Schwingungserregung können sich zwischen den Einspannstellen in gleichen Abständen $\lambda/2$ noch weitere Schwingungsknoten ausbilden. Sie unterteilen die Saite so, dass stets *eine ganze Zahl* $n = 1, 2, 3, \ldots$ *von Schwingungsbäuchen* auftritt. Damit gilt immer $l = n(\lambda/2)$. Zu jedem n gehört ein diskreter Wert der Wellenlänge $\lambda_n = 2l/n$ und der Frequenz $f_n = c/\lambda_n = nc/(2l)$. Diese zwischen zwei festen Enden sich ausbildenden stehenden Wellen mit den Eigenwerten λ_n und f_n nennt man **Eigenschwingungen** der Saite. Mit der Phasengeschwindigkeit c von Seilwellen (11) folgt

$$f_n = \frac{n}{2l} c = \frac{n}{2l}\sqrt{\frac{\sigma}{\varrho}} \qquad \textbf{(Eigenfrequenzen der schwingenden Saite).} \qquad (18)$$

Andere Wellenlängen als λ_n „passen" nicht auf die Saite; mit anderen Frequenzen als (18) vermag sie nicht zu schwingen.
Die *Grundschwingung* ($n = 1$) ohne Knoten zwischen den Einspannstellen mit der Frequenz

$$f_1 = \frac{1}{2l}\sqrt{\frac{\sigma}{\varrho}} \qquad \textbf{(Frequenz der Grundschwingung)} \qquad (19)$$

bestimmt die *Tonhöhe.* Sie ist von der Saitenlänge l, der Saitenspannung σ und der Dichte ϱ der Saite abhängig. Je nachdem, ob die Saite angezupft, angeschlagen oder angestrichen, ob sie symmetrisch oder unsymmetrisch angeregt wird, schwingen die Vielfachen der Grundschwingung

$$f_n = n f_1 \qquad \textbf{(Frequenzen der harmonischen Oberschwingungen)} \qquad (20)$$

mit verschiedener Amplitude mit. Sie bestimmen die *Klangfarbe* der Tonempfindung (s. 37.3).

Zwei- und dreidimensionale Eigenschwingungen. Randbedingungen führen auch bei zwei- und dreidimensionaler Wellenausbreitung (vgl. 36.5) zu Eigenschwingungen der Körper. Den Schwingungsknoten im eindimensionalen Fall entsprechen bei *ebenen* schwingenden Gebilden (Platten und Membranen) die *Knotenlinien.* Nach CHLADNI kann man sie durch aufgestreuten Sand sichtbar machen, weil sich die Körner an den Stellen sammeln, die immer in Ruhe bleiben (Bild 36.7).
Bei *räumlichen* schwingenden Körpern ist der geometrische Ort aller Punkte, die in Ruhe bleiben, eine *Knotenfläche.* Die Eigenfrequenzen von zwei- und dreidimensionalen Eigenschwingungen sind – von einigen einfachen Fällen abgesehen – nicht mehr harmonisch, d. h., sie lassen sich nicht als Vielfaches einer Grundfrequenz darstellen.

Beispiel: Eine Saite (mit $m' =$ Masse/Länge $= 0{,}94$ g/m) erhält durch Stege auf einem Holzboden eine definierte Länge $l = 0{,}80$ m und wird durch ein über eine Rolle herabhängendes Gewichtsstück der Masse $m = 2$ kg gespannt (Prinzip des *Monochord*). Mit welcher Grundfrequenz schwingt die Saite? – *Lösung:* Mit $\sigma = F/A = mg/A$ und $\varrho = m'/A$ folgt aus (19) $f_1 = \sqrt{mg/m'}/(2l) = 90{,}3$ Hz.

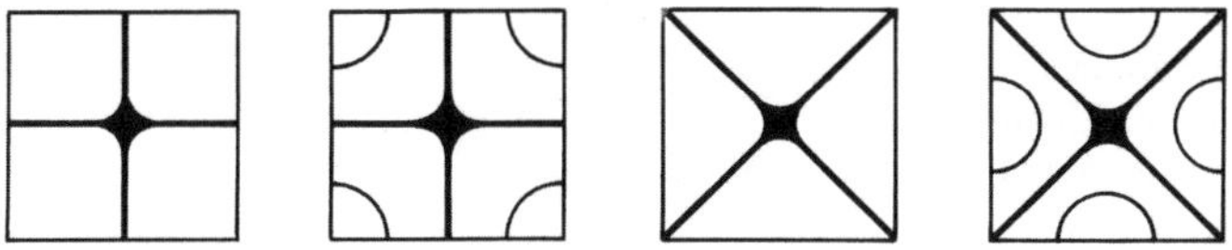

Bild 36.7. CHLADNIsche Klangfiguren auf quadratischen Platten

Aufgabe 36.1. Bei *Biegeschwingungen von Stäben* mit frei schwingenden Enden betragen die Frequenzen der Oberschwingungen keine ganzzahligen Vielfachen der Grundfrequenz *(nichtharmonische Oberschwingungen)*. Bestimme aus der Phasengeschwindigkeit von Biegewellen entlang eines zylindrischen Stabes mit kreisförmigem Querschnitt $c = (kr/2)\sqrt{E/\varrho}$ und $\omega = kc$ die Eigenfrequenzen eines Stabes! Für die Grund- und die ersten beiden Oberschwingungen gilt mit l als Stablänge: $kl = 4{,}73;\ 7{,}85;\ 11{,}00$. Daten des Stabes: $l = 75$ cm, Durchmesser $2r = 8$ mm, Elastizitätsmodul $E = 210$ GPa, Dichte $\varrho = 7800\,\text{kg/m}^3$.

36.5 Wellenausbreitung in ausgedehnten Medien

Wellen können sich sowohl auf Flächen, d. h. zweidimensional als *Oberflächenwellen* (z. B. Erdbebenwellen, Wasserwellen), als auch allseitig im Raum, d. h. dreidimensional als *Raumwellen* (z. B. Schallwellen, elektromagnetische Wellen) ausbreiten, wenn das Medium die notwendigen Voraussetzungen dafür bietet.

Oberflächenwellen. Ihre Ausbreitung ist an die *Grenzfläche* eines Mediums gebunden. Charakteristisch ist die relativ rasche Abnahme der Schwingungsamplitude von einem Maximum an der Oberfläche gegen null im Innern eines ausgedehnten Mediums. Bei *Erdbeben* z. B. gelangen vom Zentrum der tektonischen Erschütterungen elastische Wellen zur Erdoberfläche und pflanzen sich dann entlang der elastischen Erdrinde als Oberflächenwellen fort (Hauptphase eines Bebens).

Anschaulicher ist die flächenhafte Ausbreitung der **Wasserwellen** auf der Oberfläche stehender Gewässer. Obwohl sie den Eindruck transversaler Wellen vermitteln, beschreiben die Wasserteilchen eine Kreisbewegung am Ort. Das führt zu spitzen Wellenbergen und zu flachen Wellentälern. Man beobachtet, dass ein schwimmender Gegenstand auf der Oberfläche sowohl auf und ab (transversal) als auch hin und her (longitudinal) schwingt. *Wellenberge* markieren sich dabei als Linien, die quer zur Ausbreitungsrichtung verlaufen und sich mit der Geschwindigkeit der Wasserwelle fortbewegen. Windströmung aus einer Richtung erzeugt auf ausgedehnten Gewässern nahezu gerade, parallele Wellenberge. Wirft man aber einen Stein ins Wasser (punktförmiges Erregerzentrum), breitet sich die Welle in konzentrischen Kreisen aus. Den geometrischen Ort aller Punkte gleicher Schwingungsphase nennt man **Phasenlinie**. Nach dem geometrischen Verlauf der Phasenlinien spricht man im ersten Fall von *geraden Wellen*, im zweiten Fall von *Kreiswellen*.

Raumwellen. Ihr Wellenfeld ist von Ort und Zeit abhängig und wird daher allgemein durch $u(t, \boldsymbol{r})$ mit $\boldsymbol{r} = \{x,\ y,\ z\}$ als Ortsvektor beschrieben. In einem *homogenen* und *isotropen* Medium breitet sich eine Welle an jedem Ort und in jeder Richtung mit der gleichen Geschwindigkeit c aus. Qualitativ am besten veranschaulichen den Ausbreitungsvorgang gedachte Flächen, die von der Welle fortgetragen dem Weg-Zeit-Gesetz der gleichförmigen Bewegung ($c =$ const) folgen, und gedachte Linien, die den Weg der Schwingungsenergie markieren. Den geometrischen Ort aller Punkte gleicher Schwingungsphase nennt man **Phasenfläche**. Linien, deren Richtung mit der Ausbreitungsrichtung der Welle übereinstimmt, heißen **Strahlen**.

Strahlen durchdringen die bewegten Phasenflächen senkrecht.

Man mache sich am zweidimensionalen Analogon der Wasserwellen (s. o.) den Zusammenhang von Phasenlinien, Ausbreitungsgeschwindigkeit, Ausbreitungsrichtung und Strahlen klar. Den geraden Wellen und den Kreiswellen auf einer Oberfläche entsprechen geometrisch im Raum die *ebenen Wellen* und die *Kugelwellen*.

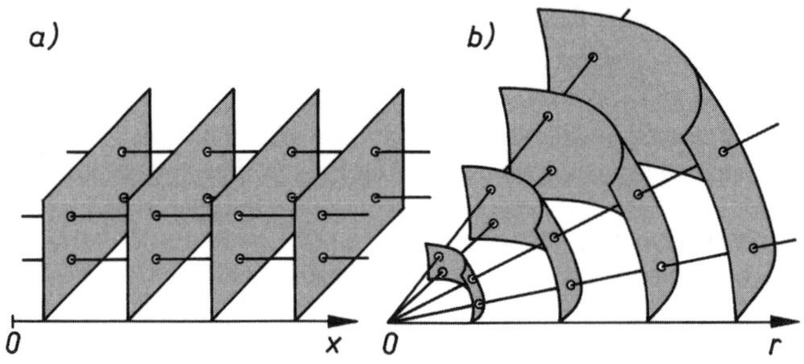

Bild 36.8. Phasenflächen und Strahlen a) einer ebenen Welle, b) einer Kugelwelle

Ebene Wellen werden von *ebenen* Phasenflächen begleitet. Erfolgt die Ausbreitung im Raum nur in einer einzigen Richtung (z. B. der x-Richtung), so herrscht gleichzeitig quer zur Ausbreitungsrichtung (auf einer Ebene in y- und z-Richtung) überall der gleiche Schwingungszustand (s. Bild 36.8a).

Die Ausbreitungsrichtung ebener Wellen wird durch Parallelstrahlen dargestellt.

Die Darstellung ebener harmonischer Wellen entspricht der eindimensionalen Gleichung (2)

$$u(t,x) = u_0 \sin\left[\omega\left(t - \frac{x}{c}\right)\right].$$

Der gleiche Schwingungszustand $u = \text{const}$ gehört zum gleichen Phasenwinkel

$$\varphi = \omega\left(t - \frac{x}{c}\right) = \text{const} \qquad \textbf{(Gleichung ebener Phasenflächen im Raum).} \qquad (21)$$

Die Fläche $\varphi = 0$ durchläuft zur Zeit $t = 0$ den Ursprung $x = 0$ und bewegt sich in x-Richtung nach dem Weg-Zeit-Gesetz $x = ct$.
Den *in Ausbreitungsrichtung* (Einheitsvektor $\boldsymbol{i}$) zeigenden **Wellenzahlvektor** erhält man durch

$$\boldsymbol{k} = -\operatorname{grad}\varphi = -\frac{\partial\varphi}{\partial x}\boldsymbol{i} = \frac{\omega}{c}\boldsymbol{i} = k\boldsymbol{i}. \qquad (22)$$

Er steht senkrecht auf den Phasenflächen und hat den Betrag der Wellenzahl (4) $k = 2\pi/\lambda$.

Kugelwellen werden von kugelförmigen Phasenflächen begleitet, welche das punktförmige Erregerzentrum konzentrisch umschließen (s. Bild 36.8b). Die vom Zentrum O ausgehende Störung erreicht in der Zeit t die Kugeloberfläche vom Radius $r = ct$. Die Strahlen verlaufen in Radienrichtung kugelsymmetrisch nach allen Seiten.
Durch jede Kugelfläche um das Erregerzentrum strömt die gleiche Energie. Dabei ist die Schwingungsenergie eines Teilchens dem Amplitudenquadrat u_0^2 (vgl. 33/11) und die Anzahl der

schwingenden Teilchen der Größe der Kugelfläche, also r^2, proportional, so dass $(u_0 r)^2$ bzw. $u_0 r = u'_0 = \text{const}$ sein muss. Mit der Amplitude $u_0 = u'_0/r$ folgt

$$u(t,r) = \frac{u'_0}{r}\sin\left[\omega\left(t - \frac{r}{c}\right)\right] \quad \textbf{(Gleichung der harmonischen Kugelwelle).}$$

In einem großen Abstand vom Erregerzentrum trifft nur noch ein kleiner Ausschnitt einer Kugelwelle den Beobachtungsraum. Wenn weder die Krümmung der Phasenflächen noch die Divergenz der Strahlen merklich ist, werden diese Ausschnitte als ebene Wellen betrachtet. Die von der Sonne zur Erde gelangenden Lichtwellen sind praktisch eben und ihre Strahlen parallel.

37 Schallwellen (Akustik)

Schall ist im üblichen Sprachgebrauch eine Sinnesempfindung und wird als solche von der *Physiologie* untersucht. Die physikalischen Vorgänge, welche diese Empfindung hervorrufen, werden ebenfalls als Schall bezeichnet, gehören aber zur größeren Gruppe mechanischer Wellen in elastischen Medien, die nicht alle sinnlich wahrnehmbar sind. Untersuchungsgegenstand der **Akustik** ist der Bereich, in dem sich diese physikalischen Vorgänge abspielen; dazu gehören *Schallquellen*, die Ausbreitung im *Schallfeld* und *Schallempfänger*.
Benutzt man für physikalische Experimente das menschliche Ohr als Schallempfänger, bleibt der Untersuchungsbereich auf Schwingungsfrequenzen zwischen 16 Hz und maximal 20 kHz beschränkt. In diesem Bereich ist der gesunde Mensch fähig, die Wirkung mechanischer Wellen im Medium Luft mit dem Gehör wahrzunehmen. In physikalischer Hinsicht unterscheiden sich die Wellen des **Hörschalls** nicht von dem unterhalb 16 Hz liegenden **Infraschall** (Gebäudeschwingungen, Verkehrserschütterungen usw.) und dem über 20 kHz liegenden **Ultraschall**. Auf technischem Wege lassen sich Schallwellen mit Frequenzen bis über 10 GHz erzeugen. Darüber hinaus reicht noch der **Hyperschall**, der z. B. durch BROWNsche Molekularbewegung in Flüssigkeiten und durch Gitterschwingungen in Festkörpern auf Grund ihrer Wärmeenergie angeregt wird.

37.1 Wellenausbreitung im Schallfeld. Phasengeschwindigkeit

Unter *Schallwellen* im engeren Sinne versteht man mechanische Wellen, die sich in Flüssigkeiten und Gasen auf Grund deren elastischen Eigenschaften ausbreiten. Ohne wesentliche Einschränkung der Allgemeinheit werden vorzugsweise Schallwellen in *Luft* wegen ihrer besonderen Bedeutung im menschlichen Leben betrachtet.

Ein einfacher Versuch zeigt, dass Luft das schallübertragende Medium ist: Bringt man eine Schallquelle, z. B. ein eingeschaltetes Transistorradio, unter den Rezipienten einer Vakuumpumpe, so hört man den Schall nur so lange, wie Luft im Rezipienten ist. Wird evakuiert, verstummt die Schallquelle und ertönt erst wieder, wenn erneut Luft eingeströmt ist.

Der verfügbare Luftraum bedingt einen mittleren Teilchenabstand. Die BROWNsche Molekularbewegung (Bild 18.1) ist als *Druck* makroskopisch nachweisbar. Eine aufgezwungene lokale Verdichtung, verbunden mit einer Verringerung der Teilchenabstände, führt zu einem höheren Druck. Die Teilchen strömen aus diesem Gebiet heraus und erniedrigen dort wieder die Teilchendichte *(Volumenelastizität)*. Die Strömung versetzt auch die angrenzenden Teilchen in Bewegung, jedoch infolge ihrer Trägheit etwas später. Das führt zu einer Verdichtung mit Druckanstieg in der Umgebung usw. Die Erregung pflanzt sich so als *Kompressionswelle* (Longitudinalwelle) mit einer bestimmten Phasengeschwindigkeit fort. Da Flüssigkeiten und Gase (im Gegensatz zu den Festkörpern) keine feste Gestalt haben, fehlen bei ihnen zur Ausbreitung von Transversalschwingungen die erforderlichen rücktreibenden elastischen Schubkräfte. Das bedeutet:

Schallwellen in Flüssigkeiten und Gasen sind Longitudinalwellen.

Wegen fehlender Schubkräfte in Flüssigkeiten und Gasen ist der Schubmodul G gleich null, womit aus (36/15) folgt

$$c = \sqrt{\frac{K}{\varrho}} \quad \textbf{(Schallgeschwindigkeit in Flüssigkeiten).} \tag{1}$$

Wasser von 20 °C verringert bei einer Druckzunahme von $\Delta p = 1$ Pa sein Volumen um den Bruchteil $-\Delta V/V = 5{,}0 \cdot 10^{-10}$, so dass nach (13/9) seine Kompressibilität $5{,}0 \cdot 10^{-10}\,\mathrm{Pa}^{-1}$ und deren reziproker Wert, der Kompressionsmodul, $K = -V\Delta p/\Delta V = 0{,}20 \cdot 10^{10}$ Pa beträgt. Für die Schallgeschwindigkeit in Wasser ($\varrho = 998\,\mathrm{kg/m^3}$) folgt damit nach (1) $c = 1414$ m/s. Genaue Messungen ergeben $c = 1483$ m/s.

Bei Gasen beschreiben die Zustandsgleichungen $p = p(V, T)$ ihre elastischen Eigenschaften. Da Wärmevorgänge im Vergleich zu Schallwellen eine sehr geringe Ausbreitungsgeschwindigkeit haben, müssen die Zustandsänderungen als *adiabatisch* (wärmeisoliert) betrachtet werden. In diesem Fall gilt die POISSON-Gleichung (17/20)

$$pV^{\varkappa} = \mathrm{const}$$

mit dem Adiabatenexponenten $\varkappa = c_p/c_V$ (c_p, c_V spezifische Wärmekapazitäten des Gases bei konstantem Druck und konstantem Volumen). Zur Bestimmung des adiabatischen Kompressionsmoduls K wird diese Gleichung nach V differenziert; das ergibt

$$\frac{\mathrm{d}p}{\mathrm{d}V} V^{\varkappa} + \varkappa p V^{\varkappa-1} = 0; \qquad K = -V\frac{\mathrm{d}p}{\mathrm{d}V} = \varkappa p = \frac{c_p}{c_V} p.$$

Damit folgt aus (1) nach LAPLACE

$$c = \sqrt{\frac{c_p}{c_V}\frac{p}{\varrho}} \quad \textbf{(Schallgeschwindigkeit in Gasen).} \tag{2}$$

Diese Gleichung kann bei flüchtiger Betrachtung auch zu falschen Schlüssen verleiten; denn die Schallgeschwindigkeit ändert sich bei einer Druckänderung nicht, wohl aber bei einer Temperaturänderung. Die statischen Werte für Druck p und Dichte $\varrho = M/V_\mathrm{m}$ (M Molmasse, V_m Molvolumen) werden durch die Zustandsgleichung für das ideale Gas $pV_\mathrm{m} = R_\mathrm{m}T$ verknüpft. Für ein ideales Gas ergibt sich daher

$$c = \sqrt{\frac{c_p}{c_V}\frac{R_\mathrm{m}T}{M}}. \tag{3}$$

Also ist c nur von der Art des Gases und von der absoluten Temperatur abhängig.

Beispiel: Man berechne die Schallgeschwindigkeit c_0 in trockener Luft von 0 °C bei normalem Atmosphärendruck und ihre Änderung bei einer kleinen Temperaturerhöhung ΔT. – *Lösung:* Mit $\varkappa = c_p/c_V = 1{,}402$; $p = 101{,}325$ kPa und $\varrho = 1{,}2928\,\mathrm{kg/m^3}$ errechnet man nach (2) $c_0 = 331{,}5$ m/s. Aus Gleichung (3) folgt für den Quotienten Geschwindigkeitsänderung/Temperaturänderung $\mathrm{d}c/\mathrm{d}T = (1/2)\sqrt{\varkappa R_\mathrm{m}/(MT)} = c/(2T)$ und damit für die oben genannten Normbedingungen $(\mathrm{d}c/\mathrm{d}T)_0 = 331{,}5\,\mathrm{m\,s^{-1}}/(2 \cdot 273{,}15\,\mathrm{K}) = 0{,}6\,\mathrm{m\,s^{-1}/K}$. Zahlreiche Messungen ergaben

$$c/(\mathrm{m\,s^{-1}}) = 331{,}6 + 0{,}6\,\Delta T/\mathrm{K}.$$

Der Wasserdampfgehalt der Luft verursacht kleine Abweichungen vom theoretischen Wert.

37.2 Schallfeldgrößen

Die Erregung eines Mediums durch eine Schallwelle wird quantitativ durch *Messgrößen* erfasst. Man nennt sie *Schallfeldgrößen*. Die Verschiebung der Teilchen $\boldsymbol{s}$ beim Durchgang einer Schallwelle sind im Allgemeinen direkt nicht messbar, weil infolge der BROWNschen Molekularbewegung keine Ruhelagen wie im Kristallgitter existieren. Man erfasst daher die Schwingungen der Teilchen in Ausbreitungsrichtung der Welle, die der ungeordneten Bewegung überlagert sind, durch deren *Verschiebungsgeschwindigkeit*, die

Schallschnelle $\quad \boldsymbol{v} = \frac{\mathrm{d}\boldsymbol{s}}{\mathrm{d}t}.$

Der Druck p im Schallfeld schwingt um den konstanten Wert des Atmosphärendrucks der Luft $\bar{p}$ (Bild 37.1). Die Verdichtungen und Verdünnungen des Ausbreitungsmediums werden durch den

Schallwechseldruck $\quad \tilde{p} = p - \bar{p}$

charakterisiert. Für die Druckschwankungen gilt überwiegend $|\tilde{p}| \ll \bar{p}$.

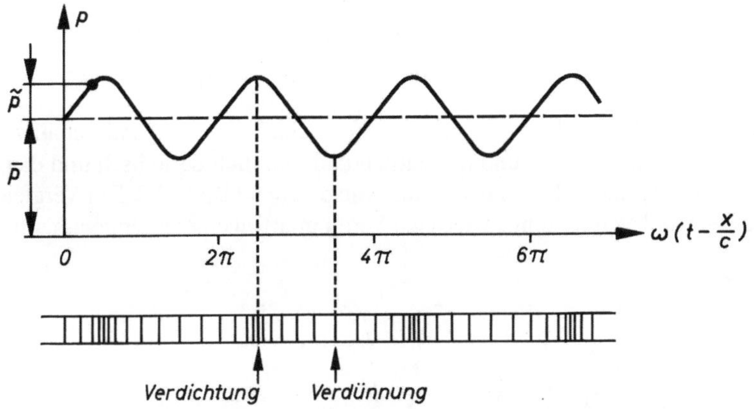

Bild 37.1. Druck- und Dichteverlauf bei einer harmonischen Schallwelle

Man kann zeigen, dass für eine Schallwelle in x-Richtung die Schallfeldgrößen $\boldsymbol{v}$ und $\tilde{p}$ die eindimensionale Wellengleichung (36/7) befriedigen. Der zeitliche und räumliche Verlauf einer ebenen harmonischen Schallwelle wird daher gemäß Gleichung (36/2) durch

$$\boldsymbol{v} = \boldsymbol{v}_0 \sin\left[\omega\left(t - \frac{x}{c}\right)\right] \tag{4}$$

$$\tilde{p} = \tilde{p}_0 \sin\left[\omega\left(t - \frac{x}{c}\right)\right] \tag{5}$$

mit der Geschwindigkeitsamplitude $\boldsymbol{v}_0$ (max. Schallschnelle) und der Druckamplitude $\tilde{p}_0$ (max. Schallwechseldruck) beschrieben (s. Bild 37.1). v und $\tilde{p}$ sind bei (ungedämpften) fortschreitenden Wellen phasengleich und proportional, d. h., *Orte höchster Teilchengeschwindigkeit sind auch Orte höchsten Druckes*. Der Proportionalitätsfaktor zwischen $\tilde{p}$ und v ist eine Materialeigenschaft des Ausbreitungsmediums und wird als

Schall-Wellenwiderstand $\quad Z = \frac{\tilde{p}}{v} = \varrho c \qquad (6)$

bezeichnet. Gleichung (6) folgt aus der weiter unten angegebenen Beziehung (8) mit (1) $c = \sqrt{K/\varrho}$ (K Kompressionsmodul, ϱ Dichte des Mediums). Damit ergibt sich für den

$$\textbf{Schallwechseldruck} \qquad \tilde{p} = \varrho c v. \tag{7}$$

Der Wellenwiderstand bestimmt die für die Ausbreitung maßgebende „Härte“ eines Mediums. In einem *schallharten* Medium verursachen große Druckschwankungen eine geringe Schallschnelle und in einem *schallweichen* Medium kleine Druckschwankungen eine hohe Schallschnelle. Im Allgemeinen sind die Wellenwiderstände der Gase wesentlich kleiner als die von flüssigen (oder festen) Stoffen.

Die zeitlichen Mittelwerte von Schallschnelle (4) und Schallwechseldruck (5) sind null; denn:

Schallwellen transportieren keine Masse, sondern nur Energie und Impuls.

Eine Schallwelle hat als mechanische Welle sowohl kinetische Energie, die an die Trägheit der bewegten Massenteilchen gebunden ist, als auch potentielle Energie, die wegen der elastischen Deformationen des Trägermediums auftritt. Beide Energieanteile sind bei (ungedämpften) fortschreitenden Wellen gleich, und ihre Summe bildet die Gesamtenergie einer Schallwelle. Aus ihr erhält man die **Energiedichte** (= Energie/Volumen) oder

$$\textbf{Schalldichte} \qquad w = w_\mathrm{k} + w_\mathrm{p} = \frac{\varrho}{2} v^2 + \frac{1}{2K}\tilde{p}^2 = \varrho v^2 = \frac{1}{K}\tilde{p}^2. \tag{8}$$

Einheit: $[w] = 1\ \mathrm{W\,s/m^3} = 1\ \mathrm{J/m^3} = 1\ \mathrm{N/m^2} = 1\ \mathrm{Pa}$.

In einer harmonischen Welle (Bild 37.1) ändern sich Schallschnelle v und Schallwechseldruck $\tilde{p}$ gemäß den Sinusfunktionen (4) und (5) zeitlich und räumlich periodisch und damit nach (8) ihre Energie mit dem Quadrat der Sinusfunktion entsprechend Bild 37.2. Ein Vergleich mit Bild 37.1 zeigt, dass sowohl Verdichtungen als auch Verdünnungen einer Energieanhäufung entspre-

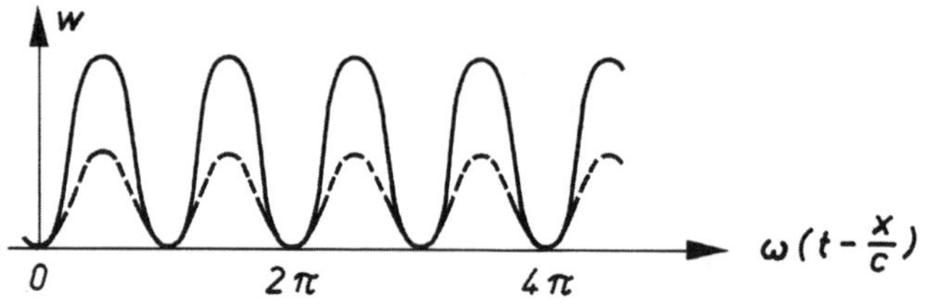

Bild 37.2. Energiedichteverlauf bei einer harmonischen Schallwelle (Kurven des kinetischen bzw. potentiellen Energieanteils sind gestrichelt gezeichnet.)

chen. Oft ist nur der zeitliche Mittelwert der Energie von praktischer Bedeutung. In analoger Weise wie bei elektrischen Wechselströmen (vgl. 31.2) erhält man die *mittlere Schalldichte* $\bar{w}$, wenn in (8) anstelle der variablen Größen v und $\tilde{p}$ die *Effektivwerte* $v_\mathrm{eff} = v_0/\sqrt{2}$ und $\tilde{p}_\mathrm{eff} = \tilde{p}_0/\sqrt{2}$ eingesetzt werden:

$$\bar{w} = \varrho v_\mathrm{eff}^2 = \frac{\varrho}{2} v_0^2 = \frac{1}{K}\tilde{p}_\mathrm{eff}^2 = \frac{1}{2K}\tilde{p}_0^2. \tag{9}$$

Die Gleichheit der Einheit der Schalldichte mit einer Druckeinheit verdeutlicht, dass die von der Welle mitgeführte Energie auf jede Fläche, die sich ihr entgegenstellt, einen Druck ausübt, der vom Schallwechseldruck zu unterscheiden ist. Dieser sog. **Schallstrahlungsdruck** ist mit (9)

$$p_\mathrm{S} = \begin{cases} \bar{w} & \text{bei völliger Absorption} \\ 2\bar{w} & \text{bei senkrechter Reflexion} \end{cases} \text{ der Energie.}$$

Die beiden Fälle sind mit dem unelastischen bzw. elastischen Stoß einer Welle gegen eine feste Wand vergleichbar und verdeutlichen den Impulstransport.
Die Energie wird im Wellenfeld mitgeführt. In einer geraden Säule mit der Grundfläche A und der Höhe h ist die Energiemenge $E = \bar{w}Ah$ enthalten. Liegt die Säule in Ausbreitungsrichtung, dringt die Energie mit ihrer Ausbreitungsgeschwindigkeit c in der Zeit $t = h/c$ durch die Grundfläche. Daher ist der *Energiefluss* (= Energie/Zeit) $\Phi = E/t = \bar{w}Ac$ und die **Energieflussdichte** oder **Intensität** [= Energie/(Fläche · Zeit)]

$$J = \frac{\Phi}{A} = \bar{w}c, \tag{10}$$

gültig für *jede Art von Wellen.* Hieraus folgt mit (9) und (6) bzw. (7) die

Schallintensität oder **Schallstärke**

$$J = Zv_{\text{eff}}^2 = \frac{Z}{2}v_0^2 = \frac{1}{Z}\tilde{p}_{\text{eff}}^2 = \frac{1}{2Z}\tilde{p}_0^2 = \tilde{p}_{\text{eff}}v_{\text{eff}} = \frac{1}{2}\tilde{p}_0 v_0. \tag{11}$$

Einheit: $[J] = 1\,\text{W/m}^2$.

Beispiel: Ein Lautsprecher strahle von einer Wand allseitig in den Halbraum (Luft) die *Schallleistung* $P = 10\,\text{W}$ ab ($\varrho = 1{,}21\,\text{kg/m}^3$; $c = 342\,\text{m/s}$). Man berechne in der Entfernung $r = 20\,\text{m}$ Schallintensität, Schalldichte und die Effektivwerte von Schallschnelle und Schallwechseldruck. – *Lösung:* Die Schallleistung ist $P = \Phi$, dem Energiefluss durch die Halbkugelfläche $A = 2\pi r^2$. Daher ist nach (10) $J = P/(2\pi r^2) = 4 \cdot 10^{-3}\,\text{W/m}^2$ und $\bar{w} = J/c = 1{,}2 \cdot 10^{-5}\,\text{W s/m}^3$. Nach (6) und (11) ist $v_{\text{eff}} = \sqrt{J/(\varrho c)} = 3{,}1 \cdot 10^{-3}\,\text{m/s} \approx 3\,\text{mm/s}$ und $\tilde{p}_{\text{eff}} = \sqrt{J\varrho c} = 1{,}3\,\text{Pa}$ (= 13 μbar).

Aufgabe 37.1. Zur Abschätzung der Empfindlichkeit des menschlichen Gehörs berechne man für die Schallintensität $J = 10^{-11}\,\text{W/m}^2$ (Flüsterlautstärke) die Schallwechseldruck-, die Schallschnelle- und die Schwingungsamplituden beim 1000-Hz-Ton. Schall-Wellenwiderstand der Luft $Z = 440\,\text{kg/(m}^2\,\text{s)}$.

37.3 Schallquellen. Ton, Klang, Geräusch

Schall wird erzeugt, indem elastische Körper (Saiten, Stäbe, Membranen, Platten usw.) ihre freien oder erzwungenen Schwingungen auf die umgebende Luft übertragen. Bei solchen *Schallquellen* ist zu beachten, dass die Schallabgabe fester Schwinger in den Luftraum gering ist; man vergrößert daher häufig die schallemittierende Fläche, z. B. durch Resonanzböden bei Musikinstrumenten.
Ein (reiner) **Ton** wird durch eine *harmonische* Schallwelle hervorgerufen.

Die Tonhöhe steigt monoton mit der Schwingungsfrequenz an. 1 Oktave entspricht einer Frequenzverdopplung.

Bei einer *Sirene* wird durch eine rotierende Scheibe mit einem Lochkreis der Luftstrom aus einer Düse periodisch unterbrochen und freigegeben und so eine Schallwelle erzeugt. Aus z = Lochzahl/Kreisumfang und n = Drehzahl/Zeiteinheit berechnet sich die Schwingungsfrequenz zu $f = zn$. Bei einem Demonstrationsversuch überzeugt man sich auch beim An- und Auslaufen der Sirene von der Zuordnung von Tonhöhe und Schwingungsfrequenz.

Schallquellen erzeugen fast nie einen reinen Ton. Periodische, jedoch *anharmonische* Schwingungen, die sich stets in ein *Spektrum* harmonischer Schwingungen zerlegen lassen (vgl. 35.4), verursachen einen **Klang**. Klänge gleicher Tonhöhe und gleicher Lautstärke können sich durch ihre *Klangfarbe* unterscheiden, die durch Überlagerung von Grundschwingung und Oberschwingungen zustande kommt.

Die Klangfarbe ergibt sich aus der Mischung des Grundtons mit den angeregten Obertönen, verschieden nach Anzahl, Frequenz und Amplitude.

Die Phasen der Obertöne haben keinen Einfluss auf die Klangfarbe.
Geräusche lassen sich nicht auf periodische Vorgänge zurückführen. Die spektrale *Schallanalyse* (mit elektronischen Geräten) ergibt ein kontinuierliches Spektrum von meist unregelmäßiger Struktur, d. h. von unregelmäßiger Amplitudenverteilung der enthaltenen Frequenzkomponenten. Geräusche längerer Dauer und größerer Lautstärke werden als *Lärm* (z. B. Verkehrs- und Maschinenlärm) bezeichnet. Statistische Druckschwankungen vermitteln, wenn sie verstärkt und hörbar gemacht werden, den Eindruck des *Rauschens*. Ein plötzlicher Druckanstieg (z. B. bei einer Explosion) wird als *Knall* wahrgenommen usw.

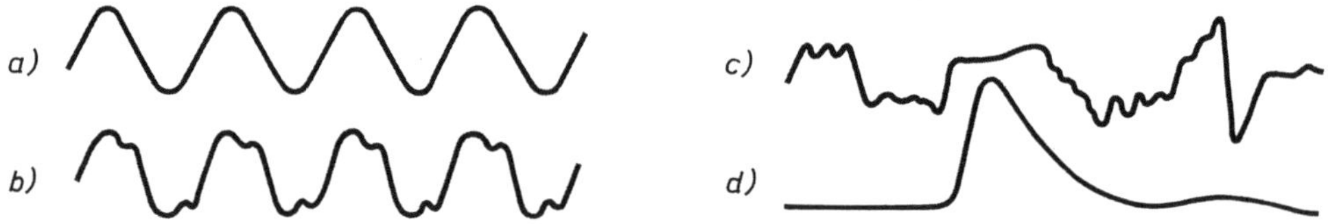

Bild 37.3. Druckverlauf für qualitativ verschiedene Schallereignisse: a) Ton, b) Klang, c) Geräusch, d) Knall

Beispiele für den Druckverlauf an einem Schallempfänger von qualitativ verschiedener spektraler Zusammensetzung zeigt Bild 37.3.

37.4 Schallempfänger und Gehör. Schallpegel und Lautstärke

Druckschwankungen des Schallfeldes üben auf von ihnen getroffene Körper periodische Kräfte aus und regen diese damit zu erzwungenen Schwingungen an. Das Mitschwingen unter dem Einfluss einer Schallwelle ist charakteristisch für *Schallempfänger*. Je nach Eigenfrequenz und Dämpfung unterscheidet man *selektive* Empfänger, die in einem bestimmten schmalen Frequenzband intensiv mitschwingen (Resonanz), und *breitbandige* Empfänger, die in einem großen Frequenzbereich gleichmäßig (aber meist schwach) mitschwingen. Unter Verwendung elektronischer Hilfsmittel ist das *Mikrofon* der Prototyp eines technischen Schallempfängers für Mess- und Registrierzwecke. Einen weiteren sehr empfindlichen Schallempfänger besitzt der Mensch in seinem Gehörorgan. Der Hörbereich des Menschen ist von der Schallintensität und von der Frequenz abhängig. Er reicht bei einem 1 000-Hz-Normalton von der **Hörschwelle** mit der Schallintensität $J_0 \approx 10^{-12}$ W/m^2 bis zur **Schmerzschwelle** $J_1 \approx 10$ W/m^2.
In der Messtechnik benutzt man zur Darstellung von Intensitäten (und Leistungen), die einen Bereich von vielen Zehnerpotenzen überstreichen, als Beurteilungsmaßstab häufig den *dekadischen* Logarithmus des Verhältnisses aus gemessener Intensität J und einer Bezugs-Intensität J_0 und bezeichnet diese Größe als **Pegel**. Solche dimensionslosen Verhältnisgrößen erhalten die Einheit B e l, wobei in der Praxis meist das D e z i b e l (dB) benutzt wird.
Da nach (11) $J \sim \tilde{p}^2$, das Intensitätsverhältnis also $J/J_0 = (\tilde{p}/\tilde{p}_0)^2$ ist, kann der *Schallpegel* auch abhängig vom Effektivwert des Schallwechseldruckes $\tilde{p}$ notiert werden. Man definiert als

Schallpegel $$L/\text{dB} = 10 \lg \frac{J}{J_0} = 20 \lg \frac{\tilde{p}}{\tilde{p}_0} \tag{12}$$

mit $\tilde{p}_0 = 2 \cdot 10^{-5}$ Pa (Hörschwelle beim 1000-Hz-Ton). Für $J = J_0$ (bzw. $\tilde{p} = \tilde{p}_0$) erhält man den Schallpegel $L = 0$.

Der Schallwechseldruck $\tilde{p}$ kann objektiv z. B. mit einem Mikrofon gemessen werden. Dagegen stellt die vom Menschen empfundene, in P h o n angegebene **Lautstärke** Λ eines Schallereignisses die *subjektive Bewertung des Reizes durch das Gehör* dar. Versuche mit zahlreichen Personen bestätigen das

Weber-Fechnersche-Gesetz:

Die absolute Änderung der Lautstärke ist der relativen Änderung der Schallintensität proportional:

$$\mathrm{d}\Lambda \sim \frac{\mathrm{d}J}{J} \quad \text{bzw. nach Integration} \quad \Lambda \sim \lg \frac{J}{J_0}.$$

Da sowohl der Proportionalitätsfaktor als auch die Hörschwelle J_0 frequenzabhängig sind, kann nur für *eine* Frequenz ($f = 1000$ Hz) $\Lambda/\text{phon} = L/\text{dB}$ gesetzt werden. Bild 37.4 zeigt die Kurven gleicher Lautstärke für abgehörte Töne verschiedener Frequenz und verschiedener Schallintensität; sie wurden experimentell durch Vergleich mit einem gleich laut empfundenen 1000-Hz-Ton ermittelt.

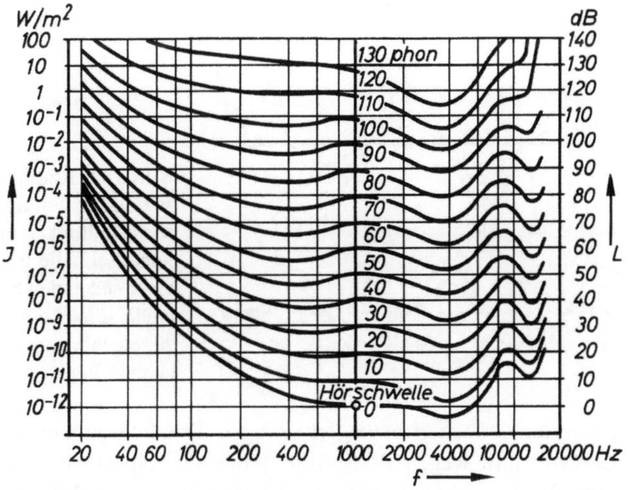

Bild 37.4. Kurven gleicher Lautstärke (nach ROBINSON und DADSON)

Weil die Lautstärke eines Schallereignisses von dessen Frequenzspektrum abhängig und der subjektive Vergleich mit dem 1000-Hz-Ton in der Praxis nicht streng reproduzierbar ist, führt man zur Kennzeichnung des Lautstärkeeindrucks den **frequenzbewerteten Schallpegel** L_A ein, der in dB(A) angegeben wird. Dabei werden die Pegelanteile der tiefen und hohen Frequenzen nach einer Norm (der sog. Bewertungskurve A) abgeschwächt. Die Lautstärke Λ/phon entspricht dann mit guter Näherung den Werten L_A/dB(A).

Beispiel: An einer Straßenkreuzung steigt der Schallpegel von 72 dB(A) bei normalem Verkehr auf 81 dB(A) zur Spitzenverkehrszeit an. Man schätze unter Annahme gleich lauter Fahrzeuggeräusche die Zunahme des Fahrzeugstromes ab. – *Lösung:* n gleich laute Schallquellen der Intensität J_1 ergeben die Schallintensität $J_2 = nJ_1$. Nach (12) nimmt der Schallpegel in dB(A) um $\Delta L = L_2 - L_1 = 10 \lg(J_2/J_0) - 10 \lg(J_1/J_0) = 10 \lg(J_2/J_1) = 10 \lg n$ zu; damit ist $\Delta L/10 = (81 - 72)/10 = 0{,}9 = \lg n$, d. h., der Fahrzeugstrom nimmt um den Faktor $n \approx 8$ zu.

Aufgabe 37.2. Das Ticken einer Uhr wird in einem bestimmten Abstand mit 1 dB(A) wahrgenommen. Wie viel dB(A) ergeben zwei Uhren?

Aufgabe 37.3. Man gebe den Lautstärkepegel Λ für eine Schallintensität von a) $J_1 = 10J_0$ (leises Flüstern), b) $J_2 = 100J_0$ (Blätterrauschen), c) $J_3 = 10^5 J_0$ (Unterhaltung) und d) $J_4 = 10^{12} J_0$ (laufende Flugzeugturbinen in wenigen Metern Entfernung) an!

37.5 Stehende Schallwellen

Trifft Schall auf ein festes Hindernis, wird er wegen der stark unterschiedlichen Wellenwiderstände (6) $Z = \varrho c$ von Luft und Festkörper (etwa $1 : 10^4$) zurückgeworfen *(reflektiert)*. Bei größerer Entfernung des Schallempfängers von der reflektierenden Wand beobachtet man zu einem primären Schallereignis sein *Echo*, bei geringerer Entfernung seinen *Widerhall*.
Mit einem Dauerton aus einer Schallquelle kann die hinlaufende harmonische Welle mit der reflektierten Welle zu einer *stehenden Schallwelle* überlagert werden, deren charakteristische Merkmale die um $\lambda/2$ auseinander liegenden **Schwingungsknoten** (Orte ohne Luftbewegung; $u = 0$, $v = 0$) und die dazwischen liegenden **Schwingungsbäuche** (Orte maximaler Teilchenbewegung) sind (vgl. 36.4). Man kann das stehende Schallwellenfeld in einem Glasrohr demonstrieren, wenn eine Spur feinen Korkmehls darin ausgestreut wird. In den Schwingungsbäuchen wird das Mehl aufgewirbelt, während es in den Schwingungsknoten liegen bleibt (KUNDTsche *Staubfiguren*). Mit der Teilchenbewegung verknüpft ist eine Folge von **Druckbäuchen** (Orte maximaler Druckschwankungen), zwischen denen ebenfalls in Abständen $\lambda/2$ **Druckknoten** (Orte ohne Druckschwankungen, $\tilde{p} = 0$) liegen.

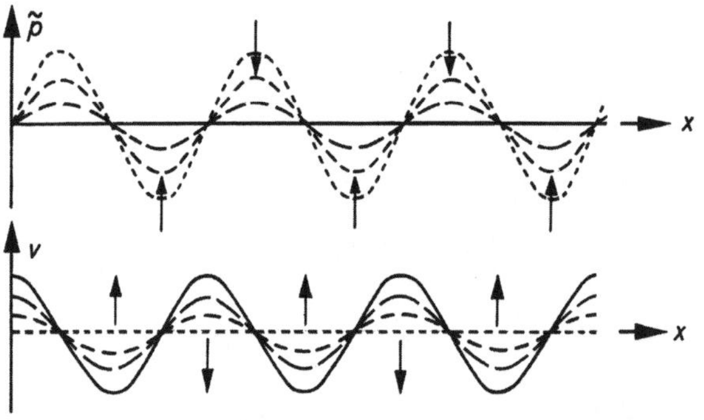

Bild 37.5. Räumliche Verteilung von Schallwechseldruck $\tilde{p}$ und Schallschnelle v bei einer stehenden Schallwelle. Gleiche Kurvenzüge gehören zu gleichen Zeiten.

In zwei benachbarten Schwingungsbäuchen bewegen sich die Teilchen gegensinnig auf den Schwingungsknoten zu oder von ihm weg, so dass dort (eine Viertelperiode) später ein Ort maximaler Verdichtung oder Verdünnung entsteht und die Bewegung zur Ruhe kommt (vgl. Bild 37.5). Bei den Druckbäuchen wechseln sich Druckmaxima und -minima in der Reihenfolge ab. Daher führt der Druckausgleich wiederum (eine Viertelperiode) später zwischen den Druckbäuchen zu maximalen Teilchengeschwindigkeiten usw.

In den Schwingungsknoten befinden sich die Druckbäuche und in den Druckknoten die Schwingungsbäuche.

Zum Zeitpunkt maximaler Teilchengeschwindigkeit besteht die Gesamtenergie nur aus kinetischer Energie, während zum Zeitpunkt maximaler Druckunterschiede nur potentielle Energie vorhanden ist.

Eigenschwingungen von Luftsäulen in langen Rohren mit gleich bleibendem Querschnitt sind ebenfalls eindimensionale stehende Wellen. Durch das geschlossene und das offene Ende der Röhre sind (wie durch das feste und das lose Ende eines Seiles, vgl. 36.4) die entsprechenden Randbedingungen gegeben: *An den geschlossenen Enden befinden sich Schwingungsknoten, an den offenen Schwingungsbäuche.* Bild 37.6 zeigt die drei möglichen Fälle bei Anregung in ihrer Grundfrequenz. Die eingezeichneten Kurven zeigen die Lage der Schwingungsknoten und -bäuche. Die Grundfrequenz der mittleren Säule beträgt nur die Hälfte der Grundfrequenz der benachbarten Säulen. Ihr Ton liegt daher bei Anregung um eine Oktave tiefer. Die Mischung der Grundschwingung mit den Oberschwingungen ergibt die Klangfarbe.

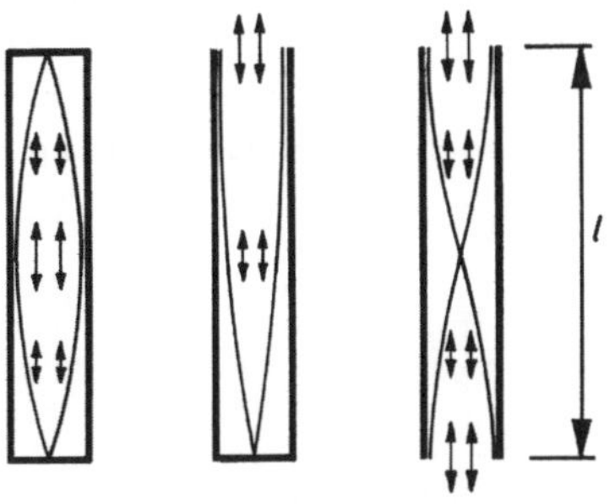

Bild 37.6. Grundtypen schwingender Luftsäulen

Beispiel: Eine Luftsäule in einem senkrecht stehenden Rohr, das oben offen und unten durch eine Wasseroberfläche von variabler Füllstandshöhe abgeschlossen ist, wird durch eine angeschlagene Stimmgabel über der Öffnung zu Schwingungen angeregt (QUINCKEsches *Resonanzrohr*). Beim Kammerton a ($f = 440\,\mathrm{Hz}$) schwingen Luftsäulen der Länge $l = 0{,}195\,\mathrm{m}; 0{,}584\,\mathrm{m}; \ldots$ kräftig mit. Man überlege anhand einer Skizze, wann Resonanz eintritt, und berechne die Schallgeschwindigkeit c in Luft bei Raumtemperatur. – *Lösung:* Da bei Eigenschwingungen oben ein Schwingungsbauch und unten ein Knoten liegen muss (vgl. Bild 37.6 Mitte), betragen die Luftsäulen $l = \lambda/4;\ 3\lambda/4;\ \ldots$ Es ist also $\Delta l = \lambda/2 = (0{,}584 - 0{,}195)\,\mathrm{m} = 0{,}389\,\mathrm{m}$ und nach (36/3) $c = f\lambda = 440\,\mathrm{s}^{-1} \cdot 2 \cdot 0{,}389\,\mathrm{m} = 342\,\mathrm{m/s}$.

37.6 Doppler-Effekt

DOPPLER (1842) fand heraus, dass bei einer Relativbewegung von Schallquelle und Schallempfänger eine Frequenzänderung zu beobachten ist:

Bewegen sich Schallquelle und Schallempfänger aufeinander zu, / voneinander weg, stellt man eine Frequenzerhöhung / Frequenzerniedrigung fest.

Das ist ohne weiteres verständlich; denn es erreichen in gleichen Zeiten bei Annäherung mehr, bei Entfernung weniger Schwingungsperioden den Empfänger als bei einem ruhenden akustischen System. Den Effekt kann man qualitativ bekanntlich an Geräuschen vorüberfahrender Fahrzeuge beobachten: Im Augenblick des Vorbeifahrens springt die Tonhöhe von höheren zu tieferen Frequenzen um. Die gleiche Feststellung macht man in einem Fahrzeug, das eine ruhende Schallquelle passiert. Da Schallwellen von einem ruhenden stofflichen Medium getragen werden, ist es für die Größe der Frequenzänderung nicht gleichgültig, ob sich die Quelle oder der Empfänger bewegt.

Eine **ruhende Schallquelle** schwinge mit der Frequenz f_0, so dass sie $\{f_0\}$ Verdichtungen je Zeiteinheit aussendet, die dann im räumlichen Abstand $\lambda_0 = c/f_0$ aufeinander folgen. In der Zeit t ziehen daher an einem ruhenden Schallempfänger $f_0 t$ Verdichtungen vorüber. Nähert sich der Empfänger der Quelle mit der Geschwindigkeit v, legt er in der Zeit t die Strecke vt zurück und begegnet damit noch zusätzlich vt/λ_0 Verdichtungen, so dass ihn insgesamt $f_0 t + vt/\lambda_0 = f_0 t(1 + v/c)$ Verdichtungen passieren. Daraus folgt als Zahl der Verdichtungen je Zeiteinheit die

Empfangsfrequenz bei bewegtem Empfänger und ruhender Quelle:
$$f = f_0\left(1 + \frac{v}{c}\right) \qquad (13)$$

mit $v > 0$ bei Annäherung und $v < 0$ bei Entfernung.

Jetzt schwinge eine **bewegte Schallquelle** mit der Frequenz $f_0 = 1/T_0$, so dass sie in den Zeitabständen T_0 Verdichtungen aussendet, die sich in der ruhenden Luft mit der Geschwindigkeit c ausbreiten. Nähert sich die Quelle dem Empfänger mit der Geschwindigkeit v, wird jede nachfolgende Verdichtung um die Strecke vT_0 versetzt erzeugt, so dass der räumliche Abstand der Verdichtungen nicht mehr λ_0 (wie oben), sondern $\lambda = \lambda_0 - vT_0 = \lambda_0 - v/f_0 = \lambda_0(1 - v/c)$ beträgt. Durch Annäherung der Schallquelle verkürzt sich die Wellenlänge von $\lambda_0 = c/f_0$ auf $\lambda = c/f$. Daraus folgt die

Empfangsfrequenz bei bewegter Quelle und ruhendem Empfänger:

$$f = f_0 \frac{1}{1 - \dfrac{v}{c}} \tag{14}$$

($v > 0$ Annäherung, $v < 0$ Entfernung).

Für kleine Geschwindigkeiten $v \ll c$ unterscheiden sich die Beziehungen (13) und (14) nur wenig; denn dann ist $1/(1 - v/c) \approx 1 + v/c$, und beide Fälle ergeben mit der Relativgeschwindigkeit v praktisch die gleiche Frequenzänderung $\Delta f = f - f_0 = v/c$. Große Unterschiede beobachtet man, wenn sich Schallquelle bzw. -empfänger mit der Schallgeschwindigkeit $v = c$ bewegen. Bewegt sich ein Empfänger mit c an einer Schallquelle vorbei, springt nach (13) die Frequenz von $f = 2f_0$ auf $f' = 0$. Bewegt sich eine Quelle mit c an einem Empfänger vorbei, springt nach (14) die Frequenz von $f \to \infty$ auf $f' = f_0/2$. Im ersten Fall wird Schall nur bei Annäherung, im zweiten Fall nur bei Entfernung wahrgenommen.

Ob bei der Berechnung der Frequenzänderung zwischen den beiden Fällen (13) und (14) unterschieden werden muss, hängt davon ab, ob die Ausbreitung der Welle – wie beim Schall – an ein Übertragungsmedium (z. B. die Luft) gebunden ist oder – wie beim Licht – nicht. Es gilt, wenn v_Q und v_B die Geschwindigkeiten sind, mit denen sich Quelle und Beobachter gegenüber dem Medium bewegen, für Schallwellen

$$f = f_0 \frac{1 + (v_B/c)}{1 - (v_Q/c)}. \tag{15}$$

Hierin sind beide Beziehungen, (13) und (14), enthalten.

Bei den **Lichtwellen**, bei denen ebenfalls ein DOPPLER-Effekt auftritt, gibt es kein Medium (keinen „Äther"), an das die Welle gebunden ist, weshalb nur die Relativgeschwindigkeit v zwischen Quelle und Beobachter angegeben werden kann; eine Unterscheidung zwischen v_Q und v_B ist nicht möglich (vgl. spezielle Relativitätstheorie, Abschnitt 6.1 und 6.2).

Beispiele: *1.* Zwei Züge mit je einer Geschwindigkeit von $v = 90$ km/h begegnen sich. Einer gibt ein akustisches Signal ($c = 342$ m/s). Welchen Frequenzsprung vernimmt ein Beobachter im anderen Zug bei der Vorüberfahrt? – *Lösung:* Im vorliegenden Fall ist $v/c = 0{,}0731$. Da Beobachter und Quelle gegenüber der (ruhenden) Luft *beide* die Geschwindigkeit v haben, folgt aus (15) für die Empfangsfrequenz $f = f_0(1 + v/c)/(1 - v/c)$ bei Annäherung und $f' = f_0(1 - v/c)/(1 + v/c)$ bei Entfernung. Die Frequenzen springen im Verhältnis $f/f' = (1 + v/c)^2/(1 - v/c)^2 = 1{,}340 \approx 4:3$.

2. Die Wellenlängen im Spektrum des von den Galaxien ausgesandten Lichts zeigen zum überwiegenden Teil eine Verschiebung $\Delta\lambda$ zu größeren Wellenlängen, also zum Roten hin. Aus dieser sog. *Rotverschiebung* der Spektrallinien kann nach dem DOPPLER-Effekt die Fluchtgeschwindigkeit v der Objekte berechnet werden. Wie groß ist v für eine Galaxie, wenn in ihrem Emissionsspektrum die Wellenlänge des Neons $\lambda_0 = 585{,}25$ nm um $\Delta\lambda = 31{,}0$ nm größer erscheint? Lichtgeschwindigkeit im Vakuum $c \approx 300\,000$ km/s. – *Lösung:* Für eine davoneilende Lichtquelle ($v < 0$) gilt nach (14) $f = f_0/(1 + v/c)$ bzw. wegen $f = c/\lambda$: $\lambda = \lambda_0(1 + v/c)$ oder $\lambda - \lambda_0 = \Delta\lambda = (v/c)\lambda_0$, woraus folgt $v = c(\Delta\lambda/\lambda_0) = 15\,890$ km/s. – *Anmerkung:* Diese Beziehung gilt nur für $z = \Delta\lambda/\lambda_0 \lessapprox 0{,}2$; sie folgt für $v \lessapprox 0{,}2c = 60\,000$ km/s aus der relativistischen Formel $v = c[(1 + z)^2 - 1]/[(1 + z)^2 + 1]$.

Aufgabe 37.4. Zwei Züge fahren mit der gleichen Geschwindigkeit v einander entgegen. Die Frequenz des Pfeiftones des einen Zuges wird im anderen um den Faktor $9/8$ erhöht wahrgenommen. Wie groß ist v? Schallgeschwindigkeit 340 m/s.

37.7 Machscher Kegel

Bewegt sich eine Schallquelle (S) mit einer Geschwindigkeit v, die größer ist als die Schallgeschwindigkeit c (z. B. Geschoss, Überschallflugzeug), so können die von ihr abgestrahlten Kugelwellen der Schallquelle nicht vorauseilen, sondern sich nur innerhalb eines kegelförmigen Raumes, des MACH*schen Kegels* (Bild 37.7), hinter ihr ausbreiten. Das Bild zeigt drei zu den Zeitpunkten $t_1, t_2, \dots t_n$ nacheinander abgestrahlte Kugelwellen, deren Einhüllende die

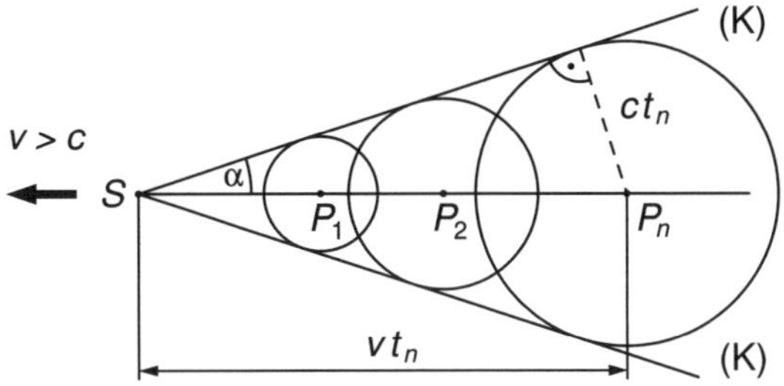

Bild 37.7. MACHscher Kegel

MACH*sche Kopfwelle* (K) bilden. Der halbe Öffnungswinkel α des Kegels heißt MACH*scher Winkel*. Nach der Zeit t_n hat sich die zugehörige Störung zu einer Kugelwelle mit dem Radius ct_n ausgeweitet, und deren Mittelpunkt P_n hat den Weg vt_n zurückgelegt. Es folgt somit

$$\sin\alpha = \frac{ct_n}{vt_n} = \frac{c}{v} = \frac{1}{Ma}. \tag{16}$$

Dabei ist Ma die MACH*zahl*. $Ma = 1$ bedeutet, dass die Strömungs- bzw. Umströmungsgeschwindigkeit gleich der Schallgeschwindigkeit ist, entsprechend $\alpha = 90°$ (*Schallmauer*). $Ma > 1$ bedeutet Überschallgeschwindigkeit, $Ma < 1$ Unterschallgeschwindigkeit. In Luft von 20 °C entspricht $Ma = 1$ in Bodennähe einer Körpergeschwindigkeit von $v \approx 340$ m/s $\approx$ 1200 km/h, $Ma = 2$ entsprechend $\approx$ 2400 km/h. Erreicht der Kegelmantel (K) den Ort eines Beobachters, so vernimmt dieser einen scharfen Knall (s. auch Abschnitt 15.6).

Das zu den Schallwellen analoge Phänomen des MACHschen Kegels kann auch bei den **Lichtwellen** beobachtet werden. Wenn sich elektrisch geladene atomare Teilchen in einem durchsichtigen Medium von der Brechzahl n (z. B. Plexiglas mit $n = 1{,}5$; vgl. Lichtbrechung in 39.4) mit einer Geschwindigkeit v bewegen, die größer ist als die Lichtgeschwindigkeit in diesem Medium c/n mit c als Vakuumlichtgeschwindigkeit $\approx 3 \cdot 10^8$ m/s, so strahlen sie Energie innerhalb eines Kegels ab, wobei ein Teil davon ins sichtbare Gebiet der elektromagnetischen Wellen fällt und beobachtet werden kann (TSCHERENKOV-*Strahlung*). Der sog. *Tscherenkov-Zähler* ist unentbehrlich für die Energiebestimmung hochenergetischer Teilchen.

38 Elektromagnetische Wellen

38.1 Ausbreitung elektromagnetischer Wellen entlang von Leitungen

Elektrische Leitungen dienen dem weiträumigen Transport elektromagnetischer Energie und besitzen einen Hin- und einen Rückleiter. Bleiben die Querschnitte dieser beiden Einzelleiter und ihre Anordnung zueinander über ihre ganze Länge unverändert, handelt es sich also um zwei parallele und im wesentlichen gerade verlaufende Leiter, spricht man von einer *homogenen Doppelleitung*. Beispiele dafür sind die als Verbindung zwischen Antenne und Fernsehgerät verwendeten Koaxial- oder Paralleldrahtleitungen.

Im Gegensatz zu Schaltkreisen, bei denen die Ausbreitungsgeschwindigkeit von elektrischen Signalen kaum eine Rolle spielt, hängt bei Leitungen infolge ihrer großen räumlichen Ausdehnung der Strom- und Spannungsverlauf nicht nur von der Zeit, sondern auch vom Ort ab. Für ihn gelten, wie unten gezeigt wird, die besonders für die Nachrichtentechnik wichtigen Wellengleichungen

$$\frac{\partial^2 u}{\partial x^2} = \frac{1}{c^2}\frac{\partial^2 u}{\partial t^2} \tag{1}$$

$$\frac{\partial^2 i}{\partial x^2} = \frac{1}{c^2}\frac{\partial^2 i}{\partial t^2} \tag{2}$$

(Telegrafengleichungen der verlustfreien Leitung).

Spannung und Stromstärke breiten sich also als zeitlich periodische Vorgänge wellenförmig mit der Geschwindigkeit c entlang der Leitung aus und weisen damit auch eine räumliche Periodizität auf (vgl. 36.1 und 36.2).

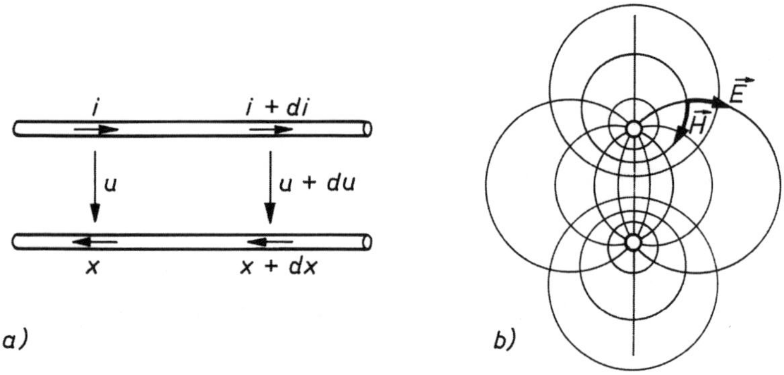

Bild 38.1. a) Leitungsstück der Länge dx, b) dessen elektromagnetischer Feldverlauf in der Querschnittsebene

Herleitung der Wellengleichungen. Es wird ein Leitungsstück der Länge dx betrachtet (Bild 38.1a). Die mit dem Magnetfeld verknüpften induktiven Eigenschaften werden durch den *Induktivitätsbelag* L' = Induktivität/Längeneinheit und die mit dem elektrischen Feld verbundenen kapazitiven Eigenschaften durch den *Kapazitätsbelag* C' = Kapazität/Längeneinheit angegeben. Damit hat die Länge dx der Leitung die Induktivität $L = L'\,\mathrm{d}x$ und die Kapazität $C = C'\,\mathrm{d}x$.
Eine zeitliche Änderung des Stromes erzeugt nach (30/7) in der Längsinduktivität eine Induktionsspannung $-L'\,\mathrm{d}x\,(\partial i/\partial t)$, d. h.

$$\mathrm{d}u = \frac{\partial u}{\partial x}\,\mathrm{d}x = -L'\,\mathrm{d}x\,\frac{\partial i}{\partial t} \quad \text{bzw.} \quad \frac{\partial u}{\partial x} = -L'\,\frac{\partial i}{\partial t}. \tag{3}$$

Eine zeitliche Änderung der Spannung ruft von und zur Querkapazität einen Ladungsfluss (Strom) der Größe $-\partial Q/\partial t = -C'\,\mathrm{d}x\,(\partial u/\partial t)$ hervor, d. h.

$$\mathrm{d}i = \frac{\partial i}{\partial x}\,\mathrm{d}x = -C'\,\mathrm{d}x\,\frac{\partial u}{\partial t} \quad \text{bzw.} \quad \frac{\partial i}{\partial x} = -C'\,\frac{\partial u}{\partial t}. \tag{4}$$

Durch partielle Differentiation der Ausgangsgleichungen (3) und (4) nach x bzw. t und Elimination der Wellenfunktion i bzw. u findet man die Wellengleichungen (1) und (2) mit

$$c = \frac{1}{\sqrt{L'C'}} \tag{5}$$

(Phasengeschwindigkeit von Spannungs- und Stromwellen).

Lösungen der Telegrafengleichungen (1) und (2) sind die in x-Richtung fortschreitenden harmonischen Spannungs- und Stromwellen (36/2)

$$u = u_0 \sin\left[\omega\left(t - \frac{x}{c}\right)\right] \qquad \text{und} \qquad i = i_0 \sin\left[\omega\left(t - \frac{x}{c}\right)\right].$$

Den Zusammenhang zwischen den Wellenfunktionen u und i erhält man durch Einsetzen der Lösungen z. B. in (3):

$$-\frac{\omega u_0}{c}\cos\left[\omega\left(t - \frac{x}{c}\right)\right] = -\omega L' i_0 \cos\left[\omega\left(t - \frac{x}{c}\right)\right] \quad \text{bzw.} \quad u_0 = cL' i_0 = \sqrt{\frac{L'}{C'}}\, i_0.$$

Damit sind Spannungs- und Stromverlauf einer fortschreitenden Welle einander proportional:

$$u = Zi \qquad \text{mit} \qquad Z = \sqrt{\frac{L'}{C'}} \qquad \textbf{(Wellenwiderstand).} \tag{6}$$

Da die Leitungen nicht unendlich lang sind, werden der Wellenausbreitung durch deren Abschluss an den Leitungsenden zusätzliche Randbedingungen auferlegt. So wird eine fortschreitende Welle nur dann am Ende nicht reflektiert, wenn auch dort die Bedingung (6) erfüllt ist. Das geschieht durch einen ohmschen Widerstand $R = Z$, über den die beiden Leiter der Doppelleitung miteinander verbunden sind. Man spricht dann von einem *reflexionsfreien Abschluss*, wobei die gesamte von der Welle transportierte Energie im Abschlusswiderstand R in JOULEsche Wärme umgewandelt wird. Bricht dagegen die Leitung ab, so muss dort $i = 0$ sein *(Leerlauf)*; werden die Leiter an einer Stelle überbrückt, so gilt dort $u = 0$ *(Kurzschluss)*. Es tritt dann Reflexion der Welle am Leitungsende auf, vergleichbar mit dem festen bzw. losen Ende bei mechanischen Wellen (s. 36.4).

Mit zwei parallel ausgespannten Drähten, einer sog. **Lecherleitung**, lässt sich gut demonstrieren, dass sich hinlaufende und die am Ende reflektierte Welle zu einer *stehenden Welle* überlagern, die in $\lambda/2$-Abständen Schwingungsknoten besitzt. Im Leerlauf-Fall muss dann ein Stromknoten, im Kurzschluss-Fall ein Spannungsknoten am Ende liegen. Auf der ganzen Leitung sind Spannung u und Strom i räumlich und zeitlich um $\pi/2$ phasenverschoben, analog den Größen Schallwechseldruck $\tilde{p}$ und Schallschnelle v (vgl. 37.5) bei Schallwellen. Legt man eine Glimmröhre quer über beide Drähte und verschiebt sie längs der Lecherleitung, so leuchtet sie an bestimmten Stellen, den Spannungsbäuchen (Stromknoten) hell auf. Überbrückt man dagegen die beiden Drähte mit einer Glühlampe, so leuchtet diese an den dazwischen liegenden Stellen, den Strombäuchen (Spannungsknoten). Ähnlich wie z. B. schwingende Luftsäulen der Längen $\lambda/4$ und $\lambda/2$ resonanzfähige Systeme darstellen (s. Bild 37.6), werden auch Leitungsstücke der Längen $\lambda/4$ und $\lambda/2$ anstelle von Schwingkreisen in der Hochfrequenztechnik verwendet.

Bei hohen Frequenzen, wo (wegen des Skineffektes) das gesamte elektromagnetische Feld zwischen den Leitern verläuft (s. Bild 38.1b), ist die Phasengeschwindigkeit (5) der Wellenvorgänge gleich

$$c = \frac{1}{\sqrt{\varepsilon\mu}} = \frac{1}{\sqrt{\varepsilon_r \varepsilon_0 \mu_r \mu_0}},$$

d. h. von der Geometrie der Leiteranordnung unabhängig. Die Abhängigkeit von den Materialeigenschaften des Zwischenmediums (ε_r, μ_r) zeigt, dass der Strom- und Spannungsverlauf nur eine Begleiterscheinung der eigentlichen *elektromagnetischen* Welle ist, die außerhalb der Leiter in einem Medium mit Isolatoreigenschaften existiert. In der Tat benötigen elektromagnetische Wellen zur Ausbreitung nicht unbedingt eine Führung durch metallische Leiter, sondern breiten sich auch frei im Raum aus, wie in den folgenden Abschnitten gezeigt wird.

Beispiel: Auf einer Leitung, deren Ausgang kurzgeschlossen ist, werden eingangsseitig mit einem Hochfrequenzgenerator stehende Wellen erzeugt. Bestimme die Laufzeit τ der Leitung, wenn für die Frequenzen $f = 7{,}143$ MHz; $14{,}286$ MHz; $21{,}429$ MHz; ... Spannungsknoten am Eingang festgestellt werden!
Lösung: Es befinden sich Spannungsknoten am Ausgang und für die Leitungslänge $l = \lambda/2$; λ; $3\lambda/2$; $\ldots = n\lambda/2$ am Eingang. $\tau = l/c = n\lambda/(2c) = n/(2f) = 70$ ns.

38.2 Ausbreitung elektromagnetischer Wellen im freien Raum

MAXWELL (1865) hat mit der Einführung des Verschiebungsstromes die Theorie, welche die elektromagnetischen Erscheinungen auf der Grundlage von Feldern erklärt, zu einem relativen Abschluss geführt (vgl. 32.3). Für den *freien Raum*, wo Leitungsströme fehlen ($\boldsymbol{j} = 0$), konnte er aus den universell gültigen Feldgleichungen (32/4 und 5)

$$\oint \boldsymbol{H} \cdot \mathrm{d}\boldsymbol{r} = \frac{\partial}{\partial t} \int \boldsymbol{D} \cdot \mathrm{d}\boldsymbol{A}; \qquad \oint \boldsymbol{E} \cdot \mathrm{d}\boldsymbol{r} = -\frac{\partial}{\partial t} \int \boldsymbol{B} \cdot \mathrm{d}\boldsymbol{A}$$

(I. und II. MAXWELLsche Gleichung) die Möglichkeit der *wellenförmigen Ausbreitung elektromagnetischer Felder* nachweisen und die Eigenschaften dieser Wellen theoretisch ableiten. So lässt sich zeigen, dass aus den obigen Feldgleichungen zusammen mit den Materialgleichungen (32/6)

$$\boldsymbol{D} = \varepsilon \boldsymbol{E}; \qquad \boldsymbol{B} = \mu \boldsymbol{H}$$

für die zeitlichen und räumlichen Änderungen des $\boldsymbol{E}$- und $\boldsymbol{H}$-Feldes Wellengleichungen vom gleichen Typ (36/7) folgen, wie wir sie für mechanische Wellen kennen gelernt haben, und zwar bei Ausbreitung in x-Richtung die Wellengleichungen

$$\frac{\partial^2 E_y}{\partial x^2} = \varepsilon\mu \frac{\partial^2 E_y}{\partial t^2} \quad \text{für die } y\text{-Komponente der elektrischen Feldstärke } \boldsymbol{E}, \tag{7}$$

$$\frac{\partial^2 H_z}{\partial x^2} = \varepsilon\mu \frac{\partial^2 H_z}{\partial t^2} \quad \text{für die } z\text{-Komponente der magnetischen Feldstärke } \boldsymbol{H}. \tag{8}$$

Dies bedeutet aber, dass elektromagnetische Schwingungen nicht am Ort verbleiben, sondern sich mit einer endlichen und konstanten Phasengeschwindigkeit $c = 1/\sqrt{\varepsilon\mu}$ im Raum fortpflanzen.

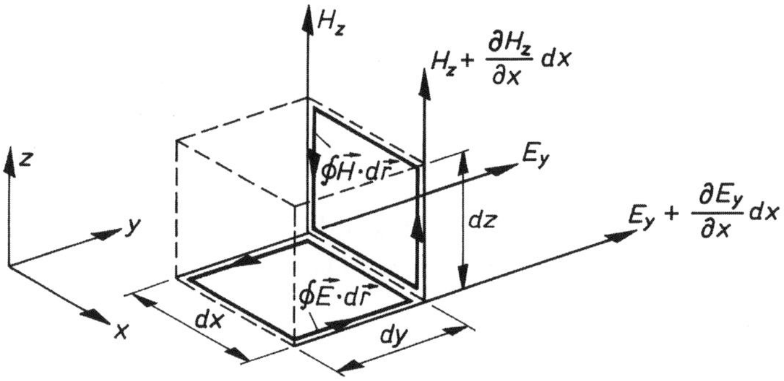

Bild 38.2. Modell zur Herleitung der Wellengleichung. Die y-Komponente von $\boldsymbol{E}$ hat an der Stelle x den Wert E_y, an der Stelle $x + \mathrm{d}x$ den Wert $E_y + (\partial E_y/\partial x)\,\mathrm{d}x$. Entsprechendes gilt für die z-Komponente von $\boldsymbol{H}$ an den Stellen x und $x + \mathrm{d}x$.

Herleitung der Wellengleichungen (7) und (8). Im Raum sollen zeitlich veränderliche elektrische und magnetische Felder existieren. Betrachtet wird ein Volumenelement im kartesischen Koordinatensystem mit den Kantenlängen $\mathrm{d}x$, $\mathrm{d}y$ und $\mathrm{d}z$. Das Koordinatensystem wird so festgelegt, dass das magnetische Feld $\boldsymbol{H} = \boldsymbol{H}_z$ in Richtung der z-Achse orientiert ist (Bild 38.2). So liefern für das geschlossene Wegintegral der magnetischen Feldstärke entlang der Würfelkanten $\mathrm{d}x$ und $\mathrm{d}z$ nur die Wegstrecken in z-Richtung Beiträge:

$$\oint \boldsymbol{H} \cdot \mathrm{d}\boldsymbol{r} = \left(H_z + \frac{\partial H_z}{\partial x}\,\mathrm{d}x\right)\mathrm{d}z - H_z\,\mathrm{d}z = \frac{\partial H_z}{\partial x}\,\mathrm{d}x\,\mathrm{d}z.$$

Der elektrische Fluss durch die Würfelfläche, die vom magnetischen Wirbel umrandet wird, beträgt

$$\int \boldsymbol{D} \cdot \mathrm{d}\boldsymbol{A} = -D_y \,\mathrm{d}x\,\mathrm{d}z.$$

Das Minuszeichen steht, weil die Normalenrichtung der Fläche durch die Bewegungsrichtung einer im Umlaufssinn der Fläche betätigten Rechtsschraube festgelegt ist, also $\boldsymbol{D}$ und $\mathrm{d}\boldsymbol{A}$ die entgegengesetzte Richtung haben. Nach der I. MAXWELLschen Gleichung (s. o.) folgt aus den beiden letzten Integralen mit $D_y = \varepsilon E_y$:

$$\frac{\partial H_z}{\partial x} = -\varepsilon \frac{\partial E_y}{\partial t}. \tag{9}$$

Ein zeitlich veränderliches elektrisches Feld $E = E_y(t)$ erzeugt also ein dazu senkrechtes magnetisches Feld $H = H_z(x)$, dessen Feldstärke sich in x-Richtung ändert.
Da das elektrische Feld seinerseits nicht über die gesamte Fläche konstant ist, ergibt das Wegintegral der elektrischen Feldstärke

$$\oint \boldsymbol{E} \cdot \mathrm{d}\boldsymbol{r} = \left(E_y + \frac{\partial E_y}{\partial x}\,\mathrm{d}x\right)\mathrm{d}y - E_y\,\mathrm{d}y = \frac{\partial E_y}{\partial x}\,\mathrm{d}x\,\mathrm{d}y$$

ebenfalls einen von null verschiedenen Wirbel. Der magnetische Fluss durch die Fläche, die vom elektrischen Wirbel umrandet wird, beträgt

$$\int \boldsymbol{B} \cdot \mathrm{d}\boldsymbol{A} = B_z\,\mathrm{d}x\,\mathrm{d}y.$$

Nach der II. MAXWELLschen Gleichung (s. o.) folgt daraus mit $B_z = \mu H_z$:

$$\frac{\partial E_y}{\partial x} = -\mu \frac{\partial H_z}{\partial t}. \tag{10}$$

Ein zeitlich veränderliches magnetisches Feld $H = H_z(t)$ erzeugt also ein dazu senkrechtes elektrisches Feld, das sich in x-Richtung ändert.
Wird nun (9) nach t und (10) nach x partiell differenziert, so folgt daraus die eindimensionale Wellengleichung (7). Wird umgekehrt (9) nach x und (10) nach t partiell differenziert, so folgt die analoge Wellengleichung (8).

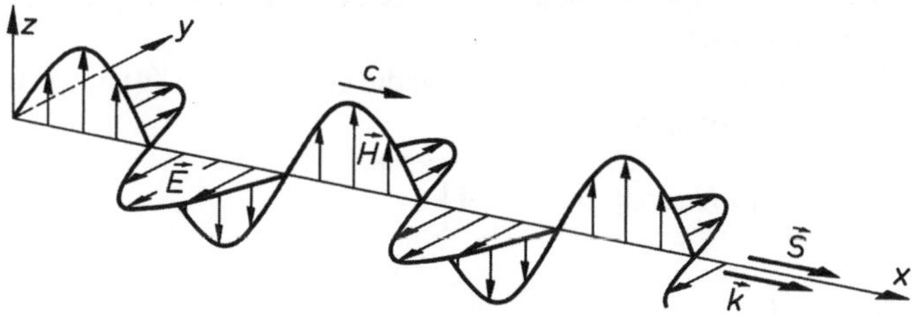

Bild 38.3. In x-Richtung fortschreitende linear polarisierte elektromagnetische Welle

Eine elektromagnetische Welle besteht also aus zeitlich und räumlich periodischen Änderungen der elektrischen und magnetischen Feldstärke. Die Wellengleichungen (7) und (8) und damit auch die MAXWELLschen Gleichungen werden daher durch den bekannten Ansatz (36/2) für eine *in x-Richtung* fortschreitende Welle erfüllt (s. Bild 38.3):

$$E_y = E_0 \sin\left[\omega\left(t - \frac{x}{c}\right)\right] \tag{11}$$

$$H_z = H_0 \sin\left[\omega\left(t - \frac{x}{c}\right)\right] \tag{12}$$

(Feldstärkeverlauf der ebenen harmonischen elektromagnetischen Welle).

Dabei müssen die Phasengeschwindigkeit c und die Amplituden E_0 und H_0 der elektrischen und magnetischen Feldstärke noch bestimmten Bedingungen genügen (s. u.).

Eigenschaften elektromagnetischer Wellen. Wird die Gleichung (11) in (7) bzw. (12) in (8) eingesetzt (vgl. 36.2), so folgt

$$c = \frac{1}{\sqrt{\varepsilon\mu}} \quad \textbf{(Phasengeschwindigkeit elektromagnetischer Wellen).} \tag{13}$$

Wie bei mechanischen Wellen lässt sich die Ausbreitungsgeschwindigkeit auf Materialeigenschaften des Ausbreitungsmediums (ε, μ) zurückführen. Jedoch ist die Ausbreitung elektromagnetischer Wellen nicht an das Vorhandensein eines Stoffes gebunden. Im *Vakuum* mit $\varepsilon = \varepsilon_0 = 8{,}854\,188 \cdot 10^{-12}$ A s/(V m) und $\mu = \mu_0 = 4\pi \cdot 10^{-7}$ V s/(A m) ist die Phasengeschwindigkeit

$$c_0 = \frac{1}{\sqrt{\varepsilon_0\mu_0}} = 299\,792\,458 \text{ m/s} \quad \textbf{(Vakuum-Lichtgeschwindigkeit).} \tag{14}$$

Elektromagnetische Wellen breiten sich im Vakuum mit Lichtgeschwindigkeit aus.

Für alle nichtleitenden Stoffe ist die Dielektrizitätszahl $\varepsilon/\varepsilon_0 = \varepsilon_r > 1$ und in guter Näherung $\mu = \mu_0$; also gilt für die Lichtgeschwindigkeit im Stoff $c < c_0$. Das Verhältnis der Phasengeschwindigkeiten (14) und (13)

$$n = \frac{c_0}{c} = \sqrt{\varepsilon_r} > 1 \quad \textbf{(Maxwellsche Relation)} \tag{15}$$

definiert die **Brechzahl** als neue Materialeigenschaft. Messungen bestätigen die Beziehung (15) für hinreichend große Wellenlängen (s. Bild 39.1).
Der in Ausbreitungsrichtung x zeigende Wellenzahlvektor (36/22) $\boldsymbol{k}$ und die Feldvektoren $\boldsymbol{E} = \boldsymbol{E}_y$ und $\boldsymbol{H} = \boldsymbol{H}_z$ stehen wie die Koordinatenachsen paarweise aufeinander senkrecht (Bild 38.3).

In elektromagnetischen Wellen schwingen elektrische und magnetische Feldstärke senkrecht zueinander und beide senkrecht zur Ausbreitungsrichtung (Transversalwellen).

Die durch Schwingungsrichtung der elektrischen Feldstärke ($\boldsymbol{E}$) und Ausbreitungsrichtung der Welle ($\boldsymbol{k}$) aufgespannte Ebene heißt **Schwingungsebene**. Eine elektromagnetische Welle mit nur einer Schwingungsebene nennt man *linear polarisiert.*
Die gegenseitige Kopplung des $\boldsymbol{E}$- und des $\boldsymbol{H}$-Feldes beschreiben die Gleichungen (9) und (10). Setzt man (11) und (12) in (10) ein, so ergibt sich

$$-\frac{\omega}{c} E_0 \cos\left[\omega\left(t - \frac{x}{c}\right)\right] = -\mu\omega H_0 \cos\left[\omega\left(t - \frac{x}{c}\right)\right]$$

$$E_0 = c\mu H_0 = \sqrt{\frac{\mu}{\varepsilon}}\, H_0 = Z H_0$$

mit (13) $c = 1/\sqrt{\varepsilon\mu}$ und dem Proportionalitätsfaktor

$$Z = \sqrt{\frac{\mu}{\varepsilon}} \quad \textbf{(Wellenwiderstand).}$$

Für das *Vakuum* ist $Z_0 = \sqrt{\mu_0/\varepsilon_0} = 376{,}73\ \Omega$. Da elektrische und magnetische Feldstärke an jedem Ort gleichzeitig ihr Maximum oder ihren Nullwert durchlaufen, gilt im ganzen Raum für die Beträge der Feldstärken

$$E = ZH. \tag{16}$$

Im freien Raum (fern von einer Strahlungsquelle) sind elektrische und magnetische Feldstärke einander proportional und schwingen mit gleicher Phase.

Poynting-Vektor. Die Energie des Wellenfeldes setzt sich aus der elektrischen Feldenergie (Energiedichte (24/13) $w_e = \varepsilon E^2/2$) und der magnetischen Feldenergie (Energiedichte (30/11) $w_m = \mu H^2/2$) zusammen. Aus (16) folgt mit $Z^2 = \mu/\varepsilon$ die Gleichheit der Energiedichten $w_e = w_m$ und damit $w = w_e + w_m = \varepsilon E^2 = \mu H^2 = EH/c$. Diese Energiedichte strömt mit der Geschwindigkeit c, so dass als *Energieflussdichte* (37/10) folgt

$$S = wc = \frac{1}{Z}E^2 = ZH^2 = EH \qquad \textbf{(Strahlungsintensität).} \qquad (17)$$

Multipliziert man die Feldstärken $\boldsymbol{E}$ und $\boldsymbol{H}$ vektoriell miteinander, so erhält man den in Ausbreitungsrichtung der elektromagnetischen Welle zeigenden Vektor

$$\boldsymbol{S} = \boldsymbol{E} \times \boldsymbol{H} \qquad \textbf{(Poynting-Vektor).}$$

$\boldsymbol{S}$ gibt die strömende elektromagnetische Feldenergie nach Betrag und Richtung an, die 1 m^2 Fläche in 1 s senkrecht durchsetzt.

Beispiel: Guter Rundfunkempfang ist bei der Empfangsintensität $S = 10^{-12}$ W/m^2 möglich. Man berechne die elektrische und magnetische Empfangsfeldstärke. – *Lösung:* Aus (17) und mit $Z_0 \approx 377\ \Omega$ für Vakuum folgen $E = \sqrt{SZ_0} \approx 20\ \mu$V/m und $H = \sqrt{S/Z_0} \approx 50$ nA/m. Der Abfall der Feldstärke mit der Entfernung von einem Sender bestimmt dessen Reichweite.

38.3 Erzeugung und Nachweis elektromagnetischer Wellen

Elektrische Dipolstrahlung. Elektromagnetische Wellen gehen von Erregerzentren aus, die im Vergleich zum Ausbreitungsraum eine geringe Ausdehnung haben. Dabei ist das **Nahfeld**, in dem der Vorgang der Wellenablösung von einem schwingungsfähigen elektrischen System erfolgt, vom **Fernfeld** zu unterscheiden, in dem die abgelösten Wellen unbeeinflusst vom Erregerzentrum weiter existieren.

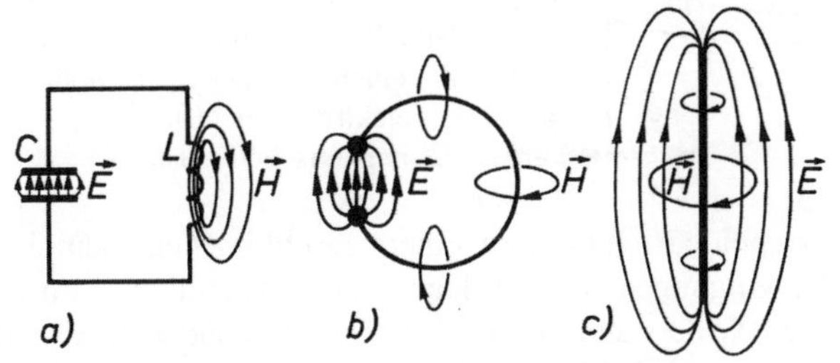

Bild 38.4. Übergang vom geschlossenen zum offenen Schwingkreis ($\boldsymbol{E}$ elektrische Feldstärke, $\boldsymbol{H}$ magnetische Feldstärke)

Die bekannte Grundform eines schwingungsfähigen elektrischen Systems ist der aus Induktivität L und Kapazität C bestehende **geschlossene Schwingkreis**, bei dem sich magnetisches und elektrisches Feld, räumlich voneinander getrennt, wechselseitig hervorbringen (Bild 38.4a). Eine nennenswerte Streuung von Feldlinien in den freien Raum findet nicht statt. Um die Eigenfrequenz (34/2) $f_0 = 1/(2\pi\sqrt{LC})$ zu erhöhen, müssen die Werte L und C verkleinert werden. Das kann durch Verringern der Windungszahl an der Spule bis auf eine einzige Windung und durch Verkleinern der Elektroden sowie durch Vergrößern ihres Abstandes am Kondensator geschehen (Bild 38.4b).

Auch ein **Dipol** (gerader Leiter bestimmter Länge, Bild 38.4c) stellt noch einen Schwingkreis dar; denn in und um ihn herum spielen sich prinzipiell die gleichen Vorgänge ab wie in einem geschlossenen Schwingkreis (vgl. 34.1). Erhält das eine Dipolende eine positive und das andere eine negative Aufladung, baut sich dazwischen ein elektrisches Feld auf. In der Folge wird die Aufladung durch Stromfluss im Dipol ausgeglichen, wobei das elektrische Feld zusammenbricht. Dafür existiert bei Ladungsausgleich das an den Stromfluss gebundene Magnetfeld um den Dipol. Der Zerfall dieses Magnetfeldes hält den Stromfluss bis zur umgepolten Aufladung der Enden aufrecht usw. Vom geschlossenen Schwingkreis unterscheidet sich der Dipol durch sein elektrisches und magnetisches *Streufeld* im Raum. Man spricht daher auch vom **offenen Schwingkreis** oder – im technischen Sprachgebrauch – von einer **Antenne**.

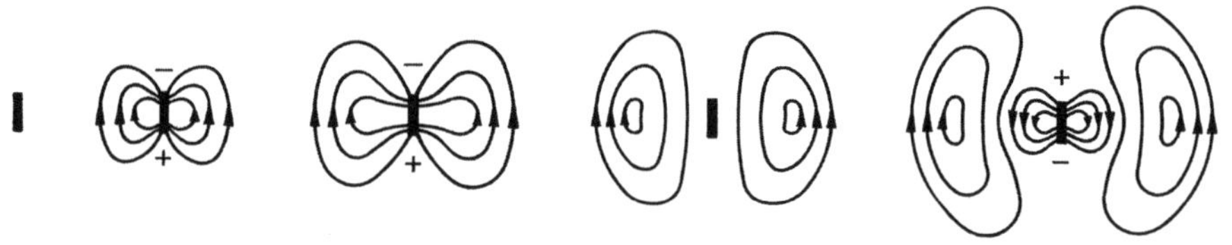

Bild 38.5. Ausbreitungsphasen des elektrischen Feldes um einen schwingenden Dipol

Ein Feld, das aufgebaut wird, entfernt sich auch gleichzeitig mit der Geschwindigkeit c vom Dipol. In der darauf folgenden Halbperiode, durch umgepolte Aufladung der Dipolenden oder durch Stromfluss in Gegenrichtung gekennzeichnet, können die entstehenden Gegenfelder die schon weiter entfernten Felder der vorhergehenden Halbperiode nicht mehr vollständig rückgängig machen. Damit entsteht ein vom Dipol wegeilendes *Wechselfeld* im Raum, das im weiteren Verlauf von den Vorgängen am Dipol unabhängig ist, da es von diesen nicht mehr eingeholt wird. Als Momentaufnahmen der elektrischen Feldverteilung zeigt Bild 38.5 einzelne Phasen der Feldablösung vom Dipol. Bild 38.6 stellt das gesamte Strahlungsfeld räumlich dar.

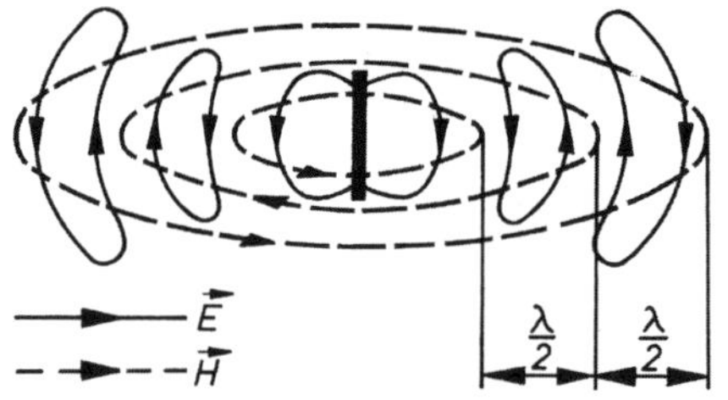

Bild 38.6. Räumliches Strahlungsfeld um einen schwingenden Dipol (**E** elektrische Feldstärke, **H** magnetische Feldstärke)

Ein offener Schwingkreis unterscheidet sich also von einem geschlossenen dadurch, dass nicht nur eine Dämpfung seiner Schwingungen infolge dauernder Umwandlung von elektrischer Energie in Wärme im ohmschen Widerstand des Kreises erfolgt, sondern noch eine Dämpfung durch **Abstrahlung** von Energie in den Raum hinzukommt. Ein einfacher *Sender* besteht daher aus einem Oszillator, der *ungedämpfte* Schwingungen erzeugt (s. 34.3) und die Antenne über geeignete Koppelglieder zu erzwungenen Schwingungen anregt.
Der Energiefluss Φ durch eine geschlossene Oberfläche, welche die Antenne umschließt, entspricht der **Strahlungsleistung** P **der Antenne** (= abgegebene Energie/Zeit):

$$\Phi = P = R_S I^2. \tag{18}$$

Analog zur Leistung in elektrischen Schaltkreisen ist P dem Quadrat des Antennenstromes proportional; R_S (mit der Dimension eines Widerstandes) wird *Strahlungswiderstand* genannt.

Für elektrische Schaltkreise wirkt der Strahlungswiderstand einer angeschlossenen Antenne wie ein ohmscher Widerstand, der Energie umsetzt.

Genaue, von H. HERTZ durchgeführte Überlegungen ergaben mit λ als Wellenlänge der Dipolstrahlung und Z_0 als Wellenwiderstand des Vakuums

$$R_S = \frac{2\pi}{3} Z_0 \left(\frac{l}{\lambda}\right)^2 \qquad \text{für Antennenlängen } l \ll \lambda. \qquad (19)$$

Jedes Leiterstück, das von einem Wechselstrom durchflossen wird, stellt im Prinzip eine Antenne dar. Nur sind bei niedrigen Frequenzen (λ groß) im Allgemeinen die abgestrahlten Leistungen gegenüber den ohmschen Verlusten zu vernachlässigen; es gilt $R_S \ll R$. Nach (18) und (19) kann die Abstrahlung einer bestimmten Leistung bei vorgegebener Stromstärke um so leichter erreicht werden, je kürzer die Wellenlänge ist; denn um so kleiner ist auch die notwendige Antennenlänge. Nähert sich die Antennenlänge jedoch dem Wert $l = \lambda/2$, gerät der Dipol als offener Schwingkreis in *Resonanz*, und der Strahlungswiderstand erreicht ein relatives Maximum $R_S \approx 70\ \Omega$. Ein solcher **λ/2-Dipol** stellt die Standardausführung einer Antenne dar.

Empfang elektromagnetischer Wellen. Alle elektrischen Feldlinien enden auf Leiteroberflächen senkrecht. Gelangt ein elektrisches Feld an einen passiven Leiter, lässt sich diese Bedingung nur durch Ladungsverschiebungen auf dem Leiter (Influenz), gleichbedeutend mit einem kurzzeitigen Stromfluss, erfüllen. Bei einer elektromagnetischen Welle ändern sich Feldstärke und Feldrichtung laufend mit der Zeit, und es muss daher in einem vom Wellenfeld getroffenen Leiter ein dauernder Wechselstrom gleicher Frequenz fließen, den es nachzuweisen gilt.
Der Nachweis von elektromagnetischen Wellen geschieht durch **Empfänger**, die z. B. mit Transistoren bestückt sind. Zur Aufnahme der Welle dient wieder eine Antenne (z. B. $\lambda/2$-Dipol), die direkt oder über Verstärkerstufen mit Schwingkreisen gekoppelt ist, deren Eigenfrequenz mit der Schwingungsfrequenz der Welle mittelbar oder unmittelbar übereinstimmt bzw. darauf abgestimmt wird. Gerät ein solcher Schwingkreis in Resonanz, wurde die Antenne von einer elektromagnetischen Welle zugeordneter Frequenz erregt.
Zur Übertragung von Tonschwingungen, Telegrafiezeichen oder Bildern wird die Amplitude oder die Frequenz elektromagnetischer Schwingungen vom Sender im Takt der Information verändert. Dieser Vorgang der *(Amplituden-* oder *Frequenz-)* **Modulation** wird im Empfänger durch den Vorgang der **Demodulation** rückgängig gemacht, womit die Information selbst wieder zur Verfügung steht. Sie kann dann z. B. mit einem Lautsprecher in Schallwellen umgewandelt oder in einem Rasterbild sichtbar gemacht werden.

38.4 Die Entdeckung der elektromagnetischen Wellen (H. Hertz, 1888)

Mit der Ausarbeitung der Theorie der wellenmäßigen Ausbreitung elektrischer und magnetischer Felder durch MAXWELL war die Frage noch nicht eindeutig beantwortet, ob Felder in der Natur real existieren oder nur hilfreiche Modelle darstellen. Zwar war die gegenseitige Beeinflussung von Leiterkreisen über größere Entfernungen bekannt; es war jedoch nicht gesichert, ob zwischen Ursache und Wirkung (wie im folgenden Beispiel) eine Zeitdifferenz lag.
Ein primärer Stromstoß in einem Leiterkreis *1* soll in einem Leiterkreis *2* einen sekundären Stromfluss induzieren. Erfolgt die Ausbreitung der Wirkung mit endlicher Geschwindigkeit, so kann der Stromfluss im Leiter *1* beendet sein, während er gleichzeitig im Leiter *2* noch nicht begonnen hat. Sind in der Zwischenzeit beide Leiter stromlos, muss der Vorgang zwischen den beiden Leitern als Feld weiter existieren.
Bei periodischen elektromagnetischen Vorgängen der Frequenz f ist der Beweis für eine endliche Ausbreitungsgeschwindigkeit $c = f\lambda$ gleichbedeutend mit dem Nachweis einer endlichen Wellenlänge λ.

H. HERTZ gelang der experimentelle Nachweis von elektromagnetischen Wellen endlicher Wellenlänge mit sehr einfachen technischen Hilfsmitteln an stehenden Wellen in eindrucksvoller Weise:
Als *Sender* (zur Erzeugung) freier elektromagnetischer Wellen diente ein *Dipol* (*offener Schwingkreis*, Bild 38.4c), der mit einem Funkeninduktor immer aufs Neue zu freien gedämpften elektrischen Schwingungen angeregt wurde. Die Eigenfrequenz, von HERTZ berechnet, wird durch die Abmessungen der verwendeten Dipolausführung bestimmt. Zur Erzeugung eines stehenden Wellenfeldes ließ er die vom Sendedipol ausgehenden Wellen an einem Metallschirm reflektieren und in sich zurücklaufen. Da Metalloberflächen die elektrische Feldstärke kurzschließen ($\boldsymbol{E} = 0$), muss sich dort stets ein Schwingungs*knoten* befinden. Als *Empfänger* (zum Nachweis) wurde ein auf Resonanz abgestimmter Dipol (Drahtschleife mit Unterbrechung, Bild 38.4b) benutzt; mit ihm wurden die Schwingungsknoten und -bäuche des Wellenfeldes abgetastet. Den Grad der erzwungenen Erregung des Empfängerdipols beurteilte HERTZ nach der Intensität von Funken, die an der winzigen Unterbrechung auftraten und mit einer Lupe beobachtet wurden. Das Ausmessen der Knotenabstände $\lambda/2$ erlaubte HERTZ die Bestimmung der Wellenlänge, die je nach Eigenfrequenz f_0 des Sendedipols bei $\lambda \lessapprox 1$ m lagen. Der Wert $c = f_0\lambda$ ergab innerhalb der Fehlergrenzen die *Lichtgeschwindigkeit.*
Weiter wurden durch die HERTZschen Versuche folgende Eigenschaften elektromagnetischer Wellen nachgewiesen:

a) *Reflexion* an Metallflächen und ihre *Bündelung* durch Metall-Hohlspiegel;
b) *Brechung* an großen Prismen aus dielektrischem Material (Pech). Die Ablenkung der Ausbreitungsrichtung bestätigte die MAXWELLsche Relation (15);
c) *lineare Polarisation* der vom Dipol abgestrahlten Wellen und ihre *Transversalität*: Ein Gitter aus parallelen Drähten mit einem Drahtabstand $\ll \lambda$ ist für elektromagnetische Wellen undurchlässig, wenn ihre Schwingungsrichtung ($\boldsymbol{E}$-Vektor) parallel zur Drahtrichtung verläuft, und durchlässig, wenn ihre Schwingungsrichtung senkrecht auf der Drahtrichtung steht.

Neben den physikalischen Grunderkenntnissen wurde durch HERTZ eine technische Entwicklung eingeleitet, die im drahtlosen Nachrichtenverkehr, in der Radartechnik, im Fernsehen und im Internet heute ihren derzeitigen Höchststand erreicht hat. Mit seinen Versuchen gelang es ihm zugleich auch, die von MAXWELL aufgestellte *elektromagnetische Lichttheorie* zu belegen, weil er gleichzeitig nachwies, dass die auf elektrischem Wege erzeugten Wellen alle vom Licht bekannten Eigenschaften haben.

38.5 Das elektromagnetische Spektrum

Die elektromagnetischen Wellen umfassen ein ungeheuer großes Erscheinungsgebiet, dessen einheitliche Merkmale nur schrittweise erkannt wurden. Schließlich sind Erzeugung, Erscheinung und Wirkung der elektromagnetischen Wellen je nach ihrer Frequenz f bzw. Wellenlänge λ verschieden. Heute ist der ganze Bereich von 0 bis etwa 10^{24} Hz, zum Teil mit Überschneidungen der Erzeugungs- und Untersuchungsmethoden, lückenlos bekannt (s. Bild 38.7).

Elektrische Wellen. Den unteren Frequenz- bzw. oberen Wellenlängenbereich des elektromagnetischen Spektrums bis $\lambda \approx 10^{-4}$ m (s. Bild 38.7a) umfassen die auf elektrotechnischem Wege erzeugten Wellen. Davon werden zur Energieversorgung die *Gleichströme* (als Grenzfall mit $f = 0$ und $\lambda \to \infty$) und die *technischen Wechselströme* (überwiegend mit $f = 50$ Hz) genutzt und in Dynamomaschinen erzeugt. Auch der leitungsgebundene Energietransport in den Verteilernetzen zwischen Erzeuger und Verbraucher wird stets von elektromagnetischen Feldern begleitet.
Es ist in der Technik üblich, die zu elektromagnetischen Wechselfeldern gehörenden Wechselströme und -spannungen in einen *Niederfrequenz*- (NF-) und einen *Hochfrequenz*- (HF-)Bereich einzuteilen. Zum **NF-Bereich** gehören die elektrischen Vorgänge der *Elektroakustik* und des *Telefonverkehrs*, die Informationen der umgesetzten Schallwellen ($f = 16\,\text{Hz} \ldots 20\,\text{kHz}$) übertragen, sowie die meist aperiodischen Vorgänge des *Telegrafieverkehrs* und der *Datenübertragung* sowie der Mess-, Steuerungs- und Regelungstechnik.

Für den **HF-Bereich** ist charakteristisch, dass die an Leitungen gebundenen elektromagnetischen Felder auch durch Antennen in den freien Raum abgestrahlt werden können *(Funkwellen)*. Die dazu notwendigen Antennenlängen liegen in der Größenordnung der Wellenlänge λ. Da die technische Realisierung Grenzen setzt, sind auch die Wellenlängen freier elektromagnetischer Wellen nach oben begrenzt. Zum HF-Bereich zählt man die *Langwellen* ($\lambda = 10^4 \ldots 10^3$ m), die *Mittelwellen* ($\lambda = 10^3 \ldots 10^2$ m), die *Kurzwellen* ($\lambda = 10^2 \ldots 10$ m) und die *Ultrakurzwellen* (VHF, $\lambda = 10 \ldots 1$ m). Diese Einteilung hat, historisch bedingt, natürlich relativen Charakter.
Der angrenzende Bereich der **Mikrowellen** unterscheidet sich vom HF-Bereich vor allem durch seine speziellen Schwingkreise (Leitungs- und Topfkreise, Hohlraumresonatoren) sowie im Aufbau seiner Oszillator- und Verstärkerschaltungen. Die Ausbreitung von Mikrowellen ist streng geradlinig und zeigt eine gute Bündelfähigkeit. Dadurch können *Richtfunkverbindungen* statt Leitungsverbindungen hergestellt werden. Nach ihrer Wellenlänge teilt man die Mikrowellen in *Dezimeterwellen* (UHF, $\lambda = 1 \ldots 0{,}1$ m), *Zentimeterwellen* (SHF, $\lambda = 0{,}1 \ldots 0{,}01$ m) und *Millimeterwellen* ($\lambda = 0{,}01 \ldots 0{,}001$ m) ein. Darüber hinaus ist es gelungen, elektromagnetische Wellen bis zu einer Wellenlänge von $\lambda \approx 10^{-4}$ m auf elektrischem Wege zu erzeugen. Die untere Grenze ist durch die kleinen Abmessungen der schwingenden Systeme gegeben, die technisch realisierbar sind.

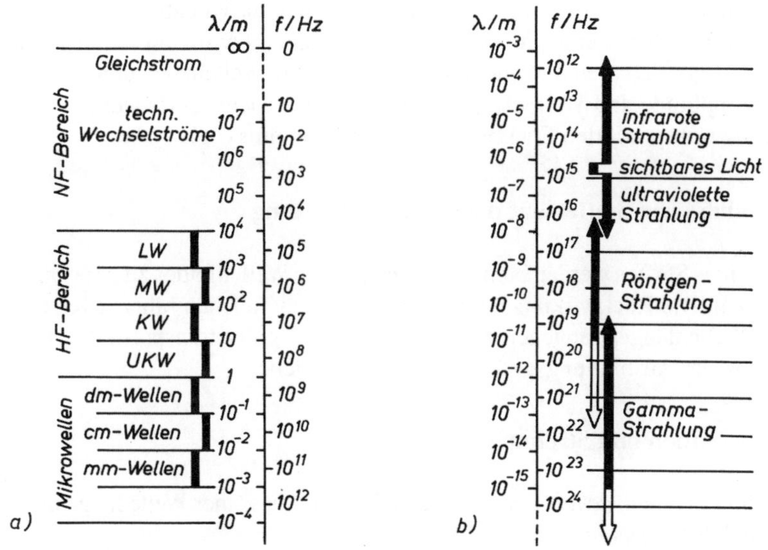

Bild 38.7. Elektromagnetisches Spektrum mit den elektrischen Wellen (a) und der atomaren elektromagnetischen Strahlung (b)

Atomare elektromagnetische Strahlung. Elektromagnetische Wellen werden auch von Stoffen, deren atomare Bausteine sich in einem überhöhten Energiezustand befinden, spontan mit einer gewissen Wahrscheinlichkeit ausgesandt. Das beim Übergang vom höheren zum tieferen Energiezustand frei werdende Energiequantum wird als elektromagnetische Strahlung emittiert (vgl. 44.2). Aus dem Entstehungsmechanismus folgt ein wesentlicher Unterschied gegenüber den von Antennen abgestrahlten Funkwellen: Während ein Sender beliebig lange in Betrieb sein kann, ist die Dauer eines Emissionsaktes im atomaren Bereich sehr kurz. Bei etwa 10^{-8} s Leuchtdauer lösen sich mit $c \approx 3 \cdot 10^8$ m/s als Lichtgeschwindigkeit Wellenzüge von einigen Metern Länge ab. Die einzelnen Emissionsakte erfolgen unabhängig voneinander, daher sind ihre Phasen und ihre Schwingungsebenen beliebig verteilt.

Erhitzte Körper emittieren hauptsächlich **Infrarot- (IR-) Strahlung**, die der Mensch als *Wärmestrahlung* empfindet (vgl. 42.1). Mit speziellen Messverfahren und -geräten kann sie ab $\lambda \approx 0{,}4$ mm experimentell nachgewiesen werden und reicht damit bereits in das Gebiet der elektrischen Wellen (vgl. Bild 38.7). Nach der kurzwelligen Seite schließt sich der schmale Bereich des **sichtbaren Lichts** von $\lambda \approx 0{,}78 \ldots 0{,}4$ μm mit der Farbfolge *rot, orange, gelb, grün, blau, violett* an. NEWTON erkannte, dass weißes Sonnenlicht eine Mischung dieser Farbkomponenten ist. Farben sind jedoch keine physikalische Eigenschaft der Strahlung. Vielmehr gestattet der Gesichtssinn als Orientierungshilfe in der Umwelt eine Strahlungsbewertung nach der Wellenlänge. Es folgt die **Ultraviolett- (UV-) Strahlung**, die überwiegend bei Beschuss von Atomen mit schnellen Ionen und Elektronen in Gas-, Funken- und Bogenentladungen entsteht (s. 27.3).
Dringen Elektronen hoher Energie in einen Stoff ein, wird **Röntgenstrahlung** emittiert (vgl. 44.11). Mit einer Röntgenröhre erreicht man Wellenlängen von $\lambda \approx 10^{-11}$ m. Durch Beschleunigung der Elektronen auf kreisförmigen Bahnen in dem als *Betatron* bezeichneten Elektronenbeschleuniger erhält man besonders „harte“ Röntgenstrahlen bis $\lambda \approx 5 \cdot 10^{-14}$ m.
Die vom Atomkern emittierte elektromagnetische Strahlung wird als **Gammastrahlung** bezeichnet (vgl. 48.2). Elektromagnetische Strahlung mit Wellenlängen $\lambda < 10^{-15}$ m wurde bisher nur als eine Komponente der *kosmischen Strahlung* nachgewiesen. Sie entsteht als Folge von Reaktionen der Atomkerne und der Elementarteilchen im Weltall.
Je kürzer die Wellenlänge der elektromagnetischen Strahlung wird, um so mehr nähern sich die physikalischen Eigenschaften diskontinuierlich emittierter Wellenzüge denen von *Teilchen* an. Die Größen Amplitude und Wellenlänge verlieren immer mehr an Bedeutung zu Gunsten des vom Wellenzug transportierten Energie- und Impulsquantums (vgl. 43.1).

39 Einfluss von Stoffen auf die Wellenausbreitung

Die Teilchen eines Stoffes werden beim Durchgang eines Wellenfeldes zu *erzwungenen Schwingungen* angeregt. Die Rückwirkung der mitschwingenden Teilchen führt in verschiedenen Frequenz- bzw. Wellenlängenbereichen zu einer Schwächung der transportierten Energie und zu einer Änderung der Ausbreitungsgeschwindigkeit der Welle.

39.1 Absorption und Streuung

Zwei Erscheinungen *schwächen* den gerichteten Energiefluss einer Welle längs ihres Weges, die *Absorption* und die *Streuung*.

Durch Absorption wandelt sich Schwingungsenergie irreversibel in Wärmeenergie um.

Die Abnahme der Strahlungsintensität J (bzw. S, vgl. 38.2) in einer durchstrahlten Schicht längs ihres Weges x erfolgt nach der Beziehung

$$J = J_0\,\mathrm{e}^{-\mu x} \qquad \textbf{(Schwächungsgesetz).} \qquad (1)$$

Darin sind J_0 die bei $x = 0$ eintretende Intensität und μ der *Absorptionskoeffizient* (Herleitung von (1) s. Abschnitt 44.12). Hinter einer durchstrahlten Schicht der Dicke $x = d$ ist noch die Intensität $J = J_d$ vorhanden. Der Bruchteil $D = J_d/J_0$ ist der **Durchlassgrad** *(Transmissionsgrad)*, der komplementäre Teil $A = 1 - D = (J_0 - J_d)/J_0$ der **Absorptionsgrad**.

Die **Absorption von Schallwellen** wird vorwiegend durch die *innere Reibung* und durch die *Wärmeleitfähigkeit* des Ausbreitungsmediums verursacht. Die erste Ursache bewirkt eine Umwandlung mechanischer Energie in Wärme und die zweite einen Wärmeaustausch zwischen den durch Kompression

erwärmten und durch Expansion abgekühlten benachbarten Bereichen des Schallfeldes. Die Absorptionsverluste nehmen mit steigender Frequenz zu und werden für *Ultraschall* besonders groß. Es ist bekannt, dass Gewitter- und Geschützdonner mit zunehmender Entfernung dumpfer klingen, wonach die höheren Frequenzkomponenten der Geräusche stärker geschwächt werden.
Die **Absorption von elektromagnetischen Wellen** wird durch die *elektrische Leitfähigkeit* des Ausbreitungsmediums verursacht. Leiter absorbieren so stark, dass sie als undurchlässig gelten. Die elektromagnetische Schwingungsenergie wird dabei in JOULEsche Wärme umgesetzt.

Getroffene Teilchen im Wellenfeld entziehen der Welle zunächst Energie. Durch ihre Schwingungen wirken die Teilchen dann als selbstständige Erregerzentren, die Energie *gleicher* Schwingungsfrequenz mit einer Phasenverzögerung *nach allen Seiten* in den Raum abgeben *(Streuung)*.

Durch Streuung an kleinen Teilchen wird ein Teil des gerichteten Energieflusses einer Welle aus der Einfallsrichtung abgelenkt.

Durch Rauch, Staub, Wassertröpfchen und andere Schwebeteilchen verschwimmen die Konturen von wahrgenommenen Lichtquellen und Gegenständen. Durch Streuung werden z. B. Scheinwerferkegel, die nicht in Blickrichtung verlaufen, von der Seite sichtbar (TYNDALL-Effekt). Die Strahlungsintensität des gestreuten Lichts ist wellenlängenabhängig; es gilt $S \sim 1/\lambda^4$. Kurzwelliges (blaues) Licht wird daher wesentlich stärker gestreut als langwelliges (rotes). Orangefarbenes Licht ist bei Nebel am besten sichtbar. Weißes Sonnenlicht wird an den Molekülen der Atmosphäre gestreut; dabei entsteht die blaue Farbe des Himmels als kurzwellige Streustrahlung.

39.2 Phasengeschwindigkeit und Dispersion. Gruppengeschwindigkeit

Dispersion. Die Lichtgeschwindigkeit c_0 (im Vakuum) ist als größtmögliche Ausbreitungsgeschwindigkeit von Energie eine wichtige Naturkonstante. Ihre erste Messung aus Laufweg und Laufzeit gelang O. RÖMER (1675) durch Beobachtung der Verfinsterungen eines Jupitermondes, die durch seinen Eintritt in den Jupiterschatten verursacht werden. Nah- und Fernstellung der Erde zum Jupiter unterscheiden sich um einen Erdbahndurchmesser $s = 3 \cdot 10^{11}$ m. In der Fernstellung treten die Verfinsterungen $t = 10^3$ s später ein. Daraus folgt die Lichtgeschwindigkeit $c_0 = s/t = 3 \cdot 10^8$ m/s. Durch Verbesserung der Zeitmesstechnik konnten FIZEAU die Lichtgeschwindigkeit längs einer Messstrecke auf der Erde und danach FOUCAULT in einem Labor messen.
Mit Messmethoden im Labor wurde auch die Ausbreitungsgeschwindigkeit des Lichts in *durchsichtigen Stoffen* bestimmt. Für Wasser z. B. ergab sich $c = c_0/1{,}33$. Durch Messungen mit Funkwellen erhält man dagegen für Wasser ($\varepsilon_r = 81$) den aus der MAXWELLschen Relation (38/15) $n = c_0/c = \sqrt{\varepsilon_r}$ berechneten Wert $c = c_0/9$. Offenbar ist c *keine Konstante*.

Die Ausbreitungsgeschwindigkeit kurzwelliger elektromagnetischer Wellen in Stoffen ist von ihrer Wellenlänge abhängig.

Eine solche Abhängigkeit der Phasengeschwindigkeit von der Wellenlänge $c = c(\lambda)$ bezeichnet man für *Wellen aller Art* als **Dispersion**. So z. B. ist bei Oberflächenwellen auf Gewässern eine derartige Abhängigkeit vorhanden, während Schallwellen nur im Ultraschallbereich Dispersion zeigen.
Große praktische Bedeutung hat die *Dispersion elektromagnetischer Wellen*, darunter die der Lichtwellen. Bild 39.1 zeigt schematisch den Verlauf der Brechzahl $n = c_0/c$ eines durchsichtigen Stoffes für das gesamte elektromagnetische Spektrum. In den Bereichen, wo die Brechzahl n mit wachsender Wellenlänge λ abnimmt (abfallende Kurventeile entsprechend $\mathrm{d}n/\mathrm{d}\lambda < 0$), nennt man das Verhalten des Stoffes *normal* und daher die Abhängigkeit $c = c(\lambda)$ für

$$\frac{\mathrm{d}c}{\mathrm{d}\lambda} > 0 \quad \text{bzw.} \quad \frac{\mathrm{d}n}{\mathrm{d}\lambda} < 0 \qquad \textbf{normale Dispersion.}$$

Dazwischen treten zwei schmale Wellenlängenbereiche, die *Absorptionsbänder*, auf, für die das Umgekehrte gilt. Man nennt die Erscheinungen für

$$\frac{dc}{d\lambda} < 0 \quad \text{bzw.} \quad \frac{dn}{d\lambda} > 0 \quad \textbf{anomale Dispersion.}$$

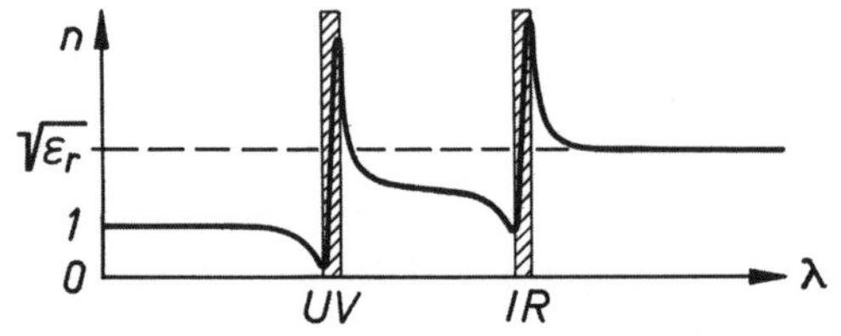

Bild 39.1. Verlauf der Brechzahl n eines durchsichtigen Stoffes in Abhängigkeit von der Wellenlänge (schematisch). Absorptionsbänder sind schraffiert gezeichnet.

Atomistische Deutung. Durch ein äußeres elektrisches Feld werden die Ladungen in den Molekülen eines Dielektrikums verschoben; das Dielektrikum wird *polarisiert* (vgl. 24.1). Bei einer einfallenden elektromagnetischen Welle schwingen die Ionen und Elektronen der Moleküle im elektrischen Wechselfeld mit. Solange bei niedrigen Schwingungsfrequenzen die Ladungsverschiebungen wie in einem statischen Feld erfolgen, ist $n = \sqrt{\varepsilon_r} = \text{const}$ und $c = c_0/n = \text{const}$.
Aus der Theorie der erzwungenen Schwingungen ist bekannt, dass mit Annäherung der Erregerfrequenz ω des Wechselfeldes an die Eigenfrequenz ω_0 des mitschwingenden Ladungssystems hohe Schwingungsamplituden auftreten (*Resonanz*, Bild 33.8). Mit der hohen frequenzabhängigen Polarisation ändert auch die Dielektrizitätszahl, die bisher nur für statische und langsam veränderliche Felder als Konstante $\varepsilon/\varepsilon_0 = \varepsilon_r$ definiert war, ihren Wert $\varepsilon/\varepsilon_0 = \varepsilon_\omega$. Dadurch werden $n = \sqrt{\varepsilon_\omega}$ und $c = c_0/n$ ebenfalls frequenzabhängig. Oberhalb der Resonanzstelle ($\omega > \omega_0$) bleiben die Ladungsschwingungen hinter dem Wechselfeld zurück, Polarisation $\boldsymbol{P}$ und elektrische Feldstärke $\boldsymbol{E}$ sind dann einander entgegengerichtet, und ε_ω fällt von sehr hohen Werten auf $\varepsilon_\omega < 1$ ab. Man beobachtet einen Frequenz- bzw. Wellenlängenbereich *starker Absorption* wie sonst nur bei Metallen. Für $0 < \varepsilon_\omega < 1$ ist $n < 1$ und $c > c_0$.
Durchsichtige Stoffe haben mindestens zwei Eigenfrequenzen, die der Ionen im infraroten und die der Elektronen im ultravioletten Strahlungsbereich. Schließlich können bei sehr hohen Frequenzen ($\omega \gg \omega_0$) auch die Elektronen dem Wechselfeld nicht mehr folgen; es gilt dann $\boldsymbol{P} \to 0$, $\varepsilon_\omega \to 1$, $n \to 1$ und $c \to c_0$; der Stoff verhält sich für harte Röntgen- und für Gammastrahlen wie das Vakuum.

Phasen- und Gruppengeschwindigkeit. Bei allen Verfahren, welche die Ausbreitungsgeschwindigkeit von Wellen aus der Laufzeit längs einer Messstrecke bestimmen, sind Messzeit und -länge begrenzt. Es wird daher die Geschwindigkeit „abgeschnittener" Wellenzüge gemessen. Solche nach Länge und Zeit *endlichen* Wellenzüge, auch *Wellengruppen* oder *Wellenpakete* genannt, breiten sich mit ihrer **Gruppengeschwindigkeit** aus, die bei Auftreten von Dispersion von der Phasengeschwindigkeit unendlicher harmonischer Wellen *verschieden* ist.
Nach FOURIER lässt sich eine Wellengruppe aus einer Summe vieler harmonischer Teilwellen darstellen, deren Frequenzen sich nur wenig unterscheiden (vgl. 35.4). Der prinzipielle Sachverhalt kann jedoch schon bei Überlagerung zweier harmonischer Wellen u_1 und u_2 gleicher Amplitude erörtert werden, wenn deren Frequenzen ω_1 und ω_2 und Phasengeschwindigkeiten c_1 und c_2 bzw. Wellenzahlen $k_1 = \omega_1/c_1$ und $k_2 = \omega_2/c_2$ ein wenig verschieden sind (s. Bild 39.2). Wie bei der Überlagerung zweier Schwingungen ($\omega_1 \approx \omega_2$, Bild 35.2b) bezeichnet man auch dieses analoge Wellenbild als **Schwebung**. Die Schwebungsperioden teilen den unendlich ausgedehnten Wellenzug in einzelne Wellengruppen gleicher Länge. Während sich die *Schwingungs*maxima nach (36/5) mit einer zwischen c_1 und c_2 liegenden mittleren

$$\textbf{Phasengeschwindigkeit} \qquad c = \frac{\omega}{k} \tag{2}$$

ausbreiten, bewegen sich die *Schwebungs*maxima (Wellengruppen) mit der

$$\textbf{Gruppengeschwindigkeit} \qquad c_g = \frac{d\omega}{dk}. \tag{3}$$

Dort, wo die Schwingungsphasen der Teilwellen übereinstimmen, liegen die Schwebungsmaxima. Schreiten die Teilwellen u_1 und u_2 mit gleicher Phasengeschwindigkeit c fort, so bewegen sich auch die Schwebungsmaxima mit derselben Geschwindigkeit ($c = c_g$). Hängt jedoch die Geschwindigkeit der Teilwellen von ihrer Frequenz bzw. Wellenlänge ab (*Dispersion*), so verschiebt sich die Stelle der Phasengleichheit innerhalb der Wellengruppe, und die Schwingungsmaxima sind schneller oder langsamer als die Schwebungsmaxima.

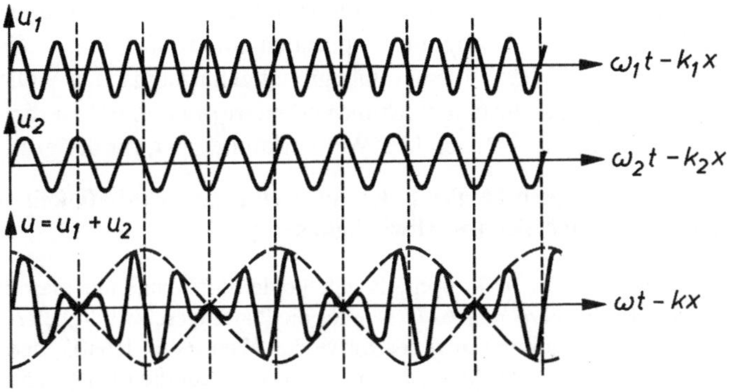

Bild 39.2. Überlagerung zweier harmonischer Wellen mit etwas verschiedener Frequenz und Wellenzahl zu Wellengruppen *(Schwebung)*

Herleitung. Die Summe aus den Teilwellen (36/6)

$$u_1 = u_0 \sin(\omega_1 t - k_1 x) \qquad \text{und} \qquad u_2 = u_0 \sin(\omega_2 t - k_2 x)$$

ist nach der trigonometrischen Beziehung $\sin\alpha + \sin\beta = 2\cos[(\alpha-\beta)/2]\,\sin[(\alpha+\beta)/2]$:

$$u = u_1 + u_2 = 2u_0 \cos\left(\frac{\omega_1 - \omega_2}{2}t - \frac{k_1 - k_2}{2}x\right)\,\sin\left(\frac{\omega_1 + \omega_2}{2}t - \frac{k_1 + k_2}{2}x\right).$$

Mit den Differenzen $\omega_1 - \omega_2 = \Delta\omega$, $k_1 - k_2 = \Delta k$ und den Mittelwerten $(\omega_1 + \omega_2)/2 = \omega$ und $(k_1 + k_2)/2 = k$ ergibt sich

$$u = 2u_0 \cos\left(\frac{\Delta\omega}{2}t - \frac{\Delta k}{2}x\right)\,\sin(\omega t - kx).$$

In Bild 39.2 unten stellt die Funktion $\sin(\omega t - kx)$ den (ausgezogenen) Wellenzug dar, dessen Amplituden $2u_0\cos[(\Delta\omega/2)t - (\Delta k/2)x]$ zwischen 0 und $2u_0$ zeit- und ortsabhängig periodisch anschwellen und abklingen (Hüllkurve). Eine bestimmte *Schwingungs*phase, z. B. $u = 0$, folgt dem Weg-Zeit-Gesetz $\omega t - kx = 0$; ihre Geschwindigkeit ist entsprechend (2) $c = x/t = \omega/k$. Die *Schwebungs*maxima folgen hingegen dem Weg-Zeit-Gesetz $(\Delta\omega/2)t - (\Delta k/2)x = 0$; ihre Geschwindigkeit ist also $c_g = x/t = \Delta\omega/\Delta k$. Für Teilwellen eines schmalen Frequenzbandes kann der Differenzen- durch den Differentialquotienten (3) ersetzt werden.

Die Abhängigkeit $\omega = \omega(k)$ wird als **Dispersionsrelation** bezeichnet. Ist diese aus theoretischen Überlegungen bekannt, kann nach (3) die Gruppengeschwindigkeit berechnet werden. Liegt nicht ω, sondern c als Funktion von k vor, so ist mit (2)

$$c_g = \frac{d\omega}{dk} = \frac{d(kc)}{dk} = c + k\,\frac{dc}{dk}.$$

Mit der Wellenlänge $\lambda = 2\pi/k$ ergibt sich wegen $d\lambda/\lambda = -dk/k$ für die

Gruppengeschwindigkeit (nach RAYLEIGH):

$$c_g = c - \lambda\,\frac{dc}{d\lambda}. \qquad (4)$$

In einem *dispersionsfreien* Ausbreitungsmedium ist wegen $c = \text{const}$: $\mathrm{d}c/\mathrm{d}\lambda = 0$. Vom Vorzeichen des Differentialquotienten in (4) hängt es ab, ob die Gruppengeschwindigkeit kleiner oder größer als die Phasengeschwindigkeit ist.

Bei $\begin{matrix}\textbf{normaler}\\ \textbf{anomaler}\end{matrix}$ Dispersion ist die Gruppengeschwindigkeit $c_g \lesseqgtr c$.

In den Fällen *normaler* Dispersion wandern die Wellenberge und -täler vom hinteren zum vorderen Ende der Wellengruppe, bei *anomaler* Dispersion vom vorderen zum hinteren Ende.
In den Schwebungsmaxima sind die Schwingungsamplituden am größten, daher bilden sie den *Sitz von Energie und Impuls* einer Welle. Mit einer unbegrenzten harmonischen Welle kann man keine Information übertragen; die Nachrichtentechnik verändert *(moduliert)* zu diesem Zweck die Amplituden der Wellen. Damit liegen auch hier Wellengruppen vor, für die gilt:

Die Gruppengeschwindigkeit ist gleich der Ausbreitungsgeschwindigkeit von Energie und Impuls und gleich der Signalgeschwindigkeit.

Beispiel: Aus der Dispersionskurve $n = n(\lambda)$ von Schwefelkohlenstoff entnimmt man für Licht der Wellenlänge $\lambda_1 = 589$ nm die Brechzahl $n_1 = 1{,}6277$, woraus die Phasengeschwindigkeit $c_1 = c_0/n_1 = c_0/1{,}6277$ folgt. Für $\lambda_2 = 527$ nm entnimmt man der Kurve den Wert $n_2 = 1{,}6405$, und es ist $c_2 = c_0/1{,}6405$. MICHELSON bestimmte nach der Methode von FOUCAULT für die Lichtgeschwindigkeit in Schwefelkohlenstoff jedoch den kleineren Wert $c_0/1{,}76$. Man begründe den quantitativen Unterschied.
– *Lösung:* Da experimentell nicht die Phasen-, sondern die Gruppengeschwindigkeit bestimmt wurde, folgt mit $\Delta\lambda = \lambda_1 - \lambda_2 = 62$ nm; $\lambda = (\lambda_1 + \lambda_2)/2 = 558$ nm; $\Delta n = n_1 - n_2 = -0{,}0128$; $n = (n_1 + n_2)/2 = 1{,}6341$; $c = c_0/n = c_0/1{,}6341$ und $\mathrm{d}\lambda/\lambda \approx \Delta\lambda/\lambda = 0{,}111$; $\mathrm{d}c/c = -\mathrm{d}n/n \approx -\Delta n/n = 0{,}0078$; $(\lambda/c)(\mathrm{d}c/\mathrm{d}\lambda) \approx -(\lambda/\Delta\lambda)(\Delta n/n) = 0{,}07$ und nach (4) $c_g = c[1-(\lambda/c)(\mathrm{d}c/\mathrm{d}\lambda)] = c_0(1 - 0{,}07)/1{,}6341 = c_0/1{,}76$ wie bei MICHELSON.

Aufgabe 39.1. Da bei *Wasserwellen* sowohl die Schwerkraft als auch die Oberflächenspannung σ (vgl. 14.6) als rücktreibende Kraft wirken, durchläuft ihre Phasengeschwindigkeit für eine bestimmte Wellenlänge $\lambda_{\min}$ ein Minimum. Man bestimme aus der Dispersionsrelation

$$c = \sqrt{g\frac{\lambda}{2\pi} + \frac{\sigma}{\varrho}\frac{2\pi}{\lambda}}$$

die minimale Phasengeschwindigkeit $c_{\min}$ für Wasserwellen ($\sigma = 0{,}072$ N/m; $\varrho = 10^3$ kg/m^3) und ermittle die Wellenlängenbereiche normaler und anomaler Dispersion.

39.3 Huygenssches Prinzip

Das HUYGENSsche Prinzip war die historisch erste Erklärung der Wellenausbreitung unter Berücksichtigung der allseitigen Kopplung. Man kann mit seiner Hilfe zu einer gegebenen Phasenfläche ihre Weiterbewegung im Raum konstruieren.
Bei mechanischen Wellen sind die Schwingungen von Teilchen sowohl primär die Ursache für das Auftreten einer Welle als auch sekundär die Folge nach dem Eintreffen einer Welle. Da diese Aussage grundsätzlich für alle Teilchen zutrifft, sind Ursache und Folge nur so zu vereinbaren, dass jedes Teilchen einer ankommenden Welle Energie entzieht und gleichzeitig als Erregerzentrum Energie in Form einer *Kugelwelle* wieder abgibt, um seine Schwingungsenergie konstant zu halten. Sekundäre Kugelwellen nennt man **Elementarwellen**.

Huygenssches Prinzip:

Jeder Punkt einer Phasenfläche ist gleichzeitig Ausgangspunkt einer neuen Elementarwelle. Die tangierende Hüllfläche aller Elementarwellen gleicher Phase ergibt eine neue Lage der Phasenfläche der ursprünglichen Welle.

Auf den ersten Blick sieht es so aus, als würde der gerichtete Energiefluss in alle Richtungen zerstreut. Da aber normalerweise alle Teilchen auf einer Phasenfläche mit der ankommenden Welle in Phase schwingen, überlagern sich die Elementarwellen zu einer charakteristischen Summenerscheinung; sie verstärken sich in Ausbreitungsrichtung, wo nur gleich gerichtete Schwingungszustände aufeinander treffen. In allen anderen Richtungen löschen sie sich aus, weil zu jedem Schwingungszustand auch der entgegengesetzte auftritt.

Bei einer *ebenen Welle* liegen die Ausgangspunkte für die Elementarwellen in Bild 39.3 zum Zeitpunkt t_1 auf der Ebene *1*, zum späteren Zeitpunkt t_2 auf der Ebene *2* und zum Zeitpunkt t_3 auf der Ebene *3*. Nur in Normalenrichtung zu den Phasenflächen verstärken sich alle Elementarwellen ausnahmslos. Zu einem auf t_3 folgenden Zeitpunkt t_4 haben die von allen drei Ebenen ausgehenden Elementarwellen die Ebene *4* erreicht, in der sie eine als **Wellenfront** bezeichnete weitere Lage der Phasenfläche aufbauen. In allen anderen Richtungen treffen Elementarwellen jeder Phase aufeinander und löschen sich aus. In der Folgezeit wird sich die Phasenfläche als Ergebnis weiterer Überlagerungen in Pfeilrichtung fortbewegen. Wird zur Konstruktion der neuen Lage nur eine Ausgangslage der Phasenfläche benutzt, ist zu beachten, dass in Gegenrichtung der Ausbreitung keine Wellenfront entsteht.

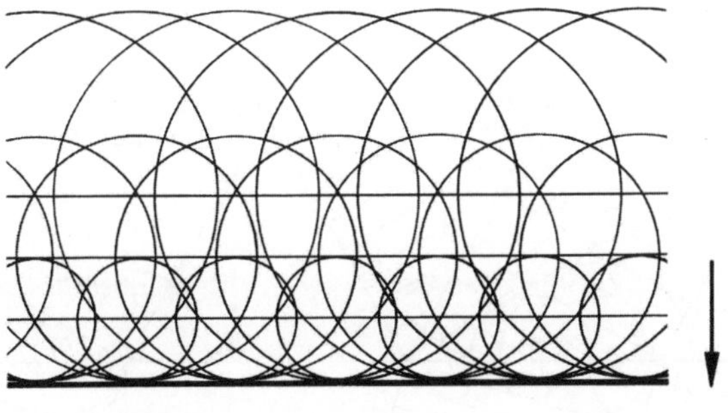

Bild 39.3. Aufbau einer fortschreitenden ebenen Welle nach dem HUYGENSschen Prinzip

Beispiel: Man konstruiere die von einem punktförmigen Erregerzentrum ausgehende *Kugelwelle* nach dem HUYGENSschen Prinzip. – *Lösung:* Äquidistante Zeitabstände können z. B. in der Zeichenebene durch die Einheitslänge 1 cm dargestellt werden. Man schlage um einen Mittelpunkt (Erregerzentrum) einen Kreisbogen mit $r_1 = 1$ cm (1. Lage der Phasenfläche). Von der Peripherie aus schlage man mehrere Kreisbögen (Elementarwellen) mit $r = 1$ cm. Die Hüllkurve (2. Lage der Phasenfläche) ist dann ein Kreisbogen mit $r_2 = 2$ cm um den Mittelpunkt usw.

39.4 Reflexion und Brechung (Refraktion). Totalreflexion

Es gibt drei Möglichkeiten für den Verbleib der Energie einer Welle, wenn sie, aus einem Medium *1* kommend, auf ein Medium *2* mit anderer Struktur trifft. Von der einfallenden Energie kann ein Bruchteil R an der Grenzfläche in das Medium *1* zurückgeworfen *(reflektiert)*, ein Teil D vom Medium *2 durchgelassen* und ein Teil A im Medium *2 absorbiert* werden. Dementsprechend muss die Summe aus **Reflexionsgrad** R (= reflektierte Strahlungsintensität / einfallende Strahlungsintensität), **Durchlassgrad** D und **Absorptionsgrad** A (vgl. 39.1) hundert Prozent betragen; also gilt

$$R + D + A = 1 \qquad \textbf{(Energieerhaltungssatz).}$$

Sind beide Medien für Wellen *völlig durchlässig*, so ist $A = 0$ und $R + D = 1$. Experimentelle Beobachtungen mit einem Strahlenbündel zeigen, dass ein Teilbündel von der Grenzfläche mit einer Richtungsänderung ins Medium *1* zurückgeworfen wird und dass das komplementäre Teilbündel ebenfalls unter Richtungsänderung ins Medium *2* eindringt. Die zuerst genannte Erscheinung bezeichnet man als **Reflexion**, die zuletzt genannte als **Brechung** oder **Refraktion**. Beide Erscheinungen treten im Prinzip bei allen Arten von Wellen auf; sie sind jedoch besonders bei Licht der Anschauung leicht zugänglich und haben in der *geometrischen Optik* ein breites Anwendungsgebiet.

Reflexions- und Brechungsgesetz. Eine ebene Welle soll auf eine ebene Grenzfläche treffen, die das Medium *1* vom Medium *2* trennt. Dann sind auch reflektierte und gebrochene Welle wiederum ebene Wellen. Die Phasengeschwindigkeiten der Welle in den beiden Medien betragen c_1 und c_2. Die Richtungsänderungen bei Reflexion und Brechung werden durch Winkel zwischen den Ausbreitungsrichtungen *(Strahlen)* und dem auf der Grenzfläche errichteten *Einfallslot* beschrieben. Man definiert **Einfallswinkel** α_1, **Reflexionswinkel** α_1' und **Brechungswinkel** α_2 (Bild 39.4b).

Gemäß dem HUYGENSschen Prinzip (vgl. 39.3) betrachten wir die von den Punkten A und C der Grenzfläche (Bild 39.4a) ausgehenden sekundären Kugelwellen. Ihre Anregung erfolgt zu verschiedenen Zeiten. Auf der durch A und B laufenden Phasenfläche liegen Punkte gleicher Phase. Trifft die Phasenfläche in C ein, so hat sich die vom Punkt A ausgehende Erregung be-

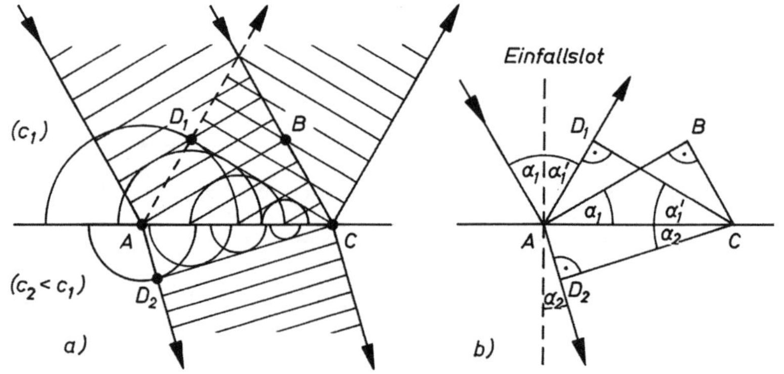

Bild 39.4. Reflexion und Brechung nach dem HUYGENSschen Prinzip

reits auf Phasenflächen fortbewegt, die durch die Punkte D_1 für die reflektierte Welle bzw. D_2 für die gebrochene Welle gehen. Eine Phasenfläche, die sich im Medium *1* mit der Geschwindigkeit c_1 und im Medium *2* mit c_2 bewegt, durchläuft in der gleichen Zeit t die Strecken $\overline{BC} = c_1 t$, $\overline{AD_1} = c_1 t$ und $\overline{AD_2} = c_2 t$. Aus geometrischen Überlegungen anhand von Bild 39.4b folgt damit:

$$\overline{AC} \sin\alpha_1 = \overline{BC} = c_1 t, \tag{5}$$

$$\overline{AC} \sin\alpha_1' = \overline{AD_1} = c_1 t, \tag{6}$$

$$\overline{AC} \sin\alpha_2 = \overline{AD_2} = c_2 t. \tag{7}$$

Werden (5) und (6) gleichgesetzt, ergibt sich $\sin\alpha_1 = \sin\alpha_1'$ und hieraus das

Reflexionsgesetz: $\alpha_1 = \alpha_1'$ **(Einfallswinkel = Reflexionswinkel).** (8)

Dividiert man (5) durch (7), so ergibt sich das

Brechungsgesetz: $$\frac{\sin\alpha_1}{\sin\alpha_2} = \frac{c_1}{c_2} = \text{const.} \tag{9}$$

Das Verhältnis vom Sinus des Einfallswinkels zum Sinus des Brechungswinkels ist konstant (SNELLIUS) **und gleich dem Verhältnis der Phasengeschwindigkeiten in den beiden Medien.**

Die Ausbreitungsrichtungen der einfallenden, der reflektierten und der gebrochenen Welle liegen mit dem Einfallslot in einer Ebene, der sog. **Einfallsebene**.
Die einfallende Welle erfährt nur dann keine Richtungsänderung, wenn sie entweder senkrecht auf die Grenzfläche trifft ($\alpha_1 = \alpha_2 = 0$), oder wenn die Phasengeschwindigkeiten gleich sind ($c_1 = c_2$). Allgemein steigt mit wachsendem Einfallswinkel α_1 auch der Brechungswinkel α_2 monoton an. Ist $c_1 > c_2$, folgt $\alpha_1 > \alpha_2$, und die Ausbreitungsrichtung wird (wie in Bild 39.4) zum Lot hin gebrochen. Ist $c_1 < c_2$, folgt $\alpha_1 < \alpha_2$; die Ausbreitungsrichtung wird vom Lot weg gebrochen.

Brechung lässt sich leicht bei Wasserwellen beobachten, die gegen ein flaches Ufer laufen. Da deren Phasengeschwindigkeit mit abnehmender Wassertiefe geringer wird, erfährt die Einfallsrichtung eine *kontinuierliche Brechung* zum Lot hin. Die Wellenberge (Phasenlinien) stellen sich bei Annäherung parallel zum Ufer.

Lichtbrechung. Da sich alle *elektromagnetischen Wellen* im Vakuum mit der größtmöglichen konstanten Lichtgeschwindigkeit c_0 ausbreiten, bezieht man die Phasengeschwindigkeiten des Lichts in den verschiedenen Stoffen auf diese Geschwindigkeit. Mit Einführung der **Brechzahlen** $n_1 = c_0/c_1$ und $n_2 = c_0/c_2$ nach (38/15) erhält man Gleichung (9) in der Form

$$\frac{\sin\alpha_1}{\sin\alpha_2} = \frac{n_2}{n_1} = \text{const} \qquad \textbf{(Brechungsgesetz).} \tag{10}$$

Beim Übergang in ein Medium größerer bzw. kleinerer Brechzahl n spricht man häufig vom Eintreten in das *optisch dichtere* bzw. *optisch dünnere* Medium. Ein direkter Zusammenhang mit der Massendichte der Medien besteht jedoch nicht. Mit dieser Bezeichnungsweise folgt:

Beim Eintritt des Lichts in ein optisch $\genfrac{}{}{0pt}{}{\textbf{dichteres}}{\textbf{dünneres}}$ Medium wird die Ausbreitungsrichtung $\genfrac{}{}{0pt}{}{\textbf{zum}}{\textbf{vom}}$ Einfallslot $\genfrac{}{}{0pt}{}{\textbf{hin}}{\textbf{weg}}$ gebrochen.

Totalreflexion (Bild 39.5): Fällt eine Lichtwelle *aus einem optisch dichteren* auf die Grenzfläche *gegen ein optisch dünneres* Medium ($n_1 > n_2$), so ist der Brechungswinkel größer als

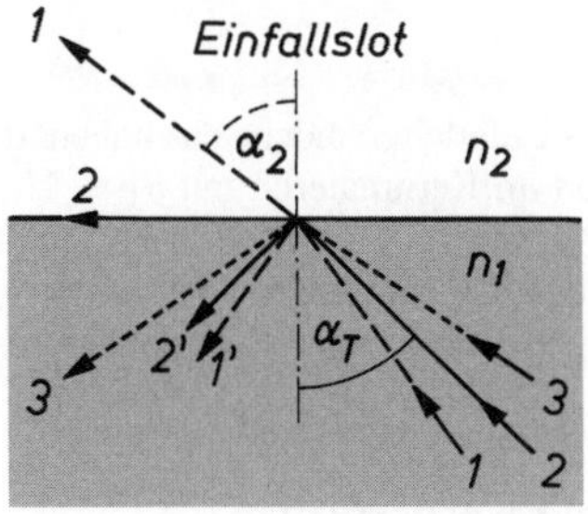

Bild 39.5. Übergang von der partiellen Reflexion *1–1'* und *2–2'* (bei $\alpha_1 = \alpha_T$, $\alpha_2 = 90°$) zur Totalreflexion (*3*) bei stetiger Vergrößerung des Einfallswinkels α_1

der Einfallswinkel ($\alpha_2 > \alpha_1$). Zum größten Brechungswinkel $\alpha_2 = 90°$ (*streifender Einfall* in das dünnere Medium) gehört der Einfallswinkel $\alpha_1 = \alpha_T$, der **Grenzwinkel der Totalreflexion**, für den nach (10) wegen $\sin\alpha_2 = 1$ folgt

$$\sin\alpha_T = \frac{n_2}{n_1} \qquad \text{bzw.} \qquad \sin\alpha_T = \frac{1}{n} \tag{11}$$

beim Übergang von einem Stoff der Brechzahl n ins Vakuum (oder Luft). Bei größerem Einfallswinkel ($\alpha_1 > \alpha_T$) kann kein Licht in das dünnere Medium eindringen; seine Energie wird vollständig reflektiert. Die Welle erleidet Totalreflexion.

Totalreflexion tritt an der Grenzfläche zum optisch dünneren Medium hin auf, wenn der Einfallswinkel den charakteristischen Grenzwinkel α_T überschreitet.

Die Erscheinung der Totalreflexion lässt sich leicht an einem wassergefüllten Aquarium demonstrieren, wenn man von unten her gegen die Wasseroberfläche blickt. Während man unter einem Winkel $\alpha_1 < \alpha_T$ durch die Oberfläche hindurchsehen kann, erscheint diese bei $\alpha_1 > \alpha_T$ als Spiegelfläche. Der Silberglanz von Gegenständen unter Wasser entsteht durch Totalreflexion an den anhaftenden Luftblasen. In Brillianten und Tautropfen ruft die Totalreflexion des Lichts an den Grenzflächen ihr besonderes „Feuer" hervor. Auch Luftspiegelungen an stark erhitzten Luftschichten (optisch dünneres Medium), wie sie an heißen Tagen über Landstraßen oder in Wüstengegenden *(Fata Morgana)* zu beobachten sind, beruhen auf Totalreflexion.

Die Totalreflexion wird u. a. zur Bestimmung der Brechzahl von Flüssigkeiten ausgenutzt. In einem **Refraktometer** lässt man Licht auf die Flüssigkeitsschicht fallen, die an einem Hilfsmedium (Glas hoher Brechzahl) haftet. Durch Änderung der Einfallsrichtung findet man den Hell-Dunkel-Übergang des durchfallenden Lichts, d. h. den Grenzwinkel der Totalreflexion. Zunehmende Bedeutung gewinnt die Totalreflexion in der **Faseroptik**. Licht, das in eine dünne Glasfaser (einige 10 µm Durchmesser) an einem Ende eintritt, wird in dieser fortgeleitet, weil Totalreflexion einen seitlichen Austritt durch den Mantel verhindert (Bild 39.6). Solche *Lichtleiter* lassen sich leicht biegen und aufwickeln. Hat jede Faser noch eine Mantelschicht von geringerer Brechzahl als der Kern, sind sie gegenüber Umwelteinflüssen völlig abgeschirmt und „kurzschlusssicher". Eine Vielzahl solcher Fasern kann gebündelt werden. Damit wird es möglich, Licht an schwer zugängliche Stellen (z. B. die Organe des menschlichen Körpers) zu leiten und/oder von dort aufzunehmen. *Lichtleiterkabel* werden auch zusammen mit Laser-Lichtquellen über weite Strecken in einem Nachrichten- und Kommunikationsnetz eingesetzt.

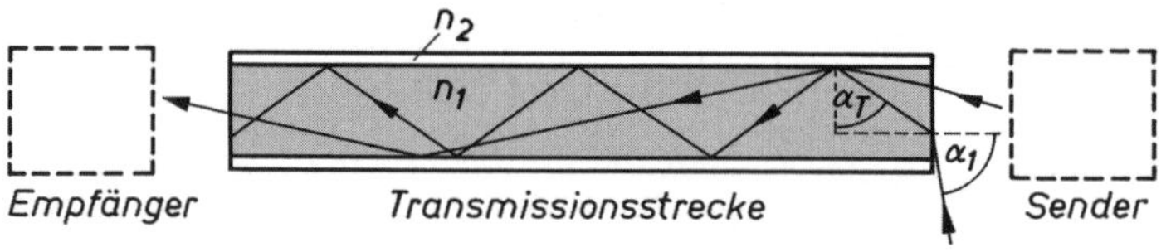

Bild 39.6. Totalreflexion in einer Lichtleiterstrecke

Beispiel: Welche Brechzahl n_2 darf das Mantelmaterial eines Lichtleiters höchstens haben, damit alle an der Stirnfläche einfallenden Lichtwellen durch Totalreflexion im Kernmaterial mit $n_1 = 1{,}67$ weitergeleitet werden (s. Bild 39.6)? – *Lösung:* Nach dem Brechungsgesetz (10) gilt hier $\sin\alpha_1/\sin(90° - \alpha_T) = n_1$ und nach (11) $\sin\alpha_T = n_2/n_1$. Wird aus beiden Gleichungen α_T eliminiert, folgt $n_2^2 = n_1^2 - \sin^2\alpha_1$. Die Forderung $\alpha_1 = 90°$ ergibt $n_2 = \sqrt{n_1^2 - 1} = 1{,}34$.

39.5 Optische Dispersion. Prisma, Spektral- und Körperfarben

Die Abhängigkeit der Brechzahl n von der Wellenlänge des Lichts $n = n(\lambda)$ und damit auch des Brechungswinkels bei Ein- und Austritt einer Lichtwelle aus dem brechenden Stoff bezeichnet man als *optische Dispersion* (vgl. auch 39.2). Besonders gut kann man die Erscheinung beim Durchgang des Lichts durch die beiden Grenzflächen eines *Glasprismas* beobachten (Bild 39.7a): Die Brechzahl n der Prismensubstanz, der von den durchsetzten Flächen eingeschlossene Winkel ε und der Einfallswinkel bestimmen den Ablenkungswinkel δ. Die Brechzahl wird mit Hilfe des kleinsten Ablenkungswinkels gemessen, den man feststellt, wenn ein Lichtbündel bestimmter Wellenlänge das Prisma symmetrisch durchsetzt (Bild 39.7b). Zur Herleitung denke man sich die Querschnittsfläche des Prismas durch die Winkelhalbierende geteilt. Da die Dreiecke ABC und DAC geometrisch ähnlich sind, beträgt der Brechungswinkel $\alpha_2 = \varepsilon/2$ und damit der Einfallswinkel $\alpha_1 = (\delta + \varepsilon)/2$. Aus dem Brechungsgesetz (10) folgt somit

$$n = \frac{\sin\dfrac{\delta+\varepsilon}{2}}{\sin\dfrac{\varepsilon}{2}}. \qquad (12)$$

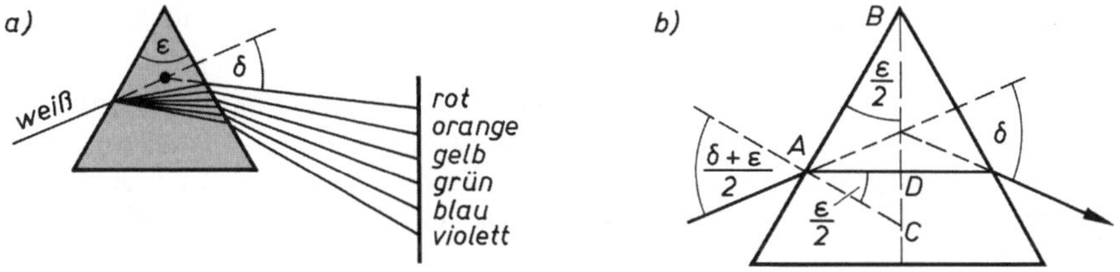

Bild 39.7. a) Farbzerlegung von weißem Licht durch ein Prisma, b) Brechung von monochromatischem Licht am Prisma bei symmetrischem Durchgang

Bei einem dünnen *keilförmigen Prisma* sind ε und δ kleine Winkel, also ist $\sin(\delta + \varepsilon)/2 \approx (\delta + \varepsilon)/2$ und $\sin \varepsilon/2 \approx \varepsilon/2$. Damit folgt aus (12)

$$\delta = (n - 1)\,\varepsilon \qquad \textbf{(Ablenkungswinkel beim keilförmigen Prisma)}, \qquad (13)$$

gültig auch für unsymmetrischen Strahlendurchgang. Ein Lichtbündel weißen Sonnenlichts, von einer Spaltblende begrenzt, wird durch das Prisma in ein Farbband *(kontinuierliches Spektrum)* zerlegt. Die Farbkomponenten des weißen Wellengemisches haben verschiedene Wellenlänge, werden also verschieden stark gebrochen. Durchsichtige farblose Stoffe zeigen *normale Dispersion*, d. h., die Brechzahl nimmt mit abnehmender Wellenlänge (in der Reihenfolge rot, orange, gelb, grün, blau, violett) zu.

Durchsichtige farblose Stoffe brechen rotes Licht am schwächsten und violettes Licht am stärksten.

Das Licht glühender Gase oder Metalldämpfe besteht überwiegend aus Wellen einheitlicher Wellenlänge. Bei Ablenkung durch ein Prisma beobachtet man eine oder mehrere farbige Linien *(Linienspektrum)* an bestimmten Stellen des sichtbaren Spektrums, die für den strahlenden Stoff charakteristisch sind *(Spektralanalyse)*.

Die **Spektralfarben** an jeder Stelle des sichtbaren Spektrums entsprechen Licht einer ganz bestimmten Wellenlänge und können nicht weiter zerlegt werden; sie sind *monochromatisch* (einfarbig). Durch geeignete Experimente lassen sich die bei der Zerlegung entstandenen Spektralfarben auch wieder zu weißem Licht mischen. Dabei entstehen durch Ausblenden verschiedener Teile des Spektrums *Mischfarben*. Fehlt z. B. der grüne Spektralbereich, erhält man aus dem Rest eine Mischfarbe Rot. Auch durch Überlagerung *(additive Mischung)* zweier Spektralfarben, der sog. *Komplementärfarben* (z. B. Rot und Grün, Gelb und Violett oder Blau und Orange) entsteht die Empfindung Weiß. Mit *drei* Spektralfarben, z. B. den Grundfarben Rot, Gelb und Blau beim Dreifarbendruck bzw. Rot, Grün und Blau beim Farbfernsehen, lassen sich durch Überlagerung unterschiedlicher Anteile alle Mischfarben herstellen.

Niemals entsteht jedoch durch Mischen eines roten und eines grünen Farbstoffs weiße Farbe; denn von den Spektralfarben sind die **Körperfarben** zu unterscheiden. Da z. B. eine rote Fläche keine Lichtquelle ist, kann sie nur Licht aus einer Lichtquelle reflektieren, die selbst rotes Licht enthält. Gesichter sehen im gelben Licht einer Natriumdampflampe fahl aus. Farbfotos haben einen gelbbraunen Farbton, wenn sie bei Glühlampenlicht aufgenommen werden. Die Körperfarbe ist also nur zusammen mit der Lichtquelle definiert. Eine farbige Fläche im Sonnenlicht entsteht durch ihren wellenlängenabhängigen Reflexions- und Absorptionsgrad (Dispersion im weiteren Sinne). Körper sehen dann rot aus, wenn sie vom auffallenden weißen Licht alle Farben außer der roten absorbieren, oder wenn sie die Komplementärfarbe Grün absorbieren, um nur die einfachsten Möglichkeiten zu nennen. Farbige Gläser und Flüssigkeiten zeichnen sich durch einen wellenlängenabhängigen Durchlass- und Absorptionsgrad aus; Körperfarben entstehen daher durch Zurückhalten bestimmter Spektralbereiche des auffallenden Lichts *(subtraktive Mischung)*.

Aufgabe 39.2. Aus den Brechzahlen bestimmter Spektrallinien, die nach FRAUNHOFER mit C, D und F bezeichnet werden, bestimmt man die *mittlere Dispersion* $\vartheta = n_\mathrm{F} - n_\mathrm{C}$ oder die ABBEsche *Zahl* $\nu = (n_\mathrm{D} - 1)/\vartheta$, um die Dispersionseigenschaften durchsichtiger Stoffe zu charakterisieren. Für ein gleichseitiges Glasprisma werden dazu die minimalen Ablenkungswinkel $\delta_\mathrm{C} = 47{,}0°$, $\delta_\mathrm{D} = 47{,}5°$ und $\delta_\mathrm{F} = 48{,}7°$ gemessen. Berechne ϑ und ν!

40 Strahlenoptik (Geometrische Optik)

Auf dem Gebiet der praktischen Optik, wo es gilt, den Lichtweg in optischen Geräten zu bestimmen und die Grundlagen für deren geeignete Konstruktion zu schaffen, benötigt man nicht unbedingt die umfassenden Aussagen der Wellentheorie des Lichts. Erfahrungsgemäß spielen typische Wellenerscheinungen wie Interferenz und Beugung z. B. bei Abbildungen durch Linsen, Spiegel, Blenden usw. nur eine untergeordnete Rolle, weil deren Abmessungen groß gegenüber der Wellenlänge des Lichts sind. Erst bei der Abbildung sehr kleiner Objekte (an der Grenze des sog. *Auflösungsvermögens* optischer Geräte), wo keine genügend große Zahl von Wellenlängen auf die betrachteten Räume entfallen, muss die Wellennatur des Lichts wieder berücksichtigt werden.

40.1 Lichtstrahlen. Fermatsches Prinzip

Als einschneidende, aber gerechtfertigte Vereinfachung der Wellenvorgänge genügt es, unter Verzicht auf deren Feinheiten nur die Ausbreitungs*richtung* weiter zu verfolgen. Der Grundbegriff, mit dem diese **geometrische Optik** operiert, ist der **Lichtstrahl**.

Eine grobe Vorstellung vom Lichtstrahl vermittelt folgende Beobachtung: Fällt Licht durch eine Öffnung in einen abgedunkelten Raum, erkennt man den Weg des Lichts an den getroffenen Staubteilchen.

Lichtstrahlen markieren den Weg der Lichtenergie im Raum.

Der Strahlenverlauf (in isotropen Medien) stimmt im ganzen Raum mit der Ausbreitungsrichtung der zugeordneten Welle überein. Der Zusammenhang von Strahlen- und Wellenmodell besteht darin, dass *Strahlen stets senkrecht auf den Phasenflächen* stehen, die den Raum mit Lichtgeschwindigkeit durcheilen (vgl. 36.5 und Bild 40.1). Der Verlauf eines Strahls im strengen Sinne ist dagegen statisch, d. h., er hat keine Ausbreitungsgeschwindigkeit. Eine Kennzeichnung, ob er hin- oder zurückläuft, ist häufig zweckmäßig, aber nicht notwendig; denn es gilt:

Lichtwege sind umkehrbar.

Auf Bild 40.1 wird eine punktförmige Lichtquelle in P genauso in den Bildpunkt P' abgebildet wie in umgekehrter Richtung.
Die Erfüllung des Raumes mit Lichtenergie wird durch den Begriff des **Strahlenbündels** berücksichtigt. Man beobachtet, dass in homogenen Medien parallele Strahlen parallel, konvergente Strahlen konvergent und divergente Strahlen divergent bleiben. Daraus und aus der Tatsache, dass Strahlenbündel sich ungestört durchdringen, zieht man die Schlussfolgerung:

Der Verlauf verschiedener Lichtstrahlen ist voneinander unabhängig.

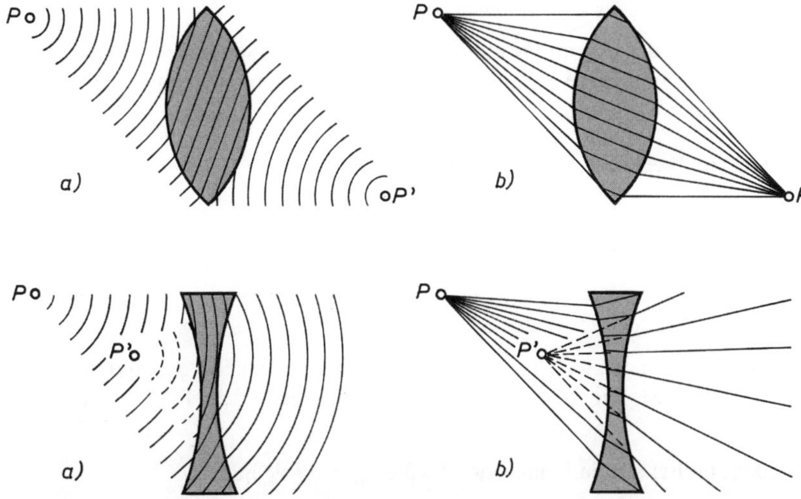

Bild 40.1. Abbildung eines Punktes durch Sammel- und Zerstreuungslinse nach dem Wellenmodell (a) und dem Strahlenmodell (b)

In einem *optisch inhomogenen Medium* (z. B. in der Atmosphäre), wo die Brechzahl n eine Funktion des Ortes $n(x, y, z)$ ist, treten *gekrümmte* Strahlen auf (s. Bild 40.2). Ihr Verlauf bestimmt sich aus dem

Fermatschen Prinzip der kürzesten Ankunft:
Ein Lichtstrahl befolgt den Weg, für dessen Überbrückung die kürzeste Zeit benötigt wird.

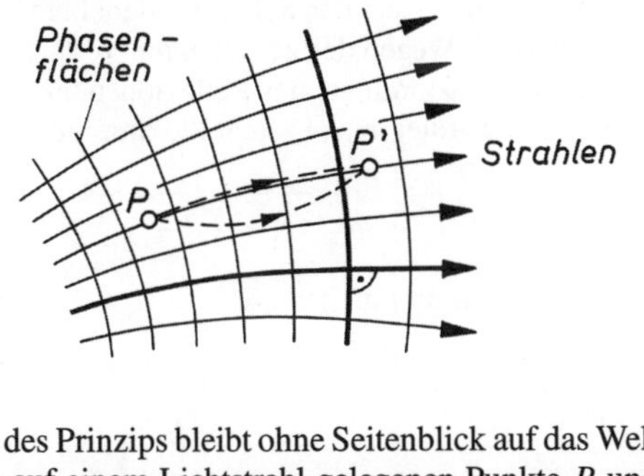

Bild 40.2. Phasenflächen $\varphi = \text{const}$ und zugehörige Strahlen

Der Inhalt des Prinzips bleibt ohne Seitenblick auf das Wellenmodell unverständlich. In Bild 40.2 gehören die beiden auf einem Lichtstrahl gelegenen Punkte P und P', die von einer Welle nacheinander zu den Zeiten t und t' erreicht werden, zu unterschiedlichen Phasenflächen (36/21) φ bzw. $\varphi' = \text{const}$. Die zugehörige Phasendifferenz $\varphi - \varphi'$ für einen *beliebigen* Weg von P nach P' ergibt sich mit dem Wellenzahlvektor (36/22) $\boldsymbol{k} = -\operatorname{grad}\varphi$ und wegen (39/2) $c = \omega/k = \mathrm{d}s/\mathrm{d}t$ zu $\omega\,\mathrm{d}t = k\,\mathrm{d}s = |\boldsymbol{k}|\,|\mathrm{d}\boldsymbol{r}| \geq$

$\boldsymbol{k} \cdot \mathrm{d}\boldsymbol{r} = -\operatorname{grad}\varphi \cdot \mathrm{d}\boldsymbol{r} = -\mathrm{d}\varphi$ bzw. nach Integration zu $\omega(t'-t) \geq \varphi - \varphi' = \text{const}$. Die Ungleichung gilt, da zur Berechnung des Skalarprodukts $\boldsymbol{k} \cdot \mathrm{d}\boldsymbol{r}$ das Produkt der Beträge beider Vektoren noch mit dem Kosinus des von ihnen eingeschlossenen Winkels zu multiplizieren ist. Entlang eines Lichtstrahls ist dieser Winkel aber stets null und daher der Kosinus gleich 1, womit in diesem Fall das Gleichheitszeichen gilt und somit die Überbrückungszeit $t'-t$ ein Minimum annimmt.
Es gibt jedoch bei gekrümmten Spiegelflächen auch Fälle, in denen dem eingeschlagenen Lichtweg gegenüber benachbarten Lichtwegen nicht die kleinste, sondern die größte Überbrückungszeit zukommt. Die Verallgemeinerung des FERMATschen Prinzips besagt daher:

Ein Lichtstrahl befolgt im Raum zwischen festem Ausgangs- und Endpunkt stets einen ausgezeichneten Weg, für dessen Überbrückung ein Extremum an Zeit erforderlich ist.

Gleichbedeutend mit der obigen Formulierung des FERMATschen Prinzips ist folgende Aussage: Gegenüber benachbarten Wegen ist für den eingeschlagenen Lichtweg die

optische Weglänge $$L = \int_P^{P'} n \, \mathrm{d}s \qquad (1)$$

ein Extremum ($n = c_0/c$ Brechzahl; vgl. 38.2).

Beweis: Mit $n = c_0/c = c_0/(\mathrm{d}s/\mathrm{d}t) = c_0\,\mathrm{d}t/\mathrm{d}s$ ist $\int_P^{P'} n\,\mathrm{d}s = c_0 \int_t^{t'} \mathrm{d}t = c_0(t'-t)$ und damit auch $t'-t$ ein Extremum.

Im *homogenen* Medium ist wegen $n = \text{const}$ der eingeschlagene *geometrische* Weg $\int \mathrm{d}s$ von P bis P' ein Minimum. Die kürzeste Verbindung zwischen zwei Punkten ist die Gerade. Das bestätigt:

Licht breitet sich in homogenen Medien geradlinig aus.

40.2 Reflexion und Brechung von Lichtstrahlen

Reflexion. Da Lichtwellen an der Grenzfläche zweier verschiedener Medien zurückgeworfen werden und ihre Ausbreitung eine Richtungsänderung erfährt (vgl. 39.4), überträgt sich diese Erscheinung der Reflexion auch auf Lichtstrahlen. Aus Beobachtungen folgert man das

Reflexionsgesetz:

Einfallender und reflektierter Strahl bilden mit dem Einfallslot gleiche Winkel. Lot und Strahlen liegen in einer Ebene.

Herleitung: Ein Lichtstrahl, der in Bild 40.3 durch Reflexion an der Spiegelebene $y = 0$ von P_1 nach P_1' gelangt, wählt – dem FERMATschen Prinzip gehorchend – aus der Schar der denkbaren Lichtwege das Minimum der optischen Weglänge zwischen P_1 und P_1'. Wegen des geradlinigen Verlaufs von Lichtstrahlen im homogenen Medium (Brechzahl n_1) legt die x-Koordinate des Reflexionspunktes P auf der Grenzfläche den durchlaufenen Lichtweg fest. Anstelle des Integrals (1) steht die Summe der optischen Weglängen

$$L = L_1 + L_1' = n_1 s_1 + n_1 s_1' = n_1\sqrt{(x-x_1)^2 + y_1^2} + n_1\sqrt{(x_1'-x)^2 + y_1'^2}.$$

Nach dem FERMATschen Prinzip muss L ein Extremum (Minimum) sein, d. h.

$$\frac{\mathrm{d}L}{\mathrm{d}x} = \frac{n_1(x-x_1)}{\sqrt{(x-x_1)^2+y_1^2}} - \frac{n_1(x_1'-x)}{\sqrt{(x_1'-x)^2+y_1'^2}} = n_1\frac{x-x_1}{s_1} - n_1\frac{x_1'-x}{s_1'}$$

$$= n_1 \sin\alpha_1 - n_1\sin\alpha_1' = 0 \qquad \text{oder}$$

$$\alpha_1 = \alpha_1' \qquad \textbf{(Einfallswinkel = Reflexionswinkel).} \qquad (2)$$

Das FERMATsche Prinzip fordert weiterhin, dass der einfallende und der reflektierte Strahl mit dem Einfallslot in einer Ebene liegen. Würde im Bild 40.3 der Strahlenverlauf aus der Zeichenebene heraustreten, wäre die optische Weglänge größer als das geforderte Minimum.

Von der *regulären Reflexion* an ebenen Grenzflächen ist die *diffuse* Reflexion an rauen Oberflächen zu unterscheiden. Sie ist die Ursache dafür, dass sie von allen Raumrichtungen her sichtbar ist, wohingegen eine regulär reflektierende Spiegelfläche selbst unsichtbar bleibt und nur die Bilder anderer Objekte wiedergibt.

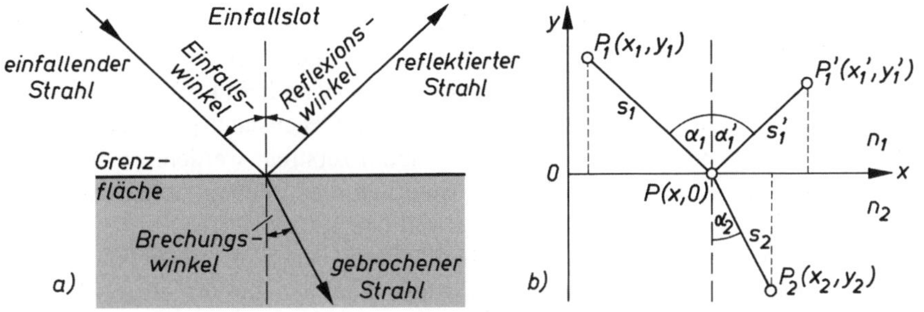

Bild 40.3. Reflexion und Brechung eines Lichtstrahls an der Grenzfläche verschiedener Medien (a) und Herleitung des Reflexions- und des Brechungsgesetzes aus dem FERMATschen Prinzip (b)

Brechung. Treffen Lichtwellen auf ein durchsichtiges Medium, so dringt ein Teil der Lichtenergie unter Änderung seiner Ausbreitungsrichtung durch die Grenzfläche hindurch in das Medium ein (vgl. 39.4). Diese Erscheinung der Brechung überträgt sich auch auf Lichtstrahlen. Durch Beobachtungen bestätigt man das von SNELLIUS gefundene

Brechungsgesetz:

Das Verhältnis vom Sinus des Einfallswinkels zum Sinus des Brechungswinkels ist konstant. Einfallender Strahl, Einfallslot und gebrochener Strahl liegen in einer Ebene.

Herleitung: Mit Hilfe des FERMATschen Prinzips gelangt man zum Brechungsgesetz, wenn man aus der Schar der denkbaren Lichtwege das Minimum der optischen Weglänge (1) zwischen P_1 und P_2 durch die Grenzfläche $y = 0$ sucht (s. Bild 40.3). Wegen des geradlinigen Verlaufes von Lichtstrahlen im (oberen) Medium mit der Brechzahl n_1 und im (unteren) Medium mit der Brechzahl n_2 legt die x-Koordinate des Durchstoßpunktes P auf der Grenzfläche den durchlaufenen Lichtweg fest. Anstelle des Integrals (1) steht die Summe der optischen Weglängen

$$L = L_1 + L_2 = n_1 s_1 + n_2 s_2 = n_1\sqrt{(x - x_1)^2 + y_1^2} + n_2\sqrt{(x_2 - x)^2 + y_2^2}.$$

L muss ein Extremum (Minimum) sein, d. h.

$$\frac{\mathrm{d}L}{\mathrm{d}x} = \frac{n_1(x - x_1)}{\sqrt{(x - x_1)^2 + y_1^2}} - \frac{n_2(x_2 - x)}{\sqrt{(x_2 - x)^2 + y_2^2}} = n_1\frac{x - x_1}{s_1} - n_2\frac{x_2 - x}{s_2}$$

$$= n_1 \sin\alpha_1 - n_2 \sin\alpha_2 = 0 \qquad \text{oder}$$

$$\frac{\sin\alpha_1}{\sin\alpha_2} = \frac{n_2}{n_1} = \text{const} \qquad \textbf{(Snelliussches Brechungsgesetz).} \tag{3}$$

Sowohl das *Wellen*modell in Form des HUYGENSschen Prinzips (vgl. 39.3 und 39.4) als auch das *Strahlen*modell in Form des FERMATschen Prinzips liefern also folgerichtig das Reflexions- und Brechungsgesetz.

40.3 Abbildung durch Spiegel (ebener und gekrümmte Spiegel)

Die optische Abbildung. Ein Gegenstand ist dann sichtbar, wenn die von ihm ausgehenden Lichtstrahlen das Auge treffen und auf der *Netzhaut* desselben einen Lichtsinneseindruck hervorrufen. Dabei ist es gleichgültig, ob der Gegenstand selbst leuchtet oder ob er nur Licht anderer Lichtquellen reflektiert.
Werden die von einem beliebigen Punkt P des Körpers ausgehenden Lichtstrahlen durch ein *optisches System* so abgelenkt, dass sie in einem anderen Raumpunkt wieder vereinigt werden (Bild 40.1), so nennt man diesen Punkt P' den **Bildpunkt**. Die Gesamtheit aller Bildpunkte ergibt das **Bild** des Gegenstandes. Bilder, die dadurch entstehen, dass die Strahlen in den Bildpunkten *wirklich* vereinigt werden, nennt man **reelle (wirkliche) Bilder** (Bild 40.1, oben). Es kann aber auch der Fall eintreten, dass die von einem Gegenstandspunkt ausgehenden Strahlen durch das optische System nicht vereinigt, sondern zerstreut werden. Zeichnet man dann die *rückwärtigen Verlängerungen* der Strahlen, so erhält man in deren Schnittpunkt ein **virtuelles (scheinbares) Bild** des Gegenstandspunktes (Bild 40.1, unten).
Während das reelle Bild mit physikalischen Mitteln, wie z. B. einer Fotoplatte oder einem Schirm, aufgefangen werden kann, ist am Zustandekommen des virtuellen Bildes der Beobachter entscheidend beteiligt. Indem er die Lichtstrahlen in der Richtung, in der sie in sein Auge einfallen, unbewusst geradlinig zurückverfolgt, verlegt er jeden Gegenstandspunkt an diejenige Stelle des Raumes, aus der die Strahlen des divergierenden Bündels *zu kommen scheinen*. Mit einem Schirm ist daher ein virtuelles Bild dort nicht nachzuweisen.

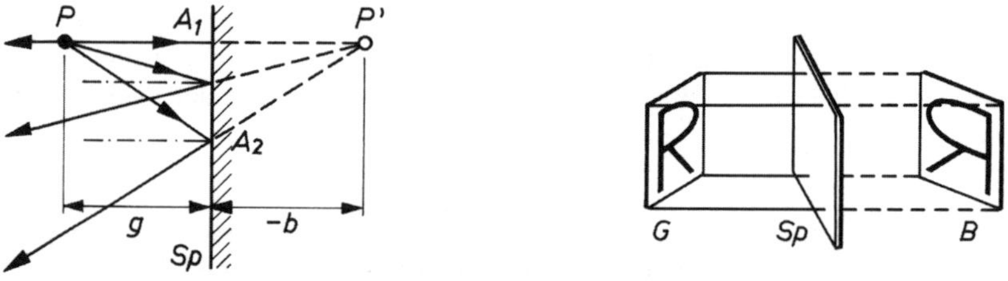

Bild 40.4. Abbildung eines Punktes durch einen ebenen Spiegel (links) und die Entstehung eines virtuellen Spiegelbildes (rechts). G Gegenstand, Sp Spiegelfläche, B Bild; *g* Gegenstandsweite, *b* Bildweite

Ebener Spiegel. Ein *ebener* Spiegel erzeugt grundsätzlich *virtuelle* Bilder. Befindet sich nämlich ein Gegenstandspunkt P wie in Bild 40.4 vor der Spiegelfläche, so werden die divergent von ihm ausgehenden Strahlen auch nach der Reflexion divergent bleiben. Der Beobachter sieht das virtuelle Bild P' des Punktes in der gleichen Entfernung hinter dem Spiegel, wie der Gegenstand vor demselben liegt, was aus der Kongruenz der Dreiecke PA_1A_2 und $P'A_1A_2$ unmittelbar folgt.
Denkt man sich einen Gegenstand aus vielen Punkten zusammengesetzt, so kann das Bild des Gegenstandes aus den einzelnen Bildpunkten erhalten werden. Da jeder Bildpunkt auf der Verlängerung des Lotes liegt, das vom Gegenstandspunkt auf die Spiegelebene gefällt werden kann, sind Bild und Gegenstand *gleich groß* (Bild 40.4). Außerdem wird im *Spiegelbild* „vorn“ und „hinten“ vertauscht. Man erkennt dies, wenn man einen flachen Gegenstand an den Spiegel heranführt und seine Kontur mit seinem Bild zur Deckung bringt. Damit wird auch „rechts“ und „links“ vertauscht, jedoch „oben“ und „unten“ bleiben unverändert.

Der ebene Spiegel erzeugt ein virtuelles, aufrechtes, gleich großes und seitenverkehrtes Bild des Gegenstandes.

Gekrümmte Spiegel. Wir befassen uns im Folgenden hauptsächlich mit Spiegeln, deren spiegelnde Fläche geometrisch gesehen ein Teil einer Kugelfläche ist. Sie heißen **sphärische Spiegel**. Man spricht von einem **Konkav-** oder **Hohlspiegel**, wenn die Innenfläche der Kugel zur Reflexion genutzt wird, und von einem **Konvex-** oder **Wölbspiegel**, wenn die Kugelaußenseite als Reflektor dient.

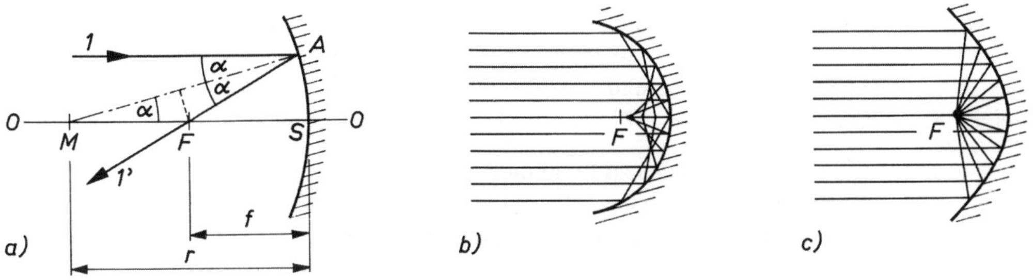

Bild 40.5. Abbildung der Parallelstrahlen durch Reflexion: a) Zur Definition des Brennpunktes; b) Katakaustik am Hohlspiegel; c) Parabolspiegel (Scheinwerfer haben die Lichtquelle im Brennpunkt). *1* Parallelstrahl, *1'* Brennpunktstrahl; *M* Krümmungsmittelpunkt, *F* Brennpunkt, *S* Scheitelpunkt

Zur Konstruktion des von einem sphärischen Spiegel erzeugten Bildes ist es zweckmäßig, einige charakteristische Punkte und Strecken in ihrer Lage zur Spiegelfläche zu definieren (Bild 40.5a). Die **optische Achse** OO ist eine Gerade, die die Spiegelfläche im *Scheitelpunkt* S senkrecht schneidet. Auf ihr liegt im Abstand r von S der *Krümmungsmittelpunkt* M. Der ebenfalls auf der optischen Achse gelegene **Brennpunkt** oder **Fokus** F hat von S den Abstand f; man bezeichnet ihn als **Brennweite**. *Objektebene* und *Bildebene* stehen senkrecht auf der optischen Achse und enthalten den abzubildenden Gegenstand G bzw. dessen Bild B. Der Abstand der Objektebene von S heißt **Gegenstandsweite** g, derjenige der Bildebene von S **Bildweite** b (Bild 40.6). Dabei gelten vereinbarungsgemäß folgende

Vorzeichenregeln:

Gegenstandsgröße G und Bildgröße B von aufrechten Gegenständen und Bildern erhalten positives Vorzeichen, von umgekehrten Gegenständen und Bildern negatives Vorzeichen.

Die Gegenstandsweite g ist stets positiv. Die Bildweite b eines reellen Bildes und die Brennweite f eines reellen Brennpunktes erhalten positives Vorzeichen, die Bildweite eines virtuellen Bildes und die Brennweite eines virtuellen Brennpunktes negatives Vorzeichen.

So sind die entsprechenden Strecken in Richtung der Lichtausbreitung gesehen vor dem Spiegel positiv und dahinter negativ (vgl. Bild 40.4).

Zur Erzeugung eines Bildes muss der sphärische Spiegel alle auf ihn treffenden Lichtstrahlen, die von einem Objektpunkt ausgehen, wieder in einem Bildpunkt vereinen (vgl. Bild 40.1 rechts). Stellvertretend für diese Strahlen werden gewöhnlich nur zwei der drei leicht konstruierbaren *Leitstrahlen* gezeichnet (s. Bild 40.6). Es sind dies der **Parallelstrahl** *(1)*, der senkrecht auf die Spiegelfläche treffende und deshalb in sich reflektierte **Mittelpunktstrahl** *(2)* und der **Brennpunktstrahl** *(3)*. Aus Bild 40.5a erkennt man, dass ein von der konkaven Seite her parallel zur optischen Achse einfallender Parallelstrahl nach der Reflexion am Hohlspiegel durch den Brennpunkt F verläuft und damit zum Brennpunktstrahl *(1')* wird. Der *Krümmungsradius* des Hohlspiegels $r = \overline{MA}$ ist das Einfallslot. Nach dem Reflexionsgesetz schließt dieses mit dem Brennpunktstrahl *(1')* und als Wechselwinkel auch mit der optischen Achse den Winkel α ein. Demnach ist das Dreieck MFA gleichschenklig. Teilt man dieses in zwei gleich große rechtwinklige Dreiecke, gilt dafür $r/2 = (r - f)\cos\alpha$. Verlaufen Parallelstrahlen nahe der optischen Achse, ist α klein und $\cos\alpha \approx 1$; es gilt daher

$$f \approx \frac{r}{2} \qquad \textbf{(Brennweite des sphärischen Hohlspiegels).} \qquad (4)$$

Demnach schneiden sich alle achsennahen Parallelstrahlen im Brennpunkt, wenn sie von der konkaven Seite auf den Spiegel fallen. Werden Parallelstrahlen von der *konvexen* Seite des sphärischen Spiegels reflektiert, so divergieren sie nach der Reflexion so, dass sich ihre rückwärtigen Verlängerungen im Brennpunkt schneiden. Für jeden sphärischen Spiegel gilt somit bei der Reflexion:

1. Parallelstrahlen werden zu Brennpunktstrahlen.
2. Mittelpunktstrahlen bleiben Mittelpunktstrahlen.
3. Brennpunktstrahlen werden zu Parallelstrahlen.

Gleichung (4) ist – wie vermerkt – eine Näherung für *achsennahe* Strahlen. Zwei benachbarte, von der optischen Achse weiter entfernte Parallelstrahlen schneiden sich nicht im Fokus, sondern in einem anderen Punkt. Die Gesamtheit der Schnittpunkte aller Parallelstrahlen bildet die *Brennfläche* oder *Kaustik*, die zum eigentlichen Brennpunkt hin in einer Spitze ausläuft (Bild 40.5b). Im Unterschied zum sphärischen Spiegel vereinigt ein **Parabolspiegel** alle parallel zu seiner Symmetrieachse einfallenden Strahlen im Brennpunkt (Bild 40.5c).

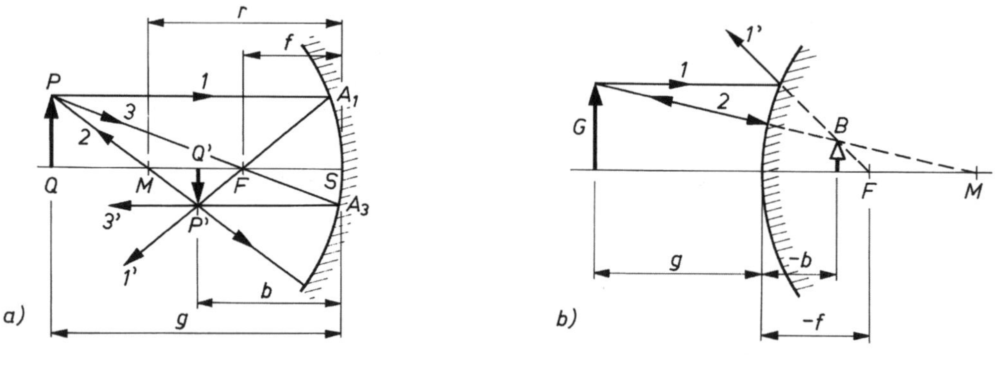

Bild 40.6. Bildentstehung a) am Hohlspiegel, b) am Wölbspiegel. $\overline{PQ}$, G Gegenstand; $\overline{P'Q'}$, B Bild; *1* und *3'* Parallelstrahlen; *2* Mittelpunktstrahl; *3* und *1'* Brennpunktstrahlen

Abbildung am Hohlspiegel. Zur Konstruktion eines Hohlspiegelbildes genügt es, *zwei* von einem Gegenstandspunkt ausgehende Leitstrahlen zu zeichnen. In Bild 40.6a schneiden sich für den Punkt P der in A_1 reflektierte Parallelstrahl *(1')* und der in A_3 reflektierte Brennpunktstrahl *(3')* im Bildpunkt P'. Mit dem Mittelpunktstrahl *(2)* kann der Schnittpunkt zusätzlich geprüft werden. Eine solche Bildkonstruktion lässt sich für jeden zwischen P und Q liegenden Gegenstandspunkt wiederholen, so dass Q' senkrecht über P' auf der optischen Achse liegt. Für achsennahe Strahlen verschwindet der Einfluss der Spiegelkrümmung, und ebene Gegenstände ergeben wieder ebene Bilder.

Zur Herleitung der Abbildungsgleichung nutzt man die geometrische Ähnlichkeit der Dreiecke PQF und A_3SF sowie der Dreiecke A_1SF und $P'Q'F$ in Bild 40.6a. Es gelten die Proportionen

$$\frac{\overline{PQ}}{\overline{P'Q'}} = \frac{g-f}{f} \quad \text{und} \quad \frac{\overline{PQ}}{\overline{P'Q'}} = \frac{f}{b-f}. \qquad (5)$$

Durch Gleichsetzen der beiden Ausdrücke erhält man

$$\frac{1}{f} = \frac{1}{g} + \frac{1}{b} \quad \textbf{(Abbildungsgleichung für den sphärischen Spiegel).} \tag{6}$$

Für $f \to \infty$ (ebener Spiegel) folgt $g = -b$. Für sphärische Spiegel gilt diese Gleichung exakt nur für *achsennahe* Strahlen, d. h. bei Annahme eines für alle Strahlen gemeinsamen Brennpunktes. Diese Voraussetzung ist bei Spiegeln erfüllt, deren Krümmungsradius groß gegen die Größe der Gegenstände ist.

Tabelle 40.1. Die verschiedenen Möglichkeiten der Bilderzeugung durch Hohlspiegel (Bild 40.7) und durch Sammellinsen (Bild 40.12).

Fall	Gegenstands-weite g	Bildweite b	Abbildungs-maßstab β	Art des Bildes
1	$\infty > g > 2f$	$f < b < 2f$	$\lvert\beta\rvert < 1$	reell, umgekehrt, verkleinert
2	$g = 2f$	$b = 2f$	$\lvert\beta\rvert = 1$	reell, umgekehrt, gleich groß
3	$2f > g > f$	$2f < b < \infty$	$\lvert\beta\rvert > 1$	reell, umgekehrt, vergrößert
4	$g = f$	$b \to \infty$	—	—
5	$f > g > 0$	$b < 0, \lvert b\rvert > g$	$\beta > 1$	virtuell, aufrecht, vergrößert

Durch Einsetzen der Brennweite f aus (6) in Gleichung (5) erhält man $\overline{P'Q'}/\overline{PQ} = b/g$. Auf der linken Seite dieser Beziehung steht das Verhältnis der Größe des Bildes B, das von dem optischen System entworfen wird, zur Größe des Gegenstandes G; es definiert (unter Beachtung der Vorzeichenregelung, s. o.) den

$$\textbf{Abbildungsmaßstab} \quad \beta = \frac{B}{G} \left(= -\frac{b}{g}\right). \tag{7}$$

Mit Hilfe der Abbildungsgleichung (6) kann durch die Bildweite $b = gf/(g-f)$ die Lage eines Bildes in Abhängigkeit von der Lage des Gegenstandes angegeben werden (vgl. hierzu Bild 40.7). Je nach der Entfernung g des Gegenstandes vom Scheitelpunkt des Spiegels werden die in Tabelle 40.1 aufgeführten Fälle unterschieden. Man beachte, dass die Bildweite des *virtuellen* Bildes hinter dem Spiegel (Fall *5*) negativ wird. Eliminiert man b aus (6) und (7), so folgt daraus der Abbildungsmaßstab $\beta = f/(f-g)$.

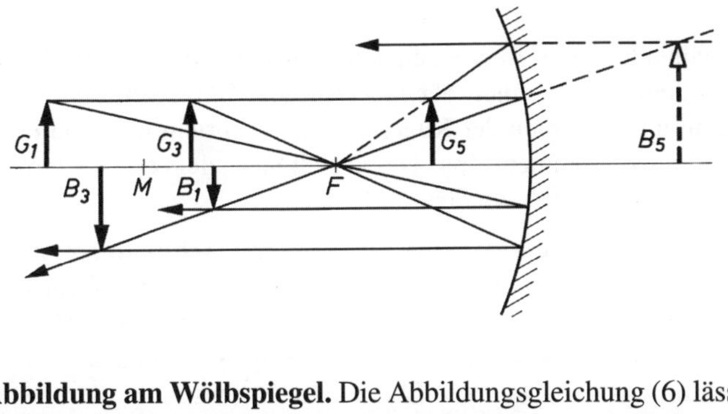

Bild 40.7. Hohlspiegelbilder B für verschiedene Entfernungen des Gegenstandes G vom Spiegel (vgl. Tabelle 40.1)

Abbildung am Wölbspiegel. Die Abbildungsgleichung (6) lässt sich mit einem *negativen* Wert der Brennweite f (bei virtuellem Brennpunkt) auch auf den sphärischen Wölbspiegel anwenden. Wie aus Bild 40.6b zu ersehen, erzeugt ein Wölbspiegel stets *virtuelle, aufrechte* und *verkleinerte* Bilder, die wie der Brennpunkt hinter dem Spiegel liegen. Wie aus dem Bild zu erkennen ist, werden die Leitstrahlen in Analogie zu denen am Hohlspiegel konstruiert. Der auf den Wölbspiegel treffende Parallelstrahl *(1)* wird so zurückgeworfen, dass die rückwärtige Verlängerung des reflektierten Strahls durch den Brennpunkt verläuft. Er wird also zum Brennpunktstrahl *(1')*. Der Mittelpunktstrahl *(2)* wird vor Erreichen des Mittelpunktes in sich reflektiert.

Beispiel: Ein Gegenstand steht im Abstand von 30 cm vor einem Hohlspiegel mit dem Krümmungsradius 1,20 m. Bestimme die Art und die Lage des Bildes zum Spiegel! Wie ändern sich Art und Lage des Bildes, wenn anstelle des Hohlspiegels ein Wölbspiegel gleicher Krümmung verwendet wird? – *Lösung:* Die Brennweite ergibt sich zu $f = r/2 = 60\,\text{cm}$. Da $g < f$, entsteht ein virtuelles, aufrechtes, vergrößertes Bild (vgl. Tabelle 40.1). Aus (6) erhält man die Bildweite $b = gf/(g - f) = -60\,\text{cm}$. Das negative Vorzeichen gibt an, dass das Bild hinter dem Spiegel liegt. Beim Wölbspiegel ist die Brennweite negativ anzusetzen, da F hinter dem Spiegel liegt. Damit ergibt sich für die Bildweite $b = -20\,\text{cm}$; d. h., das Bild liegt ebenfalls hinter dem Spiegel; es ist wie alle Wölbspiegelbilder virtuell, aufrecht und verkleinert.

Aufgabe 40.1. Mit einem Hohlspiegel ($r = 120\,\text{mm}$) soll die Wärmestrahlung einer Flamme auf einen kleinen Versuchskörper übertragen werden, um ihn zu schmelzen. Dazu wird die Flamme auf den Körper abgebildet, wobei der Abstand $l = 270\,\text{mm}$ zwischen beiden einzuhalten ist. In welchen Abständen von Flamme und Körper muss der Spiegel aufgestellt werden?

40.4 Abbildung durch Linsen (dünne und dicke Linsen, Linsensysteme)

Durchsichtige Körper, die durch zwei Kugelflächen begrenzt werden, nennt man **sphärische Linsen**. Je nachdem, ob eine Linse ein paralleles Lichtbündel in einem Punkt vereinigt oder es zerstreut, bezeichnet man sie als **Sammellinse** oder als **Zerstreuungslinse**. Die Linsenoberflächen können *konvex* (nach außen gekrümmt) oder *konkav* (nach innen gekrümmt) sein. Bild 40.8 zeigt die möglichen Kombinationen von Linsenflächen. Man erkennt, dass Sammellinsen dadurch gekennzeichnet sind, dass sie in der Mitte dicker sind als am Linsenrand. Bei Zerstreuungslinsen ist es umgekehrt.

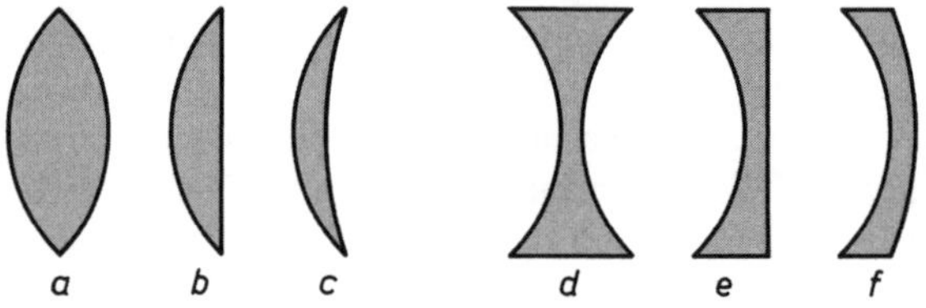

Bild 40.8. Linsenformen. *Sammellinsen:* a bikonvex, b plankonvex, c konkavkonvex; *Zerstreuungslinsen:* d bikonkav, e plankonkav, f konvexkonkav

Die optische Achse einer Linse schneidet beide Begrenzungsflächen senkrecht. Als *Dicke* der Linse wird der Teil der optischen Achse bezeichnet, der innerhalb der Linse verläuft. Wenn die Dicke klein gegenüber den Krümmungsradien der Kugelflächen ist, spricht man von einer **dünnen Linse**. Die Abbildungsgesetze der dünnen Linse lassen sich besonders einfach gewinnen; es sollen daher zunächst nur diese betrachtet werden.

Leitstrahlen der dünnen Linse. Ein Lichtstrahl, der eine Linse durchdringt, wird an beiden Linsenflächen gebrochen. Für die dünne Linse kann der Strahlengang dadurch vereinfacht werden, dass man entsprechend Bild 40.9 den einfallenden und den ausfallenden Strahl bis zu ihrem Schnittpunkt verlängert. Alle so konstruierten Schnittpunkte für beliebige gebrochene Strahlen liegen bei einer dünnen Linse näherungsweise in einer Ebene. Der Schnittpunkt dieser sog. **Hauptebene** h mit der optischen Achse ist der **Hauptpunkt** H.
Für die Konstruktion von Linsenbildern genügt es im Allgemeinen, wenn statt der dünnen Linse nur deren Hauptebene dargestellt wird. Jede Linse hat einen **objektseitigen Brennpunkt** F und

einen **bildseitigen Brennpunkt** F', die beiderseits von H auf der optischen Achse liegen. Die Abstände der Brennpunkte vom Hauptpunkt sind die **Brennweiten** f und f'. Sie sind für beide Brennpunkte gleich ($f = f'$), wenn sich auf beiden Seiten der Linse das gleiche optische Medium befindet. f lässt sich aus den Krümmungsradien r und r' der die Linse begrenzenden Kugelflächen und der Brechzahl n des Linsenmaterials berechnen. Es ist

$$\frac{1}{f} = (n-1)\left(\frac{1}{r} + \frac{1}{r'}\right) \qquad \textbf{(Brennweite-Beziehung einer dünnen Linse).} \qquad (8)$$

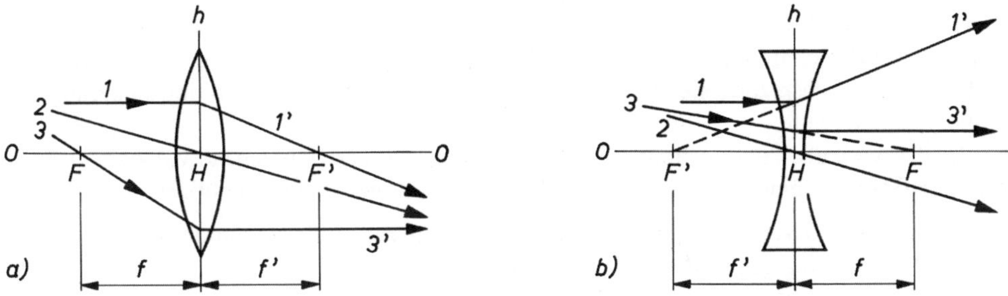

Bild 40.9. Leitstrahlen a) an der Sammellinse, b) an der Zerstreuungslinse. *1* und *3'* Parallelstrahlen; *2* Hauptstrahl; *3* und *1'* Brennpunktstrahlen

Herleitung (s. Bild 40.10): Der vom Punkt P ausgehende Lichtstrahl schneidet nach zweimaliger Brechung an der dünnen Linse im Bildpunkt P' wieder die optische Achse. Die Summe der Anstiegswinkel α und α' bildet den Ablenkungswinkel $\delta = \alpha + \alpha'$. Die brechenden Flächen schließen wie bei einem

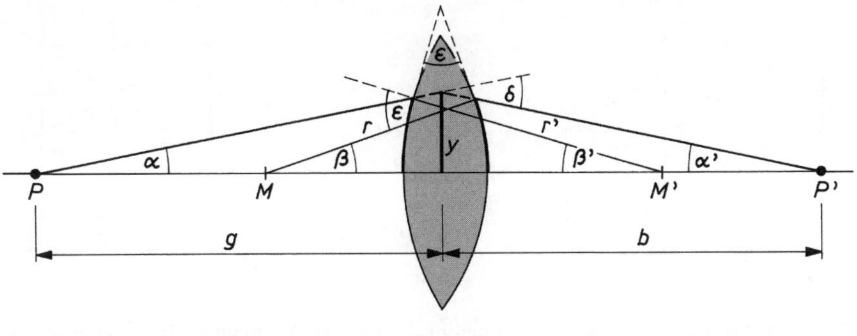

Bild 40.10. Zur Herleitung der Linsenformeln (Brennweite-Beziehung, Abbildungsgleichung). Der Lichtstrahl durchdringt die Linse wie ein keilförmiges Prisma.

Prisma den brechenden Winkel ε ein. Die gezeichneten Krümmungsradien r und r' mit den Anstiegswinkeln β und β' bilden auch die Einfallslote und schließen ebenfalls den Winkel ε ein, da sie paarweise auf den brechenden Flächen senkrecht stehen. Also gilt $\varepsilon = \beta + \beta'$ und somit nach (39/13)

$$\delta = \alpha + \alpha' = (n-1)\,(\beta + \beta').$$

Da wir uns auf dünne Linsen und achsennahe Strahlen beschränken, sind die dick gezeichneten Kreisbögen auf den Kugelflächen und die Höhe y nahezu gleich: $\beta r \approx \beta' r' \approx y$. Weiterhin ist für kleine Winkel $\alpha \approx \tan\alpha = y/g$ und $\alpha' \approx \tan\alpha' = y/b$. Setzt man die so dargestellten Winkel in vorstehende Beziehung für δ ein, so folgt nach Division durch y:

$$\frac{1}{g} + \frac{1}{b} = (n-1)\left(\frac{1}{r} + \frac{1}{r'}\right) = \text{const.} \qquad (9)$$

Da sich parallel einfallende Strahlen mit $g \to \infty$ im Brennpunkt schneiden, ist $b = f$, und man erhält aus (9) die Beziehung (8).

Für den häufigen Fall einer symmetrischen Bikonvexlinse ($r = r'$) mit der Brechzahl $n \approx 1{,}5$ ergibt (8) $f \approx r$. Eine Plankonvexlinse ($r' \to \infty$) hat bei gleicher Brechzahl die Brennweite $f \approx 2r$. Bei *konkaven* Linsenflächen erhalten die Krümmungsradien negatives Vorzeichen.
Alle Strahlen, die von einem Punkt des Gegenstandes ausgehen und die dünne Linse durchsetzen, werden reell oder virtuell wieder in einem Bildpunkt vereinigt. Stellvertretend für sie werden gewöhnlich nur die leicht zu konstruierenden *Leitstrahlen* gezeichnet (Bild 40.9). Wie beim sphärischen Spiegel werden Strahlen, die nahe der optischen Achse parallel zu ihr auf die Linse treffen, als **Parallelstrahlen** bezeichnet. Nach Durchgang durch die Linse verlaufen sie weiter als **Brennpunktstrahlen**, die bei Sammellinsen (wirklich) durch den bildseitigen Brennpunkt F' gehen und bei Zerstreuungslinsen vom bildseitigen Brennpunkt F' zu kommen scheinen. **Hauptstrahlen** durchsetzen eine dünne Linse im Hauptpunkt H ohne Richtungsänderung wie eine planparallele Platte.
Mit Hilfe des Verlaufs der Leitstrahlen bei der Brechung an der Hauptebene vollzieht sich die **Bildkonstruktion** an einer dünnen Linse nach einfachen Regeln (vgl. Bild 40.9):

1. **Objektseitige Parallelstrahlen werden zu bildseitigen Brennpunktstrahlen.**
2. **Hauptstrahlen bleiben Hauptstrahlen.**
3. **Objektseitige Brennpunktstrahlen werden zu bildseitigen Parallelstrahlen.**

Abbildung durch Sammellinsen. Zur eindeutigen Bildkonstruktion genügt es, wenn *zwei* von einem Punkt P des Gegenstandes ausgehende Leitstrahlen gezeichnet werden. Im Schnittpunkt dieser Strahlen befindet sich der Bildpunkt P' (Bild 40.11a). Zwischen der **Gegenstandsweite** g, der **Bildweite** b und der **Brennweite** f besteht der einfache Zusammenhang (10), den man

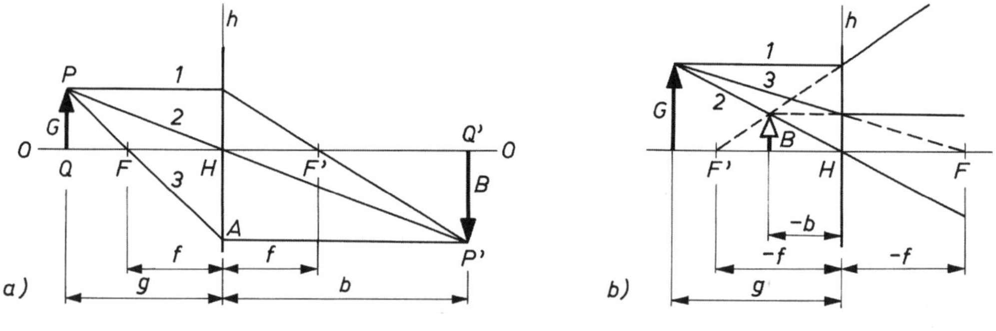

Bild 40.11. Bildentstehung a) an der Sammellinse, b) an der Zerstreuungslinse. G Gegenstand, B Bild; *1* Parallelstrahl, *2* Hauptstrahl, *3* Brennpunktstrahl

unmittelbar aus (8) und (9) abliest. Oder man verfährt zur Herleitung wie folgt: Aus der Ähnlichkeit der Dreiecke PQH und $P'Q'H$ in Bild 40.11a folgt die Proportion $\overline{P'Q'} : \overline{PQ} = b : g$. Ebenso erhält man aus der Ähnlichkeit der Dreiecke PQF und AHF die Proportion $\overline{PQ} : \overline{AH} = (g - f) : f$. Wegen $\overline{AH} = \overline{P'Q'}$ können die rechten Seiten beider Beziehungen gleichgesetzt werden. Man erhält so

$$\frac{1}{f} = \frac{1}{g} + \frac{1}{b} \qquad \textbf{(Abbildungsgleichung für die sphärische Linse).} \tag{10}$$

Es ist dies dieselbe Gleichung wie für den sphärischen Spiegel (6). Mit $\overline{PQ} \equiv G$ und $\overline{P'Q'} \equiv -B$ erhält man aus der Proportion $\overline{P'Q'} : \overline{PQ} = b : g$ (s. o.) auch dieselbe Beziehung (7) für den Abbildungsmaßstab einer sphärischen Linse:

$$\beta = \frac{B}{G} \quad \left(= -\frac{b}{g}\right) \qquad \textbf{(Abbildungsmaßstab).} \tag{11}$$

Bei den von einer Sammellinse erzeugten Bildern ergeben sich nach Bild 40.12 für verschiedene Entfernungen g des Gegenstandes von der Linse völlig analog zum Hohlspiegel die in Tabelle 40.1 aufgeführten Möglichkeiten. Auch bleiben die in Abschnitt 40.3 für die Abbildung am Spiegel vereinbarten **Vorzeichenregeln** bestehen. Danach ist die Bildweite b positiv zu rechnen, wenn das Bild reell ist und in Lichtausbreitungsrichtung gesehen hinter der Linse entsteht, sie wird negativ, wenn das Bild virtuell ist und vor der Linse liegt. Die Gegenstandsweite ist stets positiv.

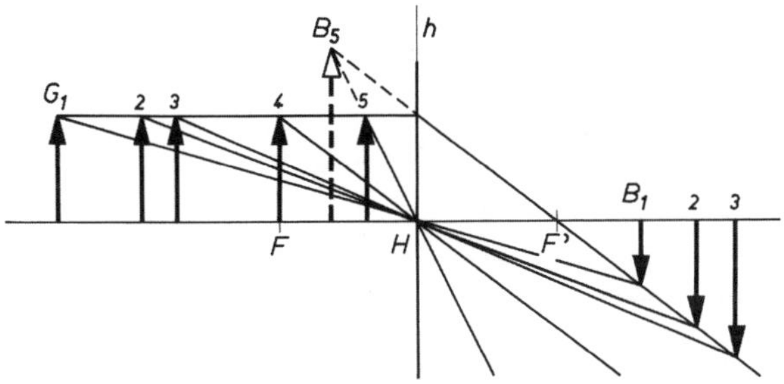

Bild 40.12. Sammellinsenbilder B für verschiedene Entfernungen g des Gegenstandes G von der Linse (vgl. Tabelle 40.1)

Hinweis: In der *technischen Optik* wird (nach DIN 1335) eine andere Vorzeichenregelung benutzt. Danach werden alle Strecken zwischen Linse und Punkten auf der lichtausfallenden Seite positiv, alle Strecken zwischen Linse und Punkten auf der lichteinfallenden Seite negativ gezählt. Dann sind alle Gegenstandsweiten g negativ, und bild- und objektseitige Brennweite haben verschiedenes Vorzeichen: $f' = -f$. Damit erhält man als **Brennweite-Beziehung**

$$1 = (n-1)\left(\frac{f'}{r'} + \frac{f}{r}\right) \quad \text{bzw.} \quad \frac{1}{f'} = (n-1)\left(\frac{1}{r'} - \frac{1}{r}\right),$$

als **Abbildungsgleichung**

$$1 = \frac{f'}{b} + \frac{f}{g} \quad \text{bzw.} \quad \frac{1}{f'} = \frac{1}{b} - \frac{1}{g}$$

und als **Abbildungsmaßstab** $\beta = B/G = b/g$.

Abbildung durch Zerstreuungslinsen. Bei der Konstruktion des von einer Zerstreuungslinse entworfenen Bildes ist zu beachten, dass achsenparallele Strahlen so nach außen abgelenkt werden, als ob sie vom bildseitigen Brennpunkt F' herkämen (Bild 40.11b). Man findet daher die Richtung des abgelenkten Strahls, indem man den Punkt, in welchem der Parallelstrahl auf die Hauptebene trifft, mit F' verbindet. Der Bildpunkt ist der Schnittpunkt der rückwärtigen Verlängerung dieses Strahls mit dem Hauptstrahl. Das Bild einer Zerstreuungslinse ist *virtuell, aufrecht* und *verkleinert*.

Die Abbildungsgleichung (11) gilt, wie man anhand von Bild 40.11b zeigen kann, auch für die Zerstreuungslinse. Allerdings muss dann die Brennweite stets *negativ* gezählt werden.

Dicke Linsen und Linsensysteme. Ist die Dicke der Linse gegenüber den Krümmungsradien ihrer Begrenzungsflächen nicht mehr vernachlässigbar klein, so gelten die Gleichungen (8) und (10) nur bedingt. Bei der Konstruktion des Linsenbildes können die Leitstrahlen nicht mehr durch einmalige Brechung an der Hauptebene der Linse dargestellt werden. Als Hilfsmittel führt man deshalb die in Bild 40.13 gezeichneten **2 Hauptebenen** h und h' einer dicken Linse ein, deren Lage so gewählt wird, dass die Konstruktionsprinzipien von Bildern an der dünnen Linse im wesentlichen erhalten bleiben.

Die Leitstrahlen verlaufen ausgehend von einem Objektpunkt bis zur objektseitigen Hauptebene h wie bei der dünnen Linse. Sie werden anschließend parallel zur optischen Achse bis zur bildseitigen Hauptebene h' weitergeführt, um danach wieder wie die Leitstrahlen der dünnen Linse zu verlaufen. Wenn man die Brennweite f, die Gegenstandsweite g sowie die Bildweite b auf den Schnittpunkt H bzw. H' der Hauptebene h bzw. h' mit der optischen Achse bezieht, kann die Abbildungsgleichung für dünne Linsen (10) auch auf die dicke Linse angewendet werden.

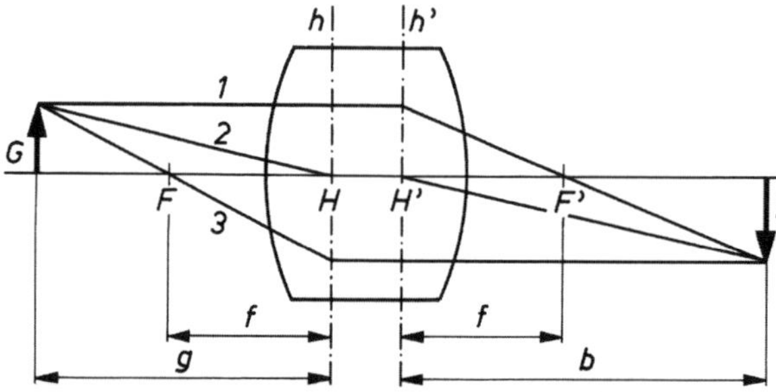

Bild 40.13. Bildkonstruktion bei einer dicken Linse mit Hilfe der Leitstrahlen.
1 Parallelstrahl, *2* Hauptstrahl, *3* Brennpunktstrahl, h und h' Hauptebenen,
H und H' Hauptpunkte

Da die Brennweiten dicker Linsen von den zugehörigen Hauptpunkten ab gerechnet werden, ist es wichtig, deren Lage in Bezug auf die entsprechenden Linsenscheitel (Durchstoßpunkte der optischen Achse durch die Kugelflächen) genau zu kennen. Zur Messung des *Scheitelabstands* wurde eine Reihe experimenteller Methoden entwickelt. In einfachen Fällen ist es möglich, die Lage der Hauptpunkte

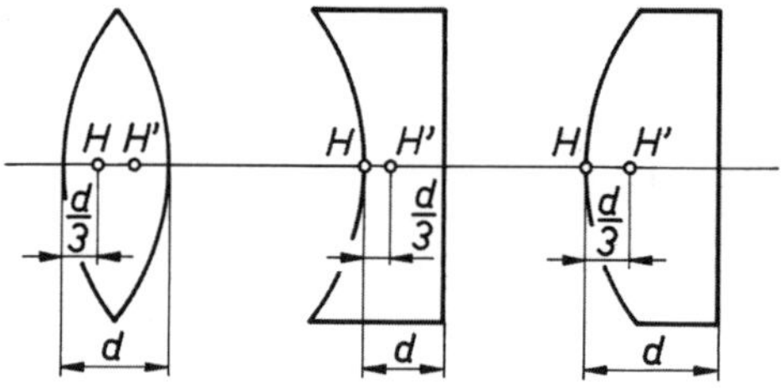

Bild 40.14. Lage der Hauptpunkte H und H' bei dicken Linsen

anzugeben. Bei einer symmetrischen dicken Bikonvexlinse mit der Brechzahl $n = 1{,}5$ teilen die Hauptpunkte die Linsendicke in drei gleiche Teile (Bild 40.14). Bei der plankonkaven und plankonvexen Linse mit der gleichen Brechzahl liegt der eine Hauptpunkt in der gekrümmten Fläche, der andere um ein Drittel der Dicke von diesem entfernt nach innen.

Werden zwei *dünne* Linsen dadurch zu einem **Linsensystem** kombiniert, dass man sie im Abstand e voneinander zentriert auf der optischen Achse anordnet, so berechnet sich die Brennweite f des Systems aus den Brennweiten f_1 und f_2 der Einzellinsen nach der Beziehung

$$f = \frac{f_1 f_2}{f_1 + f_2 - e} \qquad \textbf{(Brennweite eines Linsensystems).} \qquad (12)$$

Häufig kann e gegenüber den Brennweiten vernachlässigt werden. Man erhält für $e \ll |f_1 + f_2|$ aus (12)

$$\frac{1}{f} = \frac{1}{f_1} + \frac{1}{f_2} \qquad \text{bzw.} \qquad D = D_1 + D_2. \qquad (13)$$

Den reziproken Wert der Brennweite f nennt man den **Brechwert** D einer Linse. Die *Einheit* von D ist die **Dioptrie** (dpt). Es ist 1 dpt = 1 m^{-1}.

Zum Zwecke der Konstruktion des von einem Linsensystems entworfenen Bildes müssen wie bei einer dicken Linse die beiden Hauptebenen des Systems bestimmt und die entsprechenden Leitstrahlen gezeichnet werden.

Beispiele: *1.* Der Glühfaden einer Lampe soll auf einem in der Entfernung $l = 0{,}9$ m stehenden Schirm mittels einer (dünnen) Plankonvexlinse ($r = 10$ cm; $n = 1{,}5$) abgebildet werden. Wo muss die Linse zwischen Lampe und Schirm angeordnet werden? – *Lösung:* Die Brennweite der Linse ergibt sich bei einer Plankonvexlinse mit $r' \to \infty$ aus (8) zu $f = r/(n-1) = 20$ cm. Aus (10) folgt mit $b + g = l$ bzw. $b = l - g$ die quadratische Gleichung $g^2 - lg + lf = 0$ mit den Lösungen $g_1 = 60$ cm und $g_2 = 30$ cm. Es entstehen reelle, umgekehrte Bilder, und zwar ein verkleinertes Bild für g_1 und ein vergrößertes für g_2. Wenn der Radikand $l\,(l/4 - f)$ in der Lösung negativ wird, ist eine reelle Abbildung nicht mehr möglich. Das ist für $f > l/4$ der Fall. Im Beispiel darf f demnach nicht größer sein als 22,5 cm.

2. Ein Kurzsichtiger kann ein Objekt nur dann scharf erkennen, wenn er es bis auf 10 cm an sein Auge heranführt. a) Wie muss seine Brille beschaffen sein, damit er wieder in der deutlichen Sehweite von 25 cm scharf sehen kann? b) Berechne den Brechwert der Brillengläser! – *Lösung:* a) Gesucht ist eine Linse, die von einem 25 cm vom Auge entfernten Gegenstand ein aufrechtes Bild erzeugt, das nur 10 cm vom Auge entfernt ist. Dies leistet nur eine Konkavlinse (Zerstreuungslinse). Es gilt dann $g = 25$ cm, $b = -10$ cm und nach (10) $f = bg/(b + g) = -16{,}7$ cm. b) $D = 1/f = -6$ dpt. (Mit diesem Wert allerdings nur als Lesebrille geeignet; besser wäre $D \approx -10$ dpt).

Aufgabe 40.2. Auf einer optischen Bank erhält man bei festem Abstand $l = 720$ mm zwischen Gegenstand und Schirm mit einer Sammellinse in zwei Stellungen *1* und *2* derselben auf dem Schirm je ein vergrößertes und ein verkleinertes scharfes reelles Bild. Bestimme aus der Größe des Abstandes $d = 398$ mm zwischen beiden Einstellungen die Brennweite f der Linse! (BESSELsches Verfahren) *Anleitung:* Da Gegenstand und Bild vertauschbar sind, gilt $b_2 = g_1$ und damit $d = b_1 - b_2 = b_1 - g_1$. Außerdem ist $l = b_1 + g_1$.

Aufgabe 40.3. Bestimme die Brennweite f der Linse eines Diaprojektors, der von einem Diapositiv (24 mm × 36 mm) in 4 m Entfernung auf einer Projektionswand eine Fläche von 1 m × 1,50 m ausnutzt!

40.5 Das Auge und der Sehvorgang

Im menschlichen Auge wird durch ein System von verschiedenen Linsen (Hornhaut, Kammerwasser, Augenlinse, Glaskörper) das *verkleinerte, reelle, umgekehrte* Bild eines Gegenstandes auf der Netzhaut erzeugt (s. Bild 40.15). Da die Bildweite konstant ist, muss die Brennweite des Systems variiert werden, wenn verschieden weit entfernte Objekte abgebildet werden sollen. Zu diesem Zweck kann die Augenlinse durch Muskeln mehr oder weniger stark kontrahiert werden. Diesen Vorgang nennt man **Akkommodation**.

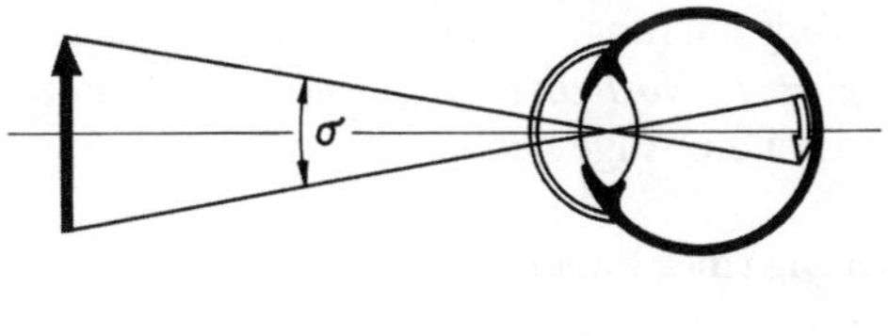

Bild 40.15. Schema der Bildentstehung im menschlichen Auge

Bei entspanntem Auge ist die Linse so eingestellt, dass ein unendlich ferner Punkt scharf abgebildet wird. Die kleinste Entfernung, aus der Objekte noch scharf gesehen werden können, beträgt beim jugendlichen Auge etwa 10 cm *(Nahpunkt)*. Den Abstand 25 cm nennt man **deutliche Sehweite** s. Bei Akkommodation auf diese Entfernung ermüdet das Auge nur wenig.

Die Größe eines wahrgenommenen Gegenstandes richtet sich nach dem **Sehwinkel** σ. Das Bild des gleichen Gegenstandes ist um so größer, je näher der Körper dem Auge gebracht wird, d. h., je größer der Sehwinkel wird. Wird der Sehwinkel zwischen den von zwei Punkten des Objekts ausgehenden Strahlen kleiner als 1 Bogenminute, so vermag die Netzhaut wegen ihrer Struktur die beiden zugehörigen Bildpunkte nicht mehr zu trennen. Um das Bild dennoch in allen Einzelheiten erkennen zu können, muss der Sehwinkel durch ein *optisches Gerät* vergrößert werden. Man definiert als

Vergrößerung $$\Gamma = \frac{\tan\sigma}{\tan\sigma_0}, \qquad (14)$$

wobei σ und σ_0 die Sehwinkel mit und ohne optisches System bedeuten (s. Bild 40.16).

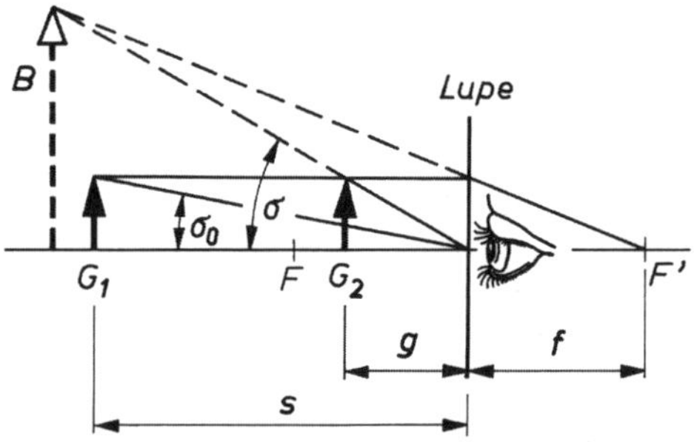

Bild 40.16. Wirkungsweise der Lupe. σ_0 Sehwinkel des Gegenstandes in der deutlichen Sehweite s ohne Lupe; σ Sehwinkel des gleichen Gegenstandes innerhalb der einfachen Brennweite mit Lupe

40.6 Optische Geräte zur Sehwinkelvergrößerung (Lupe, Mikroskop, Fernrohr)

Die Lupe. Die Notwendigkeit der Vergrößerung ergibt sich für sehr kleine oder sehr weit entfernte Gegenstände. Bei nicht allzu kleinen Gegenständen kann mittels einer *Lupe* eine hinreichende Vergrößerung des Sehwinkels σ erreicht werden. Ihre Wirkungsweise ist in Bild 40.16 dargestellt. Das unbewaffnete Auge nimmt den Gegenstand G_1 in der deutlichen Sehweite $s = 25$ cm unter dem kleinen Winkel σ_0 wahr. Die dicht vor dem Auge stehende Lupe erzeugt von dem gleichen Gegenstand, wenn er sich *innerhalb der Brennweite* derselben befindet (Stellung G_2), ein *virtuelles* Bild. Die Vergrößerung (14) beträgt in diesem Fall

$$\Gamma = \frac{\tan\sigma}{\tan\sigma_0} = \frac{G}{g} : \frac{G}{s} = \frac{s}{g}.$$

Durch Verschieben des Gegenstandes innerhalb der Brennweite der Linse können natürlich auch andere Vergrößerungen erzielt werden, allerdings muss das virtuelle Bild in einer solchen Entfernung entstehen, auf die das Auge noch akkommodieren kann. Um eine definierte Aussage machen zu können, nennt man diejenige Vergrößerung, bei welcher sich der Gegenstand in der Brennebene der Lupe befindet, also für $g = f$, *Normalvergrößerung*. Das Bild entsteht dann im Unendlichen und wird mit völlig entspanntem Auge betrachtet.

$$\Gamma_n = \frac{s}{f} \qquad \textbf{(Normalvergrößerung einer Lupe).} \qquad (15)$$

Eine Lupe vergrößert demnach um so stärker, je kleiner ihre Brennweite ist. Üblich sind Normalvergrößerungen von 10- bis 40fach.

Das Mikroskop. Stärkere Vergrößerungen erreicht man mittels einer mehrstufigen Abbildung im *Mikroskop* (Bild 40.17). Durch das *Objektiv* mit sehr kleiner Brennweite f_{Ob} wird vom Gegenstand, der sich *zwischen einfacher und doppelter Brennweite* befindet, zunächst ein reelles, vergrößertes Zwischenbild B′ entworfen. Dieses wird sodann mit dem *Okular* als Lupe betrachtet und nachvergrößert. Die **Gesamtvergrößerung** V setzt sich multiplikativ aus dem Abbildungsmaßstab des Objektivs β_{Ob} und der Vergrößerung des Okulars Γ_{Ok} zusammen:

$$V = \beta_{\text{Ob}} \Gamma_{\text{Ok}}. \tag{16}$$

Um die Objektivvergrößerung voll auszunutzen, wird die Gegenstandsweite g nur wenig größer als die Brennweite gewählt. Der Tubus des Mikroskops muss so lang sein, dass das Zwischen-

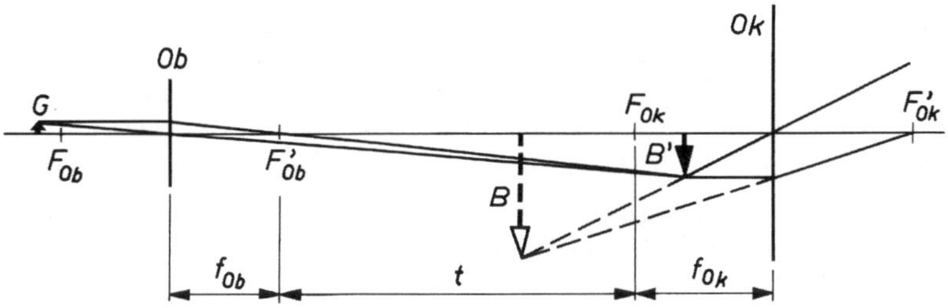

Bild 40.17. Strahlengang im Mikroskop. Ob Objektiv, Ok Okular, G Gegenstand, B′ reelles Zwischenbild, B Bild

bild an seinem Ende innerhalb der einfachen Brennweite des Okulars entsteht. Bezeichnet man die *Tubuslänge* mit t, so ergibt sich für den Abbildungsmaßstab des Objektivs

$$\beta_{\text{Ob}} = \left|\frac{B'}{G}\right| = \frac{b}{g} \approx \frac{t}{f_{\text{Ob}}}. \tag{17}$$

Mit der deutlichen Sehweite s erhält man nach (15), (16) und (17)

$$V = \frac{ts}{f_{\text{Ob}} f_{\text{Ok}}} \quad \textbf{(Gesamtvergrößerung des Mikroskops).} \tag{18}$$

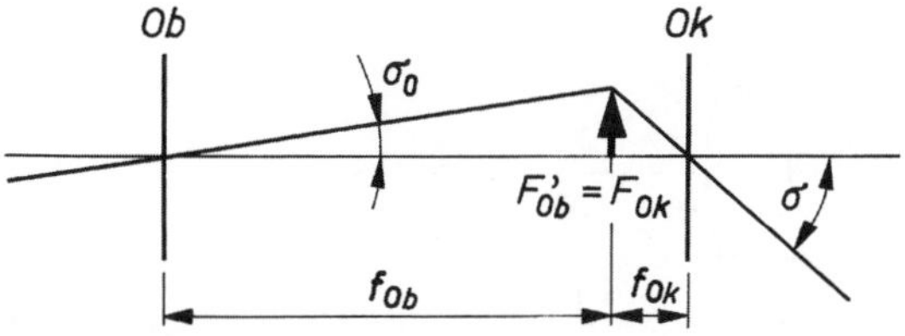

Bild 40.18. Strahlengang beim KEPLERschen Fernrohr. Ob Objektiv, Ok Okular, σ_0 Sehwinkel ohne Fernrohr, σ Sehwinkel mit Fernrohr

Das Fernrohr. Die Sehwinkelvergrößerung für sehr weit entfernte Gegenstände wird durch eine zweistufige Abbildung im *Fernrohr* erreicht (Bild 40.18). Wie beim Mikroskop entwirft die Frontlinse des Fernrohres (das Objektiv) vom Gegenstand ein reelles, umgekehrtes Zwischenbild, das mittels einer Lupe (dem Okular) betrachtet wird. Der abzubildende Gegenstand befindet sich hier weit außerhalb der doppelten Brennweite, so dass das Zwischenbild nahezu in der Brennebene des Objektivs entsteht. Nach Bild 40.18 ergibt sich $\Gamma = \tan\sigma / \tan\sigma_0 = (B/f_{\text{Ok}}) : (B/f_{\text{Ob}})$, also ist

$$\Gamma = \frac{f_{\text{Ob}}}{f_{\text{Ok}}} \quad \textbf{(Vergrößerung des Fernrohrs).} \tag{19}$$

Der Umstand, dass das KEPLERsche Fernrohr umgekehrte Bilder erzeugt, ist für die Beobachtung irdischer Objekte unpraktisch. Deshalb werden in *Prismenfernrohren* die Bilder durch Totalreflexion an Umkehrprismen wieder aufgerichtet (Feldstecher).

Beispiele: *1.* Eine Linse mit dem Brechwert $D = 40$ dpt soll als Lupe verwendet werden. Wie groß ist die Normalvergrößerung? – *Lösung:* Die Brennweite bestimmt sich zu $f = 1/D = 1/(40\,\text{m}^{-1}) = 2{,}5$ cm. Damit erhält man nach (15) $\Gamma_n = 25/2{,}5 = 10$. Diese Aussage bedeutet: Verglichen mit der Größe, mit der ein in der deutlichen Sehweite s befindlicher Gegenstand dem unbewaffneten Auge erscheint, wird sein Bild durch die Lupe 10fach vergrößert, wenn es mit nicht akkommodiertem Auge ($b \to \infty$) betrachtet wird.

2. Ein Mikroskop besteht aus einem Objektiv der Brennweite $f_{\text{Ob}} = 0{,}5$ cm und einem Okular der Brennweite $f_{\text{Ok}} = 2$ cm. Die Tubuslänge beträgt $t = 16$ cm. a) Wie groß ist die Gesamtvergrößerung des Mikroskops? b) In welcher Entfernung vom Objektiv muss das Objekt platziert werden, damit das Auge des Beobachters das Endbild in der deutlichen Sehweite $s = 25$ cm erblickt? – *Lösung:* a) Nach (18) wird $V = 400$. b) Aus der Abbildungsgleichung (10) folgt als Gegenstandsweite des Okulars $g_{\text{Ok}} = b_{\text{Ok}} f_{\text{Ok}}/(b_{\text{Ok}} - f_{\text{Ok}}) = s f_{\text{Ok}}/(s - f_{\text{Ok}}) = 2{,}17$ cm. Für die Bildweite des Objektivs gilt nach Bild 40.17 $b_{\text{Ob}} = t + f_{\text{Ok}} + f_{\text{Ob}} - g_{\text{Ok}} = 16{,}33$ cm; damit wird $g_{\text{Ob}} = b_{\text{Ob}} f_{\text{Ob}}/(b_{\text{Ob}} - f_{\text{Ob}}) = 0{,}52$ cm.

Aufgabe 40.4. Mit einem 10fach vergrößernden Okular soll ein einfaches Mikroskop aufgebaut werden. Die Tubuslänge betrage wie üblich 160 mm. Wie groß ist die Brennweite des Objektivs zu wählen, damit eine 400fache Vergrößerung erreicht wird?

40.7 Abbildungsfehler

Abbildungsfehler treten auf, wenn die von einem Objektpunkt ausgehenden Strahlen infolge Brechung an Linsenflächen oder Reflexion an Spiegelflächen nicht wieder streng in einem Bildpunkt vereinigt werden. Die wichtigsten Abbildungsfehler sind die folgenden:

Chromatische Aberration (Bild 40.19a) ist ein *Farbfehler*, der mit weißem Licht bei jeder Brechung durch die wellenlängenabhängige Brechzahl $n = n(\lambda)$ entsteht. Eine Linse hat dann für den violetten Anteil des Lichts eine kürzere und für den roten eine längere Brennweite. Durch Kombination einer Sammellinse mit einer Zerstreuungslinse aus Glas unterschiedlicher Dispersion (vgl. Aufgabe 39.2) lässt sich die Farbzerstreuung weitgehend aufheben *(Achromate, Apochromate)*.

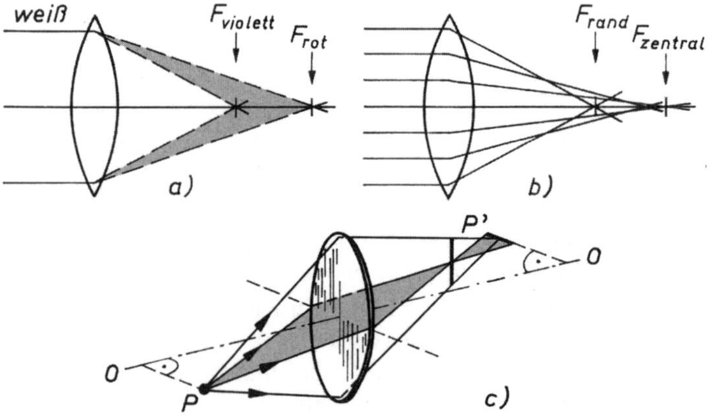

Bild 40.19. Wichtige Abbildungsfehler: a) chromatische Aberration; b) sphärische Aberration; c) Astigmatismus schiefer Bündel

Sphärische Aberration (Bild 40.19b) ist ein *Öffnungsfehler*, der bei achsenparallelen Lichtstrahlen auftritt, die in einem größeren Abstand von der Linsenachse einfallen. Sphärische Linsen haben für solche Randstrahlen eine etwas kürzere Brennweite als für Zentralstrahlen; es entsteht die vom Hohlspiegel bekannte Erscheinung der *Katakaustik* (Bild 40.5b). Um hinreichend scharfe Bilder zu erhalten, kann man (allerdings auf Kosten der Helligkeit) die Randstrahlen abblenden. Besser ist die Fehlerkorrektur durch eine geeignete Kombination von Sammel- und

Zerstreuungslinsen mit angepasster Brechzahl, die gleichzeitig auch die Farbfehler kompensieren *(Aplanate)*.
Astigmatismus tritt z. B. als Fehler der Augenlinse auf, wenn sich deren Krümmungsradien und damit auch die Brennweiten in den verschiedenen durch die Linsenachse gehenden Ebenen etwas unterscheiden. Aber auch bei sphärischen Linsen gibt es den **Astigmatismus schiefer Bündel** (Bild 40.19c): Weit außerhalb der optischen Achse liegende Punkte werden im günstigsten Fall als zwei senkrecht aufeinander stehende Striche in verschiedener Entfernung von der Linse abgebildet. Dieser Fehler macht sich durch Unschärfe und Verzerrungen in den Bildecken bemerkbar. Objektive gleichen diesen Fehler durch spezielle Linsensysteme *(Anastigmate)* aus.
Weitere Abbildungsfehler: Bildwölbung, tonnen- und kissenförmige Verzeichnung u. a.

41 Wellenoptik

Alle optischen Erscheinungen, die nur auf Grund der **Wellenauffassung vom Licht** erklärt werden können, zählt man zur *Wellenoptik*. Lange vor der Entdeckung elektromagnetischer Wellen wurde durch *Interferenz* und *Beugung* (YOUNG, 1802; FRESNEL, 1815) die Wellennatur des Lichts und durch *Polarisation* (MALUS, 1808) sein Transversalcharakter erkannt.

41.1 Interferenz. Interferenzbedingungen

Die Überlagerung zweier oder mehrerer Wellen *gleicher Schwingungsfrequenz* beim Zusammentreffen *in einem Raumpunkt* bezeichnet man als *Interferenz*. Aus ihr resultiert ein geordnetes, unveränderliches Interferenzbild, bei dem an bestimmten Raumpunkten stets maximale, an anderen Raumpunkten stets minimale Schwingungsamplituden zu beobachten sind.

Gangunterschied der optischen Weglänge. Bei der Überlagerung zweier harmonischer Wellen in einem betrachteten Raumpunkt addieren sich dort ihre harmonischen Schwingungen (vgl. Bild 35.1). Ob Wellenberg auf Wellenberg oder Wellental auf Wellental trifft und so maximale **Verstärkung**, d. h. ein *Interferenzmaximum*, auftritt, oder das Zusammentreffen von Wellenberg und Wellental **Auslöschung** bzw. maximale **Schwächung**, d. h. ein *Interferenzminimum*, bewirkt, hängt von der Phasendifferenz der Schwingungen und damit von der Differenz der Wellenwege ab.
Durchläuft eine Lichtwelle die Wegstrecke s, entfällt darauf die Anzahl von Wellenlängen s/λ. Beim Durchgang der Welle durch unterschiedliche Medien hat sie zwar die gleiche Schwingungsfrequenz, aber infolge verschiedener Phasengeschwindigkeiten in den Medien verschiedene Wellenlängen. Aus $c_0 = \lambda_0 f$ im Vakuum und $c = \lambda f$ in einem Stoff folgt für die Brechzahl $n = c_0/c = \lambda_0/\lambda$ und somit für die Anzahl von Wellenlängen $s/\lambda = ns/\lambda_0$. Das heißt, für die Ermittlung der Phasenlage einer Lichtwelle in einem Medium der Brechzahl $n \neq 1$ ist nicht die *geometrische* Weglänge s, sondern die **optische Weglänge** oder der **Lichtweg** $L = ns$ maßgebend. In einem optisch *inhomogenen* Medium mit von Ort zu Ort veränderlicher Brechzahl $n = n(s)$ ist allgemein

$$L = \int_P^{P'} n \, \mathrm{d}s \qquad \textbf{(optische Weglänge)} \qquad (1)$$

zwischen zwei Punkten P und P' (vgl. dazu auch Abschnitt 40.1). Im Vakuum mit $n = 1$ ist die optische gleich der geometrischen Weglänge. Durchläuft eine Lichtwelle nacheinander mehrere homogene Medien, so steht anstelle des Integrals (1) die Summe der einzelnen optischen Weglängen $L = n_1 s_1 + n_2 s_2 + \ldots$ (vgl. 40.2). Aus vorstehenden Überlegungen geht hervor:

Auf gleiche optische Weglängen entfällt die gleiche Anzahl von Wellenlängen einer Lichtwelle.

Die Differenz der optischen Weglängen zweier interferierender Wellen heißt **Gangunterschied** ΔL. Wenn von zwei Erregerzentren, die mit gleicher Frequenz und Phase schwingen, sich die abwandernden Wellen in einem Raumpunkt maximal verstärken sollen, müssen sie dort gleichgerichtet schwingen. Ihre optischen Weglängen unterscheiden sich daher um eine ganze Zahl z von Wellenlängen. Sollen sich die Wellen in einem anderen Raumpunkt maximal schwächen, müssen sie dort entgegengerichtet schwingen. Ihre optischen Weglängen unterscheiden sich dann um ein ungeradzahliges Vielfaches von halben Wellenlängen. Daher lautet die Bedingung für das Auftreten von

Interferenzmaxima: $$\Delta L = z\lambda \tag{2}$$

Interferenzminima: $$\Delta L = \left(z + \frac{1}{2}\right)\lambda \tag{3}$$

mit $z = 0, 1, 2, \ldots$ *(Ordnung der Interferenz)*,

wobei hier wie im folgenden λ die Wellenlänge im Vakuum bedeutet. Mit dem Gangunterschied ΔL wächst proportional die Phasendifferenz $\Delta\varphi$. Da für eine Periode $\Delta L = \lambda$ und $\Delta\varphi = 2\pi$ beträgt, gilt

$$\Delta\varphi = \frac{2\pi}{\lambda}\Delta L \qquad \textbf{(Phasendifferenz).} \tag{4}$$

Kohärenz. Interferenzerscheinungen beobachtet man nur, wenn die überlagerten Wellenzüge über längere Zeit eine *konstante Phasendifferenz* besitzen. Solche Wellen heißen **kohärente** Wellen. Der Gleichlauf zweier mechanischer oder elektrischer Erregerzentren lässt sich leicht durch eine geeignete Synchronisierung erreichen. Erfahrungsgemäß stellt man jedoch z. B. bei künstlicher Beleuchtung von Räumen keine Interferenzerscheinungen fest; denn:

Zwei natürliche Lichtquellen oder zwei verschiedene Bereiche einer ausgedehnten Lichtquelle senden inkohärentes Licht aus.

Lichtquellen bestehen aus einer Vielzahl von Atomen, die statistisch verteilt „aufleuchten" und „verlöschen". Die Phasen der Wellenzüge aus verschiedenen elementaren Emissionsvorgängen stehen in keinem Zusammenhang. Während von zwei Atomen ausgehende Wellenzüge kurzzeitig an einem Ort ein Interferenzmaximum erzeugen, können Wellenzüge von zwei anderen Atomen dort ein Interferenzminimum hervorrufen. Im Mittel interferieren die von verschiedenen Atomen ausgesandten Lichtwellen nicht miteinander. Durch experimentelle Kunstgriffe, bei denen die Reflexion, Brechung oder Beugung ausgenutzt wird, lassen sich jedoch Lichtwellenzüge teilen und dann mit einer konstanten Phasendifferenz zur Interferenz bringen.
Die *endliche Länge* der Wellenzüge schränkt ihre Kohärenz, d. h. ihre Interferenzfähigkeit, noch zusätzlich ein. Bei einer Leuchtdauer $t \approx 10^{-8}$ s sendet jedes strahlende Atom einen Wellenzug der Länge $c_0 t \approx 3$ m aus. Wellenzüge können sich an einem Ort nur überlagern, wenn sie gleichzeitig dort eintreffen oder sich wenigstens teilweise überlappen. Deshalb darf ihr Gangunterschied nicht zu groß sein. Der größte Gangunterschied, mit dem noch Interferenzerscheinungen beobachtet werden, heißt **Kohärenzlänge** ($\Delta L_{\text{max}} \approx 10^6\,\lambda$ für monochromatisches Licht).

41.2 Interferenzen gleicher Neigung und gleicher Dicke

Interferenzen an planparallelen Schichten. Besonders lehrreich ist die Untersuchung der Interferenzerscheinungen an dünnen planparallelen Schichten (Brechzahl n, Dicke d). Lässt man unter dem Winkel α eine ebene kohärente Lichtwelle (parallele Lichtstrahlen) auffallen (Bild 41.1a), so wird ein Teil an der Vorderseite reflektiert. Der Rest dringt unter Brechung in die Schicht ein und wird an der Rückseite wieder geteilt, d. h. reflektiert und gebrochen usw. Bei

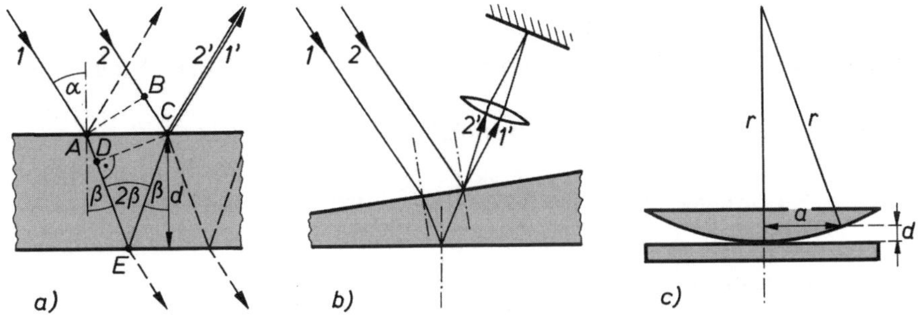

Bild 41.1. Entstehung von Interferenzen gleicher Neigung an einer planparallelen Schicht (a) und von Interferenzen gleicher Dicke an einer keilförmigen Schicht (b) sowie deren Auftreten als NEWTONsche Ringe (c)

jeder weiteren Zickzackreflexion tritt ein Teil der Lichtenergie aus der Schicht aus. Dafür treten parallel zum ersten weitere Lichtstrahlen neu in die Schicht ein. Die Überlagerung der reflektierten kohärenten Teilwellen ergibt je nach ihrer Phasendifferenz Verstärkung oder Auslöschung. Die Phasendifferenz hängt vom unterschiedlichen Lichtweg ab, den die an der Vorder- und Rückseite reflektierten Teilwellen zurücklegen, und von *Phasensprüngen*, die bei Reflexionen auftreten können.

Herleitung der Interferenzbedingung. Zur Bestimmung des Gangunterschieds betrachtet man in Bild 41.1a den Strahl *1*, der die Schicht von A über E nach C durchdringt, und den Strahl *2*, der bei C reflektiert wird, so dass die Teilstrahlen *1'* und *2'* zusammenfallen. Durch die Punkte A und B sowie durch D und C laufen Phasenflächen; dort sind die Strahlen *1* und *2* noch phasengleich.
Der Gangunterschied der Strahlen *1'* und *2'* beträgt wegen $n\overline{AD} = \overline{BC}$:

$$\Delta L = n(\overline{AE} + \overline{EC}) - \overline{BC} = n(\overline{DE} + \overline{EC}).$$

Mit den trigonometrischen Beziehungen $\overline{DE} = \overline{EC}\cos 2\beta$ und $d = \overline{EC}\cos\beta$ folgt

$$\Delta L = n\overline{EC}\,(\cos 2\beta + 1) = 2n\overline{EC}\cos^2\beta = 2nd\cos\beta.$$

Unter Verwendung des Brechungsgesetzes (39/10) $\sin\alpha/\sin\beta = n$ erhält man

$$\Delta L = 2nd\sqrt{1-\sin^2\beta} = 2d\sqrt{n^2 - n^2\sin^2\beta} = 2d\sqrt{n^2-\sin^2\alpha}.$$

Ferner ist zu beachten, dass die an der Vorderseite reflektierte Teilwelle, so wie eine Seilwelle am festen Ende (vgl. 36.4), einen *Phasensprung* von der Größe π erleidet (Reflexion am optisch dichteren Medium). Ihre Phase ändert sich also zusätzlich so, als ob sie noch die optische Weglänge $\lambda/2$ durchlaufen hätte; damit ist der gesamte Gangunterschied

$$\Delta L = 2d\sqrt{n^2-\sin^2\alpha} + \frac{\lambda}{2}. \qquad (5)$$

Ein Vergleich von (5) mit (2) und (3) zeigt:

Im *reflektierten Licht* beobachtet man

Interferenzmaxima, wenn $2d\sqrt{n^2 - \sin^2\alpha} = \left(z - \frac{1}{2}\right)\lambda,$ (6)

Interferenzminima, wenn $2d\sqrt{n^2 - \sin^2\alpha} = z\lambda$ (7)

mit $z = 1, 2, 3, \ldots$ *(Ordnung der Interferenz).*

Diese Bedingungen werden bei vorgegebener Schichtdicke und Wellenlänge nur für bestimmte Einfallswinkel α (= Reflexionswinkel) erfüllt. Man nennt sie deshalb **Interferenzen gleicher Neigung**.
Bei *senkrechtem* Lichteinfall ($\alpha = 0°$) erfährt das reflektierte Licht

Verstärkung für $d = \left(z - \frac{1}{2}\right)\frac{\lambda}{2n}$ bzw. $\lambda = \frac{2nd}{z - (1/2)},$ (8)

Auslöschung für $d = z\,\frac{\lambda}{2n}$ bzw. $\lambda = \frac{2nd}{z}$ (9)

mit $z = 1, 2, 3, \ldots$ *(Ordnung der Interferenz).*

Bestimmte Schichtdicken, die sich jeweils um $\lambda/(2n)$ unterscheiden, reflektieren Licht der Wellenlänge λ nicht.

Hinreichend dünne Schichten, wie Seifenblasen, Luftschichten in Glassprüngen, dünne Glimmerblättchen, Ölschichten auf Wasseroberflächen und Oxidschichten auf erhitzten Metallflächen *(Anlassfarben)*, schillern bei Beleuchtung mit weißem Licht in den lebhaften **Farben dünner Blättchen**, auch wenn die entsprechenden Stoffe sonst farblos sind. Für jede Schichtdicke bzw. für jeden Einfallswinkel gibt es Wellenlängen, die nach den Interferenzbedingungen (6) bis (9) ausgelöscht (oder geschwächt) werden, während andere Wellenlängen (mehr oder weniger) verstärkt werden. Daher wird im reflektierten Licht aus dem einfallenden weißen Licht nur die verbleibende *Komplementärfarbe* (vgl. 39.5) des ausgelöschten Lichts beobachtet. Mit entsprechender Erfahrung lassen sich Schichtdicken nach ihrer Farbe schätzen.
Die Auslöschung bzw. Reflexionsminderung durch Interferenz an planparallelen Schichten hat bei der *optischen Oberflächenvergütung* große praktische Bedeutung erlangt. Werden von jeder brechenden Fläche einer unvergüteten Linse nur ungefähr 5% des auffallenden Lichts reflektiert, so entstehen in Linsensystemen mit einer Vielzahl von Linsen erhebliche Lichtverluste. Hinzu kommt eine Schleierbildung (Kontrastminderung), die durch Mehrfachreflexionen in und zwischen den Linsen verursacht wird. Eine dünne angeätzte oder aufgedampfte Oberflächenschicht mit einer Brechzahl n, die zwischen den Brechzahlen von Luft und Glas liegt, von der Dicke $d = \lambda/(4n)$ schließt den mittleren (gelben) Spektralbereich von der Reflexion aus; die Restreflexion der Komplementärfarbe bewirkt ihren violetten Schimmer.

Interferenz an keilförmigen Schichten. Lässt man paralleles kohärentes Licht statt auf eine planparallele auf eine schwach keilförmige Schicht fallen (Bild 41.1b), so haben die an Vorder- und Rückseite reflektierten Anteile wegen der verschieden geneigten Grenzflächen nicht mehr die gleiche Richtung, sondern divergieren. Die Überlagerung findet also nur auf der Vorderseite des Keils statt. Interferenzerscheinungen können aber entweder mit einer Linse auf einem Schirm abgebildet oder unmittelbar mit dem Auge beobachtet werden, wenn dieses auf die Vorderseite eingestellt (akkomodiert) wird. Der Gangunterschied ist, abhängig von der Schichtdicke, von Ort zu Ort verschieden. Es treten daher im monochromatischen Licht je nach Gangunterschied helle und dunkle parallele Interferenzstreifen auf. Man nennt sie **Interferenzen gleicher Dicke**. Je kleiner der Keilwinkel, desto weiter liegen die Interferenzstreifen auseinan-

der. Bei kleinem Keilwinkel gelten für die Interferenzmaxima und -minima die gleichen Bedingungen (6) bis (9) wie bei einer planparallelen Schicht.
Ein bekanntes Beispiel für Interferenzen gleicher Dicke sind die **Newtonschen Ringe** (Bild 41.1c). Sie entstehen, wenn Licht interferiert, das von der Vorder- und von der Rückseite einer dünnen Luftschicht reflektiert wird, die zwischen einer ebenen und einer sphärisch gekrümmten Glasfläche eingeschlossen ist. Dazu legt man eine schwach gewölbte Plankonvexlinse mit der gekrümmten Seite auf eine ebene Glasplatte und beleuchtet das System von oben.
Im reflektierten Licht beobachtet man wegen des Phasensprungs π bei Reflexion an der Plattenoberfläche in der Mitte stets Dunkelheit. Auf der Peripherie eines Kreises im Abstand a um den Berührungspunkt von Platte und Linse ist die Dicke d der Luftschicht und damit der Gangunterschied konstant. Die Interferenzstreifen sind daher Kreise. Mit dem Krümmungsradius r der Linse gilt (im rechtwinkligen Dreieck)

$$a^2 = r^2 - (r - d)^2 = (2r - d)\, d \approx 2rd \qquad (10)$$

für $2r \gg d$. Setzt man (8) und (9) mit $n = 1$ (Luft) in (10) ein, erhält man für die Radien a_z der hellen und dunklen Ringe im reflektierten Licht

Interferenzmaxima, wenn $$a_z^2 = \left(z - \frac{1}{2}\right)\lambda r, \qquad (11)$$

Interferenzminima, wenn $$a_z^2 = z\lambda r \qquad (12)$$

mit $z = 1, 2, 3, \ldots$ *(Ordnung der Interferenz).*

NEWTONsche Ringe werden häufig dazu benutzt, λ oder r zu bestimmen, je nachdem, ob der Krümmungsradius r der Linse oder die Wellenlänge λ der Lichtquelle bekannt ist.

Beispiel: Mit einer Plankonvexlinse von $r = 1{,}25$ m wurden die Durchmesser der dunklen NEWTONschen Ringe $2a_z = 2{,}97;\ 3{,}43;\ 3{,}84;\ 4{,}20;\ 4{,}64;\ 4{,}85$ mm von der 3. bis zur 8. Ordnung gemessen. Wie groß ist die Wellenlänge des zur Beleuchtung verwendeten Natriumlichts? – *Lösung:* Für $z = 3$ und $z = 8$ folgt aus (12) $a_8^2 - a_3^2 = 5\lambda r$ und $\lambda = (a_8^2 - a_3^2)/(5r) = 588$ nm. Diese Berechnungsmethode vermeidet systematische Fehler durch nichtideale Berührung von Linse und Platte infolge Deformationen oder mikroskopischer Staubteilchen.

Aufgabe 41.1. Welche Wellenlängen des sichtbaren Lichts werden durch ein Glasblättchen von 600 nm Dicke ($n = 1{,}5$) bei senkrechtem Lichteinfall und Beobachtung im reflektierten Licht infolge Interferenz ausgelöscht? Wie ändern sich die Verhältnisse bei schrägem Lichteinfall unter einem Winkel von 45°?

41.3 Beugung (Diffraktion). Das Beugungsphänomen

Alle fortschreitenden Wellen (Wasserwellen, Schallwellen, Lichtwellen u. a.) breiten sich in einem homogenen Medium geradlinig aus. Bringt man ein undurchdringliches Hindernis in das Wellenfeld, so entwirft das Hindernis in erster Näherung ein geometrisch ähnliches Schattenbild, wie man es täglich mit Lichtquellen beobachten kann. Erfahrungsgemäß kann man Schall aber auch dann wahrnehmen, wenn die Schallquelle wegen eines Hindernisses im Schallfeld selbst nicht zu sehen ist. Dieser scheinbare Widerspruch findet in den unterschiedlichen Wellenlängen, die beim hörbaren Schall etwa 10^6mal größer sind als beim sichtbaren Licht, seine Erklärung:

Sind die Abmessungen eines Hindernisses oder einer darin enthaltenen Öffnung groß gegenüber der Wellenlänge, erhält man durch ein Wellenfeld eine exakte Schattenabbildung (Bild 41.2a).

Sind jedoch Hindernisabmessungen und Wellenlänge miteinander vergleichbar, ist eine Schattenprojektion unzulässig. Wellen dringen dann merklich über die geometrische Grenze in den Schattenraum ein. Abweichend von der geradlinigen Ausbreitung werden sie **gebeugt** (Bild 41.2b).

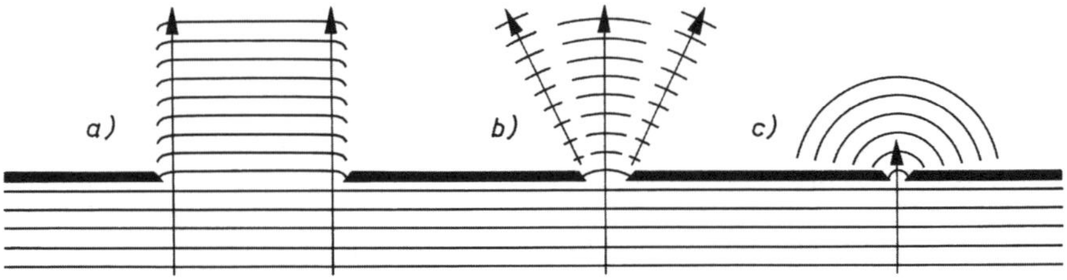

Bild 41.2. Durchgang einer ebenen Welle a) durch eine Öffnung $\gg$ Wellenlänge λ; b) durch eine Öffnung von der Größenordnung λ; c) durch eine Öffnung $\ll \lambda$. Schattenprojektion und Beugungserscheinungen lassen sich mit Wasserwellen anschaulich demonstrieren.

Qualitativ wird das Beugungsphänomen durch das HUYGENSsche Prinzip verständlich (vgl. 39.3): Ein kleines Loch im Hindernis, das klein gegenüber der Wellenlänge ist, wirkt wie ein Punkt, von dem eine kugelförmige Elementarwelle ausgeht, wie in Bild 41.2c dargestellt. Durch den Rand des Hindernisses wird ein Teil der Elementarwellen abgeblendet, die von der Phasenfläche ausgehen, welche momentan in Höhe der Öffnung liegt. Da die fehlenden Elementarwellen für eine ungestörte Wellenausbreitung erforderlich sind, entstehen zwangsläufig Randstörungen. Zur quantitativen Erklärung von Beugungserscheinungen verbesserte FRESNEL das Verfahren von HUYGENS:

Huygens-Fresnelsches Prinzip:

Die Amplitude einer Welle in einem Raumpunkt ergibt sich aus der Überlagerung aller dort eintreffenden Elementarwellen unter Berücksichtigung ihrer Phase.

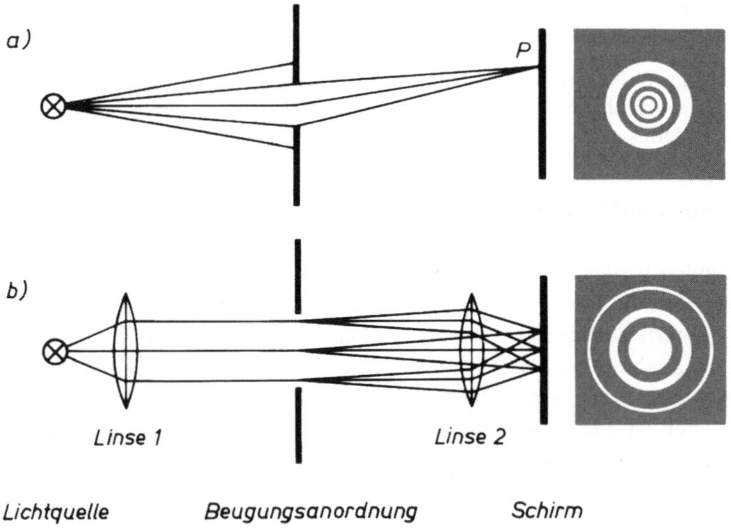

Bild 41.3. Beobachtung von a) FRESNELschen und b) FRAUNHOFERschen Beugungserscheinungen

Befindet sich als Beugungsanordnung eine kleine Lochblende im Wellenfeld einer Lichtquelle, so wird (nach HUYGENS) die Öffnung zu einer flächenhaften sekundären Lichtquelle. Von ihr gehen über die Ausbildung von Elementarwellen nach allen Richtungen Lichtwellen aus. Die Lichtwege dieser kohärenten (d. h. interferenzfähigen) Wellen von der Lichtquelle über ihren Durchtrittspunkt in der Öffnung bis zu einem Punkt P auf dem Beobachtungsschirm sind verschieden lang (s. Bild 41.3a). Alle eintreffenden Wellen überlagern sich (nach FRESNEL) im Punkt P zur beobachteten „Lichtamplitude“. Sie verstärken oder schwächen sich insgesamt je nach Lage von P auf Grund ihrer Gangunterschiede. Helle und dunkle Interferenzringe umgeben die Abbildung der Lochblende auf dem Beobachtungsschirm. Dieses Beugungsbild ändert sich mit den Abständen Lichtquelle–Beugungsanordnung und/oder Beugungsanordnung–Schirm. Solche im *divergenten* Licht beobachteten *abstandsabhängigen* Beugungserscheinungen nennt man **Fresnelsche Beugung**.

Die Verhältnisse werden übersichtlicher, wenn Lichtquelle und Beobachtungsschirm sehr weit von der Beugungsanordnung entfernt liegen, weil man dann die einfallenden und die gebeugten Wellen als *ebene* Wellen betrachten kann. Solche im *parallelen* Licht beobachteten, *nur richtungsabhängigen* Beugungserscheinungen nennt man **Fraunhofersche Beugung**. Im Experiment macht man, wie im Bild 41.3b dargestellt, durch die Linse *1* das einfallende Licht parallel und beobachtet das Beugungsbild in der Brennebene der Linse *2*.

41.4 Fraunhofersche Beugung am Spalt und an der Lochblende

Paralleles monochromatisches Licht der Wellenlänge λ falle auf einen **Spalt** in einem Hindernis. Seine Längsausdehnung sei groß gegenüber seiner Breite b. Auf einem Schirm hinter dem Spalt beobachtet man das in Bild 41.4 dargestellte Beugungsbild mit seinen Maxima und Minima

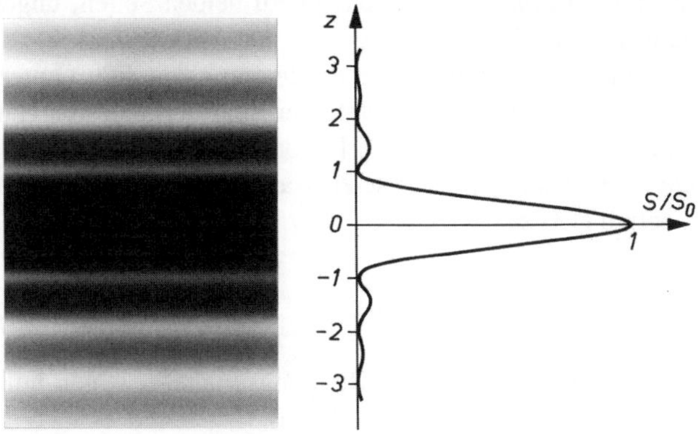

Bild 41.4. Intensitätsverteilung bei FRAUNHOFERscher Beugung am Spalt (Negativbild); Ordnung der Beugungsminima $z = \Delta L/\lambda = \Delta\varphi/(2\pi)$

der Lichtintensität. Das Hauptmaximum entspricht ungefähr dem geometrischen Spaltbild; die Helligkeit der Nebenmaxima nimmt in den geometrischen Schattenraum hinein rasch ab. Die vorliegende Interferenzerscheinung entsteht durch Überlagerung der Elementarwellen, die von jedem Punkt der Spaltöffnung ausgehen.

Vom Licht, das senkrecht auf den Spalt fällt, betrachtet man zur Herleitung der Interferenzbedingung und der Intensitätsverteilung auf die verschiedenen Richtungen ein paralleles Wellenbündel unter dem Beugungswinkel α (s. Bild 41.5). In der Spaltebene durch A und C haben

alle Lichtwellen noch die gleiche Phase; in der Ebene durch B und C haben sie Lichtwege zwischen 0 und $\overline{AB} = b \sin \alpha$ zurückgelegt. Der Gangunterschied der beiden Randstrahlen beträgt also $\Delta L = b \sin \alpha$; er dient als geeignetes Kriterium für Verstärkung bzw. Auslöschung der gebeugten Strahlen:
Ist $\Delta L = 0$ ($\alpha = 0°$), so haben alle enthaltenen Lichtwellen die gleiche Phase und verstärken sich ausnahmslos; in geradliniger Verlängerung der Einfallsrichtung liegt das Hauptmaximum. Beträgt $\Delta L = \lambda$ (bzw. ein Vielfaches $z\lambda$), denkt man sich das Wellenbündel in 2 (bzw. in $2z$) gleich große Teilbündel zerlegt (Bild 41.5). So haben benachbarte Teilbündel im Mittel

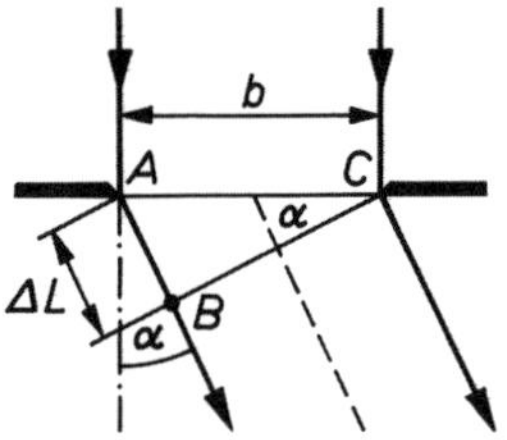

Bild 41.5. Gebeugtes Wellenbündel am Spalt. Aus der Zerlegung in zwei Teilbündel folgt das Beugungsminimum 1. Ordnung.

einen Gangunterschied von $\lambda/2$ und löschen sich bei der Überlagerung gegenseitig aus. In allen anderen Richtungen beobachtet man die nicht ausgelöschte Restintensität. Man erhält also bei der Beugung am Spalt *vollständige Auslöschung*, d. h.

Beugungsminima für $$b \sin \alpha = z\lambda \qquad (13)$$

mit $z = \pm 1, \pm 2, \ldots$ ($|z|$ Ordnung der Interferenz).

Bei $z = 0$ befindet sich das *Hauptmaximum*; symmetrisch zu beiden Seiten, ungefähr in der Mitte zwischen den Minima, liegen die *Nebenmaxima*.
Ist die Spaltbreite $b = \lambda$ (oder kleiner), so wird das erste Beugungsminimum unter dem Beugungswinkel $\alpha = 90°$ (oder gar nicht mehr) beobachtet. Der Spalt leuchtet den Halbraum dahinter aus; er wirkt als *Streuzentrum* (Bild 41.2c). Bei Laborversuchen ist jedoch $b \gg \lambda$, und die Beugungswinkel sind klein. Wird $\sin \alpha \approx \alpha$ gesetzt, was für kleine Werte von α zulässig ist, vereinfacht sich die Beziehung (13) zu

$$\alpha = z \frac{\lambda}{b}. \qquad (14)$$

Schließlich geht mit zunehmender Spaltbreite b der Beugungswinkel α gegen null, und man erhält ein geometrisches Schattenbild des Spaltes (Bild 41.2a).
Die Beugungsfiguren werden bei experimentellen Untersuchungen mit einer Sammellinse auf einem in deren Brennebene stehenden Schirm abgebildet. Die Bildpunktabstände von der Mitte des Beugungsbildes betragen mit der Brennweite f der Linse

$$s \approx f\alpha = z \frac{f\lambda}{b}. \qquad (15)$$

Das Hauptmaximum erscheint dann an der Stelle $s = 0$, während die Beugungsminima in den Abständen $f\lambda/b$ folgen. Die Ablenkung wird um so größer, je größer die Wellenlänge ist.

Vom sichtbaren Licht wird Violett am schwächsten und Rot am stärksten gebeugt.

Bei Beugungsversuchen mit weißem Licht erscheint nur das Hauptmaximum in der Mitte noch weiß, während außerhalb wegen des Wellenlängenunterschiedes im Spektrum des weißen Lichts ein Nebenmaximum einer bestimmten Spektralfarbe mit einem Beugungsminimum einer anderen Spektralfarbe zusammenfallen kann. Aus der Überlagerung entstehen mischfarbige Beugungsfransen.

Zur Berechnung der **Intensitätsverteilung** (Bild 41.4, rechts) kann man so vorgehen: Man beschreibt die Schwingungen der Lichtwellen in der Spaltebene AC in Bild 41.5 durch den Verlauf $u_0 \sin \omega t$. Somit liegen in der Ebene durch B und C Lichtschwingungen $u_0 \sin(\omega t - \varphi)$ vor, deren Phasen den Bereich $0 \leq \varphi \leq \Delta\varphi$ lückenlos ausfüllen. Die maximale Phasendifferenz $\Delta\varphi = (2\pi/\lambda)\,\Delta L$ entspricht nach (4) dem Gangunterschied der Randstrahlen. Alle Schwingungen überlagern sich dann in der Brennebene einer Sammellinse zum Mittelwert

$$\frac{u_0}{\Delta\varphi}\int_0^{\Delta\varphi} \sin(\omega t - \varphi)\,\mathrm{d}\varphi = u_0\,\frac{\cos(\omega t - \Delta\varphi) - \cos\omega t}{\Delta\varphi} = u_0\,\frac{\sin(\Delta\varphi/2)}{\Delta\varphi/2}\,\sin\left(\omega t - \frac{\Delta\varphi}{2}\right).$$

Damit beträgt die Amplitude der Lichtschwingung in der durch $\Delta\varphi$ bestimmten Richtung

$$u = u_0\,\frac{\sin(\Delta\varphi/2)}{\Delta\varphi/2}.$$

Sie hat ihren größten Wert $u = u_0$ für $\Delta\varphi = 0$ und wird null für $\Delta\varphi = \pm 2\pi, \pm 4\pi, \ldots$ Da für das Experiment die in eine bestimmte Richtung gebeugte **Intensität** $S \sim u^2$ interessiert, begründet $S/S_0 = (u/u_0)^2 = \sin^2(\Delta\varphi/2)/(\Delta\varphi/2)^2$ den Verlauf in Bild 41.4.

FRAUNHOFERsche Beugung an einer **kreisförmigen Lochblende** erzeugt aus Symmetriegründen ein Beugungsbild, das aus konzentrischen hellen und dunklen Ringen besteht (sog. *Airyscheibchen*). Die Intensitätsverteilung auf einem Schnitt durch das Zentrum ähnelt der in Bild 41.4 (rechts). Mit dem Öffnungsdurchmesser d entfallen ähnlich wie bei einem Spalt das zentrale Hauptmaximum auf den Beugungswinkel $\alpha = 0$ und die **Beugungsminima** auf die Winkel

$$\alpha_1 = 1{,}220\,\frac{\lambda}{d}, \quad \alpha_2 = 2{,}233\,\frac{\lambda}{d}, \quad \alpha_3 = 3{,}238\,\frac{\lambda}{d}, \quad \alpha_4 = 4{,}241\,\frac{\lambda}{d}, \ \ldots \qquad (16)$$

Beispiel: Ein Beugungsbild eines Spaltes wurde mit gelbem Natriumlicht ($\lambda = 589$ nm) und einer Sammellinse ($f = 50$ cm) aufgenommen. Bild 41.4 (links) stelle das Negativ in Originalgröße dar. Wie groß ist die Spaltbreite? – *Lösung:* Man entnimmt den Abstand der beiden Beugungsminima 1. Ordnung zu $2s_1 = 12$ mm. Nach (15) folgt $b = f\lambda/s_1 = 49\ \mu$m.

41.5 Auflösungsvermögen optischer Geräte. Holografie

Man könnte mit optischen Geräten versuchen, durch Aufstocken der Vergrößerung immer feinere Strukturen eines betrachteten Gegenstandes „aufzulösen". Dies wird jedoch durch das Auftreten von *Beugung* verhindert. Infolge der Wellennatur des Lichts wirken alle Ränder von Linsen, Spiegeln usw. wie eine Lochblende als beugende Öffnung (vgl. 41.4). Ein Punkt eines Gegenstandes wird daher nicht als Bild*punkt*, sondern als konzentrische Beugungsfigur abgebildet (vgl. Bild 41.3b). Das *zentrale* kreisförmige helle *Hauptmaximum*, welches vom *ersten Beugungsminimum*, das nach (16) beim Beugungswinkel $\alpha_1 = 1{,}22\lambda/d$ liegt, begrenzt wird (innerer dunkler Ring in Bild 41.3b), wird **zentrales Beugungsscheibchen** genannt. Nebenmaxima haben wegen ihrer geringen Intensität kaum Einfluss auf die Abbildung. Ist der Winkel α_1 zu klein, so fließen die Beugungsscheibchen benachbarter Punkte zusammen und werden als *nur ein* Punkt wahrgenommen; das Bild wird *unscharf*.

Als **Auflösungsvermögen** eines optischen Gerätes bezeichnet man seine Fähigkeit, zwei benachbarte Punkte eines betrachteten Gegenstandes noch als *unterscheidbare Bildpunkte* wiederzugeben. Erfahrungsgemäß kann man in den Beugungsfiguren zweier Bildpunkte *zwei benachbarte Punkte des abgebildeten Gegenstandes gerade noch als getrennte Punkte wahrnehmen („auflösen"), wenn das Hauptmaximum des einen Punktes in das erste Beugungsminimum des anderen fällt.* Man nutzt daher als Kriterium für die

Grenze des Auflösungsvermögens:
Bildpunktabstand ≈ Radius ihrer Beugungsscheibchen.

Mit einem *Fernrohr* werden eng benachbarte Sterne (Doppelsterne) unter einem kleinen Winkel σ_0 gesehen. Bei hinreichender Vergrößerung ist der Durchmesser d des Objektivs als beugende Öffnung zu beachten. Nach (16) beträgt der Beugungswinkel zwischen Peripherie und Zentrum der Beugungsscheibchen beider Sterne $\alpha_1 \approx 1{,}22\,\lambda/d$. Doppelsterne werden also im Gesichtsfeld nur dann als solche erkannt, wenn

$$\sigma_0 \gtrapprox 1{,}22\,\frac{\lambda}{d} \qquad \textbf{(Auflösungsvermögen eines Fernrohrs).} \qquad (17)$$

Nur durch Vergrößerung des Objektivdurchmessers kann das Auflösungsvermögen weiter erhöht werden. Gleichzeitig steigt damit auch die Helligkeit der Abbildung. Daraus resultieren die riesigen Abmessungen astronomischer Beobachtungssysteme (Spiegelteleskope).

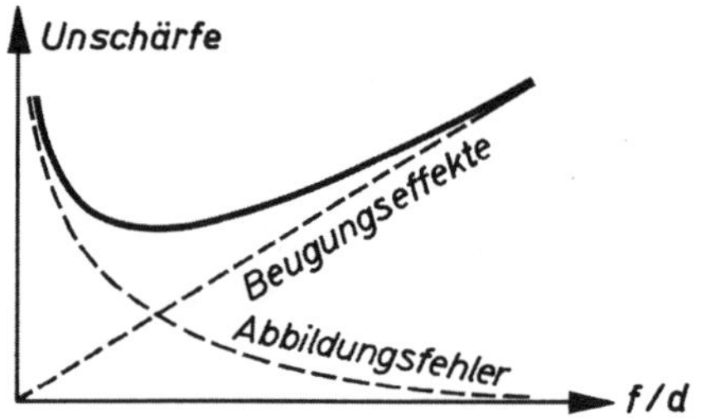

Bild 41.6. Abbildungsunschärfe eines Objektivs in Abhängigkeit von der Blendenzahl

Ähnliche Verhältnisse liegen auch bei Abbildungen in der Brennebene eines Objektivs, z. B. in *Foto- und Filmkameras*, vor. Der Radius eines Beugungsscheibchens in der Brennebene beträgt nach (15) $r_1 \approx f\alpha_1$. Damit ergibt sich der *auflösbare Bildpunktabstand* zu

$$s \gtrapprox 1{,}22\,\frac{f\lambda}{d} \qquad \textbf{(Auflösungsvermögen eines Objektivs).} \qquad (18)$$

Das Verhältnis f/d ist die vom Fotoapparat bekannte **Blendenzahl**. Die Unschärfe infolge der Beugungseffekte nimmt daher mit steigender Blendenzahl zu. Daneben trägt noch eine Reihe von *Abbildungsfehlern* zur Unschärfe bei. Bild 41.6 zeigt halbqualitativ die beiden gegenläufigen Tendenzen, die Beugungseffekte und Abbildungsfehler in Abhängigkeit von der Blendenzahl aufweisen und die zu einem Optimum der Schärfe führen.

Beim *Mikroskop* leuchtet das Objekt nicht selbst. Bei der Durchstrahlung tritt Beugung an den Strukturen des Objekts auf. Nach ABBE gilt für die auflösbaren Abstände des Objekts

$$s \gtrapprox \frac{\lambda}{n\sin\alpha} = \frac{\lambda}{A} \qquad \textbf{(Auflösungsvermögen eines Mikroskops)} \qquad (19)$$

mit

$$A = n\sin\alpha \qquad \textbf{(numerische Apertur).} \qquad (20)$$

α ist der *halbe* Öffnungswinkel des Objektivs. Eine Erhöhung des Auflösungsvermögens ist daher durch Vergrößerung von α und/oder Verwendung einer sog. *Immersionsflüssigkeit* mit hoher Brechzahl n zwischen Objekt und Objektiv bis etwa $s \gtrapprox \lambda/2$ möglich. Da sich die Wellenlängen von rotem und violettem Licht wie 2:1 verhalten, kann mit violettem Licht das Auflösungsvermögen noch weiter gesteigert werden.
Auch beim *Elektronenmikroskop* treten Beugungseffekte auf, nur sind die DE-BROGLIE-Wellenlängen der Elektronenströme (vgl. 43.5) wesentlich kürzer als die des sichtbaren Lichts. Deshalb ist das Auflösungsvermögen der Elektronenmikroskope auch wesentlich höher als das der Lichtmikroskope.
Als Maß für das Auflösungsvermögen benutzt man häufig auch die Kehrwerte der kleinsten noch getrennt wahrnehmbaren Winkel- oder Abstandsdifferenzen. Dann entspricht ein hohes Auflösungsvermögen einer großen Maßzahl.

Holografie. In der herkömmlichen Fotografie werden räumliche Objekte in einem zweidimensionalen Bild aufgezeichnet, wodurch die Informationen aus der dritten Dimension (der Tiefe des Raumes) verloren gehen. Von GABOR wurde ein aufwändiges Zwei-Schritt-Verfahren erfunden, das im Raum stehende, echt dreidimensionale Bilder eines Objekts erzeugt.

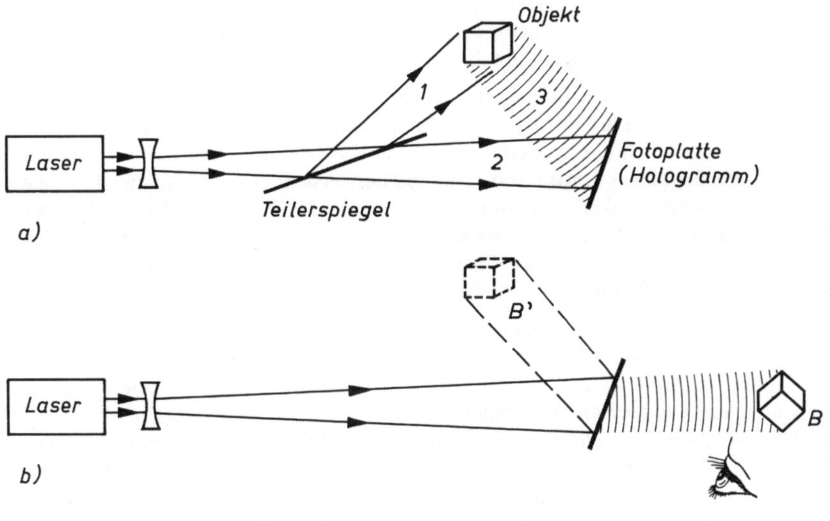

Bild 41.7. Schema der Auflichtholografie. a) Aufzeichnung des Hologramms: *1* Beleuchtungswelle, *2* ungestörte Referenzwelle, *3* gestreute Objektwelle; b) Wiedergabe des Hologramms (Rekonstruktion des Objektwellenfeldes): B reelles Bild, B′ virtuelles Bild (nur vom Auge sichtbar)

Bei der *Aufzeichnung* des Hologramms (Bild 41.7a) wird kohärentes (Laser-)Licht mittels eines Teilerspiegels in ein zur Objektbeleuchtung dienendes Teilbündel *1* und in ein nicht gestörtes Referenzbündel *2* aufgespalten. Durch Interferenz der am Objekt gestreuten Teilwelle, der *Objektwelle 3*, mit der *Referenzwelle 2* entsteht auf der Fotoplatte ein Interferenzbild, das sog. *Hologramm*, das mit dem Objekt keine erkennbare Ähnlichkeit hat. Es speichert gewissermaßen kodiert alle Informationen über die Licht*amplituden* (wie bei der Fotografie) *und zusätzlich über die Phasen* des vom Objekt einfallenden Wellenfeldes auf der lichtempfindlichen Schicht. Ein Bild des Objekts wird erst dann visuell erkennbar, wenn zur *Wiedergabe* (Rekonstruktion) die entwickelte Fotoplatte in der gleichen Anordnung wie bei der Aufzeichnung (nach Entfernen von Objekt und Teilerspiegel) mit kohärentem Licht durchstrahlt wird (Bild 41.7b). Durch

Beugung des Lichts an den Interferenzmustern des Hologramms wird so das ursprüngliche, am Objekt gestreute Wellenfeld rekonstruiert, und es entsteht ein dreidimensionales reelles, seitenvertauschtes Bild des Objekts (B) hinter der Fotoplatte sowie ein virtuelles „Zwillingsbild" (B′) am Ort des Objekts, welches aus verschiedenen Richtungen betrachtet werden kann.
Erfolgen Aufzeichnung und Rekonstruktion mit Licht verschiedener Wellenlängen, entsteht eine Vergrößerung im Verhältnis der Wellenlängen. Die Vorteile der Holografie gegenüber der Fotografie liegen in der räumlichen Abbildung von Objekten, dem höheren Auflösungsvermögen und darin, dass auch mit Bruchstücken des Hologramms das ursprünglich aufgezeichnete Objekt ganz rekonstruiert werden kann.

Beispiele: *1.* Wie groß ist der Radius des Beugungsscheibchens bei der Abbildung eines roten Lichtpunktes ($\lambda_0 = 650\,\text{nm}$) auf der Netzhaut des menschlichen Auges? Pupillenöffnung $d = 3\,\text{mm}$, Abstand Augenlinse–Netzhaut $f = 20\,\text{mm}$, Brechzahl der Augenflüssigkeit $n = 1{,}34$. – *Lösung:* Wegen $\lambda = \lambda_0/n$ im Auge ist nach (18) $r_1 \approx 1{,}22 f\lambda_0/(nd) \approx 3{,}9\,\mu\text{m}$. Der mittlere Abstand benachbarter Zäpfchen auf der Netzhaut beträgt etwa $4\,\mu\text{m}$; damit wird das durch Beugung begrenzte Auflösungsvermögen des Auges voll ausgenutzt.

2. Welchen Durchmesser d muss ein Kameraobjektiv haben, mit dem man von einem Satelliten in $h = 150\,\text{km}$ Höhe aus mit Licht der Wellenlänge $\lambda = 550\,\text{nm}$ Objekte von $s = 1\,\text{m}$ Ausdehnung noch deutlich voneinander unterscheiden kann? – *Lösung:* Das Objekt (räumliche Ausdehnung s) erscheint dem Beobachter (am Ort des Objektivs) unter dem Sehwinkel $\sigma_0 \approx s/h$. Mit $\sigma_0 = 1{,}22\lambda/d$ als Auflösungsvermögen des Objektivs folgt daraus $d = 1{,}22\lambda h/s = 10\,\text{cm}$.

3. Aus welcher Entfernung e kann man mit einem Fernrohr, dessen Objektiv einen Durchmesser von $d = 50\,\text{mm}$ hat, einen Zaun mit einer Lattenbreite und einem Lattenabstand von je $a = 10\,\text{cm}$ gerade noch auflösen? Welche Vergrößerung ist für die Beobachtung mindestens erforderlich, wenn der Auflösungswinkel des Auges von $\sigma_A = 6 \cdot 10^{-4}\,\text{rad}$ berücksichtigt wird? Lichtwellenlänge $\lambda = 550\,\text{nm}$.
Lösung: Der Auflösungswinkel des Fernrohrs ist $\sigma_F = 1{,}22\lambda/d = 1{,}34 \cdot 10^{-5}\,\text{rad}$. Unter diesem Winkel erscheinen die Latten des Zaunes aus einer Entfernung $e = a/\sigma_F \approx 7{,}5\,\text{km}$. Die Vergrößerung ist so zu wählen, dass der Auflösungswinkel des Fernrohres σ_F auf den Auflösungswinkel des Auges $\sigma_A = 6 \cdot 10^{-4}\,\text{rad}$ vergrößert wird: $V = \sigma_A/\sigma_F = 45$.

4. Ein Fixstern in einer Entfernung von 10 Lichtjahren werde von einem sehr großen Planeten umlaufen. Dieser Planet sei in einem 5-m-Teleskop noch sichtbar. Wie groß muss die Entfernung des Planeten von dem Fixstern mindestens sein, um die beiden Himmelskörper mit dem Teleskop noch als getrennte Objekte wahrnehmen zu können? Wellenlänge des Lichts $\lambda = 450\,\text{nm}$; 1 ly (Lichtjahr) $= 9{,}46 \cdot 10^{15}\,\text{m}$.
Lösung: Der Winkel $\sigma_0 \approx s/h$, den die von den beiden Objekten ausgehenden Lichtstrahlen am Ort des Beobachters (Teleskop) einschließen (s Entfernung zwischen den beiden Objekten, h deren Entfernung vom Beobachter), muss mindestens von der Größe des Auflösungsvermögens des Teleskops $\sigma_T = 1{,}22\lambda/d$ sein; mit $d = 5\,\text{m}$ folgt somit als Mindestentfernung zwischen Fixstern und Planet $s = \sigma_0 h = \sigma_T h = 1{,}22\lambda h/d \approx 10^{10}\,\text{m}$ (10 Millionen km).

Aufgabe 41.2. Bei Betrachtung eines Diatomeenpräparates durch ein Mikroskop mit einem Objektiv der numerischen Apertur $A = 1{,}25$ wird die Skelettstruktur bei Rotfilterlicht ($\lambda_{\text{rot}} = 700\,\text{nm}$) nicht aufgelöst. Dagegen erkennt man das Skelett im Blaufilterlicht ($\lambda_{\text{blau}} = 390\,\text{nm}$) gut aufgelöst. In welcher Größenordnung liegen die Abmessungen s der Skelettstruktur?

41.6 Fraunhofersche Beugung am Strichgitter

Setzt man eine große Zahl von Spalten in gleichen Abständen nebeneinander, so erhält man ein *Strichgitter* (eindimensionales Gitter). Den Abstand zweier benachbarter Spalte bezeichnet man als **Gitterkonstante** a. Optische Gitter bestehen meist aus einer Glasplatte, in die parallele Furchen (etwa $1/a = 500/\text{mm}$) geritzt sind. Die unverletzten Streifen der Glasfläche bilden die lichtdurchlässigen Spalte und die Furchen die lichtundurchlässigen Bereiche **(Transmissionsgitter)**. Für Messungen von Wellenlängen benutzt man wegen ihrer helleren Beugungsbilder

Reflexionsgitter. Bei ihnen bilden eingeritzte Furchen auf einem Metallspiegel periodisch abwechselnd reflektierende und streuende Bereiche.

Fällt paralleles monochromatisches Licht senkrecht auf das Gitter, so wird jeder Einzelspalt mit gleicher Phase erregt. Nach dem HUYGENSschen Prinzip treten von dort über die Ausbildung von Elementarwellen nach allen Richtungen Lichtwellen aus. Das Beugungsbild in der Brennebene einer Sammellinse ergibt sich aus der Überlagerung der Lichtwellen, die in gleicher Richtung von den Spalten ausgehen (Bild 41.8a). Zur Herleitung der Interferenzbedingung betrachte man ein Lichtwellenbündel unter dem Beugungswinkel α. Im rechtwinkligen Dreieck ist $\Delta L = a \sin\alpha$. Man beobachtet Helligkeit, wenn der Gangunterschied benachbarter Teilwellen ein ganzzahliges Vielfaches der Wellenlänge beträgt: $\Delta L = z\lambda$. Damit ergeben sich

Beugungsmaxima für $$a \sin\alpha = z\lambda \tag{21}$$

mit $z = 0, \pm 1, \pm 2, \ldots$ ($|z|$ Ordnung der Interferenz).

Mit monochromatischem Licht erhält man die in Bild 41.8b dargestellte Intensitätsverteilung. Die gebeugte Lichtintensität nimmt (wie bei einem Spalt) mit zunehmender Ordnung nach beiden Seiten hin rasch ab. Während die Lage der Beugungsmaxima von der Spaltzahl unabhängig ist, wächst ihre Intensität mit der Anzahl der Spalte. Weil die gesamte gebeugte durch die einfallende Lichtintensität bestimmt wird, konzentriert eine hohe Spaltzahl die Energie in hellen und dafür schmalen Interferenzstreifen. Außerhalb der Beugungsmaxima löschen sich die Teilwellen gegenseitig weitgehend aus.

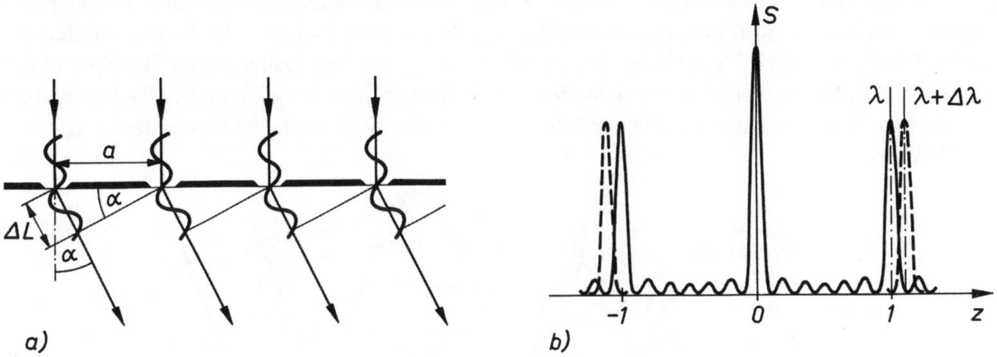

Bild 41.8. FRAUNHOFERsche Beugung am Transmissions-Strichgitter: a) gebeugtes Wellenbündel für das Beugungsmaximum 1. Ordnung; b) Beugungsspektrum 0. und 1. Ordnung für zwei benachbarte Spektrallinien

Das Gitter habe eine *gerade* Spaltzahl N. Für die ersten Beugungsminima völliger Auslöschung zu beiden Seiten eines Beugungsmaximums haben benachbarte Teilwellen einen Gangunterschied $\Delta L = (z \pm 1/N)\,\lambda$, z. B. für $N = 2$ (**Doppelspalt**): $\Delta L = (2z + 1)(\lambda/2)$. Dann löschen sich nämlich je zwei Teilwellen, die erste und die $(N/2 + 1)$-te, die zweite und die $(N/2+2)$-te, usw. sowie die $(N/2)$-te und die N-te, aus, weil ihr Gangunterschied $(N/2)\,\Delta L = (N/2)\,(z \pm 1/N)\,\lambda = (Nz \pm 1)\,\lambda/2$ ein ungeradzahliges Vielfaches von $\lambda/2$ beträgt. Neben den Beugungsmaxima z-ter Ordnung (21) liegen also

Beugungsminima für $$a \sin\alpha = \left(z \pm \frac{1}{N}\right)\lambda. \tag{22}$$

Beispiel: Mit einem Beugungsgitter bestimme man die Wellenlängen λ_1, λ_2 und λ_3 der drei intensivsten Spektrallinien einer Quecksilberdampflampe. Die unbekannte Gitterkonstante a ermittle man vorher mit dem Licht einer Natriumdampflampe ($\lambda_D = 589$ nm). Die zugehörigen Beugungswinkel der Interferenzen 1. Ordnung $\alpha_1 = 7{,}85°$, $\alpha_2 = 8{,}29°$, $\alpha_3 = 8{,}32°$ sowie $\alpha_D = 8{,}47°$ wurden gemessen. – *Lösung:* Aus (21) folgt $a = \lambda_D / \sin\alpha_D = 4{,}00\ \mu$m und damit $a \sin\alpha_{1,2,3} = \lambda_{1,2,3} = 546,\ 577,\ 579$ nm.

Aufgabe 41.3. Auf ein Transmissions-Beugungsgitter mit 500 Strichen je Millimeter trifft Licht senkrecht auf. a) Unter welchen Winkeln α gegenüber der Einfallsrichtung werden das erste und das zweite Hauptmaximum für die Kalium-Spektrallinien $\lambda_V = 404{,}4$ nm (violett) und $\lambda_R = 769{,}9$ nm (rot) gefunden? b) Wie viele Maxima kann das Gitter im Höchstfall erzeugen? c) Von welcher Ordnung an überlappen sich die Spektren, wenn mit weißem Licht gearbeitet wird (Wellenlängenbereich zwischen λ_V und λ_R)?

41.7 Spektrometer

Wichtige Informationen über den Aufbau der Atome und Moleküle liefern die von angeregten Stoffen emittierten *Spektren.* Zur genauen Bestimmung der Wellenlängen der Spektrallinien, ihrer Intensität und ihrer Struktur dienen als Präzisionsmessgeräte die *Spektrometer.* Für sichtbares Licht, infrarote und ultraviolette Strahlung werden die Grundtypen Prismen-, Gitter- und Interferenz-Spektrometer eingesetzt.

Das Funktionsprinzip des **Prismen-Spektrometers** beruht auf der *Dispersion* durchsichtiger Stoffe. Die Zerlegung einer zusammengesetzten Strahlung in ihre spektralen Komponenten erfolgt bei der zweimaligen Brechung eines Strahlenbündels an einem *Prisma* mit wellenlängenabhängiger Brechzahl $n = n(\lambda)$ (s. Bild 39.7 und 41.9a). Die zu untersuchende Strahlung tritt durch einen Spalt ein und verlässt die Linse *1* als Parallelstrahlbündel. Eine Linse *2* erzeugt bei monochromatischer Strahlung ein Spaltbild in der Brennebene (Schirm). Im Prisma werden die Parallelstrahlen je nach Wellenlänge verschieden stark gebrochen; daher liegen ihre Spaltbilder als Spektrallinien an verschiedenen Stellen des Schirms. Statt subjektiver Beobachtung werden meist die Spektrallinien entweder fotografisch oder mit Strahlungsmessgeräten registriert *(Spektrograph).*

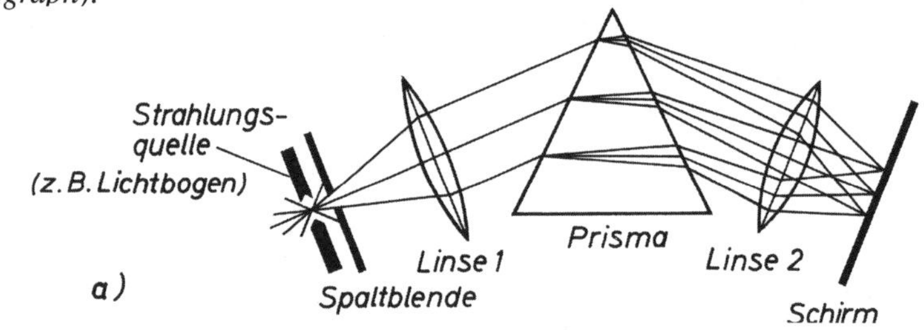

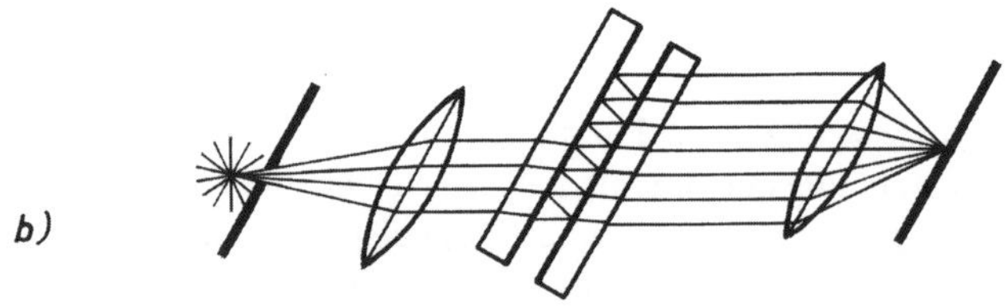

Bild 41.9. a) Prismen-Spektrometer; b) PEROT-FABRY-Interferometer

Ersetzt man das Prisma (in Bild 41.9a) durch ein *Strichgitter*, erhält man ein **Gitter-Spektrometer**. Da die Beugungswinkel der scharf ausgeprägten Beugungsmaxima wellenlängenabhängig sind, eignen sich Gitter hervorragend zur *Spektralanalyse.*

Besonders empfindlich sprechen **Interferenz-Spektrometer** auf Wellenlängenunterschiede an, da ihre Interferenzmaxima durch Überlagerung kohärenter Lichtwellen mit großen Gangunterschieden entstehen. Das PEROT-FABRY-*Interferometer* (Bild 41.9b) benutzt die *Interferenzen gleicher Neigung* an einer von zwei Glasplatten begrenzten *planparallelen Luftschicht* (vgl. 41.2). Die einander zugekehrten Glasflächen sind schwach durchlässig verspiegelt, so dass einfallendes paralleles Licht in der Luftschicht vielfach hin- und her reflektiert wird, bevor seine gesamte Intensität wieder ausgetreten ist. Das schließlich durchfallende parallele Licht wird in der Brennebene einer Linse überlagert. Wird dem einfallenden Licht wenig Energie durch Reflexion an der Luftschicht entzogen, kommt diese der durchfallenden Intensität zugute. Deshalb treten Interferenzmaxima für die Richtungen auf, die im reflektierten Licht Interferenzminima zeigen. Aus (7) folgen mit $n = 1$ **Interferenzmaxima**, wenn die Gangunterschiede der interferierenden Teilwellen ganzzahlige Vielfache der Wellenlänge betragen:

$$2d \cos \alpha = z\lambda.$$

Auflösungsvermögen von Spektrometern. Sind λ und $\lambda + \Delta\lambda$ die Wellenlängen zweier Spektrallinien, die vom Spektrometer gerade noch getrennt werden, so wird seine Leistungsfähigkeit im Wellenlängenbereich um λ durch die Größe

$$A = \frac{\lambda}{\Delta\lambda} \qquad \textbf{(Auflösungsvermögen eines Spektrometers)} \qquad (23)$$

gekennzeichnet. Auch das Linienprofil einer streng monochromatischen Welle wird durch das Spektrometer zu einem Beugungs-(Interferenz-)Maximum endlicher Breite verzerrt. Erfahrungsgemäß kann man zwei Spektrallinien nach RAYLEIGH dann noch getrennt wahrnehmen, wenn das Beugungs-(Interferenz-) Maximum der einen Linie in das erste benachbarte Beugungs-(Interferenz-)Minimum der anderen Linie fällt (vgl. Bild 41.8b).

Ein *Prisma* kann auf Grund seiner Abmessungen nur von einem Lichtbündel endlicher Breite zwischen brechender Kante und Basisfläche durchsetzt werden; es wirkt daher wie ein Spalt von dieser Breite. Das Auflösungsvermögen eines **Prismen-Spektrometers**, das allen Ansprüchen der Präzisionsmesstechnik genügt, wird durch Beugung begrenzt, da eng benachbarte Spektrallinien mit ihren Intensitätsverteilungen (wie in Bild 41.8b) zusammenfließen. Das Auflösungsvermögen steigt mit zunehmender Dispersion $dn/d\lambda$ des Prismenmaterials und mit wachsender Prismengröße. Eine Grenze setzt die mit der Dispersion verbundene Absorption. Es werden Werte von $A \approx 5 \cdot 10^4$ erreicht.

Bei einem **Gitter-Spektrometer** sollen das Beugungsmaximum einer Spektrallinie der Wellenlänge $\lambda + \Delta\lambda$ und das erste benachbarte Beugungsminimum einer Spektrallinie der Wellenlänge λ nach (21) und (22) in der gleichen durch

$$a \sin \alpha = z(\lambda + \Delta\lambda) \qquad \text{und} \qquad a \sin \alpha = \left(z + \frac{1}{N}\right)\lambda$$

festgelegten Richtung α liegen. Gleichsetzen ergibt für das Auflösungsvermögen

$$A = \frac{\lambda}{\Delta\lambda} = zN. \qquad (24)$$

A steigt mit der beobachteten Ordnung z und mit der Gesamtspaltzahl N. Spitzengeräte erreichen Werte von $A \approx 5 \cdot 10^5$.

Auch das Auflösungsvermögen von **Interferenz-Spektrometern** berechnet sich nach (24). Im Gegensatz zu den Gitter-Spektrometern ist jedoch die Ordnung z der Interferenzen sehr hoch, während die Anzahl N der interferierenden Teilwellen klein ist. Das PEROT-FABRY-Interferometer erreicht Werte von $A \approx 5 \cdot 10^6$. Um eine Vorstellung von der Präzision dieser Messtechnik zu vermitteln, bedenke man, dass ein solches Auflösungsvermögen dem Ausmessen einer Strecke von 1 km auf 0,2 mm genau entspricht.

41.8 Beugung von Röntgenstrahlen am Raumgitter der Kristalle

Werden zwei Strichgitter (Durchlassgitter) so übereinander gelegt, dass sich ihre Spaltöffnungen in der einen Richtung (x-Richtung) im Abstand a und senkrecht dazu (y-Richtung) im Abstand b wiederholen, entsteht ein (zweidimensionales) *Kreuzgitter*. Fällt ein paralleles monochromatisches Lichtbündel unter beliebigen Winkeln α_0 und β_0 gegenüber der x- und y-Richtung auf das Kreuzgitter, so entstehen dahinter als Beugungsmaxima keine Interferenzlinien wie beim Strichgitter, sondern getrennte Interferenz*punkte*; denn die Gangunterschiede in einem unter den Winkeln α und β gegenüber der x- und y-Richtung gebeugten Teilbündel betragen nach Bild 41.10a $\Delta L = \overline{AD} - \overline{BC} = \overline{AC}\,(\cos\alpha - \cos\alpha_0)$ für das Strichgitter mit der Gitterkonstanten $\overline{AC} = a$ und analog $\Delta L = b\,(\cos\beta - \cos\beta_0)$ für das Strichgitter mit der Gitterkonstanten b. Also entstehen Interferenzmaxima dann und nur dann, wenn *beide* Gangunterschiede ganzzahlige Vielfache h_1 und h_2 der Wellenlänge λ betragen:

$$a\,(\cos\alpha - \cos\alpha_0) = h_1\lambda \qquad \text{und} \qquad b\,(\cos\beta - \cos\beta_0) = h_2\lambda. \tag{25a}$$

Die Winkel α und β bestimmen je einen Kegelmantel um die x- und die y-Achse, deren gemeinsame Schnittlinien die Richtungen der Maxima mit h_1 und h_2 als *Ordnungen der Interferenz* festlegen.

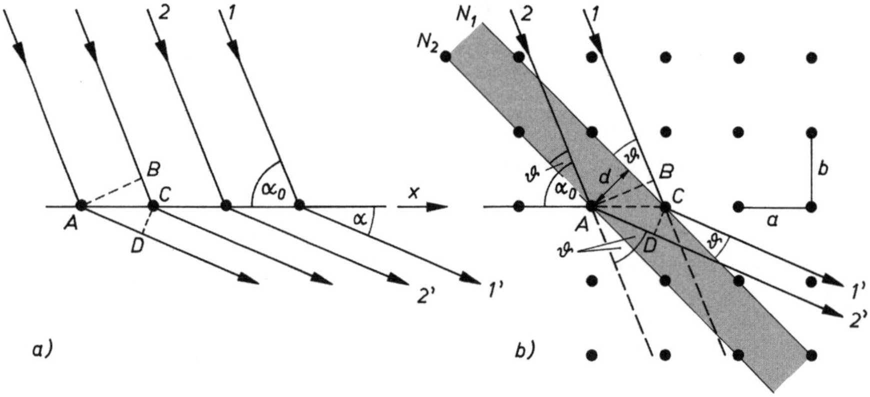

Bild 41.10. Zur Herleitung a) der Interferenzbedingung für das eindimensionale Atomgitter, b) der BRAGGschen Reflexionsbedingung (d Netzebenenabstand, ϑ BRAGGscher Glanzwinkel)

Werden nun senkrecht zur z-Richtung in Abständen c lauter gleiche Kreuzgitter übereinander gestapelt, erhält man ein (dreidimensionales) **Raumgitter**, und es tritt zu (25a) als weitere Bestimmungsgleichung für das Auftreten von Beugungsmaxima die Beziehung

$$c\,(\cos\gamma - \cos\gamma_0) = h_3\lambda \tag{25b}$$

hinzu mit γ_0 und γ als Winkel des einfallenden und des gebeugten Strahlenbündels gegenüber der z-Richtung. Die drei Gleichungen (25a,b) heißen LAUE-*Gleichungen*. Beachtet man, dass die darin vorkommenden Richtungskosinusse zum einen die Koordinaten des Einheitsvektors $\boldsymbol{e}_0 = \cos\alpha_0\,\boldsymbol{i} + \cos\beta_0\,\boldsymbol{j} + \cos\gamma_0\,\boldsymbol{k}$ in Einfallsrichtung, und zum anderen die des Einheitsvektors $\boldsymbol{e} = \cos\alpha\,\boldsymbol{i} + \cos\beta\,\boldsymbol{j} + \cos\gamma\,\boldsymbol{k}$ in Beugungsrichtung sind, lauten die Interferenzbedingungen (25a,b) zusammengenommen

$$\boldsymbol{e} - \boldsymbol{e}_0 = \left(\frac{h_1}{a}\,\boldsymbol{i} + \frac{h_2}{b}\,\boldsymbol{j} + \frac{h_3}{c}\,\boldsymbol{k}\right)\lambda. \tag{26}$$

Raumgitter findet man in den *Kristallen der Festkörper* vor. Anstelle der Spalte beim Strichgitter fungieren hier bei Bestrahlung mit Licht die regelmäßig angeordneten Atome des *Kristallgitters* mit Gitterkonstanten $a, b, c \approx 10^{-10}$ m als Ausgangspunkte kohärenter Elementarwellen. Zum Experimentieren ist sichtbares Licht allerdings zu langwellig; aber mit Röntgenstrahlen, deren Wellenlänge in der Größenordnung der Gitterkonstanten der Kristalle liegen, konnten Interferenzerscheinungen an kristallinen Strukturen erwartet werden.

Derartige Beugungsversuche wurden erstmalig von v. LAUE, FRIEDRICH und KNIPPING (1912) an Zinkblende (ZnS) durchgeführt. Sie benutzen dazu die in Bild 41.11a dargestellte Anordnung: Ein von einer Röntgenröhre (links) ausgehendes, eng ausgeblendetes Strahlenbündel, das einen *kontinuierlichen Wellenlängenbereich* enthält (sog. „weißes Röntgenlicht", vgl. 44.11), tritt durch ein Kristallplättchen K und erzeugt auf einer hinter dem Kristall aufgestellten Fotoplatte P ein Beugungsbild, das **Laue-Diagramm**, das aus einem System von Interferenzflecken um den Durchstoßpunkt des direkten Strahls besteht (Bild 41.11b).

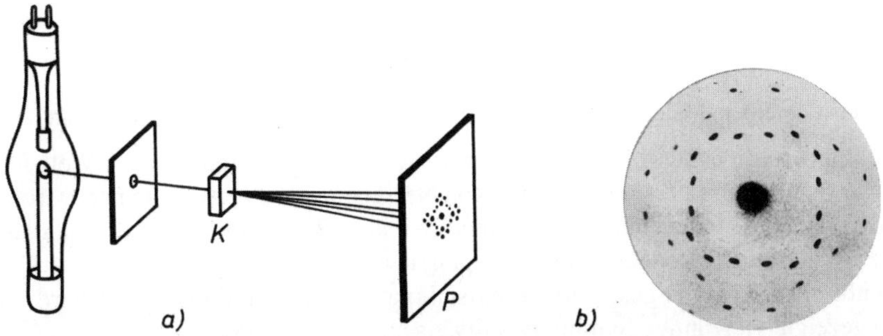

Bild 41.11. a) Anordnung zur Erzeugung von Röntgeninterferenzen (LAUE-Verfahren): K Kristall, P Fotoplatte; b) LAUE-Diagramm eines kubischen Kristalls (Durchstrahlung in Richtung einer Würfelkante)

Die der Auswertung solcher Beugungsbilder zu Grunde liegende Interferenzbedingung erhalten wir wie folgt: Durch Quadrieren der linken und rechten Seite von Gleichung (26) erhält man

$$1 - 2\boldsymbol{e} \cdot \boldsymbol{e}_0 + 1 = 2(1 - \cos 2\vartheta) = 4\sin^2\vartheta = \left(\frac{h_1^2}{a^2} + \frac{h_2^2}{b^2} + \frac{h_3^2}{c^2}\right)\lambda^2, \tag{27}$$

wobei 2ϑ gemäß $\boldsymbol{e} \cdot \boldsymbol{e}_0 = \cos 2\vartheta$ der Winkel zwischen der Richtung $\boldsymbol{e}_0$ des einfallenden und der Richtung $\boldsymbol{e}$ des gebeugten Strahlenbündels ist. Haben die sog. LAUE-Indizes h_1, h_2 und h_3 einen größten gemeinsamen Teiler z, so ist $h_1 = zh$, $h_2 = zk$ und $h_3 = zl$ mit h, k, l als teilerfremden ganzen Zahlen, den sog. MILLERschen Indizes. Damit folgt für ein orthogonales *(rhombisches)* Kristallgitter aus (27) die Interferenzbedingung in der Form

$$2\sin\vartheta = z\sqrt{\frac{h^2}{a^2} + \frac{k^2}{b^2} + \frac{l^2}{c^2}}\,\lambda = z\frac{\lambda}{d} \qquad \text{mit} \qquad d = \frac{1}{\sqrt{\dfrac{h^2}{a^2} + \dfrac{k^2}{b^2} + \dfrac{l^2}{c^2}}}. \tag{28}$$

Eine in den Kristall hineingelegte gedachte Ebene, die gleichmäßig mit Atomen (Gitterpunkten) belegt ist, bezeichnet man als **Netzebene**. Nach BRAGG kann die Beugung der Röntgenstrahlen an den Gitteratomen, wie in Bild 41.10b dargestellt, auch als *Reflexion* (Spiegelung) der einfallenden Strahlen an benachbarten Netzebenen N_1 und N_2 aufgefasst werden, wobei nach dem Reflexionsgesetz einfallender Strahl (*1* bzw. *2*) und reflektierter Strahl (*1'* bzw. *2'*) mit der betreffenden Netzebene den gleichen Winkel ϑ (BRAGG-Winkel) einschließen. Die in der Interferenzbedingung (28) enthaltene Größe d gibt dabei – wie nachfolgend gezeigt wird – den Abstand benachbarter Netzebenen an. Für das häufig vorkommende *kubische* Kristallgitter mit in allen drei Achsenrichtungen gleichen Gitterkonstanten $a = b = c$ erhält man nach (28)

$$d_{(hkl)} = \frac{a}{\sqrt{h^2 + k^2 + l^2}} \quad \textbf{(Netzebenenabstand im kubischen Kristallgitter).} \tag{29}$$

Die MILLERschen Indizes h, k, l kennzeichnen die reflektierende Netzebene. Sie sind so definiert, dass die Abschnitte, welche die Netzebene auf der x-, y- und z-Achse abschneidet, im Verhältnis der *reziproken* Werte von h, k und l stehen. So z. B. schneidet die Ebene (310), entsprechend (hkl), auf den Koordinatenachsen Strecken ab, die sich wie (1/3) : (1/1) : (1/0) = 1 : 3 : ∞ verhalten; diese Ebene verläuft also parallel zur z-Achse.
Für die beiden parallelen Strahlen *1* und *2* in Bild 41.10b muss, wenn sie sich nach der Reflexion an den Netzebenen N_1 und N_2 verstärken sollen, die Bedingung erfüllt sein, dass ihr Gangunterschied ein ganzzahliges Vielfaches z der Wellenlänge λ beträgt. Aus den rechtwinkligen Dreiecken ADC und ACB entnimmt man für den Gangunterschied $\Delta L = \overline{AD} - \overline{BC} = \overline{AC}\,[\cos(\alpha_0 - 2\vartheta) - \cos\alpha_0]$ oder nach dem bekannten Additionstheorem $\cos\alpha - \cos\beta = -2\sin[(\alpha+\beta)/2]\,\sin[(\alpha-\beta)/2]$ und mit $\overline{AC} = a$: $\Delta L = 2a\sin(\alpha_0 - \vartheta)\sin\vartheta$ und hieraus mit $a\sin(\alpha_0 - \vartheta) = d$:

$$2d\,\sin\vartheta = z\lambda \quad \textbf{(Braggsche Reflexionsbedingung),} \tag{30}$$

in Übereinstimmung mit Gleichung (28). $z = 0, 1, 2, \ldots$ gibt die *Reflexionsordnung* an.

Beim oben beschriebenen LAUE-Verfahren ist wegen des kontinuierlichen Wellenlängenspektrums die Bedingung (30) für eine Reihe von Netzebenen stets erfüllt. Je nach Größe des Netzebenenabstandes d treten unter bestimmten Winkeln 2ϑ gegenüber dem einfallenden Strahl symmetrisch dazu angeordnete Interferenzpunkte auf, die – wenn eine parallel zur Würfelfläche eines kubischen Kristalls geschnittene Kristallplatte senkrecht durchstrahlt wird – die in Bild 41.11b gezeigte vierzählige Symmetrie aufweisen.

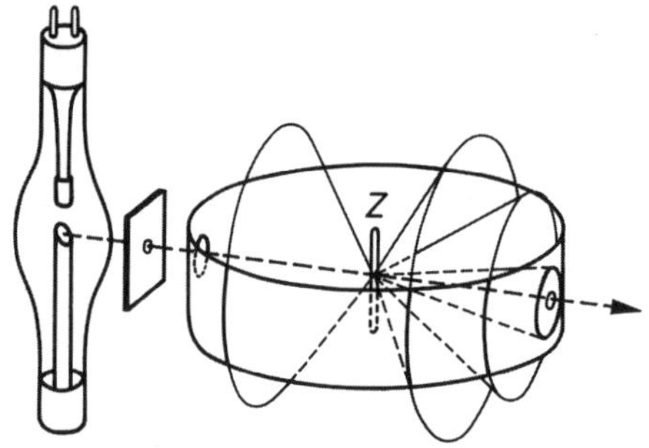

Bild 41.12. Versuchsanordnung beim DEBYE-SCHERRER-Verfahren: Z zylindrisches Probestäbchen (z. B. Glasröhrchen mit Kristallpulver)

Bei Verwendung von *monochromatischer* Strahlung (bestimmter Wellenlänge λ) muss, damit entsprechende Interferenzen erhalten werden, der Kristall entweder gedreht werden, um ihn mit seinen Netzebenen in reflexionsfähige Lagen zu bringen *(Drehkristallmethode)*, oder aber man benutzt ein Kristallpulver, in dem wegen der Lagenmannigfaltigkeit der kleinen Kriställchen praktisch alle möglichen Orientierungen vorkommen und aus diesem Grunde für eine sehr große Zahl von ihnen die Reflexionsbedingung (30) immer erfüllt ist (*Pulvermethode* nach DEBYE und SCHERRER, Bild 41.12). Die von den Netzebenen reflektierten Strahlen liegen auf Kegelmänteln um den einfallenden Strahl, deren Schnittkurven mit einem zentrisch um die stäbchenförmige Probe angeordneten zylindrischen Film die in Bild 41.13 gezeigten Interferenzlinien ergeben. Aus ihnen können Rückschlüsse auf die Gitterparameter wie Gitterkonstante und Gittertyp sowie auf die Zusammensetzung des Probenmaterials gezogen werden.

Beispiel: Aus dem DEBYE-SCHERRER-Diagramm von Aluminium (Bild 41.13), welches mit Röntgenstrahlung der Wellenlänge $\lambda = 1{,}542 \cdot 10^{-10}\,\text{m} = 0{,}1542\,\text{nm}$ aufgenommen wurde, werden für die

Netzebenen (111) und (200) in 1. Beugungsordnung ($z = 1$) die Reflexionswinkel $\vartheta_{(111)} = 19{,}25°$ und $\vartheta_{(200)} = 22{,}38°$ ermittelt (sie bestimmen sich nach $\vartheta = 90°\, r/(\pi R)$, wobei $2r$ der auf der Mittellinie des Films gemessene Abstand zusammengehöriger Interferenzlinien, z. B. der beiden (111)-Linien, und $2R = 57{,}3$ mm der Durchmesser der zylindrischen Filmkammer nach Bild 41.12 ist). Berechne die Gitterkonstante a des Aluminiums (Atomabstand in Richtung der Würfelkante der kubischen Elementarzelle)! – *Lösung:* Aus (30) erhält man als Netzebenenabstand der (111)-Ebenen $d_{(111)} = \lambda/(2\sin\vartheta_{(111)}) = 0{,}2338$ nm, für die (200)-Ebenen $d_{(200)} = 0{,}2024$ nm. Nach (29) ist $a = d_{(111)}\sqrt{3} = d_{(200)}\sqrt{4} = 0{,}4049$ nm.

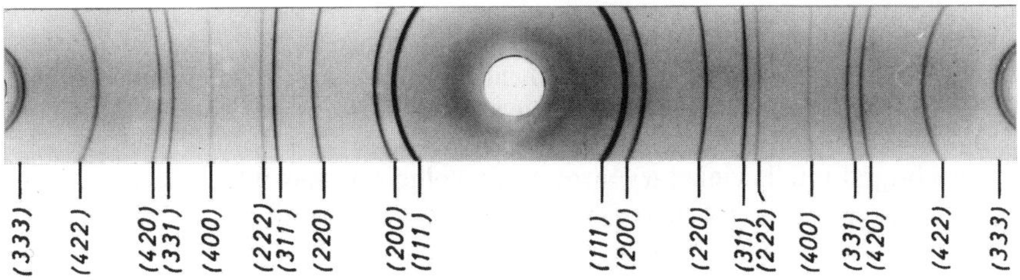

Bild 41.13. DEBYE-SCHERRER-Diagramm von Aluminium mit Angabe der MILLERschen Indizes h, k, l der reflektierenden Netzebenen

41.9 Polarisation. Polarisation des Lichts durch Reflexion und Brechung

Bei Longitudinalwellen (wie z. B. bei Schallwellen) ist durch die Ausbreitungsrichtung auch die Schwingungsrichtung der Welle bestimmt. Transversalwellen (z. B. elektromagnetische Wellen) besitzen zusätzlich durch ihre Schwingungsrichtung senkrecht zur Ausbreitungsrichtung eine weitere Vorzugsrichtung im Raum. Bleibt sie bei der Wellenausbreitung erhalten, spannen *Schwingungs- und Ausbreitungsrichtung* die **Schwingungsebene** auf. Weil sich das Verhalten einer solchen **linear polarisierten Welle** parallel und senkrecht zur Schwingungsebene unterscheidet, sind mit Transversalwellen besondere Polarisationserscheinungen zu beobachten.

Die Schwingungsrichtung von *Funkwellen* wird durch die Richtung des Sendedipols bestimmt; die Wellen sind *horizontal* oder *vertikal* (zur Erdoberfläche) *polarisiert.* Es ist allgemein bekannt, dass auch der Empfängerdipol die Schwingungsrichtung haben muss, wenn er wirksam werden soll.

Der Nachweis von Polarisationserscheinungen entscheidet, dass auch Licht ein transversaler Wellenvorgang ist, wie die elektromagnetische Lichttheorie behauptet.

Natürliches und polarisiertes Licht. Die meisten Lichtquellen emittieren sog. *natürliches Licht* mit keiner bevorzugten Schwingungsebene. Zwar geht von jedem Atom bei einem Emissionsakt ein linear polarisierter Wellenzug aus, in der Vielzahl der Wellenzüge kommen aber alle Schwingungsebenen gleichmäßig verteilt vor.

Natürliches Licht ist unpolarisiert.

Eine Vorrichtung, die eine bestimmte Schwingungsebene bevorzugt überträgt, die also aus natürlichem Licht *polarisiertes Licht* herstellt, heißt **Polarisator**. Weil das menschliche Auge natürliches und polarisiertes Licht nicht unterscheiden kann, wird zum Nachweis der Polarisation ein **Analysator** benötigt. Das ist eine gleichartige Vorrichtung, die ebenfalls eine bestimmte Schwingungsebene bevorzugt überträgt. Oft werden dazu *Polarisationsfilter* eingesetzt; das sind durchsichtige Folien, die durch geordnete Einlagerung mikroskopisch kleiner Einkristalle eine ausgezeichnete Durchlassrichtung aufweisen. Laufen die Durchlassrichtungen von Polarisator und Analysator parallel, tritt dahinter Helligkeit auf; stehen sie senkrecht („gekreuzt“) aufeinander, wird die vom Polarisator ausgesonderte Schwingungsebene vom Analysator nicht durchgelassen, und man beobachtet Dunkelheit. Unterdrückt ein Polarisator Licht, das senkrecht zur Durchlassrichtung schwingt, nicht vollständig, entsteht *partiell* (teilweise) *polarisiertes Licht.* Fällt natürliches Licht schräg auf eine durchsichtige Spiegelfläche z. B. einer Glasplatte (Metallspiegel sind nicht geeignet), wird sowohl das reflektierte als auch das gebrochene Licht partiell polarisiert. Schwingen Lichtwellen senkrecht zur **Einfallsebene**, die von Einfallsrichtung und Oberflächenlot gebildet wird, werden sie bevorzugt reflektiert; schwingen sie in der Einfallsebene, werden sie überwiegend gebrochen.

Stehen reflektierter und gebrochener Strahl senkrecht aufeinander, ist das reflektierte Licht senkrecht zur Einfallsebene vollständig linear polarisiert (Bild 41.14a).

Der zugehörige Einfallswinkel $\alpha_1 = \alpha_P$ heißt **Polarisationswinkel**. Nach Bild 41.14a ist also in diesem Fall $\alpha_P + \alpha_2 = 90°$ und daher $\sin\alpha_2 = \cos\alpha_P$. Damit ergibt sich aus dem Brechungsgesetz (39/10) $\sin\alpha_P / \sin\alpha_2 = n_2/n_1 = n$:

$$\tan\alpha_P = n \qquad \textbf{(Brewstersches Gesetz).} \tag{31}$$

Dieses Gesetz folgt aus der elektromagnetischen Lichttheorie. Danach ist die Schwingungsebene des Vektors der elektrischen Feldstärke mit der „Schwingungsebene des Lichts“ identisch. Berechnet man die Energieverteilung auf die reflektierte und gebrochene Welle, so zeigt sich, dass Licht, welches senkrecht zur Einfallsebene schwingt, sich an der Grenzfläche anders verhält als Licht, das parallel dazu schwingt.

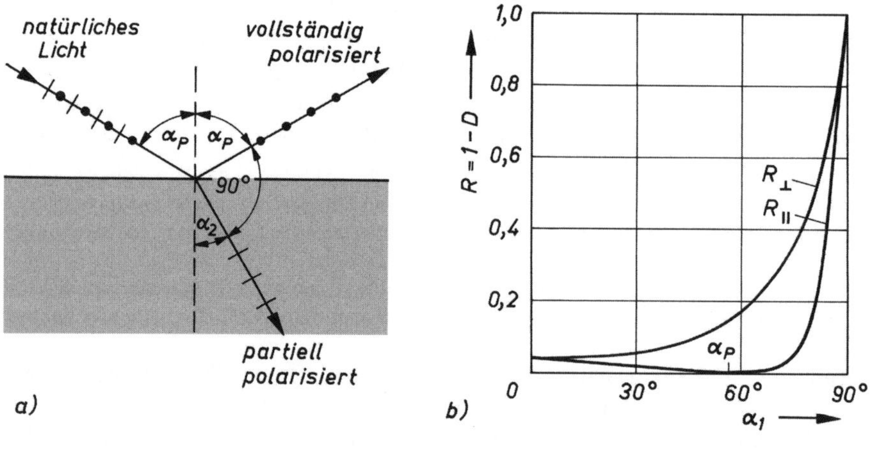

Bild 41.14. a) Vollständige Polarisation des reflektierten Lichts nach dem BREWSTERschen Gesetz ($\alpha_1 = \alpha_P$). Auch das gebrochene Licht kann nahezu vollständig polarisiert werden, wenn man es durch viele Grenzflächen leitet (Glasplattensatz); b) Reflexions- und Durchlassgrad als Funktion des Einfallswinkels für zwei verschiedene Schwingungsebenen

Nach FRESNEL hängen Reflexionsgrad R und Durchlassgrad D (vgl. 39.4) für die Schwingungsrichtungen *senkrecht* und *parallel* zur Einfallsebene vom Einfallswinkel α_1 und mittelbar über den Brechungswinkel α_2 vom Brechungsverhältnis n_2/n_1 ab:

$$R_\perp = 1 - D_\perp = \frac{\sin^2(\alpha_1 - \alpha_2)}{\sin^2(\alpha_1 + \alpha_2)}, \tag{32}$$

$$R_{\parallel} = 1 - D_{\parallel} = \frac{\tan^2(\alpha_1 - \alpha_2)}{\tan^2(\alpha_1 + \alpha_2)}. \tag{33}$$

Bild 41.14b zeigt das Verhalten beim Übergang vom optisch dünneren zum optisch dichteren Medium (z. B. von Luft zu Glas.) Bei *senkrechtem* Einfall kann keine Polarisation auftreten, da keine ausgezeichnete Schwingungsebene existiert. Durch Grenzübergang $\alpha_1 \to 0$ und $\alpha_2 \to 0$ erhält man, wenn die sin- und tan-Werte in (32), (33) und (40/3) durch ihre Bogen ersetzt werden,

$$R = 1 - D = \left(\frac{n_1 - n_2}{n_1 + n_2}\right)^2 \quad \text{oder} \quad R = \left(\frac{n-1}{n+1}\right)^2, \tag{34}$$

letztere Beziehung für den Übergang von Luft in ein Medium der Brechzahl n. Mit wachsendem Einfallswinkel α_1 wird bei der reflektierten Welle die senkrechte und bei der gebrochenen Welle die parallele Komponente bevorzugt übertragen; denn es gilt $R_{\perp}/R_{\parallel} \geq 1$ und $D_{\perp}/D_{\parallel} \leq 1$. Beim Polarisationswinkel wird $R_{\parallel} = 0$, denn $\alpha_1 + \alpha_2 = 90°$ (s. o.). Danach nehmen die reflektierten Anteile rasch zu und erreichen sowohl bei streifendem Einfall $\alpha_1 = 90°$ als auch bei streifendem Ausfall (Übergang zur Totalreflexion) den Wert $R = 1$.

Beispiel: Ein Lichtstrahlenbündel wird an einer ortsfesten Glasplatte unter dem Polarisationswinkel gespiegelt und dabei linear polarisiert. Wie kann man dies mit einer zweiten, beweglichen Glasplatte nachweisen? ($n = 1{,}50$ für Glas.) – *Lösung:* Man lenkt das an der ersten Glasplatte (Polarisator) gespiegelte Licht so auf die zweite Platte (Analysator), dass sie ebenfalls unter dem Polarisationswinkel reflektiert. Nach (31) ist $\alpha_P \approx 56°$. Dreht man nun den Analysator um das vom Polarisator reflektierte Strahlenbündel als Achse, so bleibt der Einfallswinkel α_P erhalten. In zwei Stellungen fallen die Einfallsebenen zusammen; man beobachtet nach zweimaliger Spiegelung Helligkeit, weil das Licht, welches senkrecht zur gemeinsamen Einfallsebene schwingt, übertragen wird. In zwei Stellungen stehen die Einfallsebenen senkrecht aufeinander; der Analysator wird nur von Licht getroffen, das in seiner Einfallsebene schwingt, und man beobachtet Dunkelheit.

41.10 Polarisation durch Doppelbrechung

Stoffe, bei denen die Phasengeschwindigkeit des Lichts und damit die Brechzahl n (sowie weitere optische Eigenschaften) keine Materialkonstante ist, sondern von der Richtung im Stoff abhängt, nennt man **optisch anisotrop**. In erster Linie zeigen Kristalle, die nicht dem kubischen Kristallsystem angehören, von der Orientierung zum Kristallgitter abhängige physikalische Eigenschaften.

Trifft ein Strahlenbündel natürlichen Lichts auf einen durchsichtigen anisotropen Kristall, wird es im Allgemeinen in zwei Teilbündel mit verschiedener Richtung aufgespalten *(Doppelbrechung)*. Daher erscheinen Gegenstände, durch den Kristall betrachtet, doppelt. Wir beschränken uns hier zunächst auf Kristalle mit nur einer ausgezeichneten Richtung im Kristallgitter, der **optischen Achse**, sog. *einachsige* Kristalle. Nur in Richtung der optischen Achse und senkrecht dazu wird keine Doppelbrechung beobachtet. Jede Ebene, welche die optische Achse enthält, heißt **Hauptschnitt**. Im sog. **Strahl-Hauptschnitt** liegt noch zusätzlich die Ausbreitungsrichtung des Lichts.

*Kalkspat*stücke ($CaCO_3$) lassen sich wegen ihrer guten Spaltbarkeit in Bruchstücke von Rhomboederform zerlegen. Parallel zur Verbindungslinie der beiden stumpfen Ecken verläuft die optische Achse (Bild 41.15). Geschliffene Kalkspatkristalle eignen sich hervorragend für Demonstrationsversuche.

Fällt ein Strahlenbündel natürlichen Lichts senkrecht auf die Oberfläche eines *einachsigen Kristalls* (s. o.), geht ein Teilbündel wie bei optisch isotropen Stoffen ungebrochen hindurch, das andere wird trotz senkrechten Einfalls abgelenkt (Bild 41.15a).

Das Teilbündel, welches dem Brechungsgesetz **folgt,**
nicht folgt,

heißt **ordentlicher**
außerordentlicher **Strahl.**

Zur Erklärung der Doppelbrechung kann wie in 39.4 das HUYGENSsche Prinzip (vgl. 39.3) dienen, wenn man folgendes berücksichtigt: Die Lichtwellen des ordentlichen Strahls folgen dem Brechungsgesetz und breiten sich daher nach allen Richtungen im Kristall mit der gleichen Phasengeschwindigkeit c_o aus; die Phasengeschwindigkeit c_{ao} der Lichtwellen des außerordentlichen Strahls dagegen ist von seiner Richtung abhängig und nur parallel zur optischen Achse gleich c_o. Bei *negativ einachsigen* Kristallen (z. B. Kalkspat) ist $c_{ao} \geq c_o$, bei *positiv einachsigen* Kristallen (z. B. Quarz) ist $c_{ao} \leq c_o$ (s. Bild 41.15b und c). Die Lichtgeschwindigkeit c_o des ordentlichen und c_{ao}^{max} bzw. c_{ao}^{min} des außerordentlichen Strahls senkrecht zur optischen Achse bezeichnet man als *Hauptlichtgeschwindigkeiten*. Damit definiert man die *Hauptbrechzahlen* $n_o = c_0/c_o$ und $n_{ao} = c_0/c_{ao}^{max}$ bzw. c_0/c_{ao}^{min} (c_0 Lichtgeschwindigkeit im Vakuum).

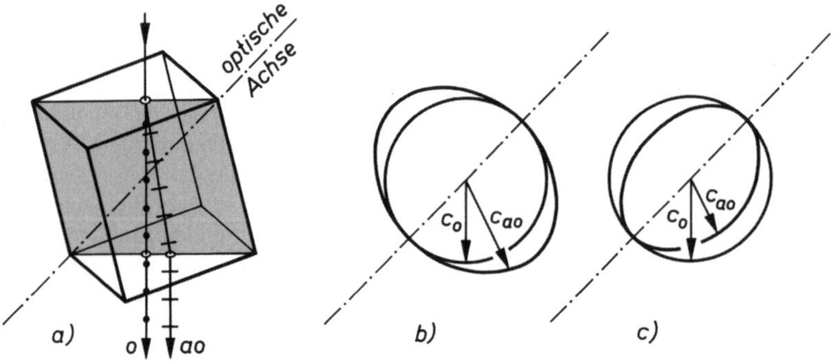

Bild 41.15. Doppelbrechung: a) Strahlenverlauf im Hauptschnitt eines Kalkspatkristalls und Phasenflächen b) im negativ, c) im positiv einachsigen Kristall; o ordentlicher, ao außerordentlicher Strahl

Nach HUYGENS ist jeder Punkt einer Welle Ausgangspunkt einer Elementarwelle, die beim ordentlichen Strahl eine Kugelwelle und beim außerordentlichen Strahl eine Ellipsoidwelle ist, deren Phasenfläche die Form eines Rotationsellipsoids mit der optischen Achse als Rotationsachse hat.

Strahlenkonstruktion (Bild 41.16a): Eine ebene Welle falle schräg auf die Oberfläche durch A und C eines einachsigen Kristalls. Eine Phasenfläche laufe durch A und B. In der gleichen Zeit, in der sich das Licht von B nach C ausbreitet, haben sich von A zwei Elementarwellen kugelförmig für den ordentlichen und ellipsoidförmig für den außerordentlichen Strahl ausgebildet. Die Tangentialebenen durch D_o und C und durch D_{ao} und C stellen ebene Phasenflächen der gebrochenen Teilwellen dar. Man erkennt, dass die Ausbreitungsrichtung des außerordentlichen Strahls entlang AD_{ao} im Allgemeinen nicht mehr senkrecht auf seinen Phasenflächen steht. Nur wenn die optische Achse in der Einfallsebene liegt, bleibt auch der außerordentliche Strahl immer in der Einfallsebene.

Untersucht man mit einem Analysator die Schwingungsebenen des Lichts der Teilbündel, die durch den Kristall treten, stellt man fest (s. Bild 41.15a):

Der **ordentliche**
außerordentliche **Strahl ist** **senkrecht**
parallel **zum Strahl-Hauptschnitt**
linear polarisiert.

Da im einfallenden natürlichen Licht beide Schwingungsrichtungen zu gleichen Teilen vorkommen, haben beide Strahlen im Allgemeinen auch die gleiche Intensität. Will man einen doppelbrechenden Kristall als Polarisator oder Analysator benutzen, muss einer der beiden Strahlen beseitigt werden. Beim früher oft verwandten **Nicolschen Doppelprisma** wird der ordentliche Strahl durch Totalreflexion an einer planparallelen Zwischenschicht aus dem Strahlengang ent-

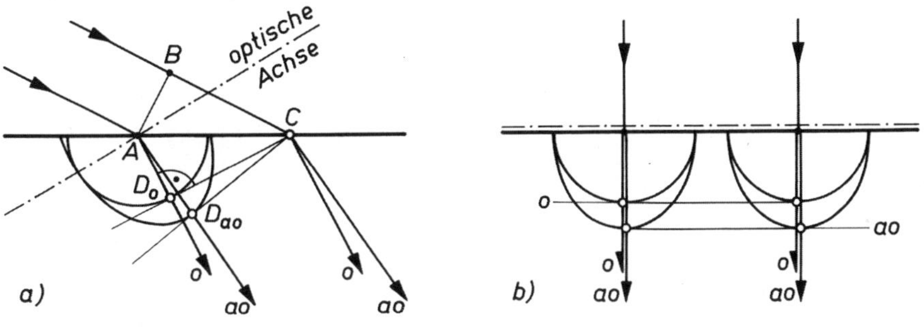

Bild 41.16. Erklärung a) der Doppelbrechung, b) der unterschiedlichen Ausbreitungsgeschwindigkeit der Phasenflächen bei Lichteinfall senkrecht zur Kristalloberfläche und senkrecht zur optischen Achse nach dem HUYGENSschen Prinzip; o ordentlicher, ao außerordentlicher Strahl

fernt und nur der außerordentliche durchgelassen. In Polarisationsfiltern nutzt man die Eigenschaft mancher doppelbrechenden Kristalle, das eine der beiden linear polarisierten Teilbündel stärker als das andere zu absorbieren *(Dichroismus)*. Schon eine geringe Schichtdicke ($\approx$ 1 mm) einer parallel zur optischen Achse geschnittenen Turmalinplatte z. B. absorbiert den ordentlichen Strahl fast vollständig und lässt den außerordentlichen nahezu ungeschwächt hindurch.

41.11 Interferenz des polarisierten Lichts

Fällt Licht senkrecht auf eine planparallele Platte, die parallel zur optischen Achse aus dem Kristall geschnitten wurde, dringt es ungebrochen hindurch. Zwar findet eine Zerlegung in die senkrecht zueinander polarisierten Teilwellen des ordentlichen und des außerordentlichen Strahls statt, sie spalten aber nicht in verschiedene Richtungen auf (s. Bild 41.16b). Infolge ihrer verschiedenen Geschwindigkeiten besteht jedoch nach Durchgang durch die Schichtdicke d hinter dem Kristall zwischen ihnen ein Gangunterschied

$$\Delta L = (n_o - n_{ao})\, d, \tag{35}$$

weil sie unterschiedliche optische Weglängen $n_o d$ und $n_{ao} d$ durchlaufen haben.

Die Überlagerung polarisierter Lichtwellen führt nur dann zur **Auslöschung** (bzw. Schwächung), wenn die folgenden **Interferenzbedingungen** erfüllt sind:

1. Die überlagerten Lichtwellen müssen einen Gangunterschied $\Delta L = \lambda/2$ oder ein ungeradzahliges Vielfaches davon haben, nach (3).
2. Die überlagerten Lichtwellen müssen kohärent sein. Der aus natürlichem Licht entstandene ordentliche Strahl ist zum außerordentlichen inkohärent, da beide überwiegend aus unabhängig voneinander schwingenden Wellenzügen bestehen.
3. Die überlagerten Lichtwellen müssen die gleiche Schwingungsebene haben.

Der Versuchsaufbau zur Untersuchung von Interferenzerscheinungen im **Polarisationsapparat** (Bild 41.17) muss dies berücksichtigen: Monochromatisches Licht wird im Polarisator linear polarisiert und fällt auf einen Kristall, der wie oben beschrieben geschnitten ist (Bild 41.17a). Die Schwingungsebene bilde mit der optischen Achse einen Winkel von 45° (Diagonalstellung der Durchlassrichtung). Im Kristall wird das einfallende Licht in die zwei senkrecht zueinander schwingenden kohärenten Komponenten des ordentlichen und des außerordentlichen Strahls zerlegt. Die Zerlegung des elektrischen Feldstärkevektors $\boldsymbol{E} = \boldsymbol{E}_\mathrm{o} + \boldsymbol{E}_\mathrm{ao}$ zeigt Bild 41.18a. Hinter dem Kristall haben die Komponenten einen von der Schichtdicke abhängigen Gangunterschied (35).

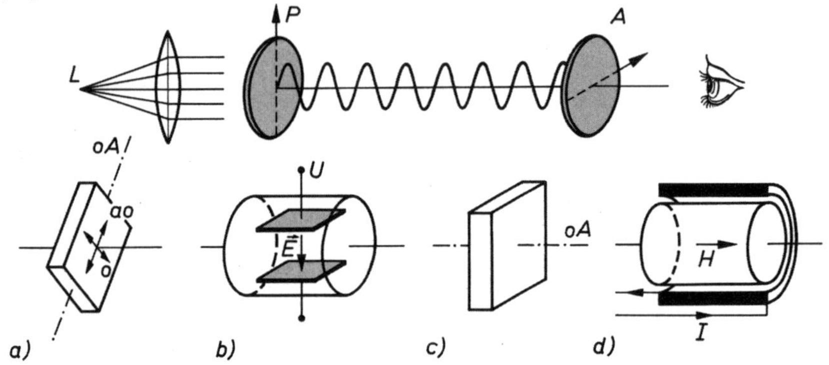

Bild 41.17. Prinzip eines Polarisationsapparates *(Polarimeter)* mit Lichtquelle L, Polarisator P und Analysator A in gekreuzter Stellung. Aufhellung des Gesichtsfeldes erfolgt durch einen doppelbrechenden oder optisch aktiven Stoff zwischen P und A, z. B. durch a) einen parallel zur optischen Achse (oA) geschnittenen Kristall, b) eine KERR-Zelle zur Beobachtung der elektrischen Doppelbrechung, c) einen senkrecht zur optischen Achse geschnittenen Kristall, d) eine Substanz im Magnetfeld (FARADAY-Effekt).

Wenn der Gangunterschied $\Delta L = \lambda$ (oder ein Vielfaches davon) beträgt, bemerkt man die Doppelbrechung nicht, denn das Licht aus dem Kristall verhält sich wie das vom Polarisator kommende Licht. Die beiden Komponenten in Durchlassrichtung des Analysators $\boldsymbol{E}'_\mathrm{o}$ und $\boldsymbol{E}'_\mathrm{ao}$ addieren sich zu $\boldsymbol{E}'_\mathrm{o} + \boldsymbol{E}'_\mathrm{ao} = \boldsymbol{E}$ (ungeschwächte Helligkeit) bei paralleler Stellung zum Polarisator (Bild 41.18b) und zu $\boldsymbol{E}'_\mathrm{o} + \boldsymbol{E}'_\mathrm{ao} = 0$ (Dunkelheit) bei gekreuzter Stellung zum Polarisator (Bild 41.18c).

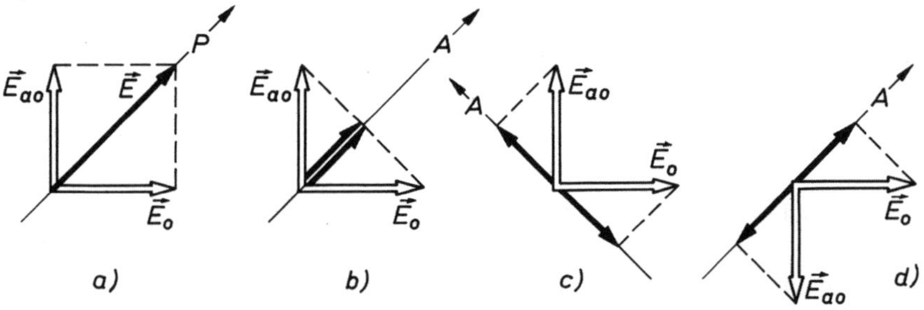

Bild 41.18. a) Zerlegung des Lichts aus dem Polarisator in zwei Komponenten durch einen Kristall; Resultierende der Komponenten des Lichts aus dem Kristall b) bei Parallelstellung von Polarisator und Analysator, c) bei gekreuzter Stellung von Polarisator und Analysator; d) Resultierende im Analysator hinter einem $\lambda/2$-Blättchen bei Parallelstellung von Polarisator und Analysator (Dunkelheit)

Kristalle mit Schichtdicken, die zwischen ordentlichem und außerordentlichem Strahl einen Gangunterschied von $\Delta L = \lambda/2$ (oder ein ungeradzahliges Vielfaches davon) erzeugen, nennt man **λ/2-Blättchen**. Die Phase der einen Teilwelle ist um π gegenüber der anderen verschoben. In Bild 41.18d wird dies durch die entgegengesetzte Schwingungsrichtung von $\boldsymbol{E}_{\text{ao}}$ berücksichtigt. Die beiden Komponenten in Durchlassrichtung des Analysators ergeben $\boldsymbol{E}'_{\text{o}}+\boldsymbol{E}'_{\text{ao}} = 0$. Parallelstellung der Durchlassrichtungen von Polarisator und Analysator ergibt damit *Auslöschung*. Bei gekreuzter Stellung der Durchlassrichtungen beobachtet man mit dem doppelbrechenden Kristall dagegen Helligkeit.

Durchsetzt das linear polarisierte Licht ein so genanntes **λ/4-Blättchen** mit einer Schichtdicke, die zwischen dem ordentlichen und außerordentlichen Strahl einen Gangunterschied von $\Delta L = \lambda/4$ (oder ein ungeradzahliges Vielfaches davon) erzeugt, entsprechend einer Phasendifferenz beider Teilwellen von $\pi/2$, so entsteht dahinter eine qualitativ andere Polarisation. Der Analysator wird in jeder Winkelstellung von der gleichen Intensität durchdrungen. Hierfür liefert die Vektoraddition der Feldstärkevektoren des ordentlichen und des außerordentlichen Strahls die Erklärung: Bei der Überlagerung von zwei Transversalwellen mit *aufeinander senkrechten Schwingungsebenen* führt jede der beiden Teilwellen an jedem Ort ihres Weges eine lineare Schwingung aus und es entstehen, abhängig von ihrer Phasendifferenz $\Delta\varphi$, Schwingungsbilder wie in Bild 35.5. In Richtung der Koordinatenachsen u und v würden dann beim Licht die Teilschwingungen $\boldsymbol{E}_{\text{o}}$ und $\boldsymbol{E}_{\text{ao}}$ verlaufen; dem Schwingungsvektor $\boldsymbol{s}$ würde der resultierende Feldstärkevektor $\boldsymbol{E}$ entsprechen. Im Allgemeinen läuft die Spitze des $\boldsymbol{E}$-Vektors an jedem Ort auf einer Ellipse um (*elliptische* Schwingung). Gleichzeitig breitet sich das elektrische Feld mit der Geschwindigkeit c aus, so dass sich der $\boldsymbol{E}$-Vektor *schraubenförmig* innerhalb des Mantels einer Säule mit elliptischem Querschnitt bewegt.

Durch Überlagerung von zwei Transversalwellen mit aufeinander senkrechten Schwingungsebenen entsteht eine elliptisch polarisierte Welle.

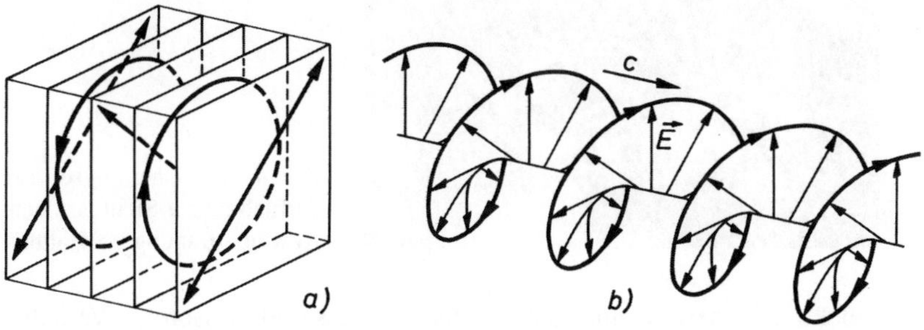

Bild 41.19. a) Laufende Änderung des Polarisationszustandes in einem doppelbrechenden Kristall, unterteilt in $\lambda/4$-Blättchen; b) $\boldsymbol{E}$-Feld einer rechtszirkular polarisierten Welle hinter dem Kristall

Als Spezialfälle entstehen (vgl. Bild 41.19a)

a) die **linear polarisierte Welle**, wenn die Phasendifferenz der beiden Teilwellen $\Delta\varphi = 0, \pi, \ldots$ bzw. ihr Gangunterschied $\Delta L = 0, \lambda/2, \ldots$ beträgt;
b) die **zirkular polarisierte Welle** (Bild 41.19b), wenn $\Delta\varphi = \pi/2, 3\pi/2, \ldots$ bzw. $\Delta L = \lambda/4, 3\lambda/4, \ldots$ beträgt und die Feldstärken der Teilwellen $\boldsymbol{E}_{\text{o}}$ und $\boldsymbol{E}_{\text{ao}}$ betragsmäßig *gleich* sind.

Je nachdem, ob sich der Feldstärkevektor – in Ausbreitungsrichtung gesehen – im bzw. entgegen dem mathematischen Drehsinn bewegt, nennt man die Welle *rechts-* bzw. *linkszirkular* polarisiert.

Dringt eine linear polarisierte Welle, wie eingangs beschrieben, in einen doppelbrechenden Kristall ein, nimmt der Gangunterschied von ordentlichem und außerordentlichem Strahl in

Ausbreitungsrichtung zu, und der Polarisationszustand ändert sich laufend (Bild 41.19a). Für $\Delta L = \lambda/4$ entsteht wegen $E_o = E_{ao}$ zirkular polarisiertes Licht. $\lambda/4$-Blättchen benutzt man daher zur Erzeugung von zirkular polarisiertem aus linear polarisiertem Licht. Nach einem Gangunterschied von $\Delta L = \lambda/2$ entsteht wieder linear polarisiertes Licht mit einer Schwingungsebene, die auf der des einfallenden Lichts senkrecht steht. Nach $\Delta L = 3\lambda/4$ liegt erneut zirkular polarisiertes Licht vor, aber mit entgegengesetztem Drehsinn, usw.

Doppelbrechung in optisch isotropen Stoffen. Zahlreiche durchsichtige feste Körper zeigen unter *Zug-* oder *Druckbeanspruchung* die sog. **Spannungsdoppelbrechung**. Dabei wird linear polarisiertes Licht wie bei einem doppelbrechenden Kristall in zwei senkrecht zueinander schwingende Teilwellen zerlegt, deren unterschiedliche Ausbreitungsgeschwindigkeiten von der Größe der *inneren Spannungen* abhängen. Da das Licht einen solchen Körper entweder elliptisch polarisiert oder mit gedrehter Schwingungsebene verlässt, beobachtet man im Polarisationsapparat bei gekreuzten Durchlassrichtungen von Polarisator und Analysator mit monochromatischem (bzw. weißem) Licht helle (bzw. farbige) Interferenzstreifen im Körperprofil; aus dem Verlauf dieser sog. *Isochromaten* kann man auf die mechanische Beanspruchung schließen (*Spannungsoptik*, Bild 41.20). An maßstabsgetreuen Modellen von Bauteilen, z. B. aus Plexiglas, kann man auf diese Weise unter realen oder nachgebildeten Beanspruchungen die Spannungsverteilung im Bauteil selbst beurteilen. Erschmolzene Gläser für hochwertige optische Geräte werden vor dem Schleifen im polarisierten Licht auf innere Spannungen untersucht.

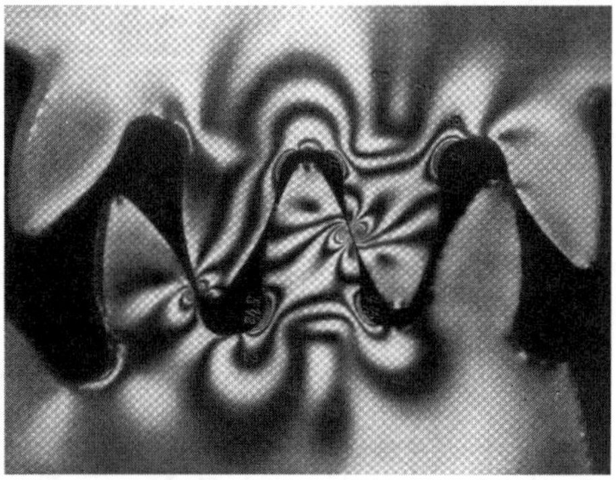

Bild 41.20. Spannungsoptische Aufnahme zur Sichtbarmachung der Kraftübertragung bei Zahnrädern

Auch durch elektrische bzw. magnetische Felder kann das optisch isotrope Verhalten von Stoffen gestört werden; man beobachtet **elektrische Doppelbrechung** (KERR-*Effekt*, Bild 41.17b) bzw. **magnetische Doppelbrechung**. Der Gangunterschied der beiden senkrecht zueinander schwingenden Teilwellen hängt von der elektrischen bzw. magnetischen Feldstärke ab und ist senkrecht zur Feldrichtung am größten.

Beispiele: *1.* Durch welche Dicke eines Glimmerblättchens kann man die Drehrichtung von zirkular polarisiertem Natrium-Licht ($\lambda = 589$ nm) umkehren? Glimmer hat als optisch zweiachsiger Kristall anstelle eines ordentlichen und eines außerordentlichen *zwei* außerordentliche Strahlen mit den Brechzahlen $n_1 = 1{,}593$ und $n_2 = 1{,}587$. – *Lösung:* Für ein dazu erforderliches $\lambda/2$-Blättchen (vgl. Bild 41.19a) ergibt sich analog zu (35) $\Delta L = (n_1 - n_2)\,d = \lambda/2$ und $d = 0{,}05$ mm.

2. Die Durchlassrichtungen zweier Polarisationsfilter (Polarisator und Analysator) schließen den Winkel α ein. Wie groß ist α, wenn vom Analysator noch 3/4, 1/2 und 1/4 der maximalen Lichtintensität durchgelassen wird? – *Lösung:* Der Analysator lässt von der polarisierten Lichtwelle mit der Feldstärke E_P nur die Komponente in seiner Durchlassrichtung $E_A = E_P \cos\alpha$ passieren. Da nach (38/17) die Intensität $S \sim E^2$ ist, gilt für den Durchlassgrad $D = (E_A/E_P)^2 = \cos^2\alpha = 3/4, 1/2, 1/4$ und $\alpha = 30°$, $45°, 60°$.

41.12 Drehung der Schwingungsebene des polarisierten Lichts

Die Eigenschaft vieler Stoffe, die Schwingungsebene des linear polarisierten Lichts um seine Ausbreitungsrichtung zu drehen, bezeichnet man als **optische Aktivität**. Oft kommt in der Natur zu einem *rechtsdrehenden* Stoff, der – in Ausbreitungsrichtung gesehen – die Schwingungsebene im mathematischen Drehsinn bewegt, die entsprechende *linksdrehende* Modifikation gleicher chemischer Zusammensetzung vor, wie z. B. beim Zucker $C_6H_{12}O_6$, einmal als rechtsdrehender Traubenzucker *(Dextrose)*, zum anderen als linksdrehender Fruchtzucker *(Lävulose)*. Ihre Kristall- bzw. Molekülstrukturen verhalten sich dann wie Gegenstand und Spiegelbild.
Im **Polarimeter**, einem Polarisationsapparat, bestehend aus Lichtquelle, Polarisator, optisch aktiver Substanz und einem Analysator mit Teilkreis zur Bestimmung des Winkels zwischen den Durchlassrichtungen von Polarisator und Analysator (s. Bild 41.17), wird der *Drehwinkel* α gemessen. Experimente zeigen, dass dieser der durchstrahlten Schichtdicke d proportional ist:

$$\alpha = \alpha' d. \qquad (36)$$

α' charakterisiert das *spezifische Drehvermögen* des optisch aktiven Stoffes. Dieses ist abhängig von der Anzahl der darin enthaltenen optisch aktiven Moleküle. Damit ist es der Massenkonzentration c (= gelöste Masse/Lösungsvolumen) proportional:

$$\alpha' = \alpha_0 c. \qquad (37)$$

Entnimmt man die *spezifische Drehung* α_0 einer Tabelle, kann aus dem mit einem Polarimeter *(Saccharimeter)* gemessenen Drehwinkel α die Konzentration von Lösungen bestimmt werden. Das geschieht in der Medizin z. B. bei der Traubenzuckerbestimmung im Harn und in der Zuckerindustrie bei der Bestimmung des Rohzuckergehalts.
Optisch einachsige Kristalle zeigen in Richtung der optischen Achse keine Doppelbrechung. Ein senkrecht zur optischen Achse geschnittenes Kalkspat-Blättchen bleibt im Polarisationsapparat inaktiv. Dagegen ist ein senkrecht zur optischen Achse geschnittenes Quarz-Blättchen optisch aktiv und zeigt zwischen gekreuzten Durchlassrichtungen von Polarisator und Analysator die erwartete Aufhellung (s. Bild 41.17c). Mit monochromatischem Licht kann man durch Nachdrehen des Analysators um den Winkel α nach rechts (bzw. links) bei einem Rechts- (bzw. Links-)Quarz wieder Dunkelheit erzeugen. Mit weißem Licht beobachtet man beim Nachdrehen des Analysators anstelle der Dunkelheit einen dauernden Farbwechsel.
In einem *starken Magnetfeld* werden alle Stoffe mehr oder weniger optisch aktiv. Die Erscheinung, dass die Schwingungsebene des linear polarisierten Lichts gedreht wird, wenn es einen Stoff parallel zu den Magnetfeldlinien durchsetzt, nennt man **Faraday-Effekt** (Bild 41.17d). Der Drehsinn verhält sich zur Feldrichtung wie eine Rechtsschraube und ändert sich nicht, wenn das Licht den Stoff in umgekehrter Richtung durchläuft.

Beispiel: In einem Saccharimeter bestimmt man für eine Rohrzuckerlösung mit einer spezifischen Drehung $\alpha_0 = 0{,}665°\ \mathrm{m^2/kg}$ in einem 20 cm langen Glasrohr einen Drehwinkel von $\alpha = 12°$. Wie hoch ist die Zuckerkonzentration? – *Lösung:* Nach (36) und (37) ist $c = \alpha/(\alpha_0 d) = 90\ \mathrm{kg/m^3}$ Lösung.

41.13 Nichtlineare Optik

Es gibt eine Anzahl charakteristischer Erscheinungen der physikalischen Optik, die nur bei elektromagnetischer Strahlung *extrem hoher Intensität* im infraroten, sichtbaren und ultravioletten Spektralbereich auftreten, wenn diese Stoffe durchdringt oder an deren Grenzflächen reflektiert wird. Bestimmt man aus dem Energiestrom, der die Erdoberfläche von der Sonne her erreicht (*Solarkonstante* $S \approx 1400\ \mathrm{W/m^2}$), nach (38/17) $S = EH$ die entsprechende effektive elektrische und magnetische Feldstärke, erhält man

$E \approx 700$ V/m und $H \approx 2$ A/m. Für sichtbares Licht allein reduzieren sich die Feldstärken auf einen kleinen Bruchteil dieser Werte. Auch bei Erhöhung der Energiestromdichte S durch Fokussierung beansprucht die herkömmliche „lineare Optik" volle Gültigkeit. Mit Laser-Lichtquellen hingegen lassen sich im Impulsbetrieb in einem engen Spektralbereich so hohe Energiestromdichten ($S > 10^{14}$ W/m^2) erzielen, dass die Feldstärken der elektromagnetischen Strahlung die Kraftfelder in Kristallen und Atomen nachweisbar stören, also deren Größenordnung erreichen. Dann sind nämlich die für die lineare Optik wesentlichen Materialgleichungen $D = \varepsilon E$ und $B = \mu H$ der MAXWELLschen Elektrodynamik (s. 32.3) nicht mehr gültig.
In der *nichtlinearen Optik* wird das reale elektromagnetische Verhalten der Stoffe z. B. für die elektrische Polarisation (24/7) durch den Ansatz

$$P = \varkappa_1 E + \varkappa_2 E^2 + \varkappa_3 E^3 + \dots \tag{38}$$

approximiert. Gemäß den Potenzen der Feldstärke E erhält man lineare Effekte für $\varkappa_1 = \chi_e \varepsilon_0$ (χ_e elektrische Suszeptibilität) und $\varkappa_2 = \varkappa_3 = \dots = 0$ und nichtlineare Effekte 2. Ordnung für $\varkappa_2 \neq 0$, 3. Ordnung für $\varkappa_3 \neq 0$ und eventuell weitere Effekte höherer Ordnung. Setzt man für den Wellenverlauf die lokale zeitabhängige monochromatische Anregungsfeldstärke $E = E_0 \cos \omega t$ in Gleichung (38) ein und verwendet die trigonometrischen Beziehungen $\cos^2 \alpha = (1/2)(1 + \cos 2\alpha)$ und $\cos^3 \alpha = (3/4) \cos \alpha + (1/4) \cos 3\alpha$, so folgt für die elektrische Polarisation des Stoffes

$$P = \frac{\varkappa_2}{2} E_0^2 + (\varkappa_1 + \frac{3\varkappa_3}{4} E_0^2) E_0 \cos \omega t + \frac{\varkappa_2}{2} E_0^2 \cos 2\omega t + \frac{\varkappa_3}{4} E_0^3 \cos 3\omega t + \dots \tag{39}$$

Bereits die ersten Glieder des nichtlinearen Polarisierungsanteils zeigen qualitativ völlig neue Effekte.
Ist wie in optisch anisotropen Kristallen $\varkappa_2 \neq 0$, erhält man einen zeitunabhängigen Term $\varkappa_2 E_0^2/2$, also eine permanente Polarisation des Kristalls (Gleichrichtereffekt). Außerdem tritt in Form des dritten Summanden in (39) mit dem Koeffizienten $\varkappa_2 E_0^2/2$ eine Polarisationswelle der doppelten Frequenz (2. Harmonische), also der halben Wellenlänge auf. Dies wurde als erster nichtlinearer optischer Effekt von FRANKEN experimentell bestätigt: Mit dem Licht eines Rubin-Lasers ($\lambda = 694$ nm), das einen Quarzkristall durchdrang, wurde hinter dem Kristall auch UV-Strahlung ($\lambda = 347$ nm) nachgewiesen.
In optisch isotropen Stoffen ist zwar $\varkappa_2 = 0$, aber $\varkappa_3 \neq 0$. Damit erhält der in Klammern stehende Faktor des zweiten Summanden in Gleichung (39) gegenüber der „linearen Elektrodynamik", wo $\varkappa_1 = \chi_e \varepsilon_0$ ist, zusätzlich den Anteil $3\varkappa_3 E_0^2/4$, welcher für hohe Feldstärken die elektrische Suszeptibilität χ_e, die Dielektrizitätszahl $\varepsilon_r = \chi_e + 1$ und die Brechzahl $n = \sqrt{\varepsilon_r}$ effektiv erhöht. Da nun die Energiestromdichte in der Achse eines Laserstrahls höher ist als am Rande, ist mit der Feldstärke auch die Brechzahl entlang der Achse größer als am Rande, was dazu führt, dass Randstrahlen zur Achse hin gebrochen werden. Diese Einschnürung des Strahlenbündels beim Durchlaufen eines Stoffes *(Selbstfokussierung)* unterstützt die Fokussierung durch Linsen.
Einen weiteren, mit der Feldstärke stark ansteigenden nichtlinearen Effekt stellt der Anteil mit dem Koeffizienten $\varkappa_3 E_0^3/4$ dar. Er beschreibt das Entstehen einer Polarisationswelle mit der dreifachen Grundfrequenz (3. Harmonische).
Auch das in der linearen Optik gültige Superpositionsprinzip, wonach sich verschiedene Lichtwellen ungestört durchdringen oder überlagern, ist in der nichtlinearen Optik verletzt. Zwei Wellen mit unterschiedlicher Frequenz $E_1 = E_0 \cos \omega_1 t$ und $E_2 = E_0 \cos \omega_2 t$ ergeben bei ihrer Überlagerung in einem Stoff z. B. wegen des Anteils $\sim E^2 = (E_1 + E_2)^2 = E_1^2 + 2E_1 E_2 + E_2^2$ immer einen Wechselwirkungsterm $\sim 2E_1 E_2 = 2E_0^2 \cos \omega_1 t \cos \omega_2 t = E_0^2 [\cos(\omega_1 - \omega_2)t + \cos(\omega_1 + \omega_2)t]$. Die Polarisationswelle enthält also zusätzlich Wellenanteile mit der Differenzfrequenz $|\omega_1 - \omega_2|$ und der Summenfrequenz $\omega_1 + \omega_2$.

QUANTEN

Struktur und Eigenschaften der Materie

Die Entwicklung der Physik im ersten Viertel des vorigen Jahrhunderts hat gezeigt, dass sich die beiden Grundmodelle *Teilchen* und *Feld* nicht gegenseitig ausschließen, sondern dass im Gegenteil nur auf der Grundlage ihrer gegenseitigen Verknüpfung eine Vielzahl bis dahin bekannt gewordener Erscheinungen der Atomphysik befriedigend erklärt werden konnte. Die enge Wechselbeziehung zwischen dem Teilchen- und dem Feldbegriff drückt sich darin aus, dass man einerseits dem Feld (bzw. der *Welle* als einer speziellen Form des Feldes) eine diskrete Natur in Form der **Quanten**, der „Teilchen" des Feldes, zuordnet, und dass andererseits die stofflichen Teilchen durch ein Feld (Wellenfeld) beschrieben werden. Diese Auffassung vom *Doppelcharakter (Dualismus) von Stoff und Feld*, die sich insbesondere für die Beschreibung von Vorgängen im Bereich der Mikrophysik als zwingend notwendig erweist, bildet die Grundlage der **Quantenphysik**.

Zunächst wollen wir uns mit den Quanten des elektromagnetischen Feldes, den *Lichtquanten* oder *Photonen*, beschäftigen; neben den elektromagnetischen Licht*wellen* bilden sie das theoretische Fundament der *Quantentheorie des Lichts*. Bei der Entwicklung dieser Theorie spielte die Untersuchung der Gesetze der *Wärmestrahlung* eines Körpers eine herausragende Rolle, da hier zum ersten Mal deutlich wurde, dass ohne die Vorstellung von den Lichtquanten eine theoretische Begründung der experimentellen Ergebnisse nicht möglich ist.

42 Die Gesetze der Strahlung

42.1 Das Wesen der Temperaturstrahlung (Wärmestrahlung)

Jeder Körper tauscht mit seiner Umgebung Energie in Form von *Wärme* aus, z. B. durch Wärmeleitung, wenn er mit anderen, wärmeren oder kälteren Körpern in Berührung gebracht wird. Befindet sich der Körper im Vakuum, wo jegliche Wärmeleitung ausgeschlossen ist, so erfolgen Energieabgabe und -aufnahme ausschließlich durch *Emission und Absorption von elektromagnetischer Strahlung*. Da diese ihren Ursprung in der dem Körper innewohnenden Wärmebewegung der Atome hat, spricht man von **Temperaturstrahlung** oder – soweit wir diese im nicht mehr sichtbaren Wellenlängenbereich allein über unser Wärmegefühl wahrnehmen können – auch von **Wärmestrahlung**. Sie enthält elektromagnetische Strahlung aller Wellenlängen und bildet ein **kontinuierliches Spektrum**, d. h., die Atome emittieren eine *lückenlose Aufeinanderfolge aller Wellenlängen*, was seine Ursache in ihrer engen Packung im Festkörper und der dadurch bedingten gegenseitigen Beeinflussung hat.

Während das *sichtbare Licht* vom violetten bis zum roten Ende des Spektrums den Wellenlängenbereich von 380 bis 780 nm umfasst, liegt die vom Temperatursinn unserer Haut als Wärme-

empfindung wahrgenommene Strahlung jenseits des roten Lichts im *Ultrarot* oder *Infrarot* mit Wellenlängen von 800 nm bis 1 mm. In diesem Bereich großer Wellenlängen liegt der Schwerpunkt der Ausstrahlung bei niedrigen Temperaturen der Körper, bei höheren Temperaturen verschiebt er sich mehr und mehr zu kürzeren Wellenlängen, und erst ab etwa 520 °C liegt ein Teil der Temperaturstrahlung im sichtbaren Spektralbereich (*Glühen* der Körper). Auch heiße Flüssigkeiten und Gasmassen emittieren Strahlung; man denke nur an die Strahlungsenergie der Sonne, die über kosmische Entfernungen hinweg auf unsere Erde gelangt und die Grundvoraussetzung für das Leben auf unserem Planeten schafft.
Der strahlende Körper muss sich nach dem I. Hauptsatz der Thermodynamik abkühlen, sofern ihm die abgestrahlte Energie nicht aus einem anderen Energievorrat wieder zugeführt wird. Umgekehrt erwärmt sich ein Körper, der Strahlung absorbiert, denn bei der Absorption wird elektromagnetische Strahlungsenergie in Wärmeenergie umgewandelt. Im Gegensatz zur Wärmeleitung, wo Wärmeenergie nur vom wärmeren auf den kälteren Körper übergeht, wird einem Körper Wärmeenergie auch von solchen Körpern seiner Umgebung zugestrahlt, deren Temperatur tiefer ist. Betrachten wir zwei Körper unterschiedlicher Temperatur, so ist die vom wärmeren dem kälteren zugestrahlte Energie größer als diejenige, die vom kälteren auf den wärmeren übergeht. Haben beide Körper die gleiche Temperatur angenommen, so herrscht **Strahlungsgleichgewicht**, d. h., jeder Körper erhält vom anderen denselben Betrag an Strahlungsenergie zugeführt wie er selbst aussendet.

42.2 Strahlungsphysikalische Größen

Die elektromagnetische Strahlung ist im gesamten Spektralbereich durch ihre physikalischen Parameter wie Energie, Leistung, Wellenlänge usw. charakterisiert. Die Messung dieser *energetischen Größen* erfolgt mittels physikalischer Strahlungsempfänger (Kalorimeter, Thermoelemente, Photozellen u. a.), mit denen die Strahlungsenergie *objektiv* gemessen werden kann; zu ihrer Bewertung werden sog. *strahlungsphysikalische Größen* eingeführt.

Im sichtbaren Spektralbereich wird die (optische) Strahlung durch sog. *lichttechnische Größen* beschrieben, mit denen eine Bewertung des Helligkeits- und Farbeindrucks auf das menschliche Auge erfolgt. Diese „physiologischen" Größen sind ganz analog den vorstehend genannten „physikalischen" Strahlungsgrößen definiert und hängen mit diesen zusammen, werden aber zusätzlich ganz wesentlich von der wellenlängenabhängigen Augenempfindlichkeit bestimmt (s. 42.7). Zur Unterscheidung erhalten die Größensymbole der über die Strahlungs*energie* definierten strahlungsphysikalischen Größen den Index „e" und die später in Abschnitt 42.6 behandelten lichttechnischen Größen den Index „v" (von *visuell*).

Der **Strahlungsfluss** oder die **Strahlungsleistung** Φ_e gibt die je Zeiteinheit von einer Strahlungsquelle abgestrahlte oder von einem Empfänger aufgenommene Strahlungsenergie Q_e an:

$$\Phi_\mathrm{e} = \frac{\mathrm{d}Q_\mathrm{e}}{\mathrm{d}t}, \qquad \textit{Einheit:} \quad [\Phi_\mathrm{e}] = 1\ \mathrm{J/s} = 1\ \mathrm{W}. \tag{1}$$

Der Strahlungsfluss breitet sich in einem Strahlenkegel mit dem Öffnungswinkel 2σ aus (Bild 42.1). Es ist üblich, den Strahlenkegel durch seinen **Raumwinkel** Ω zu beschreiben. Dieser ist definiert als Quotient aus dem durchstrahlten Flächenelement A einer gedachten, konzentrisch um den (punktförmigen) Strahler gelegten Kugel vom Radius R, welches der Kegel mit der Spitze im Kugelmittelpunkt aus der Kugeloberfläche herausschneidet, und dem Quadrat des Kugelradius:

$$\Omega = \frac{A}{R^2} \qquad \textbf{(Raumwinkel)}, \tag{2}$$

Einheit: $[\Omega] = 1\ \mathrm{m^2/m^2} = 1$ S t e r a d i a n t (sr).

Als Quotient zweier Flächen ist der Raumwinkel *dimensionslos*. Die Einheit Steradiant kann daher (so wie der R a d i a n t als Einheit des ebenen Winkels, vgl. 3.7) als Größenverhältnis durch die Einheit 1 ersetzt werden, sofern keine Verwechslung zwischen verschiedenartigen Größen, wie z. B. Strahlungsfluss (1) und Strahlstärke (3), möglich ist.

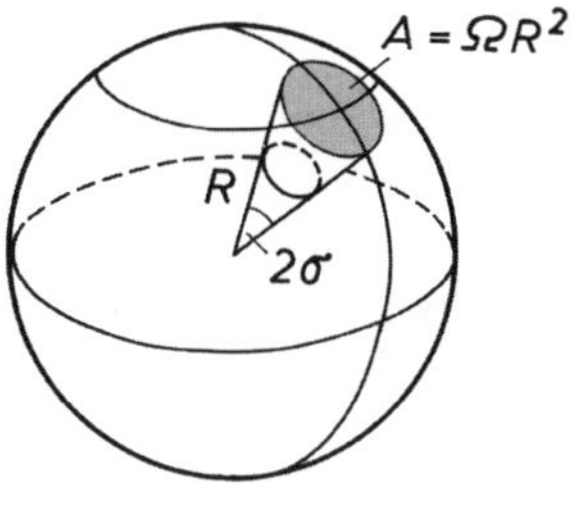

Bild 42.1. Raumwinkel $\Omega = A/R^2 = 4\pi \sin^2(\sigma/2)$ sr. 2σ ist der (ebene) Öffnungswinkel des Strahlenkegels. Ein voller Raumwinkel, entsprechend der Abstrahlung in alle Richtungen, hat wegen $A = 4\pi R^2$ (gesamte Kugeloberfläche) bzw. $2\sigma = 360°$ den Wert 4π sr, der Halbraum entsprechend den Raumwinkel 2π sr.

Als **Strahlstärke** I_e wird der Strahlungsfluss einer im Verhältnis zur Messentfernung kleinen Strahlungsquelle in eine bestimmte Abstrahlrichtung, bezogen auf das durchstrahlte Raumwinkelelement $d\Omega$, bezeichnet:

$$I_e = \frac{d\Phi_e}{d\Omega}, \quad \textit{Einheit:} \quad [I_e] = 1\ \mathrm{W/sr}. \tag{3}$$

Die **Strahldichte** L_e ist die auf die vom Empfänger aus gesehene *scheinbare* Strahlerfläche $A_\perp$ bezogene Strahlstärke. Ist dA_1 ein Flächenelement der Strahlerfläche und α_1 der Winkel zwischen der Flächennormale und der Empfangsrichtung, so ist $dA_\perp$ gleich der Projektion von dA_1 auf die zur Empfangsrichtung senkrecht stehende Ebene, also $dA_\perp = dA_1 \cos\alpha_1$. Somit ist mit (3)

$$L_e = \frac{dI_e}{dA_\perp} = \frac{dI_e}{dA_1 \cos\alpha_1} = \frac{d^2\Phi_e}{d\Omega\, dA_1 \cos\alpha_1} \tag{4}$$

Einheit der Strahldichte: $[L_e] = 1\ \mathrm{W/(m^2\ sr)}$.

Der von einem Körper ausgehende Strahlungsfluss ist, wie wir weiter unten sehen werden, für eine vorgegebene Körpertemperatur in bestimmter Weise von der Wellenlänge λ abhängig. Damit sind auch I_e sowie L_e Funktionen von λ. Diese Abhängigkeit kann im Fall der Strahldichte L_e durch die **spektrale Strahldichte**

$$L_{e\lambda} = \frac{dL_e}{d\lambda}, \quad \textit{Einheit:} \quad [L_{e\lambda}] = 1\ \mathrm{W/(m^3\ sr)}, \tag{5}$$

ausgedrückt werden. Somit ist $dL_e = L_{e\lambda}\, d\lambda$ die im Wellenlängenintervall $d\lambda$ zwischen λ und $\lambda + d\lambda$ vorhandene Strahldichte und $L_e = \int L_{e\lambda}\, d\lambda$ die *Gesamtstrahldichte* in dem durch die Integrationsgrenzen vorgegebenen Wellenlängenbereich.

Die **spezifische Ausstrahlung** oder **Strahlungsflussdichte** M_e ist der auf die Flächeneinheit bezogene Strahlungsfluss, der von einem strahlenden Flächenelement in den Halbraum abgegeben wird:

$$M_e = \frac{d\Phi_e}{dA_1} = \pi L_e \Omega_0, \quad \textit{Einheit:} \quad [M_e] = 1\ \mathrm{W/m^2}. \tag{6}$$

Ω_0 ist die Raumwinkeleinheit 1 sr. In der Optik wird die Strahlungsflussdichte meist als *Intensität I* bezeichnet.

Die **Bestrahlungsstärke** E_e ist der vom Empfänger je Flächeneinheit *aufgenommene* Strahlungsfluss Φ_e. Ist dA_2 ein Flächenelement der Empfängerfläche, deren Flächennormale mit der

Richtung des einfallenden Strahlungsflusses den Winkel α_2 einschließt, so wird dieses nur von dem Teil $\mathrm{d}\Phi_e \cos\alpha_2$ des Strahlungsflusses getroffen, der auf die Projektion der Fläche $\mathrm{d}A_2$ auf die zur Strahlrichtung senkrechte Ebene entfällt. Es ist demnach

$$E_e = \frac{\mathrm{d}\Phi_e}{\mathrm{d}A_2}\cos\alpha_2, \qquad \textit{Einheit:} \quad [E_e] = 1\ \mathrm{W/m^2}. \tag{7}$$

Der von der *Sonne* ausgehende und auf der Erde je Quadratmeter empfangene Strahlungsfluss beträgt (bei völliger Durchlässigkeit der Atmosphäre für alle Wellenlängen und vollständiger Absorption der Sonnenstrahlung sowie minimalem Winkel α_2, d. h. mittags bei höchstem Sonnenstand) $E_{eS} = 1395\ \mathrm{W/m^2}$. Dieser Wert der Bestrahlungsstärke heißt *Solarkonstante*.
Die **Energiedichte** w ist die auf die Volumeneinheit bezogene, im Strahlungsfeld enthaltene Energie:

$$w = \frac{\mathrm{d}Q_e}{\mathrm{d}V}, \qquad \textit{Einheit:} \quad [w] = 1\ \mathrm{J/m^3} = 1\ \mathrm{N/m^2} = 1\ \mathrm{Pa}. \tag{8}$$

In einer aus dem Strahlungsfeld herausgegriffenen geraden Säule mit der Grundfläche A und der Höhe $\mathrm{d}h$ ist demnach die Energiemenge $\mathrm{d}Q_e = wA\,\mathrm{d}h$ enthalten, wobei – wenn die Säule in Richtung der mit Lichtgeschwindigkeit c sich ausbreitenden Strahlung liegt – $\mathrm{d}h = c\,\mathrm{d}t$ und somit $\mathrm{d}Q_e = wAc\,\mathrm{d}t$ ist. Hieraus erhält man nach (1) für den Strahlungsfluss $\Phi_e = wAc$ und nach (7) für die Bestrahlungsstärke $E_e = wc$. Für die Energiedichte folgt somit $w = E_e/c$. Diese Größe hat, wie man an ihrer Einheit (8) erkennt, zugleich die Bedeutung eines Druckes; man bezeichnet sie daher auch als *Strahlungsdruck der elektromagnetischen Welle*, analog zum Schallstrahlungsdruck (vgl. 37.2). Bei vollständiger Absorption durch die von ihm getroffene Fläche gilt

$$p = \frac{E_e}{c} \qquad \textbf{(Strahlungsdruck).} \tag{9}$$

Der Strahlungsdruck entspricht dem durch die elektromagnetische Welle auf die absorbierende Fläche übertragenen *Impuls*. Bei vollständiger Reflexion wird der doppelte Strahlungsdruck übertragen, da der Impuls der Welle durch die Reflexion sein Vorzeichen wechselt.
Erstmals nachgewiesen wurde die Druckwirkung elektromagnetischer Strahlung durch LEBEDEW (1901). Aus der Solarkonstante (s. o.) erhält man den *Strahlungsdruck der Sonne* zu $p_S = E_{eS}/c \approx 4{,}65 \cdot 10^{-6}$ Pa. Der von den Fixsternen erzeugte Strahlungsdruck wirkt auf alle im Weltraum vorhandenen Gas- und Staubteilchen und bewegt diese in die den Fixsternen abgekehrte Richtung, wodurch z. B. Kometen ihren *Schweif* erhalten, der bis zu 10^8 km Länge annehmen kann und stets von der Sonne weg gerichtet ist.

42.3 Emission und Absorption von Strahlung. Kirchhoffsches Strahlungsgesetz

Emission und Absorption von Strahlung hängen außer von der Wellenlänge der Strahlung in starkem Maße von der *Temperatur* und der *Oberflächenbeschaffenheit* der strahlenden bzw. absorbierenden Körper ab. So erscheint z. B. eine mit Bleistift geschwärzte Stelle eines glühenden Porzellankörpers trotz gleicher Temperatur heller als die ungeschwärzten Teile der Oberfläche, d. h., die geschwärzte Stelle hat zumindest im sichtbaren Teil des Spektrums ein größeres Emissionsvermögen als ihre Umgebung. Ebenso ist bekannt, dass dunkle Körper mit rauer Oberfläche mehr Strahlung absorbieren und sich dadurch schneller erwärmen als helle blanke Körper.
Das unterschiedliche Verhalten der Körper gegenüber *Absorption* von Strahlung kennzeichnet man durch den **Absorptionsgrad** α, der das Verhältnis des vom Körper absorbierten Strahlungsflusses Φ_a zu dem auf den Körper auftreffenden Strahlungsfluss Φ_0 angibt:

$$\alpha = \frac{\Phi_a}{\Phi_0} \qquad \textbf{(Absorptionsgrad).} \tag{10}$$

So werden z. B. von Ruß etwa 99% der gesamten auftreffenden Strahlung absorbiert, nur 1% wird also reflektiert. Man definiert:

Ein Körper, der die gesamte auf ihn auftreffende Strahlung restlos absorbiert, dessen Absorptionsgrad α also für alle Wellenlängen und Temperaturen gleich 1 ist, heißt „schwarzer Körper".

Von allen „nichtschwarzen Körpern" wird also ein Teil der auftreffenden Strahlung reflektiert bzw. geht durch sie hindurch. Körper, die nicht vollkommen absorbieren, heißen **graue Körper**, sofern α über den gesamten Wellenlängenbereich konstant ist.

Reflektierter und hindurchgehender Anteil des auf einen Körper auftreffenden Strahlungsflusses werden durch seinen **Reflexionsgrad** $\varrho = \Phi_r/\Phi_0$ und seinen **Transmissionsgrad** $\tau = \Phi_{tr}/\Phi_0$ beschrieben. Einen Körper mit $\varrho = 1$ nennt man einen *weißen* oder *ideal spiegelnden Körper* und einen Körper mit $\tau = 1$ einen *absolut durchlässigen Körper*. Nach dem Energieerhaltungssatz muss gelten $\alpha + \varrho + \tau = 1$.

Im Unterschied zur Reflexion der von außen auf den Körper auffallenden Strahlung erfolgt die *Emission* von Strahlung *durch den Körper selbst* vermöge seiner Temperatur. Dieses Verhalten der Körper wird durch ihren **Emissionsgrad** ε beschrieben, welcher als Quotient aus der Strahldichte (4) L_e eines nichtschwarzen Körpers und der Strahldichte $L_{e(s)}$ des schwarzen Körpers definiert ist:

$$\varepsilon = \frac{L_e}{L_{e(s)}} \qquad \textbf{(Emissionsgrad).} \tag{11}$$

Der Emissionsgrad des schwarzen Körpers ist demnach, ebenso wie sein Absorptionsgrad (10), definitionsgemäß gleich 1.
Die Erfahrung zeigt nun, dass für alle Körper bei gegebener Temperatur T und Wellenlänge λ der Strahlung das Verhältnis von Emissionsgrad $\varepsilon(\lambda, T)$ und Absorptionsgrad $\alpha(\lambda, T)$ gleich groß ist (KIRCHHOFF). Für zwei verschiedene Körper *1* und *2* gilt also

$$\frac{\varepsilon_1(\lambda, T)}{\alpha_1(\lambda, T)} = \frac{\varepsilon_2(\lambda, T)}{\alpha_2(\lambda, T)}.$$

Ist einer von beiden Körpern ein schwarzer mit $\varepsilon_s(\lambda, T) = \alpha_s(\lambda, T) = 1$, so folgt hieraus für jeden beliebigen anderen Körper

$$\varepsilon(\lambda, T) = \alpha(\lambda, T) \qquad \textbf{(Kirchhoffsches Strahlungsgesetz).} \tag{12}$$

Unabhängig von den spezifischen Eigenschaften eines Körpers ist bei gegebener Temperatur und Wellenlänge sein Emissionsgrad gleich seinem Absorptionsgrad.

Das heißt, *ein Körper, der viel Strahlung absorbiert, kann auch viel Strahlung emittieren und umgekehrt*. Für die Strahldichte eines *nichtschwarzen* Körpers folgt daraus mit (11) $L_e = \alpha L_{e(s)}$, woraus hervorgeht, dass alle Temperaturstrahler wegen $\alpha < 1$ eine geringere Strahldichte als der schwarze Körper aufweisen.
Geschwärzte Oberflächen stellen nur näherungsweise einen schwarzen Körper im physikalischen Sinne dar. Praktisch realisierbar ist ein schwarzer Körper durch die Öffnung eines Hohlkörpers, der so konstruiert ist, dass die in die Öffnung eintretende Strahlung durch Mehrfachreflexionen an den geschwärzten Innenwänden des Hohlraumes nahezu vollständig absorbiert wird. Die Öffnung hat dann nicht nur einen maximalen Absorptionsgrad, sondern gleichzeitig auch einen maximalen Emissionsgrad, den Emissionsgrad ε_s des **schwarzen Strahlers**. Die aus der Öffnung tretende Strahlung, die **schwarze Strahlung** oder **Hohlraumstrahlung**,

hängt nur von der Temperatur des Strahlers ab und ist unabhängig von der Oberflächenbeschaffenheit des Hohlraumes. Aus den genannten Eigenschaften des schwarzen Strahlers folgt seine Bedeutung für die Formulierung quantitativer Zusammenhänge zwischen Temperatur und Strahlung.

In Bild 42.2 ist ein schwarzer Strahler für Temperaturen bis 1500 °C dargestellt. Er besteht aus zwei feuerfesten Zylindern, von denen der innere mit einer Platinfolie überzogen ist, die der Länge nach vom Heizstrom durchflossen wird. Die Lötstelle des Thermoelements liegt vor der Wand, die der Öffnung zustrahlt.

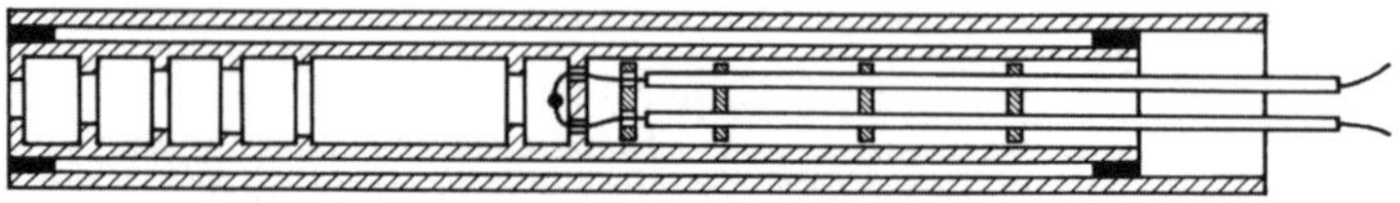

Bild 42.2. Hohlraumstrahler als „schwarzer Körper"

Beispiele: *1.* In einem verdunkelten Raum werden ein durchsichtiger und ein aus dunklem Glas bestehender Stab in einer Bunsenbrennerflamme auf gleiche Temperatur bis zum Glühen erhitzt. Der dunkle Stab glüht dann intensiver als der helle.

2. Lichtmühle nach CROOKES (s. Bild 42.3). Strahlungsmessgeräte dieser Art heißen *Radiometer.*

Bild 42.3. *Lichtmühle:* Ein leicht drehbares Flügelrad befindet sich in einem weitgehend evakuierten Glasgefäß. Die Flügel sind auf einer Seite geschwärzt, auf der Rückseite blank. Die geschwärzten Flächen werden durch die auffallende Strahlung (Licht) stärker erwärmt als die blanken und reflektieren wegen der höheren Temperatur die auftreffenden Gasmoleküle mit höherer Geschwindigkeit; durch den Rückstoß weichen die geschwärzten Flächen vor der Strahlung zurück, das Flügelrad dreht sich.

42.4 Das Plancksche Strahlungsgesetz

Die Unabhängigkeit der Hohlraumstrahlung von der Oberflächenbeschaffenheit des Hohlraumes legt es nahe, einen allgemeinen Zusammenhang zwischen der spektralen Strahldichte, der Wellenlänge und der Temperatur zu suchen. Dieser tatsächlich existierende Zusammenhang zur Beschreibung des kontinuierlichen Spektrums der Hohlraumstrahlung konnte von PLANCK zunächst auf Grund experimenteller Befunde als empirische Formel angegeben werden. Eine theoretische Begründung gelang ihm erst, nachdem er *im völligen Gegensatz zur klassischen Physik* davon ausging, dass die einzelnen schwingenden Atome des Festkörpers bei Emission bzw. Absorption von Strahlung die Energie *nicht kontinuierlich abgeben bzw. aufnehmen* können, sondern dass der Energieaustausch nur in diskreten „Portionen" von bestimmter Größe erfolgt. Das bedeutet, dass die **atomaren Oszillatoren** nur in bestimmten Energiezuständen schwingen können.

Ein Oszillator kann nur Energiebeträge aufnehmen oder abgeben, die ein ganzes Vielfaches der mit einer Konstanten multiplizierten Eigenfrequenz f des Oszillators sind (PLANCK, 1900):

$$E = nhf \qquad (n = 1, 2, 3, \ldots). \tag{13}$$

Die in dieser Gleichung enthaltene Konstante h stellt eine *universelle Naturkonstante* dar; sie hat die Dimension einer Wirkung (Energie mal Zeit) und heißt

elementares Wirkungsquantum $h = 6{,}626\,069 \cdot 10^{-34}$ Js (PLANCK-Konstante).

Aus dieser *Quantelung* der Energiezustände der Oszillatoren folgt, dass die Strahlung ebenfalls gequantelt sein muss. Man spricht von **Lichtquanten** oder **Photonen**. Diese zunächst als Hypothese entwickelte Vorstellung konnte später im Zusammenhang mit der Deutung des *Photoeffekts* (vgl. 43.2) bestätigt werden (EINSTEIN, 1905).

Die Energie einer jeden Strahlung ist gequantelt, d. h., sie setzt sich aus elementaren (unteilbaren) Energieportionen der Größe hf zusammen.

Auf der Grundlage dieser Vorstellungen, mit denen PLANCK die *klassische Quantentheorie* begründete, gelang ihm die Herleitung seiner berühmten Strahlungsformel (14), welche die Verteilung der spektralen Strahldichte (5) des schwarzen Körpers auf die verschiedenen Wellenlängen in Abhängigkeit von der Temperatur T des Strahlers richtig wiedergibt. Danach ist

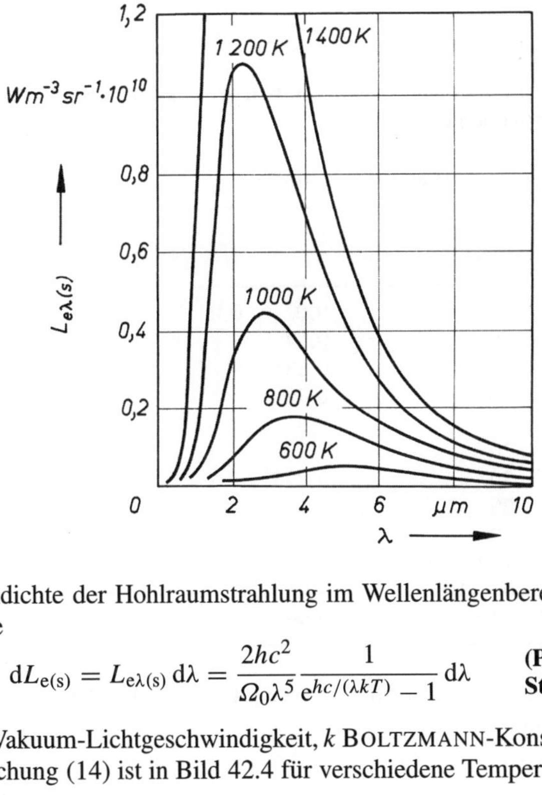

Bild 42.4. Strahlungskurven des schwarzen Körpers für verschiedene Temperaturen (PLANCKsches Strahlungsgesetz)

die Strahldichte der Hohlraumstrahlung im Wellenlängenbereich zwischen λ und $\lambda + \mathrm{d}\lambda$ von der Größe

$$\mathrm{d}L_{\mathrm{e(s)}} = L_{\mathrm{e}\lambda(\mathrm{s})}\,\mathrm{d}\lambda = \frac{2hc^2}{\Omega_0 \lambda^5} \frac{1}{\mathrm{e}^{hc/(\lambda kT)} - 1}\,\mathrm{d}\lambda \qquad \textbf{(Plancksches Strahlungsgesetz)} \qquad (14)$$

mit c als Vakuum-Lichtgeschwindigkeit, k BOLTZMANN-Konstante und Ω_0 Raumwinkeleinheit 1 sr. Gleichung (14) ist in Bild 42.4 für verschiedene Temperaturen T als Parameter graphisch dargestellt.

42.5 Folgerungen aus dem Planckschen Strahlungsgesetz

Das PLANCKsche Strahlungsgesetz (14) enthält alle anderen Strahlungsgesetze in sich. Wie man aus Bild 42.4 erkennt, verschiebt sich die Lage des Maximums der Strahlungskurven mit steigender Temperatur immer mehr nach dem kurzwelligen Teil des Spektrums. Die Wellenlänge $\lambda_{\max}$, bei der das Maximum der spektralen Strahldichte auftritt, findet man durch Bildung der ersten Ableitung der Funktion (14) nach der Wellenlänge λ und Nullsetzen derselben. Man erhält auf diese Weise

$$\lambda_{\max} T = b = 2{,}898 \cdot 10^{-3}\,\mathrm{m\,K} \qquad \textbf{(Wiensches Verschiebungsgesetz)} \qquad (15)$$

mit $b = hc/(4{,}965\,k)$ als WIEN-Konstante.
Daraus geht hervor, dass bei tieferer Temperatur vom erhitzten Körper vorzugsweise die langwelligen Wärmestrahlen ausgesandt werden, erst bei höheren Temperaturen auch nennenswerte Anteile sichtbaren Lichts, dabei auch zuerst vorzugsweise langwelliges rotes Licht (beginnende Rotglut bei 525 °C), danach zunehmend gelbes (bei etwa 1100 °C) und erst im Gebiet der Weißglut (1300 ... 1500 °C) verstärkt violettes.
Aus dem PLANCKschen Strahlungsgesetz kann weiterhin durch Integration von (14) *über alle Wellenlängen* von null bis unendlich die von einem schwarzen Körper bei einer bestimmten Temperatur T ausgehende Gesamtstrahldichte $L_{e(s)}$ und daraus nach (6) die Strahlungsflussdichte $M_{e(s)} = \pi L_{e(s)} \Omega_0$ berechnet werden. Man erhält

$$M_{e(s)} = \sigma T^4 \qquad \textbf{(Stefan-Boltzmannsches Gesetz)} \qquad (16)$$

mit der STEFAN-BOLTZMANN-Konstanten $\sigma = 2\pi^5 k^4/(15c^2h^3) = 5{,}670 \cdot 10^{-8}\,\mathrm{W/(m^2\,K^4)}$.

Die Gesamtstrahlungsflussdichte des schwarzen Körpers ist der vierten Potenz der absoluten Temperatur proportional.

Tabelle 42.1. Emissionsgrad ε verschiedener Stoffe

Stoff	Temperatur in °C	ε
Silber, poliert	20	0,02 ... 0,03
Aluminium, poliert	20	0,04
Stahl, poliert	20	0,286
mit Walzhaut	20	0,77
stark verrostet	20	0,85
Lacke, Emaille	20	0,85
Eichenholz	20	0,895
Dachpappe	20	0,93
Ziegel, Putz	20	0,93
Ruß	100 ... 300	0,95
Wasser	0 ... 100	0,95 ... 0,96
Asbestpappe	20	0,96

Hieraus folgt wegen (6) $M_{e(s)} = \mathrm{d}\Phi_{e(s)}/\mathrm{d}A$ für den insgesamt von der Fläche A abgegebenen Strahlungsfluss (Strahlungsleistung)

$$\Phi_{e(s)} = M_{e(s)} A = \sigma A T^4. \qquad (17)$$

Für einen *nichtschwarzen* Körper mit dem (integralen) Emissionsgrad $\varepsilon < 1$ (s. Tabelle 42.1) gilt

$$\Phi_e = \varepsilon \sigma A T^4. \qquad (18)$$

Berücksichtigt man die Temperatur T_2 der Umgebung, die ihrerseits dem Körper mit der Temperatur T_1 eine entsprechende Energie zustrahlt, so gilt anstelle von (18)

$$\Phi_e = \varepsilon \sigma A (T_1^4 - T_2^4) \qquad \textbf{(Strahlungsleistung eines Körpers).} \qquad (19)$$

Geräte, mit denen man die Strahlung eines Körpers (z. B. von Metallschmelzen) und damit seine Temperatur messen kann, heißen *Pyrometer*. Mit ihnen können Temperaturen zwischen 700 °C und 2000 °C gemessen werden. Auf diese Weise wird allerdings *nicht die wahre* Temperatur T bestimmt, sondern die stets niedrigere **schwarze Temperatur** T_s. Denn ein gewöhnlicher nichtschwarzer Körper strahlt wegen $\varepsilon < 1$ schwächer und muss daher auf höhere Temperaturen erhitzt werden, wenn er die gleiche Helligkeit wie der schwarze Körper haben soll. Da ε von der Wellenlänge abhängt, ist die schwarze Temperatur jeweils nur für bestimmte Wellenlängenbereiche definiert. Es gilt mit Gleichung (11):

$$L_e(\lambda, T) = L_{e(s)}(\lambda, T_s) = \varepsilon(\lambda, T)\, L_{e(s)}(\lambda, T). \qquad (20)$$

Der nichtschwarze Körper strahlt bei der Temperatur T mit der gleichen Strahldichte wie der schwarze Körper bei der Temperatur T_s.

Wegen der mitunter erheblichen Abweichung der schwarzen von der wahren Temperatur bestimmt man häufig die sog. **Farbtemperatur**. Sie kennzeichnet diejenige Temperatur eines Strahlers, die ein schwarzer Strahler haben müsste, um den gleichen *Farbeindruck* hervorzurufen. Bei einem schwarzen Strahler stimmen wahre Temperatur und Farbtemperatur überein. Mit der Farbtemperatur werden insbesondere als Temperaturstrahler wirkende technische Lichtquellen und die sichtbaren Sterne gekennzeichnet. Zum Beispiel besitzt *Wolfram* bei einer wahren Temperatur von 2000 K für $\lambda = 665$ nm eine (optisch gemessene) schwarze Temperatur von 1857 K und eine Farbtemperatur von 2033 K.

Beispiele: *1.* Wie viel Watt strahlt ein mit Dachpappe ($\varepsilon = 0{,}93$) gedecktes Dach je Quadratmeter Fläche ab, wenn dieses bei 27 °C Außentemperatur durch Sonneneinstrahlung auf 76 °C erhitzt wird? – *Lösung:* Mit $A = 1\ \text{m}^2$, $T_1 = 349$ K und $T_2 = 300$ K folgt aus (19) für die Strahlungsleistung $\Phi_e = 355$ W.

2. Welche Temperatur erreicht eine elektrische Kochplatte von 20 cm Durchmesser bei einer Leistung von 1000 W? Umgebungstemperatur 20 °C; $\varepsilon = 0{,}5$. – *Lösung:* Die strahlende Fläche beträgt $A = 3{,}14 \cdot 10^{-2}\ \text{m}^2$. Damit und mit $T_2 = 293$ K folgt aus (19)

$$T_1 = \sqrt[4]{\frac{\Phi_e}{\varepsilon\sigma A} + T_2^4} \approx 1030\,\text{K} \quad \text{oder} \quad 757\,°\text{C}.$$

3. Berechne aus der *Solarkonstante* $E_{eS} = 1395\ \text{W/m}^2$ (vgl. 42.2) die Strahlungsleistung Φ_{eS} der Sonne und daraus deren Oberflächentemperatur! Entfernung Sonne – Erde $1{,}5 \cdot 10^{11}$ m; Sonnenoberfläche $A_S = 6{,}1 \cdot 10^{18}\ \text{m}^2$; $\varepsilon = 1$. – *Lösung:* Nach (7) ergibt sich die in alle Richtungen des Raumes von der Sonne abgestrahlte Leistung zu $\Phi_{eS} = E_{eS}A$, wenn A die Fläche der Kugel um die Sonne mit dem Abstand Sonne – Erde als Radius ist; letztere beträgt $A = 2{,}82 \cdot 10^{23}\ \text{m}^2$. Damit wird $\Phi_{eS} = 3{,}93 \cdot 10^{23}$ kW (!) und nach (17) $T_S = \sqrt[4]{\Phi_{eS}/(\sigma A_S)} \approx 5800$ K. Die auf diese Weise bestimmten Fixsterntemperaturen sind *schwarze* Temperaturen (s. o.) und im Allgemeinen zu niedrig, da die Fixsterne nicht immer als schwarze Körper mit $\varepsilon = 1$ vorausgesetzt werden können; sie strahlen daher in Wirklichkeit schwächer als ein „schwarzer“ Stern.

4. Bei welcher Wellenlänge liegt das Maximum der spektralen Strahldichte der Sonnenstrahlung? Oberflächentemperatur der Sonne 5800 K. – *Lösung:* Aus dem WIENschen Verschiebungsgesetz (15) erhält man die maximale Ausstrahlung bei $\lambda_{max} = 2{,}9 \cdot 10^{-3}$ m K/(5800 K) $= 500 \cdot 10^{-9}$ m $= 500$ nm (gelbgrün). Es ist bemerkenswert, dass in diesem Wellenlängenbereich die Empfindlichkeit des menschlichen Auges am größten ist (vgl. Bild 42.5).

Aufgabe 42.1. Welche Temperatur erreicht die Wolframwendel einer Glühlampe von 200 W bei Raumtemperatur von 20 °C? Strahlende Oberfläche 300 mm²; $\varepsilon = 0{,}3$.

Aufgabe 42.2. Bei welcher Wellenlänge liegt in der vorangegangenen Aufgabe das Maximum der Ausstrahlung?

Aufgabe 42.3. Leite aus dem PLANCKschen Strahlungsgesetz (14) durch Lösung der Extremwertaufgabe, wie am Beginn des Abschnitts beschrieben, das WIENsche Verschiebungsgesetz (15) her!

42.6 Lichttechnische Größen (Photometrie)

Auf Grund der für verschiedene Wellenlängen unterschiedlichen spektralen Empfindlichkeit des menschlichen Auges geht der von einem Beobachter empfundene Helligkeitseindruck von Lichtquellen nicht parallel mit dem Strahlungsfluss, d. h. mit dem von der Lichtquelle abgegebenen Energiestrom. Die in Abschnitt 42.2 eingeführten strahlungsphysikalischen Größen können deshalb in der *Lichtmessung (Photometrie)* nicht verwendet werden. An ihre Stelle treten analog definierte **lichttechnische Größen**, welche nicht von den energetischen Parametern der Lichtstrahlung, sondern von ihrem *Lichtreiz auf das Auge* abgeleitet sind. Sie werden meist mit dem Index „v" versehen, als Abkürzung für *visuell.*

Die lichttechnische Grundgröße ist die **Lichtstärke** I_v. Für sie wurde eine gesonderte SI-Einheit als Basiseinheit, die **Candela (cd)**, eingeführt, die wie folgt definiert ist:

1 Candela (cd) ist die in einer Richtung abgegebene Lichtstärke einer Lichtquelle, welche monochromatische Strahlung der Frequenz $540 \cdot 10^{12}$ Hz aussendet und deren Strahlstärke I_e in dieser Richtung (1/683) W/sr beträgt.

Die Lichtstärke ist analog zur Strahlstärke (3) definiert:

$$I_\mathrm{v} = \frac{\mathrm{d}\Phi_\mathrm{v}}{\mathrm{d}\Omega} \qquad \textbf{(Lichtstärke).} \tag{21}$$

Dabei ist Φ_v der **Lichtstrom**; er entspricht dem vom Auge wahrgenommenen Strahlungsfluss (1). Eine punktförmige Lichtquelle der Lichtstärke I_v sendet in den Raumwinkel $\mathrm{d}\Omega$ den Lichtstrom $\mathrm{d}\Phi_\mathrm{v}$ aus. Der *Gesamtlichtstrom* wird damit

$$\Phi_\mathrm{v} = \int I_\mathrm{v}\,\mathrm{d}\Omega \qquad \textbf{(Lichtstrom),} \tag{22}$$

Einheit: $[\Phi_\mathrm{v}] = 1\,\mathrm{cd\,sr} = 1$ L u m e n (lm).

1 Lumen (lm) ist der Lichtstrom, den eine Lichtquelle mit der winkelunabhängigen Lichtstärke 1 cd in den Raumwinkel 1 sr abstrahlt.

Die **Leuchtdichte** L_v ist das Analogon zur Strahldichte (4):

$$L_\mathrm{v} = \frac{\mathrm{d}I_\mathrm{v}}{\mathrm{d}A_1 \cos\alpha_1}, \qquad \textit{Einheit:} \quad [L_\mathrm{v}] = 1\,\frac{\mathrm{cd}}{\mathrm{m}^2}. \tag{23}$$

Dabei ist $\mathrm{d}A_1$ ein Oberflächenelement der Lichtquelle und α_1 der Winkel zwischen Flächennormale und Blickrichtung. Somit ist $\mathrm{d}A_1 \cos\alpha_1$ die *scheinbare* strahlende Fläche, d. h. diejenige Fläche, die sich vom Standpunkt des Beobachters aus darbietet. Ein Körper hat die Leuchtdichte $1\,\mathrm{cd/m^2}$, wenn er in eine bestimmte Richtung bei einer scheinbaren Fläche von $1\,\mathrm{m^2}$ mit der Lichtstärke 1 cd strahlt. In der Tabelle 42.2 sind die Leuchtdichten einiger Lichtquellen aufgeführt.

Fällt der Lichtstrom $\mathrm{d}\Phi_\mathrm{v}$ auf das Flächenelement $\mathrm{d}A_2$, dessen Normale mit der Richtung des einfallenden Lichts den Winkel α_2 einschließt, so erzeugt er analog zur Bestrahlungsstärke (7) die **Beleuchtungsstärke**

$$E_\mathrm{v} = \frac{\mathrm{d}\Phi_\mathrm{v}}{\mathrm{d}A_2}\cos\alpha_2, \qquad \textit{Einheit:} \quad [E_\mathrm{v}] = 1\,\frac{\mathrm{lm}}{\mathrm{m}^2} = 1 \text{ L u x (lx)}. \tag{24}$$

Der Lichtstrom 1 lm erzeugt auf einer Fläche von $1\,\mathrm{m^2}$ die Beleuchtungsstärke 1 Lux (lx).

In der Tabelle 42.3 sind einige Werte für Beleuchtungsstärken zusammengestellt.

Eine in der Photometrie häufig benutzte Beziehung zwischen Beleuchtungsstärke E_v und Lichtstärke I_v erhält man, wenn in (24) $d\Phi_v$ gemäß (22) unter Beachtung des Raumwinkels (2) durch $I_v \, d\Omega = I_v \, dA_2/r^2$ ersetzt wird, wobei r die Entfernung der Lichtquelle von der beleuchteten Fläche dA_2 ist:

$$E_v = \frac{I_v \cos\alpha_2}{r^2} \quad \textbf{(photometrisches Grundgesetz).} \tag{25}$$

Die Beleuchtungsstärke nimmt mit dem Quadrat der Entfernung ab.

Für zwei Lichtquellen *1* und *2* folgt daher, wenn diese aus unterschiedlichen Entfernungen r auf ein und derselben Fläche unter dem gleichen Einfallswinkel die gleiche Beleuchtungsstärke hervorrufen ($E_{v1} = E_{v2}$):

$$I_1 : I_2 = r_1^2 : r_2^2. \tag{26}$$

Die Lichtstärken zweier Lichtquellen verhalten sich bei gleicher Beleuchtungsstärke wie die Quadrate ihrer Abstände von der beleuchteten Fläche.

Tabelle 42.2. Leuchtdichten L_v verschiedener Lichtquellen (in cd/m²)

Fluoreszenz	$10^{-4} \ldots 10^2$
Vollmond	$5 \cdot 10^3$
Kerzenflamme	$7 \cdot 10^3$
Wolframwendel einer Glühlampe	$10^7 \ldots 3{,}5 \cdot 10^7$
Krater der Kohlebogenlampe	$1{,}6 \cdot 10^8$
Quecksilber-Höchstdrucklampe	$2{,}5 \cdot 10^8 \ldots 10^9$
Sonne	$10^7 \ldots 10^9$
Xenon-Höchstdrucklampe	$10^9 \ldots 10^{10}$

Tabelle 42.3. Beleuchtungsstärken E_v (in lx)

mondlose Nacht	etwa 0,000 3
Nachts bei Vollmond	etwa 0,2
Sonnenlicht im Sommer	10^5
Nach DIN 5035:	
Parkplatz	3
Fußwege, Straßen	5 ... 20
Wohnräume	40 ... 150
Lagerräume	50 ... 200
Büro-, Unterrichtsräume	300 ... 500
Messplätze	750
Feinstmontage	1 000

Lichtstärken werden auf einer *optischen Bank* dadurch gemessen, dass man zwischen eine geeichte Lichtquelle bekannter Lichtstärke I_1 und die zu messende Lichtquelle mit der Lichtstärke I_2 ein **Photometer** aufstellt. Dieses hat z. B. zwei weiße Flächen zu beiden Seiten, die von je einer der beiden Lampen beleuchtet werden. Das Photometer wird so lange verschoben, bis beide Flächen gleich hell erscheinen. Dann sind die Beleuchtungsstärken E_1 und E_2 beider Lampen gleich groß, und die unbekannte Lichtstärke I_2 bestimmt sich aus den Abständen r_1 und r_2 der Lichtquellen zum Photometer nach (26) zu $I_2 = I_1 r_2^2 / r_1^2$. Oft verwendet man als Photometer einen Schirm aus weißem Papier mit einem großen runden Fettfleck darin. Der Fleck wird unsichtbar, wenn das Papier von beiden Seiten her gleich stark beleuchtet wird *(Fettfleckphotometer)*.

Beispiel: Zum Lesen ist eine Beleuchtungsstärke von 100 lx nötig. Es steht eine 100-W-Glühlampe zur Verfügung, die einen gleichmäßig über alle Raumrichtungen verteilten Lichtstrom von 1220 lm erzeugt. Berechne a) die Lichtstärke der Lampe; b) die Höhe, in der die Lampe aufgehängt werden muss, damit auf dem senkrecht darunter befindlichen Tisch die vorgeschriebene Beleuchtungsstärke erzielt wird! – *Lösung:* a) Nach (21) ist die Lichtstärke $I_v = \Phi_v/\Omega = 1220\,\text{lm}/(4\pi\ \text{sr}) = 97$ cd. b) Aus (25) folgt mit $\cos\alpha_2 = 1$ (senkrechte Anordnung) und $E_v = 100$ lx: $r \approx 98$ cm.

Aufgabe 42.4. Eine Glühlampe mit der Lichtstärke 250 cd erzeugt auf einem weißen Schirm im Abstand von 118 cm die gleiche Beleuchtungsstärke wie eine zweite Glühlampe im Abstand von 32 cm. Wie groß ist die Lichtstärke der zweiten Lampe?

42.7 Zusammenhang zwischen strahlungsphysikalischen und lichttechnischen Größen

Das menschliche Auge hat in jedem Wellenlängenbereich eine andere Empfindlichkeit. Diese ist im Ergebnis einer Vielzahl von Messungen für einen „Normalbeobachter“ durch die sog. $V(\lambda)$-*Kurve* (Bild 42.5) international festgelegt. In ihr ist der **spektrale Hellempfindlichkeitsgrad** des Auges $V(\lambda)$ in Abhängigkeit von der Wellenlänge als relatives Maß dargestellt. Aus dem Verlauf dieser Kurve geht hervor, dass das helladaptierte Auge bei der Wellenlänge $\lambda = 555$ nm (im grünen Farbbereich) am empfindlichsten ist. Die Kurve ist so normiert, dass sie bei dieser Wellenlänge den Wert $V_{\text{max}} = 1$ hat. Mit ihrer Kenntnis wird es möglich, lichttechnische Messungen unabhängig vom menschlichen Auge durchzuführen, sofern die spektrale Empfindlichkeit des Empfängers der $V(\lambda)$-Kurve entspricht.

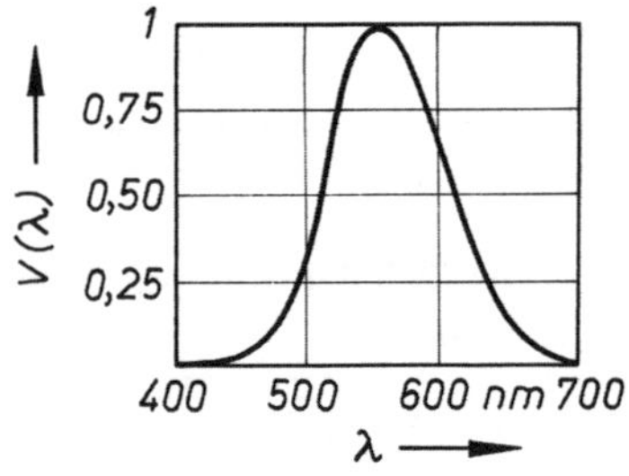

Bild 42.5. Spektrale Hellempfindlichkeit des Auges bei Tageslicht. Das Maximum der Empfindlichkeit liegt bei der Wellenlänge 555 nm (grün).

Die Umrechnung von strahlungsphysikalischen in lichttechnische Größen kann nun wegen der spektralen Empfindlichkeit des Auges immer nur für eine ganz bestimmte Wellenlänge erfolgen. Für das *Maximum* der Augenempfindlichkeit, also für $V_{\text{max}} = 1$, dient als Umrechnungsfaktor das **photometrische Strahlungsäquivalent** $K_{\text{max}} = 683$ lm/W.
Es gilt dann

$$\Phi_{\text{v}} = K_{\text{max}} \Phi_{\text{e}}, \qquad (27)$$

d. h., eine monochromatische *Strahlungs*quelle der Wellenlänge $\lambda = 555$ nm, die den physikalisch gemessenen Strahlungsfluss $\Phi_{\text{e}} = 1$ W erzeugt, stellt für das Auge eine *Licht*quelle mit dem Lichtstrom $\Phi_{\text{v}} = 683$ lm dar. Für Strahlung beliebiger Wellenlänge gilt anstelle von (27) als Umrechnungsvorschrift

$$\Phi_{\text{v}} = K_{\text{max}} V(\lambda)\, \Phi_{\text{e}}. \qquad (28)$$

Für die Umrechnung von Lichtstrom in Strahlungsfluss bei $\lambda = 555$ nm dient der Kehrwert von K_{max}, das **energetische Strahlungsäquivalent** $M = 1/K_{\text{max}} = 1{,}464 \cdot 10^{-3}$ W/lm.
Es gibt denjenigen Strahlungsfluss Φ_{e} (in Watt) an, der bei maximaler Empfindlichkeit des Auges von diesem als Lichtstrom $\Phi_{\text{v}} = 1$ lm bewertet wird. Analog zu Strahlungsfluss und Lichtstrom gilt ein entsprechender Zusammenhang auch zwischen den anderen strahlungsphysikalischen und den ihnen zugeordneten lichttechnischen Größen.

Beispiel: Wie viel Lumen liefert ein Strahler, der rotes Licht von $\lambda = 640$ nm emittiert, je Watt Strahlungsleistung? Benutze dazu Bild 42.5! – *Lösung:* Für die betreffende Wellenlänge ist, wie aus der $V(\lambda)$-Kurve hervorgeht, die relative Augenempfindlichkeit nur etwa 0,25. Somit wird mit $\Phi_{\text{e}} = 1$ W nach (28) $\Phi_{\text{v}} = 683 \cdot 0{,}25 \cdot 1\ \text{lm} \approx 170\ \text{lm}$.

43 Der Welle-Teilchen-Dualismus der Mikroobjekte

43.1 Die Teilchennatur des Lichts. Lichtquanten (Photonen)

Eine Reihe experimenteller Tatsachen und theoretischer Überlegungen, die ihren Ausgangspunkt vor allem in der physikalischen Begründung des *lichtelektrischen Effekts* und in der PLANCKschen *Hypothese der Energiequanten* hatten, führten EINSTEIN im Jahre 1905 zu der Erkenntnis, dass die Energie des von einer Lichtquelle ausgestrahlten Lichts nicht kontinuierlich über die den Raum durcheilende Lichtwelle verteilt ist, sondern dass sie in diskreten „Portionen“ *(Quanten)* von der Lichtwelle mitgeführt wird. In Übereinstimmung mit dieser *unstetigen* Natur des Lichts formulierte er seine **Lichtquantentheorie**, in der dem Licht *korpuskulare (teilchenhafte)* Eigenschaften zugeschrieben werden.
Danach bildet das Licht einen Strom von Teilchen, **Lichtquanten** oder **Photonen** genannt, deren Energie im Sinne der PLANCKschen Quantenbedingung (42/13) der Frequenz f der Lichtwelle proportional ist:

$$E = hf \qquad \text{mit} \qquad h = 6{,}626\,069 \cdot 10^{-34}\,\text{J s}. \tag{1}$$

Mit c als Vakuum-Lichtgeschwindigkeit ergibt sich die auch einem Photon im Vakuum zugeordnete „Wellenlänge“ nach der für eine Welle gültigen Beziehung (36/3) zu

$$\lambda = \frac{c}{f}. \tag{2}$$

Ordnet man wie jedem Teilchen auch dem Lichtquant der Frequenz f eine bestimmte (endliche) Masse m zu, so hat es damit den *Impuls*

$$p = mc \tag{3}$$

und nach dem aus der Relativitätstheorie folgenden Äquivalenzprinzip von Masse und Energie (7/21) die *Energie*

$$E = mc^2. \tag{4}$$

Mit (1) und (2) folgt somit für **Masse und Impuls eines Lichtquants**

$$m = \frac{hf}{c^2} = \frac{h}{\lambda c}; \qquad p = \frac{hf}{c} = \frac{h}{\lambda}. \tag{5}$$

Für ein Quant sichtbaren Lichts errechnet man eine Masse von etwa $5 \cdot 10^{-36}$ kg, das ist etwa der 5millionste Teil der Elektronenmasse. Ein Quant harter Gammastrahlung besitzt hingegen, wie unten stehendes Rechenbeispiel zeigt, eine Masse, die ein Mehrfaches der Elektronenmasse betragen kann. Nach der relativistischen Massebeziehung (6/17)

$$m = \frac{m_0}{\sqrt{1 - (v/c)^2}} \tag{6}$$

würde aber ein materielles Teilchen der Ruhmasse $m_0 \neq 0$ bei einer Geschwindigkeit v, die gleich der Lichtgeschwindigkeit c ist, eine unendlich große Masse annehmen. Dem Photon dagegen, das sich mit Lichtgeschwindigkeit bewegt, wird nach der Lichtquantentheorie eine *endliche Masse* zugeordnet. Dieser Widerspruch wird gelöst, indem man fordert:

Die Ruhmasse des Photons ist gleich null.

Denn es folgt aus (5) und (6):

$$m_0 = \frac{hf}{c^2}\sqrt{1-\frac{v^2}{c^2}} = 0 \qquad \text{für} \qquad v = c. \tag{7}$$

Das Photon hat also keine Ruhmasse, sondern nur „bewegte" Masse; Photonen sind im Ruhezustand nicht existent, sondern sie bewegen sich stets mit Lichtgeschwindigkeit, wie die ihnen zugeordnete elektromagnetische Welle.
Wir kommen also zu dem Schluss, dass uns das Licht *sowohl als Welle als auch als Teilchen* begegnet (**Dualismus des Lichts**). Dabei zeigt sich, dass bei Wechselwirkungen zwischen dem Licht und irgendwelchen Körpern die korpuskulare Natur um so deutlicher hervortritt, je kurzwelliger das Licht ist, während sich die Wellennatur um so deutlicher bemerkbar macht, je größer die Wellenlänge im Vergleich zu den Abmessungen dieser Körper ist.

Schon NEWTON vertrat in seiner **Emissionstheorie** die Auffassung von der korpuskularen Natur des Lichts. Die Tatsache jedoch, dass sich alle *Ausbreitungsvorgänge*, wie z. B. die Beugung und die Brechung des Lichts, mit Hilfe der Korpuskulartheorie nicht erklären lassen, wohl aber mit Hilfe der Wellentheorie von HUYGENS, führte dazu, dass man die NEWTONsche Auffassung bald verließ und bis zur Begründung der Lichtquantentheorie durch EINSTEIN dem Licht ausschließlich Wellencharakter zuschrieb. Andererseits werden die Prozesse der Lichtemission und -absorption, wie überhaupt alle mit der Entstehung des Lichts und seinen Wechselwirkungen mit den Atomen und Molekülen zusammenhängenden Fragen, nur vom Standpunkt der korpuskularen Auffassung des Lichts aus verständlich. Beide Vorstellungen oder *Modelle*, die wir uns vom Licht machen, bestehen also zu Recht. Die heutige Theorie des Lichts beinhaltet daher sowohl die Wellentheorie als auch die Quantentheorie.

Zu den Erscheinungen, die die korpuskulare Eigenschaft des Lichts beweisen, gehören vor allem die Wechselwirkungen zwischen Licht und Elektronen, worauf in den folgenden beiden Abschnitten eingegangen wird.

Beispiel: Vergleiche die Masse eines energiereichen Quants von Gammastrahlung (γ-Quant) der Wellenlänge $\lambda = 10^{-12}$ m mit der Ruhmasse des Elektrons $m_e = 0{,}9 \cdot 10^{-30}$ kg! – *Lösung:* Aus (5) folgt mit $c = 3 \cdot 10^8$ m/s für die Masse des Gammaquants $m \approx 2{,}2 \cdot 10^{-30}$ kg; das ist etwa das 2,4-fache der Elektronenmasse!

43.2 Der lichtelektrische Effekt (Photoeffekt)

Wird eine negativ aufgeladene Metallplatte, die mit einem Elektrometer verbunden ist, mit kurzwelligem (d. h. energiereichem) Licht bestrahlt, so beobachtet man einen Verlust ihrer Ladung; eine positiv aufgeladene Metallplatte hingegen verliert ihre Ladung nicht (HALLWACHS, 1888). Durch das Licht werden also aus dem Metall (den Atomen) negative Ladungen (Elektronen) entfernt (Bild 43.1). Die Geschwindigkeit der ausgelösten **Photoelektronen** kann mit der sog. *Gegenfeldmethode* gemessen werden: Die freigesetzten Elektronen lässt man gegen eine Elektrode anlaufen, die gegen das Metall negativ aufgeladen ist. Bei geringer Gegenspannung können die Elektronen auf Grund ihrer kinetischen Energie die Elektrode erreichen, bei zu großer Gegenspannung dagegen nicht. Ist U diejenige Spannung, bei der gerade keine Elektronen mehr auf die Elektrode gelangen, so ist die kinetische Energie der Elektronen

$$\frac{m_e v^2}{2} = eU. \tag{8}$$

Wollte man diesen als **äußeren Photoeffekt** bezeichneten *lichtelektrischen Effekt* vom Standpunkt der klassischen Wellentheorie des Lichts aus erklären, so müsste die gemessene kinetische Energie der Photoelektronen von der *Intensität* des Lichts abhängen, die dem Quadrat der

Amplitude der einwirkenden elektromagnetischen Welle proportional ist; denn diese Welle ruft erzwungene Schwingungen der Elektronen im Metall hervor, die bei Resonanz zwischen der Eigenfrequenz der Elektronenschwingung und der Frequenz der Lichtwelle so groß werden, dass die Elektronen aus dem Metallverband gelöst werden und austreten können. Die Versuche ergaben aber, dass eine Erhöhung der Intensität des eingestrahlten Lichts lediglich die *Anzahl*, nicht dagegen die Energie der Photoelektronen erhöht (LENARD, 1902).

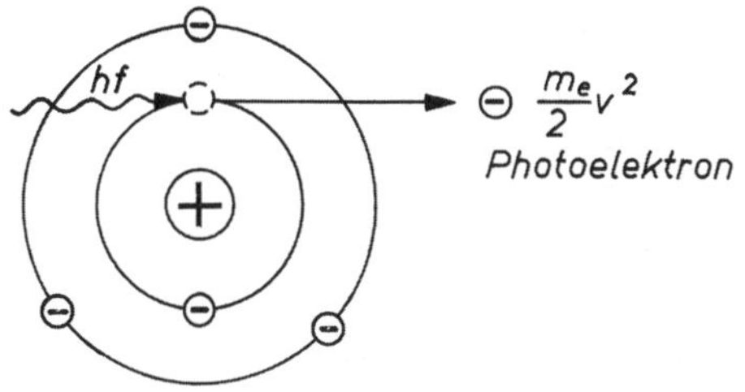

Bild 43.1. *Photoeffekt*: Freisetzung eines Photoelektrons aus dem Atomverband durch Einstrahlung von Licht

Vom Standpunkt der *Quantentheorie des Lichts* bereitet die Erklärung des Photoeffekts keine Schwierigkeiten: Das vom Metall absorbierte Photon überträgt beim „Stoß" mit einem Elektron diesem seine gesamte Quantenenergie hf. Ist diese Energie groß genug, so kann das Elektron die Metalloberfläche verlassen. Da die Absorption zweier Photonen durch ein einziges Elektron praktisch nicht vorkommt, erhält somit jedes befreite Elektron seine Energie von *einem* Photon. Die Absorption des Lichts erfolgt also *unstetig*, d. h., die Elektronen speichern nicht die einströmende Energie der Lichtwelle, bis diese zu ihrer Herauslösung aus dem Metall ausreicht, sondern sie nehmen die Energie stets nur in festen Beträgen hf auf, die eine bestimmte Mindestgröße haben müssen, um die Elektronen aus dem Metall freizusetzen.

In seiner Wechselwirkung mit Elektronen und anderen atomaren Teilchen wirkt das Licht in diskreten (unteilbaren) Energiequanten hf.

Da für die Herauslösung eines Elektrons aus dem Metall eine bestimmte Energie, die sog. **Austrittsarbeit** W_a, erforderlich ist (vgl. 26.1), ist die gemessene kinetische Energie der Photoelektronen um W_a kleiner als die Quantenenergie hf des eingestrahlten Lichts, so dass mit (8) die folgende Energiebilanz gilt:

$$hf - W_a = \frac{m_e v^2}{2} = eU \qquad \textbf{(Einsteinsche Gleichung).} \qquad (9)$$

Die kleinste Frequenz, die gerade noch ausreicht, um Elektronen aus dem Metall freizusetzen, ohne ihnen also kinetische Energie mitzuteilen, nennt man **Grenzfrequenz** f_G:

$$hf_G - W_a = 0; \qquad f_G = \frac{W_a}{h}. \qquad (10)$$

Der Photoeffekt tritt nicht nur bei den Metallen auf, sondern auch bei elektrisch nichtleitenden Stoffen und bei Gasen. Die Ablösearbeit W_a ist bei ihnen größer als bei Metallen. Der Grund hierfür ist, dass W_a sich im Allgemeinen aus zwei Anteilen zusammensetzt, der *Ablösearbeit* des Elektrons vom Atom *(Ionisierungsenergie E_i)* und der *Austrittsarbeit* des Elektrons aus der Oberfläche des Körpers. Bei einem Gas entfällt der zweite Anteil, und es ist $W_a = E_i$. Die Metalle haben dagegen *freie* Leitungselektronen, so dass bei ihnen $E_i = 0$ gesetzt werden kann und daher für den Photoeffekt lediglich die Austrittsarbeit aufgewandt werden muss. Dieselbe Austrittsarbeit ist z. B. auch bei der Aussendung von Elektronen durch glühende Körper *(Thermoemission)* erforderlich (vgl. RICHARDSON-Effekt in 27.2).
Nach (9) besteht zwischen der Spannung U des Gegenfeldes bzw. der Elektronenenergie eU und der Frequenz f der Lichtquanten ein linearer Zusammenhang, der in Bild 43.2 dargestellt ist. Aus dem

Abszissenabschnitt kann die Grenzfrequenz f_G und aus ihr nach (10) die Austrittsarbeit W_a für den betreffenden Stoff bestimmt werden. Der Anstieg der Geraden liefert die Größe des PLANCKschen Wirkungsquantums h.

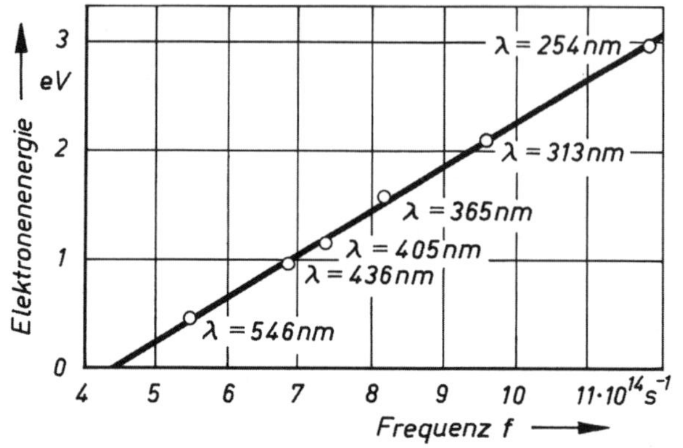

Bild 43.2. Abhängigkeit der Maximalenergie der Photoelektronen eU von der Frequenz f des eingestrahlten Lichts (MILLIKAN, 1916)

Da die Anzahl der Photoelektronen der Anzahl der absorbierten Quanten proportional ist, kann der Photoeffekt zur *Messung von Lichtintensitäten* genutzt werden. Man verwendet dazu sog. **Photozellen** (Bild 43.3). Diese bestehen aus einem hochevakuierten Quarzglasgehäuse (Röhre), in dem sich die mit dem negativen Pol einer Stromquelle verbundene *Photokatode* (K) mit einem Belag aus Natrium, Kalium oder Caesium und ihr gegenüber eine mit dem positiven Pol verbundene ringförmige Anode (A) befinden; letztere fängt die aus K ausgelösten Photoelektronen auf. Über ein in den Stromkreis eingeschaltetes Galvanometer kann der *Photostrom* gemessen werden. Photozellen dienen als lichtelektrische Messwandler zur Überwachung und Regelung von lichtgesteuerten Vorgängen.

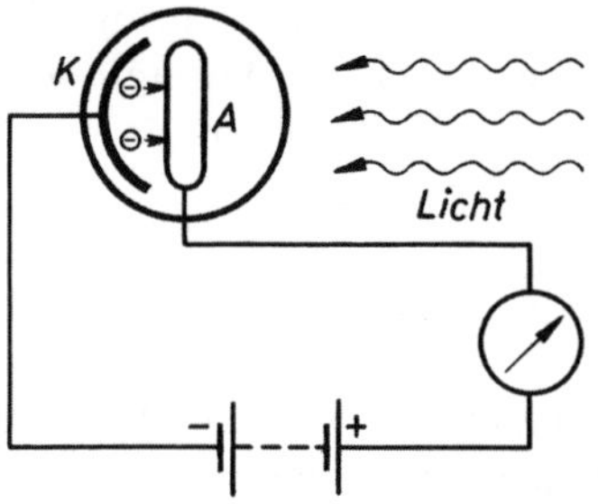

Bild 43.3. Prinzip der Photozelle mit Katode K und Anode A

Beispiel: Welche Geschwindigkeit hat ein Photoelektron ($m_e = 0{,}9 \cdot 10^{-30}$ kg), das durch Bestrahlung mit grünem Licht der Wellenlänge 500 nm aus einer Caesium-Photokatode ($W_a = 1{,}8$ eV) freigesetzt wurde? (1 eV $\approx 1{,}6 \cdot 10^{-19}$ J.) – *Lösung:* Aus (9) folgt mit $f = c/\lambda$ zunächst für die kinetische Energie $E_k = hc/\lambda - W_a \approx 0{,}7$ eV und hieraus $v = \sqrt{2E_k/m_e} \approx 500$ km/s.

Aufgabe 43.1. Welches ist im obigen Beispiel die Grenzfrequenz f_G und die zugehörige Grenzwellenlänge?

43.3 Der Compton-Effekt

Als überzeugender Beweis für die korpuskulare Natur des Lichts kann die von COMPTON (1923) entdeckte *Streuung von Photonen an (locker gebundenen) Elektronen* angesehen werden. Wenn das Licht aus Teilchen besteht, so müssen bei einem Zusammenstoß mit frei beweglichen Elektronen auch für sie die aus der klassischen Mechanik bekannten Gesetze für den *elastischen Stoß* (vgl. 9.2) Gültigkeit haben, die aus den Erhaltungssätzen für Energie und Impuls folgen. Wegen der Kleinheit der Photonenmasse von normalem Licht im Vergleich zur Masse des Elektrons tritt ein solcher Austausch von Impuls und Energie beim Zusammenstoß allerdings nur bei sehr kurzwelligen und damit massereichen Photonen der *Röntgen- und Gammastrahlen* merklich in Erscheinung.

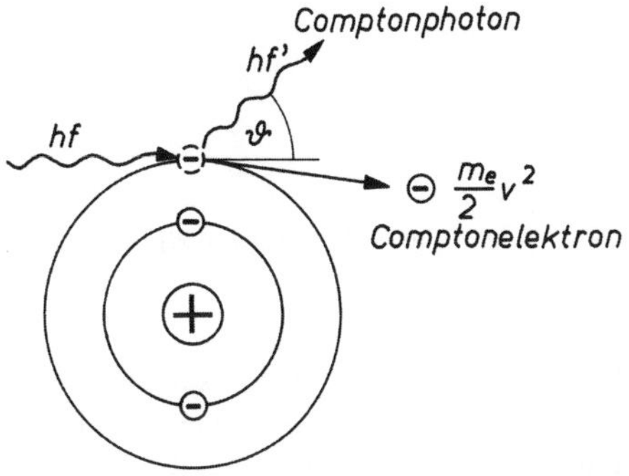

Bild 43.4. COMPTON-Effekt

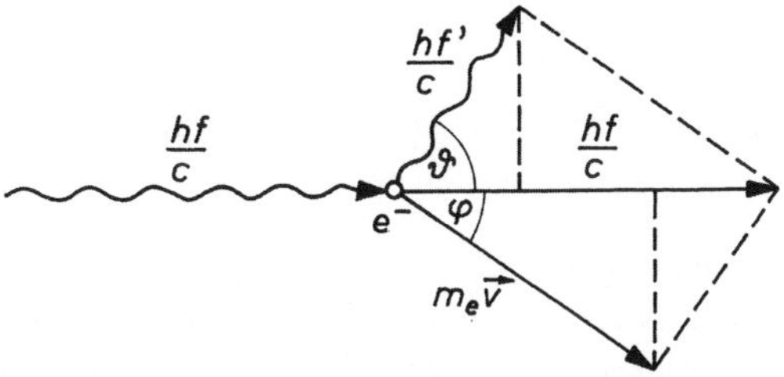

Bild 43.5. Impulserhaltung beim COMPTON-Effekt

Trifft nach Bild 43.4 und 43.5 ein Photon der Frequenz f auf ein ruhend gedachtes Elektron, so erhält dieses einen Impuls $m_e v$ und eine kinetische Energie $m_e v^2/2$, während das unter dem Winkel ϑ gestreute Photon seine Energie und infolgedessen auch seine Frequenz verringert $(f' < f)$. Die Energiebilanz lautet

$$hf = hf' + \frac{m_e v^2}{2} \tag{11}$$

und die Impulsbilanz, wenn die Impulsvektoren von Photon und Elektron in Komponenten bezüglich der Einstrahlungsrichtung und der dazu senkrechten Richtung zerlegt werden,

$$\frac{hf}{c} = \frac{hf'}{c}\cos\vartheta + m_e v \cos\varphi \tag{12}$$

$$0 = \frac{hf'}{c}\sin\vartheta - m_e v \sin\varphi. \tag{13}$$

Da uns nur die Frequenz des Streulichts f' als Funktion der Streurichtung ϑ interessiert, eliminieren wir aus (12) und (13) den Winkel φ und erhalten

$$m_e^2 v^2 = \frac{h^2}{c^2}(f^2 + f'^2 - 2ff'\cos\vartheta). \tag{14}$$

Für nicht zu kurzwelliges Licht ist $f - f' \ll f$, so dass in (14) näherungsweise f' durch f ersetzt werden darf; wir erhalten damit

$$\frac{m_e v^2}{2} \approx \frac{h^2 f^2}{m_e c^2}(1 - \cos\vartheta).$$

Dies in (11) eingesetzt, ergibt als Energiebilanz

$$hf = hf' + \frac{h^2 f^2}{m_e c^2}(1 - \cos\vartheta). \tag{15}$$

Somit folgt für die Frequenzänderung des gestreuten Photons

$$\Delta f = f' - f = -\frac{hf^2}{m_e c^2}(1 - \cos\vartheta) = -\frac{2hf^2}{m_e c^2}\sin^2\frac{\vartheta}{2}$$

und wegen $\lambda = c/f$ bzw. nach Differentiation $\Delta\lambda = -c\Delta f/f^2$:

$$\Delta\lambda = \frac{2h}{m_e c}\sin^2\frac{\vartheta}{2} = 2\lambda_C \sin^2\frac{\vartheta}{2} \qquad \textbf{(Wellenlängenänderung infolge Compton-Streuung)} \qquad (16)$$

mit der sog. COMPTON-*Wellenlänge des Elektrons*

$$\lambda_C = \frac{h}{m_e c} = 2{,}426\,310 \cdot 10^{-12}\,\text{m}. \qquad (17)$$

Diese hat die Bedeutung der Wellenlänge derjenigen Strahlung, deren Lichtquant die träge Masse des Elektrons besitzt; denn es ist nach (5) die Masse des Lichtquants $m = h/(\lambda_C c) = hm_e c/(hc) = m_e$.

Obwohl Gleichung (16) unter vereinfachten Bedingungen hergeleitet wurde, kommt ihr strenge Gültigkeit zu; man erhält sie in dieser Form auch ohne jede Vernachlässigung und bei zusätzlicher Berücksichtigung der relativistischen Massenänderung des Elektrons.

Bei einer Spektraluntersuchung mit monochromatischer Röntgenstrahlung, die an einem Element mit kleiner relativer Atommasse (z. B. Graphit) gestreut wird, tritt neben der ungestreuten Linie eine zweite, genau um den durch (16) angegebenen Betrag zu größeren Wellenlängen verschobene Linie auf (COMPTON-*Effekt*). Aus dem Experiment kann die COMPTON-Wellenlänge (17) und daraus bei Kenntnis des Wirkungsquantums h die Ruhmasse des Elektrons bestimmt werden.

43.4 Rückstoß durch Quantenemission. Mößbauer-Effekt

Jede von einem Atom emittierte Spektrallinie hat hinsichtlich ihrer Frequenz bzw. Energie eine *natürliche Unschärfe* oder *Eigenbreite* ΔE, die nach dem HEISENBERGschen Unbestimmtheitsprinzip (s. später in 43.6) durch die „mittlere Lebensdauer" des betreffenden Zustandes (mittlere Verweilzeit des Elektrons in einem bestimmten Energiezustand des Atoms) gegeben ist. Das gilt auch für die von angeregten Atomkernen emittierten γ-Strahlen, wobei die Eigenbreite der γ-Linien noch um mehrere Größenordnungen kleiner ist als die der schärfsten Atomspektrallinien. Während die relative Ungenauigkeit der Energie $\Delta E/E$ oder wegen $E = hf$ auch die der Frequenz $\Delta f/f$ bei sichtbaren Spektrallinien bestenfalls 10^{-10} beträgt, liegt sie dagegen bei den γ-Quanten in der Größenordnung 10^{-13}. Dementsprechend können von den Kernen auch nur γ-Quanten gleicher Schärfe absorbiert werden. Eine geringfügige Abweichung („Verstimmung") der Frequenz eines von einem Kern emittierten γ-Quants, die über die Eigenbreite des betreffenden Zustandes hinausgeht, führt dazu, dass das Quant von einem anderen, gleichartigen Kern nicht mehr absorbiert oder zumindest die Wahrscheinlichkeit für die Absorption stark herabgesetzt wird.

Eine derartige „Verstimmung" des γ-Quants kann schon durch den *Rückstoß* verursacht werden, den der Kern und damit nach dem Impulserhaltungssatz auch das Quant bei der Emission erfahren. Nach (1) und (5) sind den γ-Quanten wegen ihrer im Vergleich zum sichtbaren Licht etwa um den Faktor 10^5 größeren Frequenzen bzw. kleineren Wellenlängen sehr große Energie- und Impulsbeträge zuzuordnen, so dass bei ihrer Aussendung der Kern einen merklichen Rückstoß erfährt. Die kinetische Energie, die er dabei aufnimmt, entnimmt er der Energie des emittierten γ-Quants.

Der Impuls, den das Quant der Energie $E = hf$ beim Verlassen des Kerns der Masse m_K auf diesen überträgt, ist nach (3) und (4) gleich $p = E/c$. Damit ergibt sich nach der allgemeinen Beziehung zwischen kinetischer Energie und Impuls $E_k = p^2/(2m)$ die **Rückstoßenergie des Kerns** zu

$$(E_k)_K = \frac{E^2}{2m_K c^2}. \tag{18}$$

Das ist gerade der Betrag, um den die Quantenenergie E gegenüber dem Wert, der ohne Rückstoß zu erwarten wäre, verschoben ist, also

$$\Delta E = \frac{E^2}{2m_K c^2} \quad \textbf{(Verschiebung der Quantenenergie durch Rückstoß des emittierenden Kerns).} \tag{19}$$

So erhält man z. B. für die von den Kernen des Eisenisotops ^{57}Fe emittierten γ-Quanten der Energie $E = 14{,}4\,\text{keV}$ für deren Verstimmung $\Delta E \approx 5 \cdot 10^{-3}\,\text{eV}$ und für die relative Änderung $\Delta E/E \approx 4 \cdot 10^{-7}$. Dieser Wert liegt aber um mehrere Größenordnungen über der oben angegebenen Eigenbreite der Energieniveaus, deren genauer Wert in diesem Falle $3 \cdot 10^{-13}$ ist. Die durch den Rückstoß bewirkte Verschiebung der Quantenenergie ist also so groß, dass die Quanten durch andere, gleichartige Kerne nicht mehr absorbiert werden.

1958 entdeckte MÖSSBAUER, dass der Rückstoß der Kerne zunichte gemacht wird, wenn das strahlende Atom in das Kristallgitter eines Festkörpers eingebaut ist. Der Rückstoß wird dann *nicht mehr vom einzelnen Atom, sondern vom gesamten Kristall* abgefangen. In (18) ist jetzt für m_K nicht mehr die Masse des strahlenden Kerns, sondern die ungeheuer viel größere Masse des Kristalls einzusetzen, womit die Rückstoßenergie und damit die Verstimmung der emittierten Quanten praktisch auf unmessbar kleine Werte absinken. Voraussetzung hierfür ist jedoch u. a., dass der Kristall auf sehr tiefe Temperaturen (z. B. des flüssigen Wasserstoffs) abgekühlt wird und damit die *thermischen Gitterschwingungen*, die die Atome im Kristall ausführen, weitgehend „eingefroren" werden. Auf diese Weise wird verhindert, dass eine Übertragung der Rückstoßenergie an das einzelne schwingende Atom stattfindet.

Ein auf diese Weise erzeugtes *rückstoßfreies* γ-Quant ist frei von der durch (19) ausgedrückten Verstimmung seiner Energie, und es wird daher eine Linie von außerordentlicher Schärfe, die nur durch die Eigenbreite des betreffenden Niveaus gegeben ist, registriert. Da das Quant nicht verstimmt ist, kann es von einem gleichen, nicht γ-aktiven Kern mit gleicher Schärfe (Selektivität) absorbiert werden *(rückstoßfreie Resonanzabsorption).*

Wegen der extremen Resonanzschärfe rückstoßfreier γ-Quanten kann der MÖSSBAUER-Effekt zur hochempfindlichen *Messung kleinster Frequenzänderungen* benutzt werden. Ist die Frequenz der zu vermessenden γ-Quanten durch irgendwelche Einflüsse ein wenig verstimmt, so dass diese von einem entsprechenden Absorber nicht mehr absorbiert werden, kann durch eine Bewegung des Strahlers relativ zum Absorber infolge DOPPLER-Effekt (vgl. 37.6) die Frequenzänderung kompensiert und auf diese Weise genau vermessen werden. Dazu reicht schon eine Relativgeschwindigkeit zwischen Strahler und Absorber von wenigen Zentimetern je Sekunde aus.

Eines der ersten Aufsehen erregenden Experimente mit Hilfe des MÖSSBAUER-Effekts war die mit herkömmlichen Methoden aussichtslose Messung der Frequenzänderung eines Lichtquants als Folge der Beeinflussung durch das Schwerefeld der Erde. So konnten POUND und REBKA (1960) mit Hilfe des Eisenisotops ^{57}Fe als Strahlungsquelle am Fuß und einem entsprechenden Absorber an der Spitze eines 22,5 m hohen Turms für diesen Höhenunterschied eine relative Frequenz- bzw. Energie*abnahme* des von der Quelle emittierten, gegen das Schwerefeld anlaufenden Strahlungsquants nachweisen, die genau dem relativen Zuwachs an potentieller Energie $\Delta E_p = mgh$ ist, den das Photon der Masse $m = E/c^2$ beim „Anheben" auf die Höhe $h = 22{,}5\,\text{m}$ im Schwerefeld der Erde erfährt, nämlich

$\Delta E_p/E = mgh/(mc^2) = gh/c^2 = 2{,}45 \cdot 10^{-15}$. Beim „Fall“ des Photons im Schwerefeld, wenn also Strahlungsquelle und Absorber vertauscht werden, *gewinnt* es diesen Energiebetrag, und es ergibt sich eine Frequenzverschiebung in umgekehrter Richtung. Indem die Experimentatoren die Strahlungsquelle einmal am Fuß und einmal an der Spitze des Turmes anbrachten, maßen sie insgesamt eine relative Frequenzverschiebung von $(5{,}1 \pm 0{,}5) \cdot 10^{-15}$, in vorzüglicher Übereinstimmung mit dem theoretischen Wert $4{,}9 \cdot 10^{-15}$. Damit war auf eindrucksvolle Weise bewiesen, dass auch die Lichtquanten dem Einfluss des Gravitationsfeldes unterliegen, wie es von EINSTEIN vorausgesagt wurde. Zugleich ist dies ein Beweis für die *Gleichheit von schwerer und träger Masse*; denn in der zuletzt angeschriebenen Gleichung steht im Zähler, der die potentielle Energie enthält, die schwere und im Nenner nach den Ausführungen in Abschnitt 7.5 die träge Masse. Beide Massen dürfen aber nur unter der Voraussetzung ihrer Identität gegeneinander gekürzt werden, wie das hier getan wurde.

43.5 Die Wellennatur der Teilchen

Nachdem der Doppelcharakter *(Dualismus)* des Lichts durch den lichtelektrischen Effekt, den COMPTON-Effekt und andere Erscheinungen, die die *korpuskulare* Natur des Lichts einerseits und durch Beugungsexperimente, die die *Wellen*natur andererseits belegen, überzeugend bestätigt worden war, wurde bald darauf mit der Entdeckung der **Beugung von Elektronenstrahlen** an Kristallen durch DAVISSON und GERMER (1927) der Nachweis erbracht, dass Elektronen neben korpuskularen zugleich auch *Wellen*eigenschaften besitzen. Das Bild 43.6 zeigt ein auf einer fotografischen Platte aufgenommenes Beugungsbild einer dünnen Metallfolie, die mit einem eng ausgeblendeten Elektronenbündel durchstrahlt wurde. Die Interferenz-

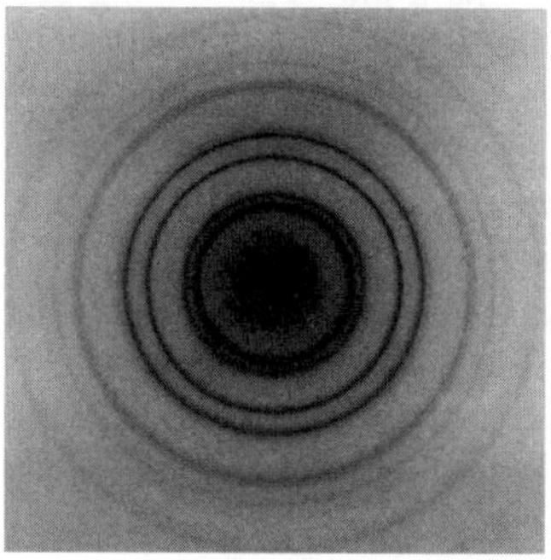

Bild 43.6. Beugung von Elektronen (100 kV Beschleunigungsspannung) an einer Goldaufdampfschicht

ringe entsprechen den DEBYE-SCHERRER-Linien der Röntgenstrahlen-Interferenzen (vgl. Bild 41.13). Heute wissen wir, dass Strahlen von Mikroteilchen jeglicher Art, z. B. von Neutronen, Protonen und selbst von Atomen, die gleichen Beugungserscheinungen hervorrufen wie Licht oder Röntgenstrahlen.

Die Elektronenbeugungsversuche von DAVISSON und GERMER waren eine nachträgliche glänzende Bestätigung der bereits 1924 von DE BROGLIE aufgestellten kühnen Hypothese, wonach nicht nur den Photonen, sondern ausnahmslos allen Mikroobjekten ein Doppelcharakter eigen ist, indem diese einerseits Eigenschaften diskreter Teilchen, andererseits Welleneigenschaften annehmen. Damit wurde der Gegensatz zwischen Teilchen- und Wellenbild beseitigt und eine Vereinigung der beiden experimentell nachgewiesenen Erscheinungsformen nicht nur für das Licht, sondern auch für alle *mit Ruhmasse behafteten* Objekte herbeigeführt.

Jedes Mikroteilchen (Photon, Elektron, Kernteilchen usw.) ist zugleich Korpuskel und Welle.

Die *Wellenlänge* der den Elektronen (oder anderen Teilchen) zugeordneten **Materiewelle** oder **Teilchenwelle** kann aus Beugungsdiagrammen bei bekannter Gitterkonstante des durchstrahlten Kristalls nach der für die Beugung von Röntgenstrahlen angegebenen Beziehung (41/30) bestimmt werden. Dabei zeigt sich, dass – wie von DE BROGLIE auf Grund theoretischer Überlegungen vorausgesagt – zwischen der Wellenlänge λ und dem Impuls $p = mv$ der Elektronen der gleiche Zusammenhang (5) besteht wie beim Licht zwischen Wellenlänge und Impuls der Photonen:

$$\lambda = \frac{h}{p} = \frac{h}{mv} \qquad \textbf{(De-Broglie-Beziehung).} \tag{20}$$

λ wird **De-Broglie-Wellenlänge** des Teilchens genannt. Bei schnell bewegten Teilchen muss in (20) für m deren relativistische Masse eingesetzt werden; nur für $v \ll c$ darf mit der Ruhmasse m_0 gerechnet werden.

Die DE-BROGLIE-Wellenlänge ist bei den gewöhnlichen, makroskopischen Körpern außerordentlich klein; z. B. beträgt sie für ein Masseteilchen von 1 g bei einer Geschwindigkeit von 1 m/s größenordnungsmäßig 10^{-30} m, für die bewegte Erdkugel ($m_0 \approx 6 \cdot 10^{24}$ kg, $v \approx 3 \cdot 10^4$ m/s) sogar nur $3 \cdot 10^{-63}$ m! Daher macht sich bei solchen Körpern die Wellennatur nicht bemerkbar. Demgegenüber erhält man für ein *Wasserstoffmolekül* ($m_0 \approx 3 \cdot 10^{-27}$ kg), das sich bei 0 °C nach der kinetischen Gastheorie mit einer Geschwindigkeit von etwa $2 \cdot 10^3$ m/s bewegt, eine DE-BROGLIE-Wellenlänge von der Größenordnung 10^{-10} m, d. h., sie stimmt mit den Abmessungen des Moleküls überein. Für *Elektronen*, die durch ein elektrisches Feld der Spannung U beschleunigt werden, gilt bei Vernachlässigung der relativistischen Massenänderung ($v < 0{,}1c$) mit (20)

$$\frac{m_e v^2}{2} = eU, \qquad p = m_e v = \sqrt{2eUm_e}, \qquad \lambda = \frac{h}{\sqrt{2eUm_e}}. \tag{21}$$

Hiernach erhält man mit $m_e = 9{,}1 \cdot 10^{-31}$ kg und $e = 1{,}6 \cdot 10^{-19}$ A s für eine Beschleunigungsspannung von $U = 150$ V eine DE-BROGLIE-Wellenlänge der Elektronen von $\lambda = 10^{-10}$ m $= 0{,}1$ nm. Diese Wellenlänge ist mit derjenigen weicher Röntgenstrahlen vergleichbar, was das Auftreten von Beugungserscheinungen bei der Durchstrahlung von Kristallen mit Elektronen verständlich macht.

Wir ersehen daraus, dass die Körper um so mehr ein „wellenmäßiges“ Verhalten zeigen, je mehr sich ihre DE-BROGLIE-Wellenlängen den Körperabmessungen annähern. Das ist im Bereich der *Mikrophysik* der Fall. In diesem Bereich der Elektronen, Atome und Moleküle sind die Gesetze der klassischen Mechanik ebenso wenig anwendbar wie die Gesetze der geometrischen Optik bei der Beschreibung der Lichtausbreitung, wenn die Abmessungen der Körper, gegen die das Licht anläuft, mit der Lichtwellenlänge vergleichbar werden (Beugung). So wie in diesem Fall die geometrische Optik durch die allgemeinere *Wellen*optik ersetzt werden muss, ebenso muss daher im mikrophysikalischen Bereich die klassische Mechanik durch eine allgemeinere Mechanik, die **Wellenmechanik** oder **Quantenmechanik**, ersetzt werden (vgl. Abschnitt 45).

Die Tatsache, dass Gleichung (20) nicht nur für Licht gilt (mit $v = c$), sondern auch für ruhmassebehaftete Teilchen, legt nahe, die Beziehung für die Energie einer Lichtwelle $E = hf$ auch für Materiewellen als gültig anzuerkennen. Ihre Verknüpfung mit dem Äquivalenzprinzip von Masse und Energie (7/21) ergibt

$$hf = mc^2; \qquad f = \frac{mc^2}{h}.$$

Damit und mit (20) folgt als **Phasengeschwindigkeit der Materiewelle**

$$u = f\lambda = \frac{mc^2}{h}\frac{h}{mv} = \frac{c^2}{v}. \tag{22}$$

Wegen $v < c$ ist u stets *größer* als die Vakuumlichtgeschwindigkeit. Lediglich für Photonen im Vakuum ist $v = c$ und damit $u = c$. Das Ergebnis $u > c$ für stoffliche Teilchen bedeutet keinen Widerspruch zur Relativitätstheorie; denn das, was sich im vorliegenden Fall mit Überlichtgeschwindigkeit fortpflanzt, ist die *Phase* der dem Teilchen zugeordneten DE-BROGLIE-Welle und nicht die mit der Welle übertragene Energie. Die Relativitätstheorie fordert nur, dass jede mit Energie- bzw. Massentransport verbundene Geschwindigkeit, die physikalisch messbar ist, nicht größer sein darf als die Vakuumlichtgeschwindigkeit (vgl. 6.1 und 6.3).

Eine wichtige Anwendung der Erkenntnisse über die Wellennatur der Elektronen findet man im **Elektronenmikroskop**. Die Abbildung erfolgt hier durch *Elektronenlinsen*, in denen Elektronenstrahlen durch inhomogene, rotationssymmetrische elektrische oder magnetische Felder abgelenkt werden, analog zur Ablenkung von Lichtstrahlen in normalen optischen Linsen. *Elektrische Linsen* bestehen aus (im einfachsten Fall zwei) durchbohrten Kondensatorplatten, die je nach Polung als Sammel- oder Zerstreuungslinse wirken; *magnetische Linsen* sind stromdurchflossene Spulen, deren Magnetfeld durch die LORENTZ-Kraft die Elektronenstrahlen auf einer Schraubenbahn ablenkt.

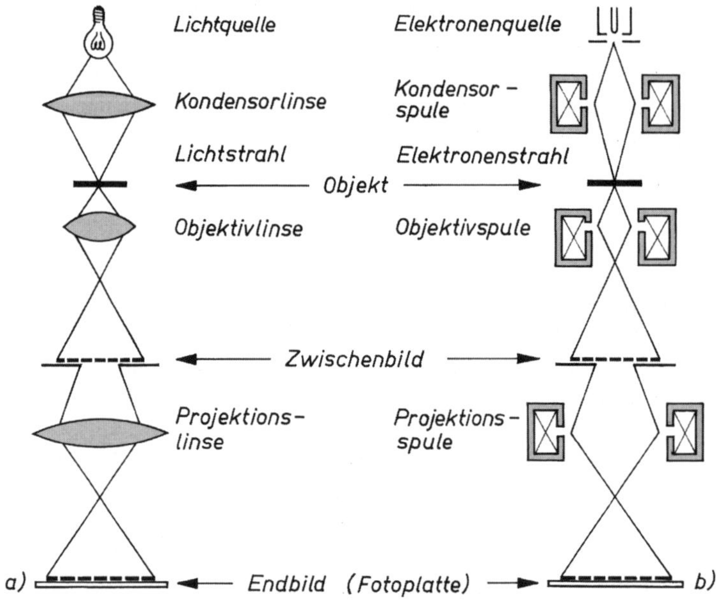

Bild 43.7. Strahlengang im lichtoptischen Durchlichtmikroskop (a) und Durchstrahlungs-Elektronenmikroskop (b)

Beim *Durchstrahlungsverfahren* (Bild 43.7) treten Elektronen aus einer Glühkatode aus, durchsetzen nach einer Bündelung im Kondensor das Objekt, werden dort gebeugt oder absorbiert, durchlaufen die Objektiv- und Projektionslinse und treffen schließlich auf einen Leuchtschirm. Das erhaltene Bild wird meist noch optisch nachvergrößert. Da das Elektronenmikroskop der durch die Beugung bedingten Begrenzung des *Auflösungsvermögens* des Lichts (vgl. 41.5) im verwendeten Vergrößerungsbereich nicht unterliegt, können damit Vergrößerungen in unverzerrter, ähnlicher Abbildung hergestellt werden, deren Abbildungsmaßstab den der Lichtmikroskope um fast zwei Zehnerpotenzen übertrifft. Da das Auflösungsvermögen eines Mikroskops mit kleiner werdender Wellenlänge zunimmt, ist dieses beim

Elektronenmikroskop wegen der gegenüber der Lichtwellenlänge sehr viel kleineren DE-BROGLIE-Wellenlänge der Elektronen erheblich größer als beim Lichtmikroskop. Die gerätetechnische Ausführung heutiger Elektronenmikroskope (insbesondere die Korrektur der Abbildungsfehler und die Stabilität der elektronischen Schaltungen zur Erzeugung der Beschleunigungsspannung sowie der Magnetfelder der Linsen) erlaubt eine Auflösung von Strukturen bis zu $\approx 10^{-10}$ m.

43.6 Das Heisenbergsche Unbestimmtheitsprinzip (Unschärferelation)

In der *klassischen Mechanik* kann den Teilchen (Punktmassen) zu jeder beliebigen Zeit ein bestimmter *Ort* und ein wohldefinierter *Impuls* zugeordnet werden, die zusammen den „Zustand" des Teilchens charakterisieren. Sind zusätzlich die auf das Teilchen wirkenden Kräfte in Abhängigkeit von Ort und Zeit bekannt, so kann der raumzeitliche Bewegungsablauf (die *Flugbahn*) des Teilchens prinzipiell berechnet werden (vgl. 4.6). 1927 zeigte HEISENBERG, dass dies für *Mikroteilchen* (Lichtquanten, Elektronen u. a.) keineswegs zutrifft. Für diese ist es *prinzipiell unmöglich*, mit den herkömmlichen Begriffen der klassischen Mechanik den Bewegungsablauf exakt zu beschreiben. Wir wollen dies im Folgenden an einem speziellen, von HEISENBERG selbst angeführten Beispiel, der *Beugung eines Mikroteilchens am Spalt*, verdeutlichen.
Lässt man Mikroteilchen durch einen schmalen Spalt der Breite Δx hindurchtreten (Bild 43.8), so werden sie, da sie Welleneigenschaften besitzen, gebeugt. Nach der Wellentheorie gilt für die Lage des unter dem Winkel α auftretenden 1. Beugungs*minimums* die Gleichung (41/13)

$$\sin\alpha = \frac{\lambda}{\Delta x}. \qquad (23)$$

Im Teilchenbild gesehen bedeutet die Beugung, dass nicht alle Teilchen mit dem Impuls p unabgelenkt durch den Spalt hindurchgehen, sondern dass ein Teil von ihnen eine seitliche Ablenkung von unterschiedlicher Größe erleidet, und zwar bevorzugt in denjenigen Richtungen,

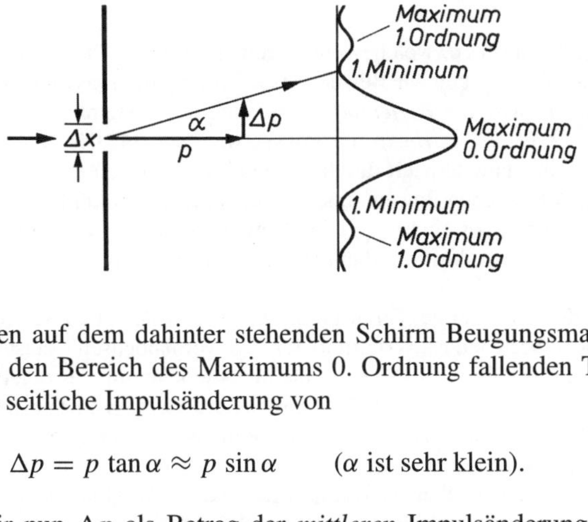

Bild 43.8. Zum HEISENBERGschen Unbestimmtheitsprinzip: Beugung von Mikroteilchen beim Durchgang durch einen Spalt

unter denen auf dem dahinter stehenden Schirm Beugungsmaxima auftreten. Betrachten wir nur die in den Bereich des Maximums 0. Ordnung fallenden Teilchen, so erfahren diese eine maximale seitliche Impulsänderung von

$$\Delta p = p \tan\alpha \approx p \sin\alpha \qquad (\alpha \text{ ist sehr klein}).$$

Fassen wir nun Δp als Betrag der *mittleren* Impulsänderung aller auf dem Schirm ankommenden Teilchen auf, so erhält man durch Einsetzen von $\sin\alpha = \Delta p/p$ in Gleichung (23) $\Delta p \Delta x \approx \lambda p$ und mit der DE-BROGLIE-Beziehung $\lambda = h/p$:

$$\Delta p\, \Delta x \approx h \qquad \textbf{(Unschärferelation).} \qquad (24)$$

Hierbei ist die Spaltbreite Δx als „Unbestimmtheit" oder „Unschärfe" der augenblicklichen Lage des Teilchens beim „Passieren" des Spalts aufzufassen und Δp als Unbestimmtheit (Unschärfe) der x-Komponente des Teilchenimpulses. Eine genauere Untersuchung ergibt anstelle von (24) $\Delta p\,\Delta x \geq h/(4\pi)$. Diese Gleichung besagt, dass niemals Ort *und* Impuls eines Mikroteilchens genau bekannt sein können. Soll sich das Teilchen innerhalb des räumlichen Intervalls Δx aufhalten, so kann sein Impuls nur mit einer Unsicherheit Δp angegeben werden, wie sie aus (24) folgt.

Heisenbergsches Unbestimmtheitsprinzip (Unschärferelation):

Das Produkt aus der Unbestimmtheit Δp des augenblicklichen Impulses eines Teilchens und der Unbestimmtheit Δx seiner augenblicklichen Ortskoordinate ist mindestens von der Größenordnung des Planckschen Wirkungsquantums h.

Das heißt, jede Steigerung der Genauigkeit in der Ortsbestimmung eines Teilchens (Verkleinerung von Δx) geht stets auf Kosten der Genauigkeit in der Impulsbestimmung und umgekehrt. Gleichzeitig ergibt sich daraus, dass der *Bahnbegriff* im mikrophysikalischen Bereich ohne physikalischen Sinn ist; denn er setzt gerade die gleichzeitige exakte Messbarkeit von Ort *und* Impuls voraus.

Die aus dem Unbestimmtheitsprinzip folgende Messbarkeitsbeschränkung der beiden Größen Ort und Impuls hat nichts mit der praktischen Messungenauigkeit (Unzulänglichkeit der Messinstrumente, mangelndes Geschick der Beobachter) zu tun. Vielmehr bringt die Gleichung (24) die charakteristische, objektiv reale Eigenschaft mikrophysikalischer Objekte zum Ausdruck, wonach *Wechselwirkungen zwischen den Messapparaturen und den Messobjekten* im Bereich der Mikrophysik nicht vernachlässigt werden dürfen.

Es sei hier nur vermerkt, dass eine zu (24) analoge Beziehung zwischen der Unbestimmtheit der Energie eines Teilchens ΔE und der Zeitdauer für die Energiemessung Δt besteht:

$$\Delta E\,\Delta t \approx h; \tag{25}$$

d. h., je größer die Messzeit, desto genauer ist die Energie des Teilchens (und damit auch seine Masse $m = E/c^2$) festgelegt.

Das HEISENBERGsche Unbestimmtheitsprinzip, welches ein allgemein gültiges Prinzip der *Quantenmechanik* darstellt, steht im völligen Widerspruch zur Bewegungsauffassung der klassischen Mechanik, da sie die dort vorherrschende *Ursache-Wirkung-Beziehung* im Bereich des atomaren Geschehens ausschließt und somit dem *klassischen Kausalitätsprinzip* der Physik widerspricht. Die Bewegung eines Körpers ist in der klassischen Mechanik charakterisiert durch Ort und Impuls zu einem bestimmten Zeitpunkt, woraus sich mit Hilfe der NEWTONschen Bewegungsgesetze eindeutig der künftige Bewegungszustand des Körpers, d. h. Ort und Impuls zu einem späteren Zeitpunkt, voraussagen lässt (Beispiel: Gesetze der Planetenbewegung). Nach dem Unbestimmtheitsprinzip ist aber eine genaue Festlegung von Ort *und* Impuls eines Mikroteilchens nicht möglich.

Der *mechanische Determinismus*, der die strenge Vorausberechenbarkeit aller zukünftigen Zustände eines Körpers als notwendiges und hinreichendes Kriterium für das Vorhandensein kausaler Zusammenhänge beinhaltet, schließt den *Zufall* völlig aus. Aber gerade die Anerkennung des objektiv existierenden Zufalls, wie er sich z. B. in der Unmöglichkeit der Vorhersage der Flugbahn eines Mikroteilchens nach dem Durchgang durch einen Beugungsspalt zeigt, ist ein wesentliches Merkmal der neuen Determinismusauffassung, welche die Einheit von dynamischen und *statistischen* Gesetzen zum Inhalt hat. Anstelle des Kausalzusammenhangs der klassischen Mechanik tritt daher in der Quantenmechanik eine „statistische Kausalität", d. h. Gesetze von statistischem Charakter, die nur über eine große Anzahl von Mikroprozessen etwas aussagen.

Beispiele: *1.* Die Lage eines Teilchens der Masse 1 g soll auf 1 µm genau festgelegt werden. Wie groß ist dann die Unbestimmtheit seiner Geschwindigkeit? – *Lösung:* Mit dem Teilchenimpuls $p = mv$ folgt aus (24) $m\Delta v\,\Delta x \approx h$ und hieraus $\Delta v \approx h/(m\Delta x) = 6{,}6 \cdot 10^{-25}$ m/s. Eine solche Ungenauigkeit in der

Geschwindigkeit liegt weit außerhalb der Grenzen der Messmöglichkeit. Bei makroskopischen Körpern spielt also das Unbestimmtheitsprinzip keine Rolle.

2. Eine der Konsequenzen, die sich aus dem Unbestimmtheitsprinzip (24) ergeben, ist die Tatsache, dass ein Elektron, welches sich nur in einem endlichen Raumbereich aufhalten kann, auch am absoluten Nullpunkt, wo ihm keine thermische Energie zugeführt wird, notwendigerweise eine von null verschiedene kinetische Mindestenergie, die **Nullpunktsenergie**, haben *muss*, d. h. also niemals in Ruhe sein kann. Denn würde das Elektron ruhen, hätte es eine bestimmte Koordinate x, und die Unbestimmtheit in der Ortsangabe Δx wäre null. Das aber würde bedeuten, dass ein Zustand existiert, in dem sowohl die Lage des Teilchens als auch der Impuls genau bestimmt sind. Dies widerspricht jedoch dem Unbestimmtheitsprinzip.
Bestimme die Geschwindigkeit und daraus die Nullpunktsenergie für ein Elektron, das „gezwungen" ist, sich auf einer endlichen Strecke der Länge $L = 10^{-10}$ m (Größenordnung des Atomdurchmessers) zu bewegen! – *Lösung:* Aus (24) folgt mit $\Delta x = L$ und $\Delta p = \Delta(m_e v) = m_e \Delta v$ für die Mindestgeschwindigkeit $\Delta v \approx h/(m_e L)$. Damit wird die Nullpunktsenergie $E_0 = m_e(\Delta v)^2/2 \approx h^2/(2m_e L^2)$. Mit dem angegebenen Wert für L und $m_e = 9{,}1 \cdot 10^{-31}$ kg sowie $h = 6{,}626 \cdot 10^{-34}$ J s erhält man $\Delta v \approx 7{,}3 \cdot 10^6$ m/s und $E_0 \approx 2{,}4 \cdot 10^{-17}$ J $= 150$ eV.

44 Atombau und Spektren

44.1 Die Streuexperimente von Lenard und Rutherford. Das Rutherfordsche Atommodell

Anfang des vorigen Jahrhunderts lag umfangreiches experimentelles Material vor, das Aufschlüsse über Größe und Bau der Atome zuließ. Dazu gehören neben spektroskopischen Daten vor allem die Ergebnisse von **Streuexperimenten** mit Elektronen (LENARD, 1903) und mit α-Teilchen (RUTHERFORD, 1911) an dünnen Metallfolien. LENARD schoss Elektronen, die in einer Gasentladungsröhre erzeugt wurden, auf Metallfolien (Dicke etwa 1 μm) und untersuchte die Absorption der Elektronen beim Durchgang durch die Folien in Abhängigkeit von der Foliendicke, der Art des Folienmaterials und der Geschwindigkeit der Elektronen. Dabei kam er zu dem Ergebnis, dass die Atome über den von ihnen beanspruchten Raum nicht homogen mit Masse ausgefüllt sind, sondern sehr „luftige" Gebilde sind. Ihr Radius wurde zu 10^{-10} bis 10^{-9} m abgeschätzt. Nur ein geringer Teil des Atoms erwies sich für schnelle Elektronen (Beschleunigungsspannungen von etwa 10^4 V) als undurchdringlich. Für den Durchmesser des undurchdringlichen Teils ergab sich die Größenordnung 10^{-14} m. Nach unseren heutigen Kenntnissen handelt es sich bei diesem Teil des Atoms um den *Atomkern*.
Angeregt durch die Experimente LENARDS untersuchten RUTHERFORD und seine Schüler GEIGER und MARSDEN die Streuung von α-Teilchen, d. h. die Ablenkung, die diese Teilchen beim Durchgang durch eine dünne Goldfolie erfahren. Bei den α-Teilchen handelt es sich um Helium-Ionen mit doppelt-positiver Elektronenladung, wie sie von natürlich-radioaktiven Elementen wie Radium oder Polonium ausgesandt werden (vgl. 48.1). Es zeigte sich, dass die meisten α-Teilchen die Folie ohne wesentliche Ablenkung durchdringen; nur wenige von ihnen erfahren starke Richtungsänderungen, ja sogar Rückstreuungen, woraus RUTHERFORD folgerte, dass im Innern der Atome sehr kleine, positiv geladene und massereiche Zentren, die Atomkerne, existieren, durch welche die gleichfalls positiv geladenen α-Teilchen infolge der gegenseitigen elektrostatischen Abstoßung auf hyperbolischen Bahnen abgelenkt werden (ild 44.1). Sehr starke Ablenkungen (entsprechend großen Streuwinkeln) erfahren nur jene Teilchen, die dem Kern sehr nahe kommen. Die Tatsache, dass um 180° abgelenkte α-Teilchen beinahe ohne Geschwindigkeitsverluste *reflektiert* werden, bedeutet nach den Gesetzen des elastischen Stoßes, dass die Kernmasse gegenüber der Masse des α-Teilchens sehr groß sein muss.

Im Falle eines *zentralen* Stoßes mit dem Kern kann das α-Teilchen bis auf einen minimalen Abstand $R_{\min}$ gegen das COULOMB-Potential des Kerns anlaufen, bevor es reflektiert wird. Dabei wird seine gesamte kinetische Energie E_α aufgebraucht. Durch Gleichsetzen von E_α mit dem Gewinn an potentieller Energie beim kleinsten Kernabstand ergibt sich nach dem COULOMBschen Gesetz $E_\alpha = (zZe^2)/(4\pi\varepsilon_0 R_{\min})$ mit den *Ordnungszahlen* im Periodensystem der Elemente $z = 2$ für das α-Teilchen und Z für den Kern. Danach können sich die energiereichsten α-Strahlen z. B. des Poloniums ($E_\alpha \approx 7$ MeV) den Kernen der Goldatome ($Z = 79$) bis auf $R_{\min} \approx 3 \cdot 10^{-14}$ m nähern. Dies ist zugleich die Größenordnung des *Kernradius* (vgl. das Rechenbeispiel 2 in Abschnitt 23.7).

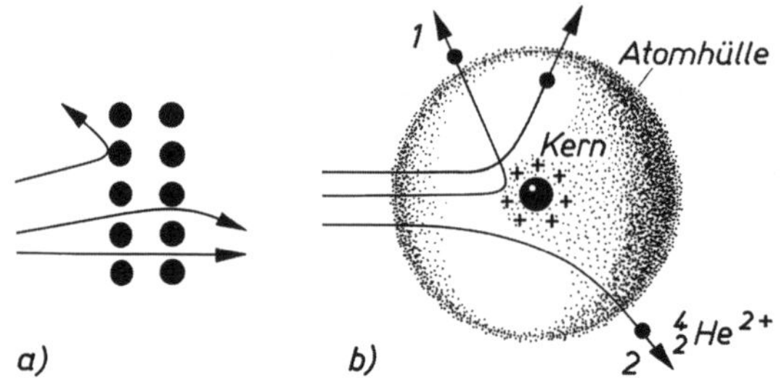

Bild 44.1. Ablenkung von α-Teilchen im COULOMB-Feld des Atomkerns
a) beim Durchgang durch eine Metallfolie;
b) bei Annäherung an einen Kern (*1* kernnaher „elastischer Stoß“, *2* kernfernere Wechselwirkung)

Aus den Experimenten konnte insgesamt geschlussfolgert werden:

Der Atomkern ist positiv geladen und vereinigt in sich fast die gesamte Masse des Atoms. Sein Radius beträgt etwa 10^{-14} m, der des gesamten Atoms etwa 10^{-10} m.

Hiernach muss man schließen, dass das Atom weitgehend „leer“ ist. Die Streuversuche erlauben zugleich auch die Bestimmung der **Kernladungszahl** Z (in Vielfachen der Elementarladung e ausgedrückte Kernladung) der streuenden Atome (CHADWICK, 1920). Es ergab sich:

Die Kernladungszahl Z ist gleich der Ordnungszahl des betreffenden Elements im Periodensystem.

Da das Atom *als Ganzes* elektrisch *neutral* ist, wird der Atomkern von ebenfalls Z Elektronen, die je eine negative Elementarladung e tragen, umgeben. Diese Elektronen bilden die negativ geladene *Atomhülle*. Dass Elektronen Bausteine der Atome sind, folgt auch daraus, dass man die Atome *ionisieren*, d. h. Elektronen von ihnen abspalten kann.

Die Anzahl der Elektronen in der Atomhülle ist gleich der Kernladungszahl Z.

Diese Erkenntnisse führten RUTHERFORD zu einer modellmäßigen Vorstellung vom Bau der Atome *(Atommodell)*. Da die Elektronen der Hülle wegen der elektrischen Anziehung zwischen Kern und Elektron unmöglich ruhen können, nahm er an, dass sie den Kern umkreisen, ähnlich wie die Planeten die Sonne *(Planetenmodell des Atoms)*. Dieses Modell widerspricht aber in einem wesentlichen Punkt der klassischen Elektrodynamik, nach der diese Elektronen als beschleunigt bewegte elektrische Ladungen Oszillatoren darstellen, die durch Abstrahlung von elektromagnetischen Wellen – in diesem Falle Licht – dauernd Energie verlieren müssten. Die Elektronenbahnen würden schrumpfen, und die Umlauffrequenz, die in diesem Falle gleich der Frequenz des ausgestrahlten Lichts ist, müsste mit Annäherung der Elektronen an den Kern stetig zunehmen (3. KEPLERsches Gesetz). Das käme einem *kontinuierlichen* Spektrum mit stetig veränderlicher Wellenlänge gleich. Tatsächlich aber senden die Atome Spektren aus, die aus einzelnen *(diskreten)* Spektrallinien bestehen *(Linienspektrum)*. Das RUTHERFORDsche Atommodell erwies sich also in dieser Form für die Erklärung der Atomspektren als nicht geeignet. Dennoch bildet dieses **Kern-Hülle-Modell** den Ursprung aller modernen Theorien vom Atombau.

44.2 Das Spektrum des Wasserstoffatoms

Die augenfälligste Erscheinung, die von den Atomen ausgeht, ist die *Ausstrahlung von Licht*. Wird das von einem Körper ausgesandte Licht mittels eines Prismen- oder Gitterspektrographen (vgl. 41.7) in seine Farbanteile zerlegt, so erhält man das für die betreffende Atomart charakteristische **Spektrum**. Während glühende Flüssigkeiten und Festkörper sowie Gase unter hohem Druck ein *kontinuierliches* Spektrum aussenden, in dem innerhalb eines gewissen Bereiches alle Frequenzen bzw. Wellenlängen vorkommen *(Regenbogenspektrum)*, emittieren zum Leuchten angeregte einatomige Gase ein **Linienspektrum** mit einzelnen, getrennt voneinander liegenden Spektrallinien. Wir richten im Folgenden unser Augenmerk auf die Deutung dieser Linienspektren, da sie uns nähere Aufschlüsse über den Bau eines Atoms geben können.

Von allen Atomen sendet *atomarer Wasserstoff* das einfachste Spektrum aus. Als Beispiel eines teilweise im sichtbaren Spektralbereich liegenden Linienspektrums des H-Atoms ist in Bild 44.2 die sog. **Balmer-Serie** schematisch dargestellt. Wir bemerken einzelne mit H_α, H_β, H_γ, ... bezeichnete Linien, die mit abnehmender Wellenlänge, d. h. mit zunehmender Frequenz, immer näher aneinander rücken und bei einer bestimmten Grenze, der sog. *Seriengrenze*, eine Häufungsstelle haben. BALMER ist es 1885 gelungen, die Frequenzen der Spektrallinien dieser Serie durch die empirische Formel

$$f = R_\mathrm{H}\left(\frac{1}{2^2} - \frac{1}{m^2}\right) \qquad \textbf{(Frequenzen der Balmer-Serie)} \qquad (1)$$

zu beschreiben, wobei für die ersten vier Linien, die im sichtbaren Teil des Spektrums liegen, $m = 3, 4, 5, 6$ zu setzen ist. R_H ist die **Rydberg-Frequenz**; ihr Wert ergibt sich aus experimentellen Daten für alle Spektralserien des Wasserstoffs (s. u.) zu $R_\mathrm{H} = 3{,}289\,842 \cdot 10^{15}\ \mathrm{s}^{-1}$.

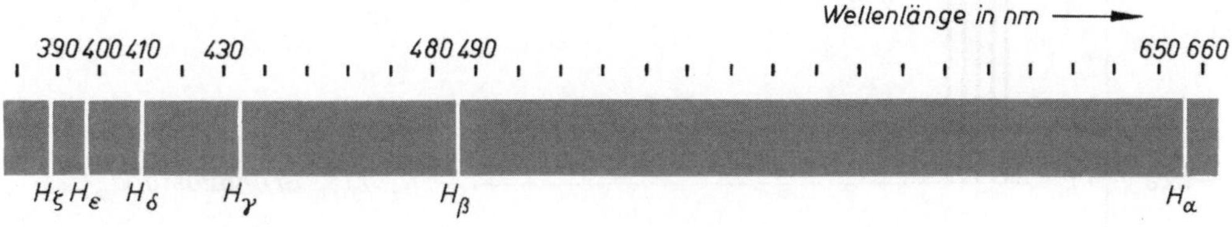

Bild 44.2. Linienspektrum der BALMER-Serie des Wasserstoffs

Mit der weiteren Vervollkommnung der Geräte zum spektrographischen Nachweis auch solcher Linien, die nicht im sichtbaren Spektralbereich liegen, fanden später andere Forscher weitere Wasserstoffserien, die sich sämtlich durch eine zu (1) analoge Beziehung, die **Serienformel des Wasserstoffspektrums**

$$f = R_\mathrm{H}\left(\frac{1}{n^2} - \frac{1}{m^2}\right), \qquad m > n;\ m \text{ und } n \text{ ganzzahlig}, \qquad (2)$$

beschreiben lassen. So erhält man, indem $n = 1$ und für die Laufzahl m der Reihe nach 2, 3, 4, ... gesetzt wird, die Frequenzen der **Lyman-Serie** im Ultraviolett (entdeckt 1906), deren erste Linie bei der Wellenlänge $\lambda = c/f = 121{,}6$ nm liegt. Mit $n = 2$ und $m = 3, 4, 5, \ldots$ erhält man die **Balmer-Serie** (1); ihre Linien liegen im Rot (H_α), im Grün (H_β), im Blau (H_γ) usw. Als weitere Serien des Wasserstoffs ergeben sich mit $n = 3$ als Festzahl die **Paschen-Serie** (1908), deren Linien im nahen Infrarot liegen, für $n = 4$ die **Brackett-Serie** (1922) und für $n = 5$ die **Pfund-Serie** (1924), beide im Infrarot. Viel später wurde noch eine weitere Serie mit $n = 6$ gefunden; ihre erste Linie ($m = 7$) liegt bei der Wellenlänge $11{,}7\ \mu$m.

Die Serienformel (2) gilt nicht nur für die *Emission*, sondern auch für die *Absorption* von Licht, das von außen her auf das Atom trifft. Fällt ein Lichtquant irgendeiner beliebigen Frequenz auf das Atom, so übt es im Allgemeinen keinerlei Wirkung aus. Stimmt seine Frequenz aber mit einer solchen überein, die das Atom gemäß (2) selbst aussenden kann, so wird die Energie des Quants absorbiert, indem das Atom aus seinem *energieärmsten Zustand* mit $n = 1$, dem **Grundzustand**, in einen energiehöheren **angeregten Zustand** übergeht *(Resonanzabsorption)*.

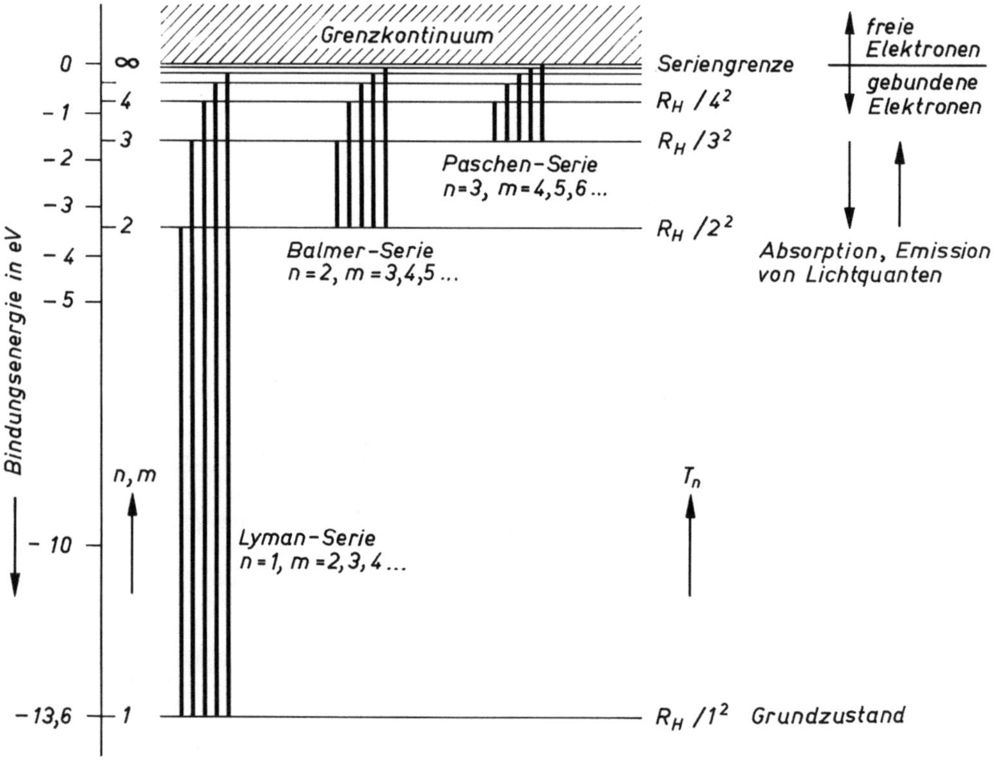

Bild 44.3. Termschema des Wasserstoffatoms

Die verschiedenen Anregungszustände eines Atoms pflegt man in übersichtlicher Weise im sog. **Termschema** darzustellen. Die Energie des ausgestrahlten Lichtquants entstammt der Änderung der „inneren Energie" des Atoms, die sich mit (2) in der Form

$$hf = \frac{hR_H}{n^2} - \frac{hR_H}{m^2} = h(T_n - T_m) = E_m - E_n \qquad (3)$$

schreibt. Der Ausdruck $E_n = -hR_H/n^2 = -hT_n$ wird als **Energieterm** bezeichnet; er kennzeichnet einen möglichen diskreten Energiezustand des Atoms. Der Ausdruck $T_n = -E_n/h = R_H/n^2$ heißt **Frequenzterm**. Nach (3) wird eine Spektralserie stets durch *zwei* Frequenzterme beschrieben, nämlich durch den *konstanten* Term T_n, der die betreffende Serie kennzeichnet, und den mit m veränderlichen Term T_m *(Laufterm)*, der mit wachsendem m immer kleiner werdende Werte annimmt und schließlich für $m \to \infty$ dem Grenzwert null zustrebt. Jeder Differenz zweier Terme $T_n - T_m = f$ entspricht somit eine bestimmte Spektrallinie (RITZsches *Kombinationsprinzip*).

Bild 44.3 zeigt das Termschema des Wasserstoffs. Auf der rechten Seite der Darstellung sind auf der Ordinate die Frequenzterme T_n aufgetragen. Sie entsprechen denjenigen Energien, die erforderlich sind, um das Atom aus dem Grundzustand $n = 1$ auf ein höheres Energieniveau anzuheben. Dem Grundzustand kommt die Energie $E_1 = -hR_{\mathrm{H}} = -13{,}6\,\mathrm{eV}$ zu, dem Zustand $n \to \infty$ die Energie $E_\infty = 0$. Weitere Erläuterungen s. 44.3.

44.3 Das Bohrsche Atommodell

N. BOHR (1913) erkannte als Erster die Notwendigkeit, die Gesetze der klassischen Physik in einschneidender Weise abzuändern, um – ausgehend vom RUTHERFORDschen Atommodell – zu einem Modell für ein stabiles Atom zu gelangen, das in der Lage ist, die Linienspektren einfach gebauter Atome zu erklären. Obwohl die BOHRsche Theorie vom heutigen Standpunkt überholt ist, da sie eine merkwürdige Mischung von klassischer Mechanik und Begriffen der Quantentheorie darstellt und aus diesem Grunde logisch nicht befriedigend ist, wird sie wegen ihrer großen Anschaulichkeit und ihrer Erfolge, die sie bei der quantitativen Beschreibung der Energiezustände des Wasserstoffatoms zweifellos aufweisen kann, auch heute noch häufig benutzt.

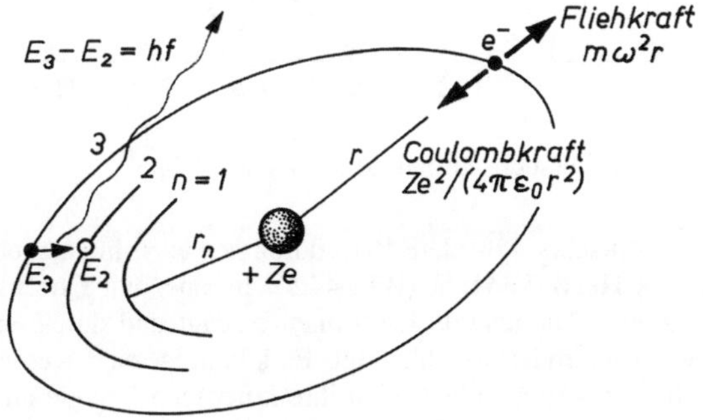

Bild 44.4. BOHRsches Atommodell

Nach BOHR soll sich das negative Elektron um den Z-fach positiv geladenen Kern auf *Kreisbahnen* bewegen (Bild 44.4), wobei sich elektrostatische Anziehungskraft (COULOMB-Kraft (23/26) mit $q = e$ und $Q = Ze$) und Zentrifugalkraft (5/6) das Gleichgewicht halten:

$$\frac{Ze^2}{4\pi\varepsilon_0 r^2} = \frac{m_e v^2}{r} \tag{4}$$

(m_e Elektronenmasse, v Elektronengeschwindigkeit auf der Kreisbahn mit dem Radius r). Die Stabilität des Atoms sowie das Auftreten diskreter Energieniveaus im Atom werden im BOHRschen Modell durch einige *Zusatzforderungen* erzwungen, die der klassischen Mechanik und Elektrodynamik fremd sind. Es sind dies die folgenden zwei **Bohrschen Postulate**:

1. Von allen klassisch möglichen Elektronenbahnen sind nur diejenigen als *erlaubt* auszuwählen (auf denen die Elektronen *strahlungsfrei* kreisen können), für die der Betrag des Drehimpulses $|\boldsymbol{l}|$ der Elektronen ein ganzzahliges Vielfaches des PLANCKschen Wirkungsquantums h, geteilt durch 2π, ist:

$$|\boldsymbol{l}| = m_e v r = n\frac{h}{2\pi} \qquad \textbf{(Bohrsche Quantenbedingung).} \tag{5}$$

$n = 1, 2, 3, \ldots$ heißt *Quantenzahl* oder (im Hinblick auf später noch einzuführende weitere Quantenzahlen) genauer **Hauptquantenzahl**; durch sie wird die jeweilige Kreisbahn festgelegt.

2. Das Elektron kann von einer Bahn auf eine andere „springen“ *(Quantensprünge)*. Bei Anregung durch Stöße oder durch Absorption eines Lichtquants springt das Elektron in eine Bahn höherer Energie. „Fällt“ es von einer Bahn höherer Energie E_m (der Index m steht hier ebenfalls für eine Quantenzahl) auf eine Bahn niedrigerer Energie E_n, so wird vom Atom ein Lichtquant ausgestrahlt, dessen Energie hf mit der Energiedifferenz zwischen Anfangs- und Endzustand des Elektrons übereinstimmt (Bild 44.4):

$$E_m - E_n = hf \qquad \textbf{(Bohrsche Frequenzbedingung).} \tag{6}$$

Damit erhalten die zunächst formalen Spektralterme $T_n = -E_n/h$ in (3) eine einfache Interpretation; sie entsprechen mithin den diskreten Energiezuständen, in denen sich die Elektronen im Atom befinden können.

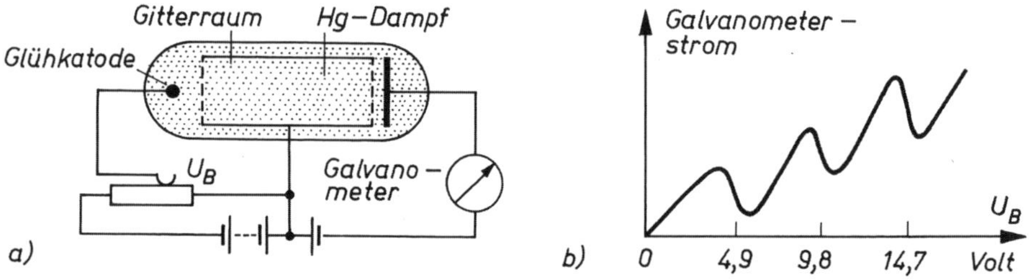

Bild 44.5. FRANCK-HERTZ-Versuch: a) Versuchsaufbau, b) Versuchsergebnis

Eine wesentliche Stütze erhielten die BOHRschen Postulate 1913 durch den experimentellen Nachweis der diskreten Energieniveaus im **Franck-Hertz-Versuch** (Bild 44.5): In einer mit Quecksilberdampf gefüllten Vakuumröhre werden mittels einer Glühkatode Elektronen erzeugt und durch eine regelbare elektrische Spannung zwischen zwei Elektroden beschleunigt. Es konnte gezeigt werden, dass die Elektronen beim Zusammenstoß mit den Hg-Atomen erst dann ihre kinetische Energie an die Atome abgeben, wenn die Beschleunigungsspannung einen ganz bestimmten Wert, die sog. *Anregungsspannung*, erreicht, welche beim Quecksilber 4,9 V beträgt. Dies entspricht einer Anhebung der Hg-Atome auf eine bestimmte Anregungsstufe um den Betrag $\Delta E = 4{,}9$ eV ($= 7{,}85 \cdot 10^{-19}$ J). Diese absorbierte Energie wird beim Übergang vom angeregten Zustand in den Grundzustand als *Anregungsleuchten* wieder ausgestrahlt. Die dabei gemessene Wellenlänge $\lambda = 253{,}6$ nm der im fernen Ultraviolett liegenden Emissionslinie folgt direkt aus der BOHRschen Frequenzbedingung (6) $\Delta E = hf = hc/\lambda$. Weitere Atomanregungen treten beim Doppelten, Dreifachen usw. der Anregungsspannung durch nacheinander mehrmalige Energieabgabe eines Elektrons auf.

Aus (4) und (5) berechnen sich, indem einmal v, das andere Mal r eliminiert wird, die Radien der erlaubten Kreisbahnen und die zugehörigen Elektronengeschwindigkeiten zu

$$r_n = \frac{\varepsilon_0 h^2}{\pi Z e^2 m_e} n^2 = \frac{a_H}{Z} n^2; \qquad v_n = \frac{Ze^2}{2\varepsilon_0 h} \frac{1}{n}. \tag{7}$$

Die Bahnradien wachsen danach mit dem Quadrat der Hauptquantenzahl n an, die Elektronengeschwindigkeiten nehmen umgekehrt proportional zu n ab. Für ein im *Grundzustand* ($n = 1$) befindliches **Wasserstoffatom** ($Z = 1$) erhält man aus (7)

$$r_1(\mathrm{H}) \equiv a_H = 0{,}529\,177 \cdot 10^{-10}\ \mathrm{m}; \qquad v_1(\mathrm{H}) \approx 2{,}2 \cdot 10^6\ \mathrm{m/s}. \tag{8}$$

Der für den **Bohrschen Radius** a_H erhaltene Wert befriedigt außerordentlich, da er mit dem aus Messungen nach der kinetischen Gastheorie bestimmten Radius des H-Atoms gut übereinstimmt.

Aus (4) berechnet sich die *kinetische Energie* des Elektrons auf der n-ten Bahn zu

$$E_{k(n)} = \frac{m_e v_n^2}{2} = \frac{Ze^2}{8\pi\varepsilon_0 r_n}.$$

Für die *potentielle Energie* des Elektrons im Abstand r_n vom Kern erhält man

$$E_{p(n)} = \int_{\infty}^{r_n} F\,dr = \int_{\infty}^{r_n} \frac{Ze^2}{4\pi\varepsilon_0 r^2}\,dr = -\frac{Ze^2}{4\pi\varepsilon_0 r_n} = -2\,E_{k(n)}.$$

Die **Energieniveaus im Atom** sind durch die Werte der Gesamtenergie des Elektrons auf den erlaubten Bahnen $E_n = E_{k(n)} + E_{p(n)} = -E_{k(n)} = -Ze^2/(8\pi\varepsilon_0 r_n)$ definiert. Mit dem Radius r_n nach (7) errechnet man hierfür

$$E_n = -\frac{e^4 m_e}{8\varepsilon_0^2 h^2}\frac{Z^2}{n^2} = -13{,}6\frac{Z^2}{n^2}\ \text{eV}. \qquad (9)$$

Dieses Ergebnis liefert mit $Z = 1$ das richtige Energiespektrum des Wasserstoffs. Da E_n negativ ist, folgt, dass die Energie mit wachsendem n gegen den Wert null hin zunimmt. Die **Frequenzen der emittierten Spektrallinien** berechnen sich damit nach (6) zu

$$f = Z^2 R_H \left(\frac{1}{n^2} - \frac{1}{m^2}\right) \quad \text{mit} \quad R_H = \frac{e^4 m_e}{8\varepsilon_0^2 h^3} = 3{,}289\,842 \cdot 10^{15}\ \text{Hz}. \qquad (10)$$

Diese Beziehung ist für $Z = 1$ identisch mit der Serienformel des Wasserstoffspektrums (2). Die RYDBERG-Frequenz R_H konnte damit auf bekannte Naturkonstanten zurückgeführt werden; der theoretische Wert stimmt sehr gut mit dem spektroskopisch ermittelten überein.

Ionisierungsenergie. Grenzkontinuum. Wird vom Atom ein Lichtquant so hoher Energie absorbiert, dass dadurch ein Elektron aus dem Atomverband vollständig herausgelöst wird, so wird das Atom *ionisiert*. Dies ist beim *Photoeffekt* (vgl. 43.2) der Fall, wo durch Bestrahlen eines Stoffes mit Licht Elektronen aus dessen Atomen freigesetzt werden. Dieser Vorgang ist gleichbedeutend damit, dass ein Elektron von einem Zustand der Energie E_n in einen Zustand mit $m \to \infty$, d. h. bis zur **Seriengrenze** mit der Energie $E_\infty = 0$, „angehoben" wird (vgl. Bild 44.3). Die dazu erforderliche Energie $E_\infty - E_n = -E_n > 0$ bezeichnet man als *Ionisierungsenergie* oder *Ionisierungsarbeit* W_i des Atoms; sie ist gleich der **Bindungsenergie des Elektrons** in dem zur Quantenzahl n gehörigen Zustand. Sie ist am größten für den Grundzustand mit $n = 1$, in dem sich das Atom gewöhnlich befindet. Für das H-Atom ($Z = 1$) erhält man nach (9) $W_i = -E_1 = 13{,}6\,\text{eV}$. Ist die Frequenz des eingestrahlten Lichtquants größer als die zur Ionisierung erforderliche *Grenzfrequenz* $f_G = W_i/h$, so wird die „überschüssige" Energie in Form von kinetischer Energie $m_e v^2/2$ auf das freigesetzte Photoelektron übertragen. Den Frequenzbereich $f > f_G$ (in Bild 44.3 schraffiert) nennt man das **Grenzkontinuum**. Er erfasst die Energiezustände, bei denen das Elektron nicht mehr an den Wasserstoffkern gebunden ist. In diesem Bereich sind alle Energien erlaubt, was sich optisch darin äußert, dass das Spektrum *keine Linienstruktur* mehr zeigt.

Das Bohrsche Korrespondenzprinzip. Es besagt, dass bei großen Werten der Quantenzahl n alle aufgestellten Quantengesetze in die entsprechenden klassischen Gesetze übergehen müssen, da dann die Quantelung physikalischer Größen (z. B. Energie oder Drehimpuls) praktisch bedeutungslos wird. Berechnet man nach (10) die Frequenz f für einen Übergang zwischen zwei benachbarten Zuständen n und $m = n + 1$ für den Fall, dass n eine sehr große Zahl ist, so erhält man

$$f = R_H\left(\frac{1}{n^2} - \frac{1}{(n+1)^2}\right) = R_H\frac{n^2+2n+1-n^2}{n^2(n+1)^2} \approx 2R_H\frac{1}{n^3};$$

dies ist aber nach (7) und (10) gerade der Wert der Umlauffrequenz des kreisenden Elektrons

$$f = \frac{\omega}{2\pi} = \frac{v}{2\pi r} = \frac{m_e e^4}{4\varepsilon_0^2 h^3}\frac{1}{n^3} = 2R_H\frac{1}{n^3},$$

die sich bei großen n für benachbarte Zustände nur sehr wenig unterscheidet. Das BOHRsche Atommodell lässt also für hohe Quantenzahlen die Emission von Wellen mit sehr kleiner Frequenz, d. h. mit sehr großer Wellenlänge (z. B. im cm-Bereich) zu, wie man sie auch mit einem HERTZschen Dipol (vgl. 38.3) erzeugen kann. In diesem Frequenzbereich wird die Abstrahlung von elektromagnetischen Wellen durch die klassische Elektrodynamik, speziell durch die MAXWELLschen Gleichungen (32/3 und 5), beschrieben. Es besteht also für große Quantenzahlen Übereinstimmung *(Korrespondenz)* zwischen den klassisch erwarteten und den quantentheoretisch berechneten Frequenzen.
Die Bedeutung des BOHRschen Korrespondenzprinzips für die weitere Entwicklung der Atomtheorie lag vor der Schaffung der Quantenmechanik vor allem darin, dass es auf seiner Grundlage gelang, Aussagen auch über die *Intensität* und die *Polarisation* der Spektrallinien zu erhalten und *Auswahlregeln* für diese Linien aufzustellen.

Mängel des Bohrschen Modells. Das BOHRsche Atommodell konnte in der Folge nicht gehalten werden, da es in wesentlichen Punkten experimentellen Befunden widerspricht und seine Anwendbarkeit auf solche Fälle beschränkt bleibt, wo die Reduktion auf ein *Einelektronenproblem* möglich ist, wie bei den Alkalimetallen. Hierfür liefert das Modell zwar die richtigen Energieniveaus, aber es stimmen z. B. die nach (5) erhaltenen Werte für den Elektronendrehimpuls nicht mit der Erfahrung überein (vgl. 44.4).
Die BOHRsche Theorie weist aber *prinzipielle* Mängel auf, die damit zusammenhängen, dass in ihr Begriffe und Vorstellungen der Makrophysik auf den mikrophysikalischen Bereich übertragen werden. So ist es nach den Ausführungen in 43.5 und 43.6 *absolut unreal*, im Bereich der Atome die Elektronen als Punktmassen aufzufassen und für sie gemäß (7) definierte Flugbahnen vorzuschreiben, auf denen sie sich mit genau angebbaren Geschwindigkeiten bewegen. So fordert das HEISENBERGsche Unbestimmtheitsprinzip (43/24) bei einer Unsicherheit in der Ortsangabe des Elektrons von der Größe des Atomdurchmessers (10^{-10} m) – wie in 43.6 an dem dort gerechneten Beispiel 2 gezeigt – eine Unbestimmtheit der Elektronengeschwindigkeit von mindestens $7{,}3 \cdot 10^6$ m/s. Die BOHRsche Theorie liefert aber für die Elektronengeschwindigkeit gemäß (8) einen Wert, der unterhalb dieser Schranke liegt; sie steht damit im Widerspruch zu einem grundlegenden Prinzip der Quantenmechanik.

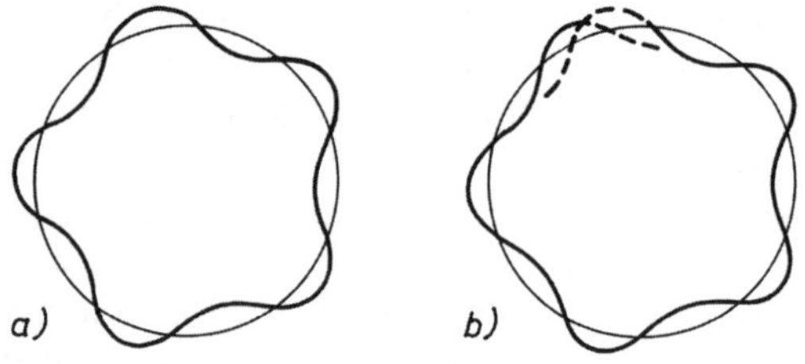

Bild 44.6. Elektronenwelle um den Atomkern beim Wasserstoffatom: a) stationärer Zustand (in sich geschlossener Wellenzug); b) nichtstationärer Zustand (sich auslöschende Welle)

In Abschnitt 43.5 wurde gezeigt, dass in atomaren Dimensionen allein die *wellenmechanische* Auffassung Gültigkeit hat. Dies kommt in eindrucksvoller Weise in der von DE BROGLIE gegebenen Erklärung für die *stationären Elektronenbahnen* im Atom, im besonderen die BOHRsche Kreisbahn im Wasserstoffatom, zum Ausdruck: Das Elektron umläuft den Atomkern in Form einer Welle und kommt auf der Kreisbahn mit sich selbst zur Interferenz (Bild 44.6). Ein stationärer Zustand ergibt sich nur dann, wenn der Kreisumfang ein ganzzahliges Vielfaches der DE-BROGLIE-Wellenlänge (43/20) des Elektrons ist, der

Wellenzug also in sich geschlossen verläuft. Anderenfalls würde sich die Elektronenwelle durch Interferenz vernichten. Es muss also gelten $2\pi r = n\lambda = nh/(m_e v)$ mit $n = 1, 2, 3, \ldots$ oder $m_e vr = nh/(2\pi)$. Dies ist genau die BOHRsche Quantenbedingung (5), die auf der Grundlage der klassischen Physik nur mit Hilfe der Zusatzannahme strahlungsfreier Elektronenbahnen gewonnen werden konnte, jetzt aber zwanglos aus dem wellenmechanischen Modell folgt.

Beispiel: Ein Elektron soll nicht wie beim Wasserstoffatom durch die elektrostatische Anziehungskraft des Atomkerns, sondern durch die LORENTZ-Kraft eines konstanten Magnetfeldes (Induktion B) auf einer Kreisbahn gehalten werden (s. 28.7). Berechne durch Anwendung der BOHRschen Quantenbedingung a) den zu einer bestimmten Induktion B gehörigen kleinstmöglichen Bahnradius, b) den dazugehörigen minimalen magnetischen Fluss Φ_0! – *Lösung:* a) Für die als Radialkraft wirkende LORENTZ-Kraft gilt $m_e v^2/r = evB$, d. h. $m_e v = erB$. Die Quantenbedingung lautet $m_e v = nh/(2\pi r)$. Gleichsetzen beider Ausdrücke für $m_e v$ ergibt $r = \sqrt{h/(2\pi e B)}$. b) Die von der Elektronenbahn umschlossene Fläche ist $A = \pi r^2$; damit erhält man für den magnetischen Fluss nach (28/11) $\Phi_0 = BA = h/(2e) = 2{,}07 \cdot 10^{-15}$ V s. Diese Größe nennt man das *magnetische Flussquant.*

Aufgabe 44.1. In welchem Verhältnis stehen die Frequenzen der von einem Wasserstoffatom und einem einfach-ionisierten Heliumatom He^+ $(Z = 2)$ emittierten Spektren?

44.4 Die Spektren der Alkaliatome. Bahndrehimpulsquantenzahl

Ein Atom, das aus einem mehrfach geladenen Kern und einer entsprechenden Anzahl von Elektronen „besteht", vermag eine viel größere Anzahl von Spektralserien zu emittieren als das Wasserstoffatom. Am einfachsten sind die Spektren der *Alkalimetalle* (Lithium, Natrium, Kalium, Rubidium, Caesium). Ihre Atome ähneln in gewissem Sinne dem Wasserstoffatom; denn sie bestehen aus einem stabilen *Atomrumpf*, der vom Kern und dem Hauptteil der Elektronenhülle aus lauter *„abgeschlossenen Elektronenschalen"* gebildet wird, und einem einzelnen Elektron, das den Rumpf umkreist und verhältnismäßig locker gebunden ist, dem *Leuchtelektron* oder – wegen seiner chemischen Wirkung – auch *Valenzelektron* genannt. Die Spektrallinien im ultravioletten, sichtbaren und ultraroten Spektralbereich kommen durch Übergänge des Leuchtelektrons zwischen den erlaubten Energieniveaus zu Stande.

Die Alkalispektren unterscheiden sich vom Wasserstoffspektrum dadurch, dass eine größere Mannigfaltigkeit von Termwerten T_n (vgl. 44.2) vorkommt, so dass es nicht mehr möglich ist, die Terme durch nur eine Quantenzahl n zu charakterisieren. Im Unterschied zu $T_n = R_H/n^2$ für das Wasserstoffatom gehorchen (nach RYDBERG, 1900) die Termwerte der Alkaliatome dem Bildungsgesetz $T_{nl} = R/(n + a_l)^2$, wobei R die RYDBERG-*Frequenz* des betreffenden Atoms ist. Die in dieser Termformel auftretenden Korrekturwerte a_l sind auf den unterschiedlichen *Bahndrehimpuls* $\boldsymbol{l}$ der Elektronen mit gleicher Hauptquantenzahl n zurückzuführen. Dieser kann nach der Quantentheorie und in Übereinstimmung mit dem Experiment – jedoch abweichend von der BOHRschen Theorie (5) – betragsmäßig nur die Werte

$$|\boldsymbol{l}| = \sqrt{l(l+1)}\,\hbar \qquad \text{mit} \qquad l = 0, 1, 2, 3, \ldots, (n-1) \tag{11}$$

annehmen. $\hbar = h/(2\pi)$ (lies: h quer) ist das PLANCKsche *Drehimpulsquantum.* Die diskreten l-Werte heißen **Bahndrehimpulsquantenzahlen** oder **Nebenquantenzahlen**. (Es sind dies nicht etwa die Beträge vom Bahndrehimpulsvektor $\boldsymbol{l}$!). Die Korrekturwerte a_l in obiger Termformel nehmen mit wachsendem l rasch ab und mit steigender Ordnungszahl des Elements, d. h. mit steigender Anzahl der Rumpfelektronen, zu. So ist z. B. für Lithium (2 Rumpfelektronen) $a_0 = 0{,}4$; $a_1 = 0{,}01$ und für Caesium (54 Rumpfelektronen) $a_0 = 0{,}87$; $a_1 = 0{,}3$. Die a_2- und a_3-Werte sind nur bei den schwersten Alkaliatomen von null merklich verschieden.

Aus (11) geht hervor, dass zu einer bestimmten Hauptquantenzahl n genau n verschiedene Elektronenzustände mit unterschiedlichem Drehimpuls gehören. Ihnen allen ist *beim Wasserstoffatom*, wenn keine Störungen des Hüllenelektrons von außen (z. B. durch elektrische oder magnetische Felder) vorhanden sind, ein und dieselbe Energie zugeordnet; denn nach (9) hängt die Energie nur von der Hauptquantenzahl n ab. Solche Zustände gleicher Energie werden **„entartete" Zustände** genannt. Es heißt dann, das durch n gekennzeichnete Energieniveau ist *n-fach belegt* oder $(n-1)$*-fach entartet*.
Durch Störungen der Elektronenbewegung im Atom kann die Entartung (zumindest teilweise) aufgehoben werden. Die Folge davon ist eine **Aufspaltung der Terme**, d. h., man beobachtet für jeden Energieterm nicht mehr nur eine einzelne Spektrallinie, sondern eine bestimmte Anzahl dicht nebeneinander liegender diskreter Linien von geringfügig unterschiedlicher Energie, ein sog. *Multiplett*. Eine solche Störung der Elektronenbewegung tritt beim Leuchtelektron in den wasserstoffähnlichen Alkaliatomen auf, indem dieses Wechselwirkungen nicht nur mit dem Atomkern, sondern auch mit den übrigen Elektronen des Atomrumpfes eingeht. Dadurch wird die Entartung der Energieniveaus aufgehoben, und es treten n verschiedene Terme T_{nl} auf, deren Energie außer von n noch von l abhängt.

Eine anschauliche Erklärung fanden die Spektralterme der Alkaliatome in der von SOMMERFELD (1915) vorgenommenen Erweiterung des BOHRschen Atommodells auf den allgemeineren Fall **elliptischer Elektronenbahnen**, wonach jedem Wert der Hauptquantenzahl n gerade so viel verschiedene Ellipsenbahnen mit unterschiedlicher Exzentrizität und beim Wasserstoff gleicher Energie zugeordnet sind, wie es zum vorgegebenen n nach (11) verschiedene Werte für die Drehimpulsquantenzahl l gibt, nämlich genau n (Bild 44.7). Das Verhältnis von kleiner zu großer Halbachse der Ellipsen ist $(l+1)/n$; die Bahnen mit $l=0$ haben somit die größte Exzentrizität, die mit dem größten l-Wert $n-1$ sind Kreisbahnen.

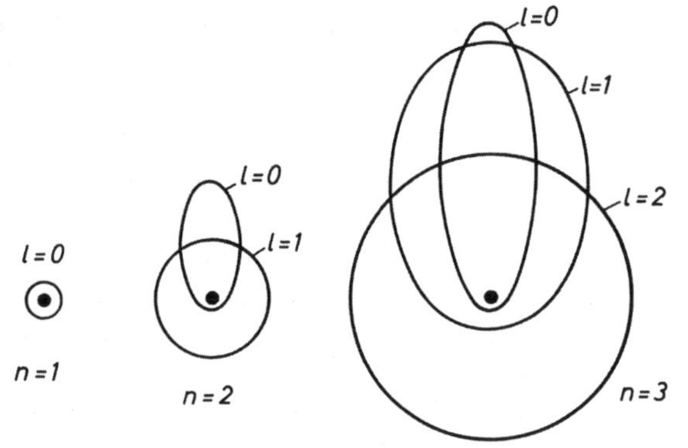

Bild 44.7. Mögliche Elektronenbahnen für $n = 1, 2, 3$

Wegen der abschirmenden Wirkung der in den „abgeschlossenen Schalen" befindlichen Rumpfelektronen herrscht außerhalb des Rumpfes das gleiche elektrische Feld wie beim Wasserstoffatom, innerhalb aber ein stärkeres, da dort die größere Kernladung von den Rumpfelektronen nur teilweise abgeschirmt wird. Da nun die Elektronen auf elliptischen Bahnen je nach Exzentrizität der Bahnellipse vorübergehend unterschiedlich tief in den Rumpf „eintauchen" (sog. *„Tauchbahnen"*), und zwar um so mehr, je kleiner l ist, wird die Energie der Bahn in Abhängigkeit von l stark beeinflusst und die Bahnentartung aufgehoben. Dabei liegen die Zustände mit kleinstem l energetisch am tiefsten.

Man bezeichnet die Elektronenzustände, denen die Werte $l = 0, 1, 2, 3, 4, \ldots$ zugeordnet sind, der Reihe nach als **s-, p-, d-, f-, g-, … -Zustände**. Damit lassen sich die Terme durch die Symbole 1s; 2s, 2p; 3s, 3p, 3d; 4s, …; allgemein ns, np, … ausdrücken (die voranstehende Ziffer gibt die Hauptquantenzahl an). Die beobachteten Spektrallinien zeigen, dass nicht zwischen beliebigen dieser Zustände Strahlungsübergänge erfolgen, sondern nur zwischen solchen, bei denen sich l nur um 1 ändert (im Unterschied zu n, das sich um eine beliebige ganze Zahl ändern kann). Die nach dieser **Auswahlregel** möglichen Übergänge können aus dem Energieniveauschema (Bild 44.8) abgelesen werden, in dem der Übersichtlichkeit halber die Termfolgen für die vier in den Serien vorkommenden Zustände s, p, d und f nebeneinander gezeichnet sind.

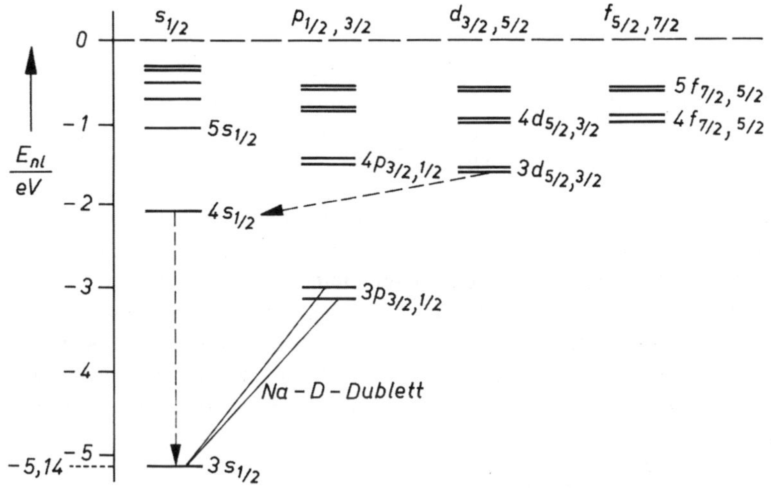

Bild 44.8. Termschema des Na-Atoms mit Feinstruktur (vgl. 44.7). Die gestrichelt gezeichneten Übergänge sind (optisch) verboten.

Beim *Natrium* z. B. ist nur eine der zahlreichen auftretenden Spektrallinien sichtbar. Es ist die bekannte **Natrium-D-Linie** ($\lambda \approx 589$ nm), die eine gelbe Färbung der Flamme hervorruft, wenn man ein wenig Kochsalz hineinstreut. Bei genügend hoher Auflösung des Spektrometers erkennt man, dass diese aus zwei eng beieinander liegenden Linien, einem sog. *Dublett*, besteht (*Feinstruktur* der Spektrallinien, vgl. 44.7). Sie kommen durch den Übergang 3p $\rightarrow$ 3s zu Stande.

Aufgabe 44.2. Berechne aus der Energiedifferenz der Zustände 3s und 3p, deren Größe dem Termschema in Bild 44.8 zu entnehmen ist, die Wellenlänge der Natrium-D-Linie!

44.5 Richtungsquantelung des Bahndrehimpulses der Elektronen

Außer dem Betrag des Bahndrehimpulsvektors $\boldsymbol{l}$ ist auch seine Komponente bezüglich einer physikalisch ausgezeichneten Richtung, z. B. der Richtung eines äußeren Magnetfeldes, gequantelt. Im Allgemeinen lässt man diese Richtung mit der z-Achse zusammenfallen. Für diese **z-Komponente des Bahndrehimpulsvektors** l_z sind nur die folgenden (diskreten) Werte möglich:

$$l_z = m_l \hbar \qquad \text{mit} \qquad m_l = 0, \pm 1, \pm 2, \ldots, \pm l. \tag{12}$$

m_l heißt **magnetische Quantenzahl** oder **Orientierungsquantenzahl**. Sie legt (in einer halbklassischen Veranschaulichung) die Orientierung des Drehimpulses $\boldsymbol{l}$ gegenüber der z-Richtung fest (Bild 44.9). Bei gegebener Betragsquantenzahl l hat der Drehimpuls, wie aus (12) hervorgeht, $(2l+1)$ verschiedene Einstellmöglichkeiten bezüglich der z-Richtung. Ohne äußeres Feld ist daher jeder zu einem bestimmten Wert von l gehörige Term $2l$-fach entartet. Beim Einschalten eines Magnetfeldes wird diese Entartung aufgehoben, und es kommt zur *Feinstrukturaufspaltung der Spektrallinien* (ZEEMAN-*Effekt*, vgl. 44.9).

Während in der klassischen Mechanik alle drei Drehimpulskomponenten l_x, l_y, l_z beliebig vorgebbare, dann aber eindeutig bestimmte Werte haben, können in der Quantenmechanik nur noch der Betrag und *eine* Komponente des Drehimpulses bestimmte Werte haben, die beiden

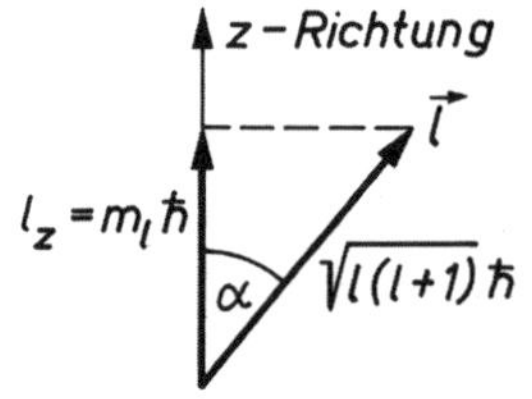

Bild 44.9. Richtung des quantisierten Drehimpulsvektors $\boldsymbol{l}$ in Abhängigkeit von den Quantenzahlen l und m_l. Für den Winkel α ergeben sich $(2l + 1)$ diskrete Werte gemäß $\cos\alpha = m_l/\sqrt{l(l+1)}$.

anderen Komponenten sind dann notwendig unbestimmt. Dieser Sachverhalt kann in einem einfachen halbklassischen Bild veranschaulicht werden: Betrachtet man einen Drehimpulsvektor, der eine **Präzessionsbewegung** auf einem Kegelmantel um die z-Achse ausführt (Bild 44.10), so hat man gerade eine Situation, in der $|\boldsymbol{l}|$ und l_z feste Werte haben, während l_x und l_y bei der Präzessionsbewegung dauernd ihr Vorzeichen wechseln. In der BOHRschen Theorie entsprechen den verschiedenen Orientierungen des Drehimpulses und damit den verschiedenen Werten der Quantenzahl m_l *verschiedene Neigungen der Bahnebene* des Elektrons gegenüber der z-Achse.

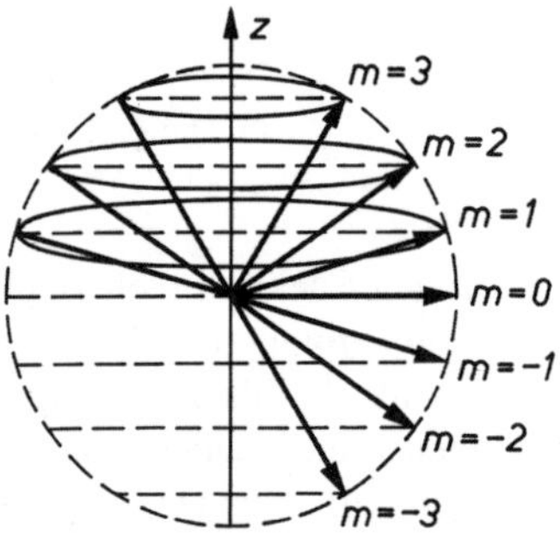

Bild 44.10. Richtungsquantelung, dargestellt für den Fall $l = 3$. Es ergeben sich $2l + 1 = 7$ Werte für m_l und damit ebenso viele Einstellmöglichkeiten für den Drehimpulsvektor.

Beispiel: Wie viel verschiedene Elektronenzustände (die sich in den Quantenzahlen l und m_l unterscheiden) gibt es für $n = 2$? – *Lösung:* Für $n = 2$ sind nach (11) nur zwei l-Werte möglich, $l = 0$ und $l = 1$. Für $l = 0$ ist nach (12) nur $m_l = 0$ erlaubt. Für $l = 1$ kann m_l die drei Werte -1, 0 und $+1$ annehmen. Insgesamt existieren also vier mögliche Zustände („Bahnen") für ein Elektron mit der Hauptquantenzahl 2.

44.6 Das magnetische Bahnmoment der Elektronen. Bohrsches Magneton

Eine auf einer Kreisbahn vom Radius r mit der Kreisfrequenz $\omega = 2\pi/T$ umlaufende elektrische Ladung q stellt einen *elektrischen Kreisstrom* von der Stärke $I = q/T = q\omega/(2\pi)$ dar, welcher nach (28/20) ein (makroskopisches) *magnetisches Dipolmoment* der Größe

$$|\boldsymbol{m}| = \mu_0 I \pi r^2 = \frac{1}{2}\mu_0 q r^2 \omega \tag{13}$$

bewirkt. $\boldsymbol{m}$ wird als **magnetisches Bahnmoment** bezeichnet. Da der mechanische Bahndrehimpuls $\boldsymbol{L}$ der auf der Kreisbahn umlaufenden Punktladung (Masse m_q) dem Betrage nach gleich $|\boldsymbol{L}| = m_q r^2 \omega$ ist, folgt durch Einsetzen in (13)

$$|\boldsymbol{m}| = \frac{\mu_0 q |\boldsymbol{L}|}{2m_q} \quad \textbf{(magnetisches Bahnmoment einer kreisenden Punktladung).} \tag{14}$$

Diese Gleichung ist auch gültig, wenn in ihr anstelle der Beträge von $\boldsymbol{m}$ und $\boldsymbol{L}$ die Vektoren selbst stehen, sofern die Ladung q vorzeichenbehaftet eingesetzt wird. Es folgt als sog.

> **magnetomechanischer Parallelismus:**
> **Drehimpulsvektor und Vektor des magnetischen Moments einer kreisenden Punktladung sind einander gleich- bzw. entgegengerichtet und starr miteinander verbunden.**

Wenden wir nun diese aus der Makrophysik gewonnene Beziehung auf die Elektronen im Atom an, deren Bahndrehimpulse $\boldsymbol{l}$ gemäß (11) und (12) gequantelt sind, so folgt für die **atomaren magnetischen Bahnmomente der Elektronen** $\boldsymbol{\mu}_l$ hinsichtlich ihres Betrages und ihrer z-Komponente

$$|\boldsymbol{\mu}_l| = \frac{\mu_0 e |\boldsymbol{l}|}{2m_\mathrm{e}} = \sqrt{l(l+1)}\,\frac{\mu_0 e\hbar}{2m_\mathrm{e}} = \sqrt{l(l+1)}\,\mu'_\mathrm{B} \tag{15}$$

und

$$\mu_{l,z} = m_l \mu'_\mathrm{B} = \frac{l_z \mu'_\mathrm{B}}{\hbar}. \tag{16}$$

Dabei ist

$$\mu'_\mathrm{B} = \frac{\mu_0 e\hbar}{2m_\mathrm{e}} = 1{,}165\,406 \cdot 10^{-29}\ \mathrm{V\,s\,m} \quad \text{(magnetisches Moment des Elektrons auf der Bohrschen Kreisbahn).} \tag{17}$$

Die Größe $\mu_\mathrm{B} = e\hbar/(2m_\mathrm{e}) = 9{,}274 \cdot 10^{-24}\ \mathrm{J\,T^{-1}}$, also ohne den Faktor μ_0 in (17), heißt **Bohrsches Magneton**. (Diese Größe hat aber nicht die Dimension eines magnetischen Moments gemäß der Definition (28/2)).

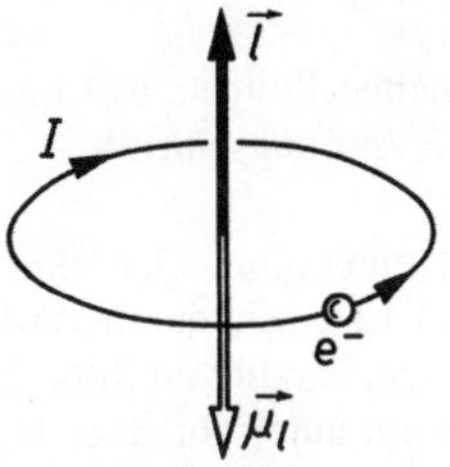

Bild 44.11. Richtung des Bahndrehimpulses $\boldsymbol{l}$ und des zugehörigen magnetischen Moments $\boldsymbol{\mu}_l$ eines kreisenden Elektrons. Die für I eingezeichnete Richtung gibt die technische Stromrichtung des zugehörigen Kreisstromes an.

Die experimentellen Befunde beweisen, dass der aus der Makrophysik folgende magnetomechanische Parallelismus (14) auch für den atomaren Bereich gültig ist (s. Bild 44.11). Jedoch sind im Gegensatz zur Makrophysik die atomaren magnetischen Momente (ebenso wie die Drehimpulse) *gequantelt*. Aus (15) und (16) geht weiterhin hervor, dass alle Atome und Moleküle, deren Gesamtbahndrehimpuls (Vektorsumme aller Bahndrehimpulse der Elektronen im Atom bzw. Molekül) verschwindet, kein magnetisches Bahnmoment besitzen.

44.7 Elektronenspin und magnetisches Spinmoment. Die Feinstruktur der Atomspektren

Aus zahlreichen experimentellen Befunden geht hervor, dass das Elektron außer dem mit seiner Bewegung verknüpften Bahndrehimpuls noch einen stets konstant bleibenden *Eigendrehimpuls*, den sog. **Spin**, besitzt. Dieser ist eine typisch quantenphysikalische Größe. Wie das Experiment zeigt, gibt es für den Spinvektor $\boldsymbol{s}$ beim Einzelelektron nur *zwei* Einstellmöglichkeiten zu einem äußeren Magnetfeld (Bild 44.12a). Da sich nach (12) die z-Komponente des Drehimpulsvektors in atomaren Systemen immer nur um ganze Einheiten $\hbar$ ändern kann, müssen den beiden

Einstellmöglichkeiten des Spins s die **Orientierungsquantenzahlen** $m_s = +\frac{1}{2}$ und $m_s = -\frac{1}{2}$ zugeordnet werden:

$$s_z = m_s \hbar = \pm \frac{1}{2} \hbar \qquad \text{(}z\text{-\textbf{Komponente des Elektronenspins}, Bild 44.12a).} \tag{18}$$

Für den **Betrag des Elektronenspins** gilt analog zu (11)

$$|s| = \sqrt{s(s+1)}\,\hbar \qquad \text{mit der \textbf{Spinquantenzahl}} \; s = \frac{1}{2}. \tag{19}$$

Der Elektronenspin wird anschaulich (aus der Sicht der Quantenmechanik allerdings nicht korrekt, da es für ihn kein klassisches Analogon gibt) durch eine *Kreiselbewegung* des kugelförmig angenommenen Elektrons um seine Symmetrieachse interpretiert. Dieses Modell erklärt auf einfache Weise das mit dem Spin verbundene **magnetische Spinmoment** μ_s, da eine rotierende geladene Kugel einem System vieler Kreisströme äquivalent ist und jeder Kreisstrom ein magnetisches Moment erzeugt (vgl. 44.6).

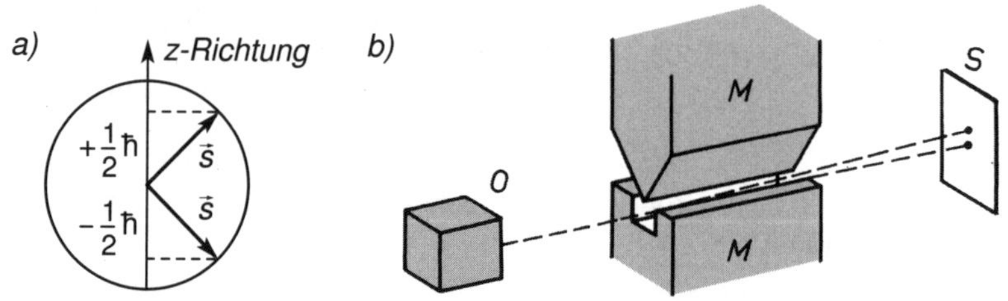

Bild 44.12. *Elektronenspin:* a) Die beiden möglichen Spineinstellungen; b) Atomstrahlversuch von STERN und GERLACH (O Ofen, M Magnet, S Auffangschirm)

Die Spinhypothese wurde 1925 von UHLENBECK und GOUDSMIT eingeführt. Den experimentellen Nachweis erbrachte bereits 1921 der **Stern-Gerlach-Versuch** (Bild 44.12b): Ein durch Verdampfung in einem Ofen (O) und anschließende scharfe Ausblendung erzeugter feiner Strahl von Silberatomen wird durch ein stark inhomogenes Magnetfeld, das mittels eines Magneten mit unterschiedlich ausgebildeten Polschuhen erzeugt wird, auf einen Schirm (S) gelenkt, wo die Atome haften bleiben. Bei den Silberatomen befindet sich ähnlich wie bei den Alkaliatomen über den abgeschlossenen Schalen des Rumpfes *ein* Leuchtelektron, dessen Zustand, wenn sich das Atom im Grundzustand befindet, durch die Drehimpulsquantenzahl $l = 0$ beschrieben wird. Nach (15) hat demnach ein Silberatom im Grundzustand kein magnetisches Bahnmoment, es sollte daher durch das Magnetfeld nicht beeinflusst werden. Trotz des Fehlens eines magnetischen Bahnmoments tritt aber eine Ablenkung der Silberatome im inhomogenen Magnetfeld auf, und zwar in Form einer Aufspaltung des Atomstrahls in *zwei* entgegengesetzte Richtungen. Daraus muss geschlossen werden, dass noch eine andere Art eines magnetischen Moments bei den Elektronen mit genau zwei Einstellmöglichkeiten zum Magnetfeld existiert; es ist dies das magnetische Spinmoment $\boldsymbol{\mu}_s$.

Die Größe des magnetischen Spinmoments kann aus dem STERN-GERLACH-Versuch bestimmt werden. Man findet für die z-Komponente $\mu_{s,z}$ einen Wert von einem (nicht einem halben!) BOHRschen Magneton (17), d. h., es gilt

$$\mu_{s,z} = 2m_s\mu_B' \qquad \text{mit} \qquad m_s = \pm\frac{1}{2} \qquad \text{(}z\text{-\textbf{Komponente des magnetischen Spinmoments}).} \tag{20}$$

Während der Quotient aus magnetischem Moment und zugehörigem mechanischen Drehimpuls (das sog. *gyromagnetische Verhältnis*) für die *Bahn*bewegung des Elektrons nach (15) und (16) den Wert $|\boldsymbol{\mu}_l|/|\boldsymbol{l}| = \mu_{l,z}/l_z = \mu'_B/\hbar$ hat, ist er beim Elektronenspin mit (18) und (20) gleich $\mu_{s,z}/s_z = |\boldsymbol{\mu}_s|/|\boldsymbol{s}| = 2\mu'_B/\hbar$ *(magnetomechanische Anomalie)*. Für den **Betrag des magnetischen Spinmoments** folgt damit

$$|\boldsymbol{\mu}_s| = \frac{2\mu'_B}{\hbar}\,|\boldsymbol{s}| = 2\sqrt{s\,(s+1)}\,\mu'_B \qquad \text{mit} \qquad s = \frac{1}{2}. \tag{21}$$

Außer dem Elektron ist auch anderen atomaren Teilchen, so z. B. den Kernbausteinen Proton und Neutron, ein Spin mit halbzahliger Betrags- und Orientierungsquantenzahl zuzuordnen. Man bezeichnet alle Teilchen mit *halb*zahligem Spin als **Fermionen** (nach dem Physiker E. FERMI), im Unterschied zu den Teilchen mit *ganz*zahligem Spin, den **Bosonen** (nach dem Physiker J. C. BOSE). Interessant ist, dass nicht nur das Elektron und das (positiv geladene) Proton, sondern auch das elektrisch neutrale Neutron ein magnetisches Spinmoment besitzt (vgl. 47.1).

Feinstruktur durch Spin-Bahn-Kopplung. Eine genaue Untersuchung der Spektren der Alkalimetalle zeigt, dass die in Bild 44.8 eingezeichneten Energieterme (bis auf die s-Terme) in zwei Unterterme *aufgespalten* sind. So z. B. besteht die bekannte gelbe Natrium-D-Linie (vgl. 44.4) aus zwei eng beieinander liegenden Linien (einem sog. *Dublett*), die einen Abstand von etwa 0,6 nm haben. Diese **Feinstruktur** der Spektrallinien erklärt sich daraus, dass die Vektoren des Bahn- und Spindrehimpulses eines Elektrons (anschaulich gesprochen) nicht jede Lage zueinander einnehmen können. Man kommt bei den Einelektronensystemen in Übereinstimmung mit dem Experiment, wenn man den Bahndrehimpulsvektor $\boldsymbol{l}$ und den Spinvektor $\boldsymbol{s}$ des Leuchtelektrons zu einem **Gesamtdrehimpuls** $\boldsymbol{j}$ derart zusammensetzt, dass der Betrag von $\boldsymbol{j}$ nur die Werte

$$|\boldsymbol{j}| = \sqrt{j\,(j+1)}\,\hbar \qquad \text{mit} \qquad j = l + m_s = l \pm \frac{1}{2} \tag{22}$$

annehmen kann. j heißt **Quantenzahl des Gesamtdrehimpulses** oder **innere Quantenzahl**. Für den Gesamtdrehimpuls $\boldsymbol{j}$ gilt analog zur Richtungsquantelung des Bahndrehimpulsvektors $\boldsymbol{l}$ (vgl. 44.5) die Vorschrift, dass seine Projektionen auf die z-Richtung in Einheiten $\hbar$ die **Orientierungsquantenzahlen** m_j von $-j$ bis $+j$ in Schritten $|\Delta j| = 1$ durchlaufen:

$$j_z = m_j\hbar \qquad \text{mit} \qquad m_j = -j, -j+1, \ldots, j-1, j. \tag{23}$$

Daraus ergeben sich $(2j+1)$ Einstellungen von $\boldsymbol{j}$ gegenüber der z-Richtung. Dabei kommt bei Einelektronensystemen, bei denen nach (22) j stets halbzahlig und daher die Zahl der Einstellmöglichkeiten $(2j+1)$ immer geradzahlig ist, die senkrechte Einstellung zur z-Richtung ($m_j = 0$) nicht vor.

Für den s-Term ($l = 0$) hat j nur den *einen* Wert $\frac{1}{2}$ (nicht $+\frac{1}{2}$ und $-\frac{1}{2}$), weil für die Spineinstellung wegen des fehlenden Bahndrehimpulses die Bezugsrichtung fehlt. Für den p-Term ($l = 1$) gibt es nach (22) für j die beiden Werte $\frac{1}{2}$ und $\frac{3}{2}$, für den d-Term ($l = 2$) die Werte $\frac{3}{2}$ und $\frac{5}{2}$ und für den f-Term ($l = 3$) die Werte $\frac{5}{2}$ und $\frac{7}{2}$. Das heißt, bis auf die s-Terme haben alle Terme der Alkaliatome *Dublettcharakter*.

44.8 Mehrelektronensysteme

Bei Atomen mit mehreren Außenelektronen, deren Anzahl für das Spektrum des betreffenden Atoms besonders kennzeichnend ist, stellen sich die Spinvektoren $\boldsymbol{s}$ der einzelnen Elektronen parallel oder antiparallel zueinander ein und addieren sich vektoriell zum **Gesamtspin** $\boldsymbol{S}$. Ebenso ergibt sich der **Gesamtbahndrehimpuls** $\boldsymbol{L}$ der Elektronenhülle des Atoms durch vektorielle Addition aus den Bahndrehimpulsen $\boldsymbol{l}$ aller Einzelelektronen. $\boldsymbol{L}$ und $\boldsymbol{S}$ wiederum setzen sich vektoriell zusammen zum **Gesamtelektronendrehimpuls** $\boldsymbol{J}$ des Atoms. Dieses Kopplungsschema nennt man $\boldsymbol{L}$-$\boldsymbol{S}$- oder RUSSELL-SAUNDERS-Kopplung. Für $\boldsymbol{L}$, $\boldsymbol{S}$ und $\boldsymbol{J}$ gelten dabei hinsichtlich ihres Betrages (mit L, S und J als Betragsquantenzahlen) und ihrer z-Komponenten analoge Quantisierungsvorschriften wie für $\boldsymbol{l}$, $\boldsymbol{s}$ und $\boldsymbol{j}$ beim Einzelelektron. Da *abgeschlossene Schalen* in ihrer Besetzung mit Elektronen so beschaffen sind, dass sich sowohl alle Spins als auch alle Bahndrehimpulse der Einzelelektronen in ihnen gerade kompensieren, brauchen bei der Ermittlung von $\boldsymbol{L}$ und $\boldsymbol{S}$ nur die äußeren Elektronen (Leuchtelektronen) des Atoms berücksichtigt zu werden.

In „abgeschlossenen Elektronenschalen" des Atoms kompensieren sich alle Drehimpulse und alle magnetischen Momente der Einzelelektronen. Atome, welche nur aus abgeschlossenen Schalen bestehen, haben daher kein nach außen hin wirksames magnetisches Moment.

Während bei den Atomen der Alkalimetalle Wechselwirkungen nur zwischen dem (einen) Leuchtelektron und dem Atomrumpf auftreten (vgl. 44.4), kommen bei den Atomen und Ionen mit mehr als einem Leuchtelektron die Wechselwirkungen der Leuchtelektronen *untereinander* hinzu. Daher werden die Spektren hier sehr viel komplizierter, was sich neben einem größeren Linienreichtum vor allem darin äußert, dass die Spektrallinien eine unterschiedliche Feinstruktur haben. Diese Feinstruktur entsteht, indem ein Energie*term*, der zu einer bestimmten Hauptquantenzahl n und Bahndrehimpulsquantenzahl L gehört, infolge Wechselwirkung zwischen dem zu $\boldsymbol{L}$ gehörigen magnetischen Bahnmoment und dem zu $\boldsymbol{S}$ gehörigen magnetischen Spinmoment in mehrere Energie*niveaus* aufspaltet, die sich in ihren inneren Quantenzahlen J unterscheiden. Die *Vielfachheit (Multiplizität)* der Aufspaltung hängt daher von der Anzahl der möglichen Werte J bei festem L und S ab; sie beträgt $2S + 1$.
Beim *Zweielektronensystem* (Heliumatom, Erdalkaliatome, Wasserstoffmolekül usw.) treten *zwei Termsysteme* auf. Das eine ist dadurch gekennzeichnet, dass z. B. beim Heliumatom die Spinvektoren der beiden Elektronen *antiparallel* zueinander ausgerichtet sind (sog. *Parhelium*); in diesem Fall ist $S = 0$. Es existiert kein magnetisches Gesamtspinmoment und damit auch keine Wechselwirkung mit dem magnetischen Bahnmoment, weshalb keine Aufspaltung der Terme eintritt. Da also in diesem durch $S = 0$ gekennzeichneten System jeder Term $L > 0$ nur aus einem Energieniveau besteht (Multiplizität 1), spricht man vom **Singulettsystem**.
Das zweite Termsystem ist dadurch ausgezeichnet, dass die Spinvektoren der beiden Elektronen des Heliumatoms *parallel* zueinander ausgerichtet sind, d. h., es ist $S = 1$ (sog. *Orthohelium*), und es sind *drei* Einstellmöglichkeiten von $\boldsymbol{S}$ und $\boldsymbol{L}$ möglich mit den Orientierungsquantenzahlen $m_S = 1, 0, -1$ und den inneren Quantenzahlen $J = L + m_S = 2, 1, 0$ für einen P-Zustand ($L = 1$). Dies ergibt eine Aufspaltung der Terme in drei Energieniveaus (Multiplizität 3). Man spricht deshalb hier von einem **Triplettsystem**.
In der Spektroskopie ist es üblich, die Energieniveaus durch Symbole wie $2^3\mathrm{P}_1$ usw., allgemein $n^{(2S+1)}L_J$, zu kennzeichnen. Die erste Zahl gibt die Hauptquantenzahl an; für die Bahndrehimpulsquantenzahl L steht das zugehörige Buchstabensymbol (S, P, D, F, …), an welches links oben die Multiplizität der Aufspaltung $2S + 1$ angefügt wird, also 1 für Singulett, 2 für Dublett, 3 für Triplett, 4 für Quartett usw.; der untere Index kennzeichnet die innere Quantenzahl. S-Terme ($L = 0$) sind stets *einfach*; es wird jedoch in der Regel auch ihnen die Multiplizität des Termsystems beigefügt, zu dem sie gehören. So z. B. bezeichnet $1^2\mathrm{S}_{1/2}$ den S-Term eines Dublettsystems mit dem Gesamtdrehimpuls $J = 1/2$ (beim H-Atom).

44.9 Aufspaltung der Spektrallinien im Magnetfeld (Zeeman-Effekt)

Befinden sich die Atome in einem Magnetfeld, so zeigen die von ihnen emittierten Spektren eine zusätzliche Feinstrukturaufspaltung (Zeeman, 1896). Der einfachste Fall magnetischer Aufspaltung liegt bei den Atomen und Ionen mit *gerader* Elektronenzahl vor, die also kein resultierendes Spinmoment besitzen (z. B. Singulett-Terme des Heliumatoms, vgl. 44.8). Wir sprechen dann vom **normalen Zeeman-Effekt**. In diesem Fall spaltet jede Spektrallinie in *drei* Linien auf (*normales* Lorentz-*Triplett*): Die ursprünglich vorhandene Linie erscheint auch bei angelegtem Magnetfeld, links und rechts von ihr befindet sich in gleichem Abstand je eine neue Linie (Bild 44.13). Der Frequenzunterschied $\Delta\omega = 2\pi\,\Delta f$ zwischen den aufgespaltenen Linien hängt von der Stärke des äußeren Magnetfeldes H (bzw. Flussdichte $B = \mu_0 H$) wie folgt ab:

$$\Delta\omega = \frac{\Delta W}{\hbar} = \pm\frac{\mu'_{\mathrm{B}} H}{\hbar} = \pm\frac{1}{2}\frac{e}{m_{\mathrm{e}}}B. \tag{24}$$

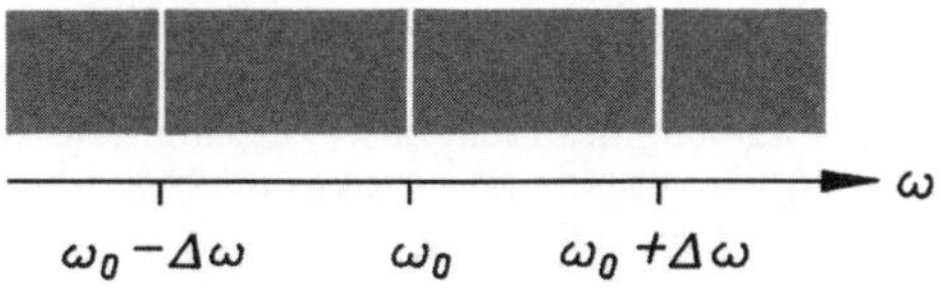

Bild 44.13. Aufspaltung einer Spektrallinie im Magnetfeld (normales LORENTZ-Triplett beim ZEEMAN-Effekt)

Das Magnetfeld bewirkt, dass der Bahndrehimpulsvektor $\boldsymbol{L}$ der Elektronenhülle des Atoms um die Feldrichtung *präzediert* (Bild 44.14). Diese Präzessionsbewegung kann mit der eines rotierenden symmetrischen Kreisels um die Richtung der Schwerkraft verglichen werden (s. Bild 11.12). Die Ursache ist in beiden Fällen ein Drehmoment $\boldsymbol{M}$, das im Falle des „Elektronenkreisels“ dadurch zu Stande kommt, dass das mit $\boldsymbol{L}$ verknüpfte magnetische Dipolmoment $\boldsymbol{\mu}_L$ versucht, sich in die Richtung des Magnet-

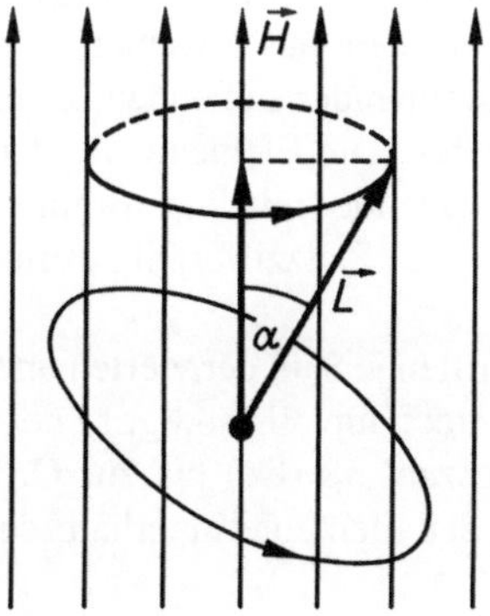

Bild 44.14. LARMOR-Präzession des Vektors des Gesamtbahndrehimpulses $\boldsymbol{L}$ der Elektronen um die Richtung des äußeren Magnetfeldes. Der Winkel α unterliegt dabei der Richtungsquantelung (s. Bild 44.9 und 44.10).

feldes einzustellen. Der Betrag des Drehmoments ist bei senkrechter Einstellung ($\alpha = 90°$) nach (28/3) $|\boldsymbol{M}| = |\boldsymbol{\mu}_L|H$. Weiterhin ist nach (15) und (17) $|\boldsymbol{\mu}_L|/|\boldsymbol{L}| = \mu'_{\mathrm{B}}/\hbar$, womit sich die Präzessionsfrequenz, die sog. **Larmor-Frequenz**, aus (11/17) berechnet zu

$$\omega_{\mathrm{L}} = \frac{|\boldsymbol{M}|}{|\boldsymbol{L}|} = \frac{|\boldsymbol{\mu}_L|H}{|\boldsymbol{L}|} = \frac{\mu'_{\mathrm{B}} H}{\hbar} = \frac{e\mu_0 H}{2m_{\mathrm{e}}} = \frac{1}{2}\frac{e}{m_{\mathrm{e}}}B. \tag{25}$$

Sie ist also gerade gleich der beim normalen ZEEMAN-Effekt auftretenden Frequenzänderung (24). Bei Berücksichtigung der Richtungsquantelung für die Raumlage von $\boldsymbol{L}$ erhält man für die Frequenzänderung anstelle von (24) und (25) $\Delta\omega = m_L\omega_{\mathrm{L}}$, wobei die magnetische Quantenzahl m_L analog zu (12) die Werte $0, \pm 1, \pm 2, \ldots, \pm L$ (L Gesamtdrehimpulsquantenzahl) annehmen kann. Für die Berechnung der möglichen Übergänge zwischen den Energiestufen gilt die *Auswahlregel* $\Delta m_L = 0, \pm 1$. Für $L = 1$, d. h. $m_L = -1, 0, 1$, erscheint daher beiderseits der Spektrallinie mit unveränderter Frequenz ω_0 ($m_L = 0$) je eine weitere Linie mit der Frequenz $\omega_0 - \omega_{\mathrm{L}}$ und $\omega_0 + \omega_{\mathrm{L}}$ (s. Bild 44.13).

Bei den meisten Atomen wird eine Aufspaltung in eine größere Zahl von Komponenten (Quartetts, Sextetts usw.) beobachtet; man spricht dann vom **anomalen Zeeman-Effekt**. Dieser tritt immer dann auf, wenn die Aufspaltung vom Elektronenspin beeinflusst wird, was bei allen Atomen mit *ungerader* Elektronenzahl der Fall ist, wo sich die Spinvektoren nicht paarweise kompensieren.

Durch sehr starke Magnetfelder wird die Kopplung zwischen $\boldsymbol{L}$ und $\boldsymbol{S}$ (vgl. 44.8) gelöst, es wird kein Gesamtdrehimpuls $\boldsymbol{J}$ gebildet. In diesem Fall präzedieren $\boldsymbol{L}$ und $\boldsymbol{S}$ *für sich allein*

richtungsgequantelt zum äußeren Magnetfeld um die Feldrichtung (PASCHEN-BACK-*Effekt*). Dies führt zu einer anderen Termaufspaltung als beim ZEEMAN-Effekt.
Die Aufspaltung der Spektrallinien infolge Beeinflussung der Atome durch ein *elektrisches* Feld nennt man STARK-*Effekt*.

Beispiel: Die von einer mit Helium gefüllten Gasentladungsröhre emittierten Spektrallinien zeigen, wenn die Entladungsröhre in ein Magnetfeld gebracht wird, einen normalen ZEEMAN-Effekt. Bei einer magnetischen Flussdichte von $B = 1$ T wird mittels eines Spektralapparates eine Frequenzaufspaltung der Größe $|\Delta\omega| = 8{,}8 \cdot 10^{10}\ \mathrm{s}^{-1}$ zwischen Spektrallinie und einer der beiden auftretenden Satellitenlinien beobachtet. Man bestimme daraus die spezifische Ladung des Elektrons. – *Lösung:* Aus (24) erhalten wir $e/m_\mathrm{e} = 2|\Delta\omega|/B = 2 \cdot 8{,}8 \cdot 10^{10}\ \mathrm{s}^{-1}/(1\ \mathrm{V\,s\,m}^{-2}) = 1{,}76 \cdot 10^{11}$ A s/kg.

44.10 Das Pauli-Prinzip und das Periodensystem der Elemente

Ordnet man die chemischen Elemente nach steigenden relativen Atommassen A_r in mehreren Reihen so, dass jeweils eine neue Reihe mit einem solchen Element beginnt, das dem ersten Element in der vorangegangenen Reihe in seinen chemischen Eigenschaften ähnlich ist, so entsteht das von L. MEYER (1864) und D. J. MENDELEJEW (1869) entdeckte **Periodensystem der Elemente** (Tabelle 44.1 auf der folgenden Seite). Es besteht aus 7 Reihen, genannt *Perioden*, die untereinander angeordnet sind. Die jeweils untereinander stehenden, zu einer *Gruppe* gehörigen Elemente erweisen sich als *chemisch verwandt*. Die Elemente werden, mit dem leichtesten Element, dem Wasserstoff H, beginnend, mit steigender relativer Atommasse durchnummeriert; die auf diese Weise jedem Element zugeordnete „Platzziffer" im Periodensystem heißt *Ordnungszahl*.
In der ersten Periode befinden sich 2, in der zweiten und dritten je 8, in der vierten und fünften je 18, in der sechsten 32 Elemente; die siebente Periode ist noch unvollständig. In der 6. Periode muss man die 14 sog. *seltenen Erden* von der Ordnungszahl 58 (Ce) bis zur Ordnungszahl 71 (Lu) auslassen, um die Verwandtschaftsbeziehungen der Elemente innerhalb der Gruppen aufrechtzuerhalten.
Die Elemente einer Gruppe zeichnen sich nicht nur durch chemische Verwandtschaft aus, sondern auch durch eine Ähnlichkeit im Aufbau der optischen Spektren. Des weiteren findet man außer der Periodizität der chemischen Eigenschaften auch eine solche hinsichtlich vieler physikalischer Eigenschaften wie Dichte, Härte, Kompressibilität, thermische Ausdehnung, Lichtbrechung, elektrische Leitfähigkeit, Magnetismus und viele andere. Diese Tatsache erklärt sich aus der Ähnlichkeit der Atome innerhalb einer Gruppe im Aufbau der Elektronenhülle.
Die Erklärung für den Hüllenaufbau der Atome kann mit Hilfe der in den vorangegangenen Abschnitten behandelten vier Quantenzahlen n, l, m_l und m_s, welche die Energiezustände angeben, die ein einzelnes Elektron in der Hülle einnehmen kann, sowie auf der Grundlage des von PAULI (1925) formulierten *Eindeutigkeits-* oder *Ausschließungsprinzips* gegeben werden.
Dieses fundamentale, die gesamte Atomphysik beherrschende **Pauli-Prinzip** besagt:

> **Innerhalb eines Atoms kann sich in jedem möglichen Zustand, der durch die Quantenzahlen n, l, m_l, m_s beschrieben wird, nur ein Elektron befinden.**

Oder anders ausgedrückt: *Innerhalb eines Atoms dürfen keine Elektronen in allen vier Quantenzahlen miteinander übereinstimmen.* Folglich kann sich, wenn der betreffende Zustand schon von einem Elektron besetzt ist, ein zweites Elektron nur in einem Zustand befinden, der sich mindestens in einer der vier Quantenzahlen vom ersten unterscheidet. Diesem Prinzip sind nicht nur die Elektronen, sondern alle atomaren Teilchen mit *halbzahligem Spin* (also auch die Protonen und Neutronen im Atomkern und die aus ihnen zusammengesetzten Systeme) unterworfen.

Periodensystem der Elemente

Legende:

Ordnungszahl → 26
Symbol → Fe
relative Atommasse (IUPAC, 2005) → 55,845
Elektronenkonfiguration → 2-8-14-2

Bei nicht in der Natur vorkommenden radioaktiven Elementen ist die Masse des stabilsten Isotops angegeben.

Ia	IIa	IIIa	IVa	Va	VIa	VIIa	VIIIa	VIIIa	VIIIa	Ib	IIb	IIIb	IVb	Vb	VIb	VIIb	0
1 **H** 1,00794 1																	2 **He** 4,002602 2
3 **Li** 6,941 2-1	4 **Be** 9,012182 2-2											5 **B** 10,811 2-3	6 **C** 12,0107 2-4	7 **N** 14,0067 2-5	8 **O** 15,9994 2-6	9 **F** 18,9984032 2-7	10 **Ne** 20,1797 2-8
11 **Na** 22,98976928 2-8-1	12 **Mg** 24,3050 2-8-2											13 **Al** 26,9815386 2-8-3	14 **Si** 28,0855 2-8-4	15 **P** 30,973762 2-8-5	16 **S** 32,065 2-8-6	17 **Cl** 35,453 2-8-7	18 **Ar** 39,948 2-8-8
19 **K** 39,0983 2-8-8-1	20 **Ca** 40,078 2-8-8-2	21 **Sc** 44,955912 2-8-9-2	22 **Ti** 47,867 2-8-10-2	23 **V** 50,9415 2-8-11-2	24 **Cr** 51,9961 2-8-13-1	25 **Mn** 54,938045 2-8-13-2	26 **Fe** 55,845 2-8-14-2	27 **Co** 58,933195 2-8-15-2	28 **Ni** 58,6934 2-8-16-2	29 **Cu** 63,546 2-8-18-1	30 **Zn** 65,409 2-8-18-2	31 **Ga** 69,723 2-8-18-3	32 **Ge** 72,64 2-8-18-4	33 **As** 74,92160 2-8-18-5	34 **Se** 78,96 2-8-18-6	35 **Br** 79,904 2-8-18-7	36 **Kr** 83,798 2-8-18-8
37 **Rb** 85,4678 2-8-18-8-1	38 **Sr** 87,62 2-8-18-8-2	39 **Y** 88,90585 2-8-18-9-2	40 **Zr** 91,224 2-8-18-10-2	41 **Nb** 92,90638 2-8-18-12-1	42 **Mo** 95,94 2-8-18-13-1	43 **Tc** (98) 2-8-18-13-2	44 **Ru** 101,07 2-8-18-15-1	45 **Rh** 102,90550 2-8-18-16-1	46 **Pd** 106,42 2-8-18-18-0	47 **Ag** 107,8682 2-8-18-18-1	48 **Cd** 112,411 2-8-18-18-2	49 **In** 114,818 2-8-18-18-3	50 **Sn** 118,710 2-8-18-18-4	51 **Sb** 121,760 2-8-18-18-5	52 **Te** 127,60 2-8-18-18-6	53 **I** 126,90447 2-8-18-18-7	54 **Xe** 131,293 2-8-18-18-8
55 **Cs** 132,9054519 2-8-18-18-8-1	56 **Ba** 137,327 2-8-18-18-8-2	57 **La** 138,90547 2-8-18-18-9-2	58 **Ce** 140,116 2-8-18-19-9-2	59 **Pr** 140,90765 2-8-18-21-8-2	60 **Nd** 144,242 2-8-18-22-8-2	61 **Pm** (145) 2-8-18-23-8-2	62 **Sm** 150,36 2-8-18-24-8-2	63 **Eu** 151,964 2-8-18-25-8-2	64 **Gd** 157,25 2-8-18-25-9-2	65 **Tb** 158,92535 2-8-18-27-8-2	66 **Dy** 162,500 2-8-18-28-8-2	67 **Ho** 164,93032 2-8-18-29-8-2	68 **Er** 167,259 2-8-18-30-8-2	69 **Tm** 168,93421 2-8-18-31-8-2	70 **Yb** 173,04 2-8-18-32-8-2	71 **Lu** 174,967 2-8-18-32-9-2	
			72 **Hf** 178,49 2-8-18-32-10-2	73 **Ta** 180,94788 2-8-18-32-11-2	74 **W** 183,84 2-8-18-32-12-2	75 **Re** 186,207 2-8-18-32-13-2	76 **Os** 190,23 2-8-18-32-14-2	77 **Ir** 192,217 2-8-18-32-15-2	78 **Pt** 195,084 2-8-18-32-17-1	79 **Au** 196,966569 2-8-18-32-18-1	80 **Hg** 200,59 2-8-18-32-18-2	81 **Tl** 204,3833 2-8-18-32-18-3	82 **Pb** 207,2 2-8-18-32-18-4	83 **Bi** 208,98040 2-8-18-32-18-5	84 **Po** (209) 2-8-18-32-18-6	85 **At** (210) 2-8-18-32-18-7	86 **Rn** (222) 2-8-18-32-18-8
87 **Fr** (223) -18-32-18-8-1	88 **Ra** (226) -18-32-18-8-2	89 **Ac** (227) -18-32-18-9-2	90 **Th** 232,03806 -18-32-18-10-2	91 **Pa** 231,03588 -18-32-20-9-2	92 **U** 238,02891 -18-32-21-9-2	93 **Np** (237) -18-32-22-9-2	94 **Pu** (244) -18-32-24-8-2	95 **Am** (243) -18-32-25-8-2	96 **Cm** (247) -18-32-25-9-2	97 **Bk** (247) -18-32-27-8-2	98 **Cf** (251) -18-32-28-8-2	99 **Es** (252) -18-32-29-8-2	100 **Fm** (257) -18-32-30-8-2	101 **Md** (258) -18-32-31-8-2	102 **No** (259) -18-32-32-8-2	103 **Lr** (262) -18-32-32-9-2	
			104 **Rf** (261) -18-32-32-10-2	105 **Db** (262) -18-32-32-11-2	106 **Sg** (266) -18-32-32-12-2	107 **Bh** (264) -18-32-32-13-2	108 **Hs** (277) -18-32-32-14-2	109 **Mt** (268) -18-32-32-15-2	110 **Ds** (271) -18-32-32-16-2	111 **Rg** (272) -18-32-32-18-1	112 **Uub** (285) -18-32-32-18-2	113 **Uut** (284) -18-32-32-18-3	114 **Uuq** (289) -18-32-32-18-4	115 **Uup** (-) -18-32-32-18-5	116 **Uuh** (289) -18-32-32-18-6		

Tabelle 44.1. Periodensystem der Elemente

Demnach gehorchen auch Atomkerne mit ungerader Massenzahl dem PAULI-Prinzip, solche mit gerader Massenzahl aber nicht.

Ausgehend davon, dass die Ordnungszahl Z eines Elements zugleich die Anzahl der Hüllenelektronen der betreffenden Atomart angibt, erhalten wir die Atome der einzelnen Elemente in der Reihenfolge des Periodensystems, wenn wir schrittweise, mit $Z = 1$ beginnend, jeweils ein weiteres Elektron in die Hülle einbauen. Es ist dabei üblich, *alle zu einer Hauptquantenzahl n gehörenden Elektronen nahezu gleicher Energie* zu einer **„Schale" (Hauptschale)** zusammenzufassen. Man bezeichnet die zu $n = 1, 2, 3, 4, 5, \ldots$ gehörigen Schalen der Reihe nach als K-, L-, M-, N-, O-, ... -Schale. Entsprechend der Nebenquantenzahl l zerfallen die Hauptschalen in **Unterschalen**.

Das *Wasserstoff*atom (H) hat ein Elektron. Im Grundzustand (Zustand kleinster Energie) haben seine Quantenzahlen die kleinsten möglichen Werte $n = 1$, $l = 0$, $m_l = 0$, $m_s = +\frac{1}{2}$ oder $m_s = -\frac{1}{2}$. Dieser Zustand wird durch das Symbol 1s gekennzeichnet. Das nächste Atom, das *Helium* (He), hat zwei Elektronen; die Quantenzahlen $n = 1$, $l = 0$, $m_l = 0$ können gleich sein, jedoch muss m_s den Wert $+\frac{1}{2}$ für das eine Elektron und den Wert $-\frac{1}{2}$ für das andere Elektron annehmen. Dann befinden sich beide Elektronen im Zustand 1s; sie bilden zusammen eine abgeschlossene K-Schale.

Beim *Lithium*atom (Li), mit dem die zweite Periode beginnt, muss das dritte Elektron schon auf der folgenden Schale (L) mit den Quantenzahlen $n = 2$, $l = 0$, $m_l = 0$, $m_s = +\frac{1}{2}$ oder $m_s = -\frac{1}{2}$ untergebracht werden (Zustand 2s). Wie in diesem Fall gilt allgemein, dass n am Anfang einer jeden Periode um 1 zunimmt. Die ersten zwei Elektronen des *Beryllium*atoms (Be) gehen wieder in die K-Schale ein, die beiden anderen in die L-Schale. Das fünfte Elektron des *Bor*atoms (B) ist „gezwungen", ein höheres Energieniveau, nämlich 2p mit $n = 2$, $l = 1$, $m_s = \pm\frac{1}{2}$, einzunehmen. In diesem Niveau können sich im ganzen 6 Elektronen befinden; denn für $l = 1$ kann m_l die Werte -1, 0, $+1$ annehmen, entsprechend drei Zuständen, von denen jeder wegen $m_s = \pm\frac{1}{2}$ doppelt besetzt werden kann. Es bilden also beim Edelgas *Neon* (Ne), mit dem die zweite Periode abschließt, 2 Elektronen die K-Schale, 2 Elektronen gehen in die erste Gruppe der L-Schale (2s) ein, 6 Elektronen in die zweite Gruppe der L-Schale (2p).

Ganz allgemein gilt, dass jede Schale mit einem *Alkalimetall* (1 Elektron in der äußersten Schale, s-Niveau) beginnt und mit der Besetzung des jeweiligen p-Niveaus (8 Elektronen in der äußersten Schale) *vorläufig* abschließt, womit eine besonders stabile Elektronenkonfiguration erreicht ist. Diese ist typisch für die jeweils am Ende einer Periode stehenden *Edelgase*, die sich durch ihre chemische Trägheit auszeichnen. Bei jedem auf ein Edelgas folgenden Element wird stets eine neue Schale angefangen, bevor die darunter liegenden voll aufgefüllt werden (vgl. die Besetzungszahlen der letzten Schalen der Edelgas- und Alkaliatome im Periodensystem, Seite 451). So z. B. beschließt das Krypton (Kr) die Unterschale 4p. Es folgt jetzt aber, beginnend mit dem Rubidium (Rb), erst die Besetzung der Unterschale 5s, da diese energetisch niedriger liegt als die Unterschalen 4d und 4f, die erst danach aufgefüllt werden.

Allgemein ergibt sich die Zahl der Elemente, die in einer Periode enthalten sind, aus der Anzahl der nach dem PAULI-Prinzip für einen bestimmten Wert der Hauptquantenzahl n möglichen Elektronenzustände: Zu jedem Wert von l gehören nach (12) $2l + 1$ Werte von m_l, also wegen $l = 0, 1, 2, \ldots, n - 1$ insgesamt $\sum\limits_{l=0}^{n-1}(2l + 1)$ Werte, womit sich wegen der beiden

Möglichkeiten für den Spin die Anzahl der Elektronen, die sich mindestens in einer Quantenzahl unterscheiden, ergibt zu

$$2\sum_{l=0}^{n-1}(2l+1) = 2[1+3+5+\ldots+(2n-1)] = 2n^2$$

(Summe einer arithmetischen Folge).

Beispiel: Wie groß ist die Zahl der zu einem bestimmten Wert von l gehörigen Elektronen in einer Unterschale, d. h., wie viel s-, p-, d-, f-Elektronen gibt es maximal? – *Lösung:* Da es zu einem bestimmten Wert von l stets $2l + 1$ Werte von m_l gibt, die sich noch in der Spinorientierung unterscheiden können, kann die Zahl der Elektronen in der zu l gehörigen Unterschale maximal $2(2l + 1)$ betragen; es gibt also mit $l = 0, 1, 2, 3$ maximal 2 s-Elektronen, 6 p-Elektronen, 10 d-Elektronen, 14 f-Elektronen usw.

44.11 Die Röntgenspektren und ihre Deutung

Lässt man energiereiche Elektronen, die vorher im Vakuum beschleunigt wurden (Katodenstrahlen), auf Materie aufprallen, so entsteht eine elektromagnetische Wellenstrahlung, die nach ihrem Entdecker RÖNTGEN (1895) als **Röntgenstrahlung** (im angelsächsischen Schrifttum als *X-Strahlung*) bezeichnet wird. Diese Strahlen, deren Wellenlängen je nach der kinetischen Energie der Elektronen im Bereich von etwa 10^{-12} m und 10^{-8} m liegen und damit sehr viel kürzer sind als die des sichtbaren Lichts ($\lambda \approx 0{,}5 \cdot 10^{-6}$ m), besitzen ein hohes Durchdringungsvermögen und u. a. die Eigenschaft, fotografische Platten zu schwärzen und Stoffe zur *Fluoreszenz* (Ausstrahlung von Licht) anzuregen.

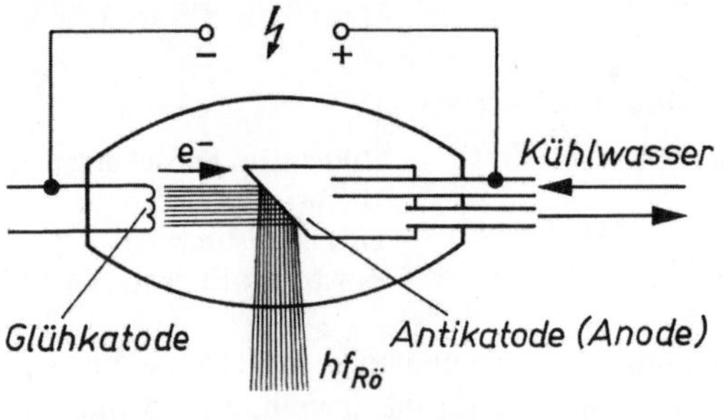

Bild 44.15. Schematischer Aufbau einer Röntgenröhre

Für die praktische Erzeugung von Röntgenstrahlen benutzt man heute *Hochvakuum-Röntgenröhren* (Bild 44.15) mit Glühkatode und gegenüberliegender Anode (auch als *Antikatode* bezeichnet), zwischen denen die Beschleunigungsspannung für die Elektronen von etwa 15 kV und darüber anliegt. Bei diesen Röhren können *„Härte"* und *Intensität* der Röntgenstrahlen unabhängig voneinander geregelt werden. Die Härte ist ein Maß für die Durchdringungsfähigkeit der Strahlung und wächst mit der Höhe der Beschleunigungsspannung, also mit der Energie der auf die Antikatode auftreffenden Elektronen, während die Intensität durch die Anzahl der aus der Glühkatode austretenden Elektronen bestimmt wird, also von der Glühtemperatur der Katode abhängt, und über den Heizstrom geregelt werden kann. Nur rund 5% der kinetischen Energie der Elektronen wird in Röntgenstrahlung umgesetzt, der Rest wird als Wärmeenergie an die Anode abgegeben, die daher als wassergekühltes Hohlrohr ausgeführt wird.

Je nach Erzeugungsprozess unterscheidet man zwischen der *kontinuierlichen („weißen")* Röntgenstrahlung oder *Bremsstrahlung* und der *charakteristischen* Röntgenstrahlung oder *Eigenstrahlung*.

Das kontinuierliche Röntgenspektrum. Die Entstehung des kontinuierlichen oder Bremsspektrums wird nach der klassischen Elektrodynamik als Folge des Abbremsens der schnellen

Elektronen durch die Atomkerne des Bremsmaterials (Wechselwirkung zwischen Elektronen und COULOMB-Feld des Kerns) erklärt (Bild 44.16). Strahlung der Höchstfrequenz, der sog. *Grenzfrequenz* f_G, wird dann ausgesandt, wenn das Elektron seine gesamte kinetische Energie $E_{k,e} = eU$ (U Beschleunigungsspannung) in einem einzigen, kurzzeitigen Bremsprozess einbüßt. Es gilt dann

$$hf_G = E_{k,e} = eU.$$

Wegen $\lambda = c/f$ (c Vakuumlichtgeschwindigkeit) ergibt sich damit unabhängig vom Bremsmaterial eine untere **Grenzwellenlänge** von

$$\lambda_G = \frac{hc}{eU} = \frac{12,39}{U/\text{kV}} \cdot 10^{-10}\,\text{m} \qquad \textbf{(Duane-Huntsches Gesetz).} \qquad (26)$$

Bei 12,39 kV Beschleunigungsspannung erreicht man also eine kurzwellige Grenze des Bremsspektrums bei der Wellenlänge 10^{-10} m = 0,1 nm. Da die Endgeschwindigkeit der abgebremsten Elektronen zwischen null und der Anfangsgeschwindigkeit variieren kann, entsteht ein *kontinuierliches* Spektrum, das von λ_G bis zu unendlich großen Wellenlängen reicht (Bild 44.17). Durch Beschleunigung von Elektronen in dem als *Betatron* bezeichneten Elektronenringbeschleuniger erhält man besonders harte Röntgenstrahlen von $\approx 5 \cdot 10^{-14}$ m Wellenlänge.

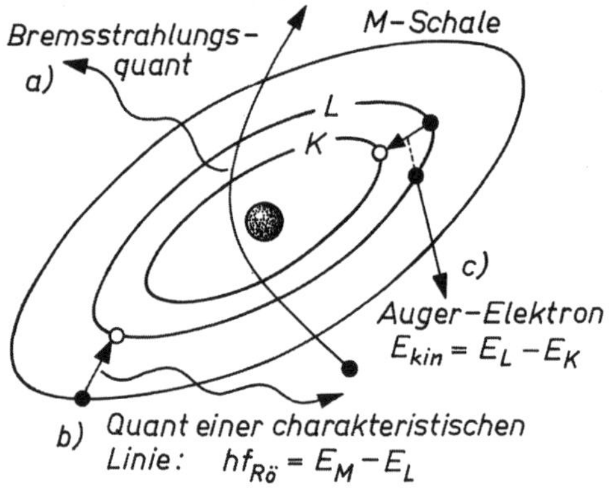

Bild 44.16. Entstehung a) des Röntgen-Bremsstrahlungskontinuums, b) der charakteristischen Röntgenstrahlung; c) AUGER-Effekt (s. 44.12)

Das charakteristische Röntgenspektrum. Bei genügend hoher Beschleunigungsspannung entsteht eine Röntgenstrahlung mit *Linienstruktur*, die für das jeweilige Bremsmaterial charakteristisch und der Bremsstrahlung überlagert ist (Bild 44.16 und 44.17). Der Entstehungsmechanismus dieser Strahlung ist der Gleiche wie bei den optischen Spektren, jedoch mit dem Unterschied, dass ein Elektron einer *inneren* (kernnahen) Elektronenschale des Atoms angeregt, d. h. durch die aufprallenden energiereichen Elektronen aus dieser „herausgeschlagen" werden muss. Als Folge davon können Elektronen aus den äußeren Schalen in die durch die Anregung erzeugten „Löcher" der inneren Schalen „nachrutschen", wobei gemäß der Frequenzbedingung für die einzelnen Übergänge diskrete Spektrallinien emittiert werden.

Je nachdem, auf welcher Elektronenschale der Quantensprung des Elektrons *endet*, der zur Emission eines Röntgenquants führt, bezeichnet man die zugehörige Strahlung als K-, L-... -Strahlung. Man unterscheidet weiterhin zwischen K_α-, K_β-, ... -Strahlung, je nachdem, ob es sich um einen Elektronenübergang von der L- zur K- oder von der M- zur K-Schale handelt usw. Entsprechend bezeichnet man z. B. mit L_α einen Übergang M $\rightarrow$ L und mit L_β einen Übergang N $\rightarrow$ L usw.

Da die Bindungsenergie der Elektronen auf den verschiedenen Schalen von der Ordnungszahl Z des betreffenden Elements abhängt, wird die charakteristische Strahlung für verschiedene Anodenmaterialien unterschiedlich sein. Für die Berechnung der Mindestenergie, die zur Anregung der Eigenstrahlung erforderlich ist, kann daher die *Ionisierungsenergie* des Atoms dienen, die gleich der Bindungsenergie des Elektrons in dem betreffenden Zustand ist. Nimmt man an, dass für die Elektronen der K-Schale noch die gesamte positive Ladung des Kerns wirksam ist, so ergibt sich z. B. bei Kupfer als Anodenmaterial

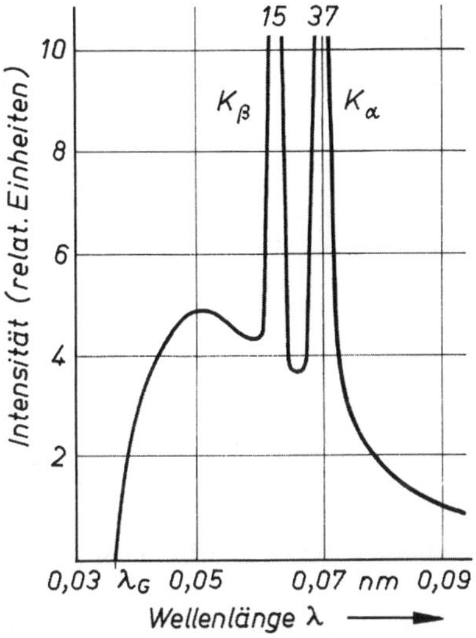

Bild 44.17. Bremsspektrum mit überlagerter charakteristischer K_α- und K_β-Strahlung einer Molybdän-Anode (Strahlungsintensität in Abhängigkeit von der Wellenlänge)

($Z = 29$) nach 44.3 eine Ionisierungsenergie von $E_i = 29^2 \cdot 13{,}6\,\text{eV} \approx 11\,500\,\text{eV}$; d. h., die Anregungsspannung für die K-Strahlung einer Röntgenröhre mit Kupferanode beträgt etwa 11,5 kV.
Die Frequenz der K_α-Strahlung (Übergang L → K) berechnet sich nach der Serienformel (10) zu

$$f(K_\alpha) = R_H(Z-1)^2\left(\frac{1}{1^2}-\frac{1}{2^2}\right) = \frac{3}{4}R_H(Z-1)^2. \qquad (27)$$

Der Umstand, dass anstelle des Gliedes Z^2 hier $(Z-1)^2$ steht, erklärt sich qualitativ leicht aus der abschirmenden Wirkung der Elektronen in der Atomhülle (vor allem des zweiten Elektrons in der K-Schale). Gleichung (27) stellt das **Moseleysche Gesetz** dar; es besagt: *Die Quadratwurzel aus der Frequenz der charakteristischen Röntgenspektren wächst linear mit der Ordnungszahl des Elements.*

Beispiel: Ein unbekanntes Metall wird als Röntgenanode verwendet. Von ihr wird eine K_α-Linie der Wellenlänge 0,154 nm emittiert. Um welches Element handelt es sich? – *Lösung:* Die Frequenz der K_α-Linie beträgt $f = c/\lambda \approx 1{,}935 \cdot 10^{18}\,\text{s}^{-1}$, womit sich aus (27) mit $R_H = 3{,}29 \cdot 10^{15}\,\text{s}^{-1}$ (vgl. 44.2) die Ordnungszahl zu $Z = 1 + \sqrt{4f/(3R_H)} = 29$ berechnet. Es handelt sich also um das Element Kupfer (s. Periodensystem, S. 451).

Aufgabe 44.3. Bei einer an der Röntgenröhre anliegenden Spannung von 40 kV wird eine Grenzwellenlänge von $\lambda_G = 0{,}031$ nm gemessen. Bestimme daraus den Wert des PLANCKschen Wirkungsquantums h!

44.12 Absorption und Streuung von Röntgenstrahlen

Das allgemeine Schwächungsgesetz. Obwohl energiereiche elektromagnetische Strahlung (Röntgen- und Gammastrahlung) sich durch ein großes Durchdringungsvermögen auszeichnet, wird sie dennoch beim Durchgang durch Stoffe mehr oder weniger stark *geschwächt.* Die Schwächung hängt einerseits von der Wellenlänge der Strahlung, andererseits von der Beschaffenheit des durchstrahlten Stoffes, des *Absorbers*, ab. Für Strahlung einer bestimmten Energie (monochromatische Strahlung) ist die Abnahme ihrer *Intensität* (d. h. der Anzahl der Photonen)

$-\mathrm{d}J$ in einer dünnen Absorberschicht der Dicke $\mathrm{d}x$ der auf die Schicht auffallenden Intensität J und der Schichtdicke $\mathrm{d}x$ proportional:

$$-\mathrm{d}J = \mu J \,\mathrm{d}x \qquad \text{oder} \qquad \frac{\mathrm{d}J}{J} = -\mu \,\mathrm{d}x.$$

Der Proportionalitätsfaktor μ heißt **Schwächungskoeffizient**. Durch Integration über die gesamte Absorberdicke d erhalten wir, wenn J_0 die anfängliche und J_d die nach Durchstrahlung der Dicke d noch vorhandene Intensität ist:

$$\int_{J_0}^{J_d} \frac{\mathrm{d}J}{J} = -\mu \int_0^d \mathrm{d}x; \qquad \ln \frac{J_d}{J_0} = -\mu d \qquad \text{oder} \tag{28}$$

$$J_d = J_0 \,\mathrm{e}^{-\mu d} \qquad \textbf{(Schwächungsgesetz).} \tag{29}$$

Die Schwächung in Stoffen gleicher Zusammensetzung ist der Anzahl der in der Volumeneinheit des Absorbers enthaltenen Atome proportional, woraus sich die Proportionalität zwischen μ und der Absorberdichte ϱ ergibt. Für eine bessere Vergleichbarkeit der Absorber untereinander hinsichtlich ihres Schwächungsverhaltens gibt man daher für Elemente im Allgemeinen den auf die Dichte bezogenen Schwächungskoeffizienten, den sog. **Massenschwächungskoeffizienten** μ/ϱ, an.

Die Schwächung der Strahlung erfolgt durch mehrere verschiedene Wechselwirkungsprozesse der Strahlung mit dem Stoff, nämlich

1. durch *photoelektrische* (oder *echte*) *Absorption*,
2. durch *Streuung* (*klassische* Streuung und COMPTON-Streuung),
3. durch *Paarbildung*.

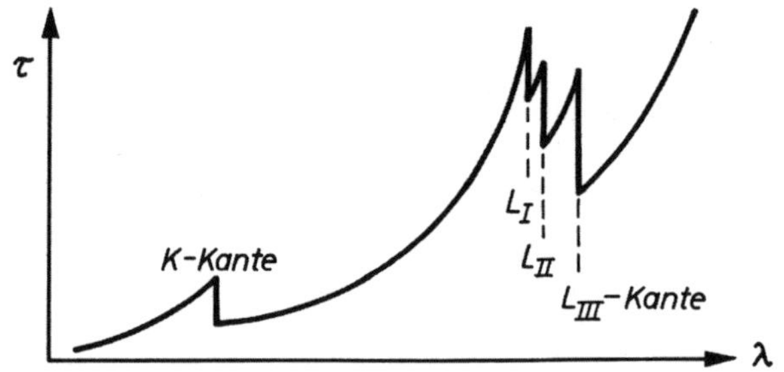

Bild 44.18. Absorptionskanten bei der Absorption durch Photoeffekt

Die **Photoabsorption** beruht auf dem in 43.2 behandelten lichtelektrischen Effekt. Die auf diesen Teilvorgang zurückzuführende Schwächung wird durch den *Absorptionskoeffizienten* τ ausgedrückt. Wird dieser in Abhängigkeit von der Wellenlänge der Lichtquanten dargestellt, so erhält man den in Bild 44.18 gezeichneten Verlauf mit einigen Unstetigkeitsstellen, den sog. **Absorptionskanten**. Diese entstehen durch ein plötzliches Ansteigen der Absorption, sobald die Quantenenergie der Bindungsenergie eines Elektrons gleich ist, das Elektron also unter vollständiger Absorption des Quants emittiert wird. Mit Erhöhung der Quantenenergie, d. h. mit abnehmender Wellenlänge λ, sinkt die Absorption stetig, bis das nächste, fester gebundene Elektron freigesetzt wird.

Bild 44.18 zeigt schematisch die K- und die drei L-Absorptionskanten, wobei die Indizes bei L sich auf die verschiedenen möglichen Quantenzustände der Elektronen in dieser Schale beziehen; es bedeutet L_I den Zustand $n = 2$, $l = 0$, $m_s = \frac{1}{2}$, L_{II} den Zustand $n = 2$, $l = 1$,

$m_s = -\frac{1}{2}$ und L_{III} den Zustand $n = 2, l = 1, m_s = +\frac{1}{2}$ (vgl. 44.10). Die Abhängigkeit des Absorptionskoeffizienten von der Wellenlänge λ und von der Ordnungszahl des Absorbers Z lässt sich außerhalb der Absorptionskanten darstellen durch

$$\tau \sim \varrho \lambda^3 Z^3. \tag{30}$$

Das Durchdringungsvermögen (die *Härte*) der Röntgenstrahlen wächst also mit abnehmender Wellenlänge.

Nicht jedes durch Photoeffekt in der K-, L-, ...-Schale ionisierte Atom sendet eine Linie der K-, L-, ...-Serie aus, wenn die Lücke durch Übergang eines Elektrons aus einer weiter außen liegenden Schale wieder aufgefüllt wird. Die bei einem solchen *strahlungslosen* Übergang frei werdende Energie wird oft dazu verwendet, ein Elektron desselben Atoms aus einer weiter außen liegenden Schale durch eine Art „inneren Photoeffekt" abzuspalten. Dieses Elektron verlässt dann neben dem Photoelektron das Atom, ohne dass Fluoreszenzstrahlung festgestellt wird (**Auger-Effekt**, s. Bild 44.16).

Die **klassische Streuung** kommt dadurch zu Stande, dass die Elektronen im Atom unter dem Einfluss der auftreffenden monochromatischen elektromagnetischen Welle zu *erzwungenen Schwingungen* angeregt werden und dabei elektromagnetische Wellen von der Frequenz der auftreffenden Welle (also ohne Energieabgabe an die durchstrahlte Materie) nach allen Richtungen des Raumes abstrahlen. Die durch diesen Streuprozess hervorgerufene Schwächung wird durch den *Streukoeffizienten* σ beschrieben. Die Theorie ergibt, dass die Intensität des Streulichts der *vierten* Potenz der Frequenz proportional ist. Für den sichtbaren Bereich des Lichts bedeutet dies, dass das kurzwellige blaue Licht viel stärker gestreut wird als das langwellige rote (vgl. 39.1).
Mit zunehmender Quantenenergie tritt die Schwächung durch klassische Streuung immer mehr hinter der durch **Compton-Streuung** zurück. Letztere beruht auf dem in 43.3 behandelten COMPTON-Effekt, durch den die eingestrahlten Lichtquanten neben einer Richtungsänderung eine Energieabnahme erfahren; sie wird ebenfalls durch den Streukoeffizienten σ erfasst.

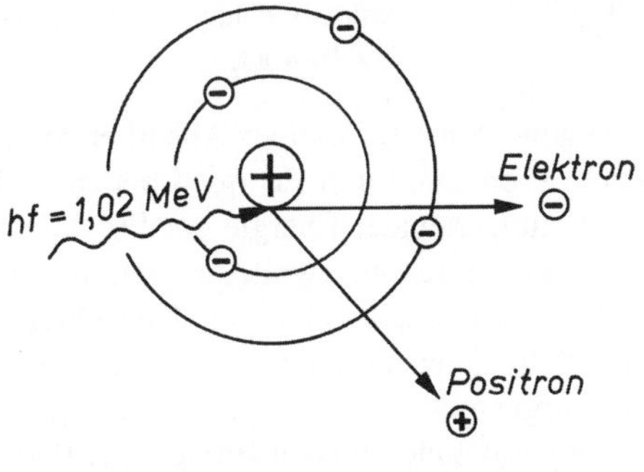

Bild 44.19. Paarbildung infolge Wechselwirkung von energiereichen Lichtquanten (Gammaquanten) mit Stoffen

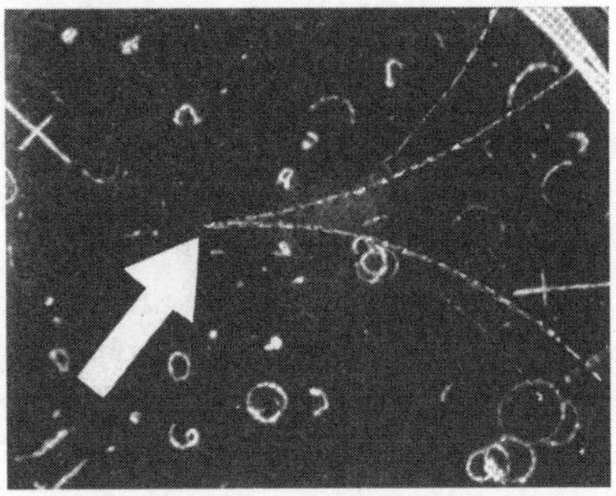

Bild 44.20. Nebelkammeraufnahme der Bildung eines Elektronenzwillings aus energiereichem Lichtquant

Paarbildung. Bei sehr hohen Quantenenergien tritt eine Schwächung der Strahlung bei der Wechselwirkung mit Stoffen auch dadurch ein, dass aus den Lichtquanten Paare von Teilchen, bestehend aus einem positiv und einem negativ geladenen Partner, erzeugt werden, sofern die Energie hf eines Quants mindestens so groß ist wie die Summe der Ruhenergien $2m_0c^2$ der beiden aus ihm hervorgehenden Teilchen (*Paarbildung, Materialisation der Strahlung*, Bild 44.19). Bei diesem Prozess sind also die Erhaltungssätze von Energie und Ladung erfüllt. Da auch der Impulssatz erfüllt sein muss, ist neben dem Teilchenpaar ein drittes Teilchen erforderlich, das den Rückstoßimpuls aufnimmt. Der häufigste Fall ist die Entstehung eines Elektronenpaares *(Elektronenzwilling)*, bestehend aus einem Elektron und einem Positron, die stets im COULOMB-Feld eines Atomkerns stattfindet. Die hierfür erforderliche Mindestenergie des Lichtquants ist $2m_{e0}c^2 = 1{,}022$ MeV.

Die Bildung derartiger Elektronenzwillinge kann z. B. in einer *Nebelkammer* sichtbar gemacht werden, in der die schnell bewegten Teilchen infolge Ionisation der mit Wasserdampf übersättigten Luft in der Kammer entlang ihrer Bahn Kondensspuren erzeugen und auf diese Weise sichtbar werden (Bild 44.20). Man erkennt die Elektronenzwillinge daran, dass die Bahnspuren bei der Bewegung der Teilchen in einem starken Magnetfeld infolge der Wirkung der LORENTZ-Kraft an bestimmten Stellen Verzweigungen aufweisen, von denen zwei nach entgegengesetzter Richtung gekrümmte Kreisbahnen ausgehen.

Die durch Paarbildung hervorgerufene Schwächung wird durch den *Paarbildungskoeffizienten* $\varkappa$ beschrieben. Der **totale Schwächungskoeffizient** μ in (29) ist die Summe der einzelnen Schwächungskoeffizienten:

$$\mu = \tau + \sigma + \varkappa. \qquad (31)$$

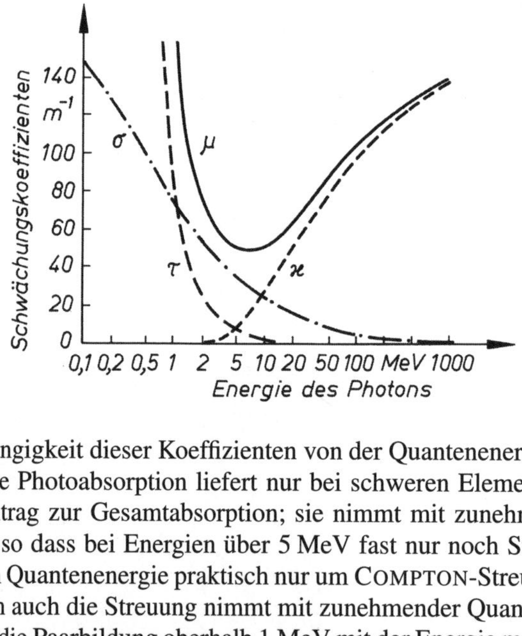

Bild 44.21. Verlauf der Schwächungskoeffizienten von Photoabsorption τ, COMPTON-Streuung σ und Paarbildung $\varkappa$ sowie des Gesamtschwächungskoeffizienten μ in Abhängigkeit von der Quantenenergie für Blei als Absorber

Die Abhängigkeit dieser Koeffizienten von der Quantenenergie für *Blei* als Absorber zeigt Bild 44.21. Die Photoabsorption liefert nur bei schweren Elementen und Energien bis zu 10 MeV einen Beitrag zur Gesamtabsorption; sie nimmt mit zunehmender Energie der Photonen sehr rasch ab, so dass bei Energien über 5 MeV fast nur noch Streuung (wobei es sich hier wegen der hohen Quantenenergie praktisch nur um COMPTON-Streuung handelt) und Paarbildung auftritt. Doch auch die Streuung nimmt mit zunehmender Quantenenergie weiterhin sehr rasch ab, wogegen die Paarbildung oberhalb 1 MeV mit der Energie merklich ansteigt. Daraus ergibt sich, dass bei allen Absorberstoffen die Gesamtschwächung mit zunehmender Energie der Photonen zunächst stark abnimmt, ein Minimum durchläuft und nach merklichem Einsetzen der Paarbildung ansteigt. Aus dem Bild ist ersichtlich, dass für Blei das Schwächungsminimum, d. h. das Maximum der Durchdringungsfähigkeit, bei etwa 5 MeV liegt; für Stahl liegt dieses bei 9 MeV und für Aluminium bei 20 MeV. Daraus geht hervor, dass mit fallender Ordnungszahl des Absorbers das Schwächungsminimum zu höheren Quantenenergien hin verschoben wird.

Beispiele: *1.* Diejenige Schichtdicke, welche die hindurchgehende Strahlung auf die Hälfte ihres Anfangswertes schwächt, ist die sog. *Halbwertsdicke* $d_{1/2}$. Berechne die Halbwertsdicke für Gammastrahlung der Energie 5 MeV und Blei als Absorber! – *Lösung:* Aus (28) folgt mit $J_d = J_0/2$: $\ln(1/2) = -\ln 2 = -\mu d_{1/2}$ und hieraus $d_{1/2} = (\ln 2)/\mu$. Aus Bild 44.21 entnimmt man als Schwächungskoeffizient von Blei für die angegebene Quantenenergie $\mu = 50\ \mathrm{m}^{-1}$. Damit wird $d_{1/2} = (0{,}69/50)\ \mathrm{m} \approx 14$ mm.

2. Wie viel „Halbwertsschichten" der Dicke $d_{1/2}$ sind erforderlich, um die Strahlung auf den 20. Teil zu schwächen? – *Lösung:* Sind zur Schwächung auf den n-ten Teil x Halbwertsschichten nötig, d. h. $J_d = J_0/n$ für $d = xd_{1/2}$, so folgt damit aus (28) mit $d_{1/2} = (\ln 2)/\mu$:

$$\ln\left(\frac{1}{n}\right) = -\mu x d_{1/2} = -x \ln 2 = \ln\left(\frac{1}{2}\right)^x; \quad \frac{1}{n} = \left(\frac{1}{2}\right)^x; \quad x = \frac{\lg n}{\lg 2}.$$

Für $n = 20$ ergibt dies $x = 1{,}3/0{,}3 = 4{,}3$ Halbwertsschichten.

44.13 Induzierte Emission. Maser und Laser

Ein Atom kann durch ein einfallendes Lichtquant im Resonanzfall, d. h., wenn die Quantenenergie hf von der Größe der Differenz zweier Energieniveaus E_1 und E_2 des Atoms ist (Bild 44.22), nicht nur zur Absorption des Quants veranlasst, sondern auch zur Auslösung zusätzlicher Quanten „gezwungen" werden. Nichtangeregte Atome können allerdings nur Übergänge mit Absorption ausführen ($E_1 \rightarrow E_2$), während angeregte Atome (z. B. solche im Zustand der Energie E_2) nach EINSTEIN durch ein eingestrahltes Lichtquant der Energie $hf = E_2 - E_1$ sowohl durch Absorption in ein oberhalb E_2 befindliches Niveau angehoben werden als auch unter Abstrahlung eines *zusätzlichen* Lichtquants der gleichen Energie hf in den niedriger angeregten Zustand übergehen können. Die letztgenannten Übergänge, durch welche die Intensität (d. h. die Anzahl der Photonen) des eingestrahlten Lichts (im Gegensatz zur Absorption) *vergrößert* wird, nennt man *erzwungene* oder *induzierte Übergänge*; sie bewirken **induzierte (stimulierte) Emission**.
Die induzierte Emission kann somit als zur Absorption inverser Prozess angesehen werden; man bezeichnet sie daher auch als *negative Absorption*. Die induzierten Lichtquanten sind identisch mit den erregenden und bewegen sich *gleichphasig und parallel* zu diesen, womit eine Verstärkung des Lichts erfolgt.

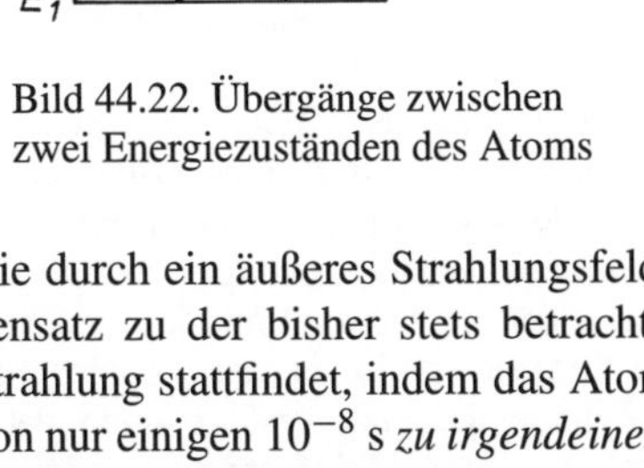

Bild 44.22. Übergänge zwischen zwei Energiezuständen des Atoms

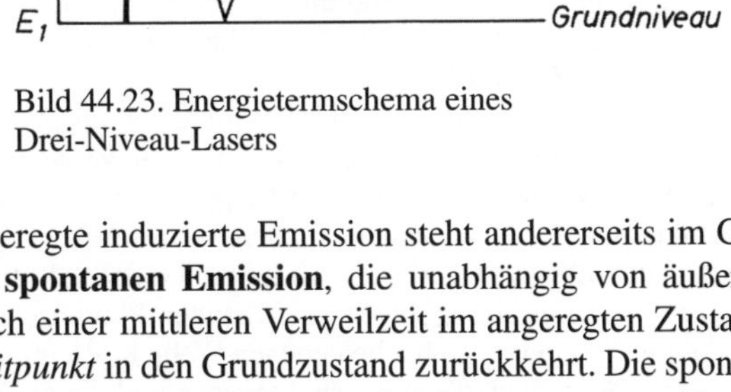

Bild 44.23. Energietermschema eines Drei-Niveau-Lasers

Die durch ein äußeres Strahlungsfeld angeregte induzierte Emission steht andererseits im Gegensatz zu der bisher stets betrachteten **spontanen Emission**, die unabhängig von äußerer Strahlung stattfindet, indem das Atom nach einer mittleren Verweilzeit im angeregten Zustand von nur einigen 10^{-8} s *zu irgendeinem Zeitpunkt* in den Grundzustand zurückkehrt. Die spontane Emission ist im Gegensatz zur induzierten als eine *zufällige* Erscheinung anzusehen, für die wir lediglich eine Übergangs*wahrscheinlichkeit* abschätzen können.
Bei einer großen Zahl von Atomen, wie z. B. bei einem Kristall, befindet sich im thermischen Gleichgewicht die überwiegende Mehrzahl der Atome im nichtangeregten Zustand, d. h., die unteren Energiestufen der Atome sind insgesamt stärker besetzt als die oberen. Es gilt nach der

BOLTZMANN-Gleichung (18/16) für die Besetzungsdichten n_1 und n_2, die den Energieniveaus E_1 und E_2 entsprechen,

$$n_2/n_1 = \exp[-(E_2 - E_1)/kT].$$

Aus diesem Grunde überwiegt bei Einstrahlung von Licht die Schwächung desselben durch Absorption gegenüber der Verstärkung durch induzierte Emission. Sorgt man aber durch einen künstlichen Prozess dafür, dass Energie in den Atomen des Kristalls *gespeichert* wird, indem sich mehr Atome in einem angeregten Zustand befinden als im Grundzustand *(Besetzungsinversion der Energieniveaus)*, so wird durch ein Strahlungsquant geeigneter Frequenz eine Lawine induzierter Quanten aus den angeregten Atomen ausgelöst, wobei die zuvor gespeicherte Energie nun der emittierten Strahlung zugute kommt und diese deshalb verstärkt.
Dies ist das Prinzip des als **Laser** bezeichneten Lichtgenerators oder *Quantengenerators* (MAIMAN, 1960). Das Wort „LASER“ ist zusammengesetzt aus den Anfangsbuchstaben von „**L**ight **A**mplification by **S**timulated **E**mission of **R**adiation“ (Lichtverstärkung durch angeregte [erzwungene, induzierte] Emission von Strahlung). Die gleiche Erscheinung, wie sie dem im *optischen* Bereich (10^{11} bis 10^{16} Hz) arbeitenden Laser zu Grunde liegt, war zuvor bereits bei den *Mikrowellen* (10^8 bis 10^{10} Hz) entdeckt worden (BASSOW, PROCHOROW, TOWNES, 1953 bis 1955); man spricht dann vom **Maser**, wobei der erste Buchstabe dieser Abkürzung für „microwave“ steht.
Als besondere Eigenschaften der Laserstrahlung sind ihre strenge **Parallelität** (Divergenz von nur wenigen Bogenminuten), die mit anderen Mitteln nicht erreichbare **Monochromasie** sowie ihre **Kohärenz** hervorzuheben. Die Kohärenz ist darauf zurückzuführen, dass die induzierte mit der auslösenden Lichtwelle in Phase ist, dass also alle Atome ihre Lichtquanten „im Takt“ emittieren und nicht, wie bei der spontanen Emission in ausgedehnten Lichtquellen, statistisch mit von Atom zu Atom schwankenden Phasenbeziehungen. Damit ist Licht gleicher Frequenz von zwei verschiedenen Lasern *interferenzfähig*.

Die Energiezufuhr an die Atome der Lasersubstanz geschieht durch einen sog. „Pumpvorgang“, bei dem die Atome durch Einstrahlung einer intensiven elektromagnetischen Welle mit der zu dem entsprechenden Übergang gehörigen Frequenz („Pumpfrequenz“) angeregt werden. Bei dem wegen seiner hohen Belastbarkeit und Ausgangsleistung häufig verwendeten *Rubinlaser* werden die im Al_2O_3-Grundgitter des Rubins anstelle von Al-Ionen in bestimmter Dosierung eingebauten Cr-Ionen durch die Pumpenergie aus dem Grundniveau E_1 zunächst in ein Hilfsniveau E_3 höherer Energie gebracht (Bild 44.23). Dieses Niveau entleert sich mit einer Zeitkonstante von einigen 10^{-8} s durch spontane Übergänge von E_3 nach dem langlebigen **metastabilen Niveau** E_2 des Laserübergangs. Die lange Lebensdauer dieses Niveaus von etwa $3 \cdot 10^{-3}$ s hat eine Besetzungszunahme zu Lasten des Grundniveaus E_1 zur Folge. Bei Einstrahlung von genügend intensivem Pumplicht kommt es zur Besetzungsinversion $n_2 > n_1$ und damit zur Lichtverstärkung für die Wellenlänge des ausgestrahlten roten Laserlichts des Rubins von $\lambda = hc/(E_2 - E_1) = 694{,}3$ nm.
Eine weitere Lichtverstärkung wird beim Laser noch dadurch erzielt, dass der Kristall als **optischer Resonator** ausgebildet wird (Bild 44.24). Der verwendete Rubin, der die Form eines zylindrischen Stäbchens von einigen Zentimetern Länge hat, ist an seinen Stirnflächen sehr genau planparallel geschliffen und mit reflektierenden Schichten versehen, wovon die eine vollständig reflektiert und die andere teildurchlässig ist. Dadurch wird erreicht, dass die den Prozess der induzierten Emission auslösenden, bei spontanen Übergängen entstehenden Photonen infolge Reflexion zwischen den verspiegelten Flächen in Form einer stehenden ebenen Welle in Richtung der Zylinderachse hin- und herlaufen, dabei die Atome zur induzierten Emission anregen und die erregte Strahlung durch Mehrfachreflexion immer weiter verstärken, bis bei Erreichen eines Schwellenwertes der Pumpenergie die Strahlung den Kristall an der Stirnfläche mit der teildurchlässigen Schicht in Form eines Lichtimpulses von außerordentlicher Intensität verlässt.
In „gütegeschalteten“ Lasern kann der Impuls extrem verkürzt werden, wodurch besonders hohe Leistungsdichten erreicht werden. Für die Güteschaltung ist eine der beiden verspiegelten Flächen zuerst

verkippt und wird dann – den lawinenartigen Prozess verzögernd – erst bei extremer Besetzungsinversion ausgerichtet.
Wichtige Vertreter der **Festkörper-Impulslaser** sind die oben beschriebenen Rubinlaser (Dreiniveau-Laser) mit einer maximalen Leistung im Dauerstrichbetrieb (D) von 1 W, im Impulsbetrieb (I) von 1 GW, und die Neodymlaser (Vierniveau-Laser) mit einer maximalen Leistung von 100 W (D) bzw. von 1 GW (I). Letzteres entspricht bei einer Fokussierung auf einen Durchmesser von 0,1 mm einer Leistungsdichte von 10^4 GW/cm^2. Bei Verstärkung der Strahlung durch Laserverstärker um den Faktor 100, was unschwer möglich ist, wird schon eine Leistungsdichte von 10^3 TW/cm^2 (10^{15} W/cm^2) erreicht. Moderne Hochleistungsanlagen, wie sie speziell für die lasergesteuerte Kernfusion entwickelt wurden bzw. werden, erreichen heute bereits Leistungsdichten von 10^{18} W/cm^2. Angestrebt werden Anlagen, die diesen Wert noch um zwei Größenordnungen übertreffen. Der Wirkungsgrad von Festkörper-Impulslasern ist jedoch sehr gering; er liegt nur bei einigen Prozent.

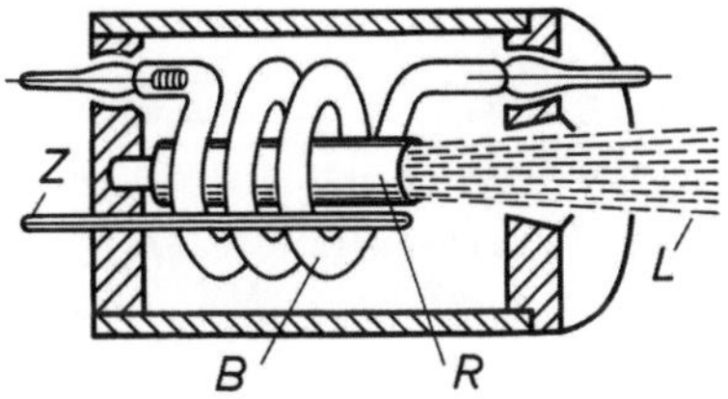

Bild 44.24. Prinzipieller Aufbau eines Festkörper-Lasers (B Wendelblitzlampe in zylindrischem Reflektor, Z Zündelektrode, R Rubinkristall, L Laserstrahl)

Mit **Farbstofflasern** lässt sich die Laserfrequenz über ein größeres Gebiet variieren. Um höhere Photonenenergien zu erreichen, sind nun auch im UV-Bereich arbeitende sog. **Excimer-Laser** entwickelt worden (maximale Leistung (I) 20 MW).
Bei einem **Halbleiter-Laser** (vgl. 46.5), bei dem die Anregung anstelle von optischem Pumpen am einfachsten durch Anlegen einer Spannung geschieht und bei dem die Energie durch den Rekombinationsprozess in der Sperrschicht der Halbleiterdiode frei wird (Rekombinationsleuchten), kann der Wirkungsgrad hingegen bis zu 95% betragen. Für den Dauerbetrieb bei Raumtemperatur eignen sich besonders die **Gaslaser**, bei denen Edelgase (He, Ne, Ar, Kr) oder andere Gase (Stickstoff, Iod, CO_2) unter einem Druck von 10^2 bis nahe 10^5 Pa in ein Quarzrohr gefüllt und durch *Stoßionisation* aufgepumpt werden. Ihr Wirkungsgrad liegt jedoch nur in der Größenordnung von 0,1%. **Chemische Laser** erzeugen die Besetzungsinversion durch schnelle chemische Reaktionen.

45 Wellenmechanik

45.1 Die Schrödinger-Gleichung

Die Theorie von DE BROGLIE (1924), wonach einem Teilchen jedweder Art mit dem Impuls $p = mv$ eine *Materiewelle* der Wellenlänge $\lambda = h/p$ zugeordnet ist, ermöglichte nur die Beschreibung der Bewegung eines *freien* Mikroteilchens durch eine Welle. Über die örtliche und zeitliche Änderung der Amplitude der DE-BROGLIE-Wellen von freien Teilchen und insbesondere von Teilchen *in Kraftfeldern*, z. B. eines Elektrons im COULOMB-Feld des Atomkerns, macht diese Theorie keine Aussage. Die Weiterentwicklung der DE-BROGLIEschen Theorie in dieser Richtung gelang SCHRÖDINGER (1926) durch Aufstellung einer Wellengleichung, welche (bei Vorgabe bestimmter Randbedingungen) automatisch auf die für die Quantenphysik typische Existenz *diskreter Energiezustände* gebundener Teilchen führt. Diese Wellengleichung, die eine Grundlage der **Quantenmechanik** bildet, lautet

$$\Delta\psi + \frac{8\pi^2 m}{h^2}(E - V)\psi = 0 \qquad \textbf{(Schrödinger-Gleichung)} \qquad (1)$$

mit m als Masse, E als Gesamtenergie und V als potentieller Energie des Teilchens. Als solches wollen wir im Folgenden stets ein *Elektron* betrachten. Gleichung (1) beschreibt dann die Ortsabhängigkeit der **Wellenfunktion des Elektrons** $\psi(x, y, z)$, über deren physikalische Natur sie allerdings keine Aussage macht. Δ ist der LAPLACE-Operator; in einem dreidimensionalen kartesischen Koordinatensystem hat dieser die Form $\Delta \equiv \partial^2/\partial x^2 + \partial^2/\partial y^2 + \partial^2/\partial z^2$.

Herleitung: Ausgangspunkt ist die allgemeine Wellengleichung (36/7)

$$\frac{\partial^2 \Psi}{\partial x^2} = \frac{1}{u^2}\frac{\partial^2 \Psi}{\partial t^2} \qquad \text{mit} \qquad \Psi = \Psi(x, t). \tag{2}$$

Wird die hierin stehende Phasengeschwindigkeit der dem Elektron zugeordneten Materiewelle $u = f\lambda$ mit der DE-BROGLIE-Beziehung (43/20) verknüpft zu $u = hf/p$ und in dieser Gleichung der Teilchenimpuls $p = m_e v$ durch die Gesamtenergie E und die potentielle Energie V des Elektrons ausgedrückt gemäß

$$E_k = E - V = \frac{m_e v^2}{2} = \frac{p^2}{2m_e}; \qquad p^2 = 2m_e(E - V),$$

so erhält man zunächst $u^2 = h^2f^2/[2m_e(E - V)]$ und durch Einsetzen in (2)

$$\frac{\partial^2 \Psi}{\partial x^2} = \frac{2m_e(E - V)}{h^2 f^2}\frac{\partial^2 \Psi}{\partial t^2}. \tag{3}$$

Der Ausdruck auf der linken Seite dieser Gleichung ist nur nach der Ortskoordinate, der Ausdruck auf der rechten Seite nur nach der Zeit differenziert. Aus diesem Grunde kann Ψ als Produkt zweier Faktoren geschrieben werden, von denen der eine, $\psi(x)$, nur vom Ort, der andere wegen der Welleneigenschaft *periodisch* (gemäß $\sin \omega t$ bzw. $e^{j\omega t}$ mit $\omega = 2\pi f$ und der imaginären Einheit $j = \sqrt{-1}$) nur von der Zeit abhängt:

$$\Psi = \psi(x)\, e^{2\pi j f t}.$$

Damit wird

$$\frac{\partial^2 \Psi}{\partial x^2} = \frac{\partial^2 \psi}{\partial x^2} e^{2\pi j f t}; \qquad \frac{\partial^2 \Psi}{\partial t^2} = -4\pi^2 f^2 \psi\, e^{2\pi j f t}.$$

Dies in Gleichung (3) eingesetzt, ergibt die *zeitfreie* SCHRÖDINGER-Gleichung (1), die den *stationären Zustand* eines Elektrons beschreibt.

Die Wellenfunktion ψ spiegelt die Wellennatur des Elektrons wider; sie kann nicht anschaulich interpretiert werden. Einen anschaulichen Sinn hat nur das Quadrat ihres Betrages $|\psi|^2 = \psi\psi^*$; dabei ist ψ^* die konjugiert komplexe Funktion. Genaue Untersuchungen ergaben, dass $|\psi|^2$ wie folgt *statistisch* zu deuten ist: Die Größe

$$dw = |\psi|^2\, d\tau = |\psi|^2\, dx\, dy\, dz \tag{4}$$

gibt die *Wahrscheinlichkeit* dafür an, das Elektron im Volumenelement $d\tau$ um den Raumpunkt x, y, z vorzufinden. Demzufolge ist $|\psi|^2$ die **Wahrscheinlichkeitsdichte** für den „Aufenthalt" des Elektrons an einem bestimmten Ort. Diese Eigenschaft der ψ-Funktion spiegelt die zweite, korpuskulare Seite im Verhalten der Mikroteilchen wider. Das Produkt von $|\psi|^2$ mit der Elektronenladung e gibt die **Ladungsdichte** ϱ am betreffenden Ort an: $\varrho(x, y, z) = e|\psi(x, y, z)|^2$. Das Elektron bildet demnach eine über den ganzen Raum mit unterschiedlicher Dichte verteilte *Ladungswolke* (richtiger: *„Wahrscheinlichkeitswolke"*). Aus (4) und der Wahrscheinlichkeitsdefinition folgt, dass ψ der Bedingung

$$w = \int_{(\tau)} |\psi|^2\, d\tau = 1 \qquad \textbf{(Normierungsbedingung für die } \psi\textbf{-Funktion)} \tag{5}$$

genügen muss, was bedeutet, dass sich das Elektron, entsprechend der Wahrscheinlichkeit 1, mit Sicherheit in dem (Gesamt-)Volumen τ aufhält.
Die SCHRÖDINGER-Gleichung (1) beansprucht allgemeine Gültigkeit, d. h., dass auch die Gesetze der klassischen Mechanik in ihr enthalten sind, und zwar als Sonderfall, wenn die Abmessungen der in Frage kommenden Körper (Teilchen) ihre DE-BROGLIE-Wellenlängen wesentlich übersteigen, was mit dem Übergang zu makroskopischen Teilchen der Fall ist (vgl. 43.5). Deshalb kann die Grundgleichung der Quantenmechanik nur im Bereich der Mikrophysik angewandt werden; hier spiegelt sie die objektive Realität richtig (oder, wie man zu sagen pflegt, *adäquat*) wider. In der Makrophysik ist ihre Anwendung sinnlos, weil sie Resultate liefert, die sich praktisch nicht von denen der gewöhnlichen Mechanik unterscheiden.

45.2 Elektron im Kastenpotential

Wir betrachten ein Elektron, das gezwungen ist, sich in einem winzigen „Kasten“ der linearen Ausdehnung l zu bewegen, wie er durch den Verlauf der potentiellen Energie $V(x)$ gemäß Bild 45.1a gegeben ist. Als ein solcher *Potentialkasten* oder *Potentialtopf* kann z. B. ein Metallstück angesehen werden, das die

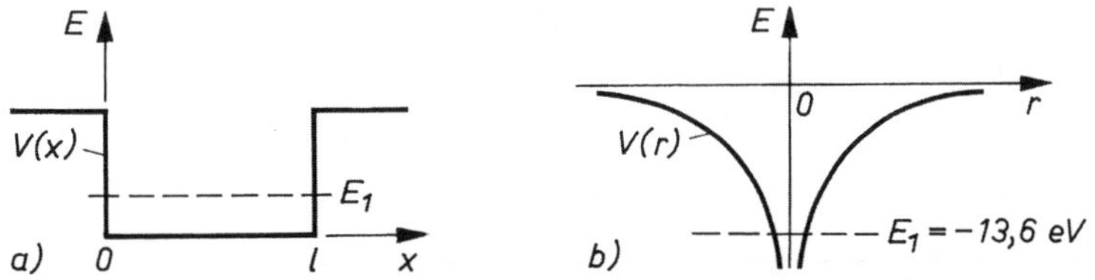

Bild 45.1. Verlauf der potentiellen Energie V des Elektrons a) entsprechend einem eindimensionalen „Potentialkasten“, b) im Wasserstoffatom. E_1 niedrigstes Energieniveau

Leitungselektronen in einem bestimmten Raumbereich einschließt, den sie nicht ohne weiteres verlassen können (vgl. 26.1). Um gänzlich zu verhindern, dass das Elektron aus dem Kasten entweicht, nehmen wir an, dass zwischen den Wänden, also im Gebiet $0 \le x \le l$, die potentielle Energie $V = 0$ ist und an den Wänden bei $x = 0$ und $x = l$ sowie außerhalb des Kastens V gegen unendlich geht. Wir erhalten so eine rechteckige „Potentialmulde“ mit unendlich hohen Wänden. Da damit die Wahrscheinlichkeit, das Elektron außerhalb des Kastens anzutreffen, null ist, muss die Elektronen-Wellenfunktion an den Wänden gegen null gehen, d. h. $\psi(x) = 0$ für $x = 0$ und $x = l$. Für das Gebiet zwischen den Wänden lautet die SCHRÖDINGER-Gleichung (1)

$$\frac{d^2\psi}{dx^2} + \frac{8\pi^2 m_e}{h^2} E\psi = 0. \tag{6}$$

Sie kann durch den Ansatz

$$\psi(x) = \psi_0 \sin kx \qquad (k = 2\pi/\lambda \quad \text{Wellenzahl}) \tag{7}$$

befriedigt werden; denn durch Differenzieren und Einsetzen erhält man für die Gesamtenergie $E = h^2k^2/(8\pi^2 m_e)$, woraus mit der DE-BROGLIE-Beziehung $h/\lambda = hk/(2\pi) = m_e v$ folgt $E = m_e v^2/2 = E_k$. Nun sind aber durch den Lösungsansatz (7) gleichzeitig auch die oben genannten *Randbedingungen* $\psi(0) = 0$ und $\psi(l) = 0$ zu erfüllen. So ergibt die zweite Randbedingung $\psi_0 \sin kl = 0$, d. h. $kl = n\pi$, woraus für die Wellenzahl k folgende diskrete **Eigenwerte** folgen:

$$k_n = n\frac{\pi}{l} \qquad \text{mit} \qquad n = 1, 2, 3, \ldots \tag{8}$$

Für die Energie (s. o.) ergibt sich damit eine Reihe diskreter **Energieeigenwerte**

$$E_n = \frac{h^2}{8\pi^2 m_e} k_n^2 = \frac{h^2}{8 m_e l^2} n^2. \tag{9}$$

Das bedeutet, dass ein Teilchen, welches in einem Potentialkasten „eingeschlossen“ ist, nur die Quantenwerte der Energie (9) annehmen kann. Durch Einführung von (8) in (7) werden die sog. **Eigenfunktionen** $\psi_n(x) = \psi_0 \sin(n\pi x/l)$ bestimmt, deren Amplitude aus der Normierungsbedingung (5) folgt:

$$\int_0^l \psi_n^2(x)\,\mathrm{d}x = \psi_0^2 \int_0^l \sin^2 \frac{n\pi x}{l}\,\mathrm{d}x = \psi_0^2 \frac{l}{2} = 1; \qquad \psi_0 = \sqrt{\frac{2}{l}}.$$

Ganz analog den Eigenschwingungen einer Saite (vgl. 36.4) beschreiben die Eigenfunktionen ψ_1, ψ_2, ψ_3, ... *stehende Elektronenwellen*, für die wegen (8) und $k = 2\pi/\lambda$ gilt $\lambda/2 = l, l/2, l/3, \ldots$ Die ersten drei Eigenfunktionen und ihre Quadrate sind in Bild 45.2 dargestellt. Die Kurven $\psi_n^2(x)$ veranschaulichen die Verteilung der Wahrscheinlichkeit, das Elektron an diesem oder jenem Ort x innerhalb des Kastens bei verschiedenen Energiewerten zu „finden“. Wie man erkennt, ist die Wahrscheinlichkeit, im energetisch niedrigsten Zustand (Grundzustand $n = 1$) das Teilchen in der Mitte des Kastens anzutreffen, am größten und für die Wände des Kastens null.

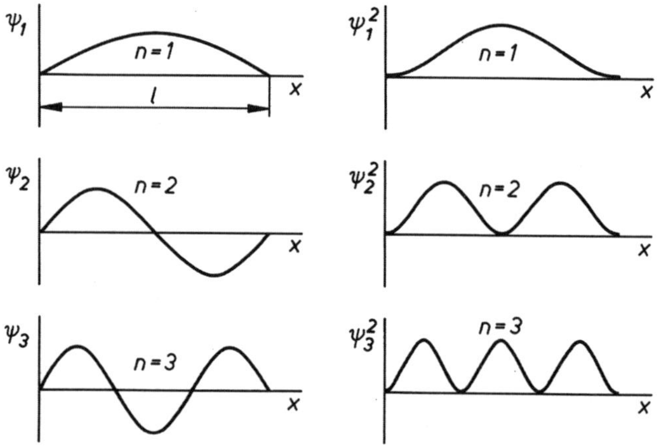

Bild 45.2. Die den drei niedrigsten Energiezuständen zugeordneten stehenden Elektronenwellen ψ_n und die zugehörigen Wahrscheinlichkeitsdichten ψ_n^2

Dieses Ergebnis unterscheidet sich wesentlich von dem bei einem makroskopischen Teilchen zu erwartenden. Ein solches Teilchen können wir offensichtlich mit der gleichen Wahrscheinlichkeit an jedem beliebigen Ort des Kastens antreffen, entsprechend einem Verlauf der Kurve für die Wahrscheinlichkeitsdichte parallel zur x-Achse. Es zeigt sich ferner, dass bei einer Vergrößerung der Teilchenenergie (Anwachsen der Quantenzahl n) die Maxima der Kurve ψ_n^2 immer näher aneinander rücken, so dass für sehr große Werte n auch eine Verteilung erhalten wird, die einem makroskopischen Teilchen entspricht. Die niedrigste Energie, die das Elektron überhaupt haben kann, ist nach (9) $E_1 = h^2/(8m_e l^2)$, die **Nullpunktsenergie** (vgl. 43.6, Beisp. 2). Das im Kasten befindliche Elektron muss mindestens diese Nullpunktsenergie aufweisen, da es Elektronenzustände mit niedrigerer Energie nicht gibt. Nach der klassischen Theorie würde das Elektron immer dann elektromagnetische Wellen abstrahlen, wenn es gegen die Wand „prallt“ (denn dort ist es beschleunigt), und dies so lange, bis die kinetische Energie null erreicht ist. Die Tatsache aber, dass ein „Herunterfallen“ in einen energetisch niedrigeren Zustand nicht möglich ist, erklärt, warum quantenmechanisch das Wasserstoffatom stabil im Energiezustand E_1 (Grundzustand) verbleiben kann.

Elektron im Coulomb-Potential des Wasserstoffkerns. Die Gleichung (9) für die Energieniveaus des Elektrons im Kastenpotential unterscheidet sich wesentlich von der Gleichung (44/9) für die Energieniveaus des Wasserstoffatoms. Der Grund dafür ist der andersartige Verlauf des Potentials im Feld des

Wasserstoffkerns. Dieses bzw. die potentielle Energie V ist hier eine Funktion des Abstandes des Elektrons vom Kern und wird – wie in Abschnitt 44.3 gezeigt wurde – durch

$$V(r) = -\frac{e^2}{4\pi\varepsilon_0 r} \tag{10}$$

beschrieben. Den Verlauf dieses Potentials zeigt Bild 45.1b. Um die genauen Werte für die Energieniveaus im H-Atom zu erhalten, muss man die SCHRÖDINGER-Gleichung (1) für das COULOMB-Potential (10) lösen; dies ist eine Aufgabe der höheren Mathematik. Die Rechnung führt (ohne jede Zusatzannahme, wie dies in der älteren Quantentheorie in Form der BOHRschen Postulate erforderlich war) zu den gleichen Energieniveaus für das H-Atom, wie sie durch Gleichung (44/9) beschrieben werden. Außer der Quantelung der Energie durch die Hauptquantenzahl n erhält man jedoch zusätzlich die richtige Quantelung des Bahndrehimpulses des Elektrons hinsichtlich seines Betrages und seiner Projektion auf die z-Richtung, ausgedrückt durch die Quantenzahlen l und m_l (s. 44.4 und 44.5).

45.3 Das wellenmechanische Bild des Atoms

Die Anwendung der Wellenmechanik auf die Elektronen im Atom führte zu einem prinzipiell neuen Atommodell, welches frei ist von den Mängeln, die dem auf der NEWTONschen Mechanik und der älteren (PLANCKschen) Quantentheorie basierenden BOHRschen Atommodell noch anhafteten. Die Interpretation der Wellenfunktion ψ bzw. ihres Betragsquadrates $|\psi|^2$ als Wahrscheinlichkeitsdichte für den „Aufenthalt" des Elektrons an einer bestimmten Stelle innerhalb des Atoms bzw. für die Verteilung der Dichte der „Elektronenwolke" (vgl. 45.1) bietet die Möglichkeit, sich eine gewisse Vorstellung vom *Wellenmodell des Atoms* zu machen. Denn die Gestalt der Elektronenwolke ist typisch für einen bestimmten Elektronenzustand, gekennzeichnet durch die Quantenzahlen n, l und m_l, und vermittelt ein anschauliches Bild davon, wo sich das Elektron im Atom bevorzugt aufhält und welche Gebiete es meidet.

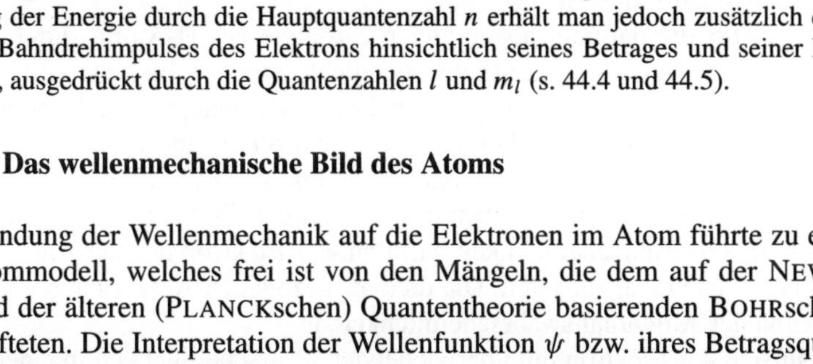

Bild 45.3. Radiale Verteilung der Elektronendichte $e|\psi|^2$ (gestrichelte Kurven) und der Elektronen-Aufenthaltswahrscheinlichkeit $|\psi|^2\,d\tau$ (ausgezogene Kurven) für drei verschiedene Zustände des H-Atoms. *Darunter:* Zugehörige Modellbilder der Elektronendichte (sog. *Orbitale*)

In Bild 45.3 unten ist die Ladungsdichte $e|\psi|^2$ für drei verschiedene Zustände des H-Atoms veranschaulicht, und zwar in den beiden ersten Bildern für zwei Zustände mit $n = 1$ und $n = 2$, denen der Bahndrehimpuls $l = 0$ zukommt (sog. s-Zustände). Zustände mit dem Bahndrehimpuls null kommen in der BOHRschen Theorie (im Gegensatz zur Erfahrung) nicht vor. Das dritte Bild veranschaulicht einen Zustand mit $n = 2$ und $l = 1$ (p-Zustand). In allen drei Fällen ist $m_l = 0$. Dabei hat man sich die Bilder um die vertikal in der Zeichenebene liegende Symmetrieachse rotierend zu denken, d. h., *die Elektronenwolke ist in allen stabilen, stationären Zuständen des Atoms rotationssymmetrisch zum Kern.* Die drehimpulsfreien s-Zustände bilden sogar eine sphärisch-symmetrische Wolke; bei ihnen zeigt $|\psi|^2$ also in allen räumlichen Richtungen die gleiche räumliche Verteilung.

Das Atom wird so als ein *System stehender räumlicher Wellen* beschrieben, analog zu den Eigenschwingungen mechanischer Gebilde, wie Stäbe, Platten und anderer Körper, für die ebenfalls nur ganz bestimmte diskrete Werte der Frequenz, die *Eigenfrequenzen*, möglich sind. Anstelle der Knotenpunkte eines schwingenden Stabes im eindimensionalen und der Knotenlinien einer schwingenden Membrane im zweidimensionalen Fall (CHLADNIsche Klangfiguren, vgl. 36.4) erscheinen im räumlichen Gebilde des Atoms *Knotenflächen*, für die $|\psi|^2 = 0$ gilt, wo das Elektron also nicht anzutreffen ist.

In Bild 45.3 oben ist für die darunter abgebildeten Zustände des H-Atoms durch die gestrichelten Kurven die radiale Verteilung der Elektronendichte $e|\psi|^2$ in Einheiten a_H, des Radius der innersten BOHRschen Bahn (44/8), dargestellt. Der 1s-Zustand entspricht dem Grundzustand. Man erkennt, dass die Wellenfunktion ψ des Elektrons in diesem Fall eine stehende Welle ist, die ihr Maximum im Zentrum des Atoms hat und die zum „Rande" des Atoms hin abfällt. Die ausgezogenen Kurven beschreiben den Verlauf der Größe $4\pi r^2|\psi|^2$; sie gibt nach (4) $\mathrm{d}w = |\psi|^2\, 4\pi r^2\, \mathrm{d}r$ die Wahrscheinlichkeit dafür an, das Elektron in einer Kugelschicht der Fläche $4\pi r^2$ und der Dicke $\mathrm{d}r$ anzutreffen. Die dick ausgezogenen Abszissenabschnitte geben die Lage der Maxima der Aufenthaltswahrscheinlichkeit an.

Wie man sieht, hält sich das Elektron mit überwiegender Wahrscheinlichkeit in einem Abstand vom Kern auf, der gleich dem Radius der zugehörigen BOHRschen Bahn (44/7) $r_n = a_H n^2$ ist. Dies trifft besonders für den 1s- und 2p-Zustand zu, weniger gut hingegen für den 2s-Zustand, dem in der SOMMERFELDschen Erweiterung des BOHRschen Atommodells (vgl. 44.4) keine kreisförmige, sondern eine elliptische Elektronenbahn zukommt. Die dem Elektron durch das wellenmechanische Modell zugewiesenen *Aufenthaltsräume* nennt man **Orbitale** (Bild 45.3 unten). Sie übernehmen die Rolle der Elektronenbahnen des BOHRschen Modells.

45.4 Der Tunneleffekt

Im weiter oben behandelten Beispiel eines Teilchens im Potentialkasten (Bild 45.1a) kann das Teilchen nicht aus dem Kasten entweichen, da es als Welle an den steilen Innenwänden vollständig reflektiert wird, was zur Bildung einer stehenden Welle im Kasten führt (stationärer

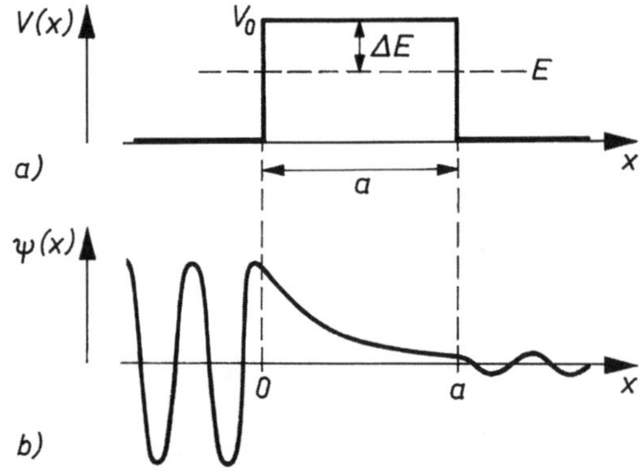

Bild 45.4. *Tunneleffekt:*
a) Vom Teilchen der Energie E „durchtunnelter" rechteckiger Potentialwall der Höhe V_0 und der Breite a;
b) exponentielles Abklingen der Wellenfunktion $\psi(x)$ innerhalb des Potentialwalls

Zustand). Anders verhält es sich, wenn sich das Teilchen in einem *Potentialtopf bestimmter Höhe und von nicht zu großer Wanddicke* bewegt. Die Topfwand soll der Einfachheit halber die in Bild 45.4a dargestellte Form eines rechteckigen Potentialwalls der Höhe V_0 und der Breite

a haben. Im Gegensatz zur klassischen Physik, wonach ein Teilchen der Energie $E < V_0$ niemals in der Lage wäre, über den Wall hinweg in den Raum außerhalb des Potentialtopfes zu gelangen, führt die wellenmechanische Behandlung dieses Problems zu dem Ergebnis, dass es für das Teilchen auch jenseits des Potentialwalls eine von null verschiedene Aufenthaltswahrscheinlichkeit gibt.
Läuft ein Teilchen der Masse m mit der Energie E an der Stelle $x = 0$ gegen den Potentialwall an, so klingt die Wellenfunktion (7) innerhalb des Potentialwalls infolge Dämpfung wie eine aperiodische Schwingung exponentiell ab gemäß

$$\psi(x) \sim \mathrm{e}^{-xq\sqrt{V_0-E}} \qquad \text{mit} \qquad q = \sqrt{8\pi^2 m/h^2}. \tag{11}$$

Das Verhältnis der Amplitudenquadrate der Welle vor und hinter dem Potentialwall ist der **Durchgangskoeffizient**

$$D = \frac{|\psi(a)|^2}{|\psi(0)|^2} = \mathrm{e}^{-2aq\sqrt{V_0-E}}. \tag{12}$$

Dieser gibt an, mit welcher Wahrscheinlichkeit ein auf den Wall auftreffendes Teilchen diesen *durchdringt*. Bei Anwendung klassischer Vorstellungen scheint es, als ob sich das Teilchen in der Höhe E einen „Tunnel" durch den Potentialwall bohrte. Die Durchlässigkeit solcher Potentialschwellen wird daher als **Tunneleffekt** bezeichnet. Sie wird, wie man Gleichung (12) entnimmt, mit wachsender Tunnellänge a, Teilchenmasse m und Höhe des Potentialberges über dem Tunnel $\Delta E = V_0 - E$ rasch unmessbar klein.
Eine Reihe physikalischer Vorgänge konnte erst auf der Grundlage des Tunneleffekts erklärt werden, so z. B. der α-Zerfall des Uran 238 als Folge der natürlichen Radioaktivität. Bei diesem Prozess muss ein α-Teilchen (Heliumkern mit zweifach positiver Elementarladung), das durch die Kernkräfte im Innern des Atomkerns gehalten wird, die durch die COULOMB-Abstoßung der übrigen 90 positiven Elementarladungen des Urankerns hervorgerufene Potentialschwelle von innen nach außen „durchtunneln" (vgl. 48.1).

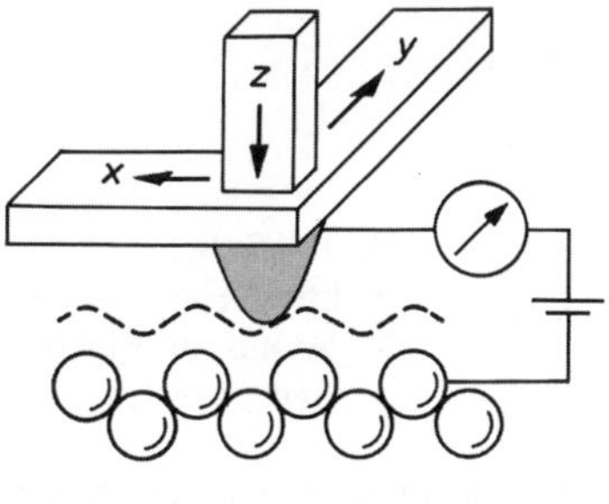

Bild 45.5. Prinzip des Raster-Tunnel-Mikroskops

Eine Anwendung des Tunneleffekts als Analysenmethode an Objekten im Nanometer-Bereich ist das **Raster-Tunnel-Mikroskop** (Bild 45.5). Mit Hilfe eines piezoelektrischen Stellelements wird eine Sonde aus Platin/Iridium oder Wolfram in z-Richtung auf 1 bis 2 nm (!) an die Oberfläche einer elektrisch leitenden Probe herangeführt. Bei diesem Abstand „überlappt" sich die Elektronenwolke des Atoms an der Sondenspitze mit der des Atoms an der gegenüberliegenden Probenoberfläche. Beim Anlegen einer geringen Spannung zwischen Sonde und Probe können die Elektronen den geringen Abstand zwischen den beiden Atomen, welcher für die Elektronen eine Potentialbarriere darstellt, durchtunneln. Es entsteht ein „Tunnelstrom", dessen Stärke empfindlich vom Abstand zwischen Sonde und Probe und damit vom Höhenrelief der abgetasteten Oberfläche abhängt. Indem die Sonde rasterartig in x- und y-Richtung über die Probenoberfläche mit subatomarer Rasterweite geführt wird, kann eine Abbildung der Probenoberfläche erzeugt werden, welche die atomare Struktur des Probenmaterials deutlich erkennen lässt.

46 Elektrische und magnetische Eigenschaften von Festkörpern

Elektrische Leitfähigkeit und Magnetismus gehören neben Festigkeit und Verformbarkeit (vgl. 13.6) zu den wichtigsten Festkörpereigenschaften. Ihre Untersuchung ist Aufgabe der **Festkörperphysik**, desjenigen Zweiges der Physik, der die vielfältigen natürlichen und technologisch geschaffenen Eigenschaften fester Körper (z. B. der Metalle und Halbleiter) *von Grund auf*, d. h. aus der Elektronenstruktur ihrer atomaren Bausteine und der Gitterstruktur des von ihnen gebildeten Kristallgitters, zu erklären versucht.

46.1 Elektrische Leitfähigkeit. Das Modell des Elektronengases

Messungen der elektrischen Leitfähigkeit von Festkörpern ergeben bei Raumtemperatur Werte im Bereich von etwa 10^{-18} S/m (Bernstein) bis $62{,}5 \cdot 10^6$ S/m (Silber). Bei sehr tiefen Temperaturen zeigen die sog. *Supraleiter* (s. 46.8) sogar eine unendlich große elektrische Leitfähigkeit. Zur Erklärung dieses großen Wertebereichs, den keine andere Materialeigenschaft aufweist, ist eine Untersuchung der Wechselwirkung der zum Festkörper zusammengetretenen Atome erforderlich.
Zu diesem Zweck vergleichen wir zunächst ein *isoliertes Atom* mit einem eindimensionalen Modell des Festkörpers, der *linearen Atomkette*. Der energetische Zustand eines isolierten Atoms lässt sich mit Hilfe eines sog. *Potential- oder Energietrichters* veranschaulichen, der den Verlauf des Potentials bzw. der potentiellen Energie eines Elektrons im COULOMB-Feld des Atomkerns in Abhängigkeit von der Entfernung r von diesem gemäß (45/10) durch $-1/r$ beschreibt (Bild 45.1b).
Bild 46.1 zeigt den Energietrichter eines im Grundzustand befindlichen Natriumatoms. Die Energieniveaus der K- und L-Schale sind mit Elektronen voll besetzt, während das 3s-Niveau mit einem Elektron nur halb gefüllt ist und die übrigen Niveaus der M-Schale unbesetzt sind.

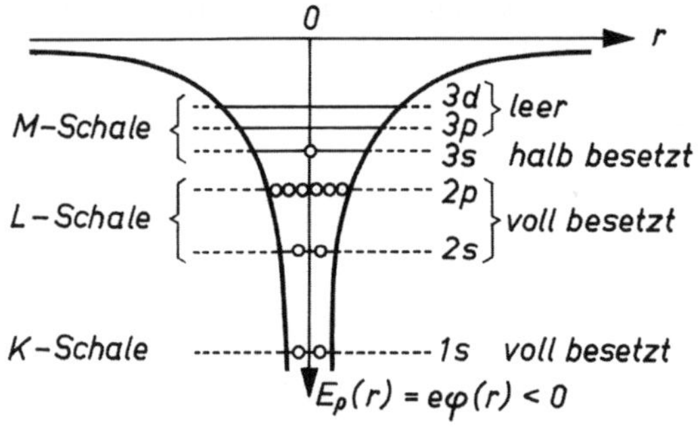

Bild 46.1. Schema des „Energietrichters" eines isolierten Na-Atoms mit Elektronenbesetzungszahlen

Treten viele Einzelatome zu einem *Kristall* zusammen, so kommt es zu einer Überlagerung der Potential- bzw. Energiewerte. Den resultierenden Energieverlauf für einen eindimensionalen Natrium-„Kristall" zeigt Bild 46.2. Im Innern des Kristalls werden die Potential- oder Energiewälle durch Überlagerung so weit abgebaut, dass sie die Energieniveaus der M-Schale nicht mehr unterbrechen. Infolgedessen ist das 3s-Elektron nicht mehr an einen bestimmten Atomrumpf gebunden, sondern als *Kristallelektron* oder *Leitungselektron* ohne zusätzliche Ionisierungsarbeit im ganzen Kristall frei beweglich. Da im Mittel jedes (einwertige) Kristallatom ein Elektron an den Kristall abgibt, entsteht auf diese Weise ein **Elektronengas**, das die Gesamtheit der positiven Ionen des Kristallgitters einhüllt.
Diese Vorstellungen sind Grundlage der *klassischen Elektronentheorie der Metalle*. Mit ihrer Hilfe können wir nicht nur die große elektrische Leitfähigkeit der Metalle verstehen, sondern

auch den Potentialwall an der Metalloberfläche erklären, der das Elektronengas am Austritt aus dem Metall hindert (vgl. 26.1). Andere grundlegende Erscheinungen, wie die Temperaturabhängigkeit der Leitfähigkeit und die geringe Leitfähigkeit der Halbleiter und Isolatoren, können dagegen nur auf der Grundlage einer quantenmechanischen Verfeinerung des Modells des Festkörpers gedeutet werden.

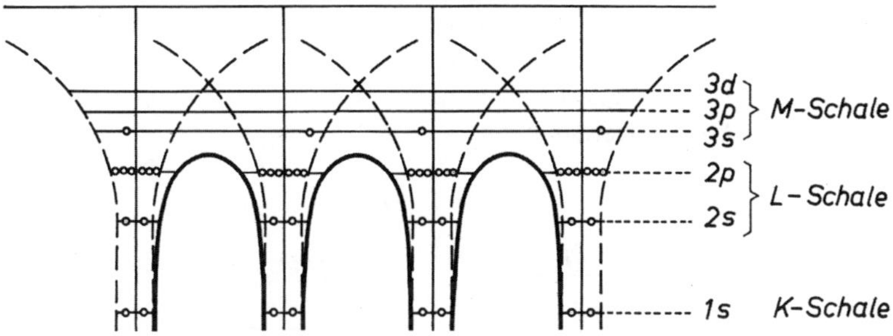

Bild 46.2. Schema des Energieverlaufs in einem eindimensionalen Na-„Kristall“ mit frei beweglichem 3s-Elektron

46.2 Bändermodell des Festkörpers. Metalle, Halbleiter, Isolatoren

Von den Energieniveaus weit voneinander entfernter, isolierter Atome wissen wir, dass sie eine Folge diskreter, d. h. einzelner, scharf voneinander getrennter Linien bilden (vgl. z. B. das Termschema in Bild 44.8). Diese Energieniveaus werden beim Annähern und Zusammenrücken vieler Atome zum Festkörper durch **Austauschwechselwirkung** zunehmend in so viele Unterniveaus *aufgespalten*, wie Atome im Kristallgitter miteinander in Wechselwirkung treten. Diese quantenmechanisch begründete Erscheinung lässt sich auf folgende Weise klassisch veranschaulichen: Werden zwei Pendel ursprünglich gleicher Eigenfrequenz z. B. mittels einer Feder gekoppelt, so weist das nun entstandene schwingungsfähige System *zwei* Eigenfrequenzen auf, eine aus gleichsinniger Schwingung der Pendel resultierend, die andere aus gegensinniger Schwingung (vgl. 35.2). Dabei ist die Aufspaltung um so größer, je stärker gekoppelt wird. Bei Kopplung von N gleichen Pendeln wird analog die eine Eigenfrequenz der ungekoppelten Pendel in N Eigenfrequenzen aufgespalten.

Bild 46.3a zeigt schematisch die Aufspaltung der diskreten Energieniveaus von Atomen für den Fall, dass 6 Atome einander angenähert werden. Der Atomabstand im Festkörper, der sich aus dem Gleichgewicht von Anziehungs- und Abstoßungskräften ergibt, heißt *Gitterkonstante*. Die zugehörigen Energiewerte E gelten an jedem Orte x des betreffenden Festkörpers. Dabei ist zu beachten, dass die Zahl der Atome in realen Festkörpern sehr groß ist ($N \approx 10^{22}$ je cm^3), so dass die diskreten Energieniveaus der isolierten Atome – ganz gleich, ob diese von Elektronen besetzt sind oder nicht – in eine entsprechend große Zahl eng beieinander liegender Einzelterme aufspalten und so quasikontinuierliche *Energiebänder* bilden. Deshalb wird die Darstellung $E(x)$ in Bild 46.3b **Bändermodell** des Festkörpers genannt.

> **Jedes Energieniveau eines aus N Atomen bestehenden Kristalls spaltet in N eng benachbarte Niveaus auf und verbreitert sich dadurch zu einem quasikontinuierlichen Energieband.**

Wie breit ein solches Band ist, hängt von der Lage des Niveaus in der Atomhülle ab. Die in Kernnähe sehr stark gebundenen Elektronen ergeben relativ schmale Bänder, die am weitesten

außen liegenden Valenzelektronen bilden das breiteste Band, da sie am stärksten miteinander in Wechselwirkung treten.
Die Entstehung der Energiebänder folgt mit zwingender Notwendigkeit auch aus dem PAULI-Prinzip (vgl. 44.10), welches nicht nur für das einzelne Atom, sondern auch für den ganzen Kristall gilt. Es verlangt strikt, dass die Energiezustände *aller* Atome des Kristallgitters sich irgendwie unterscheiden. Die Energiestufen 1s, 2s, 2p usw. müssen daher von Atom zu Atom etwas voneinander abweichen, da sie (mit Ausnahme der beiden Spinrichtungen) nicht doppelt oder gar mehrfach besetzt werden dürfen. Befinden sich also im Kristall N Atome, so gibt es in jedem Energieband N Einzelterme, von denen jeder maximal von zwei Elektronen mit entgegengesetztem Spin besetzt werden kann.

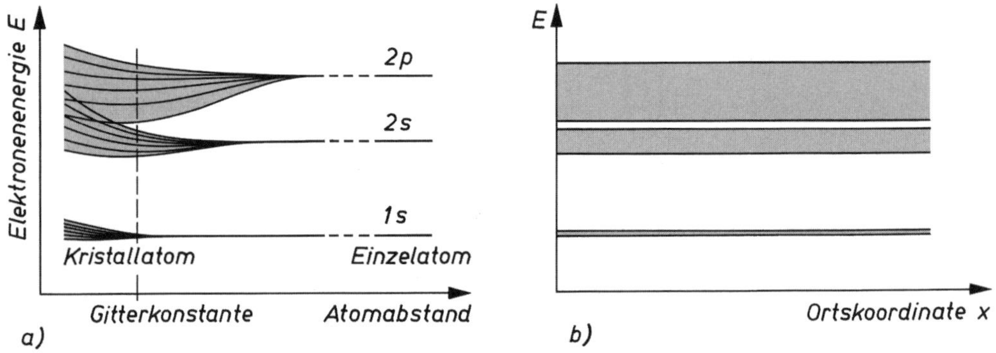

Bild 46.3. Zum Energiebändermodell: a) Aufspaltung der diskreten Energieniveaus isolierter Atome zu quasikontinuierlichen Energiebändern im Festkörper; b) Energie-Bändermodell

Hieraus resultieren ganz ungewöhnliche Eigenschaften für das Elektronengas: Während bei einem normalen, einem sog. *klassischen* Gas, die Energie aller Teilchen am absoluten Nullpunkt gleich null ist, können im Elektronengas den Energiewert null höchstens zwei Elektronen annehmen. Allen übrigen Elektronen werden innerhalb des gegebenen Energiebandes durch das PAULI-Prinzip Plätze höherer Energie zugewiesen. Die kinetische Energie, welche die freien Elektronen am absoluten Nullpunkt maximal annehmen können, ist beträchtlich; sie liegt bei den meisten Metallen zwischen 0,5 und 1,1 aJ (3 und 7 eV). Man bezeichnet sie als **Nullpunkts-** oder **Fermi-Energie** E_F (s. Bild 26.1).

Das höchste, bei der Temperatur 0 K mit Elektronen besetzte Energieniveau eines Kristalls heißt Nullpunktsenergie oder Fermi-Niveau E_F.

Dem angegebenen (oberen) Wert für E_F entsprechen Elektronengeschwindigkeiten in der Größenordnung von 10^6 m/s. Ein gewöhnliches Gas müsste danach bei gleich großer Teilchendichte eine Temperatur von 80 000 K haben. Dieses vom klassischen Gas stark abweichende Verhalten des Elektronengases heißt *Entartung*.

Die Besonderheiten des Elektronengases liegen darin begründet, dass die Elektronen einer anderen *Statistik* gehorchen als die Teilchen eines klassischen Gases. Die Statistik regelt die Besetzung der verschiedenen Energiezustände durch die Teilchen des Gases in Abhängigkeit von der Temperatur. Während im klassischen Fall die *Besetzungswahrscheinlichkeit* eines bestimmten Energiezustandes E bei der Temperatur T durch eine Funktion der Gestalt

$$f = e^{-E/(kT)} \quad \textbf{(Verteilungsfunktion der Maxwell-Boltzmann-Statistik)} \tag{1}$$

(k BOLTZMANN-Konstante) beschrieben wird (vgl. 18.3), d. h. durch eine Exponentialfunktion, die vom Anfangswert $+1$ an (für $E = 0$) abfällt (Bild 46.4a), lautet die Verteilungsfunktion der *Quantenstatistik* für Teilchen mit *halb*zahligem Spin, also z. B. für Elektronen,

$$f = \frac{1}{e^{(E-E_F)/(kT)} + 1} \quad \textbf{(Verteilungsfunktion der Fermi-Dirac-Statistik).} \tag{2}$$

In Bild 46.4b ist die Verteilung (2) graphisch dargestellt. Danach sind bei $T = 0$ K alle untersten Quantenzustände bis zur Grenzenergie E_F besetzt, entsprechend der Besetzungswahrscheinlichkeit $f = 1$ für $E < E_F$, und alle Zustände $E > E_F$ leer ($f = 0$). Bei höheren Temperaturen lockert die Verteilung zunehmend auf, d. h., anstelle der scharfen „FERMI-Kante" gibt es in der Umgebung der Energie E_F einen allmählichen Übergang zwischen besetzten und unbesetzten Energieniveaus. Für Temperaturen, die über der sog. **Entartungstemperatur** T_e liegen, welche durch $E_F = kT_e$ definiert ist und bei den Metallen weit mehr als 10 000 K beträgt, geht die quantenmechanische Verteilung (2) in die klassische Verteilung (1) über, wenn in (2) E_F gegenüber E und die 1 gegenüber der e-Funktion vernachlässigt werden können.

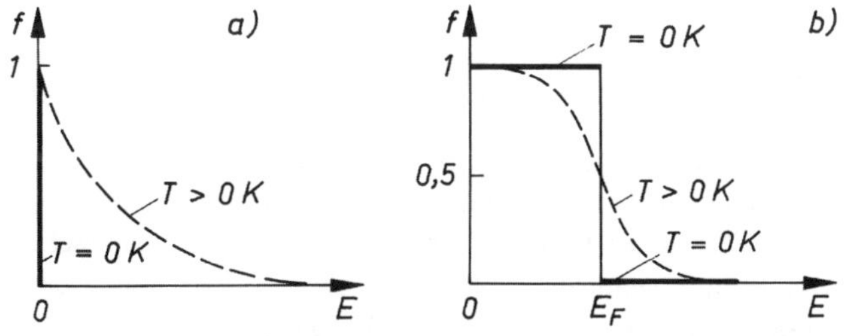

Bild 46.4. a) MAXWELL-BOLTZMANN-Verteilung, b) FERMI-DIRAC-Verteilung bei $T = 0$ K (dick ausgezogen) und $T > 0$ K, z. B. Raumtemperatur (gestrichelt gezeichnet)

Eine Einteilung der Festkörper nach ihrer Fähigkeit, den elektrischen Strom zu leiten, ergibt sich nun aus den Besetzungsverhältnissen der Energiebänder. Ein *vollständig besetztes* Band kann zur Stromleitung *nicht* beitragen, da jedes Beschleunigen eines Elektrons im elektrischen Feld dieses auf ein höheres, aber schon besetztes Energieniveau heben müsste. Dies verbietet jedoch das PAULI-Prinzip. Deshalb braucht man bei der Untersuchung von Leitungsvorgängen vollständig besetzte Bänder nicht zu berücksichtigen. Das *höchste* Energieband, das (zumindest bei tiefen Temperaturen) *vollständig gefüllt* ist, wird **Valenzband** genannt. Das darauf folgende, *nur teilweise gefüllte oder leere* Band heißt **Leitungsband**. Die Energiewerte zwischen diesen „erlaubten" Bändern sind für Elektronen „verboten" und bilden eine *„verbotene Zone"*, die als **Energielücke** („gap") bezeichnet wird (Bild 46.5).

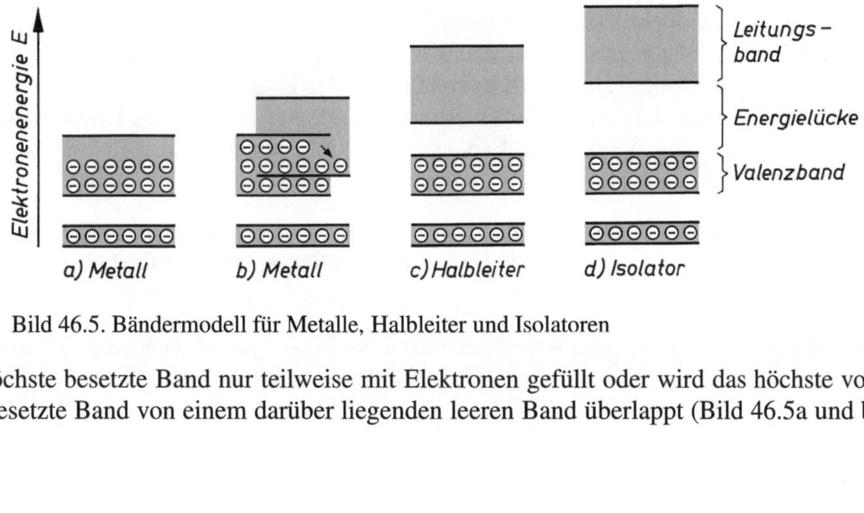

Bild 46.5. Bändermodell für Metalle, Halbleiter und Isolatoren

Ist das höchste besetzte Band nur teilweise mit Elektronen gefüllt oder wird das höchste vollständig besetzte Band von einem darüber liegenden leeren Band überlappt (Bild 46.5a und b), dann können die Elektronen beschleunigt werden und im Band höhere Plätze einnehmen; es tritt **metallische Leitfähigkeit** auf. Das heißt:

Bei den Metallen liegt das Fermi-Niveau innerhalb eines Energiebandes.

Folgt auf das letzte vollständig gefüllte Band ein leeres (Bild 46.5c und d), dann ist eine elektronische Leitfähigkeit nur möglich, wenn den Elektronen z. B. durch Wärme oder Licht solche Energiebeträge zugeführt werden, dass sie die verbotene Zone zwischen Valenzband und Leitungsband überwinden können. Solche Stoffe *mit genügend schmaler Energielücke* (z. B. $0,12$ aJ $\approx 0,7$ eV bei Germanium und $0,18$ aJ $\approx 1,1$ eV bei Silicium) werden **Halbleiter** genannt.
Ist dagegen die Energielücke größer als die thermische Anregungsenergie kT bzw. die Energie der optischen Anregung hf, so bleibt das Leitungsband leer, und man spricht von einem **Isolator**.

Beispiele: *1.* Wie groß ist bei 300 K die Besetzungswahrscheinlichkeit f für verschiedene Energieniveaus, die a) $0,01$ aJ ($\approx 0,06$ eV) unter dem FERMI-Niveau E_F liegen, b) sich in der Höhe von E_F befinden und c) $0,01$ aJ oberhalb von E_F angeordnet sind? – *Lösung:* Durch Einsetzen von $E - E_F = -0,01$; 0; $0,01$ aJ in (2) erhält man a) $f = 0,918$; b) $0,5$; c) $0,082$, entsprechend einer Besetzung von $91,8\%$, 50% bzw. $8,2\%$. Das heißt, schon dicht unterhalb des FERMI-Niveaus sind bei Raumtemperatur nahezu alle Niveaus mit Elektronen besetzt, während nur wenig darüber die meisten Niveaus unbesetzt sind.

2. Wie ändert sich die Besetzungswahrscheinlichkeit von Niveaus an der unteren Kante des Leitungsbandes in Germanium und Silicium bei Temperaturerhöhung von 300 auf 500 K, wenn das FERMI-Niveau in der Mitte der Energielücke (Werte s. o.) liegt? – *Lösung:* Ist E_C die Energie der unteren Leitungsbandkante, so folgt mit $E_C - E_F = 0,06$ aJ (Ge) bzw. $E_C - E_F = 0,09$ aJ (Si) aus (2), dass sich f in Germanium von $5,1 \cdot 10^{-7}$ auf $1,7 \cdot 10^{-4}$ und in Silicium von $3,6 \cdot 10^{-10}$ auf $2,2 \cdot 10^{-6}$ erhöht. Die relative Zunahme der Elektronen im Leitungsband ist also beträchtlich, was den Halbleitereffekt dieser Stoffe (Anwachsen der elektrischen Leitfähigkeit bei Temperaturerhöhung) verständlich macht.

46.3 Elektrische Ströme in Halbleitern. Eigenleitung, Störstellenleitung

Ist ein Halbleiter chemisch absolut rein, so verhält er sich bei tiefsten Temperaturen wie ein Isolator. Stromleitung ist bei solchen Stoffen nur möglich, wenn Elektronen (Symbol $\ominus$) durch Zufuhr von Wärme- (oder auch Licht-) Energie aus dem vollbesetzten Valenzband befreit und in das darüber liegende leere Leitungsband „angehoben“ werden (Prozess *1* in Bild 46.6). Ein Elektron im Leitungsband kann unter dem Einfluss des äußeren elektrischen Feldes am Stromfluss teilnehmen (Prozess *2*). In die durch den Prozess *1* im Valenzband entstandene Lücke können nun benachbarte Elektronen nachrücken (Prozess *3*), so dass sich die Lücke wie ein positiver Ladungsträger verhält und daher in der entgegengesetzten Richtung wie das Elektron wandert. Damit trägt die als **Defektelektron** oder **Loch** bezeichnete Lücke (Symbol $\oplus$) im Valenzband zum elektrischen Strom ebenso bei wie das Elektron im Leitungsband. Dieser Leitungsmechanismus, bei dem die Ladungsträger von Energieband zu Energieband angeregt werden, heißt **Eigenleitung**.

Ursache der Eigenleitung ist die Entstehung von freien Elektronen und Löchern durch Band-Band-Anregung im ungestörten Kristallgitter infolge Aufnahme von Wärmeenergie.

Dies erklärt, weshalb der spezifische Widerstand der Eigenleiter im Gegensatz zu den Metallen mit steigender Temperatur abnimmt. Solche Halbleiter werden daher z. B. als *Widerstandsthermometer* benutzt. Da auch die Bestrahlung mit Licht den Widerstand von Halbleitern herabsetzt, ist es möglich, elektrische Ströme mit Hilfe von Licht zu steuern *(Widerstandsphotozellen, Selenzellen)*.

Der chemisch reine Halbleiter ist das Grundmaterial der Halbleitertechnik. Es erhält die für die technischen Anwendungen so wertvollen Eigenschaften erst durch den kontrollierten Einbau von Fremdatomen, so genannter **Störstellen**, in das Kristallgitter *(Dotierung)*. Dadurch kommt es zur Bildung von zusätzlichen (Stör-) Energieniveaus in der Energielücke des Halbleiters, aus denen ebenfalls Ladungsträger freigesetzt werden können, die zu einem erheblichen Anwachsen der Leitfähigkeit führen. Man spricht in diesem Falle von **Störstellenleitung**.

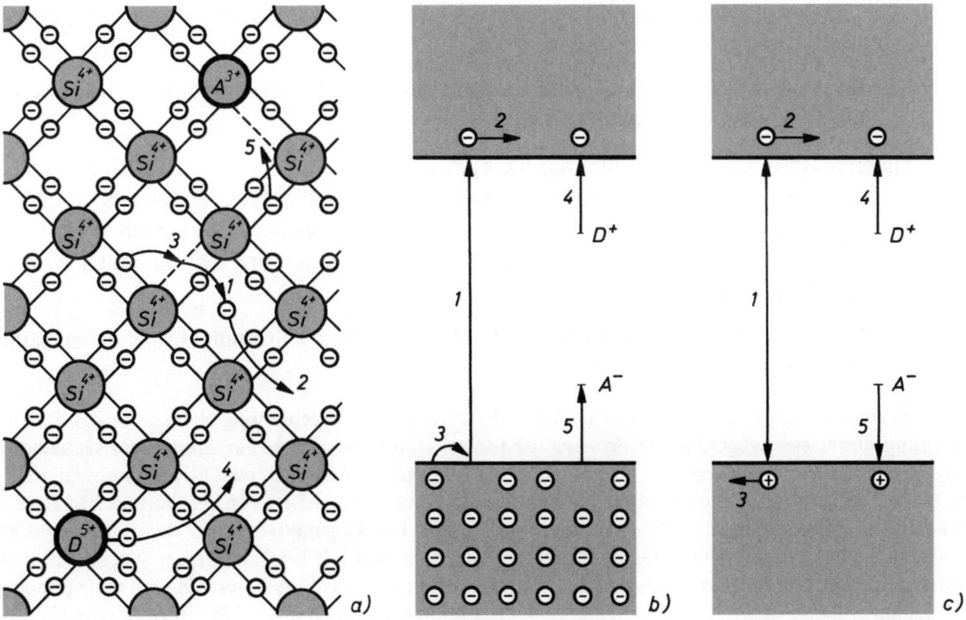

Bild 46.6. Leitungsvorgänge im Halbleiter: a) atomistisches Modell für Silicium; b) Bändermodell mit Elektronendarstellung; c) Bändermodell mit Elektron-Loch-Darstellung (*1* Elektronenbefreiung, *2* Elektronenwanderung, *3* Löcherwanderung, *4* Elektronenabgabe durch Donator, *5* Elektronenaufnahme durch Akzeptor)

Besondere Bedeutung haben die *Substitutionsstörstellen*; sie sind durch Ersetzen (Substitution) regulärer Gitterbausteine durch Fremdatome auch gezielt erzeugbar. Bringt man z. B. in das Gitter des vierwertigen Siliciums anstelle eines Si-Atoms ein fünfwertiges Atom (z. B. ein Phosphor-Atom), so sind vier der zugehörigen Elektronen in den Paarbindungen mit den Si-Nachbarn fest gebunden, während das fünfte Elektron nur relativ lose gebunden ist und vom Atom bereits bei geringer Energiezufuhr (Ionisation) abgegeben wird (Prozess *4* in Bild 46.6a). Man bezeichnet ein solches Atom daher als **Donator** (lat. „donare" schenken, geben). Tritt dagegen an die Stelle eines Si-Atoms ein dreiwertiges Atom (z. B. ein Aluminium-Atom), so stehen für die vier Elektronenpaarbindungen mit den vier Nachbaratomen nur drei Elektronen zur Verfügung, und ein viertes Elektron wird relativ leicht eingebaut (Prozess *5* in Bild 46.6a). Das betreffende Atom heißt dann **Akzeptor** (lat. „acceptor" Empfänger).

Da die diskreten Donator-Niveaus E_{D^+} dicht unterhalb der Leitungsbandkante und die diskreten Akzeptor-Niveaus E_{A^-} nur wenig oberhalb der Valenzbandkante liegen (s. Bild 46.6b,c), und zwar größenordnungsmäßig um 0,01 eV, reicht die mittlere thermische Energie eines Elektrons bei Raumtemperatur von $(3/2)kT = 0{,}039$ eV völlig aus, um praktisch alle Donatoren und Akzeptoren zu *ionisieren*, d. h. Elektronen ins Leitungsband zu heben oder Löcher im Valenzband freizusetzen (Prozesse *4* und *5* in Bild 46.6b,c).

Ursache der Störstellenleitung ist das Vorhandensein von Fremdatomen im Kristallgitter des reinen Halbleiters (Donatoren und Akzeptoren) mit diskreten Energieniveaus dicht unterhalb der Leitungsbandkante (Donator-Niveaus) und wenig oberhalb der Valenzbandkante (Akzeptor-Niveaus).

Falls Ladungsträger überwiegend durch Donator-Anregung befreit werden, spricht man von einem *Überschussleiter* oder **n-Leiter**. In diesem Fall sind die Elektronen die sog. *Majoritätsträger*. Die *Minoritätsträger*, das sind hier die Löcher, spielen wegen ihrer wesentlich geringeren Konzentration nur eine untergeordnete Rolle.

Im n-Leiter überwiegt der Einfluss der Donatoren; der Stromfluss wird daher hauptsächlich von Elektronen getragen.

Wenn anderenfalls in einem Halbleiter die Akzeptoren dominieren, so werden durch diese mehr Elektronen aus dem energetisch niedriger liegenden Valenzband aufgenommen, als durch vorhandene Donatoren an das Leitungsband abgegeben werden. Ursache der elektrischen Leitfähigkeit sind dann vor allem die positiven Löcher als Majoritätsträger, und der Halbleiter wird als *Mangelleiter* oder **p-Leiter** bezeichnet.

Im p-Leiter überwiegt der Einfluss der Akzeptoren; der Stromfluss wird daher hauptsächlich von Löchern getragen.

Die Konzentrationen der Ladungsträger in Halbleitern werden bei Eigenleitung ebenso wie bei Störstellenleitung durch zwei gegenläufige Prozesse bestimmt. Durch *thermische Anregung* oder **Generation** werden ständig neue Ladungsträger befreit. Die Anregungsgeschwindigkeit oder *Generationsrate* g, d. i. die Anzahl der je Volumen- und Zeiteinheit befreiten Ladungsträger, hängt von der thermischen Energie und damit von der Temperatur ab, so dass $g = g(T)$ gilt. Der Gegenprozess, bei dem Elektronen aus dem Leitungsband in das Valenzband zurückfallen und sich dort mit Löchern wieder vereinigen, heißt **Rekombination**. Die *Rekombinationsrate* r, d. i. die Anzahl der je Volumen- und Zeiteinheit „vernichteten“ Ladungsträger, ist um so größer, je häufiger ein Elektron ein Loch trifft, d. h., je größer die Konzentration p der Löcher ist. Ebenso ist die Wahrscheinlichkeit dafür, dass ein Loch auf ein Elektron trifft, der Elektronenkonzentration n proportional. Daraus folgt für die Rekombinationsrate $r = r_0 np$, wobei die Proportionalitätskonstante r_0 eine konzentrationsunabhängige Materialkonstante ist. Im Gleichgewicht muss dann die Generationsrate g gleich der Rekombinationsrate r sein, also $g(T) = r_0 np$. Nach Zusammenfassen von g und r_0 zu einer temperaturabhängigen Materialkonstante $n_\mathrm{i}(T) = \sqrt{g(T)/r_0}$, die die Dimension einer Konzentration hat, ergibt sich das **Massenwirkungsgesetz** der Ladungsträger in Halbleitern:

$$np = n_\mathrm{i}^2(T) = \mathrm{const} \qquad \text{für} \qquad T = \mathrm{const}. \tag{3}$$

Das Produkt der Konzentrationen der Elektronen und Löcher in einem Halbleiter ist bei gleich bleibender Temperatur konstant.

So hat z. B. eine Erhöhung der Elektronenkonzentration durch Dotieren mit Donatoren über eine verstärkte Rekombination automatisch eine entsprechend geringere Löcherkonzentration zur Folge.
Die Konstante $n_\mathrm{i}(T)$ wird *Inversionsdichte* genannt, da beim Übergang vom Zustand $n > n_\mathrm{i} > p$ zu $n < n_\mathrm{i} < p$ an der Stelle $n = n_\mathrm{i} = p$ eine Umkehr (Inversion) des Leitungstyps von der n-Leitung zur p-Leitung auftritt. Auch die Bezeichnung *Intrinsicdichte, Intrinsic-Konzentration* oder *Eigenleitungskonzentration* ist gebräuchlich, da durch

$$n = p = n_\mathrm{i}(T) \tag{4}$$

die Eigenleitung charakterisiert werden kann (s. o.). Bei einer Temperatur von 300 K hat die Intrinsicdichte in Germanium den Wert $n_\mathrm{i} = 2{,}4 \cdot 10^{19}\ \mathrm{m}^{-3}$ und in Silicium $n_\mathrm{i} = 1{,}4 \cdot 10^{16}\ \mathrm{m}^{-3}$.

Die Intrinsicdichte n_i charakterisiert die Umkehr (Inversion) des Leitungstyps von der n-Leitung ($n > n_\mathrm{i} > p$) zur p-Leitung ($n < n_\mathrm{i} < p$) an der Stelle $n = n_\mathrm{i} = p$ (Zustand der Eigenleitung).

Gleichung (3) könnte zu dem Trugschluss verleiten, dass z. B. ein n-Leiter negativ geladen sei, weil die Elektronenkonzentration n die Löcherkonzentration p übersteigt. Tatsächlich aber bewirken im homogenen Halbleiter die positiv geladenen Donatoren der Konzentration n_{D^+} bzw. die negativ geladenen Akzeptoren der Konzentration n_{A^-} eine elektrische Neutralität. Es gilt die **Neutralitätsbedingung**

$$n + n_{\mathrm{A}^-} = p + n_{\mathrm{D}^+}. \tag{5}$$

Im n-Leiter mit $n \gg p$ und $n_{\mathrm{D}^+} \gg n_{\mathrm{A}^-}$ vereinfacht sich (5) zu $n \approx n_{\mathrm{D}^+}$, und im p-Leiter gilt analog $p \approx n_{\mathrm{A}^-}$.

Beispiel: Silicium sei mit Aluminium-Atomen einer Konzentration $3 \cdot 10^{17}\ \mathrm{m}^{-3}$ dotiert. Wie groß sind die Ladungsträgerkonzentrationen n und p, wenn alle Störstellen aktiviert sind, d. h. bei *Störstellenerschöpfung*? ($n_\mathrm{i} = 1{,}4 \cdot 10^{16}\ \mathrm{m}^{-3}$.) – *Lösung:* Aluminium-Atome haben drei Außenelektronen (3. Gruppe des Periodensystems) und wirken deshalb im vierwertigen Silicium als Akzeptoren. Durch Einsetzen der Neutralitätsbedingung (5) $p = n + n_{\mathrm{A}^-}$ in das Massenwirkungsgesetz (3) $np = n_\mathrm{i}^2$ erhält man $n^2 + nn_{\mathrm{A}^-} = n_\mathrm{i}^2$ und mit $n_{\mathrm{A}^-} = 3 \cdot 10^{17}\ \mathrm{m}^{-3}$ als Lösung $n = -(n_{\mathrm{A}^-}/2) + \sqrt{(n_{\mathrm{A}^-}/2)^2 + n_\mathrm{i}^2} = 6{,}5 \cdot 10^{14}\ \mathrm{m}^{-3}$ (negatives Vorzeichen der Wurzel wäre physikalisch sinnlos). Einsetzen des Ergebnisses in (5) ergibt $p = 3{,}0 \cdot 10^{17}\ \mathrm{m}^{-3}$. Es handelt sich um p-Silicium mit $n_{\mathrm{A}^-} \approx p \gg n$.

Aufgabe 46.1. Durch Dotierung von Silicium ($n_\mathrm{i} = 1{,}4 \cdot 10^{16}\ \mathrm{m}^{-3}$) mit Donatoratomen werde eine Elektronenkonzentration von $n = 10^{21}\ \mathrm{m}^{-3}$ erzeugt. Wie groß ist dann die Gesamtzahl der Ladungsträger, und auf welchen Bruchteil wird die Anzahl der Löcher reduziert?

46.4 Der pn-Übergang

Von besonderer praktischer Bedeutung sind die Erscheinungen am Übergang zwischen einem p-leitenden und einem n-leitenden Gebiet eines Halbleiterkristalls, dem sog. **pn-Übergang**. Vereinfachend betrachten wir einen *symmetrischen* Übergang, dessen p-leitendes Gebiet gleich stark mit Akzeptoren dotiert ist wie dessen n-leitendes Gebiet mit Donatoren. Bild 46.7 zeigt im linken Teil schematisch einen solchen pn-Übergang in drei unterschiedlichen Zuständen, rechts daneben das jeweils zugehörige Bändermodell.

Der stromlose pn-Übergang. Wir betrachten zunächst den pn-Übergang *ohne äußere Spannungsquelle* (Bild 46.7a). Die hohe Konzentration von Löchern im p-Gebiet fällt am Übergang vom p- zum n-leitenden Gebiet stark ab; das dadurch bedingte Konzentrationsgefälle verursacht eine ständige Diffusion von Löchern von links nach rechts in das n-Gebiet hinein. Das entgegengesetzte Konzentrationsgefälle der Elektronen bewirkt eine Diffusion von Elektronen von rechts nach links in das p-Gebiet. Unter Berücksichtigung der Vorzeichen der Ladungsträger ergibt sich so insgesamt ein nach rechts, d. h. vom p- in das n-Gebiet gerichteter elektrischer **Diffusionsstrom** (technische Stromrichtung, gleichbedeutend mit der Bewegungsrichtung der positiven Ladungsträger).
Da die in das n-Gebiet eindringenden Löcher dort ebenso mit Elektronen rekombinieren wie die in das p-Gebiet eintretenden Elektronen mit den dort vorhandenen Löchern, verarmt die Umgebung des pn-Übergangs insgesamt an beweglichen Ladungsträgern, wodurch der elektrische Widerstand dieses Gebietes stark anwächst. Es entsteht eine *elektrische Doppelschicht* oder **Sperrschicht**. In ihr herrscht ein Überschuss an (negativen) Akzeptoren am Rande des p-Gebiets und an (positiven) Donatoren am Rande des n-Gebiets, zwischen denen sich eine elektrische Spannung, die sog. *Diffusionsspannung* U_D, ausbildet, analog zur Entstehung einer

Thermospannung an der Kontaktstelle zweier Metalle (vgl. 26.2). Der Diffusionsspannung entspricht ein elektrisches Feld, dessen Feldvektor $\boldsymbol{E}$ von der n- zur p-Seite zeigt. Es verursacht (unter Beachtung der Vorzeichen der Ladungsträger) einen in Feldrichtung, d. h. entgegengesetzt zum Diffusionsstrom, gerichteten **Feldstrom** (oder *Driftstrom*, vgl. 21.3).

Wenn am pn-Übergang keine äußere Spannung anliegt, heben sich Diffusionsstrom und Feldstrom gegenseitig auf.

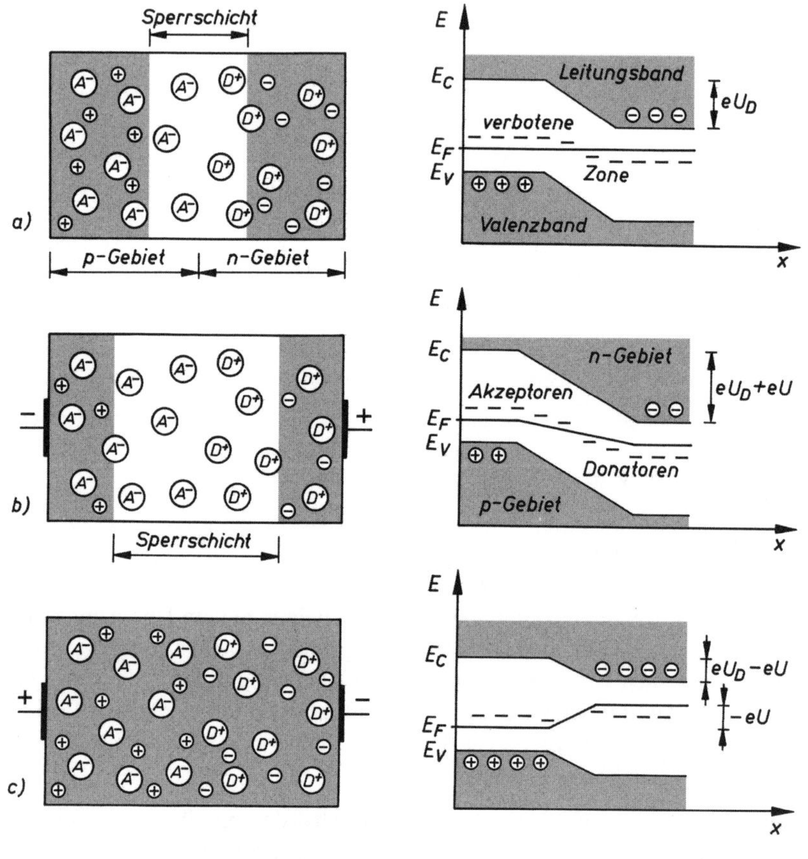

Bild 46.7. Schema eines pn-Übergangs (links) mit zugehörigem Bändermodell (rechts): a) stromloser Fall; b) in Sperrrichtung gepolt; c) in Durchlassrichtung gepolt

Dieses dynamische Gleichgewicht der Ströme nennt man den *stromlosen Fall* des pn-Übergangs. Da sich Elektronen und Löcher im Gleichgewicht befinden, muss das Niveau mit der Besetzungswahrscheinlichkeit 0,5 (das FERMI-Niveau E_F in Bild 46.4) im p- wie im n-Gebiet die gleiche energetische Lage haben und daher in Bild 46.7a als waagrechte Gerade verlaufen. Die Besetzungswahrscheinlichkeit für die untere Kante des Leitungsbandes E_C ist im p-Gebiet geringer als im n-Gebiet, weil im p-Gebiet die Akzeptoren statt der Elektronen Träger der negativen Ladung sind. Das drückt sich im Bändermodell dadurch aus, dass E_C im p-Gebiet weiter von E_F entfernt ist als im n-Gebiet und eine energetische Stufe von eU_D auftritt. Eine analoge Überlegung gilt für die obere Kante des Valenzbandes E_V.

Der pn-Übergang bei Stromfluss. Wir verbinden nun den Kristall mit einer Spannungsquelle der Spannung U in der Art, dass der Pluspol an das n-Gebiet und der Minuspol an das p-Gebiet

angeschlossen wird (Bild 46.7b). Die Elektronen werden dadurch aus dem Bereich des pn-Übergangs nach rechts (zum Pluspol hin) und die Löcher nach links (zum Minuspol) herausgezogen, wodurch sich die an beweglichen Ladungsträgern verarmte Sperrschicht verbreitert und ihr elektrischer Widerstand stark zunimmt. Wie das zugehörige Bändermodell zeigt, müsste den Elektronen und Löchern gegenüber dem stromlosen Fall eine um eU größere Energie zugeführt werden, damit sie die Sperrschicht überwinden können.
Im Fall entgegengesetzter Polung der Spannungsquelle werden Löcher aus dem p-Gebiet und Elektronen aus dem n-Gebiet in die Grenzschicht getrieben. Dadurch verschwindet die Sperrschicht (Bild 46.7c), und der elektrische Widerstand sinkt.

Beim Anlegen des Pluspols einer Spannungsquelle an das p-Gebiet / n-Gebiet und des Minuspols an das n-Gebiet / p-Gebiet eines pn-Übergangs wird dieser in Durchlassrichtung / Sperrrichtung gepolt und erhält so einen kleinen / großen elektrischen Widerstand.

46.5 Halbleiterdiode, Transistor

Da der elektrische Widerstand eines pn-Übergangs von der Polung der angelegten Spannung abhängt (s. o.), wirkt er als *Richtleiter*. Wird ein pn-Übergang in einen Wechselstromkreis eingeschaltet, so ist er während der einen Halbwelle in Durchlassrichtung, während der anderen in Sperrrichtung gepolt, und es fließt in der einen Richtung ein großer Strom, in der anderen Richtung dagegen nur der sehr kleine Sperrstrom. Der pn-Übergang wird deshalb in **Dioden** und in **Leistungsgleichrichtern** technisch genutzt.
In einigen Halbleitermaterialien wird die bei der Rekombination von Elektronen und Löchern im pn-Übergang frei werdende Energie in Form von *Licht* abgestrahlt. Die Wellenlänge des von einer solchen **Laserdiode** emittierten Lichts hängt von der Energielücke des Materials ab und beträgt z. B. für Galliumarsenid $0{,}85\ \mu\text{m}$ und für Indiumantimonid $5{,}2\ \mu\text{m}$.
Halbleiterbauelemente, die aus einer Kombination von zwei hochdotierten n-Gebieten mit einem dazwischen liegenden niedrigdotierten p-Gebiet (oder umgekehrt aus zwei p-Gebieten und einem n-Gebiet) bestehen, von denen jedes mit einem eigenen Kontakt versehen ist, heißen **Transistoren**. Äußere Form, Anordnung und Schaltung der drei Gebiete können je nach Transistortyp verschieden sein. Man unterscheidet zwischen *bipolaren* und *unipolaren* Transistoren, je nachdem, ob beide Ladungsträgerarten (Elektronen und Löcher) den Stromfluss tragen oder nur eine Sorte von Ladungsträgern daran beteiligt ist. Ein **Bipolar-Transistor** kann als Serienschaltung zweier gegeneinander geschalteter pn-Übergänge aufgefasst werden. Bild 46.8 zeigt den prinzipiellen Aufbau eines *npn-Flächentransistors* (erfunden von SHOCKLEY, 1947). Die drei nur einige Mikrometer dicken elektronen-(n)- bzw. löcher-(p)-leitenden Schichten bzw. ihre zugehörigen Elektroden heißen der Reihe nach *Emitter*, *Basis* und *Kollektor*.
Bei der in Bild 46.8 gezeigten *Basisschaltung* des Transistors als Verstärker liegt die Basis an Erdpotential (Massepotential), und der np-Übergang zwischen Emitter und Basis, der Emitterübergang, ist in Durchlassrichtung gepolt, der pn-Übergang zwischen Basis und Kollektor, der Kollektorübergang, dagegen in Sperrrichtung. Trotzdem kann ein erheblicher Strom zwischen Emitter und Kollektor fließen; denn die vom Emitter in die Basis „injizierten“ Elektronen diffundieren dort als überschüssige Minoritätsträger in Richtung zum Kollektorübergang, da sie wegen der positiven Vorspannung des Kollektors von diesem angezogen werden. Allerdings nimmt ihre Konzentration in der Basis wegen der Rekombination mit Löchern mit wachsendem Abstand vom Übergang ab, jedoch erreichen bei genügend dünner Basiszone die meisten von ihnen den Kollektorübergang. Als Minoritätsträger treten sie leicht durch den in Sperrrichtung

gepolten Übergang und werden vom Kollektor „eingesammelt". Auf diese Weise entsteht im Kollektorkreis ein Strom I_K von fast gleicher Größe wie im Emitterkreis I_E. Da der elektrische Widerstand des Kollektorübergangs wegen der unterschiedlichen Polung sehr viel größer ist als der des Emitterübergangs, gilt für die zugehörigen Spannungen $U_K \gg U_E$. Mit einer relativ kleinen Eingangsleistung $U_E I_E$ kann daher eine ihr annähernd proportionale, relativ große Ausgangsleistung $U_K I_K$ erzielt werden, und ein am Emitter angelegtes Eingangssignal U_e wird entsprechend hoch verstärkt. Bei der hier besprochenen Basisschaltung des Transistors wirkt also der Emitter gleichzeitig als Quelle für die Ladungsträger und als Steuerorgan.
Da der Emitterstrom bei guten Transistoren nicht wesentlich vom Kollektorstrom verschieden ist, bestimmen sich Spannungs- und Leistungsverstärkung aus dem Verhältnis der Spannungsänderung am Arbeitswiderstand R des Kollektorstromkreises zur Spannungsänderung am Eingang (vgl. hierzu auch Abschnitt 31.6).

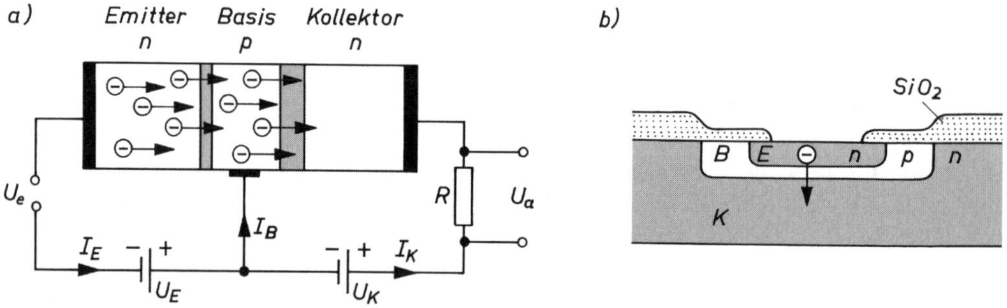

Bild 46.8. a) Schematische Darstellung eines npn-Bipolar-Transistors mit n-leitendem Emitter, p-leitender Basis und n-leitendem Kollektor; b) Querschnitt durch einen durch Aufdampfen und fraktioniertes Ätzen hergestellten npn-Planar-Transistors (E Emitter, B Basis, K Kollektor)

In *Emitterschaltung*, bei der ebenfalls Emitter und Basis den Eingangskreis bilden, jedoch Emitter und Kollektor über Spannungsquelle und Arbeitswiderstand zum zweiten Stromkreis zusammengeschaltet sind (Bild 31.10c), ähnelt ein solcher npn-Transistor in gewisser Hinsicht der Wirkungsweise einer **Dreielektroden-Elektronenröhre** (*Triode*, vgl. 31.6): Der Emitter liefert die Ladungsträger an die Basiszone und übernimmt die Funktion der *Katode* der Elektronenröhre; die an den Basiskontakt angelegte Signalspannung (bzw. der damit verbundene Basisstrom) steuert den Emitter-Kollektor-Strom leistungsarm, ähnlich zur Wirkung der Steuerspannung am *Gitter* einer Röhre, und am Kollektorkontakt werden die Ladungsträger analog wie bei der *Anode* der Röhre gesammelt.
Ein wesentlicher Unterschied zwischen Transistor und Elektronenröhre besteht jedoch darin, dass der Steuerungsmechanismus beim Transistor nicht auf elektrostatischer Beeinflussung des Trägertransports beruht, sondern auf einer Änderung der Ladungsträgerdichten und der Stromanteile an den pn-Übergängen. Transistoren dieser Bauart sind demnach *stromgesteuerte* Bauelemente.
Der **Unipolar-Transistor** (*Feldeffekttransistor* z. B. als MOSFET) besteht aus einem durchgehend einheitlichen, z. B. n-leitenden Halbleitermaterial zwischen *Source*- und *Drain*-Elektrode. Dabei hat die leitende Verbindung zwischen beiden einen sehr geringen Kanalquerschnitt, so dass deren Leitfähigkeit durch ein äußeres elektrisches Feld verändert werden kann. Dazu „saugt" die isoliert aufgesetzte *Gate*-Elektrode bei positiver Aufladung zusätzlich Elektronen in den Kanal und drängt bei negativer Aufladung Elektronen aus diesem heraus. Für die Anwendung der Unipolartransistoren ist bedeutsam, dass an der Gate-Elektrode nur eine Steuerspannung anliegt, ohne dass wie beim Bipolartransistor auch ein Steuerstrom fließt, und damit auch keine elektrische Steuerleistung erforderlich ist.
Durch Zusammenfassen von Halbleiterdioden, Transistoren, Widerständen usw. in einen einzigen Komplex, der jedoch als funktionelle Einheit entworfen und gefertigt und nicht aus diskreten Bauelementen zusammengesetzt wird, gelangt man zur *integrierten Halbleiterschaltung*. Sie weist im Vergleich zu den nach konventionellen Methoden hergestellten Schaltungen Mikrodimensionen und zugleich eine höhere

Zuverlässigkeit auf. Die integrierte Schaltung bildete eine wesentliche Voraussetzung für die Entwicklung der *Mikroelektronik.*

46.6 Magnetische Eigenschaften. Dia- und Paramagnetismus

Das magnetische Verhalten der Stoffe liegt in den atomaren Vorgängen begründet, die sich in ihnen unter der Einwirkung eines äußeren Magnetfeldes abspielen. Schon AMPÈRE (1820) hat den Magnetismus durch die Annahme *elektrischer Kreisströme* in atomaren Bereichen gedeutet (AMPÈREsche Molekularströme), d. h. also auf dieselbe Weise wie das Zustandekommen des Magnetismus von stromdurchflossenen Leiterschleifen oder Spulen. Heute wissen wir, dass diese Kreisströme in Form der umlaufenden Elektronen in der Atomhülle tatsächlich vorhanden sind und dass sie zur Entstehung magnetischer Momente Anlass geben. Jedoch rührt der Magnetismus nicht nur von diesen magnetischen *Bahn*momenten, sondern vor allem von den magnetischen *Spin*momenten der Elektronen her. Des weiteren haben auch die Atomkerne ein magnetisches Moment, das (allerdings in sehr geringem Maße) zum magnetischen Gesamtmoment eines Atoms beiträgt.

Die entsprechenden magnetischen Momente der Bahn- und Spinbewegung sind – wie wir in 44.6 und 44.7 gesehen haben – *gequantelt*, ihre wirksamen Komponenten bezüglich der Richtung eines äußeren Magnetfeldes können nur ganze Vielfache des BOHRschen Magnetons μ'_B betragen. Abgeschlossene, d. h. vollbesetzte Elektronenschalen und Unterschalen haben weder einen resultierenden Bahndrehimpuls $\boldsymbol{L}$ und ein resultierendes magnetisches Bahnmoment $\boldsymbol{\mu}_L$ noch einen resultierenden Spin $\boldsymbol{S}$ und ein zugehöriges magnetisches Gesamtspinmoment $\boldsymbol{\mu}_S$, da sich die Beiträge der einzelnen Elektronen gerade kompensieren (vgl. 44.8). Das magnetische Moment eines Atoms wird daher, wenn wir von dem geringen magnetischen Moment des Atomkerns absehen, von den *Elektronen der nichtabgeschlossenen äußeren Schale* oder durch *unbesetzte Plätze in einer inneren Schale* erzeugt; es ergibt sich als Summe aus resultierendem Bahnmoment $\boldsymbol{\mu}_L$ und resultierendem Spinmoment $\boldsymbol{\mu}_S$ dieser Elektronen. Wegen der *magnetomechanischen Anomalie* (vgl. 44.7) liefert dabei, bezogen auf die Größe des Drehimpulses, die Spinbewegung ein doppelt so großes magnetisches Moment wie die Bahnbewegung.

Wasserstoff- und Alkaliatome haben z. B. kein magnetisches Bahnmoment, da ihr einzelnes äußeres s-Elektron wegen $l = 0$ keinen Drehimpuls hat; sie haben jedoch ein magnetisches Spinmoment von der Größe μ'_B. Wasserstoffmoleküle (H_2) haben dagegen kein magnetisches Moment, da sich die Spins der beiden Bindungselektronen kompensieren.

Diamagnetismus. Die diamagnetischen Stoffe sind dadurch gekennzeichnet, dass ihre Atome ohne äußeres Magnetfeld kein resultierendes magnetisches Moment haben, was mit einer *vollständigen gegenseitigen Absättigung aller Bahn- und Spinmomente* der Hüllenelektronen zu erklären ist. Lassen wir auf diese Atome ein äußeres Magnetfeld einwirken, so wird in ihnen ein magnetisches Moment hervorgerufen, das dem äußeren Feld *entgegengerichtet* ist. Dies rührt daher, dass die Elektronenbahnen, ähnlich wie mechanische Kreisel unter Einwirkung der Schwerkraft, eine zusätzliche Bewegung ausführen, indem sie um die Richtung des einwirkenden Magnetfeldes *präzedieren* (LARMOR-Präzession, vgl. Bild 44.14).

Diamagnetika verhalten sich so wie ein geschlossener Leiter, in dem durch ein äußeres Magnetfeld ein elektrischer Strom induziert wird, dessen Magnetfeld dem LENZschen Gesetz zufolge so gerichtet ist, dass gegenüber dem äußeren erregenden Feld Abstoßung erfolgt. Man erkennt daher auch die diamagnetischen Stoffe daran, dass sie aus einem inhomogenen Magnetfeld *herausgedrängt* werden.

Der diamagnetische Effekt ist bei allen Atomarten, gleichgültig welche Elektronenkonfiguration diese haben, vorhanden. Er wird aber bei denjenigen Atomen, die resultierende magnetische

Momente aufweisen, durch diese völlig überdeckt. Diamagnetisch sind die meisten organischen Stoffe, fast alle Gase, viele kristalline Festkörper, darunter auch einige Metalle, wie Kupfer, Zink und Bismut.
Da die Diamagnetika erst im Magnetfeld ein magnetisches Dipolmoment erhalten, ähneln sie in dieser Beziehung den Dielektrika mit *Verschiebungspolarisation* (vgl. 24.1).

Paramagnetismus. Im Gegensatz zu den diamagnetischen Atomen gibt es Atome, die auch ohne äußeres Magnetfeld ein permanentes magnetisches Dipolmoment haben, was auf eine nicht vollständige Kompensation der magnetischen Bahn- und Spinmomente der Hüllenelektronen zurückzuführen ist. Solche Atome nennt man *paramagnetisch.* Zu den Paramagnetika gehören alle Stoffe, deren Atome bzw. Moleküle eine *ungerade Anzahl von Elektronen* haben, so dass ihr Spin S nicht null ist, da mindestens der Spin eines Elektrons nicht kompensiert wird, sowie Stoffe, deren Atome oder Ionen *teilweise gefüllte innere Elektronenschalen* aufweisen, wie z. B. die sog. Übergangselemente. Von den Metallen sind z. B. Aluminium, Zinn und Magnesium paramagnetisch; bei ihnen wird der Paramagnetismus vorwiegend von den weitgehend frei beweglichen Leitungselektronen hervorgerufen.
Auch die Paramagnetika zeigen, ebenso wie die Diamagnetika, makroskopisch keine Magnetisierung, solange kein äußeres Magnetfeld auf sie einwirkt. Das liegt daran, dass die vorhandenen Atommomente infolge der Wärmebewegung völlig regellos orientiert sind, so dass sich ihre Wirkung nach außen hin aufhebt. Erst mit wachsender äußerer Feldstärke stellen sich die vornehmlich durch die Spinmomente verkörperten Elementarmagnete immer weiter in die Feldrichtung ein, womit eine schwache *positive* Magnetisierung verbunden ist. Die positive Magnetisierung ergibt sich daraus, dass der dem äußeren Feld gleich gerichtete paramagnetische Effekt sich dem stets auch vorhandenen Diamagnetismus (der eine negative Magnetisierung hervorruft) überlagert und dabei im Allgemeinen überwiegt. Paramagnetische Stoffe werden aus diesem Grunde in ein inhomogenes Magnetfeld *hineingezogen.*

Da die Wärmebewegung dem orientierenden Einfluss des äußeren Magnetfeldes entgegenwirkt, ist die paramagnetische Suszeptibilität *temperaturabhängig.* Unter Beachtung der Richtungsquantelung der möglichen Einstellungen der atomaren magnetischen Momente zum äußeren Feld liefert eine statistische Rechnung für die *paramagnetische Suszeptibilität* den Ausdruck

$$\chi_{\mathrm{m}} = \frac{N}{\mu_0 V} \frac{\mu^2}{3kT} = \frac{C}{T} \qquad \textbf{(Curiesches Gesetz).} \tag{6}$$

Darin ist N die Zahl der Atome im Volumen V, μ das atomare magnetische Dipolmoment, T die absolute Temperatur und k die BOLTZMANN-Konstante. C nennt man die CURIE-Konstante. Die paramagnetische Suszeptibilität nimmt demnach (bei nicht zu hoher Feldstärke) mit der absoluten Temperatur umgekehrt proportional ab. In dieser Hinsicht ähneln die Paramagnetika den Dielektrika mit *Orientierungspolarisation.*

46.7 Ferromagnetismus, Antiferro- und Ferrimagnetismus

Die gegenüber den dia- und paramagnetischen Stoffen unvergleichlich höhere Magnetisierung der **Ferromagnetika** schon bei kleinen Feldstärken deutet darauf hin, dass neue, bisher nicht berücksichtigte Kräfte wirksam sein müssen, die den Ferromagnetismus verursachen. In der Tat reichen zur Erklärung des Ferromagnetismus die bisher entwickelten Vorstellungen von den magnetischen Eigenschaften der Atome allein nicht aus, sondern es müssen die mit klassischen Methoden nicht mehr erfassbaren Wechselwirkungseffekte zusätzlich berücksichtigt werden, die sich aus der *räumlichen Anordnung der Atome im Kristallgitter des Festkörpers* ergeben.

Ebenso wie der Paramagnetismus kann auch der Ferromagnetismus nur von Elektronen in nichtabgeschlossenen Schalen herrühren, da vollständig besetzte Schalen weder durch ein Bahnmoment noch durch ein Spinmoment zum magnetischen Gesamtmoment eines Atoms beitragen. Wie experimentell nachgewiesen wurde (EINSTEIN–DE-HAAS-Versuch), liefern die *nicht abgesättigten Spinmomente* den größten Anteil zum magnetischen Gesamtmoment des Atoms, während der Einfluss des Bahnmoments und die magnetische Wirkung des Atomkerns dagegen äußerst gering sind. So z. B. sind beim Eisenatom die zehn Plätze der 3d-Unterschale mit 6 Elektronen besetzt, von denen 5 eine einheitliche Spinorientierung haben, während durch das sechste Elektron einer der Zustände doppelt besetzt wird, weshalb dieses Elektron nach dem PAULI-Prinzip (vgl. 44.10) die entgegengesetzte Spinrichtung haben muss. Somit hat das Eisenatom ein atomares Spinmoment der Größe von 4 BOHRschen Magnetonen.
Infolge der Anordnung der Atome im Kristallgitter treten bei den Ferromagnetika zusätzliche *Kopplungskräfte* zwischen den nicht abgesättigten Elektronenspins auf, die entgegen der desorientierenden Wirkung der Wärmebewegung unterhalb einer bestimmten Temperatur, der sog. **Curie-Temperatur** (CURIE-*Punkt*) T_C, bereits ohne äußeres Magnetfeld zu einer vollständigen Ausrichtung der Spinmomente innerhalb kleiner Bereiche von der Größenordnung 10^{-4} m im Durchmesser, der sog. **Weissschen Bezirke** oder **Domänen**, führen (Bild 46.9).

Die Curie-Temperatur ist diejenige Temperatur, bei der der Ferromagnetismus verschwindet, bei der also Gleichgewicht zwischen den Kräften herrscht, die die Parallelstellung der Elektronenspins hervorrufen wollen, und den durch die Wärmebewegung bedingten Kräften, die eine regellose Orientierung der Spinmomente herbeizuführen bestrebt sind.

Bild 46.9. Domänenstruktur eines Eisen-Einkristalls (150-fach vergrößert; sichtbar gemacht mit Hilfe der Methode der BITTERschen Streifen)

Oberhalb des CURIE-Punktes verhalten sich die ferromagnetischen Stoffe paramagnetisch. Für Temperaturen $T > T_C$ gilt daher für die Temperaturabhängigkeit ihrer Suszeptibilitäten ein zu (6) analoges Gesetz, wenn man anstelle der absoluten Temperatur T ihren Überschuss über die CURIE-Temperatur einsetzt:

$$\chi_m = \frac{C}{T - T_C} \qquad \textbf{(Curie-Weisssches Gesetz).} \qquad (7)$$

Der CURIE-Punkt ist stark legierungsabhängig. Es gibt ferromagnetische Legierungen, deren CURIE-Punkt unterhalb Raumtemperatur liegt, d. h., dass sie bei dieser Temperatur bereits ihren Ferromagnetismus verlieren und paramagnetisch werden. Der CURIE-Punkt von reinem Eisen liegt bei 774 °C, von Nickel bei 372 °C; bei den sog. HEUSLERschen *Legierungen*, die ausschließlich aus nichtferromagnetischen Metallen bestehen, aber dennoch ferromagnetisch sind, ist $T_C < 100$ °C.

Es zeigt sich, dass Ferromagnetismus bei denjenigen Elementen auftritt, bei denen das Verhältnis der Gitterkonstante a des Kristallgitters zum Radius der äußeren, nicht voll besetzten Elektronenschale r zwischen 3,2 und 6,2 liegt. Dies ist der Fall bei Eisen, Nickel und Cobalt, bei den ferromagnetischen Legierungen dieser Elemente sowie bei seltenen Erden. Bei größeren Werten von a/r stellt sich paramagnetisches Verhalten ein, da bei größeren Entfernungen der Atome die Kopplungskräfte nicht mehr ausreichen, um eine Parallelstellung der Spinmomente herbeizuführen.
Verkleinert sich jedoch das Verhältnis a/r unter den Wert von etwa 3,2, so stellen sich benachbarte Spinmomente in die energetisch günstigere antiparallele Lage ein; man spricht dann von **Antiferromagnetismus**. Typische Vertreter dieser Gruppe sind Mn, die Verbindungen MnO und MnF_2 sowie α-Fe_2O_3. Diese Antiferromagnetika zeichnen sich, ebenso wie die Ferromagnetika, durch eine spontane Magnetisierung aus, obwohl sie nach außen hin diamagnetisch erscheinen. Das liegt daran, dass das Atomgitter dieser Stoffe aus zwei ferromagnetischen „Untergittern“ zusammengesetzt ist, die gegeneinander verschoben sind und deren Gitterbausteine zwar parallelen, aber entgegengesetzten Spin haben, so dass sich die entsprechenden magnetischen Wirkungen nach außen hin völlig kompensieren.
Unterscheiden sich die beiden Untergitter mit antiparallelem Spin durch unterschiedliche Stärke oder Anzahl ihrer atomaren Momente, so dass sie sich jetzt nicht mehr gegenseitig kompensieren, sondern ein Differenzmoment wirksam wird, so gelangt man zur Erscheinung des **Ferrimagnetismus**. Die entsprechenden Vertreter nennt man *Ferrite*. Sie zeigen ein den ferromagnetischen Stoffen ähnliches Verhalten.

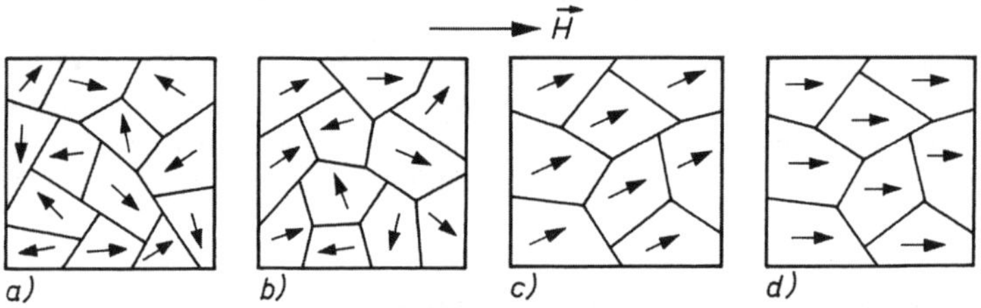

Bild 46.10. Stadien des Magnetisierungsvorgangs in Eisen:
a) regellose Orientierungsverteilung der resultierenden magnetischen Momente innerhalb der WEISSschen Bezirke (Domänen)
b) schwache Magnetisierung im Bereich der reversiblen Wandverschiebungen
c) Umklappen der Spinmomente in eine energetisch günstige Lage im Bereich der irreversiblen Wandverschiebungen
d) Eindrehen der Spinmomente in die Richtung des äußeren Magnetfeldes (Sättigung)

Trotz der vollständigen Ausrichtung der Spinmomente in den WEISSschen Bezirken sind Ferromagnetika nach außen hin unmagnetisch, solange kein Magnetfeld auf sie einwirkt. Das ist darauf zurückzuführen, dass diese Bezirke hinsichtlich ihrer Magnetisierungsrichtungen im Stoff eine völlig regellose Verteilung zeigen, wodurch sich die Effekte nach außen hin aufheben (Bild 46.10a). Da eine sprunghafte Änderung der Magnetisierungsrichtung von einem Bezirk zum anderen energetisch ungünstig ist, befinden sich zwischen den WEISSschen Bezirken Grenzschichten, die sog. **Bloch-Wände**, innerhalb derer ein *stetiger* Übergang der Spinorientierung erfolgt (Bild 46.11).
Durch Anlegen eines zunächst schwachen äußeren Magnetfeldes findet ein Ausrichten einzelner Bezirke in Richtung des angelegten Feldes statt, wodurch eine geringe makroskopische Magnetisierung auftritt (Bild 46.10b). Dabei wächst die Anzahl derjenigen Bezirke, die mit ihrer spontanen Magnetisierungsrichtung den kleinsten Winkel zum äußeren Magnetfeld bilden, auf Kosten benachbarter Bezirke mit weniger günstiger Lage der magnetischen Momente. Dieser Mechanismus beruht auf einer *Verschiebung der* BLOCH-*Wände*.
Diese Wandverschiebungen sind bei kleinen Feldstärken *reversibel*, d. h., bei Wegnahme des äußeren Feldes wandern die Wände zurück. Bei weiterer Erhöhung der Feldstärke verschie-

ben sich die BLOCH-Wände weiter zu Gunsten der energetisch bevorzugten Bereiche, indem die Mehrzahl der magnetischen Momente in die energetisch günstige Richtung umklappt (Bild 46.10c). Dies ist der Bereich der sog. *irreversiblen* BARKHAUSEN-*Sprünge*. Infolge dieses Umklappvorgangs der magnetischen Momente werden in einer die magnetisierte Eisenprobe umgebenden Induktionsspule geringe Spannungsstöße induziert, die nach entsprechender Verstärkung mit Hilfe eines Lautsprechers als prasselndes Geräusch hörbar gemacht werden können (BARKHAUSEN-*Effekt*).

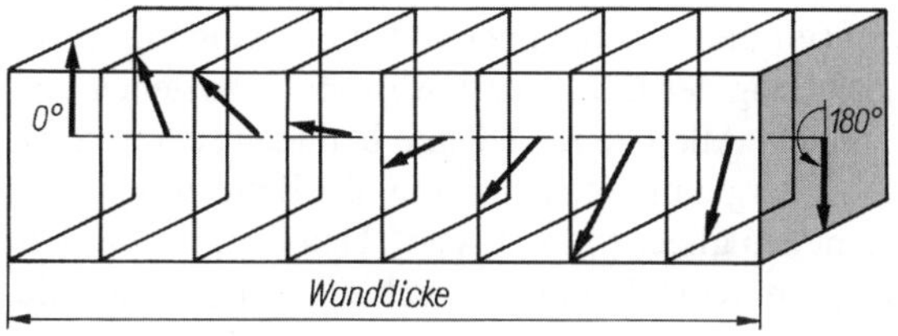

Bild 46.11. Stetiger Übergang der Magnetisierungsrichtung innerhalb einer 180°-BLOCH-Wand

Bei noch höheren Feldstärken setzen die reinen *Drehprozesse* ein, indem die Momente der spontanen Magnetisierung fast vollständig in die Feldrichtung eingestellt werden (Bild 46.10d). Damit ist die *Sättigung* erreicht (vgl. Bild 29.2). Lässt man nun die Feldstärke wieder auf null zurückgehen, so werden dadurch zwar die Drehprozesse und die zum Teil noch vorhandenen reversiblen Wandverschiebungen rückgängig gemacht, nicht dagegen die irreversiblen, so dass ein bestimmter Restbetrag an Magnetisierung, die *Remanenz*, erhalten bleibt. Der remanente Magnetismus kann durch ein ihm entgegengerichtetes äußeres Magnetfeld von der Größe der *Koerzitivfeldstärke* $\boldsymbol{H}_K$ wieder zum Verschwinden gebracht werden (*Hysterese*, vgl. 29.2).

46.8 Supraleitung

1911 beobachtete KAMERLINGH ONNES bei Experimenten im Bereich tiefster Temperaturen, dass der elektrische Widerstand von reinem Quecksilber mit sinkender Temperatur immer mehr abnimmt, um dann bei Unterschreiten von 4,2 K, der sog. *Sprungtemperatur* oder *kritischen Temperatur* T_c des Quecksilbers, sprunghaft auf einen unmessbar kleinen Wert abzufallen. Eine Folge dieser als **Supraleitfähigkeit** bezeichneten Erscheinung ist, dass ein in einem supraleitenden Ring induzierter elektrischer Strom als *Dauerstrom* über Jahre praktisch konstant fließen kann. Weiterhin wurde bereits 1933 die Fähigkeit von Supraleitern beobachtet, Magnetfelder

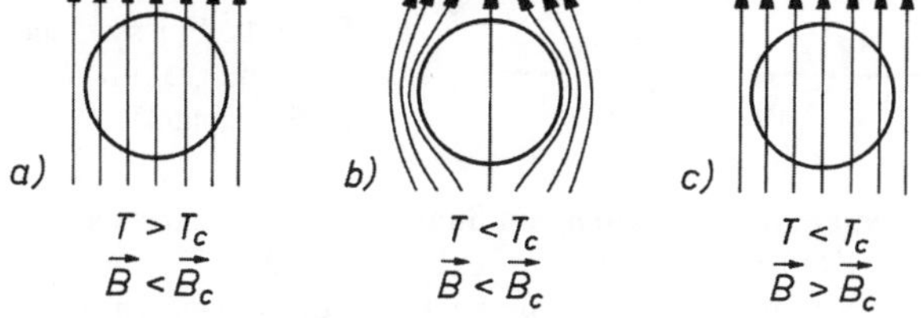

Bild 46.12. MEISSNER-OCHSENFELD-Effekt: Supraleiter im äußeren Magnetfeld oberhalb und unterhalb der kritischen Temperatur T_c und der kritischen Induktion B_c

aus ihrem Inneren zu verdrängen (MEISSNER-OCHSENFELD-Effekt, Bild 46.12a,b). Wenn jedoch ein äußeres Magnetfeld einen bestimmten Wert, die *kritische Induktion* B_c, übersteigt, geht die Supraleitung schlagartig in die Normalleitung über, und der Körper wird vom äußeren

Magnetfeld wieder vollständig durchsetzt. (Bild 46.12c). Auch das vom Suprastrom erzeugte eigene Magnetfeld wird in dieser Weise verdrängt. Daher wird bei Überschreiten einer *kritischen Stromdichte* j_c, wenn an der Oberfläche des Leiters die kritische Induktion B_c erreicht ist, die Supraleitung ebenfalls schlagartig aufgehoben. Stoffe mit diesen Eigenschaften bezeichnet man als **Supraleiter I. Art**.

1957 gelang BARDEEN, COOPER und SCHRIEFFER erstmals die Aufstellung einer mikroskopischen Theorie der Supraleitung, kurz **BCS-Theorie** genannt, die davon ausgeht, dass sich unterhalb der Sprungtemperatur T_c je zwei Elektronen von entgegengesetzt gleichem Impuls und Spin durch den Austausch von (virtuellen) Phononen – den Schwingungsquanten des Kristallgitters – und teilweiser Überwindung der COULOMB-Abstoßung anziehen und je ein sog. **Cooper-Paar** mit dem Spin null bilden. Alle COOPER-Paare befinden sich im gleichen Quantenzustand, d. h., sie haben gleiche Energie und gleichen Impuls. Beim Anlegen einer elektrischen Spannung nehmen sie allesamt den gleichen Impuls auf. Damit ist es unmöglich, dass ein einzelnes oder einige von ihnen mit dem Kristallgitter in Wechselwirkung treten, da sie dann in einen anderen Zustand übergehen müssten. Das hat zur Folge, dass sich das Gesamtsystem der COOPER-Paare *widerstandsfrei* durch das Gitter bewegt. Erst oberhalb T_c reicht die thermische Energie aus, um alle COOPER-Paare zu trennen und den supraleitenden Zustand zu beenden.

Die in den Supraleitern I. Art möglichen Stromdichten sind für großtechnische Anwendungen zu gering. Wichtigen Auftrieb für die technische Anwendung der Supraleitung gab die Entdeckung von Materialien wie Nb-Ti, Nb_3Al oder Nb_3Sn, welche im Unterschied zu den Supraleitern I. Art zum Teil sehr hohe Magnetfelder aushalten, ohne normalleitend zu werden. Bei ihnen dringt mit wachsender Induktion B das Magnetfeld nur *allmählich* in den Supraleiter ein, bis es den Körper völlig durchdrungen hat, worauf dieser erst dann normalleitend wird. Davor existiert ein „Mischzustand" aus supraleitenden und normalleitenden Gebieten, wobei die normalleitenden Gebiete im Supraleiter ein regelmäßiges Muster aus sog. *Flussschläuchen* bilden, von denen jeder die kleinste Einheit des magnetischen Flusses, das **Flussquant** $\Phi_0 = h/(2e)$, vgl. 44.3, bzw. ein ganzzahliges Vielfaches desselben führt (Bild 46.13). Jeder dieser Flussschläuche ist von *Ringströmen* im Supraleiter umgeben. Solche Materialien nennt man **Supraleiter II. Art**.

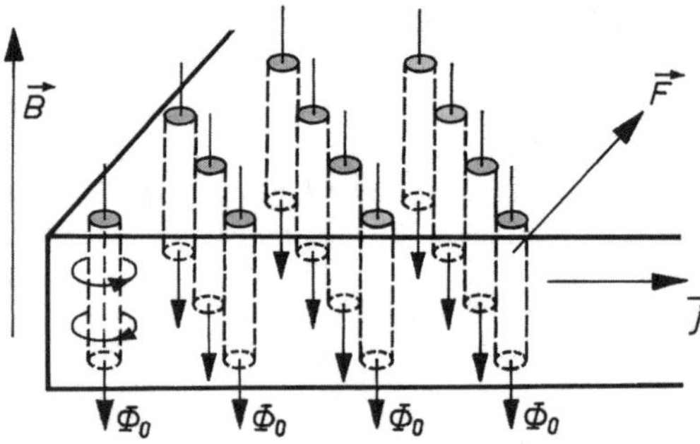

Bild 46.13. Schema eines Flussschlauchgitters in Supraleitern II. und III. Art. Die Flussschläuche sind normalleitend. (***B*** magnetische Induktion, ***j*** Stromdichte, ***F*** auf die Flussschläuche wirkende LORENTZ-Kraft, Φ_0 Flussquant)

Schickt man einen Strom mit der Stromdichte $\boldsymbol{j}$ durch den Supraleiter im Mischzustand, so übt er auf jeden Flussschlauch eine LORENTZ-Kraft $\boldsymbol{F}$ senkrecht zu $\boldsymbol{B}$ und $\boldsymbol{j}$ aus (Bild 46.13), unter deren Wirkung die Flussschläuche quer zur Stromrichtung durch den Supraleiter hindurchwandern. Diese Bewegung ist verlustbehaftet, und es entsteht ein elektrischer Widerstand. Um dies zu verhindern, werden durch gezielte Erzeugung von Haftstellen *(Pinning-Zentren)* in Form von Materialinhomogenitäten wie z. B. Versetzungen (vgl. 13.6), Ausscheidungen oder Korngrenzen die Flussschläuche verankert, wodurch die Supraleitung erhalten bleibt (sog. **harte Supraleiter** oder **Supraleiter III. Art**).

Der entscheidende Durchbruch in den jahrzehntelangen Bemühungen um eine Erhöhung der Sprungtemperatur T_c gelang BEDNORZ/MÜLLER (1986) mit der Entdeckung der **Hochtemperatur-Supraleitung** (ebenfalls Supraleitung II. Art) an La-Ba-Sr-Cu-Oxiden bei 35 K. Inzwischen wurden an oxidkeramischen Supraleitern Sprungtemperaturen oberhalb der Siedetemperatur des flüssigen Stickstoffs (77 K) erreicht. Damit entfällt bei Funktionselementen aus hoch-T_c-supraleitenden Materialien die kryotechnisch aufwändige und teure Kühlung mit flüssigem Helium (Siedetemperatur 4 K). Die bei den Hoch-T_c-Supraleitern beobachteten hohen Sprungtemperaturen (an $Tl_2Ba_2Ca_{n-1}Cu_nO_{2n+4}$ bisher maximal 127 K erreicht) vermag allerdings die oben beschriebene BCS-Theorie allein nicht zu erklären. Daher werden gegenwärtig mehrere andere Mechanismen für die Paarbildung untersucht.

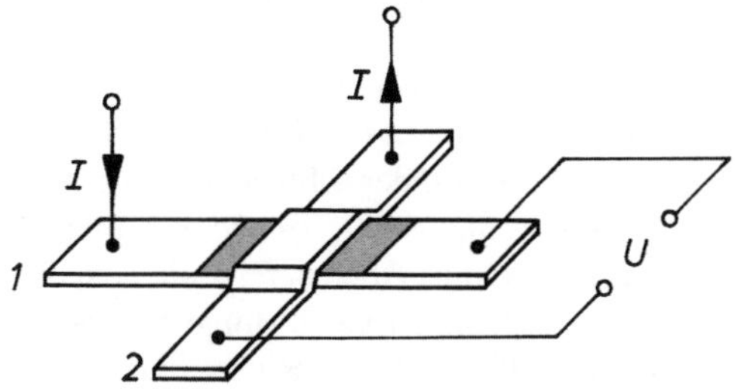

Bild 46.14. JOSEPHSON-Element (Dicke der Isolationsschicht zwischen den beiden supraleitenden Stoffen *1* und *2* etwa 1 ... 10 nm)

Josephson-Effekt. Durch eine nur wenige Atomabstände dicke Isolationsschicht zwischen zwei supraleitenden Metallen können nach JOSEPHSON (1962) nicht nur Einzelelektronen, sondern auch COOPER-Paare hindurch„tunneln" (*Tunneleffekt*, vgl. 45.4). Durch den Tunnelkontakt zwischen den beiden übereinander liegenden Metallstreifen *1* und *2* eines JOSEPHSON-Elements (Bild 46.14) kann bei der Spannung $U = 0$ ein verlustloser Supragleichstrom fließen. Sein Maximalwert ist abhängig vom äußeren Magnetfeld. Dies führt zu den derzeit empfindlichsten Detektoren für den magnetischen Fluss Φ, den so genannten SQUIDs (**S**upraleitende **Qu**anten-**I**nterferenz-**D**etektoren). Nach Überschreiten eines kritischen Stromes tritt am Tunnelkontakt ein Spannungsabfall auf, der von einem hochfrequenten COOPER-*Paar-Wechselstrom* begleitet ist. Seine Frequenz ist der am Kontakt anliegenden Spannung proportional und hängt im Übrigen nur noch von den Elementarkonstanten e und h ab, womit sich u. a. hoch präzise Spannungsnormale herstellen lassen. Mit dieser Frequenz wird auch die dem Kontakt zugeführte Energie in Form elektromagnetischer Strahlung abgegeben, die – ähnlich der Laserstrahlung – kohärent ist. Auf der Basis der JOSEPHSON-Effekte ergeben sich zahlreiche praktische Anwendungsmöglichkeiten wie die Konstruktion von Sendern und Empfängern höchster Empfindlichkeit im Mikrowellenbereich, schnelle Digitalelektronik, Datenspeicher, Präzisionsmessung physikalischer Elementarkonstanten u. a. m.

46.9 Supraflüssigkeit

Gewöhnliches Helium geht unterhalb von 2,2 K in **Helium II** über, es wird *supraflüssig* und hat dann abnorme Eigenschaften, durch die es von allen anderen Flüssigkeiten stark abweicht. Auf Grund seiner überaus geringen Viskosität ($0 \ldots 10^{-6}$ Pa s) kann Helium II wie eine ideale Flüssigkeit praktisch reibungsfrei durch engste Kapillaren fließen, und ein Wirbel in ihm bleibt unbegrenzt lange erhalten, ähnlich wie Ströme in supraleitenden Ringen ohne Spannungsquelle jahrelang fließen können. Wegen der verschwindend geringen Zähigkeit kriecht Helium II in einer sehr dünnen Schicht an den Gefäßwänden hoch, gelangt an wärmere Stellen und verdampft dort. Mit nur 0,1 g/cm^3 hat Helium II die kleinste Dichte aller Flüssigkeiten.

Die Supraflüssigkeit, die nur beim Heliumisotop $^4_2$He (nicht dagegen bei $^3_2$He) auftritt, ist darauf zurückzuführen, dass in diesem Isotop die DE-BROGLIE-Wellenlänge (43/20) $\lambda = h/p$ der Heliumatome die Größenordnung der mittleren Atomabstände erreicht, was makroskopische Quanteneffekte zur Folge hat. Sie führen dazu, dass flüssiges Helium bis zu beliebig tiefen Temperaturen existieren kann. Nach der klassischen Mechanik müssten alle Substanzen in der Nähe von $T = 0$ K wegen der fehlenden kinetischen Energie und der Forderung minimaler potentieller Energie kristallisieren (Wasserstoff z. B. bei 13,9 K). Die Existenz von flüssigem Helium bis zu beliebig tiefen Temperaturen beruht einerseits auf der geringen Atommasse, andererseits auf der schwachen Wechselwirkung der Edelgasatome untereinander.

47 Atomkerne

47.1 Masse, Ladung und Zusammensetzung der Kerne

Im Jahre 1911 fand RUTHERFORD aus Streuversuchen mit α-Teilchen (vgl. 44.1), dass fast die gesamte Masse eines Atoms im Atomkern vereinigt ist und dass der Atomkern genau so viele positive Elementarladungen trägt, wie die Ordnungszahl Z des betreffenden Atoms im Periodensystem der Elemente angibt. Um jedoch über den Bau des Atomkerns Näheres zu erfahren, müssen Vorgänge untersucht werden, die im Innern der Kerne stattfinden. Als solche Vorgänge sind uns heute der *natürliche radioaktive Zerfall* der schweren Elemente, die mit Hilfe von Teilchenbeschleunigern hervorgerufenen *künstlichen Kernreaktionen* und die durch die *kosmische Strahlung* verursachten Kernprozesse bekannt. Aber bereits die sehr früh erkannte Tatsache, dass die relativen Atommassen häufig angenähert ganzzahlige Vielfache der Atommasse des leichtesten aller Elemente, des Wasserstoffs, sind, ließ Rückschlüsse darauf zu, dass die Atomkerne zusammengesetzte Gebilde sind.
Der Kern des Wasserstoffatoms, das **Proton**, kam jedoch als alleiniger Kernbaustein nicht in Betracht, da bei den schwereren Kernen das Verhältnis Ladung/Masse stets kleiner als 1 ist (z. B. hat der Heliumkern etwa die vierfache Masse des Protons, aber nur die doppelte Ladung). Die zunächst gemachte Annahme, dass die Atomkerne außer Protonen auch noch Elektronen enthalten, die zur Masse kaum beitragen, aber die überschüssigen Ladungen kompensieren, konnte aus theoretischen und experimentellen Gründen nicht aufrechterhalten werden.
Nach der Entdeckung des **Neutrons**, eines *elektrisch neutralen* Teilchens mit etwa gleich großer Masse wie die des Protons, durch CHADWICK (1932) schlugen HEISENBERG und IWANENKO noch im gleichen Jahr ein **Proton-Neutron-Modell** für den Atomkern vor. Proton und Neutron werden heute als verschiedene Ladungszustände eines einheitlichen Kernteilchens, des **Nukleons**, aufgefasst. Seine Ruhmasse ist etwa 1837mal größer als die Ruhmasse des Elektrons. *Masse* und *Ladung* sind charakteristische Eigenschaften aller Elementarteilchen. Beide Nukleonen haben, wie das Elektron, einen Eigendrehimpuls, den *Spin*, sowie damit gekoppelt ein *magnetisches Moment*. Das magnetische Moment des Protons ist anschaulich verständlich, das des Neutrons hingegen nicht, da keine Ladung vorhanden ist (vgl. dazu Abschnitt 47.7). Diese einfachsten Eigenschaften von Neutron und Proton sind in Tabelle 47.1 zusammengefasst.
Jeder zusammengesetzte Kern, bestehend aus der Anzahl A von Nukleonen, enthält somit eine bestimmte Anzahl von Protonen Z und eine bestimmte Anzahl von Neutronen N:

$$A = Z + N \qquad \textbf{(Massenzahl des Atomkerns).} \tag{1}$$

Die Massenzahl A ist gleich der auf ganze Zahlen auf- bzw. abgerundeten relativen Atommasse A_r des betreffenden Elements (vgl. 18.1). Z nennt man die **Kernladungszahl**; sie ist gleich der *Ordnungszahl* des betreffenden Elements im Periodensystem und bei einem nach außen hin elektrisch neutralen Atom gleich der Anzahl seiner Hüllenelektronen. Die Anzahl der Neutronen im Kern ist demnach gleich $N = A - Z$.

Um einen Atomkern eindeutig zu kennzeichnen, schreibt man die Massenzahl oben links und die Kernladungszahl unten links vor das betreffende Symbol des chemischen Elements (z. B. ${}^1_1H$, ${}^4_2He$, ${}^9_4Be$ usw.). Häufig lässt man auch die Ordnungszahl weg und setzt die Massenzahl hochgestellt vor oder hinter oder auch in gleicher Höhe hinter das Symbol, z. B. ${}^{235}U$ oder U 235.

Aus Streuversuchen mit α-Teilchen oder auch mit Elektronen fand man, dass sich der Kernradius durch die empirische Formel

$$R_K = r_0 \sqrt[3]{A} \qquad \textbf{(Kernradius)} \qquad \text{mit } r_0 \approx 1{,}3 \cdot 10^{-15}\,\text{m} \tag{2}$$

bestimmen lässt. Hiernach haben selbst die schwersten Kerne ($A \approx 250$) Radien, die etwa 10^4mal kleiner sind als die Radien der Atomhülle. Daraus erhält man als **Dichte der Atomkerne** $\varrho_K = m_K/V_K$ mit der Kernmasse $m_K \approx A\text{u}$ ($\text{u} = 1{,}66 \cdot 10^{-27}$ kg atomare Masseneinheit, vgl. 18.1) und dem kugelförmigen Kernvolumen $V_K = (4\pi/3)R_K^3 = (4\pi/3)r_0^3 A$ den für alle Atomkerne nahezu gleichen, enorm hohen Wert $\varrho_K = 3\text{u}/(4\pi r_0^3) \approx 2 \cdot 10^{17}\ \text{kg/m}^3$. Derartig hohe Massendichten erreichen Neutronensterne, in denen durch extrem große Massenansammlungen die Gravitationskraft alle anderen Kräfte übertrifft und die Atome bis auf ihre Kernabstände aneinander gepresst werden.

Tabelle 47.1. Einfachste Eigenschaften der Nukleonen

Nukleon	Masse m in kg	Relative Atommasse $A_r = m/\text{u}$	Ladung in Einheiten e	Drehimpuls (Spin) in Einheiten $\hbar$	Magnetisches Moment in Einheiten μ_K
Neutron (n)	$1{,}674\,927\,211 \cdot 10^{-27}$	1,008 665	0	$\pm 1/2$	$-1{,}913$
Proton (p)	$1{,}672\,621\,637 \cdot 10^{-27}$	1,007 276	$+1$	$\pm 1/2$	2,793

Es ist: $\text{u} = 1{,}660\,538\,782 \cdot 10^{-27}$ kg die atomare Masseneinheit, $e = 1{,}602\,176\,487 \cdot 10^{-19}$ C die elektrische Elementarladung, $\hbar = h/(2\pi) = 1{,}054\,571\,628 \cdot 10^{-34}$ J s das PLANCKsche Drehimpulsquantum und $\mu_N = e\hbar/(2m_p) = 5{,}050\,783\,24 \cdot 10^{-27}\ \text{J}\,\text{T}^{-1}$ das sog. *Kernmagneton*, analog dem BOHRschen Magneton (44/17), jedoch mit der Protonenmasse m_p anstelle der Elektronenmasse m_e (CODATA 2006).

47.2 Isotope

Isotope sind verschiedene Atomarten *ein und desselben chemischen Elements*, d. h. Atome bzw. Kerne mit gleicher Ordnungszahl (Kernladungszahl) Z, aber verschiedener Massenzahl A, wodurch sie sich in ihren relativen Atommassen A_r voneinander unterscheiden. Aus (1) ergibt sich somit:

Isotope Kerne haben bei gleicher Protonenzahl eine verschiedene Anzahl von Neutronen.

So z. B. kennt man beim Wasserstoff die folgenden drei Isotope: den normalen Wasserstoff mit dem Kern ${}_1^1\text{H}$, dem *Proton* (p); den „schweren Wasserstoff“, genannt **Deuterium**, mit dem Kern ${}_1^2\text{D}$, dem sog. *Deuteron* (d) der Zusammensetzung p+n; und das (nicht natürlich vorkommende) **Tritium** mit dem Kern ${}_1^3\text{T}$, dem sog. *Triton* (t) mit der Zusammensetzung p + 2n. Außer den natürlichen gibt es praktisch von allen Elementen noch *künstliche* (z. B. durch Kernbeschuss erzeugte) Isotope. Diese sind jedoch meist *instabil*, d. h. radioaktiv. Aus ihnen entstehen mehr oder weniger rasch unter Aussendung von Strahlen stabile Kerne anderer Elemente.
Die Zahl der Isotope eines Elements bestimmt die

Astonsche Isotopenregel:

Elemente mit ungerader Ordnungszahl haben höchstens zwei stabile Isotope, solche mit gerader Ordnungszahl können wesentlich mehr als zwei Isotope haben.

Die meisten der in der Natur vorkommenden Elemente sind Mischungen aus mehreren Isotopen. Dies erklärt, weshalb die relativen Atommassen A_r in der Regel starke Abweichungen von der Ganzzahligkeit aufweisen. Da sich Isotope in ihrem chemischen Verhalten nicht voneinander unterscheiden, können zur Trennung bzw. Reindarstellung nur physikalische Verfahren herangezogen werden, mit denen kleinste Massenunterschiede feststellbar sind.

Isotopen-Trennverfahren. Ein sehr effektives großtechnisches Verfahren zur Isotopentrennung ist die wiederholte *Diffusion* des im gasförmigen Zustand vorliegenden Isotopengemisches durch eine poröse Wand, wobei sich die leichten Isotope hinter der Trennwand anreichern. Auf diesem Wege wird z. B. aus dem gasförmigen Uranhexafluorid (UF_6) das Isotop Uran 235 als Spaltstoff für Kernreaktoren und Atombomben angereichert oder isoliert. Bei der *Ultrazentrifuge* werden auf Grund der wirkenden Fliehkräfte außen die leichteren Isotope, die sich leichter beschleunigen lassen, in Achsennähe dagegen die schwereren angereichert. Beim Wasser kann man den *unterschiedlichen Siedepunkt* des normalen Wassers (H_2O) von 100,0 °C und des schweren Wassers (D_2O) von 101,4 °C zur Trennung dieser isotopen Moleküle ausnutzen, ebenso die *elektrolytische Zerlegung* des Wassers. Genaueste Methode ist die *Massenspektroskopie*, die jedoch nicht produktiv für große Mengen eingesetzt werden kann. Sie beruht auf der massenabhängigen Ablenkung der durch Verdampfen und Ionisieren des zu trennenden Materials entstehenden Ionen beim Durchgang durch ein elektrostatisches und magnetisches Feld.

47.3 Isobare, Isotone, Nuklide, Isomere

Kerne mit gleicher Massenzahl A, aber unterschiedlicher Kernladungszahl Z bezeichnet man als *Isobare* (z. B. ${}^{40}_{18}\mathrm{Ar}$, ${}^{40}_{19}\mathrm{K}$, ${}^{40}_{20}\mathrm{Ca}$), Kerne mit gleicher Neutronenzahl, aber verschiedener Protonenzahl als *Isotone* (z. B. ${}^{37}_{17}\mathrm{Cl}$, ${}^{38}_{18}\mathrm{Ar}$, ${}^{39}_{19}\mathrm{K}$, ${}^{40}_{20}\mathrm{Ca}$); bei ihnen ist $N = A - Z = \text{const.}$ Allgemein werden Kerne mit gleicher Protonen- und Neutronenzahl sowie gleichem Energieinhalt als *Nuklide* bezeichnet. *Isomere* sind Nuklide, die sich nur im Energieinhalt, d. h. in ihrem Anregungszustand, unterscheiden.

Aufgabe 47.1. Welche der nachfolgend aufgeführten Kerne sind a) Isotope, b) Isotone, c) Isobare? ${}^{9}_{4}\mathrm{Be}$, ${}^{10}_{6}\mathrm{C}$, ${}^{10}_{5}\mathrm{B}$, ${}^{8}_{3}\mathrm{Li}$, ${}^{11}_{5}\mathrm{B}$, ${}^{10}_{4}\mathrm{Be}$, ${}^{11}_{6}\mathrm{C}$, ${}^{12}_{5}\mathrm{B}$.

47.4 Massendefekt und Bindungsenergie der Kerne

Um einen Atomkern in seine Bausteine zu zerlegen, muss man die den Kern zusammenhaltenden Kräfte, die *Kernkräfte*, überwinden. Die gesamte zur Zerlegung des Kerns in seine einzelnen Nukleonen aufzuwendende Arbeit ist dem Betrage nach gleich seiner **Bindungsenergie** E_B. Diese lässt sich aus dem sog. **Massendefekt** B einfach bestimmen. Dieser gibt die *Massendifferenz* an, die zwischen der Summe der Massen aller im Kern enthaltenen Nukleonen im ungebundenen Zustand ($Zm_\mathrm{p} + Nm_\mathrm{n}$) und der Masse M_K des Kerns als Ganzem besteht:

$$B = Zm_\mathrm{p} + Nm_\mathrm{n} - M_\mathrm{K} \qquad \textbf{(Massendefekt).} \tag{3}$$

Die Masse eines Atomkerns ist um den Massendefekt B kleiner als die Summe der Massen der Nukleonen im ungebundenen Zustand.

Der Massendefekt erklärt sich daraus, dass bei der Bildung des Kerns aus den einzelnen Nukleonen gemäß der EINSTEINschen Beziehung (7/20) $E = mc^2$ ein wenig Masse in Form von Energie frei wird. Diese Energie ist (mit negativem Vorzeichen versehen, da es sich um ein Massen- bzw. Energiedefizit des Kerns handelt) gleich der Bindungsenergie des Kerns:

$$E_\mathrm{B} = Bc^2 \qquad \textbf{(Bindungsenergie des Atomkerns).} \tag{4}$$

Für die Berechnung des Massendefekts und der Bindungsenergie ist es zweckmäßig, die Nukleonenmassen in Vielfachen der *atomaren Masseneinheit* (18/1)

$$1\,\mathrm{u} = 1{,}660\,539 \cdot 10^{-27}\,\mathrm{kg}, \tag{5}$$

d. h. durch ihre relative Atommasse A_r, anzugeben. Setzt man in (4) für B die atomare Masseneinheit (5), so ergibt sich:

Einem Massendefekt von der Größe der atomaren Masseneinheit 1 u entspricht eine Kernbindungsenergie von 931 MeV.

Hierbei ist 1 MeV (= 10^6 eV) = $1{,}602 \cdot 10^{-13}$ J = $4{,}44 \cdot 10^{-20}$ kWh die in der Kernphysik meist verwendete Energieeinheit. (Zur Definition der Einheit *Elektronvolt* (eV) vgl. 23.4).
Bei der Berechnung der Bindungsenergien aller Atomkerne zeigt sich, dass diese mit steigender relativer Atommasse (bzw. Massenzahl A) immer größer werden. Dies besagt jedoch nichts über die „Festigkeit" eines Kerns; für sie ist vielmehr die **Bindungsenergie je Nukleon** E_B/A maßgebend. Diese beträgt beim ${}^4_2$He (28,3 : 4) MeV $\approx$ 7,1 MeV (s. Beispiel unten), bei den mittelschweren Kernen steigt sie auf über 8 MeV an, um bei den schweren Kernen, z. B. U, wieder kleinere Werte ($\approx$ 7,5 MeV) anzunehmen (s. Bild 47.1, obere Kurve). In Richtung leichter Kerne fällt die Kurve sehr steil auf niedrige Werte der Bindungsenergie ab. Bei einigen leichten Kernen treten jedoch erhebliche Abweichungen von dieser Tendenz zu großen Werten hin auf; z. B. zeichnen sich die Kerne ${}^4_2$He, ${}^8_4$Be, ${}^{12}_6$C und ${}^{16}_8$O mit gepaarten Protonen- und Neutronenzahlen durch besondere Stabilität aus.

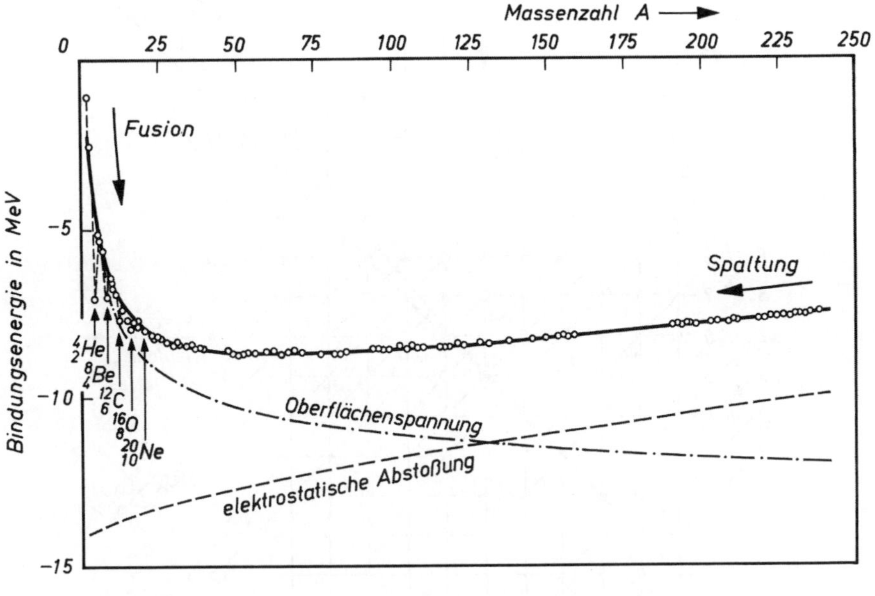

Bild 47.1. Bindungsenergie je Nukleon in Abhängigkeit von der Massenzahl des Kerns (obere Kurve). Die gestrichelten Kurven beziehen sich auf die Ausführungen zum *Tröpfchenmodell* des Atomkerns in 47.7.

Beispiel: Berechne die Bindungsenergie des α-Teilchens (${}^4_2$He-Kern mit der Masse $6{,}644\,55 \times 10^{-27}$ kg)!
Lösung: Wir berechnen zunächst aus den in Tabelle 47.1 angegebenen Nukleonenmassen bzw. relativen Atommassen A_r den Massendefekt (3). Der Heliumkern besteht aus

2 Protonen zu je 1,007 28 u	= 2,014 56 u
2 Neutronen zu je 1,008 66 u	= 2,017 32 u
Gesamtmasse der freien Nukleonen:	4,031 88 u
Masse des Heliumkerns:	4,001 51 u
Massendefekt:	$B = 0{,}030\,37$ u.

Dem entspricht eine Bindungsenergie von $0{,}030\,37 \cdot 931$ MeV = 28,3 MeV.

Aufgabe 47.2. Berechne die Bindungsenergie der isobaren Kerne a) ${}^3_1$H (Tritium) mit der relativen Atommasse $A_r = 3{,}015\,50$; b) ${}^3_2$He mit $A_r = 3{,}014\,93$. Welcher der Kerne ist stabiler?

47.5 Stabilitätskriterien. Kernsystematik

Für den Zusammenhalt der Kerne ist in erster Linie die starke Bindung der einzelnen **Proton-Neutron-Paare** maßgebend. Besonders muss sich dieser Umstand bei den leichten Kernen bemerkbar machen, da schon wenige hinzukommende überzählige Neutronen dieses Verhältnis stark stören. Das bedeutet, dass unter den leichten Kernen diejenigen am stabilsten sind, deren Proton-Neutron-Verhältnis bei 1 liegt. Beispiele sind die oben bereits genannten Kerne $^{4}_{2}He$, $^{12}_{6}C$ und $^{16}_{8}O$. Bei den schweren Kernen macht sich jedoch mit der wachsenden Zahl von Protonen die zwischen ihnen wirkende elektrostatische Abstoßung immer stärker bemerkbar, wodurch ihre Stabilität abnimmt. *Stabile Kerne existieren nur bis zur Ordnungszahl* 83 (Bi), *und zwar zu jeder Ordnungszahl mindestens einer* (mit Ausnahme der Ordnungszahlen 43 und 61). Von $Z = 84$ an sind alle Kerne *instabil*, indem sie dem **radioaktiven Zerfall** unterliegen.

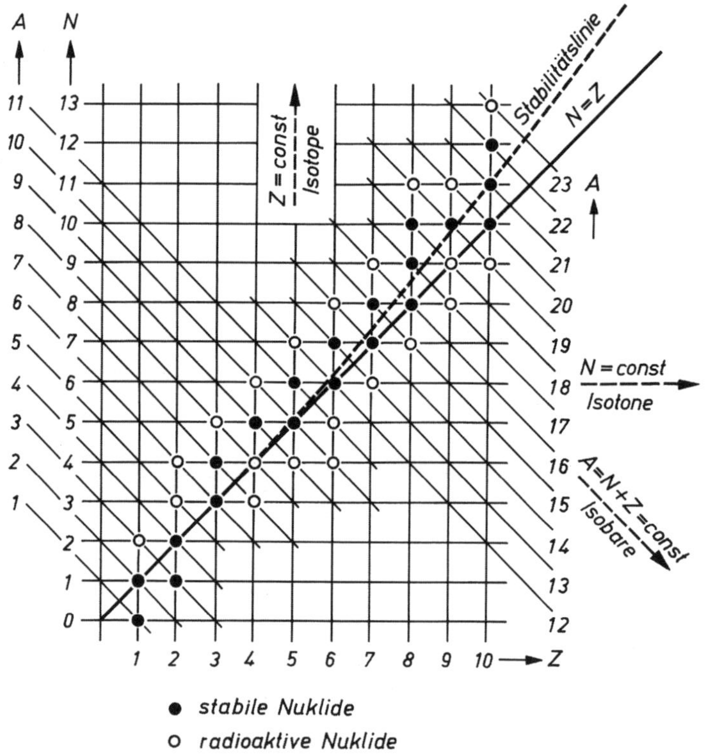

Bild 47.2. Proton-Neutron-Diagramm der Atomkerne der Ordnungszahlen 1 bis 10. Mit steigender Protonenzahl Z nimmt der Neutronenüberschuss $N - Z$ zu.

In Bild 47.2 ist für die stabilen und radioaktiven Kernarten der ersten zehn Elemente des Periodensystems die Neutronenzahl in Abhängigkeit von der Kernladungszahl dargestellt *(Proton-Neutron-Diagramm)*. Sämtliche Nuklide bedecken in der Darstellung nur einen schmalen Streifen, dessen (unterbrochen gezeichnete) Mittellinie die sog. **Stabilitätslinie** ist. Sie verläuft bei den leichtesten Kernen entlang der Linie $N = Z$, entfernt sich dann aber mit zunehmender Ordnungszahl immer weiter von ihr in Richtung zunehmenden Neutronenüberschusses. Bei den schwersten Kernen (z. B. $^{238}_{92}U$) erreicht in der Nähe der Stabilitätslinie die Neutronenzahl etwa das 1,6-fache der Protonenzahl.

Einen tieferen Einblick in die energetischen Verhältnisse und die damit zusammenhängende Stabilität der Atomkerne erhält man, wenn man senkrecht zur Z, N-Ebene in Bild 47.2 in jedem zu einem bestimmten Atomkern gehörigen Punkt die Bindungsenergie des betreffenden Kerns aufträgt. Es entsteht auf diese Weise eine räumliche Fläche von der Art eines Tales, dessen Sohle sich über dem Streifen der stabilen Kerne hinzieht und dessen parabelförmige Flanken die seitlich der Stabilitätslinie liegenden radioaktiven Kerne enthalten (Bild 47.3). Die räumliche Fläche nennt man die **Energiefläche** der Kerne.

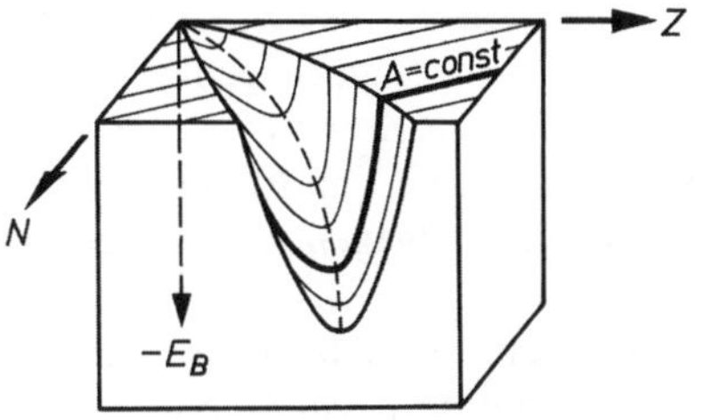

Bild 47.3. Talförmige Energiefläche mit eingezeichneten Isobarenschnitten $A = \text{const}$.

Legt man Diagonalschnitte durch die Energiefläche in Richtung $N + Z = A = \text{const}$ (Isobarenschnitte), so erhält man die in den Bildern 47.4 und 47.5 gezeichneten Energiekurven. Für ungerade Massenzahl A ergibt sich eine, für geradzahliges A ergeben sich zwei Schnittkurven. Der Grund hierfür ist, dass ein geradzahliges $A = Z + N$ entweder durch eine gerade (g) Anzahl von Protonen und eine gerade Anzahl von Neutronen (sog. **gg-Kerne**) oder durch eine ungerade (u) Anzahl von Protonen und ungerade Anzahl von Neutronen (sog. **uu-Kerne**) erreicht wird, und die Stabilität der uu-Kerne geringer ist als die der gg-Kerne. Den uu-Kernen entspricht daher die obere, den gg-Kernen die untere Energiekurve. Bei ungeradem A handelt es sich entweder um **ug-** oder um **gu-Kerne**. Da sie energetisch gleichwertig sind, resultiert nur eine Schnittkurve. Dies ist der Grund, weshalb *für eine ungerade Massenzahl jeweils nur ein stabiles Nuklid existiert, während zu geraden Massenzahlen gewöhnlich mehrere stabile Isobare gehören*, deren Kernladungszahlen jeweils um 2 (gelegentlich sogar um 4) Einheiten auseinander liegen.

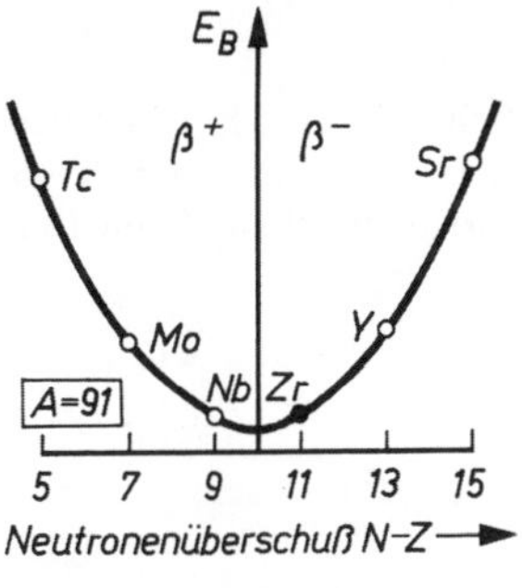

Bild 47.4. Isobarenschnitt für ungerade Massenzahl (ug- oder gu-Kerne)

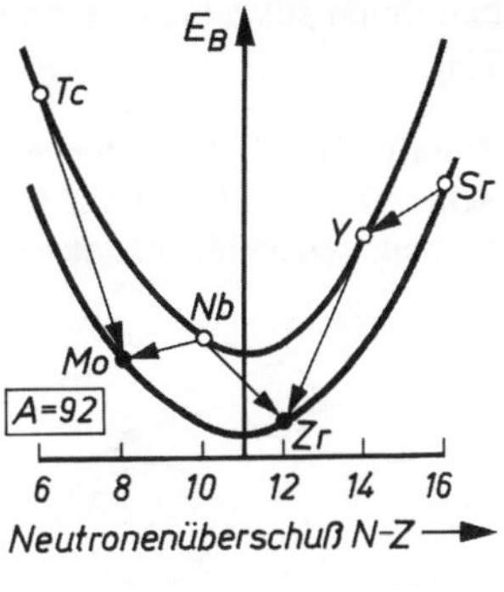

Bild 47.5. Isobarenschnitt für gerade Massenzahl (gg- oder uu-Kerne)

Dies lässt sich leicht begründen: Der energetisch am tiefsten liegende, d. h. in unmittelbarer Nähe des Minimums der jeweiligen Schnittkurve gelegene Kern ist der stabilste. Daher werden alle anderen, energetisch höher liegenden instabilen Kerne der gleichen Massenzahl bestrebt sein, durch Abbau des zu großen Neutronenüberschusses bei den Kernen auf der rechten Hälfte der Kurve bzw. des zu großen Protonenüberschusses bei den Kernen auf der linken Hälfte in diesen energetisch stabilen Zustand überzugehen, indem sie in einem oder mehreren aufeinander folgenden Zerfallsprozessen jeweils ein negatives Elektron (b^--Teilchen) bzw. ein positives Elektron (Positron, b^+-Teilchen) emittieren, welches durch eine Neutron–Proton- bzw. eine Proton–Neutron-Umwandlung im Kern entsteht. Im Beispiel von Bild 47.4 entsteht dadurch der stabile Endkern Zr, im Falle von Bild 47.5 entstehen die beiden stabilen Kerne Mo und Zr. Auf ähnliche Weise wie für die Isobare ermöglicht eine Betrachtung der (gestrichelt gezeichneten) Talsohle der Energiefläche in Bild 47.3 auch Aussagen über die Anzahl der stabilen Isotope.

47.6 Kernkräfte

Die Tatsache, dass die Protonen trotz der gegenseitigen elektrostatischen Abstoßung im Atomkern eine dichte und feste Packung bilden, lässt sich nur durch die Annahme eines grundlegend neuen Kraftgesetzes erklären. Die neuen Kräfte, die die Nukleonen im Kern zusammenhalten, werden als **Kernkräfte** oder als **starke Wechselwirkung** bezeichnet. Sie ist eine von den *vier* in der Natur vorkommenden unterschiedlichen Arten von Wechselwirkungen zwischen Elementarteilchen, auf die in Abschnitt 50.5 im einzelnen näher eingegangen wird.
Wie durch Streuversuche (s. 44.1) nachgewiesen, haben die Kernkräfte eine *äußerst geringe Reichweite* von nur etwa $1{,}5 \cdot 10^{-15}$ m. Bereits in $2 \dots 3 \cdot 10^{-15}$ m Entfernung vom Kernmittelpunkt bricht ihr Wirkungsbereich nahezu plötzlich ab, entgegen der nur sehr allmählichen Abnahme der elektrostatischen Kräfte.
Sieht man von der vergleichsweise schwachen elektrostatischen Abstoßung ab, so sind die starken Proton–Proton-, Proton–Neutron- und Neutron–Neutron-Kernkräfte alle gleich groß. Es liegt daher nahe, Proton und Neutron als *zwei verschiedene Zustände ein und desselben Nukleons* aufzufassen, die sich durch Aufnahme bzw. Abgabe eines von ihnen erzeugten geladenen Teilchens ineinander umwandeln. Ähnlich wie im Falle der kovalenten chemischen Bindung z. B. von zwei H-Atomen zu einem Wasserstoffmolekül, bei der die Kraftwirkung zwischen den Atomen durch den Austausch von Elektronen zwischen den Bindungspartnern im Molekül beschrieben werden kann, betrachtete YUKAWA (1935) die Kernkräfte als **Austauschkräfte** zwischen Nukleonen. Wegen der außerordentlich starken Bindung müssen jedoch die ausgetauschten Teilchen rund 300mal schwerer sein als die Elektronen. Derartige neue Elementarteilchen wurden kurz nach ihrer Vorhersage in der kosmischen Strahlung entdeckt; es handelt sich um die *Mesonen* (mittelschwere Teilchen), hier speziell um die positiven oder negativen **π-Mesonen** (π^+, π^-) mit der 273-fachen Elektronenmasse. Sie können von den Nukleonen „abgespalten" und zwischen ihnen ausgetauscht werden, womit eine p–n- bzw. n–p-Umwandlung verbunden ist (Bild 47.6).

Die für die Bindung der Nukleonen verantwortliche Austauschkraft beruht auf einer sehr schnell aufeinander folgenden gegenseitigen Umwandlung von Proton und Neutron als Folge des Austausches (virtueller) π-Mesonen zwischen diesen Teilchen.

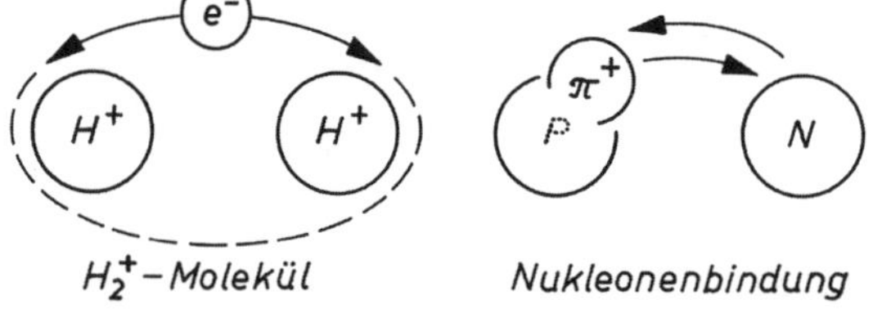

Bild 47.6. Erklärung der Nukleonenbindung durch π-Mesonenaustausch (rechts), analog der H_2^+-Molekülbindung zwischen einem Wasserstoffatom und einem Wasserstoffion durch ständigen Wechsel des einzigen Elektrons von einem Atom zum anderen (links)

Auf ähnliche Weise lassen sich auch Bindungskräfte zwischen gleichartigen Nukleonen konstruieren, wobei dann ein neutrales Meson (π^0) auftritt. Es ist jedoch wenig wahrscheinlich, dass die Mesonen im Kern wirklich in Teilchenform vorliegen, sondern vielmehr muss angenommen werden, dass sie dort als *Kraftfelder* existieren, auf die die starken Wechselwirkungen zurückzuführen sind.

47.7 Kernmodelle

Das Tröpfchenmodell. Um die Bindungsenergie, die Stabilität und andere Eigenschaften eines beliebigen Atomkerns berechnen zu können, ist ein Kern*modell* erforderlich. Die beiden Tatsachen, dass die Kernkräfte nur zwischen benachbarten Nukleonen wirken und dass die Dichte der Kernmaterie konstant ist (s. 47.1), legen es nahe, den Atomkern mit einem Flüssigkeitstropfen zu vergleichen. Im Unterschied zu den Flüssigkeitsteilchen tragen jedoch die Protonen im „Kerntropfen" eine elektrische Ladung, so dass neben den Kernkräften, welche die Nukleonen im Kern zusammenhalten, zwei Eigenschaften des Kerntropfens zu berücksichtigen sind, die die Kernbindung lockern: die *Oberflächenspannung* und die *elektrostatische Abstoßung* der Protonen untereinander (s. Bild 47.1).
Mit diesem Modell konnten die ersten drei Glieder der halbempirisch gewonnenen sog. **Bethe-Weizsäcker-Formel**

$$E_B = 16A - 17A^{2/3} - 0{,}98Z(Z-1)A^{-1/3} - 25(N-Z)^2A^{-1} + 25\delta A^{-1} \qquad (6)$$

erklärt werden, nach der die Bindungsenergie E_B, gemessen in MeV und mit negativem Vorzeichen versehen, für einen beliebigen Atomkern der Massenzahl A mit Z Protonen und N Neutronen berechnet werden kann, wenn bei gg-Kernen (vgl. 47.5) $\delta = +1$, bei uu-Kernen $\delta = -1$ und bei ug- oder gu-Kernen $\delta = 0$ gesetzt wird. Die Zahlenwerte sind so angepasst, dass die experimentellen Werte für alle Kerne oberhalb $A = 15$ möglichst gut wiedergegeben werden.

Das Schalenmodell. Es gibt experimentelle Beweise dafür, dass die Nukleonen ebenso wie die Elektronen einen *Eigendrehimpuls* oder **Spin** besitzen. Außerdem nimmt man an, dass die Nukleonen innerhalb des Kerns nicht ruhen, sondern ähnlich wie die Elektronen in der Atomhülle komplizierte, in den Einzelheiten noch nicht geklärte *Bahnbewegungen* ausführen, mit denen ein zusätzlicher **Bahndrehimpuls** verknüpft ist, so dass sich der gesamte Drehimpuls des Kerns aus dem Bahndrehimpuls und dem Spin der einzelnen Nukleonen zusammensetzt. Dabei ist der Spin von Proton und Neutron gleich groß (vgl. Tabelle 47.1), und der Gesamtdrehimpuls des Kerns beträgt stets ein ganzzahliges Vielfaches des Drehimpulses eines einzelnen Nukleons. *Die Drehimpulse je zweier Protonen oder zweier Neutronen sättigen sich gegenseitig ab*, d. h. ergeben jeweils den Gesamtbetrag null. Daraus folgt, dass der Gesamtdrehimpuls des Kerns von den jeweils ungepaarten Nukleonen bestimmt wird. gg-Kerne enthalten nur gepaarte Protonen und Neutronen, woraus ihre besondere Stabilität resultiert (s. 47.5); uu-Kerne enthalten sowohl ein ungepaartes Proton als auch ein ungepaartes Neutron, von ihnen gibt es daher nur wenige stabile Kerne.
Mit dem mechanischen Drehimpuls ist bei elektrisch geladenen Teilchen, wie wir in 44.6 und 44.7 sahen, ein **magnetisches Moment** verbunden. Ein solches magnetisches Moment haben aber nicht nur die Protonen, sondern auch die Neutronen, obwohl diese nach außen hin elektrisch neutral erscheinen. Der Grund hierfür ist, dass ein Neutron kein beständiges Gebilde ist, sondern fortgesetzt ein elektrisch geladenes π-Meson aufzunehmen und abzugeben im Begriff ist (vgl. 47.6), das einen Anteil seines magnetischen Moments auf das Neutron überträgt.
Das sog. *Schalenmodell* des Atomkerns geht von der Vorstellung aus, dass der Kern in „Schalen" unterteilt ist, innerhalb derer die Nukleonen gruppiert sind und sich wie die Elektronen um den Atomkern innerhalb des Kerns auf *stationären Bahnen* bewegen, denen *diskrete Energiezustände* entsprechen. Mehrere Zustände ungefähr gleicher Energie gehören zu einer Schale. Für ein solches Modell spricht folgende experimentell belegte Tatsache:

Kerne mit 2, 8, 20, (28), 50, 82 und 126 Neutronen oder Protonen sind überdurchschnittlich stabil; sie treten daher in der Natur besonders häufig auf.

Es ist anzunehmen, dass diesen sog. **magischen Zahlen** *abgeschlossene* Schalen (analog den abgeschlossenen Elektronenhüllen der Edelgasatome) entsprechen, in denen sich sowohl die Drehimpulse als auch die magnetischen Momente aller Nukleonen paarweise absättigen. Beispiel für Kerne mit „magischen" Nukleonenzahlen sind $^{4}_{2}He$, $^{16}_{8}O$, $^{40}_{20}Ca$ und $^{208}_{82}Pb$. Hierbei handelt es sich sogar um *doppelt-magische* Kerne, für die sowohl Z als auch N eine magische Zahl ist; diese sind von ganz besonderer Stabilität.
Während sich das Tröpfchenmodell z. B. besonders gut für die Erklärung der *Kernspaltung* eignet (s. 49.3), erklärt das Schalenmodell die unsymmetrische Massenverteilung der bei der Spaltung entstehenden beiden Bruchstücke. Diese haben bevorzugt eine solche Massenverteilung, dass sich Kerne mit magischen Zahlen bilden. Ein weiteres, häufig benutztes Kernmodell ist das **Potentialtopfmodell**. Es wird im Zusammenhang mit dem radioaktiven α-Zerfall im folgenden Abschnitt behandelt.

48 Die natürliche Radioaktivität

Die instabilen Atomkerne wandeln sich von selbst *(spontan)* in andere Kerne um. Dabei emittieren sie Teilchen und sehr kurzwellige Strahlung. Man nennt diese 1896 von BECQUEREL entdeckte und vor allem durch das Forscherehepaar MARIE und PIERRE CURIE genauer untersuchte Erscheinung **natürliche Radioaktivität**. Die emittierten Teilchen sind entweder **α- oder β-Teilchen**. Die α-Teilchen konnten sehr bald als zweifach positiv geladene Atomkerne des Heliums erkannt werden, die β-Teilchen als schnelle Elektronen.

48.1 Der α-Zerfall der schweren Kerne

Wie mehrfach hervorgehoben, nimmt die Stabilität der Kerne mit zunehmender Größe immer mehr ab. Dies ist aus dem Abfall der Bindungsenergie je Nukleon mit zunehmender Massenzahl (Bild 47.1) zu erklären. Noch deutlicher wird das, wenn man die Bindungsenergie der letzten 30 Nukleonen berechnet, die vom Blei $^{208}_{82}Pb$ an bis zum Uran $^{238}_{92}U$ in den Kern eingebaut werden. Wie man aus dem Massendefekt errechnet, beträgt die Bindungsenergie des $^{208}_{82}Pb$ 1650 MeV und die des $^{238}_{92}U$ 1809 MeV. Von diesem Zuwachs der Bindungsenergie um 159 MeV entfällt also auf eines der 30 Nukleonen der Betrag von 5,3 MeV. Vier solcher Nukleonen können nun zusammen innerhalb des Kerns ein α-Teilchen $^{4}_{2}He$ bilden, wobei eine Bindungsenergie von $4 \cdot 5{,}3\,\text{MeV} = 21{,}2\,\text{MeV}$ frei würde. Wird dagegen ein α-Teilchen außerhalb des Kerns gebildet, so wird, wie in Abschnitt 47.4 gezeigt, eine Bindungsenergie von 28,3 MeV frei. Es besteht somit die Möglichkeit, dass sich innerhalb der schweren Kerne α-Teilchen bilden, die bei ihrem Freiwerden aus dem Kern eine Energie von $(28{,}3 - 21{,}2)\,\text{MeV} = 7{,}1\,\text{MeV}$ gewinnen. In der Tat führt die zu geringe Bindungsenergie der letzten Nukleonen in einem schweren Kern zur Emission eines α-Teilchens mit einer Energie, die mit der hier berechneten recht gut übereinstimmt. Durch eine entsprechende Rechnung lässt sich leicht zeigen, dass α-Strahlung bei Kernen unterhalb $A = 210$ nicht mehr möglich ist.

Durch Abgabe eines α-Teilchens verringert der zurückbleibende Kern seine Massenzahl um 4 und seine Kernladungszahl um 2.

Der neu entstandene Kern rutscht damit gegenüber dem radioaktiven Ausgangskern im Periodensystem um zwei Plätze zurück. Ist $^{A}_{Z}K_a$ der *Ausgangskern* und K_e der *Endkern*, so lautet demnach die Reaktionsgleichung für den α-Zerfall

$$^{A}_{Z}K_a \rightarrow \, ^{A-4}_{Z-2}K_e + \, ^{4}_{2}\alpha \qquad (\textit{Beispiel: } ^{238}_{92}U \rightarrow \, ^{234}_{90}Th + \, ^{4}_{2}\alpha). \tag{1}$$

Der zuvor beschriebene Sachverhalt, wonach die α-Teilchen nur mit einer Energie von 7,1 MeV ausgestoßen werden, ist mit den Anschauungen der klassischen Physik nicht zu erklären. Jeder Atomkern lässt sich modellmäßig durch einen **Energietopf** oder **Potentialtopf** beschreiben, der für ein außerhalb des Kerns befindliches, positiv geladenes Teilchen (Proton, α-Teilchen) mit einem *Potentialwall*, der sog. COULOMB-Barriere, umgeben ist (Bild 48.1, rechte Hälfte). Für ein neutrales Teilchen, z. B. ein Neutron, existiert dieser Wall nicht (Bild 48.1, linke Hälfte).

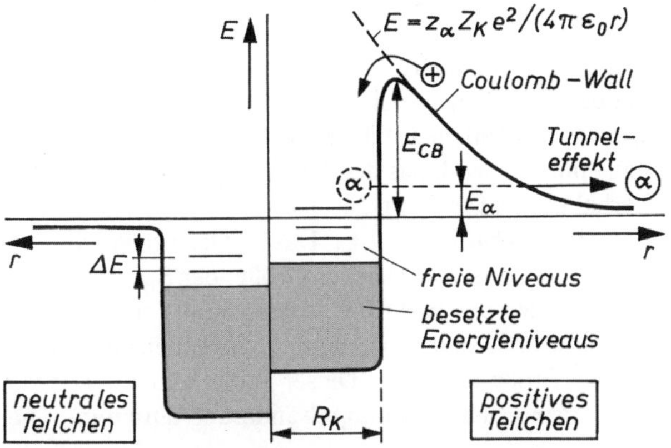

Bild 48.1. Potentialtopfmodell des Atomkerns für ein elektrisch neutrales Teilchen (links) und ein positiv geladenes Teilchen, z. B. ein α-Teilchen (rechts)

Ein auf den Atomkern zu fliegendes positiv geladenes Teilchen kann sich wegen der Abstoßung durch den ebenfalls positiv geladenen Kern erst ab einer gewissen kinetischen Energie dem Kern so weit nähern, dass es in den Bereich der abrupt einsetzenden, anziehenden *Kernkräfte* gerät und in den Potentialtopf des Kerns „hineinstürzt" und vom Kern gebunden wird. Die gleiche kinetische Energie erhält das Teilchen, wenn es über den oberen Rand des Potentialwalls aus dem Kern austritt und vergleichsweise wie eine Kugel den Hang des Potentialwalls hinabrollt. Nach dem COULOMBschen Gesetz berechnet sich diese Barrierenenergie zu $E_{CB} = zZ_K e^2/(4\pi\varepsilon_0 R_K)$ mit dem Kernradius R_K nach (47/2), z als Ladungszahl des austretenden Teilchens und Z_K als Ladungszahl des verbleibenden Restkerns. Für ein von einem $^{238}_{92}$U-Kern emittiertes α-Teilchen erhält man danach mit $z = 2$ und $Z_K = 92-2 = 90$ eine Barrierenenergie von $E_{CB} = 32,1$ MeV. Demgegenüber haben aber die ausgestoßenen α-Teilchen, wie oben gezeigt, nur eine Energie von $E_\alpha = 7,1$ MeV, was bedeutet, dass sie von einem sehr viel tieferen Niveau des Potentialwalls aus „starten". Dies ist aber nur möglich, wenn sie den Wall in der Höhe E_α „durchtunneln" (vgl. *Tunneleffekt*, Abschnitt 45.4).

48.2 Der β-Zerfall. Gammastrahlung

Kerne, die im Z, N-Diagramm (Bild 47.2) oberhalb der Stabilitätslinie liegen, weisen einen Neutronenüberschuss auf. Die Folge davon ist die Umwandlung eines Neutrons in ein Proton. Der Erhaltungssatz der Ladung fordert dann die Erzeugung einer negativen Ladung, es entsteht ein negatives Elektron (*β^--Teilchen*), das vom Kern als **β-Strahlung** ausgestrahlt wird.

Durch Abgabe eines β-Teilchens erhöht sich die Kernladungszahl um 1, während die Massenzahl unverändert bleibt.

Das entstehende stabile Isobar rutscht daher gegenüber dem instabilen im Periodensystem um einen Platz nach rechts.

Während die von den Kernen desselben radioaktiven Elements emittierten α-Teilchen sich durch eine geringe Anzahl scharf getrennter Energiewerte auszeichnen, haben die β^--Teilchen keine einheitliche Energie. Ihre kinetische Energie liegt im Intervall von null bis zu einem Maximalwert, der durch den Massenunterschied des Kerns vor und nach seinem β^--Zerfall bestimmt ist. Das Energiespektrum der β^--Strahlen ist also *kontinuierlich.* Da nun aber für ein bestimmtes radioaktives Element der Ausgangskern wie der Endkern bei der β^--Umwandlung immer dieselben sind, sollte auch stets die gleiche Energie frei werden. Diese muss dann gleich der maximalen Energie in der kontinuierlichen Energieverteilung sein.
Das Auftreten von β^--Teilchen geringerer Energie kann man nur verstehen, wenn angenommen wird, dass gleichzeitig mit den β-Teilchen noch ein weiteres Teilchen, das sog. **Elektron-Neutrino** (ν_e), ein *elektrisch neutrales* Teilchen mit der *Ruhmasse null* (oder zumindest verschwindend kleiner Ruhmasse), emittiert wird, das den Fehlbetrag an Energie aufnimmt (PAULI, 1933). Außer dem Energieerhaltungssatz sichert das Neutrino beim β-Zerfall aber gleichzeitig auch die Gültigkeit des *Drehimpulserhaltungssatzes*: Das Neutron sowie das daraus hervorgehende Proton haben je einen Drehimpuls von gleicher Größe, der Spin der Nukleonen wird also nicht geändert. Mit dem Erscheinen des Elektrons, das ebenfalls einen Spin von gleicher Größe wie die Nukleonen hat, müsste aber an den beteiligten Nukleonen eine Drehimpulsänderung von entgegengesetzt gleicher Größe auftreten. Dieser Widerspruch löst sich von selbst, wenn man annimmt, dass das Neutrino diese Drehimpulsänderung aufnimmt. Die Gleichung des β^--Zerfalls lautet somit

$$\mathrm{n} \rightarrow \mathrm{p} + \mathrm{e}^- + \overline{\nu}_\mathrm{e} \tag{2}$$

oder allgemein für einen Ausgangskern K_a und den Endkern K_e:

$$^A_Z\mathrm{K}_a \rightarrow {}_{Z+1}^{\;\;A}\mathrm{K}_e + \mathrm{e}^- + \overline{\nu}_\mathrm{e} \qquad (\textit{Beispiel: } {}^{64}_{29}\mathrm{Cu} \rightarrow {}^{64}_{30}\mathrm{Zn} + \mathrm{e}^- + \overline{\nu}_\mathrm{e}). \tag{3}$$

Dabei handelt es sich bei $\overline{\nu}_e$, wie wir später in 50.2 noch sehen werden, nicht um das Neutrino selbst, sondern um das zugehörige Antiteilchen, das *Anti-Elektron-Neutrino*, was durch den Querstrich über dem Symbol angedeutet ist. Eine Wechselwirkung von der Art (2), die den Übergang von Teilchen in Elektronen und Neutrinos bewirkt, ist ein spezieller Fall der sog. *schwachen Wechselwirkung* (s. später in 50.6).

Künstlich hergestellte radioaktive Nuklide können auch *positive* Elektronen e^+ *(Positronen)* emittieren. Dieser **β^+-Zerfall** tritt bei Kernen mit Protonenüberschuss auf (Kerne unterhalb der Stabilitätslinie in Bild 47.2). Für die Erklärung des β^+-Zerfalls könnte man geneigt sein anzunehmen, dass sich ein Proton durch Abgabe eines Positrons in ein Neutron umwandelt. Dem steht jedoch entgegen, dass die Masse des Protons kleiner ist als die des Neutrons. Vielmehr muss angenommen werden, dass *aus überschüssiger Kernenergie* ΔE nach der EINSTEINschen Masse-Energie-Beziehung (7/20) ein *Elektronenpaar*, bestehend aus einem negativen und einem positiven Elektron, sowie ein *Neutrinopaar*, bestehend aus Elektron-Neutrino ν_e und Anti-Elektron-Neutrino $\overline{\nu}_e$, gebildet wird und das Elektron sich dann mit dem Proton und dem Anti-Elektron-Neutrino gemäß Gleichung (2) mit umgekehrter Pfeilrichtung zu einem Neutron vereinigt, während das Positron und das Elektron-Neutrino vom Kern emittiert werden:

$$\mathrm{p} + \Delta E \rightarrow \mathrm{p} + \mathrm{e}^- + \mathrm{e}^+ + \overline{\nu}_\mathrm{e} + \nu_\mathrm{e} \rightarrow \mathrm{n} + \mathrm{e}^+ + \nu_\mathrm{e}. \tag{4}$$

Die Reaktionsgleichung lautet somit für den β^+-Zerfall:

$$^A_Z\mathrm{K}_a \rightarrow {}_{Z-1}^{\;\;A}\mathrm{K}_e + \mathrm{e}^+ + \nu_\mathrm{e} \qquad (\textit{Beispiel: } {}^{64}_{29}\mathrm{Cu} \rightarrow {}^{64}_{28}\mathrm{Ni} + \mathrm{e}^+ + \nu_\mathrm{e}). \tag{5}$$

Statt durch Ausstrahlung eines Positrons kann der instabile Kern auch durch *Einfangen* eines Elektrons aus der K-Schale der Atomhülle ein Proton in ein Neutron umwandeln (**Elektronen-** oder **K-Einfang**). Die ohne β^+-Strahlung erfolgende Umwandlung hat die Emission von charakteristischer Röntgenstrahlung des neu entstehenden Atoms zur Folge.

Gammastrahlung (s. Abschnitt 38.5) entsteht in Verbindung mit α- oder β-Strahlung oder mit anderen Kernprozessen. Ihre Emission verändert jedoch die Stellung des radioaktiven Kerns im Periodensystem nicht. Sie tritt auf, wenn der Atomkern nach Abgabe eines α- oder β-Teilchens in einem *angeregten Zustand* zurückbleibt, der sich vom Grundzustand durch eine höhere Energie unterscheidet. Beim Übergang des Kerns vom energiereicheren in den energieärmeren Zustand wird die Energiedifferenz in Form von γ-Strahlung abgegeben.

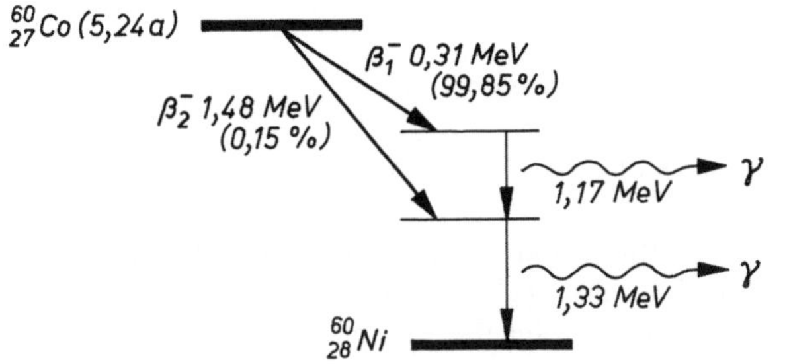

Bild 48.2. β^--Zerfallsschema des ^{60}Co

Bild 48.2 zeigt das Zerfallsschema des Radionuklids $^{60}_{27}$Co mit einer Halbwertszeit (vgl. 48.3) von 5,24 Jahren, das aus dem in der Natur vorkommenden $^{59}_{27}$Co durch Bestrahlung mit Neutronen im Kernreaktor entsteht und sich durch β^--Zerfall in $^{60}_{28}$Ni umwandelt. Es treten zwei Gruppen von β^--Teilchen auf, die zu verschiedenen Anregungsniveaus des Folgekerns $^{60}_{28}$Ni führen, aus denen dieser unter Aussendung zweier γ-Quanten unterschiedlicher Energie in den Grundzustand übergeht. Es laufen also hier zwei Zerfallsvorgänge nebeneinander her, wobei ein geringer Prozentsatz der β^--Teilchen mit erheblich größerer Energie emittiert wird.

γ-Quanten können von Atomkernen nicht nur emittiert, sondern auch *absorbiert* werden. Soll ein Proton in ein (freies) *höheres* Energieniveau des Kerns gehoben werden (s. Energietopfmodell, Bild 48.1), so muss die entsprechende Energie ΔE durch Absorption eines entsprechenden γ-Quants $\Delta E = hf$ oder auf andere Weise aufgenommen werden.

Aufgabe 48.1. Gib anhand des *Proton-Neutron-Diagramms* (Bild 47.2) und des Periodensystems der Elemente (S. 451) die Reaktionsgleichungen an, nach denen die beiden instabilen isobaren Kerne mit der Massenzahl $A = 19$ durch β-Zerfall in das entsprechende stabile Isobar übergehen!

48.3 Das Zerfallsgesetz. Spezifische Aktivität

Der radioaktive Zerfall ist *statistischer Natur*, d. h., die Kerne wandeln sich *unabhängig voneinander* mit einer bestimmten Zerfalls*wahrscheinlichkeit* um. Diese Zerfallswahrscheinlichkeit ist für alle gleichartigen Kerne gleich und bestimmt deren *mittlere Lebensdauer*. Hieraus folgt, dass der Bruchteil dN der Atomkerne eines Nuklids, die sich in einem kleinen Zeitintervall dt umwandeln, proportional zur Anzahl N der jeweils vorhandenen radioaktiven Kerne ist:

$$-\frac{\mathrm{d}N}{\mathrm{d}t} = \lambda N \qquad \text{mit } \lambda \text{ als } \textbf{Zerfallskonstante}. \tag{6}$$

Das Minuszeichen bringt zum Ausdruck, dass die Anzahl der radioaktiven Kerne mit der Zeit abnimmt. Nach Trennung der Variablen wird $\mathrm{d}N/N = -\lambda\,\mathrm{d}t$, woraus mit N_0 als der Anzahl der radioaktiven Kerne zum Zeitpunkt $t = 0$ durch Integration (in den Grenzen N_0 bis N und null bis t) folgt: $\ln(N/N_0) = -\lambda t$, d. h.

$$N = N_0\,\mathrm{e}^{-\lambda t} \qquad \textbf{(Gesetz des radioaktiven Zerfalls).} \tag{7}$$

Eine Eigenschaft dieses Exponentialgesetzes ist, dass in gleichen Zeitintervallen stets der gleiche Bruchteil an Kernen zerfällt. Man benutzt daher für die Angabe der Lebensdauer eines Radionuklids die sog. *Halbwertszeit* $T_{1/2}$:

Die Halbwertszeit ist diejenige Zeitspanne, in der jeweils die Hälfte der vorhandenen Atomkerne zerfällt.

Für sie gilt also $N = N_0/2$, womit sich aus (7) ergibt

$$T_{1/2} = \frac{\ln 2}{\lambda} = \frac{0,693}{\lambda} \qquad \textbf{(Halbwertszeit).} \tag{8}$$

Mitunter rechnet man auch mit der *mittleren Lebensdauer* $\tau_m = 1/\lambda$; sie ist ein wenig länger als die Halbwertszeit.
Die Halbwertszeiten aller bekannten Radionuklide liegen in dem sehr weiten Bereich zwischen 10^{-10} s und 10^{16} a (Jahre). Am häufigsten sind allerdings Halbwertszeiten von einigen Minuten bis zu einigen Jahren. Aus Gleichung (6) folgt für die *Zerfallskonstante* $\lambda = -(\mathrm{d}N/N)/\mathrm{d}t$, d. h.:

Die Zerfallskonstante λ gibt an, welcher Bruchteil $\mathrm{d}N/N$ einer bestimmten Anzahl N von Kernen je Sekunde zerfällt.

Zur Beurteilung der Stärke eines radioaktiven Präparats definiert man die *Aktivität A* als Anzahl der Kernzerfälle je Sekunde, d. h. mit (6) und (8)

$$A = -\frac{\mathrm{d}N}{\mathrm{d}t} = \lambda N = \frac{\ln 2}{T_{1/2}} N \qquad \textbf{(Aktivität)} \tag{9}$$

Einheit: $[A] = 1/\mathrm{s} = 1$ Becquerel (Bq).

Früher war die Einheit Curie (Ci) gebräuchlich. Ein Präparat eines beliebigen Nuklids hat die Aktivität 1 Ci, wenn sich je Sekunde $3,7 \cdot 10^{10}$ Zerfallsprozesse ereignen (entspricht etwa der Aktivität von 1 g Radium).

Da es sich bei den radioaktiven Stoffen meist um Gemische aus aktiven und stabilen Nukliden sowie Zerfallsprodukten handelt, gibt man zweckmäßigerweise die Aktivität des strahlenden Stoffes je Masseneinheit, die *spezifische Aktivität* $a = A/m = \lambda N/m$, an. Wegen $N/m = N_A/M$ mit M als molarer Masse und $N_A = 6,02 \cdot 10^{23}\ \mathrm{mol}^{-1}$ als molarer Teilchenzahl (AVOGADRO-Konstante, vgl. 18.2) ist

$$a = \frac{A}{m} = \frac{\lambda N_A}{M} = \frac{\ln 2}{T_{1/2}} \frac{N_A}{M} \qquad \textbf{(spezifische Aktivität)} \tag{10}$$

Einheit: $[a] = 1$ Bq/kg.

Beispiele: *1.* Welcher Bruchteil einer bestimmten Menge Radium ($T_{1/2} = 1590\ \mathrm{a} = 5 \cdot 10^{10}$ s) zerfällt in hundert Jahren? – *Lösung:* Der Bruchteil $\mathrm{d}N/N$, der je Sekunde zerfällt, ist durch die Zerfallskonstante λ gegeben; diese beträgt nach (8) für das Radium $\lambda \approx 1,38 \cdot 10^{-11}\ \mathrm{s}^{-1}$. Bezogen auf $100\ \mathrm{a} \approx 3 \cdot 10^9$ s erhält man somit $1,38 \cdot 10^{-11} \cdot 3 \cdot 10^9 \approx 0,04$, entsprechend 4%.

2. GEIGER-MÜLLER-Zählrohre haben auch beim Fehlen eines radioaktiven Präparats einen bestimmten *Pegel*, der durch kosmische Strahlung und radioaktive Verunreinigungen hervorgerufen wird *(Nulleffekt)*. Welcher Menge *Radon* (gasförmiges Zerfallsprodukt des Radiums) entspricht ein Pegel von 1 Impuls in 5 Sekunden? Spezifische Aktivität von Radon: $a = 5,7 \cdot 10^{18}$ Bq/kg. – *Lösung:* Die Aktivität beträgt

nach (9) $A = 1/(5\,\mathrm{s}) = 0{,}2\,\mathrm{Bq}$, das entspricht nach (10) der Aktivität von $m = 0{,}2/(5{,}7 \cdot 10^{18})\,\mathrm{kg} = 3{,}5 \cdot 10^{-20}\,\mathrm{kg}$ Radon.

3. Die Halbwertszeit des Nuklids $^{60}_{27}\mathrm{Co}$ beträgt $5{,}3\,\mathrm{a}$. Wie groß ist die Aktivität einer Cobalt-60-Quelle von anfänglich $0{,}8\,\mathrm{GBq}$ nach 2 Jahren? – *Lösung:* Aus dem Zerfallsgesetz (7) folgt wegen (9) $A = A_0\,\mathrm{e}^{-\lambda t}$. Mit (8) $\lambda = 0{,}693/(1{,}67 \cdot 10^8\,\mathrm{s}) = 4{,}15 \cdot 10^{-9}\,\mathrm{s}^{-1}$, $A_0 = 0{,}8 \cdot 10^9\,\mathrm{Bq}$ und $t = 6{,}3 \cdot 10^7\,\mathrm{s}$ erhält man $A = 0{,}6\,\mathrm{GBq}$.

4. Altersbestimmung. Das Mengenverhältnis von in der festen Erdkruste vorhandenem natürlichen Uran ($T_{1/2} = 4{,}5 \cdot 10^9\,\mathrm{a}$) und daraus durch eine Reihe von Zerfallsprozessen entstandenem stabilen Blei beträgt $N_{\mathrm{Pb}}/N_{\mathrm{U}} = 0{,}85$. Berechne das Alter der Erdrinde! – *Lösung:* Das Uran zerfällt nach der Gleichung (7) $N_{\mathrm{U}} = N_{\mathrm{U0}}\,\mathrm{e}^{-\lambda t}$, wobei für jeden Zeitpunkt $N_{\mathrm{U0}} = N_{\mathrm{U}} + N_{\mathrm{Pb}}$ ist. Durch Umstellung nach der Zeit erhält man daraus $t = (1/\lambda)\ln(1 + N_{\mathrm{Pb}}/N_{\mathrm{U}})$. Nach (8) errechnet sich mit $T_{1/2} = 1{,}42 \cdot 10^{17}\,\mathrm{s}$ die Zerfallskonstante zu $\lambda = 4{,}88 \cdot 10^{-18}\,\mathrm{s}^{-1}$, womit das Alter $t = 1{,}26 \cdot 10^{17}\,\mathrm{s} = 4$ Milliarden Jahre folgt.

Aufgabe 48.2. Wie viel von 1 Million Polonium-Atomen zerfallen in 24 Stunden? Die Halbwertszeit des Po beträgt 138 d (Tage).

48.4 Radioaktive Zerfallsreihen und radioaktives Gleichgewicht

In vielen Fällen bildet sich als Produkt einer radioaktiven Umwandlung wieder ein Radionuklid. Aus den natürlichen strahlenden Substanzen *Uran* und *Thorium* leiten sich so ganze *Zerfallsreihen* aufeinander folgender instabiler Nuklide ab, bevor ein stabiles Nuklid entsteht, mit dem die Zerfallsreihe endet.

Die überwiegende Mehrzahl der 45 natürlichen radioaktiven Elemente gehört zu *vier* Zerfallsreihen, von denen drei mit dem stabilen Blei $^{207}_{82}\mathrm{Pb}$ enden. Die am längsten bekannte ist die **Uran-Radium-Reihe**, die mit dem α-Zerfall des $^{238}_{92}\mathrm{U}$ mit einer Halbwertszeit von $T_{1/2} = 4{,}5 \cdot 10^9\,\mathrm{a}$ beginnt und nach vier weiteren Zerfällen das *Radium* erreicht, welches ebenfalls α-aktiv ist und weiter zerfällt. Die Massenzahlen der Vertreter dieser Reihe ergeben sich aus $A = 4n + 2$ mit $n = 59 \ldots 51$. Die **Uran-Actinium-Reihe** ($A = 4n + 3$ mit $n = 58 \ldots 51$) beginnt mit dem Uranisotop $^{235}_{92}\mathrm{U}$ ($T_{1/2} = 7{,}04 \cdot 10^8\,\mathrm{a}$). Bei der **Thorium-Reihe** ($A = 4n$ mit $n = 58 \ldots 52$) ist Ausgangsnuklid $^{232}_{90}\mathrm{Th}$ mit $T_{1/2} = 1{,}39 \cdot 10^{10}\,\mathrm{a}$. Die vierte Zerfallsreihe mit $A = 4n + 1$ und $n = 60 \ldots 52$ geht aus dem künstlich hergestellten **Neptunium** ($T_{1/2} = 2{,}2 \cdot 10^6\,\mathrm{a}$) hervor und endet beim $^{209}_{83}\mathrm{Bi}$.

Im Uranerz, das sich seit Jahrmilliarden in der Erdkruste befindet, kommen sämtliche Glieder einer Zerfallsreihe vor. Dabei sind Elemente mit großen Halbwertszeiten in größerer Menge vorhanden als solche mit kleineren Halbwertszeiten, da letztere schneller zerfallen. Aber selbst wenn die Halbwertszeit noch so kurz ist, wird stets ein wenig von der Substanz vorhanden sein, da durch Umwandlung ihrer langlebigen Muttersubstanz ständig wieder neue Tochternuklide gebildet werden. Es stellt sich so im Laufe der Zeit ein *Gleichgewicht* derart ein, dass *je Zeiteinheit ebenso viele Tochterkerne neu gebildet werden wie im gleichen Zeitraum zerfallen.* Die Aktivitäten (9) von Mutter- und Tochtersubstanz müssen daher im Gleichgewicht gleich sein: $\lambda_1 N_1 = \lambda_2 N_2$ bzw. $N_1/N_2 = (T_{1/2})_1/(T_{1/2})_2$. Da die Teilchenzahl N über die Stoffmenge $n = m/M$ mit der Molmasse M durch die Beziehung $N = nN_{\mathrm{A}} = mN_{\mathrm{A}}/M$ verknüpft ist (N_{A} AVOGADRO-Konstante), gilt

$$\frac{n_1}{n_2} = \frac{(T_{1/2})_1}{(T_{1/2})_2} \quad \text{oder} \quad \frac{m_1}{m_2} = \frac{M_1 (T_{1/2})_1}{M_2 (T_{1/2})_2} \quad \textbf{(radioaktives Gleichgewicht).} \tag{11}$$

Die im radioaktiven Gleichgewicht vorhandenen Mengen verschiedener Nuklide verhalten sich zueinander wie die entsprechenden Halbwertszeiten.

Aufgabe 48.3. Wie viel Radium ($T_{1/2(\mathrm{Ra})} = 1590\,\mathrm{a}$) enthält 1 kg natürliches Uran ($T_{1/2(\mathrm{U})} = 4{,}5 \cdot 10^9\,\mathrm{a}$)?

48.5 Dosimetrie und biologische Wirkung ionisierender Strahlung

Den Strahlen radioaktiver Stoffe (α-, β- und γ-Strahlen) sowie Neutronen und auch Röntgenstrahlen ist gemeinsam, im durchstrahlten Stoff *Ionen* zu bilden, wodurch sie in diesem *physikalische, chemische* und *biologische Wirkungen* hervorrufen. Dabei hat man zwischen **direkt** und **indirekt** ionisierenden Strahlungen zu unterscheiden. Erstere sind *geladene* Teilchen (Elektronen, Protonen, α-Teilchen u. a.), deren kinetische Energie ausreicht, um im Stoff Ionisation durch Stoß zu bewirken, letztere sind *ungeladene* Teilchen oder Quanten (Neutronen, Photonen), die im Stoff direkt ionisierende Teilchen (z. B. Sekundärelektronen) freisetzen oder eine Kernumwandlung einleiten können.

Das wichtigste Messverfahren der Dosimetrie beruht auf der Messung der Ionisation von Gasen, insbesondere von Luft. Ist $\mathrm{d}Q_\mathrm{L}$ die Summe aller *durch Photonenstrahlung* (Röntgen- und Gammastrahlung) in einem Luftvolumen $\mathrm{d}V$ (Dichte ϱ_L) der Masse $\mathrm{d}m_\mathrm{L} = \varrho_\mathrm{L}\,\mathrm{d}V$ gebildeten Ionenladungen eines Vorzeichens, so definiert man als Messgröße die **Ionendosis**

$$J = \frac{\mathrm{d}Q_\mathrm{L}}{\mathrm{d}m_\mathrm{L}} = \frac{1}{\varrho_\mathrm{L}}\frac{\mathrm{d}Q_\mathrm{L}}{\mathrm{d}V}; \qquad \textit{Einheit:}\quad 1\ \mathrm{C/kg} = 1\ \mathrm{A\,s/kg} \tag{12}$$

(frühere, SI-fremde Einheit: 1 R ö n t g e n (R) = $2{,}58 \cdot 10^{-4}$ C/kg). Die Größe $\dot{J} = \mathrm{d}J/\mathrm{d}t$ (*Einheit:* 1 A/kg) ist die **Ionendosisleistung**.

Ist andererseits $\mathrm{d}E$ die Energie, die durch ionisierende Strahlung infolge Absorption einem Massenelement $\mathrm{d}m = \varrho\,\mathrm{d}V$ eines *beliebigen* Stoffes der Dichte ϱ zugeführt wird, so beträgt die für alle Strahlenarten definierte **Energiedosis**

$$D = \frac{\mathrm{d}E}{\mathrm{d}m} = \frac{1}{\varrho}\frac{\mathrm{d}E}{\mathrm{d}V}; \qquad \textit{Einheit:}\quad 1\ \mathrm{J/kg} = 1\ \mathrm{G\,r\,a\,y\ (Gy)} \tag{13}$$

(frühere, SI-fremde Einheit: 1 R a d (rd) = 10^{-2} Gy). Die je Sekunde auf den Körper übertragene Energiedosis ist die **Energiedosisleistung**

$$\dot{D} = \frac{\mathrm{d}D}{\mathrm{d}t}; \qquad \textit{Einheit:}\quad 1\ \mathrm{W/kg} = 1\ \mathrm{Gy/s}.$$

Energiedosis D und Ionendosis J lassen sich durch die Beziehung

$$D = fJ \qquad \text{mit dem } \textbf{Ionisierungsäquivalent } f \tag{14}$$

ineinander umrechnen. f ist wegen der unterschiedlichen Ionisierungsarbeit vom jeweiligen Stoff und von der Energie der Röntgen- bzw. Gammaquanten abhängig und muss aus Tabellen entnommen werden.

Die **biologische Wirkung** ionisierender Strahlung wird nicht allein durch die Energiedosis (13), sondern maßgeblich auch durch die *Strahlungsart* bestimmt. So rufen bei gleicher Energiedosis schwere geladene Teilchen und Neutronen im gleichen biologischen Material wesentlich stärkere biologische Wirkungen hervor als Elektronen- oder Röntgen- und Gammastrahlung. Für die Belange des *Strahlenschutzes* wurde daher zur Beurteilung des Strahlenrisikos die **Äquivalentdosis**

$$H = QD \qquad \text{mit dem } \textbf{Qualitätsfaktor } Q \tag{15}$$

eingeführt. Die dimensionslosen Q-Faktoren sind entsprechenden Tabellen zu entnehmen (z. B. $Q = 1$ für Röntgen- und Gammastrahlung sowie Betastrahlung, $Q = 3 \ldots 5$ für langsame Neutronen, $Q = 10$ für Alphastrahlung sowie schnelle Neutronen und Protonen). Die Äquivalentdosis H hat dieselbe Dimension wie die Energiedosis D. Um jedoch deutlich zu machen, dass es sich um unterschiedliche physikalische Größen handelt, wurde für die Äquivalentdosis H die eigene SI-Einheit S i e v e r t (Sv) eingeführt. Gleichung (15) schreibt man daher besser in der Form $H/\text{Sv} = QD/\text{Gy}$. Man definiert:

1 S i e v e r t (Sv) ist diejenige Äquivalentdosis der betreffenden Strahlung, welche die gleiche biologische Wirkung hervorruft wie 1 Gy Röntgenstrahlung der Quantenenergie 0,2 MeV, d. h. $Q = 1$ Sv/Gy für 0,2-MeV-Röntgenstrahlung.

Für den Menschen liegt die *untere Gefährdungsgrenze* bei einmaliger Bestrahlung bei $H_{\text{max}} = 0{,}25$ Sv, die absolut *tödliche Dosis* bei 6...8 Sv. Bei ständiger Arbeit unter Einwirkung ionisierender Strahlung sollte die Äquivalentdosisleistung $\dot{H} = Q\dot{D}$ unter $2{,}8 \cdot 10^{-5}$ Sv/h $\approx 0{,}008$ µW/kg gehalten werden.
So wie die Intensität einer punktförmigen Lichtquelle nimmt auch die durch eine punktförmige Gammastrahlenquelle bewirkte Ionendosis (12) mit dem Quadrat des Abstandes r von der Quelle ab. Ist A die Aktivität (9) der Strahlenquelle, so gilt bei Vernachlässigung der Luftabsorption

$$J = \Gamma\frac{At}{r^2} \quad \text{bzw.} \quad \dot{J} = \Gamma\frac{A}{r^2}. \tag{16}$$

Hierbei ist Γ die vom Strahler abhängige **spezifische Gammastrahlenkonstante** (*Einheit:* 1 C m²/kg), die aus Tabellen zu entnehmen ist. Das Produkt $f\Gamma$ bzw. $Qf\Gamma$ ist die **Dosisleistungskonstante** Γ_D bzw. Γ_H, *Einheit:* Gy m²/(s Bq) bzw. Sv m²/(s Bq). Sie dient nach (14), (15) und (16) der Berechnung der Energie- bzw. Äquivalentdosisleistung $\dot{D} = \Gamma_D A/r^2$ bzw. $\dot{H} = \Gamma_H A/r^2$, die eine Strahlenquelle der Aktivität A im Abstand r in einem Stoff erzeugt.
Befindet sich zwischen Strahlenquelle und Messstelle eine Absorberschicht der Dicke d, die nach dem Schwächungsgesetz (44/29) die ursprüngliche Strahlungsintensität ψ_0 um den **Schwächungsfaktor** $k = \psi/\psi_0 = e^{-\mu d}$ (μ Schwächungskoeffizient des Absorbermaterials) herabsetzt, so gilt anstelle von (16) $\dot{J} = k\Gamma A/r^2$, und die Äquivalentdosisleistung errechnet sich mit (14) und (15) zu

$$\dot{H} = kQf\Gamma\frac{A}{r^2} \quad \textbf{(Äquivalentdosisleistung im Abstand } r \textbf{ von der Strahlenquelle).} \tag{17}$$

Beispiele: *1.* Im Abstand von 2,50 m von einer (punktförmig angenommenen) Cobalt-60-Strahlenquelle mit einer Aktivität von 400 MBq befindet sich ein Arbeitsplatz. Zur Beurteilung der Strahlengefährdung ist die von der Strahlenquelle in Muskelgewebe erzeugte Äquivalentdosis für einen Arbeitstag (6 h) zu berechnen. Aus Tabellen entnimmt man: $f \approx 37$ Gy/(C kg^{-1}) für Muskel, $Q = 1$ für Gammastrahlung und $\Gamma = 2{,}56 \cdot 10^{-18}$ C m²/kg für das Nuklid Co 60. – *Lösung:* Mit $k \approx 1$ (keine Abschirmung) errechnet sich aus (17) die Äquivalentdosisleistung zu $\dot{H} = 6{,}1 \cdot 10^{-9}$ Sv/s. In $t = 6$ h $= 21\,600$ s ergibt dies eine Äquivalentdosis von $H = \dot{H}t = 0{,}132$ mSv.

2. In einem Strahlenschutzbehälter aus Blei mit 3 cm Wandstärke befindet sich eine Iridium-192-Strahlenquelle. Mit einem Dosimeter wird im Abstand 1 m vom geschlossenen Behälter in 6 Tagen eine Ionendosis J von 0,26 µC/kg gemessen. Wie groß ist die Aktivität des radioaktiven Präparats? Der Schwächungskoeffizient von Blei beträgt für die betreffende Strahlung $\mu = 1{,}1$ cm^{-1} und die Gammastrahlenkonstante $\Gamma = 1{,}06 \cdot 10^{-18}$ C m²/kg. – *Lösung:* Aus (16) folgt bei Berücksichtigung des Schwächungsfaktors $k = e^{-\mu d}$, analog zu Gleichung (17), mit $t = 51{,}84 \cdot 10^4$ s:

$$J = k\Gamma\frac{At}{r^2}; \qquad A = \frac{Jr^2}{\Gamma t}e^{\mu d} = 12{,}8\ \text{MBq}.$$

Aufgabe 48.4. Wie groß ist die Dosisleistung in einer Entfernung von 0,4 m von der Quelle, wenn in 1,0 m Entfernung 2,5 mGy/h gemessen werden? Die Quelle ist annähernd punktförmig.

Aufgabe 48.5. Entscheide, ob bei einem Grenzwert der Äquivalentdosis von 0,05 Sv der Arbeitsplatz in Beispiel *1* bei 30 h Arbeitszeit je Woche über 1 Jahr strahlengefährdet ist!

49 Künstliche Kernumwandlungen

49.1 Arten künstlicher Kernumwandlungen

Die erste *künstliche* Kernumwandlung wurde 1919 von RUTHERFORD entdeckt. Er wies nach, dass sich durch Beschuss von Stickstoffatomen mit energiereichen α-Teilchen der Stickstoffkern bei Abgabe eines Protons in einen Sauerstoffkern umwandelt:

$$^{14}_{7}\mathrm{N} + {}^{4}_{2}\alpha \rightarrow {}^{17}_{8}\mathrm{O} + {}^{1}_{1}\mathrm{p} \tag{1}$$

oder in einfacherer Schreibweise

$$^{14}_{7}\mathrm{N}(\alpha, \mathrm{p})^{17}_{8}\mathrm{O}$$

(hier steht links in der Klammer das eingeschossene, rechts das emittierte Teilchen). Die Kernumwandlung vollzieht sich dabei so, dass zunächst das anregende Teilchen, wenn seine Energie zur Überwindung des Potentialwalls des Kerns groß genug ist, vom Atomkern eingefangen wird. Es bildet sich ein **Zwischenkern** (im vorliegenden Fall $^{18}_{9}\mathrm{F}$), der instabil ist, weswegen er seinen Zustand in äußerst kurzer Zeit (etwa 10^{-12} s) ändert. Für die Umbildung des Zwischenkerns in den Endkern bestehen nun mehrere Möglichkeiten:

1. Das eingeschossene Teilchen a (oder ein bereits im Kern enthaltenes gleichartiges Teilchen) wird vom Kern mit gleicher Energie wieder emittiert, jedoch in einer Richtung, die im Allgemeinen von der des eintretenden Teilchens abweicht. In Analogie zum Stoß zweier elastischer Kugeln wird dieser Prozess als **elastische Kernstreuung** bezeichnet. Die Kernreaktion ist vom Typ $\mathrm{K_a}(\mathrm{a}, \mathrm{a})\mathrm{K_e}$ mit $\mathrm{K_a}$ als Ausgangskern *(Targetkern)* und $\mathrm{K_e}$ als Endkern.
2. Der Zwischenkern emittiert das gleiche Teilchen bzw. ein Teilchen gleicher Sorte, das er absorbiert hat, aber ein Teil der kinetischen Energie bleibt im Kern zurück. Der Kern wird dadurch „angeregt". Diese Anregungsenergie wird als γ-Strahlung emittiert **(unelastische Kernstreuung)**. Diese Reaktion ist vom Typ $\mathrm{K_a}(\mathrm{a}, \mathrm{a}')\mathrm{K_e}$, wobei a′ eine geringere Energie hat als a.

Die beiden Arten von Kernstreuungen stellen keine Kernumwandlungen im eigentlichen Sinne dar, da Ausgangs- und Endkern identisch sind. Anders verlaufen jene Reaktionen, bei denen das eingeschossene Teilchen im Zwischenkern verbleibt und andere Teilchensorten emittiert werden. Dabei unterscheidet man die folgenden beiden Fälle:

3. Der Zwischenkern emittiert ein anderes Teilchen als das eingeschossene. Der hoch angeregte Kern sendet häufig außerdem noch γ-Strahlung aus. Diese Kernreaktion ist vom Typ $\mathrm{K_a}(\mathrm{a}, \mathrm{b})\mathrm{K_e}$ und heißt **Austauschreaktion**. Ein Beispiel dafür ist die erste künstliche Kernumwandlung (1).
4. Der Zwischenkern emittiert kein Teilchen, sondern lediglich γ-Strahlung. Das eingefangene Teilchen wird in den Kern eingebaut (**Einfangreaktion** $\mathrm{K_a}(\mathrm{a}, g)\mathrm{K_e}$). *Beispiel:* Der Neutronen-Einfang durch Cadmium-Regelstäbe im Kernreaktor $^{113}_{48}\mathrm{Cd}(\mathrm{n}, g)^{114}_{48}\mathrm{Cd}$ (stabil).

Bei diesen Reaktionen kann auch aus dem kurzlebigen Zwischenkern ein instabiler, erst nach einer messbaren mittleren Lebensdauer zerfallender Kern entstehen. Wegen der Verwandtschaft dieses Vorgangs mit der natürlichen Radioaktivität wird dieser Prozess als **künstliche Radioaktivität** bezeichnet. Sie wurde 1934 von dem Forscherehepaar IRÈNE und FRÉDÉRIC JOLIOT-CURIE entdeckt.

5. Schließlich sei vermerkt, dass auch durch γ-Strahlung Kernumwandlungen hervorgerufen und dabei Kernteilchen aus dem Kern herausgeschleudert werden können. Man spricht von **Kernphotoeffekt** $\mathrm{K_a}(g, \mathrm{b})\mathrm{K_e}$, gewissermaßen als Umkehrung der Einfangreaktion 4. *Beispiel:* $^{2}_{1}\mathrm{D}(g, \mathrm{n})^{1}_{1}\mathrm{H}$ (D Deuterium).

Weitere, besonders wichtige Kernreaktionen sind die **Kernspaltung** und die **Kernfusion**. Sie werden in Abschnitt 49.3 und 49.5 gesondert behandelt.

Im Allgemeinen reichen für die Erzeugung von gezielten Kernumwandlungen sowohl die Ausbeuten als auch die Energien der natürlichen Strahlenquellen (z. B. α-Teilchen mit etwa 8 MeV) bei weitem nicht aus, sondern es ist für ausgedehnte und systematische Untersuchungen notwendig, *Kerngeschosse* verschiedener Art, wie α-Teilchen, Deuteronen, Tritonen, Protonen und Neutronen, mit hohen Energien künstlich zu erzeugen. Diesem Zweck dienen die **Teilchenbeschleuniger** (Linear- bzw. Kreisbeschleuniger, je nachdem, ob die Teilchen während ihrer Beschleunigung geradeaus fliegen oder auf kreis- bzw. spiralförmigen Bahnen geführt werden; vgl. *Zyklotron* und *Synchrotron* in Abschnitt 28.7).

49.2 Massen- und Energiebilanz von Kernreaktionen. Wirkungsquerschnitt

Wie bei chemischen Reaktionen unterscheidet man auch bei den Kernreaktionen zwischen *exo-* und *endothermen* Reaktionen. Sind m_1 und m_2 die Massen der Reaktionspartner (Ausgangskern und Stoßteilchen) und m_1' und m_2' die Massen der Reaktionsprodukte (Endkern und emittiertes Teilchen einschließlich γ-Quanten), ist weiterhin E die kinetische Energie der Kerne vor der Reaktion und E' die kinetische Energie der Kerne einschließlich Strahlungsenergie nach der Reaktion, so muss nach dem Energiesatz gelten

$$m_1 + m_2 + \frac{E}{c^2} = m_1' + m_2' + \frac{E'}{c^2} \tag{2}$$

(c Vakuum-Lichtgeschwindigkeit). Daraus ergibt sich für die Energietönung der Reaktion

$$Q = E' - E = [(m_1 + m_2) - (m_1' + m_2')]\, c^2 \quad \textbf{(Reaktionsenergie).} \tag{3}$$

Die Reaktion ist **exotherm** für $Q > 0$ und **endotherm** für $Q < 0$.

Beispiele: *1.* ${}^7_3\mathrm{Li} + {}^1_1\mathrm{H}$ (Proton) $\rightarrow 2\,{}^4_2\mathrm{He} + Q$. – Die rechte Seite hat, wie man anhand von Tabellenwerten für die Kern- bzw. Teilchenmassen errechnet, eine um 0,0187 u (u $= 1{,}66 \cdot 10^{-27}$ kg atomare Masseneinheit) zu kleine Masse, was nach (47/4) einer Energie von 17,4 MeV entspricht, die in Form von kinetischer Energie E' der beiden entstehenden α-Teilchen frei wird. Zu berücksichtigen ist noch die kinetische Energie von $E = 0{,}4$ MeV, die aufzuwenden ist, damit das Proton in den Kern eindringen kann. Es ist also hier $Q = 17{,}0$ MeV (exotherm).

2. ${}^7_3\mathrm{Li} + {}^1_1\mathrm{H} \rightarrow {}^7_4\mathrm{Be} + \mathrm{n} + Q$. – Experimentell wurde festgestellt, dass die Energie E des Protons mindestens 1,76 MeV betragen muss, während die des Neutrons E' nur 0,16 MeV beträgt, d. h., nach (3) ist $Q < 0$ (endotherm). Folglich muss die Summe der Massen auf der linken Seite um 0,0017 u kleiner sein als die auf der rechten, womit die Masse des instabilen Be-Kerns berechnet werden kann (wichtige *Methode zur Bestimmung von Kernmassen* ohne Massenspektrograph).

Wirkungsquerschnitt. Nur ein kleiner Bruchteil der Kerngeschosse löst die gewünschte Kernreaktion aus, bei geladenen Teilchen meist nur eins von 10^4 bis 10^7 Geschossen. Wegen der Kleinheit der Kerne sind direkte Treffer sehr selten. Als Maß für die *Ausbeute* von Kernreaktionen definiert man den *Wirkungsquerschnitt* σ als Anzahl der herbeigeführten Kernreaktionen (Treffer) bezogen auf die Schusszahl je m² Querschnittsfläche *(Trefferwahrscheinlichkeit)*. Sind z. B. 10 Schuss auf eine Scheibe von 1 cm² nötig, um einen Treffer zu erzielen, so ist $\sigma = 1\,\text{Treffer}/(10\,\text{Schuss/cm}^2) = 1\,\text{Treffer}/(10^5\,\text{Schuss/m}^2) = 10^{-5}\,\text{m}^2$. Das ist diejenige Querschnittsfläche, die ein (hier auf 1 cm² Querschnitt vergrößert gedachter) Kern einem auf ihn gerichteten Geschossstrom effektiv entgegenstellt, um eine Kernreaktion auszulösen. Maßgebend ist also nicht der wirkliche Querschnitt des Kerns, sondern sein Wirkungsquerschnitt σ, der ganz davon abhängt, wie viele der aufgeschossenen Teilchen wirklich zu einer Reaktion führen.

Der Wirkungsquerschnitt ist ein Maß für die Wahrscheinlichkeit, dass ein aufgeschossenes Teilchen eine bestimmte Reaktion auslöst.

Ist N die Anzahl der im Volumen V enthaltenen Atome, z die Anzahl der auftreffenden Teilchen und Δz die Teilchenzahl, die in der Schichtdicke Δx Reaktionen auslöst, so gilt

$$\sigma = \frac{V\Delta z}{zN\Delta x} \quad \textbf{(Wirkungsquerschnitt).} \qquad (4)$$

σ ist von der Energie der Stoßteilchen und der Art der Kernumwandlung abhängig und liegt meist zwischen 10^{-28} und 10^{-31} m². Eine häufig verwendete SI-fremde Einheit für σ ist das Barn (b): $1\,\text{b} = 10^{-28}\,\text{m}^2 = 100\,\text{fm}^2$.
Je nach Art der erzielten Wirkung spricht man im Einzelnen vom *Streuquerschnitt* σ_S, *Einfangquerschnitt (Absorptionsquerschnitt)* σ_A, *Spaltquerschnitt* σ_F usw. Der **totale Wirkungsquerschnitt** σ_T gibt dann die Wahrscheinlichkeit dafür an, dass das Teilchen auf irgendeine Weise mit dem Kern reagiert, und ist gleich der Summe $\sigma_T = \sigma_S + \sigma_A + \sigma_F$.

49.3 Kernspaltung. Gewinnung von Kernspaltungsenergie

Eine Kernreaktion ganz anderer Art als die in Abschnitt 49.1 beschriebenen ist die 1938/39 von HAHN, STRASSMANN und MEITNER entdeckte **Kernspaltung**. Auf der Suche nach Transuranen fanden sie, dass der einem Neutronenbeschuss ausgesetzte Kern des $^{235}_{92}$U in zwei meist ungleich schwere Teile zerfällt und dabei mehrere weitere Neutronen frei werden (Bild 49.1). Stellt man sich den Atomkern als Flüssigkeitstropfen vor (*Tröpfchenmodell*, vgl. 47.7), so gerät dieser beim Eindringen eines Neutrons zunächst in Kapillarschwingungen, bei denen er eine lang gestreckte Form annimmt. Infolge der überhand nehmenden COULOMBschen Abstoßung

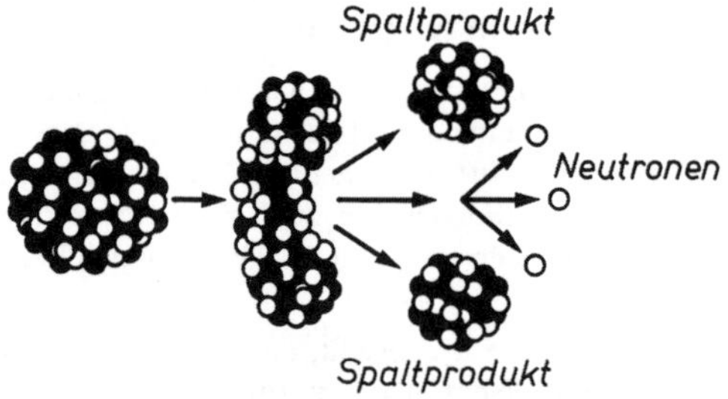

Bild 49.1. Spaltung eines schweren Atomkerns: Der ursprünglich kugelförmige Kern„tropfen“ gerät durch das Eindringen des Neutrons in pulsierende Schwingungen und schnürt sich schließlich in zwei ungleich große Teile ab.

der Protonen des stark deformierten Kerntropfens schnürt sich dieser etwa in der Mitte ab, und beide Bruchstücke fliegen mit großer kinetischer Energie auseinander. Beim Uran 235 genügt zur Auslösung des Spaltungsvorgangs bereits die Bindungsenergie eines eingeschossenen Neutrons von etwa 7 MeV, ja, sie übertrifft sogar die Deformationsenergie. Deshalb braucht das Neutron keine weitere kinetische Energie für diesen Spaltungsprozess mitzubringen.
Drei der vielen Möglichkeiten der Spaltung eines U-235-Kerns zeigen die folgenden Beispiele:

$$\begin{aligned} &\text{n} + {}^{235}_{92}\text{U} \rightarrow {}^{140}_{55}\text{Cs}^* + {}^{94}_{37}\text{Rb}^* + 2\text{n} \\ &\text{n} + {}^{235}_{92}\text{U} \rightarrow {}^{145}_{56}\text{Ba}^* + {}^{88}_{36}\text{Kr}^* + 3\text{n} \\ &\text{n} + {}^{235}_{92}\text{U} \rightarrow {}^{145}_{57}\text{La}^* + {}^{87}_{35}\text{Br}^* + 4\text{n} \end{aligned} \qquad (5)$$

Der Stern (*) an den Symbolen der bei der Spaltung entstehenden Tochterkerne deutet an, dass diese stets radioaktiv sind; denn mit den bei der Spaltung frei werdenden Neutronen ist der

Neutronenüberschuss noch nicht beseitigt, weshalb die Bruchstücke häufig Ausgangspunkt einer kleinen β^--aktiven Zerfallsreihe sind. Außerdem geben sie einen Teil ihrer Energie in Form von γ-Strahlung ab. Die meisten der bei der Spaltung frei werdenden Neutronen haben eine Energie von etwa 0,7 MeV, bei vielen reicht sie auch bis zu mehreren MeV, womit sie selbst wieder neue Kerne spalten können.
Derartige Spaltungsprozesse werden in den **Kernreaktoren** zur Erzeugung von *Kernenergie* ausgenutzt. Da, wie aus Bild 47.1 hervorgeht, die schweren, spaltbaren Kerne eine Bindungsenergie je Nukleon von etwa 7 MeV und die mittelschweren Spaltprodukte dagegen eine solche von etwa 8 MeV haben, wird bei der Spaltung eines schweren Kerns in zwei mittelschwere je Nukleon eine Energie von etwa 1 MeV freigesetzt. Bei der Spaltung eines Uranatoms wird daher eine Energie von etwa 200 MeV frei. Diese erscheint als kinetische Energie der auseinander fliegenden Spaltprodukte und wandelt sich in Wärme um. Bei vollständiger Spaltung von 1 kg U 235 entstehen rund $2{,}4 \cdot 10^7$ kWh (entspricht einem Heizwert von 2500 t Steinkohle).

Ebenso wie Uran 235 lassen sich auch Uran 233 und Plutonium 239 leicht spalten, sämtlich Kerne mit ungerader Massenzahl vom Typ gu. Hierzu genügen bereits *sehr langsame*, sog. **thermische Neutronen**, d. h. solche, deren Geschwindigkeit derjenigen von Gasmolekülen bei Raumtemperatur (300 K) entspricht mit einer kinetischen Energie von $kT = 0{,}025$ eV. Bringt das Neutron neben der Bindungsenergie noch eine kinetische Energie von 1,5 bzw. 2 MeV in die Reaktion mit ein, so sind auch Uran 238 bzw. Thorium 232 spaltbar. Somit kann man zwischen Spaltungen mit langsamen und schnellen, energiereichen Neutronen unterscheiden. Der technisch einfachere Prozess ist der der Spaltung mit langsamen Neutronen.
Von den genannten Spaltmaterialien sind das Uranisotop 238, das Uranisotop 235 und das Thoriumisotop 232 natürlich vorkommend. Natururan besteht im wesentlichen aus U 238 und nur zu 0,7% aus dem so effektiv zur Spaltung geeigneten U 235. Plutonium 239 und Uran 233 sind über sog. **Brutreaktionen** aus U 238 bzw. Th 232 im Reaktor zu erzeugen:

$$\begin{aligned} &{}^{238}\mathrm{U} + \mathrm{n} \;\rightarrow\; {}^{239}\mathrm{U} + \gamma \xrightarrow{\beta^-} {}^{239}\mathrm{Np} \xrightarrow{\beta^-} {}^{239}\mathrm{Pu};\\ &{}^{232}\mathrm{Th} + \mathrm{n} \rightarrow {}^{233}\mathrm{Th} \xrightarrow{\beta^-} {}^{233}\mathrm{Pa} \xrightarrow{\beta^-} {}^{233}\mathrm{U}. \end{aligned} \tag{6}$$

Die Kettenreaktion. Die bei der Kernspaltung frei werdenden Neutronen können ihrerseits weitere Spaltungen einleiten. Da dabei nach (5) im Mittel mehr Neutronen erzeugt als verbraucht werden, kann die Zahl der Neutronen lawinenartig anwachsen; es entsteht eine *Kettenreaktion.* Werden durch einen Spaltungsprozess in der „ersten Generation“ im Mittel 2,5 neue Neutronen erzeugt, so erzeugt jedes von ihnen wieder 2,5 Neutronen, so dass die zweite Generation $2{,}5^2 = 6{,}25$ Neutronen zählt, die zehnte bereits $2{,}5^{10} \approx 9500$. Eine *ungesteuerte, frei ablaufende* Kettenreaktion spaltet in einigen Millisekunden einige Kilogramm Uran, es kommt zur augenblicklichen Detonation **(Kernspaltungsbombe)**. Dies tritt ein, wenn man so viel Spaltmaterial zu einer Kugel anhäuft, dass die mittleren freien Weglängen der Neutronen zwischen zwei Spaltungen (17 cm in U 235 bzw. 10 cm in Pu 239) innerhalb des Materials liegen. Der derart mindestens benötigte Durchmesser der kugelförmigen Materialmenge legt die *kritische Masse* fest.

Die kritische Masse ist die Menge Spaltstoff, die zum Ablauf einer Kettenreaktion mindestens benötigt wird.

Für die *technische Gewinnung von Kernenergie* kommt nur die **gesteuerte Kettenreaktion** in Frage, bei der die Anzahl der sekundlich entstehenden Neutronen gleich der verbrauchten Anzahl ist. Damit ist auch die Zahl der je Zeiteinheit gespaltenen Kerne und die Leistung der Anlage konstant. Ob sich eine Kettenreaktion entwickeln kann oder nicht, lässt sich zahlenmäßig durch den *Vermehrungsfaktor (Multiplikationsfaktor) k* ausdrücken. Ist N_n die Zahl der absorbierten Neutronen der n-ten „Generation“, die eine Spaltung verursachen, und N_{n+1} die der $(n+1)$-ten Generation, so ist $k = N_{n+1}/N_n$.

Der Vermehrungsfaktor k gibt an, auf das Wievielfache die Anzahl der zur Kernspaltung führenden Neutronen von einer „Generation" zur nächsten anwächst.

Bedingung für eine ungesteuerte Kettenreaktion ist $k \approx 1$. Der normale Reaktorbetrieb erfolgt mit $k = 1$, für $k < 1$ erlischt der Reaktor.
Die bei der Spaltung frei werdenden Neutronen werden vermöge ihrer großen Energie ($\approx 0{,}5 \ldots 10$ MeV) vorzugsweise von den Kernen des U 238 eingefangen und gehen demnach für den Fortgang der Reaktion verloren. Um dies zu verhindern, bremst man diese schnellen Neutronen zuvor bis auf die Energie von thermischen Neutronen ($\approx 0{,}025$ eV) ab, indem man sie durch Schichten von geeigneten Substanzen, sog. **Moderatoren**, laufen lässt, mit deren Kernen sie *elastische Stöße* ausführen und die überschüssige Energie abgeben. Die thermischen Neutronen werden von den U-235-Kernen auf Grund ihres großen Wirkungsquerschnitts σ_F (*Spaltquerschnitt*, vgl. 49.2) von 59 000 fm^2 sehr viel stärker eingefangen als von natürlichem Uran, bestehend aus 99,3% U 238, mit einem Wirkungsquerschnitt von nur 390 fm^2.
Eine **künstliche Steuerung des Reaktionsablaufes** in einem Kernreaktor ist durch Einsatz stark Neutronen absorbierender Stoffe *(Absorber)* möglich, deren Kerne einen besonders großen Absorptionsquerschnitt σ_A (vgl. 49.2) aufweisen. Hierzu werden Regelstäbe aus Cadmium oder Borstahl benutzt, die mehr oder weniger tief in den Reaktor eingesenkt werden und die Reaktion erforderlichenfalls völlig zum Stillstand bringen. Eine **natürliche Selbstregelung** der Reaktion ist dadurch gegeben, dass neben den „prompten" Neutronen 0,75% der gebildeten Neutronen erst mit einer gewissen Verzögerung (10 ... 20 s nach der Spaltung) frei werden. Da der Vermehrungsfaktor k im praktischen Betrieb bei genau 1 liegt, wird jede Steigerung darüber hinaus zuerst von diesen verzögerten Neutronen bewirkt, womit die Leistung nicht explosionsartig, sondern nur langsam anwächst.

Aufgabe 49.1. Berechne die bei der Spaltung eines U-235-Kerns frei werdende Energie! Die Spaltung soll nach der Reaktion ${}^{235}_{92}\mathrm{U} + \mathrm{n} \rightarrow {}^{94}_{40}\mathrm{Zr} + {}^{140}_{58}\mathrm{Ce} + 2\mathrm{n} + 6\mathrm{e}^-$ verlaufen. Die relativen Atommassen A_r sind für U 235: 235,0439; für Zr 94: 93,9063; für Ce 140: 139,9054.

49.4 Arten von Kernreaktoren

Bei der Vielzahl und Verschiedenartigkeit der bisher gebauten Kernreaktoren unterscheidet man
1. nach dem **Verwendungszweck** zwischen den *Forschungsreaktoren* und den *Leistungsreaktoren (Kernkraftwerke)*, bei letzteren zwischen den derzeit überwiegend in Betrieb befindlichen *thermischen Reaktoren* und den für die Zukunft bedeutsamen *schnellen Reaktoren*, den sog. *Brutreaktoren* oder *schnellen Brütern*, in denen Brennmaterial für thermische Reaktoren nach den Einfangreaktionen (6), Plutonium 239 und Uran 233, erzeugt („erbrütet") wird;
2. nach dem **Kernbrennstoff**, wobei natürliches Uran, leicht und hoch angereichertes Uran (an U 235), Plutonium 239, Uran 233, Uran- oder Plutoniumlegierungen mit anderen Metallen, Uransalze in wässriger Lösung sowie Uranmetall in flüssigem Bismut gelöst in Frage kommen;
3. nach dem **Moderator**; als solche kommen in Frage Graphit, gewöhnliches Wasser, schweres Wasser D_2O, Beryllium oder auch kein Moderator *(Schnellneutronen-Reaktor)*;
4. nach der **Verteilung des Brennstoffs** in *heterogene Reaktoren* (Brennstoff und Moderator sind räumlich getrennt) und *homogene Reaktoren* (Brennstoff ist im Moderator gelöst oder suspendiert);
5. nach dem **wärmeabführenden Medium**, welches die im Reaktor erzeugte Wärme (mehrere hundert °C) in einem zum *Primärkreislauf* gehörenden Rohrleitungssystem mit Umwälzpumpe aufnimmt und – da es radioaktiv verseucht ist – über einen Wärmeaustauscher in einen zweiten, getrennten Kreislauf, den *Sekundärkreislauf*, geleitet wird, in dem hochgespannter Dampf erzeugt wird, der dann Turbogeneratoren üblicher Bauart betreibt. Als zirkulierendes wärmeübertragendes Medium kann gewöhnliches Wasser bei normalem Druck *(Siedewasserreaktor)*, Wasser unter hohem Druck *(Druckwasserreaktor)*, Kohlendioxidgas (CO_2) oder flüssiges Natrium dienen. Andere Reaktoren arbeiten ohne besonderes Kühlsystem; die Uran-Brennstoffstäbe

hängen in einem großen Wassertank. Bei einigen Reaktoren wirkt das Wasser gleichzeitig als Moderator.

Kernkraftwerke werden überwiegend zur Elektroenergieerzeugung eingesetzt. Ihr großer Vorteil ist zum einen, dass sie statt z. B. 1000 t Steinkohle je Tag nur 1 kg U 235 benötigen, und zum anderen, dass die direkte Umweltverschmutzung nur in Form von Kühlwassererwärmung zu berücksichtigen ist. Die abgegebene elektrische Leistung beträgt nur etwa ein Viertel der im Reaktor aus Kernreaktionen hervorgehenden thermischen Leistung, so dass der Wirkungsgrad eines Kernkraftwerkes üblicherweise mit 25% angegeben werden kann.

49.5 Kernfusion

Neben der Kernspaltung stellt auch die *Kernverschmelzung (Kernfusion)* der leichtesten Atomkerne eine energieliefernde Kernreaktion dar. So z. B. wird, wie sich aus dem Massendefekt errechnet, bei der Fusion von 4 Wasserstoffkernen zu Helium je Kilogramm Helium eine Energie von rund $2 \cdot 10^8$ kWh freigesetzt. Voraussetzung für das Eintreten einer solchen Verschmelzung ist, dass die reaktionsfähigen Kerne entgegen den elektrostatischen Abstoßungskräften ihrer Ladungen einander auf außerordentlich kleine Entfernungen angenähert werden. Die hierzu erforderlichen hohen Relativgeschwindigkeiten der Teilchen erfordern Temperaturen von mehreren 10^8 K, wie wir sie beispielsweise im Innern der Sonne vorfinden. Daher spielen derartige **thermonukleare Reaktionen** bei der Energieerzeugung der Sterne eine bedeutsame Rolle. Dabei sind mehrere *Reaktionszyklen* möglich, z. B. der sog. BETHE-WEIZSÄCKER-Zyklus

$$\begin{aligned} {}^{12}_{6}\mathrm{C} + \mathrm{p} &\rightarrow {}^{13}_{7}\mathrm{N}^{+} \rightarrow {}^{13}_{6}\mathrm{C} + \mathrm{e}^{+} \\ {}^{13}_{6}\mathrm{C} + \mathrm{p} &\rightarrow {}^{14}_{7}\mathrm{N} \\ {}^{14}_{7}\mathrm{N} + \mathrm{p} &\rightarrow {}^{15}_{8}\mathrm{O}^{+} \rightarrow {}^{15}_{7}\mathrm{N} + \mathrm{e}^{+} \\ {}^{15}_{7}\mathrm{N} + \mathrm{p} &\rightarrow {}^{12}_{6}\mathrm{C} + {}^{4}_{2}\mathrm{He}. \end{aligned} \quad (7)$$

Der Ausgangskern ${}^{12}_{6}\mathrm{C}$ erscheint danach am Ende der Reaktion wieder, wirkt also gewissermaßen als Katalysator, während im Übrigen eine Synthese von 4 Protonen zu einem Heliumkern ${}^{4}_{2}\mathrm{He}$ stattfindet, bei der eine Energie von 25 MeV frei wird. In jeder Sekunde werden so im Innern der Sonne $6{,}7 \cdot 10^{11}$ kg Wasserstoff „verarbeitet“ und die dabei entstehende Energie von $4 \cdot 10^{26}\,\mathrm{J} \approx 10^{20}$ kWh (!) in Form von Strahlung in den Weltraum abgegeben.
Eine andere, für die Gewinnung von Energie aus der Kernfusion wichtige thermonukleare Reaktion ist die Synthese von Helium aus Deuterium und Tritium nach

$${}^{2}_{1}\mathrm{D} + {}^{3}_{1}\mathrm{T} \rightarrow {}^{4}_{2}\mathrm{He} + \mathrm{n} + 17{,}6\,\mathrm{MeV}. \quad (8)$$

Deuterium kann auch miteinander fusionieren. Es ist im normalen Wasser zu 0,015% anstelle von Wasserstoff enthalten. Das scheint wenig, würde aber für ewig ausreichen, um die Menschheit mit Energie zu versorgen. Tritium kann nach folgender Reaktion aus Lithium gewonnen werden:

$${}^{6}_{3}\mathrm{Li} + \mathrm{n} \rightarrow {}^{3}_{1}\mathrm{T} + {}^{4}_{2}\mathrm{He} + 4{,}7\,\mathrm{MeV}. \quad (9)$$

Auf der *Lithium-Deuterium-Fusionskette*, bei der in einem Li-D-Gemisch nacheinander die Reaktionen (9) und (8) ablaufen und nur Li und D verbraucht wird, beruht die Wirkung der *Fusionsbombe* (**Wasserstoffbombe**). Zur Erzielung der hohen, für die Fusion erforderlichen Temperatur enthält diese Waffe als Zünder eine Kernspaltungsbombe auf Plutoniumbasis. In 1 kg LiD (Lithiumdeuterid) ist die Sprengwirkung von 50 kt TNT (Trinitrotoluol) enthalten.

Um eine Fusionsreaktion einzuleiten, müssen die Kerne einander so dicht angenähert werden, dass sie über die Kernkräfte miteinander wechselwirken, wozu die COULOMB-Abstoßung der Protonen überwunden werden muss. Dazu ist es notwendig, das Gasgemisch auf so hohe Temperaturen zu erhitzen, dass die Teilchen mit einer kinetischen Energie von etwa 0,1 MeV zusammenstoßen. Dies entspricht einer Temperatur von $7{,}7 \cdot 10^8$ K. Bei dieser Temperatur befindet sich die Materie im vollständig ionisierten Zustand, dem *Plasmazustand*. Ein Plasma solch hoher Temperatur lässt sich nicht mehr in einem gewöhnlichen Gefäß einschließen. Da alle Teilchen elektrisch geladen sind, kann das Plasma aber mittels eines starken Magnetfeldes geführt und zusammengehalten werden. Wird das Magnetfeld durch eine Ringspule (Toroid) erzeugt, so bewegen sich die Teilchen längs der Feldlinien im Spuleninnern auf Kreisbahnen. Diese Möglichkeit des Einschlusses des Plasmas *(Confinement)* wird in den Kernfusionsanlagen vom Typ **Tokamak** angewandt.
Entscheidend für das Zustandekommen einer thermonuklearen Fusion in einem Plasma ist, dass abhängig von der Temperatur das Plasma gegen seinen Expansionsdruck durch das Magnetfeld lange genug, mindestens für die Zeit τ (Einschlusszeit), zusammengehalten und dabei eine bestimmte Mindestteilchendichte n (Anzahl der Teilchen je Volumeneinheit) erreicht wird. Es gilt das *Einschlusskriterium* nach LAWSON, wonach das Produkt aus Teilchendichte und Einschlusszeit von der Größe

$$n\tau \approx 3 \cdot 10^{20}\ \mathrm{s/m^3} \qquad \textbf{(Lawson-Kriterium)} \qquad (10)$$

sein muss, damit das Plasma ohne äußere Energieeinspeisung, d. h. durch Eigenerwärmung, selbstständig weiter „brennt". Erstmals gelang Ende 1991 in Culham (England) die kontrollierte Kernfusion von Tritium und Deuterium, wobei eine Sekunde lang eine Plasmatemperatur von etwa $1{,}8 \cdot 10^8$ K erreicht wurde.

Aufgabe 49.2. Berechne die bei der Fusionsreaktion ${}^6_3\mathrm{Li} + {}^2_1\mathrm{D} \rightarrow 2\,{}^4_2\mathrm{He}$ frei werdende Energie! Relative Atommassen der Kerne (in der aufgeführten Reihenfolge): 6,013 48; 2,013 55; 4,001 51.

50 Elementarteilchen

Woraus ist die Welt aufgebaut? Welches sind ihre kleinsten Bausteine? Welcher Art sind die zwischen ihnen wirkenden fundamentalen Kräfte? Die Suche nach Antworten auf diese Fragen ist Gegenstand der *Elementarteilchenphysik.* Ihre Aufklärung erfordert „Mikroskope" wachsenden Auflösungsvermögens. Mittels hochauflösender Elektronenmikroskope lassen sich bei Beschleunigungsspannungen für die Elektronen in der Größenordnung von MeV (10^6 Elektronvolt) einzelne Atome sichtbar machen. Will man aber in die subatomare Welt vordringen, z. B. die innere Struktur des Protons untersuchen, muss man räumliche Abmessungen von $\Delta x \approx 10^{-16}$ m auflösen. Die dazu verwendeten „Geschosse" müssen nach der Unbestimmtheitsrelation (43/24) einen Impuls $p \gtrsim h/\Delta x$ haben. Dies erfordert Energien $mv^2/2 = p^2/(2m)$ in der Größenordnung von GeV (10^9 eV), wie sie nur mit äußerst leistungsstarken Teilchenbeschleunigern erzeugt werden können. Die beschleunigten Teilchen dienen gleichsam als Sonden, mit denen die Struktur eines Atomkerns bzw. seiner Bestandteile „ertastet" wird. Die Elementarteilchenphysik ist daher im wesentlichen eine *Physik hoher Energien.*

50.1 Entwicklung zum Teilchen-„Zoo"

Nachdem zunächst (1932) die Kernteilchen *Proton* und *Neutron* sowie das die Atomhülle aufbauende *Elektron* als alleinige Elementarteilchen angesehen wurden, konnten bald danach in der **kosmischen Strahlung (Höhenstrahlung)**, einer aus dem Weltall auf die Erde einfallenden Strahlung von außerordentlich hoher Durchdringungsfähigkeit, eine Reihe neuer Teilchen unterschiedlichster Art nachgewiesen werden, von denen die meisten erst in der Erdatmosphäre entstehen, indem die primär aus dem Kosmos stammenden Teilchen mit den Atomen der Luft zusammenprallen und hier die verschiedensten Kernprozesse auslösen. Diese *primären* Teilchen

der kosmischen Strahlung sind vorwiegend Protonen mit Energien bis zu 10^{11} GeV, während die *sekundäre* Strahlung in ihrer „harten" Komponente, die in Erdbodennähe etwa 90% der Gesamtstrahlung ausmacht, vorwiegend aus mittelschweren Teilchen, den **Mesonen** π^+, π^- und π^0 **(Pionen)** mit 273- bzw. 264-facher Elektronenmasse sowie den **Myonen** μ^+ und μ^- mit 207-facher Elektronenmasse, besteht, und in ihrer „weichen", am Erdboden nur schwach vertretenden Komponente aus Elektronen, Positronen und Gammaquanten (Photonen).
Darüber hinaus konnten in der kosmischen Strahlung, aber auch in Beschleunigerexperimenten die **K-Mesonen** K^+, K^- und K^0 **(Kaonen)**, deren Masse mit 966- bzw. 974-facher Elektronenmasse zwischen derjenigen der Pionen und der Nukleonen liegt, sowie die überschweren **Hyperonen**, z. B. Λ^0, Σ^+, Σ^-, Σ^0, Ξ^+, Ξ^-, Ξ^0, Ω^-, deren Masse (etwa 2200 ... 3300 Elektronenmassen) die der Nukleonen mit 1840-facher Elektronenmasse übersteigt, nachgewiesen werden. Alle diese Teilchen sind instabil. So hatte man bis Ende der fünfziger Jahre mehr als hundert und bis 1965 bereits etwa 300 neue Teilchen, also einen ganzen Teilchen-„Zoo", hervorgebracht, Teilchen, die wenig mit dem Aufbau der Atomkerne zu tun haben und von denen man kaum mehr annehmen durfte, sie seien alle „elementar".
Hinzu kommt, dass 1955 das Gegenstück zum Proton, das *Antiproton* ($\overline{\text{p}}$), und ein Jahr später auch das *Antineutron* ($\overline{\text{n}}$) erzeugt und nachgewiesen werden konnte, und es bald darauf auch gelang, auf experimentellem Wege Neutrino (ν) und *Antineutrino* ($\overline{\nu}$) voneinander zu unterscheiden. Es war somit zu erwarten, dass auch jedes andere Teilchen ein „Spiegelbild" in Form eines **Antiteilchens** hat, wobei sich Teilchen und zugehöriges Antiteilchen durch das Vorzeichen der elektrischen Ladung und des magnetischen Moments, zusätzlich aber noch im Vorzeichen weiterer sog. *ladungsartiger Quantenzahlen* (B, L, S, Y, vgl. 50.2) voneinander unterscheiden. In Bezug auf Masse und Lebensdauer stimmen die Antiteilchen mit ihrem Partner überein.
Teilchen und zugehöriges Antiteilchen können sich beim Zusammentreffen gegenseitig vernichten, indem eine Umwandlung ihrer Ruhmasse in Energie stattfindet, die dann in Form von Gammastrahlung in Erscheinung tritt *(Annihilation, Zerstrahlung, Paarvernichtung)*. Umgekehrt kann aus energiereichen Gammaquanten im Kernfeld ein Teilchenpaar, bestehend aus Teilchen und Antiteilchen, gebildet werden. Dieser *Paarbildungsprozess* war für Elektronen und ihre Antiteilchen, die Positronen, schon seit längerer Zeit bekannt (vgl. Abschnitt 44.12).
Es ist nicht ausgeschlossen, dass in anderen Teilen des Universums **Antimaterie** in makroskopischem Ausmaß existiert, die aus Antikernen, Antiatomen, Antimolekülen usw. besteht, wofür allerdings astrophysikalische Hinweise bislang fehlen. Am Kernforschungszentrum CERN gelang 1995 erstmals die Erzeugung von rund ein Dutzend Anti-Wasserstoffatomen, welche nur 30 ns lang existierten und dann je in ein Anti-Proton und ein Anti-Elektron zerfielen.
Elektron, Myon und Neutrino, das sind die Teilchen der *schwachen Wechselwirkung* (vgl. 48.2), werden zusammen als **Leptonen** bezeichnet; sie besitzen halbzahligen Spin (1/2). Die Teilchen der *starken Wechselwirkung* (vgl. 47.6) sind die **Quarks**, aus denen die *Hadronen* zusammengesetzt sind (s. später in 50.3 und 50.4). Es gibt zwei verschiedene Hadronenarten, die *Baryonen* mit halbzahligem Spin (1/2, 3/2), zu denen die Nukleonen (Proton und Neutron) sowie die Hyperonen gehören, und die *Mesonen* mit ganzzahligem Spin (0 oder 1), also die Pionen, Kaonen und weitere. Baryonen zerfallen stets in Protonen oder Neutronen, Mesonen in Photonen, Elektronen und Neutrinos.

50.2 Erhaltungssätze für Baryonenladung, Leptonenladung, Isospin, Strangeness und Hyperladung

Neben den bekannten Erhaltungssätzen für Energie, Impuls und Drehimpuls sowie für die elektrische Ladung, letztere in Form der **Ladungsquantenzahl** $Q = 0, +1, -1$ (= Vielfaches der

Elementarladung e), gelten für die Elementarteilchen noch Erhaltungssätze für eine Reihe anderer sog. *ladungsartiger Quantenzahlen*. (Die Bezeichnung „Ladung" hat bei diesen allerdings nichts mit Elektrizität zu tun.) So wird jedem Baryon, etwa einem Proton oder Neutron, die **Baryonenladung (Baryonenzahl)** $B = +1$, einem Antibaryon $B = -1$ und jedem anderen Teilchen, auch den Photonen, $B = 0$ zugeordnet. Da Baryonen (im Gegensatz zu Mesonen) weder einzeln erzeugt werden noch durch Zerfall verschwinden können, sondern stets direkt oder über einen Umweg in Protonen oder Neutronen zerfallen, muss bei allen Reaktionen zwischen Elementarteilchen die Summe der Baryonenladungen auf beiden Seiten der Reaktionsgleichung erhalten bleiben. Ein einfaches Beispiel hierfür ist die Gleichung für die Entstehung eines π^+-Mesons

$$\begin{array}{llcl} & \mathrm{p} + \mathrm{p} + \text{Energie} & \rightarrow & \mathrm{p} + \mathrm{n} + \pi^+ \\ B\colon & 1 + 1 & = & 1 + 1 + 0. \end{array}$$

Aus der Erhaltung der Baryonenladung folgt die Stabilität des leichtesten Baryons, des Protons. Ein entsprechender Erhaltungssatz gilt auch für das Elektron, das Positron und die übrigen Mitglieder einer jeden Leptonenfamilie (vgl. Tabelle 50.1 im folgenden Abschnitt), wobei man dem Elektron sowie dem Neutrino die dem Vorzeichen nach willkürlich festgelegte **Elektron-Leptonenladung (Leptonenzahl)** $L_e = +1$ zuordnet. Das Positron als Antiteilchen zum Elektron erhält damit zwangsläufig $L_e = -1$. Auf den β^--Zerfallsprozess (48/2) angewandt, ergibt sich somit

$$\begin{array}{llcl} & \mathrm{n} & \rightarrow & \mathrm{p} + \mathrm{e}^- + \overline{\nu}_\mathrm{e} \\ L_\mathrm{e}\colon & 0 & = & 0 + 1 \quad - 1. \end{array}$$

Da Neutron und Proton Baryonen sind, haben sie die Leptonenladung 0. Man erkennt, dass dem in der Gleichung vorkommenden Neutrino $\overline{\nu}_\mathrm{e}$ zwangsläufig $L = -1$ zukommen muss, damit der Erhaltungssatz für die Leptonenladung erfüllt ist. Daraus ergibt sich, dass es sich bei dem entstehenden Neutrino um ein Antineutrino handelt, was durch den Querstrich über dem Symbol angedeutet ist. Analoge Erhaltungssätze gelten ebenso für die Myon-Leptonenzahl L_μ und die Tauon-Leptonenzahl L_τ.

Eine bereits 1932 unabhängig voneinander von HEISENBERG und IWANENKO zum Zwecke der Unterscheidung von Proton und Neutron als verschiedene Ladungszustände ein und desselben Teilchens, des Nukleons, eingeführte Quantenzahl ist der **Isospin** I. Es handelt sich um einen Vektor, den man sich in formaler Analogie zum mechanischen Drehimpuls der Elektronen im Atom gebildet denken kann und dessen dritte Komponente I_3 $(= I_z)$ genau $(2I + 1)$ verschiedene Werte annehmen kann, denen ebenso viele Orientierungen von I im Raum entsprechen (analog zur *Richtungsquantelung*, vgl. 44.5). Für $I = \frac{1}{2}$ erhält man demnach $\left(2 \cdot \frac{1}{2} + 1\right) = 2$ Werte für I_3, und zwar $+\frac{1}{2}$ für das Proton und $-\frac{1}{2}$ für das Neutron. Pionen hat man den Isospin $I = 1$ zuzuordnen, entsprechend den drei verschiedenen I_3-Werten $+1$ für das π^+-Meson, 0 für das π^0-Meson und -1 für das π^--Meson. Bei der starken Wechselwirkung bleibt der Isospin erhalten $(\Delta I = 0)$, ganz entsprechend zum mechanischen Drehimpulserhaltungssatz.

Strangeness (Seltsamkeit) S. Es fällt auf, dass die Hyperonen und die Kaonen im Vergleich zu ihrer Erzeugungsdauer, die bei 10^{-23} s liegt, eine sehr lange mittlere Lebensdauer von der Größenordnung 10^{-10} s haben, bevor sie zerfallen. Das bedeutet, dass die Vorgänge Erzeugung und Zerfall bei diesen Teilchen nicht mit der gleichen Wahrscheinlichkeit ablaufen. Man nennt sie daher *seltsame Teilchen* (strange particles). Auch entstehen diese Teilchen stets nur zu zweit, wie das Beispiel des Zusammenstoßes eines Pions mit einem Proton gemäß

$$\pi^- + \mathrm{p} + \text{Energie} \rightarrow \Lambda^0 + \mathrm{K}^0$$

zeigt, wo ein Λ^0-Teilchen und ein Kaon gebildet werden. Zur Kennzeichnung dieses in mehrererlei Hinsicht merkwürdigen Verhaltens dieser Teilchen wurde eine neue Quantenzahl, die *Strangeness S*, eingeführt (GELL-MANN, NISHIJIMA). Es ist $S = 0$ für alle „normalen" Teilchen, $S = +1$ für K^+ bzw. K^0 und $S = -1$ für K^- sowie für die Hyperonen Λ^0, Σ^+, Σ^0 und Σ^-. Auch für die Strangeness gilt ein Erhaltungssatz: Die Summe der Quantenzahlen S für alle Prozesse der starken Wechselwirkung muss konstant bleiben.
Baryonenladung B und Strangeness S werden zur **Hyperladung** Y zusammengefasst:

$$Y = B + S. \tag{1}$$

Auch für sie gilt wegen der Erhaltung der Baryonenladung ein Erhaltungssatz. Isospinkomponente I_3, Hyperladung Y und elektrische Ladungsquantenzahl Q des Teilchens sind über die Beziehung

$$Q = I_3 + \frac{Y}{2} \tag{2}$$

miteinander verknüpft.

50.3 Die elementaren Teilchen: Leptonen und Quarks

Seit Anfang der 70er Jahre hat man ein Bild vom Aufbau der Materie, wonach **Leptonen** und **Quarks** (beide vom Spin 1/2, also *Fermionen*) die fundamentalen Bausteine der Natur sind. Beide Teilchenarten treten offenbar in drei „Familien" zu je zwei Teilchen auf, die sich durch ihre Massen unterscheiden, eine leichte, eine mittelschwere und eine schwere (Tabelle 50.1). Zur ersten Leptonenfamilie gehören die bereits in Abschnitt 48.2 beschriebenen Teilchen Elektron (e^-) und Elektron-Neutrino (ν_e), zur zweiten und dritten Leptonenfamilie zählen das Myon (μ^-) und das Tauon (τ^-), beide ebenfalls mit je einer negativen Elementarladung, sowie die zugehörigen Neutrinos ν_μ und ν_τ. Die Neutrinos tragen keine elektrische Ladung, die Frage nach ihrer Ruhmasse ist heute noch offen. Zu allen Teilchen gibt es Antiteilchen.
1964 schlugen GELL-MANN und ZWEIG auf Grund theoretischer Überlegungen unabhängig voneinander ein Modell vor, wonach alle Hadronen, u. a. die Nukleonen Proton (p) und Neutron (n), aus „elementareren" Teilchen, den sog. *Quarks*, aufgebaut werden konnten. (Der Name „Quark" war von GELL-MANN – sicher in Unkenntnis der deutschen Bedeutung des Wortes – vorgeschlagen worden; es handelt sich um ein Phantasiewort aus dem Roman „Finnegan's Wake" von JAMES JOYCE.) Mit zwei elementaren Quarks, dem **down**- und dem **up**-Quark (abgekürzt d, u), und deren Antiquarks $\overline{\mathrm{d}}$ und $\overline{\mathrm{u}}$ lassen sich dann – wie im nächsten Abschnitt gezeigt wird – die Kernbausteine Proton und Neutron zusammensetzen.
Die beiden Quarks d und u bilden die erste der drei (bis jetzt bekannten) Quarkfamilien (s. Tabelle 50.1); es folgen in den beiden anderen Familien (mit steigender Masse) die Quarks **strange** (s) und **charm** (c) sowie **bottom** (b) und **top** (t, erst 1994 entdeckt). Diese sechs verschiedenen Quark-Sorten werden durch ihr **„Flavour"** (Aroma) unterschieden. Es handelt sich dabei um eine Phantasiebezeichnung für Eigenschaften der Quarks, für die wir kein anschauliches Analogon kennen. Dem Flavour „strange" beim s-Quark kommt die Strangeness $S = -1$ zu (vgl. 50.2), für alle anderen Quarks ist $S = 0$. Alle Quarks haben die Leptonenzahl $L = 0$ und die Baryonenzahl $B = 1/3$. Für die erste Quarkfamilie ist der Isospin $I = 1/2$ mit $I_3 = +1/2$ für

das u-Quark und $-1/2$ für das d-Quark; für alle anderen Quarks ist $I_3 = 0$. Für die elektrische Ladung Q der Quarks errechnet man nach Gleichung (1) und (2) zur Überraschung Beträge von $-1/3$ und $+2/3$ der Elementarladung e, was im Gegensatz zu unserer bisherigen Kenntnis von der Unteilbarkeit der Elementarladung steht.

Quarks sind Fermionen (Spin 1/2) mit den Ladungsquantenzahlen –1/3 und +2/3 (bei den Antiquarks entgegengesetzte Vorzeichen). Aus ihnen lassen sich alle Hadronen (Baryonen und Mesonen) als Kombination aufbauen (s. 50.4).

Diese unsere Welt einschließlich der stabilen Materie im Kosmos, soweit er uns bekannt ist, besteht aus den Teilchen der ersten Leptonen- und Quarkfamilie; es sind dies die fünf Fermionen e^-, ν_e, $\overline{\nu}_e$, u- und d-Quark. Die Teilchen der beiden anderen Familien entstehen nur unter extremen Bedingungen und sind so instabil, dass sie sehr schnell wieder in die genannten stabilen Teilchen der ersten Familie zerfallen.

Tabelle 50.1. Die elementaren Teilchen

Zu jedem der aufgeführten Teilchen gibt es ein *Antiteilchen* (durch einen Querstrich über dem Symbol zu kennzeichnen). Die Masse ist als Vielfaches der Elektronen-Ruhmasse (0,511 MeV/c^2) angegeben. Das t-Quark wurde erstmals 1994 am Fermilab nachgewiesen.

Familie	**Leptonen**	elektrische Ladungsquantenzahl	Masse	**Quarks**	elektrische Ladungsquantenzahl	Masse
1	Elektron e^-	-1	1	down (d)	$-1/3$	≈ 16
	Elektron-Neutrino ν_e	0	0 (?)	up (u)	$+2/3$	≈ 10
2	Myon μ^-	-1	207	strange (s)	$-1/3$	≈ 320
	Myon-Neutrino ν_μ	0	0 (?)	charm (c)	$+2/3$	$\approx 3\,000$
3	Tauon τ^-	-1	3 477	bottom (b)	$-1/3$	$\approx 8\,500$
	Tauon-Neutrino ν_τ	0	0 (?)	top (t)	$+2/3$	$\sim 340\,000$

Die Quarkhypothese fand 1967 ihre experimentelle Bestätigung durch Streuexperimente mit hochenergetischen Elektronen, die man auf Protonen schoss (analog den Streuexperimenten mit α-Teilchen an Atomkernen nach Bild 44.1b). Aus ihnen ging hervor, dass sich im Proton tatsächlich drei punktförmige Streuzentren befinden, die als reale Quarks identifiziert werden konnten. Es ist bislang allerdings nicht gelungen, Quarks voneinander zu isolieren und als freie Teilchen nachzuweisen.
Da Quarks Fermionen sind, müssen sie sich innerhalb eines Hadrons nach dem PAULI-Prinzip in einer Quantenzahl unterscheiden, was in manchen Hadronen (z. B. beim Ω^--Teilchen) nicht der Fall zu sein schien. Dies erforderte für jedes Quarkflavour die Einführung einer zusätzlichen Quantenzahl, der sog. **Farbladung** („colour"), die indes weder als Farbe im üblichen Sinne noch als elektrische Ladung zu verstehen ist. Symbolisch werden den Quarks die Farbladungszustände *rot* (r), *grün* (g) und *blau* (b) zugeordnet, den Antiquarks entsprechend die Farbladungen *antirot* ($\overline{r}$, türkis), *antigrün* ($\overline{g}$, lila) und *antiblau* ($\overline{b}$, gelb). Analog zur elektrischen Neutralität, die durch gleich große positive und negative Ladungen erreicht wird, müssen bei den Hadronen entweder die zwei Colourzustände Farbe und Antifarbe oder die drei Colourzustände rot, grün und blau zusammentreffen, damit das zusammengesetzte Teilchen *farblos* („weiß") wird, entsprechend der Farbladung null. Hadronen sind nach außen hin farbneutral und können deshalb frei existieren. Dies könnte einer der Gründe dafür sein, dass einzelne Quarks nicht vorkommen. Der entscheidende Grund aber dürfte in den außerordentlich hohen Bindungskräften zwischen den Quarks zu suchen sein.

Die „Farben" der Quarks, für deren Existenz es seit 1973 experimentelle Beweise durch Messungen an Elektron-Positron-Speicherringen gibt, bestimmen das gegenseitige Verhalten der Quarks bei der *starken Wechselwirkung* (s. 50.5).

50.4 Zusammengesetzte Elementarteilchen. Hadronen

Die Forderung nach Neutralität der Farbladung (vgl. vorigen Abschnitt) führt zur Existenz von zwei Hadronenarten, den *Mesonen* und den *Baryonen*.

Mesonen. Hadronen, die aus einem Quark und einem Antiquark „bestehen", werden als Mesonen bezeichnet. Wenn die Spins der beiden Quarks antiparallel zueinander ausgerichtet sind, spricht man von *skalaren Mesonen* (Gesamtspin null). Sechs Quarks und sechs Antiquarks lassen sich zu 36 verschiedenen skalaren Mesonen kombinieren, von denen bisher allerdings noch nicht alle nachgewiesen wurden. Zu ihnen gehören die Pionen

$$\pi^- = (\mathrm{d} + \bar{\mathrm{u}}) \equiv \mathrm{d}\bar{\mathrm{u}} \qquad \text{und} \qquad \pi^+ = (\bar{\mathrm{d}} + \mathrm{u}) \equiv \bar{\mathrm{d}}\mathrm{u}$$

mit Lebensdauern von $2{,}6 \cdot 10^{-8}$ s. Bei Parallelität der beiden Spins handelt es sich um sog. *Vektormesonen*. Auch in diesem Fall werden 36 verschiedene Quarkkombinationen erwartet. Zu den bisher gefundenen gehören die Vektorkaonen

$$\mathrm{K}^{*-} = (\bar{\mathrm{u}} + \mathrm{s}) \equiv \bar{\mathrm{u}}\mathrm{s} \qquad \text{und} \qquad \mathrm{K}^{*+} = (\mathrm{u} + \bar{\mathrm{s}}) \equiv \mathrm{u}\bar{\mathrm{s}}$$

mit Lebensdauern von $1{,}3 \cdot 10^{-23}$ s. Da alle Mesonen zu gleichen Teilen aus Teilchen und Antiteilchen (Materie und Antimaterie) bestehen, sind sie ausnahmslos instabil und zerfallen in Photonen und Leptonen.

Baryonen. Hadronen, die aus drei Quarks bzw. drei Antiquarks bestehen, heißen Baryonen bzw. Antibaryonen. Parallelstellung der drei beteiligten Spins lässt 56 verschiedene Spin-3/2-Baryonen zu, von denen erst wenige gefunden wurden. Die Anzahl der möglichen Spin-1/2-Baryonen ist noch größer, da es von erheblicher Bedeutung sein kann, welche der drei Spins parallel auftreten. So hat z. B. $\Lambda^0 \equiv$ dus mit u $\uparrow\uparrow$ s eine mittlere Lebensdauer von $3 \cdot 10^{-10}$ s, während $\Sigma^0 \equiv$ dus mit u $\uparrow\uparrow$ d nur eine Lebensdauer von $6 \cdot 10^{-20}$ s aufweist. Die wichtigsten Spin-1/2-Baryonen sind das Proton und das Neutron:

$$\mathrm{p} = (\mathrm{d} + 2\mathrm{u}) \equiv \mathrm{duu} \qquad \text{und} \qquad \mathrm{n} = (2\mathrm{d} + \mathrm{u}) \equiv \mathrm{ddu}.$$

Das freie Neutron zerfällt mit einer mittleren Lebensdauer von (876 ± 20) s; vgl. den folgenden Abschnitt.

Viele der neu entdeckten Hadronen konnten als *angeregte Zustände* anderer Teilchen interpretiert werden, die – wie ein angeregtes Wasserstoffatom – durch Energieabstrahlung in den Grundzustand übergehen. Diese angeregten Zustände heißen **Resonanzen**. Die Energieabgabe (bzw. auch -aufnahme) erfolgt dabei durch Emission bzw. Absorption von Photonen, Leptonen, Quarks usw., wodurch sich die verschiedenen Hadronenzustände ineinander umwandeln.

50.5 Die elementaren Kräfte (Wechselwirkungen). Feldquanten

Zwischen den Elementarteilchen treten vier Arten von Kräften auf, die *starke*, die *elektromagnetische*, die *schwache* und die *Gravitationskraft*. Sie sind der Schlüssel zum Verständnis der Struktur der Materie. Reichweite und relative Stärke dieser Kräfte sind in Tabelle 50.2 angegeben. Nach heutiger Sicht werden die verschiedenen Arten von Kräften oder Wechselwirkungen durch eine besondere Gruppe von *Austauschteilchen*, die so genannten **Feldquanten**, hervorgerufen, so wie am Beispiel des Zustandekommens der Kernkraft in Bild 47.6 veranschaulicht. Die Feldquanten unterscheiden sich ganz wesentlich von den Leptonen und Quarks: Die meisten von ihnen haben keine Ruhmasse, keine elektrische Ladung und kein magnetisches Moment, und sie haben *ganzzahligen* Spin, und zwar den Spin 1 (mit Ausnahme des Gravitons mit dem Spin 2). Alle Feldquanten sind also Bosonen; man bezeichnet sie als *intermediäre Bosonen.*

Tabelle 50.2. Die elementaren Kräfte

Kraft	Überträger	relative Stärke	Reichweite	Wirkungsbeispiel
Starke Wechselwirkung	Gluonen	1 (gesetzt)	10^{-15} m	Kernbindungskraft
Schwache Wechselwirkung	Weakonen (Weonen) W^+, W^-, Z^0 (Zeton)	10^{-1}	10^{-18} m	Beta-Zerfall
Elektromagnetische Wechselwirkung	Photon	10^{-2}	∞	Bindungskraft des Kristallgitters
Gravitation	Graviton	10^{-39}	∞	Schwerkraft

Die relative Stärke bezieht sich auf die Kraft zwischen zwei Teilchen, extrapoliert auf einen Abstand von 10^{-18} m (für die schwache Wechselwirkung ist sie nur etwa bei diesem Abstand bekannt).

Die **Gravitationswechselwirkung** ist so schwach, dass sie in der Elementarteilchenphysik keine Rolle spielt. Das zugehörige Feldquant, das *Graviton*, konnte trotz vieler Bemühungen deshalb bis heute nicht nachgewiesen werden.

Das Feldquant der **elektromagnetischen Wechselwirkung** ist das bereits seit langem bekannte *Photon*; es vermittelt die Kraft zwischen elektrischen Ladungen, z. B. zwischen Atomkern und Elektronen. Eine Veränderung der Bindungsenergie der Elektronen im Atom geschieht durch den Austausch von Photonen (Emission oder Absorption, vgl. 44.3). Die elektromagnetische Wechselwirkung tritt aber nicht nur im Bereich der Atome auf, sondern wirkt bis auf Entfernungen von Kilometern, sie füllt sozusagen den Größenbereich zwischen Atomkernen und Planetoiden aus. Alle Materie in diesem Bereich verdankt ihre Struktur den elektromagnetischen Kräften zwischen elektrisch geladenen und relativ zueinander bewegten Teilchen. Diese Kräfte sind auch allein maßgebend für das Funktionieren aller unserer technischen Geräte sowie für die Strukturen der belebten Materie und für alle physiologischen Vorgänge.

Die **starke Wechselwirkung** dominiert bei sehr kleinen Abständen über alle anderen Wechselwirkungen. Sie ist aber für Systeme aus mehreren Quarks fast abgesättigt und reicht bei Hadronen nur etwa 10^{-15} m weit (*Kernkraft*). Damit ist sie (sowie auch die unten beschriebene schwache Wechselwirkung) für die Struktur der Materie in diesem Größenbereich verantwortlich, nämlich bei Hadronen, Atomkernen und in sehr dichten kosmischen Objekten wie z. B. Neutronensternen.

Austauschteilchen der starken Wechselwirkung sind die *Gluonen* (von engl. glue, Klebstoff), welche in acht verschiedenen Farbzuständen vorkommen und die Quarks zu Quark-Atomen wie Proton und Neutron binden. Gluonen haben jeweils eine Farbe und eine Antifarbe. Beim Austausch eines Gluons zwischen zwei Quarks kann sich die Farbe der Quarks ändern. Zum Beispiel werden durch den Austausch eines rot-antigrünen Gluons ($G_{r\bar{g}}$) die Farben eines roten und eines grünen Quarks vertauscht, wobei eine anziehende Kraft („Farbkraft") zwischen den beiden Quarks wirksam wird. Allgemein gilt: *Gleiche Farben stoßen sich ab, ungleiche Farben oder ungleichnamige Farbvorzeichen (Antifarben) ziehen sich an.* Die Theorie, die diese Wechselwirkung zu beschreiben sucht, heißt **Quantenchromodynamik** QCD (chroma, Farbe).

Von der Farbkraft ist letztlich auch die Kernkraft zwischen den Nukleonen abgeleitet. Sie ergibt sich als nichtabgesättigter Anteil der starken Wechselwirkung zwischen den Quarks im Proton und Neutron (s. o.). Wegen der Wechselwirkung der Gluonen untereinander hat die starke Kraft zwischen den Quarks eine erstaunliche Besonderheit: ihre potentielle Energie *steigt mit wachsendem Abstand* der Quarks voneinander. Deshalb konnte man bisher auch keine freien Quarks nachweisen.

Leptonen tragen keine Farbladung, sie „spüren" daher die starke Kraft nicht; sie unterliegen der **schwachen Wechselwirkung**. Nach der Entdeckung der elektrisch geladenen Feldquanten W^+ und W^-, der sog. *Weakonen*, und des neutralen *Zeton* Z^0 im Jahre 1983 stand zweifelsfrei fest, dass die schwache Wechselwirkung zwischen Leptonen auf den Austausch dieser Teilchen zurückzuführen ist. Bei allen Prozessen der schwachen Wechselwirkung wandeln sich die beteiligten Teilchen stets in andere um, wobei – außer in neutralen Prozessen – immer eine Ladungseinheit übertragen wird, entsprechend dem Austausch eines W^+ oder W^--Bosons. So z. B. wird der Betazerfall des freien Neutrons (48/2) $n \rightarrow p + e^- + \overline{\nu}_e$ mit einer Halbwertszeit von 15,5 min durch den Austausch eines W^--Bosons beschrieben (Bild 50.1). Auf Grund der sehr kurzen Reichweite der schwachen Kraft kommt den Weakonen eine sehr große Masse zu, die etwa 90mal so groß ist wie die des Protons.

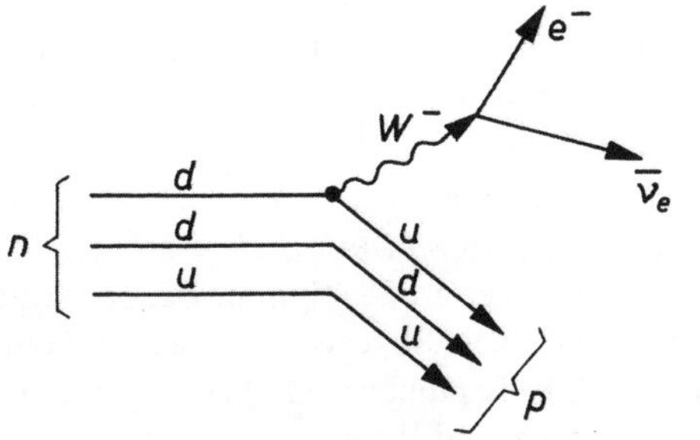

Bild 50.1. β-Zerfall des freien Neutrons (n) in ein Proton (p); d, u Quarks, $\overline{\nu}_e$ Anti-Elektron-Neutrino, W^--Boson

Verletzung der Parität. Eine Besonderheit der *schwachen* Wechselwirkung ist, dass der *Satz von der Erhaltung der Parität* nicht erfüllt ist. Dieser besagt, dass jeder Naturvorgang, wenn er im Spiegel betrachtet wird, wieder ein realer Vorgang ist, d. h. in der Natur mit gleicher Wahrscheinlichkeit auftreten kann. So ist das Spiegelbild einer über starke oder elektromagnetische Wechselwirkung ablaufenden Reaktion zwischen Elementarteilchen wiederum eine physikalisch mögliche Reaktion.

1957 entdeckten LEE, YANG und WU, dass dies für die schwache Wechselwirkung *nicht zutrifft*; diese Prozesse sind also nicht spiegelungsinvariant. Man spricht von einer *Symmetriebrechung*, hier speziell der Spiegelungssymmetrie *(Parität)*. So sind die beim o. g. Betazerfallsprozess entstehenden Elektronen *stets linkshändig*, d. h., die gekrümmten Finger der linken Hand geben die Drehrichtung (Spin) des Teilchens an, wenn der Daumen in die Richtung des Teilchenimpulses (Bewegungsrichtung) zeigt. Im Spiegel betrachtet werden die emittierten Elektronen natürlich rechtshändig; aber es gibt keinen Hinweis darauf, dass ein solcher „spiegelbildlicher" Betazerfall mit rechtshändigen Elektronen auftritt.

In dem Bestreben, das gesamte Naturgeschehen auf wenige fundamentale Kräfte zurückzuführen, gelang es 1967 GLASHOW, SALAM und WEINBERG, die elektromagnetische und die schwache Kraft zu einer einheitlichen Theorie der **elektroschwachen Wechselwirkung** zu vereinen *(GSW-Theorie)*. Diese Theorie kann nach der Entdeckung der intermediären Bosonen $W^{\pm}$ und Z^0 als bestätigt angesehen werden. Schwierigkeiten ergeben sich jedoch u. a. aus der oben beschriebenen Paritätsverletzung der schwachen Wechselwirkung, woran auch die Vereinigung der schwachen mit der elektromagnetischen Kraft nichts geändert hat. Es wird jedoch vermutet, dass diese keine fundamentale Eigenschaft ist, sondern nur bei niedrigen Energien auftritt, und dass bei höheren Energien die Rechts-Links-Symmetrie zumindest teilweise wiederhergestellt sein könnte.

50.6 Vereinheitlichte Theorie der elementaren Kräfte (Supersymmetrie, Theory of Everything)

Die in den vorangegangenen Abschnitten skizzierten heutigen Vorstellungen vom Aufbau der Materie, wonach 6 Leptonen und 6 Quarks (vgl. Tabelle 50.1) mit ihren zugehörigen Antiteilchen die elementaren Bausteine der Natur sind und die zwischen ihnen wirkenden fundamentalen Kräfte durch intermediäre Bosonen (Feldquanten) vermittelt werden, und zwar durch das Photon, die drei Weakonen W^+, W^-, Z^0 und die Gluonen in den acht möglichen Farb-Antifarbzuständen sowie möglicherweise weitere vorhergesagte, aber noch nicht entdeckte Feldquanten mit dem Spin 0 (z. B. das sog. HIGGS-Boson), bilden das **Standardmodell** der Teilchenphysik. Sein theoretisches Fundament ist zum einen die Theorie der elektroschwachen Wechselwirkung (GSW-Theorie), in der eine Vereinigung der elektromagnetischen und der schwachen Kraft oberhalb einer Energie von etwa 290 GeV erzielt werden konnte, zum anderen die Quantenchromodynamik (QCD), welche die starke Kraft (Gluonenkraft) zwischen den Farbladungen der Quarks beschreibt.

Obwohl es derzeit noch Lücken und eine Reihe noch ungeklärter Fragen gibt, steht bis heute kein experimentelles Ergebnis im Widerspruch zum Standardmodell. Es liegen bis jetzt keine experimentellen Hinweise vor, die vermuten lassen, dass das Quark möglicherweise doch nicht der kleinste Baustein der Materie ist, sondern eine innere Unterstruktur besitzt. Die Interpretation der Naturvorgänge wird noch lange Zeit beanspruchen, und dabei wird das Standardmodell weiter vervollkommnet und präzisiert werden müssen.

Es gibt aber auch schon Theorien, die über das Standardmodell hinausgehen und die noch offenen Fragen aufgreifen. So wird im Rahmen der sog. *„Grand Unified Theories“* (GUT) versucht, die elektroschwache Kraft mit der starken Kraft in einer großen Symmetrie, der **Supersymmetrie** (SUSY), zu vereinen. Diese sagt die Existenz einer „Superwelt“ voraus, die eine Symmetrie zwischen Fermionen (Materiebausteinen), d. h. Leptonen und Quarks mit dem Spin $1/2$, und Bosonen (Feldquanten), d. h. Photonen, Gluonen und Weakonen mit dem Spin 1, herstellt. Danach soll es zu jedem Fermion ein supersymmetrisches Boson mit dem Spin 0 geben (s-Leptonen und s-Quarks), und umgekehrt haben alle Bosonen ihre supersymmetrischen Partner mit halbzahligem Spin mit Namen wie Photino, Gluino, Wino und Zino. Die Hoffnung, die elektromagnetische, die schwache und die starke Kraft vereinigen zu können, basiert auf der Tatsache, dass die Stärken der drei Kräfte, wenn man deren Abhängigkeit von der Wechselwirkungsenergie zu großen Energien hin extrapoliert, bei etwa 10^{15} GeV zusammenlaufen und dort übereinstimmen („GUT-Energie“).

Ein besonders interessanter Aspekt der Supersymmetrie ist ihre Anwendung auf die EINSTEINsche Theorie der Gravitation, auf die allgemeine Relativitätstheorie also. Die Vereinigung dieser Theorie mit der Quantentheorie, die „Quantisierung der Gravitation“, ist ein bis heute ungelöstes Problem. Man geht gegenwärtig davon aus, dass die Energie, bei der die Vereinigung *aller* Wechselwirkungen einschließlich der Gravitation einsetzt, bei der sog. PLANCK-Energie $c^2(\hbar c/\gamma)^{1/2} \approx 10^{19}$ GeV liegt, welche durch die experimentell ermittelte Gravitationskonstante γ (8/3) festgelegt wird. Oberhalb der PLANCK-Energie gilt eine höchste Symmetrie, und die daraus abgeleitete „Urkraft“ beschreibt *alle Phänomene* („Theory of Everything“, TOE).

Geht man den umgekehrten Weg zu niedrigen Energien hin, so hat man sich also vorzustellen, dass bei Unterschreiten der PLANCK-Energie eine Entkopplung der Gravitation von den in der SUSY vereinigten Wechselwirkungen stattfindet, d. h., dass die Gravitation jetzt als separate Kraft existiert. Entsprechend wird dann bei der GUT-Energie die starke Kraft als selbstständige Wechselwirkung absepariert, und unterhalb 290 GeV trennen sich die schwache und die elektromagnetische Kraft. Bei sehr kleinen Energien entkoppelt die elektromagnetische Wechselwirkung, und elektrisches und magnetisches Feld existieren unabhängig nebeneinander (vgl. die Abschnitte 23 und 28).

50.7 Kosmologie

Die Vorgänge und Erscheinungen in der Welt der Elementarteilchen sind aufs Engste verknüpft mit der Evolution des Universums. Das **kosmische Standardmodell** geht von einer ungeheuren Energiekonzentration mit Temperaturen von 10^{32} K kurz nach dem sog. *Urknall* aus, durch den unser Universum nach neuesten Erkenntnissen vor 13,7 Milliarden Jahren entstand. Während der anschließenden Expansion des Weltalls, die mit einer ständigen Abkühlung verbunden war, wurden nacheinander die im Abschnitt zuvor beschriebenen drei Energiestufen durchlaufen, wobei die bei jeder Energiestufe jeweils abseparierte Kraft das kosmische Geschehen in der folgenden Periode bestimmte.

So war etwa 10^{-44} s nach dem Urknall die PLANCK-Energie erreicht, und die Supersymmetrie wurde wirksam. Im Kosmos gab es zu diesem Zeitpunkt nur Fermionen, d. h. Quarks, Leptonen (Elektronen, Myonen, Tauonen und Neutrinos) und deren Antiteilchen, Photonen und Gravitonen sowie superschwere Bosonen, sog. X- und Y-Teilchen mit Massen von der Größenordnung der GUT-Energie. Etwa 10^{-32} s nach dem Urknall war die Energiedichte des Kosmos so weit abgefallen, dass mit Unterschreiten der GUT-Energie die Supersymmetrie gebrochen und die starke Kraft abgespalten wurde, die zu einem Quark-Gluon-Plasma führte. Mit weiter sinkender Temperatur kommt es gegen Ende dieser Periode (nach etwa 10^{-10} s) zur Zerstrahlung von Quarks und Antiquarks in Elektron-Positron-Paare und Photonen, wobei wegen eines ursprünglich vorhandenen Überschusses von Quarks gegenüber Antiquarks ein kleiner Rest von Materie übrig bleibt, nämlich derjenige, aus dem später alle Sterne, Planeten und Lebewesen entstehen. Diese „normale“ Materie macht nur etwa 4 Prozent des gesamten Inhalts des Kosmos aus.

In der folgenden Periode setzt die schwache Wechselwirkung ein, und die Neutrinos sind so weit abgekühlt, dass sie an den Umwandlungen nicht mehr teilnehmen; es verbleibt eine *Neutrino-Hintergrundstrahlung*, deren Energie heute einer Temperatur von etwa 1,9 K entspricht (experimentell noch nicht nachgewiesen). Etwa eine Sekunde nach dem Urknall ist die Temperatur bis auf die Größenordnung von umgerechnet einigen MeV abgesunken, d. h. unter die Bindungsenergie von Nukleonen in Kernen, und es entstehen die leichten Atomkerne wie Deuterium, Helium und Lithium. Etwa 300 000 Jahre später fallen auch die Photonen aus dem Reaktionsgleichgewicht aus und erzeugen unabhängig vom übrigen Geschehen eine Hintergrundstrahlung, welche sich bis zum heutigen Tage bis auf etwa 3 K abgekühlt hat (sog. *3-K-Strahlung*). Schließlich bilden sich etwa 10^6 Jahre nach dem Urknall die mittelschweren Atome wie C, O und Fe. Bei der Entstehung der schweren Elemente spielen sowohl die Kernkraft als auch die schwache Kraft eine wichtige Rolle. Die Entstehung der Sterne und Galaxien, nach neuesten Erkenntnissen etwa 200 Millionen Jahre nach dem Urknall, viel früher als bislang angenommen, wird dann hauptsächlich durch die Gravitationskraft bestimmt.

Dieses hier nur kurz skizzierte *kosmologische Modell* ist in seinen Grundzügen weitgehend akzeptiert. Es bleiben aber noch viele Fragen offen (so z. B. nach dem Verständnis des Urknalls), deren Beantwortung nicht nur unsere Neugier befriedigen, sondern uns zu neuen Erkenntnissen und Einsichten in die Entwicklung des Universums und die unser Werden und Sein bestimmenden allgemeinen Prinzipien führen wird.

A ANHANG: Fehlerrechnung (Messabweichungen)

A.1 Arten und Ursachen von Messabweichungen

Jeder Messwert ist mit einer mehr oder weniger großen *Messabweichung* behaftet. Der *wahre Wert* einer Messgröße X bleibt deshalb unbekannt. Messabweichungen (früher allgemein als *Messfehler* bezeichnet) werden zum einen hervorgerufen durch *objektive* (vom Beobachter unabhängige) Einflussfaktoren, wie z. B. Schwankungen von Temperatur, Luftdruck, elektrischer Spannung u. a., zum anderen durch *subjektive* Faktoren, die vom Beobachter abhängen, wie Übung, Sehschärfe, Schätzvermögen usw. Nach der Art ihrer Auswirkung auf den Messwert unterscheidet man zwischen *systematischen* und *zufälligen (statistischen)* Abweichungen, die beide subjektiv wie objektiv bedingt sein können.

Systematische Messabweichungen haben ihre Ursache im Messverfahren (Fehlanzeigen der Instrumente infolge falscher Eichung oder Justierung, falsches Messprinzip, konstante Abweichung von den vorgeschriebenen Versuchsbedingungen oder Vernachlässigung bestimmter, stets gleich bleibender Einflüsse auf das Experiment, z. B. des Luftauftriebs bei Präzisionswägungen u. a.). Sie bewirken, dass die Messwerte stets um einen *konstanten Betrag und in gleicher Richtung* (plus oder minus) vom wahren Wert der Messgröße abweichen. Systematische Messabweichungen sind daher auch durch Wiederholung der Messung nicht zu erkennen und im Mittelwert von Messreihen in vollem Umfang mit enthalten (misst man beispielsweise mit einem falsch geeichten Maßstab, so bleibt das Ergebnis auch bei oftmaliger Messung falsch). Sie sind aber prinzipiell vermeidbar, wenn auch oft nur mit beträchtlichem experimentellen Aufwand und großer messtechnischer Erfahrung.

Zufällige Messabweichungen schwanken *nach Größe und Vorzeichen*; sie sind für den einzelnen Messwert grundsätzlich unbekannt und machen ihn unsicher. Diese nicht vermeidbare *Zufallsstreuung* der Messwerte wird mit statistischen Methoden abgeschätzt (s. Abschnitt A.3). Zufällige Messabweichungen werden durch Ungenauigkeiten beim Ablesen von Messinstrumenten, z. B. beim Schätzen von Skalenteilenzwischenwerten, durch regellose Störungen der Messbedingungen, wie z. B. Schwankungen der Netzspannung, zeitliche Anzeigeschwankungen digitaler Messinstrumente um den eigentlichen Messwert u. a., hervorgerufen. Ihr Einfluss wird geringer, wenn die betreffende Größe unter genau gleichen Bedingungen mehrmals gemessen und aus den einzelnen Messwerten der arithmetische Mittelwert als Messergebnis gebildet wird. Wird eine Größe nur einmal gemessen, so kann die zufällige Abweichung nur pauschal abgeschätzt werden (vgl. A.2).

A.2 Ermittlung von Messabweichung und Messergebnis

Die Messabweichung setzt sich aus der systematischen und der zufälligen (statistischen) Abweichung zusammen, welche getrennt voneinander zu ermitteln sind. Die Summe aus beiden ergibt die mögliche *Größtabweichung*, welche für die Messgenauigkeit maßgebend ist.

Korrektion. Die durch ein Messgerät verursachte *systematische* Abweichung wird durch Vergleich der Anzeige des Gerätes mit der eines (sehr viel genaueren) *Normalgerätes* festgestellt. Durch eine Messung mit dem Normalgerät erhält man den als „richtig“ geltenden (konventionell richtigen) Wert x_r, der als sehr guter Näherungswert für den wahren Wert der Messgröße angesehen werden darf. Anstelle der einmaligen Anzeige x des zu prüfenden Messgerätes ermittelt man, um zufällige Abweichungen (Messwertstreuung) möglichst auszuschließen, besser den arithmetischen Mittelwert $\overline{x}$ einer Wiederholmessreihe, bestehend aus den n Einzelmesswerten

$x_1, x_2, \ldots, x_n$:

$$\overline{x} = \frac{1}{n}\sum_{i=1}^{n} x_i \qquad \textbf{(Mittelwert).} \tag{1}$$

Die festgestellte systematische Abweichung ist dann $A = \overline{x} - x_r$, und für den richtigen Wert folgt damit $x_r = \overline{x} - A = \overline{x} + K$, wobei $K = -A$ die (positive oder negative) *Korrektion* darstellt, mit der jeder vom zu prüfenden Messgerät angezeigte Wert x bzw. erhaltene Mittelwert $\overline{x}$ der Wiederholmessreihe (durch Addition derselben) zu berichtigen ist.

Beispiel: Mit einem Flüssigkeitsthermometer (Skalenteilungswert 0,1 °C) wird als Mittelwert einer Wiederholmessreihe eine Temperatur von $\overline{\vartheta} = 20{,}15\,°\mathrm{C}$ erhalten. Als richtiger Wert wird mit einem Normalthermometer (Platinwiderstandsthermometer) $\vartheta_r = 20{,}01\,°\mathrm{C}$ ermittelt. Die festgestellte systematische Abweichung der Anzeige des Flüssigkeitsthermometers ist $A = \overline{\vartheta} - \vartheta_r = 0{,}14\,°\mathrm{C}$, womit sich als Korrektion $K = -0{,}14\,°\mathrm{C}$ ergibt. Jeder mit dem Flüssigkeitsthermometer (zu groß) gemessene Wert ist zwecks Ausschaltung der systematischen Abweichung durch Addition von K zu berichtigen.

Ganz entsprechend ist auch eine durch äußere Einflüsse oder ein bestimmtes (u. U. falsches) Messprinzip hervorgerufene systematische Abweichung, welche häufig *durch Rechnung* ermittelt werden kann, zu korrigieren.

Beispiel: Wird bei der Wägung eines Körpers, z. B. zur Bestimmung seiner Dichte $\varrho = m/V$ (m Masse, V Volumen des Körpers), die Auftriebskraft in der umgebenden Luft nicht berücksichtigt, so wird dessen Masse nach dem ARCHIMEDischen Prinzip (vgl. 14.2) um die Masse der durch den Körper verdrängten Luft $\varrho_L V$ (ϱ_L Dichte der Luft) zu klein gemessen, also zu $m - \varrho_L V$. Entsprechendes gilt bei Verwendung einer Zweischalen-Analysenwaage auch für die auf der anderen Waagschale befindlichen Wägestücke mit der Masse m^*, dem Volumen V^* und der Dichte ϱ^*, so dass folgende Gleichgewichtsbedingung gilt:

$$m - \varrho_L V = m^* - \varrho_L V^* \qquad \text{bzw.} \qquad m = m^* + \varrho_L(V - V^*).$$

Die durch den Luftauftrieb bewirkte systematische Abweichung vom zu bestimmenden Wert m ist also $-\varrho_L(V - V^*)$ und somit die „Korrektion" $\varrho_L(V - V^*)$, welche zur Masse der aufgelegten Wägestücke zu addieren ist. Da im Allgemeinen nicht V^*, sondern die Dichte ϱ^* bekannt ist, erhält man nach Umformung obiger Beziehung

$$m = m^*\left(1 - \frac{\varrho_L}{\varrho^*}\right) + \varrho_L V \qquad \text{oder} \qquad \varrho = \frac{m^*}{V}\left(1 - \frac{\varrho_L}{\varrho^*}\right) + \varrho_L .$$

Fehlergrenze. Die Ermittlung der Korrektion ist für Messeinrichtungen unter Laborbedingungen, insbesondere unter Praktikumsbedingungen, sowie in der betrieblichen Messtechnik nicht ohne weiteres möglich. Als *systematische* Abweichung wird daher im Allgemeinen die vom Hersteller des Messgerätes garantierte, in Normen oder Eichordnungen festgelegte und/oder am Gerät angegebene *Fehlergrenze* angesetzt. Sie gibt an, innerhalb welcher Grenzen der vom Messgerät angezeigte Wert x vom „richtigen Wert" x_r (s. o.) nach oben oder unten abweichen darf.

Viele Messeinrichtungen sind hinsichtlich ihrer Fehlergrenze in **Genauigkeitsklassen** eingeteilt, z. B. analoge elektrische Messgeräte u. a. in die Klassen 0,05; 0,1; 0,5; 1; 1,5. Die Klasse gibt hier an, *wie viel Prozent vom jeweiligen Messbereichs-Endwert* bzw. der Skalenteilung die systematische Abweichung des angezeigten Wertes maximal beträgt. Bei digitalen Messgeräten setzt sich die systematische Abweichung aus mindestens zwei Anteilen zusammen, einem Grundfehler der jeweiligen Baugruppe in Prozent des Messwertes und einem Digitalisierungsfehler, angegeben in *digit* (kleinster Ziffernschritt), z. B. 0,4% + 3. Gelegentlich kommt noch ein Betrag hinzu, der wie bei analogen Messgeräten in Prozent des Messbereichs-Endwertes angegeben wird. Die entsprechenden Angaben finden sich jeweils in den Bedienungsanleitungen der Messgeräte.

Größtabweichung. Zusätzlich zur systematischen Abweichung ist im Messergebnis die *zufällige* Abweichung zu berücksichtigen. Bei nur einmaliger Messung mit einem analogen Messgerät wird für diese pauschal in der Regel *ein halber Skalenteilungswert* angesetzt, ebenso, wenn eine Größe nur wenige Male gemessen wird (s. unten stehendes Beispiel *2*). Wird zur Erhöhung der Genauigkeit die gesuchte Größe in einer *Messreihe* aus mindestens fünf Messungen bestimmt, und weisen die Messwerte eine Streubreite auf, die mit der Fehlergrenze des Messgerätes vergleichbar ist, wird die zufällige Abweichung auf statistischem Wege nach Gleichung (5) ermittelt. Bei digitalen Messgeräten wird die zufällige Abweichung aus den die Fehlergrenze überschreitenden zeitlichen Schwankungen des Anzeigewertes abgeschätzt (s. Beispiel *3* unten).

Die Summe aus systematischer und zufälliger Messabweichung ergibt die *Größtabweichung* Δx des Messwertes x vom wahren Wert X. Dieser liegt dann *mit Sicherheit* im Intervall $(x - \Delta x) \le X \le (x + \Delta x)$, d. h., es gilt $X = x \pm \Delta x$ oder, wenn wir anstelle des Einzelmesswertes x wie oben den besseren, von Messwertstreuung weitgehend freien Mittelwert (1) aus mehreren Messungen benutzen,

$$X = \overline{x} \pm \Delta x \quad \text{oder} \quad X = \overline{x}\left(1 \pm \frac{\Delta x}{\overline{x}}\right) \qquad \textbf{(Messergebnis).} \qquad (2)$$

Aussagekräftiger als die *absolute* Abweichung Δx ist oft die *relative* Abweichung $\Delta x/\overline{x}$ bzw. *prozentuale* Abweichung $(100 \cdot \Delta x/\overline{x})\%$, z. B. beim Vergleich verschiedener Messmethoden bzw. der Messgenauigkeit verschiedener Messgrößen (s. Beispiel *1* unten).

Rechengenauigkeit. Da Messwerte Näherungswerte sind, werden ihre Zahlenwerte *gerundet*. Dabei ist die Anzahl der *geltenden Ziffern* im Zahlenwert der Ergebnisgröße abhängig von der Größe der Messabweichung. Als geltende Ziffern eines Näherungswertes bezeichnet man alle Ziffern außer den Nullen, die links von der ersten von null verschiedenen Ziffer stehen. Die Zahlen 38,2; 0,004 85 und 0,680 haben drei geltende Ziffern. Die Messabweichung wird *im Endergebnis* grundsätzlich nur mit einer oder zwei geltenden Ziffern angegeben; dabei ist stets aufzurunden. Der Zahlenwert der Ergebnisgröße ist dann bis auf diejenige Stelle genau anzugeben, auf die sich die letzte der geltenden Ziffern der (gerundeten) Messabweichung noch auswirkt, also z. B. $25{,}31 \pm 0{,}54$ oder gerundet $25{,}3 \pm 0{,}6$ (nicht $25{,}3 \pm 0{,}54$ oder $25{,}312 \pm 0{,}54$).

Beispiele: *1.* Eine Strecke L von a) 10 cm; b) 1 km soll auf 1 mm genau ausgemessen werden. Wie viel Prozent Messabweichung dürfen bei dem jeweils verwendeten Längenmessgerät maximal zugelassen werden? – *Lösung:* Die relative Abweichung beträgt im Fall a) $\Delta L/L = 0{,}01$, entsprechend 1%. Diese Genauigkeit ist mit einfachen Längenmessgeräten zu realisieren. Im Fall b) ergibt sich dagegen eine relative Abweichung von nur 10^{-6}, d. h. 0,0001%! Eine solche Genauigkeit ist nur bei Verwendung von Präzisionslängenmessgeräten (z. B. Laserentfernungsmesser) zu erreichen.

2. Ein elektrischer Spannungsmesser der Genauigkeitsklasse 1,5 habe einen Messbereich von 100 V bei einem Skalenteilungswert von 1 V. Dreimalige Messung einer Spannung U mit diesem Gerät ergab die Werte 81, 80 und 80,5 V. Wie lautet das Messergebnis? – *Lösung:* Die Fehlergrenze beträgt 1,5% von 100 V, also 1,5 V (systematische Abweichung). Hinzu kommen 0,5 V (= 1/2 Skalenteilungswert) als zufällige Abweichung, womit sich als Größtabweichung $\Delta U = 2{,}0$ V ergibt. Mit dem Mittelwert (1) $\overline{U} = 80{,}5$ V erhalten wir nach (2) $U = (80{,}5 \pm 2{,}0)$ V $= 80{,}5(1 \pm 0{,}025)$ V, entsprechend 2,5% Abweichung. Das Messergebnis sagt aus, dass der wahre Wert der gemessenen Spannung zwischen 78,5 und 82,5 V liegt.

3. In einem Kalorimeter wird zur Messung der Mischungstemperatur ϑ ein Digitalthermometer benutzt, als dessen Fehlergrenze $G = 0{,}06\,°\mathrm{C} + 0{,}02\% + 1$ angegeben ist. Der kleinste Ziffernschritt beträgt 0,1 °C. Die Thermometeranzeige lautet 52,1 °C, wobei während der Anzeige Schwankungen um diesen Wert von 1 digit beobachtet werden. Wie lautet das Messergebnis? – *Lösung:* Die größtmögliche systematische Abweichung, entsprechend G, beträgt 0,06 °C + 0,01 °C (= 0,02% von 52,1 °C) + 0,1 °C (= 1 digit) $\approx$ 0,2 °C. Da die Anzeigeschwankungen noch innerhalb der Fehlergrenze liegen, braucht eine zusätzliche zufällige Abweichung nicht berücksichtigt zu werden. Es ist also $\Delta\vartheta = 0{,}2\,°\mathrm{C}$ (Größtabweichung), womit als Messergebnis folgt $\vartheta = (52{,}1 \pm 0{,}2)\,°\mathrm{C}$ oder $\vartheta = 52{,}1(1 \pm 0{,}004)\,°\mathrm{C}$, entsprechend $0{,}4\%$ Abweichung.

A.3 Zufallsstreuung von Messwerten

Ziel der folgenden Überlegungen ist es, aus den in einer *Messreihe* ermittelten n Messwerten $x_i = x_1, x_2, \ldots, x_n$ Aussagen über die *zufällige Messabweichung* zu gewinnen. Messreihen sind nur sinnvoll, wenn die betreffende Größe mindestens fünfmal gemessen wird und der Streubereich der Einzelmesswerte x_i größer ist als die Fehlergrenze des Messgerätes. Anderenfalls liegt der wahre Wert der Messgröße mit Sicherheit innerhalb des durch die Fehlergrenze vorgegebenen Bereiches.

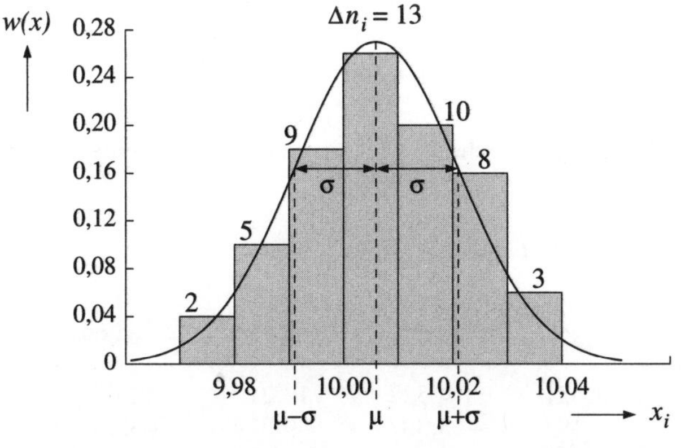

Bild A.1. Histogramm der Häufigkeitsverteilung $w(x_i)$ einer Messreihe aus 50 Messungen (Messwerte x_i nach Tabelle A.2) sowie die zugehörige Kurve der GAUSSschen Normalverteilung nach Gleichung (3) für $\mu = \overline{x} = 10{,}006$ und $\sigma = s = 0{,}015$.

Trägt man die Messwerte x_i wie in Bild A.1 auf der Abszisse eines Koordinatensystems auf und unterteilt man dieselbe in lauter kleine, gleichgroße Intervalle Δx, so gilt für die Anzahl der Messwerte Δn_i, die in das Intervall zwischen x_i und $x_i + \Delta x$ fallen:

$$\Delta n_i = w(x_i) n\, \Delta x.$$

Diese Zahl hängt, wie leicht einzusehen, von der Anzahl n der Messungen insgesamt sowie von der Intervallbreite Δx ab, ganz entscheidend aber noch von einer Verteilungsfunktion $w(x_i)$, welche angibt, wie sich die Messwerte x_i auf die einzelnen Intervalle verteilen. Das Produkt $w(x_i)\,\Delta x = \Delta n_i / n$ ist ein Maß für die *Wahrscheinlichkeit (relative Häufigkeit)*, mit der ein im Intervall zwischen x_i und $x_i + \Delta x$ liegender Wert gemessen wird.
Trägt man über dem jeweiligen Intervall Δx balkenförmig die relative Häufigkeit $\Delta n_i / n$ der in das Intervall fallenden Messwerte auf, so erhält man das *Histogramm* der Messreihe (Bild A.1). Wird die Anzahl der Messungen vergrößert und die Intervallteilung zunehmend verfeinert, nähert sich die Verteilung der Messwerte immer mehr einer „Glockenkurve" an, die durch

$$w(x) = \frac{1}{\sigma\sqrt{2\pi}}\, \mathrm{e}^{-\frac{(x-\mu)^2}{2\sigma^2}} \qquad \textbf{(Gaußsche Normalverteilung)} \qquad (3)$$

beschrieben wird. Die Funktion $w(x)$ ist zum *häufigsten Wert*, dem **Erwartungswert** μ, symmetrisch und durch den Faktor $1/\sqrt{2\pi\sigma^2}$ auf die Wahrscheinlichkeit $\int_{-\infty}^{\infty} w(x)\,\mathrm{d}x = 1$ normiert, entsprechend der Bedingung, dass zwischen $-\infty$ und $+\infty$ 100% der Messwerte x liegen müssen. Die Größe σ (bzw. die sog. **Varianz** σ^2) ist ein Maß für die Breite der Verteilung $w(x)$ und wird als Streumaß für die *zufällige Abweichung* eines Messwertes x_i vom Erwartungswert μ benutzt.

Die GAUSS-Kurve gibt die Verhältnisse für $n \to \infty$ wieder; im allgemeinen kann diese Voraussetzung für $n \gtrapprox 200$ als erfüllt gelten. In der Praxis ist jedoch die Anzahl der Messwerte meist wesentlich kleiner. In diesem Fall lassen sich für den Erwartungswert μ und die Varianz σ^2 bzw. σ aus der gemessenen Häufigkeitsverteilung $w(x_i)$ *Schätzwerte* angeben. Nach GAUSS ist der beste Schätzwert für μ der arithmetische Mittelwert $\overline{x}$ nach Gleichung (1) und für σ die sog. **Standardabweichung**

$$s = \sqrt{\frac{1}{n-1}\sum_{i=1}^{n}(x_i - \overline{x})^2} = \sqrt{\frac{1}{n-1}\left(\sum_{i=1}^{n} x_i^2 - n\overline{x}^2\right)}. \qquad (4)$$

(*Hinweis:* Mittelwert $\overline{x}$ und Standardabweichung s lassen sich mit Hilfe eines Taschenrechners im Statistik-Modus schnell berechnen.)

Tabelle A.1. Student-Faktor t

Anzahl der Messungen n	Vertrauensniveau 68,3%	95,4%	99,73%	99,994%
2	1,321	4,527	19,21	125,7
3	1,197	3,307	9,219	32,62
4	1,142	2,869	6,620	17,45
5	1,111	2,649	5,507	12,28
10	1,053	2,284	3,957	6,568
15	1,034	2,181	3,586	5,481
20	1,026	2,133	3,422	5,036
50	1,010	2,051	3,157	4,367
100	1,005	2,025	3,077	4,177
250	1,002	2,010	3,030	4,069
∞	1,000	2,000	3,000	4,000

Bei einer geringen Anzahl von Wiederholungsmessungen ist der Mittelwert $\overline{x}$ als Schätzwert für den Erwartungswert μ, der dem wahren Wert X der Messgröße am nächsten kommt, sehr ungenau. Denn nicht nur der einzelne Messwert x_i streut um den wahren Wert X, sondern auch der Mittelwert $\overline{x}$ einer Messreihe. Für dessen zufällige Abweichung gilt mit (4)

$$\Delta\overline{x} = \frac{ts}{\sqrt{n}} \qquad \text{(Streubreite des Mittelwertes, zufällige Messabweichung).} \qquad (5)$$

Dabei ist t ein vom Werteumfang n und von der geforderten *statistischen Sicherheit*, dem sog. **Vertrauensniveau**, abhängiger Wichtungsfaktor (nach STUDENT), der aus Tabelle A.1 zu entnehmen ist. Lässt man z. B. eine Abweichung des Erwartungswertes μ vom wahren Wert nach beiden Seiten von der Größe der Standardabweichung $\sigma = s$ zu, so beträgt das Vertrauensniveau 68,3% (Flächeninhalt unter der GAUSS-Kurve im Intervall $\mu \pm \sigma$, Bild A.1). Für das Streuintervall $\mu \pm 2\sigma$, wenn also vom Erwartungswert μ weiter weg liegende, weniger häufig

vorkommende Messwerte noch mit erfasst werden, ergibt sich ein Vertrauensniveau von 95,4% und für $\mu \pm 3\sigma$ ein solches von 99,7%.
Mit der zufälligen Abweichung (5) erhält man als Messergebnis für die Größe X bei Abwesenheit systematischer Abweichungen:

$$X = \overline{x} \pm \Delta\overline{x} = \overline{x} \pm \frac{ts}{\sqrt{n}}. \qquad (6)$$

Das Intervall zwischen $\overline{x} - ts/\sqrt{n}$ und $\overline{x} + ts/\sqrt{n}$ wird **Vertrauensbereich** des Mittelwertes genannt; die beiden Werte sind die *untere* und *obere Vertrauensgrenze.*

Tabelle A.2. Messreihe für die Schwingungsdauer T

x_i s	$x_i - \overline{x}$ 10^{-3} s	$(x_i - \overline{x})^2$ 10^{-6} s²	x_i s	$x_i - \overline{x}$ 10^{-3} s	$(x_i - \overline{x})^2$ 10^{-6} s²
9,972	−34	1 156	10,006	0	0
9,975	−31	961	10,008	+2	4
			10,008	+2	4
9,980	−26	676	10,009	+3	9
9,982	−24	576			
9,985	−21	441	10,010	+4	16
9,987	−19	361	10,012	+6	36
9,988	−18	324	10,012	+6	36
			10,012	+6	36
9,991	−15	225	10,014	+8	64
9,992	−14	196	10,014	+8	64
9,993	−13	169	10,015	+9	81
9,995	−11	121	10,015	+9	81
9,995	−11	121	10,017	+11	121
9,995	−11	121	10,019	+13	169
9,997	−9	81			
9,997	−9	81	10,020	+14	196
9,998	−8	64	10,020	+14	196
			10,022	+16	256
10,000	−6	36	10,023	+17	289
10,000	−6	36	10,023	+17	289
10,003	−3	9	10,024	+18	324
10,003	−3	9	10,026	+20	400
10,003	−3	9	10,028	+22	484
10,004	−2	4			
10,004	−2	4	10,030	+24	576
10,005	−1	1	10,032	+26	676
10,005	−1	1	10,032	+26	676

$\sum x_i = 500{,}3\ \mathrm{s}, \quad \overline{x} = 500{,}3\ \mathrm{s}/50 = 10{,}006\ \mathrm{s}, \quad \sum(x_i - \overline{x}) = 0\ \mathrm{s},$

$\sum(x_i - \overline{x})^2 = 10\,866 \cdot 10^{-6}\ \mathrm{s}^2, \quad s = \sqrt{\frac{1}{n-1}\sum(x_i - \overline{x})^2} = 0{,}015\ \mathrm{s}.$

Beispiel: Die Schwingungsdauer T eines Sekundenpendels (Dauer einer Halbschwingung $T/2 = 1$ s) soll zum Zwecke der Messung der Fallbeschleunigung g (vgl. Abschnitt A.4) möglichst genau bestimmt werden. Dazu wird eine Messreihe mit 50 Messwerten aufgenommen (Tabelle A.2). Jeder Messwert x_i gibt die Dauer von 10 aufeinander folgenden Halbschwingungen an; es ist also $x_i = 5T_i$ oder $T_i = x_i/5$. Die Messwerte sind in der Tabelle nicht in der Reihenfolge ihrer Beobachtung aufgeführt, sondern nach der Größe geordnet und in Gruppen zusammengefasst, entsprechend der Intervallteilung $|\Delta x| = 0{,}01$ s in Bild A.1, in dem das Histogramm der Messreihe dargestellt ist. Systematische Fehler der elektronischen Zeitmesseinrichtung werden ausgeschlossen.
Gesucht ist die Standardabweichung und der Vertrauensbereich des Mittelwertes für ein Vertrauensniveau von 95%. Wie lautet das Messergebnis für die Schwingungsdauer T? – *Lösung:* Aus den in der

Tabelle A.2 aufgeführten 50 Messwerten x_i folgt als Mittelwert (1) $\overline{x} = 10{,}006$ s. Die Standardabweichung (4) wird damit $s = 0{,}013$ s. Für das geforderte Vertrauensniveau ist nach Tabelle A.1 der STUDENT-Faktor $t \approx 2$. Damit erhält man als zufällige Abweichung des Mittelwertes (5) $\Delta\overline{x} = 0{,}005$ s (es ist stets aufzurunden) und somit als Vertrauensbereich $\overline{x} \pm \Delta\overline{x} = (10{,}006 \pm 0{,}005)$ s. Es ist also $\overline{T} = \overline{x}/5 = 2{,}001$ s und $\Delta\overline{T} = \Delta\overline{x}/5 = 0{,}001$ s, womit als Messergebnis für die Schwingungsdauer $T = \overline{T} + \Delta\overline{T} = (2{,}001 \pm 0{,}001)$ s folgt. Bei Vorhandensein einer systematischen Abweichung (Berücksichtigung z. B. durch die Fehlergrenze G der Messeinrichtung, vgl. A.2) ergäbe sich nach (2) $T = \overline{T} + \Delta T$ mit der Größtabweichung $\Delta T = \Delta\overline{T} + G$.

A.4 Fehlerfortpflanzung

Viele physikalische Größen können nicht direkt gemessen werden, sondern müssen aus anderen Größen, die einer direkten Messung zugänglich sind und mit der gesuchten Größe in einem funktionalen Zusammenhang stehen, berechnet werden (*indirekte Messung*; Beispiel: Bestimmung des elektrischen Widerstandes R aus Messungen zusammengehöriger Werte von Spannung U und Stromstärke I nach dem OHMschen Gesetz $R = U/I$). Da jede der direkten Messgrößen mit Messabweichungen behaftet ist, entsteht die Frage, wie sich die Abweichungen $\Delta x, \Delta y, \Delta z, \ldots$ der Eingangsgrößen $x, y, z, \ldots$, von denen jede zur Erhöhung der Genauigkeit nötigenfalls durch eine Messreihe zu ermitteln ist, auf die gesuchte Größe $F = F(x, y, z, \ldots)$ auswirken („fortpflanzen“). Gesucht ist also die Abweichung ΔF als Funktion von Δx, Δy, $\Delta z \ldots$.

Einmalige Messung. Werden die Eingangsgrößen $x, y, z, \ldots$ nur einmal gemessen, so dass eine statistische Auswertung entfällt und für jede von ihnen nur eine *Größtabweichung* abgeschätzt werden kann (vgl. Abschnitt A.2), so berechnet sich die Größtabweichung der zusammengesetzten Größe F nach dem *linearen Fehlerfortpflanzungsgesetz*

$$\Delta F = \left|\frac{\partial F}{\partial x}\right| \Delta x + \left|\frac{\partial F}{\partial y}\right| \Delta y + \left|\frac{\partial F}{\partial z}\right| \Delta z + \ldots \qquad (7)$$

Darin sind $\partial F/\partial x$, $\partial F/\partial y, \ldots$ die *partiellen* Ableitungen der Funktion F nach den jeweiligen unabhängigen Variablen $x, y, \ldots$ Man bildet z. B. $\partial F/\partial x$, indem man F nach x differenziert und dabei alle übrigen Variablen $y, z, \ldots$ wie Konstanten behandelt. $\Delta x, \Delta y, \Delta z, \ldots$ sind wie die Ableitungen in (7) als absolute Beträge einzusetzen.
Häufig vorkommende Sonderfälle von Gleichung (7) sind:

Größtabweichung von Summen und Differenzen. Es liege eine Abhängigkeit der Form

$$F(x, y, z, \ldots) = ax + by + cz + \ldots \qquad \text{(lineare Funktion)}$$

mit $a, b, c, \ldots$ als Konstanten vor. Dann ist die *absolute* Abweichung von F:

$$\Delta F = |a|\Delta x + |b|\Delta y + |c|\Delta z + \ldots, \qquad (8)$$

also gleich der Summe der mit den Beträgen der Koeffizienten multiplizierten absoluten Abweichungen der Einzelmessgrößen.

Größtabweichung von Produkten und Quotienten. Die Abhängigkeit sei von der Form

$$F(x, y, z, \ldots) = ax^{\alpha} y^{\beta} z^{\gamma} \ldots \qquad \text{(Potenzprodukt);}$$

$a, \alpha, \beta, \gamma, \ldots$ sind positive oder negative Konstanten. Dann ist die *relative* Abweichung von F:

$$\frac{\Delta F}{F} = |\alpha|\frac{\Delta x}{x} + |\beta|\frac{\Delta y}{y} + |\gamma|\frac{\Delta z}{z} + \ldots, \qquad (9)$$

also gleich der Summe der mit den Beträgen der Potenzexponenten multiplizierten relativen Abweichungen der Einzelmessgrößen. Da die Vorzeichen der Potenzexponenten also keine Rolle spielen, ist es für die relative Abweichung der zusammengesetzten Größe gleichgültig, ob es sich bei dieser um ein Produkt oder um einen Quotienten handelt.

Beispiel: Die Dichte eines Metallzylinders von 10 mm Durchmesser und 15 mm Höhe ist zu bestimmen. Dazu werden mit einer Bügelmessschraube die Werte des Durchmessers und der Höhe zu $D = 10{,}006$ mm und $h = 14{,}992$ mm mit einer geschätzten Größtabweichung von $\Delta D = \Delta h = 0{,}015$ mm gemessen und mittels einer Analysenwaage die Masse des Zylinders zu $m = 9265{,}2$ mg mit $\Delta m = 1$ mg ermittelt. Wie lautet das Messergebnis für die Dichte ϱ? – *Lösung:* Aus $\varrho = 4m/(\pi D^2 h) \equiv (4/\pi) m^\alpha D^\beta h^\gamma$ mit $\alpha = 1$, $\beta = -2$ und $\gamma = -1$ folgt nach dem linearen Fehlerfortpflanzungsgesetz (9): $\Delta\varrho/\varrho = \Delta m/m + 2\Delta D/D + \Delta h/h$. Aus den Messwerten für m, D und h erhält man $\varrho = 7{,}859\ \text{mg/mm}^3$ sowie $\Delta\varrho/\varrho = 0{,}003$ und somit $\Delta\varrho = 0{,}003\,\varrho = 0{,}024\ \text{mg/mm}^3$. Es ist also gerundet $\varrho = (7{,}86 \pm 0{,}03)\ \text{g/cm}^3$ (Stahl). Aus dem Ausdruck für $\Delta\varrho/\varrho$ geht hervor, dass der Zylinderdurchmesser D besonders genau gemessen werden muss, um die Abweichung in ϱ klein zu halten.

Messreihen. Wurden bei der indirekten Messung einer Größe $F(x, y, z, \ldots)$ die Eingangsgrößen $x, y, z, \ldots$ durch je eine Messreihe ermittelt, so werden deren *zufällige* Abweichungen (5) $\Delta\overline{x}$, $\Delta\overline{y}$, $\Delta\overline{z}, \ldots$, wenn diese voneinander unabhängig sind, nach dem *quadratischen* (GAUSSschen) *Fehlerfortpflanzungsgesetz*

$$\Delta\overline{F} = \sqrt{\left(\frac{\partial F}{\partial x}\Delta\overline{x}\right)^2 + \left(\frac{\partial F}{\partial y}\Delta\overline{y}\right)^2 + \left(\frac{\partial F}{\partial z}\Delta\overline{z}\right)^2 + \ldots}$$

zur zufälligen Abweichung der Messgröße F von ihrem Mittelwert $\overline{F} = F(\overline{x}, \overline{y}, \overline{z})$ zusammengesetzt. $\Delta\overline{F}$ ist auf jeden Fall nicht größer als die gewöhnliche Summe (7). Die direkte Verwendung vorstehender Formel ist in der Praxis meist ziemlich unbequem. Auch hier ist es daher einfacher, zunächst die relative Abweichung $\Delta\overline{F}/\overline{F}$ zu berechnen und daraus dann mit dem aus den Mittelwerten $\overline{x}, \overline{y}, \overline{z}, \ldots$ berechneten Funktionswert $\overline{F}$ die Abweichung $\Delta\overline{F}$. Für ein Potenzprodukt $F = ax^\alpha y^\beta z^\gamma \ldots$ $(a, \alpha, \beta, \gamma, \ldots$ Konstanten) erhält man, wie sich leicht zeigen lässt, analog zu (9)

$$\frac{\Delta\overline{F}}{\overline{F}} = \sqrt{\left(\alpha\frac{\Delta\overline{x}}{\overline{x}}\right)^2 + \left(\beta\frac{\Delta\overline{y}}{\overline{y}}\right)^2 + \left(\gamma\frac{\Delta\overline{z}}{\overline{z}}\right)^2 + \ldots} \tag{10}$$

Beispiel: Aus Messungen der Länge l und der Schwingungsdauer T eines Fadenpendels soll die Fallbeschleunigung g bestimmt werden. Dazu wird ein *Sekundenpendel* ($T/2 = 1$ s) benutzt. Für dieses wurde die Schwingungsdauer in Abschnitt A.3 (Beispiel) als Mittelwert einer Messreihe zu $\overline{T} = 2{,}001$ s mit einer zufälligen Abweichung von $\Delta\overline{T} = 0{,}001$ s ermittelt. Mehrmalige Ausmessung der Pendellänge ergibt $\overline{l} = 995{,}0$ mm mit $\Delta\overline{l} = 0{,}8$ mm. Keine systematische Abweichungen. Wie lautet das Messergebnis für g? – *Lösung:* Aus (33/17) $T = 2\pi\sqrt{l/g}$ folgt $g = 4\pi^2 l^\alpha T^\beta$ mit $\alpha = 1$ und $\beta = -2$, womit man nach (10) $\Delta\overline{g}/\overline{g} = \sqrt{(\Delta\overline{l}/\overline{l})^2 + (2\,\Delta\overline{T}/\overline{T})^2} = 0{,}0013$ erhält. Dabei ist $\overline{g} = 4\pi^2\overline{l}/\overline{T}^2 = 9{,}8104\ \text{m/s}^2$, somit $\Delta\overline{g} = 0{,}0013\,\overline{g} \approx 0{,}02\ \text{m/s}^2$ (es wird bei der Abweichung stets aufgerundet). Das Ergebnis lautet also $g = (9{,}81 \pm 0{,}02)\ \text{m/s}^2 = 9{,}81(1 \pm 0{,}002)\ \text{m/s}^2$, entsprechend 0,2% Messabweichung.

A.5 Geradenausgleich (lineare Regression). Korrelation

Wurde eine Größe y in Abhängigkeit von einer Größe x gemessen und auf Koordinatenpapier aufgetragen, entsteht häufig die Frage, durch welche mathematische Funktion $y = f(x)$ die gesuchte Abhängigkeit beschrieben werden kann bzw. ob – besonders im Fall stark streuender Messwerte – überhaupt ein Zusammenhang zwischen den untersuchten Größen besteht. Man erkennt aber sofort, wenn durch die Messpunkte eine Gerade gelegt werden kann, wenn also zwischen den Variablen eine lineare Abhängigkeit

$$y = a + bx \tag{11}$$

vermutet wird. Mit dem Lineal wird dann mitunter einfach nach Augenmaß eine Gerade zwischen den Messpunkten hindurchgezogen.

Aufgabe der *Ausgleichsrechnung* ist es, eine objektive Methode zu finden, die es erlaubt, die Parameter a und b in (11) so zu bestimmen, dass die *Ausgleichsgerade* allen Punkten am nächsten kommt. Im Sinne der GAUSSschen Ausgleichsforderung ist dies dann der Fall, wenn die Quadratsumme der Abweichungen der Messpunkte in y-Richtung ein Minimum wird. Die x-Koordinaten der Messpunkte werden als frei von Abweichungen angesehen.

Haben wir n Messpunkte (x_i, y_i), so berechnen sich die Bestwerte der Parameter in (11) zu

$$a = \overline{y} - b\overline{x}, \qquad b = \frac{\overline{xy} - \overline{x} \cdot \overline{y}}{\overline{x^2} - (\overline{x})^2} \qquad \textbf{(Parameter der Ausgleichsgeraden)} \tag{12}$$

mit den Abkürzungen für die Mittelwerte (alle Summen von $i = 1$ bis n):

$$\overline{x} = \frac{1}{n}\sum x_i, \quad \overline{y} = \frac{1}{n}\sum y_i, \quad \overline{xy} = \frac{1}{n}\sum x_i y_i, \quad \overline{x^2} = \frac{1}{n}\sum x_i^2$$

sowie in (13)

$$\overline{(\Delta y)^2} = \frac{1}{n}\sum (\Delta y_i)^2 \qquad \text{mit} \qquad \Delta y_i = a + bx_i - y_i.$$

(*Hinweis:* Mit einem Taschenrechner im Statistik-Modus lassen sich die Parameter (12) a und b leicht berechnen.)

Die Abweichungen Δy_i der Ordinatenmesswerte y_i von der Ausgleichsgeraden wirken sich sowohl auf ihren Ordinatenabschnitt a als auch auf ihre Steigung b aus. Für deren mittlere Abweichungen gilt:

$$\overline{s}_a = \overline{s}_b\sqrt{\overline{x^2}}, \qquad \overline{s}_b = \sqrt{\frac{1}{n-2}\,\frac{\overline{(\Delta y)^2}}{\overline{x^2} - (\overline{x})^2}} \qquad \textbf{(mittlere Abweichung der Parameter } a \textbf{ und } b\textbf{).} \tag{13}$$

Viele nichtlineare Zusammenhänge lassen sich durch geeignete mathematische Umformungen in lineare umwandeln. So liefert allgemein jede Potenzfunktion im doppelt-logarithmischen Koordinatensystem und jede Exponentialfunktion im einfach-logarithmischen System eine Gerade, auf welche die vorstehenden Betrachtungen sinngemäß anzuwenden sind.

Korrelation. Wird im Unterschied zu oben x als abhängig von y betrachtet, wobei jetzt die Ordinatenwerte y_i als genau und die Abszissenwerte x_i als fehlerbehaftet angesehen werden, so ergibt sich eine zweite Ausgleichsgerade $x = a' + b'y$. Die beiden Geraden heißen erste und zweite *Regressionsgerade*, ihre Anstiegsfaktoren b und b' sind die *Regressionskoeffizienten.* Analog zu (11) erhält man

$$a' = \overline{x} - b'\overline{y}, \qquad b' = \frac{\overline{xy} - \overline{x} \cdot \overline{y}}{\overline{y^2} - (\overline{y})^2}. \tag{14}$$

Die beiden Regressionsgeraden schneiden sich im Schwerpunkt $(\overline{x}, \overline{y})$ des Punkthaufens und bilden eine Schere (Bild A.2); sie ist um so enger, je straffer der Zusammenhang zwischen den betrachteten Größen x und y ist. Die Schere schließt sich, wenn ein streng linearer, also *funktionaler Zusammenhang* besteht. Der Grad des Zusammenhangs wird quantitativ durch den (linearen) *Korrelationskoeffizienten* r angegeben. Dieser ist das geometrische Mittel aus den Regressionskoeffizienten b und b':

$$r = \sqrt{bb'} = \frac{\overline{xy} - \overline{x} \cdot \overline{y}}{\sqrt{[\overline{x^2} - (\overline{x})^2][\overline{y^2} - (\overline{y})^2]}} \qquad \textbf{(Korrelations-koeffizient).} \qquad (15)$$

r ist unabhängig von den Einheiten der Messgrößen und kann alle Werte zwischen -1 und $+1$ annehmen. Es bedeutet

$r = \pm 1$: Es besteht streng lineare Abhängigkeit zwischen x und y gemäß Gleichung (11), für $r = +1$ mit positivem Anstieg, für $r = -1$ mit negativem Anstieg der Ausgleichsgeraden;

$0{,}8 < |r| \leq 1$: Mit großer Wahrscheinlichkeit besteht eine Korrelation zwischen x und y;

$0 \leq |r| < 0{,}5$: Ein linearer Zusammenhang ist unwahrscheinlich bis ausgeschlossen.

Tabelle A.3. Thermische Ausdehnung eines Stabes ($\Delta l_i = a + b\vartheta_i - l_i$; $a = l_0$, $b = \alpha l_0$)

ϑ_i °C	l_i mm	ϑ_i^2 (°C)^2	$\vartheta_i l_i$ mm·°C	$a + b\vartheta_i$ mm	Δl_i 10^{-2} mm	$(\Delta l_i)^2$ 10^{-4} mm^2
10	800,1	100	8 001	800,08	−2	4
30	800,4	900	24 012	800,42	+2	4
50	800,8	2 500	40 040	800,76	−4	16
70	801,0	4 900	56 070	801,10	+10	100
90	801,5	8 100	72 135	801,44	−6	36

$\sum \vartheta_i = 250\,°\mathrm{C}$, $\sum l_i = 4003{,}8\,°\mathrm{C}$, $\sum \vartheta_i^2 = 16\,500\,(°\mathrm{C})^2$, $\sum \vartheta_i l_i = 200\,258\,°\mathrm{C{\cdot}mm}$,
$\sum \Delta l_i = 0$, $\sum (\Delta l_i)^2 = 160 \cdot 10^{-4}\,\mathrm{mm}^2$
$\overline{\vartheta} = 50\,°\mathrm{C}$, $\overline{l} = 800{,}76\,\mathrm{mm}$, $\overline{\vartheta^2} = 3300\,(°\mathrm{C})^2$, $\overline{\vartheta l} = 40\,051{,}6\,°\mathrm{C{\cdot}mm}$, $\overline{\Delta l^2} = 32 \cdot 10^{-4}\,\mathrm{mm}^2$

Beispiele: *1. Thermische Ausdehnung.* Die Länge l eines Stabes, die bei 0 °C den Wert l_0 hat, wird bei verschiedenen Temperaturen ϑ (in °C) gemessen. Es wird lineare Ausdehnung nach der Beziehung $l = l_0(1 + \alpha\vartheta)$ vorausgesetzt; α ist der lineare Ausdehnungskoeffizient des Stabmaterials. Die Messwerte sind in Tabelle A.3, Spalte 1 und 2, zusammengestellt. Die Größen l_0 und α einschließlich ihrer mittleren Abweichungen sind zu bestimmen. Trage zur Veranschaulichung die gemessene Abhängigkeit $l = l(\vartheta)$ in einem Koordinatensystem auf! – *Lösung:* Die Messpunkte müssten in der graphischen Darstellung recht gut auf einer Geraden liegen, deren Gleichung (11) lautet: $l = a + b\vartheta$ mit $a = l_0$ als Ordinatenabschnitt und $b = \alpha l_0$ als Anstieg. Statt der erforderlichen zwei Messungen haben wir 5, also 3 überschüssige (Kontroll-)Messungen. Daher sind wir in der Lage, nicht nur l_0 und α zu bestimmen, sondern auch deren mittlere Abweichungen. Mit den in der untersten Zeile von Tabelle A.3 angegebenen Mittelwerten erhalten wir nach (12) $a = l_0 = 799{,}91$ mm und $b = \alpha l_0 = 0{,}017$ mm/°C. Daraus folgt für den Ausdehnungskoeffizienten $\alpha = b/l_0 = b/a = 21{,}25 \cdot 10^{-6}$ /°C. Für die mittleren Abweichungen (13) errechnet man $\overline{s}_b = 1{,}15 \cdot 10^{-3}$ mm/°C und $\overline{s}_a = 6{,}62 \cdot 10^{-2}$ mm. Die mittlere Abweichung von $\alpha = b/a$ muss aus $\overline{s}_b$ und $\overline{s}_a$ nach dem quadratischen Fehlerfortpflanzungsgesetz (vgl. vorigen Abschnitt)

$$\overline{s}_\alpha = \sqrt{\left(\frac{\partial\alpha}{\partial a}\overline{s}_a\right)^2 + \left(\frac{\partial\alpha}{\partial b}\overline{s}_b\right)^2}$$

berechnet werden, woraus für die relative Abweichung folgt:

$$\frac{\overline{s}_\alpha}{\alpha} = \sqrt{\left(\frac{\overline{s}_a}{a}\right)^2 + \left(\frac{\overline{s}_b}{b}\right)^2} \approx \frac{\overline{s}_b}{b} = 6{,}76 \cdot 10^{-2}$$

(wegen $\bar{s}_a/a \approx 8 \cdot 10^{-5} \ll \bar{s}_b/b$). Somit wird $\bar{s}_\alpha = 6{,}76 \cdot 10^{-2}\alpha = 1{,}44 \cdot 10^{-6}$ /°C. Das Messergebnis lautet: $l_0 = a \pm \bar{s}_a = (799{,}91 \pm 0{,}07)$ mm; $\alpha = (b/a) \pm \bar{s}_\alpha = (21{,}3 \pm 1{,}5) \cdot 10^{-6}$ /°C $= 21{,}3 \cdot 10^{-6}(1 \pm 0{,}07)$ /°C, entsprechend einer Abweichung in α von 7%.

Tabelle A.4. **0,2-Dehngrenze x und Zugfestigkeit y für 16 Chargen eines hochfesten Stahles**

Proben-Nr.	$x_i/10^2$ MPa	$y_i/10^2$ MPa	Proben-Nr.	$x_i/10^2$ MPa	$y_i/10^2$ MPa
1	7,95	10,55	9	8,2	11,7
2	9,05	10,5	10	9,25	11,6
3	8,25	10,4	11	7,8	10,1
4	8,2	10,35	12	8,5	11,4
5	9,2	11,45	13	8,0	10,95
6	8,6	10,9	14	8,85	11,1
7	8,6	11,2	15	9,65	12,3
8	10,5	12,3	16	8,05	10,6

2. *Korrelationsanalyse.* Von 16 Chargen eines hochfesten Stahles liegen Proben für Werkstoffuntersuchungen vor. Ermittelt werden unter anderem jeweils die 0,2-Dehngrenze x (mechanische Spannung, bei der im Zugversuch eine bleibende Dehnung von 0,2% der Messlänge des Zugstabes auftritt) und die Zugfestigkeit y (auf den Anfangsquerschnitt des Zugstabes bezogene, vom Werkstoff ertragene Maximalkraft, bevor der Bruch eintritt; vgl. *Spannungs-Dehnungs-Diagramm* in Abschnitt 13.6). Es

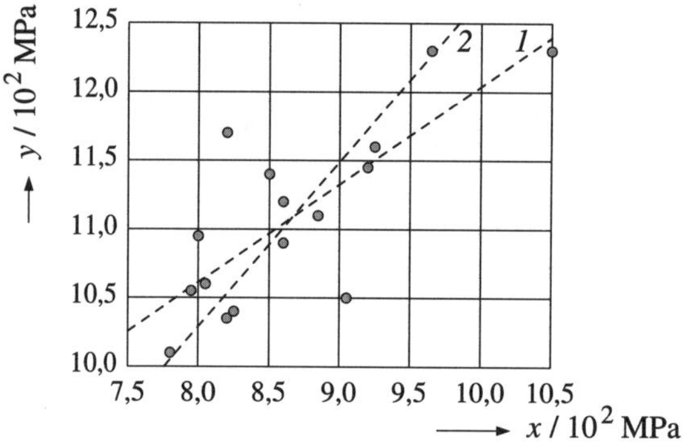

Bild A.2. Korrelation zwischen 0,2-Dehngrenze x und Zugfestigkeit y für eine spezielle Stahlsorte (Einheit von x und y: 10^2 MPa). Die erste und zweite Regressionsgerade *1* und *2* schneiden sich im Punkt $(\bar{x}, \bar{y}) \equiv (8{,}67; 11{,}09)$.

ist zu klären, ob zwischen diesen beiden Werkstoffkenngrößen, deren Messwerte in Tabelle A.3 zusammengestellt und in Bild A.2 graphisch dargestellt sind, ein Zusammenhang besteht. – *Lösung:* Nach dem Muster von Tabelle A.3 werden nach den Gleichungen (12) und (14) die Regressionskoeffizienten b und b' (Anstiege der beiden Regressionsgeraden in Bild A.2) berechnet. Man erhält $b = 0{,}71$; $b' = 0{,}83$ und daraus nach (15) einen Korrelationskoeffizienten von $r = 0{,}77$. Demnach ist eine Korrelation zwar vorhanden, jedoch nicht sonderlich straff, wie an der starken Streuung der Messpunkte zu erkennen ist.

Bildquellenverzeichnis

OREAR, J.: Grundlagen der modernen Physik. München: Carl Hanser Verlag 1971 (Bilder 3.5; 9.7)

KRÖNER, E.: Kontinuumstheorie der Versetzungen und Eigenspannungen. Berlin/Göttingen/ Heidelberg: Springer-Verlag 1958 (Bild 13.7)

FÖPPL, L.; MÖNCH, E.: Praktische Spannungsoptik. 2. Aufl. Berlin/Göttingen/Heidelberg: Springer-Verlag 1959 (Bild 41.20)

Kleine Enzyklopädie ATOM – Struktur der Materie. Leipzig: Bibliographisches Institut 1970 (Bild 44.20)

LINDNER, H.: Grundriß der Festkörperphysik. Leipzig: Fachbuchverlag 1978 (Bilder 46.9; 46.11).

Lösungen der Aufgaben

2.1. 3600 m.

3.1. Der Anhalteweg ist um den „Reaktionsweg“ $v_0 t_R = 17{,}8$ m (!) länger als der Bremsweg. Es kommt zum Aufprall mit 30,3 km/h.

3.2. $a = 3{,}3$ m/s^2; $v = 11{,}4$ m/s $= 41$ km/h.

3.3. a) 111,5 m; nach 1,53 s. b) nach 6,3 s mit $v = -46{,}8$ m/s.

3.4. a) Aus (16) und (15) folgt mit $a = -kt$ durch Integration: $v = v_0 - \frac{k}{2}t^2$; $s = v_0 t - \frac{k}{6}t^3$. b) Für $v = 0$ (Umkehr) wird $t_1 = \sqrt{2v_0/k} = 2 \cdot 10^{-7}$ s (0,2 µs). c) $s_1 = 8$ cm.

3.5. $\beta = 0°$ (die Abdrift hat keinen Einfluss). $t = B/v_S = 20$ s.

3.6. In der Zeit t_B dreht sich die Erde um den Winkel φ_E, der Satellit um $\varphi_S = \varphi_E + 2\pi$, d. h., nach (25) ist $\omega_S t_B = \omega_E t_B + 2\pi$. Mit (27) folgt

$$t_B = \left(\frac{1}{T_S} - \frac{1}{T_E}\right)^{-1} = 6173 \text{ s} \approx 103 \text{ min.}$$

3.7. $v = \sqrt{(\omega r)^2 + v_z^2}$; $a = \omega^2 r$.

4.1. $F_3 \approx 3{,}8$ kN; $\alpha_2 \approx 115°$.

4.2. a) $m_2 = 0{,}5$ kg; b) $a = g/4 = 2{,}45$ m/s^2.

4.3. 1250 N.

4.4. a) Aus (21) folgt:

$$\tan\alpha_0 = \frac{v_0^2}{gx} \pm \sqrt{\left(\frac{v_0^2}{gx}\right)^2 - \frac{2v_0^2 z}{gx^2} - 1};$$

$\alpha_{0,1} = 54{,}36°$ (Steilschuss), $\alpha_{0,2} = 32{,}77°$ (Flachschuss). b) Nach 17,2 s bzw. 11,9 s; $v = 105{,}0$ m/s bzw. 104,8 m/s; Auftreffwinkel: $-56{,}33°$ bzw. $-36{,}67°$.

4.5. $a = g\,\dfrac{m_2 - m_1(\sin\alpha + \mu\cos\alpha)}{m_1 + m_2} =$ 0,47 m/s^2.

4.6. a) $F = ma = 6{,}25$ kN. b) Der Bremsvorgang ist ausführbar, wenn $F_{RH} = \mu_0 mg \geq F$, d. h. $a \leq \mu_0 g = 8{,}83$ m/s^2. Diese Bedingung ist erfüllt.

4.7. Reibungskraft der Lokomotive = (Hangabtrieb + Fahrwiderstand) des gesamten Zuges: $\mu_0 m_L g\cos\alpha = m_Z g\sin\alpha + \mu' m_Z g\cos\alpha$; $\tan\alpha = (m_L/m_Z)\mu_0 - \mu' = 0{,}0093$ oder 1 : 108, entsprechend $\approx 1\%$.

5.1. $a = g\tan\alpha = 0{,}60$ m/s^2.

5.2. $F_S = m(g + a) = 12{,}7$ kN.

5.3. $\mu_0 = v^2/(rg) = 0{,}7$.

6.1. Die gestrichenen Größen folgen aus den nichtgestrichenen (und umgekehrt) durch Vertauschung, wenn dabei gleichzeitig das Vorzeichen der Geschwindigkeit v geändert wird.

6.2. $v = 0{,}866\,c$.

6.3. $(m - m_0)/m_0 = 1/\sqrt{1 - (v/c)^2} - 1 = 51\%$.

7.1. Immer wenn die Verschiebung senkrecht zur wirkenden Kraft $\boldsymbol{F}$ erfolgt ($\alpha = 90°$). *Beispiele:* Arbeit der Radialkraft bei der Kreisbewegung, der LORENTZ-Kraft auf Ladungen im magnetischen Feld (s. 28.7).

7.2. $v = x_0\sqrt{k/m} = 18$ m/s.

7.3. Energiesatz: $\frac{k}{2}x_0^2 = \frac{k}{2}x^2 + \frac{m}{2}v^2$.

a) $P(x) = Fv = kx\sqrt{\frac{k}{m}(x_0^2 - x^2)}$;
$P(0) = 0$; $P(x_0) = 0$;
$P(x_0/2) = \frac{kx_0^2}{4}\sqrt{\frac{3k}{m}} = 433$ W.
b)

$$\overline{P} = \frac{1}{x_0}\int_0^{x_0} P(x)\,\mathrm{d}x = \frac{kx_0^2}{3}\sqrt{\frac{k}{m}} \approx 333 \text{ W.}$$

7.4. $\Delta m_0 = 44$ g; aus (20).

8.1. $M_{Pl} = 4\pi^2 r_{Tr}^3/(\gamma T_{Tr}^2)$. Bemerkenswert ist, dass für diese Methode, nach der die Masse einer Reihe von Planeten des Sonnensystems bestimmt wurde, die Masse des Trabanten nicht bekannt zu sein braucht.

8.2. a) 1,63 m/s^2 $\approx (1/6)\,g$; b) 0,22 m/s^2.

8.3. $W = mgR = 62{,}6$ MJ.

8.4. $v_2(h) = \sqrt{\dfrac{2gR}{1 + (R/h)}}$; für $h = R$ folgt: $v_2(R) = \sqrt{gR} = 7{,}9$ km/s (1. kosmische Geschwindigkeit).

9.1. $\Delta E/E = M/(m + M) = 99{,}6\%$.

10.1. $F_4 - F_3\cos\alpha = 0$;
$F_5 + F_3\sin\alpha - F_1 - F_2 = 0$;
$F_1(l - a) - F_5 l = 0$. Daraus folgt:
$F_5 = 100$ N; $F_3 = 300$ N; $F_4 \approx 260$ N. Das Krafteck ist ein rechtwinkliges Dreieck mit den Katheten $(F_1 + F_2 - F_5)$ und F_4 und der Hypotenuse F_3.

10.2. Gesamtdrehmoment: $M = \sum G l_i = G\sum l_i$ (G Gewichtskraft einer Massekugel; l_i senkrechter Abstand der Wirkungslinie der Gewichtskraft der i-ten Massekugel vom Drehpunkt, vorzeichenbehaftet je nach Drehsinn). Ausmessen aller l_i und

Aufsummieren ergibt in dieser Lage sogar ein kleines linksdrehendes Gesamtmoment, welches das Karussell in eine Gleichgewichtslage dreht.

10.3. Polabstand von S: $(5/8)R$.

11.1. In diesem Fall gilt mit (4):
$mgh = \frac{1}{2}(J_S + mR^2)\omega^2$ mit $\omega = v/R$ usw.

13.1. $-\Delta A/A_0 \approx -2\Delta d/d_0 = 2\nu\varepsilon = 2\nu\sigma/E = 0{,}54‰$.

14.1. $10{,}33$ m.

14.2. Wegen des geringen Höhenunterschiedes darf auch für den Schweredruck der Luft Gleichung (3) angewendet werden:
$\varrho_L = \Delta p/(g\Delta h) = 1{,}4\ \text{kg/m}^3$.

14.3. Auftriebskraft = Gewichtskraft des Eises:
$\varrho_M(V - V_0)g = \varrho_E V g$.
$(V - V_0)/V = \varrho_E/\varrho_M = 0{,}90$ (90%);
$m = \varrho_E V = 96$ Mt.

14.4. $\varrho_2 = \varrho_1/26$.

14.5. Gewichtskraft des Tropfens = Haftkraft am Rand der Öffnung: $(4/3)\pi r^3 \varrho g = 2\pi R\sigma$;
$2r = 2\sqrt[3]{3R\sigma/(2\varrho g)} \approx 3{,}5$ mm.

15.1. Wegen $v = 0$ wird $\Delta h = 0$. Der Manometerstand im gekrümmten Rohr (Staurohr) ändert sich nicht, da der damit gemessene Gesamtdruck immer konstant ist. Der statische Druck wird nach (12) wegen $v = 0$ gleich dem Gesamtdruck, d. h., der Flüssigkeitsstand im zweiten Rohr steigt um $\Delta h = v^2/(2g)$ auf den des Staurohres (s. Beispiel 2).

15.2. $p_0 + \varrho v_1^2/2 + \varrho g h_1$ (am Ausfluss)
$= p_0 + \varrho g h_2$ (am Flüssigkeitsspiegel);
$v_1 = \sqrt{2g\Delta h}$ (TORRICELLIsches *Ausflussgesetz*).

15.3. Aus (15) folgt mit (14/3): $V = 4000$ l.

15.4. $4{,}37$ l/min.

15.5. a) $15{,}4$ km/h; b) $21{,}7$ km/h, wegen (14/6).

16.1. $m = (\pi/4)d^2\varrho_0\Delta l/(\gamma\Delta\vartheta) = 14{,}614$ g.

16.2. Aus $\Delta l = l_{St}(1 + \alpha_{St}\vartheta) - l_{Al}(1 + \alpha_{Al}\vartheta)$ und $\Delta l = l_{St} - l_{Al} = 10$ cm folgt
$l_{St}\alpha_{St} - l_{Al}\alpha_{Al} = 0$, somit
$l_{Al} = \Delta l/(\alpha_{Al}/\alpha_{St} - 1) = 10{,}81$ cm und
$l_{St} = (\alpha_{Al}/\alpha_{St})l_{Al} = 20{,}81$ cm.

16.3. Erwärmung um ϑ bei $p_0 = \text{const}$ vergrößert nach (10) das Volumen V_0 auf $V_\vartheta = V_0(1 + \gamma\vartheta)$. Anschließende Kompression von V_ϑ wieder auf V_0 bei $\vartheta = \text{const}$ ergibt wegen (14/5) $p_0 V_\vartheta = p V_0$ den erhöhten Druck $p = p_0 V_\vartheta / V_0 = p_0(1 + \gamma\vartheta)$, also gilt mit (14) $\gamma = \beta$.

16.4. Nach (17) ist a) $V_0 = V_1 p_1 T_0/(p_0 T_1) = 778\ \text{dm}^3$; b) $V_2 = V_1 p_1 T_2/(p_2 T_1) = 2{,}15\ \text{dm}^3$; c) mit $R = R_m/M = 288{,}2$ J/(kg K) folgt aus (21) $m = 1{,}0$ kg.

17.1. $C_K = c_W\left(m_w \dfrac{\vartheta_w - \vartheta_M}{\vartheta_M - \vartheta_k} - m_k\right) = 393$ J/K.

17.2. a) $W_{12} = (3/2)W_{14} = -0{,}75$ kJ;
$Q_{12} = \Delta U_{12} - W_{12} = 2{,}75$ kJ;
b) $\Delta U = 0$; $W = W_{32} - W_{14} = -0{,}5$ kJ;
$Q = -W = 0{,}5$ kJ.

17.3. Mit $p_1V_1 = p_2V_2$ und $R = R_m/M$ folgt aus (18) $W/m = RT\ln(p_2/p_1) = 300$ kJ/kg;
$Q/m = -W/m = -300$ kJ/kg.

18.1. a) Aus (8) folgt $p = N_A\mu\overline{v^2}/(3V) = M\overline{v^2}/(3V) = 1{,}044$ MPa, aus (9)
$T = \mu\overline{v^2}/(3k) = A_r u\overline{v^2}/(3k) = 251{,}1$ K;
b) mit $V' = 4V$ und $p' = p\,(V/V')^\varkappa$ ergibt sich $\overline{v'^2} = 3p'V'/(N_A\mu) = 4^{1-\varkappa}\overline{v^2} = 6{,}408 \cdot 10^4\ \text{m}^2/\text{s}^2$ bzw. $v' \approx 253$ m/s.

18.2. a) $\hat{v} = \sqrt{2kT/\mu} = \sqrt{2R_mT/M} = 390$ m/s;
b) $\Delta N/N \approx dN_v/N = 21{,}28\%$.
c) Für $v = \hat{v} = \sqrt{2kT/\mu}$ folgt aus (14)
$\Delta N/N \approx \Delta v/\sqrt{T}$, folglich
$T = (21{,}28/15)^2 \cdot 293{,}15\ \text{K} = 590{,}0$ K
oder $\vartheta = 316{,}8$ °C.

18.3. Wegen $\mu\overline{v^2}/2 = (3/2)kT$ folgt für die Energie je Translationsfreiheitsgrad
$(1/2)kT = \mu_{O_2}\overline{v_{O_2}^2}/6 = \mu_{H_2}\overline{v_{H_2}^2}/6$, somit
$v_{O_2} = \sqrt{\mu_{H_2}/\mu_{O_2}}\,v_{H_2} = 75$ m/s.

18.4. Mit $\mu_{H_2}\overline{v_{H_2}^2}/6 = \mu_{O_2}\overline{v_{O_2}^2}/6 = (1/2)kT$ je Translationsfreiheitsgrad (s. Aufgabe 18.3) folgt bei Berücksichtigung der zwei Rotationsfreiheitsgrade für 1 mol des Gasgemisches
$U = (5/2)N_AkT = (5/6)M_{H_2}\overline{v_{H_2}^2} = 150$ J.

18.5. Aus (17/4) $C_m = cM = 3R_m = 24{,}94$ J/(mol K) folgt $M = 3R_m/c = 26{,}93$ g/mol; dies entspricht der relativen Atommasse 26,98 von Aluminium.

18.6. a) Mit $n_1 = p_1V_1/(R_mT_1) = 20{,}50$ mol,
$C_{mV_1} = (3/2)R_m = 12{,}47$ J/(mol K) für Ar
und $n_2 = p_2V_2/(R_mT_2) = 0{,}97$ mol,
$C_{mV_2} = (5/2)R_m = 20{,}79$ J/(mol K) für O_2
folgt (s. Aufgabe 17.1): $T = (n_1C_{mV_1}T_1 + n_2C_{mV_2}T_2)/(n_1C_{mV_1} + n_2C_{mV_2}) = 289{,}9$ K;
$p = (n_1 + n_2)R_mT/V = 1{,}035$ MPa;
b) $C_{mV} = (n_1C_{mV_1} + n_2C_{mV_2})/(n_1 + n_2) = 12{,}85$ J/(mol K).

19.1. Mit $Q_{23} = mc_p(T_3 - T_2)$ und $|Q_{41}| = mc_V(T_4 - T_1)$ folgt unter

Verwendung von $T_2 V_2^{\varkappa-1} = T_1 V_1^{\varkappa-1}$ und $T_4 V_1^{\varkappa-1} = T_3 V_3^{\varkappa-1}$ (s. Bild 19.3b) $\eta = (Q_{23} - |Q_{41}|)/Q_{23} = 1 - (V_2/V_1)^{\varkappa-1} \times [(V_3/V_2)^{\varkappa} - 1]/[(V_3/V_2 - 1)\varkappa] = 53{,}4\%$.

19.2. Mit $C_{mV} = (3/2)R_m$, $R_m = 8{,}3145$ J/(mol K) und $n = 1$ mol wird a) $\Delta S = nC_{mV} \ln(T_2/T_1) + nR_m \ln(V_2/V_1) = (5/2)nR_m \ln 2 = 14{,}41$ J/K; b) $\Delta S = nR_m \ln 2 = 5{,}76$ J/K; c) $\Delta S = 0$.

19.3. $T = (cm_1T_1 + cm_2T_2)/(cm_1 + cm_2) = 329{,}15$ K (s. Aufgabe 17.1); $\Delta S = cm_1 \ln(T/T_1) + cm_2 \ln(T/T_2) = 46{,}2$ J/K; vgl. dazu vorstehendes Beispiel *1*.

19.4. Aus $\Delta S = cm_1 \ln(T/T_1) + cm_2 \ln(T/T_2) = 0$ (s. Aufgabe 19.3) folgt $T = (T_1^{m_1} T_2^{m_2})^{1/(m_1+m_2)} = 322{,}6$ K.

19.5. Die Entmischung von 1 mg = 10^{-6} kg Luft ist nach Beispiel *3* in Abschnitt 19.5 mit der Entropieabnahme $\Delta S = -147{,}0 \cdot 10^{-6}$ J/K verbunden, folglich $W_2/W_1 = e^{\Delta S/k} \approx 1/e^{10^{19}} \approx 10^{-10^{18}}$ (!).

20.1. $a = 365$ kPa m^6/kmol^2; $b = 0{,}0425$ m^3/kmol; $V_T = 1{,}76 \cdot 10^{-29}$ m^3; $r = [3V_T/(4\pi)]^{1/3} = 1{,}61 \cdot 10^{-10}$ m.

20.2. $\mu_{JT} = 2{,}2$ K/MPa.

20.3. Nein; denn der Sättigungsdruck ist unabhängig vom Volumen. Man muss die Flasche wiegen und mit dem Taragewicht vergleichen.

20.4. Mit der neuen Gesamtmasse $m' = m - \Delta m_D = 2000$ kg folgt nach (11) der neue Dampfanteil zu $m'_D = 108{,}4$ kg; somit ist $Q = [m'_D - (m_D - \Delta m_D)]r = \Delta m_D r v_D/(v_D - v_{Fl}) = 1500{,}368$ MJ.

20.5. Mit $p = 0{,}3303\ p_0 = 334{,}7$ hPa nach (14/9) und $1/T = 1/T_0 - (R_m/r_m) \times \ln(p/p_0)$ nach (10) folgt (mit $T_0 = 373{,}15$ K) $T = 344{,}1$ K oder $\vartheta = 70{,}9$ °C. Der Wert stimmt gut mit der für $p_D = 33{,}47$ kPa aus der Dampftabelle 20.2 hervorgehenden Siedetemperatur überein.

20.6. a) Unterhalb von 511 kPa, dem Druck am Tripelpunkt von CO_2, können bei keiner Temperatur flüssige und gasförmige Phase nebeneinander existieren (vgl. Bild 20.7). b) Der Atmosphärendruck von 1013 hPa liegt unterhalb des Tripelpunktes; das sich beim Ausströmen abkühlende Gas kondensiert sofort zu feinverteiltem festen CO_2.

20.7. Das System wirkt der Gleichgewichtsstörung (Temperaturerhöhung) dadurch entgegen, dass eine von Wärmeverbrauch und somit Abkühlung begleitete weitere Lösung des Stoffes stattfindet bzw. Stoff ausgeschieden wird, wenn beim Lösungsvorgang Wärme frei wird.

20.8. Mit $n_B = m/M = 1{,}46 \cdot 10^{-2}$ mol und $V \approx 200$ ml $= 2 \cdot 10^{-4}$ m^3 Lösung folgt aus (16) $\Pi = 178{,}2$ kPa.

21.1. Nach (13) ist $k = 1{,}307$ W/(m^2 K); nach (12) ist $P = \Phi = kA\Delta\vartheta = 1{,}96$ kW.

21.2. Aus (18) folgt a) $L \approx 1{,}3$ m; b) $L \approx 4$ mm; c) $L \approx 40$ nm.

21.3. Gleichsetzen der Exponenten von (14/9) und (21) führt mit $x = h$ und nach (18/11) $p_0 = NkT/V_0$ sowie mit $\varrho_0 = N\mu/V_0$ auf $\beta = D/(kT)$.

23.1. Aus $\tan\alpha = qE/(mg)$ folgt $E = (mg/q)\tan\alpha = 13{,}2$ kV/m.

23.2. Mit $|Q_1| = |Q_2| = N_A e$ ($N_A = 6{,}02 \cdot 10^{23}$ mol^{-1}) folgt nach (26) $F = Q_1Q_2/(4\pi\varepsilon_0 r^2) = 8{,}3 \cdot 10^{13}$ N (!).

23.3. $W = E_p = qQ/(4\pi\varepsilon_0 r)$, nach (11) und (24). Mit (18) $Q = 4\pi R^2\sigma$ (Gesamtladung der Kugel) und $r = 2$ cm (Mittelpunktsabstand) wird $W = 1{,}13 \cdot 10^{-4}$ J.

23.4. Nach (27) ist $C_E = 7{,}1 \cdot 10^{-4}$ F $= 710$ µF und wegen (28) $\Delta U = \Delta Q/C_E \approx 1400$ V.

23.5. Nach (27) und (28) ist $U = Q/(4\pi\varepsilon_0 R) = 100$ kV.

24.1. $$\frac{1}{C} = \frac{x}{\varepsilon_r\varepsilon_0 A} + \frac{d-x}{\varepsilon_0 A} = \frac{d + x\left(\frac{1}{\varepsilon_r} - 1\right)}{\varepsilon_0 A};$$ mit $C_0 = \varepsilon_0 A/d$ wird $$C = \frac{C_0}{1 + \frac{x}{d}\left(\frac{1}{\varepsilon_r} - 1\right)}.$$

24.2. $$C = \frac{\varepsilon_r\varepsilon_0 X}{d} + \frac{\varepsilon_0(A-X)}{d} =$$ $(\varepsilon_0/d)\,[A + X(\varepsilon_r - 1)]$; mit $C_0 = \varepsilon_0 A/d$ wird $$C = C_0\left[1 + \frac{X(\varepsilon_r - 1)}{A}\right].$$

25.1. Siehe nächste Seite oben!

25.2. a) $R_{ges} = (5/6)R = 83{,}3\ \Omega$; b) $R_{ges} = (3/4)R = 75\ \Omega$; c) $R_{ges} = (7/12)R = 58{,}3\ \Omega$.

26.1. Aus (8) folgt mit $z = 1$: $K = 1{,}04447 \cdot 10^{-8}$ kg/mol und aus (5) mit $m = \varrho V$: $t = 8602$ s (2 h 23 min 22 s).

27.1. a) $U = 120$ V; b) $E = 240$ V/m; c) $a = -4{,}22 \cdot 10^{13}$ m/s^2.

25.1. $I_5 = \dfrac{R_1R_4 - R_2R_3}{(R_1+R_2)R_3R_4 + (R_3+R_4)R_1R_2 + (R_1+R_2)(R_3+R_4)R_5} U_0.$

27.2. $\dfrac{v}{c} = \sqrt{1 - \left(1 + \dfrac{eU}{m_0c^2}\right)^{-2}}$,
$\dfrac{m}{m_0} = 1 + \dfrac{eU}{m_0c^2}$; aus (4) und (6/17).
a) $v/c = 0{,}0313, m/m_0 = 1{,}000\,49$;
b) $v/c = 0{,}302, m/m_0 = 1{,}049$;
c) $v/c = 0{,}985, m/m_0 = 5{,}9$.

27.3. $v = 0{,}9963c; m = 11{,}66m_0$.

27.4. $I_S = 2{,}5$ A. Beim Versuch allerdings, die Sättigungsstromstärke zu erreichen, würde die Katode zerstört.

28.1. Vektorielle Addition von H_E und H (nach Gleichung (10) unter Berücksichtigung der Windungszahl N) liefert
$H_E = NI/(2R\tan\alpha) = 16$ A/m.

28.2. $q/m = v/(\mu_0 Hr) = 4{,}8 \cdot 10^7$ C/kg (α-Teilchen).

29.1. $w = 4H_K J_S = 2700$ J/m³.

29.2. Aus $H_E l + H_L d = NI$ folgt mit $H_L = \mu_r H_E$ und (28/10) $NI = H_0 l$:
$d/l = (H_0 - H_E)/(\mu_r H_E) = 0{,}002$;
$H_L = 5{,}25 \cdot 10^5$ A/m.

30.1. Mit (10) und (24/11) folgt
$U = I\sqrt{L/C} = 1$ kV.

30.2. $B = 0{,}5$ T; $H \approx 4 \cdot 10^5$ A/m.

30.3. $B = 16$ mT.

31.1. $\cos\varphi = P/(UI) = 0{,}70; \varphi = 45{,}6°$.

31.2. a) Aus (14) folgt mit $U_R \equiv U_2$, $U_C = I/(\omega C)$ und $I = U_R/R$:
$U_2 = \dfrac{U_1}{\sqrt{1 + \frac{1}{(\omega RC)^2}}}$ (Hochpass);
b) aus (14) folgt jetzt mit $U_C \equiv U_2$ und dem unter a) für U_R errechneten Ausdruck:
$U_2 = \dfrac{U_1}{\sqrt{1 + (\omega RC)^2}}$ (Tiefpass).

31.3. Aus dem verschwindenden Imaginärteil von
$\dfrac{R_1}{R_2} = \dfrac{(R_3R_4 + X_3X_4) + \mathrm{j}(R_4X_3 - R_3X_4)}{R_4^2 + X_4^2}$
folgt $R_1/R_2 = R_3/R_4 = X_3/X_4$;
$C_3 = 0{,}4$ µF.

33.1. $T = 2\pi\sqrt{R/g} = 5067$ s $= 84$ min 27 s. Dies ist genau die Periodendauer (17) eines Fadenpendels der Länge $l = R$, welche überdies mit der Umlaufzeit von erdnahen Satelliten fast übereinstimmt. Die Masse passiert den Erdmittelpunkt mit der 1. kosmischen Geschwindigkeit (8/9)
$v = 2\pi R/T = \sqrt{gR} = 7{,}9$ km/s.

33.2. $G = 8\pi Jl/(T^2R^4) = 80{,}6$ GPa.

33.3. $T = 13{,}4$ µs; $f = 74{,}6$ kHz; $\Lambda = 0{,}66$;
$\delta \approx 5 \cdot 10^4\,\mathrm{s}^{-1}$.

33.4. a) $\varphi = \pi/4$; $u_0 = 37{,}13$ mm;
b) nach (33) ist $\omega_{res} = 15{,}66\,\mathrm{s}^{-1}$; nach (34) $(u_0/x_0)_{res} = 10$; somit $(u_0)_{res} = 50$ mm.

33.5. Aus $\omega_{res} = 0$ folgt mit (33) $\delta \geq \omega_0/\sqrt{2}$.

33.6. Aus (32) und (33) folgt
$\tan\varphi_{res} = \sqrt{(\omega_0/\delta)^2 - 2}$.

34.1. a) $C = 1/(\omega_0^2 L) = 4{,}05$ µF; wegen
$\omega = \omega_0 = 1/\sqrt{LC}$.
b) $\delta = R/(2L) = 60\,\mathrm{s}^{-1}$;
$\Lambda = \delta T = 2\pi/\sqrt{(\omega_0/\delta)^2 - 1} = 1{,}2$; nach (33/24 und 23).
c) $Z = R$ nach (31/10 oder 11) wegen
$\omega L - 1/(\omega C) = 0$; $I = U/Z = 33{,}3$ mA.
d) $U_C = I/(\omega_0 C) = 26{,}2$ V.

35.1. $n = 1497\,\mathrm{min}^{-1}$ oder ein ganzzahliges Vielfaches davon (folgt aus
$f_S = f_1 - f_2 = 12\,\mathrm{min}^{-1}$ mit
$f_1 = 2 \cdot 50 \cdot 60\,\mathrm{min}^{-1}$ und $f_2 = 4n$).

35.2. $f_S = [(l_1/l_2) - 1]f \approx 3$ Hz.

35.3. $u(t) = \dfrac{u_m}{2} - \dfrac{u_m}{\pi}\displaystyle\sum_{n=1}^{\infty}\dfrac{\sin(n\omega_1 t)}{n}$.

36.1. $f_1 = \dfrac{(4{,}73)^2 r}{4\pi l^2}\sqrt{\dfrac{E}{\varrho}} = 66$ Hz;
$f_2 = 181$ Hz; $f_3 = 355$ Hz.

37.1. $\tilde{p}_0 \approx 10^{-4}$ Pa (= 1 nbar); $v_0 \approx 2 \cdot 10^{-7}$ m/s;
$u_0 = v_0/(2\pi f) \approx 3 \cdot 10^{-11}$ m,
folgt aus (4) mit $v = \mathrm{d}u/\mathrm{d}t$ (zum Vergleich: Moleküldurchmesser $\approx 10^{-10}$ m).

37.2. 4 dB(A). Dieses Ergebnis sowie das vorstehende Rechenbeispiel zeigen, dass schwache Geräusche sehr gut unterschieden werden, während sich bei hohen Lautstärken nur noch sehr große Unterschiede bemerkbar machen.

37.3. Aus $\Lambda = 10\lg(J/J_0)$ folgt:
a) $\Lambda_1 = 10$ phon; b) $\Lambda_2 = 20$ phon;
c) $\Lambda_3 = 50$ phon; d) $\Lambda_4 = 120$ phon.

37.4. Mit $v_B = v_Q = v$ und $\gamma = f/f_0$ folgt aus (15): $v = c(\gamma - 1)/(\gamma + 1) = c/17 =$ 20 m/s = 72 km/h.

39.1. Aus $\mathrm{d}c/\mathrm{d}\lambda = \left(\dfrac{g}{2\pi} - \dfrac{\sigma}{\varrho}\dfrac{2\pi}{\lambda^2}\right)/(2c) = 0$
folgt $\lambda_{min} = 2\pi\sqrt{\sigma/(\varrho g)} = 1{,}7$ cm und damit aus der Dispersionsrelation und

wegen (4)
$c_g = c_{min} = \sqrt{2\sqrt{\sigma g/\varrho}} = 0{,}23$ m/s.
Es wird $dc/d\lambda > 0$ und damit nach (4) $c_g < c$ (normale Dispersion), wenn
$\frac{g}{2\pi} > \frac{\sigma}{\varrho}\frac{2\pi}{\lambda^2}$, d. h. $\lambda > \lambda_{min}$;
für $0 < \lambda < \lambda_{min}$ wird $c_g > c$ (anomale Dispersion).

39.2. $\vartheta = 0{,}0175$; $\nu = 35$.

40.1. $g = 343$ mm; $b = 73$ mm.

40.2. $f = (l^2 - d^2)/(4l) = 125$ mm.

40.3. $f = b/(1 + |\beta|) = 94$ mm.

40.4. $f_{Ob} = \Gamma_{Ok} t/V = 4$ mm; aus (16) und (17).

41.1. Bei $\alpha = 0°$: $\lambda = 3d/z = 600$ nm (orange) für $z = 3$ und 450 nm (indigo) für $z = 4$, nach (9); bei $\alpha = 45°$: $\lambda = \sqrt{7}d/z =$ 529 nm (grün) für $z = 3$, nach (7).

41.2. Nach (19) ist $\lambda_{blau}/A < s < \lambda_{rot}/A$, d. h. 312 nm $< s <$ 560 nm.

41.3. a) $\alpha_1 = 11{,}7°$; $\alpha_2 = 23{,}9°$ für λ_V;
$\alpha_1 = 22{,}6°$; $\alpha_2 = 50{,}3°$ für λ_R.
b) $z < a/\lambda$; $z_{max} = 4$ für λ_V, $z_{max} = 2$ für λ_R. Die Anzahl der Maxima beträgt $2z_{max} + 1$.
c) $z\lambda_R > (z+1)\lambda_V$: Spektren zweiter und dritter Ordnung überlappen sich.

42.1. 2500 K.

42.2. $\lambda_{max} = 1159$ nm. Diese große, außerhalb des sichtbaren Bereichs (Infrarot) liegende Wellenlänge zeigt, dass bei einer Glühlampe der größte Teil der Strahlung als Wärme abgegeben wird. Der optische Wirkungsgrad verbessert sich daher mit steigender Temperatur.

42.3. $$\frac{dL_{e\lambda(s)}}{d\lambda} = \frac{2hc^2}{\Omega_0}\left[-5\lambda^{-6}\left(e^{\frac{hc}{\lambda kT}} - 1\right)^{-1} + \lambda^{-5}\left(e^{\frac{hc}{\lambda kT}} - 1\right)^{-2}\frac{hc}{\lambda^2 kT}e^{\frac{hc}{\lambda kT}}\right] = 0.$$
Hieraus folgt mit der Abkürzung $hc/(\lambda kT) = x$: $1 - e^{-x} = x/5$;
$x = 4{,}9651$. Damit wird
$\lambda T = hc/(kx) = 2{,}898 \cdot 10^{-3}$ m K.

42.4. 18,4 cd.

43.1. $f_G = W_a/h = 435 \cdot 10^{12}$ Hz (435 THz);
$\lambda_G = c/f_G = 690$ nm.

44.1. Die Frequenzen von He^+ sind nach (10) genau um den Faktor 4 größer als die des H-Atoms.

44.2. Mit der Umrechnung 1 eV $= 1{,}6 \cdot 10^{-19}$ J folgt aus $\lambda = c/f = hc/\Delta E$ der Wert $\lambda \approx 589$ nm.

44.3. Aus (26) folgt $h \approx 6{,}6 \cdot 10^{-34}$ J s.

46.1. Aus (3) folgt $p = n_i^2/n \approx 2 \cdot 10^{11}$ m^{-3}. Durch die Dotierung wird also zweierlei erreicht: Die Gesamtzahl der Ladungsträger nimmt von ursprünglich $2n_i = 2{,}8 \cdot 10^{16}$ m^{-3} (wegen $n = p = n_i$ im Ausgangszustand der Eigenleitung) auf $(10^{21} + 2 \cdot 10^{11})$ m^{-3} zu, und die Anzahl der Löcher wird auf den Bruchteil $2 \cdot 10^{11}/(10^{21} + 2 \cdot 10^{11}) = 2 \cdot 10^{-10}$ (!) reduziert.

47.1. a) ${}^{10}_{5}B$, ${}^{11}_{5}B$, ${}^{12}_{5}B$; b) ${}^{8}_{3}Li$, ${}^{9}_{4}Be$, ${}^{10}_{5}B$, ${}^{11}_{6}C$;
c) ${}^{10}_{4}Be$, ${}^{10}_{5}B$, ${}^{10}_{6}C$; s. Bild 47.2.

47.2. a) 8,50 MeV; b) 7,73 MeV. Der Kern ${}^{3}_{1}H$ ist also stabiler.

48.1. ${}^{19}_{8}O \rightarrow {}^{19}_{9}F + e^- + \overline{\nu}$;
${}^{19}_{10}Ne \rightarrow {}^{19}_{9}F + e^+ + \nu$.

48.2. $\lambda = 5{,}0 \cdot 10^{-2}$ d^{-1}; $N \approx 995\,000$;
$N_0 - N \approx 5000$.

48.3. Mit $M_1 \equiv M_U = 238$ g/mol,
$M_2 \equiv M_{Ra} = 226$ g/mol folgt aus (11):
$m_2 \equiv m_{Ra} = 0{,}34$ mg.

48.4. Aus (14) und (16) folgt $\dot{D}_1 : \dot{D}_2 = r_2^2 : r_1^2$;
$\dot{D}_2 = (r_1/r_2)^2 \dot{D}_1 = 15{,}6$ mGy/h.

48.5. Insgesamt empfangene Äquivalentdosis: $H = 34$ mSv. Dieser Wert liegt gerade noch unter der für eine Ganzkörperbestrahlung über ein Jahr zulässigen Dosis von 50 mSv.

49.1. Nach (3) erhält man $Q = 208{,}1$ MeV (mit $m = A_r u$, wobei einer Massendifferenz von 1 u die Energie $uc^2 = 931$ MeV entspricht; vgl. 47.4).

49.2. Aus dem Massendefekt (vgl. 47.4) errechnet man $Q = 22{,}4$ MeV.

Sachwortverzeichnis